SS
ipúzcoa
Na
Navarra
Hu
Huesca
Andorra
And
L
Lérida
Gerona
Ge
B
Barcelona
Z
Zaragoza
Tarragona
T
Te
Teruel
Cs
Castellón
PM
Islas Baleares
Mn
Menorca
Mallorca
Mll
Cu
enca
V
Valencia
Ib
Ibiza
Ab
bacete
Alicante
A
Mu
Murcia
ería
0º

FLORA IBERICA

Plantas vasculares de la Península Ibérica e Islas Baleares

Coordinador General de la obra:

S. Castroviejo † (Madrid)

Vol. XVI (I)
COMPOSITAE (partim)

Editores:

J.A. Devesa (Córdoba), A. Quintanar (Madrid) & M.Á. García (Madrid)

REAL JARDÍN BOTÁNICO, CSIC
Madrid, 2014

CATALOGACIÓN EN PUBLICACIÓN DEL INSTITUTO BIBLIOGRÁFICO HISPÁNICO

Flora iberica: plantas vasculares de la Península Ibérica e Islas Baleares / editores, S. Castroviejo... [et al.]. — Madrid: Real Jardín Botánico, 1986-
v. : il. ; 24 cm.
Índice
Contiene: v. XVI (I): Compositae (partim)
ISBN: 978-84-00-09883-4
1. Flora-Península Ibérica. XVI (I). J.A. Devesa (Córdoba), A. Quintanar (Madrid) & M.Á. García (Madrid), eds. lit. II. Real Jardín Botánico.
581.9(46).

Catálogo general de publicaciones oficiales:
http://publicacionesoficiales.boe.es
EDITORIAL CSIC: http://*editorial.csic.es (correo: publ@csic.es)*

GOBIERNO DE ESPAÑA MINISTERIO DE ECONOMÍA Y COMPETITIVIDAD CSIC

Editorial CSIC
Vitruvio, 8. E-28006 Madrid (España)

ISBN: 978-84-00-06221-7, obra completa
e-ISBN: 978-84-00-09885-8, obra completa
ISBN: 978-84-00-09883-4, tomo XVI (I)
e-ISBN: 978-84-00-09884-1
NIPO: 723-14-154-8
e-NIPO: 723-14-155-3
Depósito Legal: M-30206-2014
Imprime: Imprenta ROAL (Madrid)

Impreso en España/*Printed in Spain*

En esta edición se ha utilizado papel ecológico sometido a un proceso de blanqueado TCF, cuya fibra procede de bosques gestionados de forma sostenible.

FLORA IBERICA

Patrocinadores:
Dirección General de Investigación y Gestión del Plan Nacional de I+D+i
y Consejo Superior de Investigaciones Científicas (CSIC)

Coordinador General de la obra:
S. Castroviejo † (Madrid)

Editores del volumen XVI (I):
J.A. Devesa (Córdoba), A. Quintanar (Madrid) & M.Á. García (Madrid)

Comité Bibliográfico:
H.M. Burdet (Ginebra), F. Muñoz Garmendia (Madrid) & P. Perret (Ginebra)

Asesores del volumen XVI (I):

C. Aedo (Madrid)
I. Aizpuru (San Sebastián)
J.A. Alejandre (Vitoria)
V.J. Arán (Madrid)
P. Aymerich (Berga)
P. Bariego (Zamora)
G. Blanca (Granada)
P. Cardoso da Silveira (Aveiro)
F. Cortés Gabaudan (Salamanca)
J. Domingues de Almeida (Coímbra)
C. Fabregat (Valencia)
L.M. Ferrero (Madrid)
A. Galán de Mera (Madrid)
X.R. García Martínez (Bayona)
J. Güemes (Valencia)
A. Herrero (Madrid)
E. Laguna (Valencia)
M. Lorda (Pamplona)
M. Martínez Pastor (Madrid)
L. Medina (Madrid)
C. Molina (Soria)
P. Montserrat (Jaca)
R. Morales (Madrid)
G. Moreno Moral (Santander)
F. Muñoz Garmendia (Madrid)
A. Ortega (Badajoz)
S. Ortiz (Santiago de Compostela)
J. Pedrol (Lérida)
J.L. Pérez Chiscano (Villanueva de la Serena)
M. Pinto da Silva Menezes de Sequeira (Funchal)
E. Rico (Salamanca)
L. Sáez (Barcelona)
L. Serra (Alcoy)
I. Soriano (Barcelona)
S. Talavera (Sevilla)
L. Villar (Jaca)

Ilustraciones: J.L. Castillo (Madrid), J. Pizarro (Madrid) & R. Tavera (Sevilla)

Asesor filológico: M. Martínez Pastor (Madrid)

AUTORES DE LAS SÍNTESIS GENÉRICAS DEL VOLUMEN XVI (I)

I. Arnelas (Córdoba): *Centaurea.*

G. Blanca (Granada): *Centaurea.*

P. Cantó (Madrid): *Klasea, Serratula.*

M.B. Crespo (Alicante): *Rhaponticum.*

M. de la Estrella (Córdoba): *Notobasis.*

J.A. Devesa (Córdoba): *Atractylis, Carduus, Carlina, Centaurea, Cheirolophus, Crupina, Cynara, Galactites, Mantisalca, Notobasis, Picnomon, Ptilostemom, Rhaponticoides, Rhaponticum, Saussurea, Silybum, Staehelina, Tyrimnus, Volutaria, Xeranthemum.*

E. López (Badajoz): *Centaurea.*

G. López (Madrid): *Carduncellus, Carthamus.*

J. López (Badajoz): *Atractylis, Carlina, Cynara, Rhaponticum, Saussurea, Volutaria.*

A. Muñoz (Huelva): *Centaurea.*

A. Ortega Olivencia (Badajoz): *Arctium, Echinops, Onopordum.*

A.J. Pujadas Salvà (Córdoba): *Jurinea, Rhaponticoides.*

V. Rodríguez Invernón (Córdoba): *Centaurea.*

T. Rodríguez Riaño (Badajoz): *Crupina, Staehelina, Xeranthemum.*

E. Ruiz de Clavijo (Córdoba): *Cheirolophus, Mantisalca.*

V.N. Suárez-Santiago (Granada): *Centaurea.*

S. Talavera (Sevilla): *Cirsium.*

ÍNDICE GENERAL DEL VOLUMEN XVI (I)

Preámbulo XI
Introducción XV
Expresión de gratitud XVIII
Herbarios básicos y personal de los mismos que ha colaborado en el volumen XVI (I) XXI
Floras básicas XXIII
Abreviaturas o siglas y signos usados en el texto XXV
Clave general XXIX

Parte descriptiva

Div. SPERMATOPHYTA

Angiospermae

Cl. Magnoliopsida
Subcl. Dicotyledones
Ord. Asterales
CLIX. Compositae 3

APÉNDICES

I. Indicación abreviada –más ampliaciones, etc.– que hacemos de los nombres de autores 607
II. Indicación abreviada –más equivalencias, etc.– que usamos para las publicaciones periódicas u ocasionales 615
III. Indicación abreviada –más equivalencias, etc.– que usamos para las obras autónomas 627
IV. Diccionario de los restrictivos específicos e infraespecíficos y de las subdivisiones genéricas consideradas correctas 643
V. Relación de novedades taxonómicas o nomenclaturales 681

ÍNDICES

Índice de láminas 685
Índice de nombres vernáculos 689
Índice de nombres científicos 703

PREÁMBULO

En el plan editorial que se trazó hacia 1997 se dividió *Flora iberica* en veintiún tomos de los que hemos publicado hasta la fecha dieciocho completos, sin contar la parte de las *Compositae* que ahora ve la luz. El tomo VII, dedicado a las *Leguminosae,* hubo de ser dividido en dos volúmenes, del mismo modo que se tiene previsto hacer con el XIX de las *Gramineae,* mientras que las *Compositae* (tomo XVI) necesitarán tres dado el elevado número de especies que contiene. Con la presentación de este primer volumen de las *Compositae* quedan por publicar los otros dos que completarán el tomo de dicha familia, más los tomos IX *(Rhamnaceae-Polygalaceae)* y XIX *(Gramineae)*. Aunque la tarea pendiente es todavía importante se vislumbra ya el final de la obra. Durante los seis años que probablemente se necesitarán para concluirla, se jubilará un nutrido grupo de los impulsores iniciales del proyecto, alguno de los cuales ha dedicado la práctica totalidad de su vida profesional a *Flora iberica*. Se comienza a notar ya la reducción del equipo que, con tanto entusiasmo, inició en los años ochenta esta empresa. En estas condiciones –y como consecuencia inevitable de la escasa repercusión curricular de las floras– es poco probable que en un futuro cercano se pueda poner en marcha la continuación natural de *Flora iberica,* es decir, la tan necesaria *Flora macaronesica,* que completaría el estudio de las plantas que viven en España y Portugal.

La división en tres volúmenes de las *Compositae* se ha organizado en torno a las tres subfamilias que se reconocen en el territorio de esta flora. En el primero se describen las *Carduoideae,* en el segundo las *Cichorioideae* y, en el tercero y último, las *Asteroideae*. Este volumen XVI (I), que ahora presentamos, se ha redactado y editado en un tiempo récord gracias a la inigualable entrega, eficiencia y capacidad de trabajo de Juan Antonio Devesa. El profesor Devesa no solo ha coordinado un equipo de investigadores de las universidades de Córdoba y Extremadura –al que se han añadido algunos otros especialistas de las universidades de Alicante, Granada, Huelva, Madrid (Complutense) y Sevilla y del Real Jardín Botánico–. También se ha encargado personalmente, como autor único o coautor, de veinte de los veintinueve géneros del volumen. Merece destacarse especialmente el esfuerzo realizado en el género *Centaurea,* el mayor de la flora ibérica, en el que el profesor Devesa ha conjuntado las aportaciones de otros seis autores en un texto que ocupa alrededor de un tercio del volumen. La clave para la identificación de los géneros es obra de Juan Antonio Devesa y Salvador Talavera. A su primera versión se añadieron las sugerencias y correcciones de Carlos Aedo, Carles Benedí, Antoni Buira, Manuel Benito Crespo y Enrique Rico.

Alejandro Quintanar se ha hecho cargo de buena parte de la edición técnica y de todo lo relativo a la finalización del volumen, pues la colaboración de Miguel

Ángel García antes de trasladarse a la universidad de Toronto fue fugaz, aunque intensa y de gran calidad. Al equipo de editores técnicos se ha unido, a principios del año 2014, Antoni Buira, que rápidamente se está poniendo al día en nuestros usos y ya ha hecho aportaciones útiles a la clave de géneros.

La mayoría de las ilustraciones del presente volumen han sido hechas por Rodrigo Tavera (Sevilla). Juan Luis Castillo (Madrid) y José Pizarro (Madrid) han contribuido, esta vez, con las láminas del género *Carduus* el primero y de *Serratula* y *Klasea* el segundo. Su habilidad artística y su buen conocimiento de las plantas hacen que nos ofrezcan dibujos de gran calidad y precisión, como corresponde a una obra científica.

El apoyo administrativo y económico al proyecto es renovado con regularidad por el Ministerio responsable de la investigación en España. Como ya se señaló en el tomo XX, este volumen XVI (I) se publicará al amparo de la novena fase del proyecto *Flora iberica* (CGL2011-28613-C03-01), que garantiza la actividad de los subproyectos de Córdoba, Madrid y Salamanca hasta finales de 2014. El equipo de Sevilla, dirigido por Salvador Talavera, que lleva un año de desfase con respecto a nuestro ciclo de financiación, recibió la noticia de la aprobación de su solicitud de financiación (CGL2012-32914) en el otoño del 2012, lo que asegura su trabajo durante el trienio 2013-2015. Cada uno de los cuatro equipos dedicados a *Flora iberica* cuenta además con el amparo de sus respectivas instituciones: el Consejo Superior de Investigaciones Científicas y las universidades de Córdoba, Salamanca y Sevilla; además del que le dan a algunos profesores, integrados en estos equipos, sus respectivas universidades de Alicante, Aveiro, Barcelona, Coímbra, Extremadura, Lérida, Madeira, Autónoma, Politécnica y Complutense de Madrid, San Pablo-CEU (Madrid), Valencia, y el Centro de Biodiversidad de Euskadi.

Continuamos trabajando para mejorar las herramientas electrónicas asociadas a nuestro proyecto. La página web de *Flora iberica* (www.floraiberica.org) nos permite adelantar los tratamientos de géneros ya concluidos, a la espera de que se completen y publiquen los volúmenes correspondientes, y obtener correcciones de una extensa red de asesores que contribuyen generosamente con su tiempo y sus conocimientos. También nos permite incorporar con rapidez los nuevos volúmenes en formato PDF, que se pueden descargar libremente al poco tiempo de que la tradicional versión en papel se publique. Asimismo tratamos, en la medida de lo posible, de ofrecer información útil sobre los volúmenes ya publicados (reimpresiones, erratas detectadas, nuevas especies, etc.) y sobre el equipo de trabajo (direcciones de contacto, géneros que están estudiando, etc.). La página del proyecto Anthos (www.anthos.es), que se financió hasta finales de 2013 gracias a la colaboración de la Fundación Biodiversidad, es una ayuda básica en la preparación de las síntesis genéricas, pues su millón quinientos mil registros corológicos nos permiten conocer con rapidez la distribución de las especies españolas. Dicha página es también una fuente de información sobre los nombres vernáculos, números cromosomáticos, estatus de conservación y los nombres científicos de las plantas ibéricas. El proyecto Anthos sirve también como puente para la transferencia de los resultados de una investigación básica, como es la taxonómica, hacia sus potenciales usuarios en el ámbito de la gestión y conservación del patrimonio natural.

La Biblioteca Digital del Real Jardín Botánico (http://bibdigital.rjb.csic.es/spa/index.php) merece párrafo aparte por la importancia singular que tiene para nuestro proyecto. Esta iniciativa de Félix Muñoz Garmendia sigue activa gracias al apoyo de la Dirección General de Investigación Científica y Técnica, actualmente en el del Ministerio de Economía y Competitividad, que ha renovado su financiación con un contrato trianual que concluye a finales del 2014. Hay que destacar que para nuestro quehacer diario es una herramienta vital, que se acerca ya al millón setecientas mil páginas digitalizadas, lo que permite un acceso rápido y cómodo a lo más relevante de la literatura botánica con la que trabajamos. Tras el inesperado y súbito relevo de su hacedor, solo queda desear que su sustituto tenga los conocimientos botánicos necesarios para que se siga en la misma línea de innovación, mejora de la calidad técnica e incremento de sus fondos.

Con este se han publicado ya 18 tomos completos más el primer volumen de otro y quedarían por tanto tres tomos (uno de ellos incompleto) para finalizar la obra. Se han estudiado hasta el momento 169 de las 189 familias representadas en *Flora iberica* –aunque no se debe olvidar que aún faltan buena parte de la especies de las *Compositae*–, lo que hace un total de 956 géneros y 4888 especies (5642 táxones si se incluyen los infraespecíficos). En este primer volumen del tomo XVI (I) se describe 1 familia, 29 géneros y 209 especies.

Carlos Aedo
Agosto 2014

INTRODUCCIÓN

Esta obra se ordena esencialmente a facilitar la identificación de las plantas vasculares autóctonas o naturalizadas en la Península Ibérica e Islas Baleares. Por eso, una gran parte de la información que suministra se refiere a los caracteres que diferencian unas plantas de otras y hemos pretendido que la estructura de las descripciones ayude a una contraposición rápida, fácil. Es decir, la obra no se concibió como prolijamente descriptiva, sino como diagnóstica en primer término. Cierto que la compleja taxonomía de algunos géneros nos ha llevado en no pocas ocasiones a descripciones más amplias, con lo que perdemos, en alguna medida, la homogeneidad en este punto.

Por lo que se refiere a las angiospermas, para las entidades taxonómicas elevadas y hasta el rango de familia inclusive, nos venimos ajustando en jerarquías y conceptos, prácticamente, al sistema de Stebbins, *Flowering plants-Evolution above the species level* (1974). Nos apartamos del sistema en cuestión al aceptar como diversas las familias *Viscaceae* y *Loranthaceae* en el volumen VIII. Ya en el volumen I, nos habíamos apartado también al incluir en las *Papaveraceae* –como subfamilia *Fumarioideae*– las *Fumariaceae* de la referida obra y, en la clave, al considerar familias independientes las *Asclepiadaceae, Lilaeaceae, Posidoniaceae* y *Amaryllidaceae.* En el volumen XI diferimos del mencionado sistema al incluir las *Cuscutaceae* en las *Convolvulaceae,* y al considerar como familia independiente las *Asclepiadaceae* que Stebbins integra en las *Apocynaceae.*

La terminología descriptiva se ajusta, salvo excepciones infrecuentes, a la de Font Quer, Diccionario de Botánica (1953). Se puso especial empeño en evitar –aunque no siempre ha sido posible– los términos castellanos que vayan tal vez a resultarles incómodos a los usuarios portugueses de la obra.

Las descripciones de los géneros van a referirse de modo preferente a las plantas del territorio que nos ocupa. En tanto que las claves –así de familias como de géneros y especies o subespecies–, igualmente, se han basado en la observación directa y casi exclusiva de plantas ibéricas y baleáricas.

Para los nombres genéricos, tras las correspondientes autorías, nos limitamos a indicar, en su caso, "nom. cons.", lo que parecía útil y resultaba sencillo. Hemos decidido también, por añadidura no tan sencilla ni habitual, incluir entre corchetes, a continuación, la etimología de tales nombres, más indicaciones acerca de su género gramatical, prosodia y otras, cuando es posible hacer alguna útil en pocas palabras. Para los restrictivos infragenéricos, específicos y subespecíficos, la oportuna información se da en el Apéndice IV, adelantándose tan solo en el cuerpo de la obra la muy parcial de que se habla líneas más abajo.

Sobre cada especie o subespecie damos las informaciones que siguen, por su orden riguroso:

1.º *Nombre considerado correcto* (es decir, el que según el Código Internacional de Nomenclatura Botánica debería utilizarse, a nuestro juicio taxonómico), autor o autores implicados en tal combinación, más referencia bibliográfica del texto que la establece con validez jurídica. Las abreviaturas de los nombres de autores, publicaciones periódicas u ocasionales y obras autónomas figuran, de modo respectivo, en los apéndices I, II y III, estando en toda hipótesis de acuerdo fundamental con las más generalizadas normas y usos internacionales. Por lo que afecta a las abreviaturas de obras autónomas seguimos, como se ha dicho reiteradamente, lo propuesto por F.A. Stafleu, R.S. Cowan & E. Mennega en *Taxonomic Literature ed. 2* [http://tl2.idcpublishers.info/]; cuando una obra no figura en esa relación, nosotros mismos proponemos la abreviatura siguiendo esas mismas pautas. Algo similar hemos de decir para las abreviaturas de las revistas recogidas en el conocido BPH *(Botanico - Periodicum - Huntianum).* Por último, para los nombres de los autores que no figuran en la relación de R.K. Brummitt & C.E. Powell, *Authors of Plant Names,* procuramos seguir las recomendaciones que se dan en el IPNI [http://www.ipni.org/index.html]. En línea con la combinación o con su final, en el margen derecho, es de advertir que aparece de nuevo todo restrictivo –en tipo menos destacado y entre corchetes– con la tilde que indica la sílaba en que la intensidad tónica deberá, o al menos podrá, recaer correctamente, información que parece no poco útil; y, también *ad informationem,* una mayúscula inicia esos restrictivos en el caso de que se los haya de considerar nombres en aposición, lo sean de lugares y personas o estén relacionados con estas, aunque la vieja tradición botánico-tipográfica vaya cayendo en desuso.

2.º *Sinónimos.* En el cuerpo de la obra deberán ir los nombres no correctos que han figurado en las Floras Básicas en el rango específico y subespecífico, más algún otro que lo merezca por otra razón, a juicio de los editores. Cuando existe un basiónimo como tal –o nombre substituido, en su caso–, va en primer término, con cita bibliográfica plena, y se lo señala expresamente. Se hizo un esfuerzo no pequeño para que nuestro índice recoja toda la sinonimia útil, incluso en el rango varietal.

3.º *Indicación locotípica.* Se transcribe literalmente la parte del protólogo que se refiere a lo geográfico y, cuando es necesario, se añade alguna palabra o frase complementaria o aclaratoria de aquella. Entre corchetes y tras la indicación locotípica se indica ocasionalmente el tipo. Se ha adoptado un sistema conciso en el que se señala tan solo la referencia bibliográfica que apoya la designación y la sigla del herbario donde se encuentra el pliego.

4.º *Iconografía.* En este ítem pueden figurar dos tipos de referencias: las que remiten a icones, de cierta calidad, publicados en obras a poder ser accesibles; y las que remiten a nuestras láminas originales –una por género, al menos–, así como a las figuras explicativas. En concreto, el total de los endemismos ibéricos o baleares no iconografiados ya en forma satisfactoria y en obra fácilmente accesible, lo es aquí de manera prioritaria.

5.º *Descripción.* Se procuró que fuese concisa, y como ya está dicho, se ha sacrificado la homogeneidad en aras de la funcionalidad, aunque tal sacrificio implique alguna falta de proporción externa. Se puso interés en que no fuese omitido ningún carácter diagnóstico de importancia.

6.º *Números cromosomáticos.* Se los indica siempre que son conocidos y refiriéndonos a recuentos ibéricos, de modo preferencial: solo acudimos a recuentos llevados a cabo en plantas extraibéricas –a los que se añade un asterisco– en el caso de que no se conozca ninguno ibérico, más en el de que los ibéricos difieran de los extraibéricos.

7.º *Hábitat.* Nos referimos a él de modo que la flora sea fácilmente inteligible a los no expertos en asunto conflictivo por demás. De forma concreta, deliberada, hemos renunciado al uso de la terminología fitosociológica, no solo por inconvenientes internos –falta de homogeneidad y estabilidad–, sino también por el hecho innegable de que muchos taxónomos la desconocen.

8.º *Floración.* Nuestros datos relativos a la floración no han de ser tomados en sentido estricto, absoluto, ya que ésta depende muchísimo de factores múltiples, en territorio muy amplio y heterogéneo. Señalamos como topes los meses primero y último que indican las etiquetas de los pliegos útiles disponibles.

9.º *Corología.* Se indica de modo muy esquemático la distribución total del taxon referido, para luego concretar la distribución peninsular y/o baleárica, en breve frase; detallándose, por fin, las provincias –tanto españolas como portuguesas– e islas en que su presencia consta por el material de los Herbarios Básicos o, en géneros sin graves problemas taxonómicos, por el testimonio en firme de los asesores y, de manera ocasional –siglas entre paréntesis–, por el testimonio de algún especialista, en géneros o grupos conflictivos, o por citas fiables aunque no respaldadas por pliego ninguno; los corchetes, a su vez, denotan que se trata de taxon meramente alóctono en la provincia, pero que, por uno u otro motivo, puede no parecerlo; en tanto que una interrogación se refiere a dudas geográficas o taxonómicas, leves de ordinario, y el signo † indica extinción local de la planta. El código provincial PM, sin más precisiones, se usa para indicar que la planta a la que va asociado se encuentra en las tres islas mayores [Mll Mn Ib] del archipiélago balear, según se deduce del estudio de los pliegos de herbario hecho por el autor de la síntesis. Si esa sigla figura entre paréntesis (PM), ha de entenderse que la planta se encuentra también en las mismas islas, afirmación que se hace al amparo exclusivo de fuentes bibliográficas, pero no de pliego alguno de herbario. Con el signo ● van señalados los táxones endémicos. Precede también, alfabéticamente, la indicación **And.** –Andorra–, en su caso. He aquí los códigos utilizados para España y Portugal, en orden siempre alfabético:

ESPAÑA

A	Alicante
Ab	Albacete
Al	Almería
Av	Ávila
B	Barcelona
Ba	Badajoz
Bi	Vizcaya
Bu	Burgos
C	La Coruña (A Coruña)
Ca	Cádiz
Cc	Cáceres
Co	Córdoba
CR	Ciudad Real
Cs	Castellón
Cu	Cuenca
Ge	Gerona (Girona)
Gr	Granada
Gu	Guadalajara
H	Huelva
Hu	Huesca
J	Jaén
L	Lérida (Lleida)
Le	León
Lo	La Rioja (Logroño)
Lu	Lugo
M	Madrid
Ma	Málaga
Mu	Murcia
Na	Navarra
O	Asturias (Oviedo)

Or Orense (Ourense)
P Palencia
PM Islas Baleares
Mll Mallorca
Mn Menorca
Ib Ibiza
Po Pontevedra
S Cantabria (Santander)
Sa Salamanca
Se Sevilla
Sg Segovia
So Soria
SS Guipúzcoa
T Tarragona
Te Teruel
To Toledo
V Valencia
Va Valladolid
Vi Álava
Z Zaragoza
Za Zamora

PORTUGAL
AAl Alto Alentejo
Ag Algarve
BA Beira Alta
BAl Baixo Alentejo
BB Beira Baixa
BL Beira Litoral
DL Douro Litoral
E Estremadura
Mi Minho
R Ribatejo
TM Trás-os-Montes (Alto Douro)

10.º *Nombres vernáculos.* A continuación, si ha lugar, enumeramos los nombres peninsulares o insulares que más comúnmente se aplican a la planta, entendiéndose por nombre vernáculo no solo el vulgar o usado por el vulgo, sino cualquier otro admitido, por una u otra vía, en los idiomas que nos conciernen. Quede claro que no aspiramos a ser exhaustivos en este punto y que apenas hemos hecho investigación propia: nuestra información es, fundamentalmente, bibliográfica. Y como quiera que de un solo nombre puede haber multitud de variantes locales, explicitemos que habrá de atenderse, dentro de cada grupo, a las más extendidas. Como es lógico, se hace constar si los nombres en cuestión corresponden a los idiomas castellano –sobreentendido–, catalán, euskera, gallego y portugués, del continente o no, sin excesivas distinciones.

11.º *Observaciones.* Con frecuencia, en parrafito autónomo, solemos añadir sucinta información sobre propiedades y demás. Ocasionalmente preceden o siguen algunas observaciones, de índole sobre todo taxonómica: en ellas nos hemos referido más de una vez a presuntas variedades, rango este cuyo tratamiento es aquí heterogéneo, lo que se imponía señalar.

12.º *Especies que han de buscarse.* Indicamos en este ítem aquellas de presencia probable en nuestro territorio, aunque no confirmada.

13.º Los híbridos, cuya existencia en el territorio de la *Flora* consta en firme, simplemente se indican tras cada género.

El trabajo crítico negativo y una parte del positivo, así como las "novitates" que se imponían –a juicio de los autores–, van siendo publicados en su gran mayoría por delante de la obra. En general, forman parte de nuestras *Notulae taxinomicae, chorologicae, nomenclaturales, bibliographicae aut philologicae in opus "Flora iberica" intendentes*, acogidas ahora por *Acta Botanica Malacitana*.

EXPRESIÓN DE GRATITUD

Reiteremos, en primer lugar, la que se debe a la *Dirección General de Investigación Científica y Técnica,* ahora en el *Ministerio de Economía e Competitividad,* por el apoyo a nuestra tarea, demostrado al aprobar la fase IX [CGL2011-

28613-C03-01] con la que se nos garantiza financiación hasta el año 2014, inclusive. Ese apoyo nos lo vienen dando desde que empezamos los respectivos departamentos encargados de la gestión de la investigación científica en nuestro país, al igual que el *Consejo Superior de Investigaciones Científicas* y las universidades que acogen a los investigadores de cada uno de los subproyectos.

Si la ayuda económica es importante, no lo es menos la científica que nos dan muchos departamentos de investigación y jardines botánicos al prestarnos sus colecciones para la elaboración de las síntesis de los géneros. Destacaremos, en primer lugar, la trascendente de los herbarios básicos (BC, BCN, COI, G, GDA-GDAC, JACA, MA, MAF, MGC, SALA, SEV y VAL), en donde se nos trata con diligencia y generosidad. También lo hacen los responsables de aquellos otros a los que hemos pedido material –o visitado– para la preparación de este volumen, en concreto nos referimos a ABH, ARAN, B, BIO, BORD, BP, C, COA, COFC, FCO, HAL, HUAL, JAEN, LE, LINN, LISE, LISI, LISU, LOU, LY, MPU, MUB, NCY, P, SANT, UNEX, UPS y VALA. Diremos lo mismo de los herbarios personales de Juan Antonio Alejandre, Pere Fraga, José Luis Pérez Chiscano, Vicente Rodríguez Gracia, Óscar Sánchez Pedraja, Luis Serra Laliga y Nestor Torres. Pedro Montserrat, nuestro más veterano colaborador, ajeno a la provecta edad que denuncia su DNI, sigue ayundándonos todo lo que puede, que afortunadamente aún es mucho y de grande importancia.

El Prof. Marcelo Martínez Pastor –Catedrático Emérito de Filología Latina de la Universidad Complutense– continúa siendo pieza esencial en las aportaciones que firma con su viejo pero activo amigo Manuel Laínz y con el responsable máximo del conjunto, Félix Muñoz Garmendia –firmas las del Apéndice IV extensibles, evidentemente, a las anónimas y asimismo no poco documentadas aclaraciones que tras cada nombre genérico el texto general vino siempre incorporándose–. A este equipo se une ahora Francisco Cortés Gabaudan, profesor de Filología Griega de la Universidad de Salamanca. Félix, además, no deja de dictar doctrina ante cuantos se acercan a su "despacho-consultorio" con dudas sobre los asuntos bibliográficos y nomenclaturales más diversos.

Seguimos contando con la ayuda de colaboradores de todo tipo que, aunque no están formalmente vinculados a la *Flora,* se prestan a aportar los datos más diversos o los materiales más heterogéneos que apreciamos muy de veras. Entre quienes, para las familias incluidas en este tomo, nos hicieron llegar plantas, datos de campo pedidos explícitamente o información bibliográfica de lo más diverso debemos mencionar a: Carmen Acedo (León), Baltasar Cabezudo (Málaga), Juan Antonio Durán (Santander), José Vicente Ferrández (Monzón), Juan Antonio García Rojas (San Roque), Werner Greuter (Berlín), Juan Manuel Martínez Labarga (Madrid), Jorge Paiva (Coímbra), Aarón Péres (Barcelona), Juan Luis Rendón (San Fernando), José Manuel Rodríguez Berdasco (Oviedo), Enrique Sánchez Gullón (Huelva), Alexander Silva (Seia), Francisco Vázquez (Badajoz) y Pedro Weickert (Huelva).

Sigue siendo fundamental para nosotros el apoyo del Conservatorio Botánico de Ginebra, en donde su director, Prof. Pierre-André Loizeau, continúa en la línea de sus predecesores y nos acoge con afecto renovado. En el herbario, Laurent Gautier y el resto de los conservadores lo siguen haciendo con eficiencia; en la biblioteca, Patrick Perret y todo su equipo atienden nuestras consultas con la diligencia y eficacia habituales.

Ya hemos mencionado el apoyo del *Consejo Superior de Investigaciones Científicas* que se concreta principalmente a través del Departamento de Publicaciones, donde siempre hemos contado con la inestimable ayuda de su director, Ramón B. Rodríguez, y la magnífica disposición del encargado de la producción editorial, José Manuel Prieto.

Reiteramos, una vez más, nuestra gratitud a todos los colaboradores del proyecto en este Real Jardín Botánico, especialmente al conservador del herbario hasta junio del 2014, Mauricio Velayos, y a su equipo. En el herbario nos ayuda siempre con eficiencia Concha Baranda, responsable de la gestión del material, así como el resto del personal del herbario que se ocupa de tareas tan relevantes como el montaje y preparación de las plantas y su informatización (Marta Fernández, Valentín Fernández, Eva García, Miguel Ángel Guirado, Marta Jiménez, Carlos Moreno y Mercedes Sanjuán, más el personal adscrito a los proyectos de informatización y los voluntarios). En la biblioteca, ahora bajo la responsabilidad de Eugenia Insúa, contamos siempre con la ayuda de todo su equipo. Merece, sin embargo, un reconocimiento especial Helena Velayos, por su paciencia y entrega con nuestras solicitudes de documentación. En el equipo técnico de edición Marta Díaz, que ya había trabajado con nosotros ocasionalmente, se ha ocupado de la maquetación y de las innumerables correcciones que se hacen necesarias en la fase final de la producción del libro. Gabriel Páez de la Cadena se encarga, con admirable paciencia y eficacia, de limpiar las erratas o "ardillas" que inevitablemente se esconden en el texto. Antonio Martín Ciudad, Leopoldo Medina y Marta Fernández Albert se han dedicado, con envidiable meticulosidad y entusiasmo, a mejorar nuestros sitios web dedicados a la *Flora* y *Anthos*, respectivamente, muchas veces con la ayuda de los informáticos Javier Reyes y Fructuoso Martínez. Adela Bornia, por último, se ocupa de la secretaría. A todos ellos nuestra gratitud.

HERBARIOS BÁSICOS Y PERSONAL DE LOS MISMOS QUE HA COLABORADO EN EL VOLUMEN XVI (I)

BC Instituto Botánico de Barcelona [director: A. Susanna].
N. Ibáñez (conservadora y responsable), N. Nualart (conservadora), R. Fernández, J. Pallàs y Anna Prats (técnicos).

BCN (antes BCC y BCF) Herbario de la Universidad de Barcelona [director: J. Molero Briones].
C. Benedí (conservador).

COI Instituto Botânico da Universidade, Coímbra [directora: M.H. Freitas].
F. Sales (conservadora).

G Conservatoire et Jardin Botaniques de la Ville de Genève [director: P.-A. Loizeau].
Laurent Gautier (conservador).

GDA-GDAC Herbario de la Universidad de Granada. Departamento de Biología Vegetal [directora: C. Morales Torres].
M.C. Quesada (conservadora).

JACA Instituto Pirenaico de Ecología, CSIC. Jaca [director: L. Villar].
J.D. Gómez (conservador).

MA Real Jardín Botánico de Madrid, CSIC [director: J. Muñoz].
M. Dueñas (conservadora).

MAF Herbario de la Facultad de Farmacia. Universidad Complutense de Madrid [directora: A.M. Crespo de las Casas].
J.M. Pizarro (conservador).

MGC Facultad de Ciencias. Universidad de Málaga [director: B. Cabezudo].
F.D. Navas (conservador).

SALA Herbario de la Universidad de Salamanca [director: E. Rico].
J. Hernández García (conservador).

SEV Herbario de la Universidad de Sevilla [responsable: S. Talavera].
F.J. Salgueiro (técnico-conservador).

VAL (incluye VAB y VF) Herbario de la Universidad de Valencia [directora: I. Mateu]
J. Riera (conservador).

FLORAS BÁSICAS *

AIZPURU, I., C. ASEGINOLAZA, P.M. URIBE-ECHEBARRÍA, P. URRUTIA & I. ZORRAKIN (eds.) *Claves ilustradas de la flora del País Vasco y territorios limítrofes.* Vitoria, 1999 [versión en euskera, *Euskal Herriko landareak eta inguruetakoak sailkatzeko gako irudidunak,* 2004].

BLANCA, G., B. CABEZUDO, M. CUETO, C. FERNÁNDEZ LÓPEZ & M.C. MORALES (eds.) *Flora vascular de Andalucía Oriental.* Sevilla, 2009, 4 vols.; ed. 2, Blanca, G., B. Cabezudo, M. Cueto, C. Salazar & M.C. Morales (eds.), 2011, 1 vol.

BOLÒS, O. & J. VIGO *Flora dels Països Catalans.* Barcelona, 1984- [vol. 1: *Volum I (Introducció. Licopodiàcies-Capparidàcies),* 1984; vol. 2: *Volum II (Crucíferes-Amarantàcies),* 1990; vol. 3: *Volum III (Piròlacies-Compostes),* 1996; vol. 4: *Volum IV (Monocotiledònies),* 2001].

COUTINHO, A.X. PEREIRA *Flora de Portugal (plantas vasculares) disposta em chaves dicotómicas. 2.ª edição dirigida pelo Dr. Ruy Telles Palhinha...* Lisboa, 1939.

FRANCO, J. DO AMARAL *Nova flora de Portugal (Continente e Açores).* Lisboa, 1971-2003 [vol. 1: *Volume I. Lycopodiaceae-Umbelliferae por... (Pteridophyta com a colaboração de M.L. Rocha Afonso),* 1971; vol. 2: *Volume II. Clethraceae-Compositae por...,* 1984; vol. 3: *Volume III (Fascículo I). Alismataceae-Iridaceae por... e M.L. Rocha Afonso,* 1994; *(Fascículo II). Gramineae por... e M.L. Rocha Afonso,* 1998; *(Fascículo III). Juncaceae-Orchidaceae por... e M.L. Rocha Afonso,* 2003].

GREUTER, W.R., H.M. BURDET & G. LONG (eds.) *Med-Checklist. A critical inventory of vascular plants of the circum-mediterranean countries...* Ginebra, 1984- [vol. 1: *1. Pteridophyta (ed. 2). Gymnospermae. Dicotyledones (Acanthaceae-Cneoraceae),* 1984; vol. 2: *2. Dicotyledones (Compositae),* 2008, eds. W. Greuter & E. Raab-Straube; vol. 3: *3. Dicotyledones (Convolvulaceae-Labiatae),* 1986; vol. 4: *4. Dicotyledones (Lauraceae-Rhamnaceae),* 1989].

MERINO Y ROMÁN, B. *Flora descriptiva é ilustrada de Galicia.* Santiago de Compostela, 1905-1909, 3 vols.

TUTIN, T.G., N.A. BURGES, A.O. CHATER, J.R. EDMONDSON, V.H. HEYWOOD, D.M. MOORE, D.H. VALENTINE, S.M. WALTERS & D.A. WEBB (eds.) *Flora europaea,* volume 1, *Psilotaceae to Platanaceae.* Second edition. Cambridge, 1993.

TUTIN, T.G., V.H. HEYWOOD, N.A. BURGES, D.H. VALENTINE, S.M. WALTERS & D.A. WEBB (eds.) *Flora europaea.* Cambridge, 1964-1980, 5 vols. [en los vols. 2-5, a los editores mencionados se suma D.M. MOORE].

---

* La *Flora de Catalunya* (1913-1937) de Cadevall y la Flora Balearica (1921-1923) de Knoche han dejado de tener la consideración de Floras Básicas, porque su contenido se recoge en la moderna *Flora dels Països Catalans* (1984-2001) de O. Bolòs & J. Vigo.

VALDÉS, B., S. TALAVERA & E. FERNÁNDEZ-GALIANO (eds.) *Flora vascular de Andalucía Occidental.* Barcelona, 1987, 3 vols.

WILLKOMM, M. *Supplementum Prodromi Florae Hispanicae sive enumeratio et descriptio omnium plantarum inde ab anno 1862 usque ad annum 1893 in Hispania detectarum quae innotuerunt auctori, adjectis locis novis specierum jam notarum.* Stuttgart, 1893.

WILLKOMM, M. & J. LANGE *Prodromus florae hispanicae seu synopsis methodica omnium plantarum in Hispania sponte nascentium vel frequentius cultarum quae innotuerunt.* Stuttgart, [1861]1870-1880, 3 vols.

ABREVIATURAS O SIGLAS Y SIGNOS USADOS EN EL TEXTO

Abb. *Abbildung* (ilustración)
al. *alii* (otros)
And. Andorra
ap. *apud* (en la publicación de)
ár. árabe
auct. *auctorum* (de los autores)
balear. *balearicus, -a, -um* (de las Baleares)
basión. basiónimo
bot. en botánica
C Centro
c. *circiter* (aproximadamente), *circa* (en torno a)
cat. catalán
cf. *confer* (compara con, véase)
cl. *classis* (clase)
cm centímetro
comb. *combinatio* (combinación)
conv. ed. *convening editor* (editor coordinador)
cv. cultivar (*cultivarietas*)
descr. *descriptio* (descripción)
descr. in sched. *descriptio in schedula* (descripción en una etiqueta de herbario)
DLE Diccionario de la Lengua Española (de la Real Academia Española)
E Este
ed. *editio* (edición), en referencias bibliográficas; *editor* (editor), en los demás casos
eds. editores (editores)
Esp. España
esp. español
eusk. euskera
exc. *exceptus, -a, -um* (exceptuado)
excl. *exclusus, -a, um* (excluido)
excl. loc. *excluso loco*
f. femenino, en contexto gramatical; forma, como rango taxonómico
fam. *familia* (familia)
fasc(s). fascículo(s)
fig(s). figura(s)
fil. *filius* (hijo)
fl. *floruit* (floreció, desarrolló su actividad en esa época)
gall. gallego
gen. *genus* (género)
gr. griego, en contexto filológico; grex, grupo, en contexto taxonómico
hisp. *hispanicus, -a, -um* (de España)
hort. *hortorum* (de los jardines, en general botánicos)
hybrid. *hybridus, -a, -um* (híbrido)

iber. *ibericus, -a, -um* [ibérico, de Iberia (tanto de la Península Ibérica como de la Iberia caucásica, hoy Georgia)]
ic. iconografía
i.e. *id est* (esto es)
incl. *inclusus, -a, -um* (incluido)
ind. loc. *indicatio locotypica* (indicación locotípica)
in err. *in erratis* (en la fe de erratas de la obra)
in sched. *in schedula* (en una etiqueta de herbario)
lám. lámina
lat. latín
loc. *locus* (localidad)
loc. cit. *loco citato* (lugar citado)
loc. class. *locus classicus* (localidad clásica)
lusit. *lusitanicus, -a, -um* (de Portugal)
m metro
m. masculino
mm milímetro
N Norte
n. neutro, en contexto gramatical; nacido, en contexto biográfico
n.º número
nom. alt. *nomen alternativum* (nombre alternativo)
nom. ambig. *nomem ambiguum* (nombre ambiguo)
nom. cons. *nomen conservandum* (nombre cuya conservación ha sido aceptada)
nom. cons. prop. *nomen conservandum propositum* (nombre cuya conservación ha sido propuesta)
nom. illeg. *nomen illegitimum* (nombre ilegítimo)
nom. inval. *nomen invalidum* (nombre inválido)
nom. nov. *nomen novum* (nombre nuevo)
nom. nud. *nomen nudum* (nombre inválido, por no tener descripción o referencia a alguna ya publicada)
nom. prov. *nomen provisorium* (nombre provisional)
nom. rejic. *nomen rejiciendum* (nombre rechazado)
nom. rejic. prop. *nomen rejiciendum* propositum (nombre propuesto para ser rechazado)
nom. subst. *nomen substitutum* (nombre substituido)
nothosubsp. *nothosubspecies* (subespecie híbrida)
nov. *novus, -a, -um* (nuevo)
n.v. nombre vernáculo; detrás de una referencia bibliográfica, *non vidi* (no lo he visto)
ord. *ordo* (orden)
orth. cons. *orthographia conservanda* (grafía cuya conservación ha sido aceptada)
p. max. p. *pro maxima parte* (por lo que a la mayor parte hace)
p.p. *pro parte* (en parte)
pag. *pagella* (página)
pág. página
pl. *plate* (lámina, plancha); plural, en contexto gramatical
Port. Portugal
port. portugués
pr. *prope* (cerca de)
S Sur
s.l. *sensu lato* (en sentido amplio)
s.n. sin número, en referencia a dibujos
s.str. *sensu stricto* (en sentido estricto)
sec. *secundum* (según, en opinión de)
sect. *sectio* (sección)

CÓDIGOS PROVINCIALES

ESPAÑA

A	Alicante
Ab	Albacete
Al	Almería
Av	Ávila
B	Barcelona
Ba	Badajoz
Bi	Vizcaya
Bu	Burgos
C	La Coruña (A Coruña)
Ca	Cádiz
Cc	Cáceres
Co	Córdoba
CR	Ciudad Real
Cs	Castellón
Cu	Cuenca
Ge	Gerona (Girona)
Gr	Granada
Gu	Guadalajara
H	Huelva
Hu	Huesca
J	Jaén
L	Lérida (Lleida)
Le	León
Lo	La Rioja (Logroño)
Lu	Lugo
M	Madrid
Ma	Málaga
Mu	Murcia
Na	Navarra
O	Asturias (Oviedo)
Or	Orense (Ourense)
P	Palencia
PM	Islas Baleares
Mll	Mallorca
Mn	Menorca
Ib	Ibiza
Po	Pontevedra
S	Cantabria (Santander)
Sa	Salamanca
Se	Sevilla
Sg	Segovia
So	Soria
SS	Guipúzcoa
T	Tarragona
Te	Teruel
To	Toledo
V	Valencia
Va	Valladolid
Vi	Álava
Z	Zaragoza
Za	Zamora

PORTUGAL

AAl	Alto Alentejo
Ag	Algarve
BA	Beira Alta
BAl	Baixo Alentejo
BB	Beira Baixa
BL	Beira Litoral
DL	Douro Litoral
E	Estremadura
Mi	Minho
R	Ribatejo
TM	Trás-os-Montes (Alto Douro)

ser. *series* (serie)
sp. *species* (especie)
sp. pl. *species plures* (especies varias)
stat. *status* (categoría o rango taxonómico)
subcl. *subclassis* (subclase)
subfam. *subfamilia* (subfamilia)
subgen. *subgenus* (subgénero)
subsect. *subsectio* (subsección)
subsp. *subspecies* (subespecie)
superfl. *superfluus* (superfluo)
syn. subst. *synonymon substitutum* (sinónimo substituido)
tab. *tabula* (tabla, lámina)
Taf. *Tafel* (tabla, lámina)
taxon infraesp. taxon infraespecífico
typ. excl. *typus exclusus* (excluido el tipo)
v.gr. *verbi gratia* (por ejemplo)
var. *varietas* (variedad)
vol(s). volumen/volúmenes
W Oeste

µm micrómetro
n número gamético de cromosomas
2*n* número somático de cromosomas
± más o menos
> mayor que
⩾ mayor o igual que
< menor que
⩽ menor o igual que
% tanto por ciento
I-XII meses del año
= igualdad heterotípica, en contexto taxonómico; igual, en contexto filológico.
≡ igualdad homotípica
// se utiliza para separar dos acepciones diferentes de una misma palabra, en contexto filológico
● endemismo del área cubierta por esta *Flora*
† después de una sigla provincial, denota que la planta se ha extinguido en esa provincia; después del nombre de una persona, indica que ésta ha fallecido
? después de una sigla provincial, denota que la presencia de la planta en esa provincia es un tanto incierta, por no ser absolutamente segura la determinación o porque la cita se refiere a localidad que se halla en el mismo límite político; después de una sigla provincial entre paréntesis, indica que hay ciertas dudas sobre la fiabilidad de la cita
* después de un número cromosomático, indica que el recuento está hecho sobre material extraibérico; en el resto de los casos remite a notas infrapaginales
[ ] encerrando una sigla provincial, indica que el taxon en cuestión está naturalizado –o está cultivado y puede no parecerlo– en esa provincia; después de PM, se usa para indicar las islas en las que la planta está presente; en el resto de los casos, para incluir una aclaración hecha por los editores
( ) encerrando una sigla provincial, indica que la presencia del taxon en la provincia consta por el testimonio de algún especialista, asesor o por cita bibliográfica fiable, aunque no por el material revisado por el autor; en los números cromosomáticos, que se trata de un recuento excepcional; en las medidas de las descripciones o en la fenología, datos extremos

CLAVE GENERAL*

1. Plantas sin flores ni semillas, con esporas contenidas en esporangios, ± agrupados en las axilas o en el envés de las hojas, o en conos terminales .... **Pteridophyta** (véase vol. 1)
– Plantas con flores o conos –a veces muy simplificados– que llevan los rudimentos seminales o los sacos polínicos; semillas contenidas en frutos, en estróbilos o en gálbulos, raramente solitarias 2
2. Flores unisexuales, generalmente agrupadas en conos masculinos y femeninos, las femeninas sin ovario, ni estilo, ni estigma; rudimentos seminales al descubierto; semillas solitarias o más frecuentemente contenidas en estróbilos o gálbulos; plantas leñosas, a menudo resinosas ..... **Gymnospermae** (véase vol. 1)
– Flores unisexuales o hermafroditas, solitarias o agrupadas en inflorescencias variadas, con ovario o estambres, o ambas cosas a la vez; rudimentos seminales encerrados en el ovario; semillas contenidas en frutos variados; plantas herbáceas o leñosas, generalmente no resinosas ..... **Angiospermae**

Angiospermae

Incluye todas las familias de los volúmenes I al VIII, del X al XVIII, XX y XXI, que van numeradas, y la gran mayoría de las familias de los demás volúmenes, aunque puede haber sido omitida alguna de las tan solo representadas por plantas introducidas.

1. Plantas acuáticas, sumergidas o flotantes, que no enraízan en el substrato 2
– Plantas terrestres o acuáticas que enraízan en el substrato 7
2[1]. Plantas sin hojas ni tallos claramente diferenciados ... **CLXXX. Lemnaceae** (vol. 18)
– Plantas con hojas y tallos claramente diferenciados 3
3[2]. Hojas divididas en numerosos segmentos filiformes 4
– Hojas no divididas en numerosos segmentos filiformes 5
4[3]. Plantas con pequeñas vejigas en las hojas, o tallos aparentemente afilos ..... **CLII. Lentibulariaceae** p.p. (vol. 14)
– Plantas sin pequeñas vejigas en las hojas; tallos siempre con hojas verticiladas o semiverticiladas ..... **XXXIV. Ceratophyllaceae** p.p. (vol. 1)
5[3]. Pecíolos no engrosados, sin espacios intercelulares aeríferos ..... **CLXII. Hydrocharitaceae** p.p. (vol. 17)
– Pecíolos, al menos los de las hojas emergentes, engrosados y con espacios intercelulares aeríferos..... 6
6[5]. Plantas homofilas; hojas simples y enteras; cáliz y corola no diferenciados; tépalos 6; estambres 3 o 6; plantas rizomatosas ..... **CLXXX. Pontederiaceae** p.p. (vol. 18)

* Adaptada de T.G. Tutin & al. (eds.), *Flora Europaea,* vol. 5 (1985)

– Plantas heterofilas –hojas sumergidas disectas, las emergentes rómbicas–; cáliz y corola diferenciados; sépalos, pétalos y estambres 4; plantas con raíces fibrosas .... **XCIV. Trapaceae** (vol. 8)

7[1]. Flores sin perianto, o con el perianto formado por 1 solo verticilo, o por 2 verticilos similares en forma, tamaño, color y textura 8

– Flores con el perianto formado por 2 –raramente más– verticilos que difieren claramente en forma, tamaño, color o textura –a veces los pétalos son muy pequeños, menores que los sépalos 146

8[7]. Flores ± zigomorfas; granos de polen unidos en una masa (polinio) que comprende la totalidad de cada teca; ovario ínfero ...... **CLXXXIX. Orchidaceae** p.p. (vol. 21)

– Plantas que no reúnen los anteriores caracteres 9

9[8]. Perianto petaloideo, aunque a veces ± verde 10

– Perianto seco y escarioso –a veces de colores brillantes–, sepaloideo o inexistente... 44

10[9]. Plantas sin clorofila, no verdes 11

– Plantas con clorofila, ± verdes 13

11[10]. Flores muy numerosas, agrupadas en inflorescencia mazuda, rojiza; estambre 1 .... **CIII. Cynomoriaceae** (vol. 8)

– Flores solitarias en las axilas de brácteas coloreadas o agrupadas en racimo bracteado; estambres 6-16 12

12[11]. Filamentos estaminales libres; ovario súpero; fruto en cápsula .... **LXXVII. Monotropaceae** (vol. 4)

– Filamentos estaminales soldados en una columna (monadelfos); ovario ínfero o semiínfero; fruto bacciforme .... **CIV. Rafflesiaceae** (vol. 8)

13[10]. Tallos suculentos, sin hojas y con espinas en grupos ...... **XLVI. Cactaceae** (vol. 2)

– Plantas que no reúnen los anteriores caracteres 14

14[13]. Estambres más de 12 15

– Estambres 12 o menos 16

15[14]. Fruto en poliaquenio o en polifolículo –muy rara vez en cápsula y, en este caso, con los estilos persistentes y de longitud apreciable .... **XXXVI. Ranunculaceae** p.p. (vol. 1)

– Fruto en cápsula –con los estilos caedizos–, en pixidio o en drupa .... **XLVII. Aizoaceae** p.p. (vol. 2)

16[14]. Flores de color púrpura obscuro, agrupadas en glomérulo ± ovoide, sin un involucro de brácteas; estambres 4; carpelo 1 .... **LXXXVII. Rosaceae** p.p. (vol. 6)

– Plantas que no reúnen los anteriores caracteres 17

17[16]. Ovario súpero o semiínfero 18

– Ovario ínfero, o solo flores masculinas 34

18[17]. Perianto con 3 o 4 piezas 19

– Perianto con más de 4 piezas 24

19[18]. Flores zigomorfas; fruto en folículo leñoso; semillas aladas .... **C. Proteaceae** (vol. 8)

– Flores actinomorfas; fruto de otro tipo; semillas no aladas 20

20[19]. Piezas del perianto soldadas, al menos en la base 21

– Piezas del perianto libres 23

21[20]. Estambres reunidos en parejas, que alternan con los pétalos (alternipétalos) .... **XLVII. Aizoaceae** p.p. (vol. 2)

– Plantas que no reúnen los anteriores caracteres 22

22[21]. Flores con 8 estambres, insertos en el tubo del perianto en 2 filas .... **XCIII. Thymelaeaceae** p.p. (vol. 8)

– Flores con 4 o 5 estambres, que alternan con los lóbulos del perianto .... **Rhamnaceae** p.p. (vol. 9)

23[20]. Plantas herbáceas .... **CLXXXIII. Liliaceae** p.p. (vol. 20)

– Plantas arbustivas .... **LIV. Polygonaceae** p.p. (vol. 2)

24[18]. Hojas con estípulas 25

– Hojas sin estípulas 27

25[24]. Estípulas membranáceas, concrescentes, que forman un tubo que rodea al tallo (ócrea) .... **LIV. Polygonaceae** p.p. (vol. 2)

– Plantas que no reúnen los anteriores caracteres 26

26[25]. Fruto en baya; estambres 6 .... **CLXXXVII. Smilacaceae** p.p. (vol. 21)

– Fruto drupáceo o en forma de disco aplastado que se prolonga en un ala ancha; estambres 4 o 5 .... **Rhamnaceae** p.p. (vol. 9)

27[24]. Flores zigomorfas; pecíolos ensanchados .... **CLXXXI. Pontederiaceae** p.p. (vol. 18)

– Flores actinomorfas, rara vez levemente zigomorfas; pecíolos no ensanchados ... 28

28[27]. Carpelos (7)8-9(11); fruto en baya; flores numerosas, agrupadas en largos racimos laterales, opuestos a las hojas .... **XLIV. Phytolaccaceae** p.p. (vol. 2)

– Plantas que no reúnen los anteriores caracteres 29

29[28]. Perianto con 6 o más piezas 30

– Perianto con 5 piezas 32

30[29]. Estambres 9; carpelos 6; fruto en polifolículo .... **CLX. Butomaceae** (vol. 17)

– Plantas que no reúnen los anteriores caracteres 31

31[30]. Tallos robustos, a veces leñosos; hojas agrupadas en la base, rígidas, ± gruesas y muy fibrosas; perianto campanulado o globoso; estilo columnar, engrosado .... **CLXXXVI. Agavaceae** p.p. (vol. 20)

– Plantas que no reúnen los anteriores caracteres ... **CLXXXIII. Liliaceae** p.p. (vol. 20)

32[29]. Estilos 2 o más .... **XLVII. Aizoaceae** p.p. (vol. 2)

– Estilo 1 33

33[32]. Ovario con numerosos rudimentos seminales en cada lóculo; perianto soldado solo en la base .... **LXXX. Primulaceae** p.p. (vol. 5)

– Ovario con 1 rudimento seminal en cada lóculo; piezas del perianto soldadas en un largo tubo .... **XLV. Nyctaginaceae** (vol. 2)

34[17]. Hojas –no siempre todas– dispuestas en verticilos de a 4 o más .... **CLIV. Rubiaceae** p.p. (vol. 15)

– Hojas no dispuestas en verticilos de a 4 o más 35

35[34]. Flores sésiles, agrupadas en capítulos, rodeado por un involucro de brácteas 36

– Flores pediceladas –a veces con pedicelos muy cortos–, agrupadas en cimas o en umbelas ± compactas 37

36[35]. Flores unisexuales o hermafroditas; estambres soldados por las anteras alrededor del estilo .... **CLIX. Compositae** p.p. (vol. 16)

– Flores hermafroditas; estambres con las anteras libres .... **CLVIII. Dipsacaceae** p.p. (vol. 15)

37[35]. Ovario con 1 o 2 rudimentos seminales en cada lóculo 38

– Ovario con numerosos rudimentos seminales en cada lóculo 41

38[37]. Hojas opuestas .... **CLVII. Valerianaceae** p.p. (vol. 15)

– Hojas alternas 39

39[38]. Estambres 6 .... **CLXXXVII. Smilacaceae** p.p. (vol. 21)

– Estambres 5 o menos 40

40[39]. Flores solitarias, o agrupadas en cimas simples .... **CI. Santalaceae** p.p. (vol. 8)
– Flores agrupadas en umbelas simples o compuestas, a veces ± compactas .... **CXXIX. Umbelliferae** p.p. (vol. 10)
41[37]. Perianto formado por 3 piezas –prácticamente indiferenciables– dispuestas en 1 verticilo, tubular, largo, prolongado hacia un lado en un apéndice laminar lingüiforme ... . **XXXIII. Aristolochiaceae** p.p. (vol. 1)
– Perianto con 6 piezas, dispuestas en 2 verticilos 42
42[41]. Estambres 3 .... **CLXXXV. Iridaceae** p.p. (vol. 20)
– Estambres 6 43
43[42]. Plantas con bulbo; hojas todas basales .... **CLXXXIV. Amaryllidaceae** p.p. (vol. 20)
– Plantas con rizoma; hojas dispuestas a lo largo de los tallos .... **CLXXXVI. Agavaceae** p.p. (vol. 20)
44[9]. Plantas hemiparásitas, de color verde o amarillento, que viven en las ramas de árboles o arbustos; tallos con las ramificaciones en general dicotómicas .... **CII. Viscaceae** (vol. 8)
– Plantas que no reúnen los anteriores caracteres 45
45[44]. Plantas arbóreas, arbustivas o subarbustivas 46
– Plantas herbáceas 77
46[45]. Árboles o arbustos; tallos articulados; hojas reducidas a escamas, verticiladas; sámara muy pequeña, que se agrupan en forma de falsa piña o estróbilo .... **XLIII. Casuarinaceae** (vol. 2)
– Plantas que no reúnen los anteriores caracteres 47
47[46]. Flores sin perianto o, en la antesis, con perianto muy pequeño, con el aspecto de escamas o cerdas; inflorescencia en espiguillas agrupadas en la axila de las brácteas –a veces reducidas a una sola flor–; hojas generalmente ± lineares, graminoides, envainadoras .... **Gramineae** p.p. (vol. 19)
– Plantas que no reúnen los anteriores caracteres 48
48[47]. Plantas trepadoras o reptantes; hojas simples, alternas; perianto con 5 piezas 49
– Plantas que no reúnen los anteriores caracteres 50
49[48]. Flores unisexuales; estambres 8 –en las flores femeninas representados por estaminodios–; estilos 3; fruto en aquenio .... **LIV. Polygonaceae** p.p. (vol. 2)
– Flores hermafroditas; estambres 5; estilos 1; fruto en baya .... **CXXVIII. Araliaceae** p.p. (vol. 10)
50[48]. Hojas en su mayoría opuestas o subopuestas 51
– Hojas en su mayoría alternas 58
51[49]. Tallos jóvenes y hojas carnosos .... **LII. Chenopodiaceae** p.p. (vol. 2)
– Tallos y hojas no carnosos 52
52[51]. Estilo 1 –a veces corto o inexistente–, con el estigma entero o lobado 53
– Estilos 2 o más 56
53[52]. Hojas imparipinnadas; fruto en sámara .... **CXXXIII. Oleaceae** p.p. (vol. 11)
– Hojas simples; fruto de otro tipo 54
54[53]. Flores unisexuales agrupadas en amento; plantas dioicas .... **LXX. Salicaceae** p.p. (vol.3)
– Flores hermafroditas no agrupadas en amento 55
55[54]. Fruto en aquenio .... **LII. Chenopodiaceae** p.p. (vol. 2)
– Fruto en drupa .... **Rhamnaceae** p.p. (vol. 9)
56[52]. Estambres 5; flores hermafroditas o, a veces, unisexuales .... **Rhamnaceae** p.p. (vol. 9)
– Estambres 4 u 8; flores generalmente unisexuales 57
57[56]. Estambres 4; hojas persistentes; fruto en cápsula .... **CVII. Buxaceae** (vol. 8)

– Estambres 8; hojas generalmente caedizas; fruto en disámara .... **Aceraceae** p.p. (vol. 9)

58[50]. Hojas pinnaticompuestas 59

– Hojas simples, a veces con el margen lobado 61

59[58]. Flores masculinas agrupadas en amento; estilos 2 .... **Juglandaceae** (vol. 9)

– Flores no agrupadas en amento; estilos 1 o 3 60

60[59]. Estilo 1; fruto en legumbre, con varias semillas .... **LXXXVIII. Leguminosae** p.p. (vol. 7)

– Estilos 3; fruto drupáceo, con 1 semilla .... **Anacardiaceae** p.p. (vol. 9)

61[58]. Hojas hasta de 2 mm de anchura, de lineares a ± elípticas 62

– Hojas de más de 2 mm de anchura 64

62[61]. Estigma 1; estambres 8 .... **XCIII. Thymelaeaceae** p.p. (vol. 8)

– Estigmas 2-9; estambres 3-5 63

63[62]. Estambres 3; fruto en drupa .... **LXXV. Empetraceae** p.p. (vol. 4)

– Estambres 5; fruto en aquenio .... **LII. Chenopodiaceae** p.p. (vol. 2)

64[61]. Árboles con hojas palmatífidas; flores en glomérulo globoso; carpelos y aquenios rodeados de pelos; anteras con el conectivo dilatado .... **XXXIX. Platanaceae** p.p. (vol. 2)

– Plantas que no reúnen los anteriores caracteres 65

65[64]. Anteras dehiscentes mediante 2 valvas; flores femeninas con estaminodios apendiculados .... **XXXII. Lauraceae** (vol. 1)

– Anteras dehiscentes mediante hendiduras longitudinales; flores hermafroditas o femeninas sin estaminodios 66

66[65]. Flores en inflorescencias diversas, pero nunca en amento ni en denso glomérulo 67

– Al menos las flores masculinas en amento o en denso glomérulo 73

67[66]. Inflorescencias muy congestas (ciatio), con el aspecto de una flor, formadas por varias flores masculinas –reducidas cada una de ellas a un estambre– reunidas en 5 cincinos en torno a una flor femenina central, solitaria, subsésil o pedicelada; plantas con látex .... **CVIII. Euphorbiaceae** p.p. (vol. 8)

– Plantas que no reúnen los anteriores caracteres 68

68[67]. Flores unisexuales 69

– Flores hermafroditas 72

69[68]. Hojas con pelos peltados; ovario con 1 lóculo; fruto carnoso .... **XCIX. Elaeagnaceae** (vol. 8)

– Plantas que no reúnen los anteriores caracteres 70

70[69]. Flores femeninas generalmente sin perianto, pero con 2 bractéolas que son acrescentes y encierran al fruto .... **LII. Chenopodiaceae** p.p. (vol. 2)

– Plantas que no reúnen los anteriores caracteres 71

71[70]. Ovario con 3 lóculos; perianto nunca tubular ..... **CVIII. Euphorbiaceae** p.p. (vol. 8)

– Ovario con 1 lóculo; perianto con un largo tubo .... **XCIII. Thymelaeaceae** p.p. (vol. 8)

72[68]. Árboles; tubo del perianto corto, con los estambres insertos cerca de la base .... **LXI. Ulmaceae** (vol. 3)

– Arbustos o sufrútices; tubo del perianto largo, con los estambres insertos cerca del ápice .... **XCIII. Thymelaeaceae** p.p. (vol. 8)

73[66]. Plantas con látex; infructescencias carnosas (sorosis), formadas por un conjunto de aquenios rodeados por el cáliz, que se hace carnoso .... **LXII. Moraceae** (vol. 3)

– Plantas sin látex; fruto simple, en aquenio o drupáceo 74

74[73]. Plantas por lo general dioicas; flores sin perianto 75

– Plantas monoicas; flores masculinas o femeninas, o ambas a la vez, con periando 76

75[74]. Hojas con glándulas translúcidas; flores sin disco nectarífero; fruto compuesto, bacciforme o nucciforme; ovario con 1 rudimento seminal; semillas sin penacho de pelos .... **XL. Myricaceae** (vol. 2)

– Hojas sin glándulas translúcidas; flores con disco nectarífero ± truncado, reducido a 1 o 2 glándulas o rara vez ciatiforme; fruto en cápsula; ovario con más de 4 rudimentos seminales; semillas con un penacho de pelos .... **LXX. Salicaceae** p.p. (vol. 3)

76[74]. Fruto áptero, rodeado de una cúpula coriácea escamosa, tipo dedal o bien ovoidea o globosa, con picos blandos o espinas; estilos 3 o 6 .... **XLI. Fagaceae** (vol. 2)

– Fruto alado, en la axila de escamas lisas, o áptero y rodeado por un involucro foliáceo, trilobulado, dentado o laciniado; estilos 2 .... **XLII. Betulaceae** (vol. 2).

77[45]. Plantas totalmente sumergidas en el agua, a veces solo con la inflorescencia emergente y algunas de las hojas flotantes 78

– Plantas terrestres o solo sumergidas en el agua en su tercio inferior 93

78[77]. Plantas marinas, arraigadas en los fondos de los mares o en las zonas intermareales 79

– Plantas de aguas continentales, arraigadas en los fondos de lagos, ríos, marismas o canales de agua 81

79[78]. Rizoma de 7-10 cm de diámetro, con numerosas fibras procedentes de las vainas foliares viejas; inflorescencia con varias cimas espiciformes; flores hermafroditas .... **CLXX. Posidoniaceae** (vol. 17)

– Rizoma menor de 1 cm de diámetro, no recubierto de fibras; inflorescencia en espádice o con flores solitarias; flores unisexuales 80

80[79]. Plantas monoicas; inflorescencia en espádice; flores unisexuales, alternando una masculina y otra femenina en el espádice; hojas de margen entero .... **CLXIX. Zosteraceae** (vol. 17)

– Plantas dioicas; flores solitarias; hojas de margen serrulado, al menos en el ápice ... . **CLXVIII. Zannichelliaceae** p.p. (vol. 17)

81[78]. Al menos las hojas sumergidas muy divididas en lacinias capilares 82

– Todas las hojas enteras o serruladas 83

82[81]. Hojas sumergidas pinnatisectas; flores dispuestas en inflorescencias espiciformes .. .. **LXXXIX. Haloragacee** p.p. (vol. 8)

– Hojas divididas dicotómicamente; flores solitarias, axilares, dispuestas en verticilos a lo largo del tallo .... **XXXIV. Ceratophyllaceae** p.p. (vol. 1)

83[81]. Ovario ínfero 84

– Ovario súpero 85

84[83]. Flores hermafroditas; hojas de lineares a lanceoladas, pinnatinervias .... **XCVII. Onagraceae** (vol. 8)

– Flores unisexuales; hojas lineares, paralelinervias .... **CLXII. Hydrocharitaceae** p.p. (vol. 17)

85[83]. Hojas dispuestas en verticilos de 8 o más hojas ... **XC. Hippuridaceae** p.p. (vol. 8)

– Hojas alternas, opuestas o en verticilos de 3-4 hojas 86

86[85]. Flores con hipanto, hermafroditas; fruto en cápsula .... **XCII. Lythraceae** p.p. (vol. 8)

– Flores sin hipanto, unisexuales o hermafroditas; fruto en aquenio, polidrupa, poliaquenio o esquizocarpo 87

87[86]. Flores hermafroditas, tetrámeras; inflorescencia en espiga, largamente pedunculada .... **CLXVI. Potamogetonaceae** (vol. 17)

– Flores unisexuales o hermafroditas, monómeras o dímeras; inflorescencia generalmente reducida a flores axilares, o bien en espiga pedunculada biflora o panícula ramificada 88

88[87]. Hojas de lineares a ovadas; tallos con roseta superior de hojas generalmente diferentes de las demás .... **CXLI. Callitrichaceae** p.p.(vol. 12)

– Hojas todas lineares; tallos sin roseta superior de hojas 89

89[88]. Inflorescencia en panícula .... **CLXXIV. Sparganiaceae** p.p. (vol. 18)

– Flores axilares o bien inflorescencia reducida a espiga biflora o multiflora largamente pedunculada 90

90[89]. Hojas de margen serrulado, al menos en el ápice; inflorescencia en espiga biflora, largamente pedunculada; flores hermafroditas, dímeras .... **CLXVII. Ruppiaceae** (vol. 17)

– Hojas de margen entero o dentado; inflorescencia reducida a flores axilares o en espiga multiflora; flores unisexuales o hermafroditas, trímeras, monómeras o sin perianto 91

91[90]. Hojas basales; inflorescencia en espiga multiflora pedunculada y reducida a flores femeninas en las axilas de las hojas; fruto alado o corniculado .... **CLXIV. Lilaeaceae** p.p. (vol. 17)

– Hojas distribuidas a lo largo de todo el tallo; flores axilares; fruto áptero 92

92[91]. Hojas dentadas o serradas, espinulosas; fruto en aquenio; semillas foveoladas .... **CLXV. Najadaceae** (vol. 17)

– Hojas enteras; fruto en polidrupa, poliaqueniforme cuando seco; semillas lisas .... **CLXVIII. Zannichelliaceae** p.p. (vol. 17)

93[77]. Plantas sin perianto, o bien con el perianto reducido a cerdas o escamas; ovario súpero, unilocular, con 1 rudimento seminal; fruto en aquenio o cariopsis; flores generalmente agrupadas en espiguillas; hojas generalmente lineares, rara vez lanceoladas, con una vaina que recorre gran parte del tallo 94

– Plantas que no reúnen los caracteres anteriores 95

94[93]. Flores hermafroditas, protegidas por 2 o más brácteas; fruto en cariopsis, con una hendidura longitudinal ± marcada; estambres con anteras dorsifijas .... **Gramineae** p.p. (vol. 19)

– Flores unisexuales, protegidas por 1 bráctea; fruto en aquenio, por lo general trígono; estambres con anteras basifijas .... **CLXXII. Cyperaceae** (vol. 18)

95[93]. Plantas en general dioicas, frecuentemente trepadoras, de no ser trepadoras tienen las hojas palmaticompuestas, con 3-9 folíolos muy acuminados e inciso-serrados 96

– Plantas que no reúnen los anteriores caracteres 97

96[95]. Hojas palmatilobadas o palmaticompuestas; piezas del perianto 5 .... **LXIII. Cannabaceae** (vol. 3)

– Hojas enteras o ± lobuladas, cordiformes; piezas del perianto 6 .... **CLXXXVIII. Dioscoreaceae** p.p. (vol. 21)

97[95]. Hojas lineares 98

– Hojas lanceoladas, ovadas ± anchas, o pequeñas y con aspecto de escamas 109

98[97]. Flores unisexuales 99

– Flores hermafroditas 102

99[98]. Flores femeninas solitarias; flores masculinas solitarias o dispuestas en cima corta .... **LII. Chenopodiaceae** p.p. (vol. 2)

– Flores masculinas y femeninas numerosas, dispuestas en cabezuela densa o en espiga 100

100[99]. Flores masculinas y femeninas (y alguna hermafrodita) mezcladas en la misma espiga; estambre 1 .... **CLXIV. Lilaeaceae** p.p. (vol. 17)

– Flores masculinas y femeninas dispuestas en distintas inflorescencias, o en una misma inflorescencia –pero separadas–; estambres 2 o más ... 101

101[100]. Flores masculinas y femeninas dispuestas en distintas cabezuelas globosas ... **CLXXIV. Sparganiaceae** p.p. (vol. 18)

– Flores en una espiga cilíndrica, densa, las masculinas arriba y las femeninas abajo, a veces con un espacio libre entre ellas ... **CLXXV. Typhaceae** (vol. 18)

102[98]. Plantas densamente pelosas ... **LII. Chenopodiaceae** p.p. (vol. 2)

– Plantas glabras o casi ... 103

103[102] Carpelo 1 ... 104

– Carpelos 2 o más ... 105

104[103]. Hojas subverticiladas, con estípulas pequeñas ... **XLIX. Caryophyllaceae** p.p. (vol. 2)

– Hojas no subverticiladas, sin estípulas ... **LII. Chenopodiaceae** p.p. (vol. 2)

105[103]. Piezas del perianto 5 ... 106

– Piezas del perianto 6 ... 108

106[105] Hojas alternas ... **LII. Chenopodiaceae** p.p. (vol. 2)

– Hojas opuestas o verticiladas ... 107

107[106]. Hojas opuestas, no glaucas ... **XLIX. Caryophyllaceae** p.p. (vol. 2)

– Hojas verticiladas, glaucas ... **XLVIII. Molluginaceae** p.p. (vol. 2)

108[105]. Inflorescencia en espiga; fruto en esquizocarpo, con 3 o 6 mericarpos; todas las hojas basales; estambres con anteras sentadas . **CLXIII. Juncaginaceae** (vol. 17)

– Inflorescencia en cima antelada, ± compleja; fruto en cápsula, con 3 o más semillas; hojas basales y caulinares, rara vez todas basales; estambres con anteras sobre filamentos claramente diferenciados ... **CLXXII. Juncaceae** (vol. 17)

109[97]. Hojas compuestas o simples, divididas casi hasta el nervio medio ... 110

– Hojas simples, de enteras a lobadas o bien, aparentemente, sin hojas ... 114

110[109]. Flores dispuestas en umbela compuesta; fruto en diesquizocarpo (cremocarpo) ... **CXXIX. Umbelliferae** p.p. (vol. 10)

– Flores no dispuestas en umbela compuesta; fruto de otro tipo ... 111

111[110]. Flores dispuestas en glomérulo ... 112

– Flores no dispuestas en glomérulo ... 113

112[111]. Hojas pinnadas; estilos 1-3 ... **LXXXVII. Rosaceae** p.p. (vol. 6)

– Hojas ternadas; estilos 3-5 ... **CLVI. Adoxaceae** p.p. (vol. 15)

113[111]. Estambres numerosos ... **XXXVI. Ranunculaceae** p.p. (vol. 1)

– Estambres 1, o bien 4-5(10) ... **LXXXVII. Rosaceae** p.p. (vol. 6)

114[109]. Flores frecuentemente unisexuales, dispuestas en espádice, sobre un eje ± carnoso y con una bráctea ± vistosa que las protege (espata) ... **CLXXIX. Araceae** (vol. 18)

– Plantas que no reúnen los anteriores caracteres ... 115

115[114]. Inflorescencias muy congestas (ciatio), con el aspecto de una flor, formadas por varias flores masculinas –reducidas cada una de ellas a un estambre– reunidas en 5 cincinos en torno a una flor femenina central, solitaria, subsésil o pedicelada; plantas con látex ... **CVIII. Euphorbiaceae** p.p. (vol. 8)

– Plantas que no reúnen los anteriores caracteres ... 116

116[115]. Hojas aparentemente inexistentes, o bien muy pequeñas y suculentas; tallos verdes y suculentos ... **LII. Chenopodiaceae** p.p. (vol. 2)

– Hojas obvias; tallos no suculentos ... 117

117[116]. Plantas monoicas; hojas opuestas –las superiores alternas–; perianto de las flores masculinas dividido en 2-3(5) lóbulos muy profundos; perianto de las flores femeninas tubular, acrescente y terminado en 2-4 lóbulos poco definidos ... **XCI. Theligoniaceae** (vol. 8)

– Plantas que no reúnen los anteriores caracteres 118
118[117]. Plantas densamente cubiertas de pelos estrellados o peltados; flores unisexuales; ovario trilocular, con un rudimento seminal en cada lóculo; estambres 5-15, mona delfos .... **CVIII. Euphorbiaceae** p.p. (vol. 8)
– Plantas que no reúnen los anteriores caracteres 119
119[118]. Plantas densamente papilosas .... **LVII. Aizoaceae** p.p. (vol. 2)
– Plantas no densamente papilosas 120
120[119]. Hojas verticiladas 121
– Hojas no verticiladas 122
121[120]. Estigma 1; estambres 1; tallos fistulosos .... **XC. Hippuridaceae** p.p. (vol. 8)
– Estigmas 3(5); estambres 3 o más; tallos sólidos .... **XLVIII. Molluginaceae** p.p. (vol. 2)
122[120]. Plantas dioicas; hojas enteras, ovadas, cordiformes; fruto en cápsula, triquetra .... **CLXXXVIII. Dioscoreaceae** p.p. (vol. 21)
– Plantas que no reúnen los anteriores caracteres 123
123[122]. Hojas opuestas –raramente alguna de las superiores alternas 124
– Hojas alternas o todas basales –raramente las inferiores opuestas 134
124[123]. Hojas dentadas o ± profundamente lobadas 125
– Hojas enteras o hastadas 128
125[124]. Flores hermafroditas 126
– Flores unisexuales 127
126[125]. Ovario ínfero o semiínfero; estigmas 2 ...... **LXXXVI. Saxifragaceae** p.p. (vol. 5)
– Ovario súpero; estigmas 5 .... **Geraniaceae** p.p. (vol. 9)
127[125]. Piezas del perianto 2 o 4; estilo 1 .... **LXIV. Urticaceae** p.p. (vol. 3)
– Piezas del perianto 3; estilos 3 .... **CVIII. Euphorbiaceae** p.p. (vol. 8)
128[124]. Flores sin perianto; ovario comprimido lateralmente .... **CXLI. Callitrichaceae** p.p. (vol. 12)
– Flores con perianto; ovario no comprimido lateralmente 129
129[128]. Piezas del perianto 3 .... **LIV. Polygonaceae** p.p. (vol. 2)
– Piezas del perianto 4 o más 130
130[129]. Ovario ínfero .... **XCVII. Onagraceae** p.p. (vol. 8)
– Ovario súpero 131
131[130]. Piezas del perianto 6 o 12; estilo y estigma 1 .... **XCII. Lythraceae** p.p. (vol. 8)
– Piezas del perianto 4 o 5; estilos y estigmas 2 o más 132
132[131]. Fruto bacciforme, de color rojo; hojas inferiores hastadas .... **LII. Chenopodiaceae** p.p. (vol. 2)
– Plantas que no reúnen los anteriores caracteres 133
133[132]. Hojas sin un largo ápice espinoso; piezas del perianto sin un ala transversal en la fructificación .... **XLIX. Caryophyllaceae** p.p. (vol. 2)
– Hojas con un largo ápice espinoso; piezas del perianto con un ala transversal en la fructificación .... **LII. Chenopodiaceae** p.p. (vol. 2)
134[123]. Estambres numerosos; carpelos libres o, a veces, soldados en la base .... **XXXVI. Ranunculaceae** p.p. (vol. 1)
– Estambres 12 o menos; carpelos claramente soldados entre sí, o 1 solo carpelo 135
135[134]. Carpelos(7)8-10(12), soldados entre sí, al menos en la base ....**XLIV. Phytolaccaceae** p.p. (vol. 2)
– Carpelos 2-5, claramente soldados entre sí, o 1 solo carpelo 136
136[135]. Perianto formado por 3 piezas –prácticamente indiferenciables– dispuestas en 1 verticilo, tubular, largo, prolongado hacia un lado en un apéndice laminar lingüiforme .... **XXXIII. Aristolochiaceae** p.p. (vol. 1)

– Plantas que no reúnen los anteriores caracteres 137

137[136]. Plantas con estípulas membranáceas, concrescentes, que forman un tubo que rodea al tallo (ócrea) .... **LIV. Polygonaceae** p.p. (vol. 2)

– Plantas con estípulas que no reúnen los anteriores caracteres, o sin estípulas .. 138

138[137]. Plantas con epicáliz; estípulas foliáceas .... **LXXXVII. Rosaceae** p.p. (vol. 6)

– Plantas sin epicáliz; estípulas escariosas, pequeñas, o sin estípulas 139

139[138]. Ovario ínfero 140

– Ovario súpero o semiínfero 141

140[139]. Hojas reniformes, cordadas .... **LXXXVI. Saxifragaceae** p.p. (vol. 5)

– Hojas subuladas o linear-lanceoladas .... **CI. Santalaceae** p.p. (vol. 8)

141[139]. Piezas del perianto soldadas en forma de tubo 142

– Piezas del perianto libres o casi 143

142[141]. Estambres (0)1-5; piezas del perianto en general 3 o 5 .... **LII. Chenopodiaceae** p.p. (vol. 2)

– Estambres 8; piezas del perianto en general 4 .... **XCIII. Thymelaeaceae** p.p. (vol. 8)

143[141]. Piezas del perianto 4 144

– Piezas del perianto 3 o 5 –al menos en las flores masculinas 145

144[143]. Flores en racimo ebracteado .... **LXXII. Cruciferae** p.p. (vol. 4)

– Flores en fascículos axilares, en general con brácteas .... **LXIV. Urticaceae** p.p. (vol. 3)

145[143]. Perianto herbáceo o, en las flores femeninas, inexistente .... **LII. Chenopodiaceae** p.p. (vol. 2)

– Perianto escarioso .... **LIII. Amaranthaceae** (vol. 2)

146[7]. Anteras sésiles; granos de polen unidos en una masa (polinio) que comprende la totalidad de cada teca .... **CLXXXIX. Orchidaceae** p.p. (vol. 21)

– Plantas que no reúnen los anteriores caracteres 147

147[146]. Pétalos soldados en la base en forma de tubo ± largo 148

– Pétalos no soldados en la base, muy rara vez adheridos en el ápice 216

148[147]. Ovario ínfero o semiínfero 149

– Ovario súpero 166

149[148]. Estambres 8-10, o 4-5, con los filamentos divididos desde la base y con anteras monotecas 150

– Estambres 5 o menos, con los filamentos no divididos 151

150[149]. Plantas herbáceas; anteras con dehiscencia longitudinal; hojas ternadas .... **CLVI. Adoxaceae** p.p. (vol. 15)

– Plantas leñosas; anteras dehiscentes mediante poros apicales; hojas nunca ternadas .... **LXXIV. Ericaceae** p.p. (vol. 4)

151[149]. Hojas –no siempre todas– dispuestas en verticilos de a 4 o más .... **CLIV. Rubiaceae** p.p. (vol. 15)

– Hojas no verticiladas 152

152[151]. Estambres que se sitúan frente a los pétalos, coincidiendo con la línea media de los lóbulos de la corola (opositipétalos) .... **LXXX. Primulaceae** p.p. (vol. 5)

– Estambres que alternan con los pétalos (alternipétalos) 153

153[152]. Estípulas intrapeciolares .... **CLIV. Rubiaceae** p.p. (vol. 15)

– Estípulas no intrapeciolares, o sin estípulas 154

154[153]. Flores dispuestas en capítulo con involucro de más de 2 brácteas 155

– Flores dispuestas en capítulo con involucro de 2 brácteas, o no dispuestas en capítulo 158

155[154]. Estambres soldados por las anteras alrededor del estilo 156

– Estambres no soldados por las anteras 157
156[155]. Fruto en aquenio; sin cáliz o con el cáliz formado por pelos, escamas, una corona o aurículas .... **CLIX. Compositae** p.p. (vol. 16)
– Fruto en cápsula; lóbulos del cáliz bien visibles, generalmente verdes .... **CLIII. Campanulaceae** p.p. (vol. 14)
157[155]. Fruto en aquenio; lóbulos de la corola mucho más cortos que el tubo .... **CLVIII. Dipsacaceae** p.p. (vol. 15)
– Fruto en cápsula; lóbulos de la corola más largos que el tubo .... **CLIII. Campanulaceae** p.p. (vol. 14)
158[154]. Estambres soldados por las anteras alrededor del estilo .... **CLIII. Campanulaceae** p.p. (vol. 14)
– Estambres no soldados por las anteras 159
159[158]. Hojas de más de 100 cm .... **CLXXVI. Musaceae** (vol. 18)
– Hojas hasta de 50 cm 160
160[159]. Estambres 1-3 161
– Estambres 4-8 162
161[160]. Corola formada por 4 o 5 piezas; flores sin estaminodios .... **CLVII. Valerianaceae** p.p. (vol. 15)
– Corola formada por 3 piezas; flores con estaminodios grandes y coloreados .... **CLXXVII. Cannaceae** (vol. 18)
162[160]. Plantas arbustivas –a veces pequeñas y rastreras– o trepadoras .... **CLV. Caprifoliaceae** p.p. (vol. 15)
– Plantas herbáceas 163
163[162]. Plantas con zarcillos .... **LXIX. Cucurbitaceae** p.p. (vol. 3)
– Plantas sin zarcillos 164
164[163]. Hojas pinnaticompuestas .... **CLV. Caprifoliaceae** p.p. (vol. 15)
– Hojas simples, enteras o ± lobadas 165
165[164]. Flores hermafroditas; fruto en cápsula .... **CLIII. Campanulaceae** p.p. (vol. 14)
– Flores unisexuales; fruto carnoso (pepónide) .... **LXIX. Cucurbitaceae** p.p. (vol. 3)
166[148]. Corolas papilionadas o zigomorfas, con 3 pétalos, el anterior (quilla) en general laciniado en el ápice 167
– Corolas que no reúnen los anteriores caracteres 168
167[166]. Sépalos libres, petaloideos; estambres 8 .... **Polygalaceae** (vol. 9)
– Sépalos ± soldados; estambres 10 .... **LXXXVIII. Leguminosae** p.p. (vol. 7)
168[166]. Estambres al menos en número doble que el de lóbulos de la corola 169
– Estambres en número igual o menor que el de lóbulos de la corola 171
169[168]. Plantas herbáceas, con hojas suculentas .... **LXXXV. Crassulaceae** p.p. (vol. 5)
– Plantas arbóreas o arbustivas 170
170[169]. Flores unisexuales; estambres 16 .... **LXXVIII. Ebenaceae** (vol. 5)
– Flores hermafroditas; estambres 10 o menos .... **LXIV. Ericaceae** p.p. (vol. 4)
171[168]. Plantas sin clorofila; hojas escuamiformes 172
– Plantas con clorofila 174
172[171]. Flores actinomorfas; tallo débil, trepador; plantas parasitando tallos .... **CXXXV. Convolvulaceae** p.p. (vol. 11)
– Flores ± zigomorfas; tallo robusto, no trepador; plantas parasitando raíces 173
173[172]. Hojas carnosas; corola con 4 lóbulos, bilabiada, con el labio superior entero o algo emarginado y el inferior entero o trilobulado .... **CXLIV. Scrophulariaceae** p.p. (vol. 13)
– Hojas no carnosas; corola con 5 lóbulos, regular o bilabiada, con el labio superior bilobulado y el inferior trilobulado .... **CXLIX. Orobanchaceae** (vol. 14)

174[171]. Ovario con (2)4 lóculos, con un rudimento seminal en cada lóculo que, al madurar, forma cada uno de ellos un aquenio o núcula, a veces drupa o esquizocarpo ... 175
– Ovario que no reúne los anteriores caracteres ... 178
175[174]. Hojas alternas ... **CXXXVIII. Boraginaceae** p.p. (vol. 11)
– Hojas opuestas ... 176
176[175]. Estilo apical ... **CXXXIX. Verbenaceae** p.p. (vol. 12)
– Estilo ginobásico ... 177
177[176]. Flores generalmente actinomorfas; inflorescencias en cimas escorpioides o helicoides ... **CXXXVIII. Boraginaceae** p.p. (vol. 11)
– Flores generalmente zigomorfas, inflorescencias en cimas con ramilletes opuestos ... **CXL. Labiatae** (vol. 12)
178[174]. Flores claramente zigomorfas ... 179
– Flores ± actinomorfas ... 188
179[178]. Anteras dehiscentes mediante poros apicales ... **LXIV. Ericaceae** p.p. (vol. 4)
– Anteras con dehiscencia longitudinal ... 180
180[179]. Cáliz con espinas patentes y erectas, membranáceo, generalmente con manchas en los lóbulos ... **LXXX. Primulaceae** p.p. (vol. 5)
– Plantas que no reúnen los anteriores caracteres ... 181
181[180]. Flores pequeñas, agrupadas en glomérulo denso, con brácteas numerosas ... **CXLVI. Globulariaceae** (vol. 14)
– Flores que no se agrupan en glomérulo, o en tal caso, sin brácteas numerosas ... 182
182[181]. Ovario con 1 lóculo; corola con espolón; plantas carnívoras ... **CLII. Lentibulariaceae** p.p. (vol. 14)
– Ovario con 2 lóculos; corola con o sin espolón; plantas no carnívoras ... 183
183[182]. Rudimentos seminales 4 o menos por carpelo ... 184
– Rudimentos seminales numerosos por carpelo ... 186
184[183]. Corola con un solo labio, trilobulado, de 3,5-5 cm ... **CLI. Acanthaceae** (vol. 14)
– Corola ± bilabiada o hipocrateriforme, de menos de 2,5 cm ... 185
185[184]. Corola ± bilabiada; fruto en cápsula ... **CXLIV. Scrophulariaceae** p.p. (vol. 13)
– Corola hipocrateriforme; fruto en drupa o en esquizocarpo ... **CXXXIX. Verbenaceae** p.p. (vol. 12)
186[183]. Plantas arbustivas o trepadoras; hojas compuestas; semillas aladas ... **CL. Bignoniaceae** (vol. 14)
– Plantas que no reúnen los anteriores caracteres ... 187
187[186]. Cápsula hasta 3 veces tan larga como ancha ... **CXLIV. Scrophulariaceae** p.p. (vol. 13)
– Cápsula más de 3 veces más larga que ancha ... **CXLVII. Martyniaceae** (vol. 14)
188[178]. Sépalos 2 ... **L. Portulacaeae** p.p. (vol. 2)
– Sépalos más de 2 ... 189
189[188]. Carpelos libres, a veces con los estilos o los estigmas soldados ... 190
– Carpelos soldados entre sí ... 192
190[189]. Carpelos 4 o más; plantas sin látex ... **LXXXVI. Crassulaceae** p.p. (vol. 5)
– Carpelos 2; plantas con látex ... 191
191[190]. Corola con corona (simple o doble), con las piezas ± soldadas; estilos 2, libres, pero unidos por los estigmas; semillas sólo con un mechón de pelos en el ápice ... **CXXXII. Asclepiadaceae** (vol. 11)
– Corola sin corona, a veces con 5 escamas laciniadas; estilos 2, unidos, salvo en la base; semillas glabras o enteramente pelosas ... **CXXXI. Apocynaceae** (vol. 11)

192[189]. Estambres en menor número que el de lóbulos de la corola, sin tener en cuenta los estaminodios ... 193
– Estambres en número igual que el de lóbulos de la corola ... 196
193[192]. Plantas herbáceas o subarbustos ... **CXLIV. Scrophulariaceae** p.p. (vol. 13)
– Árboles o arbustos ... 194
194[193]. Hojas con numerosas glándulas translúcidas ... **CXLV. Myoporaceae** (vol. 14)
– Hojas sin glándulas translúcidas ... 195
195[194]. Fruto en baya, drupa o sámara, rara vez en cápsula y entonces con el estigma bilobado ... **CXXXIII. Oleaceae** p.p. (vol. 11)
– Fruto en cápsula; estigma capitado ... **CXLIV. Scrophulariaceae** p.p. (vol. 13)
196[192]. Estambres opositipétalos ... 197
– Estambres alternipétalos ... 199
197[196]. Estilos 1 o 5, a veces ± soldados en la base; estigmas 5 ... **LV. Plumbaginaceae** p.p. (vols. 2 y 3)
– Estilo 1; estigma 1 ... 198
198[197]. Plantas herbáceas ... **LXXX. Primulaceae** p.p. (vol. 5)
– Plantas arbóreas o arbustivas ... **LXXIX. Sapotaceae** (vol. 5)
199[196]. Hojas opuestas o verticiladas ... 200
– Hojas alternas o todas basales ... 206
200[199]. Corola escariosa, ± traslúcida ... **CXLII. Plantaginaceae** p.p. (vol. 13)
– Corola no escariosa ... 201
201[200]. Plantas herbáceas ... 202
– Plantas arbustivas o subarbustivas ... 203
202[201]. Plantas acuáticas; hojas pecioladas ... **CXXXVI. Menyanthaceae** p.p. (vol. 11)
– Plantas terrestres; hojas sésiles ... **CXXX. Gentianaceae** (vol. 11)
203[201]. Plantas procumbentes; hojas perennes, coriáceas ... **LXXIV. Ericaceae** p.p. (vol. 4)
– Plantas erectas; hojas caedizas, herbáceas ... 204
204[203]. Hojas palmaticompuestas ... **CXXXIX. Verbenaceae** p.p. (vol. 12)
– Hojas simples, con el borde ± aserrado o eroso ... 205
205[204]. Flores dispuestas en panícula larga; fruto en cápsula ... **CXLIII. Buddlejaceae** (vol. 13)
– Flores dispuestas en espiga corimbiforme; fruto en drupa ... **CXXXIX. Verbenaceae** p.p. (vol. 12)
206[199]. Estambres 4; lóbulos de la corola 4 ... 207
– Estambres (3)5-8; lóbulos de la corola 5-8 ... 208
207[206]. Corola escariosa, ± traslúcida ... **CXLII. Plantaginaceae** p.p. (vol. 13)
– Corola no escariosa, amarilla o blanca con tonos rosados o violetas ... **CXLIV. Scrophulariaceae** p.p. (vol. 13)
208[206]. Rudimentos seminales 4 o menos por carpelo ... 209
– Rudimentos seminales numerosos por carpelo ... 211
209[208]. Flores numerosas, en cimas escorpioides; fruto en tetranúcula o dinúcula, a veces con una sola núcula desarrollada ... **CXXXVIII. Boraginaceae** p.p. (vol. 11)
– Flores solitarias o en grupos pequeños; fruto en cápsula ... 210
210[209]. Corola tubular, infundibuliforme o campanulada ... **CXXXV. Convolvulaceae** p.p. (vol. 11)
– Corola rotácea ... **CXLIV. Scrophulariaceae** p.p. (vol. 13)
211[208]. Plantas acuáticas o de turberas; lóbulos de la corola fimbriados ... **CXXXVI. Menyanthaceae** p.p. (vol. 11)
– Plantas terrestres; lóbulos de la corola no fimbriados ... 212
212[211]. Hojas todas basales ... **CXLVIII. Gesneriaceae** (vol. 14)

– Al menos con algunas hojas dispuestas a lo largo de los tallos 213
213[212]. Estilo profundamente dividido .... **CXXXVII. Hydrophyllaceae** (vol. 11)
– Estilo no dividido 214
214[213]. Tallos procumbentes que enraízan en los nudos; hojas reniformes o subcirculares, crenadas .... **CXLIV. Scrophulariaceae** p.p. (vol. 13)
– Plantas que no reúnen los anteriores caracteres 215
215[214]. Corola rotácea; filamentos estaminales de ordinario pelosos; fruto en cápsula .... **CXLIV. Scrophulariaceae** p.p. (vol. 13)
– Plantas que no reúnen los anteriores caracteres ... **CXXXIV. Solanaceae** (vol. 11)
216[147]. Ovario ínfero o semiínfero 217
– Ovario súpero 238
217[216]. Pétalos más de 5 218
– Pétalos 5 o menos 219
218[217]. Plantas acuáticas; hojas no suculentas .... **XXXV. Nymphaeaceae** p.p. (vol. 1)
– Plantas terrestres; hojas suculentas .... **L. Portulacaceae** p.p. (vol. 2)
219[217]. Pétalos y sépalos 3 220
– Pétalos y sépalos 2, 4 o 5 223
220[219]. Flores zigomorfas .... **CLXXXV. Iridaceae** p.p. (vol. 20)
– Flores actinomorfas 221
221[220]. Verticilo externo del perianto sepaloideo .... **CLXII. Hydrocharitaceae** p.p. (vol. 17)
– Ambos verticilos del perianto petaloideos 222
222[221]. Estambres 6 .... **CLXXXIV. Amaryllidaceae** p.p. (vol. 20)
– Estambres 3 .... **CLXXXV. Iridaceae** p.p. (vol. 20)
223[219]. Estambres numerosos 224
– Estambres 10 o menos 227
224[223]. Hojas opuestas, con glándulas translúcidas .... **XCV. Myrtaceae** (vol. 8)
– Hojas alternas, sin glándulas translúcidas 225
225[224]. Hojas de margen entero; semillas con episperma carnoso .... **XCVI. Punicaceae** (vol. 8)
– Hojas de margen ± aserrado; semillas sin episperma carnoso 226
226[225]. Estilos libres; fruto carnoso .... **LXXXVII. Rosaceae** p.p. (vol. 6)
– Estilos soldados, excepto en el ápice; fruto seco .... **LXXXIII. Hydrangeaceae** p.p. (vol. 5)
227[223]. Plantas acuáticas; hojas sumergidas pinnatisectas, con segmentos filiformes; flores agrupadas en espiguilla .... **LXXXIX. Haloragaceae** p.p. (vol. 8)
– Plantas que no reúnen los anteriores caracteres 228
228[227]. Plantas herbáceas 229
– Arbustos o plantas trepadoras, ± leñosas 232
229[228]. Pétalos 2 o 4 .... **XCVII. Onagraceae** p.p. (vol. 8)
– Pétalos 5 230
230[229]. Estambres 5; flores en umbela; fruto en diesquizocarpo (cremocarpo) .... **CXXIX. Umbelliferae** p.p. (vol. 10)
– Estambres 10; flores nunca en umbela; fruto en cápsula 231
231[230]. Flores blancas .... **LXXXVI. Saxifragaceae** p.p. (vol. 5)
– Flores amarillas .... **XCVII. Onagraceae** p.p. (vol. 8)
232[228]. Flores en inflorescencia umbeliforme 233
– Flores en inflorescencia de otro tipo 235
233[232]. Plantas trepadoras o reptantes .... **CXXVIII. Araliaceae** p.p. (vol. 10)
– Arbustos ± erectos 234
234[233]. Hojas alternas, perennes; flores pentámeras .... **CXXIX. Umbelliferae** p.p. (vol. 10)

– Hojas opuestas, caedizas; flores tetrámeras .... **XCVIII. Cornaceae** p.p. (vol. 8)
235[232]. Hojas palmatilobadas, con 3-5 lóbulos .. **LXXXIV. Grossulariaceae** p.p. (vol. 5)
– Hojas enteras o ± aserradas 236
236[235]. Dientes del cáliz muy pequeños; 1 rudimento seminal por carpelo; fruto drupáceo o bacciforme .... **XCVIII. Cornaceae** p.p. (vol. 8)
– Dientes del cáliz grandes; numerosos rudimentos seminales por carpelo; fruto en cápsula 237
237[236]. Hojas caedizas; estambres 8-10(20); estilos 2-4(5) libres o ± soldados .... **LXXXIII. Hydrangeaceae** p.p. (vol. 5)
– Hojas perennes; estambres 5; estilo 1, con el estigma bífido .... **LXXXIV. Grossulariaceae** p.p. (vol. 5)
238[216]. Carpelos 2 o más, libres o soldados solo en la base 239
– Carpelos claramente soldados en al menos la mitad basal o solo 1 carpelo 251
239[238]. Sépalos 3; pétalos 3 240
– Sépalos más de 3 –raramente 3–; pétalos más de 3 242
240[239]. Árboles o arbustos; hojas palmatisectas o pinnatisectas; pecíolos espinosos .... **CLXXVIII. Palmae** (vol. 18)
– Plantas que no reúnen los anteriores caracteres 241
241[240]. Plantas terrestres; hojas ± carnosas, opuestas o agrupadas en roseta; flores con (4)5-10(30) piezas por verticilo .... **LXXXV. Crassulaceae** p.p. (vol. 5)
– Plantas acuáticas; hojas no carnosas, todas basales, a veces también con hojas en los nudos, junto a las flores; flores trímeras .... **CLXI. Alismataceae** (vol. 17)
242[239]. Flores zigomorfas 243
– Flores actinomorfas 244
243[242]. Pétalos profundamente divididos .... **LXXIII. Resedaceae** p.p. (vol. 4)
– Pétalos indivisos .... **XXXVI. Ranunculaceae** p.p. (vol. 1)
244[242]. Estambres en mayor número que el doble del de pétalos 245
– Estambres en número igual o menor que el doble del de pétalos 247
245[244]. Plantas arbustivas o herbáceas; hojas con estípulas; flores períginas .... **LXXXVII. Rosaceae** p.p. (vol. 6)
– Plantas herbáceas; hojas sin estípulas –aunque la base de la hoja puede ser envainadora–; flores hipóginas 246
246[245]. Fruto en poliaquenio; sépalos caedizos, al menos en la fructificación .... **XXXVI. Ranunculaceae** p.p. (vol. 1)
– Fruto en 2-8(15) folículos; sépalos persistentes .... **LVI. Paeoniaceae** (vol. 3)
247[244]. Hojas trifolioladas o profundamente divididas hasta el nervio medio .... **LXXXVII. Rosaceae** p.p. (vol. 6)
– Hojas simples o ± lobadas 248
248[247]. Árbol con hojas palmatífidas; flores en glomérulo globoso; carpelos y aquenios rodeados de pelos; anteras con el conectivo dilatado .... **XXXIX. Platanaceae** p.p. (vol. 2)
– Plantas que no reúnen los anteriores caracteres 249
249[248]. Carpelos dispuestos en espiral o sobre un receptáculo alargado .... **XXXVI. Ranunculaceae** p.p. (vol. 1)
– Carpelos dispuestos en 1 verticilo 250
250[249]. Plantas herbáceas o sufrútices; hojas ± suculentas .... **LXXXV. Crassulaceae** p.p. (vol. 5)
– Arbustos con tallo anguloso; hojas no suculentas .... **Coriariaceae** (vol. 9)
251[238]. Flores zigomorfas 252
– Flores actinomorfas o con simetría bilateral 269
252[251]. Perianto con 1 o más piezas sacciformes o con un espolón en la base 253

– Perianto sin espolón o sin piezas sacciformes 258
253[252]. Sépalos 2, pequeños .... **XXXVIII. Papaveraceae** p.p. (vol. 1)
– Sépalos 3 o 5 254
254[253]. Sépalos 3, muy desiguales, uno de ellos espolonado; pétalos 3, no espolonados .... **Balsaminaceae** (vol. 9)
– Sépalos 5; pétalos 5 255
255[254]. Hojas peltadas .... **Tropaeolaceae** (vol. 9)
– Hojas no peltadas 256
256[255]. Hojas caulinares en general opuestas hacia la base del tallo, aunque a veces alternas en la inflorescencia; carpelos soldados –en el fruto se separan en 5 mericarpos, con 1 semilla en cada uno de ellos .... **Geraniaceae** p.p. (vol. 9)
– Hojas alternas; fruto que no reúne los caracteres anteriores 257
257[256]. Verticilo externo del perianto sepaloideo; carpelos soldados entre sí; ovario unilocular; fruto en cápsula .... **LXV. Violaceae** (vol. 3)
– Ambos verticilos del perianto petaloideos; carpelos libres; fruto en 1-5 folículos .. .. **XXXVI. Ranunculaceae** p.p. (vol. 1)
258[252]. Todos los estambres soldados en una columna (monadelfos), a veces uno libre (diadelfos) .... **LXXXVIII. Leguminosae** p.p. (vol. 7)
– Todos los estambres libres 259
259[258]. Árboles o arbustos 260
– Plantas herbáceas 264
260[259]. Hojas compuestas 261
– Hojas simples 262
261[260]. Hojas trifolioladas o pinnadas .... **LXXXVIII. Leguminosae** p.p. (vol. 7)
– Hojas palmaticompuestas, con más de 3 folíolos .... **Hippocastanaceae** (vol. 9)
262[260]. Ovario sobre un largo ginóforo .... **LXXI. Capparaceae** p.p. (vol. 3)
– Ovario sésil o subsésil 263
263[262]. Pétalos 4; estambres 6 .... **LXXII. Cruciferae** p.p. (vol. 4)
– Pétalos 5; estambres 10 .... **LXXXVIII. Leguminosae** p.p. (vol. 7)
264[259]. Ovario y fruto con 5 lóculos 265
– Ovario y fruto sin 5 lóculos 266
265[264]. Flores en cima umbeliforme; fruto con un pico .... **Geraniaceae** p.p. (vol. 9)
– Flores en racimo; fruto sin pico .... **Rutaceae** p.p. (vol. 9)
266[264]. Pétalos fimbriados o lobulados .... **LXXIII. Resedaceae** p.p. (vol. 4)
– Pétalos enteros o emarginados 267
267[266]. Estambres 10 .... **LXXXVIII. Leguminosae** p.p. (vol. 7)
– Estambres 6 o menos 268
268[267]. Ovario con 2 lóculos; carpóforo muy corto o inexistente .... **LXXII. Cruciferae** p.p. (vol. 4)
– Ovario con 1 lóculo; carpóforo largo .... **LXXI. Capparaceae** p.p. (vol. 3)
269[251]. Piezas del verticilo interno del perianto con espolón .... **XXXVI. Ranunculaceae** p.p. (vol. 1)
– Piezas del verticilo interno del perianto sin espolón 270
270[269]. Pétalos más de 10 271
– Pétalos 10 o menos de 10 273
271[270]. Plantas herbáceas, acuáticas; hojas con pecíolos largos .... **XXXV. Nymphaeaceae** p.p. (vol. 1)
– Arbustos o plantas herbáceas, terrestres; hojas sésiles o subsésiles 272
272[271]. Estambres 4-6 .... **XXXVII. Berberidaceae** (vol. 1)
– Estambres más de 6 .... **XLVII. Aizoaceae** p.p. (vol. 2)
273[270]. Estambres en mayor número que el doble del de pétalos 274

– Estambres en número igual o menor que el doble del de pétalos 285
274[273]. Estambres con los filamentos soldados en un columna (monadelfos) ....
.... **LX. Malvaceae** (vol. 3)
– Estambres libres o soldados en fascículos 275
275[274]. Perianto con 2 piezas largas y 2 más cortas, que persisten en el fruto ....
.... **LIV. Polygonaceae** p.p. (vol. 2)
– Piezas del perianto que no reúnen los anteriores caracteres 276
276[275]. Ovario sobre un largo carpóforo .... **LXXI. Capparaceae** p.p. (vol. 3)
– Ovario sésil o subsésil 277
277[276]. Carpelos implantados en un receptáculo en forma de copa o similar (hipanto); rudimento seminal 1 por carpelo .... **LXXXVII. Rosaceae** p.p. (vol. 6)
– Carpelos implantados en un receptáculo plano; rudimentos seminales 2 o más por carpelo 278
278[277]. Flores pequeñas, agrupadas en espiga densa o en glomérulo globoso, los que a su vez pueden disponerse en racimo o panícula; hojas bipinnadas ....
.... **LXXXVIII. Leguminosae** p.p. (vol. 7)
– Plantas que no reúnen los anteriores caracteres 279
279[278]. Carpelo 1; hojas 2 veces ternadas, las inferiores con los folíolos peciolulados ....
.... **XXXVI. Ranunculaceae** p.p. (vol. 1)
– Carpelos 2 o más; hojas que no reúnen los anteriores caracteres 280
280[279]. Árboles grandes; inflorescencias con una bráctea bien visible adnada al pedúnculo .... **LIX. Tiliaceae** (vol. 3)
– Plantas que no reúnen los anteriores caracteres 281
281[280]. Estilos 2 o más, libres 282
– Estilo 1 o inexistente 283
282[281]. Hojas en su mayoría alternas, piezas externas del perianto petaloideas ....
.... **XXXVI. Ranunculaceae** p.p. (vol. 1)
– Hojas opuestas o verticiladas; piezas externas del perianto sepaloideas ....
.... **LVIII. Guttiferae** (vol. 3)
283[281]. Pétalos 4 .... **XXXVIII. Papaveraceae** p.p. (vol. 1)
– Pétalos 5 284
284[283]. Ovario con 3-5(6-12) lóculos incompletos; hojas simples, enteras ....
.... **LXVI. Cistaceae** (vol. 3)
– Ovario con 3 lóculos; hojas pinnatisectas, trifolioladas o pinnadas ....
.... **Zygophyllaceae** p.p. (vol. 9)
285[273]. Árboles, arbustos o plantas trepadoras leñosas 286
– Plantas herbáceas, a veces ± leñosas en la base 305
286[285]. Flores dispuestas en cladodios con aspecto de hoja; hojas escuamiformes, pardas .
.... **CLXXXIII. Liliaceae** p.p. (vol. 20)
– Plantas que no reúnen los anteriores caracteres 287
287[286]. Hojas pequeñas, ericoides o escuamiformes 288
– Hojas ni ericoides ni escuamiformes 290
288[287]. Estambres 3; perianto con 2 verticilos formados por 3 piezas cada uno ....
.... **LXXV. Empetraceae** p.p. (vol. 4)
– Estambres más de 3; perianto con más de 3 piezas en cada verticilo 289
289[288]. Hojas alternas; árboles o arbustos .... **LXVII. Tamaricaceae** (vol. 3)
– Hojas opuestas; sufrútices pequeños y postrados ....
.... **LXVIII. Frankeniaceae** p.p. (vol. 3)
290[287]. Pedúnculos florales adnados a los pecíolos; ovario sobre un carpóforo corto ....
.... **Cneoraceae** (vol. 9)
– Plantas que no reúnen los anteriores caracteres 291

291[290]. Todas las hojas opuestas ... 292
– Al menos algunas hojas alternas ... 293
292[291]. Fruto en cápsula, a veces carnosa; hojas con el margen subentero, serrulado o crenado ... **CV. Celastraceae** p.p. (vol. 8)
– Fruto en diesquizocarpo, con los mericarpos nuciformes, alados y monospermos, que se separan en la madurez; hojas lobuladas o pinnadas ... **Aceraceae** p.p. (vol. 9)
293[291]. Estambres 8 ... **Sapindaceae** p.p. (vol. 9)
– Estambres 4-6, 10 o 12 ... 294
294[293]. Estambres 10-12 ... 295
– Estambres 6 o menos ... 299
295[294]. Hojas enteras ... **LXXIV. Ericaceae** p.p. (vol. 4)
– Hojas pinnadas ... 296
296[295]. Árboles espinosos ... **LXXXVIII. Leguminosae** p.p. (vol. 7)
– Árboles o arbustos inermes ... 297
297[296]. Estambres con los filamentos soldados en una columna (monadelfos) ... **Meliaceae** (vol. 9)
– Estambres libres ... 298
298[297]. Carpelo 1; arbustos o árboles pequeños; fruto en drupa ... **Anacardiaceae** p.p. (vol. 9)
– Carpelos 5 o 6, ± libres; árboles grandes; fruto samaroide ... **Simaroubaceae** (vol. 9)
299[294]. Estambres 6 ... **LXXII. Cruciferae** p.p. (vol. 4)
– Estambres 4 o 5 ... 300
300[299]. Estambres que se sitúan frente a los pétalos, coincidiendo con la línea media de los lóbulos de la corola (opositipétalos y alternisépalos) ... 301
– Estambres que alternan con los pétalos (alternipétalos y opositisépalos) ... 302
301[300]. Arbustos o árboles pequeños, no trepadores, sin zarcillos; pétalos más pequeños que los sépalos ... **Rhamnaceae** p.p. (vol. 9)
– Plantas trepadoras leñosas, con zarcillos; pétalos más grandes que los sépalos ... **Vitaceae** (vol. 9)
302[300]. Arbustos muy espinosos ... **CV. Celastraceae** p.p. (vol. 8)
– Arbustos o árboles pequeños, inermes ... 303
303[302]. Corteza resinosa; rudimento seminal 1 por carpelo ... **Anacardiaceae** p.p. (vol. 9)
– Corteza no resinosa; rudimentos seminales más de 1 por carpelo ... 304
304[303]. Margen de la hoja generalmente espinoso; fruto en drupa, rojo y brillante ... **CVI. Aquifoliaceae** (vol. 8)
– Margen de la hoja no espinoso; fruto en cápsula ... **LXXXI. Pittosporaceae** (vol. 5)
305[285]. Sépalos 2; pétalos 4 o 5 ... 306
– Sépalos en número igual que el de pétalos –no se tendrán en cuenta los apéndices intersepalinos ... 308
306[305]. Pétalos 4, los 2 externos con un lóbulo apical verdoso en el dorso ... **XXXVIII. Papaveraceae** p.p. (vol. 1)
– Pétalos 5, que no reúnen los anteriores caracteres ... 307
307[306]. Tallos erectos o procumbentes, no trepadores ... **L. Portulacaceae** p.p. (vol. 2)
– Tallos trepadores ... **LI. Basellaceae** (vol. 2)
308[305]. Flores trímeras; hojas alternas ... **CLXXI. Commelinaceae** (vol. 17)
– Flores tetrámeras o con más partes florales por verticilo, o trímeras, pero en este caso con las hojas opuestas ... 309

309[308]. Sépalos soldados, con el tubo calicino de campaniforme a cilíndrico, en general con apéndices intersepalinos, que alternan con los sépalos por la parte externa de cáliz; pétalos libres, insertos hacia el ápice del tubo .... **XCII. Lythraceae** p.p. (vol. 8)
– Plantas que no reúnen los anteriores caracteres 310
310[309]. Hojas caulinares opuestas o verticiladas 311
– Hojas caulinares alternas o todas basales, raramente sin hojas 319
311[310]. Hojas divididas o aserradas 312
– Hojas enteras 313
312[311]. Estambres sin escamas en la cara interna de los filamentos; fruto con un pico .... **Geraniaceae** p.p. (vol. 9)
– Estambres con escamas en la cara interna de los filamentos; fruto sin pico .... **Zygophyllaceae** p.p. (vol. 9)
313[311]. Hojas en 1 verticilo; flores solitarias, terminales .... **CLXXXIII. Liliaceae** p.p. (vol. 20)
– Plantas que no reúnen los anteriores caracteres 314
314[313]. Plantas con estípulas 315
– Plantas sin estípulas 316
315[314]. Semillas lisas, papilosas o tuberculadas (ovoideo-piriformes, subglobosas o disciformes), con frecuencia aladas; flores pentámeras .... **XLIX. Caryophyllaceae** p.p. (vol. 2)
– Semillas reticuladas (subcilíndricas, rectas o ± curvadas), ápteras; flores rara vez pentámeras, en este caso las hojas son lanceoladas ..... **LVII. Elatinaceae** (vol. 3)
316[314]. Sépalos soldados en más de la mitad de su longitud 317
– Sépalos libres o soldados solo en la base 318
317[316]. Estilos soldados .... **LXVIII. Frankeniaceae** p.p. (vol. 3)
– Estilos libres .... **XLIX. Caryophyllaceae** p.p. (vol. 2)
318[316]. Ovario con solo 1 lóculo .... **XLIX. Caryophyllaceae** p.p. (vol. 2)
– Ovario con 4 o 5 lóculos .... **Linaceae** p.p. (vol. 9)
319[310]. Plantas trepadoras, con zarcillos .... **Sapindaceae** p.p. (vol. 9)
– Plantas que no reúnen los anteriores caracteres 320
320[319]. Hojas palmaticompuestas, con 3-4(10) folíolos .... **Oxalidaceae** (vol. 9)
– Hojas que no reúnen los anteriores caracteres 321
321[320]. Sépalos y pétalos 2 o 3 .... **LIV. Polygonaceae** p.p. (vol. 2)
– Sépalos y pétalos 4 o 5 322
322[321]. Sépalos y pétalos 4; estambres 6 –generalmente 2 son más cortos–; plantas sin estípulas ....**LXXII. Cruciferae** p.p. (vol. 4)
– Plantas que no reúnen los anteriores caracteres 323
323[322]. Hojas con pelos glandulíferos bien visibles, rojizos, viscosos .... **LXXXII. Droseraceae** (vol. 5)
– Plantas que no reúnen los anteriores caracteres 324
324[323]. Hojas con numerosas glándulas translúcidas que despiden un fuerte olor cuando se rompen .... **Rutaceae** p.p. (vol. 9)
– Hojas sin glándulas translúcidas 325
325[324]. Estilo 1; estigma entero o algo lobado; anteras dehiscentes mediante poros apicales .... **LXXVI. Pyrolaceae** (vol. 4)
– Estilos y estigmas más de 1; anteras con dehiscencia longitudinal 326
326[325]. Estigmas 5 327
– Estigmas 2-4 329
327[326]. Hojas lobadas, pinnati o palmatisectas .... **Geraniaceae** p.p. (vol. 9)
– Hojas enteras, crenadas o dentadas, o plantas sin hojas 328

328[327]. Sépalos soldados; hojas todas basales o plantas sin hojas ....
.... **LV. Plumbaginaceae** p.p. (vols. 2 y 3)
– Sépalos libres; hojas dispuestas a lo largo de los tallos .... **Linaceae** p.p. (vol. 9)
329[326]. Estambres 5 .... **XLIX. Caryophyllaceae** p.p. (vol. 2)
– Estambres 3 o 10 .... **LXXXVI. Saxifragaceae** p.p. (vol. 5)

SPERMATOPHYTA

ANGIOSPERMAE

DICOTYLEDONES

(CONTINUACIÓN)

CLIX. COMPOSITAE [nom. cons.]*, **

Hierbas anuales, bienales o perennnes, rara vez sufrútices o arbustos –árboles en especies extraibéricas–, inermes o espinosos, glabros o variadamente pelosos, a menudo con canales laticíferos o resiníferos, hermafroditas o ginomonoicos, rara vez monoicos, dioicos o ginodioicos. Tallos simples o ± ramificados, de sección ± circular, macizos o a veces fistulosos, lisos o acostillados, inermes o espinosos, foliosos, a veces alados por la decurrencia de las hojas, o escapiformes y afilos, más rara vez plantas acaules. Hojas simples, todas en roseta o las primeras rosuladas y el resto caulinares, estas alternas, rara vez opuestas, pecioladas o sésiles, a veces decurrentes, de enteras a variadamente divididas, a veces con espinas o espínulas en el margen e incluso sobre el limbo, con nervadura predominantemente pinnada –con frecuencia la secundaria reticulada–, rara vez paralelinervias o palmatinervias, sin estípulas. Inflorescencias en capítulo, terminales o axilares, solitarias o reunidas a su vez en inflorescencias complejas, globosas, espiciformes, paniculiformes o corimbiformes, alcanzadas a veces por las últimas hojas caulinares, que pueden ser involucrales. Capítulos multifloros o paucifloros, muy rara vez unifloros. Receptáculo aplanado, convexo, cóncavo, cónico, hemisférico o cilíndrico, liso, alveolado o ± rugoso, macizo o hueco, a veces con brácteas florales en forma de páleas, setas o pelos, libres o a veces ± soldadas por la base, y casi siempre rodeado de brácteas ± desarrolladas (involucro), herbáceas, membranáceas o ± coriáceas, a veces complementadas también por brácteas menores que simulan un segundo involucro en la base (involucelo), muy rara vez sin involucro, con las páleas florales más externas que lo simulan; brácteas del involucro en una fila o en varias series, a veces poco definidas, libres o soldadas entre sí, a veces con un apéndice apical o subapical de forma muy variada, inermes o espinosas. Flores actinomorfas o zigomorfas, por lo general pentámeras –excepto el gineceo, el cáliz, que está muy transformado o falta y, a veces, el androceo–, epíginas, hermafroditas, unisexuales o en ocasiones no sexuadas (flores neutras), a veces todas sexualmente idénticas en un mismo capítulo (homógamo), ya sean hermafroditas o unisexuales –aunque algunas flores puedan ser neutras–, y otras veces flores hermafroditas y unisexuales en un mismo capítulo (heterógamo), de tamaño subigual o las de la periferia mayores o menores, e incluso a veces de un tipo morfológico distinto. Cáliz inexistente o reducido a un conjunto de pelos, setas o escamas ± desarrolladas –forma a veces una corona escariosa o membranácea– en la parte

* J.A. Devesa, A. Quintanar & M.Á. García (eds.)

** J.A. Devesa & S. Talavera (clave de géneros)

superior del ovario (vilano), persistente o caedizo. Corola gamopétala, tetrámera o más comúnmente pentámera, de morfología variable, rara vez falta, con una porción basal estrecha, ± cilíndrica y poco coloreada (tubo), a modo de pie, y una porción superior más ancha y coloreada (limbo); limbo ± actinomorfo, con (4)5(6) lóbulos o dientes ± iguales, conniventes, erectos, erecto-patentes o patentes –en las flores tubulares o flósculos–, a veces poco diferenciado del tubo, muy estrecho (flores filiformes), o zigomorfo, unas veces con dos lóbulos de un lado y tres ± soldados de otro –en las flores bilabiadas–, y otras con todos los lóbulos soldados unilateralmente en una lengüeta (flores liguladas) con 1-3 o 5 dientes –lígula tridentada o quinquedentada, respectivamente–. Androceo con (4)5 estambres insertos en la parte superior del tubo de la corola, alternos con los lóbulos o dientes en las flores actinomorfas, soldados por las anteras y, a veces, también por los filamentos, forman un tubo por el que pasa el estilo; filamentos estaminales cilíndricos, a veces con el conectivo ensanchado por debajo de las anteras (collar), lisos, glandulares, papilosos o pelosos; anteras lineares, con frecuencia calcariformes en la base y a veces también caudadas, a menudo con el conectivo muy desarrollado en el ápice –sobrepasa las tecas–, con dehiscencia longitudinal e introrsa. Gineceo con 2(3) carpelos soldados en un ovario ínfero, unilocular, con un rudimento seminal anátropo y de placentación basal, a menudo con un nectario anular que rodea la base del estilo; estilo terminal, cilíndrico, a veces ensanchado hacia la mitad, liso, generalmente con dos ramas erectas y unidas o ± erecto-patentes, patentes o circinadas, con superficie estigmática en toda su cara interna, reducida a dos líneas marginales o solo en el ápice. Fruto en aquenio (cipsela), con pericarpio seco o muy rara vez carnoso, a veces con restos ± evidentes del nectario en su extremo distal, y una cicatriz basal, subbasal o ± lateral (hilo), en ocasiones acompañada de un eleosoma superpuesto o inmediato, con o sin vilano. Vilano formado por un conjunto de escamas, setas o pelos dispuestos en una o varias series, a veces alternan escamas y setas o pelos, rara vez soldadas entre sí y forman una corona escariosa o membranácea, persistente o caedizo.

Observaciones.–Las compuestas constituyen una familia cosmopolita y claramente monofilética que, por reunir c. 24000 especies y más de 1600 géneros reconocidos [V.A. Funk & al. in V.A. Funk & al. (eds.), Syst. Evol. Biogeogr. Compositae: 171-189 (2009)], puede considerarse entre las más diversificadas de las angiospermas. Su origen, tal vez, haya que situarlo en algún lugar del continente de Gondwana, probablemente en una zona que coincida con la actual Sudamérica [cf. P.H. Raven & D.I. Axelrod in Ann. Missouri Bot. Gard. 61: 539-673 (1974)], como puede deducirse además de que su grupo basal, la subfamilia *Barnadesioideae* K. Bremer & R.K. Jansen, y su grupo hermano, la familia *Calyceraceae* R. Br. ex Rich., se restrinjan a este territorio. De la familia *Compositae* se conocen fósiles –capítulos, flores y granos de polen– del Eoceno [V.D. Barreda & al. in Science 329: 1621 (2010); in Ann. Bot. (Oxford) 109: 127-134 (2012)].

Sus representantes poseen caracteres diagnósticos que los hacen fácilmente reconocibles, entre ellos algunos rasgos florales (v.gr. la singenesia de las anteras) y, sobre todo, el tipo de inflorescencia. El capítulo es una estructura, por lo general, con muchas flores pero que, para los polinizadores, se puede considerar un pseudanto con importantes ventajas reproductoras, ya que una sola visita de estos puede propiciar múltiples fecundaciones [E.E. Leppik in V.H. Heywood & al. (eds.), Biol. Chem. Compositae 1: 61-89 (1977)]. El interés del capítulo es muy grande desde el punto de vista taxonómico, tanto por su morfología y la del involucro de brácteas que lo delimita, como por la diversidad de tipos florales que puede contener, su distribución espacial y características sexuales. Si se atiende a la condición sexual y a la morfología de la corola, es posible reconocer diversos tipos de capítulo con gran valor diagnóstico. Así, los capítulos pueden ser discoides (solo flósculos hermafroditas), radiantes (flores más externas del capítulo profunda y desigualmente lobuladas, neutras y, el resto, flósculos hermafroditas y, por lo general, menores), ligulados (solo flores liguladas con lígula quinquedentada), radiados (flores femeninas liguladas con lígula tridentada en la periferia del capítulo y flósculos hermafroditas en el centro) y disciformes (fundamentalmente flósculos hermafroditas o masculinos, y algunas flores filiformes femeninas en la periferia del capítulo y, a veces, también en el centro).

La clasificación de la familia tiene su origen en los trabajos pioneros de M.H. Cassini in J. Phys. Chim. Hist. Nat. Arts 88: 152-163, 189-204 (1819) y ha sufrido importantes cambios en el último decenio, derivados del uso de datos moleculares en el estudio de la filogenia. La propuesta seguida aquí tiene su base en los trabajos de J.L. Panero & V.A. Funk in Proc. Biol. Soc. Wash. 115: 909-922 (2002), contenidos a su vez en una síntesis posterior en la que se reconocen 12 subfamilias [J. Lundberg in V.A. Funk & al. (eds.), loc. cit.: 157-189], de las que en el territorio de esta flora solo tres tienen representantes autóctonos: *Carduoideae* Cass. ex Sweet, *Cichorioideae* (Juss.) Chevall. (*Cichoriaceae* Juss., nom. cons., basión.) y *Asteroideae* (Cass.) Lindl. (*Compositae* tribu *Asterinae* Cass., basión.).

Bibliografía.–G. BENTHAM in J. Linn. Soc., Bot. 13: 335-577 (1873); K. BREMER in Cladistics 3: 210-253 (1987); K. BREMER (ed.), Asteraceae (1994); K. BREMER & AL. in Nordic J. Bot. 12: 141-148 (1992); V.A. FUNK & AL. in Biol. Skr. 55: 343-374 (2005); V.A. FUNK & AL. (eds.), Syst. Evol. Biogeogr. Compositae (2009); W. GREUTER in Willdenowia 33: 49-61 (2003); V.H. HEYWOOD & AL. (eds.), Biol. Chem. Compositae 2 (1977); D.J.N. HIND & AL. (eds.), Proc. Int. Compositae Kew 1994 (1996).

1. Capítulos discoides o radiantes; limbo de los flósculos por lo general dividido casi hasta la mitad o incluso hasta la base en 5 dientes o lóbulos generalmente más largos que anchos; estilo por lo general con un collar de pelos colectores de polen por debajo de las ramas; hierbas, sufrútices o arbustos con frecuencia muy espinosos 2
– Capítulos ligulados, radiados, discoides o disciformes; limbo de los flósculos dividido hasta un tercio de su longitud en (4)5 dientes o lóbulos generalmente más cortos que anchos; estilo, por lo general, carente de un collar de pelos colectores de polen por debajo de las ramas; hierbas, sufrútices o arbustos inermes, rara vez espinosos 36
2. Capítulos unifloros, reunidos en una inflorescencia compleja ± globosa ...... **3. Echinops**
– Capítulos multifloros, por lo general solitarios, o reunidos en una inflorescencia compleja espiciforme, paniculiforme o corimbiforme 3
3. Androceo con los filamentos estaminales soldados entre sí en forma de tubo 4
– Androceo con los filamentos estaminales libres entre sí 6

4. Vilano formado por pelos plumosos; capítulos radiantes .... **10. Galactites**
– Vilano formado por pelos escábridos; capítulos discoides 5
5. Corola (19)28-40 mm; tallos ápteros; brácteas mayores del involucro 26-71 mm; involucro de 25-40 mm de anchura .... **15. Silybum**
– Corola (10,5)13,5-16 mm; tallos alados; brácteas mayores del involucro 13-19 mm; involucro de (5)7-13(16) mm de anchura .... **17. Tyrimnus**
6. Hojas con espinas en el margen 7
– Hojas inermes 21
7. Capítulos con el receptáculo glabro, carente de pelos o páleas .... **6. Onopordum**
– Capítulos con el receptáculo densamente cubierto de páleas o de pelos 8
8. Capítulos con el receptáculo cubierto solo de páleas ± anchas, enteras, dentadas o laciniadas 9
– Capítulos con el receptáculo cubierto solo de pelos o de páleas setáceas 12
9. Flores con corola amarilla o predominantemente amarilla 10
– Flores con corola rosada, violeta o purpúrea 11
10. Aquenios con placa apical no rodeada de un reborde dentado; vilano simple, con una o dos filas de pelos ± desiguales y plumosos, soldados en grupos o haces y estos, a su vez, unidos a la placa apical del aquenio, que se desprende de este en la madurez junto con el vilano; brácteas involucrales internas radiantes, provistas de un apéndice brillante y vivamente coloreado, que simula flores liguladas .... **1. Carlina**
– Aquenios con placa apical rodeada de un reborde provisto de 10 dientes agudos separados por escotaduras amplias; vilano doble, el externo con una corona de varias filas de escamas o setas rígidas, y el interno con una fila de escamas o setas; brácteas involucrales internas sin apéndice radiante .... **29. Centaurea**
11. Hierbas acaules; vilano con una o dos filas de pelos plumosos, soldados en fascículos y estos, a su vez, unidos a la placa apical del aquenio .... **1. Carlina**
– Hierbas con tallos desarrollados; vilano con una fila de pelos plumosos –sin cilios en la base y más cortos hacia el extremo–, libres –a lo más soldados por parejas– y soldados a su vez a la placa apical del aquenio .... **2. Atractylis**
12. Brácteas externas y medias del involucro con un acumen pectinado-espinoso o una espina pectinado-espinulosa; aquenios con hilo lateral, rara vez basal 13
– Brácteas externas y medias del involucro culminadas por un mucrón o una espina terminal simple, más rara vez por un apéndice ± dentado, lacerado, pectinado-fimbriado, pectinado-espinoso, pectinado-espinuloso o palmeado-espinoso; aquenios con hilo basal o subbasal, rara vez lateral 16
13. Tallos alados; aquenios con hilo basal, glabros; vilano de pelos plumosos ... **13. Picnomon**
– Tallos ápteros; aquenios con hilo ± lateral, glabros o pelosos; vilano de escamas, de pelos escábridos o subplumosos, o nulo 14
14. Capítulos no rodeados por hojas involucrales; hojas con el margen ligeramente espinoso; aquenios de sección transversal ± elíptica .... **29. Centaurea**
– Capítulos rodeados por numerosas hojas involucrales; hojas con el margen claramente espinoso; aquenios de sección transversal ± tetrágona 15
15. Hierbas anuales; todos los aquenios o al menos los de la periferia del capítulo sin vilano, cuando hay es doble, de escamas linear-lanceoladas o espatuladas; flores con corola amarilla o anaranjada, más rara vez rojiza o blanquecina .... **27. Carthamus**
– Hierbas perennes y por lo general con la cepa leñosa, o arbustivas; aquenios todos con vilano de pelos, persistente o caedizo, simple o doble; flores con corola azul, violeta, purpúrea, rosada, blanquecina, amarilla o anaranjada .... **28. Carduncellus**
16. Vilano simple, con varias filas de pelos escábridos, o doble, y entonces el externo con varias filas de setas o pelos escábridos y el interno con una seta de grandes dimensiones, a veces vilano simple o nulo en las flores de la periferia del capítulo 17

– Vilano con pelos plumosos, al menos en la mitad inferior 18
17. Tallos alados; vilano simple, con varias filas de pelos escábridos; aquenios con hilo basal; filamentos estaminales pelosos; hojas con espinas fuertes en el margen .... **18. Carduus**
– Tallos ápteros; vilano doble, el externo con varias filas de setas o pelos escábridos, y el interno con una escama setácea de grandes dimensiones, a veces vilano simple o nulo en las flores de la periferia del capítulo; aquenios con hilo ± lateral; filamentos estaminales glabros; hojas con dientes cartilaginosos, muy ligeramente espinescentes .... **25. Mantisalca**
18. Vilano doble, el externo con varias filas de pelos aplastados, plumosos, y el interno con una fila de cilios lisos y de tamaño mucho menor .... **14. Notobasis**
– Vilano simple, con varias filas de pelos plumosos 19
19. Vilano con pelos plumosos en los dos tercios inferiores –con las barbas gradualmente menores– e inconspicuamente escábridos en su parte distal; corola 29-79 mm; aquenios de sección transversal tetrágona, elíptica o circular .... **11. Cynara**
– Vilano con pelos plumosos a lo largo de casi toda su longitud; corola (7,6)9,9-37(43) mm; aquenios de sección transversal elíptica o circular 20
20. Envés de las hojas con tomento denso, de un blanco níveo; espinas de las hojas que culminan solo los dientes o lobulaciones; brácteas del involucro intensamente teñidas de color púrpura; sufrútice .... **12. Ptilostemon**
– Envés de las hojas de cano-tomentoso a glabro, nunca de un blanco níveo; espinas mayores de las hojas que culminan los dientes o lobulaciones, pero también espinas o espínulas en los senos, a veces también sobre su haz; brácteas del involucro verdosas, a veces teñidas de color púrpura solo en el ápice; hierbas, anuales o perennes .... **16. Cirsium**
21. Hojas con pelos gloquidiados en el margen; vilano doble, el externo con varias filas de escamas desiguales e imbricadas, en transición hacia el interior a pelos escábridos de mayor tamaño .... **19. Crupina**
– Hojas sin pelos gloquidiados en el margen; vilano simple, o doble y el interno con pelos al igual que el externo, escábridos o plumosos, o sin vilano 22
22. Brácteas internas del involucro rosadas y brillantes, mucho más largas que las flores, que simulan lígulas .... **4. Xeranthemum**
– Brácteas internas del involucro que no simulan lígulas 23
23. Brácteas involucrales subuladas, con una espina apical uncinada; aquenios con hilo basal .... **9. Arctium**
– Brácteas involucrales ovadas o lanceoladas, a veces mucronadas, o con una espina apical ± recta, o con un apéndice triangular, entero, denticulado-lacerado, fimbriado o espinoso; aquenios con hilo lateral o lateral-basal 24
24 Vilano de pelos ± plumosos 25
– Vilano de escamas o de pelos ± escábridos, o sin vilano 28
25. Receptáculo con páleas membranáceas, laceradas; filamentos estaminales lisos .... **7. Saussurea**
– Receptáculo con páleas setáceas o pelos; filamentos estaminales lisos, papilosos o pelosos 26
26. Brácteas involucrales medias con un apéndice apical ± escarioso, entero o lacerado .... **24. Rhaponticum**
– Brácteas involucrales medias culminadas solo por una espina apical, o con un apéndice ± triangular, cartáceo o ± rígido, a veces mucronado o punzante 27
27. Aquenios con hilo lateral; hierbas perennes .... **21. Klasea**
– Aquenios con hilo subbasal; hierbas anuales o bienales .... **16. Cirsium**
28. Aquenios del centro del capítulo con vilano doble, el externo con varias filas de esca-

mas setáceas escábridas, y el interno constituido por una escama setácea de grandes dimensiones .... **25. Mantisalca**
– Aquenios del centro del capítulo con vilano doble, el externo con varias filas de escamas lineares, setas o pelos escábridos, y el interno con una fila de escamas, cilios o pelos, o todos los aquenios con vilano simple, este con una fila de fascículos de pelos escábridos desiguales o con varias filas de escamas o de pelos simples o ramificados, escábridos, o sin vilano 29
29. Vilano simple, con una fila de fascículos de pelos escábridos desiguales .... **5. Staehelina**
– Vilano simple o doble, de escamas, setas o cilios, simples, nunca en fascículos, o sin vilano 30
30. Brácteas involucrales medias inermes, a lo más mucronadas 31
– Brácteas involucrales medias con una espina apical, o con un apéndice escarioso o coriáceo, denticulado-lacerado, fimbriado o espinoso 33
31. Filamentos estaminales glabros; hierbas acaules, o con tallos escapiformes o foliosos hasta de 10(23) cm .... **8. Jurinea**
– Filamentos estaminales papilosos; tallos foliosos muy desarrollados de (5)20-120 cm 32
32. Flores hermafroditas con corola de 18-43 mm, la de las neutras o femeninas –cuando hay– de 26-50 mm; involucro 15-35 × 9-33 mm .... **22. Rhaponticoides**
– Todas las flores hermafroditas, con corola de 9-13 mm; involucro 10-19 × 2-9(10) mm .... **20. Serratula**
33. Aquenios con la placa apical provista de borde anular dentado .... **23. Volutaria**
– Aquenios con el borde de la placa apical resaltado o no, pero nunca dentado 34
34. Aquenios con el hilo parcialmente solapado por tres lóbulos del pericarpio; vilano simple, de pelos caedizos .... **26. Cheirolophus**
– Aquenios con el hilo sin lóbulos del pericarpio que lo solapen; vilano simple o doble, con pelos ± persistentes, o sin vilano 35
35. Vilano simple, de pelos escábridos o plumosos; capítulos discoides; aquenios sin eleosoma .... **21. Klasea**
– Vilano doble, el externo con varias filas de escamas planas, serradas, erectas o erecto-patentes y el interno con una fila de escamas mucho menores, erectas y ± conniventes, o sin vilano; capítulos discoides o radiantes; aquenios a menudo con eleosoma .... **29. Centaurea**
36. Capítulos con todas las flores liguladas, con la lígula provista de 5 dientes; raíz, tallo y hojas con látex blanco o amarillo, evidente cuando se fragmentan en fresco; plantas ± inodoras, rara vez fétidas 37
– Al menos el centro del capítulo con flósculos; raíz, tallo y hojas carentes de látex blanco o amarillento; plantas frecuentemente olorosas 95
37. Plantas espinosas o, al menos, con algunas ramas punzantes 38
– Plantas inermes 43
38. Sufrútices o arbustos, con muchas de las ramas punzantes o terminadas en una espina 39
– Hierbas anuales o perennes, con el margen de las hojas espinoso y a veces también el tallo y el nervio medio del envés foliar 40
39. Flores con corola amarilla .... **43. Launaea**
– Flores con corola azul, rara vez blanca o rosada .... **66. Cichorium**
40. Hojas y tallos con pelos o setas de bífidos a tetráfidos .... **57. Helminthotheca**
– Hojas y tallos sin pelos ramificados 41
41. Receptáculo con páleas interflorales; hojas caulinares pinnatífidas o pinnatisectas, ± coriáceas, con el margen marcadamente espinoso; capítulos por lo general rodeados de hojas involucrantes .... **30. Scolymus**

– Receptáculo sin páleas interflorales; hojas caulinares dentadas o algo lobadas, herbáceas, con el margen débilmente espinoso, a veces también con espinas en el nervio medio del envés y en el tallo ... 42
42. Aquenios con pico bien marcado; tallo y envés de las hojas con espinas ... **37. Lactuca**
– Aquenios sin pico; tallo y envés de las hojas inermes ... **44. Sonchus**
43. Receptáculo con páleas interflorales bien desarrolladas ... 44
– Receptáculo sin páleas interflorales, a veces con fovéolas rodeadas de cilios o pequeñas escamas ... 50
44. Brácteas medias e internas del involucro marcadamente panduradas, con la mitad superior casi por completo escariosa; hojas paralelinervias; vilano con 4 o 5 escamas largamente aristadas ... **31. Catananche**
– Brácteas medias e internas del involucro ± lanceoladas, sin la mitad superior escariosa; hojas pinnatinervias; vilano con pelos o setas, escábridos o plumosos, o con escamas no aristadas ... 45
45. Vilano solo con escamas ovadas o lanceoladas ... **67. Rothmaleria**
– Vilano solo con pelos o setas lineares ... 46
46. Vilano con setas o pelos plumosos ... 47
– Vilano con pelos simples o escábridos ... 49
47. Aquenios con 14 o 16 costillas longitudinales, homomorfos, con o sin pico, pero con más frecuencia dimorfos, los externos del capítulo sin pico y los internos con él, todos con vilano; vilano con 26-50 pelos o setas lineares dispuestos en dos o más filas, soldados entre sí en la base formando una corona íntimamente unida al aquenio ... **54. Hypochaeris**
– Aquenios con 5 costillas longitudinales, homomorfos, con pico y vilano, o dimorfos, los externos del capítulo con pico pequeño y sin vilano o con este vestigial, y los internos con pico y vilano bien desarrollados; vilano con (6)10 setas plumosas dispuestas en una fila, libres entre sí, o en dos filas, la externa vestigial con pelos escábridos, o por 20-26 pelos dispuestos en una fila ... 48
48. Sufrútices o hierbas anuales; brácteas del involucro con el dorso glabro, frecuentemente con 1 o 2 filas de setas ± rígidas a lo largo del nervio medio; vilano con (6)10 setas plumosas dispuestas en una fila, a veces con una segunda fila externa vestigial de pelos escábridos ... **55. Achyrophorus**
– Hierbas perennes, rizomatosas; brácteas del involucro con el dorso densamente viloso; vilano con 20-26 pelos no dilatados en la base dispuestos en una fila ... **56. Trommsdorffia**
49. Indumento de pelos simples, glandulíferos o eglandulosos; aquenios con pico bien desarrollado ... **47. Crepis**
– Indumento de pelos estrellados y pelos simples, glandulíferos o eglandulosos; aquenios sin pico ... **65. Andryala**
50. Hierbas con escapos o tallos escapiformes, con todas las hojas en la base, a veces con los escapos provistos de pequeñas hojas bracteiformes ... 51
– Hierbas con los tallos provistos de hojas bien desarrolladas, al menos en la mitad inferior ... 66
51. Ovario y aquenio sin vilano ... 52
– Ovario y aquenio con vilano, al menos los de las flores centrales del capítulo ... 53
52. Hojas profundamente pinnatipartidas; escapos cilíndricos a lo largo de toda su longitud; involucro de más de 9 mm; hierbas perennes ... **40. Aposeris**
– Hojas enteras o dentadas; escapos muy inflados bajo los capítulos; involucro de menos de 7 mm; hierbas anuales ... **68. Arnoseris**
53. Vilano con setas o pelos plumosos, al menos el de las flores centrales del capítulo ... 54
– Vilano con pelos escábridos o escamas ... 59

54. Hojas con al menos algunos pelos de bífidos a tetráfidos 55
– Hojas glabras o con todos los pelos simples 57
55. Escapos con numerosas hojas bracteiformes; brácteas externas y medias del involucro recurvadas; indumento mixto, de pelos simples y algunos pelos bífidos .... **58. Picris**
– Escapos sin hojas, o con muy pocas hojas bracteiformes; brácteas externas y medias del involucro totalmente adpresas; indumento mixto, de pelos simples y pelos estrellados o de bífidos a tetráfidos 56
56. Aquenios homomorfos o subhomomorfos, con o sin pico, todos con vilano bien desarrollado.. **59. Leontodon**
– Aquenios dimorfos, los externos del capítulo sin pico y con una corona de escamas, los internos con pico y vilano de pelos bien desarrollados .... **61. Thrincia**
57. Vilano con 2 filas de pelos; aquenios lisos, al menos los del centro del capítulo .... **32. Scorzonera**
– Vilano con 1 o 2 filas de pelos, al menos el de los aquenios centrales del capítulo; aquenios con escamas espinulosas en disposición transversal 58
58. Escapos simples o ramificados, con varias hojas bracteiformes; hojas pelosas, al menos en el nervio medio del envés, con todos los pelos simples, o completamente glabras .... **53. Scorzoneroides**
– Escapos simples, sin hojas o con muy pocas hojas bracteiformes; hojas por lo general pelosas, con pelos simples y pelos de bífidos a tetráfidos, rara vez completamente glabras .... **59. Leontodon**
59. Vilano de escamas .... **41. Hyoseris**
– Vilano de pelos escábridos 60
60. Aquenios con un collar de escamas entre el cuerpo y el pico 61
– Aquenios sin collar de escamas 62
61. Involucro de menos de 7 mm de anchura, glabrescente; capítulos paucifloros, normalmente con menos de 16 flores .... **45. Chondrilla**
– Involucro de más de 10 mm de anchura, densamente peloso; capítulos multifloros, por lo general con más de 15 flores .... **46. Willemetia**
62. Escapos no ramificados, sin hojas bracteiformes; aquenios por lo general con escamas espinulosas en disposición transversal en la mitad superior del cuerpo .... **48. Taraxacum**
– Escapos ramificados o no, por lo general con hojas bracteiformes; aquenios por lo general sin escamas espinulosas 63
63. Brácteas del involucro dispuestas en 2 filas, la externa mucho más corta que la interna ... . **47. Crepis**
– Brácteas del involucro dispuestas en varias filas 64
64. Hierbas con tubérculos ± globosos; aquenios comprimidos, atenuados en el ápice; hojas glabras o con pelos simples .... **44. Sonchus**
– Hierbas sin tubérculos; aquenios ± obcónicos, truncados en el ápice; hojas pelosas, con pelos escábridos o subplumosos 65
65. Hierbas sin estolones durante la floración; hojas sin pelos estrellados; aquenios con el borde superior entero; vilano de pelos escábridos dispuestos en dos filas, la externa más corta; corola de un amarillo dorado, rara vez pálido, concolora ...... **62. Hieracium**
– Hierbas a menudo con estolones foliosos durante la floración; hojas generalmente con pelos estrellados ± abundantes; aquenios con el borde superior denticulado; vilano de pelos escabriúsculos dispuestos en una fila; corola de un amarillo limón, las más externas del capítulo generalmente con una banda purpúrea en el dorso .... **64. Pilosella**
66. Hojas lineares o setiformes; aquenios externos del capítulo incurvados, más largos que las brácteas del involucro, con numerosas proyecciones aculeiformes uncinadas en el dorso .... **36. Koelpinia**

– Hojas con limbo ancho, rara vez lineares; aquenios externos del capítulo rectos o incurvos, más cortos o casi igualando a las brácteas del involucro, sin proyecciones aculeiformes ... 67
67. Aquenios sin vilano, al menos los de las flores más externas del capítulo ... 68
– Aquenios con un vilano de setas, escamas o pelos o en forma de corona escariosa ... 71
68. Capítulos con los aquenios más externos sin vilano, los del centro con vilano ... **53. Scorzoneroides**
– Capítulos con todos los aquenios sin vilano ... 69
69. Aquenios de las flores externas del capítulo picudos, patentes, parcialmente soldados a las brácteas internas del involucro; capítulo que simula una estrella de (4)5-8(9) puntas ... **49. Rhagadiolus**
– Todos los aquenios sin pico, erectos, no soldados a las brácteas del involucro ... 70
70. Brácteas involucrales glabras, dispuestas en 2 filas, las de la interna libres entre sí; tallos con numerosos capítulos; receptáculo glabro ... **50. Lapsana**
– Brácteas involucrales densamente pelosas, dispuestas en 3 filas, las de la interna soldadas entre sí en la base; tallos con un solo capítulo; receptáculo densamente piloso ... **63. Hispidella**
71. Aquenios fuertemente comprimidos ... 72
– Aquenios no comprimidos o poco comprimidos ... 76
72. Aquenios con pico bien marcado ... 73
– Aquenios sin pico ... 74
73. Brácteas del involucro dispuestas en varias filas, regularmente imbricadas; flores con corola azul o amarilla; vilano formado por 2 filas de pelos, de tamaño similar ... **37. Lactuca**
– Brácteas del involucro dispuestas en dos filas, las de la externa muy cortas; flores con corola amarilla; vilano formado por 2 filas de pelos, la externa más corta ... **38. Cicerbita**
74. Flores con corola amarilla, a veces la de las más externas del capítulo con el dorso verdoso o purpúreo ... **44. Sonchus**
– Flores con corola purpúrea o azul ... 75
75. Capítulo con c. 10 flores; corola azul; involucro de 6-16 mm de anchura ... **38. Cicerbita**
– Capítulo con c. 5 flores; corola purpúrea; involucro de 3-5 mm de anchura ... **39. Prenanthes**
76. Brácteas del involucro dispuestas en una sola fila, o en dos soldadas en el tercio inferior y simulando una sola ... 77
– Brácteas del involucro regularmente imbricadas en varias filas, si dispuestas en dos, entonces estas bien definidas ... 79
77. Hojas dentadas o lobadas, pinnatinervias; brácteas del involucro soldadas en el tercio inferior; pico de los aquenios inflado en la base; vilano 9-12 mm ... **51. Urospermum**
– Hojas enteras, paralelinervias; brácteas del involucro libres; pico de los aquenios no inflado en la base; vilano 15-35 mm, al menos los internos del capítulo ... 78
78. Aquenios de las flores externas del capítulo con vilano de c. 5 setas rígidas y escábridas, y los de las internas de pelos plumosos ... **33. Geropogon**
– Aquenios de todas las flores con vilano de pelos plumosos ... **35. Tragopogon**
79. Tallos fistulosos, glabros o glabrescentes y con pelos simples ... **52. Avellara**
– Tallos no fistulosos, por lo general muy pelosos, con pelos simples o ramificados, glandulíferos o no ... 80
80. Vilano de escamas o setas escábridas ... 81
– Vilano de pelos ... 83
81. Flores con corola azul, rosada o blanca; brácteas del involucro coriáceas en la mitad inferior ... **66. Cichorium**

– Flores con corola amarilla, a veces con la base del limbo purpúrea; brácteas del involucro ± herbáceas 82
82. Aquenios de más de 4 mm, los externos generalmente incurvos y encerrados en las brácteas internas del involucro; brácteas externas del involucro más cortas que las internas; hojas con pelos simples y de bífidos a trífidos .... **60. Hedypnois**
– Aquenios de menos de 2,5 mm, todos rectos y no encerrados en las brácteas del involucro; brácteas externas del involucro más largas que las internas; hojas sin pelos ramificados .... **69. Tolpis**
83. Vilano de pelos plumosos, al menos en la mitad inferior 84
– Vilano de pelos simples o escábridos a lo largo de toda su longitud 87
84. Hierbas araneosas o seríceas, con pelos simples, rara vez acompañados de pelos estrellados; vilano con varias filas de pelos; aquenios ± lisos, al menos los del centro del capítulo 85
– Hierbas hirsutas o híspidas, con la mayoría de los pelos de bífidos a tetráfidos, o glabrescentes y con pelos simples; vilano con una o dos filas de pelos; aquenios con escamas espinulosas en disposición transversal 86
85. Aquenios sin podógino; hojas enteras, dentadas o diversamente laciniadas; brácteas externas del involucro carentes de apéndice subapical .... **32. Scorzonera**
– Aquenios, con una parte basal dilatada y sin semilla (podógino); hojas de pinnatipartidas a pinnatisectas, a menudo liradas, rara vez enteras; brácteas externas del involucro con un apéndice subapical corniculado .... **34. Podospermum**
86. Hojas glabrescentes, con pelos simples, sobre todo en el nervio medio del envés; brácteas del involucro adpresas .... **53. Scorzoneroides**
– Hojas densamente estrigosas, hirsutas o híspidas, con la mayoría de los pelos bífidos; brácteas externas y medias del involucro recurvadas .... **58. Picris**
87. Aquenios con un collar de escamas entre el cuerpo y el pico, junto al cuerpo del aquenio 88
– Aquenios sin collar de escamas 89
88. Involucro de menos de 7 mm de anchura, glabrescente; capítulos paucifloros, generalmente con menos de 16 flores .... **45. Chondrilla**
– Involucro de más de 10 mm de anchura, densamente peloso; capítulos multifloros, generalmente con más de 15 flores .... **46. Willemetia**
89. Capítulos con algunos de los aquenios o todos atenuados en un pico .... **47. Crepis**
– Capítulos con todos los aquenios sin pico 90
90. Aquenios externos de los capítulos con 4 costillas marcadamente tuberculadas .... **42. Reichardia**
– Aquenios externos de los capítulos con 4 o más costillas lisas o algo rugosas 91
91. Hierbas glabras o con indumento de pelos simples, glandulíferos o no 92
– Hierbas o sufrútices con indumento de pelos estrellados o denticulados, a veces mezclados con pelos simples, glandulíferos o no 93
92. Brácteas del involucro dispuestas en varias filas, regularmente imbricadas; aquenios con 4-7 costillas .... **43. Launaea**
– Brácteas del involucro dispuestas en 2 filas, la externa más corta que la interna; aquenios con 10-25 costillas .... **47. Crepis**
93. Receptáculo peloso o con fovéolas rodeadas de escamas pequeñas .... **65. Andryala**
– Receptáculo con fovéolas rodeadas de cilios 94
94. Hierbas sin estolones durante la floración; hojas sin pelos estrellados; aquenios con el borde superior entero; vilano de pelos escábridos dispuestos en 2 filas, la externa más corta; corola de un amarillo dorado, rara vez pálido, concolora .... **62. Hieracium**
– Hierbas a menudo con estolones foliosos durante la floración; hojas generalmente con pelos estrellados ± abundantes; aquenios con el borde superior denticulado; vilano de

pelos escabriúsculos dispuestos en 1 fila; corola de un amarillo limón, las más externas del capítulo generalmente con una banda purpúrea en el dorso .... **64. Pilosella**
95. Hojas caulinares opuestas, al menos las de la parte inferior del tallo 96
– Hojas caulinares todas alternas, con o sin otras rosuladas, o bien todas rosuladas ... 113
96. Vilano de pelos 97
– Vilano de escamas o setas rígidas, o en forma de una pequeña corona ± escariosa, o sin vilano 99
97. Flores con corola amarilla; tallos por lo general monocéfalos; capítulos radiados .... **162. Arnica**
– Flores con corola blanquecina, rosada o purpúrea; tallos multicéfalos; capítulos discoides 98
98. Hojas ± enteras; tallo y pecíolos con pelos glandulíferos .... **163. Ageratina**
– Hojas profundamente divididas; tallo y pecíolos eglandulosos .... **164. Eupatorium**
99. Ovarios y aquenios con vilano de 2-4 setas rígidas, a veces caedizo en fruto 100
– Ovarios y aquenios con vilano de escamas, o en forma de una pequeña corona ± escariosa, persistente, o sin vilano 102
100. Hojas superiores del tallo con pecíolo auriculado en la base; aquenios de los flósculos anchamente alados y muy comprimidos .... **159. Verbesina**
– Hojas superiores del tallo sésiles o con pecíolo no auriculado en la base; aquenios de los flósculos no alados, poco o nada comprimidos 101
101. Capítulos con involucro provisto de varias brácteas involucrales suplementarias formando un involucelo; vilano formado por 2-4 setas persistentes, retrorso-aculeoladas ... . **147. Bidens**
– Capítulos con involucro sin brácteas involucrales suplementarias formando un involucelo; vilano formado por 2 setas prontamente caedizas, no aculeoladas, a veces junto con varias escamas menores .... **158. Helianthus**
102. Brácteas internas del involucro coriáceas, con dos crestas tuberculado-espinosas en el dorso durante la fructificación .... **96. Micropus**
– Brácteas del involucro todas herbáceas, coriáceas o ± membranáceas, sin crestas en la fructificación 103
103. Capítulos unisexuales, los masculinos dispuestos al final de los tallos en una inflorescencia compleja racemiforme, los femeninos bajo los masculinos, en las axilas de las hojas; hojas pinnatífidas o bipinnatisectas .... **151. Ambrosia**
– Capítulos bisexuados; hojas enteras, dentadas, lobadas, pinnatífidas o pinnatisectas 104
104. Ovarios y aquenios sin vilano 105
– Ovarios y aquenios con vilano 109
105. Receptáculo desnudo 106
– Receptáculo paleáceo 107
106. Hierbas perennes; capítulos solitarios en el extremo de las ramas; flores liguladas con lígula blanca o ± purpúrea; aquenios con 5-7 costillas .... **123. Phalacrocarpum**
– Hierbas anuales; capítulos numerosos, reunidos en glomérulos densos, ± escorpioides; flores liguladas con lígula amarilla; aquenios con 10 costillas .... **149. Flaveria**
107. Hojas doblemente dentadas, ± ovadas o deltoides; capítulos discoides, en grupos paniculiformes .... **154. Euphrosyne**
– Hojas enteras o serradas, de linear lanceoladas a ovado-lanceoladas; capítulos radiados, solitarios, rara vez en pequeños grupos corimbiformes 108
108. Flores con corola amarilla, las liguladas conspicuas; aquenios 3-4,6 mm, subcilíndricos, con las caras lisas .... **161. Guizotia**
– Flores con corola blanca, las liguladas inconspicuas; aquenios 2-3 mm, prismáticos, trígonos o tetrágonos, con las caras tuberculadas .... **155. Eclipta**

109. Hojas 1-2 pinnatisectas; receptáculo desnudo 110
– Hojas enteras o dentadas; receptáculo paleáceo 111
110. Brácteas involucrales soldadas casi hasta el ápice; plantas olorosas .... **148. Tagetes**
– Brácteas involucrales libres entre sí; plantas inodoras .... **150. Schkuhria**
111. Hierbas anuales; tallos con pelos glandulíferos; flores liguladas con lígula blanca o ± purpúrea .... **160. Galinsoga**
– Hierbas perennes o sufrútices; tallos glabros o con pelos eglandulosos; flores liguladas con lígula amarilla 112
112. Hojas estrigoso-híspidas, linear-lanceoladas, agudas; brácteas del involucro no espinescentes; vilano formado por una corona asimétrica de escamas .... **156. Pascalia**
– Hojas vellosas o seríceas, obovadas u oblanceoladas, obtusas; brácteas del involucro espinescentes; vilano formado por una corona simétrica y dentada ..... **157. Borrichia**
113. Hierbas monoicas; capítulos unisexuales; brácteas internas del involucro de los capítulos femeninos soldadas entre sí, formando en la fructificación una estructura ovoide, coriácea y con numerosas espinas uncinadas 114
– Hierbas o arbustos, hermafroditas, ginomonoicos, andromonoicos o monoicos, rara vez dioicos; capítulos bisexuales, rara vez unisexuales; brácteas del involucro nunca formando una estructura ovoide y espinosa 115
114. Tallos con espinas trífidas en las axilas foliares; hojas cuneiformes, de un verde brillante y con nervios blanquecinos en su haz, con envés blanco-tomentoso .... **152. Acanthoxanthium**
– Tallos inermes; hojas ± ovadas, largamente pecioladas, de un verde mate, con ambas caras estrigulosas .... **153. Xanthium**
115. Plantas dioicas 116
– Plantas hermafroditas, ginomonoicas, andromonoicas o monoicas 119
116. Arbustos glabros .... **135. Baccharis**
– Hierbas pelosas 117
117. Hierbas con tallos escapiformes, con flores que aparecen antes que las hojas; hojas de la roseta largamente pecioladas .... **75. Petasites**
– Hierbas con tallos foliosos, con flores y hojas simultáneamente; hojas sésiles o atenuadas hacia la base 118
118. Capítulos con involucro de 4-6 mm, agrupados en un glomérulo corimbiforme por lo general denso, rara vez solitarios, y claramente sobrepasados por hojas involucrantes muy desarrolladas .... **92. Leontopodium**
– Capítulos con involucro de 6-12 mm, agrupados en glomérulos corimbiformes por lo general poco densos, rara vez solitarios, nunca sobrepasados por hojas involucrantes ... . **93. Antennaria**
119. Receptáculo paleáceo o peloso 120
– Receptáculo sin páleas o pelos, a veces con fovéolas ± dentadas o ciliadas en el margen 145
120. Vilano de pelos, o de escamas libres o soldadas por la base, o de una mezcla de ambos 121
– Vilano formado por una lengüeta o corona escariosa, o nulo 126
121. Capítulos radiados, con las flores más externas liguladas y flósculos en el centro; receptáculo paleáceo, o solo con pelos largos; hojas verdosas, al menos su haz 122
– Capítulos disciformes, con las flores más externas filiformes y flósculos en el centro, y a veces también flores filiformes; receptáculo paleáceo al menos en la periferia del capítulo; hojas con ambas caras ± blanco-tomentosas 124
122. Receptáculo paleáceo, glabro .... **144. Asteriscus**
– Receptáculo peloso, con o sin páleas 123
123. Receptáculo solo con pelos; flores con corola amarilla; vilano con una o dos filas de pelos .... **73. Doronicum**

– Receptáculo con pelos y páleas; flores con corola ± purpúrea, al menos las del centro del capítulo; vilano con 8-10 escamas aristadas formado por una corona .... **146. Gaillardia**
124. Aquenio con vilano de pelos plumosos .... **85. Ifloga**
– Aquenio con vilano de pelos escábridos 125
125. Todas las páleas del receptáculo escariosas en la fructificación; corola de las flores externas del capítulo con inserción apical; aquenios de las flores externas del capítulo ovoides, elipsoidales, obovoides o cilíndricos, glabros o pelosos; capítulos sin involucro, o muy raramente con él –de brácteas lineares o linear-lanceoladas– y entonces aquenios externos con pelos cortos .... **98. Filago**
– Páleas externas del receptáculo coriáceas en la fructificación, las internas escariosas; corola de las flores externas del capítulo con inserción subapical; aquenios de las flores externas del capítulo reniformes, glabros; capítulos con involucro de brácteas estrechamente lanceoladas u ovales .... **95. Logfia**
126. Capítulos sin flores liguladas 127
– Capítulos radiados, con las flores más externas liguladas 134
127. Capítulos disciformes, con algunas flores filiformes; aquenios de menos de 0,9(1) mm, sin vilano 128
– Capítulos discoides, con todas las flores flosculosas; aquenios de más de 1 mm, con vilano formado por una lengüeta o corona escariosa, o sin vilano 129
128. Páleas del receptáculo escariosas en la fructificación; corola de las flores externas del capítulo con inserción apical; aquenios de las flores externas del capítulo ovoides, elipsoidales, obovoides o cilíndricos, glabros o pelosos; capítulos sin involucro .... **98. Filago**
– Páleas del receptáculo coriáceas en la fructificación; corola de las flores externas del capítulo con inserción lateral; aquenios de las flores externas del capítulo virguliformes, glabros; capítulos con involucro .... **97. Bombycilaena**
129. Flósculos con la base del tubo truncada, que no cubre el ápice del ovario, contraído alrededor de la base del estilo 130
– Flósculos con la base del tubo caliptriforme, que cubre el ápice del ovario, no contraído alrededor de la base del estilo 132
130. Aquenios no comprimidos, subcuadrangulares o subcirculares en sección transversal, ápteros .... **106. Anthemis**
– Aquenios comprimidos dorsiventralmente, rómbicos en sección transversal, con costillas laterales prominentes, ± alados 131
131. Aquenios solo con dos costillas laterales anchas, claramente alados .... **104. Anacyclus**
– Aquenios con dos costillas laterales estrechas y 3-10 costillas adicionales en cada cara, débilmente alados .... **107. Cota**
132. Hierbas perennes; hojas 2-3 pinnatisectas, al menos las inferiores del tallo; receptáculo con páleas sin un canal resinífero .... **125. Chamaemelum**
– Sufrútices; hojas enteras, dentadas o 1 pinnatisectas; receptáculo con páleas provistas de un canal resinífero en el dorso 133
133. Capítulos cortamente pedunculados, reunidos en inflorescencias complejas corimbiformes; plantas con indumento seríceo, de pelos basifijos, nada o apenas olorosas .... **103. Otanthus**
– Capítulos largamente pedunculados, solitarios; plantas glabras o con indumento no seríceo, de pelos mediifijos, por lo general muy aromáticas .... **124. Santolina**
134. Flores liguladas con lígula amarilla, al menos en la base del limbo 135
– Flores liguladas con lígula blanca o rosa 140
135. Capítulos sésiles, rodeados y sobrepasados por hojas involucrales ... **126. Cladanthus**
– Capítulos pedunculados, no rodeados por hojas involucrales 136
136. Hojas serradas .... **116. Lepidophorum**

– Hojas pinnatisectas 137
137. Receptáculo con páleas que encierran los ovarios; flósculos con la base del tubo calcariforme, prolongada en un espolón lateral tan largo como el ovario o casi .... **126. Cladanthus**
– Receptáculo con páleas que no encierran los ovarios; flósculos no calcariformes, sin espolón lateral 138
138. Aquenios no comprimidos dorsiventralmente, ± circulares en sección transversal, con costillas .... **106. Anthemis**
– Aquenios comprimidos dorsiventralmente, rómbicos en sección transversal, con costillas prominentes o con alas laterales 139
139. Aquenios con 2 costillas laterales y costillas adicionales, ápteros; capítulos reunidos de ordinario en corimbos densos .... **102. Achillea**
– Aquenios solo con 2 costillas laterales, netamente alados; capítulos solitarios o reunidos en corimbos laxos .... **104. Anacyclus**
140. Receptáculo con páleas que encierran los ovarios; flósculos con la base del tubo calcariforme, prolongada en un espolón lateral tan largo como el ovario o casi .... **126. Cladanthus**
– Receptáculo con páleas que no encierran los ovarios; flósculos no calcariformes, sin espolón lateral 141
141. Aquenios comprimidos dorsiventralmente, rómbicos en sección transversal, con prominentes costillas o alas laterales 142
– Aquenios no comprimidos dorsiventralmente, circulares o cuadrangulares en sección transversal, con o sin costillas 144
142. Aquenios solo con 2 costillas laterales, netamente alados .... **104. Anacyclus**
– Aquenios con 2 costillas laterales, en ocasiones estrechamente alados, pero en este caso con costillas adicionales 143
143. Aquenios redondeados en el ápice, sin corona apical, con 2 costillas laterales no aladas, a veces con una costilla adaxial adicional; capítulos de ordinario reunidos en corimbos densos .... **102. Achillea**
– Aquenios no redondeados en el ápice, con una corona apical, provistos de 2 costillas laterales estrechas y 3-10 costillas adicionales en cada cara; capítulos de ordinario reunidos en corimbos laxos .... **107. Cota**
144. Flósculos con la base del tubo truncada, que no encierra el ápice del ovario, contraído alrededor de la base del estilo; aquenios de ordinario no redondeados en el ápice, con una corona ± manifiesta .... **106. Anthemis**
– Flósculos con la base del tubo caliptriforme, que encierra el ápice del ovario, no contraído alrededor de la base del estilo; aquenios redondeados en el ápice, sin una corona .... **125. Chamaemellum**
145. Sufrútices trepadores, glabros; hojas carnosas .... **79. Senecio**
– Hierbas o sufrútices no trepadores, por lo común ± pelosos; hojas herbáceas o carnosas 146
146. Arbustos; aquenios drupáceos, netamente carnosos, esféricos, de c. 6 mm de diámetro; capítulos con las flores más externas liguladas, femeninas, y en el centro flósculos funcionalmente masculinos .... **82. Chrysanthemoides**
– Hierbas, sufrútices o arbustos; aquenios con pericarpio seco, no esféricos y de menos de 6 mm de diámetro; capítulos con las flores más externas liguladas, femeninas, fértiles o neutras, o filiformes y femeninas, y en el centro flósculos, por lo general hermafroditas, rara vez masculinos, a veces también con filiformes femeninas, o bien capítulos solo con flósculos hermafroditas 147
147. Ovarios y aquenios sin vilano, o con un vilano formado por una estructura ± escariosa con forma de corona, hemicorona o lengüeta 148

– Ovarios y aquenios con un vilano de pelos o escamas libres o soldadas por la base, a veces con ambas 178
148. Capítulos disciformes o discoides, sin flores liguladas en la periferia 149
– Capítulos radiados, con flores liguladas en la periferia 157
149. Hierbas decumbentes; capítulos sésiles; estilo persistente y espinescente en fruto .... **100. Soliva**
– Hierbas por lo general erectas; capítulos pedunculados o sésiles; estilo no persistente ni espinescente en fruto 150
150. Capítulos disciformes, heterógamos, con flores apétalas femeninas en la periferia y flósculos en el centro, estos con 4 dientes, hermafroditas o funcionalmente masculinos .... **99. Cotula**
– Capítulos discoides, homógamos, con flósculos hermafroditas provistos de (4)5 dientes, rara vez disciformes y heterógamos con las flores más externas filiformes y femeninas 151
151. Capítulos nutantes, con hojas involucrales foliáceas; aquenios atenuados en un pico corto, glanduloso, rematado por un reborde redondeado .... **139. Carpesium**
– Capítulos erectos o erecto-patentes, sin hojas involucrales foliáceas; aquenios ± truncados o redondeados en el ápice 152
152. Involucro con 2 filas de brácteas; capítulos sésiles, con las flores de la periferia filiformes, dispuestas en 6-8 filas .... **145. Centipeda**
– Involucro con varias filas de brácteas; capítulos netamente pedunculados, en su periferia con flósculos o con flores filiformes, pero en este caso en una sola fila 153
153. Flósculos con 4 dientes .... **105. Matricaria**
– Flósculos con 5 dientes 154
154. Hojas enteras, dentadas o crenadas 155
– Hojas de pinnatisectas a pinnadas 156
155. Hojas netamente punteado-glandulosas; capítulos agrupados en corimbos densos .... **110. Vogtia**
– Hojas no punteado-glandulosas; capítulos solitarios, rara vez en grupos de 2-4 .... **111. Leucanthemum**
156. Capítulos reunidos en inflorescencias complejas paniculiformes, racemiformes o espiciformes, más rara vez corimbiformes, o bien capítulos solitarios; aquenios lisos o con 3 finas costillas en la cara adaxial, redondeados en el ápice, desprovistos de vilano en forma de corona .... **101. Artemisia**
– Capítulos reunidos en una única inflorescencia corimbiforme; aquenios con 5-10 costillas, con un vilano en forma de corona escariosa .... **110. Vogtia**
157. Involucro con 1 o 2 filas de brácteas; capítulos con las flores externas femeninas y las centrales masculinas; capítulos con tres tipos de aquenios, los más externos generalmente patentes y con pico, los medios frecuentemente cimbiformes, alados o no, con o sin pico, los internos casi anulares y tuberculados en el dorso .... **81. Calendula**
– Involucro con 2 a numerosas filas de brácteas; capítulos con las flores más externas femeninas o estériles, y en el centro con flósculos hermafroditas; capítulos con todos los aquenios iguales, alados o no, a veces de dos tipos, pero nunca con pico, ni naviculares y tampoco anulares 158
158. Involucro con 2 o 3 filas de brácteas; aquenios ± pelosos, al menos los de la periferia del capítulo .... **133. Bellis**
– Involucro con numerosas filas de brácteas; aquenios glabros 159
159. Flores liguladas con lígula enteramente blanca o rosada 160
– Flores liguladas con lígula enteramente amarilla, o blanca con la base amarilla 170
160. Flósculos de un rojo-violáceo, y flores liguladas con lígula al principio blanca y rosa-

da después de la antesis .... **112. Rhodanthemum**
– Flósculos amarillos y flores liguladas con lígula enteramente blanca 161
161. Hierbas perennes 162
– Hierbas anuales 165
162. Aquenios con canales o cavidades resiníferas 163
– Aquenios sin canales ni cavidades resiníferas 164
163. Aquenios trígonos, con 2 costillas laterales y 1 adaxial muy prominentes, con dos cavidades resiníferas en el ápice de la cara abaxial .... **108. Tripleurospermum**
– Aquenios cilíndricos, con c. 10 costillas, con canales resiníferos entre las costillas .... **111. Leucanthemum**
164. Capítulos solitarios; indumento formado por pelos mediifijos ... **121. Leucanthemopsis**
– Capítulos agrupados en inflorescencias corimbiformes; indumento formado por pelos basifijos, o sin indumento .... **109. Tanacetum**
165. Aquenios sin canales ni cavidades resiníferas 166
– Aquenios con canales o cavidades resiníferas 167
166. Aquenios con 10 costillas de grosor parecido y dispuestas de forma equidistante, redondeados en el ápice, sin vilano; hierbas con indumento formado por pelos mediifijos .... **119. Castrilanthemum**
– Aquenios con 2 costillas laterales gruesas y una adaxial, y 2 o 3 abaxiales más delgadas, con un vilano formado por una corona lingüiforme en las flores liguladas y una corona ± asimétrica en los flósculos; hierbas glabras .... **118. Otospermum**
167. Aquenios con 10 costillas .... **115. Mauranthemum**
– Aquenios con 3-5 costillas, o sin ellas 168
168. Aquenios con 2 cavidades resiníferas en el ápice de la cara adaxial, no sobre las costillas .... **108. Tripleurospermum**
– Aquenios con 3-5 cavidades resiníferas sobre las costillas, o sin ellas 169
169. Aquenios de las flores liguladas fuertemente comprimidos, con 2 alas laterales anchas que se proyectan en el ápice a modo de diente, y los de los flósculos redondeados en el ápice, sin vilano .... **117. Daveaua**
– Aquenios de las flores liguladas cilíndricos o débilmente comprimidos, sin alas, y los de los flósculos ± truncados en el ápice, con un vilano formado por una aurícula escariosa corta .... **105. Matricaria**
170. Hierbas perennes 171
– Hierbas anuales 172
171. Capítulos solitarios; hierbas con indumento de pelos mediifijos .... **121. Leucanthemopsis**
– Capítulos agrupados en inflorescencias corimbiformes; hierbas glabras o con indumento de pelos basifijos .... **109. Tanacetum**
172. Aquenios con canales resiníferos entre las costillas 173
– Aquenios carentes de canales resiníferos entre las costillas 175
173. Flores liguladas con lígula blanca, amarilla en la base; aquenios de los flósculos redondeados en el ápice, sin corona escariosa .... **115. Mauranthemum**
– Flores liguladas con lígula enteramente amarilla, rara vez blanca con la base amarilla; aquenios de los flósculos truncados en el ápice, con un vilano formado por una corona, hemicorona o lengüeta escariosa 174
174. Aquenios con vilano en forma de una lengüeta adaxial tan larga o más que la corola .... **114. Glossopappus**
– Aquenios con vilano en forma de una corona asimétrica, más corta que la corola .... **113. Coleostephus**
175. Hierbas con pelos glandulíferos .... **127. Heteranthemis**
– Hierbas glabras o con pelos eglandulosos 176

176. Aquenios de las flores liguladas con 2 o 3 alas .... **128. Glebionis**
– Aquenios de las flores liguladas sin alas 177
177. Flores liguladas con lígula amarilla; aquenios comprimidos, con 2 costillas laterales, una adaxial poco marcada y dos abaxiales .... **122. Prolongoa**
– Flores liguladas con lígula blanca excepto su base amarilla; aquenios no comprimidos, con 5-8 costillas prominentes .... **120. Hymenostemma**
178. Vilano formado por pelos plumosos, al menos en los aquenios del centro del capítulo... 179
– Vilano formado por pelos simples o escábridos, o por una corona de escamas ± libres o soldadas entre sí en la base, o por pelos y escamas 180
179. Capítulos largamente pedunculados, solitarios, radiados, con las flores más externas liguladas, femeninas; vilano de las flores liguladas con una corona de escamas, el de los flósculos en dos filas, la externa de una corona de escamas, la interna de pelos plumosos; aquenios pelosos .... **83. Leysera**
– Capítulos sésiles, en glomérulos terminales rodeados de hojas, disciformes, con las flores más externas filiformes, femeninas; vilano solo de pelos plumosos; aquenios papilosos .... **86. Lasiopogon**
180. Hierbas perennes, con tallos escapiformes, apareciendo las flores antes que las hojas; hojas de la roseta largamente pecioladas 181
– Hierbas o sufrútices con tallos foliosos, rara vez escaposos, con flores coetáneas a las hojas; hojas de la roseta, cuando existen, por lo general atenuadas en un pecíolo corto 182
181. Hojas basales ± cordiformes, obtusas, con envés blanquecino; capítulos solitarios, en el extremo de los escapos .... **74. Tussilago**
– Hojas basales hastadas, agudas, con envés blanco-níveo; capítulos agrupados en inflorescencias complejas ± espiciformes al final de los escapos .... **75. Petasites**
182. Brácteas del involucro dispuestas en 1(2) filas, a veces con brácteas suplementarias muy pequeñas en la base del capítulo formando un involucelo 183
– Brácteas del involucro dispuestas en 2 o más filas, sin brácteas suplementarias 189
183. Hojas palmatilobadas; involucro de los capítulos sin brácteas suplementarias; aquenios glabros .... **78. Roldana**
– Hojas de enteras a pinnatisectas; involucro de los capítulos con o sin brácteas suplementarias; aquenios glabros o ± pelosos 184
184. Hierbas con tallos escapiformes, o con 1-3 hojas caulinares menores 185
– Hierbas o sufrútices, con numerosas hojas en el tallo 187
185. Capítulos con receptáculo ± globoso o cónico; vilano formado por setas y escamas; flores liguladas con corola blanca o predominantemente blanca .... **134. Bellium**
– Capítulos con receptáculo ± plano; vilano formado solo por pelos; flores liguladas con corola por lo general amarilla o purpúrea 186
186. Hierbas con 1-3 hojas caulinares desarrolladas; hojas basales cordiformes .... **76. Homogyne**
– Hierbas con hojas caulinares escuamiformes; hojas basales ± elípticas ..... **79. Senecio**
187. Tallos 4-15 mm de diámetro; capítulos sin flores liguladas; hojas enteras o dentadas .... **80. Adenostyles**
– Tallos por lo general de menos de 3 mm de diámetro; capítulos con flores liguladas, rara vez sin ellas; hojas de enteras a pinnatisectas 188
188. Capítulos con involucro desprovisto de brácteas suplementarias; filamentos estaminales no engrosados en el ápice; área estigmática de los flósculos que forma una banda ancha y continua .... **77. Tephroseris**
– Capítulos con involucro provisto de brácteas suplementarias; filamentos estaminales

engrosados en el ápice; área estigmática de los flósculos que forma dos bandas longitudinales estrechas .... **79. Senecio**

189. Vilano de escamas dispuestas en 1 o 2 filas, o la primera fila de escamas y la segunda de pelos; capítulos radiados, a veces con las flores liguladas más cortas que el involucro 190
– Vilano solo de pelos dispuestos en 1 o 2 filas, o de pelos y escamas lineares en una sola fila; capítulos radiados o no 194
190. Vilano formado por una primera fila de escamas ± soldadas por la base y una segunda fila de pelos; hojas enteras o dentadas .... **141. Pulicaria**
– Vilano formado exclusivamente por escamas dispuestas en 1 o 2 filas; hojas enteras, lobadas, liradas o pinnatífidas 191
191. Brácteas del involucro soldadas entre sí; flores liguladas con lígula tricolor por el haz, con el ápice anaranjado, el centro blanquecino y la base negra .... **72. Gazania**
– Brácteas del involucro libres entre sí; flores liguladas con lígula amarilla o blanca, a veces con el envés purpúreo o verdoso 192
192. Hierbas anuales; aquenios densamente araneoso-tomentosos .... **70. Arctotheca**
– Hierbas perennes o arbustos; aquenios vilosos o muy laxamente pelosos 193
193. Tallos escapiformes; vilano con una coronita de escamas .... **133. Bellis**
– Arbustos o sufrútices con hojas caulinares; vilano con dos filas de escamas .... **71. Arctotis**
194. Hojas netamente carnosas, de lineares a linear-espatuladas, glabras 195
– Hojas no carnosas, de linear-lanceoladas a ovado-elípticas, ± pelosas, raramente glabras 196
195. Flores liguladas con lígula azul o violeta .... **129. Aster**
– Flores liguladas con lígula amarilla .... **138. Limbarda**
196. Capítulos radiados, con las flores más externas liguladas 197
– Capítulos disciformes o discoides, sin flores liguladas 205
197. Flores liguladas con lígula azul, rosa, blanca o de un blanco-azulado 198
– Flores liguladas con lígula amarilla 201
198. Aquenios por lo general con 2 costillas marginales, casi siempre comprimidos .... **131. Erigeron**
– Aquenios sin costillas marginales evidentes, por lo general no comprimidos, circulares o elípticos en sección transversal 199
199. Flores liguladas que apenas sobrepasan al involucro, con lígula blanca .... **132. Conyza**
– Flores liguladas que sobrepasan el involucro, con lígula azul, rosa o blanca 200
200. Involucro con 1 fila de brácteas; capítulos en inflorescencias complejas corimbiformes; flósculos con ramas estilares papilosas .... **129. Aster**
– Involucro con varias filas de brácteas; capítulos en inflorescencias complejas paniculiformes; flósculos con ramas estilares pelosas .... **130. Symphyotrichum**
201. Vilano formado por 1 fila externa de pelos ensanchados cortos, escuamiformes, y otra interna de pelos mucho más largos y escábridos .... **142. Jasonia**
– Vilano formado por pelos dispuestos en una o dos filas, todos similares en tamaño y forma 202
202. Sufrútices o hierbas anuales; tallos y hojas glandulosos; vilano con los pelos ± soldados en la base .... **140. Dittrichia**
– Hierbas perennes, a veces bienales; tallos y hojas sin glándulas, rara vez con ellas; vilano con los pelos libres o soldados en la base 203
203. Capítulos solitarios o agrupados en inflorescencias complejas corimbiformes; anteras con 2 apéndices filiformes en su base .... **137. Inula**
– Capítulos agrupados en inflorescencias complejas tirsoides, paniculiformes o racemi-

formes; anteras sin apéndices filiformes en su base 204
204. Involucro con 2 filas de brácteas, las externas tan largas o más que las internas; capítulos por lo general solitarios .... **73. Doronicum**
– Involucro con más de 2 filas de brácteas, las externas más cortas que las restantes; capítulos en inflorescencias complejas tirsoides, paniculiformes o racemiformes; .... **136. Solidago**
205. Hierbas perennes o sufrútices, glandulosos, víscidos; vilano con pelos dispuestos en dos filas, la externa de pelos ensanchados cortos, escuamiformes ... **143. Chiliadenus**
– Sufrútices, hierbas anuales, bienales o perennes, ni glandulosos ni víscidos; vilano con todos los pelos simples, escábridos, iguales o desiguales en tamaño 206
206. Hierbas perennes, glabrescentes o con pelos, pero estos nunca formando un tomento ... . **129. Aster**
– Hierbas o sufrútices, ± tomentosas o blanquecino-tomentosas 207
207. Sufrútices 208
– Hierbas anuales, bienales o perennes 212
208. Hojas caulinares elíptico-orbiculares 209
– Hojas caulinares lineares, lanceoladas, oblanceoladas o espatuladas 210
209. Hojas caulinares hasta de 5 mm de anchura; capítulos cilíndrico-turbinados, disciformes, con flores femeninas y hermafroditas .... **90. Plecostachys**
– Hojas caulinares de 10 mm de anchura o más; capítulos campanulados a subglobosos, discoides, con todas las flores hermafroditas .... **87. Helichrysum**
210. Capítulos solitarios, largamente pedunculados, o en grupos compactos de 2-5(6) con un pedúnculo largo común; brácteas medias del involucro en su mayor parte herbáceas, con el margen y el ápice escariosos, verdes al principio y ± parduscas al final .... **84. Phagnalon**
– Capítulos numerosos, agrupados en inflorescencias complejas corimbiformes; brácteas medias del involucro escariosas en su mayor parte, de un amarillo dorado 211
211. Capítulos estrechamente cilíndricos, al menos tres veces más largos que anchos; flores femeninas más numerosas que las hermafroditas .... **88. Achyrocline**
– Capítulos cilíndricos, campanulados o subglobosos, desde igual de largos que anchos hasta, como mucho, el doble de largos que anchos; flores hermafroditas más numerosas que las femeninas .... **87. Helichrysum**
212. Hierbas anuales o bienales; brácteas involucrales externas por completo escariosas y de un color uniforme, o herbáceas en la base y escariosas en el margen y discoloras 213
– Hierbas perennes; brácteas involucrales externas herbáceas en la base y escariosas en el margen, discoloras 215
213. Brácteas involucrales externas por completo escariosas, uniformemente amarillas o ± blancas; capítulos no rodeados ni sobrepasados por las hojas .... **87. Helichrysum**
– Brácteas involucrales externas herbáceas y verdosas en la base, con margen escarioso pardo, purpúreo o negruzco; capítulos, al menos los basales, rodeados y sobrepasados por 1 o varias hojas 214
214. Capítulos reunidos en inflorescencias complejas corimbiformes, en su mayoría axilares, rodeados por varias hojas; vilano de pelos libres entre sí .... **89. Gnaphalium**
– Capítulos reunidos en inflorescencias complejas espiciformes o paniculiformes, en su mayoría terminales, todos o solo los basales rodeados por 1 hoja; vilano de pelos soldados entre sí en la base .... **94. Gamochaeta**
215. Capítulos agrupados en una inflorescencia corimbiforme más o menos densa, rara vez solitarios, no rodeados por hojas involucrantes manifiestas; aquenios glabros .... **93. Antennaria**
– Capítulos agrupados en una inflorescencia corimbiforme densa, espiciforme o pani-

culiforme, rara vez solitarios, y al menos los basales rodeados por 1 o varias hojas involucrantes que igualan o superan el involucro; aquenios glabros o pelosos 216

216. Capítulos reunidos en un glomérulo corimbiforme denso, rara vez solitarios, claramente sobrepasados por varias hojas involucrantes muy desarrolladas; capítulos sin flores hermafroditas .... **92. Leontopodium**

– Capítulos reunidos en inflorescencias espiciformes o paniculiformes, rara vez solitarios, todos o solo los basales rodeados por 1 hoja, que los sobrepasa o no; capítulos con las flores centrales hermafroditas 217

217. Tallos floríferos y no floríferos presentes a la vez en la planta; aquenios por lo general de más de 1 mm .... **91. Omalotheca**

– Tallos floríferos y no floríferos que no se encuentran a la vez en la planta; aquenios de menos de 1 mm .... **94. Gamochaeta**

CARDUOIDEAE Cass. ex Sweet

Hierbas anuales, bienales o perennes, a veces sufrútices o arbustos –rara vez árboles en algunas especies extraibéricas–, a veces con látex, con frecuencia espinosas, hermafroditas, monoicas, ginodioicas o dioicas. Tallos alados o no. Hojas alternas, a veces rosuladas. Capítulos unifloros y reunidos en una inflorescencia compleja ± globosa, o con mayor frecuencia multifloros, discoides, radiantes o radiados –a veces bilabiado-radiados–, homógamos o heterógamos, rara vez con algunas o todas las flores de la periferia liguladas. Involucro con brácteas dispuestas en numerosas series, libres entre sí. Receptáculo desnudo o a menudo cubierto de páleas o pelos. Flores hermafroditas, o las de la periferia neutras o femeninas estructural o funcionalmente, rara vez todas las flores del capítulo funcionalmente unisexuales. Corola pentámera –la de las flores de la periferia a veces de trímera a hexámera–, actinomorfa o ± zigomorfa, con limbo ± profundamente lobado o dentado, con los lóbulos por lo general más largos que anchos. Estambres con filamento glabro, papiloso o variadamente peloso; anteras por lo general calcariformes en la base, a menudo con apéndices basales ± desarrollados; polen equinado o equinulado, por lo general sin cáveas. Estilo con un anillo de pelos colectores cortos por debajo de las ramas, estas soldadas o aproximadas en buena parte de su longitud aunque a menudo divergentes en la madurez al menos en su extremo, con el estigma por toda la superficie interna, rara vez bifurcado. Aquenios homomorfos o heteromorfos, por lo general glabros, menos frecuentemente pelosos, a veces con pelos tricelulares, con o sin vilano. Vilano simple o doble, formado por escamas o, con mayor frecuencia, por pelos, o bien por ambos.

Observaciones.–La subfamilia *Carduoideae,* que comprende 82 géneros y unas 2700 especies, es fundamentalmente del Viejo Mundo y probablemente de origen africano [cf. V.A. Funk & al. in V.A. Funk & al. (eds.), Syst. Evol. Biogeogr. Compositae: 171-189 (2009)]. En ella se reconocen cuatro tribus, siendo la tribu *Cynarocephalae (Cardueae* Cass.) la más diversificada y la única con representación en el territorio de esta flora.

CYNAROCEPHALAE Lam. & DC.

Hierbas anuales, bienales o perennes, a veces sufrútices o arbustos, por lo general espinosas, más rara vez inermes –aunque a veces las brácteas involucrales pueden ser ± espinosas–. Hojas sésiles, frecuentemente decurrentes, o pecioladas, inermes o espinosas, las distales a veces involucrales y en este caso iguales a las demás o muy diferentes, e incluso a veces su aspecto presenta una transición gradual al de las brácteas del involucro. Capítulos multifloros, discoides, radiantes o a veces radiados –con algunas o todas las flores de la periferia liguladas–, homógamos –a veces con las flores de la periferia neutras– o heterógamos y con las flores de la periferia unisexuales, más rara vez capítulos unifloros y reunidos a su vez en una inflorescencia compleja globosa y homógama. Involucro con brácteas inermes o espinosas, a veces provistas de un apéndice apical, entero o ± dividido –inerme o espinoso–, las internas con ápice escarioso inerme, a veces destacadas del resto por su coloración y tamaño, rara vez rodeado en la base por un penacho de setas libres o algo soldadas por su base, que igualan o superan las brácteas involucrales externas. Receptáculo desnudo o con mayor frecuencia tapizado de pelos o páleas, estas a menudo ± setáceas, más rara vez fusionadas. Flores hermafroditas, rara vez funcionalmente unisexuales, con limbo ± dividido –a veces casi hasta la base– en dientes o lóbulos por lo general más largos que anchos, rara vez las más externas del capítulo liguladas, con lígula por lo general quinquedentada. Estambres con filamentos libres o más rara vez soldados, glabros, papilosos o ± pelosos; anteras con apéndices basales ± desarrollados, con frecuencia fimbriados. Estilo con dos ramas ± largas, a menudo soldadas o aproximadas en buena parte, rara vez bifurcado y cada rama con su anillo de pelos colectores. Aquenios homomorfos o rara vez heteromorfos, glabros o pelosos, con pelos unicelulares o tricelulares, a menudo con nectario apical persistente a modo de prominencia, con hilo cárpico lateral, subbasal o basal, por lo general con eleosoma persistente o caedizo. Vilano doble o más rara vez simple, persistente o caedizo, o bien inexistente, o solo los aquenios de la periferia del capítulo sin él; cuando simple, formado por una o varias series de escamas o pelos, libres o soldados entre sí por la base –a veces en un anillo esclerificado– o en fascículos; cuando doble, el externo formado por varias series de escamas o pelos desiguales, a menudo soldados en la base formando un anillo, y el interno formado por una fila de escamas o de pelos.

Observaciones.–La tribu *Cynarocephalae* incluye 72 géneros y unas 2600 especies [cf. A. Susanna & N. Garcia in V.A. Funk & al. (eds.), Syst. Evol. Biogeogr. Compositae: 293-313 (2009)], con representación sobre todo en Eurasia, N de África y N de América, y mucho más escasa en el hemisferio sur (América y Australia), aunque el origen de su presencia en este hemisferio es muy discutido. Su máxima diversidad se presenta en las regiones Mediterránea e Irano-Turaniana, y en el C de Asia [cf. A. Susanna & N. Garcia in Kubitzki (ed.), Fam. Gen. Vasc. Pl. 8: 123-147 (2007)]. En esta tribu se reconocen 5 subtribus. La subtribu *Carlininae* comprende, en su actual concepción, 5 géneros y reúne en total unas 66 especies [cf. A. Susanna & N. Garcia in Kubitzki (ed.), loc. cit.: 126-127]. Está especialmente representada en el E de la Región Mediterránea y se extiende hasta el C de Asia, W de Europa y N de África [cf. A. Susanna & N. Garcia in V.A. Funk & al. (eds.), loc. cit.]. Los géneros *Carlina* y *Atractylis* tienen el mayor número de especies. La subtribu *Echinopsinae* comprende en su actual concepción solo el género *Echinops* [cf. W.R. Greuter, H.M. Burdet & G. Long (eds.), Med-Checklist 2: 208 (2008)], con unas 121 especies, buena parte de ellas centradas en la Región Mediterránea, y un segundo centro de diversificación en el W del África tropical. La subtribu *Cynarinae* [*Carduinae* Dumort., Fl. Belg.: 73 (1827)], comprende 32 géneros y unas 1700 especies [cf. A. Susanna & N. Garcia in Kubitzki (ed.), loc. cit.: 129-138], con una buena representación en la Región Mediterránea. Se trata de un grupo monofilético si se incluyen las *Centaureinae.* La subtribu *Centaureinae* comprende unos 32 géneros y algo más de 600 especies [cf. A. Susanna & N. Garcia in Kubitzki (ed.), loc. cit.: 138-146], con una muy buena representación en la Región Mediterránea.

En las descripciones de los táxones de la tribu *Cynarocephalae,* salvo que se indique lo contrario, las medidas del involucro del capítulo y su forma van referidas a material fresco. En relación con el indumento, se denominan "pelos unicelulares" a los que tienen una base paucicelular, apenas visible y prolongada en una célula extraordinariamente alargada y araneosa, tipo que es extraordinariamente común en el grupo; se denominan "pelos pluricelulares" a aquellos con esta condición claramente visible, por lo general uniseriados y no acabados en una célula larga y araneosa, lo que es característico de los "pelos flageliformes". En algunos grupos (v.gr., subtribu *Carlininae)* es posible observar en los frutos los denominados "pelos tricelulares", muy sensibles a la humedad [cf. P. André in Bull. Soc. Bot. France 108: 126-129 (1961)], aunque no son exclusivos de esta subtribu. Se conocen como "pelos de Nobbe" y responden a un patrón muy generalizado: una célula basal corta hacia la cara adaxial, con paredes muy engrosadas y a la que se superpone una célula alargada, y otra célula larga adyacente a la primera hacia la cara abaxial, las dos últimas soldadas entre sí hasta la mitad de su longitud o más, como en *Atractylis cancellata* y *A. humilis,* o soldadas en toda su longitud y libres solo en el ápice como en *Carlina gummifera* [cf. D. Petit in Bull. Soc. Bot. France, Lettres Bot. 134: 165-184 (1987)]. Son raros los "pelos ramificados", como los de la corola de algunas especies de *Cuprina.*

Subtribu **Carlininae** Cass. ex Dumort.

Hierbas anuales o perennes, sufrútices o arbustos, por lo general espinosos. Hojas por lo general espinosas, no decurrentes, las distales involucrales, muy diferentes de las demás y de las brácteas del involucro, o bien con formas de transición entre ambas. Capítulos multifloros, discoides o radiados –con algunas o todas las flores de la periferia liguladas, con lígula por lo general quinquedentada–, homógamos o más rara vez heterógamos. Involucro con las brácteas internas a veces radiantes y vivamente coloreadas, simulando flores. Receptáculo con páleas laceradas y ± fusionadas –desnudo en el género extraibérico *Tugarinovia* Iljin–. Flores con limbo poco dividido. Estambres con filamentos libres, glabros; anteras con apéndices basales muy desarrollados. Estilo con dos ramas muy cortas. Aquenios homomorfos, densamente pelosos, con pelos unicelulares largos y pelos tricelulares, o solo tricelulares, con hilo cárpico basal y sin eleosoma. Vilano simple, formado por pelos plumosos soldados en fascículos, o bien libres entre sí, siempre unidos a la placa apical del aquenio que se desprende en la madurez junto con el vilano.

1. Carlina L.*

[Carlína, -ae f. – lat. medieval *carlīna, -ae* f. = para el autor del género al menos, la especie que denominó *C. acaulis* L. Transcribamos acto seguido lo que dice P. Font Quer, Pl. Medic.: 834 (1962), a propósito de su carlina angélica: "En la Europa Occidental, muchos de sus nombres populares son variantes de *cardo,* algo así como *cardito, cardonerito* o *cardonerita, carduncho, cardullo, cardabela, cardo rizado, cardineta, cardina...* Hay quien opina que uno de tantos pudo ser *carlina.* Pero la leyenda, no muy remota, sin embargo, nos cuenta que los ángeles mostraron esta planta a Carlomagno y le enseñaron cómo debía emplearla contra la peste. Carlomagno libró así sus huestes de tan terrible flagelo, y desde entonces la planta se llama *carlina* en su honor. Más tarde hubo diversidad de opiniones, y en lugar de Carlomagno se puso a Carlos V" –véase en este vol. el género *Carduus* L. *(Compositae);* lat. medieval *Carolīnus, -a, -um* = referente a la persona o reinado, etc. de algún Carlos; de lat. medieval *Carolus, -i* m. = Carlos, nombre de varón; y éste, del germánico *Karl* m.–. El género *Carlina* L. *(Compositae)* fue establecido por Tournefort (1694: 400-401; 1700: 500) y validado en Linneo (1753: 828-829;1754: 360)]

Hierbas anuales, bienales o perennes, espinosas, con pelos unicelulares araneosos –en los aquenios tricelulares–. Acaules o con tallos desarrollados, simples, o ramificados desde la base o en la mitad superior, sin alas. Hojas alternas o todas rosuladas, sésiles o pecioladas, no decurrentes, sinuado-dentadas, pinnatífidas, pinnatipartidas o pinnatisectas, con margen espinoso. Capítulos multifloros, terminales o axilares, solitarios o en inflorescencias complejas por lo general corimbiformes, ± sésiles, discoides, homógamos, rodeados de hojas involucrales. Involucro ovoide o ± globoso; brácteas dispuestas en varias series, herbáceas o ± coriáceas, muy desiguales, las externas con un aspecto que presenta una transición gradual al de las hojas involucrales, o muy diferentes de ellas y similares a las medias, estas imbricadas y con espina apical, y las internas mucho más grandes y acabadas en una espínula o inermes, a menudo radiantes, vivamente coloreadas. Receptáculo plano, alveolado, con páleas cartilaginosas, laceradas, blancas o a veces con ápice purpúreo, ± soldadas en su mitad basal formando una estructura reticulada con celdillas que alojan los aquenios. Flósculos hermafroditas, que superan o no el involucro. Corola tubular, pentámera –rara vez con 4 o 6 lóbulos–, ± actinomorfa, plegada o no tras la desecación, glabra, amarilla, purpúrea o rosado-purpúrea, con tubo y limbo netamente diferenciados, este con lóbulos ± iguales. Estambres con filamentos libres, aplanados, lisos, glabros, insertos en la base del limbo de la corola; anteras con conectivo prolongado en una lengüeta apical lanceolada y ligeramente incurva, u oblonga, erecta y obtusa, calcariformes en la base, con apéndices basales destacados. Estilo liso, con dos ramas cortas, soldadas al menos por la base y aproximadas en el resto, delimitadas por un anillo de pelos colectores cortos, pubescentes o pubérulas en la cara abaxial y con superficie receptiva papilosa, el resto glabro, rodeado en la base por un nectario que persiste

* J. López Martínez & J.A. Devesa

en el fruto a modo de prominencia sobre la placa apical. Aquenios homomorfos, obcónicos, oblongo-obcónicos, cilíndricos o ± claviformes, ligeramente comprimidos, por lo general densamente seríceos –con pelos tricelulares–, truncados en el ápice, con placa apical plana, de borde entero y con nectario central ± cilíndrico; hilo cárpico basal, ± circular o irregular, con borde cartilaginoso blanquecino; sin eleosoma. Vilano simple, blanco, caedizo, con una o dos filas de pelos ± desiguales y plumosos, soldados en fascículos y estos, a su vez, unidos a la placa apical del aquenio, que se desprende de este en la madurez junto con el vilano. $x = 9, 10$.

Observaciones.–El género, que comprende unas 29 especies, está distribuido por la mayor parte de Europa –excepto por las regiones más septentrionales– y la Región Mediterránea, SW de Asia, y Macaronesia [cf. K. Bremer (ed.), Asteraceae: 138 (1994); A. Susanna & N. Garcia in Kubitzki (ed.), Fam. Gen. Vasc. Pl. 8: 126 (2007)]. *Carlina* incluye aquí a *Chamaeleon* Cass., género más íntimamente relacionado con él que con *Atractylis* [N. Garcia & al. in Molec. Phylogenet. Evol. 22: 51-64 (2002)].

En las flores, los nervios de la corola están particularmente destacados, tanto en el tubo como en el limbo, siguiendo el patrón característico en toda la subfamilia. En las descripciones, la longitud de las ramas estilares corresponde solo a la parte no soldada.

Bibliografía.–M. Dittrich in Bot. Jahrb. Syst. 107: 591-609 (1985) [anatomía del fruto]; H.A. Froebe & R. Classen in Flora 179: 445-452 (1987) [análisis de la inflorescencia]; E. Maugini in Nuovo Giorn. Bot. Ital. 67: 79-104 (1960) [taxonomía de *C. gummifera*]; H. Meusel & A. Kästner in Bot. Jahrb. Syst. 79: 192-207 (1960); in Feddes Repert. 83: 213-232 (1972); 88: 401-408 (1977); in Österr. Akad. Wiss., Math.-Naturwiss. Kl., Denkschr. 127: 5-294 (1990); 128: 7-657 (1994); H. Meusel & E. Kohler in Bot. Jahrb. Syst. 79: 192-207 (1960) [morfología de *C. vulgaris*]; H. Meusel & al. in D.J.N. Hind & al. (eds.), Proc. Int. Compositae Kew 1994, 1: 723-737 (1996) [evolución y biogeografía]; D.P. Petit in Bull. Mus. Natl. Hist. Nat., B, Adansonia 9: 407-440 (1988); U. Wahrmund & al. in Taxon 59: 367-378 (2010) [filogenia].

1. Corola 23-34,5 mm; vilano 24-32 mm; brácteas involucrales internas no radiantes, ± teñidas de un rosa purpúreo; hojas involucrales muy diferentes del resto .... **7. C. gummifera**
– Corola (6,2)6,6-19 mm; vilano 6-23 mm; brácteas involucrales internas radiantes, por lo general vivamente coloreadas, de un blanco argénteo, amarillas o rosadas; hojas involucrales similares al resto, pero con formas de transición gradual a brácteas involucrales 2
2. Páleas del receptáculo con algunas lacinias claviformes; brácteas involucrales internas de un blanco argénteo, a menudo ± teñidas de un rosa obscuro en su cara externa .... **6. C. acaulis**
– Páleas del receptáculo con lacinias agudas, no claviformes; brácteas involucrales internas amarillas, ± teñidas de un púrpura obscuro en la cara externa, rosadas o de un rosa argénteo 3
3. Hierba acaule; corola (12,5)14,3-19 mm; vilano 17-23 mm; brácteas involucrales internas (30)35-71 mm, amarillas .... **5. C. acanthifolia**

– Hierba caulescente; corola (6,2)6,6-12 mm; vilano 6-12 mm; brácteas involucrales internas 10-24 mm, amarillas, rosadas o de un rosa argénteo 4
4. Brácteas involucrales internas rosadas o de un rosa argénteo; vilano 10-12 mm .... **3. C. lanata**
– Brácteas involucrales internas predominantemente amarillas; vilano 6-11 mm 5
5. Hierba anual; involucro 12-18(20) × (6)8-14(15) mm, con brácteas internas de un amarillo limón; corola (6,2)6,6-8,4(8,6) mm; vilano 6-7,4(8) mm .... **2. C. racemosa**
– Hierba bienal o perenne; involucro (13)18,5-48 × 12-33 mm, con brácteas internas amarillento-blanquecinas, de un amarillo dorado o de color pajizo; corola (7)7,2-11(11,2) mm; vilano 8-11 mm 6
6. Hierba bienal; brácteas involucrales internas de 0,5-1 mm de anchura, amarillento-blanquecinas o de color pajizo, no quebradizas; hojas sinuado-dentadas o pinnatífidas, las involucrales 15-30 × 10-14 mm, que no sobresalen del involucro .... **1. C. vulgaris**
– Hierba perenne; brácteas involucrales internas de (1,3)1,6-2,6(3) mm de anchura, de un amarillo dorado al menos en la mitad superior, quebradizas; hojas de pinnatífidas a ± pinnatipartidas, las involucrales 13-66 × 15-34 mm, que sobresalen o no del involucro ... . **4. C. corymbosa**

Subgen. I. **Carlina**

Hojas involucrales semejantes al resto, aunque en transición gradual a brácteas del involucro. Brácteas involucrales internas radiadas, a menudo vivamente coloreadas. Vilano hasta de 3(4) veces la longitud del aquenio.

Sect. 1. **Carlina**

Hierbas anuales, bienales o perennes, caulescentes. Capítulos de tamaño mediano, numerosos.

1. C. vulgaris L., Sp. Pl.: 828, "Errata" (1753) [vulgáris]
subsp. **spinosa** (Velen.) Vandas, Reliq. Forman.: 320 (1909) [spinósa]

C. longifolia [b] *spinosa* Velen. in Sitzungsber. Königl. Böhm. Ges. Wiss. Prag, Math.-Naturwiss. Cl. 1888: 54 (1888) [basión.]
Ind. loc.: "In excelsioribus graminosis montium Osogovska Planina"
Ic.: Rchb., Icon. Fl. Germ. Helv. 15, lám. 742 I figs. 1-8 (1852) [sub *C. vulgaris*]; lám. 1

Hierba bienal, espinosa, verde, con pelos unicelulares araneosos. Tallos hasta de 81 cm, erectos, por lo general ramificados en el tercio superior, de sección ± circular, longitudinalmente acostillados –costillas poco perceptibles–, foliosos, glabrescentes o densamente araneosos. Hojas hasta de 160 × 32 mm, sésiles –a veces ligeramente auriculadas– o las basales cortamente pecioladas –pecíolos ligeramente envainadores–, menores hacia la parte superior del tallo, planas o las distales conduplicadas, oblongas, oblongo-lanceoladas o linear-lanceoladas, sinuado-dentadas o pinnatífidas, con (3)4-10(11) pares de lóbulos ± triangulares o bilobulados, agudos y con espinas terminales hasta de 3,8 mm, con nervadura pinnado-reticulada, algo blanquecino-amarillenta y con el nervio central destacado en

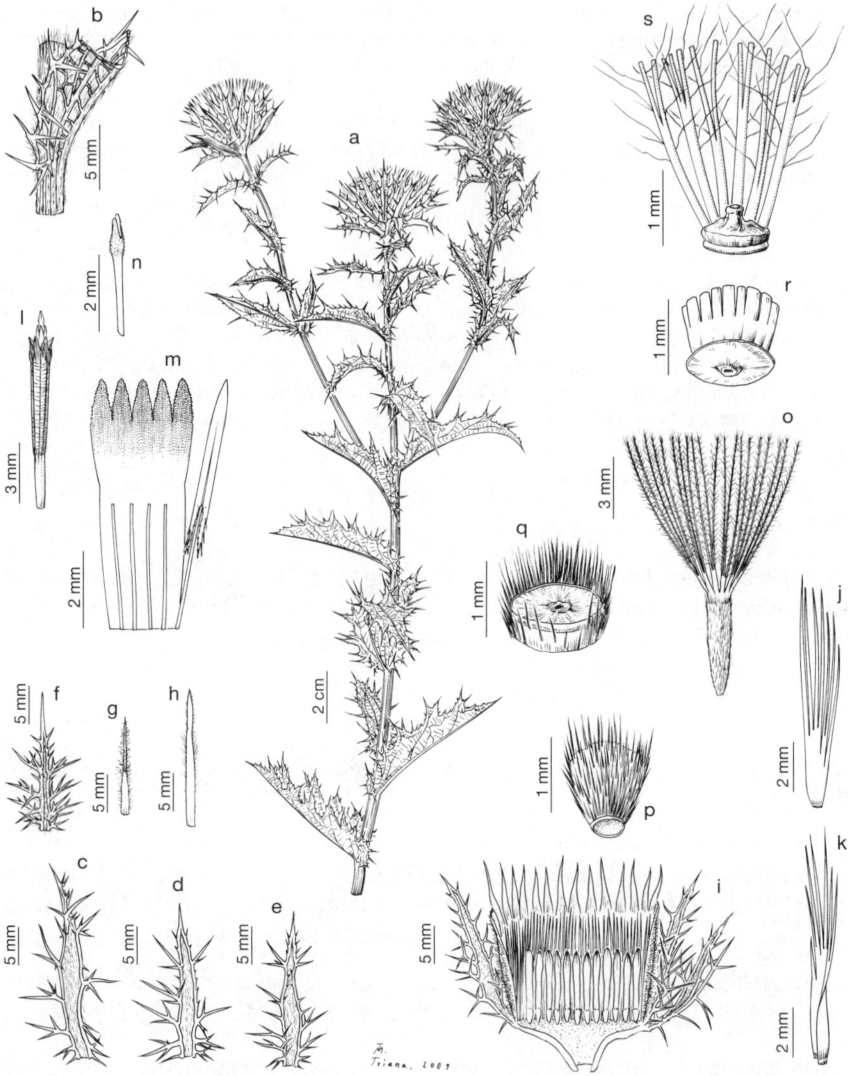

Lám. 1.–*Carlina vulgaris* subsp. *spinosa,* a, b, i-k) carretera a Gistaín desde San Juan de Plan, Huesca (UNEX 35644); c-e) puerto de la Bonaigua, Lérida (UNEX 35645); f-h) Lizarra, Navarra (MAF 73695); l-r) Torre la Ribera, Vilas del Turbón, Huesca (UNEX 35646); s) Sepúlveda, Segovia (MAF 87082): a) fragmento de un tallo con hojas y capítulos; b) detalle de un nudo y de la inserción de una hoja; c-e) hojas involucrales; f) bráctea externa del involucro; g) bráctea media del involucro; h) bráctea interna del involucro; i) sección longitudinal de un capítulo que muestra las páleas del receptáculo; j, k) páleas del receptáculo; l) corola de una flor en antesis y tubo estaminal atravesado por el estilo; m) limbo de una corola abierto que muestra los filamentos estaminales y un estambre completo; n) parte superior del estilo con sus ramas; o) aquenio con vilano; p) base del aquenio e hilo cárpico; q) parte superior del aquenio tras desprenderse la placa apical; r) detalle de la base del vilano; s) detalle de la placa apical del aquenio con el nectario y la parte basal del vilano.

ambas caras –a veces también los secundarios–, concoloras, verdosas y glabrescentes, o bien de haz verde y glabrescente –pelos araneosos dispersos–, y envés blanco por el tomento; las basales ± rosuladas y a menudo secas en la antesis, y las inmediatas a los capítulos en pseudoinvolucro; hojas involucrales 15-30 × 10-14 mm, similares al resto, planas, que no sobrepasan el involucro. Capítulos terminales, sésiles, en inflorescencias complejas corimbiformes. Involucro 20-31 × (17)20-28 mm, ovoide, ± araneoso, que sobrepasa notablemente las flores; brácteas muy desiguales; las externas en varias series, con formas de transición a hojas involucrales, ± patentes –excepto las más internas que son erectas y adpresas–, linear-oblongas o estrechamente oblanceoladas, pectinado-espinosas, con fuertes espinas ramificadas, araneosas por ambas caras; las medias adpresas, estrechamente lanceoladas y ± subuladas, con margen escarioso e irregularmente dentado hacia el ápice, uninervias, verdosas, de color pajizo o blanco argénteo, ± teñidas de un púrpura obscuro y araneosas en su cara externa, con espina apical hasta de 2,8 mm; las internas 15,5-22 × 0,5-1 mm, radiantes y mucho mayores que las medias y las flores, lineares o linear-espatuladas, ± escariosas, no quebradizas, con 1-3 nervios tenues, de color amarillento-blanquecino brillante o pajizas, a menudo ± teñidas de un púrpura obscuro en la cara externa, al menos hacia la base, ± seríceas hacia la mitad del margen –pelos hasta de 2 mm– y glabras en el resto, con ápice irregularmente dentado y acabado en una espínula hasta de 0,7 mm. Receptáculo con páleas laceradas en segmentos ± fusiformes, uno prácticamente libre hasta la base, blanquecinas. Corola 9-10,8(11,2) mm, de un amarillo pajizo hasta la mitad del limbo, el resto de color púrpura –muy obscuro en los lóbulos–, glabra; tubo (2)2,2-3,8 mm; limbo 6-7,7 mm, con (4)5 lóbulos de 1,2-1,8 mm, erectos o erecto-patentes, triangulares, iguales, papilosos en la cara interna del margen y ápice, en ocasiones con mucrón hialino. Estambres con filamento de 2,4-3,8(4,2) mm; anteras 3-4 mm, amarillo-blanquecinas, a veces parcialmente teñidas de color púrpura, con apéndices basales de 1,2-1,8 mm, fimbriados. Estilo hasta de 12,6 mm, amarillento-blanquecino, en ocasiones con el ápice purpúreo, con ramas de 0,3-0,8 mm, aproximadas, pubérulas en la cara abaxial. Aquenios 3-4 × 1,2 mm, oblongo-obcónicos, de sección ± circular, densamente seríceos, con pelos blanquecinos, o de un pardo dorado en los frutos muy maduros, que sobrepasan la placa apical en 0,9-1,2 mm; nectario inconspicuo o de 0,1-0,3 mm, ± cilíndrico; hilo cárpico 0,3-0,4 mm, ± circular, con borde cartilaginoso estrecho, blanquecino. Vilano 8-10(11) mm, con una fila de pelos plumosos –con cilios hasta de 3,2 mm–, blanquecinos, de un color algo dorado hacia la base, solitarios o soldados en fascículos de dos o tres. $2n = 20$.

Claros de bosque y matorral, baldíos y cunetas, indiferente edáfica; 0-1850(2000) m. (VII)VIII(IX). S de Europa –Península Ibérica, Italia, Bosnia y Herzegovina, Croacia, Serbia, Albania, Grecia y Bulgaria– y SW de Asia –Turquía y Cáucaso–. C y N de la Península, escaso en el S. **And. Esp.:** Av B Bi Bu Cs Cu Ge Gr Gu Hu J L Le Lo Lu M Na O Or P (Po) S Sa Sg So SS T Te (To) Va Vi Z Za. **Port.:** TM. **N.v.:** carlina, carlina de monte, carlina silvestre, carpazo; *cat.:* cardot, carlina petita; *gall.:* cardu.

Observaciones.–A pesar de que algunos autores [v.gr., H. Meusel & A. Kästner in Österr. Akad. Wiss., Math.-Naturwiss. Kl., Denkschr. 128: 7-657 (1994)] han indicado la presencia de la subsp. *vulgaris* en Cataluña, esta no ha podido ser constatada con material de herbario. Además, parte del material de este territorio (HAL 070829, HAL 099342 y HAL 099121), identificado por H. Meusel & A. Kästner (loc. cit.) como subsp. *vulgaris,* corresponde en realidad a la subsp. *spinosa.*

2. C. racemosa L., Sp. Pl.: 829 (1753) [racemósa]

C. lanata sensu Willk., Suppl. Prodr. Fl. Hispan.: 89 (1893), non L., Sp. Pl.: 828 (1753)
Ind. loc.: "Habitat Hispaniæ desertis" [lectótipo designado por E. Petit in Bull. Mus. Natl. Hist. Nat., B, Adansonia 9: 418 (1988): LINN]
Ic.: Rchb., Icon. Fl. Germ. Helv. 15, lám. 743 II figs. 7-11 (1852); Valdés, Talavera & Galiano (eds.), Fl. Andalucía Occid. 3: 172 (1987)

Hierba anual, espinosa, con tomento blanquecino de pelos unicelulares araneosos, o glabra. Tallos hasta de 36 cm, erectos, simples o ramificados desde la base y, por lo general, ramificados al menos en la mitad o el tercio superior, de sección ± circular, longitudinalmente acostillados –costillas ocultas por el indumento, cuando hay–, foliosos, con indumento denso y blanco de pelos unicelulares araneosos aplicados, o glabros. Hojas hasta de 50 × 21 mm, rígidas, sésiles, menores hacia la parte superior del tallo, no decurrentes, a menudo recurvas y ± conduplicadas, espinosas, oblongas, oblongo-lanceoladas o estrechamente oblongo-elípticas, con nervadura pinnada destacada por ambas caras –especialmente el nervio medio–, concoloras, verde-blanquecinas, con pelos araneosos; las basales de sinuado-dentadas a pinnatífidas, con lóbulos triangulares o bilobados, agudos y con espina terminal hasta de 5 mm, a menudo secas o inexistentes en la antesis; las medias semejantes, con lóbulos muy poco marcados, y las inmediatas a los capítulos en pseudoinvolucro; hojas involucrales 12-52 × 10-21 mm, similares al resto, arqueado-patentes, a menudo superando el involucro. Capítulos terminales y axilares, sésiles, en inflorescencias complejas dicótomas, corimbiformes o espiciformes. Involucro 12-18(20) × (6)8-14(15) mm, ovoide, con indumento densamente araneoso, blanquecino, que sobrepasa notablemente a las flores; brácteas muy desiguales; las externas en varias series, con formas de transición a hojas involucrales, ± arqueado-patentes, lanceoladas u oblongo-espatuladas, agudas, con dos o tres pares de lóbulos cortos, bilobados o trilobados y con fuertes espinas terminales, a menudo las más internas de un pardo ± obscuro; las medias adpresas, lanceoladas, subenteras –con algún diente disperso–, uninervias, verdosas, con el tercio superior amarillento o de un color acastañado purpúreo al menos en la cara externa, densamente araneosas, con espina apical hasta de 0,4 mm, de un color acastañado purpúreo; las internas 10-16 × 1,4-2(2,3) mm, radiantes y mucho mayores que las medias y las flores, estrechamente oblongo-espatuladas, subenteras –con algún diente en la parte superior–, ± cartáceas, quebradizas, de un amarillo limón –a menudo también con bandas de color acastañado purpúreo por la cara externa–, glabras, por lo general con espínula apical hasta de 0,2 mm. Receptáculo con páleas laceradas en segmentos fusiformes, denticulados, mucronados, uno de ellos prácticamente libre hasta la base y de mayor longitud que el resto, blanquecinas. Corola (6,2)6,6-8,4(8,6) mm, amarillenta o de un amarillo verdoso, rara vez la parte distal del tubo y los nervios purpúreos, glabra; tubo 1,2-1,9 mm; limbo 4,8-6,9 mm, con 5 lóbulos de (1)1,2-1,8 mm, erecto-patentes, triangulares, iguales, papilosos hacia el ápice en la cara interna. Estambres con filamento de (1,4)1,6-5 mm; anteras 3-4,6(4,8) mm, amarillas, con apéndices basales de 1-1,8 mm, fimbriados. Estilo hasta de 11,8 mm, amarillento o purpúreo –al menos las ramas–, con ramas hasta de 0,8 mm, al principio aproximadas y cuando receptivas ligeramente separadas, pubérulas en la cara abaxial. Aquenios 2-3 × 0,5-1 mm, cilíndricos u obcónicos, de sección ± elíptica, densamente seríceos, con pelos blanquecinos, o de un pardo dorado en los frutos muy maduros, que sobrepasan la placa apical en c. 0,8 mm; nectario 0,15-0,2 mm, ± cilíndrico; hilo cárpico 0,2-0,4 mm, ± circular, con borde cartilaginoso estrecho, blanquecino. Vilano 6-7,4(8) mm, con una fila de pelos plumosos –con cilios hasta de 4,7 mm–, blanquecinos o de un color dorado, soldados en fascículos de dos o tres. $2n = 20$.

Baldíos, barbechos, dehesas, pastos nitrificados, orillas de camino y cunetas; 10-1100 m. (VI)VII-X(XI). W de la Región Mediterránea –Península Ibérica, Cerdeña, Marruecos y Argelia– y Oriente Próximo –Israel–. Dispersa por la Península Ibérica, a excepción del N y E. **Esp.:** (Ab) Al Av Ba Ca Cc Co CR Gr (Gu) H J M Ma Mu (Sa) Se To Za. **Port.:** AAl Ag BAl BB BL E R TM. **N.v.:** cardo, cardo abejero, cardo asnil, cardo cuco, cardo de uvas, carlina española; *port.:* cardo-asnil, carlina, cardo-amarelo-anual.

3. C. lanata L., Sp. Pl.: 828 (1753) [lanáta]

Ind. loc.: "Habitat in Italia, G. Narbonensi" [lectótipo designado por H. Meusel & A. Kästner in Österr. Akad. Wiss., Math.-Naturwiss. Kl., Denkschr. 128: 121 (1994): UPS]
Ic.: Rchb., Icon. Fl. Germ. Helv. 15, lám. 743 I figs. 1-6 (1852)

Hierba anual o bienal, espinosa, verdosa o de color ceniciento, densamente araneosa. Tallos hasta de 40 cm, erectos, por lo general ramificados al menos en la parte superior, de sección ± circular, longitudinalmente acostillados, foliosos, con indumento denso de pelos unicelulares araneosos aplicados. Hojas hasta de 87 × 27(30) mm, rígidas, ± sésiles, menores hacia la parte superior del tallo, conduplicadas, espinosas, con nervadura pinnada destacada en ambas caras –más por el envés–, verdoso-blanquecinas, densamente araneosas, sobre todo por el envés; las basales ± rosuladas, de consistencia herbácea, oblongas u oblongo-lanceoladas, de sinuado-dentadas a pinnatífidas, a menudo secas o inexistentes en la antesis; las medias y superiores semejantes o lanceoladas, ± coriáceas, pinnatífidas, con 3-7 lóbulos estrechamente triangulares y a menudo bi o trilobados, rematados en espinas hasta de 3 mm, y las inmediatas a los capítulos en pseudoinvolucro; hojas involucrales 22-45(73) × 15-22(27) mm, similares al resto, arqueado-patentes, a menudo tan largas como el involucro. Capítulos terminales y axilares, solitarios o en inflorescencias complejas corimbiformes. Involucro (26)30-46(55) × (17)20-33 mm, ovoide, con indumento densamente araneoso, blanquecino, que sobrepasa las flores; brácteas muy desiguales; las externas en varias series, con formas de transición a hojas involucrales, ± coriáceas y arqueado-patentes, ± lirado-pinnatipartidas, agudas, con tres pares de lóbulos laterales con fuertes espinas terminales, hacia el interior erectas y adpresas, lineares, pectinado-espinosas, de color pajizo, araneosas –las del interior solo en la cara abaxial–; las medias ± coriáceas, adpresas, de ovado-lanceoladas a lanceoladas, subuladas, enteras –a veces con algún diente o espina en el margen–, uninervias, de un color pajizo, araneosas en la cara externa y con espina apical hasta de 5,2 mm; las internas (14,5)17-24 × 1,4-1,8(2,6) mm, radiantes y mucho mayores que las medias y las flores, lineares o linear-espatuladas, ± escariosas, quebradizas, uninervias, enteras o con algún diente o espina, por lo general con espínula apical hasta de 0,4 mm, rosadas o de un rosa argénteo, en la madurez parduscas en la cara externa y de color argénteo en la interna, glabras –a veces margen con pelos hasta de 0,4 mm, blanquecinos, dispersos–. Receptáculo con páleas laceradas en segmentos fusiformes, denticulados, apiculados, uno de ellos prácticamente libre hasta la base y de mayor longitud que el resto, blanquecinas. Corola (7)8-12 mm, amarillenta o con lóbulos y nervios rosados, glabra; tubo (2,4)2,6-4,8(5,4) mm; limbo (4,3)4,6-6,4(6,7) mm, con 5 lóbulos de 1-1,6(1,8) mm, erectos o erecto-patentes, triangulares, desiguales –uno de ellos con escotadura algo más profunda–, papilosos en el margen del ápice y en su cara interna. Estambres con filamento de (1,8)2-3,6 mm; anteras 2,2-3,4 mm, amarillas o purpúreas, con apéndices basales de 1-2,2 mm, fimbriados. Estilo hasta de 13,6 mm, amarillento –al menos en la parte superior–, con ramas de 0,2-0,4 mm, al principio aproximadas y cuando receptivas ligeramente separadas, pubérulas en la cara abaxial. Aquenios (2,8)3-3,7 × 0,8-1 mm, ± cilíndricos, con sección ± circular, densamente seríceos, con pelos blanquecinos, o de un pardo dorado en los muy maduros, que sobrepasan la placa apical en 1-1,8 mm; nectario inconspicuo o de 0,1-0,2 mm, ± cilíndrico; hilo cárpico 0,3-0,4 mm, ± circular, con borde cartilaginoso estrecho, blanquecino. Vilano 10-12 mm, con una fila de pelos plumosos –con cilios hasta de 4 mm–, de un blanco níveo y algo dorado hacia la base, soldados en fascículos de (2)3(4). $2n = 18^*$, 20.

Campos, baldíos, orillas de camino, pastos, claros de bosque, garrigas, etc.; 0-1000 m. VI-VII(VIII). Región Mediterránea y SW de Asia. Mitad E de España, escasa en el C y S, Baleares. **Esp.:** A (Ab) Al B Cs Ge Gr Hu L Lo M Mu Na PM[Mll Mn Formentera Cabrera] (T) Te V (Vi) (Z). **N.v.:** cardillo enano lanudo, cardo, cardo cuco, cardo muelle enano, cardo peludillo; *cat.:* card de cabeceta, card de sang, espinot.

Observaciones.–Aunque H.M. Willkomm recoge la indicación de G. Dautez sobre la presencia de este taxon en la provincia de Cádiz [cf. Suppl. Prodr. Fl. Hispan.: 89 (1893)], sin duda se trata de un error, pues no tenemos constancia de que viva en el SW de España.

4. C. corymbosa L., Sp. Pl.: 828, "Errata" (1753) [corymbósa]

Ind. loc.: "Habitat in Italia" [lectótipo designado por H. Meusel & A. Kästner in Feddes Repert. 83: 221 (1972): Colonna, Ekphr. Alt.: 28, 27 (1606), icon]

Hierba perenne, espinosa, verde, glabrescente, con pelos unicelulares araneosos escasos. Tallos hasta de 85 cm, erectos, por lo general ramificados desde la base –planta multicaule– y en la mitad o el tercio superior, de sección ± circular, longitudinalmente acostillados –costillas apenas visibles–, con hojas en casi toda su longitud, glabros o con indumento de pelos araneosos ± aplicados cerca de la base de la inserción de las hojas. Hojas hasta de 120 × 40 mm, rígidas, sésiles y ligeramente auriculadas o las basales pecioladas, con pecíolo ligeramente envainador, menores hacia la parte superior del tallo, a menudo recurvas y ± conduplicadas, oblongas, lanceoladas, oblongo-lanceoladas, linear-lanceoladas, ovadas u ovado-lanceoladas, de pinnatífidas a ± pinnatipartidas, con 3-11(12) pares de lóbulos laterales de estrechamente triangulares a bi o trilobados, agudos y con espina terminal hasta de 4,8 mm, con nervadura pinnado-reticulada blanquecina y destacada por ambas caras, de un verde pálido, glabras o con indumento muy laxo de pelos araneosos, sobre todo por el envés a lo largo del nervio principal; las inferiores ± rosuladas y a menudo secas o inexistentes en la antesis, el resto marcescentes, y las inmediatas a los capítulos en pseudoinvolucro; hojas involucrales 13-66 × 15-34 mm, similares al resto, que superan o no el involucro. Capítulos terminales, en inflorescencias complejas corimbiformes. Involucro (13)18,5-48 × 12-33 mm, ovoide, ± araneoso, que sobrepasa notablemente las flores; brácteas muy desiguales; las externas en varias series, con formas de transición a hojas involucrales, ± arqueado-patentes –las más internas adpresas–, estrechamente liradas o linear-oblongas, con base dilatada y engrosada y dos o tres pares de lóbulos laterales cortos, a su vez bi o trilobados y con fuertes espinas terminales, las más internas a veces solo con 2-5 lóbulos subulados, también espinosos; las medias adpresas, ovadas, lanceoladas o estrechamente ovado-lanceoladas, con margen denticulado estrecho y escarioso hacia el extremo, uninervias, verdosas, parduscas en la madurez, transversalmente araneosas en la cara externa, con espina apical hasta de 1,6 mm; las internas (10)13-21 × (1,3)1,6-2,6(3) mm, radiantes y mucho mayores que las medias y las flores, linear-espatuladas, ± coriáceas, quebradizas, con 1-3 nervios tenues –solo uno visible hacia el ápice–, subglabras, con pelos hasta de 1,2 mm en la mitad inferior del margen, con ápice algo denticulado y con espínula hasta de 0,4 mm, de un amarillo dorado uniforme o con la mitad inferior blanquecina –a veces de un color púrpura obscuro en la cara externa, al menos en la mitad basal–. Receptáculo con páleas laceradas en segmentos fusiformes y agudos, uno de ellos prácticamente libre hasta la base y a veces de mayor longitud que el resto, blanquecinas. Corola (7)7,2-11 mm, de un amarillo verdoso, glabra; tubo (1,4)1,6-3,2 mm; limbo (5,6)6-8,9 mm, con 5 lóbulos de 1-2,5(2,7) mm, de erectos a erecto-patentes, triangulares, a veces con un apículo de 0,1 mm, iguales, ligeramente papilosos en la cara interna del ápice. Estambres con filamento de 1,8-4,8(5,6) mm; anteras (3,4)3,6-5,8 mm, de un amarillo blanquecino, con apéndices basales de 0,7-2 mm, fimbriados. Estilo hasta de 15 mm, amarillento-blanquecino o, a veces, purpúreo, con ramas de 0,4-0,7 mm, aproximadas o ligeramente separadas, pubérulas en la cara abaxial. Aquenios 2,7-4,3 × 1-1,4 mm, oblongo-obcónicos, con sección ± circular, densamente seríceos, con pelos blanquecinos que sobrepasan la placa apical en 1,2-1,5 mm; nectario inconspicuo o de 0,1-0,3 mm, ± cilíndrico; hilo cárpico 0,4-0,6 mm, ± circular, con borde cartilaginoso estrecho, blanquecino. Vilano 8-11 mm, con una fila de pelos plumosos –con cilios hasta de 2,8 mm–, blanquecinos o de un color dorado hacia la base, soldados en fascículos de 3-8. $2n = 18, 20^*$.

Claros de bosque y matorral, baldíos, barbechos, acantilados, dunas, márgenes de camino y cunetas; 0-1700 m. (VI)VII-IX(X). SW y S de Europa, NW de África –Marruecos, Argelia y Túnez– y SW de Asia. Casi toda la Península Ibérica e Islas Baleares. **Esp.:** A Ab Al Av B Ba Bi Bu C Ca Cc Co CR (Cs) Cu Ge Gr Gu H Hu J L Le Lo Lu M Ma Mu Na O Or P PM Po S Sa Se Sg So SS (T) (Te) To V Va Vi Z Za. **Port.:** AAl Ag BA BAl BB BL DL E (Mi) (R) (TM).

1. Hojas involucrales 13-35 × 15-22 mm, menores, de igual longitud o que sobrepasan en 4-10(15) mm las brácteas internas del involucro; involucro (13)18,5-25 × (13)15-25(28) mm .... **b.** subsp. **hispanica**
– Hojas involucrales 30-66 × 19-34 mm, que por lo general sobrepasan en (8)15-28(35) mm las brácteas internas del involucro; involucro 19-48 × 12-33 mm 2
2. Hojas involucrales oblongo-lanceoladas o linear-lanceoladas, con la parte no dividida

del limbo de 5-10 mm de anchura; brácteas involucrales internas 13,5-19 mm .... **a.** subsp. **corymbosa**
– Hojas involucrales ovadas u ovado-lanceoladas, con la parte no dividida del limbo de (10)12-20 mm de anchura; brácteas involucrales internas (13)16-21 mm .... **c.** subsp. **major**

a. subsp. **corymbosa**

C. involucrata auct., non Poir., Voy. Barbarie 2: 234 (1789)
Ic.: Lám. 2 u

Hojas hasta de 100 × 40 mm, con la parte no dividida del limbo de 5-12(15) mm de anchura, las basales y medias oblongas u oblongo-lanceoladas y las distales linear-lanceoladas, de pinnatífidas a pinnatipartidas, con lóbulos de estrechamente triangulares a bilobados, agudos y con espinas terminales hasta de 4,8 mm. Hojas involucrales 31-57(60) × 23-34 mm, que sobrepasan en 15-25(30) mm las brácteas internas del involucro, oblongo-lanceoladas o linear-lanceoladas, con la parte no dividida del limbo de 5-10 mm de anchura. Involucro (20)22-48 × 12-25 mm, con brácteas internas de 13,5-19 × (1,3)1,6-2,2 mm. Corola 8-9,5 mm. Aquenios 2,7 × 1,2-1,4 mm. Vilano 8-9,2 mm, con pelos plumosos unidos en fascículos de 3-5(6). $2n = 18$*.

Claros de matorral, baldíos y márgenes de carretera, enclaves rocosos, etc.; 0-1300 m. VII-VIII. SW y S de Europa y SW de Asia –Turquía–. Islas Baleares y, de forma aislada, en la provincia de Alicante. **Esp.:** A PM. **N.v.,** *cat.:* card negre.

Observaciones.–De acuerdo con los estudios más recientes [cf. H. Meusel & al. in D.J.N. Hind & al. (eds.), Proc. Int. Compositae Kew 1994, 1: 723-737 (1996)], el material español se corresponde con la var. *graeciformis* Meusel & Kästner in Österr. Akad. Wiss., Math.-Naturwiss. Kl., Denkschr. 128: 194 (1994), cuya área de distribución se restringe a las islas occidentales del Mediterráneo –Baleares, Córcega y Cerdeña–, S de Italia, Croacia, Albania y Grecia. La var. *corymbosa,* no representada en el territorio, se distribuye por Córcega, Cerdeña, S de Europa y SW de Asia (Turquía), y la var. *lobeliana* (Tausch) Meusel & Kästner in Österr. Akad. Wiss., Math.-Naturwiss. Kl., Denkschr. 128: 193 (1994) [*C. lobeliana* Tausch in Flora 12: 41 (1829), basión.], por Francia e Italia.

b. subsp. **hispanica** (Lam.) O. Bolòs & Vigo in J. Ros & al., Sist. Nat. Illes Medes: 152 (1984) [hispánica]

C. hispanica Lam., Encycl. 1: 624 (1785) ["Hispanica"] [basión.]
C. corymbosa auct. hisp., non L., Sp. Pl.: 828 (1753)
Ind. loc.: "Cette plante croît en Espagne, & est cultivée au Jardin du Roi"
Ic.: Rchb., Icon. Fl. Germ. Helv. 15, lám. 744 (1852) [sub *C. corymbosa*]; Valdés, Talavera & Galiano (eds.), Fl. Andalucía Occid. 3: 171 (1987) [sub *C. corymbosa*]; lám. 2 a-s

Hojas hasta de 100 × 30 mm, con la parte no dividida del limbo de 4-14(18) mm de anchura, las basales y medias oblongas u oblongo-lanceoladas y las distales lanceoladas o a veces ovado-lanceoladas, de pinnatífidas a pinnatipartidas, con lóbulos de triangulares a bi o trilobulados, agudos y con espinas terminales hasta de 3,5 mm. Hojas involucrales 13-35 × 15-22 mm, menores, iguales o que sobrepasan en 4-10(15) mm las brácteas internas del involucro, lanceoladas o a veces ovado-lanceoladas, con la parte no dividida del limbo de 4-8(10) mm de anchura.

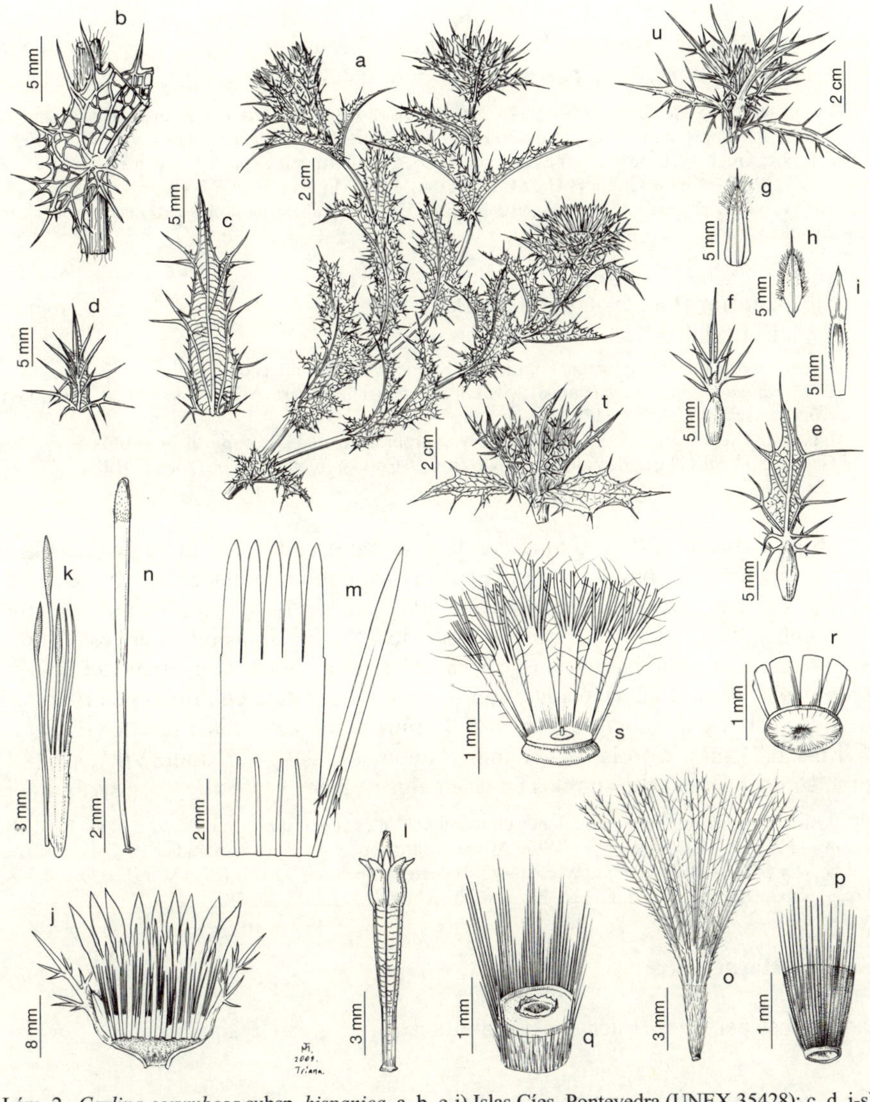

Lám. 2.–*Carlina corymbosa* subsp. *hispanica,* a, b, e-i) Islas Cíes, Pontevedra (UNEX 35428); c, d, j-s) Yesa, monasterio de Leyre, Navarra (UNEX 35427): a) fragmento de un tallo con hojas y capítulos; b) detalle de un nudo y de la inserción de una hoja; c, d) hojas involucrales; e, f) brácteas externas del involucro; g, h) brácteas medias del involucro; i) bráctea interna del involucro; j) sección longitudinal de un capítulo que muestra las páleas del receptáculo; k) pálea del receptáculo; l) corola de una flor en antesis y verticilos sexuales; m) limbo de una corola abierto que muestra los filamentos estaminales y un estambre completo; n) estilo con sus ramas; o) aquenio con vilano; p) base del aquenio e hilo cárpico; q) parte superior del aquenio tras desprenderse la placa apical; r) detalle de la base del vilano; s) detalle de la placa apical del aquenio, con el nectario y la parte basal del vilano. *C. corymbosa* subsp. *major,* t) cabo de Estaca de Bares, La Coruña (UNEX 35426): capítulo. *C. corymbosa* subsp. *corymbosa* (var. *graeciformis),* u) Las Salinas, Ibiza (BC 90840): capítulo.

Involucro (13)18,5-25 × (13)15-25(28) mm, con brácteas internas de (10)14-19,4 × 1,6-2,4(2,6) mm. Corola (7)7,6-11 mm. Aquenios c. 3,4 × 1-1,2 mm. Vilano (8)9-11 mm, con pelos plumosos unidos en fascículos de 3-8. 2*n* = 18.

Pastos terofíticos de claros de bosque y matorral, baldíos y barbechos, dunas, márgenes de camino y cunetas, etc., indiferente edáfica; 0-1700 m. (VI)VII-IX(X). Península Ibérica y NW de África –Marruecos, Argelia y Túnez–. Casi toda España, C y S de Portugal. **Esp.:** A Ab Al Av B Ba Bi Bu C Ca Cc Co CR (Cs) Cu Ge Gr Gu H Hu J L Le Lo Lu M Ma Mu Na (O) Or P Po S Sa Se Sg So SS (T) Te To V Va Vi Z Za. **Port.:** AAl Ag BA BB BL E (TM). **N.v.:** cabeza de pollo, cardo cuco; *port.:* cardo-amarelo, cardol.

c. subsp. **major** (Lange) J. López & Devesa in Acta Bot. Malac. 35: 213 (2010) [májor]

C. corymbosa var. *major* Lange, Pugill. Pl. Hispan.: 133 (1861) [basión.]
C. hispanica subsp. *major* (Lange) Meusel & Kästner in Österr. Akad. Wiss., Math.-Naturwiss. Kl., Denkschr. 127: 275 (1990)
Ind. loc.: "(...) Lge. exs. Nr. 271. (C. involucrata Poir.). (...) In rupibus maritimis et ericetis GallecIæ borealis et occidentalis, præcipue circa la Coruña frequentissima (Aug. c. fl)!"
Ic.: Lám. 2 t

Hojas hasta de 120 × 40 mm, con la parte no dividida del limbo de (12)14-26 mm de anchura, las basales y medias oblongas u oblongo-lanceoladas y las distales lanceoladas, ovado-lanceoladas u ovadas, pinnatífidas, con lóbulos triangulares, agudos y con espinas terminales hasta de 2,8 mm. Hojas involucrales 30-66 × 19-34 mm, que sobrepasan en (8)15-28(35) mm las brácteas internas del involucro, ovadas u ovado-lanceoladas, con la parte no dividida del limbo de (10)12-20 mm de anchura. Involucro 19-36 × 25-33 mm, con brácteas internas de (13)16-21 × 1,6-2,6(3) mm. Corola 7,2-11 mm. Aquenios 3-4,3 × 1,2 mm. Vilano 8,2-10 mm, con pelos plumosos unidos en fascículos de 3-8.

Acantilados, matorrales y terraplenes en márgenes de camino junto a la costa; 0-210 m. VII-VIII. Península Ibérica, Islas Baleares y NW de África –Marruecos y Argelia–. Esporádica en zonas costeras del N, W y S de la Península y muy escasa en Baleares –Menorca–. **Esp.:** (Bi) C Ca (Lu) O PM[Mn] Po (S). **Port.:** Ag BAl BL DL E (Mi). **N.v.:** cardo lechero.

Sect. 2. **Heracantha** DC.

Hierbas perennes, ± acaules. Capítulos 1(3), de gran tamaño.

5. C. acanthifolia All., Auct. Syn. Stirp. Taurin.: 15 (1773) [acanthifólia] subsp. **cynara** (Pourr. ex DC.) Arcang., Comp. Fl. Ital.: 383 (1882) [Cýnara]

C. acanthifolia var. *cynara* Pourr. ex DC. in Lam. & DC., Fl. Franç. ed. 3, 4: 123 (1805) [basión.]
C. acanthifolia subsp. *baetica* Fern. Casas & J. Leal in Fern. Casas, Exsicc. Quaed. Nobis Distr. III: 10 (1980)
C. baetica (Fern. Casas & J. Leal) Fern. Casas in Fontqueria 9: 19 (1985)
Ind. loc.: "La variété ß, qui croît dans les Pyrénées et aux environs de Narbonne, (…)"
Ic.: Rchb., Icon. Fl. Germ. Helv. 15, lám. 740 II fig. 4 (1852) [sub *C. acanthifolia* var. *cynara*]; lám. 3

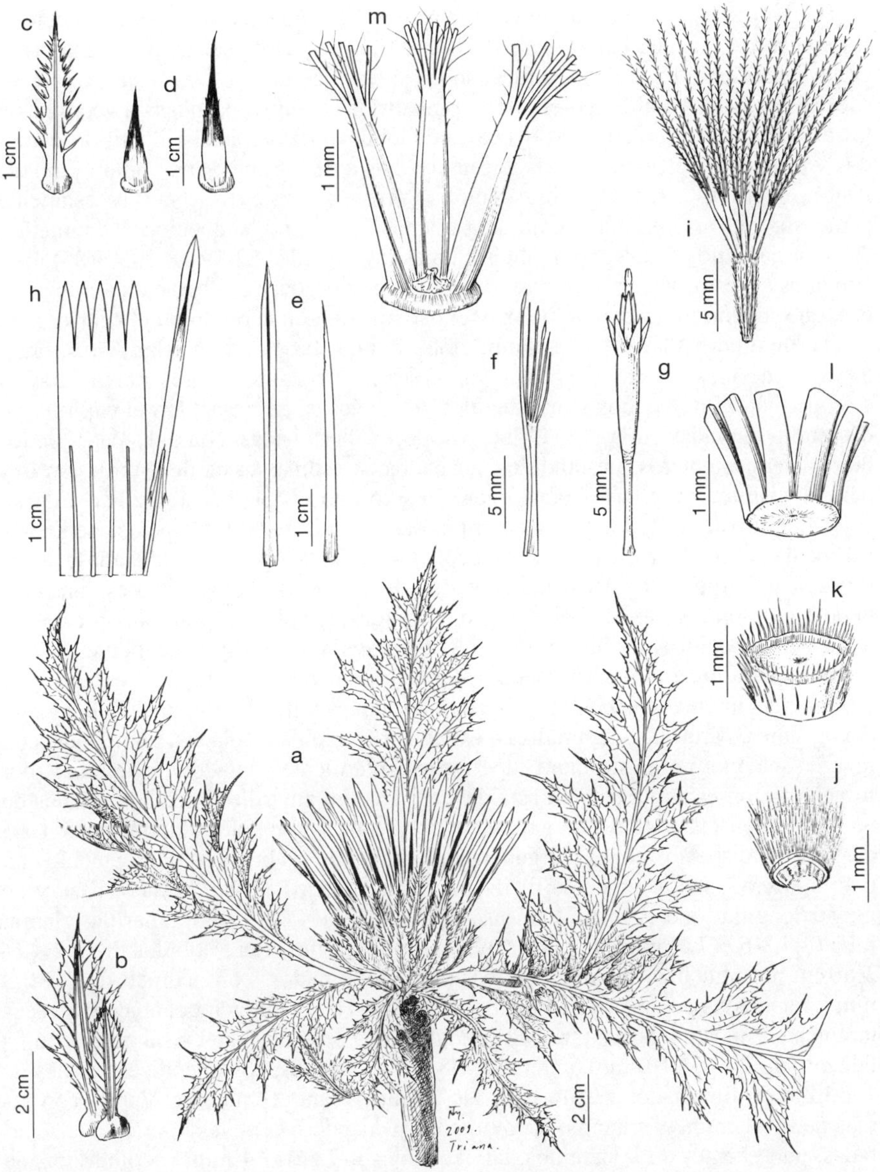

Lám. 3.–*Carlina acanthifolia* subsp. *cynara,* a, b, g-m) Torre la Ribera, Vilas del Turbón, Huesca (UNEX 34363); c-f) Lizarra, Navarra (MAF 73694): a) hábito; b) hojas involucrales; c) bráctea externa del involucro; d) brácteas medias del involucro; e) brácteas internas del involucro; f) pálea del receptáculo; g) corola de una flor en antesis y tubo estaminal atravesado por el estilo; h) limbo de una corola abierto que muestra los filamentos estaminales y un estambre completo; i) aquenio con vilano; j) base del aquenio e hilo cárpico; k) parte superior del aquenio tras desprenderse la placa apical; l) detalle de la base del vilano; m) detalle de la placa apical, con el nectario y la parte basal del vilano.

Hierba perenne, espinosa, verdosa o verdoso-blanquecina, con pelos unicelulares araneosos. Acaule. Hojas hasta de 320 × 125 mm, ± rosuladas, pecioladas –pecíolo ligeramente envainador, araneoso en su cara externa– o las distales a veces subsésiles, ovadas u oblongo-elípticas, pinnatífidas o pinnatipartidas –a veces hacia la base pinnatisectas–, con 5-9(10) pares de lóbulos triangulares, pinnatífido-dentados y espinescentes, con espinas terminales hasta de 3,6 mm y nervadura pinnada visible en ambas caras, discoloras, con haz verde, glabra o dispersa y escasamente araneoso, y envés con indumento densamente araneoso, blanquecino, las inmediatas a los capítulos en pseudoinvolucro; hojas involucrales 22-191 × 10-44(55) mm, similares al resto, sésiles, con base dilatada y engrosada, de subenteras a pinnatífidas, que superan o no el involucro. Monocéfala, con un capítulo en el centro de la roseta. Involucro 40-78 × 44-90 mm, globoso, no sobrepasado por las flores; brácteas muy desiguales; las externas en varias series, cuyo aspecto presenta una transición gradual al de las hojas involucrales, ± coriáceas, adpresas –en el capítulo en desarrollo curvadas en la base–, lineares, pectinado-lobadas, con 5-11 pares de lóbulos laterales enteros o escindidos, acabados en espinas hasta de 9 mm, con tres nervios visibles en la base –por lo general solo uno visible hacia el ápice–, de un color púrpura acastañado, glabras o araneosas en su cara externa –pelos caedizos–; las medias ± coriáceas, adpresas, lanceolado-subuladas, con base dilatada y ± engrosada, y margen irregularmente dentado o lacerado, espinuloso, con espinas hasta de 1 mm, uninervias, de color pajizo, ± teñidas de color púrpura por su cara externa y de un color amarillo limón por la interna, glabras o esparcidamente araneosas en la cara externa –pelos caedizos–, por lo general con espina apical hasta de 1,6 mm; las internas (30)35-71 × 3-5 mm, radiantes y mucho mayores que las medias y flores, cartáceas, quebradizas, estrechamente oblanceoladas, uninervias, con margen subentero o en su mitad superior irregularmente dentado y espinuloso, por lo general con espínula apical hasta de 1 mm, de un amarillo limón y ± teñidas de un púrpura obscuro en su cara externa, glabrescentes, con pelos blanquecinos hasta de 1,8 mm, dispersos por el margen hacia la mitad de las brácteas. Receptáculo con páleas laceradas en segmentos fusiformes, uno de ellos ± libre hasta la base y de mayor longitud que el resto, blancas. Corola (12,5)14,3-19 mm, amarilla, glabra; tubo (4)4,3-6,6(7,6) mm; limbo (8,3)9,3-13,3(13,8) mm, con 5 lóbulos de (1,2)1,6-3,6 mm, triangulares, iguales, en ocasiones acuminados, con acumen de 0,2-0,3 mm o rematados por varios dientecillos, papilosos en el margen del ápice y a veces también en su cara interna, rara vez con uno o dos pelos aislados. Estambres con filamento de 2,4-7,4(10) mm; anteras 5,4-8 mm, amarillas, con apéndices basales de 1,4-3,2 mm, fimbriados. Estilo hasta de 26 mm, blanquecino-amarillento, con ramas de 0,4-1 mm, al principio aproximadas y cuando receptivas ligeramente separadas, pubescentes en la cara abaxial. Aquenios 4-7 × 1-1,4 mm, ± cilíndricos, de sección ± circular, densamente seríceos, con pelos blanquecinos o de un dorado-rojizo en los frutos muy maduros, que sobrepasan la placa apical en 0,8-1,6 mm; nectario inconspicuo o de 0,2-0,3 mm, cilíndrico; hilo cárpico 0,4-0,9 mm, ± circular, con borde cartilaginoso grueso, blanquecino. Vilano 17-23 mm, con una fila de pelos plumosos –con cilios hasta de 1,4 mm–, de un blanco níveo y de color algo dorado hacia la base, soldados en fascículos de (4)5-13(14).

Márgenes de camino y carretera, claros de bosque –pinares y hayedos– y matorral, pastizales y roquedos, graveras; 600-2160(2320) m. (VI)VIII-IX. Francia y Península Ibérica. España, rara en el SE. **And. Esp.:** Ab B (Bu) Ge Gr Hu J L (Lo) (Mu) Na So (SS) Vi. **N.v.:** cardamella, gargamella, yerba de broxas (Aragón); *cat.:* carlina cinara; *eusk.:* eguzki-lore-laburra, zorna-belara.

Observaciones.–Las plantas del SE de España, muy alejadas de las poblaciones septentrionales, fueron descritas como un taxon independiente *(C. acanthifolia* subsp. *baetica),* no solo por su alejamiento del área principal, también por su indumento supuestamente más denso. Se trata de un carácter muy variable, tal y como se ha constatado en las plantas estudiadas, por lo que no se ha creído oportuno el reconocimiento del taxon [cf. H. Meusel & A. Kästner in Österr. Akad. Wiss., Math.-Naturwiss. Kl., Denkschr. 127: 5-294 (1990); 128: 7-657 (1994)]. Probablemente se trata de poblaciones relícticas, vestigios de un área que debió ser mucho mayor [H. Meusel & al. in D.J.N. Hind & al. (eds.), Proc. Int. Compositae Kew 1994, 1: 723-737 (1996)]. Se ha argumentado también que el origen de estas poblaciones meridionales puede ser antrópico, quizá ligado a ciertos navarros que durante el siglo XVI repoblaron algunos de estos lugares y llevaron consigo esta planta, con la que creían protegerse de las brujas y los rayos [cf. J.R. Guzmán in Lagascalia 28: 73-81 (2008)].

Del NE de España se han descrito supuestos híbridos con *C. acaulis* subsp. *caulescens (C.* × *vayredae* y *C.* × *clemenceaui,* véase el apartado de híbridos), cuyo material de herbario no ha podido ser estudiado.

6. C. acaulis L., Sp. Pl.: 828 (1753) [acáulis] subsp. caulescens (Lam.) Schübl. & G. Martens, Fl. Würtemberg: 523 (1834) [cauléscens]

C. caulescens Lam., Fl. Franç. 2: 7 (1779) [basión.]
C. simplex Waldst. & Kit., Descr. Icon. Pl. Hung. 2: 164 (1805)
C. acaulis subsp. *simplex* (Waldst. & Kit.) Nyman, Consp. Fl. Eur.: 400 (1879)
Ind. loc.: “Elle croît dans les lieux stériles des montagnes en Dauphiné”
Ic.: Rchb., Icon. Fl. Germ. Helv. 15, lám. 741 II (1852) [sub *C. acaulis* var. *caulescens*]; lám. 4

Hierba perenne, espinosa, verde, con pelos unicelulares araneosos. Acaule o por lo general con tallos hasta de 33 cm, erectos, simples o con 2 ramas desde la base, de sección ± circular, longitudinalmente acostillados, foliosos, ± purpúreos y con indumento de pelos araneosos caedizos. Hojas hasta de 210 × 56 mm, pecioladas –pecíolo ligeramente envainador, ± purpúreo, espinescente, araneoso, el de las hojas superiores ± alado– o sésiles y entonces a veces auriculadas, sobre todo las más próximas al capítulo, menores hacia la parte superior del tallo, planas, oblongo-elípticas, pinnatisectas, con 6-13 pares de segmentos palmatilobados con espinas amarillentas hasta de 3 mm, con nervadura pinnada blanquecina y marcada sobre todo por el envés, verdes, glabras o esparcidamente araneosas, las inmediatas a los capítulos en pseudoinvolucro; hojas involucrales 27-73 × 20-50 mm, similares al resto, que igualan o superan el involucro. Capítulos terminales, solitarios. Involucro 45-53 × (28)30-65 mm, ± globoso, araneoso, que sobrepasa notablemente las flores; brácteas muy desiguales; las externas en varias series, en transición gradual a hojas involucrales, ± coriáceas, adpresas, lineares, con base dilatada, pectinado-lobadas, con 6 o 7 pares de lóbulos laterales, enteros o escindidos, acabados en espinas hasta de 7,5 mm, con 3 nervios conspicuos en la base –hacia el ápice por lo general solo 1 visible–, verdosas o de un color púrpura acastañado, araneosas en su cara externa, con pelos caedizos; las medias ± coriáceas, adpresas, lanceolado-subuladas, con base dilatada y ± engrosada, y margen irregularmente dentado y espinuloso, uninervias, verdosas, de un color pajizo o parduscas, ± araneosas, por lo

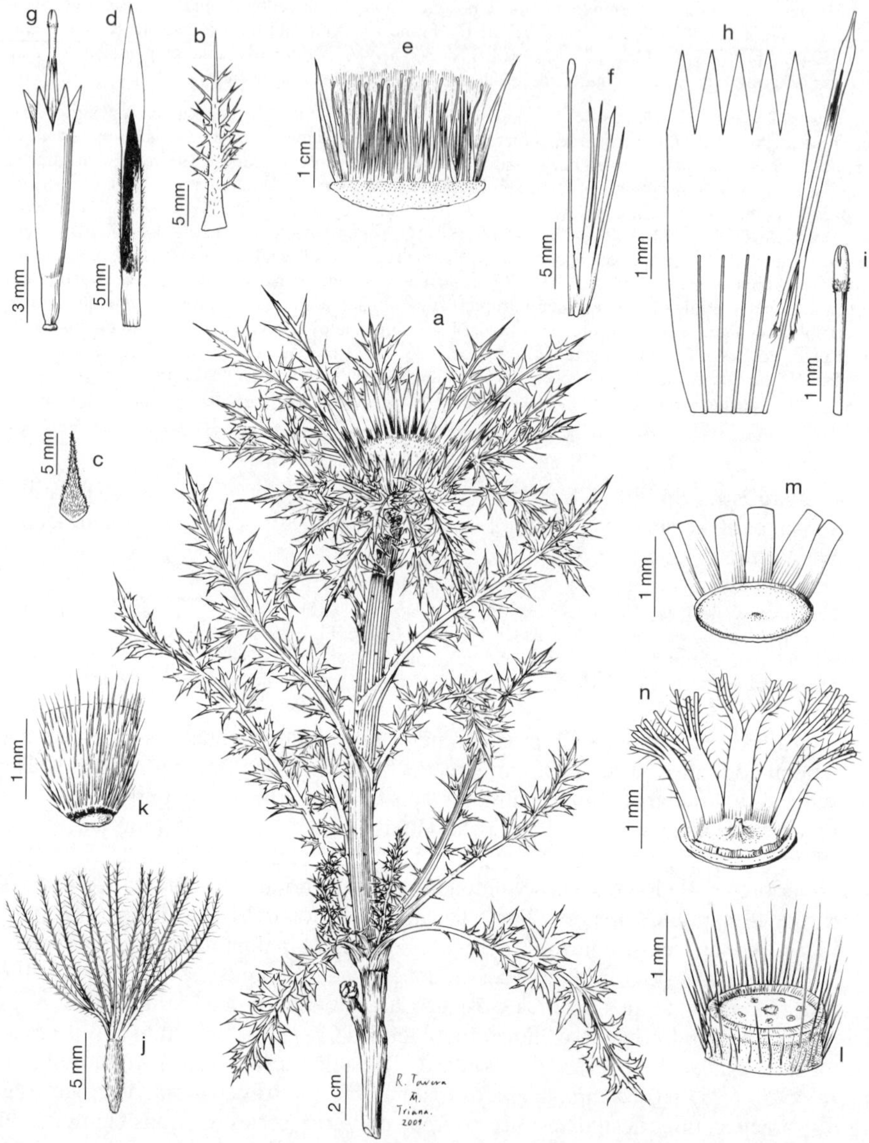

Lám. 4.–*Carlina acaulis* subsp. *caulescens,* a, e, f) Puerto Ventana, León (MA 624544); b-d, j-n) Benasque, Huesca (UNEX 34362); g-i) Montseny, Barcelona (MA 131426): a) hábito; b) bráctea externa del involucro; c) bráctea media del involucro; d) bráctea interna del involucro; e) sección longitudinal de un capítulo que muestra las páleas del receptáculo; f) pálea del receptáculo; g) corola de una flor en antesis y verticilos sexuales; h) limbo de una corola abierto que muestra los filamentos estaminales y un estambre completo; i) parte superior del estilo con sus ramas; j) aquenio con vilano; k) base del aquenio e hilo cárpico; l) parte superior del aquenio tras desprenderse la placa apical; m) detalle de la base del vilano; n) detalle de la placa apical del aquenio, con el nectario y la parte basal del vilano.

general con espina apical hasta de 0,5 mm; las internas 30-45(53) × 1-2,8 mm, radiantes y mucho mayores que las medias y las flores, cartáceas, con el margen y aproximadamente el tercio superior escariosos, quebradizas, estrechamente oblanceoladas, con nervio central destacado, margen entero o con algún diente disperso en la parte superior, generalmente con espínula apical hasta de 0,7 mm, de un blanco argénteo, ± teñidas de un rosa obscuro –pardo en los capítulos más viejos– al menos hasta la mitad de su cara externa, con pelos blanquecinos hasta de 1,2 mm dispersos hacia la mitad del margen. Receptáculo con páleas laceradas en segmentos fusiformes, uno de ellos claviforme y prácticamente libre hasta la base, generalmente más largo que el resto, blancas. Corola (9)10-14,2(14,8) mm, purpúrea, glabra; tubo 2,8-3,8(4,8) mm; limbo (6)8-10 mm, con 5(6) lóbulos de (1,2)1,4-2,4 mm, triangulares, iguales, papilosos en el margen y ápice en la cara interna. Estambres con filamento de 3-5 mm; anteras 4,4-6,2(7) mm, amarillas o purpúreas, con apéndices basales de 1,4-2,8(3,2) mm, fimbriados. Estilo hasta de 19 mm, ± purpúreo, con ramas de 0,4-0,7 mm, al principio aproximadas y cuando receptivas de erecto-patentes a patentes, pubescentes en la cara abaxial. Aquenios 3,5-6,3 × 1,2-1,6 mm, ± cilíndricos, con sección ± circular, densamente seríceos, con pelos blanquecinos o de un pardo dorado en los frutos muy maduros, que sobrepasan la placa apical en 1,1-2 mm; nectario inconspicuo o de c. 0,2 mm; hilo cárpico 0,6-1 mm, ± circular, con borde cartilaginoso estrecho, blanquecino. Vilano 13-15 mm, con una fila de pelos plumosos –con cilios hasta de 2,2 mm–, de un blanco níveo y algo dorado hacia la base, soldados en fascículos de (2)3-6(7). $2n = 20$*.

Bordes de camino y carretera, claros de bosque, pastizales y roquedos; 600-2175 m. VIII-IX. Dispersa por el C y S de Europa –España, Francia, Suiza, Alemania, Italia, Austria, Hungría, Croacia, Eslovenia, Montenegro, Bosnia y Herzegovina y Albania–. N y NE de España. **And. Esp.:** B (Bu) Ge Hu L Le Na O S SS Vi. **N.v.:** ajonjera, alcachofa (Aragón), barómetro, camaleón, canduncho, carasol, cardabela, cardigaza (Aragón), cardina, cardineta, cardito, cardo ajonjero, cardo ajonjero blanco, cardo de broxas (Aragón), cardo de san Pelegrín, cardo de puerto (Aragón), cardo dorado, cardonerita, cardo rizado, cardu (Asturias), cardullo, carlina, carlina angélica, carmunquera, peine; *cat.*: card cardener, cardigassa, cardiguera, cardo de bruxa (Valencia), carrinclera, carunquera, corones de rei; *eusk.*: astalarra, basa-kardabera, eguz-lore-luzea, illargi-lora, karda-lora, otarraska, sorgin-kontra.

Observaciones.–Cuando las plantas son acaules pueden identificarse erróneamente como subsp. *acaulis,* sin representación en el territorio y difundida sobre todo por el C de Europa. No obstante, mientras que en la subsp. *acaulis* las hojas varían de pinnatífidas a pinnatisectas y los segmentos de dentados a pinnatífidos, en la subsp. *caulescens* las hojas son siempre pinnatisectas y los segmentos palmatilobados. Los frutos no han podido estudiarse completamente maduros y con las semillas bien formadas, por lo que la longitud es solo orientativa.

Su raíz tiene aplicaciones medicinales. De ella se extrae por destilación un aceite rico en flavonoides y substancias antibióticas que se utiliza para el tratamiento de eccemas y acné; además, tras su decocción se emplea como diurético, aperitivo, laxante, etc. Al parecer, sus capítulos pueden consumirse cuando aún son inmaduros. Tradicionalmente se le han atribuido propiedades mágicas y, de hecho, es frecuente que las plantas, secas, se coloquen en las puertas de las casas para proteger los hogares de las brujas y los rayos. También se utiliza a modo de higrómetro para pronosticar el tiempo atmosférico, pues las brácteas internas aparecen extendidas en tiempo seco y plegadas hacia el interior del capítulo cuando la humedad relativa es alta.

Subgen. II. **Chamaeleon** (Cass.) Less.
Chamaeleon Cass.

Hojas involucrales muy diferentes del resto y de las brácteas del involucro. Brácteas involucrales internas ni radiantes ni vivamente coloreadas. Vilano de 2-3 veces la longitud del aquenio.

7. C. gummifera (L.) Less., Syn. Gen. Compos.: 12 (1832) [gummífera]

Atractylis gummifera L., Sp. Pl.: 829 (1753) [basión.]
Chamaeleon gummifer (L.) Cass. in F. Cuvier, Dict. Sci. Nat. ed. 2, 47: 509 (1827)
Ind. loc.: "Habitat in Creta, Italia" [lectótipo designado por D.P. Petit in Bull. Mus. Natl. Hist. Nat., B, Adansonia 9: 412 (1988): LINN]
Ic.: Valdés, Talavera & Galiano (eds.), Fl. Andalucía Occid. 3: 173 (1987) [sub *Chamaeleon gummifer*]; lám. 5

Hierba perenne, espinosa, verdosa, con pelos unicelulares araneosos. Acaule o con tallos hasta de 7,5 cm, densamente araneosos. Hojas hasta de 380 × 130 mm, ± rígidas, rosuladas, con pecíolo envainador, ancho y esparcidamente espinescente, y limbo oblongo u oblongo-lanceolado, de pinnatipartido a pinnatisecto, con 7-10 pares de lóbulos a su vez de pinnatífidos a pinnatipartidos, con margen dentado, espinoso –espinas hasta de 8,4 mm, anaranjadas– y nervadura pinnada ± destacada en ambas caras –tanto el nervio medio como los principales y secundarios, que forman un retículo–, concoloras, de un verde brillante, con pelos araneosos aplicados, durante la antesis secas y persistentes, depiladas; las caulinares, cuando existen, de lanceoladas a oblanceoladas, sésiles y ligeramente envainadoras, con margen dentado, espinescente –espinas hasta de 5 mm, anaranjadas– y con numerosos nervios principales paralelos, destacados en ambas caras, con pelos araneosos aplicados; las inmediatas a los capítulos muy diferentes de las otras y en pseudoinvolucro; hojas involucrales 25-58 × 10-22 mm, coriáceas, que igualan o superan el involucro, linear-lanceoladas, pectinado-pinnatífidas, con 4-7 pares de lóbulos laterales muy espinosos –el terminal y el par inmediato de mayor tamaño–, patentes, cada uno con varios nervios engrosados hacia la base y 1-3 espinas anaranjadas hasta de 12 mm, blanquecinas, araneosas en su cara externa y glabras en la interna. Capítulos terminales, solitarios o en grupos de 2-4, sésiles o subsésiles y con pedúnculos gruesos, ocultos por las bases foliares. Involucro 29-48(64) × 30-60 mm, ovoide, con base redondeada, con indumento densamente araneoso, blanquecino, apenas sobrepasado por las flores; brácteas imbricadas y aparentemente dispuestas en 5-10 series, gradualmente mayores de fuera hacia dentro; las externas y medias ± coriáceas, lanceoladas u oblongo-lanceoladas, con 1 nervio destacado al menos hacia el extremo en la cara externa, y margen escarioso, espinuloso, con indumento araneoso denso, blanquecino, ± abruptamente acuminadas en una espina de 3-6 mm, erecto-patente, de color acastañado-purpúreo; las internas 29-48(64) × 1-1,9 mm, no radiantes, herbáceo-escariosas, lineares o estrechamente oblongo-lanceoladas, ± teñidas de un rosa purpúreo, araneosas sobre todo en su mitad distal y esparcidamente seríceas en el margen, con ápice laxamente ciliado y a menudo arqueado. Receptáculo con páleas laceradas en segmentos agudos –algunos de ellos prácticamente libres hasta la base y, en ocasiones, más largos que el resto–, blanquecinas, a veces con el ápice purpúreo. Corola 23-34,5 mm, rosado-purpúrea, glabra; tubo (8)10-15(19) mm; limbo 14,3-21,5 mm, rosado-purpúreo, con 5 lóbulos de 4,5-11 mm, ± iguales –a

Lám. 5.–*Carlina gummifera,* a-c) Los Santos de Maimona, Badajoz (UNEX 7827); d-f, k-p) Badajoz (UNEX 35481); g-j) entre Almonáster y La Corte, Huelva (SEV 49006); a) hábito; b) hoja caulinar; c) hoja involucral; d) bráctea externa del involucro; e) bráctea media del involucro; f) bráctea interna del involucro; g) sección longitudinal de un capítulo que muestra las páleas del receptáculo; h) páleas del receptáculo; i) corola de una flor en antesis y tubo estaminal atravesado por el estilo; j) sección longitudinal del limbo de una corola que muestra los filamentos estaminales y un estambre completo; k) parte superior del estilo con sus ramas; l) aquenio con vilano; m) base del aquenio e hilo cárpico; n) detalle de la base del vilano; o) detalle de la placa apical del aquenio, con el nectario y la parte basal del vilano; p) parte superior del aquenio tras desprenderse la placa apical.

veces, en las flores de la periferia, dos de ellos con los senos más profundos que el resto–, linear-lanceolados, erecto-patentes y ligeramente incurvos, papilosos en el ápice y con mucrón hialino terminal hasta de 0,4 mm. Estambres con filamento de 4,2-6,6(7,8) mm; anteras 5,4-8(9) mm, blanquecinas o blanquecino-rosadas, con apéndices basales de 2,2-4,5 mm, fimbriados. Estilo hasta de 40 mm, uniformemente rosado o amarillento con venas rosadas, con ramas de 1,2-2,5 mm, aproximadas o ligeramente separadas, pubérulas en la cara abaxial. Aquenios 10-12 × 1,8-2 mm, cilíndricos o cilíndrico-claviformes, de sección ± circular o ± cuadrangular, densamente seríceos, con pelos blancos o de color dorado en los frutos muy maduros, que sobrepasan la placa apical en 1,5-2,3 mm; nectario inconspicuo o hasta de 0,2 mm, cilíndrico; hilo cárpico 0,6-0,7 mm, basal, ± circular o irregular, con borde cartilaginoso estrecho, blanquecino, o bien pardusco en los frutos muy maduros. Vilano 24-32 mm, con dos filas de pelos plumosos –con cilios de 3-4 mm–, de un blanco níveo y dorado hacia la base, soldados en fascículos de (4)5-8. $2n = 20$.

En baldíos, taludes, márgenes de camino y claros de matorral, en lugares muy expuestos, basófila; 0-1400 m. (VI)VIII-X(XI). Región Mediterránea. W, S y SE de la Península Ibérica. **Esp.:** A Al Ba Ca Co (Gr) H J Ma (Mu) Se V. **Port.:** AAl Ag BL E. **N.v.:** ajonjera, ajonjera común, aljonje, aljonjera, aunge, camaleón blanco, cardo ajonjero, cardo de liga, cardo de liria, liga, liria; *port.:* arjunça, camaleão-branco, cardo-do-visco, cardo-do-visgo, cardo-matacão, cardo-pinto-branco, cardo-pinto-gommoso, carlina-bastarda, carlina-gomosa, chãmeleo-branco-bastardo; *eusk.:* basa-kardabera.

Observaciones.–Sus hojas y capítulos jóvenes son comestibles, guisados o crudos; las inflorescencias hervidas se utilizan para elaborar la liga, empleada para la caza de pájaros y como remedio contra la epilepsia y las convulsiones. La decocción de su rizoma, que presenta un látex venenoso, ha sido utilizada, en dosis bajas, para detener hemorragias, como purgante, para facilitar el parto, y, en dosis más altas, como abortiva.

HÍBRIDOS

C. acanthifolia subsp. **cynara** × **C. acaulis** subsp. **caulescens**

C. × *vayredae* Gaut., Cat. Fl. Pyrénées-Orientales: 244 (1897)
C. × *clemenceaui* Sennen in Bull. Soc. Bot. France 74: 380 (1927)

2. **Atractylis** L.*

[Atráctylis, -ýlidis f. – gr. *atraktŷl(l)ís, -ídos* f.; lat. *atractȳlis, -ĭdis* f. = en Dioscórides y Plinio, planta espinosa de flores amarillas, en cabezuelas también espinosas que nacen en el extremo de un tallo en su mayor parte desnudo, el que las mujeres utilizaban como huso –gr. *átraktos, -áktou* m./f. = huso, etc.–, y que la mayoría de los autores piensan podría ser un cártamo *(Carthamus lanatus* L. o *C. leucocaulos* Sm., *Compositae).* El nombre genérico *Atractylis* L. *(Compositae)* fue establecido por Linneo (1737: 246), sin dar explicaciones y para plantas que nada tienen que ver con las antedichas, en sustitución de *Crocodilodes* de S. Vaillant –Hist. Acad. Roy. Sci. Mém. Math. Phys. (Paris, 4.º) 1718: 162-163, fig. 9 (1719)–, y validado en Linneo (1753: 829-830; 1754: 360)]

Hierbas anuales o perennes, ± espinosas o espinulosas, con pelos unicelulares araneosos y también tricelulares en los aquenios. Tallos simples o ramificados des-

* J. López Martínez & J.A. Devesa

de la base o en la parte superior, sin alas. Hojas alternas o las de la base rosuladas, sésiles, no decurrentes, inciso-dentadas, pinnatífidas o pinnatipartidas, con margen dentado y espinoso. Capítulos multifloros, terminales, solitarios, sésiles, radiados, homógamos, rodeados de hojas involucrales. Involucro ovoide, ovoide-acampanado o ± globoso; brácteas aparentemente dispuestas en 5-13(15) series, imbricadas, ± coriáceas, herbáceas o escariosas, con espina o espínula apical, mayores hacia el interior. Receptáculo plano, alveolado, con páleas cartilaginosas, blancas, esparcidamente ciliadas en el margen, laceradas –con uno o dos segmentos mayores que el resto y prácticamente libres–, ± soldadas en la base formando una estructura reticulada con celdillas que alojan a los aquenios. Flores en su mayoría flósculos hermafroditas, menores que el involucro, y algunas o todas las de la periferia liguladas, hermafroditas o neutras, que sobrepasan o no el involucro. Corola tubular, pentámera, ± zigomorfa, glabra, predominantemente violeta, con tubo y limbo netamente diferenciados, este con lóbulos ± iguales o desiguales, la de las flores liguladas a menudo trímera o tetrámera, con limbo aplanado. Estambres con filamentos libres, aplanados, lisos, insertos en la base del limbo en los flósculos o hacia la mitad del tubo en las flores liguladas; anteras con conectivo prolongado en una lengüeta apical linear-lanceolada, calcariformes en la base y con apéndices basales muy destacados, fimbriados. Estilo liso, con dos ramas muy cortas, al principio aproximadas y cuando receptivas ligeramente separadas, delimitadas por un anillo de pelos colectores cortos, pubescentes en la cara abaxial y con superficie receptiva papilosa, glabro, rodeado en la base por un nectario que persiste en el aquenio a modo de prominencia sobre la placa apical. Aquenios homomorfos, cilíndricos u obovoides, densamente seríceo-vilosos, con pelos tricelulares y unicelulares largos, truncados en el ápice, con placa apical plana, de borde entero y con nectario central inconspicuo o ± cilíndrico, los de las flores liguladas a veces abortados; hilo cárpico basal, ± circular; sin eleosoma. Vilano simple, de un blanco níveo –amarillento o de un gris obscuro hacia la base–, caedizo, con una fila de pelos ± iguales, plumosos –sin cilios en la base y más cortos hacia el extremo–, libres –a lo más soldados por parejas– y soldados a su vez a la placa apical del aquenio, que se desprende de este en la madurez junto con el vilano. $x = 10$.

Observaciones.–Comprende unas 29 especies con representación en la Región Mediterránea, el SW de Asia y Macaronesia [K. Bremer (ed.), Asteraceae: 137-138 (1994); A. Susanna & N. Garcia in Kubitzki (ed.), Fam. Gen. Vasc. Pl. 8: 127 (2007)]. Se excluye del género *A. gummifera* L., incluida ahora en *Carlina.*

Bibliografía.–D.P. Petit in Bull. Mus. Natl. Hist. Nat., B, Adansonia 9: 407-440 (1988) [taxonomía]; in Bull. Soc. Bot. France, Lettres Bot. 134: 165-184 (1987) [cladística].

1. Corola de las flores liguladas 7,4-13 mm, la de los flósculos 7,4-12 mm; hojas involucrales (13)15-22(26) mm, muy diferentes del resto, lineares, pectinado-pinnatisectas, con 6-11 pares de lóbulos espinosos ramificados, curvadas en la base y no aplicadas al involucro, al que alcanzan o sobrepasan ligeramente; brácteas involucrales externas y medias agudas, con espínula terminal hasta de 1,4 mm; hierba anual ..... **1. A. cancellata**
– Corola de las flores liguladas 18,5-27,8 mm, la de los flósculos 12,5-19,3 mm; hojas in-

volucrales 34-55(65) mm, similares al resto aunque a menudo más estrechas, pinnatífidas, pectinado-pinnatipartidas con 3-9(10) pares de lóbulos de uni a trilobados, o subliradas, ± arqueado-patentes y aplicadas en su base al involucro, al que sobrepasan claramente; brácteas involucrales externas y medias obtusas, truncadas o levemente emarginadas en el ápice, con espina terminal hasta de 7,4 mm; hierba perenne ..... **2. A. humilis**

1. A. cancellata L., Sp. Pl.: 830 (1753) [cancelláta]

Carthamus cancellatus (L.) Lam., Fl. Franç. 2: 10 (1779)
Acarna cancellata (L.) All., Fl. Pedem. 1: 153 (1785)
Cirsellium cancellatum (L.) Gaertn., Fruct. Sem. Pl. 2: 454 (1791)
A. cancellata subsp. *gaditana* Franco in Bot. J. Linn. Soc. 71: 47 (1975)
Ind. loc.: "Habitat in Hispaniæ, Siciliæ, Cretæ agris" [lectótipo designado por E. Petit in Bull. Nat. Hist. Mus. London, Bot. 25: 150 (1995): BM]
Ic.: Rchb., Icon. Fl. Germ. Helv. 15, lám. 745 (1852); Valdés, Talavera & Galiano (eds.), Fl. Andalucía Occid. 3: 172 (1987); lám. 6 x

Hierba anual, espinulosa, de un verde grisáceo, con pelos unicelulares araneosos. Tallos hasta de 35(40) cm, erectos, simples o ramificados desde la base o solo en la parte superior, de sección ± circular, longitudinalmente acostillados –costillas poco perceptibles–, foliosos, con indumento denso de pelos araneosos. Hojas hasta de 53 × 9 mm, ± herbáceas, de linear-espatuladas a oblongo-lanceoladas, inciso-dentadas o ± pinnatífidas, con margen dentado y espinescente –espínulas hasta de 2,2 mm–, planas o conduplicadas, con nervadura pinnada –nervio medio destacado por ambas caras, y dos marginales prominentes en el haz–, de un verde grisáceo, araneosas, con pelos más abundantes en el haz; las basales ± rosuladas y a menudo secas en la antesis, el resto alternas, las inmediatas a los capítulos formando un pseudoinvolucro; hojas involucrales (13)15-22(26) mm, muy diferentes del resto, lineares, pectinado-pinnatisectas, con 6-11 pares de lóbulos espinosos ramificados –con espinas desiguales, la apical hasta de 2,2(2,6) mm y las laterales hasta de 4,4 mm–, curvadas en la base y no aplicadas sobre el involucro, al que alcanzan o sobrepasan ligeramente. Capítulos terminales, solitarios, sésiles, con flósculos hermafroditas, excepto algunas flores de la periferia liguladas, neutras. Involucro 11-17 × 7-13(15,5) mm, ovoide o ± globoso, araneoso, nada o ligeramente sobrepasado por las flores liguladas de la periferia; brácteas aparentemente dispuestas en 5-8 series, gradualmente mayores de fuera adentro; las externas y medias ovado-lanceoladas o lanceoladas, herbáceas, sin nervios notables –a veces el central algo marcado hacia el ápice–, con margen escarioso ancho, verdoso-cenicientas, araneosas en la cara externa y glabras en la interna y el margen, con ápice agudo y espínula terminal hasta de 1,4 mm, o bien escarioso y con nervio purpúreo, glabro y con espínula terminal hasta de 1,2 mm; las internas 11-17 mm, linear-lanceoladas, a veces subuladas, escariosas, con nervio medio marcado, blanquecinas –nervio medio verdoso en su mitad inferior, purpúreo o pardusco hacia el extremo–, glabras o con pelos hasta de 0,5 mm dispersos por el margen, con espínula apical hasta de 1 mm. Receptáculo con páleas laceradas, con al menos un segmento fusiforme, blanquecinas, laxamente ciliadas en el margen, con pelos hasta de 0,6 mm. Corola de las flores liguladas 7,4-13 mm, glabra, con tubo de (3,6)4,1-7,6(9,8) mm, blanquecino, y limbo de (2,4)4-5,4 mm, de un violeta pálido –al menos en los lóbulos–, con 3 o 4 lóbulos de 0,3-1 mm, triangulares, desiguales –los laterales generalmente más largos y con los senos más profundos que los centrales–, papilosos en el ápice por la cara interna, con apículo hialino de 0,1-0,2 mm; corola de los flósculos 7,4-12 mm, glabra, concolora, con tubo de 1,6-4(5) mm y limbo de 5-8,4 mm, con 5 lóbulos de 1-2,4 mm, iguales o dos de ellos con los senos más profundos, lineares, papilosos en el ápice por la cara interna, con apículo hialino hasta de 0,6 mm. Estambres con filamento de (2)2,4-3,8(4,2) mm; anteras 2,7-4 mm, violetas, con apéndices basales de 1,5-2 mm. Estilo hasta de 12 mm, blanquecino, con ramas de 0,3-0,5 mm, violetas. Aquenios 3-3,8(4,6) × 1,6-2 mm, obovoides, de sección ± elíptica, densamente seríceo-vilosos, con pelos blanquecinos o de color dorado, que sobrepasan la placa apical en 3,7-4,7 mm; nectario inconspicuo o de 0,1-0,2 mm, ± cilíndrico; hilo cárpico 0,3-0,4 mm. Vilano 10-12 mm, de un blanco níveo –amarillento en la base–, con una fila de 17-22 pelos plumosos –cilios hasta de 2 mm–. $2n = 20^*$.

Claros de bosque, matorrales degradados, campos, baldíos, bordes de camino, etc., preferentemente en substrato básico, a veces en arenas graníticas, pizarras o basaltos; 1-1500(1600) m. V-VII. Región Mediterránea y Macaronesia –La Gomera, Tenerife, Lanzarote–. Dispersa por el C, S, E de la Península Ibérica, Islas Baleares. **Esp.:** A Ab Al B Ba Ca Cc Co CR Cs (Cu) (Ge) Gr Gu H Hu J L Lo M Ma Mu Na PM Se T Te To V Z. **Port.:** AAl Ag BAl BB E R. **N.v.:** cancelillos, cardo, cardo enrejado, carlina enrejada, farolitos, farolitos de cardo; *port.:* cardo-coroado; *cat.:* enreixada.

Observaciones.–Las medidas de estambres, estilo, aquenio y vilano se corresponden solo con las de los flósculos. En las flores liguladas el androceo o bien falta o se reduce a estaminodios y el gineceo es rudimentario; los frutos están abortados y presentan un vilano mucho menos desarrollado que en los flósculos, con menor número de pelos, más estrechos y con menos cilios.

2. A. humilis L., Sp. Pl.: 829 (1753) [húmilis]

A. gedeonii Sennen in Bol. Soc. Aragonesa Ci. Nat. 11: 202 (1912), pro hybrid.
A. tutinii Franco in Bot. J. Linn. Soc. 71: 47 (1975)
Ind. loc.: "Habitat Madritii in collibus. Lœfl. VII: 35" [lectótipo designado por D.P. Petit in Taxon 47: 355 (1998): LINN]
Ic.: Cav., Icon. 1, tab. 54 (1791); lám. 6 a-w

Hierba perenne, multicaule, espinosa, verde o de un verde grisáceo, glabrescente o, con menor frecuencia, muy pelosa, con pelos unicelulares araneosos. Tallos hasta de 45 cm, erectos, a veces con alguna ramificación en la parte superior, de sección ± circular, longitudinalmente acostillados –costillas poco perceptibles–, foliosos, glabrescentes o con indumento denso de pelos araneosos al menos en la base. Hojas hasta de 72 × 18(20) mm, ± coriáceas, sésiles o a veces las basales cortamente pecioladas, con pecíolo ligeramente envainador, ± iguales o las basales algo mayores, linear-lanceoladas, linear-espatuladas u oblongo-lanceoladas, planas o ± conduplicadas –sobre todo las superiores, también recurvas–, pinnatífidas o pectinado-pinnatipartidas, con 3-9(10) pares de lóbulos ± triangulares, de uni a trilobados, agudos y con espinas terminales hasta de 3 mm, con nervadura principal pinnada –nervio medio prominente por el envés y nervios secundarios generalmente marcados en ambas caras–, la mayor parte de las veces concoloras, verdosas, glabrescentes, con pelos araneosos, menos frecuentemente discoloras, con haz verde y glabrescente, y envés grisáceo, densamente araneoso –con pelos

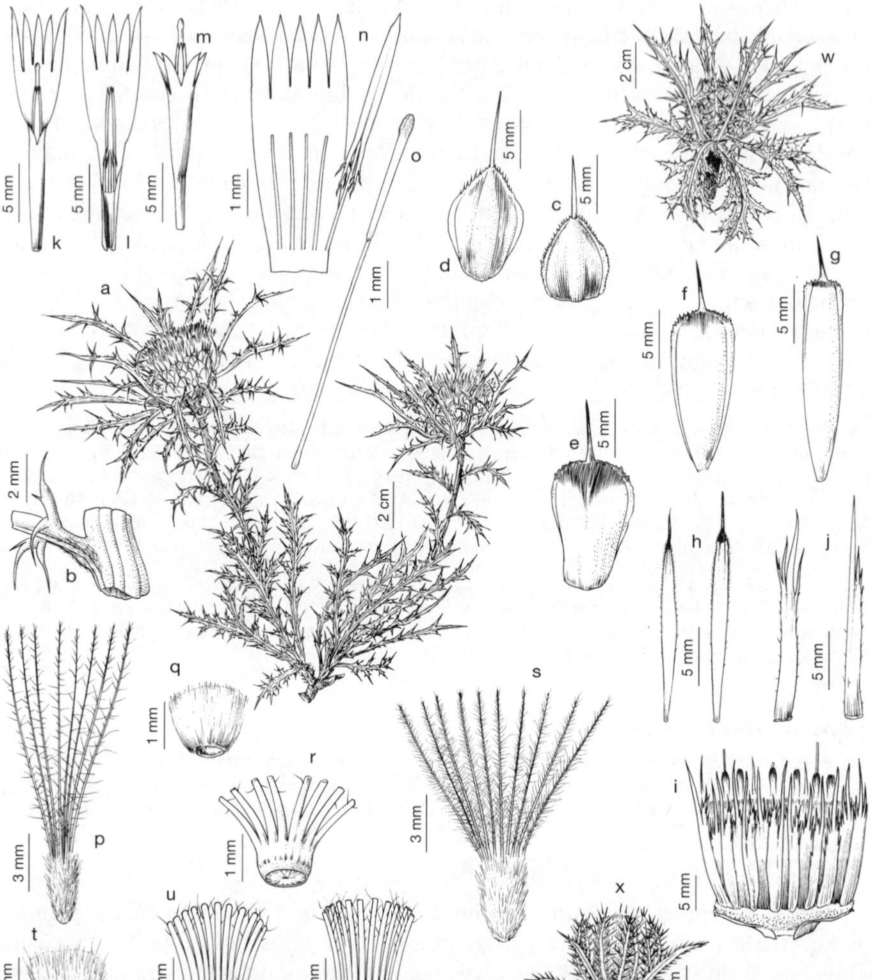

Lám. 6.–*Atractylis humilis,* a, b) Escombreras, Murcia (UNEX 35647); c-f) carretera de Fuente Álamo a Cartagena, Murcia (UNEX 35603); g-o) Chinchilla, Albacete (UNEX 35599); p-w) cabo de Gata, Almería (BC 32905): a) hábito; b) detalle de un nudo y de la inserción de una hoja; c-g) serie de brácteas externas y medias del involucro; h) brácteas internas del involucro; i) sección longitudinal de un capítulo mostrando las páleas del receptáculo; j) páleas del receptáculo; k) corola de una flor ligulada y verticilos sexuales; l) sección longitudinal de una flor ligulada; m) corola de un flósculo y tubo estaminal atravesado por el estilo; n) limbo de la corola de un flósculo abierto que muestra los filamentos estaminales y un estambre completo; o) estilo con sus ramas; p) aquenio con vilano de una flor ligulada; q) base del aquenio e hilo cárpico de una flor ligulada; r) detalle de la base del vilano de una flor ligulada; s) aquenio con vilano de un flósculo; t) base del aquenio de un flósculo e hilo cárpico; u) detalle de la base del vilano del aquenio de un flósculo; v) detalle de la base del vilano de un flósculo, placa apical y nectario; w) capítulo mostrando la variabilidad en las hojas involucrales. *A. cancellata,* Villafranca de los Barros, Badajoz (UNEX 7813): x) capítulo.

caedizos–; las inferiores ± rosuladas, a menudo secas en la antesis, las inmediatas a los capítulos formando un pseudoinvolucro; hojas involucrales 34-55(65) mm, similares al resto aunque a menudo más estrechas, o bien sublirados y con lóbulo terminal de 7,6-22 mm de anchura, ± arqueado-patentes, aplicadas en su base sobre el involucro, al que sobrepasan. Capítulos terminales, solitarios, sésiles, con flósculos en el centro y flores liguladas en la periferia, todas hermafroditas. Involucro 19-25 × 10-37 mm, ovoide u ovoide-campanulado, sobrepasado por las flores liguladas; brácteas aparentemente dispuestas en 7-13(15) series, gradualmente más largas de fuera adentro; las externas y medias ovadas u obovadas, obtusas, truncadas o levemente emarginadas en el ápice, ± coriáceas pero con el margen escarioso, denticulado al menos en el ápice, sin nervios visibles –a veces el central algo marcado hacia el ápice–, verdosas en su cara externa –a veces las de la mitad superior del involucro ± teñidas de violeta en su extremo– y brillantes en la interna, araneosas en el ápice –con pelos caedizos–, con una espina apical hasta de 7,4 mm, subcónica, de color pajizo o pardusco-violeta; las internas 15-26 mm, lineares, linear-lanceoladas o linear-espatuladas, de herbáceas –con margen escarioso– a escariosas, sin nervios notables o con el central algo marcado hacia el ápice, ± seríceas en el margen –pelos hasta de 1,1 mm–, con una espina apical hasta de 6 mm, subcónica, de color pajizo o pardusco-violeta. Receptáculo con páleas laceradas en segmentos fusiformes, dispersamente ciliadas en el margen, con pelos hasta de 1,6 mm. Corola de las flores liguladas 18,5-27,8 mm, glabra, con tubo de 8,2-13 mm, blanquecino y limbo de 10-15 mm, de un violeta pálido –al menos en los lóbulos–, con 5 lóbulos de 3,3-7,5(9,1) mm, triangulares, desiguales –los laterales más largos y con los senos más profundos que los centrales–, papilosos en el extremo en la cara interna, con apículo de 0,1-0,3 mm; corola de los flósculos 12,5-19,3 mm, concolora, con tubo de 3-7(7,4) mm y limbo de 9-13,4 mm, con 5 lóbulos de 2,4-4,6 mm, triangulares, iguales o uno o dos de ellos con los senos más profundos, papilosos hacia el ápice en la cara interna, con apículo de 0,1-0,3 mm. Estambres con filamento de (2,5)3-5,6 mm en las flores liguladas y de 3-8,2 mm en los flósculos; anteras (3,8)4-6(7,6) mm en las flores liguladas y (5)5,4-7,6(7,8) mm en los flósculos, lineares, blanquecinas con el ápice violeta, con apéndices basales de (1,4)1,8-2,8 mm. Estilo hasta de 23,2 mm en ambos tipos de flores, con ramas de 0,3-0,8 mm, violetas. Aquenios 3-3,7 × 2-3 mm en las flores liguladas y 3-5,2 × 3 mm en los flósculos, cilíndricos, con sección ± circular, densamente seríceo-vilosos, de un blanco níveo –dorado en aquenios muy maduros–, que sobrepasan la placa apical en 2,2-3,6 mm; nectario inconspicuo o hasta de 0,15 mm, ± cilíndrico; hilo cárpico (0,3)0,6-0,8 mm en las flores liguladas y 0,4-0,8(0,9) mm en los flósculos. Vilano 10-15 mm en ambos tipos de flores, de un blanco níveo en la mitad superior y de un gris obscuro en la inferior, con una fila de 8-18(20) pelos en las flores liguladas y de (15)17-20(21) en los flósculos, en ambos casos plumosos, con cilios hasta de 4,5 mm. $2n = 20$*.

Claros de bosque y matorrales, márgenes de camino, cunetas, enclaves pedregosos y áridos, etc., preferentemente en substrato básico; 0-1300 m. VI-IX(X). SE de Francia y Península Ibérica. C, S y E de España, escasa en el N –León–, e Islas Baleares. **Esp.:** A Ab Al (Av) B Ca CR Cs Cu Ge Gr Gu Hu J L (Le) Lo M (Ma) Mu Na PM[(Ib)] Sa (Se) Sg So T Te To V Vi Z. **N.v.:** cardo, cardo heredero, cardo huso, cardo huso real.

Observaciones.–De las proximidades del faro del cabo de Gata y de las localidades de Carboneras y Fernán Pérez (Almería) se conocen plantas singulares con respecto al material estudiado del resto del territorio. Presentan hojas –incluidas las involucrales– con la parte no dividida del limbo de 5-11 mm de anchura y capítulos con involucro de 20-37 mm de grosor, mientras que las plantas del resto del territorio muestran hojas con la parte no dividida del limbo más estrecha, de 1-5(6) mm, y capítulos de 10-30 mm. Las plantas con estas características fueron descritas como *A. tutinii,* pero la variación observada no es constante y parece constituir el extremo de una cline, por lo que no se considera adecuado otorgarle valor taxonómico alguno.

Subtribu **Echinopsinae** Cass. ex Dumort.

Hierbas anuales o perennes, inermes o espinosas. Hojas inermes o espinosas, nada o apenas decurrentes, las superiores nunca involucrales ni alcanzan la base de las inflorescencias. Capítulos unifloros, reunidos en un glomérulo globoso –sinflorescencia– y homógamo. Involucro de sección ± pentagonal, con brácteas libres o soldadas por su base, las internas ni radiantes ni vivamente coloreadas, rodeado en la base por un penacho de setas libres o algo soldadas por la base, que igualan o sobrepasan a las brácteas involucrales externas. Receptáculo del glomérulo glabro, rodeado de brácteas filiformes, lineares o ± oblanceoladas. Flores con limbo profundamente dividido. Estambres con filamentos libres, glabros; anteras con apéndices basales cortos, fimbriados o barbados. Estilo con dos ramas largas y delimitadas por un anillo de pelos colectores, o bien estilo bifurcado y cada rama con su anillo de pelos colectores. Aquenios homomorfos, seríceos, con pelos unicelulares largos, sin pelos tricelulares, con hilo cárpico basal y sin eleosoma. Vilano simple, coroniforme, formado por escamas subuladas, libres o soldadas en la mitad basal, insertas directamente sobre la placa apical del aquenio, caedizo.

3. **Echinops** L.*

[Echínops, -opis? m. – lat. bot. *Echīnops, -ŏpis?* m., nombre genérico de las *Compositae* acuñado por Linneo (1737: 242) en sustitución de un *Echinopus* de Tournefort (1694: 368; 1700: 463), y validado, más tarde, en Linneo (1753: 814-815; 1754: 356). Según el botánico sueco, Phil. Bot.: 178 (1751), el vocablo estaría formado a partir de gr. *echînos(echínos), -ou* m.; lat. *echīnus, -i* m. = erizo, marino y terrestre // cúpula de las castañas, etc.; y gr. *ópsis, -eōs(-ios)* f.; lat. *facies, -ei* f. = aspecto externo, apariencia, etc. –el propio Linneo, Hort. Cliff.: 391 (1738), cambia el nombre genérico por "Echinopsis", aunque el *nomen specificum legitimum* de las dos especies que lo integran comienza por "Echinops"–; en todo caso, es evidente que pretendía referirse a lo no poco espinoso de los "cardos" en cuestión]

Hierbas anuales o perennes, inermes o espinosas, no aromáticas, con pelos unicelulares araneosos y pelos pluricelulares glandulíferos, en ocasiones estrigosas, a veces también con glándulas ± sésiles. Tallos simples o ramificados, no alados. Hojas alternas, pecioladas o sésiles y ± amplexicaules, nada o apenas decurrentes, pinnatífidas, 1-2 pinnatipartidas o 1-2 pinnatisectas, inermes o espinosas. Capítulos unifloros, reunidos en inflorescencias complejas globosas –sinflorescencias–, terminales, solitarias o hasta 4(10) en grupos corimbiformes, pedunculadas, homógamas.

* A. Ortega Olivencia

Involucro oblongo u obovoide, de sección ± pentagonal; brácteas aparentemente dispuestas en (3)4-9 series, herbáceas o ± coriáceas, imbricadas, escuarrosas o ± erectas, inermes, libres o soldadas por la base, rodeado en su base por un penacho de setas libres o algo soldadas abajo, antrorso-escabriúsculas hacia el ápice, de igual longitud o más largas que las brácteas externas. Receptáculo de las sinflorescencias convexo, globoso o claviforme, alveolado, glabro, rodeado de escamas filiformes, lineares o ± oblanceoladas, laciniadas, reflexas, coriáceas o ± herbáceas, lisas, glabras o pelosas, a veces glandulosas. Flósculo hermafrodita, que sobrepasa al involucro. Corola tubular-infundibuliforme, pentámera, ± actinomorfa, glabra, pubescente o laxamente pubérulo-glandulosa en su cara externa, blanquecina, verdosa, azulada o de un azul violeta, con tubo y limbo netamente diferenciados, este profundamente escindido en 5 lóbulos ± iguales y patentes, provistos a veces de una excrecencia escariosa en la base de su cara adaxial. Estambres con filamentos libres, lisos, glabros, insertos en la base del limbo de la corola; anteras con conectivo prolongado en una lengüeta apical lanceolada, calcariformes en la base, con apéndices basales cortos, a menudo fimbriados o barbados. Estilo liso, con dos ramas pubescentes, unidas al principio y erecto-patentes cuando receptivas, delimitadas por un anillo de pelos colectores cortos, o bien estilo bifurcado hacia su mitad y cada rama con su anillo de pelos colectores, con superficie receptiva papilosa en su cara adaxial, el resto glabro, rodeado en la base por un nectario que persiste en el aquenio a modo de prominencia sobre la placa apical. Aquenios homomorfos, todos con vilano, prismáticos u obovoides, de sección ± pentagonal –algo comprimidos en la base–, lisos, seríceos, truncados en el ápice, con placa apical plana, de borde entero –con o sin reborde– y con nectario cilíndrico, ligeramente pentalobulado; hilo cárpico basal, imperceptible; sin eleosoma. Vilano simple, amarillento, frágil, caedizo, con una fila de escamas subuladas, libres o soldadas en la mitad basal, ± iguales, escábridas. x = 7, 14, 15, 16.

Observaciones.–El género comprende unas 121 especies ampliamente distribuidas por Europa, Asia y África [cf. A. Susanna & N. Garcia in Kubitzki (ed.), Fam. Gen. Vasc. Pl. 8: 128 (2007)]. Algunos autores han reconocido en él diversas secciones [cf. A. Bunge in Bull. Acad. Imp. Sci. Saint-Pétersbourg 6: 390-412 (1863)], pero la información derivada del uso de caracteres moleculares no apoya dicha segregación [cf. T. Garnatje & al. in Folia Geobot. 40: 407-419 (2005)].

Las especies suelen ser visitadas por himenópteros de los grupos Apidae *(Bombus* y *Halictus)* y Vespidae *(Polistes)* [cf. H. Kugler in Ber. Deutsch. Bot. Ges. 92: 637-643 (1979)], que son atraídos por el polen o el néctar, fácilmente accesibles. Algunas de ellas se cultivan como ornamentales y otras son de interés como melíferas o como productoras de alcaloides.

Echinops fontqueri Pau in Font Quer, Iter Marocc. 1928, n.º 409 (1929), in sched. [*E. spinosus* subsp. *fontqueri* (Pau) Valdés in Lagascalia 18: 306 (1996); *E. spinosissimus* subsp. *fontqueri* (Pau) Greuter in Willdenowia 33: 58 (2003)] ha sido citada para el SE de España por S. Kožuharov in Tutin & al. (eds.), Fl. Eur. 4: 213 (1976), cita que no ha podido ser refrendada mediante material de herbario ni avalada por nuevos testimonios bibliográficos. De acuerdo con B. Valdés in Valdés & al. (eds.), Cat. Pl. Vasc. N. Maroc 2: 724 (2002), este taxon es endémico del N de Marruecos. Es planta perenne, con hojas densamente glandulosas por ambas caras y provistas de espinas solo en el margen, y brácteas involucrales escuarrosas que, al igual que *E. strigosus,* presenta los lóbulos de la corola sin una excrecencia escariosa hacia la base de su cara adaxial.

Bibliografía.–A. BUNGE in Bull. Acad. Imp. Sci. Saint-Pétersbourg 6: 390-412 (1863) [taxonomía]; T. GARNATJE & AL. in Folia Geobot. 40: 407-419 (2005) [filogenia y taxonomía]; in Biol. Cell 96: 117-124 (2004) [citogenética y evolución]; in Bot. J. Linn. Soc. 145: 337-344 (2004) [cariología]; D.P. PETIT in Candollea 43: 467-481 (1988) [filogenia y taxonomía]; P. TOMŠOVIC in Preslia 69: 31-33 (1997) [palinología y taxonomía].

1. Hojas de haz densamente estrigosa, con espínulas de 0,3-3,6(5) mm; lóbulos de la corola sin excrecencia escariosa en la base de su cara adaxial; estilo bifurcado hacia su mitad, con cada rama provista de un anillo de pelos colectores en la zona de transición a la rama estilar; vilano con escamas libres en la base, no oculto por los pelos del aquenio; hierba anual .... **1. E. strigosus**
– Hojas de haz glabra o laxamente araneosa –a veces con pelos glandulíferos– o bien densamente pubérulo-glandulosa, con espinas de 1-6(10) mm en el margen; corola con lóbulos provistos de una excrecencia escariosa en la base de su cara adaxial; estilo bifurcado en dos ramas por encima del anillo de pelos colectores; vilano con escamas soldadas al menos en su mitad basal, ocultas por los pelos del aquenio; hierba perenne 2
2. Hierba marcadamente glandulosa; sinflorescencia de (38)42-65 mm de diámetro; brácteas involucrales externas y medias glandulosas al menos en su parte superior; corola blanquecina o verdosa; vilano 1,2-1,8 mm .... **2. E. sphaerocephalus**
– Hierba eglandulosa, rara vez con tallo y hojas con pelos pluricelulares glandulíferos ± largos o cortos y subsésiles; sinflorescencia de 25-48 mm de diámetro; brácteas involucrales externas y medias eglandulosas; corola azulada o violeta; vilano 0,7-1,2 mm .... **3. E. ritro**

1. E. strigosus L., Sp. Pl.: 815 (1753) [strigósus]

Ind. loc.: "Habitat in Hispania. Loefl." [lectótipo designado por G. López in Taxon 47: 360 (1998): LINN]

Ic.: O. Bolòs & Vigo, Fl. Països Catalans 3: 867 (1996); Valdés, Talavera & Galiano (eds.), Fl. Andalucía Occid. 3: 176 (1987); lám. 7 r-t

Hierba anual, inerme, por lo general unicaule, verde o de un verde pardusco, estrigosa, con abundantes pelos unicelulares araneosos, eglandulosa. Tallos (5)11-93 cm, erectos, simples o a veces ramificados, de sección ± poligonal o rara vez circular, longitudinalmente acostillados, con hojas en su mayor parte, araneosos y blanquecinos –a veces calvos, sobre todo en la mitad inferior–. Hojas ± coriáceas, las basales rosuladas y cortamente pecioladas –a menudo secas o faltan en la antesis– y el resto amplexicaules, poco decurrentes, menores hacia la parte superior del tallo, con nervadura principal pinnada y nervio medio prominente por el envés; las medias (2,8)4,5-22(34) × 1,5-10(17,5) cm, ± elípticas, lanceoladas u oblanceoladas, 1-2 pinnatisectas, con 3-7 pares de lóbulos de 1-5(9) mm de anchura, ± lineares –rarísima vez linear-oblongos y hasta de 11 mm de anchura–, agudos y acabados en una espina corta, con margen revoluto, discoloras, con haz verde, ± brillante o laxamente araneosa, eglandulosa, densamente estrigosa, con espínulas de 0,3-3,6(5) mm, de base tuberculada, y envés araneoso-blanquecino, eglanduloso; las basales 5,5-20 × 1-8,5 cm, semejantes a las caulinares o a veces obovadas, con lóbulos más anchos y por lo general con haz araneosa. Capítulos reunidos en 1(2) sinflorescencias de (30)45-85 mm, ± globosas, terminales, pedunculadas, por lo general no alcanzadas por la última hoja caulinar, a veces ± azuladas. Involucro (15)20-33 × 5-14 mm, ± obovoide, sobrepasado por la flor, rodeado en su base por un conjunto de setas hasta de 7-14 mm, lineares o estrechamente oblanceoladas, libres o algo soldadas por la base, antrorso-escabriúsculas hacia el ápice, de igual longitud o más largas que las brácteas involucrales externas; brácteas coriáceas, imbricadas y aparentemente dispuestas en (5)7-9 series, gradualmente mayores de fuera adentro –las internas de igual longitud o algo más cortas que las medias–, fuertemente aquilladas, escuarrosas, verdosas o de un verde blanquecino –a veces distalmente azuladas–; las externas oblongo-lanceoladas o estrechamente elípticas, acuminadas, con quilla antrorso-escabriúscula y acumen de margen antrorso-escabriúsculo y con fimbrias escábridas, inconspicuamente peloso en la parte superior de su cara adaxial; las medias semejantes pero más largamente acuminadas, algo soldadas por la base, con fimbrias concentradas en el acumen; las internas ± soldadas, semejantes a las medias o bien ± oblongas, pubérulas en la parte distal de la cara abaxial y terminadas por varias fimbrias. Receptáculo de la sinflorescencia convexo, globoso, con alvéolos denticulados, rodeado de brácteas libres o algo soldadas por la base, lineares o ± oblanceoladas, glabras o pelosas. Corola (14)15-19,5 mm, tubular; tubo 4-5,5 mm, blanquecino, glabro; limbo 11-14 mm, rosado o azulado, con lóbulos tomentoso-pubescentes en el tercio superior de su cara abaxial, sin excrecencia escariosa en la base de su cara adaxial. Anteras 6,5-10 mm, azuladas, con apéndices basales pubescentes. Estilo blanquecino, bifurcado hacia su mitad, con ramas obtusas, pubescentes, de un rosa intenso o rosa-violetas, al principio unidas y cuando receptivas divergentes, cada una de ellas con un anillo de pelos colectores en la zona de transición a la rama estilar. Aquenios (7)8,8-10 × 2-2,5(3) mm, obovoides, de sección ± pentagonal, algo comprimidos en la base, truncados en el ápice y en la base, lisos, de un amarillo pajizo, seríceos, con pelos escábridos amarillos; placa apical con reborde y nectario de c. 0,1 mm; hilo cárpico basal, imperceptible. Vilano 0,8-2,3 mm, frágil, amarillo, con escamas ± rígidas, libres en la base, no oculto por los pelos del aquenio. $2n = 32$.

Taludes, herbazales, campos y márgenes de camino, generalmente en yesos, margas yesíferas, calizas, calcarenitas o lugares salinos; 10-1600 m. V-VIII. Península Ibérica y NW de África. C y mitad S de la Península. **Esp.:** A Ab Al Ba Ca Cc Co CR Cu Gr Gu H J M Ma Mu Se To V. **Port.:** AAl Ag BAl (BL) E. **N.v.:** cardo, cardo yesquero, cardo yesquero espinoso, hierba yesquera, yesquero; *port.:* cardo-branco-dos-montes, cardo-de-isca.

2. E. sphaerocephalus L., Sp. Pl.: 814 (1753) [sphaerocéphalus]
subsp. **sphaerocephalus**

E. multiflorus Lam., Fl. Franç. 2: 2 (1779), nom. illeg.
Ind. loc.: "Habitat in Italia" [lectótipo designado por I.G. Arevschatian in Biol. Zhurn. Armenii 42: 216 (1989): LINN]
Ic.: O. Bolòs & Vigo, Fl. Països Catalans 3: 867 (1996); Pignatti, Fl. Italia 3: 219 (1982); lám. 7 a-o

Hierba perenne, unicaule o multicaule, verdoso-blanquecina, espinosa, con pelos araneosos y pelos pluricelulares glandulíferos, marcadamente glandulosa. Tallos 57-120(180) cm, erectos, simples o poco ramificados, de sección ± poligonal, longitudinalmente acostillados, con hojas en su mayor parte e indumento ± denso de pelos pluricelulares glandulíferos de 0,2-1,5 mm, rojizos –al menos en fresco–, a veces araneosos, blanquecinos y glandulosos en la parte superior. Hojas de consistencia herbácea, las basales rosuladas –a menudo secas o faltan en la antesis–, pecioladas, y el resto amplexicaules, algo decurrentes, menores hacia la parte superior del tallo, con nervadura principal pinnada y nervio medio prominente por el envés; las medias 6,5-26,5 × 2-12 cm, ± elípticas o lanceoladas, 1-2 pinnatipartidas –rara vez pinnatisectas–, con 3-6 pares de lóbulos de 5-40 mm de anchura, lanceolados o triangulares, agudos, de margen revoluto, con espinas amarillentas de 1-6(10) mm, discoloras, con haz verde, densamente pubérulo-glandulosa, con pelos pluricelulares de 0,1-1,2 mm, y envés araneoso-blanquecino, con pelos glandulíferos y pluricelulares en los nervios, a veces escasos o incluso sin ellos; las basales 17-37 × 4,3-15,5(18) cm, con pecíolo hasta de 10 cm, semejantes a las caulinares o a veces pinnatífidas, laxamente espinosas. Capítulos reunidos en 1 sinflorescencia de (38)42-65 mm, ± globosa, terminal, blanquecino-verdosa, o hasta en 4(5) dispuestas a su vez en grupos corimbiformes, pedunculadas, cuya base por lo general no es alcanzada por la hoja caulinar superior. Involucro (10)15-27 × 3-7,5 mm, oblongo, sobrepasado por la flor, rodeado en su base por un conjunto de setas hasta de 7-14 mm, lineares o estrechamente oblanceoladas, soldadas por la base, antrorso-escabriúsculas hacia el ápice, de igual longitud o más cortas que las brácteas externas, rara vez más largas; brácteas herbáceas, imbricadas y aparentemente dispuestas en (3)4-5 series, gradualmente mayores de fuera adentro –las internas igualando o algo más cortas que las medias–, planas o algo aquilladas, ± rectas, verdosas; las externas oblanceoladas o elípticas, acuminadas, con quilla peloso-glandulosa y acumen con pelos glandulosos hasta de 0,4 mm y pelos eglandulosos ± adpresos y con fimbrias escábridas, con una pubescencia inconspicua y adpresa en la parte superior de su cara adaxial; las medias semejantes pero más acuminadas, algo soldadas por la base, con fimbrias concentradas en el acumen; las internas algo soldadas por la base, semejantes a las medias o ± elípticas y acabadas en varias fimbrias, inconspicuamente pubescentes en la parte distal de la cara abaxial. Receptáculo de la sinflorescencia claviforme, con alvéolos planos, rodeado de brácteas reflexas soldadas por la base, filiformes u oblanceoladas, pelosas, las más externas glandulosas. Corola 13-18 mm, tubular-infundibuliforme; tubo 4,5-7,8 mm, blanquecino, glabro o laxamente pubérulo y glanduloso; limbo 7,5-11 mm, blanquecino o verdoso, con lóbulos provistos de una pubescencia inconspicua y adpresa en la parte superior de su cara abaxial y de una excrecencia escariosa en la base de su cara adaxial. Anteras 5,5-7,8 mm, azuladas o blanquecinas, con apéndices basales pubescentes. Estilo blanquecino, bifurcado en la parte superior por encima del anillo de pelos colectores, con ramas obtusas, inconspicuamente pubescentes, rosadas o violetas, al principio unidas y cuando receptivas divergentes. Aquenios 6-10,5 × 1,5-2 mm, obovoides, de sección ± pentagonal, algo comprimidos en la base, truncados en el ápice y en la

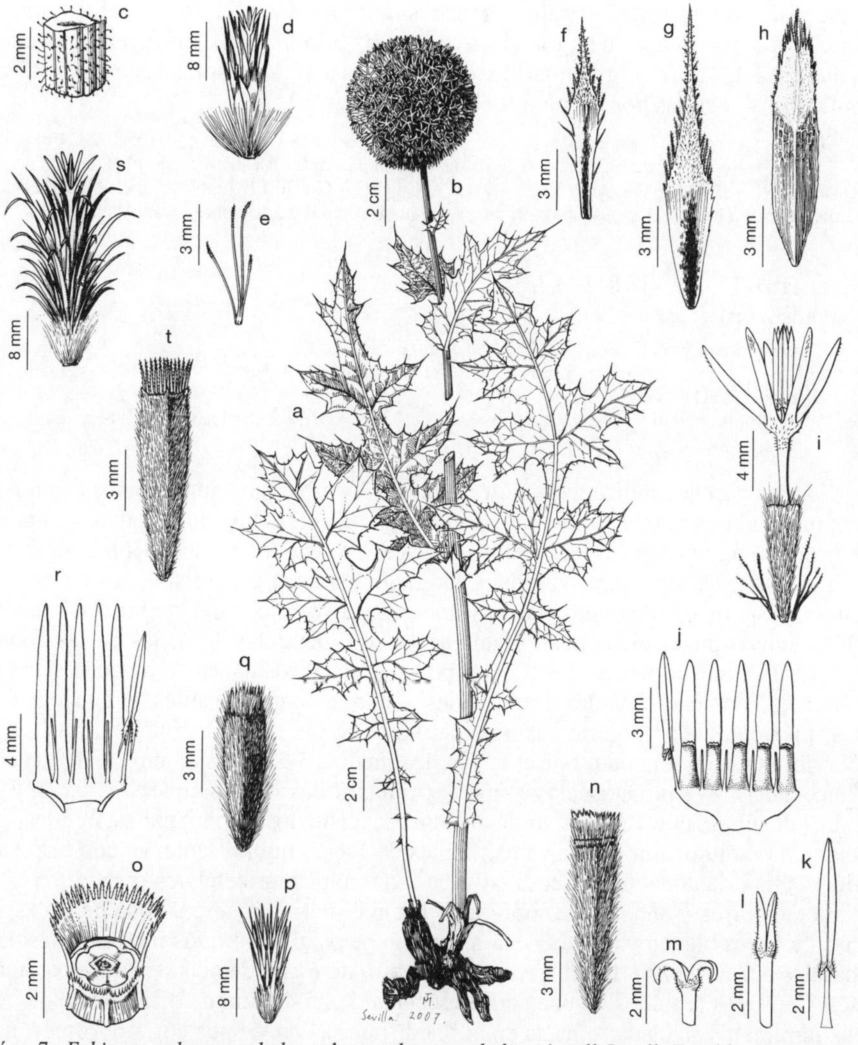

Lám. 7.–*Echinops sphaerocephalus* subsp. *sphaerocephalus,* a) coll Jovell, Escaldes-Engordany, Andorra (MA 629319); b-m) de San Juan de Plan a Gistaín, Huesca (UNEX 35225); n, o) valle de Boí, Barruera, Lérida (MA 449971): a) sistema radical y parte basal del tallo; b) parte superior del tallo y sinflorescencia; c) sección del tallo y detalle del indumento; d) capítulo; e) setas que rodean la parte basal del capítulo; f) bráctea externa del involucro; g) bráctea media del involucro; h) bráctea interna del involucro; i) flor y setas del capítulo en su base; j) limbo de la corola abierto que muestra excrecencias escariosas internas de los lóbulos, los filamentos estaminales y un estambre completo; k) estambre; l) parte superior del estilo con sus ramas; m) ramas estilares en la antesis; n) aquenio; o) parte superior del aquenio que muestra la parte soldada de los pelos del vilano. *E. ritro* subsp. *ritro,* p) cabo de Creus, Cadaqués, Gerona (UNEX 35223); q) Gea de Albarracín, Teruel (MA 444507): p) capítulo; q) aquenio. *E. strigosus*, r, s) entre La Hoz y Alcaraz, Albacete (UNEX 35233); t) próx. a Alhambra, Ciudad Real (UNEX 35235): r) limbo de la corola abierto mostrando los filamentos estaminales y un estambre completo; s) capítulo; t) aquenio con vilano.

base, lisos, de un amarillo pajizo, seríceos, con pelos escábridos amarillos; placa apical con reborde, y nectario de c. 0,1 mm; hilo cárpico basal, inconspicuo. Vilano 1,2-1,8 mm, frágil, amarillo, con escamas ± rígidas, soldadas en más de su mitad basal, ocultas por los pelos del aquenio. $2n$ = 30*, 32.

Taludes y bordes de camino, en substrato calizo o margoso, rara vez silíceo; (430)530-2224 m. VII-X. S y C de Europa, SW de Asia y C y S de Rusia; introducida en las Islas Británicas, el N de América y Australia. NE y E de España. **And. Esp.:** Ab B (Cs) Cu Ge Gr Gu Hu J L Te. **N.v.:** cabeza de arrendajo, cardicuca, cardo erizo, cardo yesquero; *cat.:* caps de mussol, card d´eriço, panical, panical blau.

3. E. ritro L., Sp. Pl.: 815 (1753) [Rítro]
subsp. **ritro**

E. pauciflorus Lam., Fl. Franç. 2: 2 (1779), nom. illeg.
Ind. loc.: "Habitat in Gallia, Sibiria" [C. Jeffrey in Curtis's Bot. Mag. 180: 78 (1974): Lobel., Pl. Icon. 2: 8 (1581), icon]
Ic.: O. Bolòs & Vigo, Fl. Països Catalans 3: 868 (1996); Pignatti, Fl. Italia 3: 220 (1982); lám. 7 p, q

Hierba perenne, unicaule o multicaule, verdoso-blanquecina, espinosa, con pelos unicelulares araneosos, eglandulosa, rara vez con pelos pluricelulares glandulíferos o glándulas ± sésiles. Tallos (7)22-88 cm, erectos o ascendentes, simples, ramificados, de sección ± poligonal, longitudinalmente acostillados, con hojas en su mayor parte e indumento blanco y araneoso, a veces con pelos pluricelulares de 0,2-1 mm o inconspicuamente glanduloso, con glándulas ± sésiles en las zonas calvas. Hojas ± coriáceas, las basales por lo general rosuladas –a menudo secas o faltan en la antesis–, sésiles o pecioladas, y el resto amplexicaules, algo decurrentes, menores hacia la parte superior del tallo, con nervadura principal pinnada y nervio medio prominente por el envés; las medias 3-21 × 1-8,5 cm, ± elípticas o lanceoladas, 1-2 pinnatisectas –rara vez pinnatífidas o pinnatipartidas–, con 3-8 pares de lóbulos de 1,5-15 mm de anchura, lanceolados o triangulares, agudos, de margen revoluto, con espinas amarillentas de 1-6(9) mm, discoloras, con haz verde, glabra o laxamente araneosa –a veces con pelos pluricelulares glandulíferos ± largos o cortos y subsésiles, sobre todo hacia el nervio medio y base de las espinas– y envés blanco y araneoso, rara vez con pelos glandulíferos inconspicuos; las basales 5,5-23 × 1,5-10 cm, con pecíolo hasta de 6 cm, semejantes a las caulinares. Capítulos reunidos en una sinflorescencia de 25-48 mm de diámetro, ± globosa, terminal, ± azulada, o hasta en 4(10) dispuestas en grupos corimbiformes, pedunculadas, cuya base por lo general no es alcanzada ni sobrepasada por la hoja superior. Involucro 10-20 × 2,5-4(6) mm, oblongo u obovoide, glabro, sobrepasado por la flor, rodeado en su base por un conjunto de setas hasta de 3,5-5,5 mm, lineares o estrechamente oblanceoladas, soldadas en la base, antrorso-escabriúsculas hacia el ápice, de igual longitud o más cortas que las brácteas involucrales externas; brácteas ± coriáceas, imbricadas y aparentemente dispuestas en 4-6 series, gradualmente mayores de fuera adentro –las internas de igual longitud o algo más cortas que las medias–, aquilladas, ± rectas, verdosas, algo azuladas en la parte superior; las externas oblanceoladas o linear-oblanceoladas, acuminadas, por lo general con fimbrias laterales escábridas, glabras excepto en la cara adaxial del acumen, esta con pubescencia antrorsa, eglandulosas; las medias semejantes pero más largamente acuminadas, soldadas en la base, eglandulosas; las internas soldadas por la base, semejantes a las medias o ± elípticas y acabadas en varias fimbrias, glabras o inconspicuamente pubescentes en la parte distal adaxial. Receptáculo de la sinflorescencia claviforme, con alvéolos planos, rodeado de brácteas reflexas ± soldadas por la base, lineares u oblanceoladas, glabras o pelosas. Corola (9)11,5-14,5 mm, tubular-infundibuliforme; tubo (2,5)4,5-6 mm, blanquecino, glabro o glanduloso en su parte superior; limbo 5,3-9 mm, azulado o violeta, con lóbulos glabros o inconspicuamente pubescentes en la parte superior de su cara abaxial y provistos de una excrecencia escariosa en la base de su cara adaxial. Anteras 4,5-6,6 mm, azuladas, con apéndices pubescentes. Estilo azulado o blanquecino, bifurcado por encima del anillo de pelos colectores, con ramas obtusas, inconspicuamente pubescentes, violetas o azuladas, al principio unidas y cuando receptivas divergentes. Aquenios 6-8 × 2-2,5 mm, oblongos u obovoides, de sección ± pentagonal, algo comprimidos en la base, truncados en el ápice y en la base, lisos, de un amarillo pajizo, seríceos, con pelos escábridos amarillos; placa apical sin reborde y con nectario de c. 0,1 mm; hilo cárpico basal, imperceptible. Vilano 0,7-1,2 mm, frágil, amarillo, con escamas soldadas en la mitad basal, ± rígidas, ocultas por los pelos del aquenio. $2n = 32$.

Pastos en claros de matorral y encinares degradados, campos de cultivo, bordes de camino, etc., en yesos, margas yesíferas, calizas y terrenos salinos, rara vez en suelos graníticos; 20-1300 m. (V)VII-X. C y S de Europa, SW, S y C de Asia. Mitad E de España, alcanzando por el W la provincia de Palencia. **Esp.:** A Ab Al B Cs CR Cu Ge Gr Gu Hu J L Lo M (Ma) Mu Na P Sa So T Te To V Vi Z. **N.v.:** abadejo, cabeza de erizo, cabeza de viejo, cardo abadejo, cardo azul, cardo yesquero; *port.:* cardo-asneiro, erva-yesqueira, herva-da-isca, isquias; *cat.:* card d´esteca, cardanxa de boles (Valencia), panical, panical blau; *eusk.:* asta-likardoa, erluzea.

Subtribu **Cynarinae** Raf.

Hierbas anuales, bienales o perennes, a veces sufrútices o arbustos, rara vez sin espinas. Hojas con frecuencia espinosas, decurrentes –y entonces tallos alados– o no, las superiores a veces involucrales pero solo en ocasiones se transforman gradualmente en brácteas del involucro. Capítulos multifloros, discoides, homógamos, rara vez radiantes con las flores de la periferia neutras. Involucro con brácteas a menudo espinosas, las internas con ápice escarioso e inermes, por lo general no destacadas del resto en coloración y apenas en tamaño. Receptáculo tapizado de páleas o pelos, con menor frecuencia desnudo. Flores con limbo profundamente dividido, a veces casi hasta la base, muy rara vez poco dividido. Estambres con filamentos libres o soldados entre sí, glabros, papilosos o ± pelosos; anteras con apéndices basales ± desarrollados, a menudo fimbriados. Estilo con dos ramas ± largas, a menudo soldadas en buena parte. Aquenios homomorfos, glabros o pelosos, con pelos unicelulares, a menudo con nectario apical persistente a modo de prominencia, con hilo cárpico basal o subbasal, sin eleosoma. Vilano simple o más rara vez doble, formado por escamas o pelos –escábridos o plumosos–, en una o varias series, a menudo soldados por la base en un anillo, persistente o caedizo.

4. Xeranthemum L.*

[Xeránthemum, -i n. – lat. bot. *Xeranthĕmum, -i* n., género de las *Compositae* establecido por Tournefort (1764: 400; 1700: 499-500), y validado en Linneo (1753: 857-859; 1754: 369). A nuestro entender, el vocablo aparece por vez primera en J. Bauhin & J.H. Cherler, Hist. Pl. 3: 25-26 (1651), donde se viene a decir: "Gesnero, mi preceptor, lo llamaba con ese nombre por la sequedad o escualidez de las inflorescencias incluso recién brotadas" –gr. *xērós, -á, -ón* = seco, no húmedo // desecado // árido // relativo a las materias secas, etc.; gr. *ánthemon, -émou* n. = flor, etc.]

Hierbas anuales, inermes, con pelos unicelulares araneosos y, a veces, glándulas sésiles. Tallos simples o ramificados en la parte superior, sin alas. Hojas alternas, atenuadas o cuneadas en la base, no decurrentes, enteras. Capítulos multifloros, terminales, solitarios o a veces geminados, pedunculados, discoides, homógamos. Involucro cilíndrico –campanulado en la fructificación–; brácteas aparentemente dispuestas en 7-9 series, escariosas, imbricadas, mucronadas o no, mayores hacia el interior, las internas erectas o ± patentes, por lo general muy destacadas y vivamente coloreadas de un rosa purpúreo. Receptáculo plano, alveolado, con páleas laceradas, escariosas, rígidas, blanquecinas, glabras, lisas o punteado-glandulosas, mayores o menores que las flores. Flósculos todos hermafroditas o algunos de la periferia neutros –con un estilodio–, que no sobrepasan al involucro. Corola tubular, pentámera, glabra, rosado-purpúrea; la de las flores neutras zigomorfa, con limbo bilabiado, escindido en 3-5 lóbulos desiguales, gradualmente atenuado en el tubo; la de las flores hermafroditas ± actinomorfa, con tubo y limbo netamente diferenciados, este con 5 lóbulos ± iguales. Estambres con filamentos libres, lisos, glabros, insertos en la base del limbo de la corola; anteras con conectivo prolongado en una lengüeta apical lanceolada, calcariformes en la base, con apéndices basales a menudo fimbriados cuando secos. Estilo liso, en las flores hermafroditas con dos ramas unidas al principio y erecto-patentes cuando receptivas, delimitadas por un anillo de pelos colectores cortos, con superficie receptiva papilosa en su cara adaxial, en el resto glabro, rodeado en la base por un nectario que persiste en el aquenio a modo de prominencia sobre la placa apical; el de las flores neutras rosado, poco o mucho más largo que la corola, con ramas indefinidas –sin anillo de pelos colectores–, unidas. Aquenios homomorfos, –los de las flores neutras abortados, sin vilano o con vilano muy corto–, ± obcónicos u obovoides, de sección ± triangular, longitudinalmente acostillados, seríceos, truncados en el ápice, con placa apical plana, de borde entero y con nectario cilíndrico ligeramente pentalobulado; hilo cárpico basal, ± orbicular; sin eleosoma. Vilano simple, pardusco, persistente, con una fila de 5-10(13) escamas lanceolado-subuladas, desiguales, distalmente escábridas. x = 6, 7, 10.

Observaciones.–Este género comprende 5 especies con representación en la Región Mediterránea y el SW de Asia [cf. A. Susanna & N. Garcia in Kubitzki (ed.), Fam. Gen. Vasc. Pl. 8: 131 (2007)]. Aunque tradicionalmente relacionado con las *Carlininae* [cf. K. Bremer (ed.), Asteraceae: 140 (1994)], sus afinidades son más estrechas con las *Cynarinae* [cf. A. Susanna & N. Garcia (loc. cit.)]. Una de sus especies, *X. annuum,* se utiliza con mucha frecuencia en jardinería.

* T. Rodríguez Riaño & J.A. Devesa

Bibliografía.–T. GARNATJE, J. VALLÈS, R. VILATERSANA, N. GARCIA, A. SUSANNA & S. SILJAK-YAKOLEV in Pl. Biol. (Stuttgart) 6: 140-146 (2004) [citogenética y sistemática].

1. Brácteas involucrales externas y medias con una banda dorsal blanca y tomentosa, obtusas o emarginadas; vilano con (7)8-10(13) escamas .... **3. X. cylindraceum**
– Brácteas involucrales externas y medias glabras, agudas, mucronadas; vilano con 5 escamas 2
2. Brácteas involucrales internas 16-25 mm, casi el doble de largas que las medias –8-11 mm–, patentes y radiadas; capítulos con 70-110 flores .... **1. X. annuum**
– Brácteas involucrales internas (10)12-18 mm, de menos de 1,5 veces la longitud de las medias –(7)8-13(14) mm–, ± erectas; capítulos con (6)24-41 flores ..... **2. X. inapertum**

1. X. annuum L., Sp. Pl.: 857 (1753) [ánnuum]

Ind. loc.: "Habitat α. in Austria, (...)" [lectótipo designado por B.L. Burtt in Regnum Veg. 127: 99 (1993): BM]
Ic.: Lám. 8 n, o

Hierba anual, de un verde ceniciento o blanquecino, inerme, muy pelosa, con pelos unicelulares araneosos, sin glándulas sésiles. Tallos hasta de 60 cm, erectos o ascendentes, simples o ramificados en la mitad superior, de sección ± circular, longitudinalmente acostillados, foliosos, con indumento muy denso de pelos araneosos. Hojas 30-85 × 5,5-14 mm, menores hacia la parte superior del tallo, lanceoladas o linear-lanceoladas, atenuadas en la base y con ápice mucronado, enteras, pin natinervias pero solo con el nervio central destacado, de margen revoluto, con haz y, sobre todo el envés, densamente araneoso y blanquecino. Capítulos con 70-110 flores hermafroditas y 6-8 flores neutras con un estilodio, solitarios, por lo general pedunculados, no alcanzados por la última hoja caulinar. Involucro 17-25 × 11-15 mm, ovoide u ovoide-globoso, glabro, no sobrepasado por las flores; brácteas imbricadas y aparentemente dispuestas en 7-9 series, gradualmente mayores de fuera adentro, glabras; las externas 4-6 × 3-4 mm, ovadas, ± adpresas, mucronadas –mucrón de c. 0,4 mm–, con nervio central de un pardo acastañado y margen anchamente escarioso-hialino; las medias 8-11 × 3,2-4,5 mm, de oblongas a ovado-oblongas; las internas 16-25 × 3,5-4,5 mm, lanceoladas, marcadamente patentes y radiadas, de un rosa purpúreo, agudas o con mucrón de 0,1-0,3 mm. Receptáculo con páleas inconspicuamente punteado-glandulosas y mayores que las flores. Corola con tubo blanquecino y limbo de un rosa purpúreo, más intenso en las flores neutras; la de las flores neutras 5-6 mm, con limbo ± bilabiado, escindido en 5 lóbulos de 1,3-2,5 mm, marcadamente desiguales –3 grandes y 2 pequeños–, lineares o linear-lanceolados; la de las flores hermafroditas 5-5,5 mm, con tubo de c. 2 mm y limbo de 3-3,5 mm, con 5 lóbulos de 0,8-0,9 mm, triangulares, subiguales. Anteras 3-3,6 mm, rosado-blanquecinas, con apéndices basales de c. 0,5 mm. Estilo de las flores hermafroditas 4,5-5,5 mm, glabro, blanquecino, con ramas de c. 0,5 mm, de un rosa pálido. Aquenios de las flores hermafroditas 3,5-4,5 × 1-1,5 mm, obovoides u obcónicos, truncados en el ápice, de sección ± triangular, de un color castaño obscuro en la madurez, seríceos; nectario c. 0,1-0,2 mm, subcilíndri-

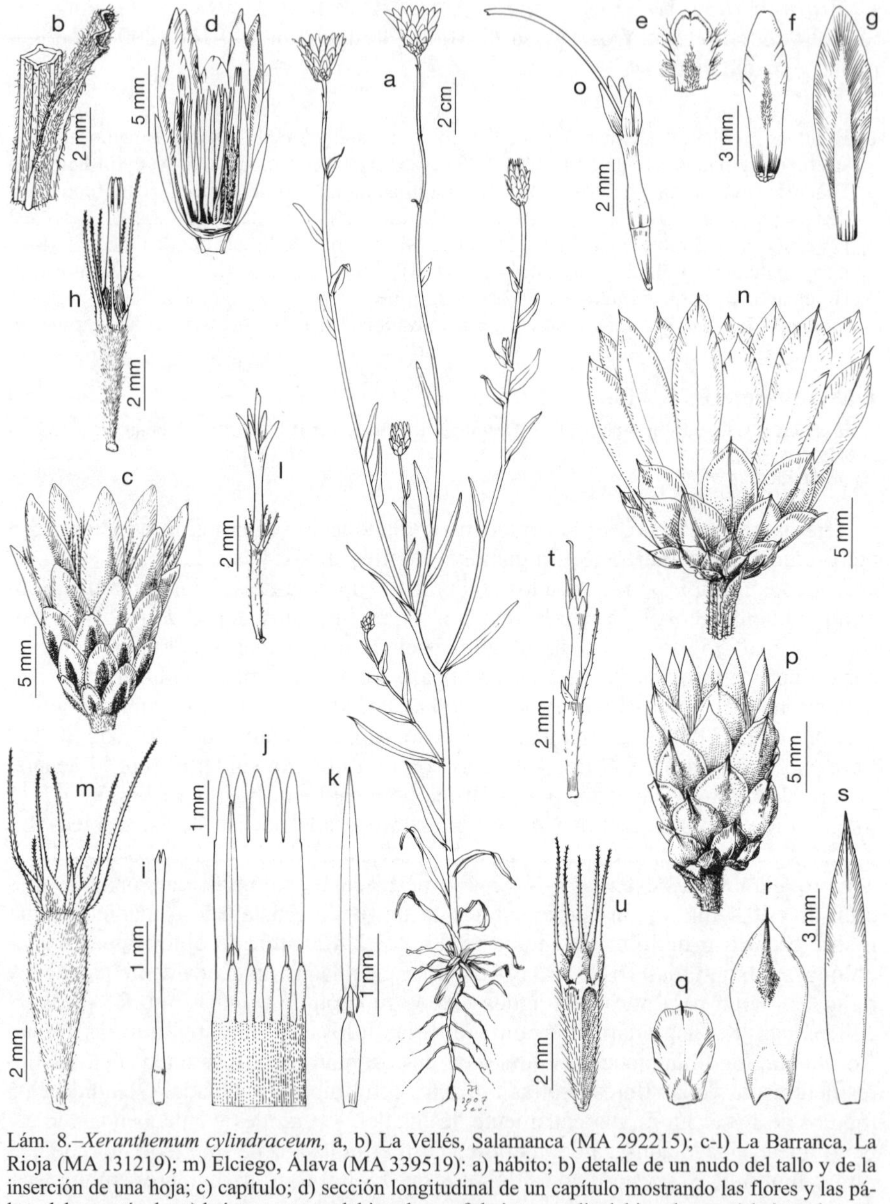

Lám. 8.–*Xeranthemum cylindraceum,* a, b) La Vellés, Salamanca (MA 292215); c-l) La Barranca, La Rioja (MA 131219); m) Elciego, Álava (MA 339519): a) hábito; b) detalle de un nudo del tallo y de la inserción de una hoja; c) capítulo; d) sección longitudinal de un capítulo mostrando las flores y las páleas del receptáculo; e) bráctea externa del involucro; f) bráctea media del involucro; g) bráctea interna del involucro; h) flor hermafrodita; i) estilo con sus ramas; j) limbo de la corola abierto mostrando los filamentos estaminales y un estambre completo; k) estambre; l) flor neutra; m) aquenio con vilano. *X. annuum,* n, o) Baetica, Andalucía (MA 163417): n) capítulo; o) flor neutra. *X. inapertum,* p-t) Íscar, Valladolid (MA 500587); u) Iznájar, Córdoba (UNEX 352211): p) capítulo; q) bráctea externa del involucro; r) bráctea media del involucro; s) bráctea interna del involucro; t) flor neutra; u) aquenio.

co-pentalobulado; hilo cárpico c. 1 mm. Vilano de las flores hermafroditas con 5 escamas de 2-4,5 mm, lanceolado-subuladas, desiguales, parduscas, erectas, escábridas sobre todo hacia su extremo y, a veces, seríceas hacia la base. $2n = 12^*$.

Herbazales de bordes de camino e inmediaciones de viviendas; 100-1440 m. VIII. CE y SE de Europa, y SW de Asia. Esporádica en el C y cuadrante NE de España. **Esp.:** [(B)] [(Bu)] [Ge] [(Hu)] [(L)] [(S)] [(To)] [(Z)]. **N.v.:** flor inmortal, flor seca española, hierba inmortal, inmortal, yerba del estornudo.

Observaciones.–Esta especie se cultiva como ornamental y ocasionalmente se escapa de cultivo y se naturaliza. Solo se ha dispuesto de escaso material peninsular y de procedencia dudosa. De hecho, solo se han podido confirmar ejemplares de Figueras (Gerona: BC 32976 y BC-Sennen 871640), al parecer espontáneos en un jardín.

2. X. inapertum (L.) Mill., Gard. Dict. ed. 8, n.º 2 (1768) [inapértum]

X. annuum var. *inapertum* L., Sp. Pl.: 858 (1753) [basión.]
Ind. loc.: "(...), ß in Italia, Helvetia, G. Narbonensi" [lectótipo designado por O.M. Hilliard & B.L. Burtt in Bot. J. Linn. Soc. 82: 254 (1981): LINN]
Ic.: Valdés, Talavera & Galiano (eds.), Fl. Andalucía Occid. 3: 175 (1987); lám. 8 p-u

Hierba anual, de un verde ceniciento o blanquecino, inerme, muy pelosa, con pelos unicelulares araneosos, sin glándulas sésiles. Tallos hasta de 60 cm, erectos o ascendentes, simples o escasamente ramificados en la mitad superior, de sección ± circular, longitudinalmente acostillados, con hojas sobre todo en su mitad inferior, e indumento muy denso de pelos araneosos. Hojas 10-60 × 2-12 mm, las inferiores atenuadas en un pecíolo y el resto cuneadas en la base, menores hacia la parte superior del tallo, oblongo-elípticas, lanceoladas o linear-lanceoladas, enteras, mucronadas, pinnatinervias pero solo con el nervio central destacado, de margen revoluto, con haz y, sobre todo, envés densamente araneoso-blanquecinos. Capítulos con (6)24-41 flores hermafroditas y 1-3 flores neutras con un estilodio, solitarios, por lo general pedunculados, no alcanzados por la hoja caulinar distal. Involucro 12-18 × 3,5-6,5 mm, cilíndrico u ovoide-cilíndrico, glabro, no sobrepasado por las flores; brácteas imbricadas y aparentemente dispuestas en 7-9 series, gradualmente mayores de fuera adentro, glabras; las externas 2,5-9 × 2,5-5 mm, ovadas, ± adpresas, mucronadas –mucrón 0,3-0,7 mm–, con nervio central de un pardo acastañado y margen anchamente escarioso-hialino; las medias (7)8-13(14) × 3,5-5 mm, de oblongas a ovado-oblongas; las internas (10)12-18 × 1,5-3 mm, lineares o linear-lanceoladas, ± erectas y algo recurvadas, con ápice rosa-violeta y nervios más obscuros, agudo o con mucrón de 0,1-0,3 mm. Receptáculo con páleas conspicuamente punteado-glandulosas, mayores que las flores. Corola con tubo blanquecino y limbo rosado-purpúreo, más intenso en las flores neutras; la de las flores neutras 3-7 mm, con limbo ± bilabiado, escindido en 3 o 4 lóbulos de 0,5-1,8 mm, muy desiguales –dos grandes y uno pequeño, o bien dos grandes y dos más pequeños–, lineares o linear-lanceolados; la de las flores hermafroditas 3,5-5,5 mm, con tubo de 1-2 mm y limbo de 2,5-3,5 mm, con 5 lóbulos de 0,3-0,5 mm, triangulares, subiguales. Anteras 1,5-3 mm, rosado-blanquecinas, con apéndices basales de c. 0,3 mm. Estilo de las flores hermafroditas 3,5-4,5 mm, glabro, blanquecino, con ramas de c. 0,5 mm, rosado-blanquecinas. Aquenios de las flores hermafroditas (3,5)4-4,5 × 1,2-1,6 mm, obovoides u obcónicos, truncados en el ápice, de sección ± triangular, de un color castaño obscuro en la madurez, seríceos; nectario c. 0,1-0,2 mm, subcilíndrico-pentalobulado; hilo cárpico 0,3-0,4 mm. Vilano de las flores hermafroditas con 5 escamas de 2-6 mm, lanceolado-acuminadas, desiguales, parduscas, erectas, escábridas sobre todo hacia su extremo y, a veces, seríceas hacia la base. $2n = 28$.

Campos, claros de matorral, laderas pedregosas y roquedos en exposiciones soleadas, por lo general en substrato calizo; 0-2200 m. (IV)V-VII. Región Mediterránea, SW y C de Europa y SW de Asia. Buena parte de la Península Ibérica, rara hacia el W. **Esp.:** A Ab Al Av (B) Ba Bu Ca Cc Co CR Cs Cu Ge Gr Gu Hu J L Le Lo M Ma Mu Na Or P PM[Mll] S Sa Se Sg So T Te To V Va Vi Z Za. **Port.:** TM. **N.v.:** flor inmortal, inmortal menor.

Observaciones.–La posición de las brácteas involucrales internas está determinada por la insolación: son erectas cuando la planta está a la sombra y ± patentes cuando se encuentra al sol.

3. X. cylindraceum Sm. in Sibth. & Sm., Fl. Graec. Prodr. 2: 172 (1813) [cylindráceum]

Ind. loc.: "In monte Olympo Bithyno"
Ic.: Lám. 8 a-m

Hierba anual, de un verde ceniciento o blanquecino, inerme, muy pelosa, con pelos unicelulares araneosos y glándulas sésiles. Tallos hasta de 70 cm, erectos o ascendentes, simples o ramificados en la mitad superior, de sección ± circular, longitudinalmente acostillados, foliosos, con indumento muy denso de pelos araneosos. Hojas 10-60 × 1-8 mm, menores hacia la parte superior del tallo, lineares, lanceoladas u oblongo-lanceoladas, cuneadas en la base y con ápice mucronado –mucrón c. 0,2 mm–, enteras, pinnatinervias pero solo con el nervio central destacado, de margen revoluto, con haz y sobre todo el envés, densamente araneosos y blanquecinos. Capítulos con 4-20 flores hermafroditas y 1-4 flores neutras con un estilodio, solitarios o a veces geminados, por lo general pedunculados, no alcanzados por la hoja caulinar distal. Involucro 13-17 × 4-7 mm, ovoide-cilíndrico, ± tomentoso y blanquecino, no sobrepasado por las flores; brácteas imbricadas y aparentemente dispuestas en 7-9 series, gradualmente mayores de fuera adentro; las externas 2-8 × 1,5-3,5 mm, ovadas, adpresas, obtusas o emarginadas, múticas, con una banda dorsal blanca y tomentosa, y margen membranáceo –lacerados cuando secos–; las medias 7-12 × 2,5-4 mm, de oblongas a ovado-oblongas; las internas (10)12-17 × 2,5-3,5 mm, lanceoladas o linear-lanceoladas, glabras, ± erectas o erecto-patentes, con ápice de un rosa purpúreo, agudo. Receptáculo con páleas sin glándulas y de longitud parecida a la de las flores. Corola con tubo blanquecino y limbo rosado-purpúreo, de un color más intenso en las flores neutras; la de las flores neutras 3,5-6 mm, con limbo ± bilabiado, escindido en 3 o 4 lóbulos de 0,8-2,5 mm, marcadamente desiguales –dos grandes y uno pequeño, o bien dos grandes y dos más pequeños–, lineares o linear-lanceolados; la de las flores hermafroditas 4-6,5 mm, con tubo de 1-2 mm y limbo de 3-4,5 mm, con 5 lóbulos de 1,2-1,9 mm, triangulares, subiguales. Anteras 1,5-3 mm, rosado-blanquecinas, con apéndices basales de c. 0,3 mm. Estilo de las flores hermafroditas 4-5,5 mm, glabro, blanquecino, con ramas de c. 0,5 mm, rosado-blanquecinas. Aquenios de las flores hermafroditas (3,5)4-6,5 × (2)2,3-3 mm, obovoides u obcónicos, truncados en el ápice, de sección ± triangular, de un color castaño obscuro en la madurez, seríceos; nectario c. 0,1 mm, subcilíndrico y pentalobulado; hilo cárpico 0,4-0,5 mm. Vilano de las flores hermafroditas con (7)8-10(13) escamas de (0,8)1-6 mm, lanceolado-subuladas, desiguales, parduscas, erectas, escábridas sobre todo hacia su extremo y, a veces, seríceas hacia la base. $2n = 20$*.

Campos, claros de matorral, pastizales, etc., en substratos calcáreos; 400-1600 m. V-VIII. S de Europa –hasta los paralelos 47 y 48 N en el W de Francia y SW de Eslovaquia, respectivamente–, SW de Asia, y NW de África –Marruecos–. Dispersa por la Península Ibérica. **Esp.:** Ab Bu Co Cu (Ge) (Gr) Gu Hu J Le Lo M Ma Na P S Sa Sg So Vi Z Za. **Port.:** TM. **N.v.:** flor inmortal, inmortal menor.

5. Staehelina L.*

[Staehelína, -ae f. – lat. bot. *Staehelīna, -ae* f., género de las *Compositae* descrito por Linneo, Gen. Pl. ed. 2: 390 (1742) –aunque la primera vez que la menciona es en Class. Pl., column. 472 (1738)–; por más que únicamente nos dice que tal nombre genérico se crea en honor de un botánico –cf. Phil. Bot.: 173 (1751)–, claro es que se refiere a Benedikt [Benedict, Benoît, Benedictus] Stähelin [Stächelin, Staehelin, Stäheli, Stahelin, Stehelin, Stéhélin, Stoehelin, Staechelinus, Staehelinus, Stehelinus] (1695-1750), médico y naturalista nacido en Basilea (Suiza); estudió Medicina en su ciudad natal y en París –fue discípulo de S. Vaillant y de A. von Haller, a quien acompañó con frecuencia en sus excursiones botánicas por los Alpes–; doctor por la universidad de Basilea (1716), fue allí desde 1727 profesor de Física y rector entre 1736-1737; por lo que se refiere a botánica, se interesó ante todo en los musgos y hongos y publicó, entre otras cosas, unas *Theses physico-anatomico botanicae*... (Basilea, 1721), en las que principalmente se trata de la familia Compuestas]

Sufrútices o matas, cespitosas, inermes, con pelos unicelulares araneosos y glándulas esféricas. Tallos simples o ramificados al menos en la parte superior, sin alas. Hojas alternas, cuneadas en la base, no decurrentes, enteras, sinuado-dentadas, dentadas o pinnatífidas. Capítulos multifloros, terminales, solitarios o 2-4 en inflorescencias complejas corimbiformes, pedunculados, discoides, homógamos. Involucro cilíndrico –campanulado en la fructificación–; brácteas aparentemente dispuestas en 7-9 series, ± coriáceas, imbricadas y ± adpresas, mucronadas, mayores hacia el interior. Receptáculo plano, alveolado, con páleas rígidas, ± parcialmente soldadas –aparentemente multífidas–, blanquecinas, glabras. Flósculos hermafroditas, que sobrepasan al involucro. Corola tubular, pentámera, ± zigomorfa, glabra, rosada o purpúrea –blanquecina en algunas especies extrapeninsulares–, con tubo y limbo netamente diferenciados, este con 5 lóbulos ± iguales –uno ligeramente más corto–. Estambres con filamentos libres, lisos, glabros, insertos en la base del limbo de la corola; anteras con conectivo prolongado en una lengüeta apical lanceolada ligeramente incurva, calcariformes en la base, con apéndices basales a menudo fimbriados cuando secos. Estilo liso, con dos ramas unidas al principio y cuando receptivas de erecto-patentes a patentes al menos en su extremo, delimitadas por un anillo de pelos colectores cortos, con superficie receptiva papilosa en la cara adaxial, el resto glabro, rodeado en la base por un nectario que persiste en el aquenio a modo de prominencia sobre la placa apical. Aquenios ho-

* T. Rodríguez Riaño & J.A. Devesa

momorfos, ± cilíndricos o claviformes, de sección ± triangular, acostillados longitudinalmente, glabros –seríceos en especies extrapeninsulares–, truncados en el ápice, con placa apical plana, de borde entero y con nectario central subcilíndrico y pentalobulado; hilo cárpico basal, suborbicular-elíptico; sin eleosoma. Vilano simple, blanco, caedizo, con una fila de fascículos de pelos escábridos desiguales, soldados por su base en un anillo. x = 15, 17.

Observaciones.–Comprende 8 especies [cf. A. Susanna & N. Garcia in Kubitzki (ed.), Fam. Gen. Vasc. Pl. 8: 130 (2007)] distribuidas por la Región Mediterránea. Aunque tradicionalmente relacionado con las *Carlininae* [cf. K. Bremer (ed.), Asteraceae: 144 (1994)], sus afinidades son más estrechas con las *Cynarinae* [cf. A. Susanna & N. Garcia (loc. cit.)].

1. Hojas 13-45 × 2-5 mm, de enteras a sinuado-dentadas; involucro 15-24 mm; corola 18-24 mm; vilano 18-27 mm .... **1. S. dubia**
– Hojas 9-25 × 4-6 mm, dentadas o pinnatífidas y entonces por lo general con 2 pares de lóbulos hacia la base; involucro 12-14 mm; corola 14-17,5 mm; vilano 15-16 mm .... **2. S. baetica**

1. S. dubia L., Sp. Pl.: 840 (1753) [dúbia]

Ind. loc.: "Habitat in Hispania, G. Narbonensi" [lectótipo designado por M. Dittrich in Regnum Veg. 127: 90 (1993): LINN]

Ic.: Valdés, Talavera & Galiano (eds.), Fl. Andalucía Occid. 3: 175 (1987); lám. 9 q

Sufrútice multicaule, cespitoso, verdoso-blanquecino, con pelos unicelulares araneosos y glándulas esféricas. Tallos hasta de 45 cm, erectos, ascendentes o decumbentes, ramificados en la parte superior, de sección ± circular, longitudinalmente acostillados, densamente foliosos, con indumento araneoso, blanquecino y denso en las partes jóvenes. Hojas 13-45 × 2-5 mm, rígidas, menores hacia la parte superior del tallo, linear-lanceoladas, de enteras a sinuado-dentadas, cuneadas en la base, mucronadas, de margen revoluto, discoloras, con haz de un verde obscuro a blanquecino y tomentosa, y envés araneoso, blanquecino y con glándulas esféricas; las medias y las de los tallos vegetativos sinuado-dentadas, las superiores de los tallos fértiles por lo general enteras. Capítulos con 5-6(8) flores, solitarios o 2-4 en inflorescencias complejas corimbiformes, alcanzados por al menos la última hoja caulinar, que no sobrepasa al involucro. Involucro 15-24 × 3-5 mm, cilíndrico –campanulado en la fructificación–, laxamente araneoso, claramente sobrepasado por las flores; brácteas herbáceas, imbricadas y aparentemente dispuestas en 7-9 series, mayores de fuera adentro, agudas, por lo general con la base verde y glabra, la mitad superior rosado-purpúrea y de margen ciliado, con su parte central de glabra a tomentosa y con glándulas esféricas, pardo-rojizas en la fructificación; las externas 4,5-9 mm, ovado-oblongas, tomentosas, con glándulas esféricas; las medias 8,5-16 mm, ovado-oblongas o lanceoladas, glabras o casi; las internas 14,5-24 mm, lineares o linear-lanceoladas, glabras. Receptáculo con páleas de 8,5-10 mm. Corola 18-24 mm, glabra; tubo 10-14 mm, blanquecino; limbo 8-10 mm, rosado o purpúreo, con lóbulos de 4-5 mm, ± iguales, linear-lanceolados, con el ápice incurvado. Estambres

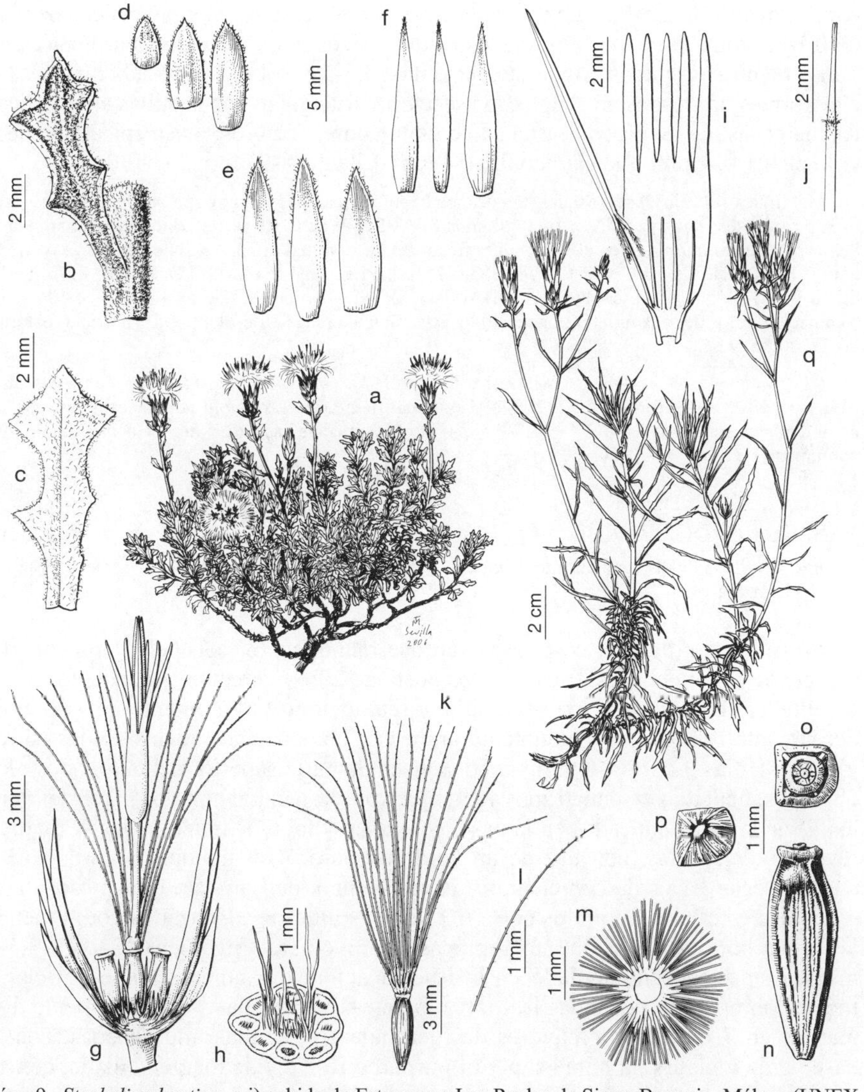

Lám. 9.–*Staehelina baetica,* a-j) subida de Estepona a Los Reales de Sierra Bermeja, Málaga (UNEX 34651); k-p) ibídem (UNEX 34650): a) hábito; b) detalle de un nudo del tallo y de la inserción de una hoja; c) detalle del indumento del haz de una hoja; d) serie de brácteas externas del involucro; e) serie de brácteas medias del involucro; f) serie de brácteas internas del involucro; g) detalle parcial de la sección longitudinal de un capítulo que muestra las páleas del receptáculo, algunos aquenios poco desarrollados y una flor en antesis con aquenio inmaduro y parte de su vilano; h) detalle del receptáculo mostrando los alvéolos florales y algunas páleas; i) limbo de la corola abierto mostrando los filamentos estaminales y un estambre completo; j) porción del estilo con sus ramas; k) aquenio y vilano; l) detalle parcial de un pelo del vilano; m) vilano en vista superior; n) aquenio; o) vista superior del aquenio; p) vista inferior del aquenio e hilo cárpico. *S. dubia,* Alcaudete, Córdoba (UNEX 34652); q) tallos e inflorescencias.

con filamento de 2,5-3,5 mm; anteras 5,5-6,5 mm, rosadas, con apéndices basales de 0,1-0,2 mm, a menudo fimbriados cuando secos. Estilo rosado-amarillento, con ramas de un rosa intenso o violeta. Aquenios 4,5-5,8 × 1-1,5 mm, subcilíndricos o claviformes, truncados en el ápice, de sección ± triangular, con costillas longitudinales marcadas, de un pardo acastañado en la madurez, glabros; placa apical con nectario de 0,3-0,4 mm; hilo cárpico 0,2-0,4 mm. Vilano 18-27 mm. $2n = 30$.

Matorrales soleados, sotobosques, taludes, pedregales y campos incultos, en sustratos básicos, calizos o margosos, rara vez ácidos; 10-1700 m. (IV)V-VIII. W de la Región Mediterránea. Casi toda la Península Ibérica, muy rara en el NW y muy frecuente en su mitad oriental y Baleares. **Esp.:** A Ab Al (Av) B Ba (Bi) Bu Ca Co Cs CR Cu Ge Gr Gu H Hu J L Le Lo M Ma Mu Na Or P PM[Mll Ib] Sa Se Sg So T Te To V Va (Vi) Z Za. **Port.:** Ag (BAl) BL (E) TM. **N.v.:** borlitas de seda montés, cardo, hierba pincel, jopillos de seda montés, manzanilla yesquera, mata pincel, tomillo, tomillo borriquero, tomillo de brocha, yesca; *cat.*: pinzell.

Observaciones.–Del NW de África se ha descrito la var. *macrocephala* Faure & Maire in Maire, Bull. Soc. Hist. Nat. Afrique N. 22: 298 (1931), que difiere de la var. *dubia* por sus capítulos con un involucro algo más ancho –17-23 × (4)5-7 mm–, brácteas medias hasta de 4 mm de anchura y un mayor número de flores –6-10(11).

2. S. baetica DC., Prodr. 6: 544 (1838) [báetica]

Ind. loc.: "(...) in Hispaniâ australi, nempè in Bæticâ propè Estepona legit. Cl. Hænseler. (v.s.)"
Ic.: Lám. 9 a-p

Sufrútice multicaule, cespitoso, verdoso-blanquecino, con pelos unicelulares araneosos y glándulas esféricas. Tallos hasta de 20 cm, erectos, ascendentes o decumbentes, ramificados, de sección ± circular, longitudinalmente acostillados, densamente foliosos, con indumento araneoso, blanquecino y denso en las partes jóvenes. Hojas 9-25 × 4-6 mm, menores hacia la parte superior del tallo, obovado-oblongas, dentadas o pinnatífidas y entonces por lo general con dos pares de lóbulos hacia la base, cuneadas en la base, con ápice y lóbulos mucronados, y margen revoluto, discoloras, con haz de un verde obscuro –con frecuencia pardo-rojiza cuando secas– a verde ceniciento, y envés blanco, densamente tomentoso y con glándulas esféricas. Capítulos con 7-10 flores, solitarios, alcanzados por al menos la última hoja caulinar, que no sobrepasa al involucro. Involucro 12-14 × 3,5-5 mm, cilíndrico –campanulado en la fructificación–, laxamente araneoso, claramente sobrepasado por todas las flores; brácteas imbricadas y aparentemente dispuestas en 7 u 8 series, mayores de fuera adentro, agudas, mucronadas, con la base verde y glabra, la mitad superior purpúreo-rojiza y de margen ciliado, con su parte central de glabra a tomentosa y con glándulas esféricas, pardo-rojizas en fructificación; las externas 3-6 mm, ovado-oblongas, tomentosas, con glándulas esféricas; las medias 7-9 mm, de ovado-oblongas a oblongo-lanceoladas, glabras o casi; las internas 11-13 mm, lineares o linear-lanceoladas, glabras. Receptáculo con páleas hasta de 3,5 mm. Corola 14-17,5 mm, glabra; tubo 5-6,5 mm, verdoso; limbo 9-11 mm, rosado-purpúreo, con lóbulos de 5-6 mm, ± iguales, linear-lanceolados, con el ápice incurvado. Estambres con filamento de 2,5-3 mm; anteras 8-9,5 mm, rosado-violetas, con apéndices basales de 0,1-0,2 mm, a menudo fimbriados cuando secos. Estilo rosado-amarillento, con ramas de un rosa intenso.

Aquenios 4,5-5,8 × 1,5-1,9 mm, subcilíndricos o claviformes, truncados en el ápice, de sección ± triangular, con costillas longitudinales marcadas, de un pardo acastañado en la madurez, glabros; placa apical con nectario de 0,3-0,4 mm; hilo cárpico 0,2-0,4 mm. Vilano 15-16 mm.

Matorrales, sotobosques y pedregales en serpentinas y peridotitas disgregadas; 300-1800 m. (V)VI-VII. ● S de España: sierras de Málaga. **Esp.:** Ma.

6. Onopordum L.*

[Onopórdum, -i n. – gr. *onópordon, -órdou* n.; lat. *onopradon, -i* n. (en otras lecturas, *onopordon)* = según parece, el cardo borriquero *(O. Acanthium* L.) –de gr. *ónos, -ou* m./f. = asno, asna; y el verbo gr. *pérdomai* = peer); al respecto, viene a decir Plinio (27.110): "Los asnos, tras haber comido esa planta, dícese que lanzan crepitaciones"–. El nombre genérico *Onopordum* L. *(Compositae)* fue establecido por Linneo (1737: 243) en sustitución de *Onopordon* de S. Vaillant in Hist. Acad. Roy. Sci. Mém. Math. Phys. (Paris, 4.º) 1718: 152-153, 189, 190, figs. 39, 50 (1719), y validado en Linneo (1753: 827; 1754: 359)]

Hierbas anuales, bienales o perennes, espinosas, con pelos unicelulares araneosos, pelos pluricelulares uniseriados –glandulíferos o no– y glándulas ± sésiles. Tallos simples, ramificados solo en la parte superior, o bien ramificados ya desde la base, alados en toda su longitud, a veces plantas acaules. Hojas alternas o todas rosuladas, pecioladas o sésiles y decurrentes, dentadas, pinnatífidas, pinnatipartidas o pinnatisectas, rara vez pinnadas, con margen dentado y espinoso. Capítulos multifloros, por lo general terminales, solitarios o en grupos –estos, a su vez, en inflorescencias complejas racemiformes o corimbiformes–, ± pedunculados, discoides, homógamos. Involucro ovoide, cónico-ovoide o ± globoso; brácteas aparentemente dispuestas en 7-13 series, ± coriáceas, imbricadas, mayores hacia el interior aunque a veces las medias mayores que el resto, las externas y medias erectas, erecto-patentes o reflexas, todas con espina terminal. Receptáculo plano o ± convexo, alveolado, glabro, con alvéolos provistos de una escama marginal. Flósculos hermafroditas, que sobrepasan o no el involucro. Corola tubular, pentámera, ± zigomorfa, glabra o a veces glandulosa, blanca o con mayor frecuencia rosado-violeta, con tubo y limbo netamente diferenciados, este con 5 lóbulos desiguales –tres con los senos más profundos que el resto–. Estambres con filamentos libres, lisos o algo papilosos, glabros, insertos en la base del limbo de la corola; anteras con conectivo prolongado en una lengüeta apical lanceolada ligeramente incurva, calcariformes en la base, con apéndices basales filiformes, hialinos, fimbriados. Estilo liso, con dos ramas unidas al principio y luego erecto-patentes en su extremo, delimitadas por un anillo de pelos colectores cortos, el resto glabro, rodeado en la base por un nectario, que persiste en el aquenio a modo de prominencia sobre la placa apical. Aquenios homomorfos, obovoides o ± elipsoidales, de sección ± cuadrangular, con 4(5) costillas longitudinales conspicuas y varios nervios tenues en cada cara y superficie ± cerebroide o transversalmente rugosa,

* A. Ortega Olivencia

glabros, truncados en el ápice, con placa apical ± plana, de borde entero y con nectario subcilíndrico y pentalobulado; hilo cárpico subbasal, ± ovado o elíptico; sin eleosoma. Vilano simple, blanquecino, blanco-amarillento, rosado, blanco-rosado o pardo-blanquecino, frágil y prontamente caedizo, con dos o tres filas de pelos unidos por la base en forma de un anillo tetra o pentangular, de escábridos a subplumosos, ± iguales o, con mayor frecuencia, uno o dos más largos y gruesos que el resto. $x = 17$.

Observaciones.–Comprende unas 60 especies nativas de Europa, la Región Mediterránea y el C y W de Asia [cf. A. Susanna & N. Garcia in Kubitzki (ed.), Fam. Gen. Vasc. Pl. 8: 134 (2007)], algunas de las cuales se cultivan como ornamentales por la vistosidad del indumento blanco de sus órganos vegetativos (v.gr., *O. acanthium* y *O. nervosum).*

Sus especies suelen ser polinizadas por himenópteros, lepidópteros, coleópteros y hemípteros [cf. H.L.H. Müller, Fertilisation Fl.: 344-345 (1883)]. En *O. acanthium* la fecundación se lleva a cabo por autopolinización o mediante polinización cruzada –también con el concurso del viento– y la producción de frutos por planta es muy alta, de 100 a 50 000 [cf. M.M. Qaderi & al. in Acta Oecol. 27: 67-74 (2005)]. En el presente tratamiento, la medida de la anchura del involucro no incluye la parte patente o reflexa de las brácteas.

Bibliografía.–J. Arènes in Notul. Syst. (Paris) 10: 207-233 (1942); W.J. Dress in Baileya 14: 75-86 (1966); N. Garcia & al. in Austral. Syst. Bot. 21: 301-311 (2008); G. González & al. in Candollea 47: 181-213 (1992); P.C. O'Hanlon & al. in N.R. Spencer (ed.), Proc. X Int. Symp. Biol. Control Weed: 281-288 (2000); M.G. Rouy in Bull. Soc. Bot. France 43: 577-599 (1896).

1. Planta acaule; vilano (13)16-30 mm, de igual longitud o más largo que la corola, subplumoso, con barbillas de 0,15-0,25(0,3) mm .... **7. O. acaulon**
– Planta caulescente; vilano 5-16 mm, más corto que la corola, escábrido, con dentículos de (0,05)0,1-0,15 mm, o bien subplumoso, con barbillas de 0,15-0,25(0,5) mm 2
2. Alas del tallo de 1-5(8) mm de anchura; la mayoría de las hojas basales pinnadas; vilano escábrido .... **6. O. hinojense**
– Alas del tallo de (3)4-25 mm de anchura; la mayoría de las hojas basales pinnatífidas o pinnatipartidas, rara vez algunas pinnatisectas; vilano escábrido o subplumoso 3
3. Brácteas involucrales ± adpresas y erectas, muy rara vez patentes tras la antesis .... **5. O. nervosum**
– Al menos las brácteas externas o medias patentes o reflexas tras la antesis 4
4. Brácteas involucrales medias de (3)5-9 mm de anchura; corola 24-42 mm 5
– Brácteas involucrales medias de 2-4,5(5) mm de anchura; corola (13)18-25 mm 6
5. Brácteas involucrales medias con la porción reflexa o patente por lo general aplanada y más corta –sin incluir la espina– que la parte basal adpresa; vilano con pelos de (8)11-16 mm, al menos uno o dos de ellos de 13-19 mm, de escábridos a subplumosos, con dentículos o barbillas de 0,15-0,25(0,4) mm .... **2. O. illyricum**
– Brácteas involucrales medias con la porción reflexa o patente por lo general involuta y más larga –sin incluir la espina– que la parte basal adpresa; vilano con pelos 6-10,5 mm, al menos uno o dos de ellos de 8-11 mm, escábridos, con dentículos de (0,05)0,1-0,15(0,2) mm .... **4. O. macracanthum**

6. Planta de un blanco grisáceo o grisáceo-verdosa, con indumento de pelos araneosos, no víscida, rara vez verde; brácteas involucrales medias de 2-3,5 mm de anchura; corola por lo general eglandulosa en la cara externa .... **1. O. acanthium**
– Planta verde, víscida, con indumento de pelos unicelulares araneosos escasos o que faltan; brácteas involucrales medias de (2)2,3-4,5(5) mm de anchura; corola glandulosa en su cara externa .... **3. O. corymbosum**

1. O. acanthium L., Sp. Pl.: 827 (1753) [Acánthium]
subsp. **acanthium**

O. gautieri Rouy in Bull. Soc. Bot. France 38: 16 (1891)
O. eriocephalum Rouy in Bull. Soc. Bot. France 43: 591 (1896)
O. acanthium subsp. *eriocephalum* (Rouy) P. Fourn., Quatre Fl. France: 1012 (1940)
O. acanthium subsp. *gautieri* (Rouy) Franco in Bot. J. Linn. Soc. 71: 45 (1975)
O. acanthium subsp. *gypsicola* Gonz. Sierra, Pérez Morales, Penas & Rivas Mart. in Candollea 47: 195 (1992)
Ind. loc.: "Habitat in Europæ ruderatis, cultis" [lectótipo designado por A. Danin in P.H. Davis (ed.), Fl. Turkey 5: 368 (1975): UPS]
Ic.: Dress in Baileya 14: 79 fig. 26 (1966); fig. 1 b

Hierba anual o bienal, por lo general multicaule, espinosa, de un blanco grisáceo o grisáceo-verdosa, rara vez verde, con indumento denso de pelos unicelulares araneosos que oculta glándulas sésiles o subsésiles y pelos pluricelulares por lo general glandulíferos. Tallos (6,5)23-200 cm, erecto-ascendentes, ramificados en la parte superior, con sección ± poligonal, longitudinalmente acostillados, alados en toda su longitud –con (4)6 alas de 4-25 mm de anchura, sin nervadura reticulada y con espinas de 2-9(11) mm–, provistos de hojas en la mayor parte de su longitud, densamente araneosos –sobre todo en la cara abaxial de las alas–, con glándulas y pelos pluricelulares, cortos y largos, estos últimos abundantes sobre todo en las costillas. Hojas algo carnosas, con nervadura principal pinnada y nervio medio prominente por el envés –nervadura secundaria ± reticulada–, menores hacia la parte superior del tallo; las caulinares medias 5-33,5 × (1,8)3-16,5 cm, sésiles, decurrentes, elípticas o lanceoladas, de pinnatífidas a pinnatipartidas, con (4)5-7 pares de lóbulos de (5)9-33 mm de anchura, ovados o triangulares, enteros o pinnatífidos, con espinas de 1,5-8(9) mm, de un blanco grisáceo o grisáceo-verdosas –rara vez verdes–, de haz más obscura, con indumento semejante al de las alas; las basales semejantes, sésiles o con pecíolo hasta de 7 cm, con limbo de (8)10-68 × 3-30 cm y lóbulos de 10-62(95) mm de anchura, a menudo rosuladas y secas en la antesis, excepcionalmente pinnatisectas. Capítulos ± sésiles o con pedúnculos cortos, reunidos en grupos de 2-4 –rara vez solitarios y terminales– en inflorescencias complejas glomeruliformes o corimbiformes, alcanzados o no por la última hoja caulinar, que no sobrepasa al involucro. Involucro (17)20-35 × 20-46(55) mm, ovoide o ± globoso, por lo general araneoso en las brácteas externas, sobrepasado por las flores de la periferia; brácteas ± coriáceas, imbricadas y aparentemente dispuestas en 8-13 series, gradualmente mayores de fuera adentro –las internas de igual longitud o algo más largas que las medias–; las externas (6)10-20 × 1,5-3(3,5) mm, lineares –con la parte superior ± triquetra o subcilíndrica–, subuladas, sin nervios aparentes, patentes o reflexas, con espina de (0)1,5-

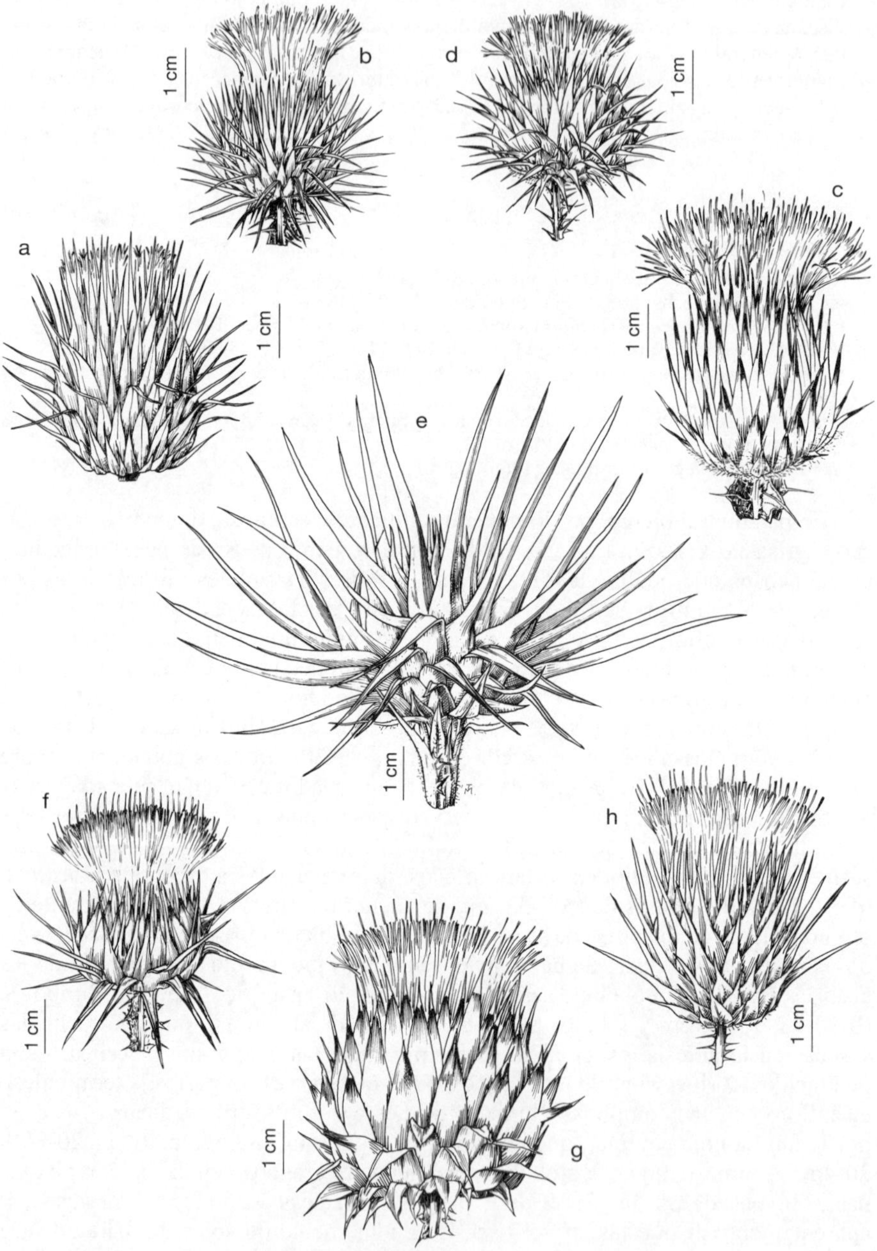

Fig. 1.–Capítulos de a) *Onopordum acaulon* (var. *acaulon);* b) *O. acanthium* subsp. *acanthium;* c) *O. nervosum;* d) *O. corymbosum* subsp. *corymbosum;* e) *O. macracanthum* (capítulo joven); f) *O. macracanthum;* g) *O. illyricum* subsp. *illyricum;* h) *O. hinojense.*

5,5(6,5) mm, verdosas –más obscuras en la parte superior–, de margen antrorso-escabriúsculo al menos en la parte basal, con la cara abaxial glabra o con pelos glandulíferos, a veces también con glándulas sésiles, y la adaxial glabra en su parte inferior y a veces con pelos glandulíferos en la superior; las medias 10-20(24) × 2-3,5 mm y con espina de 2-5 mm, patentes o reflexas, semejantes a las anteriores pero con margen casi siempre antrorso-escabriúsculo en toda su longitud; las internas (9)11-25 × 1-3 mm, erectas, lineares, subuladas, con espina de 2-5(9) mm, a menudo violetas o rosadas en la parte superior, con margen completamente antrorso-escabriúsculo, cara abaxial peloso-glandulosa sobre todo hacia el margen, y la adaxial glabra, con la parte superior provista de pelos glandulíferos. Receptáculo plano, con bordes de los alvéolos ovado-acuminados, irregularmente dentados. Corola 17-25 mm, tubular, glabra, eglandulosa en su cara externa, rara vez glandulosa; tubo (8,5)10-12,5(14,5) mm, blanco; limbo 9-12 mm, rosa-violeta –rara vez blanco–, con lóbulos de 4,5-8(9,5) mm, lineares, desiguales. Anteras (6,5)7-9(10) mm, rosadas o violetas, con apéndices basales fimbriados. Estilo rosado, con ramas de un rosa intenso o violetas, al principio unidas y cuando receptivas divergentes en su extremo. Aquenios 4-5,5 × 2-2,8 mm, obovoides, de sección ± cuadrangular, con 4 costillas longitudinales conspicuas y varios nervios tenues en cada cara, y superficie ± cerebroide, ± truncados en el ápice, ± grisáceos o de un color acastañado –en la madurez con algunas máculas negruzcas irregulares dispersas–, glabros; placa apical con margen entero y nectario de c. 0,1 mm; hilo cárpico ± ovado. Vilano rosado o blanquecino, con dos filas de pelos de 7-11 mm, uno o dos de ellos de (9)11-14 mm, escábridos, con dentículos de 0,1(0,15) mm. $2n = 34$.

Bordes de camino, carretera y cursos de agua, sembrados y baldíos, en substratos básicos o silíceos, nitrófila; 35-2000 m. (V)VI-VII(IX). Europa –hasta el N de Francia y el C de Rusia, muy escasa en el S– y W de Asia, de manera aislada en el N de África –Argelia–; introducida en el N de América, Nueva Zelanda y Australia. Mitad N y E de España. **And. Esp.:** A Ab Av B Bu Cc CR Cs Cu Ge Gr Gu Hu J L Le Lo Lu M Mu Na O Or P (Po) S Sa Sg So T Te To V Va Vi Z Za. **Port.:** BA (BB) (TM). **N.v.:** acanto bastardo, acanto silvestre espinoso, alcachofa borriquera, alcachofa salvaje, anacarnina, anasarina, atoba, cardo, cardo borriquero, cardo ruso, cardo timonero, cardo-toba, carnera borda, carnina, crespo, espina blanca, manto de Judas, negro de borrico, timonero, toba, yesquero; *port.:* acántio-vulgar, acanto-bastardo; *cat.:* bufassa, cardalloba, cardiga, cardot gros, carnera borda, pet d'ase, tobes; *eusk.:* astalarra, lastarroa, zialora.

Observaciones.–En el territorio se reconocen 2 variedades, cuyos individuos a menudo coexisten y entre las que hay ejemplares intermedios. La var. *acanthium,* la más difundida [And. Esp.: Ab Av B Bu Cc CR Cs Cu Ge Gr Gu Hu J L Le Lo Lu M Mu Na O Or P (Po) S Sa Sg So T Te To V Va (Vi) Z Za. Port.: (BA) (BB) (TM)], se caracteriza por su gran tamaño –23-200 cm– y por tener hojas que no sobrepasan a las inflorescencias. Son plantas de un blanco grisáceo o grisáceo-verdosas, con hojas basales de (8)10-68 × 3-30 cm, sésiles o con pecíolo hasta de 5 cm, rosuladas o no, elípticas, pinnatífidas o pinnatipartidas, con espinas fuertes de 2-8 mm; las caulinares 5-33,5 × (1,8)3-16,5 cm, semejantes a las anteriores pero siempre sésiles.

Por otra parte, la var. *schultesii* (Britting. ex W.D.J. Koch) Rouy in Bull. Soc. Bot. France 43: 586 (1896) [*O. schultesii* Britting. ex W.D.J. Koch, Syn. Fl. Germ. Helv.: 404 (1837), basión.; *O. brevicaule* Gonz. Sierra, Pérez Morales, Penas & Rivas Mart. in Candollea 47: 197 (1992), pro hybrid.; *O. acanthium* f. *nana* Vicioso, in sched., nom. nud.; *O. ceretanum* var. *lanatum* Sennen, in sched., nom. nud.; *O. ceretanum* var. *microcephalum* Sennen, in sched., nom. nud.] se caracteriza por su menor tamaño –6,5-45(59) cm– y por sus tallos muy cortos, de forma que las hojas alcanzan o incluso sobrepasan a las inflorescencias. Se trata de plantas, por lo general, densamente araneosas y blanquecinas, con hojas basales de 7,5-18,5 × 3,2-7 cm, rosuladas y a menudo con pecíolo hasta de 4,5 cm, elípticas, dentadas o rara vez pinnatífidas, con espinas débiles de 1,5-4(6) mm, mientras que las caulinares, de 5-8(13) × 1,5-4,5(6) cm, son semejantes a las anteriores pero sésiles. Esta variedad está dispersa por el área de distribución de la especie (655-1300 m; Esp.: Ab B Bu Ge Hu L Lo M Sa So Va Z) y comparte el mismo hábitat con la variedad típica.

2. O. illyricum L., Sp. Pl.: 827 (1753) subsp. illyricum [illýricum]

O. arabicum L., Sp. Pl.: 827 (1753), p.p.
Ind. loc.: "Habitat in Europa australi" [lectótipo designado por A. Danin in P.H. Davis (ed.), Fl. Turkey 5: 368 (1975): Lobel, Pl. Icon.: 1 (1581), icon]
Ic.: O. Bolòs & Vigo, Fl. Països Catalans 3: 901 (1995); Valdés, Talavera & Galiano (eds.), Fl. Andalucía Occid. 3: 142 (1987); fig. 1 g

Hierba bienal, por lo general multicaule, espinosa, verde-grisácea, blanquecina o blanco-grisácea, rara vez verde, con indumento denso de pelos unicelulares araneosos que ocultan pelos pluricelulares glandulíferos largos y glándulas sésiles. Tallos 36-180(250) cm, erectos o erecto-ascendentes, por lo general ramificados desde la base, de sección ± poligonal, longitudinalmente acostillados, alados en toda su longitud –con 6-8 alas con nervadura reticulada poco conspicua y de 4-14(21) mm de anchura, con espinas de 2-5(9) mm–, provistos de hojas en la mayor parte de su longitud, con indumento densamente araneoso –sobre todo en una de las caras de las alas– que oculta los pelos pluricelulares glandulíferos y las glándulas sésiles. Hojas algo carnosas, con nervadura principal pinnada y nervio medio prominente por el envés –nervadura secundaria ± reticulada–, menores hacia la parte superior del tallo; las caulinares medias 7,7-35,5 × (1,5)3-15 cm, sésiles y decurrentes, lanceoladas o elíptico-lanceoladas –las superiores linear-lanceoladas–, pinnatífidas o pinnatipartidas –rara vez algunas pinnatisectas–, con 5-8 pares de lóbulos de (3)6-30 mm de anchura, triangular-lanceolados, con espinas de 2-11 mm, grisáceas, verdosas o blanco-grisáceas, con indumento araneoso denso que oculta las glándulas sésiles y los pelos pluricelulares glandulíferos –más frecuentes en los nervios del envés–; las basales semejantes, sésiles o con pecíolo hasta de 13 cm, con limbo de 14-44 × 3-20 cm, lóbulos de 11-40 mm de anchura y espinas de 3-8 mm, a veces rosuladas y a menudo secas en la antesis. Capítulos pedunculados, solitarios y terminales –los más grandes– o en grupos terminales de 2-7 reunidos a su vez en inflorescencias complejas racemiformes o corimbiformes, alcanzados por la hoja caulinar superior, que por lo general no los sobrepasa. Involucro (25)35-63 × 30-100 mm, ovoide, a veces laxamente araneoso, sobrepasado al menos por las flores de la periferia; brácteas coriáceas, imbricadas y aparentemente dispuestas en 7-10 series, gradualmente mayores desde fuera adentro –las internas de igual longitud o algo más largas que las medias–, planas o a veces con margen involuto en su parte superior; las externas 10-34 × (2)4-8,5 mm, lanceoladas o triangulares, patentes o reflexas tras la antesis, sin nervios aparentes, con margen serrulado hacia la base y espina de 1,5-5,5 mm, verdosas, a veces violetas en la parte superior, glabras o a veces araneosas; las medias (14)18-34 × 5-9 mm, semejantes pero por lo general violetas o rosadas en la parte superior, con la porción reflexa o patente por lo general aplanada y más corta –sin incluir la espina– que la parte basal adpresa;

las internas 14-40 × (1,5)3-9 mm, lanceoladas o linear-lanceoladas, erectas, por lo general rosadas o violetas en la parte superior, de margen serrulado, con cara abaxial glandulosa y antrorso-escábrida al menos hacia el margen, y cara adaxial glabra, excepto su parte superior que es glandulosa o víscida. Receptáculo plano, con bordes de los alvéolos ovado-acuminados, irregularmente dentados. Corola 28-42 mm, tubular, glandulosa en su cara externa; tubo 14-24(27) mm, blanco; limbo 9-12 mm, rosa-violeta, con lóbulos de 4,5-8(9,5) mm, desiguales. Anteras 10-13 mm, rosadas o violetas, con apéndices basales fimbriados. Estilo rosado, con ramas de un rosa intenso o violetas, al principio unidas y cuando receptivas divergentes en su extremo. Aquenios 4,5-6 × 2-3,5 mm, obovoides, de sección ± cuadrangular, con 4(5) costillas longitudinales conspicuas y varios nervios tenues en cada cara, con superficie ± cerebroide, ± truncados en el ápice, ± grisáceos o de un color acastañado –en la madurez a veces con algunas máculas negruzcas alargadas, irregulares y dispersas–, glabros; placa apical con margen entero y nectario de 0,15-0,25 mm; hilo cárpico ± ovado. Vilano blanquecino o rosado, con dos filas de pelos de (8)11-16 mm, al menos uno o dos de ellos de 13-19 mm, de escábridos a subplumosos, con dentículos o barbillas de 0,15-0,25(0,4) mm. $2n = 34$.

Bordes de camino, laderas pedregosas, claros de matorral xerófilo, por lo general en substratos calizos o yesos, nitrófila; (0)500-1300 m. V-VII. S de Europa occidental; naturalizada en Australia. Dispersa por el N de Portugal, C, CW, E y S de España y Baleares. **Esp.:** (Ab) Av B Ba (Bu) Ca Cc Co CR (Cu) (Ge) Gr Gu J L M Ma (Mu) PM[Mll] S Sa Sg T (Te) To Va Za. **Port.:** BA TM. **N.v.:** alcachofas silvestres, arrecate, cabeza de turco, cardillos, cardo, cardo borriquero, cardo cabeza de turco, cardo del demonio, cardos toberos, toba; *cat.:* bufassa il· lírica, card d'ase, card del dimoni, cardot il· líric, carnera borda.

Observaciones.–En algunas localidades esta especie se hibrida con *O. acanthium* subsp. *acanthium,* y en el C de España también con *O. nervosum* (véanse ambos, más adelante, en el apartado hecho para los híbridos).

3. O. corymbosum Willk. in Linnaea 30: 108 (1859) [corymbósum]
subsp. **corymbosum**

O. tauricum auct., non Willd., Sp. Pl. 3: 1687 (1803)
O. tauricum subsp. *corymbosum* (Willk.) Nyman, Consp. Fl. Eur.: 403 (1879)
Ind. loc.: “Hab. in Aragonia australi”
Ic.: Lám. 10; fig. 1 d

Hierba anual o bienal, por lo general unicaule, espinosa, verde, víscida, con indumento de pelos unicelulares araneosos escasos o nulos, pelos pluricelulares glandulíferos de c. 0,1 mm y otros largos hasta de 6 mm y glándulas sésiles. Tallos 22-187 cm, erectos o erecto-ascendentes, por lo general simples o ramificados solo en la parte superior, de sección ± poligonal, longitudinalmente acostillados, alados en toda su longitud –con 6 alas con nervadura algo reticulada y de (3)6-17 mm de anchura, con espinas de (3)5-15(20) mm–, provistos de hojas en la mayor parte de su longitud, víscidos, con indumento pubérulo de pelos pluricelulares glandulíferos de c. 0,1 mm, otros largos hasta de 6 mm –sobre todo en los nervios de las alas y en la parte no alada–, y glándulas sésiles. Hojas algo carnosas, sésiles, decurrentes, con nervadura principal pinnada y nervio medio promi-

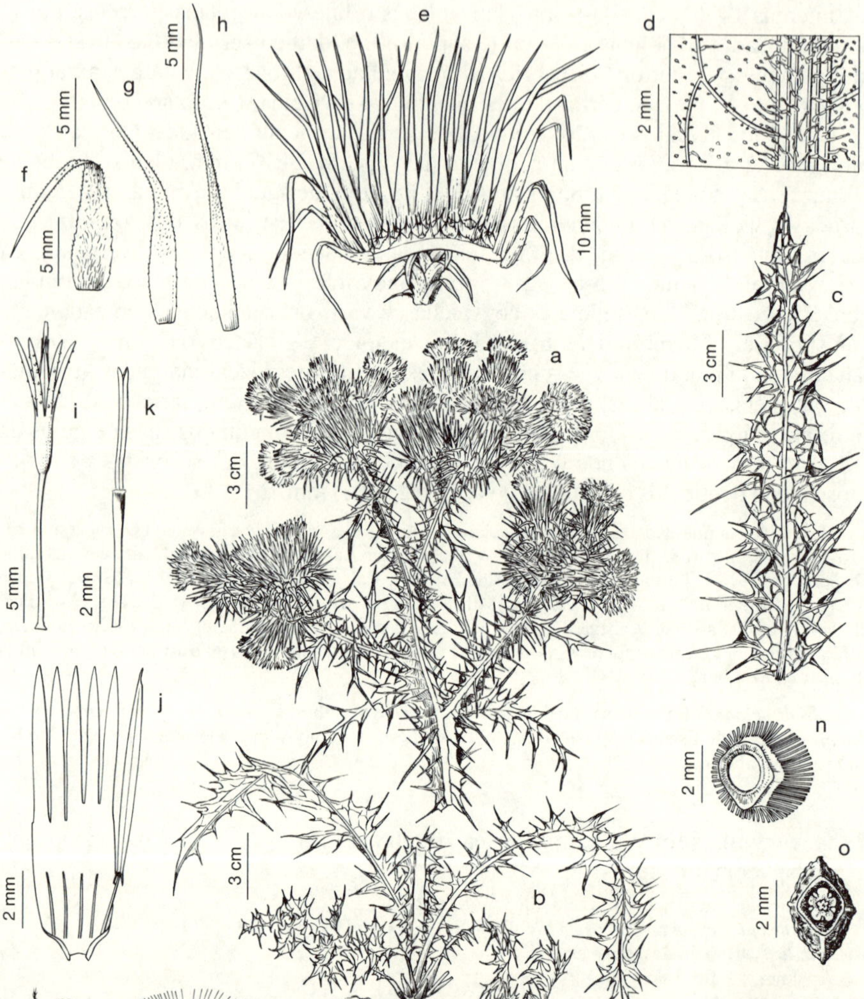

Lám. 10.–*Onopordum corymbosum* subsp. *corymbosum,* a) sierra de Lanaja, Huesca (UNEX 35238); b) Cariñena, Zaragoza (UNEX 35243); c-p) Castelserás, Teruel (UNEX 35231): a) porción apical de tallo con inflorescencias; b) base de la planta y sistema radical; c) hoja caulinar; d) detalle del indumento de una hoja por el envés; e) sección longitudinal del capítulo; f) bráctea externa del involucro; g) bráctea media del involucro; h) bráctea interna del involucro; i) corola y verticilos sexuales; j) limbo de la corola abierto mostrando los filamentos estaminales y un estambre completo; k) parte superior del estilo con sus ramas; l) aquenio con vilano; m) pelo del vilano; n) vista inferior del vilano; o) vista superior del aquenio; p) aquenio.

nente por el envés –nervadura secundaria ± reticulada–, menores hacia la parte superior del tallo; las caulinares medias (2,5)6-32 × (0,7)2,3-9 cm, lanceoladas, de pinnatipartidas a pinnatisectas –las superiores a veces pinnatífidas–, con (4)5-6(7) pares de lóbulos de 4-25 mm de anchura, triangular-palmeados y por lo general muy distanciados, ± reticulado-nervados y con espinas de 3-14 mm, concoloras, verdes, con indumento semejante al de las alas aunque más denso por el envés; las basales semejantes, rara vez algunas pinnatisectas, con limbo de 3,7-37 × (0,8)2,3-11 cm, y lóbulos de 8-50 mm de anchura, con espinas de 3-8 mm, por lo general rosuladas y presentes en la antesis. Capítulos sésiles o ± pedunculados, reunidos en grupos terminales de 2-18 –a veces algunos axilares– dispuestos, a su vez, en inflorescencias complejas corimbiformes o glomeruliformes, sin hojas axilares perceptibles o con estas que no sobrepasan al involucro. Involucro 18-36 × (14)20-30 mm, ovoide o ± globoso, por lo general araneoso, sobrepasado al menos por las flores de la periferia; brácteas ± coriáceas, imbricadas, y aparentemente dispuestas en (8)10 u 11 series, gradualmente mayores de fuera adentro –las más internas de igual longitud o algo más largas que las medias–; las externas (6)9-22 × (1,5)2,3-4,8(5) mm, ovado-lanceoladas o lanceoladas, ± planas, sin nervios aparentes, patentes o reflexas tras la antesis, con espina de 2,5-5,5 mm, verdosas, de margen antrorso-escabriúsculo al menos hacia la parte basal, con cara abaxial pubescente-glandulosa y con glándulas sésiles, y cara adaxial glabra en su parte inferior y con pelos glandulíferos en la superior, a veces también con glándulas sésiles; las medias 11-26 × (2)2,3-4,5(5) mm, con espina apical de 2,5-6 mm, semejantes a las anteriores pero, a menudo, con margen antrorso-escabriúsculo en toda su longitud; las internas 9-27 × 1,2-3,5(4,5) mm y con espina de 2-6 mm, erectas, lineares o linear-lanceoladas, por lo general violetas en la parte superior, de margen antrorso-escabriúsculo, con cara abaxial glabra en la parte inferior y con pelos glandulíferos en la superior –sobre todo hacia el margen–, y cara adaxial glabra, a veces glandulosa o antrorso-escábrida en su parte superior. Receptáculo plano, con bordes de los alvéolos triangular-lanceolados, acuminados. Corola (13)18-24 mm, tubular, glabra, glandulosa en su cara externa –a veces eglandular en material antiguo–; tubo (8,5)9,5-14 mm, blanco; limbo (7,5)8,5-12 mm, rosa-violeta, con lóbulos de 3,2-6,5(7) mm, lineares, desiguales. Anteras (5)7-8,5 mm, rosadas o violetas, con apéndices basales fimbriados. Estilo rosado, con ramas de un rosa intenso o violetas, al principio unidas y cuando receptivas divergentes en su extremo. Aquenios 3-4,5 × 1,5-2,3(2,5) mm, obovoides, de sección ± cuadrangular, con 4 costillas longitudinales conspicuas y varios nervios tenues en cada cara, y superficie ± cerebroide, ± truncados en el ápice, ± grisáceos o de un color acastañado –en la madurez a veces con algunas máculas negruzcas alargadas, irregulares y dispersas–, glabros; placa apical con margen entero y nectario de 0,15-0,2 mm; hilo cárpico ± ovado. Vilano blanquecino o de un blanco rosado, con dos filas de pelos de (5,5)8-11 mm, uno o dos de ellos de 9-13 mm, escábridos, con dentículos de 0,1-0,15(0,2) mm.

Bordes de camino y carretera, prados y herbazales, barbechos y taludes, en substratos por lo general calizos, margosos o yesosos, nitrófila; (100)220-1200(1400) m. (V)VI-VIII(XI). ● Dispersa por la mitad E de España. **Esp.:** A Ab Al Bu Cs (Cu) Gr Hu L Lo (Mu) Na Sg So Te V Z. **N.v.:** cardo borriquero, cardo-toro; *cat.:* bufassa corimbosa, cardot corimbós.

Observaciones.–Planta muy variable en función de las condiciones del medio. Cuando coloniza hábitats pobres y con un suelo apenas desarrollado, son frecuentes los individuos pequeños –14-33 cm–, con hojas poco desarrolladas –las caulinares 2,5-8 × 0,7-2,8 cm, pinnatífidas– y capítulos en grupos de 2-4. De igual forma, en algunas poblaciones las plantas pueden presentar un indumento laxamente araneoso en las alas y en el envés foliar, y en otras poblaciones espinas foliares de longitud variable, en algún caso muy notables [10-23 mm; cf. *O. tauricum* var. *longispinosum* Pau in Butll. Inst. Catalana Hist. Nat. 7: 91 (1907)]. Ninguna de estas variaciones ha sido merecedora de recibir tratamiento taxonómico alguno.

La especie convive a veces con *O. acanthium* subsp. *acanthium,* con quien da origen a individuos híbridos de características muy variables, intermedias o no entre las de los parentales (véase el apartado de híbridos).

4. O. macracanthum Schousb., Iagttag. Vextrig. Marokko: 198, tab. 5 a, tab. 5 b (1800) ["macrocanthum"] [macracánthum]

O. macracanthum var. *minor* Boiss., Voy. Bot. Espagne 2: 558 (1842)
O. illyricum var. *macracanthum* (Schousb.) Boiss., Diagn. Pl. Orient. ser. 1, 6: 106 (1846)
O. micropterum Pau, Not. Bot. Fl. Españ. 2: 5 (1888)
O. longissimum Pau in Bol. Soc. Aragonesa Ci. Nat. 2: 69 (1903)
Ind. loc.: "Passim in agris provinciæ Hahœ"
Ic.: O. Bolòs & Vigo, Fl. Països Catalans 3: 902 (1995); Schousb., Iagttag. Vextrig. Marokko, tab. 5 a, tab. 5 b (1800); Valdés, Talavera & Galiano (eds.), Fl. Andalucía Occid. 3: 143 (1987); fig. 1 e, f

Hierba bienal, uni o multicaule, espinosa, blanquecina, blanco-grisácea o grisáceo-verdosa, con indumento denso de pelos unicelulares araneosos, pelos pluricelulares glandulíferos cortos y largos y a veces glándulas sésiles. Tallos (6,5)23-200 cm, erectos o erecto-ascendentes generalmente ramificados desde la base, de sección ± poligonal, longitudinalmente acostillados, alados en toda su longitud –con 6 alas de nervadura algo reticulada y de 4-15(23) mm de anchura, con espinas de 1,5-9(16) mm–, provistos de hojas en la mayor parte de su longitud e indumento densamente araneoso –sobre todo en una de las caras de las alas– que oculta los pelos pluricelulares glandulíferos y las glándulas sésiles, aquellos sobre todo en los nervios y en la parte no alada del tallo. Hojas algo carnosas, con nervadura principal pinnada y nervio medio prominente por el envés –nervadura secundaria ± reticulada–, menores hacia la parte superior del tallo; las caulinares medias 5-32 × (1)3-9,5 cm, sésiles, decurrentes, elípticas o lanceoladas, pinnatipartidas o, con menor frecuencia, pinnatisectas –las superiores pinnatífidas–, con (3)4-7 pares de lóbulos de 4-20(33) mm de anchura, triangular-lanceolados, enteros o pinnatífidos, con espinas de 2-11,5 mm, verde-grisáceas, blanco-grisáceas o blanquecinas, con indumento araneoso más denso por el envés, que oculta las glándulas sésiles –a veces inconspicuas– y los pelos pluricelulares glandulíferos –cortos y largos–; las basales semejantes, rara vez algunas pinnatisectas, sésiles o con pecíolo de 3-9,5 cm, con limbo de 10-56 × 3,2-16,5(20) cm, por lo general pinnatisecto y con lóbulos de 22-36 mm de anchura, a menudo secas en la antesis. Capítulos pedunculados, solitarios y terminales, o reunidos en grupos terminales de 2 o 3(4) en inflorescencias complejas corimbiformes, no alcanzados por la última hoja caulinar. Involucro 22-50 × 27-77(100) mm, ovoide o ± globoso, por lo general araneoso, sobrepasado al menos por las flores de la periferia; brácteas coriáceas, imbricadas y aparentemente dispuestas en 8-10 series, gradualmente mayores de fuera adentro

–las internas de igual longitud o algo más largas que las medias–; las externas ovado-subuladas, con parte basal de 4-12 × 3-7 mm, de margen antrorso-escabriúsculo, y parte estrechada de 5-28 mm, de margen liso por lo general involuto y, a veces, algo glandulosa en su cara adaxial, sin nervios aparentes o con el nervio central conspicuo en la cara adaxial, patentes o reflexas tras la antesis, con espina de 1,5-5,5(7,5) mm, verdosas, a menudo violetas en la parte superior; las medias semejantes pero con parte basal de (5)7-15 × (3)5-8,5 mm y porción estrechada de 6-30(36) mm, con espina de (1,5)3-12 mm, con la porción reflexa o patente por lo general involuta y más larga –sin incluir la espina– que la parte basal adpresa; las internas 13-27 × 1,5-6,5 mm y con espina de 2,5-7 mm, erectas, linear-lanceoladas, por lo general rosadas en la parte superior, de margen antrorso-escabriúsculo, con cara abaxial provista de pelos glandulíferos –sobre todo hacia el margen– y cara adaxial a veces glandulosa en su parte superior. Receptáculo plano o ± convexo, con bordes de los alvéolos ovado-acuminados, irregularmente dentados. Corola 24-35 mm, tubular, glandulosa en su cara externa; tubo (11)13-20 mm, blanco; limbo 11,5-15,5 mm, rosa-violeta, con lóbulos de 6-11 mm, desiguales. Anteras 10-13 mm, rosadas o violetas, con apéndices basales fimbriados. Estilo rosado, con ramas de un rosa intenso o violetas, al principio unidas y cuando receptivas divergentes en su extremo. Aquenios 4,5-6 × 1,6-3,2 mm, obovoides, de sección ± cuadrangular, con 4 costillas longitudinales conspicuas y varios nervios tenues en cada cara, y superficie ± cerebroide, ± truncados en el ápice, ± grisáceos o de un color acastañado –en la madurez a veces con algunas máculas negruzcas alargadas, irregulares y dispersas–, glabros; placa apical con margen entero y nectario de c. 0,2 mm; hilo cárpico ± ovado. Vilano rosado o de un blanco rosado, con dos filas de pelos de 6-10,5 mm, al menos uno o dos de ellos de 8-11 mm, escábridos, con dentículos de (0,05)0,1-0,15(0,2) mm. $n = 17$.

Bordes de camino y carretera, baldíos y taludes, por lo general en substratos calizos o margosos, nitrófila; 0-1000 m. IV-VII(VIII). C, S y E de la Península Ibérica, Islas Baleares (Mallorca) y NW de África (Marruecos y Argelia). **Esp.:** A Al Ba Ca Cc Co Cs Cu Gr (J) L Ma Mu PM[(Mll) (Ib)] Se Sg T (Te) V (Z). **Port.:** (Ag) (BAl). **N.V.:** alcachofas silvestres, arrecate, atoba, cardo, cardo blanco, cardo borriquero, cardo de alcachofa, cardoncha, pincho barrillero, pincho burrero, toba; *cat.:* bufassa, card d'ase, card del dimoni, cardiga, cardot macracant.

Observaciones.–Esta especie es muy variable en cuanto a su tamaño, la densidad del indumento y, sobre todo, el tamaño de las brácteas involucrales. En ocasiones, las brácteas involucrales externas y medias, que por lo general son patentes o reflexas y presentan su parte distal subulada, pueden estar poco desarrolladas y mostrar la parte distal algo aplastada, lo que recuerda a *O. illyricum.* Sin embargo, incluso en este caso, la parte distal de las brácteas suele ser mucho mayor que la parte basal, lo que no ocurre en *O. illyricum*.

El estudio *in situ* de las poblaciones a lo largo de su período de floración permite evidenciar que los primeros capítulos en florecer –entre abril y junio–, por lo general terminales, suelen ser mucho más grandes que los que lo hacen más tarde –entre junio y agosto– y los que se sitúan en las ramas. Estas plantas, recolectadas en floración tardía, han sido descritas erróneamente como diferentes táxones independientes [*O. elongatum* var. *abbreviatum* DC., Prodr. 7: 304 (1838); *O. abbreviatum* (DC.) Pau in Treb. Inst. Catalana Hist. Nat. 2: 213 (1916); *O. macracanthum* var. *minor; O. micropterum*].

5. O. nervosum Boiss., Voy. Bot. Espagne 2: 357, tab. 108 a (1841) [nervósum]

O. arabicum L., Sp. Pl.: 827 (1753), p.p.

O. nervosum subsp. *castellanum* Gonz. Sierra, Pérez Morales, Penas & Rivas Mart. in Candollea 47: 191 (1992)
Ind. loc.: "In regione montanâ inferiori, circà Estepa legit cl. Hænseler et ex eo quoque in provinciâ Malacitanâ" [lectótipo designado por H.M. Burdet & al. in Candollea 38: 790 (1983): G]
Ic.: Boiss., Voy. Bot. Espagne 2, tab. 108 a (1841); O. Bolòs & Vigo, Fl. Països Catalans 3: 901 (1995); Valdés, Talavera & Galiano (eds.), Fl. Andalucía Occid. 3: 143 (1987); lám. 11; fig. 1 c

Hierba bienal, por lo general unicaule, espinosa, verde, canescente o bien de un verde cano en la mitad inferior y verde en la superior, con indumento laxo o denso de pelos unicelulares araneosos que ocultan glándulas sésiles y, a veces, también pelos pluricelulares glandulíferos. Tallos (20)45-300 cm, erectos, por lo general simples, rara vez ramificados o solo a nivel de la inflorescencia, con sección ± poligonal, longitudinalmente acostillados, alados en toda su longitud –con (4)6 alas con nervadura reticulada, de 4-23 mm de anchura y con espinas de 2-15 mm–, provistos de hojas en la mayor parte de su longitud e indumento ± araneoso que oculta o no la superficie ± víscida y cubierta de abundantes glándulas sésiles y, a veces, también de pelos pluricelulares glandulíferos largos, estos sobre todo en la parte no alada. Hojas algo carnosas, con nervadura principal pinnada y nervio medio prominente por el envés –nervadura secundaria ± reticulada–, menores hacia la parte superior del tallo; las caulinares medias 6,5-32 × 2-12,8 cm, sésiles, decurrentes, elípticas o lanceoladas, de pinnatífidas a pinnatipartidas, con 5-8 pares de lóbulos de 5-17(30) mm de anchura, triangulares, enteros o pinnatífidos, con espinas de 2-16 mm, verdes y no araneosas, o bien verdoso-blanquecinas y con indumento semejante al de las alas, aunque más denso por el envés; las basales semejantes, sésiles, con limbo de (8)17-88 × (2,5)4,8-26 cm, lóbulos de (7)8-28(60) mm de anchura y espinas de 3-15 mm, a veces rosuladas y, por lo general, secas en la antesis. Capítulos sésiles o pedunculados, solitarios o reunidos en grupos de 2-8(18) en inflorescencias complejas glomeruliformes, a veces racemiformes, alcanzados por hojas de la misma longitud o más cortas que los capítulos, que rara vez los sobrepasan. Involucro 25-60(65) × 20-89 mm, ovoide o ± cónico, por lo general laxamente araneoso, sobrepasado al menos por las flores de la periferia; brácteas coriáceas, imbricadas y aparentemente dispuestas en 7-10 series, gradualmente mayores de fuera adentro –las internas de la misma longitud o algo más largas que las medias–; las externas 8-22 × (2)3-7 mm, lanceoladas, planas, sin nervios aparentes, adpresas, erectas –muy rara vez patentes tras la antesis–, con espina de 1,5-4 mm, verdosas –rosadas o violetas en la parte superior–, de margen antrorso-escábrido, con al menos la parte superior de la cara abaxial laxamente antrorso-escábrida y a veces también con glándulas sésiles, y cara adaxial antrorso-escábrida en su parte superior; las medias 12-27 × (2,3)4-7,5 mm, semejantes a las anteriores pero siempre erectas; las internas (12)18-35(40) × 1,5-4(6) mm, semejantes a las medias pero siempre glandulosas en la cara abaxial. Receptáculo ± plano, con bordes de los alvéolos ovado-acuminados, irregularmente dentados. Corola (17)21-41 mm, tubular, glabra, glandulosa en su cara externa; tubo (8)14-25 mm, blanco; limbo (9)11-20 mm, rosado o violeta, con lóbulos de (3,5)5,1-10,5 mm, lineares, desiguales. Anteras (6,5)8,6-12,5 mm, rosadas o violetas, con apéndices basales fimbriados. Estilo rosado, con ramas de un rosa intenso o violetas, al principio unidas y cuando receptivas divergentes en su extremo. Aquenios 4,1-5,5(6) ×

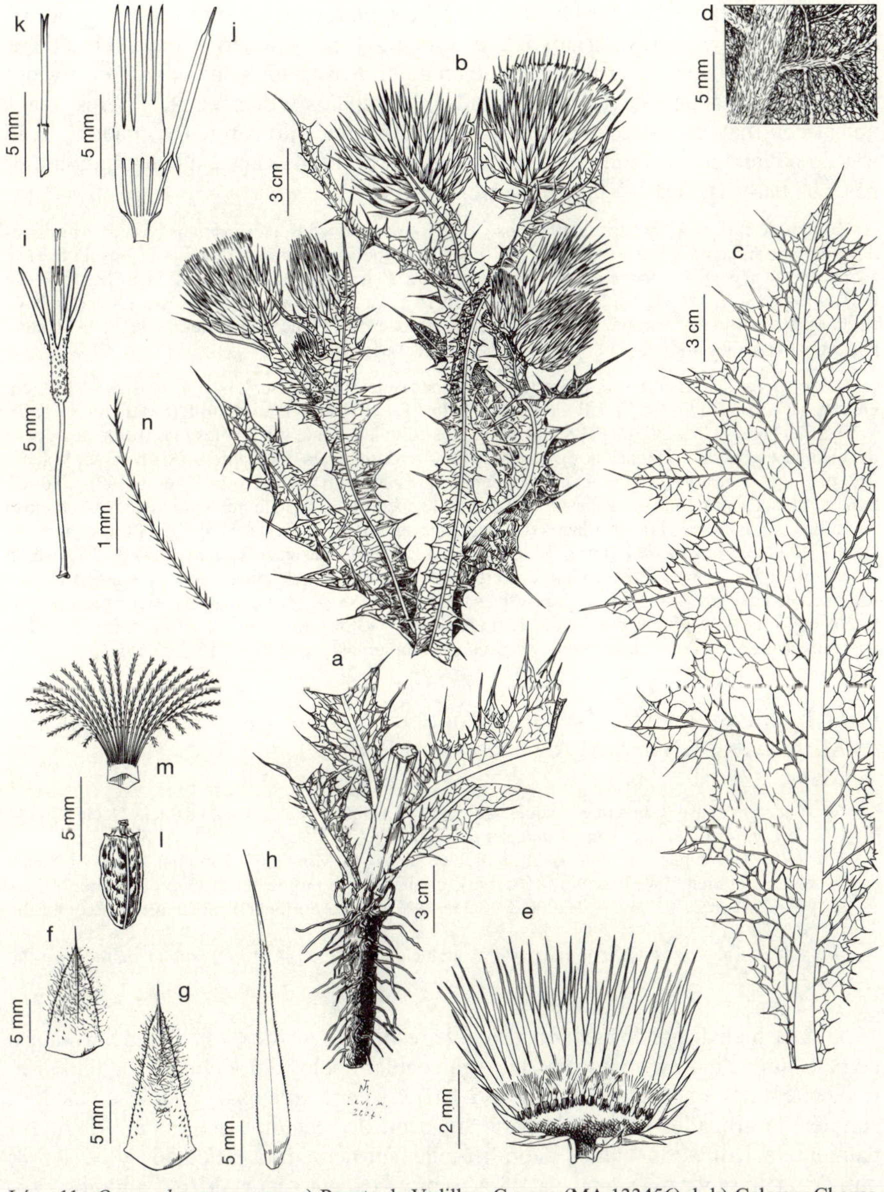

Lám. 11.–*Onopordum nervosum,* a) Puente de Vadillos, Cuenca (MA 133456); b-k) Calera y Chozas, Toledo (UNEX 35230); l-n) Piedrabuena, Ciudad Real (UNEX 35229): a) parte inferior de la planta y sistema radical; b) porción apical de tallo con inflorescencias; c) hoja basal; d) detalle del indumento del envés; e) sección longitudinal del capítulo; f) bráctea externa del involucro; g) bráctea media del involucro; h) bráctea interna del involucro; i) corola y verticilos sexuales; j) limbo de la corola abierto mostrando los filamentos estaminales y un estambre completo; k) parte superior del estilo con sus ramas; l) aquenio; m) vilano; n) pelo del vilano.

1,9-3,5 mm, obovoides, de sección ± cuadrangular, con 4(5) costillas longitudinales conspicuas y varios nervios tenues en cada cara, y superficie ± cerebroide, ± truncados en el ápice, ± grisáceos o de un color acastañado –en la madurez a veces con algunas máculas negruzcas alargadas, irregulares y dispersas–, glabros; placa apical con margen entero y nectario de c. 0,15 mm; hilo cárpico ± ovado. Vilano rosado o blanquecino, con dos filas de pelos de 5-10(14) mm, ± iguales, subplumosos, con barbillas de 0,15-0,4(0,5) mm. $2n = 34$.

Bordes de camino y carretera, barbechos y cultivos abandonados, en substratos básicos ± nitrificados, rara vez silíceos; 0-1500(3000) m. V-VIII(X). ● Dispersa por gran parte de la Península Ibérica, sobre todo en el S y C; introducida en el S de Inglaterra. **Esp.:** A Ab Al Ba Bu Ca Cc Co CR Cu Gr Gu H Hu J L Le Lo M Ma Mu Na P (Sa) Se Sg So Te To V Va Z Za. **Port.:** AAl Ag BAl (BB) (E). **N.v.:** cardo blanco portugués, cardo borriquero, cardo gigante, espina blanca portuguesa, toba, toba gigante; *port.:* onopordo-dos-árabes; *cat.:* bufassa arabiga, cardot nervós.

Observaciones.–En el territorio viven dos variedades de esta especie. La var. *nervosum* [0-1500 m; Esp.: A Ab Al Ba Bu Ca Cc Co CR Cu Gr Gu H Hu J L Le Lo M Ma Mu (Na) P (Sa) Se Sg So Te To V Va Z Za. Port.: AAl Ag BAl (E)] reúne individuos completamente verdes –los más frecuentes–, pero también canescentes y blanquecinos o canescentes y verdosos en la mitad inferior y verdes en la superior, que conviven a veces con aquellos. Además, presentan un involucro hasta de 60(65) × 80(89) mm, con brácteas externas y medias de 3-7,5 mm de anchura en su madurez y un vilano subplumoso –barbillas 0,2-0,4 mm–. Por otro lado, la var. *glomeratum* (Costa) Costa, Supl. Cat. Pl. Cataluña: 44 (1877) [*O. glomeratum* Costa, Introd. Fl. Cataluña: 135 (1864), basión.; *O. lagascanum* C. Vicioso, in sched., pro hybrid., nom. nud.], común en herbazales en el margen de cursos de agua y zonas viarias, sobre todo en margas [440-1050 m; Esp.: Ab (Al) Gr J L M (Va) Z], incluye plantas siempre canescentes, blanquecinas o verdosas, con involucro hasta de 46 × 45(50) mm, con brácteas externas y medias más estrechas –de 2-4 mm de anchura– y con vilano subplumoso –barbillas 0,15-0,25 mm.

6. O. hinojense Talavera, Balao, Casim.-Sor., M. Talavera, Terrab & M.Á. Ortiz in Acta Bot. Malac. 33: 359 (2008) [hinojénse]

O. dissectum sensu Talavera in Valdés, Talavera & Galiano (eds.), Fl. Andalucía Occid. 3: 144 (1987), non Murb. in Acta Univ. Lund. ser. 2, Sect. 2, 17: 15 (1921)

Ind. loc.: "Holotypus: In arenosis littoralis loco dicto "El Moralejo" (Hinojos), prope El Rocío, in austro occidentalis Hispaniae (Huelva), cum Pyrus bourgaeana et Quercus suber, 10 m, 37º09'49"N – 6º27'01"W, 8-VI-2006, F. Balao, R. Casimiro-Soriguer & S. Talavera, nº 209bis/06 (SEV 227808)"

Ic.: Valdés, Talavera & Galiano (eds.), Fl. Andalucía Occid. 3: 144 (1987) [sub *O. dissectum*]; fig. 1 h

Hierba bienal, por lo general unicaule, espinosa, verde, con indumento denso de pelos unicelulares, araneosos o no, que ocultan pelos pluricelulares eglandulíferos y glándulas ± sésiles. Tallos (40)56-101(220) cm, erectos o erecto-ascendentes, simples, ramificados solo en la parte superior, de sección ± poligonal, longitudinalmente acostillados, alados –con 4-6 alas sin nervadura reticulada y de 1-5(8) mm de anchura y con espinas de 1,5-4(6) mm– excepto cerca de los capítulos, provistos de hojas en la mayor parte de su longitud, con indumento araneoso –sobre todo en una de las caras de las alas– que oculta los pelos unicelulares y pluricelulares y las glándulas sésiles. Hojas no carnosas, con nervadura principal pinnada y nervio medio prominente por el envés –nervadura secundaria no reticulada–, menores hacia la parte superior del tallo; las caulinares medias 4-22 × 0,9-8 cm, sésiles, decurrentes, lanceoladas o linear-lanceoladas –las superiores ± lineares, enteras o pinnatífidas–, pinnatipartidas o con mayor frecuencia pinnatisectas, con 5-9 pares de lóbulos de 1,5-4(7) mm de anchura, lanceolados, pinnatífidos o pinnatipartidos, a veces de margen revoluto, con espinas de 1,5-5(9) mm, de haz verde y escasamente araneosa –a veces ± víscida– y envés verde-blanquecino, con indumento araneoso denso que oculta las glándulas sésiles y los pelos pluricelulares o unicelulares; las basales, en su mayoría, pinnadas, sésiles, con limbo de 9,5-32(60) × 1,6-11 cm y 5-12 lóbulos de 3-9 mm de anchura, rosuladas y siempre presentes en la antesis. Capítulos largamente pedunculados, solitarios y terminales o en grupos de 2-4 reunidos, a su vez, en inflorescencias complejas racemiformes o corimbiformes, alcanzados o no por la última hoja caulinar, que no los sobrepasa. Involucro 28-45 × 20-42 mm, ovoide o globoso, por lo general araneoso, sobrepasado al menos por las flores de la periferia; brácteas coriáceas, imbricadas y aparentemente dispuestas en 7 u 8 series, gradualmente mayores de fuera adentro –las internas de igual longitud o algo más largas que las medias–; las externas ovadas, con parte basal de 4-12 × 3-5,5(7) mm, de margen antrorso-escabriúsculo, subuladas, con espina de 2-19 mm, de bordes ± involutos y con espina de 1-2(5) mm, erecto-patentes tras la antesis, sin nervios aparentes, glabras, verde-amarillentas, por lo general violetas en la parte superior; las medias semejantes, con parte basal de 7-12 × 3,5-7,5 mm, porción estrechada de 7-23 mm y espina de 2,5-6 mm; las internas 10-29 × 1-5 mm, lanceoladas o linear-lanceoladas, con espina de 1,5-4,5(6) mm, erectas, por lo general rosadas en la parte superior, de margen antrorso-escabriúsculo, cara abaxial pubescente-glandulosa –sobre todo hacia el margen– y cara adaxial glabra. Receptáculo plano, con bordes de los alvéolos ovados, irregularmente dentados. Corola 28-35(40) mm, tubular, a veces glandulosa en su cara externa; tubo 17-25 mm, blanco; limbo 12,5-15 mm, rosa-violeta, con lóbulos de 7,5-11,5 mm, desiguales. Anteras 10,5-11,5(13) mm, rosadas o violetas, con apéndices basales fimbriados. Estilo rosado, con ramas de un rosa intenso o violetas, al principio unidas y cuando receptivas divergentes en su extremo. Aquenios 5,5-7 × 1,5-2 mm, obovoides, de sección ± cuadrangular, con 4 costillas longitudinales conspicuas, varios nervios tenues en cada cara y superficie ± cerebroide, ± truncados en el ápice, de un color acastañado –en la madurez a veces con algunas máculas negruzcas alargadas, irregulares y dispersas–, glabros; placa apical con margen entero y nectario de c. 0,2 mm; hilo cárpico elíptico. Vilano rosado o blanquecino-amarillento, con dos filas de pelos de 8-13(14) mm, al menos uno o dos de ellos de 9-16 mm, escábridos, con dentículos de 0,1-0,15 mm. $2n = 34$.

En claros de pinar y bosques de piruétano, lentiscares, etc., en substratos arenosos de origen marino; 0-16 m. IV-VI. ● Litoral del SW de España. **Esp.:** H.

Observaciones.–Esta especie se hibrida con *O. nervosum,* que es frecuente en su área de distribución. El híbrido (véase el apartado de híbridos) presenta aquenios lisos y es fértil. Se conocen tres poblaciones, en las que son frecuentes fenómenos de introgresión con *O. nervosum* [cf. S. Talavera & al. in Acta Bot. Malac. 33: 357-361 (2008)].

7. O. acaulon L., Sp. Pl. ed. 2: 1159 (1763) [acáulon]

Ind. loc.: "Habitat - - - -" [neótipo designado por G. López in Taxon 47: 364 (1998): P-JUS]
Ic.: O. Bolòs & Vigo, Fl. Països Catalans 3: 901 (1995); lám. 12; fig. 1 a

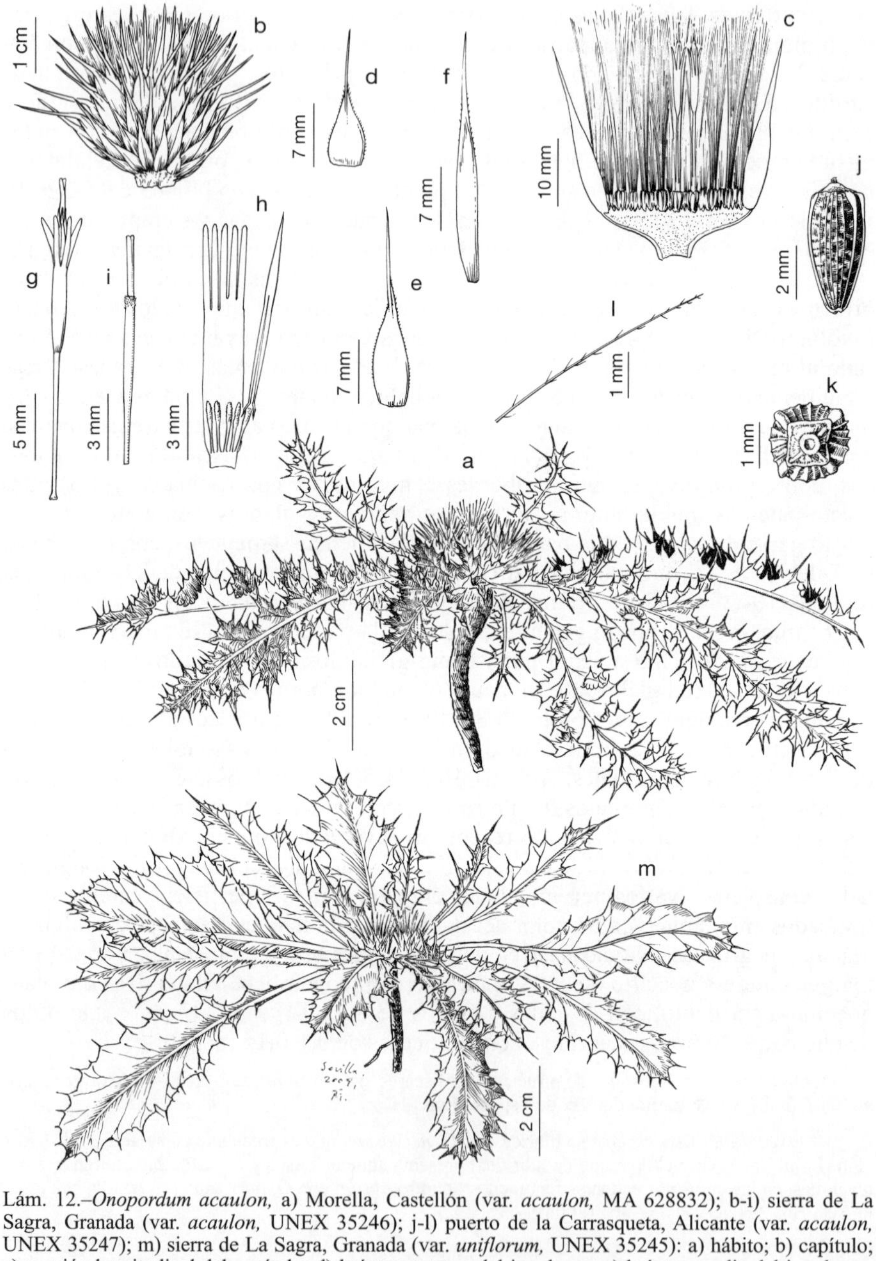

Lám. 12.–*Onopordum acaulon,* a) Morella, Castellón (var. *acaulon,* MA 628832); b-i) sierra de La Sagra, Granada (var. *acaulon,* UNEX 35246); j-l) puerto de la Carrasqueta, Alicante (var. *acaulon,* UNEX 35247); m) sierra de La Sagra, Granada (var. *uniflorum,* UNEX 35245): a) hábito; b) capítulo; c) sección longitudinal del capítulo; d) bráctea externa del involucro; e) bráctea media del involucro; f) bráctea interna del involucro; g) corola y verticilos sexuales; h) limbo de la corola abierto mostrando los filamentos estaminales y un estambre completo; i) parte superior del estilo con sus ramas; j) aquenio; k) vista de la parte superior del aquenio; l) pelo del vilano; m) hábito.

Hierba perenne, acaule, espinosa, de un blanco grisáceo, con indumento denso de pelos unicelulares araneosos, pelos pluricelulares generalmente glandulíferos y glándulas ± sésiles. Hojas 3,5-34 × 1,5-12 cm, concentradas en una roseta de 8-45 cm de diámetro y presente en la antesis, por lo general con pecíolo de 1-10 cm y limbo elíptico, oblongo-elíptico, obovado o ± lanceolado, obtuso o agudo, dentado, pinnatífido o pinnatisecto –todas las hojas dentadas o pinnatífidas, o bien las internas pinnatisectas y las externas pinnatífidas– y entonces con 4-8 pares de lóbulos de 3-28(47) mm de anchura, ovado-triangulares o anchamente ovados, enteros, dentados o palmatífidos, con espinas de 1,5-14 mm y nervadura principal pinnada con el nervio medio prominente por el envés –nervadura secundaria poco o nada reticulada–, de un blanco grisáceo o cenicientas, con indumento araneoso denso, sobre todo por el envés, que oculta las glándulas sésiles y los pelos pluricelulares largos, en especial a nivel de los nervios. Capítulos sésiles o con pedúnculos hasta de 3 cm, solitarios o en grupos hasta de 12, glomerulares, alcanzados por las hojas centrales de la roseta. Involucro 25-60 × 20-70 mm, ovoide o globoso, glabro y, por lo general, no sobrepasado por las flores de la periferia; brácteas ± coriáceas, imbricadas y aparentemente dispuestas en 10 u 11 series, gradualmente mayores de fuera adentro –las internas de igual longitud o algo más largas que las medias–; las externas 6-18(20) × 2-5(6,5) mm, lanceoladas o triangular-lanceoladas, subuladas, con espina de 1-5(6,5) mm, erectas, patentes o reflexas, sin nervios aparentes, de margen antrorso-escabriúsculo sobre todo en la parte basal, glabras, verdes o de un verde amarillento, a veces obscurecido hacia el extremo; las medias 11-23 × (2,8)3-5,2 mm y con espina de (1,5)2-5(6) mm, semejantes a las anteriores pero con todo el margen antrorso-escabriúsculo; las internas 15-33(38) × 1,8-4,3 mm, linear-lanceoladas, con espina de 1,5-6 mm, erectas, de margen liso o débilmente antrorso-pubescentes, con cara abaxial pubescente y glandulosa y cara adaxial glabra, excepto a veces la parte superior antrorso-pubescente. Receptáculo plano, con bordes de los alvéolos ovado-acuminados, irregularmente dentados. Corola 17,5-27 mm, tubular, glabra, eglandular; tubo 10-17 mm, blanquecino; limbo 6,5-9,5 mm, blanco o rosado-violeta, con lóbulos de (2,5)3-5,5 mm, desiguales. Anteras 4,5-7,5 mm, blanquecinas, con apéndices basales fimbriados. Estilo rosado o blanquecino, con ramas rosadas o blanquecinas, al principio unidas y, cuando receptivas, divergentes en su extremo. Aquenios 3,2-5 × 1,5-2,5 mm, obovoides, de sección ± cuadrangular, con 4 costillas longitudinales conspicuas y superficie ± cerebroide, ± truncados en el ápice, pardos o grisáceos –en la madurez a veces con algunas máculas negruzcas irregulares y dispersas–, glabros; placa apical con margen entero y nectario de c. 0,1 mm; hilo cárpico ± ovado. Vilano blanquecino o pardo-blanquecino, con 2(3) filas de pelos de (13)16-30 mm, ± iguales, subplumosos, con barbillas de 0,15-0,25(0,3) mm. $2n = 34$.

Pastos de montaña, taludes, crestas y roquedos, en substratos por lo general calizos, margosos o yesosos; (200)580-3000 m. (IV)VI-VIII. SW de Europa –España y Francia– y NW de África; naturalizada en Australia. C y E de España. **Esp.:** A Ab Al B Bu Ca (CR) Cs Ge Gr Gu Hu J L Lo Ma Mu Na (P) (Sg) So T Te V Vi Z. **N.v.:** cabeza de cardo, cardo blanco, cardo blanco sentado, toba sentada; *cat.:* cardassa blanca.

Observaciones.–Esta especie tiene dos variedades en la Península que pueden convivir y entre las que es posible encontrar individuos con características intermedias. La var. *acaulon* [*O. pyrenaicum*

DC., Cat. Pl. Horti Monsp.: 129 (1813); *O. acaulon* f. *monocephala* Willk. in Willk. & Lange, Prodr. Fl. Hispan. 2: 179 (1865); *O. acaulon* var. *pyrenaicum* (DC.) Rouy in Bull. Soc. Bot. France 43: 583 (1896); *O. acaulon* var. *genuinum* Rouy in Bull. Soc. Bot. France 43: 583 (1896), nom. inval.; *O. guinemeri* Sennen, Pl. Espagne 1926, n.º 5764 (1926-1927), in sched.; *O. acaulon* var. *altivallum* Pau, in sched.; *O. acaulon* var. *polycephala* auct., in sched., nom. nud.] está distribuida por casi todo el territorio [Esp.: A Ab Al B Bu Ca (CR) Cs Ge Gr Gu J L Lo Ma Mu Na (Sg) So T Te V Z] y se caracteriza por tener hojas de 5-34 × (1,6)2,5-12 cm, todas pinnatisectas o las externas pinnatipartidas, con espinas de 2,5-14 mm y dispuestas en rosetas de 10,5-45 cm de diámetro. Por otra parte, la var. *uniflorum* (Cav.) Pau in Bol. Soc. Esp. Hist. Nat. 16: 144 (1916) [*O. uniflorum* Cav., Icon. 1: 60, tab. 88 (1791), basión.; *Cirsium orbiculatum* Loscos, Tratado Pl. Aragón Supl. 6: 33 (1884); *O. acaulon* f. *uniflorum* (Cav.) Rouy in Bull. Soc. Bot. France 43: 583 (1896); *O. acaulon* var. *orbiculatum* (Loscos) Pau in Treb. Inst. Catalana Hist. Nat. 2: 213 (1916); *O. acaulon* var. *uniflorum* (Cav.) Arènes in Notul. Syst. (Paris) 10: 214 (1942), comb. superfl.; *O. acaulon* subsp. *uniflorum* (Cav.) Franco in Bot. J. Linn. Soc. 71: 45 (1975)] es menos frecuente y está dispersa por el área de distribución de la especie (600-2100 m; Esp.: Ab Gr Hu Mu T Te V Z). Esta última se caracteriza por tener hojas de 3,5-11(16) × 1,5-5,5(7,7) cm, dentadas o a veces pinnatífidas, con espinas delicadas de 1,5-5(10) mm y dispuestas en rosetas de 8-39 cm de diámetro.

HÍBRIDOS

O. acanthium × O. corymbosum

O. × *humile* Loscos, Tratado Pl. Aragón Supl. 7: 77 (1885), pro sp.
O. × *corymbosum* nothovar. *humile* (Loscos) Willk., Suppl. Prodr. Fl. Hispan.: 100 (1893), pro var.
O. × *tauricum* nothosubsp. *humile* (Loscos) Rouy in Bull. Soc. Bot. France 43: 591 (1896), pro subsp.
O. × *tauricum* nothovar. *canescens* Pau, Not. Bot. Fl. Españ. 2: 5 (1888), pro var.
O. × *tauricum* nothovar. *simplex* Rouy in Bull. Soc. Bot. France 43: 591 (1896), pro var.
O. × *bilbilitanum* Vicioso & C. Vicioso in Bol. Soc. Esp. Hist. Nat. 12: 458 (1912)
O. × *bilbilitanum* nothovar. *viride* Vicioso & C. Vicioso in Bol. Soc. Esp. Hist. Nat. 12: 458 (1912), pro var.
O. × *turolense* Sennen in Bol. Soc. Aragonesa Ci. Nat. 11: 195 (1912)
O. × *humile* nothovar. *turolense* (Sennen) M.B. Crespo & Mateo in Collect. Bot. (Barcelona) 18: 97 (1990), pro var.
O. × *bilbilitanum* nothof. *canescens* Vicioso & C. Vicioso, in sched., nom. nud., pro f.
O. × *senneni* Vicioso, in sched., nom. nud.

O. acanthium × O. illyricum

O. × *spinosissimum* Gonz. Sierra, Pérez Morales, Penas & Rivas Mart. in Candollea 47: 206 (1992)

O. corymbosum × O. nervosum

O. × *erectum* Gonz. Sierra, Pérez Morales, Penas & Rivas Mart. in Candollea 47: 200 (1992)

O. hinojense × O. nervosum

O. × *onubense* Gonz. Sierra, Pérez Morales, Penas & Rivas Mart. in Candollea 47: 202 (1992)

O. illyricum × O. nervosum

O. × *bolivari* Pau & Vicioso in Bol. Soc. Ibér. Ci. Nat. 20: 182 (1921), pro sp.

O. macracanthum × O. nervosum

O. × *macronervosum* Gonz. Sierra, Pérez Morales, Penas & Rivas Mart. in Candollea 47: 204 (1992)

7. Saussurea DC.*

[Saussúrea, -ae f. – lat. bot. *Saussurĕa, -ae* f., género de las *Compositae* creado por A.-P. de Candolle in Ann. Mus. Natl. Hist. Nat. 16: 156, 196-203, tab. 10-13 (1810). En el protólogo se lee: "J'ai donné à ce genre le nom de saussurea, en l'honneur de mes célèbres compatriotes MM. de Saussure père et fils qui ont puissamment contribué aux progrès de la physique et de la chimie et qui ont aussi servi la botanique, le premier par ses observations sur les pores de l'écorce des feuilles et sur l'ascension de la sève, le second par ses recherches chimiques sur la végétation; je désire que le nom des saussurées alpines rappelle à tous les botanistes qui parcourront les Alpes le nom du naturaliste qui a le mieux décrit cette vaste chaîne de montagnes, tandis que celles des steps salés de Sibérie rapelleront les expériences de M. Théodore de Saussure sur l'introduction des matières salines dans les végétaux". Dedúcese ulteriormente de ahí que el nombre genérico es homenaje a Horace-Bénédict de Saussure (1740-1799), naturalista ginebrino, profesor de Filosofía en la Académie de su ciudad natal desde 1762; corresponsal de A. von Haller, recorrió activamente los Alpes (coronó el Mont Blanc en 1787) y otras partes de Suiza, Francia, Inglaterra e Italia, si bien abandonó pronto la botánica, para dedicar sus esfuerzos a la geología, la física y la meteorología; y a Nicolas-Théodore de Saussure (1767-1845), físico y fisiólogo vegetal ginebrino, hijo del anterior y, entre otras cosas, profesor de Fisiología Vegetal de la Académie de Ginebra]

Hierbas perennes –algunas especies extraibéricas anuales–, inermes, con pelos unicelulares araneosos. Tallos simples, sin alas. Hojas alternas, pecioladas o sésiles, nada o apenas decurrentes, elípticas o linear-elípticas, de margen entero o sinuado-dentado –dientes mucronados–. Capítulos multifloros, terminales o axilares, solitarios o con mayor frecuencia en inflorescencias complejas corimbiformes, pedunculados, discoides, homógamos. Involucro cilíndrico u ovoide-cilíndrico; brácteas aparentemente dispuestas en 5 o 6 series, ± coriáceas y de margen escarioso, imbricadas y ± adpresas, mayores hacia el interior del capítulo, a veces mucronadas. Receptáculo plano o ligeramente convexo, con páleas blanquecinas, membranáceas, laceradas en segmentos agudos, ± glabras. Flósculos hermafroditas, que sobrepasan notablemente al involucro. Corola tubular, pentámera, actinomorfa, glabra, purpúreo-rosada, con tubo y limbo netamente diferenciados, este con 5 lóbulos iguales. Estambres con filamentos libres, aplanados –adelgazados en el extremo superior–, lisos, insertos en la base del limbo de la corola; anteras con conectivo prolongado en una lengüeta apical lanceolada, ligeramente incurva, calcariformes en la base, con apéndices basales muy desarrollados, fimbriados. Estilo liso, con dos ramas aproximadas al principio y divergentes cuando receptivas, delimitadas por un anillo de pelos colectores cortos, pubérulas en la cara abaxial y con superficie receptiva papilosa, el resto glabro, rodeado en la base por un nectario que persiste en el aquenio a modo de prominencia sobre la placa apical. Aquenios homomorfos, cilíndricos o estrechamente obovoides, longitudinalmente acostillados y tenuemente punteado-foveolados en los espacios intercostales, ligeramente comprimidos, glabros, truncados en el ápice, con placa apical plana, sin borde definido y con nectario central cilíndrico; hilo cárpico basal, ± circular; sin eleosoma. Vilano doble, de color dorado, caedizo –variable en especies extraibéricas–; el externo con una fila de pelos subplumosos, libres, el interno con una fila de pelos plumosos soldados por la base, más largos y gruesos que los del externo. $x = 13$.

Observaciones.–El género comprende unas 300 especies [cf. A. Susanna & N. Garcia in Kubitzki (ed.), Fam. Gen. Vasc. Pl. 8: 137 (2007)] con representación en

* J. López Martínez & J.A. Devesa

las regiones templadas de Eurasia y el N de América, una de ellas dudosamente nativa en Australia [cf. K. Bremer (ed.), Asteraceae: 147-148 (1994); A. Susanna & N. Garcia, loc. cit.].

Bibliografía.–J. Briquet & F. Cavillier in É. Burnat, Fl. Alpes Marit. 7: 245-252 (1931) [taxonomía]; Y. Kita & al. in Taxon 53: 679-690 (2004) [filogenia y sistemática]; O. Matirolo in Malpighia 3: 468-478 (1889) [taxonomía]; E.I. Nyárády in Verh. Mitth. Siebenbürg. Vereins Naturwiss. Hermannstadt 89-90: 231-241 (1940) [taxonomía]; E. Raab-Straube in Willdenowia 33: 379-402 (2003) [filogenia].

1. S. alpina (L.) DC. in Ann. Mus. Natl. Hist. Nat. 16: 198 (1810) [alpína]

Serratula alpina L., Sp. Pl.: 816 (1753) [basión.]
Ind. loc.: "Habitat in Alpibus Lapponiæ, Austriæ, Helvetiæ, Arvoniæ, Sibiriæ"
Ic.: Lám. 13

Hierba perenne, rizomatosa, estolonífera, inerme, de un verde cano, con pelos unicelulares araneosos. Tallos hasta de 50 cm, erectos, simples, fistulosos, de sección ± circular, longitudinalmente acostillados, foliosos, con tintes rojizos al menos hacia la base y pelos araneosos abundantes sobre todo hacia el ápice. Hojas hasta de 140 × 28 mm, con nervadura principal pinnada y nervio central destacado por ambas caras, las basales –secas en la antesis– y las del tercio inferior del tallo atenuadas en un pecíolo, el resto sésiles o apenas decurrentes, menores hacia la parte superior del tallo, elípticas o linear-elípticas, de margen entero o sinuado-dentado –dientes con mucrón blanquecino–, discoloras, con haz verde, esparcidamente araneosa, y envés blanco, con tomento araneoso denso. Capítulos terminales o axilares, solitarios o con mayor frecuencia dos o tres –incluso más– en inflorescencias complejas corimbiformes, con pedúnculos hasta de 34 mm, con indumento araneoso denso, blanquecino. Involucro 11-15 × (4,6)6-11(12,5) mm, cilíndrico u ovoide-cilíndrico, redondeado en la base, muy peloso, sobrepasado por las flores; brácteas aparentemente dispuestas en 5 o 6 series, gradualmente mayores de fuera adentro del capítulo, de margen escarioso; las externas ovadas, agudas y a veces mucronadas, casi siempre con el nervio central marcado y los laterales tenues, de un verde obscuro, verde-purpúreo o de color pajizo, y con margen de un verde obscuro, densamente araneosas en la cara externa, con pelos caedizos; las medias de ovadas a lanceoladas, semejantes a las externas en nervadura y color, con indumento seríceo denso y blanquecino en la cara externa, con ápice viloso de pelos caedizos; las internas 9,6-13,2 mm, lanceoladas o linear-lanceoladas, de color pajizo o verdoso-pajizo, con varios nervios tenues, seríceo-vilosas al menos en el tercio superior de la cara externa –pelos caedizos–, en ocasiones glabras y con el margen seríceo. Receptáculo plano o ligeramente convexo, con páleas. Corola (11)12-15 mm, de un púrpura rosado, glabra; tubo (4,4)5,7-7,2(7,8) mm; limbo (5,6)6-7,4(7,8) mm, con 5 lóbulos de 4-5(5,5) mm, lineares, iguales, ligeramente incurvos, papilosos en el ápice. Estambres con filamento de (2,2)2,6-3,8(4,1) mm; anteras (4)4,4-5,8(6,4) mm, violetas, con apéndices basales de 2-3 mm, ciliados. Estilo hasta de 20 mm, blanquecino-rosado, con ramas de 1,5-2,2 mm, rosadas.

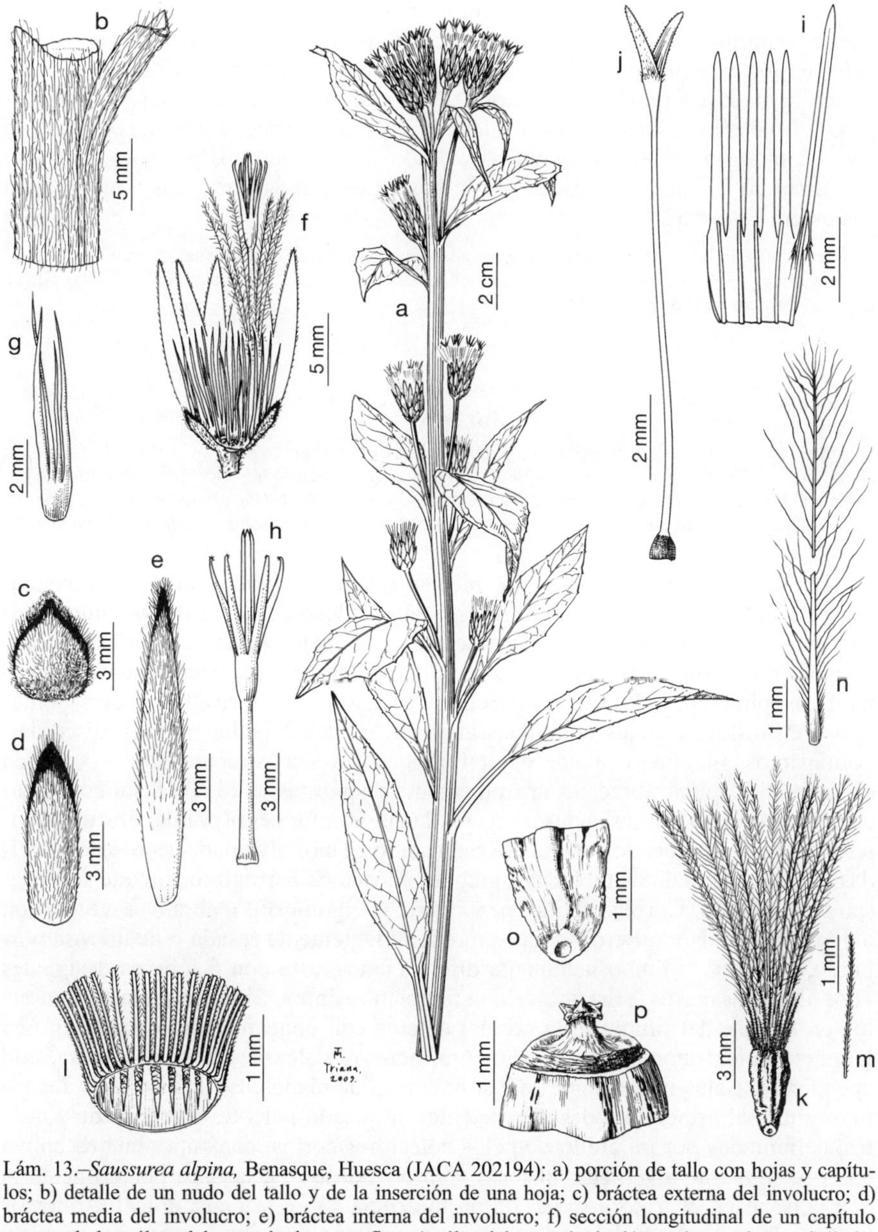

Lám. 13.–*Saussurea alpina,* Benasque, Huesca (JACA 202194): a) porción de tallo con hojas y capítulos; b) detalle de un nudo del tallo y de la inserción de una hoja; c) bráctea externa del involucro; d) bráctea media del involucro; e) bráctea interna del involucro; f) sección longitudinal de un capítulo mostrando las páleas del receptáculo y una flor; g) pálea del receptáculo; h) corola y androceo; i) limbo de la corola abierto mostrando los filamentos estaminales y un estambre completo; j) estilo con sus ramas; k) aquenio con vilano; l) vilano; m) pelo del vilano externo; n) pelo del vilano interno; o) detalle de la base del aquenio mostrando el hilo cárpico; p) detalle de la parte superior del aquenio mostrando la placa apical y el nectario.

Aquenios 3,6-5 × 1,2-1,4(1,6) mm, cilíndricos o estrechamente obovoides, ligeramente comprimidos, longitudinalmente acostillados y tenuemente punteado-foveolados en los espacios intercostales, blanquecinos o blanquecino-violetas –parduscos en la madurez–, glabros; nectario 0,2-0,3 mm de altura, ± cilíndrico; hilo cárpico 0,3-0,5 mm, ± circular. Vilano 10-13(13,8) mm, doble, caedizo, con pelos de color dorado, los externos subplumosos, libres, y los internos plumosos –con cilios hasta de 2,6 mm–, soldados por la base, más largos y gruesos que los de la fila externa. $2n = 52^*$; $n = 26^*$.

Herbazales de borde de río, arroyo y torrente, roquedos y zonas encharcadas de montaña, indiferente edáfica; 1900-2850 m. VIII-IX. Regiones boreal y alpina de Europa y NW de Asia. NE de España –Pirineos–. **And. Esp.:** (Ge) Hu L.

8. **Jurinea** Cass.*

[Jurínea, -ae f. – lat. bot. *Jurinĕa, -ae* f., género de las *Compositae* creado por A.H.G. de Cassini in Bull. Sci. Soc. Philom. Paris 1821: 140-144 (1821); en el protólogo se nos dice que el nombre fue homenaje al médico y naturalista ginebrino André-Louis Jurine (1780-1807), aficionado por de pronto a la botánica y a quien sorprendió en París la muerte, donde completaba sus estudios de Medicina]

Hierbas perennes, rizomatosas, o bien sufrútices, inermes, con pelos unicelulares y pelos pluricelulares glandulíferos o eglandulosos. Acaules o con tallos simples o ramificados –bien desde la base o en la mitad superior–, sin alas, a veces escapiformes. Hojas rosuladas o alternas, pecioladas, no decurrentes, enteras, pinnatífidas, pinnatipartidas o pinnatisectas. Capítulos multifloros, terminales, solitarios o en inflorescencias complejas cimosas, sésiles o pedunculados, discoides, homógamos. Involucro ovoide o ± cilíndrico –a veces campanulado u obcónico en la fructificación–; brácteas aparentemente dispuestas en (3)4 o 5 series, herbáceas o ± coriáceas, imbricadas, mayores hacia el interior, adpresas, erecto-patentes, patentes o arqueado-reflexas. Receptáculo plano, alveolado, con páleas rígidas, agudas, de hialinas a blancas, glabras. Flósculos hermafroditas, que sobrepasan al involucro. Corola tubular, pentámera, ± zigomorfa, glabra o, a veces, con algunos pelos glandulíferos exiguos, predominantemente rosada o de un rosa purpúreo, con tubo y limbo netamente diferenciados, este con 5 lóbulos desiguales –dos algo más cortos–. Estambres con filamentos libres, filiformes, glabros, insertos en la base del limbo de la corola; anteras con conectivo prolongado en una lengüeta apical lanceolada ligeramente incurva, calcariformes en la base, con apéndices basales linear-lanceolados, hialinos, laciniados. Estilo liso, con dos ramas unidas al principio y después patentes, arqueado-patentes o recurvado-patentes, delimitadas por un anillo de pelos colectores cortos, con superficie receptiva lisa o débilmente alveolada, el resto glabro, rodeado en la base por un nectario que persiste en el fruto a modo de prominencia sobre la placa apical. Aquenios homomorfos, obpiramidales, de sección ± cuadrangular, con cantos engrosados y una costilla en cada cara, con superficie por lo general estriada o rugulosa, gla-

* A.J. Pujadas Salvà

bros, escábridos, papilosos o con pelos glandulíferos, truncados en el ápice, con placa apical plana, de borde entero o denticulado y nectario cónico; hilo cárpico lateral, adaxial, elíptico o suborbicular; sin eleosoma. Vilano simple, blanco e hialino o pajizo, caedizo, con dos o tres filas de pelos escábridos, desiguales –los internos más largos–, soldados por su base en un anillo. x = 17, 18.

Observaciones.–Este género comprende unas 200 species [cf. E. Haffner in Englera 21 (2000); A. Susanna & N. Garcia in Kubitzki (ed.), Fam. Gen. Vasc. Pl. 8: 123-147 (2007)], con representación en el S y E de Europa, SW y C de Asia, y NW de África (Argelia y Marruecos) [cf. K. Bremer (ed.), Asteraceae: 112-156 (1994)].

Bibliografía.–J. Cuatrecasas in Bol. Soc. Esp. Hist. Nat. 27: 221-224 (1927) [taxonomía de *J. fontqueri*].

1. Hojas enteras o subenteras; aquenios (5)6,5-7,4(7,7) mm, glabros, con el borde de la placa apical de c. 0,1 mm, entero o subentero, no denticulado .... **1. J. fontqueri**
– Hojas pinnatipartidas o pinnatisectas, rara vez pinnatífidas o subenteras; aquenios 3-5,5 mm, antrorso-escábridos o con papilas muy cortas, con pelos glandulíferos subsésiles o con pelos muy cortos en su mitad superior, con el borde de la placa apical de 0,2-1 mm, denticulado 2
2. Brácteas involucrales erecto-patentes, patentes o recurvadas, verdes o de un verde grisáceo –parduscas cuando secas–; hojas pinnatipartidas o pinnatisectas –rara vez subenteras o pinnatífidas–, con lóbulos de (0,8)2-4(7,5) mm de anchura, lanceolados, oblongo-lanceolados u ovados; pelos externos del vilano 8-11 mm, los internos 14-17 mm; aquenios 4-7,5 mm; hierba perenne, acaule o subacaule, o bien con escapos o tallos floridos hasta de 10 cm .... **2. J. humilis**
– Brácteas involucrales adpresas, de un verde obscuro –más claro hacia la base– y teñidas de un color purpúreo intenso en la mitad distal; hojas pinnatisectas, con lóbulos de (0,4)0,7-1,5(2,4) mm de anchura, lineares o linear-lanceolados; pelos externos del vilano 1-7 mm, los internos 9-15 mm; aquenios 3-4 mm; sufrútice, con tallos de 3-23 cm .... **3. J. pinnata**

1. J. fontqueri Cuatrec. in Bol. Soc. Esp. Hist. Nat. 27: 223, lám. 2 (1927) [Fontquéri]

Ind.loc.: "Hab. inter saxa calcarea cacuminis montis Cárceles dictis (Sierra Mágina, Regno Giennense) ad 1.900-2.000 m. alt., ubi in consortio. Crepidis pygmaeae var. granatensis, Viciae glaucae, Fumariae saxicolae, etc., die 5 julii 1926 inveni"
Ic.: Cuatrec. in Bol. Soc. Esp. Hist. Nat. 27, lám. 2 (1927); lám. 14

Hierba perenne, rizomatosa, con cepa ± lignificada, simple o poco ramificada, grisácea o de un verde grisáceo, lanuda, con pelos unicelulares. Acaule o subacaule, o bien con tallos floridos hasta de 0,5-4(8) cm, erectos, simples, de sección ± circular, ligeramente acostillados longitudinalmente, apenas foliosos, con indumento lanudo de pelos unicelulares. Hojas hasta de 11 × (2)3-5 cm, rosuladas –muy rara vez alguna caulinar–, con pecíolo de 0,5-1(2) cm y limbo ovado, ovado-oblongo, anchamente elíptico, obovado o suborbicular, entero o subentero, con nervadura principal pinnada prominente por ambas caras, de haz grisácea o de un verde grisáceo –verdosa al principio–, lanudo-flocosa y de envés blanco y ± lanu-

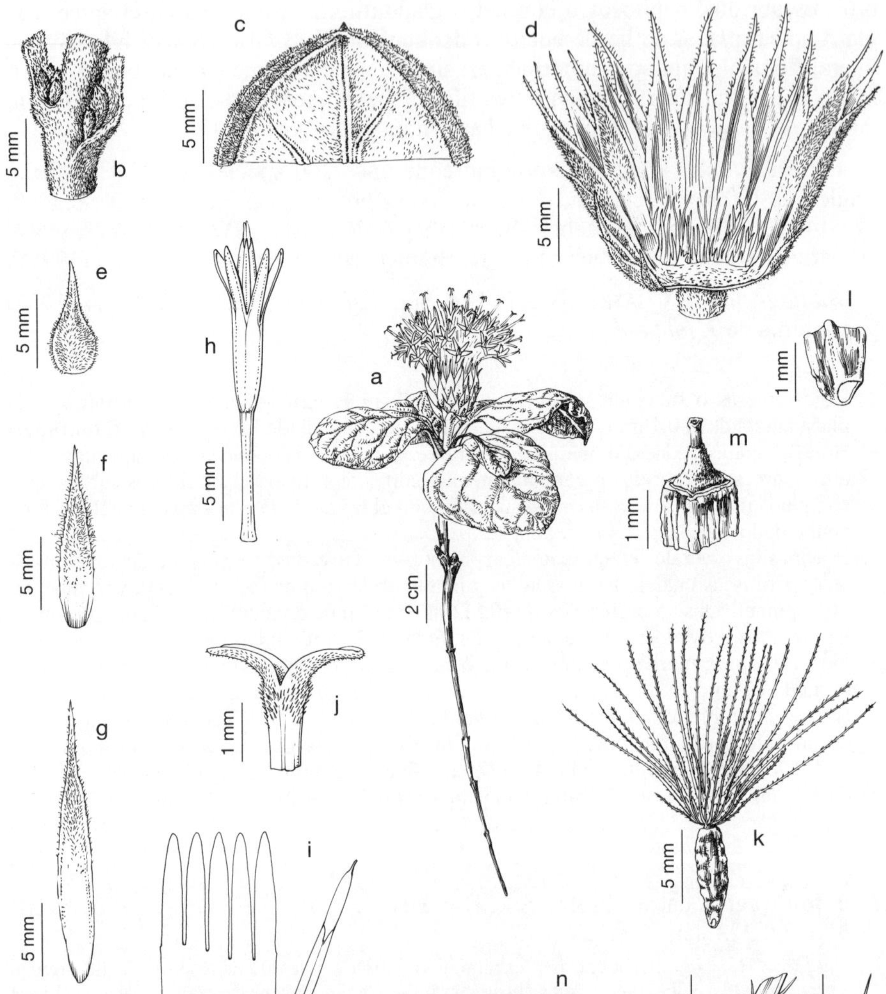

Lám. 14.–*Jurinea fontqueri,* a) Sierra Mágina, monte Cárceles, Jaén (MA 131783); b-p) cerro Cárceles, ibídem (COA 37589): a) hábito; b) nudo, base de dos hojas y yemas axilares; c) detalle del ápice de una hoja por el envés; d) involucro abierto que muestra parcialmente el receptáculo y las páleas interseminales; e) bráctea externa del involucro; f) bráctea media del involucro; g) bráctea interna del involucro; h) corola y verticilos sexuales; i) limbo de la corola abierto que muestra los filamentos estaminales y un estambre completo; j) ápice del estilo con sus ramas; k) aquenio con vilano; l) base del aquenio que muestra el hilo cárpico; m) ápice del aquenio y nectario; n) base del vilano; o) detalle de la base de un pelo del vilano; p) detalle del ápice de un pelo del vilano.

do. Capítulos terminales, solitarios o, a veces, en grupos de 2(3 o 4), alcanzados por al menos la última hoja caulinar, que llega a la altura o sobrepasa claramente al involucro. Involucro (15)17-22(25) × 11-19(22) mm, ovoide, truncado en la base, lanudo-flocoso, netamente sobrepasado por las flores de la periferia; brácteas imbricadas y aparentemente dispuestas en 4 o 5 series, gradualmente mayores de fuera adentro, adpresas, con el nervio principal apenas marcado y márgenes hialinos estrechos hacia su base, verdes en la mitad superior y blanquecinas en el resto, a veces purpúreas en su parte distal, tomentoso-flocosas o lanudas; las externas 5-9 mm, ovado-lanceoladas, acuminadas; las medias e internas 15-25 mm, lanceoladas o estrechamente lanceoladas, acuminadas, pelosas solo en la mitad superior. Receptáculo con páleas de c. 2 mm, lineares o linear-lanceoladas, laciniadas, muy agudas y rígidas, lisas, de blancas a hialinas, cuando secas de un marrón rojizo. Corola 16-22 mm, tubular, predominantemente rosa; tubo 7-10 mm, blanco o algo rosado en su extremo apical, glabro; limbo 9-12 mm, de un rosa intenso, glabro por la parte exterior o con algunos pelos glandulíferos de c. 0,1 mm, con 5 lóbulos de 4-5,5 mm, linear-lanceolados, desiguales, 2 de ellos algo más cortos. Anteras 7-8 mm, rosadas. Estilo blanco en la mitad inferior y rosado en el resto, con ramas patentes, rosas, con superficie receptiva débilmente alveolada. Aquenios (5)6,5-7,4(7,7) × 1,5-2,2 mm, obpiramidales, de sección cuadrangular, con los cantos obtusos, ± engrosados y las caras lisas o rugulosas, con algunas estrías longitudinales poco marcadas, cada una con una costilla longitudinal ± marcada, de un verde brillante o de un color acastañado cuando maduros, glabros; placa apical con borde de c. 0,1 mm, entero o subentero, no denticulado, con nectario de (0,5)0,7-1 mm, cónico; hilo cárpico 0,4-0,5 mm, lateral, adaxial, anchamente elíptico. Vilano caedizo, con tres filas de pelos escábridos, de blancos a hialinos, o bien algo parduscos hacia la base, aplanados y soldados por su base en un anillo, los externos de 5-8 mm y los internos de 14-22 mm. $2n = 34$.

Gleras, derrubios, roquedos y lugares pedregosos, en substratos calcáreos; 1650-1850(1900) m. (V)VI-VII. ● S de España: Sierra Mágina. **Esp.:** J. **N.v.:** jurinea de Mágina.

2. J. humilis (Desf.) DC., Prodr. 6: 677 (1838) [húmilis]

Serratula humilis Desf., Fl. Atlant. 2: 244, tab. 220 (1799) [basión.]
Serratula bocconi Guss., Index Sem. Hort. Boccadifalco 1825: 11 (1825)
J. bocconi (Guss.) Guss., Fl. Sicul. Syn. 2: 448 (1844)
J. pyrenaica Godr. & Gren. in Gren. & Godr., Fl. France 2: 270 (1850)
J. humilis var. *scaposa* Levier ex Willk., Suppl. Prodr. Fl. Hispan.: 99 (1893)
J. gouani Rouy in Rouy Foucaud, Fl. France 9: 101 (1905)
Ind. loc.: "Habitat in Atlante prope Tlemsen"
Ic.: O. Bolòs & Vigo, Fl. Països Catalans 3: 873 (1996); Desf., Fl. Atlant. 2, tab. 220 (1799) [sub *Serratula humilis*]; Valdés, Talavera & Galiano (eds.), Fl. Andalucía Occid. 3: 119 (1987); Villar & al., Atlas Fl. Pirineo Aragon. 2: 313 (2001); lám. 15 r, s

Hierba perenne, rizomatosa, con cepa ± lignificada, simple o ramificada, verdosa, de ligeramente araneosa a vilosa, con pelos unicelulares. Acaule o subacaule, o bien con escapos o tallos floridos hasta de 10 cm, erectos, simples, de sección ± circular, no acostillados, afilos o con hojas escasas, con indumento lanudo de pelos unicelulares. Hojas (1,5)2,5-8(10) × 0,8-1,6(2,4) cm, rosuladas –muy rara vez alguna caulinar–, con pecíolo de 0,4-1(4) cm y limbo de contorno oblanceolado o estrechamente obovado, por lo general pinnatipartido o pinnatisecto –rara vez subentero o pinnatífido–, con (3)4-7 pares de lóbulos de (0,8)2-4(7,5) mm de anchura, lanceolados, oblongo-lanceolados u ovados, con nervadura principal pinnada y prominente –al menos el nervio principal– sobre todo por el envés y márgenes revolutos, con haz verde o de un gris verdoso, vilosa o araneosa y con pelos glandulíferos sésiles y de envés densamente blanco-tomentoso. Capítulos terminales, solitarios, por lo general sésiles o subsésiles, o bien pedunculados, a menudo alcanzados o sobrepasados por las hojas basales. Involucro 12-20 × 9-15(21) mm, cilíndrico o cilíndrico-campanulado, truncado en la base, tomentoso, netamente sobrepasado por las flores de la periferia; brácteas imbricadas y aparentemente dispuestas en 4 o 5 series, gradualmente mayores de fuera adentro, erecto-patentes, patentes o recurvadas, con el nervio principal apenas marcado y los márgenes hialinos estrechos hacia su base, verdes o de un verde grisáceo –parduscas cuando secas–, las externas y medias lanudas sobre todo en la mitad superior; las externas 5-10 mm, anchamente lanceoladas, obtusas o subagudas; las medias e internas 12-20 mm, estrechamente lanceolado-acuminadas. Receptáculo con páleas de 2-4 mm, de lineares a linear-lanceoladas, laciniadas, muy agudas y rígidas, lisas, de blancas a hialinas. Corola 16-24 mm, tubular, predominantemente rosada o de un rosa purpúreo; tubo (6)7-11 mm, blanquecino-rosado, glabro; limbo (7)9-14 mm, rosado o de un rosa purpúreo, papiloso por la parte externa y con pelos glandulíferos sésiles o subsésiles en la base, con 5 lóbulos de 4-7 mm, linear-lanceolados, desiguales, dos de ellos más cortos. Anteras 6-7 mm, blanquecino-amarillentas o débilmente rosadas. Estilo blanco en la mitad inferior y rosado en el resto, con ramas arqueado-patentes, de un rosa pálido, con superficie receptiva lisa. Aquenios 4-7,5 × 1,8-2,4(3) mm, obpiramidales, de sección cuadrangular, con los cantos obtusos, ± engrosados y las caras aplanadas, ligeramente rugulosas, cada una con 1 costilla longitudinal, de un verde brillante al principio y de un amarillo pálido o parduscos cuando maduros, con papilas muy cortas, obtusas y pelos glandulíferos subsésiles, a veces antrorso-escábridos o con pelos muy cortos en su mitad superior; placa apical con borde de 0,4-0,9 mm, irregularmente denticulado y nectario de 0,7-1 mm, cónico; hilo cárpico 0,5-0,6 mm, lateral, adaxial, elíptico o ± orbicular. Vilano caedizo, con dos filas de pelos escábridos, de blancos a hialinos o algo parduscos hacia la base, soldados por su base en un anillo, los externos de 8-11 mm y los internos de 14-17 mm. $2n = 34$; $n = 17$.

Claros de matorral y terrenos pedregosos, pastos psicroxerófilos, en substratos muy variados –granitos, pizarras, esquistos, calizas, margas yesíferas, etc.–; (450)900-2600(3000) m. V-VIII. W de la Región Mediterránea. Gran parte de la Península Ibérica, más rara hacia el SW. **Esp.:** A Ab Al Av B Bu (Ca) Cc CR (Cs) Cu (Ge) Gr Gu Hu J L Le Lu M Ma Mu Na O Or P S Sa Sg So (T) Te To V Vi Za. **Port.:** BA BB BL. **N.v.:** arzolla de roca, escobajo castellano, escobajo portugués, escobilla baja, serradilla blanda.

Observaciones.–Muy variable en lo que se refiere al porte, altura, forma de las hojas, tamaño del capítulo e indumento. El tipo de la especie se corresponde con las formas escaposas con capítulos largamente pedunculados. Las plantas acaules, se han llamado *J. bocconi (J. gouanii, J. pyrenaica)* y representan un grado de variabilidad al que no hemos adjudicado valor taxonómico alguno.

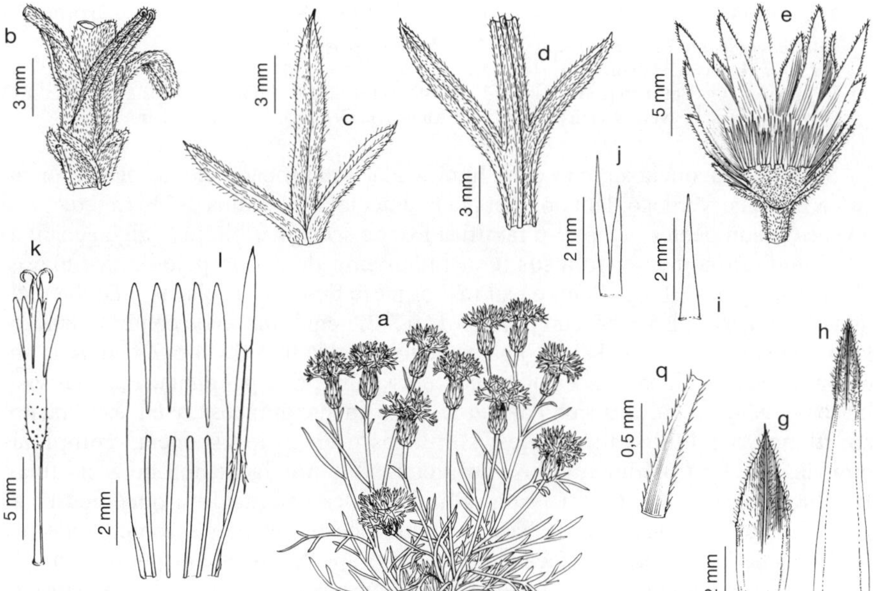

Lám. 15.–*Jurinea pinnata,* a-m) Santa Cruz de la Zarza, Toledo (COA 30560); n-q) Parauta, Málaga (COA 37637): a) hábito; b) nudo y base de hojas; c) detalle del ápice de una hoja por el haz; d) detalle de los lóbulos de una hoja por el envés; e) involucro abierto que muestra parcialmente el receptáculo y las páleas interseminales; f) bráctea externa del involucro; g) bráctea media del involucro; h) bráctea interna del involucro; i) pálea del receptáculo simple; j) pálea del receptáculo laciniada; k) corola y verticilos sexuales; l) limbo de la corola abierto que muestra los filamentos estaminales y un estambre completo; m) ápice del estilo con sus ramas; n) aquenio con vilano; o) aquenio; p) base del vilano; q) detalle de la base de un pelo del vilano. *J. humilis,* r) Aísa, La Magdalena, Huesca (MA 293357); s) Sierra Nevada, Bayárcal, Almería (COA 37638): r) hábito; s) aquenio con vilano.

3. J. pinnata (Lag. ex Pers.) DC., Prodr. 6: 676 (1838) [pinnáta]

Staehelina pinnata Lag. ex Pers., Syn. Pl. 2: 391 (1807) [basión.]
Ind. loc.: "Lagasca. Hab. in aridis Hispaniae"
Ic.: Boiss., Voy. Bot. Espagne 1, tab. 113 a (1841); O. Bolòs & Vigo, Fl. Països Catalans 3: 873 (1996); Valdés, Talavera & Galiano (eds.), Fl. Andalucía Occid. 3: 119 (1987); lám. 15 a-q

Sufrútice, rizomatoso, con cepa lignificada y ramificada, de un blanco grisáceo a grisáceo-verdoso, lanudo, con pelos unicelulares. Tallos 3-23 cm, erectos o a veces decumbentes, simples o ramificados, de sección ± circular, algo acostillados longitudinalmente, foliosos, con indumento denso de pelos unicelulares. Hojas (0,9)2-6 × (0,6)1-2 cm, en su mayor parte basales, rosuladas y también algunas caulinares dispersas, con pecíolo de 0,2-2,5 cm y limbo de contorno lanceolado, pinnatisectas, con (1)2-4(5) pares de lóbulos de (0,4)0,7-1,5(2,4) mm de anchura, lineares o linear-lanceolados, con nervadura principal pinnada apenas visible y márgenes revolutos, con haz verde, densamente araneosa, y envés tomentoso, blanco. Capítulos terminales, solitarios o en inflorescencias complejas cimosas de 3(5), pedunculados, no alcanzados por la última hoja caulinar. Involucro (8)12-18 × 6-9(10) mm, cilíndrico –campanulado u obcónico en la fructificación–, truncado en la base, lanudo-flocoso, netamente sobrepasado por las flores de la periferia; brácteas imbricadas y aparentemente dispuestas en (3)4 o 5 series, gradualmente mayores de fuera adentro, adpresas, con el nervio principal marcado y márgenes hialinos estrechos hacia la base, de un verde obscuro –más claro hacia la base– y teñidas de un color púrpura intenso en la mitad distal, las externas y medias tomentoso-lanudas –sobre todo en la mitad superior– y las internas a veces pubérulas; las externas 3-6 mm, ovado-lanceoladas, acuminadas y las medias e internas (8)12-18 mm, lanceoladas o estrechamente lanceoladas, acuminadas. Receptáculo con páleas hasta de 4 mm, lineares, enteras o laciniadas, muy agudas y rígidas, lisas, de blancas a hialinas, de un color pajizo cuando secas. Corola 11-19 mm, tubular, predominantemente rosada o purpúrea; tubo 4-8 mm, glabro, blanco; limbo 7-10 mm, rosado o purpúreo, con pelos glandulíferos sésiles o subsésiles en la base y 5 lóbulos de 3-5 mm, linear-lanceolados, desiguales, dos de ellos algo más cortos. Anteras 4,5-5,5 mm, blanquecino-amarillentas. Estilo blanco en la mitad inferior y rosado en el resto, con ramas recurvado-patentes, de un rosa intenso, con superficie receptiva lisa. Aquenios 3-4 × 1,5-2,2 mm, obpiramidales, de sección cuadrangular, con los cantos obtusos, ± engrosados y las caras aplanadas, ligeramente rugulosas, cada una con una costilla longitudinal muy marcada, de un color ± acastañado cuando maduros, antrorso-escábridos; placa apical con borde de 0,2-0,3 mm, irregularmente denticulado, y nectario de 0,5 mm, cónico; hilo cárpico c. 0,5 mm, lateral, adaxial, anchamente ovado o ± orbicular. Vilano caedizo, con 2 filas de pelos escábridos, de un color pajizo, soldados por su base en un anillo de c. 0,5 mm, los externos de 1-7 mm y los internos de 9-15 mm.

Matorrales heliófilos, tomillares, etc., en suelos básicos o ultrabásicos; (300)630-1900(2200) m. V-VIII. ● E, C y S de España. **Esp.:** A Ab Al Ca CR Cu Gr M Ma (Mu) Te To V Z. **N.v.:** escobilla.

Observaciones.–Las citas de esta especie de las provincias de Ávila y Cáceres, basadas en antiguas referencias bibliográficas, no son creíbles.

9. Arctium L.*

[Árctium, -ii n. – gr. *árktion, -íou* n.; lat. *arctĭon, -ĭi* n. = en Dioscórides y Plinio, planta de tallo largo y blando que determinados autores piensan podría ser uno u otro gordolobo *(Verbascum* sp., *Scrophulariaceae)* o, tal vez, una especie del género *Inula* L. *(Compositae),* como la *I. candida* (L.) Cass. *(Conyza candida* L.) y la *I. heterolepis* Boiss., al decir de algunos –el vocablo se relaciona con gr. *árktos, -ou* m./f. = oso y osa, etc., quizá por lo peludas que serían las hojas de tales plantas–. El nombre genérico *Arctium* L. *(Compositae)* fue establecido por Linneo (1737: 243) en sustitución de *Lappa* de Tournefort (1694: 356; 1700: 450), sin dar explicaciones, y validado en Linneo (1753: 816; 1754: 357), para plantas que nada tienen que ver con las antedichas; porque Linneo y otros autores, tras la estela de A. Cesalpino, Pl. Libri XVI: 488-489 (1583), confundieron ese vocablo con gr. *árkion, -íou* n.; lat. *arcion, -ii* n. = en Dioscórides y Plinio, planta acaule, de hojas semejantes a las del *kolokynthís* (en Dioscórides) o *colocynthis* (en Plinio) –a no dudar, la coloquíntida o tuera [*Citrullus Colocynthis* (L.) Schrader *(Cucumis Colocynthis* L., *Cucurbitaceae)*]–, aunque más largas, duras, negras y vellosas; con lo que nuestro nombre genérico le cae a la bardana o lampazo mayor *(A. Lappa* L.), por más que hubiese debido perder su t, como procedente de *árkion* y *arcion*]

Hierbas bienales, inermes, con pelos unicelulares araneosos, pelos pluricelulares glandulíferos y glándulas sésiles. Tallos por lo general ramificados desde la base, sin alas. Hojas alternas, pecioladas, no decurrentes, la mayoría dentadas o crenadas. Capítulos multifloros, en inflorescencias complejas racemiformes o corimbiformes, rara vez terminales y solitarios, sésiles o pedunculados, discoides, homógamos. Involucro ± globoso, algo umbilicado en la base; brácteas herbáceas, imbricadas, mayores hacia el interior, las externas y medias erecto-patentes o reflexas, subuladas, uncinadas. Receptáculo plano o ± convexo, alveolado, con páleas setosas helicoides. Flósculos hermafroditas, que apenas sobrepasan el involucro. Corola tubular, pentámera, actinomorfa, glabra, a veces glandulosa, predominantemente rosado-violeta, con tubo y limbo netamente diferenciados, este con 5 lóbulos ± iguales. Estambres con filamentos libres, lisos o algo verrucosos, glabros, insertos en la base del limbo de la corola; anteras con conectivo prolongado en una lengüeta apical lanceolada ligeramente incurva, calcariformes en la base, con apéndices basales filiformes, hialinos, laciniados. Estilo liso, con dos ramas unidas al principio y después divergentes, delimitadas por un anillo de pelos colectores cortos, el resto glabro, rodeado en la base por un nectario, que persiste en el fruto a modo de prominencia sobre la placa apical. Aquenios heteromorfos, oblongo-obovoides, de sección ± prismática o, a veces, algo comprimidos, glabros, los de las flores externas curvos y los de las flores centrales rectos, con superficie recorrida por 2-5 costillas tenues longitudinales y, a veces, también rugosos, todos truncados en el ápice, con placa apical plana de borde ± festoneado y con nectario de subcilíndrico a pentalobulado; hilo cárpico basal, ovado o elíptico; sin eleosoma. Vilano simple, de un blanco amarillento, muy frágil, con dos o tres filas de pelos ± rígidos, denticulado-escábridos, desiguales –los más externos más cortos que los internos–, libres en la base, caedizos individualmente. $x = 18$.

Observaciones.–Comprende unas 27 especies de las regiones templadas de Eurasia [cf. A. Susanna & N. Garcia in Kubitzki (ed.), Fam. Gen. Vasc. Pl. 8: 136 (2007)], algunas introducidas en otras partes del mundo.

* A. Ortega Olivencia

Las flores, nectaríferas e inodoras, son visitadas fundamentalmente por himenópteros *(Apis, Bombus, Megachile* y *Halictus)*, lepidópteros *(Plusia)* y coleópteros. Al menos en *A. minus* [cf. G.A. Mulligan & P.G. Kevan in Canad. J. Bot. 48: 859-860 (1970)] y *A. lappa* [cf. A.R. Clapham & al., Fl. Brit. Isles ed. 3: 480 (1987)] se han indicado procesos de autopolinización, incluso en estado de botón floral *(A. lappa)*. La epizoocoria es el mecanismo de dispersión típico; los capítulos actúan como diáspora y son transportados en el pelaje de los animales gracias a sus brácteas involucrales uncinadas.

Arctium intermedium Lange, Haandb. Danske Fl.: 463 (1851) [*Lappa intermedia* (Lange) Rchb. fil. in Rchb., Icon. Fl. Germ. Helv. 15: 54 (1852)] fue citado por H.M. Willkomm in Willk. & Lange, Prodr. Fl. Hispan. 2: 177 (1865) en el apartado "Species inquirendae" de los Pirineos centrales franceses y se considera sinónimo de *A. nemorosum* Lej. in Mag. Hort. (Liège) 1: 289 (1833), una especie de distribución principalmente centroeuropea y que no alcanza la Península Ibérica [cf. H. Duistermaat in Gorteria 3: 94 (1996)]. *Arctium tomentosum* Mill., Gard. Dict. ed. 8, n.º 3 (1768) fue indicado para España por F.H. Perring in Tutin & al. (eds.), Fl. Eur. 4: 215 (1976). Esta indicación probablemente está basada en la cita de H.M. Willkomm in Willk. & Lange, Prodr. Fl. Hispan. 2: 176-177 (1865) [sub *Lappa tomentosa* (Mill.) Lam., Fl. Franç. 2: 37 (1779)], en la que expresa "In Hispania sec. Ortega", pero que no fue vista y comprobada realmente por él. H. Duistermaat (loc. cit.: 105) indica que esta especie vive en Europa y que no ha estudiado pliegos de España y Portugal.

En el presente tratamiento, la medida de la anchura de los involucros no incluye la porción sobresaliente de las brácteas externas y medias.

Bibliografía.–J. ARÈNES in Bull. Jard. Bot. État. Bruxelles 20: 67-156 (1950) [taxonomía]; H. DUISTERMAAT in Gorteria 3: 1-143 (1996) [taxonomía]; S. LÓPEZ-VINYALLONGA & AL. in Taxon 60: 539-554 (2011) [sistemática y filogenia]; A. SUSANNA & AL. in Collect. Bot. (Barcelona) 26: 101-118 (2003) [evolución de caracteres].

1. Capítulos sésiles o con pedúnculo hasta de 25(58) × 0,8-1,2(1,4) mm, solitarios o en grupos de 2-10 que, a su vez, están reunidos en inflorescencias complejas racemiformes o corimbiformes; involucro 10-22 × 8-18(28) mm; aquenios de las flores centrales (3)4-5,5(6) mm .... **1. A. minus**
– Capítulos en su mayoría pedunculados, con pedúnculo de 13-65 × (1)1,2-2 mm, dispuestos en inflorescencias complejas corimbiformes; involucro 15-25 × (14)20-32 mm; aquenios de las flores centrales (5,2)6-7,2 mm .... **2. A. lappa**

1. A. minus (Hill) Bernh., Syst. Verz.: 154 (1800) [mínus]

Lappa minor Hill, Veg. Syst. 4: 28, pl. 25 fig. 3 (1762) [basión.]
A. pubens Bab. in Ann. Mag. Nat. Hist. ser. 2, 17: 376 (1856)
A. chabertii subsp. *balearicum* Arènes in Bull. Jard. Bot. État. Bruxelles 20: 122 (1950)
A. minus subsp. *mediterraneum* Arènes in Bull. Jard. Bot. État. Bruxelles 20: 108 (1950)
A. minus subsp. *pubens* (Bab.) Arènes in Bull. Jard. Bot. État. Bruxelles 20: 89 (1950)
A. tomentosum var. *balearicum* (Arènes) Bonafè, Fl. Mallorca 4: 274 (1980), comb. inval.
Ind. loc.: "(...) native of our dry waste grounds, (...)"

Ic.: Font Quer, Pl. Medic.: 841 (1962); Hill, Veg. Syst. 4, tab. 25 fig. 3 (1762); Valdés, Talavera & Galiano (eds.), Fl. Andalucía Occid. 3: 139 (1987); lám. 16 a-n

Hierba bienal, por lo general unicaule, verde, con pelos unicelulares araneosos, pelos pluricelulares glandulíferos y glándulas sésiles brillantes. Tallos 50-172 cm, erectos, ascendentes, a menudo ramificados desde la base, de sección ± poligonal, longitudinalmente acostillados, foliosos en su totalidad, con pelos araneosos ± abundantes, pelos pluricelulares glandulíferos suaves y variablemente retorcidos, y glándulas brillantes ± sésiles. Hojas algo carnosillas, pecioladas, con nervadura principal pinnada y nervio medio prominente por el envés, menores hacia la parte superior del tallo; las basales rosuladas, con pecíolo de (8,2)11-48 cm, peloso-glanduloso o a veces sin glándulas y limbo de 15-42 × 8,7-33 cm, ovado, obtuso, cordiforme, con márgenes ondeados, crenados y ciliados –pelos 0,1-0,3 mm, blancos–, discoloro, de haz glabra, glabrescente o peloso-glandulosa y algo araneosa hacia los nervios y envés canescente, laxa o densamente araneoso, con glándulas ± abundantes; las inmediatas a las inflorescencias de 4,5-20,5 × 2,5-12,5 cm, con limbo ovado, por lo general obtuso y asimétrico, cordiforme, cuneado o atenuado en su base en un pecíolo hasta de 10 cm, irregularmente dentado o crenado, con ápice y dientes mucronados, discoloro, con indumento semejante al de las hojas inferiores pero más glanduloso por el envés; las axilares de las ramas o de algunos capítulos a veces ovado-lanceoladas o elípticas, con márgenes ± enteros. Capítulos solitarios o en grupos de 2-10 que, a su vez, están reunidos en inflorescencias complejas racemiformes o corimbiformes, sésiles o con pedúnculo hasta de 25(58) × 0,8-1,2(1,4) mm, alcanzados, al menos, por la última hoja caulinar, que no suele sobrepasar el involucro. Involucro 10-22 × 8-18(28) mm, ± globoso, glabro o algo araneoso, nada o apenas sobrepasado por las flores de la periferia; brácteas herbáceas, imbricadas y aparentemente dispuestas en 9-15 series, gradualmente mayores de fuera adentro, con nervio central marcado, verdes; las externas 3,8-10,5 × 0,5-1,3 mm, subuladas, uncinadas, erecto-patentes o reflexas, con cara abaxial glabrescente o cortamente pelosa y márgenes antrorso-escabriúsculos o ± glandulosos, las más externas a veces foliáceas, araneosas y glandulosas; las medias 7,5-13,5 × 0,8-1,6(2) mm, erecto-patentes o patentes, semejantes a las anteriores; las internas 8,5-14,5(17) × 1-2(2,5) mm, erectas, lanceoladas o lineares, largamente acuminadas –a veces alguna con ápice algo uncinado–, a menudo rosado-violetas en su porción distal, con cara abaxial provista de pelos antrorsos o ± glandulosa, y márgenes antrorso-escabriúsculos o glandulosos. Receptáculo plano o subconvexo, con páleas de 5-15 × 0,15-0,2 mm, helicoides, amarillentas. Corola 7-12 mm, predominantemente rosado-violeta, tubular, glabra, a veces glandulosa en su cara externa; tubo (2)3-6 mm, blanco o de un blanco rosado; limbo (3,4)4,2-6,8 mm, rosa-violeta, con lóbulos de 1-1,8(2) mm, linear-lanceolados, ± iguales. Anteras (2,5)3-4,8 mm, violetas, azuladas o blanquecinas, con apéndices basales a veces laciniados. Estilo violeta, con ramas rosado-blanquecinas. Aquenios de las flores centrales (3)4-5,5(6) × 1,7-2,2(3) mm, obovoides, de sección ± circular, con 2-5 costillas tenues longitudinales y, a veces, rugosos, de un color acastañado, en la madurez por lo general con manchas transversales negruzcas dispuestas irregularmente, glabros; placa apical con borde irregular y nectario de 0,1-0,15 mm; hilo cárpico ovado o elíptico. Vilano 1,4-4 mm, de un blanco amarillento. $2n$ = 18, 31*?, 32*?, 36; n = 18.

Herbazales higrófilos junto a cursos de agua, muros y caminos, en substratos ácidos o básicos ± nitrificados; 20-1740(1900) m. VI-X(XI). La mayor parte de Europa –excepto el Ártico–, SW de Asia, Macaronesia –Madeira– y N de África –Marruecos, Argelia y Egipto–; naturalizada en Nueva Zelanda, N de América, Brasil y Argentina y citada de Australia. Dispersa por la Península Ibérica y Baleares –Mallorca–. **And. Esp.:** (A) Ab Al Av B Bi Bu C Ca Cc Co (CR) Cs Cu Ge Gr Gu H Hu J L Le Lo Lu M Ma Mu Na O Or P PM[Mll] Po S Sa Sg So SS T Te To (V) Va Vi Z Za. **Port.:** AAl Ag BA BB BL DL Mi R TM. **N.v.:** aguipegotes, amor de hortelano, amores, amores ruines, apegotillos, arrancamoños, bardana, bardana menor, cachurrera, cachurros, cardillos monteses, cardinches, cardo negro, cardo pegote, cerdones, cospinera, cospíns (Aragón), enamoradores, garruchera, hierba de los amores, hierba de los pegotes, hierba de los tiñosos, hoja de burro, hoja de lobo, lamparaza, lampazo, lampazo menor, lapa, lapa de bueyes, lapa de san Bernardo, laparata (Aragón), pegadillo, pegajosos, pegotes, pioyu (Asturias), ramaza, repalona, respegones, sanalotodo, tallos de burro, verdelobo; *port.:* amores, bardana, bardana-maior, bardana-ordinária, erva-dos-namorados, erva-dos-pegamaços, erva-dos-tinhosos, labaça, lapa, lapão, orelha-de-gigante, pegamaço-menor; *cat.:* bardana, bardenera, catxurros, cuspiner (Mallorca), enganxacabells, enganxadones, gafarró, gafarronera, gafets, gaferot, gafets vermells, gossos, herba dels tinyosos (Valencia), llapa, llapasa, lleparassa (Valencia), repalassa, repelada, sarriasses; *eusk.:* amanua, belaun-belarra, iraxkorra, kharlotxa, lapa, lapabelarra, lapa-belarra, lapagarratza, lapatinlapaza, lapatxea, lapatxikia, lapatza, ohoina, orkatxa, orkatz-belarra, orkhatz-ostoa, urrheburusia; *gall.:* amores, arzola, bardana, carrapizos, garrotes, herba do costado, herba do hortelán, herba dos amores, herba dos chapizos, herba dos namorados, lampazo, lampazo dos pegadizos, pegamasso, pegotes, peollos.

Observaciones.–Algunas plantas de la isla de Mallorca que presentan con frecuencia capítulos sésiles o subsésiles, aglomerados en número de 4-6, fueron descritas como *A. chabertii* subsp. *balearicum (A. tomentosum* var. *balearicum).* No obstante, esta peculiaridad, que no se acompaña de más caracteres distintivos, es frecuente también en plantas procedentes de lugares diversos de la Península Ibérica y no hemos considerado oportuno su reconocimiento taxonómico.

2. A. lappa L., Sp. Pl.: 816 (1753) [Láppa]

Lappa glabra Lam., Fl. Franç. 2: 37 (1779)
Lappa officinalis All., Fl. Pedem. 1: 145 (1785), nom. illeg.
Lappa major Gaertn., Fruct. Sem. Pl. 2: 379 (1791), nom. illeg.
A. majus Bernh., Syst. Verz.: 154 (1800), nom. illeg.
Ind. loc.: "Habitat in Europæ cultis ruderatis" [lectótipo designado por H. Duistermaat in Taxon 52: 851 (2003): Dodoens, Stirp. Hist. Pempt. ed. 2: 38 (1616), icon]
Ic.: Font Quer, Pl. Medic.: 839 (1962); lám. 16 o

Hierba bienal, por lo general unicaule, verde, con pelos unicelulares araneosos, pelos pluricelulares glandulíferos y glándulas sésiles brillantes. Tallos hasta de 200 cm, erectos, ascendentes, ramificados desde la base, de sección ± poligonal, longitudinalmente acostillados, foliosos, con pelos araneosos ± abundantes, pelos pluricelulares glandulíferos suaves y variablemente retorcidos y glándulas brillantes ± sésiles. Hojas algo carnosas, pecioladas, con nervadura principal pinnada y nervio medio prominente por el envés, menores hacia la parte superior del tallo; las basales rosuladas, con pecíolo de 13,5-38 cm, peloso-glanduloso o, a veces, sin glándulas y limbo de 25-40,5 × 28-37 cm, ± orbicular u ovado, obtuso, cordiforme, con márgenes ondeados, irregularmente crenados y ciliados –pelos 0,1-0,3 mm, blancos–, discoloro, de haz glabrescente o peloso-glandulosa y algo araneosa hacia los nervios y envés blanco, araneoso, con glándulas ± abundantes; las inmediatas a las inflorescencias de 5,2-13 × 3,3-11,5 cm, con limbo ovado, obtuso y a

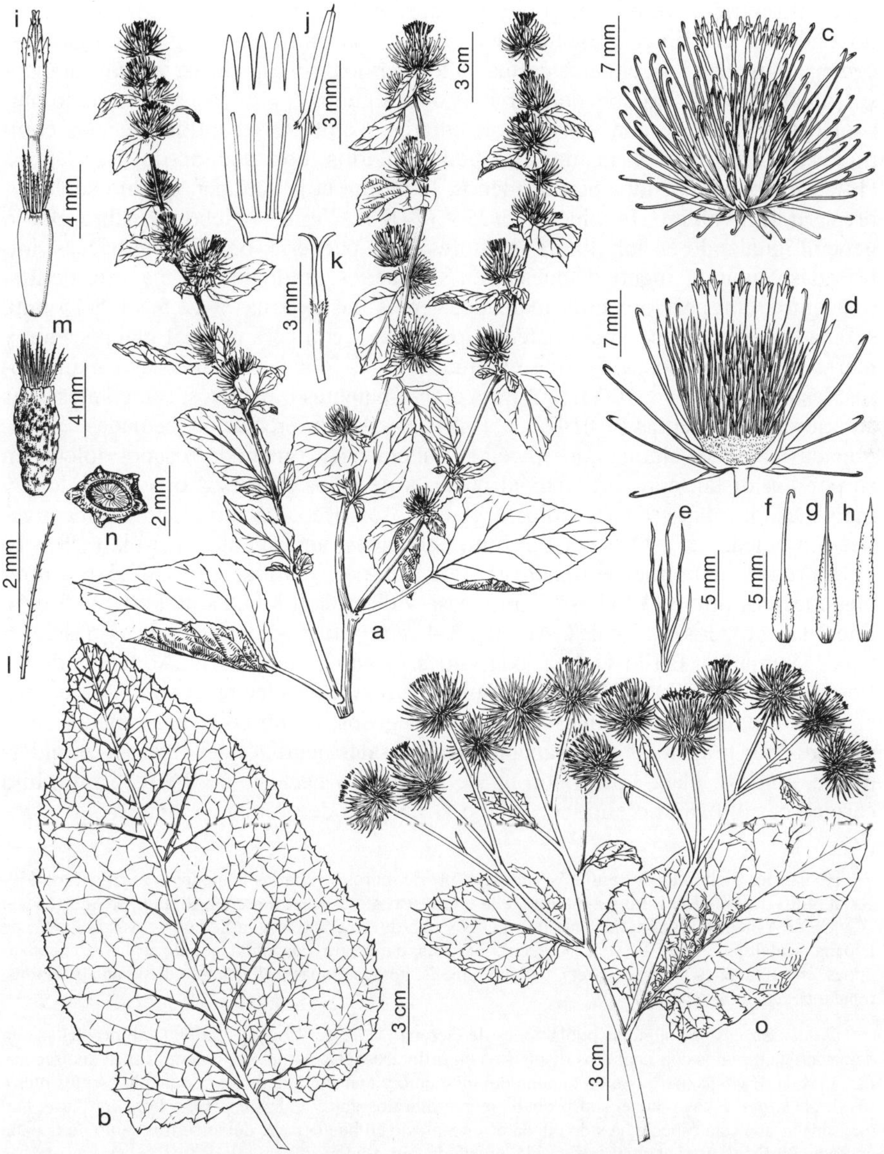

Lám. 16.–*Arctium minus,* a-k) Peñascosas, Albacete (UNEX 35227); l-n) entre Aracena y Los Marines, Huelva (UNEX 35226): a) parte superior del tallo e inflorescencia; b) hoja basal; c) capítulo; d) sección longitudinal de un capítulo que muestra las brácteas del receptáculo; e) páleas del receptáculo; f) bráctea involucral externa; g) bráctea involucral media; h) bráctea involucral interna; i) flor; j) limbo de la corola abierto que muestra los filamentos estaminales y un estambre completo; k) parte superior del estilo con sus ramas; l) detalle de un pelo del vilano; m) aquenio con vilano; n) detalle de la parte superior del aquenio. *A. lappa,* Valkeakoski, Finlandia (SEV 210504): o) parte superior de la planta e inflorescencia.

veces asimétrico, cordiforme y con pecíolo de 0,6-5,5 cm, irregularmente dentado, ondeado, con ápice y dientes mucronados, discoloro, de haz glabra o glabrescente, con pelos pluricelulares cortos en los nervios, sin glándulas, y envés araneoso, glanduloso; las axilares de las ramas o de algunos capítulos a veces ovado-lanceoladas o elípticas, con márgenes ± enteros. Capítulos en inflorescencias complejas corimbiformes, la mayoría pedunculados, con pedúnculo de 13-65 × (1)1,2-2 mm, alcanzados por, al menos, la última hoja caulinar, que no suele sobrepasar el involucro. Involucro 15-25 × (14)20-32 mm, ± globoso, glabro, por lo general igualando en longitud a las flores de la periferia; brácteas herbáceas, imbricadas y aparentemente dispuestas en 8-15 series, gradualmente mayores de fuera adentro, con nervio central marcado, verdes; las externas 5-12,5 × 0,5-15 mm, subuladas, uncinadas, erecto-patentes o reflexas, con cara abaxial glabrescente y márgenes ± glandulosos, las más externas a veces foliáceas, araneosas y glandulosas; las medias 9-16 × (0,8)1,1-2 mm, erecto-patentes o patentes, semejantes a las anteriores; las internas (10)14-21 × (0,8)1,3-1,9 mm, erectas, lanceoladas, ± acuminadas –a veces alguna con ápice algo uncinado–, a menudo rosado-violetas en su porción distal, con cara abaxial provista de pelos antrorsos o ± glandulosa y márgenes antrorso-escabriúsculos o glandulosos. Receptáculo plano o subconvexo, con páleas de 5-11 × 0,1-0,2 mm, helicoides, amarillentas. Corola (7)9,5-10 mm, predominantemente rosado-violeta, tubular, glabra; tubo (3,8)5-6,2 mm, blanquecino; limbo (3,5)4,3-6,5 mm, rosa-violeta, con lóbulos de (1)1,8-2,3 mm, linear-lanceolados, ± iguales. Anteras 3-4 mm, violetas, con apéndices basales a veces laciniados. Estilo violeta, con ramas rosado-blanquecinas. Aquenios de las flores centrales (5,2)6-7,2 × 2-3,2 mm, obovoides, de sección ± circular, con 2-5 costillas longitudinales tenues y, a veces, rugosos, de un color acastañado, en la madurez por lo general con manchas transversales negruzcas dispuestas irregularmente, glabros; placa apical con borde irregular y nectario de 0,1-0,15 mm; hilo cárpico basal, ovado o elíptico. Vilano 2-3,5 mm, de un blanco amarillento. $2n$ = 32* ?, 36*.

Herbazales de bordes de camino y carretera, pie de muros y rellanos húmedos ± nitrificados; 450-1000(1400) m. VIII-IX. Europa –aunque falta en el extremo N y es rara en la Región Mediterránea–, W y CS de Asia hasta Japón; introducida en el N y el S de América, Nueva Zelanda y Australia. NE de España –Cataluña–. **Esp.:** B Ge L. **N.v.,** *cat.*: bardana, bardanera, cuspinera, enganxacabells, enganxadones, enganxavelles, gafarot, gafets, gafets vermells, gossos, llapassa, llaparassa, lleperada, remolins, repalassa, repalaca, reparada.

Observaciones.–En algunas poblaciones de Gerona (Valle de Ribes) y Lérida (Vallferrera) se han detectado ejemplares con capítulos dispuestos en inflorescencias complejas racemiformes que recuerdan a las de *A. minus,* pero con un tamaño del involucro y una anchura de los pedúnculos semejantes a los de *A. lappa.* Estas plantas son probablemente híbridos entre ambas especies. Por otra parte, hay que señalar que esta especie ha sido citada erróneamente en buena parte del territorio, tanto de España como de Portugal, por haberse confundido a menudo con *A. minus*.

HÍBRIDOS

A. lappa × A. minus

Lappa × *notha* Ruhmer in Jahrb. Königl. Bot. Gart. Berlin 1: 238 (1881)
A. × *subracemosum* Nyman, Consp. Fl. Eur. Suppl. 2: 179 (1889)

A. × *nothum* (Ruhmer) J. Weiss in W.D.J. Koch, Syn. Deut. Schweiz. Fl. ed. 3: 1512 (1897)
Lappa × *mixta* E.G. Camus in Bull. Soc. Bot. France 44: 63 (1897), nom. illeg., non Simonk. in Természetrajzi Füz. 2: 145 (1878)
A. × *delphinense* Arènes in Bull. Jard. Bot. État. Bruxelles 20: 125 (1950)

10. **Galactites** Moench [nom. cons.]*

[Galactítes, -is? m. – lat. bot. *Galactītes, (-is?)* m., género de las *Compositae* creado por C. Moench, Methodus: 558 (1794), sobre la base de la *Centaurea galactites* L., Sp. Pl. 2: 919 (1753) –*G. tomentosus* Moench ["tomentosa"]–. Ese restrictivo específico se tomaba del "CARDVVS GALACTITES IOH. Bauhini." de J. Bauhin & J.H. Cherler, Hist. Pl. 3: 54 (1651), del cual se viene a decir: "las hojas [...] en la parte inferior muestran una lanosidad blancuzca y en la superior se hacen verdes pero llevan esparcidamente manchas de aspecto lechoso". Por otra parte, y al parecer sin relación, damos con las variantes gr. *galaktítēs, -ou* [*ī*] m. y lat. *galactīta* f., *galactītes* m. y *galactītis* f.; vocablos que hay quien supone aplicados, entre otras cosas, a diversas lechetreznas *(Euphorbia* sp., *Euphorbiaceae;* alguno sugiere concretamente *E. Peplus* L.). En todo caso, vienen de gr. *gála, gálaktos* n. = leche, y alude al bien conocido látex, blanco, en el caso de las lechetreznas o lecherinas y, en nuestro nombre genérico, a las manchas blanquecinas del haz foliar. A pesar de que en el protólogo *Galactites* es femenino, según el ICN, art. 62.4, su género gramatical ha de ser el masculino]

Hierbas anuales, espinosas, con pelos fundamentalmente unicelulares araneosos. Tallos simples o ramificados, alados. Hojas alternas, las basales rosuladas y cortamente pecioladas, el resto sésiles, decurrentes, pinnatífidas, pinnatipartidas o pinnatisectas –rara vez enteras o sinuadas y dentadas–, con margen dentado y espinoso o espinuloso. Capítulos multifloros, terminales, solitarios, en inflorescencias complejas corimbiformes o en grupos compactos, sésiles o pedunculados, radiantes, homógamos. Involucro ovoide o ± cilíndrico; brácteas aparentemente dispuestas en 4-7 series, imbricadas y de erecto-patentes a patentes, ± coriáceas, mayores hacia el interior, las externas y medias con espina apical bien desarrollada, las internas inermes. Receptáculo plano, alveolado, con pelos blanquecinos, lisos. Flósculos en su mayoría hermafroditas, los de la periferia neutros, patentes o erecto-patentes, que sobrepasan notablemente las brácteas más internas del involucro. Corola pentámera, glabra, blanca, purpúrea, rosada o blanquecino-rosada; la de las flores neutras tubular-infundibuliforme, ± actinomorfa, con 5 lóbulos ± iguales; la de las flores hermafroditas tubular, ± zigomorfa, con tubo y limbo netamente diferenciados, este con 5 lóbulos desiguales –por lo general dos más largos–. Estambres con filamentos soldados de modo que forman un tubo liso que, a su vez, se suelda a la base del limbo de la corola; anteras con conectivo prolongado en una lengüeta apical lanceolada y ligeramente incurva, calcariformes en la base, sin apéndices basales apreciables. Estilo liso, con dos ramas unidas –en la madurez algo recurvas en su extremo–, delimitadas por un anillo de pelos colectores cortos, con superficie receptiva papilosa en la cara adaxial, el resto glabro, rodeado en la base por un nectario que persiste en el fruto a modo de prominencia sobre la placa apical. Aquenios homomorfos, oblongo-obovoides, ligeramente comprimidos, lisos, glabros, truncados en el ápice, con placa apical plana, de borde resaltado, entero, discoloro, y con nectario ± pentalobulado, estipitado; hilo cárpico

* J.A. Devesa

subbasal, estrechamente elíptico; sin eleosoma. Vilano simple, blanco, caedizo, con 1 o 2(3) filas de pelos plumosos, desiguales, los externos más cortos y algunos internos con su extremo ligeramente espatulado y escábrido, soldados por su base en un anillo. x = 11.

Observaciones.–Este género, que comprende 3 especies [cf. K. Bremer (ed.), Asteraceae: 144 (1994); E. Häffner in Englera 21: 144 (2000)], está representado en las regiones Mediterránea y Macaronésica –Azores y Canarias–. De ellas, solo *G. mutabilis* Spach ex Durieu in Rev. Bot. Recueil Mens. 1: 362 (1845-1846) falta en el territorio de esta flora, ya que se trata de un endemismo del NW de África –Argelia y Túnez–. Esta especie presenta los capítulos subsésiles y agregados en grupos compactos, al igual que *G. duriaei,* de la que difiere porque tiene capítulos menores, con involucro de 12-14,5 mm, brácteas medias de igual longitud o más cortas que las internas y espina hasta de 3 mm.

En el presente tratamiento, la longitud del involucro es la longitud máxima de la fila de brácteas más interna y excluye, por tanto, a las brácteas medias, por lo general más largas.

Bibliografía.–A. SOLDANO in Atti Soc. Ital. Sci. Nat. Mus. Civico Storia Nat. Milano 131(15): 249 (1991) [nomenclatura]; N.J. TURLAND in Taxon 54: 202-203 (2005) [nomenclatura].

1. Todas las brácteas involucrales medias de menos de 20 mm, que nunca sobrepasan a las flores periféricas, con espina apical de 1,5-5 mm, amarillenta; capítulos terminales, solitarios o en inflorescencias complejas corimbiformes, alcanzados por las últimas hojas caulinares –que pueden sobrepasar o no el involucro– o bien sustentados por un pedúnculo de 3-60(90) mm, blanco y tomentoso; corola de las flores neutras 21-30(35) mm; vilano (10,5)13-16(17) mm .... **1. G. tomentosus**
– Al menos algunas brácteas involucrales medias 20-30 mm, de 1,5-2,5 veces la longitud de las más internas y mucho más largas que las flores periféricas, con espina apical de 6-17 mm, amarillento-anaranjada; capítulos terminales, en grupos de (3)5-9 –a veces algunos geminados en las axilas de las ramas–, ampliamente sobrepasados por las hojas caulinares involucrales; corola de las flores neutras 14-22(24,5) mm; vilano 11-13,5 mm .... **2. G. duriaei**

1. G. tomentosus Moench, Methodus: 558 (1794) [tomentósus]
["tomentosa"] [nom. cons.]

Centaurea galactites L., Sp. Pl.: 919 (1753) [nom. subst.]
G. pumilus Porta in Atti Imp. Regia Accad. Roveretana ser. 2, 9: 39 (1892)
Ind. loc.: "Habitat in Europa australi" [sec. L., Sp. Pl.: 919 (1753); lectótipo designado por N.J. Turland, Taxon 47: 357 (1998): UPS]
Ic.: Valdés, Talavera & Galiano (eds.), Fl. Andalucía Occid. 3: 145 (1987); lám. 17 s

Hierba anual, espinosa, en buena parte con indumento blanquecino denso de pelos unicelulares araneosos. Tallos hasta de 70(100) cm, erectos, simples o ramificados en la parte superior –rara vez desde la base–, con sección ± circular, longitudinalmente acostillados –costillas ± amarillento-pajizas al eliminar el indumento–, alados, con hojas en casi toda su longitud, con tomento blanco. Hojas hasta de 340 × 110 mm, las basales cortamente pecioladas y ± rosuladas –a menudo secas o faltan en la antesis– y el resto sésiles, decurrentes, menores hacia la parte superior del tallo, con nervadura principal pinnada y nervios prominentes por el envés; las caulinares del tercio basal y las medias oblongo-lanceoladas u oblongo-elípticas, muy rara vez enteras o sinuadas y dentadas con el margen espinuloso, con mucha mayor frecuencia de pinnatífidas a ± profundamente pinnatipartidas, con 4-7(8) pares de lóbulos –en las basales, a veces, hasta 9 o 10– triangulares o palmeado-trilobados –con lóbulos triangulares, el central mayor–, algo runcinados, el terminal ± triangular y de tamaño similar al de los medianos, con haz de un verde obscuro –a menudo ampliamente variegada de blanco en las regiones nervales–, glabra o con indumento laxo de pelos araneosos y envés con indumento blanco, densamente tomentoso, de pelos unicelulares –ocasionalmente con algún pelo pluricelular en el nervio medio–, y con margen laxamente dentado, con espinas de (0,8)1-6(9) mm, amarillentas; las superiores lineares, profundamente pinnatipartidas o pinnatisectas, con 3-5 pares de lóbulos y las inmediatas a las inflorescencias lineares o lineares y subuladas. Capítulos terminales, solitarios o en inflorescencias complejas corimbiformes, alcanzados por las últimas hojas caulinares –que pueden sobrepasar o no al involucro– o bien sustentados por un pedúnculo de 3-60(90) mm, tomentoso, blanco, apenas folioso. Involucro 13-17 × 5-9(10) mm, ovoide, truncado o ligeramente umbilicado en la base, araneoso, ampliamente sobrepasado por las flores periféricas; brácteas imbricadas y aparentemente dispuestas en 5-7 series, gradualmente mayores de fuera adentro aunque las medias son mayores que las internas, pardas o pardusco-amarillentas; las externas triangular-lanceoladas, abruptamente acuminadas, con un nervio ± conspicuo que recorre casi toda su longitud –teñido de un pardo obscuro– y dorso laxamente araneoso, con márgenes pubérulos y espina apical de 0,3-1,5 mm; las medias hasta de 20 mm, más grandes que los externos, que sobrepasan ligeramente a las más internas y nunca a las flores periféricas, de lanceoladas a oblongo-lanceoladas, con dorso laxamente araneoso y margen hialino estrecho al menos en la mitad inferior, ± contraídas en un acumen erecto-patente, ± antrorso-escábrido, de un pardo obscuro, con un nervio medio conspicuo y espina apical de 1,5-5 mm, amarillenta; brácteas internas 13-17 mm, oblongo-lanceoladas, glabras, inermes, con ápice escarioso y, por lo general, de un pardo rosado. Flores periféricas neutras, patentes, las centrales mucho más numerosas, hermafroditas. Corola casi siempre rosada, rara vez blanca, glabra; la de las flores neutras 21-30(35) mm, con tubo de (9)11-18 mm, blanco o blanquecino-rosado y limbo de 10-17,5 mm, blanco, rosado o de un rosa intenso, con 5 lóbulos de (8)9-15(16) mm, lineares; la de las flores hermafroditas (13,2)14-18(19) mm, con tubo de (4,3)6-9(10) mm, blanquecino y limbo de 7-9 mm, blanco, rosado o blanquecino-rosado –blanquecino-amarillento antes de la antesis–, con 5 lóbulos de (3)4-5,5(6) mm, desiguales –por lo general 2 más largos–, linear-lanceolados. Anteras 5,5-6,5 mm, verdosas. Estilo blanquecino-rosado, con ramas de un rosa intenso o violetas, obtusas. Aquenios (3,7)4,2-5 × 1,4-1,9(2) mm, oblongo-obovoides, lisos y brillantes –viscosos tras ruptura del pericarpo–, de un amarillo pajizo a pardos, en la madurez a veces con máculas a modo de estrías longitudinales de un pardo más obscuro, glabros; nectario 0,4-0,7 mm; hilo cárpico 0,3-0,4 mm. Vilano (10,5)13-16(17) mm, con al menos (1)2-4 pelos de ápice ligeramente espatulado. $2n = 22$; $n = 11$.

Herbazales a orillas de caminos y carreteras, cultivos, baldíos, etc., nitrófila; 0-1000(1300) m. II-VII(X). Regiones Mediterránea y Macaronésica –Azores, Madera y Canarias–. Dispersa por buena parte de la Península Ibérica y Baleares. **Esp.:** A Ab Al Av B Ba Bi (Bu) C Ca Cc Co CR Cs Ge Gr H J (Le) Lo Lu Ma (Mu) Na O Or (P) PM[Mll Ib Cabrera] Po S Sa Se SS T Te To V Vi Za. **Port.:** AAl Ag BA BAl BB BL DL E Mi R TM. **N.v.:** cardo, cardo borriquero, cardo cuajaleches, cardo de burro, cardota, centaurea lechosa; *port.:* cardo; *cat.:* calcida, calcida blanca, card blanc, card calapater (Mallorca), card calapoter (Mallorca), card de xeremia (Mallorca), card tromper (Mallorca), card trompeter (Mallorca), cardet bord, espinacs; *gall.:* cardota.

Observaciones.–Los capítulos de esta especie son caedizos en la madurez y liberan, por lo general sin dificultad, a los aquenios. Es polimorfa en lo que concierne al porte y a la forma y espinescencia de las hojas. En relación con las hojas, la mayor parte del material estudiado [Esp.: A Ab Av B Ba Bi (Bu) Ca Cc Co CR (Cs) Ge Gr H J (Le) Lo Lu Ma (Mu) Na O Or (P) PM[Mll Ib Cabrera] Po S Sa Se (SS) T (To) V (Vi). Port.: AAl Ag BAl (BB) BL E (Mi) R (TM)] se caracteriza por presentar las basales del tercio inferior del tallo ± pinnatipartidas o pinnatisectas, caracteres que se corresponden con los del tipo de la especie. Mucho más raras son las plantas con todas las hojas –o bien solo las basales y algunas del tercio inferior– de enteras a ± dentadas o sinuadas y espinulosas, observadas de manera esporádica en el territorio (Esp.: B Ca Co Gr H Lo Ma Sa Se T V. Port.: BAl) y que fueron descritas como *Centaurea elegans* All., Fl. Pedem. 1: 163 (1785), nom. rejic. [*G. elegans* (All.) Nyman ex Soldano in Atti Soc. Ital. Sci. Nat. Mus. Civico Storia Nat. Milano 131: 249 (1991), nom. rejic.; *G. tomentosus* var. *integrifolius* Boiss., Voy. Bot. Espagne 2: 355 (1841)]. Dichas plantas, que por lo general tienen tallos simples y casi siempre monocéfalos, son muy gráciles, de menor porte –a menudo de menos de 40 cm– que las típicas y con capítulos más estrechos –involucro 11-14 × 5-7 mm–, y se interpretan aquí como una mera expresión fenética de los ejemplares que crecen en condiciones poco favorables y presentan un aspecto a menudo claramente ahilado, por lo que no hemos reconocido en ellas categoría taxonómica alguna.

2. G. duriaei Spach ex Durieu in Rev. Bot. Recueil Mens. 1: 363 (1845-1846) [Duriáei]

Ind. loc.: "Galactites pyracantha olim in Herb. DR. (…), habite les pentes pierreuses et chaudes dex coteaux calcaires et les ravins abrités de l'ouest de l'Algerie, (...) Nous la découvrîmes le premier, en 1824, dans le sud-est de l'Espagne, autour de la rade de Carthagène, et, peu d'années après, M. Webb la retrouvait à Alicante"
Ic.: Lám. 17 a-r

Hierba anual, espinosa, en buena parte con indumento blanquecino denso de pelos unicelulares araneosos. Tallos hasta de 60(70) cm, erectos, simples o ramificados en la parte superior –rara vez desde la base–, con sección ± circular, longitudinalmente acostillados –costillas ± amarillento-pajizas o parduscas al suprimir el indumento–, alados, con hojas en casi toda su longitud, con tomento blanco. Hojas hasta de 160(200) × 95(100) mm, las basales cortamente pecioladas y ± rosuladas –a menudo secas o faltan en la antesis– y el resto sésiles, decurrentes, menores hacia la parte superior del tallo, con nervadura principal pinnada y nervios prominentes por el envés, amarillentos; las caulinares del tercio basal oblongo-elípticas, ovadas u obovadas, ± profundamente pinnatipartidas –excepcionalmente sinuadas y dentadas o pinnatífidas–, con (4)5-9 pares de lóbulos –a veces hasta 10 u 11 en las basales– triangulares o palmeado-trilobados –con lóbulos triangulares, el central mayor–, algo runcinados, el terminal ± triangular y menor,

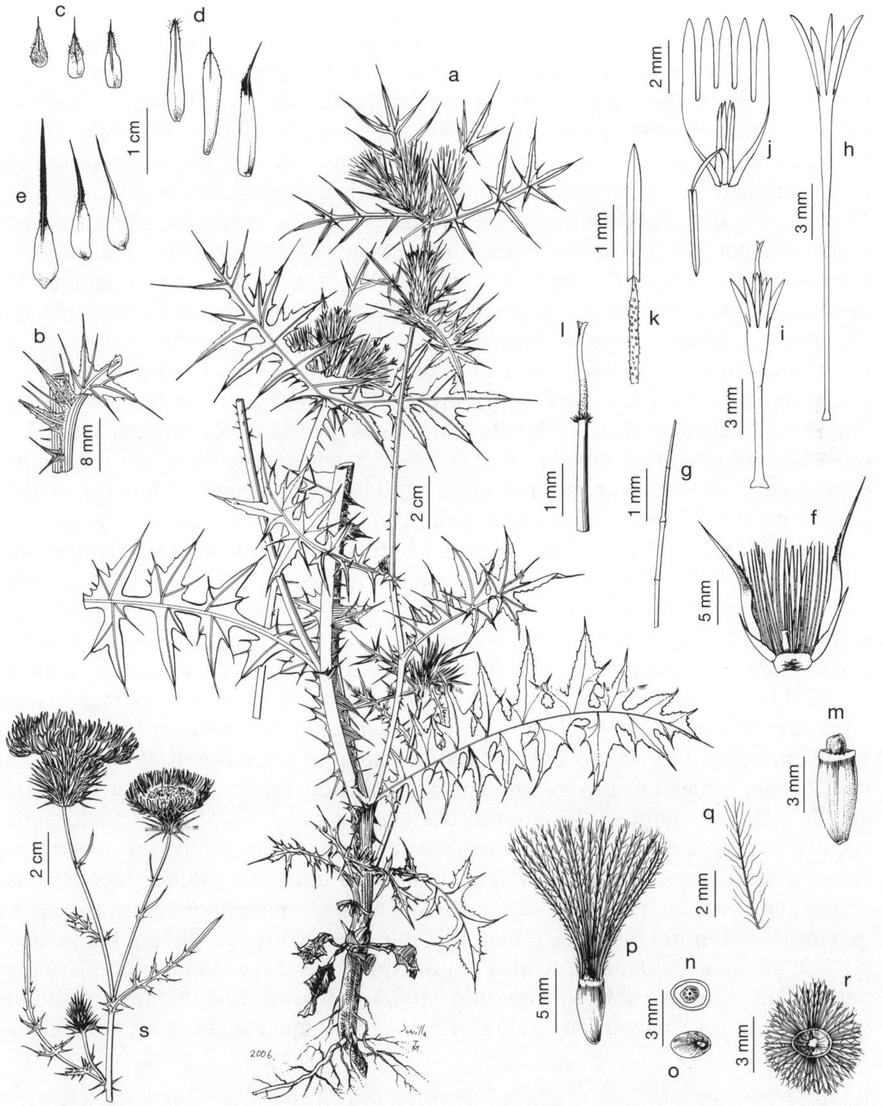

Lám. 17.–*Galactites duriaei,* a-r) La Unión, Murcia (COFC 30416): a) hábito; b) detalle de un nudo del tallo y de la inserción de una hoja; c) brácteas involucrales externas; d) brácteas involucrales medias; e) brácteas involucrales internas; f) sección longitudinal de un capítulo que muestra los pelos del receptáculo; g) cerda del receptáculo; h) corola de una flor estéril; i) corola y verticilos sexuales de una flor hermafrodita; j) corola abierta que muestra el tubo estaminal con un estambre desarrollado; k) estambre; l) porción de estilo con sus ramas; m) aquenio; n) vista superior del aquenio; o) vista inferior del aquenio que muestra el hilo cárpico; p) aquenio con vilano; q) detalle parcial de una cerda plumosa del vilano; r) vilano visto desde abajo que muestra el anillo membranoso de la soldadura de sus pelos. *G. tomentosus,* entre Arcos y Bornos, hacia Arcos, Cádiz (SEV 57323): s) detalle de la parte superior de un tallo que porta dos capítulos.

con haz de un verde obscuro –a menudo ampliamente variegada de blanco alrededor de los nervios–, glabra o con indumento laxo de pelos araneosos y envés con indumento blanco, densamente tomentoso, de pelos unicelulares, y con margen dentado, con espinas de (4)6-16(20) mm, amarillentas; las superiores profundamente pinnatipartidas o pinnatisectas, con 3-6 pares de lóbulos. Capítulos terminales, en grupos de (3)5-9 –a veces algunos geminados en las axilas de las ramas–, ampliamente sobrepasados por hojas caulinares involucrales. Involucro 14-18(19) × 5-9 mm, subcilíndrico, redondeado en la base, araneoso, claramente sobrepasado por las flores periféricas; brácteas imbricadas y aparentemente dispuestas en 4-6 series, gradualmente mayores de fuera hacia dentro, aunque las medias son mayores que las internas, verdosas; las externas triangulares, atenuadas, con un nervio ± conspicuo que recorre casi toda su longitud y dorso laxamente araneoso, con margen inconspicuamente pubérulo en el ápice y con espina apical de 0,3-1 mm; las medias más grandes de 20-40 mm, de 1,5-2,5 veces la longitud de las más internas y mucho más largas que las flores periféricas, de lanceoladas a oblongo-lanceoladas, con dorso laxamente araneoso y margen hialino estrecho al menos en la mitad inferior, contraídas en un acumen triquetro, erecto-patente o patente, amarillento-anaranjado, con un nervio conspicuo y ápice ± antrorso-escábrido, con espina apical de 6-17 mm, amarillento-anaranjada; brácteas internas 14-18(19) mm, oblongo-lanceoladas, glabras, inermes, con ápice escarioso y, por lo general, verdoso o algo pardusco. Flores periféricas neutras, erecto-patentes, las centrales mucho más numerosas, hermafroditas. Corola casi siempre rosada, rara vez blanca, glabra; la de las flores neutras 14-22(24,5) mm, con tubo de (10)13-18 mm, blanquecino-rosado y limbo de 4-6,5 mm, blanco, rosado o de un rosa pálido, con 5 lóbulos de 3-5 mm, lineares; la de las flores hermafroditas 10-13 mm, con tubo de (4,2)5,3-7,5 mm, blanquecino y limbo de 4,7-5,5(6,5) mm, blanco o blanquecino-rosado, con 5 lóbulos de 2,4-3,5 mm –por lo general dos de ellos más largos–, linear-lanceolados. Anteras 2,8-3,6 mm, rosado-violetas, al principio unidas y cuando receptivas ligeramente arqueadas en su extremo. Estilo blanquecino-rosado, con ramas de un rosa intenso o violeta, inconspicuamente papilosas. Aquenios 4,7-5,5 × 1,8-2,4 mm, oblongo-obovoides, a veces ligeramente comprimidos, lisos y muy brillantes –viscosos tras ruptura del pericarpo–, de un amarillo pajizo a pardos al principio y de un pardo obscuro en la madurez, glabros; nectario 0,5-1 mm; hilo cárpico 0,3-0,4 mm, estrechamente elíptico. Vilano 11-13,5 mm, al menos (1)2-4 pelos con el ápice ligeramente espatulado. $2n = 22$.

Herbazales a orillas de caminos, baldíos, escombreras, etc., nitrófila; 0-1050 m. IV-V. España y NW de África –Marruecos y Argelia–. SE de España. **Esp.:** A Ab Al Cs Mu V. **N.v.,** *cat.:* calcida valenciana.

HÍBRIDOS

G. duriaei × G. tomentosus

G. × *rigualii* Figuerola, Stübing & Peris in Anales Jard. Bot. Madrid 47: 252 (1990)

11. Cynara L.*

[Cýnara, -ae f. – gr. *kinára, -as* f. y *kynára, -as* f.; lat. *cinăra, -ae* f. y *cynăra, -ae* f. = al menos y con toda probabilidad, la alcachofera (planta), el cardo (hojas o pencas) y quizá la alcachofa (inflorescencia) –*C. Cardunculus* L. (incl., *C. Scolimus* L.)–. Para unos autores el vocablo estaría relacionado con gr. *kýōn, kynós* m./f. = perro, perra –"parce que les piquants dé ses especes ont quelque rapport avec les crocs des Chiens"; cf. S. Vaillant in Hist. Acad. Roy. Sci. Mém. Math. Phys. (Paris, 4.º) 1718: 156 (1719)–; para otros, con gr. *Kínaros, -árou* f., lat. *Cinăra, -ae* f. = Kínaros, isla griega del mar Egeo, donde, supuestamente, se criaba la planta; o, inverosímilmente, con lat. *cinis, -ĕris* m.(f.) = ceniza –"porque le gusta ser abonada con ceniza"; cf. C. Bauhin, Pinax: 383 (1623)–; aunque hoy se supone de origen desconocido. El género *Cynara* L. *(Compositae)* fue creado por Tournefort, como *Cinara* (1694: 351-352; 1700: 442-443), cambiado a *Cynara* por S. Vaillant –op. cit.: 155-156–, y validado en Linneo (1753: 827-828; 1754: 359)]

Hierbas perennes, espinosas –las cultivadas inermes–, con pelos unicelulares araneosos y, a veces, también pelos pluricelulares uniseriados, por lo general con glándulas. Acaules o con tallos desarrollados simples o ramificados en la mitad superior, nada o brevemente alados. Hojas alternas, las de la base pecioladas y el resto sésiles, nada o apenas decurrentes, sinuado-dentadas, pinnatífidas, 1-2 pinnatipartidas o 1-2 pinnatisectas, con margen espinoso. Capítulos multifloros, terminales, solitarios o en inflorescencias complejas ± corimbiformes, sésiles o pedunculados, discoides, homógamos o rara vez heterógamos. Involucro ovoide u ovoide-ciatiforme, con base truncada, redondeada o ligeramente deprimida; brácteas aparentemente dispuestas en 5-8 series, ± coriáceas, imbricadas, mayores hacia el interior del capítulo o las medias más largas que el resto, atenuadas o ± constreñidas en un apéndice apical triangular, ovado-triangular u ovado-lanceolado, erecto-patente, patente o reflexo, no decurrente, atenuado en una espina, el de las internas espinoso o inerme. Receptáculo plano o convexo, alveolado, con páleas setáceas blanquecinas, lisas. Flósculos hermafroditas o, a veces, los de la periferia funcionalmente masculinos, que sobrepasan el involucro. Corola tubular, pentámera, ± zigomorfa, glabra, azul, azul-violeta o blanca, con tubo y limbo netamente diferenciados, este con 5 lóbulos desiguales –por lo general uno o dos con los senos más profundos que el resto–. Estambres con filamentos libres, aplanados, papilosos, insertos en la base del limbo de la corola; anteras con conectivo prolongado en una lengüeta apical, oblonga, lanceolada u oblongo-lanceolada, ± recta, calcariformes en la base y con apéndices basales fimbriados. Estilo liso, con dos ramas aproximadas –a veces soldadas en la base– o separadas ligeramente en el extremo, delimitadas por un anillo de pelos colectores cortos, pubérulas en la cara abaxial y con superficie receptiva papilosa, el resto glabro, rodeado en la base por un nectario que persiste en el aquenio a modo de prominencia sobre la placa apical. Aquenios homomorfos, obovoides y de sección circular o ± elíptica, con superficie lisa o finamente estriada, o bien prismáticos, de sección ± tetrágona y con 1 costilla en cada lado –a veces también con los ángulos engrosados–, glabros, truncados en el ápice, con placa apical plana o convexa, generalmente sin borde y con nectario ± cilíndrico, a veces inconspicuo; hilo cárpico basal, elíptico o ± circular; sin eleosoma. Vilano simple, blanco, caedizo, con (5)6-9 filas de pe-

* J.A. Devesa & J. López Martínez

los ± desiguales, aplanados, plumosos en los 2/3 inferiores –con las barbas gradualmente menores– e inconspicuamente escábridos en su parte distal, soldados por la base en un anillo. $x = 17$.

Observaciones.–El género es monofilético [cf. L. Robba & al. in Pl. Syst. Evol. 253: 53-64 (2005)] y comprende 8 especies con representación en el S de Europa, N de África y SW de Asia, aunque al menos una de ellas (*C. cardunculus*) se ha naturalizado en diversas partes del globo. Sus afinidades con otros géneros no han sido totalmente resueltas, ubicándose sus especies en un clado junto con las de *Galactites*, *Ptilostemon*, *Lamyropsis* (Kharadze) Dittrich (*Cirsium* sect. *Lamyropsis* Kharadze, basión.), *Notobasis*, *Picnomon*, *Silybum*, *Cirsium*, *Tyrimnus* y *Carduus* [cf. A. Susanna & al. in Ann. Missouri Bot. Gard. 93: 150-171 (2006); A. Susanna & N. Garcia in Funk & al. (eds.), Syst. Evol. Biogeogr. Compos.: 293-313 (2009)]. En *Cynara* se conocen especies interfértiles y especies aloincompatibles [cf. A. Rottenberg & D. Zohary in Acta Hort. 681: 17-21 (2000)].

En el presente tratamiento, las medidas de las flores se tomaron en las del centro de los capítulos.

Bibliografía.–L. Robba & al. in Pl. Syst. Evol. 253: 53-64 (2005) [morfología y evolución]; F.M. Vázquez in Folia Bot. Extremadurensis 2: 65-71 (2008) [taxonomía]; A. Wiklund in Lazaroa 11: 19-27 (1989) [taxonomía]; in Bot. J. Linn. Soc. 109: 75-123 (1992) [taxonomía]; in Willdenowia 33: 63-68 (2003) [taxonomía].

1. Brácteas involucrales con base y apéndice de un blanco verdoso o glauco; corola blanca .... **5. C. baetica**
– Brácteas involucrales con base verdosa, de un verde amarillento o teñida de color púrpura, y apéndice de coloración diferente o sin apéndice; corola azul, o de un azul-violeta, rara vez blanca 2
2. Hojas con espinas hasta de 28 mm .... **1. C. cardunculus**
– Hojas con espinas hasta de 9 mm 3
3. Hierba acaule o con tallos hasta de 15 cm; corola 60-79 mm; vilano 46-60 mm .... **3. C. tournefortii**
– Hierba con tallos bien desarrollados, por lo general de más de 30 cm; corola 30-56,5(60) mm; vilano 20-45 mm 4
4. Hojas basales y las caulinares del tercio inferior con (12)15-21 pares de lóbulos principales, los de último orden lineares o linear-lanceolados; aquenios 7,5-10 mm; vilano 27-45 mm .... **2. C. humilis**
– Hojas basales y las caulinares del tercio inferior con 8-11 pares de lóbulos principales, los de último orden ovados o lanceolados; aquenios 4-5,2 mm; vilano 20-27 mm .... **4. C. algarbiensis**

1. C. cardunculus L., Sp. Pl.: 827 (1753) [Cardúnculus]

Ind. loc.: "Habitat in Creta"

Hierba perenne, espinosa, verdoso-blanquecina, con glándulas y pelos unicelulares largos, araneosos. Tallos hasta de 105 cm, erectos, simples o ramificados en la parte superior, de sección ± circular, longitudinalmente acostillados, sin alas –o muy brevemente alados bajo las hojas caulinares–, foliosos, glabrescentes o con indumento ± denso, blanco, de pelos unicelulares araneosos ± aplicados al menos en los valles intercostales, densamente glandulosos –glándulas punctiformes, amarillentas–. Hojas hasta de 500 × 300 mm, pecioladas o sésiles, ± conduplicadas, gradualmente menores hacia la parte superior del tallo, cortamente decurrentes –con varios grupos de espinas hasta de 28 mm a cada lado, amarillas–, con nervadura principal pinnada y nervios ± prominentes en el envés, sobre todo el principal –fuertemente acanalado en el haz–, pelosas, a menudo con glándulas negruzcas dispersas; las basales –rosuladas– y las caulinares del tercio inferior de contorno oblongo-elíptico u oblongo-lanceolado, profundamente pinnatipartidas o pinnatisectas, con 10-11(15) pares de lóbulos laterales a su vez ± pinnatipartidos o pinnatisectos en lóbulos oblongos y desiguales, agudos, abruptamente contraídos en una espina amarilla hasta de 23 mm, planos, discoloros, de haz verde-grisácea y envés con tomento blanquecino de pelos unicelulares araneosos aplicados –muy denso por el envés–, y con glándulas punctiformes amarillentas, muy abundantes y, a veces, también glándulas negruzcas mayores, dispersas; las caulinares medias y las superiores similares. Capítulos terminales, solitarios o en inflorescencias complejas ± corimbiformes de 2-3(4), sésiles o sobre pedúnculos hasta de 20 mm, con tomento blanquecino. Involucro (42)45-70(73) × 30-65 mm, ovoide, con base truncada, glabro, sobrepasado por las flores; brácteas coriáceas, aparentemente dispuestas en 6-8 series, gradualmente mayores de fuera adentro, o bien las medias más largas que las internas; las externas y medias con base ovada, verdosa, atenuadas o ± abruptamente contraídas en un apéndice de 15-37 mm, ± triangular, sin nervios apreciables, erecto-patente, pardo o pardo-purpúreo, a veces con borde cartilaginoso grueso –hasta de 1,1 mm–, pardo-amarillento, atenuado en una espina pardo-amarillenta hasta de 8 mm; las internas 45-60 mm, linear-espatuladas o linear-lanceoladas, erectas, con ápice ± ovado, lanceolado u oblongo, escarioso-papiráceo, sin nervios apreciables y de margen denticulado o irregularmente serrado, a veces lacerado y con pelos diminutos, pardusco o de un pardo-amarillento –a veces teñido de color púrpura–, abruptamente contraído en una espínula distal hasta de 1,8 mm. Receptáculo convexo. Corola 44-58,7 mm, predominantemente azul-violeta, glabra; tubo 26-45 mm, filiforme, blanco; limbo 14-20 mm, azul-violeta, con 5 lóbulos de 9,2-14,2 mm, lineares, por lo general 2 con los senos más profundos que el resto. Estambres con filamento de 4,1-6 mm; anteras 11-12 mm, azul-violetas o amarillentas, con apéndices basales de (0,5)0,7-1,4(1,8) mm. Estilo hasta de 70 mm, blanquecino, violeta en ± la mitad superior, con ramas de 10-16,1 mm. Aquenios 6-7,8 × 2,8-3,3 mm, obovoides, de sección ± elíptica, con superficie finamente estriada, parduscos y variegados de un pardo más obscuro, glabros; placa apical ± convexa, sin borde, y nectario de 0,2-0,3 mm –a veces inconspicuo–, ± cilíndrico o de sección tetrágona; hilo cárpico 0,5-1,2 mm, ± circular. Vilano 25-35 mm, con 7-9 filas de pelos plumosos –con cilios hasta de 5 mm–, de un color blanco dorado. $2n = 34$.

Orillas de camino y carretera, barbechos y baldíos, etc., en suelos ± nitrificados, preferentemente básicos; 10-560 m. (V)VI-VII(VIII). Región Mediterránea y Macaronesia; introducida y naturalizada en América y Australia. Dispersa por la Península Ibérica y Baleares. **(And.)**. **Esp.:** A Al (B) Ba Ca (Cc) Co CR Ge Gr J L (Le) Lo M Ma (Mu) Or PM[Mll] Se (T) (Te) To V (Z) Za. **Port.:** AAl Ag BAl (BL) (E). **N.v.:** alcachofera silvestre, alcaucil, alcaucil silvestre, bombilla, capota, cardo alcachofero, cardo arrecife, cardo colorado, hierba de cuajo, morras, morrillera, penquera; *port.:* cardo-coalhador, cardo-do-coalho, coalha-leite, coalho, pencas; *cat.:* bigoti, card coler (Mallorca y Valencia), card comú, card formatger, cardigot, cardolera, cardot, carxofa punxosa, carxofera borda, carxofera d'espina (Valencia), colera, escardasses, formatger (Valencia), gallufa (Mallorca), herba de formatjar, presó, presonera; *eusk.:* baratz gardua, kardabera, karloa, karlotxa, kazkarroa; *gall.:* arrafiz, callaleite, cardo-do-coalho, cardo presoeiro, carrapicho, carrapito, carrapizo, coalhaleite.

Observaciones.–De esta especie se cultiva la alcachofa o alcachofera (N.v., *port.:* alcachofra, alcahofra-de-comer, alcachofra-francesa, alcachofra-genovesa, alcachofra-roxa, alcachofra-verde, cardo-de-comer), que a menudo ha sido considerada una especie diferente [*C. scolymus* L., Sp. Pl.: 827 (1753); *C. scolymus* var. *major* Brot., Fl. Lusit. 1: 338 (1804); *C. scolymus* var. *minor* Brot., Fl. Lusit. 1: 338 (1804); *C. cardunculus* var. *hortensis* Brot., Fl. Lusit. 1: 339 (1804); *C. scolymus* f. *major* (Brot.) Mariz in Bol. Soc. Brot. 10: 235 (1892); *C. scolymus* f. *minor* (Brot.) Mariz in Bol. Soc. Brot. 10: 235 (1892); *C. cardunculus* subsp. *scolymus* (L.) Hegi, Ill. Fl. Mitt.-Eur. 6: 924 (1928)], pero que el hombre ha obtenido probablemente a partir de la especie aquí tratada [cf. A. Rottenberg & D. Zohary in Acta Hort. 681: 17-21 (2000)].

Las plantas cultivadas para alimentación, que también se cultivan para ornamentos, difieren de las silvestres en su mayor tamaño e inflorescencias y sus brácteas involucrales ovadas, notablemente desarrolladas, con ápice incurvo e inermes, como toda la planta; ocasionalmente pueden encontrarse ejemplares asilvestrados. Las brácteas involucrales y el receptáculo de la inflorescencia se consumen tras su cocción y se recomiendan a las personas diabéticas por su alto contenido en inulina, compuesto que aporta glúcidos que no producen glucosa. En medicina se emplean principalmente las hojas del primer año –también son utilizados el tallo, los capítulos y la raíz–, de las que se extrae un jugo que se deseca y sirve para preparar un extracto rico en compuestos fenólicos, como la cinarina y el ácido clorogénico, que ejercen un efecto beneficioso en enfermedades como la hepatitis. Los extractos de alcachofa además contienen flavonoides que, junto con los ácidos fenólicos, les confieren una gran acción colerética, colagoga, diurética y antiedematosa. Sus flores secas se usan para cuajar la leche, por lo que son de utilidad en la elaboración de queso.

1. Brácteas involucrales externas y medias atenuadas o ± abruptamente contraídas en un apéndice de 25-37 mm, estrechamente triangular; las internas linear-lanceoladas, con ápice oblongo o lanceolado, más cortas que las medias .... a. subsp. **cardunculus**
– Brácteas involucrales externas y medias atenuadas o ± abruptamente contraídas en un apéndice de 15-27 mm, triangular u ovado-triangular; las internas linear-lanceoladas o linear-espatuladas, con ápice oblongo, lanceolado u ovado, más largas que las medias .... b. subsp. **flavescens**

a. subsp. **cardunculus**

Ic.: Wiklund in Bot. J. Linn. Soc. 109: 119 fig. 15 E (1992)

Brácteas involucrales externas y medias con base ovada, atenuadas o ± abruptamente contraídas en un apéndice estrechamente triangular –a veces no diferenciable del resto de la bráctea– de 25-37 mm, con borde cartilaginoso de 0,2-0,4 mm de anchura, pardo-amarillento; las internas linear-lanceoladas, con ápice oblongo o lanceolado, más cortas que las medias. $2n = 34$*.

Orillas de camino y carretera, barbechos y baldíos, etc., en suelos ± nitrificados, preferentemente básicos; 10-70 m. (V)VI-VII(VIII). C y E de la Región Mediterránea –más rara en el W– y Macaronesia. SW de la Península Ibérica, rara en el E, y Baleares. **Esp.:** A PM[Mll]. **Port.:** Ag.

b. subsp. **flavescens** Wiklund in Bot. J. Linn. Soc. 109: 119 fig. 15 A-D y F-J, 120 (1992) [flavéscens]

Ind. loc.: "Holotype: Toledo; Villasequilla de Yepes, 510 m, talud de borde de camino, 6-VII-80, Laorga (MAF)"
Ic.: Valdés, Talavera & Galiano (eds.), Fl. Andalucía Occid. 3: 140 (1987) [sub *C. cardunculus*]; Wiklund in Bot. J. Linn. Soc. 109: 119 fig. 15 A-D y F-J (1992)

Brácteas involucrales externas y medias con base ovada, atenuadas o ± abruptamente contraídas en un apéndice triangular u ovado-triangular de 15-27 mm, con borde cartilaginoso de (0,1)0,5-1,1 mm de anchura, pardo-amarillento; las internas linear-lanceoladas o linear-espatuladas, con ápice oblongo, lanceolado u ovado, más largas que las medias. $2n = 34$.

Orillas de camino y carretera, barbechos y baldíos, etc., en suelos ± nitrificados, preferentemente básicos; 10-900(1000) m. (V)VI-VII(VIII). C y W de la Región Mediterránea, y Macaronesia. Dispersa por las mitades oriental y meridional de la Península Ibérica, más rara en el resto. **(And.). Esp.:** (A) Al (B) Ba Ca Cc Co CR Ge Gr H J L Lo M Ma Or Se (T) (Te) To V (Z). **Port.:** AAl Ag BAl.

Observaciones.–En la mayor parte del área de distribución peninsular de esta subespecie, las plantas tienen brácteas involucrales externas y medias con el borde del apéndice distal pardo-amarillento continuo y de 0,5-1,1 mm de anchura pero, de manera excepcional, pueden encontrarse individuos (Bajo Alentejo: COFC 29976) en los que este borde es discontinuo y mide como mucho 0,1-0,2 mm de anchura.

2. C. humilis L., Sp. Pl.: 828 (1753) [húmilis]

Bourgaea humilis (L.) Coss., Notes Pl. Crit.: 39 (1849)
Bourgaea humilis var. *leucantha* Coss., Notes Pl. Crit.: 39 (1849)
C. humilis var. *leucantha* (Coss.) Pérez Lara in Anales Soc. Esp. Hist. Nat. 16: 344 (1887)
Ind. loc.: "Habitat in agro Tingitano in Bœtica" [lectótipo designado por A. Wiklund in Bot. J. Linn. Soc. 109: 90 (1992): LINN]
Ic.: Valdés, Talavera & Galiano (eds.), Fl. Andalucía Occid. 3: 140 (1987); Wiklund in Bot. J. Linn. Soc. 109: 91 fig. 4 (1992)

Hierba perenne, espinosa, verde, con pelos unicelulares largos araneosos. Tallos hasta de 100 cm, erectos, simples o con más frecuencia ramificados desde la base, apenas ramificados en su extremo –a menudo solo bifurcados o trifurcados–, de sección ± circular, longitudinalmente acostillados, sin alas, foliosos sobre todo en la base y parte media, con pocas hojas que alcancen el capítulo, con indumento ± denso, blanquecino, de pelos araneosos aplicados, abundantes sobre todo en los valles intercostales. Hojas hasta de 530 × 140 mm, pecioladas o sésiles, gradualmente menores hacia la parte superior del tallo, nada o ligeramente decurrentes, con nervadura principal pinnada y nervios ± prominentes por el envés, sobre todo el principal –fuertemente acanalado en el haz–, pelosas, a veces con algunas glándulas negruzcas dispersas; las basales –± rosuladas– y las caulinares del tercio inferior de contorno elíptico o lanceolado, bipinnatipartidas o bipinnatisectas, con (12)15-21 pares de lóbulos laterales subopuestos en la mitad distal y ± alternos en la basal, a su vez –excepto los del ápice– pinnatipartidos o pinnatisectos en lóbulos lineares o linear-lanceolados, agudos, abruptamente contraídos en una espina hasta de 5 mm, con bordes ligeramente revolutos, con haz de un verde brillante y glabra, y envés blanco, cubierto por un indumento denso de pelos unicelulares araneosos aplicados; las caulinares medias similares pero con pecíolo menor o sésiles, con 10-15 pares de lóbulos, y las superiores semejantes y sésiles o bien las que alcanzan el capítulo ± lineares y enteras. Capítulos terminales, solitarios, sésiles o sobre pedúnculos hasta de 20(35) mm, con tomento blanquecino. Involucro 35-75 × (20)24-60 mm, ovoide-ciatiforme, con base truncada, glabro o casi, sobrepasado por las flores; brácteas coriáceas, aparentemente dispuestas en 5-7 series, las medias subiguales o poco más largas que las internas; las externas y medias ovado-lanceoladas, atenuadas en una espina amarilla hasta de 7 mm, verdosas o con frecuencia teñidas de color púrpura, sin nervios marcados, glabras, las externas arqueado-reflexas y las medias arqueado-patentes; las internas (38)47-60 mm, lanceoladas, oblongo-lanceoladas o lineares, erectas o erecto-patentes, similares en color a las externas y medias, con ápice escarioso-papiráceo e inerme, recorrido por 3(5) nervios apenas marcados, glabro o con pelos hasta de 0,2 mm en la cara abaxial, a veces alguno hasta de 1 mm. Receptáculo plano. Corola 40-56,5(60) mm, predominantemente azul o azul-violeta, rara vez blanca, glabra; tubo 27-40(42,8) mm, blanco; limbo 13-18,6(21,5) mm, azul, azul-violeta o blanco, con 5 lóbulos de 8-13,5(15) mm, lineares, por lo general uno de ellos con los senos más profundos que el resto. Estambres con filamento de 3-6 mm; anteras 8-10(11,4) mm, azul-violetas o blanco-amarillentas, con apéndices basales de 1-1,5 mm. Estilo hasta de 67 mm, blanquecino, violeta en la mitad superior, con ramas de 8,4-11,6(12,6) mm. Aquenios 7,5-10 × 4-6 mm, prismáticos, tetrágonos, con una costilla resaltada en cada lado y ángulos engrosados a modo de costillas aladas, de un pardo muy obscuro en la madurez, con líneas negruzcas que se hacen papiloso-crestadas hacia la base; placa apical plana, con borde engrosado y nectario de 0,2 mm, ± cilíndrico, a veces inconspicuo; hilo cárpico 1,4-2,8 mm, elíptico. Vilano 27-45 mm, con (5)6 filas de pelos plumosos –con cilios hasta de 4 mm–, de un color blanco dorado. $2n = 34$.

Orillas de camino y carretera, barbechos y baldíos, claros de bosque y matorral, etc., en suelos ± nitrificados, indiferente edáfica; 10-1200 m. (III)V-VII(VIII). Península Ibérica y NW de África –Marruecos y Argelia, rara en Mauritania–. C y sobre todo S de la Penísula y Baleares. **Esp.:** Ab Ba Ca Cc Co CR Cs H J M Ma PM[(Ib)] Se To. **Port.:** AAl Ag BAl BL E (R). **N.v.:** alcachofa, alcachofa de campo, alcachofas de Andalucía, alcachofas silvestres, alcachofera, alcachofilla, alcaucil, cardo andaluz, cardo borriquero, cardo del cuajo, cardo silvestre, cardo tendido, cardo timonero, chaparrillo, hierbacuajo, morillera, morra; *port.:* alcachofra-brava, alcachofra-do-São-João, cardo-bravo; *cat.:* carchofera (Valencia), card d'herba (Mallorca), card formatjer (Mallorca), cartcoler (Mallorca y Valencia), herba colera (Valencia).

Observaciones.–Especie con capítulos y flores de dimensiones muy variables y en la que no son raros los individuos albinos *(Bourgaea humilis* var. *leucantha; C. humilis* var. *leucantha).* En la comarca del Andévalo (Huelva) y en el Algarve, se han observado individuos con caracteres intermedios entre esta especie y *C. algarbiensis,* cuyo origen puede ser híbrido.

3. C. tournefortii Boiss. & Reut., Diagn. Pl. Nov. Hisp.: 18 (1842) [Tournefórtii]

Ind. loc.: "Habit. in collibus argillosis ad margines agrorum circa Matritum, pone collem Cerro Negro (Reuter), al cerro de la Meseta enfrente al soto Luzon (Quer) et en la Alcarria circa Lupiana (Quer)"
Ic.: Wiklund in Willdenowia 33: 64 (2003) [sub *Arcyna tournefortii*]; lám. 18

Hierba perenne, espinosa, verde-blanquecina, con glándulas, pelos unicelulares

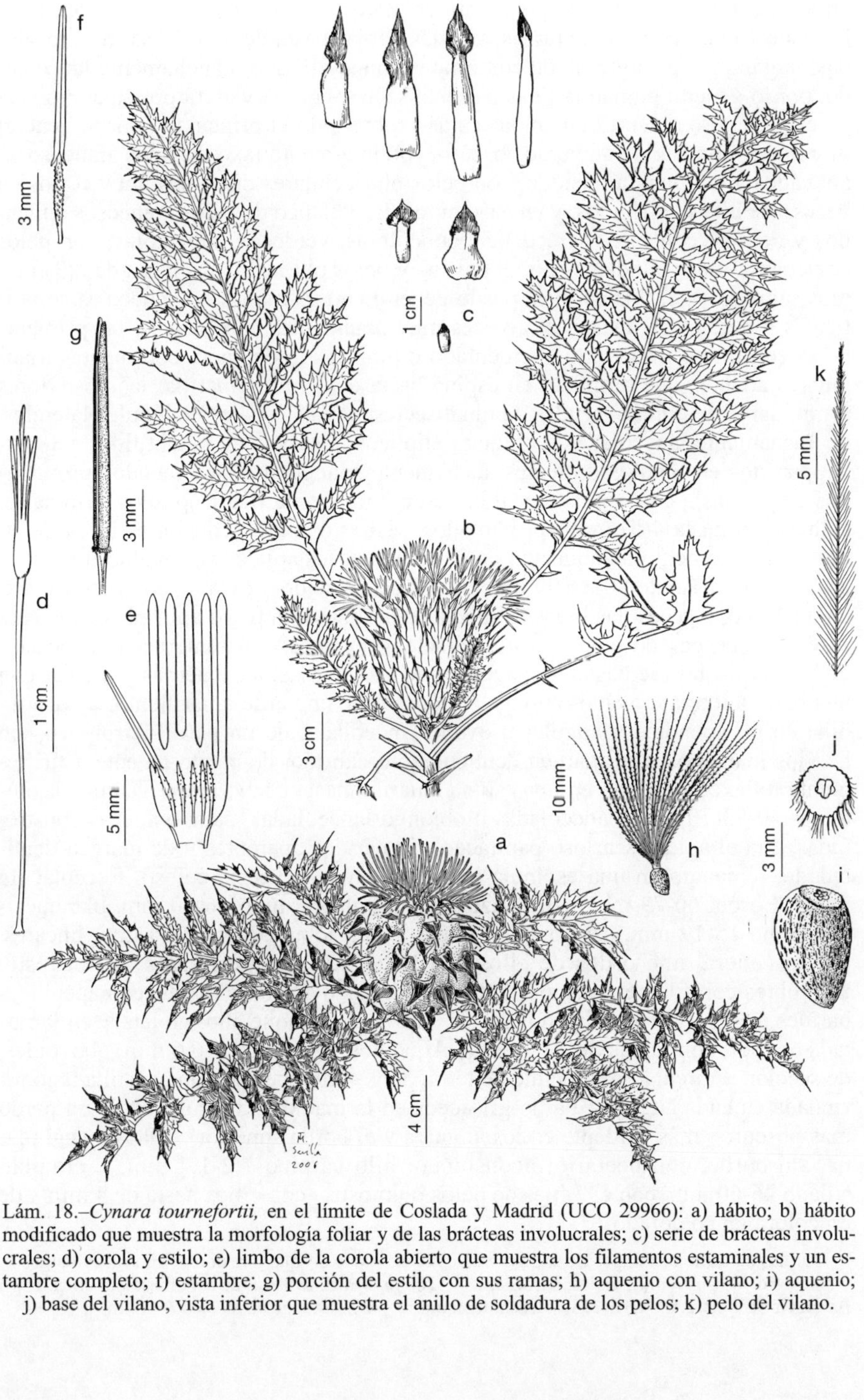

Lám. 18.–*Cynara tournefortii,* en el límite de Coslada y Madrid (UCO 29966): a) hábito; b) hábito modificado que muestra la morfología foliar y de las brácteas involucrales; c) serie de brácteas involucrales; d) corola y estilo; e) limbo de la corola abierto que muestra los filamentos estaminales y un estambre completo; f) estambre; g) porción del estilo con sus ramas; h) aquenio con vilano; i) aquenio; j) base del vilano, vista inferior que muestra el anillo de soldadura de los pelos; k) pelo del vilano.

araneosos largos y, a veces, pelos pluricelulares uniseriados. Acaule o con tallos hasta de 15 cm, con 1-4(7) ramas, sin alas. Hojas hasta de 590 × 385 mm, rosuladas, largamente pecioladas, de contorno oblongo-elíptico o anchamente lanceolado, por lo general pinnatipartidas o pinnatisectas, con nervadura principal pinnada y nervios ± prominentes en ambas caras –sobre todo el principal–, por lo general discoloras, con haz de un verde obscuro, con indumento laxo de pelos araneosos ± aplicados y también, a menudo, con pelos pluricelulares dispersos, muy cortos –a veces ± cónicos– y rígidos, y envés con tomento blanco de pelos araneosos aplicados y densos, con menor frecuencia concoloras, verdosas, subglabras, con pelos araneosos –más abundantes por el envés– y pelos pluricelulares hasta de 2(3) mm muy numerosos en los nervios, por lo general con glándulas blanquecinas, amarillentas o negruzcas dispersas, a veces muy abundantes en el envés; las primeras hojas con limbo irregularmente dentado o pinnatífido-dentado, con dientes triangulares anchos, que terminan en espina hasta de 3 mm, amarilla; las posteriores profundamente pinnatipartidas o pinnatisectas, con 8-11 pares de lóbulos laterales, de anchamente lanceolados a oblongo-elípticos, a su vez de pinnatífidos a ± pinnatipartidos en lóbulos o dientes anchamente triangulares –a menudo aproximados en parejas–, con espina apical hasta de 7 mm, amarilla. Capítulos terminales, solitarios o hasta 4(5) muy aproximados, sésiles o sobre pedúnculos hasta de 10 mm con un tomento blanquecino de pelos araneosos aplicados. Involucro 50-70 × 37-55 mm –hasta de 80 × 100 mm en la fructificación–, ovoide, con base truncada, glabro o, a veces, las brácteas medias e internas con pelos aplicados en la cara externa, sobrepasado por las flores; brácteas coriáceas, aparentemente dispuestas en 5-8 series, las medias algo mayores que las internas; las externas y medias con una base oblonga u ovado-oblonga, verdosa o de un verde-amarillento, ± constreñida en un apéndice triangular u ovado-lanceolado, de un pardo-ferrugíneo, sin nervios marcados, con margen denticulado-escábrido, de erecto-patente a fuertemente reflexo, atenuado en una espina amarilla hasta de 5(8) mm, glabras; las internas 40-53(70) mm, lanceoladas u oblongo-lanceoladas, nada o apenas constreñidas, con el ápice escarioso-papiráceo, sin nervios aparentes y de margen denticulado, rematado en una espínula hasta de 2 mm, a veces, peloso. Receptáculo plano. Corola 60-79 mm, azul o azul-violeta, glabra; tubo 46-60 mm, blanquecino; limbo 15-19 mm, azul o azul-violeta, con 5 lóbulos de 9,5-14 mm, lineares, por lo general uno o dos de ellos con los senos más profundos que el resto. Estambres con filamento de 6,2-7,8 mm; anteras 8-9 mm, violetas, con apéndices basales de 0,9-1,1 mm. Estilo hasta de 94,5 mm, blanquecino, violeta ± en la mitad superior, con ramas de 13-16 mm. Aquenios 7,8-9,25 × 5-6,6 mm, obovoides, de sección ± circular, o ligeramente tetrágonos –entonces con una costilla algo insinuada en cada ángulo–, pardo-grisáceos en la madurez, maculados de un pardo más obscuro –más evidente en los ángulos y el borde superior–; placa apical plana, sin borde, con nectario inconspicuo; hilo cárpico 1,2-1,4 mm, ± circular. Vilano 46-60 mm, con c. 7 filas de pelos plumosos –con cilios hasta de 4 mm–, de un color blanco dorado.

Orillas de camino, campos de cultivo y baldíos, claros de bosque y matorral, en suelos margosos, arcillosos o yesosos ± nitrificados, basófila; 186-1200 m. V-VII. ● C y S de la Península Ibérica. **Esp.:** Ba Ca Gr M. **Port.:** AAl BAl. **N.v.:** alcachofera, morra; *port.:* alcachofreira, alcachofreiro.

Observaciones.–Especie de distribución mal conocida [cf. F.B. Navarro & M.N. Jiménez in Acta Bot. Malac. 32: 256-257 (2007)], de la que existen testimonios bibliográficos que no han podido ser contrastados con material de herbario ni con recolecciones recientes y que, de confirmarse, podrían ampliar su área en España e incluir a las provincias de Guadalajara y Jaén. Aunque ha sido citada del N de África [cf. R.Ch.J.E. Maire in Bull. Soc. Hist. Nat. Afrique N. 29: 403-458 (1938); J. Gatefossé in Bull. Soc. Hist. Nat. Afrique N. 31: 206-220 (1940); L. Emberger & R.Ch.J.E. Maire in Jahand. & Maire, Cat. Pl. Maroc: 1154-1155 (1941)], la especie ha sido recientemente excluida de este territorio [B. Valdés in Valdés & al. (eds.), Cat. Pl. Vasc. N. Maroc 2: 706-707 (2002)]. De Badajoz se han descrito individuos con caracteres intermedios entre esta especie y *C. humilis (C. × pacensis,* véase el apartado de híbridos).

Los capítulos jóvenes de esta especie se recolectan para su consumo frescos o cocinados, práctica muy popular que puede poner en peligro la supervivencia de la especie.

4. **C. algarbiensis** Coss. ex Mariz in Bol. Soc. Brot. 10: 235, 236 (1892) [algarbiénsis]

C. humilis var. *sinuata* Brot., Fl. Lusit. 1: 340 (1804)

Ind. loc.: "(...) Coss. ap. Bourg. exsic. hisp.-lusit. (1853), n. 2075; (...) Terreno arido e schistoso, mattos das regiões infer. e montan.— Baixas do Guadiana: Beja: Valle d'Aguilhao (R. da Cunha), serra de Serpa: valle dos Collos (Daveau), entre Beja e Mertola (Brot.); - Alemtejo Litoral: Grandola: serra da Caveira (Daveau); - Algarbe: serra de Monchique: Foia (Bourg., J. Guimaraes), entre Boina e Monchique (Welw.), Silves (Daveau, Moller), Cabo de S. Vicente (Welw. fl. alg. n. 585)"

Ic.: Valdés, Talavera & Galiano (eds.), Fl. Andalucía Occid. 3: 141 (1987); Wiklund in Bot. J. Linn. Soc. 109: 98 fig. 8 (1992); lám. 19

Hierba perenne, espinosa, blanquecino-verdosa, con glándulas y pelos unicelulares, araneosos, largos. Tallos hasta de 110 cm, erectos, simples o ramificados de manera ± corimbosa en su extremo –a menudo solo bifurcados o trifurcados–, de sección ± circular, longitudinalmente acostillados, sin alas, foliosos sobre todo en su parte media, con indumento ± denso, blanquecino, de pelos araneosos aplicados, abundantes sobre todo en los valles intercostales y, a veces, con glándulas negruzcas dispersas. Hojas hasta de 220 × 90 mm, pecioladas o sésiles, gradualmente menores hacia la parte superior del tallo, nada o escasamente decurrentes, con nervadura principal pinnada y nervios ± prominentes en ambas caras, sobre todo el principal, verdoso-blanquecinas, pelosas, a menudo con glándulas negruzcas dispersas; las primeras hojas elípticas u oblongo-elípticas, de sinuado-dentadas a pinnatífido-dentadas, con lóbulos ± triangulares y espinas hasta de 2,4 mm; las basales –rosuladas, por lo general reducidas durante la antesis a restos peciolares secos– y las caulinares del tercio inferior atenuadas, de contorno elíptico, oblongo-elíptico u oblongo-lanceolado, pinnatipartidas o pinnatisectas, con 8-11 pares de lóbulos laterales oblongos, a su vez ± pinnatipartidos en varios segmentos laterales ovados o lanceolados, desiguales, agudos y culminados en una espina amarilla hasta de 9 mm, de margen ligeramente revoluto, con haz verde o de un verde algo grisáceo, cubierta por un indumento de pelos unicelulares araneosos ± aplicados, y envés blanco, con indumento denso de pelos unicelulares que ocultan en buena parte los nervios; las caulinares medias similares pero con pecíolo más corto o sésiles, pinnatipartidas o pinnatisectas –con menor número de lóbulos–, y las superiores similares pero sésiles, de contorno oblongo-lanceolado, pinnatífidas o pinnatipartidas. Capítulos terminales, solitarios o en inflorescencias complejas ±

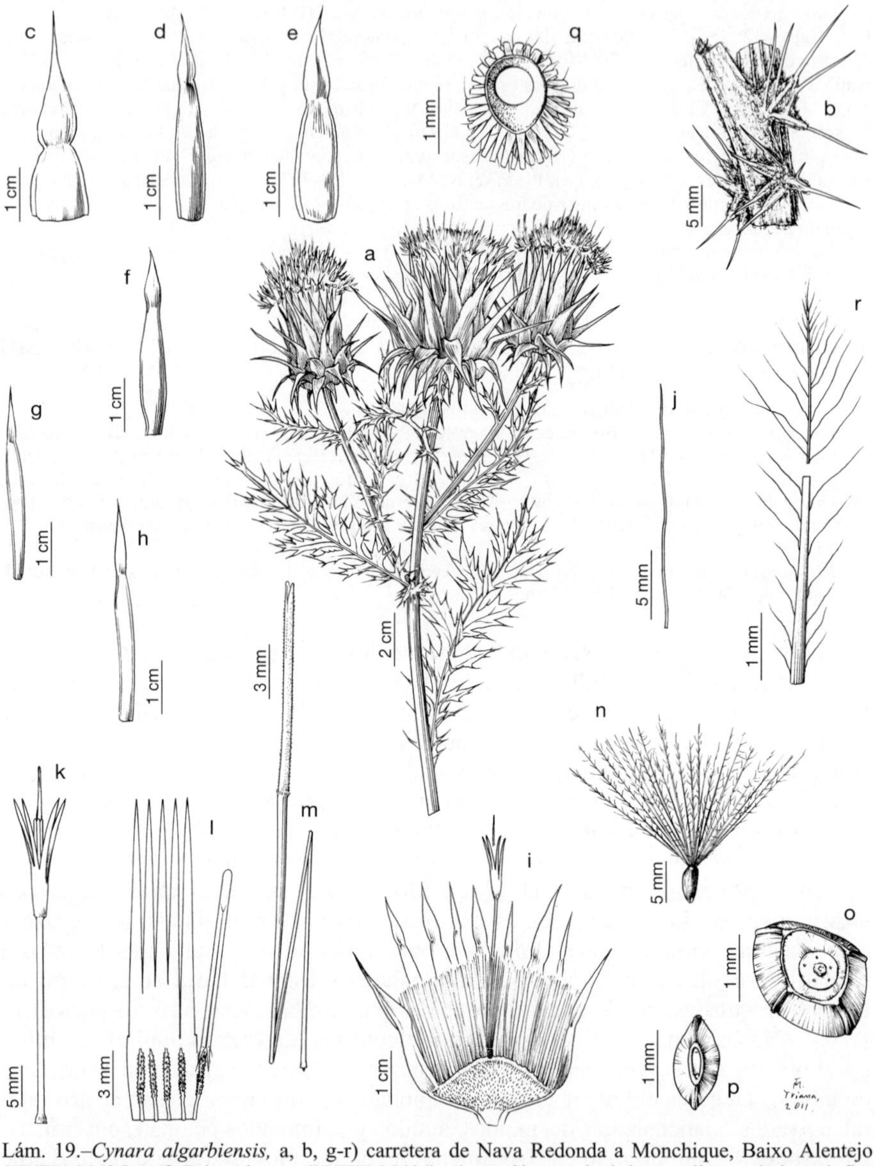

Lám. 19.–*Cynara algarbiensis,* a, b, g-r) carretera de Nava Redonda a Monchique, Baixo Alentejo (UNEX 35496); c-f) Foia, Algarve (UNEX 35494): a) porción terminal de un tallo con hojas e inflorescencias; b) nudo que muestra la inserción de una hoja; c-f) brácteas externas y medias del involucro; g, h) brácteas internas del involucro; i) sección longitudinal de un capítulo que muestra las páleas del receptáculo; j) pálea del receptáculo; k) corola y verticilos sexuales; l) limbo de la corola abierto que muestra los filamentos estaminales y un estambre completo; m) estilo con sus ramas; n) aquenio con vilano; o) porción superior del aquenio que muestra la placa apical y el nectario; p) porción inferior del aquenio que muestra el hilo cárpico; q) base del vilano, vista desde abajo, que muestra el anillo de soldadura de los pelos; r) pelo del vilano.

corimbiformes, sobre pedúnculos hasta de 15 mm con tomento blanco. Involucro 31-50 × 15-40 mm, ovoide, con base ligeramente deprimida, glabro, sobrepasado por las flores; brácteas coriáceas, aparentemente dispuestas en 5 o 6 series, las medias subiguales o algo mayores que las internas; las externas y medias con una base oblonga u ovado-oblonga ± constreñida en un apéndice triangular u ovado-lanceolado, sin nervios marcados, de erecto-patente a fuertemente reflexo, atenuado en una espina amarilla hasta de 7 mm, glabras, verdosas o con frecuencia teñidas de color púrpura; las internas 31-41 mm, recorridas por 3-8 nervios apenas marcados –más evidentes hacia el ápice– y con margen escarioso estrecho, con pelos dispersos hasta de 2 mm, de un color similar al de las externas y medias, unas veces con base oblonga y ± constreñidas hacia el ápice en una porción ovado-lanceolada, escarioso-papirácea, con margen laxamente escábrido y rematada en una espínula hasta de 0,8 mm, y otras lineares o linear-lanceoladas, no constreñidas, con ápice igualmente escarioso-papiráceo y espinuloso. Receptáculo plano. Corola 30-33 mm, predominantemente azul-violeta, glabra; tubo 17-23 mm, blanquecino; limbo 10-15 mm, azul-violeta, con 5 lóbulos de 7-11 mm, lineares, por lo general 1-2 de ellos con los senos más profundos que el resto. Estambres con filamento de 3,5-5 mm; anteras 6,5-10 mm, violetas o blanquecino-amarillentas, con apéndices basales de 0,7-2,4(3,2) mm. Estilo hasta de 49 mm, blanquecino, violeta en ± la mitad superior, con ramas de 5,6-10 mm. Aquenios 4-5,2 × 2,4-3 mm, obovoides, de sección ± circular, lisos, de un pardo obscuro en la madurez y con líneas longitudinales negruzcas; placa apical plana, sin borde, con nectario inconspicuo o de 0,2-0,3 mm, ± cilíndrico; hilo cárpico 0,6-0,8 mm, ± circular o elíptico. Vilano 20-27 mm, con (5)6 o 7 filas de pelos plumosos –con cilios hasta de 4 mm–, de un color blanco dorado. $2n = 34$.

Orillas de camino y carretera, orlas de bosque y claros de matorral, en suelos ± nitrificados, indiferente edáfica; 10-900 m. (V)VI-VII(VIII). ● SW de la Península Ibérica. **Esp.:** H. **Port.:** Ag BAl. **N.v.,** *port.:* alcachofra-do-Algarve.

Observaciones.–Recuérdese el posible origen híbrido de ciertas poblaciones de la comarca del Andévalo (Huelva) y del Algarve (véanse las observaciones acerca de *C. humilis).*

5. C. baetica (Spreng.) Pau in Bol. Soc. Esp. Hist. Nat. 23: 245 (1923) [báetica]
subsp. **baetica**

Cirsium baeticum Spreng., Syst. Veg. 3: 377 (1826) [basión.]
C. alba Boiss. ex DC., Prodr. 7: 304 (1838)
Ind. loc.: "Hispania baetica"
Ic.: Valdés, Talavera & Galiano (eds.), Fl. Andalucía Occid. 3: 141 (1987); Wiklund in Bot. J. Linn. Soc. 109: 104 fig. 11 (1992); lám. 20

Hierba perenne, espinosa, blanca o blanco-verdosa, con glándulas y pelos unicelulares araneosos, largos. Tallos hasta de 70 cm, erectos, simples o ramificados de manera ± corimbosa en su extremo, de sección ± circular, longitudinalmente acostillados, no alados, foliosos sobre todo en las partes media y superior, con glándulas punctiformes amarillentas abundantes, algunas negruzcas más grandes e indumento ± denso, blanquecino, de pelos unicelulares araneosos, largos y parale-

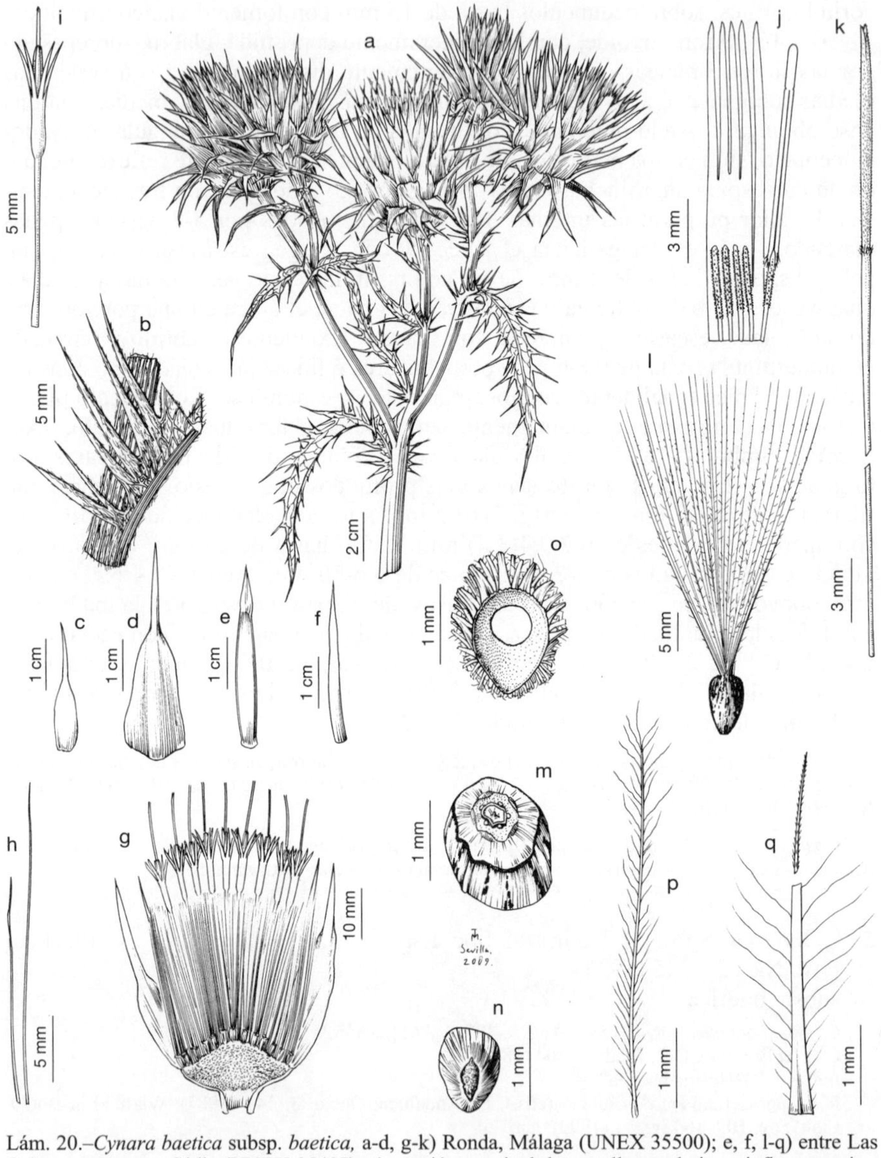

Lám. 20.–*Cynara baetica* subsp. *baetica,* a-d, g-k) Ronda, Málaga (UNEX 35500); e, f, l-q) entre Las Cabezas y Espera, Cádiz (UNEX 35497); a) porción terminal de un tallo con hojas e inflorescencias; b) nudo que muestra la inserción de una hoja; c) bráctea externa del involucro; d) bráctea media del involucro; e, f) brácteas internas del involucro; g) sección longitudinal de un capítulo que muestra las páleas del receptáculo; h) páleas del receptáculo; i) corola y verticilos sexuales; j) limbo de la corola abierto que muestra los filamentos estaminales y un estambre completo; k) estilo con sus ramas; l) aquenio con vilano; m) porción superior del aquenio que muestra la placa apical y el nectario; n) porción inferior del aquenio que muestra el hilo cárpico; o) base del vilano, vista desde abajo, que muestra el anillo de soldadura de los pelos; p) pelo externo del vilano; q) pelo interno del vilano.

los a las costillas. Hojas hasta de 240 × 120 mm, pecioladas o sésiles, gradualmente menores hacia la parte superior del tallo, nada o escasamente decurrentes, con nervadura principal pinnada y nervios muy prominentes por el envés, sobre todo el principal –los secundarios formando un retículo muy evidente–, verdoso-blanquecinas, pelosas; las basales –rosuladas, aunque a menudo faltan o se reducen durante la antesis a sus restos peciolares secos– y las caulinares del tercio inferior pecioladas, elípticas, oblongas u oblongo-lanceoladas, pinnatífidas, pinnatipartidas o pinnatisectas, con 5-7 pares de lóbulos laterales oblongos –el terminal más grande–, a su vez conspicua y laxamente dentados, pinnatífidos o ± pinnatipartidos en varios segmentos laterales triangulares y desiguales, agudos y culminados por una espina amarilla hasta de 12 mm, de margen ligeramente revoluto, con glándulas punctiformes amarillentas y glándulas negruzcas, con haz de un verde-blanquecino, con pelos unicelulares araneosos ± aplicados, y envés con tomento blanco de pelos araneosos aplicados y densos; las caulinares medias y las superiores similares, sésiles, de contorno oblongo-lanceolado, pinnatífidas o pinnatipartidas. Capítulos terminales, solitarios o en inflorescencias complejas ± corimbiformes, sobre pedúnculos hasta de 11 mm y con tomento blanco. Involucro 31-58 × 18-45 mm, ovoide, ligeramente redondeado en la base, de glabrescente a ± araneoso, sobrepasado por las flores; brácteas coriáceas, aparentemente dispuestas en 5-7 series, las medias subiguales o algo mayores que las internas; las externas y medias con base ovada u oblongo-ovada, abruptamente estrechadas en un apéndice triangular largo –de sección plano-convexa o semicilíndrica–, sin nervios marcados, de erecto-patente a arqueado reflexo, atenuado en una espina amarilla hasta de 6 mm, de un blanco verdoso o de un color glauco, con el margen de un color acastañado negruzco, por lo común con indumento de pelos unicelulares araneosos que a menudo forman una borra caediza; las internas 32-50 mm, recorridas por 3-8 nervios apenas marcados y con margen escarioso estrecho, similares en color a las externas y medias, unas veces con base oblonga y ± constreñidas hacia el ápice en una porción ovado-lanceolada, escarioso-papirácea, sin nervios aparentes –a veces el central algo marcado–, con margen laxamente escábrido y rematada en una espínula hasta de 0,5 mm, y otras lineares o linear-lanceoladas, con ápice igualmente escarioso-papiráceo y espinuloso. Receptáculo plano. Corola 29-45 mm, blanca, glabra; tubo 19-26 mm, blanco; limbo 12-20 mm, blanco, con 5 lóbulos de 6-14 mm, lineares, por lo general uno de ellos con los senos más profundos que el resto. Estambres con filamento de 4-5,4(5,6) mm; anteras 7-11,2 mm, blancas, con apéndices basales de 0,5-2,4 mm. Estilo hasta de 47 mm, blanco, con ramas de 7-10,8 mm. Aquenios 5-6,8 × 3-3,5 mm, obovoides, de sección ± circular, con superficie finamente estriada, de un pardo obscuro en la madurez y variegada de negro; placa apical ligeramente convexa, sin borde, con nectario inconspicuo o de 0,2-0,4 mm, ± cilíndrico; hilo cárpico 0,7-1,1 mm, ± circular o elíptico. Vilano 22,4-31 mm, con 7 u 8 filas de pelos plumosos –con cilios hasta de 3 mm–, de un color blanco dorado. $2n = 34$.

Orillas de camino y carretera, campos incultos, claros de bosque, en suelos ± nitrificados, indiferente edáfica; 400-1700 m. VI-VIII(X). ● S de España. **Esp.:** Ab Ca Co Gr J Ma. **N.v.:** alcachofa bravía, alcaucil, cardo yesco.

Observaciones.–En el NW de África se conoce la subsp. *maroccana* Wiklund in Bot. J. Linn. Soc. 109: 106 (1992), endémica de Marruecos y con flores violetas y brácteas involucrales rosadas.

HÍBRIDOS

C. algarbiensis × C. humilis

C. humilis × C. tournefortii

C. × *pacensis* F.M. Vázquez in Folia Bot. Extremadur. 2: 66 (2008)

12. Ptilostemon Cass.*

[Ptilostémon, -onos m. – lat. bot. *Ptilostēmon, -ōnos* m., género de las *Compositae* creado por A.H.G. de Cassini in Bull. Sci. Soc. Philom. Paris 1816(Livraison de décembre): 200 (1816). Aunque nada se indique en el protólogo acerca del origen de tal nombre ni, que sepamos, en publicación alguna del botánico parisino, sin duda el vocablo está relacionado con gr. *ptílon, -ou* n. = pluma suave o ligera, plumón // bozo vello, etc. (éste, con gr. *pterón, -oû* n. = pluma // ala, etc.); y gr. *stḗmōn, -onos* m. = urdimbre // hilo de la urdimbre, etc.; lat. *stamen, -inis* n. = hilo, hebra, estambre, etc. // bot. estambre de la flor –en el protólogo se dice: "Les filets des étamines élégament plumeux, forment son caractère le plus remarquable"–. Pese a que en Cassini –cf. in F. Cuvier, Dict. Sci. Nat. ed. 2, 44: 58-60 (1826)– el género gramatical de *Ptilostemon* es el neutro; según el ICN, art. 62.2.(a), ha de ser el masculino]

Hierbas perennes, sufruticosas –algunas extraibéricas anuales, o arbustos inermes–, espinosas, con pelos unicelulares araneosos. Tallos simples o ramificados en la parte superior, sin alas. Hojas alternas, sésiles, no decurrentes, ± enteras o de sinuado-lobadas a pinnatífidas, con margen espinoso. Capítulos multifloros, terminales, dispuestos en inflorescencias complejas corimbiformes o espiciformes, subsésiles o pedunculados, discoides, homógamos. Involucro ovoide; brácteas aparentemente dispuestas en 4-7 series, ± coriáceas, imbricadas, mayores hacia el interior pero las medias mayores que el resto, las externas y medias erecto-patentes, patentes o reflexas, todas con espina terminal. Receptáculo plano o ligeramente convexo, alveolado, con pelos ligeramente aplastados, lisos, blancos. Flósculos hermafroditas, que sobrepasan algo el involucro. Corola tubular, pentámera, ± zigomorfa, glabra, rosado-purpúrea, con tubo y limbo netamente diferenciados, este con 5 lóbulos desiguales –uno con los senos más profundos que el resto–. Estambres con filamentos libres, pelosos en el tercio superior, insertos en la base del limbo de la corola; anteras con conectivo prolongado en una lengüeta apical lanceolada ligeramente incurva, calcariformes en la base, con apéndices basales filiformes e hialinos, a veces fimbriados. Estilo liso, con dos ramas aproximadas en casi toda su longitud, divergentes solo en su extremo, delimitadas por un anillo de pelos colectores cortos, el resto glabro, rodeado en la base por un nectario que persiste en el fruto a modo de prominencia sobre la placa apical. Aquenios homomorfos, obovoides, lisos, glabros, truncados en el ápice, con placa apical ± plana, de borde entero y con nectario rudimentario; hilo cárpico basal, ± ovado; sin eleosoma. Vilano simple, blanco, caedizo, con 4 o 5 filas de pelos soldados por la base formando un anillo, ligeramente comprimidos, plumosos, ± iguales. $x = 12, 16$.

* J.A. Devesa

Observaciones.–El género comprende 14 especies nativas de la Región Mediterránea [cf. A. Susanna & N. Garcia in Kubitzki (ed.), Fam. Gen. Vasc. Pl. 8: 123-147 (2007); W. Greuter in Boissiera 22: 1-215 (1973)]. Presenta gran afinidad filogenética con *Galactites* [cf. E. Häffner & F.H. Hellwig in Willdenowia 29: 27-39 (1999)], probablemente su género hermano, y sus especies se integran en un clado junto con las de *Cynara, Lamyropsis* (Kharadze) Dittrich *(Cirsium* sect. *Lamyropsis* Kharadze, basión.), *Notobasis, Picnomon, Silybum, Cirsium, Tyrimnus* y *Carduus* [cf. A. Susanna & al. in Ann. Missouri Bot. Gard. 93: 150-171 (2006); A. Susanna & N. Garcia in Kubitzki (ed.), Fam. Gen. Vasc. Pl. 8: 123-147 (2007); A. Susanna & N. Garcia in Funk & al. (eds.), Syst. Evol. Biogeogr. Compos.: 293-313 (2009)].

La presencia en la provincia de Málaga de *P. stellatus* (L.) Greuter in Boissiera 13: 146 (1967) [*Carduus stellatus* L., Sp. Pl.: 823 (1753), basión.; *Chamaepeuce stellata* (L.) DC., Prodr. 6: 658 (1838)] fue señalada por P.E. Boissier, Voy. Bot. Espagne 2: 366 (1841) a partir de las indicaciones de F. Haenseler, cita que recogió posteriormente H.M. Willkomm in Willk. & Lange, Prodr. Fl. Hispan. 2: 183 (1865). Sin embargo, no hay testimonio de herbario alguno que la respalde y su área de distribución se extiende por el S de Italia, Sicilia, la Península Balcánica (Albania, Dalmacia y Grecia) y Creta.

Las medidas de longitud del involucro se refieren a las de las brácteas más grandes –las medias– y su anchura no incluye la porción patente de las mismas. Además, la anchura de las hojas excluye las espinas.

Bibliografía.–M. Dittrich in Candollea 26: 97-102 (1971) [taxonomía]; R. Vilatersana & al. in Syst. Bot. 35: 907-917 (2010) [filogenia]; W. Greuter in Boissiera 22: 1-215 (1973) [monografía].

1. Capítulos ± pedunculados, terminales, en inflorescencias complejas corimbiformes; hojas de sinuado-lobadas a pinnatífidas, con (2)3-5(6) pares de lóbulos palmatilobados ± pronunciados, cada uno con 1-3 espinas; vilano (17)19-22(24) mm; corola (23)25-30(32) mm; planta multicaule .... **1. P. hispanicus**
– Capítulos subsésiles, axilares, en inflorescencias complejas espiciformes; hojas enteras, con (3)7-11(16) pares de fascículos de (1)2-4(7) espinas; vilano 13-18,6 mm; corola 18-22 mm; planta monocaule .... **2. P. casabonae**

1. P. hispanicus (Lam.) Greuter in Boissiera 13: 146 (1967) [hispánicus]

Carduus hispanicus Lam., Encycl. 1: 701 (1785) [basión.]
Chamaepeuce hispanica (Lam.) DC., Prodr. 6: 658 (1838)
Cirsium hispanicum (Lam.) Pau in Mem. Real Soc. Esp. Hist. Nat. 12: 348 (1924)
Ind. loc.: "Cette plante croît en Espagne; nous en avons vu un bel exemplaire dans l'Herbier de M. de Jussieu"
Ic.: Boiss., Voy. Bot. Espagne 1, tab. 107 (1840) [sub *Chamaepeuce hispanica*]; Valdés, Talavera & Galiano (eds.), Fl. Andalucía Occid. 3: 138 (1987); lám. 21

Hierba perenne, sufruticosa, por lo general multicaule, espinosa, con indumento denso de pelos unicelulares. Tallos hasta de 100 cm, erectos, ramificados en la parte superior, de sección ± cilíndrica, longitudinalmente acostillados, con hojas

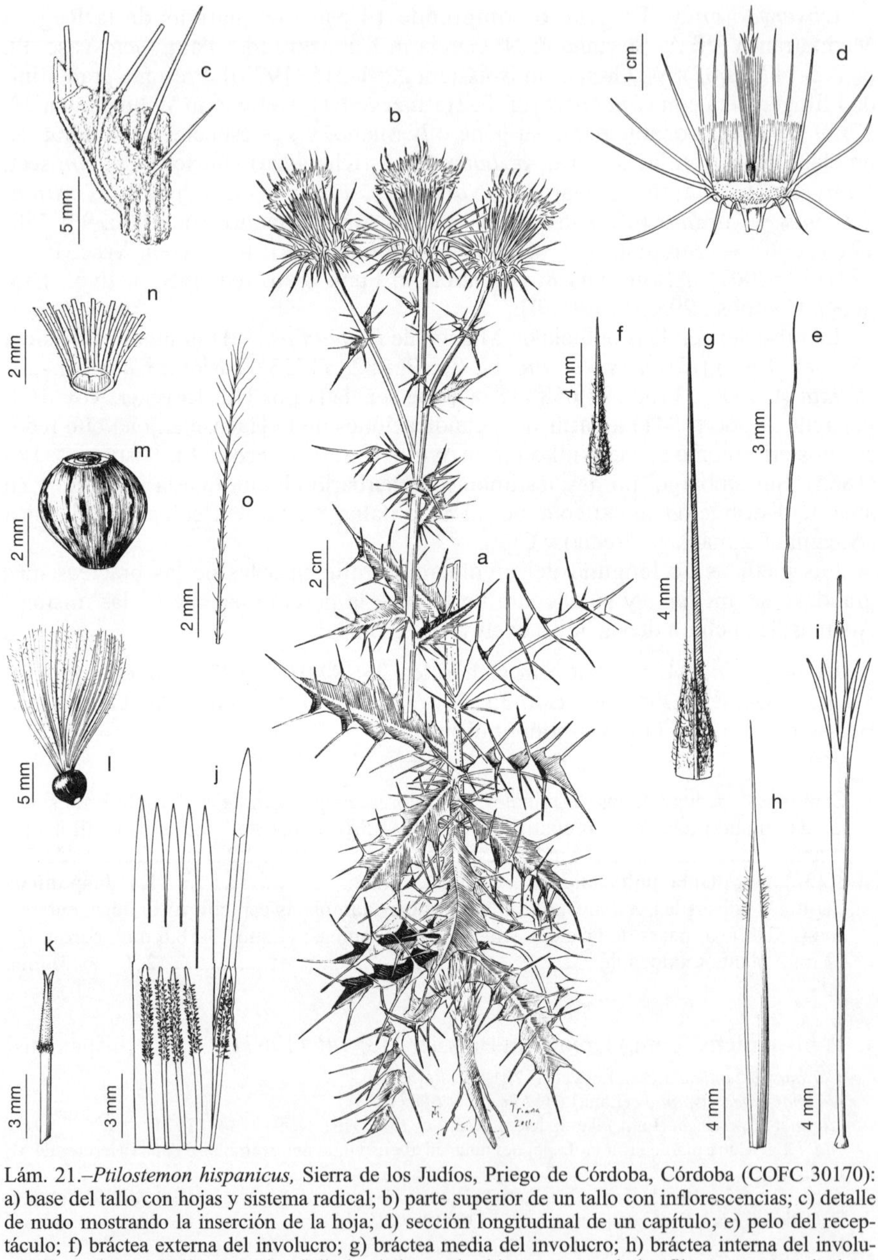

Lám. 21.–*Ptilostemon hispanicus,* Sierra de los Judíos, Priego de Córdoba, Córdoba (COFC 30170): a) base del tallo con hojas y sistema radical; b) parte superior de un tallo con inflorescencias; c) detalle de nudo mostrando la inserción de la hoja; d) sección longitudinal de un capítulo; e) pelo del receptáculo; f) bráctea externa del involucro; g) bráctea media del involucro; h) bráctea interna del involucro; i) corola y verticilos sexuales; j) limbo de la corola abierto mostrando los filamentos estaminales y un estambre completo; k) porción del estilo con sus ramas; l) aquenio con vilano; m) aquenio; n) fragmento del vilano visto desde abajo mostrando el anillo de soldadura de los pelos; o) detalle parcial de un pelo del vilano.

en casi toda su longitud, con un tomento de un blanco níveo. Hojas hasta de 110 × 38(43) mm, ± coriáceas, sésiles, no decurrentes, las basales ± rosuladas y aproximadas –las más viejas a menudo secas o inexistentes–, más espaciadas y menores hacia la parte superior del tallo, de ovado-lanceoladas a oblongo-lanceoladas, de sinuado-lobadas a pinnatífidas, con (2)3-5(6) pares de lóbulos palmatilobados poco pronunciados –faltan en las superiores–, cada uno con 1-3 espinas amarillas hasta de 30(35) mm, con margen ligeramente revoluto y nervadura principal pinnada muy prominente por el envés, discoloras, de haz verde intenso, glabra excepto los nervios tomentoso-blanquecinos, y envés blanco-tomentoso. Capítulos terminales, con pedúnculo hasta de 20(37) mm, dispuestos en inflorescencias complejas corimbiformes, no alcanzados por la última hoja caulinar. Involucro (22)25-45 × (13)15-20(23) mm, ovoide, araneoso-grumoso, sobrepasado por las flores; brácteas ± coriáceas, imbricadas y aparentemente dispuestas en 5-7 series, las medias mayores que el resto; las externas y medias lanceolado-subuladas, estas hasta de 45 mm, de patentes a arqueado-reflexas, carenadas, con espina amarillenta o purpúreo-amarillenta hasta de 13 mm, y margen denticulado al menos en la parte basal, con cara abaxial ± tomentoso-blanquecina, con pelos formando grumos hacia la base, y cara adaxial glabra y predominantemente rosado-purpúrea; las internas 20-26(28) mm, estrechamente lanceoladas o linear-lanceoladas, erectas, con espina terminal débil, verdoso-blanquecinas y con su mitad o tercio distal purpúreo, con margen ± denticulado. Corola (23)25-30(32) mm, predominantemente púrpura o rosado-purpúrea, glabra; tubo (10)12-15(18) mm, blanco; limbo (12)13-15(17) mm, purpúreo o rosado-purpúreo, con lóbulos de (4)5-8 mm, lineares, desiguales, uno de ellos con los senos más profundos que el resto. Anteras (8,5)9-12,5 mm, blanquecinas o blanquecino-amarillentas, con conectivo apical blanquecino-violeta, y apéndices basales de (1,5)2-3(4) mm, lineares, fimbriados. Estilo blanquecino-rosado, con ramas rosadas, aproximadas en casi toda su longitud y divergentes en su extremo cuando receptivas. Aquenios (3,8)4-4,6 × 2,9-3,4 mm, obovoides, de sección ± circular, ± truncados en el ápice, lisos, acastañado-negruzcos –a veces con máculas longitudinales más obscuras–; placa apical con margen entero y nectario nulo o rudimentario; hilo cárpico basal, ± ovado. Vilano blanco, con pelos de (17)19-22(24) mm, plumosos. $2n = 32$.

Matorrales, pedregales y roquedos, taludes, etc., calcícola; (300)400-2000(2200) m. VI-VIII(X). ● S de España. **Esp.:** Ab Al Ca Co (CR) Gr J Ma (Mu) Se. **N.v.:** cabeza de pollo, cardo montés de Jaén, cardo perruno, cardo prieto, cardo sanjuanero.

2. P. casabonae (L.) Greuter in Boissiera 13: 146 (1967) [Casabónae]

Carduus casabonae L., Sp. Pl.: 823 (1753) [basión.]
Chamaepeuce casabonae (L.) DC., Prodr. 6: 658 (1838)
Ind. loc.: "Habitat in Europa australi" [sec. L., Sp. Pl. ed 2, 2: 1154 (1763); lectótipo designado por W. Greuter in Boissiera 22: 144 (1973): LINN]
Ic.: Bonnier, Fl. Ill. France 6, pl. 334 fig. 1623 (1923) [sub *Chamaepeuce casabonae*]; Pignatti, Fl. Italia 3: 153 (1982)

Hierba perenne, sufruticosa, unicaule, espinosa, con indumento de pelos unicelulares. Tallos hasta de 150 cm, erectos, por lo general simples, de sección ± cilíndrica, longitudinalmente acostillados, con hojas en casi toda su longitud, glabrescentes o con pelos araneosos en los surcos que siempre forman un tomento blanco bajo los capítulos. Hojas hasta de 200(300) × 20(30) mm, ± coriáceas, sésiles, no decurrentes, las basales ± rosuladas y aproximadas –persistentes, aunque las más viejas a menudo secas–, menores hacia arriba, lineares o linear-lanceoladas, enteras, con (3)7-11(16) pares de fascículos espinosos, cada uno con (1)2-4(7) espinas hasta de 17 mm, amarillas, con márgenes ligeramente revolutos y nervadura principal pinnada, con el nervio medio grueso, blanco y muy prominente por el envés, discoloras, de haz verde, glabra excepto a veces los nervios –con pelos araneosos–, y envés blanco-tomentoso. Capítulos subsésiles, axilares, dispuestos en inflorescencias complejas espiciformes ± apretadas. Involucro 24-30 × 10-14 mm, ovoide, glabrescente o con pelos araneosos escasos, sobrepasado por las flores. Brácteas involucrales ± coriáceas, imbricadas, aparentemente dispuestas en 4-6 series, las medias mayores que el resto; las externas y medias lanceolado-subuladas, estas hasta de 30 mm, erectas o erecto-patentes, con márgenes ciliado-fimbriados al menos en la parte basal y una súbula carenada y triquetra, a menudo teñidas de púrpura y acabada en una espina amarilla hasta de 20 mm o más; las internas de 16-24 mm, estrechamente lanceoladas o linear-lanceoladas, erectas, con margen ± ciliado-fimbriado y ápice escarioso, a menudo rosado-purpúreo. Corola 18-22 mm, predominantemente rosado-purpúrea, glabra; tubo 10-12 mm, blanco; limbo 8-10,1 mm, rosado-purpúreo, con lóbulos de 3-3,5 mm, lineares, desiguales, uno de ellos con los senos más profundos que el resto. Anteras 6,5-8,5 mm, blanquecino-rosadas, con conectivo apical blanquecino-violeta, y apéndices basales de 1,8-2,8 mm, lineares, laciniados. Estilo liso, blanquecino-rosado, con ramas rosadas, aproximadas en casi toda su longitud y divergentes en su extremo cuando receptivas. Aquenios 3-3,8 mm, obovoides, de sección ± circular, ± truncados en el ápice, lisos, de un color acastañado negruzco –a veces con máculas longitudinales más claras–; placa apical con margen entero y nectario nulo o rudimentario; hilo cárpico basal, ± ovado. Vilano blanco, con pelos de 13-18,6 mm, plumosos. $2n = 32$*.

En taludes y orillas de camino; 100-150 m. V-VII. W de la Región Mediterránea, SE de Francia, Córcega, Cerdeña e isla de Elba; naturalizada en la Península Ibérica–. Portugal. **Port.:** [E].

Observaciones.–La especie se encuentra naturalizada en Portugal [cf. Domingues de Almeida & Freitas in Bot. Complut. 30: 117-130 (2006)], en las inmediaciones del bosque de Queluz ("Mata de Queluz"), de donde procede el material de herbario conocido. En su mayor parte fue recolectado en los años 1847-1850, 1873 y 1887 y, más recientemente, en 1957 [cf. W. Greuter in Boissiera 22: 1-215 (1973)]; no se han hallado recolecciones más recientes, por lo que la descripción de la especie se ha hecho fundamentalmente con material extrapeninsular.

13. **Picnomon** Adans.* [nom. cons. prop.]

[Picnómon, -i n. – lat. bot. *Picnōmon, -i* n., género de las *Compositae* creado por M. Adanson, Fam. Pl.: 2: 116, 590 (1763) ["Picnomon" y "Piknomon"], sobre la base del *Picnomos Cretae, Salonensis Galloprovinciae* de P. Pena & M. de L'Obel, Stirp. Advers. Nov.: 373 (1571) –*P. Acarna* (L.) Cass. *(Carduus Acarna* L.)–; en esta obra se viene a decir: "No lo aseguramos, pero lo llamamos así, *Picnomon*, en alusión a su significado, porque está muy provisto de espinas" –según parece, de gr. *pyknós, -ḗ, -ón* = denso, compacto, espeso, tupido, etc.]

* J.A. Devesa

Hierbas anuales, espinosas, con pelos unicelulares araneosos. Tallos simples o ramificados desde la base o en la mitad superior, alados en toda su longitud. Hojas alternas, sésiles, decurrentes, sinuado-dentadas o pinnatífidas, con margen dentado-espinuloso o espinoso. Capítulos multifloros, terminales, solitarios o en grupos densos y a su vez dispuestos en inflorescencias complejas corimbiformes, sésiles, discoides, homógamos, rodeados de hojas involucrales. Involucro oblongo-ovoide u ovoide-cónico; brácteas aparentemente dispuestas en 6-9 series, herbáceas o ± coriáceas, imbricadas y ± adpresas, mayores hacia el interior, las externas y medias con apéndice apical pectinado-espinuloso, recurvado, las internas con una espínula terminal o sin ella. Receptáculo plano, alveolado, con pelos blanquecinos, lisos. Flósculos hermafroditas, que apenas sobrepasan el involucro. Corola tubular, pentámera, ± zigomorfa, glabra, purpúrea o rosado-purpúrea, atenuada entre el tubo y el limbo, este con 5 lóbulos desiguales –uno con los senos más profundos–. Estambres con filamentos libres, vilosos, insertos en la base del limbo de la corola; anteras con conectivo prolongado en una lengüeta apical lanceolada ligeramente incurva, calcariformes en la base, con apéndices basales muy destacados. Estilo liso, con dos ramas aproximadas o en la madurez ligeramente separadas en su extremo, delimitadas por un anillo de pelos colectores cortos, con superficie receptiva papilosa, el resto glabro, rodeado en la base por un nectario, que persiste en el fruto a modo de prominencia sobre la placa apical. Aquenios homomorfos, oblongo-obovoides, ligeramente comprimidos, glabros, truncados en el ápice, con superficie lisa y brillante, con placa apical plana, de borde entero y en su mayor parte cubierta por un nectario globoso-cónico, ± pentalobulado, estipitado; hilo cárpico basal, estrechamente elíptico; sin eleosoma. Vilano simple, blanco, caedizo, con 3-5 filas de pelos ± desiguales, plumosos excepto hacia la base, soldados por la base en un anillo. $x = 16$.

Observaciones.–Género monotípico, muy relacionado con *Notobasis* [cf. A. Susanna & N. Garcia in Funk & AL. (eds.), Syst. Evol. Biogeogr. Compos.: 293-313 (2009)]. Las medidas de la anchura de las hojas excluyen las espinas.

Bibliografía.–W. GREUTER & AL. in Taxon 54: 196-198 (2005) [nomenclatura].

1. P. acarna (L.) Cass. in F. Cuvier, Dict. Sci. Nat. ed. 2, 40: 188 (1826) [Acárna]

Carduus acarna L., Sp. Pl.: 820 (1753) [basión.]
Cirsium acarna (L.) Moench, Suppl. Meth.: 226 (1802)
Ind. loc.: "Habitat in Hispania" [lectótipo designado por N.J. Turland in Taxon 43: 356 (1998): UPS]
Ic.: Valdés, Talavera & Galiano (eds.), Fl. Andalucía Occid. 3: 137 (1987); lám. 22

Hierba anual, espinosa, grisáceo-blanquecina o grisáceo-verdosa, con pelos unicelulares araneosos. Tallos hasta de 50(70) cm, erectos, ramificados desde la base y en la parte superior, de sección ± circular, foliosos y marcadamente alados en toda su longitud –alas con espínulas hasta de 2 mm, dispuestas regularmente–, densamente blanco-tomentosos. Hojas hasta de 170 × 30 mm, sésiles, decurrentes, de consistencia ± coriácea, las caulinares medias las de mayor tamaño, oblongo-lanceoladas o linear-lanceoladas, de sinuado-dentadas a pinnatífidas –con (2)3-6(8) pares de dientes o de lóbulos bífidos–, con nervadura principal pinnada –nervio medio

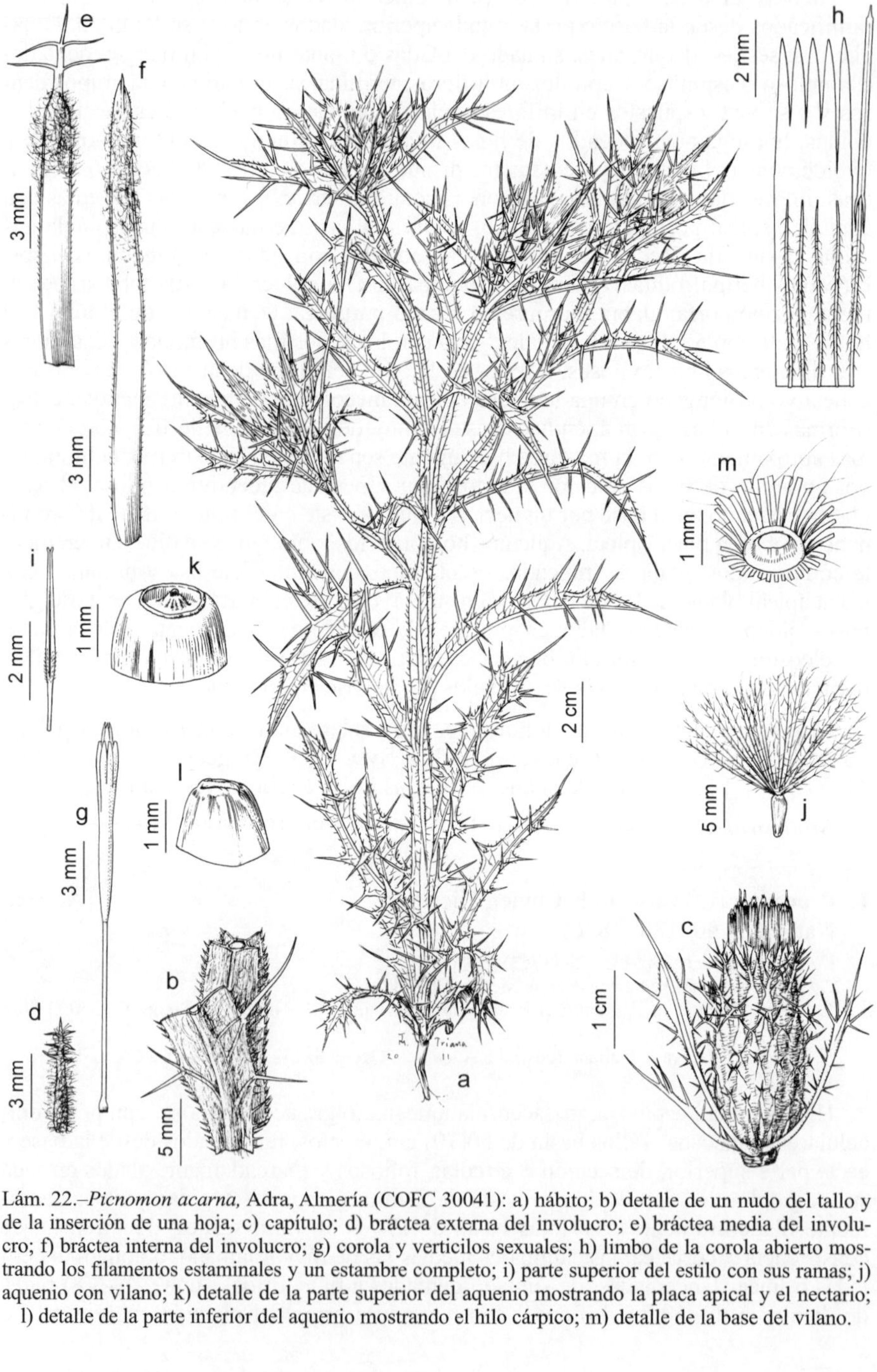

Lám. 22.–*Picnomon acarna,* Adra, Almería (COFC 30041): a) hábito; b) detalle de un nudo del tallo y de la inserción de una hoja; c) capítulo; d) bráctea externa del involucro; e) bráctea media del involucro; f) bráctea interna del involucro; g) corola y verticilos sexuales; h) limbo de la corola abierto mostrando los filamentos estaminales y un estambre completo; i) parte superior del estilo con sus ramas; j) aquenio con vilano; k) detalle de la parte superior del aquenio mostrando la placa apical y el nectario; l) detalle de la parte inferior del aquenio mostrando el hilo cárpico; m) detalle de la base del vilano.

ancho, blanquecino, muy prominente por el envés, al igual que la nervadura secundaria reticulada–, y margen regularmente espinuloso –espínulas de menos de 1,5 mm– y con espinas amarillas geminadas hasta de 20(22) mm en los dientes o lóbulos, algo discoloras, con haz provista de un denso indumento blanco-araneoso, de pelos aplicados, y envés grisáceo-verdoso, menos araneoso; las basales secas en la antesis y las distales involucrales, semejantes a las caulinares mas con 2-4 pares de lóbulos. Capítulos terminales, sésiles, solitarios o con mayor frecuencia en grupos densos de 2-8 –a menudo, a su vez, en una inflorescencia compleja ± corimbiforme–, sobrepasados por las hojas involucrales. Involucro (21)22-26 × 6,5-10(12) mm –acrescente y hasta de 30 × 12 mm en la fructificación–, oblongo-ovoide u ovoide-cilíndrico, densamente araneoso, apenas sobrepasado por las flores; brácteas herbáceas, imbricadas y aparentemente dispuestas en 6-9 series, gradualmente mayores de fuera adentro, ± adpresas, lanceoladas u oblongo-lanceoladas, con tres nervios longitudinales poco marcados –ocultos por el indumento–, verdes en la cara externa –pajizas cuando secas– y de un color marfil en la interna, densamente araneosas, las externas y medias con apéndice apical de 1,5-7 mm, pectinado-espinuloso, no decurrente, con (1)2-4 pares asimétricos de espínulas de 2-3,5 mm –las laterales basales más grandes–; las internas de 23-26 mm, lineares o linear-oblongas, sin apéndice, con ápice escarioso –en ocasiones con una espínula terminal–, a veces teñido de rosa. Corola (13,9)14,5-18,5(19,8) mm, purpúrea o, más frecuentemente, rosado-purpúrea, glabra; tubo (6)6,5-10(11) mm, blanquecino; limbo (6)7,3-10(12) mm, rosado-purpúreo, con lóbulos de 2,5-4 mm, incurvados, desiguales, uno de ellos con los senos más profundos que el resto. Anteras 5,5-6,5 mm, rosadas, con apéndices basales de 0,7-1,3 mm, agudos. Estilo blanquecino, con ramas blanco-rosadas. Aquenios 5,2-6 × 2,1-2,8(3) mm, oblongo-obovoides, de sección ± rómbica, con superficie lisa y brillante, de un pardo acastañado y con 4 bandas de un pardo claro, glabros; placa apical con borde entero y nectario de 0,2-0,7 mm; hilo cárpico 0,8-1 mm. Vilano (13)15-20,5(21) mm. $2n = 32, 34$.

Orillas de camino, baldíos, etc., indiferente edáfica, 0-2000 m. VI-VIII(XI). Región Mediterránea, SW y S de Asia; introducida en diversas regiones. Casi toda la Península Ibérica, aunque falta o escasea en el E, W y NW. **Esp.:** A Ab Al Av B Ba Bu Ca (Cc) Co CR Cs (Cu) (Ge) Gr Gu H Hu J L (Le) Lo M Ma Mu Na Or (P) PM[Mll] S Sa Se Sg So T Te To V Va Vi Z Za. **Port.:** AAl Ag BB BL TM. **N.v.:** azotacristos, cabeza de pollo, cardo, cardo ajonjero, cardo ajonjero de Salamanca, cardo blanco, cardo borriquero, cardo cabeza de pollo, cardo cuco, cardo rojo, cardo santo, espino de cazar pájaros; *cat.:* assotacrist.

14. **Notobasis** Cass.*

[Notóbasis, -is f. – lat. bot. *Notobăsis, -is* f., género de las *Compositae* creado por A.H.G. de Cassini –in F. Cuvier, Dict. Sci. Nat. 25: 224, 225 (1822), nom. altern.–. Aunque nada se indique en el protólogo acerca del origen de tal nombre, en una descripción posterior –op. cit. 35: 171 (1825)– se dice que deriva del gr. *nôtos, -ou* m. = espalda, dorso, etc., y gr. *básis, -eōs* [*ă*] f., lat. *băsis, -is(-ĕos)* f. = base, soporte, sostén, pie, etc., "parce que l'aréole basilaire du fruit est très-longue, très-étroite, linéaire, en forme du sillon, et située sur le côté extérieur de la base de ce fruit, qui se trouve ainsi presque renversé ou couché en arrière sur le clinanthe, auquel il adhère par le dos"]

* M. de la Estrella & J.A. Devesa

Hierbas anuales, espinosas, con pelos unicelulares araneosos y pelos pluricelulares uniseriados. Tallos simples o ramificados solo en la mitad superior, sin alas. Hojas alternas, las de la base atenuadas en un pecíolo y el resto sésiles, auriculado-amplexicaules, no decurrentes, pinnatífidas o pinnatipartidas, con nervadura pinnada y margen espinoso. Capítulos multifloros, terminales o axilares, solitarios aunque aglomerados en los extremos del tallo, sésiles o subsésiles, discoides, homógamos, a menudo rodeados por hojas involucrales. Involucro ovoide u ovoide-globoso; brácteas aparentemente dispuestas en 5-7(8) series, ± coriáceas, imbricadas y ± adpresas pero con el ápice de erecto-patente a recurvo, mayores de fuera adentro, las externas y medias con espina apical, las internas inermes. Receptáculo plano, alveolado, con pelos blanquecinos, lisos. Flósculos hermafroditas, que sobrepasan el involucro. Corola tubular, pentámera, ± zigomorfa, glabra, rosa o blanca, con tubo y limbo netamente diferenciados, este con 5 lóbulos desiguales –uno con los senos más profundos que el resto–. Estambres con filamentos libres, pelosos, insertos en la base del limbo de la corola; anteras con conectivo prolongado en una lengüeta apical lanceolada ligeramente incurva, calcariformes en la base, con apéndices basales destacados. Estilo liso, con dos ramas aproximadas, papilosas, delimitadas por un anillo de pelos colectores cortos, el resto glabro, rodeado en la base por un nectario inapreciable en el fruto. Aquenios homomorfos, obovoides, ligeramente comprimidos, lisos, glabros, truncados en el ápice, con placa apical plana, exigua, elíptica, de borde entero, sin nectario; hilo cárpico basal o subbasal, estrechamente elíptico; sin eleosoma. Vilano doble, blanco, caedizo; el externo con dos o tres filas de pelos aplanados ± desiguales, plumosos, soldados por la base en un anillo; el interno constituido por una fila de cilios cortos. $x = 17$.

Observaciones.–Género monoespecífico, cuya área de distribución se centra en la Región Mediterránea, SW de Asia y Macaronesia, aunque se ha introducido en Australia [cf. E. Häffner & F.H. Hellwig in Willdenowia 29: 27-39 (1999)]. Está íntimamente relacionado con el género *Picnomon* [cf. A. Susanna & N. Garcia in Funk & al. (eds.), Syst. Evol. Biogeogr. Compos.: 293-313 (2009)].

Bibliografía.–W. Greuter & al. in Taxon 54: 196-198 (2005) [nomenclatura].

1. N. syriaca (L.) Cass. in F. Cuvier, Dict. Sci. Nat. ed. 2, 35: 171 (1825) [syríaca]

Carduus syriacus L., Sp. Pl.: 823 (1753) [basión.]
Cirsium syriacum (L.) Gaertn., Fruct. Sem. Pl. 2: 383, tab. 163 fig. 2 (1791)
Ind. loc.: "Habitat in Syria, Creta, Hispania" [lectótipo designado por F.K. Kupicha in P.H. Davis (ed.), Fl. Turkey 5: 420 (1975): LINN]
Ic.: Valdés, Talavera & Galiano (eds.), Fl. Andalucía Occid. 3: 137 (1987); lám. 23

Hierba anual, espinosa, verde, con pelos unicelulares araneosos largos y pelos pluricelulares uniseriados. Tallos hasta de 215 cm, erectos, por lo general simples o ramificados solo en la parte superior, de sección ± circular, longitudinalmente acostillados, con costillas obtusas, sin alas, con hojas sobre todo en su parte media y hacia la base, con indumento de pelos pluricelulares dispersos y unicelulares largos y abundantes, aplicados y ± paralelos a las costillas, que forman un tomen-

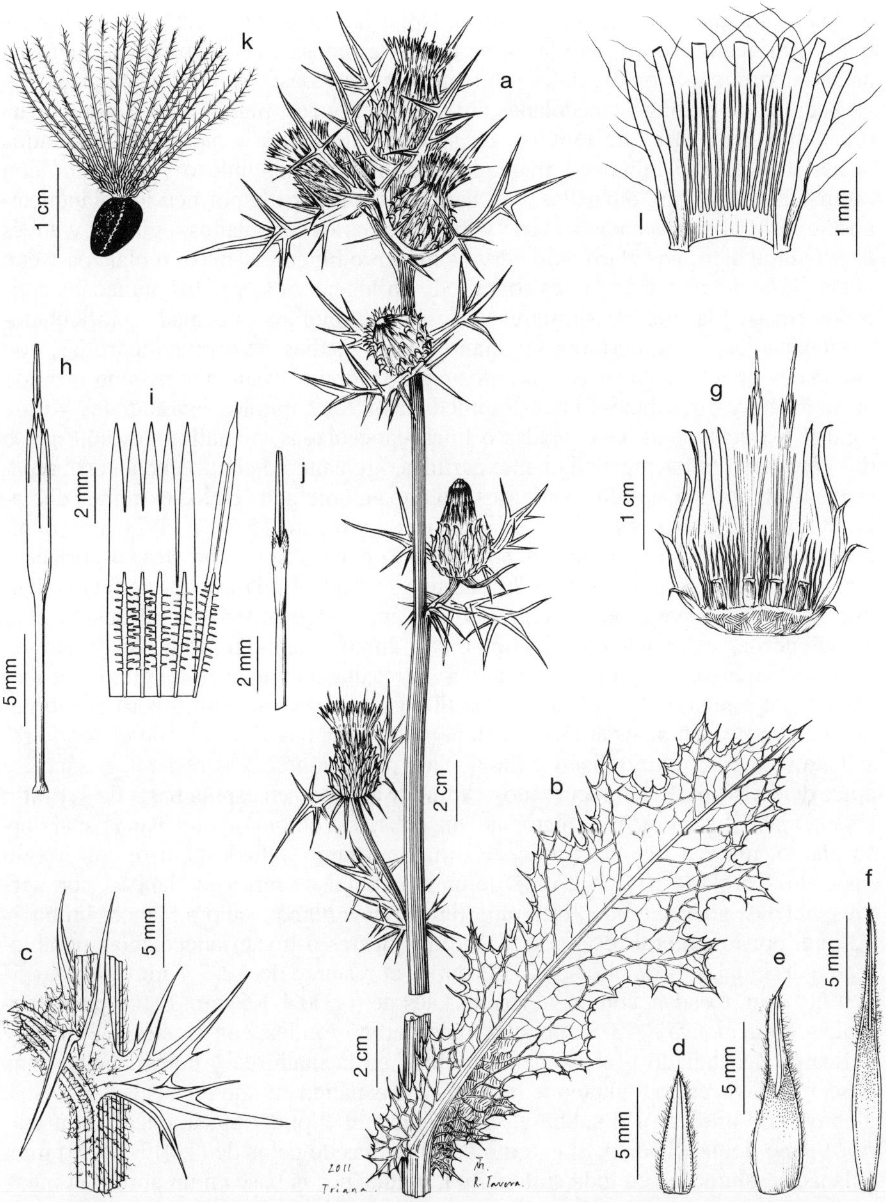

Lám. 23.–*Notobasis syriaca,* Laguna del Molino Curado, Lucena, Córdoba (COFC 18428): a) tallo florido; b) hoja media; c) detalle de un nudo del tallo y de la inserción de una hoja; d) bráctea externa del involucro; e) bráctea media del involucro; f) bráctea interna del involucro; g) sección de un capítulo; h) corola y verticilos sexuales; i) limbo de la corola abierto mostrando los filamentos estaminales y un estambre completo; j) detalle del estilo con sus ramas; k) aquenio con vilano; l) detalle parcial del vilano interno y de la base de los pelos del vilano externo.

to denso blanquecino bajo los capítulos. Hojas hasta de 280 × 120 mm, herbáceas o algo coriáceas –sobre todo las superiores–, espinosas, no decurrentes, menores hacia la parte superior del tallo, pinnatinervias, pelosas; las basales atenuadas en un pecíolo, de oblongo-lanceoladas a oblongo-elípticas, pinnatífidas o pinnatipartidas en 4-6(8) pares de lóbulos, de subredondeados a ± palmeado-lobulados –cada uno con 3-5 lóbulos ± marcados–, de margen espinuloso y asimismo con espinas de 0,8-6 mm, amarillas, con haz verde y recorrida por nervios blanquecinos –el central ancho hacia su base y los secundarios reticulados–, glabra, y envés de un verde algo más claro, con nervios muy prominentes –mas no blancos–, con pelos pluricelulares abundantes sobre todo en los nervios, y pelos araneosos aplicados escasos; las medias similares pero sésiles, oblongo-lanceoladas, auriculado-amplexicaules; las superiores semejantes a las medias pero pinnatipartidas, con 3(4) pares de lóbulos a su vez partidos en 2(3) lóbulos triangulares –uno dirigido hacia arriba y otro abajo–, las 3-6 inmediatas a los capítulos involucrales y muy rígidas, estrechamente lanceoladas o linear-lanceoladas, pinnatisectas, con uno o dos pares de lóbulos profundamente partidos, igualando o con frecuencia sobrepasando a las flores. Capítulos solitarios aunque aglomerados en los extremos del tallo, terminales o axilares, sésiles o subsésiles. Involucro 15-26 × 11-21 mm, ovoide u ovoide-globoso, ± araneoso, sobrepasado por las flores; brácteas ± coriáceas y aparentemente dispuestas en 5-7(8) series, gradualmente mayores de fuera adentro; las externas lanceoladas, adpresas, con ápice algo recurvo, verdosas excepto en sus bordes estrechamente hialinos, con dorso laxamente araneoso y margen pectinado-araneoso, recorrido por un nervio resaltado en toda su longitud y acabadas en una espina de 0,3-1,7 mm, amarilla; las medias semejantes pero por lo general glabras o con pelos araneosos en el margen del tercio distal, con el nervio resaltado solo en el tercio distal y flanqueado por una aréola estrecha ± grisácea, y ápice de erecto-patente a recurvado, ± rojizo y acabado en espina hasta de 1,1 mm; las internas 12-21 mm, estrechamente lanceoladas u oblongo-lanceoladas, con dorso glabro, margen hialino y ápice ± rojizo-purpúreo, ciliado-peloso, con nervio marcado. Corola (11)16,5-22 mm, de un rosa intenso –rara vez blanca–, con nervios violetas, glabra; tubo 7-11,5 mm, ligeramente blanquecino o blanco; limbo 7-12 mm, por lo general rosa, con 5 lóbulos lineares o linear-lanceolados, notablemente desiguales, 4 de ellos de 2-3,8 mm y el restante de 4,3-7,7 mm. Anteras 5-6,8(9,6) mm, rosadas, con apéndices basales de (0,3)0,4-1,5 mm. Estilo purpúreo-violeta. Aquenios 5-7 × 3-5 mm, obovoides, comprimidos, con sección ± elíptica y pericarpo acastañado o acastañado-verdoso en la madurez y con manchas más obscuras –a veces con una tenue línea algo más pálida en uno de sus lados–, lisos, glabros, con hilo cárpico subbasal, estrechamente elíptico; placa apical sin nectario. Vilano doble, caedizo; el externo con 1-3 filas de pelos de (11)13-18(20) mm, aplanados, plumosos en toda su longitud, unidos por la base en un anillo; el interno con cilios de (0,5)1,2-2,5 mm, erectos, sobre el borde del anillo. $2n = 34$.

Orillas de campos y caminos, baldíos, etc., en suelos ± nitrificados sobre substratos calcáreos y arcillosos; 0-1300 m. (II)IV-VI(VII). Región Mediterránea, SW de Asia y Macaronesia –Canarias y Madeira–; introducida en Australia. W, S y E de la Península Ibérica y Baleares. **Esp.:** (A) Al Ba Ca Co Gr H J Ma Mu PM[Mll (Mn) (Ib) (Formentera) Cabrera] Se (T). **Port.:** AAl Ag BAl (BB) (BL) E (R). **N.v.:** cardo de jilgueros, cardo de Siria, cardón; *port.:* cardo.

15. **Silybum** Adans. [nom. cons.]*

[Sílybum, -i n. – gr. *síl(l)ў̆bon, -ýbou* n.; lat. *sillў̆bus, -i* m.(f.?) (en otras lecturas, *silў̆bum, -i* n.) = en Dioscórides y Plinio, planta espinosa parecida al *chamailéōn* (en Dioscórides) o al *chamaeleon album* (en Plinio) –supuestamente, la ajonjera [*Carlina gummifera* (L.) Less. *(Atractylis gummifera* L., *Compositae)*]– que segrega un zumo lácteo, y que la mayoría de los autores piensan podría ser el cardo de María –*S. Marianum* (L.) Gaertn. *(Carduus Marianus* L.)–. El género *Silybum* Vaill. *(Compositae)* fue creado por S. Vaillant in Hist. Acad. Roy. Sci. Mém. Math. Phys. (Paris, 4.º) 1718: 172, 190, fig. 52 (1719), y validado en el mismo autor in Konigl. Akad. Wiss. Paris Phys. Abh. 5: 173-174, 192, fig. 52 (1754)]

Hierbas anuales o bienales, espinosas, con pelos unicelulares araneosos y pelos pluricelulares uniseriados. Tallos simples o ramificados en la mitad superior, sin alas. Hojas alternas, las de la base pecioladas y el resto sésiles y semiamplexicaules, no decurrentes, sinuado-dentadas, pinnatífidas, ± pinnatipartidas o pinnatisectas, con margen dentado-espinoso. Capítulos multifloros, terminales, solitarios, pedunculados, discoides, homógamos. Involucro ovoide; brácteas aparentemente dispuestas en 5-7 series, imbricadas, mayores hacia el interior pero las medias mayores que el resto, con un apéndice ovado u orbicular, dentado-espinoso, que al menos en las medias se prolonga en un acumen espinoso erecto-patente, patente o reflexo, las internas inermes. Receptáculo plano, alveolado, con pelos blanquecinos, lisos. Flósculos hermafroditas, que sobrepasan el involucro. Corola tubular, pentámera, ± zigomorfa, glabra, rosado-purpúrea, con tubo y limbo netamente diferenciados, este con 5 lóbulos desiguales –uno con los senos más profundos que el resto–. Estambres con filamentos soldados en un tubo papiloso y este, a su vez, a la base del limbo de la corola; anteras con conectivo prolongado en una lengüeta apical lanceolada ligeramente incurva, calcariformes en la base, con apéndices basales ± destacados. Estilo con dos ramas aproximadas, delimitadas por un anillo de pelos colectores cortos, glabro, rodeado en la base por un nectario que persiste en el fruto a modo de prominencia sobre la placa apical. Aquenios homomorfos, oblongo-obovoides, ligeramente comprimidos, glabros, con superficie lisa, truncados en el ápice, con placa apical de borde engrosado y nectario ± globoso y pentalobulado; hilo cárpico basal, linear; sin eleosoma. Vilano doble, blanco, caedizo; el externo con 7-9 filas de pelos ± desiguales, inconspicuamente escábridos, soldados por la base en un anillo a modo de tonelete; el interno constituido por una fila de cilios cortos. $x = 17$.

Observaciones.–El género comprende solo dos especies distribuidas por el S y E de Europa, N de África, y el S y SW de Asia, aunque a menudo introducidas en diversas partes del Globo. Constituye el grupo hermano del clado formado por *Cirsium, Carduus* y *Tyrimnus* [cf. A. Susanna & N. Garcia in Funk & al. (eds.), Syst. Evol. Biogeogr. Compos.: 293-313 (2009)].

En la descripción de las especies la longitud del involucro se ha tomado siempre desde su base hasta el ápice de las brácteas más internas, y el grosor no incluye los apéndices.

1. La mayoría de las brácteas involucrales externas con un apéndice subulado, curvado y punzante; limbo de la corola 8-10 mm; vilano externo 15-20 mm .... **1. S. marianum**

* J.A. Devesa

– Brácteas involucrales externas con un apéndice ovado o suborbicular, dentado-espinoso, no subulado; limbo de la corola (4,8)5-7 mm; vilano externo 19-27,3 mm .... **2. S. eburneum**

1. S. marianum (L.) Gaertn., Fruct. Sem. Pl. 2: 378 (1791) [Mariánum]

Carduus marianus L., Sp. Pl.: 823 (1753) [basión.]
Ind. loc.: "Habitat in Angliæ, Galliæ, Italiæ aggeribus ruderatis" [lectótipo designado por C. Jeffrey in Kew Bull. 22: 131 (1968): BM]
Ic.: Valdés, Talavera & Galiano (eds.), Fl. Andalucía Occid. 3: 144 (1987); lám. 24 m

Hierbas anuales o bienales, espinosas, verdosas, con pelos unicelulares cortos y pelos araneosos largos, y pelos pluricelulares uniseriados. Tallos hasta de 250(350) cm, erectos, simples o ramificados en la mitad superior, de sección ± circular, longitudinalmente acostillados, sin alas, foliosos sobre todo hacia la base, con indumento laxo de pelos unicelulares araneosos muy largos, paralelos a las costillas, y formando un tomento denso blanquecino bajo los capítulos. Hojas hasta de 430 × 120 mm, pecioladas o sésiles y abrazadoras, no decurrentes, menores hacia la parte superior del tallo, con nervadura principal pinnada y nervios ± prominentes en el envés, sobre todo el principal, verdes, ± pelosas; las basales ± rosuladas, pecioladas, oblongo-lanceoladas, de sinuado-pinnatífidas a ± pinnatipartidas en 4-6 pares de lóbulos de subredondeados a palmeado-lobulados –con 3 o 4 lóbulos ± marcados y algo plegados a lo largo de los nervios–, con márgenes espinulosos y espinas mayores hasta de 15 mm, amarillas, con haz de un verde brillante y reticulado-blanquecino, glabra o cubierta por un indumento pubérulo de pelos blanquecinos, y pelos araneosos largos junto con pelos pluricelulares sobre el nervio principal, y envés de un verde algo más claro, con nervio principal muy prominente y glabro o con indumento similar al del haz, aunque a veces más abundante; las caulinares similares pero sésiles y de menor tamaño, auriculado-amplexicaules, no tan profundamente divididas, y las superiores similares pero triangulares u ovado-lanceoladas, irregularmente sinuado-dentadas o pinnatífidas, fuertemente espinosas. Capítulos solitarios, terminales, con pedúnculo blanquecino-tomentoso hasta de 150(230) mm. Involucro 26-35 × 25-40 mm, ovoide, truncado o ligeramente deprimido en la base, glabrescente o ± araneoso, sobrepasado por las flores; brácteas aparentemente dispuestas en 5-7 series, gradualmente mayores de fuera adentro, pero las medias mayores que las internas, coriáceas; las externas y medias con la base oblonga u ovado-oblonga, verdosa excepto en sus bordes, con dorso glabro o débilmente araneoso hacia los márgenes, abruptamente ensanchada en un apéndice de 17-50 mm, oblongo-lanceolado u ovado y con margen dentado-espinoso en su base –con (3)5-8(10) espinas destacadas a cada lado–, prolongado en un acumen central subulado –que puede faltar en alguna bráctea externa– menor hacia el interior, triquetro, con 1(3) nervios, curvado, erecto, patente o reflexo, punzante, con espina terminal amarilla hasta de 11 mm y, a veces, alguna hacia la base; brácteas internas 24-34 mm, estrechamente lanceoladas u oblongo-lanceoladas, sin apéndice, sin nervios marcados, verdosas excepto en sus bordes, que son estrechamente hialinos, con ápice rojizo, inermes, finamente antrorso-escábridas en el margen. Corola (19)30-37 mm, rosado-purpúrea, glabra; tubo (11)20-27 mm, filiforme, ligeramente blanquecino o blanco; limbo 8-10 mm, rosado-purpúreo, con 5 lóbulos de 5,5-8(9) mm, lineares o linear-lanceolados, por lo general uno de ellos más largo que los otros –estos iguales dos a dos–. Anteras (6)7-8 mm, violetas, con apéndices de 0,1-0,3 mm. Estilo blanquecino-rosado con ramas purpúreo-violetas. Aquenios 6-7 × 3,1-3,3(3,5) mm, oblongo-obovoides, de sección ± elíptica, de un pardo ± obscuro en la madurez y a menudo con máculas lineares negruzcas, ± truncados en el ápice, con el borde apical marcado, pardo-amarillentos; nectario 0,5-1,2 mm, pentalobulado. Vilano externo con 4 o 5 filas de pelos escábridos de 15-20 mm, insertos en un anillo a modo de tonelete; vilano interno con cilios de 0,5-1 mm, en el borde del tonelete. $2n = 34$.

Orilla de campos y caminos, baldíos, etc., en cardizales en suelos muy nitrificados, indiferente edáfica; 0-1500 m. IV-VIII. Región Mediterránea –por el N hasta el C y NW de Europa– y S y SW de Asia; introducida y naturalizada en el C y N de Europa, Macaronesia –Azores, Madera y Canarias–, América y Australasia. Casi toda la Península Ibérica y Baleares. **And. Esp.:** A Ab Al Av B Ba (Bi) (Bu) C Ca Cc Co CR (Cs) (Cu) (Ge) Gr (Gu) H Hu J L Le Lo Lu M Ma Mu Na (O) Or P PM Po S Sa Se Sg (So) SS T (Te) To V Va Vi Z Za. **Port.:** AAl Ag BA (BAl) E (TM). **N.v.:** abrepuño, alcachofa, alcauciles, arzolla, bedegar, cardigaza (Aragón), cardo, cardo alcachofero, cardo blanco, cardo borde (Aragón), cardo borriquero, cardo capotero, cardo de argolla, cardo de santa María, cardo lechero, cardo manchado, cardo mariano, cardo pelotero, cardo pinto, cardo platero, cardo santo, cardo zapero, cardoncha, cártamo mariano, escardancha, espingarda (Aragón), mariana, molinillo, penca, pincho burrero; *port.:* amor-de-hortelão, cardo-branco, cardo-de-nossa-Senhora, cardo-de-Santa-Maria, cardo-estrellado, cardo-leiteiro, cardo-mariano; *cat.:* cardassa, card blanc, card burral, card calapater, card calapatós, card clapat, card de Maria, card gallofer, card lleter, card marià, cardets d'aigua, cardot, carxofa de burro, escardot de Nostra Senyora, escardot gros, espinot, presor; *eusk.*: astalikardua, Mariaren khardla, triaga; *gall.:* arzola, cardo borroqueiro, cardo de Nossa Señora, cardo do Maria, cardo leiteiro.

Observaciones.–La especie se hibrida ocasionalmente con *S. eburneum*. Las infusiones y extractos de sus partes, en especial de los frutos, son apreciados por sus propiedades hepatoprotectoras, aperitivas, colagogas, etc., lo que deben sobre todo a algunos de sus flavonoides.

2. S. eburneum Coss. & Durieu in Bull. Soc. Bot. France 2: 366 (1855) [ebúrneum]

S. eburneum var. *hispanicum* Loscos & J. Pardo ex Willk. in Willk. (ed.), Ser. Inconf. Pl. Aragon.: 56 (1863)
Ind. loc.: "In cultis, ad vias, in ruderatis, imprimis in humidis Algeriæ interioris: In Numidia prope Melila! Batna! Biskra! (Balansa); in provincia Algeriensi prope Djelfa (Reboud); in Mauritania supra Saïda (Balansa)"
Ic.: Lám. 24 a-l

Hierbas anuales o bienales, espinosas, verdosas, con pelos unicelulares araneosos y pelos pluricelulares uniseriados. Tallos hasta de 150(200) cm, erectos, simples o ramificados en la mitad superior, con sección ± circular, longitudinalmente acostillados, foliosos sobre todo hacia la base, con indumento laxo de pelos unicelulares araneosos, muy largos, paralelos a las costillas, que forman un tomento denso blanquecino bajo los capítulos. Hojas hasta de 450 × 200 mm, pecioladas o sésiles y abrazadoras, no decurrentes, menores hacia la parte superior del tallo, con nervadura principal pinnada y nervios ± prominentes en el envés, sobre todo el principal, verdes, ± pelosas; las basales ± rosuladas, pecioladas, oblongo-lanceoladas, de sinuado-pinnatífidas a ± pinnatipartidas o pinnatisectas en (4)5-8 pares

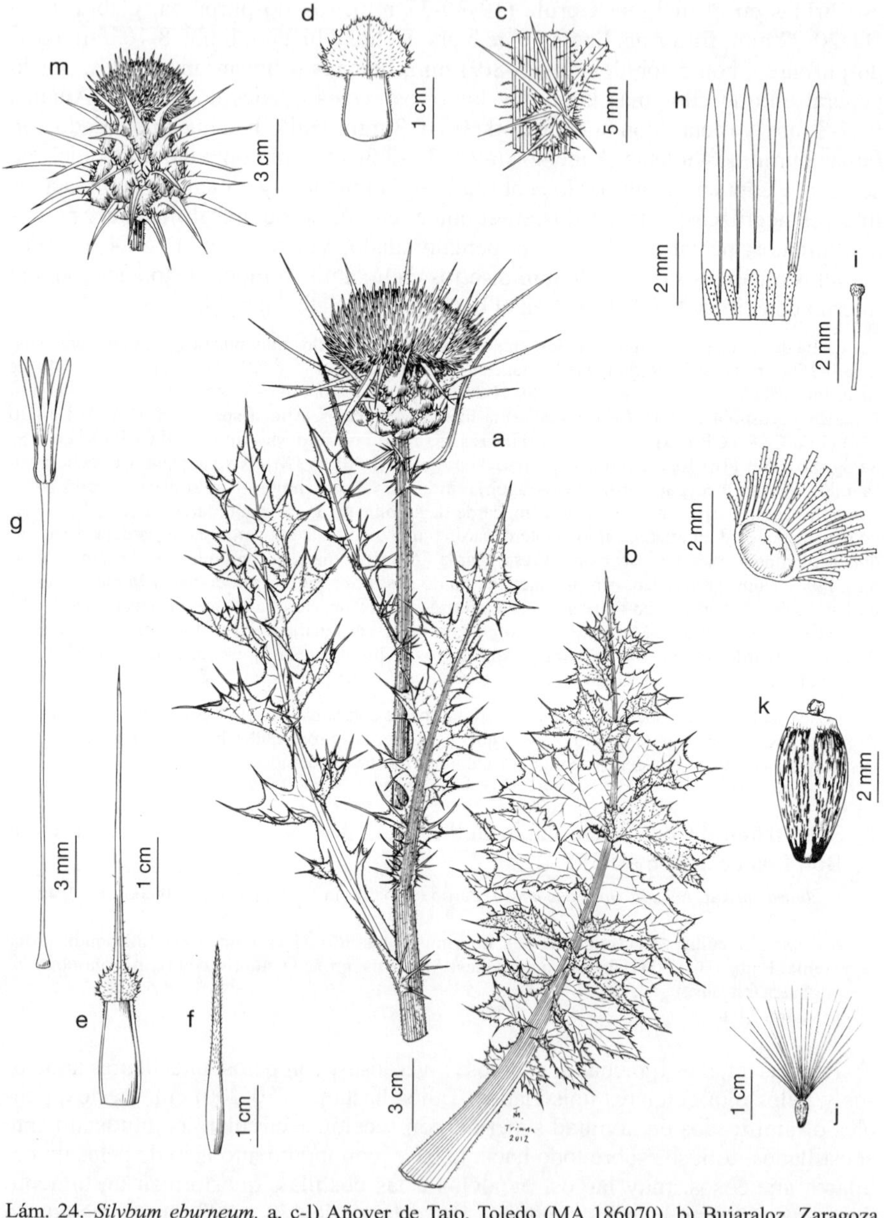

Lám. 24.–*Silybum eburneum,* a, c-l) Añover de Tajo, Toledo (MA 186070), b) Bujaraloz, Zaragoza (MA 483685): a) fragmento de un tallo y capítulo; b) hoja basal; c) nudo mostrando la inserción de una hoja; d) bráctea externa del involucro; e) bráctea media del involucro; f) bráctea interna del involucro; g) flor; h) sección longitudinal del limbo de la corola mostrando los filamentos de los estambres y uno de ellos completo; i) detalle del estilo con sus ramas; j) aquenio con vilano; k) aquenio; l) detalle de la base del vilano. *S. marianum,* Cortijo del Castillejo, Écija, Sevilla (COFC 31381): m) capítulo.

de lóbulos de subredondeados a palmeado-lobulados –con 3-5 lóbulos ± marcados y algo plegados a lo largo de los nervios–, de margen espinuloso y con espinas hasta de 17 mm, blancas y con la punta amarilla o azafranada, con haz de un verde obscuro y variegada de blanco, cubierta por un indumento escaso de pelos unicelulares araneosos, largos y aplicados –enmarañados en el nervio principal– y pelos pluricelulares largos esparcidos, y envés de un verde algo más claro, con nervio principal muy prominente e indumento similar al del haz aunque mucho más abundante; las caulinares similares pero sésiles y menores, auriculado-amplexicaules, las superiores lanceoladas o linear-lanceoladas, de profundamente pinnatipartidas a pinnatisectas, con 4 o 5 pares de lóbulos –el terminal estrechamente lanceolado y mucho más largo que los laterales–, y las distales reducidas al lóbulo terminal y (0)1 o 2 pares de lóbulos profundos. Capítulos solitarios, terminales, sésiles o con pedúnculo blanquecino-tomentoso hasta de 40 mm. Involucro 60-71 × 28-38 mm, ovoide, truncado o ligeramente deprimido, glabrescente o ± araneoso, sobrepasado por las flores; brácteas dispuestas en 5-7 series, gradualmente mayores de fuera adentro, pero las medias mucho mayores que las internas, coriáceas; las externas adpresas, glabras, con una base oblonga u oblongo-ovada abruptamente ensanchada en un apéndice ovado o suborbicular, no subulado, arqueado-cóncavo, sin nervios marcados, de un pardo obscuro o verdoso –excepto los bordes blanquecinos–, con margen dentado-espinoso; las medias con base lanceolada u ovado-lanceolada, sin nervios marcados, verdosas, abruptamente ensanchadas en un apéndice de 28-75 mm, con base ovada u orbicular –menor y más estrecha hacia el interior, hasta hacerse triangular–, dentado-espinosa, bruscamente prolongada en un acumen subulado en su base, de sección trígona, de erecto a patente o reflexo, punzante, con espina terminal hasta de 12 mm, amarillento-anaranjada, con pelos araneosos aplicados, de un pardo verdoso excepto los bordes blanquecinos; brácteas internas (28)32-38 mm, estrechamente lanceoladas u oblongo-lanceoladas, sin apéndice, sin nervios marcados, verdosas, con ápice pardo o de un pardo purpúreo, inermes, finamente antrorso-escábridas en el margen. Corola 28-35 mm, rosado-purpúrea, glabra; tubo 21-27 mm, filiforme, ligeramente blanquecino o blanco; limbo (4,8)5-7 mm, rosado-purpúreo, con 5 lóbulos de (3,5)4-5,5 mm, lineares o linear-lanceolados, por lo general uno de ellos con los senos más profundos que el resto –estos iguales dos a dos–. Anteras 5-5,2 mm, violetas, con apéndices basales de 0,1-0,2 mm. Estilo blanquecino-rosado con ramas purpúreo-violetas. Aquenios 5,7-6,6 × (2,5)2,9-3,3 mm, oblongo-obovoides, de sección ± elíptica, de un pardo obscuro en la madurez y con máculas lineares negruzcas, glabros, ± truncados en el ápice, con el borde apical marcado, blanquecino; nectario 0,5-1,2 mm, pentalobulado. Vilano externo con 4 o 5 filas de pelos escábridos de 19-27,3 mm, insertos en un anillo a modo de tonelete; vilano interno con cilios de 0,5-1 mm, en el borde del tonelete. $2n = 34$.

Orilla de campos y caminos, baldíos, etc., en cardizales en suelos muy nitrificados; 100-750 m. IV-VI. España y NW de África. Esporádica en el E de España. **Esp.:** A Ab Al CR Gr Hu J L M Mu Te To Z. **N.v.:** cardo zapero.

Observaciones.–Las plantas españolas, descritas como var. *hispanicum,* tienen por lo general brácteas involucrales medias con apéndice más largo –28-75 mm– que el de las plantas africanas –(16)25-32(37) mm–, descritas como *S. eburneum,* pero hay numerosas excepciones en ambos territorios, por lo que no parece oportuno segregar ambos táxones.

HÍBRIDOS

S. eburneum × S. marianum

S. × *gonzaloi* Cantó, Sánchez Mata & Rivas Mart. in Itinera Geobot. 15: 707 (2002)

16. Cirsium Mill.*

[Círsium, -ii n. – gr. *kríssion, -íou* n.; lat. *cirsĭon, -ĭī* n. y *crisĭon, -ĭī* n. = en Dioscórides y Plinio, planta de tallo tierno, de base triangular, y hasta de 1 m de altura, con hojas moderadamente pelosas, blanquecinas y espinosas, y cabezuelas de color purpúreo, cuyas raíces, atadas encima de la parte afectada, sedan el dolor de las varices (gr. *kirsós, -oû* m. y *krissós, -oû* m.); planta que los autores, sin más base, han supuesto que sería un cardo *(Carduus tenuiflorus* Curtis o *C. pycnocephalus* L., *Compositae).* El género *Cirsium* Mill. *(Compositae)* fue establecido por Tournefort (1694: 354-355; 1700: 447-449), y validado en Ph. Miller, Gard. Dict. Abr., ed. 4, 1: [334-335] (1754), para plantas que muchos botánicos prelinneanos habían incluido entre los *Cirsium* genuinos]

Hierbas bienales o perennes, rara vez anuales, espinosas o espinulosas, con pelos unicelulares araneosos y pluricelulares uniseriados. Tallos simples o ramificados, alados o ápteros, con menor frecuencia hierbas acaules. Hojas alternas, enteras o lobadas pero más frecuentemente pinnatífidas o pinnatisectas, las caulinares sésiles, auriculadas o sagitadas y más frecuentemente decurrentes, con margen espinoso o espinuloso y haz espinosa o inerme. Capítulos multifloros, terminales, solitarios o en inflorescencias complejas paniculiformes, sésiles o pedunculados, discoides, homógamos, rodeados a veces por hojas involucrales. Involucro ovoide, ovoide-cilíndrico o subgloboso; brácteas dispuestas en varias series, imbricadas y ± adpresas o bien de erecto-patentes a reflexas, herbáceas, mayores hacia el interior del capítulo, rara vez las externas de la longitud de las internas, a menudo con una callosidad glandulosa en la mitad distal del dorso, las externas y medias por lo general con una espina apical, las internas inermes. Receptáculo plano, densamente peloso, con pelos blancos, lisos. Flósculos hermafroditas o funcionalmente unisexuales –plantas dioicas, ginodioicas o ginomonoicas–, que sobrepasan al involucro. Corola tubular, pentámera, ± zigomorfa, glabra, blanca, amarilla o purpúrea, con tubo y limbo netamente diferenciados, este con 5 lóbulos ± desiguales. Estambres con filamentos libres, papilosos, insertos en la base del limbo de la corola; anteras con conectivo prolongado en una lengüeta apical triangular, calcariformes en la base, con apéndices basales destacados. Estilo con dos ramas unidas a lo largo de toda su longitud, delimitadas por un anillo de pelos colectores cortos, el resto glabro, rodeado en la base por un nectario que persiste a modo de prominencia sobre la placa apical del aquenio. Aquenios homomorfos, todos con vilano, obovoides, ligeramente comprimidos, algo incurvos, glabros, negros o amarillentos, a veces con estrías purpúreas, truncados en el ápice, con placa apical plana, de borde entero y con nectario ± cilíndrico; hilo cárpico subbasal; sin eleosoma. Vilano simple, blanco o amarillento, caedizo, con varias filas de pelos plumosos, soldados por su base en un anillo. $x = 17$

* S. Talavera

Observaciones.–Género con c. 200 especies distribuidas principalmente por el hemisferio norte. Las especies con representación en el territorio de la flora se pueden reagrupar en tres secciones, *Cirsium, Cephanoloplos* y *Epitrachys,* cuyas diferencias morfológicas están reforzadas por ciertos caracteres biológicos que las confirman como grupos naturales.

Las especies de la sect. *Cirsium* carecen de espinas en el haz de las hojas, presentan multiplicación vegetativa mediante rizomas –y a veces estolones– y reproducción sexual casi exclusivamente por alogamia, con flores predominantemente hermafroditas. Con menor frecuencia, una misma planta forma capítulos con todas las flores funcionalmente femeninas y capítulos hermafroditas (ginomonoecia), o bien hay plantas que los forman con flores funcionalmente femeninas y otras con todos de flores hermafroditas (ginodioecia). Las especies de esta sección habitan con preferencia en substratos húmedos y son muy frecuentes en márgenes de arroyo, fuentes o lugares pantanosos y sus cromosomas son los más pequeños en el género [cf. S. Talavera in Lagascalia 4: 285-296 (1974)].

Los representantes de la sect. *Cephalanoplos* también carecen de espinas en el haz de las hojas y entre ellos está *C. arvense,* que es el único que vive en el territorio de esta flora. Se trata de una especie dioica que habita con preferencia en substratos arcillosos de los valles de media montaña, normalmente arvense y que se reproduce vegetativamente de manera muy vigorosa merced a yemas radicales que se desarrollan precozmente a partir de la raíz primaria axonomorfa. Su reproducción sexual es xenógama, pero en muchas poblaciones, clónicas o no, no se producen aquenios maduros por falta de individuos del otro sexo. Sus cromosomas son pequeños y parecidos a los de las especies de la sect. *Cirsium.* A diferencia de las anteriores, las especies de la sect. *Epitrachys* presentan espinas en el haz de las hojas, carecen por lo general de multiplicación vegetativa y poseen una raíz axonomorfa que perdura toda su vida. Las flores son siempre hermafroditas y la geitonogamia es la modalidad de reproducción sexual dominante. Las especies de esta sección –excepto *C. vulgare*– habitan con preferencia en lugares secos y pedregosos de alta y media montaña y sus cromosomas son los mayores en el género [cf. S. Talavera & B. Valdés in Lagascalia 5: 140 (1976), donde se ofrece una discusión más amplia acerca de los caracteres diferenciales de estas secciones].

Muchas de las especies del género se hibridan –preferentemente con aquellas que pertenecen a la misma sección–, lo que complica notablemente su delimitación taxonómica, sobre todo las de la sect. *Cirsium,* donde la hibridación es extraordinariamente frecuente. Todos los híbridos, observados o no en el territorio que cubre esta flora, se recogen, con sus respectivos sinónimos, al final del género, así como en las observaciones de cada especie.

Bibliografía.–G. ROUY in Rev. Bot. Syst. Géogr. Bot. 2: 1-11, 28-32, 42-47, 57-62, 74-78, 115-118 (1904) [sinopsis de *Cirsium* y sus híbridos en Francia]; S. TALAVERA in Lagascalia 4: 285-296 (1974) [cariología]; S. TALAVERA & B. VALDÉS in Lagascalia 5: 127-223 (1976) [revisión de *Cirsium* en la flora ibérica].

1. Corola con el limbo dividido casi hasta la base; hierba con todas las flores unisexuales; hojas sin espinas en el haz .... **19. C. arvense**

– Corola con el limbo dividido hasta la mitad; hierba con todas las flores hermafroditas, más rara vez ginodioica y entonces con algunas flores funcionalmente femeninas; hojas con o sin espinas en el haz ... 2
2. Hojas sin espinas en el haz; hierba perenne y rizomatosa ... 3
– Hojas con espinas en el haz; hierba bienal, rara vez anual, o perenne y rizomatosa ... 32
3. Hierba acaule ... **13. C. acaulon**
– Hierba con tallos bien desarrollados ... 4
4. Tallos alados, al menos cerca del punto de inserción de las hojas ... 5
– Tallos completamente ápteros ... 25
5. Hojas enteras, dentadas o ligeramente lobadas ... 6
– Hojas pinnatífidas o marcadamente lobadas ... 14
6. Hojas con envés glabro o con pelos pluricelulares cortos ... 7
– Hojas con envés araneoso-tomentoso, con pelos largos, unicelulares y flexuosos ... 11
7. Tallos por lo general con los capítulos agrupados en una estructura paniculiforme, con casi todo el tallo folioso; hojas dentadas o lobadas, con los lóbulos o dientes terminados en una espina de 6-9 × 0,2-0,5 mm ... **16. C. valdespinulosum**
– Tallos casi siempre monocéfalos, con la mayoría de las hojas dispuestas en la mitad inferior del tallo; hojas enteras, dentadas o lobadas, con cilios espinulosos y espínulas marginales o espina terminal de los lóbulos o dientes de 0,6-8(11) × 0,1-0,3 mm ... 8
8. Hojas con pelos pluricelulares cortos en ambas caras ... 9
– Hojas glabras ... 10
9. Hojas caulinares decurrentes en 1-2 cm; involucro ovoide, de 10-13 mm de diámetro ... **3. C. pannonicum**
– Hojas caulinares decurrentes en menos de 1 cm; involucro subgloboso, de 15-20 mm de diámetro ... **4. C. welwitschii**
10. Tallos 60-150 cm; involucro 16-20 × 24-27 mm; corola 20-23 mm; vilano (13)15-18 mm ... **5. C. rosulatum**
– Tallos 30-70 cm; involucro 11-13 × 11-12 mm; corola 13-15 mm; vilano 8-10 mm ... **15. C. monspessulanum**
11. Vilano (20)23-26 mm; involucro 21-25 mm ... **6. C. heterophyllum**
– Vilano 8-16 mm; involucro (6)11-18 mm ... 12
12. Hojas con los lóbulos terminados en una espina de 7-20 × 0,5-1,2 mm ... **14. C. pyrenaicum**
– Hojas con cilios espinulosos marginales o espina terminal de los lóbulos de 0,6-7 × 0,1-0,5 mm ... 13
13. Hojas con pelos pluricelulares cortos por su haz; involucro 15-18 mm ... **3. C. pannonicum**
– Hojas con algunos pelos unicelulares largos y sinuosos, pero sin pelos pluricelulares cortos por su haz, o con haz glabra; involucro 12-13 mm ... **17. C. gaditanum**
14. Brácteas involucrales subiguales; involucro con todas las brácteas ± reflexas o arqueadas en la mitad superior ... **9. C. carniolicum**
– Brácteas involucrales mayores de fuera adentro; involucro con todas las brácteas rectas en toda su longitud o solo con la espina arqueada ... 15
15. Hojas con espínulas marginales o espina terminal de los lóbulos de 0,5-3 mm ... 16
– Hojas con espina terminal de los lóbulos de 4 mm o más larga ... 17
16. Vilano 14-18 mm; rizoma con raíces tuberosas ... **2. C. tuberosum**
– Vilano (20)23-26 mm; rizoma sin raíces tuberosas ... **6. C. heterophyllum**
17. Vilano 17-21 mm; involucro 18-20 mm ... **12. C. valentinum**
– Vilano 6-14 mm; involucro 8-18 mm ... 18
18. Hojas medias del tallo decurrentes en menos de 1 cm ... **4. C. welwitschii**
– Hojas medias del tallo decurrentes en más de 1,5 cm ... 19

19. Tallo alado en toda su longitud 20
– Tallo parcialmente alado 21
20. Brácteas externas y medias del involucro terminadas en una espina de 0,6-1 mm; hojas con los lóbulos terminados en una espina de 3-6(10) × 0,2-0,5 mm ...... **18. C. palustre**
– Brácteas externas y medias del involucro terminadas en una espina de 1-3 mm; hojas con los lóbulos terminados en una espina de (6)11-15 × 0,5-1,2 mm .... **14. C. pyrenaicum**
21. Hojas con envés araneoso-tomentoso 22
– Hojas con envés glabro 23
22. Capítulos solitarios o reunidos en estructuras paniculiformes terminales, subsésiles o brevemente pedunculados; brácteas involucrales externas y medias con una espina apical de 1-3 mm; lóbulos de las hojas con una espina apical de 7-20 × 0,5-1,2 mm .... **14. C. pyrenaicum**
– Capítulos reunidos en glomérulos terminales de 3-10(20), sésiles o subsésiles; brácteas involucrales externas y medias con una espina apical de 0,6-1 mm; lóbulos de las hojas con una espina apical de 3-6(10) × 0,2-0,5 mm .... **18. C. palustre**
23. Brácteas externas y medias del involucro terminadas en una espina de 1-3 mm; hojas con los lóbulos terminados en una espina de (6)11-15 × 0,4-1,2 mm .... **14. C. pyrenaicum**
– Brácteas externas y medias del involucro terminadas en espina de 0,2-1 mm; hojas con los lóbulos terminados en una espina de 3-9(10) × 0,2-0,5 mm 24
24. Hojas lobadas o irregularmente dentadas .... **16. C. valdespinulosum**
– Hojas pinnatífidas .... **18. C. palustre**
25. Corola amarilla o amarillento-blanquecina 26
– Corola purpúrea 28
26. Capítulo sin hojas involucrales .... **8. C. erisithales**
– Capítulo rodeado de hojas involucrales 27
27. Hojas con las espinas del margen de 1-4 × 0,1-0,3 mm .... **10. C. oleraceum**
– Hojas con las espinas del margen de (10)12-15 × 0,6-1 mm .... **11. C. glabrum**
28. Capítulos en grupos de 2-4, terminales, rara vez solitarios; brácteas externas y medias del involucro con una callosidad glandulosa anchamente elíptica .... **7. C. rivulare**
– Capítulos solitarios al final de los tallos; brácteas externas y medias del involucro con una callosidad glandulosa linear o sin callosidad 29
29. Vilano (15)20-26 mm; rizoma sin raíces tuberosas 30
– Vilano 14-18 mm; rizoma por lo general con raíces tuberosas 31
30. Hojas con los lóbulos terminados en una espina de 0,5-1,5(2) × 0,15-0,2 mm; envés enteramente blanco-araneoso .... **6. C. heterophyllum**
– Hojas con los lóbulos terminados en una espina de (7)8-12 × 0,4-0,6 mm; envés ± verdoso, densamente peloso solo en los nervios .... **13. C. acaulon**
31. Brácteas externas y medias del involucro lanceoladas, planas, terminadas en una espina de 0,3-1(1,4) mm; hierba generalmente con estolones .... **1. C. filipendulum**
– Brácteas externas y medias del involucro ovadas u ovado-lanceoladas, convexas, terminadas en una espina de 0,2-0,5(1) mm; hierba sin estolones .... **2. C. tuberosum**
32. Hojas caulinares medias muy decurrentes; hierba bienal, o bien perenne y rizomatosa .. .. **20. C. vulgare**
– Hojas caulinares medias nada decurrentes o decurrentes en menos de 2,5 cm; hierba bienal 33
33. Brácteas involucrales medias ovadas o elípticas, adpresas, con espina apical de 0,3-0,9 mm; hojas decurrentes en menos de 2,5 cm; tallos 100-250 cm; involucro 25-30 × 20-30 mm, ovoide .... **26. C. scabrum**
– Brácteas involucrales medias lanceoladas u ovado-lanceoladas, a veces con un ensanchamiento espatuliforme subapical, erecto-patentes, patentes o arqueado-patentes, con espina apical de 1-9 mm; hojas por lo general no decurrentes; tallos 15-70(150) cm; in-

volucro (25)30-50(58) × (25)30-70 mm, ovoide o globoso 34

34. Haz de las hojas caulinares superiores con espinas marcadamente desiguales, las mayores de más de 2,5 mm 35
– Haz de las hojas superiores del tallo con espinas escasamente desiguales, las mayores hasta de 1(1,3) mm 36

35. Brácteas medias del involucro carentes de ensanchamiento subapical o, cuando hay, de menos de 0,2 mm de anchura; corola blanca .... **21. C. ferox**
– Brácteas medias del involucro con un ensanchamiento subapical de 1-2,5 mm de anchura; corola generalmente purpúrea, rara vez blanca .... **23. C. odontolepis**

36. Brácteas involucrales medias con un ensanchamiento espatuliforme subapical de 0,9-1,3(1,5) mm de anchura; involucro densamente araneoso-tomentoso .... **24. C. eriophorum**
– Brácteas medias del involucro sin ensanchamiento subapical o, cuando hay, de 0,3-0,6(0,8) mm de anchura; involucro de casi glabro a densamente araneoso o algodonoso 37

37. Vilano 20-29 mm; haz de las hojas laxa o densamente cubierta de espinas de 0,6-1(1,2) mm; lóbulos terminales de las hojas superiores con una espina apical de 3-12 × 0,9-1,1; brácteas involucrales medias con o sin ensanchamiento subapical ... **22. C. richterianum**
– Vilano 29-37 mm; haz de las hojas densamente cubierta de espinas de 0,2-0,6(1,3) mm; lóbulos terminales de las hojas superiores con una espina apical de 6-16 × 1,2-1,5 mm; brácteas involucrales medias sin ensanchamiento subapical .... **25. C. echinatum**

Sect. 1. **Cirsium**

Hierbas perennes, rizomatosas, hermafroditas, ginomonoicas o ginodioicas, por lo general con multiplicación vegetativa. Tallos con frecuencia ± alados a lo largo de gran parte de su longitud o ápteros. Hojas caulinares sin espinas en su haz. Capítulos pequeños o medianos, con involucro de (6)9-25(28) × 6-22(27) mm. Brácteas involucrales externas y medias ± herbáceas y con una espina apical corta, a menudo también con una callosidad glandulosa en la mitad distal del dorso. Corola con el tubo por lo general más corto que el limbo y este dividido aproximadamente hasta su mitad. Aquenios a menudo amarillentos. Vilano más corto que la corola en la fructificación, rara vez algo más largo.

1. C. filipendulum Lange, Pugill. Pl. Hispan: 142 (1861) [filipéndulum]

C. filipendulum subsp. *grumosum* (Hoffmanns. & Link) Franco, Nova Fl. Portugal 2: 570 (1984)
Ind. loc.: "(…) Lge. in sched. pl. exs. (…) In ericetis montanis pratisque siccis totius Galleciæ a Puerto de Piedrafita ad la Coruña frequens (Jul.-Aug.)!" [isótipo designado por S. Talavera & B. Valdés in Lagascalia 5: 144 (1976): COI-Willk.]
Ic.: Lange, Descr. Icon. Pl. Nov., tab. 20 (1864); Talavera & Valdés in Lagascalia 5: 147 fig. 2 A (1976); lám. 25

Hierba perenne, rizomatosa, generalmente estolonífera, a menudo con raíces tuberosas fusiformes, espinosa, ± pelosa. Tallos 23-60 cm, simples, rara vez ramificados, ápteros. Hojas concentradas en el tercio inferior del tallo y menores hacia la parte superior del mismo, herbáceas, pinnatífidas, pinnatipartidas o a veces las superiores dentadas, con segmentos triangulares terminados en una espina de

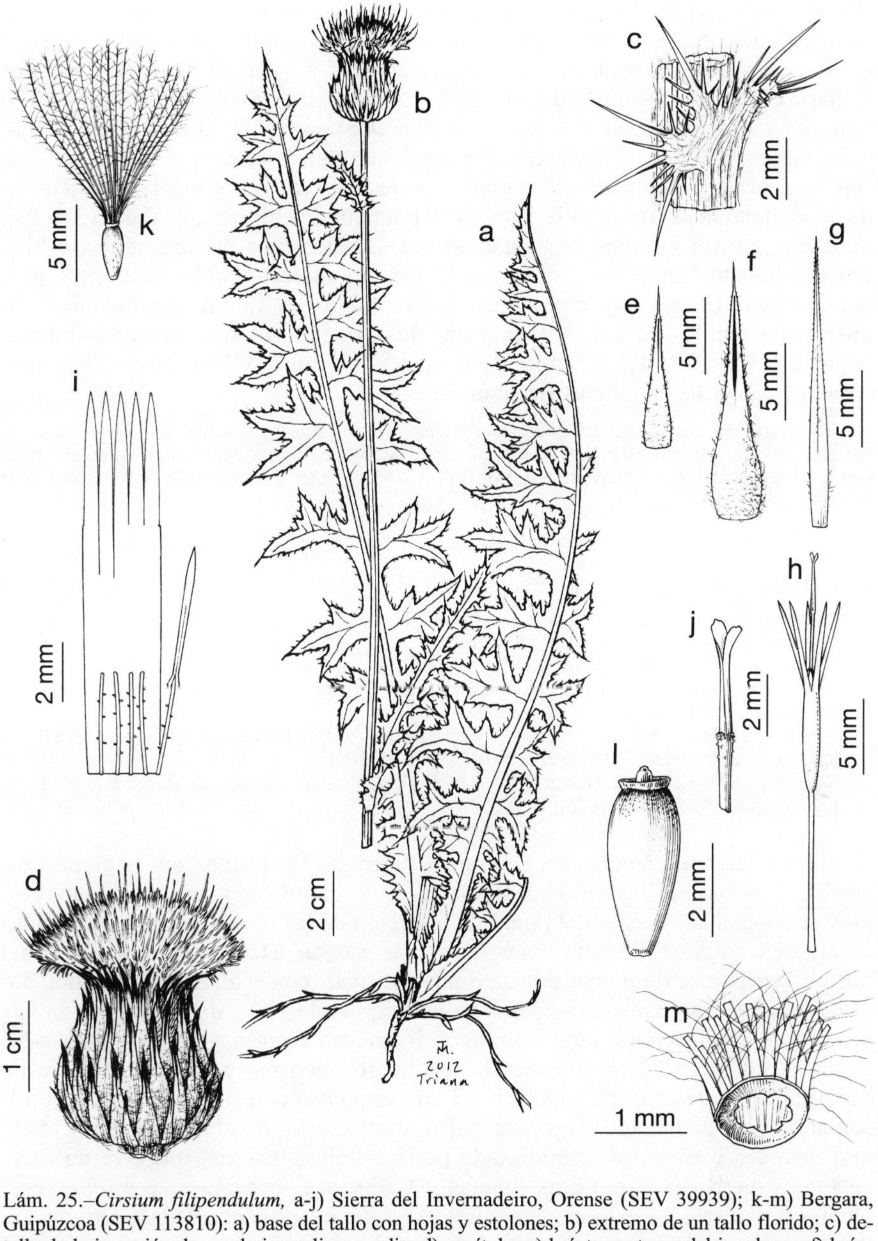

Lám. 25.–*Cirsium filipendulum,* a-j) Sierra del Invernadeiro, Orense (SEV 39939); k-m) Bergara, Guipúzcoa (SEV 113810): a) base del tallo con hojas y estolones; b) extremo de un tallo florido; c) detalle de la inserción de una hoja caulinar media; d) capítulo; e) bráctea externa del involucro; f) bráctea media del involucro; g) bráctea interna del involucro; h) corola y verticilos sexuales; i) limbo de la corola seccionado que muestra los filamentos de los estambres y uno de ellos completo; j) detalle del ápice del estilo con sus ramas; k) aquenio con vilano; l) aquenio; m) detalle de la base del vilano, en vista subbasal.

(1)2-4 × 0,2-0,3 mm, con haz glabrescente, sin espinas, y envés araneoso-tomentoso; las inferiores pecioladas, con pecíolo ancho; las caulinares medias y superiores sésiles, no decurrentes, anchamente auriculadas, semiamplexicaules. Capítulos solitarios, con pedúnculo largo, sin hojas involucrales. Involucro 15-20 × 15-20 mm, ovoide, glabrescente o ± araneoso, sobrepasado por las flores; brácteas mayores de fuera adentro, ± herbáceas, lanceoladas, planas, erectas y ± adpresas –excepto a veces el ápice–, pelosas o glabrescentes; las externas y medias con una callosidad glandulosa linear en la mitad distal del dorso y espina apical de 0,3-1(1,4) mm; las internas inermes. Receptáculo peloso. Flósculos hermafroditas, o bien funcionalmente femeninos y entonces hierba ginodioica. Corola 16-23 mm, purpúrea; tubo 7-10 mm, más corto que el limbo; limbo 9,5-13 mm, dividido hasta su mitad, con lóbulos de 4-6 mm, ± desiguales. Anteras rosadas o rosado-violetas. Aquenios 3,5-4,5 × 1,5-2,5 mm, glabros, amarillentos. Vilano 14-18 mm, más corto que la corola en la fructificación. $2n = 34$.

Herbazales del margen de cursos de agua y humedales en substratos ácidos, preferentemente en brezales; (10)100-1300 m. (V)VI-IX. Península Ibérica y SW de Francia. Mitad N de Portugal y N de España, desde Galicia hasta Navarra. **Esp.:** Bi Bu C Lu Na O Or (P) Po S SS Vi Za. **Port.:** (AAl) BAl (BB) BL E Mi TM. **N.v.:** cardo.

2. C. tuberosum (L.) All., Fl. Pedem. 1: 151 (1785) [tuberósum]

Carduus tuberosus L., Sp. Pl.: 824 (1753) [basión.]
Carduus bulbosus Lam., Encycl. 1: 705 (1785)
C. bulbosum (Lam.) DC. in Lam. & DC., Fl. Franç. ed. 3, 4: 118 (1805)
C. anglicum sensu Willk. in Willk. & Lange, Prodr. Fl. Hispan. 2: 188 (1865), non (Lam.) DC. in Lam. & DC., Fl. Franç. ed. 3, 4: 118 (1805)
Ind. loc.: "Habitat in Mospelii, Lipsiæ, inque Bohemia, Austria, Helvetia" [lectótipo designado por S. Talavera & B. Valdés in Lagascalia 5: 145 (1976): LINN]
Ic.: Rchb., Icon. Fl. Germ. Helv. 15, tab. 108 II (1853) [sub *C. bulbosum*]; Talavera & Valdés in Lagascalia 5: 147 fig. 2 B (1976); lám. 26

Hierba perenne, rizomatosa, con raíces tuberosas fusiformes, sin estolones, espinosa, ± pelosa. Tallos 40-80(100) cm, erectos, ramificados o simples, ápteros, muy rara vez alados cerca del punto de inserción de las hojas. Hojas concentradas en el tercio inferior del tallo, menores y más escasas hacia la parte superior del mismo, herbáceas, de pinnatífidas a pinnatipartidas, con segmentos formados por 3 o 4 lóbulos desiguales terminados en una espina de 1-3 × 0,1-0,2 mm, con haz provista de algunos pelos largos, rara vez glabra, sin espinas, y envés araneoso-tomentoso; las inferiores pecioladas; las caulinares medias y superiores sésiles, no decurrentes, rara vez decurrentes en 1,3 cm, estrechamente auriculadas. Capítulos solitarios, con pedúnculo largo, sin hojas involucrales. Involucro 15-25 × 15-22 mm, ovoide, ± araneoso, sobrepasado por las flores; brácteas mayores de fuera adentro, ± herbáceas, convexas, erectas y ± adpresas –excepto a veces el ápice–, glabras o pelosas; las externas y medias ovadas u ovado-lanceoladas, con una callosidad glandulosa linear en la mitad distal del dorso y espina apical de 0,2-0,5(1) mm; las internas linear-lanceoladas o lanceoladas, inermes. Receptáculo peloso. Flósculos hermafroditas. Corola 15-24 mm, purpúrea; tubo 7-11 mm, más corto que el limbo; limbo 9,5-13 mm, dividido hasta su mitad, con lóbulos de 4-6 mm,

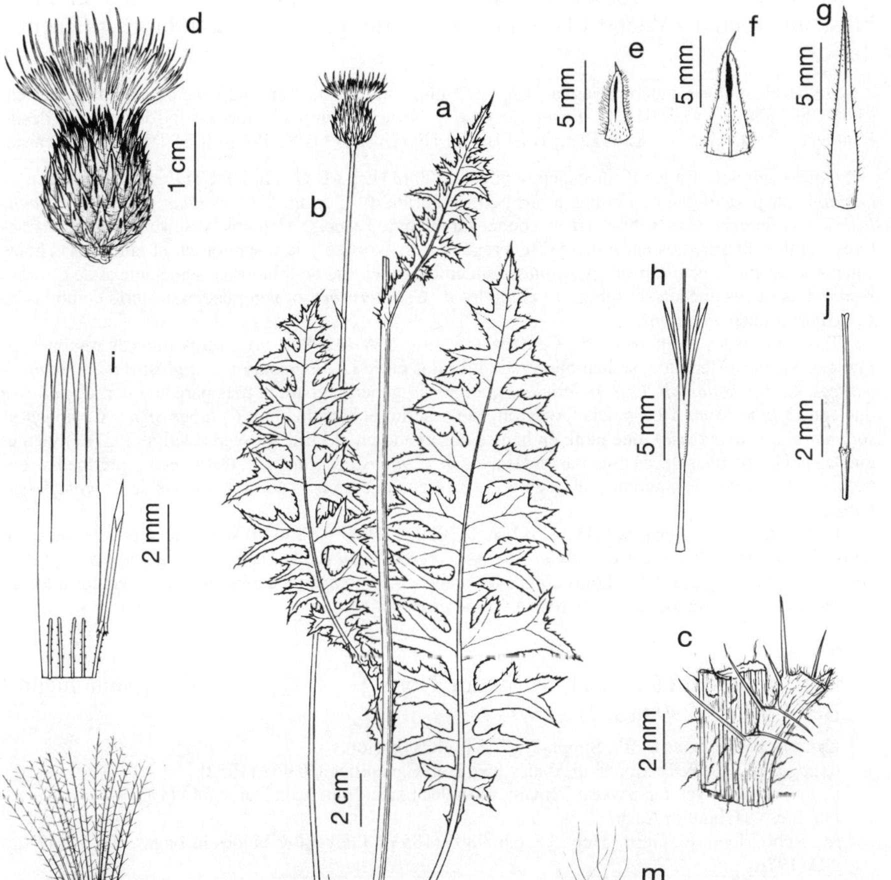

Lám. 26.–*Cirsium tuberosum,* Peña de Oroel, Jaca, Huesca (SEV 210701): a) base del tallo con hojas y sistema radical; b) parte apical de un tallo florido; c) detalle de la inserción de una hoja caulinar media; d) capítulo; e) bráctea externa del involucro; f) bráctea media del involucro; g) bráctea interna del involucro; h) corola y verticilos sexuales; i) limbo de la corola seccionado que muestra los filamentos de los estambres y uno de ellos completo; j) detalle del ápice del estilo con sus ramas; k) aquenio con vilano; l) aquenio; m) detalle de la base del vilano, en vista semibasal.

± desiguales. Anteras rosadas o rosado-violetas. Aquenios 4-5 × 1,5-2,2 mm, glabros, amarillentos. Vilano 14-18 mm, más corto que la corola en la fructificación. $2n = 34$.

Herbazales junto a cursos de agua y lugares ± húmedos en substrato margoso de naturaleza básica; (300)700-1550 m. VI-VIII(IX). Europa central y N de la Península Ibérica. N de España, desde Pontevedra hasta Gerona. **And.** **Esp.**: B Bi Bu Ge Hu (L) (Le) Lo Na Po So (SS) T Vi Z. **N.v.**: cardo.

Observaciones.–En los Pirineos, entre 600 y 1700 m (Esp.: B Ge Hu Z), *C. tuberosum* vive con *C. acaulon* subsp. *acaulon,* con el que a menudo se hibrida. El híbrido, *C.* × *medium (Carduus* × *pumilus, C.* × *colmeiroi, C.* × *salvadori),* se conoce también de Francia, Alemania y Suiza y presenta caracteres florales intermedios entre los de sus progenitores. La base y la inserción en el tallo de las hojas son como las de *C. acaulon* subsp. *acaulon;* sin embargo, el tipo de lóbulos es semejante al de *C. tuberosum.* Las raíces pueden ser tuberosas como las de *C. tuberosum,* o bien pueden no serlo como las de *C. acaulon* subsp. *acaulon.*

También en los Pirineos (v.gr., Cerdaña francesa: MA 132982), y en otras muchas regiones de Francia, Suiza o Alemania, se han observado híbridos entre *C. tuberosum* y *C. palustre (C.* × *semidecurrens, C.* × *kochianum, C.* × *palatinum)* que, por lo general, guardan más parecido con *C. palustre* que con *C. tuberosum.* De Francia (Aveyron) fue descrito el híbrido entre *C. tuberosum* y *C. monspessulanum (C.* × *arisitense),* que también hemos observado en el Pirineo oscense (SEV 262787) y en el que las hojas son unas veces muy parecidas a las de *C. monspessulanum* y, otras veces, intermedias entre las de los parentales, aunque casi siempre tienen una decurrencia corta, como las de *C. monspessulanum.*

En los montes de Obarenes (Burgos: MA 133029, 133039 y 133040) se conocen poblaciones con un posible origen híbrido entre *C. tuberosum* y *C. pyrenaicum (C.* × *burgalense).* Estas plantas viven con los parentales y presentan hojas con envés araneoso-tomentoso y capítulos más parecidos a los de *C. pyrenaicum.* Por su aspecto recuerdan a *C. valentinum.*

3. C. pannonicum (L. fil.) Link, Enum. Hort. Berol. Alt. 2: 299 (1822) [pannónicum]

Carduus pannonicus L. fil., Suppl. Pl.: 348 (1782) [basión.]
C. zugazae Losa & P. Monts. in Anales Inst. Bot. Cavanilles 10: 468 (1952)
C. pannonicum var. *legionense* Cámara in Anales Estac. Exp. Aula Dei 3: 344 (1955)
Ind. loc.: "Habitat in Austria"
Ic.: Rchb., Icon. Fl. Germ. Helv. 15, tab. 98 II (1853); Talavera & Valdés in Lagascalia 5: 147 fig. 2 D (1976)

Hierba perenne, rizomatosa, sin raíces tuberosas, espinulosa, ± pelosa. Tallos 30-80 cm, por lo general simples, rara vez ramificados, alados solo cerca del punto de inserción de las hojas. Hojas insertas en la mitad inferior del tallo y menores hacia la parte superior del mismo, herbáceas, enteras o ligeramente dentadas, con pelos pluricelulares cortos por ambas caras –a veces el envés ± araneoso-tomentoso–, sin espinas en el haz pero con cilios espinulosos de 0,6-1,5 × 0,1-0,2 mm en el margen; las inferiores pecioladas, oblongas; las caulinares medias sésiles, decurrentes en 1-2 cm, ± lanceoladas, y las superiores ± estrechamente lanceoladas, casi bracteiformes, muy poco decurrentes. Capítulos solitarios, con pedúnculo largo, sin hojas involucrales. Involucro 15-18 × 10-13 mm, ovoide, glabrescente o ± araneoso, sobrepasado por las flores; brácteas mayores de fuera adentro, de consistencia ± herbácea, lanceoladas, planas, agudas, erectas, adpresas, generalmente pelosas, rara vez glabras, con la mitad superior purpúrea; las externas y medias con una callosidad glandulosa oblanceolada en la mitad distal del dorso y una espina apical de 0,4-0,5 mm; las internas estrechamente lanceoladas, inermes. Receptáculo peloso. Flósculos hermafroditas. Corola 15-19(22) mm, purpúrea; tubo 6-8 mm; limbo 9,5-11(13) mm, dividido hasta su mitad, con lóbulos de 4-6 mm, ± desiguales. Anteras rosadas o rosado-violetas. Aquenios 3,5-4,5 × 1,5-2 mm, glabros, de un amarillo pajizo, a veces teñidos de color púrpura. Vilano 13-16 mm, más corto que la corola en la fructificación. $2n = 34^*$.

Herbazales y praderas en suelos húmedos; 900-1600 m. VI-VII. Europa central, N de Italia y Península Ibérica. N de España, en la Cordillera Cantábrica. **Esp.:** Bu Le O P S. **N.v.:** cardo.

Observaciones.–Las poblaciones españolas llamadas así están alejadas de las restantes poblaciones centroeuropeas y presentan, además, ciertas singularidades que indujeron a algunos autores a segregarlas como taxon independiente *(C. zugazae, C. pannonicum* var. *legionense).* Sin embargo, se coincide con E. Leroy & M. Laínz in Collect. Bot. (Barcelona) 4: 113 (1954) en incluirlas en *C. pannonicum,* a pesar de que las plantas tienen hojas decurrentes en una mayor longitud y, a veces, envés más densamente araneoso, unas peculiaridades respaldadas también por el tamaño ligeramente mayor que alcanza el polen [cf. S. Talavera & B. Valdés in Lagascalia 5: 138 (1976)]. Esta variabilidad foliar es similar a la observada en plantas de *C. pannonicum* de muchas poblaciones del N de Italia, por lo que no parece oportuno separarlas.

De la provincia de León (Nocedo: MAF 10965 y 10966) y Cantabria (Espinama: SEV 275467) proceden unas plantas con probable origen híbrido entre *C. pannonicum* y *C. pyrenaicum.* Sus hojas, marcadamente decurrentes, pueden ser enteras y ciliado-espinulosas como en *C. pannonicum,* o bien lobadas y fuertemente espinosas, con espinas rectas de 4-7 mm, como en *C. pyrenaicum.* A su vez, los capítulos pueden ser grandes y solitarios como en *C. pannonicum,* o bien pequeños y agrupados como en *C. pyrenaicum.*

4. C. welwitschii Coss., Notes Pl. Crit.: 118 (1851) [Welwítschii]

Ind. loc.: "In Lusitaniæ Transtaganæ uliginosis prope Vendas et in Extremaduræ spongiosis prope Caldas da Rainha (Welwitsch jamdiu invenit et in herbario habuit sub nomine C. centauroides sp. nov.). In humidis regionis montanæ inferioris Hispaniæ austro-orientalis, ad fontem montis Padron de Bien Servida prope Riopar in Regno Murcico (E. Bourgeau, 26ª die Junii 1850)"
Ic.: Talavera & Valdés in Lagascalia 5: 153 fig. 3 B (1976)

Hierba perenne, rizomatosa, sin raíces tuberosas, espinosa, ± pelosa. Tallos 40-80(110) cm, simples o apenas ramificados, alados solo cerca del punto de inserción de las hojas. Hojas en su mayoría basales, las caulinares escasas y menores hacia la parte superior del tallo, dentado-lobadas o enteras, con pelos pluricelulares cortos por ambas caras, sin espinas en el haz; las inferiores rosuladas, coriáceas, con pecíolo ± ancho, lanceoladas, dentadas o lobadas y con lóbulos triangulares terminados en una espina de 4-8 × 0,2-0,3 mm; las caulinares 3 o 4, sésiles, muy pequeñas y distanciadas, enteras, estrechamente lanceoladas, auriculadas, decurrentes en menos de 1 cm. Capítulos solitarios, con pedúnculo largo, sin hojas involucrales. Involucro 15-18 × 15-20 mm, subgloboso, glabrescente o ± araneoso, sobrepasado por las flores; brácteas mayores de fuera adentro, ± herbáceas, lanceoladas, planas, erectas y ± adpresas, tomentosas; las externas estrechamente lanceoladas, con espina apical de 0,3-1 mm, purpúrea-violeta; las medias e internas lanceoladas, sin callosidad glandulosa o con una callosidad linear en la mitad distal del dorso, verde o purpúrea, terminadas en un acumen purpúreo e inerme. Receptáculo peloso. Flósculos hermafroditas. Corola 15-18 mm, purpúrea; tubo 7-9 mm; limbo 8-9 mm, dividido hasta su mitad, con lóbulos de c. 5 mm, ± desiguales. Anteras rosadas o rosado-violetas. Aquenios 3,5-4 × 1,2-1,7 mm, glabros, amarillentos. Vilano (11)12-13(14) mm, más corto que la corola en la fructificación.

Herbazales de lugares húmedos, en substrato arenoso o algo turboso; 0-100 m. V-VI(VII). ● W de Portugal. **Port.:** AAl BAl BL E. **N.v.,** *port.:* cardo.

5. C. rosulatum Talavera & Valdés in Lagascalia 5: 153 fig. 3 A, 154 (1976) [rosulátum]

Ind. loc.: "Typus. Jaén: Sierra de Cazorla, Puente de las Herrerías, 7.VII.1975, Galiano, Cabezudo, Domínguez, Silvestre et Talavera 3295.75 (SEV 21643, holotypus; SEV 21644, COI, E, G, GDA, LISE, MA, ZT, isotypi)"
Ic.: Talavera & Valdés in Lagascalia 5: 153 fig. 3 A (1976); lám. 27

Hierba perenne, rizomatosa, sin raíces tuberosas, espinosa, de glabrescente a ± pelosa. Tallos 60-150 cm, por lo general simples o apenas ramificados, alados solo cerca del punto de inserción de las hojas. Hojas en su mayoría basales, las caulinares escasas y menores hacia la parte superior del tallo, herbáceas, enteras, planas, glabras, sin espinas en el haz, con espínulas marginales hasta de 4-8 × 0,1-0,2 mm, antrorso-arqueadas y apenas punzantes; las inferiores rosuladas, oblanceoladas, con pecíolo ancho; las caulinares 3 o 4, sésiles, enteras, lanceoladas, auriculadas, apenas decurrentes. Capítulos solitarios y con pedúnculo largo, rara vez geminados, sin hojas involucrales. Involucro 16-20 × 24-27 mm, subgloboso, glabro, sobrepasado por las flores; brácteas mayores de fuera adentro, ± herbáceas, planas, erectas y ± adpresas, glabras, con el margen a veces ligeramente escábrido; las externas y medias ovadas con una callosidad glandulosa linear o estrechamente lanceolada en la mitad distal del dorso, verdosa o purpúrea, y espina apical de 2-3,5 mm; las internas lanceoladas, con ápice purpúreo e inerme. Receptáculo peloso. Flósculos hermafroditas. Corola 20-23 mm, purpúrea o rara vez blanca; tubo 9-10 mm; limbo 11-12,5 mm, dividido hasta su mitad, con lóbulos de c. 6 mm, ± desiguales. Anteras rosadas o rosado-violetas, rara vez blancas. Aquenios 3-3,5 × 1,2-1,4 mm, glabros, amarillentos. Vilano (13)15-18 mm, más corto que la corola en la fructificación. $2n = 34$.

Herbazales de bordes e inmediaciones de arroyos, fuentes, etc., por lo general en substratos de naturaleza calcárea; 600-1700 m. IV-XII. ● SE de España: sierras de Segura, Cazorla y Alcaraz. **Esp.:** Ab Gr J. **N.v.:** cardo.

6. C. heterophyllum (L.) Hill, Hort. Kew.: 64 (1768) [heterophýllum]

Carduus heterophyllus L., Sp. Pl.: 824 (1753) [basión.]
Ind. loc.: "Habitat in Europæ frigidioris pratis depressis" [lectótipo designado por S. Talavera & B. Valdés in Lagascalia 5: 156 (1976): LINN]
Ic.: Rchb., Icon. Fl. Germ. Helv. 15, tab. 107 (1853); Talavera & Valdés in Lagascalia 5: 159 fig. 4 A (1976)

Hierba perenne, rizomatosa, sin raíces tuberosas, espinulosa, pelosa. Tallos 90-120 cm, simples o apenas ramificados, ápteros, rara vez alados solo cerca del punto de inserción de las hojas. Hojas concentradas en el tercio inferior del tallo y

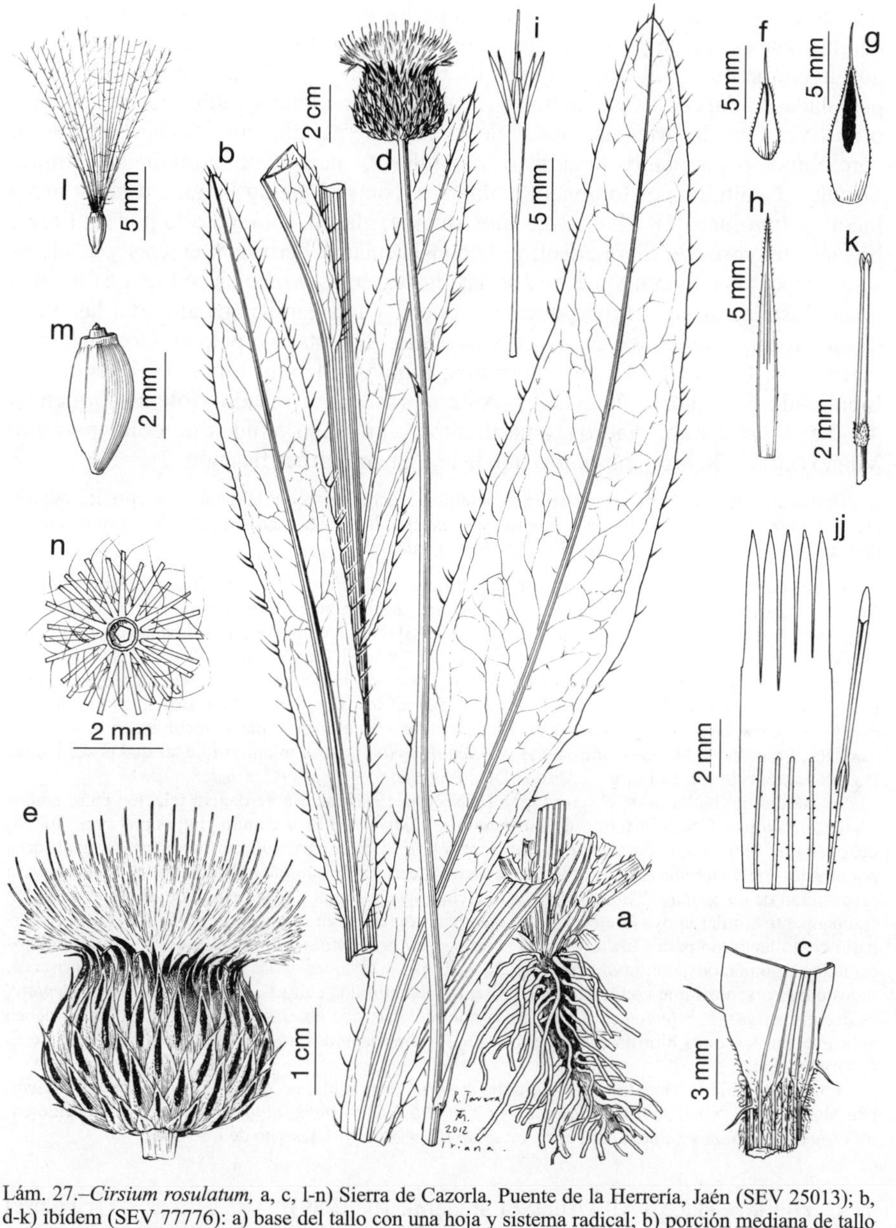

Lám. 27.–*Cirsium rosulatum,* a, c, l-n) Sierra de Cazorla, Puente de la Herrería, Jaén (SEV 25013); b, d-k) ibídem (SEV 77776): a) base del tallo con una hoja y sistema radical; b) porción mediana de tallo con hojas; c) base de una hoja caulinar media; d) parte apical de un tallo florido; e) capítulo; f) bráctea externa del involucro; g) bráctea media del involucro; h) bráctea interna del involucro; i) corola y verticilos sexuales; j) limbo de la corola seccionado que muestra los filamentos de los estambres y uno de ellos completo; k) detalle del ápice del estilo con sus ramas; l) aquenio con vilano; m) aquenio; n) base del vilano, en vista cenital.

más escasas y menores hacia la parte superior del mismo, herbáceas, discoloras, con haz glabra, verde y sin espinas y envés araneoso-tomentoso, blanco, con margen ligeramente serrulado y espinas de 0,5-1,5(2) × 0,15-0,2 mm; las inferiores pecioladas, oblanceoladas, enteras o lobadas; las caulinares sésiles, no decurrentes o rara vez con decurrencia menor de 1 cm, enteras, pinnatipartidas o laceradas, con lóbulos o segmentos lineares o triangulares, anchamente auriculadas, amplexicaules. Capítulos por lo general solitarios, con pedúnculo largo, sin hojas involucrales. Involucro 21-25 × 22-25 mm, ovoide, glabro, sobrepasado por las flores; brácteas mayores de fuera adentro, de consistencia ± herbácea, erectas y ± adpresas, lanceoladas, ligeramente escábridas; las externas y medias con una callosidad glandulosa linear en la mitad distal del dorso, y una espina apical corta; las internas inermes, con el ápice escarioso y curvado. Receptáculo peloso. Flósculos hermafroditas. Corola 24-32 mm, purpúrea; tubo 10-14 mm; limbo 14-18 mm, con lóbulos de 6-8 mm, ± desiguales. Anteras rosadas o rosado-violetas. Aquenios 4,5-5,5 × 1,5-2 mm, glabros, amarillentos, a menudo teñidos de color púrpura. Vilano (20)23-26 mm, más corto que la corola en la fructificación. $2n = 34$*.

Herbazales de bordes de arroyo y, en general, en lugares frescos y húmedos, en bosques mixtos, etc.; (500)800-1300 m. VI-VII. Casi toda Europa, excepto la cuenca mediterránea y el extremo SW. N de España. **Esp.:** Bi Bu (L) (Le) Na (P) S SS. **N.v.:** cardo.

Observaciones.–Cuando C. von Linné publica su *Carduus heterophyllus* describe también *Carduus* × *helenioides* L., Sp. Pl.: 825 (1753), pro sp., dos nombres que más tarde fueron transferidos al género *Cirsium* por J. Hill [cf. Hort. Kew.: 64 (1768)]. Desde entonces han sido consideradas como un único taxon [v.gr., A.P. de Candolle in Lam. & DC., Fl. Franç. ed. 3, 4: 115 (1805); J.L.A. Loiseleur-Deslongchamps, Fl. Gall. 1: 540 (1806)], o bien como dos variedades de una misma especie [v.gr., A.P. de Candolle, Prodr. 6: 653 (1838); G. Rouy in Rev. Bot. Syst. Géogr. Bot. 2: 59 (1904)]. En este último caso, las plantas con hojas divididas y enteras en el mismo pie se incluyen en la var. *incisum* DC., Prodr. 6: 653 (1838), nom. inval. *(C. heterophyllum* s.str.), mientras que las que poseen todas las hojas enteras lo son en la var. *indivisum* DC., Prodr. 6: 653 (1838) *(C.* × *helenioides).*

El estudio del herbario de C. von Linné (LINN) ha clarificado la verdadera relación entre ambos supuestos táxones. Como lectótipo de *Carduus heterophyllus* se ha escogido el ejemplar con capítulo del pliego n.º 996.35, que contiene dos fragmentos y lleva en la parte inferior la anotación manuscrita por el autor *"19 heterophyllus",* por lo que se tiene la certeza de que fue utilizado por el botánico en la preparación de su *Species Plantarum,* ya que dicha especie figura en esta obra con el número 19. Un razonamiento similar apoya la elección del ejemplar contenido en el pliego n.º 996.36 del mismo herbario como lectótipo para *Carduus* × *helenioides ("20 helenioides"),* pero el espécimen presenta los capítulos aglomerados, con involucro de c. 20 × 20 mm y el envés de las hojas con tomento grisáceo, todos ellos caracteres que conjuntamente presentan los híbridos entre *C. heterophyllum* y *C. rivulare*, es decir, *Carduus* × *helenioides* y los demás nombres basados en el mismo tipo morfológico deben aplicarse, pues, a estos híbridos, y por esta razón no son recogidos en esta obra en la sinonimia de *C. heterophyllum.*

En la Península Ibérica, tras el estudio del material disponible, no ha sido posible encontrar ejemplar alguno de *C.* × *helenioides (Carduus* × *helenioides, C.* × *ambiguum),* ni tampoco del híbrido entre *C. heterophyllum* y *C. acaulon* subsp. *acaulon (C.* × *alpestre)* descrito de los Alpes.

7. C. rivulare (Jacq.) All., Auct. Fl. Pedem.: 10 (1789) [rivuláre]

Carduus rivularis Jacq., Fl. Austriac. 1: 57, tab. 91 (1773) [basión.]
Ind. loc.: [Austria] "In pratis quibusdam udis, imprimis in rivulis hæc permeantibus, copiosissime crescit, florere incipiens circa medium Majum"
Ic.: Jacq., Fl. Austriac., tab. 91 (1773); Rchb., Icon. Fl. Germ. Helv. 15, tab. 104 (1853); Talavera & Valdés in Lagascalia 5: 159 fig. 4 B (1976)

Hierba perenne, rizomatosa, sin raíces tuberosas, espinosa, caulescente, ± pelosa. Tallos (30)50-100 cm, simples o algo ramificados, ápteros. Hojas concentradas en el tercio inferior del tallo, las caulinares más escasas y menores hacia la parte superior del mismo, herbáceas, discoloras, con pelos pequeños y adpresos por su haz y más abundantes por el envés, con los lóbulos terminados en una espina hasta de 2-3 × 0,2-0,3 mm, sin espinas en el haz; las inferiores pecioladas, lobadas, con lóbulos pequeños, triangulares, dentados; las caulinares sésiles, no decurrentes, lanceoladas, pinnatífidas, con lóbulos grandes, ligeramente dentados, auriculadas, semiamplexicaules. Capítulos en grupos de 2-4, ubicados en el extremo de largos pedúnculos, rara vez solitarios, sin hojas involucrales. Involucro (13)16-20 × 17-22 mm, ovoide u ovoide-cilíndrico, glabrescente o ± araneoso, sobrepasado por las flores; brácteas mayores de fuera adentro, ± herbáceas, erectas y ± adpresas, araneosas; las externas y medias ± ovado-lanceoladas, agudas, con una callosidad glandulosa hacia el extremo del dorso, anchamente elíptica y purpúrea, y espina apical de menos de 1 mm; las internas linear-lanceoladas, con el ápice escarioso e inerme. Receptáculo peloso. Flósculos hermafroditas. Corola 17-23 mm, purpúrea; tubo 7-10 mm; limbo 10,5-13 mm, con lóbulos de c. 6 mm, ± desiguales. Anteras rosadas o rosado-violetas. Aquenios 4,5-5 × 1,7-2 mm, glabros, amarillentos. Vilano 16-20 mm, más corto que la corola en la fructificación. $2n = 34^*$, c. 51^*.

Pastos en substratos húmedos; 1000-2300 m. VII-VIII. S y C de Europa, desde el N de España hasta Rusia. N de la Península Ibérica, en Pirineos y Cordillera Cantábrica. **And. Esp.:** (Av)? (B) Ge Hu L Le O P S (So). **N.v.:** cardo, cardo muelle de arroyo.

Observaciones.–Carlo Allioni aplicó el nombre *C. rivulare* a ciertas plantas de los Alpes que tomó erróneamente por lo que N.J. Freiherr von Jacquin había descrito como *Carduus rivularis*. De esta forma, aunque las plantas de C. Allioni pertenecen a una especie diferente, *C. montanum* (Walldst. & Kit. ex Willd.) Spreng., Syst. Veg. 3: 376 (1826), nom. illeg. non Hill, Herb. Brit. 1: 80 (1769) [*Cnicus montanus* Walldst. & Kit. ex Willd., Sp. Pl. 3: 1676 (1803), basión.], hay que conservar para la especie aquí tratada la combinación *C. rivulare* por ser el nombre válido [cf. R. Mansfeld in Feddes Repert. 52: 175 (1943)].

En la Cordillera Pirenaica, especialmente en la vertiente francesa, la especie se hibrida con *C. palustre (C. × subalpinum, C. × wirtgenii),* con *C. acaulon* subsp. *acaulon (C. × heerianum, C. × soubiellei)* y también con *C. monspessulanum (C. × bigerriense).*

8. C. erisithales (Jacq.) Scop., Annus Hist.-Nat. 2: 62 (1769) ["Erisythales"] [erisíthales]

Carduus erisithales Jacq., Enum. Stirp. Vindob.: 146, 279 (1762) [basión.]
Ind. loc.: "H. in pratis subalpinis. (…) Habitat frequens in omnibus fere pratis subalpinis"
Ic.: Rchb., Icon. Fl. Germ. Helv. 15, tab. 106 (1853); Talavera & Valdés in Lagascalia 5: 159 fig. 4 C (1976)

Hierba perenne, rizomatosa, sin raíces tuberosas, espinulosa, ± pelosa. Tallos 60-130 cm, simples, rara vez ramificados, ápteros. Hojas concentradas en el tercio inferior del tallo, más escasas y menores hacia la parte superior del mismo, herbáceas, pinnatipartidas, con lóbulos oblongos, recorridos por tres nervios ± paralelos, ligeramente dentados, con abundantes pelos pluricelulares adpresos y terminados en una espina hasta de 2 × 0,2 mm, sin espinas en el haz; las inferiores pecioladas; las caulinares escasas, sésiles, no decurrentes, anchamente auriculadas, semiamplexicaules. Capítulos solitarios, con pedúnculo largo, sin hojas involucrales. Involucro 14-21 × 17-23 mm, ovoide u ovoide-cilíndrico, glabrescente o ± araneoso, sobrepasado por las flores; brácteas gradualmente mayores de fuera adentro, ± herbáceas, arqueado-reflexas; las externas y medias lanceoladas, con una callosidad glandulosa linear-elíptica hacia el extremo del dorso, parda o purpúrea, y una espina apical corta; las internas estrechamente lanceoladas, inermes. Receptáculo peloso. Flósculos hermafroditas. Corola (13)16-20 mm, amarilla o amarillento-blanquecina; tubo 6-8 mm; limbo (7)10-12 mm, con lóbulos de 5-6 mm, ± desiguales. Anteras blanquecino-amarillentas. Aquenios 4-5 × 1,6-2 mm, glabros, amarillentos. Vilano (12)15-16,5 mm, más corto que la corola en la fructificación. $2n = 34^*, 68^*$.

Praderas en substratos húmedos, lindes de bosque, etc.; 800-2000 m. VI-VIII(IX). Europa central hasta los Pirineos, N de Italia y Grecia. NE de España, en el Pirineo oriental. **Esp.:** B Ge. **N.v.:** cardo.

Observaciones.–Se excluye de las sinonimias la var. β de *C. ochroleucum* por corresponder al auténtico *C.* × *ochroleucum (C.* × *haussmanni),* nombre que se aplica a los híbridos del C de Europa entre *C. erisithales* y *C. palustre* y que no se han encontrado en el territorio de esta flora. Tampoco se ha encontrado en este territorio híbridos entre *C. erisithales* y *C. oleraceum (C.* × *candolleanum),* descrito de las montañas del Jura, así como los que se originan a partir de *C. erisithales* y *C. acaulon* subsp. *acaulon (C.* × *tiroliense, C.* × *michaleti).*

9. C. carniolicum Scop., Fl. Carniol. ed. 2, 2: 128, tab. 54 (1771) [carniólicum]
subsp. **rufescens** (Ramond ex DC.) P. Fourn., Quatre Fl. France: 1006 (1940) [ruféscens]

C. rufescens Ramond ex DC. in Lam. & DC., Fl. Franç. ed. 3, 4: 114 (1805) [basión.]
Ind. loc.: "Cette plante a été trouvée par M. Ramond, dans les Pyrénées, parmi les rochers de la vallée de Campan, entre 12 et 1400 mètres de hauteur"
Ic.: L. Villar & al., Atlas Fl. Pirineo Aragon. 2: 322 (2001)

Hierba perenne, rizomatosa, sin raíces tuberosas, espinosa –con espinas nada lesivas–, ± pelosa. Tallos 50-120 cm, ramificados, alados al menos cerca de la inserción de las hojas. Hojas dispuestas a lo largo de casi todo el tallo y menores hacia la parte superior del mismo, herbáceas, con pelos pluricelulares cortos y adpresos y con los lóbulos terminados en una espina de (1)2-5(6) × 0,1-0,5 mm, sin espinas en el haz; las inferiores pecioladas, sinuado-dentadas o incisas en la base; las caulinares sésiles, no decurrentes o decurrentes hasta en c. 1 cm, de ovadas a elípticas, marcadamente lobadas, con los lóbulos ± triangulares, dentados, o profundamente dentadas, auriculadas. Capítulos en grupos de 3 o 4, rara vez solitarios y con pedúnculo corto, cada uno de ellos rodeado y sobrepasado por hojas involucrales estrechamente lanceoladas, con margen muy espinoso. Involucro 18-20 × 20-25 mm, ovoide u ovoide-cilíndrico, glabrescente o ± araneoso, sobrepasado por las flores; brácteas subiguales, ± herbáceas, erectas y ± adpresas excepto la mitad superior, que es reflexa o curvada, lanceolado-acuminadas, agudas, ± tomentosas; las externas y medias sin callosidad glandulosa, con espina apical de 0,9-1,2 mm; las internas con el ápice setáceo y espinuloso. Receptáculo peloso. Flósculos hermafroditas. Corola 17-19 mm, amarilla o amarillento-blanquecina;

tubo 8-9 mm, casi de la misma longitud que el limbo o algo más corto; limbo 9-10 mm, con lóbulos de c. 5 mm, ± desiguales. Anteras blanquecino-amarillentas. Aquenios 5-7 × 1,5-3 mm, glabros, amarillentos. Vilano 19-20 mm, algo más largo que la corola en la fructificación. $2n = 34$*.

Herbazales y comunidades de megaforbios al pie de roquedos en laderas umbrías y en sotobosques de hayedo; 1600-1650 m. VII-VIII. NE de España y S de Francia, en el Pirineo centrooccidental. N de Huesca. **Esp.:** Hu. **N.v.:** cardo.

Observaciones.–Esta subespecie vive en los valles de Ossau (Francia) y Aspe junto a Candanchú y en las inmediaciones del ibón de Estanés (España-Francia). También ha sido citada de Panticosa por H.J. Coste en su manuscrito inédito *Catalogue des Plantes des Pyrénées* (1910).

La presencia en la vertiente española de la subespecie *rufescens* fue dada a conocer en 1904 por G. Rouy in Rev. Bot. Syst. Géogr. Bot. 2: 46 (1904), en 1910 por H.J. Coste (loc. cit.) y, recientemente, ha sido descubierta en la localidad española del ibón de Estanés, aunque los materiales relacionados con esta última localidad no se han podido estudiar. Conviene aclarar que el material de *C. carniolicum* subsp. *rufescens,* repartido por la Asociación de Herbarios Íbero-Macaronésicos [exsicc. n.º 41, Centuria I (1996)] y supuestamente procedente de Ansó, procedía en realidad de Urdos (Valle de Aspe, Francia), según L. Villar (com. pers.).

La subspecie *carniolicum,* endémica de los Alpes y Apeninos, difiere de la subsp. *rufescens* sobre todo por tener brácteas involucrales externas mucho más cortas que las medias e internas, con el ápice corto y erecto-patente.

Cirsium carniolicum subsp. *rufescens* se hibrida con *C. palustre (C.* × *vivantii)* en el departamento francés de Pirineos Atlánticos. *Cirsium palustre* resultó ser el parental materno en 6 de los 8 individuos que han podido ser analizados [cf. J.G. Segarra & al. in Bot. J. Linn. Soc. 154: 430 (2007)].

10. C. oleraceum (L.) Scop., Annus Hist.-Nat. 2: 61 (1769) [oleráceum]

Cnicus oleraceus L., Sp. Pl.: 826 (1753) [basión.]
Ind. loc.: "Habitat in Europæ septentrionalioris pratis subnemorosis" [lectótipo designado por S. Talavera & B. Valdés in Lagascalia 5: 161 (1976): LINN]
Ic.: Rchb., Icon. Fl. Germ. Helv. 15, tab. 103 (1853); Talavera & Valdés in Lagascalia 5: 163 fig. 5 A (1976); lám. 28

Hierba perenne, rizomatosa, sin raíces tuberosas, espinosa, ± pelosa. Tallos 40-150 cm, simples o ramificados al menos en la parte superior, ápteros. Hojas dispuestas sobre todo en la mitad o el tercio inferior del tallo, más escasas y menores hacia la parte superior del mismo, herbáceas, con pelos pluricelulares cortos y adpresos por ambas caras, y con los lóbulos terminados en una espina de 1-4 × 0,1-0,3 mm, sin espinas en el haz; las inferiores con pecíolo ancho, por lo general desigualmente pinnatífidas, con lóbulos triangulares u ovados, rara vez enteras, con margen dentado; las medias y superiores sésiles, no decurrentes, ovado-elípticas u ovadas, enteras o pinnatífidas. Capítulos solitarios o en grupos hasta de 6 en el extremo de los tallos, sésiles o con pedúnculo corto, rodeados de hojas involucrales que generalmente los sobrepasan, semejantes a las hojas superiores del tallo pero enteras y con margen espinuloso-ciliado. Involucro 22-25 × 17-22 mm, ovoide u ovoide-cilíndrico, glabro, sobrepasado por las flores; brácteas mayores de fuera adentro, ± herbáceas, erectas y ± adpresas excepto el ápice, que es erecto-patente o recurvado, glabras, escábridas; las externas y medias lanceoladas, con una callosidad apical glandulosa y casi linear, muy pequeña, rectas, con espina apical de 2-3,5 mm; las internas linear-lanceoladas, con ápice setáceo y espinuloso. Receptáculo peloso. Flósculos hermafroditas. Corola 18,5-22 mm, amarilla o amarillento-blan-

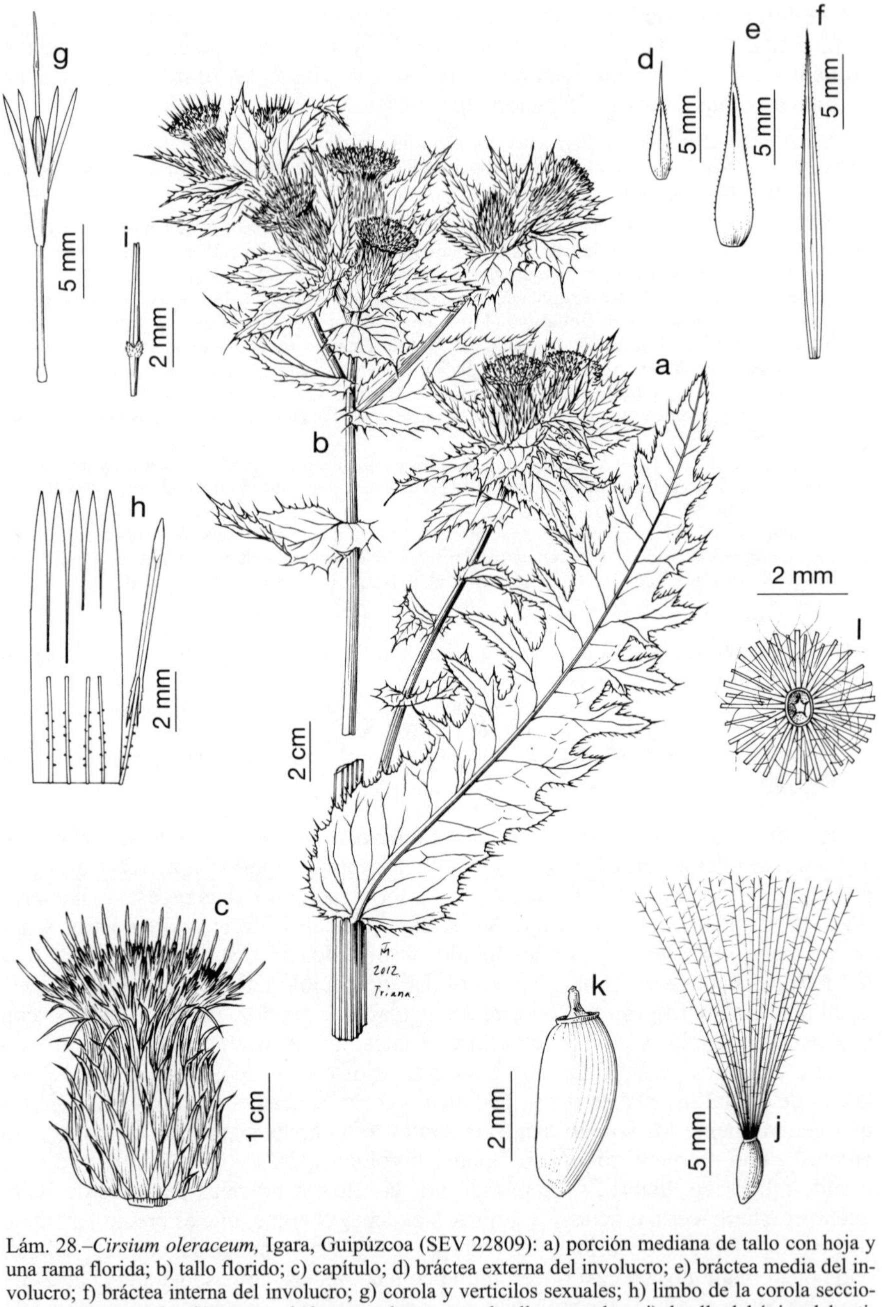

Lám. 28.–*Cirsium oleraceum,* Igara, Guipúzcoa (SEV 22809): a) porción mediana de tallo con hoja y una rama florida; b) tallo florido; c) capítulo; d) bráctea externa del involucro; e) bráctea media del involucro; f) bráctea interna del involucro; g) corola y verticilos sexuales; h) limbo de la corola seccionado que muestra los filamentos de los estambres y uno de ellos completo; i) detalle del ápice del estilo con sus ramas; j) aquenio con vilano; k) aquenio; l) base del vilano, en vista cenital.

quecina; tubo 7,5-10 mm; limbo 11-12 mm, con lóbulos de 5-6 mm, ± desiguales. Anteras blanquecino-amarillentas. Aquenios 4-4,5 × 1,4-1,6 mm, glabros, amarillentos. Vilano 17-20 mm, más corto que la corola en la fructificación. 2*n* = 34*.

Herbazales en substratos húmedos al pie de acantilados costeros, taludes de pista, bosques frondosos y borde de cursos de agua; 10-1400 m. VI-VII(IX). Casi toda Europa, excepto Portugal, los países del E de la cuenca mediterránea y el N de África. N de España. **Esp.:** (Bi) Bu (S) SS Vi. **N.v.:** cardo.

Observaciones.–Pese a su amplia área de distribución en Europa, *C. oleraceum* presenta muy poca variabilidad fenética si se exceptúa la de los híbridos que forma con *C. rivulare (C. × erucagineum),* con *C. palustre (C. × hybridum)* y con *C. erisithales*. Ninguno de estos híbridos se ha observado en el territorio de esta flora.

11. C. glabrum DC. in Lam. & DC., Fl. Franç. ed. 3, 5: 463 (1815) [glábrum]

Ind. loc.: "Elle croît dans le gravier au bord des torrens des Pyrénées, notamment dans les vallées d'Héas et de Vénasque" [lectótipo desginado por S. Talavera & B. Valdés in Lagascalia 5: 162 (1976): G-DC]
Ic.: Talavera & Valdés in Lagascalia 5: 163 fig. 5 B (1976); L. Villar & al., Atlas Fl. Pirineo Aragon. 2: 322 (2001)

Hierba perenne, rizomatosa, sin raíces tuberosas, espinosa, glabra. Tallos 25-50 cm, simples, ápteros. Hojas dispuestas a lo largo de todo el tallo, menores hacia la parte superior del mismo, ± coriáceas, glabras, con lóbulos terminados en una espina de (10)12-15 × 0,6-1 mm, sin espinas en el haz; las inferiores pecioladas, pinnatífidas, con segmentos triangulares; las caulinares sésiles, no decurrentes, lanceoladas, serruladas o lobadas. Capítulos dispuestos en estructuras corimbiformes, sésiles o subsésiles, cada uno de ellos alcanzado y sobrepasado a su vez por hojas involucrales lanceoladas, estas enteras, con espinas en el margen más cortas que las de las hojas. Involucro 16-19 × 23-25 mm, ovoide u ovoide-cilíndrico, glabro, sobrepasado por las flores; brácteas gradualmente mayores de fuera adentro, ± herbáceas, erectas y ± adpresas excepto el ápice, que es algo recurvado, glabras, ovado-lanceoladas, agudas; las externas y medias con callosidad glandulosa muy pequeña y linear, con espina apical de 1,5-3 mm, amarilla; las internas inermes, con margen escábrido y halo apical purpúreo. Receptáculo peloso. Flósculos hermafroditas. Corola 20-24 mm, amarilla o amarillento-blanquecina; tubo 8,5-10,5 mm; limbo 11-13 mm, con lóbulos de 5-6,5 mm, ± desiguales. Anteras blanquecino-amarillentas. Aquenios 5-6 × 2-2,5 mm, glabros, amarillentos, a veces teñidos de color púrpura. Vilano 18-20 mm, más corto que la corola en la fructificación. 2*n* = 34.

Herbazales en protosuelos y enclaves pedregosos de naturaleza calcárea; 1000-2500 m. VII-IX(X). S de Francia y N de España (Pirineos). Pirineos centrales y occidentales. **Esp.:** Hu L Na. **N.v.:** cardo; *cat.:* cardigassa blanca.

Observaciones.–La especie se hibrida con *C. monspessulanum (C. × gayi)* y los notomorfos muestran caracteres intermedios entre ambos parentales y son, al parecer, estériles. Se han observado en el Valle de Arán (Lérida: MAF 61121), San Juan de Plan (Huesca: SEV 112247), Castanesa (Huesca: COI) y Sallent de Gállego (Huesca: JACA 157293), donde presentan hojas decurrentes, lobadas y glabras, con espinas más cortas que las de *C. glabrum* y capítulos de c. 20 × 20 mm, solitarios y sobre pedúnculos hasta de c. 6 cm.

12. C. valentinum Porta & Rigo in Atti Imp. Regia Accad. Roveretana ser. 2, 9: 38 (1892) [valentínum]

Ind. loc.: "Reg. Valent. in pascuis sylvaticis Sierra Mariola, sol. cal. alt. 600-2000 m." [isótipos designados por S. Talavera & B. Valdés in Lagascalia 5: 164 (1976): E, MA]
Ic.: Talavera & Valdés in Lagascalia 5: 163 fig. 5 C (1976); lám. 29

Hierba perenne, rizomatosa, sin raíces tuberosas, espinosa, ± pelosa. Tallos 20-60 cm, simples, brevemente alados. Hojas dispuestas a lo largo de todo el tallo y menores hacia la parte superior del mismo, herbáceas, oblanceoladas, pinnatífidas, con lóbulos triangulares anchos, terminados en una espina de 4-8 × 0,3-0,4 mm, con indumento de pelos largos y pluricelulares más abundantes en los nervios del envés, sin espinas en el haz; las inferiores ± pecioladas; las caulinares sésiles, muy poco decurrentes. Capítulos solitarios, sobre pedúnculos ± largos, sin hojas involucrales. Involucro 18-20 × 15-20 mm, ovoide u ovoide-cilíndrico, ± araneoso, sobrepasado por las flores; brácteas mayores de fuera adentro, ± herbáceas, erectas y ± adpresas, lanceolado-acuminadas; las externas y medias ± pelosas, con una callosidad apical glandulosa, linear-elíptica y purpúrea, aquellas con espina apical de 1,3-1,7 mm y estas, al igual que las internas, con el ápice purpúreo e inerme. Receptáculo peloso. Flósculos hermafroditas. Corola 20-26 mm, purpúrea; tubo 9-10 mm; limbo 13-16 mm, con lóbulos de 6-7 mm, ± desiguales. Anteras rosadas o rosado-violetas. Aquenios 4-5 × c. 2 mm, glabros, amarillentos. Vilano 17-21 mm, más corto que la corola en la fructificación. $2n = 34$.

Sotobosques de pinar y encinar y matorrales termófilos, en substratos calcáreos; 500-2000. VI-VII. ● E de España. **Esp.:** A (Gu)? Te V. **N.v.:** cardo; *cat.*: calcida, card morat, card prim.

13. C. acaulon (L.) Scop., Annus Hist.-Nat. 2: 62 (1769) ["acaule"] [acáulon]

Carduus acaulos L., Sp. Pl.: 1199 (1753) [basión.]
Ind. loc.: "Habitat in Europæ pascuis apricis, depressis"

Hierba perenne, rizomatosa, sin raíces tuberosas, espinosa, ± pelosa. Acaule, o bien con tallos hasta de 11 cm, ápteros. Hojas casi todas rosuladas, herbáceas, pecioladas, oblanceoladas, pinnatífidas, con segmentos divididos en tres lóbulos triangulares, ± pelosos en los nervios del envés –este verdoso– y con una espina apical de 3-12 × 0,1-0,6 mm, sin espinas en el haz; las caulinares, si las hay, más pequeñas que las basales, cortamente pecioladas, no decurrentes. Capítulos solitarios o más rara vez en grupos de 2-5, sésiles o muy brevemente pedunculados, sin hojas involucrales. Involucro 17-28 × 12-25 mm, ovoide u ovoide-cilíndrico, glabro, sobrepasado por las flores; brácteas mayores de fuera adentro, ± herbáceas, erectas y ± adpresas, glabras; las externas y medias ovado-lanceoladas, sin callosidad pero con un halo apical verde o purpúreo, con espina apical de 0,3-2 mm; las internas lanceoladas, con el ápice escarioso, purpúreo e inerme. Receptáculo peloso. Flósculos hermafroditas. Corola 18-29 mm, purpúrea; tubo (9)12-15 mm, casi de la misma longitud que el limbo; limbo (9)11-15 mm, con lóbulos de 5-7 mm, ± desiguales. Anteras rosadas o rosado-violetas. Aquenios 4-5 × 2-2,5 mm, glabros,

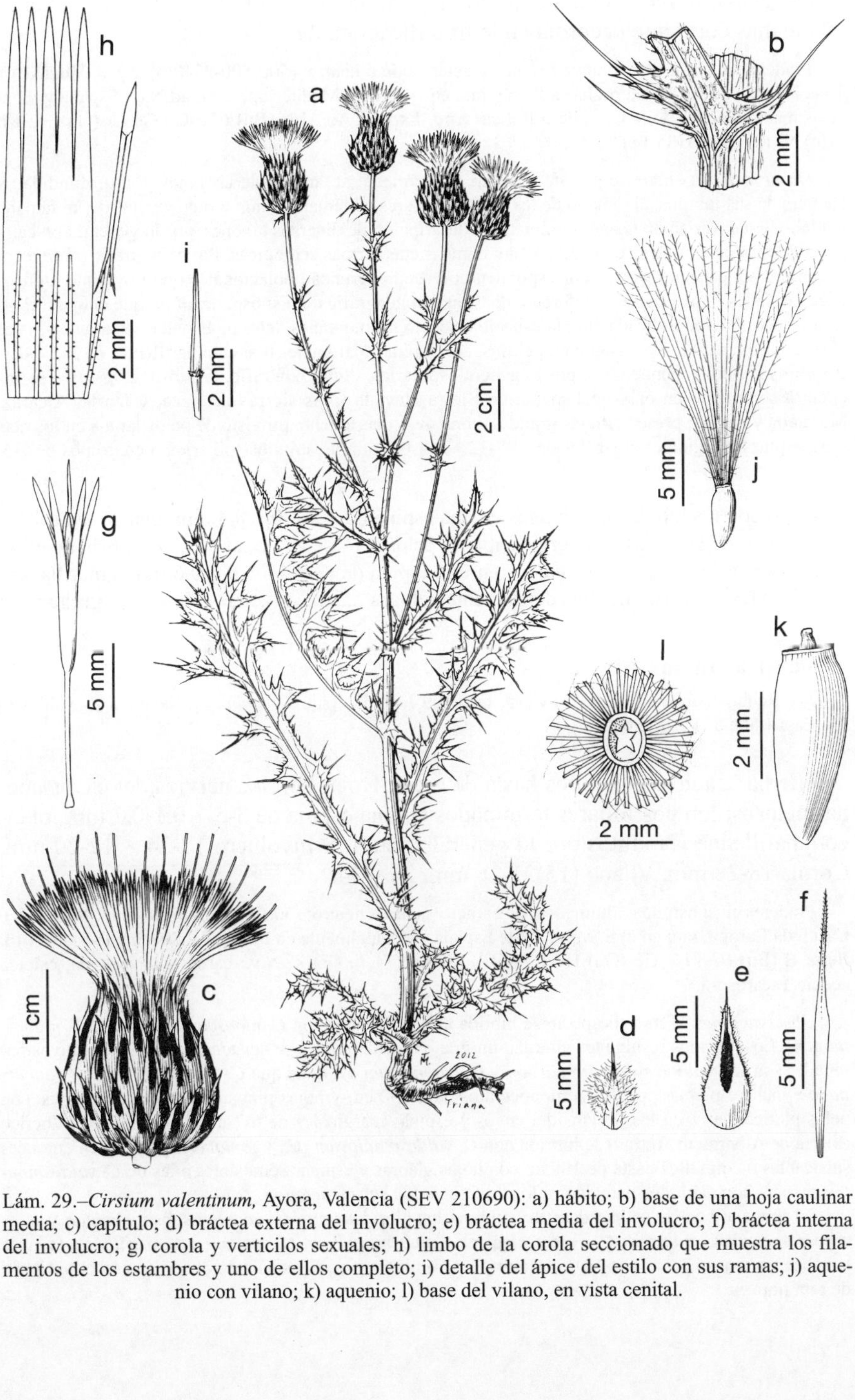

Lám. 29.–*Cirsium valentinum,* Ayora, Valencia (SEV 210690): a) hábito; b) base de una hoja caulinar media; c) capítulo; d) bráctea externa del involucro; e) bráctea media del involucro; f) bráctea interna del involucro; g) corola y verticilos sexuales; h) limbo de la corola seccionado que muestra los filamentos de los estambres y uno de ellos completo; i) detalle del ápice del estilo con sus ramas; j) aquenio con vilano; k) aquenio; l) base del vilano, en vista cenital.

amarillentos, a veces teñidos de color púrpura. Vilano (15)20-26 mm, generalmente más corto que la corola en la fructificación. $2n = 34$.

Praderas en substratos ± húmedos, de carácter ácido o neutro; (500)800-2540(3000) m. VII-IX(X). Toda Europa, desde Inglaterra hasta Rusia, rara en la Región Mediterránea. Mitad N de España y montañas más orientales de la Cordillera Bética. **And. Esp.:** A Ab Al B (Bu) (Cs) Cu Ge Gr (Gu) Hu J L (Mu) Na (P) (S) So (T) Te (V) Z.

Observaciones.–Especie polimorfa en lo concerniente al tamaño de las hojas y la profundidad y anchura de sus lóbulos, al tamaño de las espinas foliares, al tamaño y número de capítulos y al tamaño del tallo. Estas variaciones han propiciado la descripción de diversos táxones, por lo general con categoría de variedad y que se consideran aquí como meras formas ecológicas. Por el contrario, sí se reconocen dos subespecies que se corresponden con sendos grupos poblacionales que presentan algunas peculiaridades morfológicas y diferente distribución geográfica. La subsp. *acaulon,* que ocupa toda el área de distribución indicada para la especie, excepto las montañas del S de España, se caracteriza por tener hojas pequeñas y escasamente pelosas, con espinas marginales blanco-amarillentas de 3-5 × 0,1-0,3 mm y capítulos pequeños y, por lo general, solitarios. Por el contrario, la subsp. *gregarium* se encuentra solamente en el S de España, en Sierra Nevada y las sierras de Baza, Cazorla, Alcaraz, Moratalla y Aitana; presenta hojas grandes, con envés densamente provisto de pelos largos en los nervios, espinas marginales amarillas de (7)8-12 × 0,4-0,6 mm y capítulos solitarios o en grupos de 2-5.

1. Hojas con los lóbulos terminados en una espina de 3-5 × 0,1-0,3 mm, blanco-amarillenta; envés de las hojas con nervios apenas pelosos .... **a.** subsp. **acaulon**
– Hojas con los lóbulos terminados en una espina de (7)8-12 × 0,4-0,6 mm, amarilla; envés de las hojas con nervios densamente pelosos .... **b.** subsp. **gregarium**

a. subsp. **acaulon**

Ic.: Rchb., Icon. Fl. Germ. Helv. 15, tab. 109 I (1853) [sub *C. acaulon*]; Talavera & Valdés in Lagascalia 5: 167 fig. 6 A (1976)

Hierba acaule o con tallos hasta de 6 cm. Hojas con los nervios del envés apenas pelosos; lóbulos foliares terminados en una espina de 3-5 × 0,1-0,3 mm, blanco-amarillenta. Capítulos por lo general solitarios. Involucro 17-24 × 12-20 mm. Corola 18-28 mm. Vilano (15)21-26 mm. $2n = 34$.

Praderas en substratos ± húmedos, de carácter ácido o neutro; (500)800-2540(3000) m. VII-IX(X). Casi toda Europa, rara en el S. Mitad N de España, principalmente en Pirineos y Sistema Ibérico. **And. Esp.:** B (Bu) (Cs) Cu Ge (Gu) Hu L Na (P) (S) So (T) Te (V) Z. **N.v.:** cardo; *cat.:* calcida, calcida acaule, escardassa.

Observaciones.–Esta subespecie se hibrida en los Pirineos con *C. monspessulanum (C. × jaubertianum).* Los híbridos resultantes guardan un gran parecido con *C. × nevadense,* un híbrido cuyos parentales son *C. acaulon* subsp. *gregarium* y *C. pyrenaicum.* Al igual que *C. × nevadense, C. × jaubertianum* incluye plantas con tallos monocéfalos de 25-30 cm y hojas pinnatífidas, no decurrentes, con pelos pluricelulares en los nervios del envés y espinas marginales de 6-7 mm. En el Sistema Ibérico (Sierra de Albarracín, Teruel) se hibrida con *C. valdespinulosum (C. × fontqueri)* y aparecen entonces subacaules o con tallos hasta de 10 cm, con hojas glabras y espinas semejantes a las de *C. valdespinulosum,* pero con capítulos parecidos a los de *C. acaulon* subsp. *acaulon.*

En Francia y Suiza se han descrito también los híbridos entre *C. acaulon* subsp. *acaulon* y otras especies, como *C. palustre (C. × kirschlegeri), C. heterophyllum, C. rivulare* y *C. erisithales* (veánse las observaciones hechas para estas especies), pero ninguno de ellos ha sido observado en el territorio de esta flora.

b. subsp. **gregarium** (Boiss. ex DC.) Talavera in Lagascalia 4: 291 (1974) [gregárium]

C. acaulon var. *gregarium* Boiss. ex DC., Prodr. 7: 305 (1838) [basión.]
C. gregarium (Boiss. ex DC.) Willk. in Willk. & Lange, Prodr. Fl. Hispan. 2: 189 (1865)
C. acaulon subsp. *gregarium* (Boiss. ex DC.) Werner in Bot. J. Linn. Soc. 70: 19 (1975), nom. illeg.
Ind. loc.: "(...) in pratis Sierræ Nevadæ Granatensium gregariè crescens, alt. 6500-9000 ped. legit cl. E. Boissier!" [lectótipo designado por S. Talavera & B. Valdés in Lagascalia 5: 168 (1976): G-DC]
Ic.: Talavera & Valdés in Lagascalia 5: 167 fig. 6 B (1976)

Hierba acaule o con tallos hasta de 11 cm. Hojas con los nervios del envés densamente pelosos; lóbulos foliares terminados en una espina de (7)8-12 × 0,4-0,6 mm, amarilla. Capítulos solitarios o en grupos de 2-5. Involucro 20-28 × 14-25 mm. Corola 26-29 mm. Vilano 21-23 mm. $2n = 34$.

Praderas encharcadas, en substrato ácido; (1300)2000-2900 m. VII-IX(X). ● S y SE de España: Sierra Nevada y sierras de Baza, Cazorla, Alcaraz, Moratalla y Aitana. **Esp.**: A Ab Al Gr J (Mu). **N.v.**: cardo de borreguil, cardo negro, mancaperros.

Observaciones.–En los prados subalpinos de la sierra de Baza y Sierra Nevada, en la zona de tránsito de los substratos calcáreos a los esquistosos y a unos 2000 m, conviven *C. pyrenaicum*, *C. acaulon* subsp. *gregarium* y el híbrido entre ambos: *C.* × *nevadense*. Las plantas híbridas son fértiles, tienen el mismo número de cromosomas que los parentales ($2n = 34$) y presentan caracteres intermedios entre estos. Sus tallos suelen alcanzar los 50 cm y, a veces, están ramificados, como en *C. pyrenaicum*, especie a la que también se parecen por tener espinas foliares más largas, hasta de 16 × 0,55 mm.

14. C. pyrenaicum (Jacq.) All., Fl. Pedem. 1: 151 (1785) [pyrenáicum]

Carduus pyrenaicus Jacq., Observ. Bot. 4: 11, tab. 95 (1771) [basión.]
Ind. loc.: "Cirsium pyrenaicum altissimum. Tourn. inst. pag. 448"
Ic.: Boiss., Voy. Bot. Espagne 1, tab. 112 (1840) [sub *C. flavispina*]; Jacq., Observ. Bot. 4, tab. 95 (1771) [sub *Carduus pyrenaicus*]; Talavera & Valdés in Lagascalia 5: 173 fig. 7 (1976); Valdés, Talavera & Galiano (eds.), Fl. Andalucía Occid. 3: 133 (1987)

Hierba perenne, rizomatosa, sin raíces tuberosas, espinosa, ± pelosa. Tallos 30-150 cm, muy ramificados, total o parcialmente alados. Hojas dispuestas a lo largo de todo el tallo y menores hacia la parte superior del mismo, ± coriáceas, con haz glabra o ligeramente araneoso-tomentosa y envés densamente araneoso-tomentoso, a veces completamente glabro, con los lóbulos terminados en una espina de (6)7-20 × (0,4)0,5-1,2 mm, sin espinas en el haz; las inferiores pecioladas, oblanceoladas, ligeramente lobadas; las caulinares sésiles, muy decurrentes, oblongas, lobadas o pinnatífidas, con lóbulos triangulares. Capítulos solitarios o, con mayor frecuencia, reunidos en estructuras paniculiformes terminales, subsésiles o brevemente pedunculados, sin hojas involucrales. Involucro (6)11-15 × 6-15 mm, ovoide u ovoide-cilíndrico, glabro o glabrescente, sobrepasado por las flores; brácteas mayores de fuera adentro, ± herbáceas, erectas y ± adpresas excepto el ápice, que es algo erecto-patente o recurvado; las externas y medias ovadas, con una callosidad glandulosa subapical bien desarrollada, verdosa o purpúrea, con margen ligeramente tomentoso y espina apical de 1-3 mm; las internas linear-lanceoladas y con callosidad poco marcada, inermes. Receptáculo peloso. Flósculos hermafroditas o funcionalmente femeninos –plantas ginomonoicas–. Corola 13-17 mm, purpúrea; tubo 5-7 mm; limbo 8-10 mm, con lóbulos de c. 5 mm, ± desiguales. Anteras rosadas o rosado-violetas. Aquenios 3-4 × 1-1,5 mm, glabros, amarillentos. Vilano 8-12 mm, más corto que la corola en la fructificación. $2n = 34$.

Herbazales y juncales en márgenes de arroyo, inmediaciones de fuentes permanentes, vaguadas a menudo encharcadas, etc., por lo general en substratos húmedos y calcáreos; 200-2000(2500) m. VI-IX(XI). W de la Región Mediterránea –SE de Francia, Península Ibérica y Marruecos–. Casi toda la Península, aunque escasea o falta en gran parte del W y NE. **Esp.:** A Ab Al Av Ba Bi Bu CR Cs Cu Gr Gu J Le Lo M Ma Mu Or P Sa Se Sg So SS Te To (V) Va Vi Z Za. **Port.:** DL. **N.v.:** cardo, cardo borriqueño, cardo borriquero, garrancha, garroncha; *gall.:* cardo borriqueiro.

Observaciones.–Aunque no ha sido posible consultar el material tipo, no cabe duda de que la planta descrita por N.J. Freiherr von Jacquin como *Carduus pyrenaicus* corresponde a lo que tradicionalmente se venía llamando *C. flavispina* Boiss. ex DC., Prodr. 7: 305 (1838), ya que tanto la descripción como la ilustración no dejan dudas acerca de esta correspondencia. *Carduus pyrenaicus* es, por tanto, el nombre más antiguo aplicado a este taxon. Más tarde, C. Allioni tomó erróneamente por *Carduus pyrenaicus* a una planta del Piamonte y la incluyó en el género *Cirsium* con el nombre de *C. pyrenaicum.* Aunque la descripción y la ilustración de C. Allioni corresponden a *C. alsophilum* (Pollini) Soldano in Boll. Mus. Civico Storia Nat. Verona 18: 346 (1994) [*Cnicus alsophilus* Pollini, Fl. Veron. 2: 620 (1822), basión.; *Cnicus montanus* Waldst. & Kit. ex Willd., Sp. Pl. 3: 1676 (1803); *C. montanum* (Waldst. & Kit. ex Willd.) Spreng., Syst. Veg. 3: 376 (1826), nom. illeg., non Hill, Herb. Brit. 1: 80 (1769)], la combinación *C. pyrenaicum* (Jacq.) All. es válida nomenclaturalmente y ha de ser aplicada a esta especie.

Cirsium pyrenaicum es una especie muy variable en lo que se refiere a la morfología foliar y el indumento, la espinescencia y la disposición y el tamaño de los capítulos, caracteres que a veces no reflejan sino alguna cline o una manifestación sin valor taxonómico alguno. No obstante, para el territorio de esta flora se reconocen, con categoría varietal, tres grupos de poblaciones con algunos caracteres diferenciales que se mantienen incluso tras cultivar las plantas en condiciones experimentales. Estas variedades, además, tienen una desigual abundancia y distribución geográfica, aunque no faltan plantas con características intermedias: la var. *pyrenaicum* [*C. flavispina* Boiss. ex DC.; *C. matritense* Lag. ex Cutanda, Fl. Comp. Madrid: 409 (1861); *Cnicus flavispina* (Boiss. ex DC.) Ball in J. Linn. Soc., Bot. 16: 522 (1878); *C. monspessulanum* var. *discolor* Rouy in Rev. Bot. Syst. Géogr. Bot. 2: 43 (1904)], abundante en la mitad S de España y más rara en el N (Esp.: Al Bu Gr Gu J Le Lo M Ma Mu Se So To Va), reúne a plantas con capítulos en grupos densos, con hojas coriáceas, profundamente lobadas o pinnatífidas, de haz glabra y envés densamente araneoso –en raras ocasiones las plantas son totalmente glabras–, con los lóbulos terminados en una espina de 7-15 × 0,5-0,7 mm.

Por otra parte, en el S de España y sobre todo hacia el N y W de la Península (Esp.: Ab Al Av Ba Bu CR Gr J Le M Ma Or P Sa Se Sg Va Za. Port.: DL), se localizan las poblaciones de la var. *longespinosum* (Kunze) Talavera & Valdés in Lagascalia 5: 177 (1976) [*C. flavispina* var. *longespinosum* Kunze, Chlor. Austro-Hispan.: 26 (1846), basión.; *C. castellanum* Willk. in Linnaea 30: 109 (1859); *C. flavispina* var. *castellanum* (Willk.) Lange, Pugill. Pl. Hispan.: 141 (1861)]. Estas plantas presentan capítulos solitarios o en grupos, hojas con haz y envés araneosos y espinas foliares más abundantes, por lo general con la espina distal de los lóbulos más grande y robusta, de 0,7-1,2 mm de grosor en su base.

Por último, los representantes de la var. *micranthum* Talavera & Valdés in Lagascalia 5: 180 (1976) se localizan en el SE de España (Esp.: Al Gr). Se caracterizan, sobre todo, por tener unos capítulos poco gruesos (6-10 mm) y dispuestos en estructuras paniculiformes densas, así como hojas marcadamente lobadas y con los lóbulos dispuestos perpendicularmente al plano del limbo foliar, con haz ligeramente araneosa y envés araneoso-tomentoso, si bien en algún caso las plantas son enteramente glabras, con los lóbulos terminados en una espina más gruesa que la de la var. *pyrenaicum* y semejante a la de la var. *longespinosum.*

La especie se hibrida con facilidad con otras especies del género, como *C. monspessulanum, C. pannonicum, C. acaulon* subsp. *gregarium* y *C. valdespinulosum* (véanse las observaciones de estos táxones).

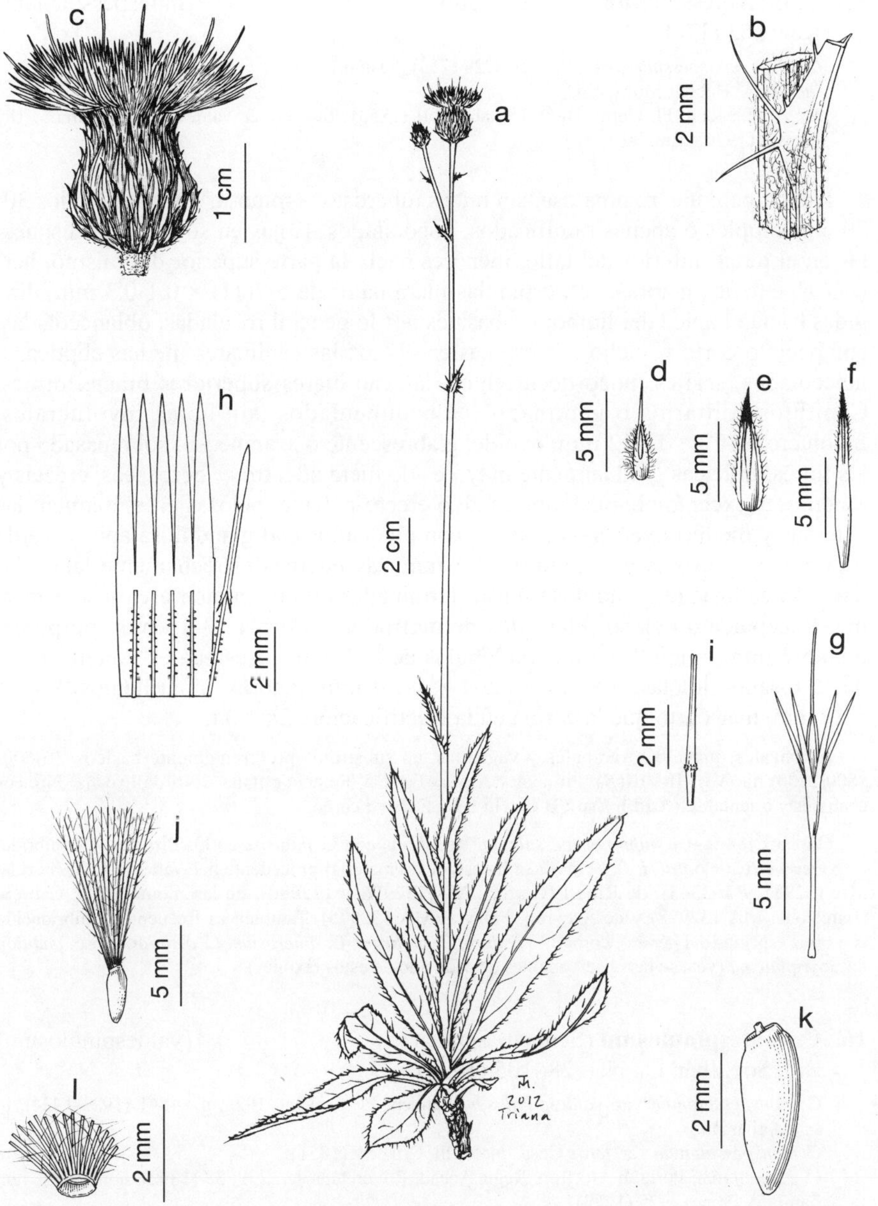

Lám. 30.–*Cirsium monspessulanum,* Villanúa, Huesca (SEV 25561): a) hábito; b) detalle de la inserción de una hoja caulinar media; c) capítulo; d) bráctea externa del involucro; e) bráctea media del involucro; f) bráctea interna del involucro; g) corola y verticilos sexuales; h) limbo de la corola seccionado que muestra los filamentos de los estambres y uno de ellos completo; i) detalle del ápice del estilo con sus ramas; j) aquenio con vilano; k) aquenio; l) base del vilano, en vista semilateral.

15. C. monspessulanum (L.) Hill, Hort. Kew.: 63 (1768) [monspessulánum]

Carduus monspessulanus L., Sp. Pl.: 822 (1753) [basión.]
Ind. loc.: "Habitat Monspelii"
Ic.: Rchb., Icon. Fl. Germ. Helv. 15, tab. 99 II (1853); Talavera & Valdés in Lagascalia 5: 183 fig. 8 A (1976); lám. 30

Hierba perenne, rizomatosa, sin raíces tuberosas, espinosa, ± pelosa. Tallos 30-70 cm, simples o apenas ramificados, poco alados. Hojas en su mayoría dispuestas en el tercio inferior del tallo, menores hacia la parte superior del mismo, herbáceas, enteras, glabras, con espínulas marginales de 5-7(11) × 0,1-0,3 mm, dirigidas hacia el ápice del limbo; las basales por lo general rosuladas, oblanceoladas, con pecíolo corto y ancho, sin espinas en el haz; las caulinares medias elípticas o lanceoladas, sésiles, poco decurrentes; las caulinares superiores bracteiformes. Capítulos solitarios o geminados, ± pedunculados, sin hojas involucrales. Involucro 11-13 × 11-12 mm, ovoide, glabrescente o ± araneoso, sobrepasado por las flores; brácteas gradualmente mayores de fuera adentro, ± herbáceas, erectas y ± adpresas excepto el ápice, que es algo erecto-patente, pelosas en el margen; las externas y medias ovadas o elípticas, con una callosidad glandulosa apical, verde o purpúrea, y espina apical de 0,5-1,5 mm; las internas estrechamente lanceoladas, con callosidad glandulosa linear, terminadas en un acumen escarioso e inerme. Receptáculo peloso. Flósculos hermafroditas. Corola 13-15 mm, purpúrea; tubo 5-6 mm; limbo 8-9 mm, con lóbulos de c. 4 mm, ± desiguales. Anteras rosadas o rosado-violetas. Aquenios 2,5-4 × 1-1,4 mm, glabros, amarillentos. Vilano 8-10 mm, más corto que la corola en la fructificación. $2n = 34$.

Herbazales, juncales, trampales y vaguadas, en substratos preferentemente básicos; (0)600-1800(2200) m. (VI)VII-VIII(X). Pirineos y Alpes –España, Francia e Italia–. NE de España: Pirineos centrales y orientales. **(And.). Esp.:** B Ge Hu L Na Z. **N.v.:** cardo.

Observaciones.–Cirsium monspessulanum se hibrida con *C. palustre* en los Pirineos. Del híbrido, *C.* × *neyrae (C.* × *borderi, C.* × *fani),* se ha estudiado material procedente del Valle de Arán (Lérida: MA 132981 y 162343), de Ripoll (Gerona: MA 132976 y 132980), de las montañas de Cabrera (Barcelona: MA 132978) y de Aveyron, Francia (MA 132975). También es frecuente la hibridación con otras especies del género, como *C. rivulare, C. glabrum, C. tuberosum, C. acaulon* subsp. *acaulon* y *C. pyrenaicum* (véanse las observaciones de cada uno de estos táxones).

16. C. valdespinulosum (Sennen) Sennen in Bol. Soc. Ibér. Ci. Nat. 28: 105 (1930) [valdespinulósum]

C. monspessulanum var. *valdespinulosum* Sennen, Pl. Espagne 1923, n.º 4841 (1923-1924), in sched. [basión.]
C. monspessulanum var. *ferox* Coss., Notes Pl. Crit.: 39 (1851)
C. paniculatum Porta in Atti Imp. Regia Accad. Roveretana ser. 2, 9: 38 (1892), nom. illeg., non Lam., Fl. Franç. 2: 25 (1779)
C. monspessulanum subsp. *ferox* (Coss.) Talavera in Lagascalia 4: 290 (1974)
Ind. loc.: "Barcelone: Vich, bords du Meder. 1923– 8 VII. Leg. Hno. Gonzalo"
Ic.: Talavera & Valdés in Lagascalia 5: 183 fig. 8 B (1976) [sub *C. monspessulanum* subsp. *ferox*]; Valdés, Talavera & Galiano (eds.), Fl. Andalucía Occid. 3: 134 (1987) [sub *C. monspessulanum* subsp. *ferox*]; lám. 31

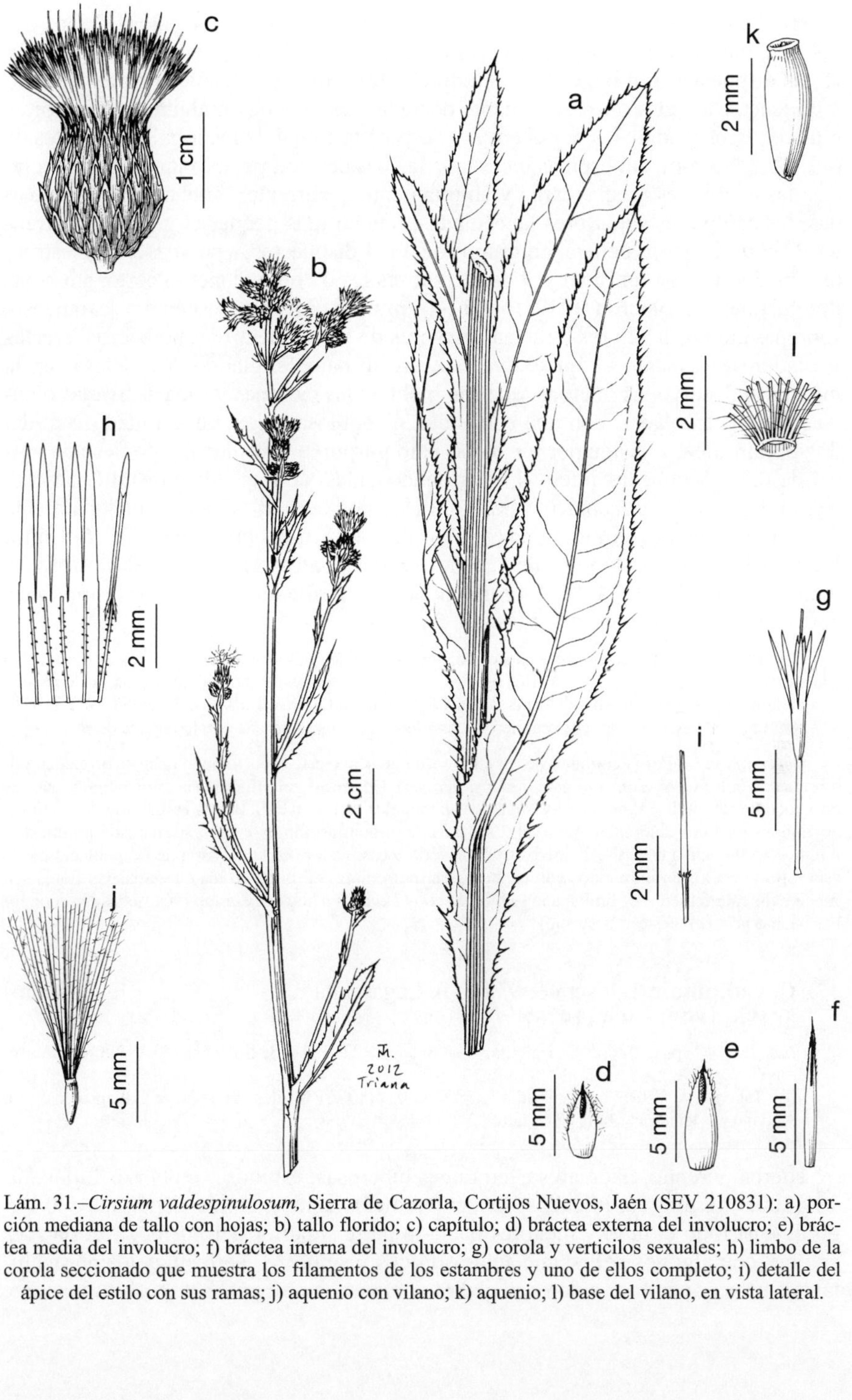

Lám. 31.–*Cirsium valdespinulosum,* Sierra de Cazorla, Cortijos Nuevos, Jaén (SEV 210831): a) porción mediana de tallo con hojas; b) tallo florido; c) capítulo; d) bráctea externa del involucro; e) bráctea media del involucro; f) bráctea interna del involucro; g) corola y verticilos sexuales; h) limbo de la corola seccionado que muestra los filamentos de los estambres y uno de ellos completo; i) detalle del ápice del estilo con sus ramas; j) aquenio con vilano; k) aquenio; l) base del vilano, en vista lateral.

Hierba perenne, rizomatosa, sin raíces tuberosas, espinosa, ± pelosa. Tallos 80-200 cm, muy ramificados, alados en su mayor parte, al menos en la mitad inferior. Hojas dispuestas a lo largo de casi todo el tallo y menores hacia su parte superior, ± coriáceas, lobadas o irregularmente dentadas, glabras o con algunos pelos cortos pluricelulares y adpresos por el envés, y espina terminal de los lóbulos o dientes de 6-9 × 0,2-0,5 mm, sin espinas en el haz; las basales con pecíolo largo, oblanceoladas; las caulinares medias larga y ampliamente decurrentes, anchamente lanceoladas; las caulinares superiores lanceoladas, mucho más pequeñas y poco decurrentes. Capítulos por lo general en grupos de 3 o 4 dispuestos, a su vez, en una estructura paniculiforme terminal y ± densa, subsésiles o con pedúnculo corto, sin hojas involucrales. Involucro (10)12-16 × 12-15 mm, ovoide, glabrescente o ± araneoso, sobrepasado por las flores; brácteas mayores de fuera adentro, ± herbáceas, erectas y ± adpresas excepto el ápice, que es ± erecto-patente, glabras o ± pelosas en la mitad distal, salvo las internas, que son glabras; las externas y medias ovadas o anchamente lanceoladas, con una callosidad glandulosa apical en la mitad distal del dorso, purpúrea, rodeada por un ancho halo purpúreo o verdoso, y con espina apical de 0,2-0,5 mm; las internas linear-lanceoladas, con apéndice distal escarioso, sigmoide, inerme. Receptáculo peloso. Flósculos hermafroditas o funcionalmente femeninos –plantas ginomonoicas–. Corola 14-18 mm, purpúrea; tubo 6-8 mm; limbo 8-10 mm, con lóbulos de c. 5 mm, ± desiguales. Anteras rosadas o rosado-violetas. Aquenios 2,5-4 × 1-1,4 mm, glabros, amarillentos. Vilano 11-12 mm, más corto que la corola en la fructificación. $2n = 34$.

Herbazales en bordes de arroyo y cauces de agua, inmediaciones de fuentes, etc., en substrato por lo general básico; 0-1200 m. (IV)VI-VIII(XII). S de Francia y Península Ibérica. Casi toda la Península, rara en la mitad W. **Esp.:** A Ab Al (Av) B Bi Bu CR Cs Cu Ge Gr Gu J Lo M Ma Mu Na (Po) T Te (To) V Z. **Port.:** (AAl). **N.v.:** cardo; *cat.:* cap ferrat, card de sèquia, lletuga de sèquia, lletugueta de riu.

Observaciones.–Por el conjunto de caracteres que presenta, esta especie pudo haberse originado por hibridación entre *C. monspessulanum* y *C. pyrenaicum*. De ser así, su origen sería muy antiguo, pues es raro encontrarla junto a alguno de los supuestos parentales, como es habitual en la mayoría de los híbridos interespecíficos del género *Cirsium*. Este posible origen híbrido explicaría su marcado polimorfismo, que ha llevado a describir numerosos táxones de escaso valor. En la mayoría de las poblaciones de esta especie coexisten individuos con capítulos hermafroditas con otros en los que todas las flores son funcionalmente femeninas. En España se hibrida con *C. acaulon* subsp. *acaulon* (véanse las observaciones hechas acerca de esta subespecie).

17. C. gaditanum Talavera & Valdés in Lagascalia 5: 186, 189 fig. 9 A (1976) [gaditánum]

Ind. loc.: "Typus. Cádiz: Grazalema, Los Batanes, 22.VI.1973, Silvestre (SEV 20080, holotypus)"

Ic.: Talavera & Valdés in Lagascalia 5: 189 fig. 9 A (1976); Valdés, Talavera & Galiano (eds.), Fl. Andalucía Occid. 3: 134 (1987); lám. 32

Hierba perenne, rizomatosa, sin raíces tuberosas, espinosa, ± pelosa. Tallos 50-150(200) cm, muy ramificados, casi enteramente alados. Hojas dispuestas a lo largo de casi todo el tallo y menores hacia la parte superior del mismo, ± coriáceas, enteras, con algunos pelos unicelulares largos y sinuosos, pero sin pelos pluricelulares cortos por su haz, o con haz glabra, y envés densamente araneoso-tomentoso,

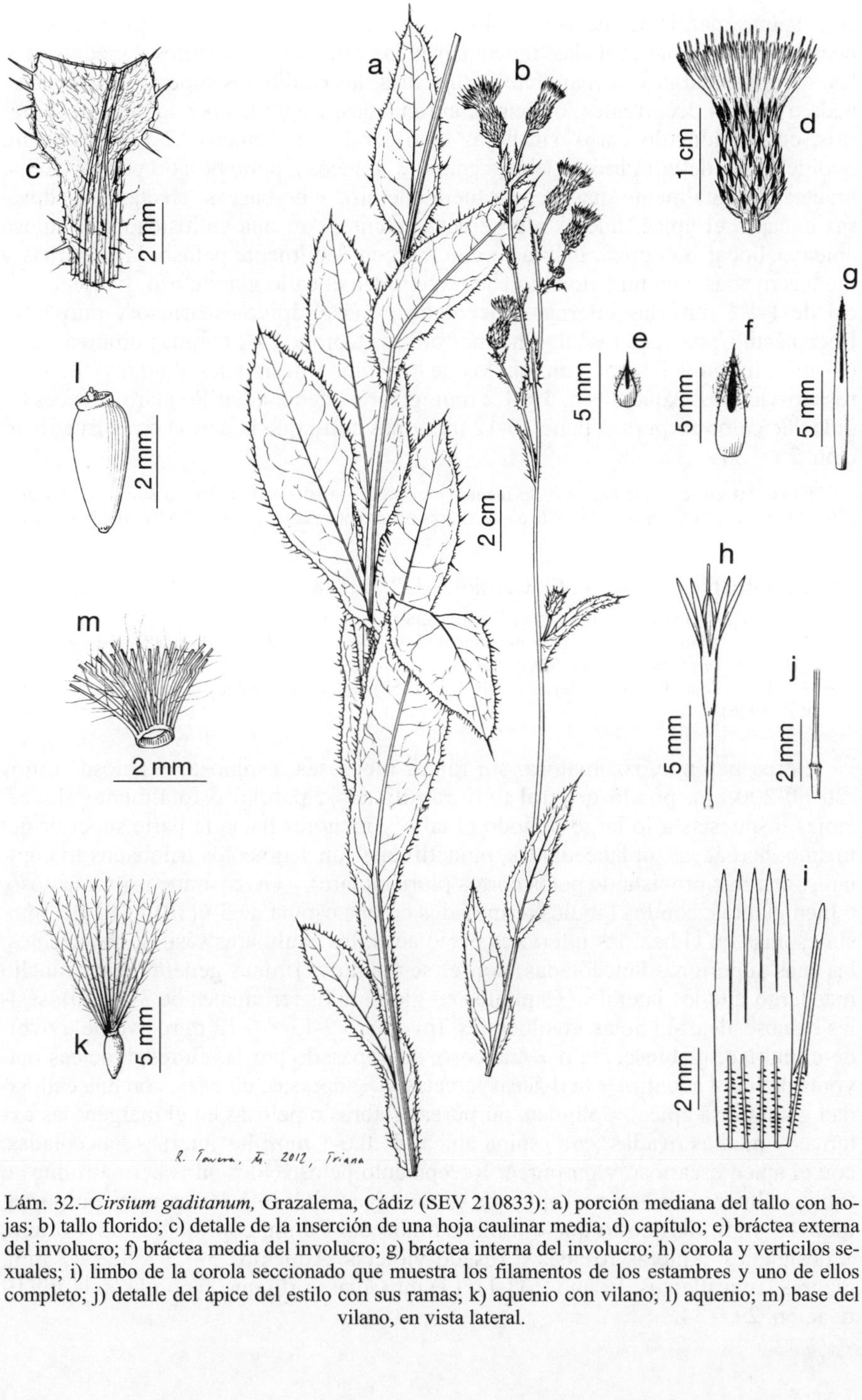

Lám. 32.–*Cirsium gaditanum,* Grazalema, Cádiz (SEV 210833): a) porción mediana del tallo con hojas; b) tallo florido; c) detalle de la inserción de una hoja caulinar media; d) capítulo; e) bráctea externa del involucro; f) bráctea media del involucro; g) bráctea interna del involucro; h) corola y verticilos sexuales; i) limbo de la corola seccionado que muestra los filamentos de los estambres y uno de ellos completo; j) detalle del ápice del estilo con sus ramas; k) aquenio con vilano; l) aquenio; m) base del vilano, en vista lateral.

con espinas marginales de 3-7 × 0,4-0,5 mm, sin espinas en el haz; las basales con pecíolo ancho, oblanceoladas, muy anchas; las caulinares inferiores y medias sésiles, oblongas, larga y anchamente decurrentes; las caulinares superiores pequeñas, nada o apenas decurrentes, oblongas, auriculadas. Capítulos por lo general solitarios, con pedúnculo corto, sin hojas involucrales. Involucro 12-13 × 6-8 mm, ovoide u ovoide-cilíndrico, glabrescente o ± araneoso, sobrepasado por las flores; brácteas gradualmente mayores de fuera adentro, ± herbáceas, erectas y ± adpresas excepto el ápice, que es algo erecto-patente, con una callosidad glandulosa apical ± linear o elíptica, glabras o con margen débilmente peloso; las externas y medias ovadas, con un halo coloreado que rodea el callo glanduloso, y espina apical de 1-1,5 mm; las internas lanceoladas, con el ápice escarioso y purpúreo. Receptáculo peloso. Flósculos hermafroditas. Corola 15-17 mm, purpúrea; tubo 6-7 mm; limbo 9-10 mm, con lóbulos de 4-5 mm, ± desiguales. Anteras rosadas o rosado-violetas. Aquenios c. 3 × 1,2 mm, glabros, de un amarillo claro, a veces teñidos de color púrpura. Vilano 10-12 mm, más corto que la corola en la fructificación. $2n = 34$.

Herbazales en las inmediaciones de fuentes y el borde de cursos de agua, en substrato calcáreo; 500-1200 m. V-VII(X). ● S de España, en las sierras béticas occidentales. **Esp.:** Ca Co Ma. **N.v.:** cardo.

18. C. palustre (L.) Scop., Fl. Carniol. ed. 2, 2: 128 (1771) [palústre]

Carduus palustris L., Sp. Pl.: 822 (1753) [basión.]
Ind. loc.: “Habitat in Europæ pratis subpaludosis” [lectótipo designado por S. Talavera & B. Valdés in Lagascalia 5: 188 (1976): LINN]
Ic.: Rchb., Icon. Fl. Germ. Helv. 15, tab. 100 (1853); Talavera & Valdés in Lagascalia 5: 189 fig. 9 B (1976)

Hierba perenne, rizomatosa, sin raíces tuberosas, espinosa, ± pelosa. Tallos (30)60-200 cm, por lo general muy ramificados, parcial o totalmente alados. Hojas dispuestas a lo largo de todo el tallo y menores hacia la parte superior del mismo, herbáceas, oblanceoladas, pinnatífidas, con segmentos trilobados triangulares, con haz provista de pelos cortos pluricelulares y envés araneoso-tomentoso, o bien glabras, con los lóbulos terminados en una espina de 3-6(10) × 0,2-0,5 mm, sin espinas en el haz; las inferiores pecioladas; las caulinares sésiles, decurrentes; las más superiores lanceoladas, con el segmento terminal generalmente mucho más largo que los laterales. Capítulos en glomérulos terminales de 3-10(20), sésiles o subsésiles, sin hojas involucrales. Involucro 9-13 × 6-12 mm, ovoide u ovoide-cilíndrico, glabrescente o ± araneoso, sobrepasado por las flores; brácteas mayores de fuera adentro, ± herbáceas, erectas y ± adpresas, obtusas, con una callosidad glandulosa apical ± elíptica, purpúrea, glabras o pelosas en el margen; las externas y medias ovadas, con espina apical de 0,6-1 mm; las internas lanceoladas, con el ápice escarioso y purpúreo. Receptáculo peloso. Flósculos hermafroditas o funcionalmente femeninos –plantas ginodioicas–. Corola 10-16 mm, purpúrea; tubo 4-7 mm, más corto que el limbo; limbo 6,5-9 mm, con lóbulos de 4-6 mm, ± desiguales. Anteras rosadas o rosado-violetas. Aquenios 3-4,5 × 1,2-1,5 mm, glabros, amarillentos. Vilano (6)8-11(13) mm, más corto que la corola en la fructificación. $2n = 34$.

Herbazales, juncales y trampales, bordes de arroyos y otros cursos de agua, inmediaciones de fuentes y lugares deprimidos con encharcamiento continuado, etc., en suelos ± higroturbosos, muy húmedos; (12)600-1500(2250) m. VI-VIII(IX). Casi toda Europa, Cáucaso, Siberia y Argelia. C y mitad N de la Península Ibérica y Estremadura. **And.** **Esp.**: Av B Bi Bu C (Cu) Ge Hu L Le Lo Lu M Na (O) Or (P) Po S Sa Sg So SS Vi Za. **Port.**: (AAl) BA (BAl) (BB) BL E Mi TM. **N.v.**: cardo, cardo palustre; *cat.*: cardigassa, cardigassa palustre; *gall.*: cardio bravo.

Observaciones.–Especie con una distribución muy amplia y, aunque bien delimitada taxonómicamente, extraordinariamente variable en muchos de sus caracteres. En la Península Ibérica se ha observado una variabilidad notable en el tamaño de las plantas (de 30 a 200 cm), el carácter ± alado del tallo (a lo largo de toda su longitud o, a veces, solo en la parte inferior), la morfología, el indumento y la espinescencia de las hojas y en la disposición de los capítulos, que son geminados o reunidos en grupos de hasta 10(20). Algunas de estas variantes han sido descritas como táxones independientes, caso de *C. palustre* var. *spinosissimum* Willk. in Willk. & lange, Prodr. Fl. Hispan. 2: 190 (1865), que reúne las plantas con tallos estrechamente alados con espinas más largas de lo normal (7-10 mm, en lugar de 3-6 mm), muy densamente dispuestas, sobre todo en la parte superior del tallo (más esparcidas en el caso de los ejemplares típicos de *C. palustre)* y capítulos reunidos en grupos de 6-20 y no de 3-10, como es lo normal. No obstante, entre ambos extremos de variación hay abundantes formas intermedias que no avalan su segregación taxonómica.

De carácter híbrido son las plantas procedentes de Hoyocasero (Ávila) y descritas por H.M. Willkomm como *C.* × *bourgaeanum.* En efecto, tanto el material tipo (COI) como el recolectado por C. Pau en la misma localidad (MA 132768) y por A. Caballero en Venta del Obispo (MA 132888) comparten caracteres que apoyan ese origen. Se trata de plantas con tallos de menos de 100 cm, escasamente espinosos y parcialmente alados en la parte superior, con hojas delgadas, con divisiones anchas, espinas cortas y envés glabro; los capítulos, que aparecen reunidos en grupos de 2-4, portan flores con corola de 14,5-16 mm y vilano de 12-13 mm, mientras que en los ejemplares típicos de *C. palustre* aquellas miden 7-11 mm y este 10-13 mm. De este mismo tipo son también las plantas de algunas poblaciones del N de Portugal y el NW de España (Esp.: C Lu Or Za. Port.: Mi TM). Los capítulos con brácteas involucrales provistas de una callosidad apical muy marcada y el tallo alado son caracteres que se corresponden claramente con los de *C. palustre,* pero el tipo de hoja y la longitud de las flores y los vilanos son característicos de *C. filipendulum,* que convive con el anterior en muchas áreas, aunque no en la provincia de Ávila. Para H.M. Willkomm el carácter híbrido de su *C.* × *bourgaeanum* era inequívoco, pero creyó que el segundo parental implicado era *C. tuberosum* (sub *C. anglicum),* lo cual es improbable. En la presente síntesis taxonómica la variación de los híbridos se incluye en la de la especie típica, pues las formas intermedias son muy frecuentes y, en todo caso, son siempre fenéticamente mucho más parecidos a *C. palustre* que a *C. filipendulum. Cirsium palustre* se hibrida también con otras especies del género, como *C. tuberosum, C. erisithales, C. oleraceum, C. monspessulanum* y *C. rivulare* (véanse las observaciones hechas acerca de estas especies).

Sect. 2. **Cephalanoplos** Neck. ex DC. ["Cephalonoplos"]
Cephalanoplos Neck., nom. inval.

Hierbas perennes, estoloníferas, dioicas, con multiplicación vegetativa mediante yemas radicales. Tallos poco alados o ápteros. Hojas caulinares sin espinas en su haz. Capítulos pequeños, con involucro de 10-17 × 8-13 mm; brácteas externas y medias ± herbáceas y con una espina apical corta, sin callosidad glandulosa en el dorso. Corola con el tubo mucho más largo que el limbo y este dividido casi hasta su base en 5 lóbulos ± desiguales. Aquenios amarillentos. Vilano de las flores femeninas mucho más largo que la corola en la fructificación.

19. **C. arvense** (L.) Scop., Fl. Carniol. ed. 2, 2: 126 (1771) [arvénse]
Serratula arvensis L., Sp. Pl.: 820 (1753) [basión.]

C. albicans Willk. in Linnaea 30: 109 (1859)
Ind. loc.: "Habitat in Europæ cultis agris" [lectótipo designado por R.J. Moore & C. Frankton, Thistles Canada: 24 (1974): LINN]
Ic.: Rchb., Icon. Fl. Germ. Helv. 15, tab. 111 (1853); Talavera & Valdés in Lagascalia 5: 195 fig. 9 C (1976); Valdés, Talavera & Galiano (eds.), Fl. Andalucía Occid. 3: 135 n.º 4 (1987)

Hierba perenne, estolonífera, espinosa, ± pelosa. Tallos 30-130 cm, muy ramificados, ápteros o muy poco alados. Hojas dispuestas a lo largo de todo el tallo y menores hacia la parte superior del mismo, algo coriáceas, enteras o pinnatífidas, glabras o por lo general con el envés araneoso, con los lóbulos terminados en una espina de 3-14 × 0,2-0,8 mm, sin espinas en el haz; las inferiores con pecíolo ancho, oblanceoladas; las caulinares sésiles, no decurrentes o decurrentes en menos de 1 cm, lanceoladas, subauriculadas. Capítulos solitarios, dispuestos en una estructura corimbiforme, con pedúnculo corto, sin hojas involucrales. Involucro 10-17 × 8-13 mm, ovoide u ovoide-cilíndrico, glabrescente o ± araneoso, sobrepasado por las flores; brácteas mayores de fuera adentro, ± herbáceas, sin callosidad glandulosa en el dorso, araneosas en el margen, a veces glabrescentes; las externas y medias ovadas u ovado-lanceoladas, agudas, con espina apical de menos de 1 mm; las internas linear-lanceoladas, con el ápice largo y curvado, inermes. Receptáculo peloso. Flósculos unisexuales –planta dioica–. Corola 12,5-17,5 mm, rosado-purpúrea o de un rosa azulado, rara vez blanca; tubo 10-12 mm; limbo 2,5-5,5 mm, patente, dividido hasta casi la base en 5 lóbulos ± iguales, en las femeninas más pequeño que en las masculinas. Anteras rosadas, rosado-violetas o blanquecinas, ± atrofiadas en las flores femeninas. Aquenios 3,5-4,5 × 1,2-1,5 mm, glabros, amarillentos. Vilano 11-28 mm, el de las flores femeninas mucho más largo que el de las masculinas y más largo que la corola en la fructificación. $2n = 34$.

Herbazales en cultivos y baldíos, bordes de camino y carretera, etc., por lo general en suelos removidos fácilmente encharcables y ± nitrificados; (70)300-1600(1900) m. (VI)VII-IX(X). La mayor parte del hemisferio norte del Viejo Mundo; introducida en el N y S de América. Dispersa por la Península Ibérica, más rara en el SW, y Baleares. **And. Esp.:** (A) (Ab) Al Av B Ba Bi Bu (C) (Cc) Co (CR) Cs Cu Ge Gr Gu Hu J L Le Lo (Lu) M (Ma) Mu Na O (Or) P PM[Mll (Mn) (Ib)] (Po) S Sa Sg So SS T Te To V Va Vi Z Za. **Port.:** (AAl) Ag BA BB BL E Mi (R) TM. **N.v.:** cardillo, cardo, cardo blanco, cardo borriquero, cardo burrero, cardo cundidor, cardo de barbecho, cardo de las pelotas, cardo hemorroidal, cardo heredero, cardo negral, cardo oloroso, cardo triguero, chupaderos, ginetes, negrillo, ramoncillo negro, ramoncillo oloroso, serrilla; *port.:* cardinho, cardinho-das-almorranas, cardo-hemorroidal; *cat.:* calcida, calcides, calsiga, cardet, carsos, cársus, lletugueta de séquia (Valencia); *eusk.:* karduba, kardulatza.

Observaciones.–Cirsium arvense es, sin duda, la especie más polimorfa del género, lo que explica que se hayan descrito hasta la fecha cerca de 40 supuestos táxones, pero cuya variabilidad es la propia de esta especie. Las causas de esta variabilidad radican, probablemente, en las consecuencias genéticas derivadas de la dioecia y el dimorfismo sexual y de la intensa multiplicación vegetativa en la especie, lo que unido a la gran área de distribución que presenta, explica la facilidad con que algunas poblaciones llegan a diferenciarse en facies que dudosamente pueden ser consideradas como táxones independientes.

En esta revisión se han incluido en la sinonimia de esta especie solamente los nombres basados en *Serratula arvensis* y los aplicados por algunos autores a distintas poblaciones de la Península Ibérica, como *C. albicans* y *C. eliasii* Sennen & Pau ex Sennen in Bull. Acad. Int. Geógr. Bot. 18: 476 (1908). El estudio del material tipo de *C. albicans,* recolectado por H.M. Willkomm (COI), pone de manifiesto que se trata de un ejemplar femenino de *C. arvense.* En el caso de *C. eliasii,* el material tipo se corresponde con ejemplares masculinos.

Sect. 3. **Epitrachys** DC. ex Duby

Hierbas bienales, rara vez anuales o perennes, hermafroditas, por lo general sin multiplicación vegetativa. Tallos ápteros, rara vez parcial o totalmente alados. Hojas caulinares con espinas en su haz. Involucro (25)30-45(58) × (20)25-50(70) mm; brácteas externas y medias muy coriáceas, con una espina apical fuerte y larga, sin callosidad glandulosa en el dorso. Corola con el tubo mucho más largo que el limbo y este dividido aproximadamente hasta su mitad. Aquenios negros o de un pardo obscuro y con máculas lineares negras, rara vez amarillentos. Vilano más corto que la corola en la fructificación.

20. C. vulgare (Savi) Ten., Fl. Napol. 5: 209 (1835-1836) [vulgáre]

Carduus vulgaris Savi, Fl. Pis. 2: 241 (1798) [basión.]
Carduus lanceolatus L., Sp. Pl.: 821 (1753)
C. lanceolatum (L.) Scop., Fl. Carniol. ed. 2, 2: 130 (1771), nom. illeg., non Hill, Herb. Brit. 1: 80 (1769)
C. crinitum Boiss. ex DC., Prodr. 7: 305 (1838)
C. linkii Nyman, Syll. Fl. Eur.: 23 (1854-1855)
C. microcephalum Lange in Willk. & Lange, Prodr. Fl. Hispan. 2: 185 (1865), nom. illeg., non Moris, Fl. Sardoa 2: 466 (1840-1843)
C. strigosum (Hoffmanns. & Link) Cout., Fl. Portugal ed. 2: 766 (1939)
C. vulgare subsp. *crinitum* (Boiss. ex DC.) Arènes in Bull. Soc. Franç. Échange Pl. 1: 21 (1948)
Ind. loc.: "E' comunissimo lungo i fossi. Fiorisce nel Luglio"
Ic.: Boiss., Voy. Bot. Espagne 1, tab. 111 (1840) [sub *C. crinitum*]; Rchb., Icon. Fl. Germ. Helv. 15, tab. 95 I (1853) [sub *C. lanceolatum*]; Talavera & Valdés in Lagascalia 5: 203 fig. 10 A (1976); Valdés, Talavera & Galiano (eds.), Fl. Andalucía Occid. 3: 135 (1987); fig. 2 a

Hierba bienal, con raíz axonomorfa, perenne y rizomatosa, rara vez anual, sin raíces tuberosas, espinosa, ± pelosa. Tallos 30-250 cm, por lo general ramificados, alados en toda su longitud. Hojas dispuestas a lo largo de todo el tallo y menores hacia la parte superior del mismo, algo coriáceas, con haz provista de espinas de 0,2-2 mm, desiguales o casi iguales, y pelos pluricelulares al menos en los nervios, y envés araneoso-tomentoso o glabro, con espinas en el margen; las inferiores pecioladas, oblanceoladas, ligeramente lobadas; las caulinares sésiles, muy decurrentes, oblongas, pinnatífidas, con lóbulos divaricados y terminados en espina de 6-7(10) × 0,8-1,2 mm. Capítulos reunidos en grupos terminales de 3 o 4, rara vez solitarios o en mayor número y entonces en una estructura espiciforme, brevemente pedunculados, sin hojas involucrales. Involucro 20-40 × 20-45 mm, ovoide, por lo general densamente araneoso, sobrepasado por las flores; brácteas mayores de fuera adentro, ± erecto-patentes y rígidas, sin callosidad glandulosa en el dorso, con margen ± araneoso-tomentoso, a veces glabro; las externas y medias con dorso aquillado, ovado-lanceoladas, abruptamente acuminadas en una porción distal setácea y por lo general curvada hacia el exterior, terminada en una espina de 5-8 mm; las internas linear-lanceoladas, inermes. Receptáculo peloso. Flósculos hermafroditas. Corola (20)25-34 mm, purpúrea; tubo (13)16-22 mm; limbo (7)9-12 mm, con lóbulos de 5-6 mm, ± desiguales. Anteras rosadas o rosado-violetas. Aquenios 3,5-4,5 × 1-2 mm, glabros, de un pardo o gris obscuros, con líneas negras, rara vez amarillentos. Vilano (14)18-24 mm, más corto que la corola en la fructificación. $2n$ = 34?*, 68, 102.

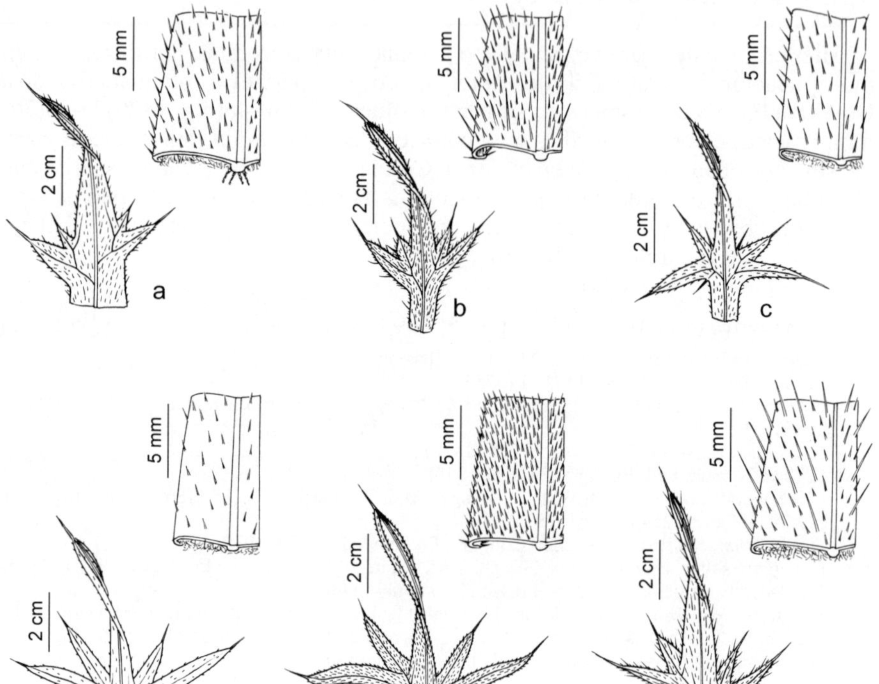

Fig. 2.–Fragmento distal de una hoja apical del tallo y detalle de la espinescencia por su haz de a) *Cirsium vulgare;* b) *C. ferox;* c) *C. richterianum* subsp. *richterianum;* d) *C. richterianum* subsp. *costae;* e) *C. richterianum* subsp. *giraudiasii;* f) *C. odontolepis;* g) *C. eriophorum;* h) *C. echinatum;* i) *C. scabrum.*

Herbazales y cardizales de bordes de arroyo y acequia, lindes de bosque, escombreras, etc., en suelos húmedos ± nitrificados; 0-2000 m. (V)VI-IX(XI). Casi toda Europa, W de Asia y N de África; naturalizada en el N y S de América. Casi toda la Península Ibérica y Baleares. **And. Esp.:** A (Ab) Al Av B Ba Bi Bu C Ca Cc Co Cs CR Cu Ge Gr Gu H Hu J L Le Lo Lu M Ma Mu Na O (Or) P PM Po S Sa Se Sg So SS (T) Te (To) V Va Vi Z Za. **Port.:** AAl Ag BA (BAl) (BB) BL DL E Mi TM. **N.v.:** cardencha, cardillo, cardo, cardo borriqueño, cardo borriquero, cardo burreño, cardo burrero, cardo burreru, cardo burriquero, cardo común, cardo de abalorio, cardo gochero, cardo hormiguero, cardo lechar, cardo silvestre, cardu borriqueru, carroncha; *port.:* cardo-bravo; *cat.:* card soliquat (Mallorca), card somerer, cart, lloba, lloba-carda; *eusk.:* asto karduba.

Observaciones.–Especie de amplia distribución geográfica y gran variabilidad morfológica, tanto en lo que concierne al tamaño de los tallos como a la forma y el indumento de las hojas, el grosor de los capítulos y la morfología e indumento de las brácteas involucrales. Como consecuencia de ello, han sido numerosos los táxones descritos y que no reflejan sino algún grado de la variabilidad señalada, a veces incluso diferentes manifestaciones fenéticas, mera respuesta a los diferentes hábitats donde vive. A veces, plantas anuales o bienales y pequeñas se han citado en la Península como *C. italicum* DC., Cat. Pl. Horti Monsp.: 96 (1813), especie propia del C y E de la Región Mediterránea con involucros, corolas, aquenios y vilanos menores que los de *C. vulgare.*

La especie parece hibridarse no solo con especies de su misma sección (v.gr., *C. eriophorum, C. echinatum* y *C. ferox),* sino también de las secciones *Cephalanoplos (C. arvense)* y *Cirsium* (v.gr., *C. palustre, C. acaulon* y *C. oleraceum)* [cf. G. Rouy in Rev. Bot. Syst. Géogr. Bot. 2: 1-11, 28-32, 42-47 (1904)], si bien ninguno de estos híbridos ha sido detectado en el material que se ha estudiado para realizar la presente revisión.

21. C. ferox (L.) DC. in Lam. & DC., Fl. Franç. ed. 3, 4: 120 (1805) [férox]

Cnicus ferox L., Mant. Pl.: 109 (1767) [basión.]
Ind. loc.: "Habitat in Europæ australis montosis, sterilibus"
Ic.: Rchb., Icon. Fl. Germ. Helv. 15, tab. 93 (1853); Talavera & Valdés in Lagascalia 5: 203 fig. 10 B (1976); fig. 2 b

Hierba bienal, con raíz axonomorfa, espinosa, ± pelosa. Tallos 40-100 cm, ramificados, ápteros. Hojas dispuestas a lo largo de todo el tallo y menores hacia la parte superior del mismo, coriáceas, con haz provista de numerosas espinas de 0,3-3,5 mm, marcadamente desiguales –las mayores de más de 2,5 mm–, y envés araneoso-tomentoso o ± glabro, con espinas marginales duras; las inferiores pecioladas, oblanceoladas, ± lobadas; las caulinares sésiles, no decurrentes, oblongas, pinnatífidas, con lóbulos divaricados, cada uno de ellos acabado en una espina de 3-9 × (0,2)0,7-1 mm, semiamplexicaules. Capítulos por lo general solitarios y terminales, dispuestos en estructuras paniculiformes, sésiles o subsésiles, rodeados y sobrepasados por 6-10 hojas involucrales lanceoladas, ± enteras. Involucro 30-40 × 25-40 mm, ovoide u ovoide-globoso, araneoso-tomentoso o casi glabro, sobrepasado por las flores; brácteas mayores de fuera adentro, lanceoladas o linear-lanceoladas, erecto-patentes o arqueado-patentes, algo araneosas, con margen espinuloso; las externas y medias lanceoladas, atenuadas en una punta ± recta, estrecha y larga, a veces las medias con un ensanchamiento subapical de menos de 0,2 mm, terminadas en una espina de 8-9 mm; las internas linear-lanceoladas, con la punta sigmoide, algo ensanchada en la parte superior, terminadas en una espina débil. Receptáculo peloso. Flósculos hermafroditas. Corola 23-33 mm, blanca; tubo 12-19 mm, más largo que el limbo; limbo 11-14 mm, con lóbulos de 4-6 mm, ± desiguales. Anteras blancas. Aquenios 4,5-5,5 × 2-2,5 mm, glabros, de un pardo claro, con líneas purpúreas. Vilano 20-28 mm, más corto que la corola en la fructificación.

Claros de matorral y herbazales en protosuelos y enclaves pedregosos; 500-1500 m; IV-XII. S de Europa –España, Francia e Italia–. Mitad oriental de España. **Esp.:** Ab Bu Gu Hu Lo (Mu) So Te Z. **N.v.:** cardo, cardo blanco.

22. C. richterianum Gillot in Bull. Soc. Bot. France 27: LI (1881) [Richteriánum]

C. eriophorum subsp. *richterianum* (Gillot) Nyman, Consp. Fl. Eur. Suppl. 2: 180 (1889)
Ind. loc.: "Hab. in Pyrenæorum occidentalium subalpinis, circa Saint-Jean Pied-de-Port, præcipuè in montibus Orisson, ad 500-1200 m. altitudinem"

Hierba bienal, con raíz axonomorfa, hermafrodita, espinosa, ± pelosa. Tallos 15-70 cm, simples o ramificados desde la base, ápteros. Hojas dispuestas a lo largo de todo el tallo y menores hacia la parte superior del mismo, coriáceas, con haz por lo general cubierta de espinas de 0,6-1(2) mm, poco desiguales, adpresas o patentes, laxa o densamente dispuestas, y envés glabro o araneoso-tomentoso, con espinas marginales duras; las inferiores pecioladas, de pinnatipartidas a pinnatisectas; las caulinares sésiles, no decurrentes, de pinnatífidas a pinnatipartidas, con segmentos bilobulados y cada lóbulo con espina apical de 3-12 × 0,9-1,1 mm, anchamente auriculadas. Capítulos solitarios o en grupos de 3 o 4, sésiles, cada uno rodeado por 4-20 hojas involucrales enteras o pinnatífidas, que los alcanzan o sobrepasan. Involucro (25)30-38 × (25)30-45(50) mm, ovoide u ovoide-globoso, de casi glabro a densamente araneoso o algodonoso, sobrepasado por las flores; brácteas mayores de fuera adentro, lanceoladas o linear-lanceoladas, erecto-patentes, ± araneosas, con margen espinuloso-dentado; las externas lanceoladas, terminadas en una espina larga; las medias iguales aunque a veces muestran un ensanchamiento subapical de 0,3-0,6(0,8) mm de anchura, con espina apical de 2-5 mm; las internas linear-lanceoladas. Receptáculo peloso. Flósculos hermafroditas. Corola 26-37 mm, purpúrea, rara vez blanca; tubo 16-22 mm; limbo (10)11-15 mm, dividido ± hasta su mitad, con lóbulos de 5-8 mm ± desiguales. Anteras rosadas o rosado-violetas. Aquenios 4,5-5,5 × 1,7-2,5 mm, glabros, de un pardo obscuro o claro, con líneas negras. Vilano 20-29 mm, más corto que la corola en la fructificación.

Claros de matorral, majadas y herbazales en protosuelos y sitios pedregosos de naturaleza calcárea; (100)200-2200(2550) m. VII-IX(X). Francia –Pirineos– y España. N de España, desde Burgos hasta Tarragona. **Esp.:** B Bi Bu Ge Hu L Le Lo Na (O) (P) So SS T Vi Z. **N.v.:** cardo.

Observaciones.–Para la especie se reconocen en el territorio tres subespecies, algo simpátricas en el centro de su área de distribución peninsular, donde hay poblaciones con plantas de difícil asignación que presentan caracteres intermedios entre unas y otras.

1. Brácteas involucrales medias por lo general con un ensanchamiento subapical de 0,3-0,6(0,8) mm de anchura; hojas por lo general con envés glabro o ligeramente araneoso-tomentoso; espinas del haz de las hojas muy densamente dispuestas .... **c.** subsp. **giraudiasii**
– Brácteas involucrales medias sin ensanchamiento subapical; hojas con envés araneoso-tomentoso; espinas del haz de las hojas laxa o muy laxamente dispuestas 2
2. Capítulos con involucro densamente araneoso, rodeados por 10-20 hojas involucrales ± enteras; espinas del haz de las hojas laxamente dispuestas .... **a.** subsp. **richterianum**

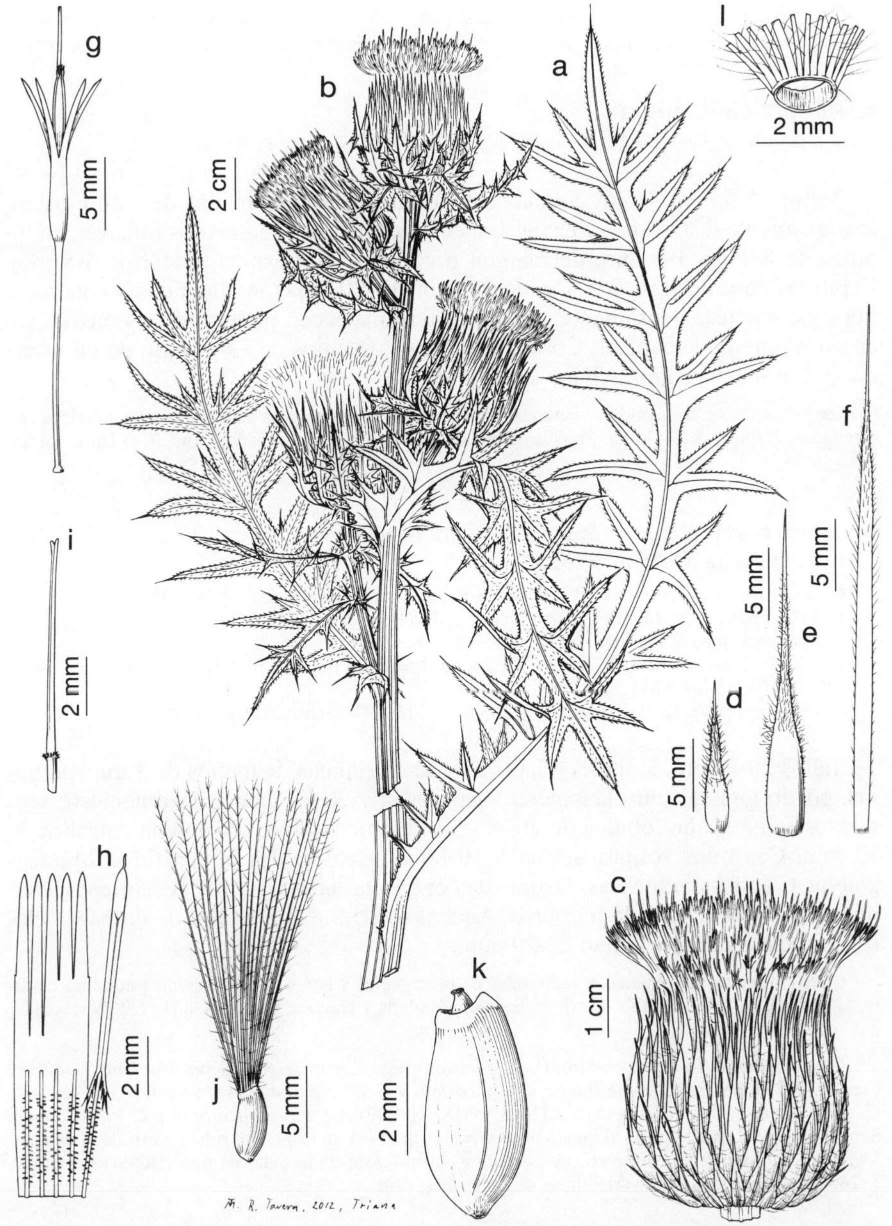

Lám. 33.–*Cirsium richterianum* subsp. *costae,* Montseny, Barcelona (SEV 21947): a) porción mediana del tallo con una hoja; b) extremo de un tallo florido; c) capítulo; d) bráctea externa del involucro; e) bráctea media del involucro; f) bráctea interna del involucro; g) corola y verticilos sexuales; h) limbo de la corola seccionado que muestra los filamentos de los estambres y uno de ellos completo; i) detalle del ápice del estilo con sus ramas; j) aquenio con vilano; k) aquenio; l) base del vilano, en vista lateral.

– Capítulos con involucro apenas araneoso, rodeados por 8-10 hojas involucrales pinnatífidas; espinas del haz de las hojas muy laxamente dispuestas .... **b.** subsp. **costae**

a. subsp. **richterianum**

Ic.: Talavera & Valdés in Lagascalia 5: 203 fig. 10 C (1976); fig. 2 c

Tallos 15-55 cm. Hojas con haz cubierta de espinas de menos de 2 mm, patentes, laxamente dispuestas, y envés araneoso-tomentoso; segmentos foliares con lóbulos de 8-15 × 3-4 mm, de margen revoluto y con espina apical de 3-8 mm. Capítulos en grupos de 3 o 4, cada uno con 10-20 hojas involucrales ± enteras, ± lineares; brácteas densamente araneosas, terminadas en punta fina; las medias sin ensanchamiento subapical. Corola purpúrea. Aquenios c. 5 × 2 mm, de un pardo claro, con líneas negras. Vilano 24-29 mm.

Claros de matorral, majadas y herbazales en protosuelos y enclaves pedregosos de naturaleza calcárea; 500-2200 m. VIII-IX(X). Francia –Pirineos– y España. N de España. **Esp.:** (Ge) Hu L Na SS. **N.v.:** cardo.

b. subsp. **costae** (Sennen & Pau) Talavera & Valdés in Lagascalia 5: 207 (1976) [Cóstae]

C. ferox var. *costae* Sennen & Pau in Bol. Soc. Aragonesa Ci. Nat. 6: 27 (1907) [basión.]
C. jonasii Sennen in Bull. Soc. Bot. France 51: 426 (1904), pro hybrid.
C. costae (Sennen & Pau) Petr. in Biblioth. Bot. 78: 41 (1912)
Ind. loc.: "Llers, Figueras (Sennen)" [lectótipo designado por S. Talavera & B. Valdés in Lagascalia 5: 208 (1976): MA]
Ic.: Talavera & Valdés in Lagascalia 5: 203 fig. 10 D (1976); lám. 33; fig. 2 d

Tallos 20-70 cm. Hojas con haz cubierta de espinas de menos de 2 mm, adpresas, por lo general muy laxamente dispuestas, y envés araneoso-tomentoso; segmentos foliares con lóbulos de 20-30 × c. 6 mm, ovados, con espina apical de 8-12 mm. Capítulos solitarios, con 8-10 hojas involucrales pinnatífidas; brácteas glabras o apenas araneosas, terminadas en punta larga; las medias sin ensanchamiento subapical. Corola purpúrea. Aquenios 5-5,5 × 2-2,5 mm, de un pardo claro, con líneas negras. Vilano 23-29 mm.

Claros de matorral, majadas y herbazales en protosuelos y sitios pedregosos de naturaleza calcárea; 200-2000 m. VII-VIII(IX). ● NE de España: Cataluña y Huesca. **Esp.:** B Ge Hu L T. **N.v.:** cardo; *cat.:* card.

Observaciones.–El supuesto híbrido *(C. jonasii)* entre *C. corbariense* Sennen in Bull. Soc. Bot. France 49: 376 (1902) *(C. richterianum* subsp. *costae)* y *C. arvense* está basado en plantas jóvenes de *C. richterianum* subsp. *costae* (MA 133013 y MAF 11209). Lo mismo ocurre con *C. emporitanum* Sennen in sched., pro hybrid., al que Sennen atribuye también un origen híbrido a partir de *C. lanceolatum (C. vulgare)* y *C. costae (C. richterianum* subsp. *costae):* su material tipo (BC-Sennen y MA 132603) encaja dentro de la variabilidad de esta subespecie.

c. subsp. **giraudiasii** (Sennen & Pau) Talavera & Valdés in Lagascalia 5: 208 (1976) [Giraudiásii]

C. ferox var. *giraudiasii* Sennen & Pau in Bol. Soc. Aragonesa Ci. Nat. 6: 27 (1907) [basión.]
C. giraudiasii (Sennen & Pau) Sennen & Pau in Bull. Acad. Int. Géogr. Bot. 18: 475 (1908)

Ind. loc.: "Bujedo (Sennen et Elías)" [lectótipo designado por S. Talavera & B. Valdés in Lagascalia 5: 209 (1976): BC-Sennen]
Ic.: Talavera & Valdés in Lagascalia 5: 203 fig. 10 E (1976); fig. 2 e

Tallos 20-40(60) cm. Hojas con haz cubierta de espinas de menos de 1 mm, adpresas o patentes, muy densamente dispuestas, y envés glabro o ligeramente araneoso-tomentoso; segmentos foliares con lóbulos de 20-30 × 7-10 mm, con espina apical de 8-12 mm. Capítulos por lo general solitarios, rodeados por 4-10 hojas involucrales, pinnatífidas; brácteas glabras o escasamente araneosas; las medias generalmente con ensanchamiento subapical de 0,3-0,6(0,8) mm de anchura. Corola purpúrea, rara vez blanca. Aquenios 4,5-5,5 × 1,7-2,3 mm, de un pardo obscuro, con líneas negras. Vilano 20-26 mm.

Claros de matorral, majadas y herbazales en protosuelos y sitios pedregosos de naturaleza calcárea; 700-1700 m. (VII)VIII-IX(X). ● N de España. **Esp.:** Bi Bu Hu Le Lo Na (O) (P) So (T) Vi Z. **N.v.:** cardo.

23. C. odontolepis Boiss. ex DC., Prodr. 7: 305 (1838) [Odontólepis]

C. eriophorum subsp. *odontolepis* (Boiss. ex DC.) Rouy in Rev. Bot. Syst. Géogr. Bot. 2: 32 (1904)
Ind. loc.: "– in Hispaniæ Granatensis montibus dictis Sierra Tejeda, Gador, Nevada legit cl. Boissier" [lectótipo designado por S. Talavera & B. Valdés in Lagascalia 5: 210 (1976): G-DC]
Ic.: Boiss., Voy. Bot. Espagne 1, tab. 110 (1840); Talavera & Valdés in Lagascalia 5: 213 fig. 11 A (1976); fig. 2 f

Hierba bienal, con raíz axonomorfa, espinosa, ± pelosa. Tallos 15-70 cm, simples o ramificados casi desde la base, ápteros. Hojas dispuestas a lo largo de todo el tallo y menores hacia la parte superior del mismo, coriáceas, con haz cubierta de numerosas espinas de 0,2-3,5(6,5) mm, marcadamente desiguales –las mayores de más de 2,5 mm–, ± patentes, y envés araneoso-tomentoso, con espinas marginales duras; las inferiores pecioladas, lobadas; las caulinares sésiles, no decurrentes, de pinnatipartidas a pinnatisectas, con segmentos triangulares oblanceolados, bilobulados, cada uno con una espina apical de 5-12 × 0,5-1,2 mm, auriculadas. Capítulos solitarios, sésiles, rodeados por 5-7 hojas involucrales lanceoladas, ± pinnatífidas, que normalmente no sobrepasan al capítulo. Involucro 30-45 × 30-45 mm, ovoide u ovoide-globoso, ± araneoso, sobrepasado por las flores; brácteas mayores de fuera adentro, lanceoladas o linear-lanceoladas, erecto-patentes, ± araneosas, con margen espinuloso-escábrido; las externas lanceoladas, terminadas en una espina larga; las medias lanceoladas, con un ensanchamiento espatuliforme subapical de 1-2,5 mm de anchura, de margen escarioso y generalmente dentado o fimbriado, y con espina apical fuerte de 1-3 mm; las internas linear-lanceoladas. Receptáculo peloso. Flósculos hermafroditas. Corola 34-40(43) mm, por lo general purpúrea, rara vez blanca; tubo 21-28 mm; limbo 11-14 mm, dividido ± hasta su mitad, con lóbulos de 6-7 mm, ± desiguales. Anteras rosadas, rosado-violetas o blancas. Aquenios 4,6-5,5 × 2-2,5 mm, casi negros. Vilano 22-30(33) mm, más corto que la corola en la fructificación. $2n = 34$.

Claros de matorral y herbazales en protosuelos y sitios pedregosos, por lo general de naturaleza calcárea; 950-2500 m. VII-VIII(IX). W de la Región Mediterránea –Francia, España y Marruecos–. C y mitad E de España. **Esp.:** A (Ab) Al Av (Bu) Cs Cu (Ge) Gr Gu Hu J L (Le) (Lu) M (Ma) Mu Na (O) (Or) (P) Sa Sg So (T) Te (V) Va Vi Z. **N.v.:** cardo, cardo de burro; *cat.:* cardigassa.

24. C. eriophorum (L.) Scop., Fl. Carniol. ed. 2, 2: 130 (1771) [erióphorum]

Carduus eriophorus L., Sp. Pl.: 823 (1753) [basión.]
Ind. loc.: "Habitat in Anglia, Gallia, Hispania, Lusitania"
Ic.: Rchb., Icon. Fl. Germ. Helv. 15, tab. 91 (1853); Talavera & Valdés in Lagascalia 5: 213 fig. 11 B (1976); L. Villar & al., Atlas Fl. Pirineo Aragon. 2: 319 (2001); fig. 2 g

Hierba bienal, con raíz axonomorfa, espinosa, ± pelosa. Tallos 50-150 cm, muy ramificados, ápteros. Hojas dispuestas a lo largo de todo el tallo y menores hacia la parte superior del mismo, coriáceas, con haz cubierta de espinas de 0,2-1 mm, poco desiguales, numerosas, ± adpresas, y envés araneoso-tomentoso, con espinas marginales duras; las inferiores pecioladas; las caulinares sésiles, no decurrentes, de profundamente pinnatipartidas a pinnatisectas, con segmentos divididos en dos lóbulos linear-oblongos u oblongos, terminados en una espina de 5-9 × 0,4-0,9 mm, estrechamente auriculadas. Capítulos generalmente solitarios, sésiles o brevemente pedunculados, rodeados por 3 o 4 hojas involucrales pinnatífidas o enteras, que normalmente los sobrepasan. Involucro 30-50(58) × 45-70 mm, ovoide u ovoide-globoso, densamente araneoso-tomentoso, sobrepasado por las flores; brácteas mayores de fuera adentro, ovado-lanceoladas, con acumen linear, erecto-patente, patente o ± arqueado-reflexo, densamente araneosas; las externas atenuadas en un acumen linear, con espina apical de 1-2 mm; las medias e internas con acumen provisto de un ensanchamiento espatuliforme subapical de 0,9-1,3(1,5) mm de anchura, y espina apical de 1-3 mm. Receptáculo peloso. Flósculos hermafroditas. Corola 28-34 mm, purpúrea; tubo 18-22 mm; limbo 11-12 mm, con los lóbulos de 5-6 mm, ± desiguales. Anteras rosadas o rosado-violetas. Aquenios 4,5-5,5 × 2-2,5 mm, glabros, de un pardo obscuro. Vilano 17-30 mm, más corto que la corola en la fructificación. $2n = 34$*.

Praderas subalpinas, majadas y herbazales viarios y de escombrera, en substratos ± nitrificados; (15)600-2300(2400) m. VII-VIII(X). C y S de Europa, hasta Grecia. N de España. **And. Esp.:** (B) Bi (Bu) (Ge) Hu L Le Lo (M) Na (O) (Or) P S (SS) (Va) Vi Z. **N.v.:** cardo, cardo borriquero, cardo burriquero, cardo lanudo, corona de fraile; *port.:* cardo-da-isca, cardo-isqueiro, eriophoro-bastarda; *cat.:* caps blancs, caps d'ase, cardigassa, espitllera, lloba; *eusk.:* asta-kardua, asto kardua, gardua; *gall.:* cardio bravo, coroa de frade.

25. C. echinatum (Desf.) DC. in Lam. & DC., Fl. Franç. ed. 3, 5: 465 (1815) [echinátum]

Carduus echinatus Desf., Fl. Atlant. 2: 247 (1799) [basión.]
Ind. loc.: "Habitat prope Mascar in collibus arenosis" [isótipo designado por S. Talavera & B. Valdés in Lagascalia 5: 214 (1976): G]
Ic.: Rchb., Icon. Fl. Germ. Helv. 15, tab. 92 (1853); Talavera & Valdés in Lagascalia 5: 213 fig. 11 C (1976); Valdés, Talavera & Galiano, Fl. Andalucía Occid. 3: 136 n.º 6 (1987); fig. 2 h

Hierba bienal, con raíz axonomorfa, espinosa, ± pelosa, hermafrodita. Tallos (15)20-50 cm, muy ramificados casi desde la base, poco alados. Hojas dispuestas a lo largo de todo el tallo y menores hacia la parte superior del mismo, coriáceas, con el haz cubierta de espinas de 0,2-0,6(1,3) mm, muy abundantes, poco desiguales, y el envés ligeramente araneoso-tomentoso, con espinas marginales duras; las inferiores pecioladas, oblanceoladas, pinnatífidas o pinnatipartidas; las caulinares sésiles, no decurrentes o decurrentes en menos de 1,5 cm, pinnatífidas o pinnatipartidas, con segmentos divididos, a veces hasta la base, en dos lóbulos, cada uno con una espina apical de 6-16 × 1,2-1,5 mm, auriculadas. Capítulos por lo general solitarios, sésiles o con pedúnculo corto, rodeados por 3 o 4 hojas involucrales semejantes a las superiores y que apenas los sobrepasan. Involucro 28-40 × 25-40 mm, ovoide, de glabrescente a densamente araneoso, sobrepasado por las flores; brácteas mayores de fuera adentro, sin ensanchamiento apical, ± araneosas; las externas y medias ovado-lanceoladas, aquilladas en la mitad superior, con el tercio superior patente o arqueado-patente, y espina apical de 2-5,5 mm; las internas lanceoladas, rectas, con espina poco marcada. Receptáculo peloso. Flósculos hermafroditas. Corola 34-37(39) mm, purpúrea; tubo 23-26 mm; limbo 11-13 mm, con los lóbulos de 5-6,5 mm, ± desiguales. Anteras rosadas o rosado-violetas. Aquenios 5-6 × 2-3,5 mm, glabros, de un pardo obscuro. Vilano 29-37 mm, más corto o casi de igual longitud que la corola en la fructificación. $2n = 34$.

Matorrales aclarados y herbazales en substratos margosos o calizos ± nitrificados; 50-2100 m. V-VII. W de la Región Mediterránea –Francia, España y NW de África–. N, E y S de la Península Ibérica, más rara en el W, y Baleares. **Esp.:** (A) Ab Al B Ba Bu Ca Cc Co Cs Gr (Gu) (H) Hu J L (Le) Lo (M) Ma Mu Na (P) PM[Mll] Se Sg (So) T Te To V Vi Z (Za). **N.v.:** cardo, cardo de arrecife, corona de fraile; *cat.:* cardó, corona de frare.

26. C. scabrum (Poir.) Bonnet & Barratte, Expl. Sci. Tunisie, Cat. Pl.: 238 (1896) [scábrum]

Carduus scaber Poir., Voy. Barbarie 2: 231 (1789) [basión.]
C. giganteum Spreng., Syst. Veg. 3: 375 (1826), nom. illeg.
Ind. loc.: "Elle croît sur les collines dans le pays des Nadis, dans les terreins secs & pierreux"
Ic.: Desf., Fl. Atlant. 2: tab. 221 (1789) [sub *Carduus giganteus*]; Talavera & Valdés in Lagascalia 5: 213 fig. 11D (1976); Valdés, Talavera & Galiano (eds.), Fl. Andalucía Occid. 3: 136 n.º 7 (1987); fig. 2 i

Hierba bienal, con raíz axonomorfa, espinosa, ± pelosa. Tallos 100-250 cm, ramificados en la mitad superior, poco alados. Hojas dispuestas a lo largo de todo el tallo y menores hacia la parte superior del mismo, coriáceas, oblongas, con el haz cubierta de espinas de 0,2-0,6(1,2) mm, ± adpresas, y envés araneoso-tomentoso, con espinas marginales duras; las inferiores atenuadas en un pecíolo corto, débilmente lobadas; las caulinares sésiles, decurrentes en menos de 2,5 cm, pinnatífidas o pinnatipartidas, con segmentos triangulares anchos, divididos en dos o tres lóbulos pequeños, triangulares, cada uno con espina apical de 4-11 × 1,7-2 mm, auriculadas. Capítulos en grupos terminales de 2-4, rara vez solitarios, sésiles o con pedúnculo corto, por lo general con 1-3 hojas involucrales poco desarrolladas y más cortas que el involucro. Involucro 25-30 × 20-30 mm, ovoide, densamente araneoso-tomentoso, sobrepasado por las flores; brácteas mayores de fuera adentro, sin ensanchamiento subapical, ± araneosas; las externas y medias ovadas o elípticas, adpresas, con margen y quilla débilmente escábridos; las medias similares pero con espina apical purpúrea de 0,3-0,9 mm; las internas linear-lanceoladas, con una punta estrecha y poco vulnerante. Receptáculo peloso. Flósculos hermafroditas. Corola 20-30 mm, purpúrea; tubo 12-16 mm, casi de la longitud del limbo; limbo 10-13 mm, con lóbulos de 5-6 mm, ± desiguales. Anteras rosadas o rosado-violetas. Aquenios 4-5,5 × (1,9)2,3-2,5(2,8) mm, glabros, negros, brillantes. Vilano 17-23 mm, más corto que la corola en la fructificación. $2n = 34$.

Bordes de bosque ribereño y veredas, en areniscas; 100-900 m. (V)VI-VII. W de la Región Mediterránea –España, Córcega, Cerdeña, Sicilia, S de Italia y NW de África–. S de España. **Esp.:** Ca (J)? Ma. **N.v.:** cardo.

HÍBRIDOS

C. acaulon subsp. **acaulon** × **C. monspessulanum**

C. × *jaubertianum* Sennen, Pl. Espagne 1915, n.º 2299 (1915-1916), in sched.

C. acaulon subsp. **acaulon** × **C. tuberosum**

C. × *medium* All., Fl. Pedem. 1: 149 (1785)
Carduus × *pumilus* Vill., Hist. Pl. Dauphiné 3: 17 (1789)
C. × *colmeiroi* Sennen & Pau ex Sennen in Bull. Acad. Int. Géogr. Bot. 24: 243 (1914)
C. × *salvadori* Sennen & Pau ex Sennen in Bull. Acad. Int. Géogr. Bot. 24: 243 (1914)

C. acaulon subsp. **acaulon** × **C. valdespinulosum**

C. × *fontqueri* Romo in Estud. Mus. Ci. Nat. Álava 10-11: 200 (1996)

C. acaulon subsp. **gregarium** × **C. pyrenaicum**

C. × *nevadense* Willk. in Linnaea 30: 111 (1859), pro sp.

C. filipendulum × **C. palustre**

C. × *bourgaeanum* Willk. in Willk. & Lange, Prodr. Fl. Hispan. 2: 191 (1865)

C. glabrum × **C. monspessulanum**

C. × *gayi* Rouy in Rev. Bot. Syst. Géogr. Bot. 2: 44 (1904)

C. monspessulanum × **C. palustre**

C. × *neyrae* E.G. Camus in Bull. Herb. Boissier 2: 41 (1892)
C. × *borderi* Rouy in Rev. Bot. Syst. Géogr. Bot. 2: 44 (1904)
C. × *fani* Sennen, Pl. Espagne 1923, n.º 4764 (1923-1924), in sched.

C. monspessulanum × **C. rivulare**

C. × *bigerriense* Rouy in Rev. Bot. Syst. Géogr. Bot. 2: 44 (1904)

C. monspessulanum × **C. tuberosum**

C. × *arisitense* Coste & Soulié in Bull. Soc. Bot. France 44: CVI (1897)

C. palustre × **C. rivulare**

C. × *subalpinum* Gaudin, Fl. Helv. 5: 182 (1829)
C. × *wirtgenii* M. Loehr, Enum. Fl. Deutsch.: 362 (1852)

C. palustre × **C. tuberosum**

C. × *semidecurrens* Richt. ex Klett & Richt., Fl. Leipzig: 673 (1830)

C. × *kochianum* M. Loehr in Flora 25: 111 (1842)
C. × *palatinum* Schultz Sch. ex Döll, Rhein. Fl.: 508 (1843)

C. pannonicum × **C. pyrenaicum**

C. pyrenaicum × **C. tuberosum**

C. × *burgalense* Elías & Pau in Sennen, Pl. Espagne 1908, n.º 938 (1908-1909), in sched.

HÍBRIDOS NO VISTOS, PERO DE EXISTENCIA PROBABLE

C. acaulon subsp. **acaulon** × **C. erisithales**

C. × *tiroliense* Treuinf., Cirsien Tirols: 63 (1875)
C. × *michaleti* Rouy in Rev. Bot. Syst. Géogr. Bot. 2: 74 (1904)

C. acaulon subsp. **acaulon** × **C. heterophyllum**

C. × *alpestre* Nägeli, Cirsien Schweiz: 84 (1840)

C. acaulon subsp. acaulon × C. palustre

C. × *kirschlegeri* Sch. Bip. in Jahresber. Pollichia 2: 33 (1844)

C. acaulon subsp. **acaulon** × **C. rivulare**

C. × *heerianum* Nägeli, Cirsien Schweiz: 75 (1840)
C. × *soubiellei* Sennen & Septimin in Sennen, Pl. Espagne 1916, n.º 2713 (1916-1917), in sched.

C. carniolicum subsp. rufescens × C. palustre

C. × *vivantii* Villar, Segarra, J. López, Pérez Coll. & Catalán in Bot. J. Linn. Soc. 154: 430 (2007)

C. erisithales × **C. oleraceum**

C. × *candolleanum* Nägeli, Cirsien Schweiz: 98 (1840)

C. erisithales × **C. palustre**

C. × *ochroleucum* All., Fl. Pedem. 1: 150 (1785)
C. × *ochroleucum* nothovar. [β] DC. in Lam. & DC., Fl. Franç. ed. 3, 4: 115 (1805)
C. × *haussmanni* Rouy in Rev. Bot. Syst. Géogr. Bot. 2: 45 (1904)

C. heterophyllum × **C. rivulare**

Carduus × *helenioides* L., Sp. Pl.: 825 (1753), pro sp.
C. × *helenioides* (L.) Hill, Hort. Kew.: 64 (1768)
C. × *ambiguum* All., Auct. Fl. Pedem.: 10 (1789)
C. × *heterophyllum* nothovar. *indivisum* DC., Prodr. 6: 653 (1838)

C. oleraceum × **C. palustre**

C. × *hybridum* Koch ex DC. in Lam. & DC., Fl. Franç. ed. 3, 5: 163 (1815)

C. oleraceum × **C. rivulare**

C. × *erucagineum* DC. in Lam. & DC., Fl. Franç. ed. 3, 4: 115 (1805)

17. **Tyrimnus** (Cass.) Bosc*

[Tyrímnus, -i m. – lat. bot. *Tyrimnus, -i* m., género de las *Compositae* establecido por L.-A.-G. Bosc in Nouv. Dict. Sci. Nat. ed. 2, 35: 94 (1819), sobre la base del *Carduus* subg. *Tyrimnus* Cass. in Bull. Sci. Soc. Philom. Paris 1818: 168 (1818). Aunque nada se diga en el protólogo ni en otras publicaciones de A.H.G. de Cassini acerca del origen del término, sospechamos que, a semejanza de otros nombres que en la publicación última se proponen –como *Eudorus, Felicia, Galatea,* etc.–, el que nos ocupa lo fue en homenaje a Tirimno (gr. *Týrimnos, -ímnou* m.; lat. *Tyrimnus, -i* m.) dios solar de los lidios adorado principalmente en Tiatira (actualmente, Akhisar, en Turquía). Hay otras proposiciones un tanto inverosímiles, como la de relacionar el vocablo con gr. *tyrós, -oû* m. = queso, o gr. *tyreía, -as* f. = elaboración de quesos, en la suposición de que el *T. leucographus* (L.) Cass. *(Carduus leucographus* L.) se utilizó para cuajar la leche]

Hierbas anuales, espinosas, con pelos unicelulares araneosos y pelos pluricelulares uniseriados. Tallos simples o ramificados, alados. Hojas basales rosuladas y atenuadas, el resto alternas y sésiles, decurrentes, sinuado-pinnatífidas, pinnatífidas o pinnatipartidas, con margen dentado-espinoso o dentado-espinuloso. Capítulos multifloros, terminales, solitarios, largamente pedunculados, afilos o casi, discoides, homógamos. Involucro ovoide; brácteas aparentemente dispuestas en 6 o 7 series, ± coriáceas, imbricadas y ± erecto-patentes, mayores hacia el interior, las externas y medias con espina apical bien desarrollada, las internas inermes. Receptáculo plano, alveolado, con pelos blanquecinos, lisos. Flósculos hermafroditas, sobrepasando el involucro. Corola tubular, pentámera, ± zigomorfa, glabra, blanca o rosada, con tubo y limbo netamente diferenciados, este con 5 lóbulos desiguales –1(2) con los senos más profundos que el resto–. Estambres con filamentos soldados en un tubo liso y este, a su vez, a la base del limbo de la corola; anteras con conectivo prolongado en una lengüeta apical lanceolada ligeramente incurva, calcariformes en la base, sin apéndices basales apreciables. Estilo liso, con dos ramas aproximadas, delimitadas por un anillo de pelos colectores cortos, con superficie receptiva papilosa en la cara adaxial, el resto glabro, rodeado en la base por un nectario que persiste en el fruto a modo de prominencia sobre la placa apical. Aquenios homomorfos, oblongo-obovoides, ligeramente comprimidos y de sección tetrágona, con 4 costillas longitudinales, de superficie lisa, glabros, truncados en el ápice, con placa apical de borde entero –expandido a modo de corona– y con nectario ovoide, ± pentalobulado, estipitado; hilo cárpico basal, estrechamente rómbico; sin eleosoma. Vilano doble, blanco, caedizo; el externo con 4-6 filas de pelos inconspicuamente escábridos, desiguales, soldados por la base en un anillo; el interno constituido por algunos pelos lisos y mucho menores. $x = 17$.

Observaciones.–El género, monotípico y esencialmente mediterráneo, está íntimamente relacionado con los géneros *Carduus* y *Cirsium,* con los que forma un clado del que *Silybum* parece ser el grupo hermano [cf. A. Susanna & N. Garcia in Funk & al. (eds.), Syst. Evol. Biogeogr. Compos.: 293-313 (2009)].

Aunque algunos autores indican la presencia a veces de flores neutras en la periferia [cf. K. Bremer (ed.), Asteraceae: 112-156 (1994); F.K. Kupicha in P.H. Davis (ed.), Fl. Turkey 5: 438 (1975); H.M. Willkomm in Willk. & Lange, Prodr. Fl. Hispan. 2: 199 (1865)], esta característica no se ha observado en el material estudiado.

* J.A. Devesa

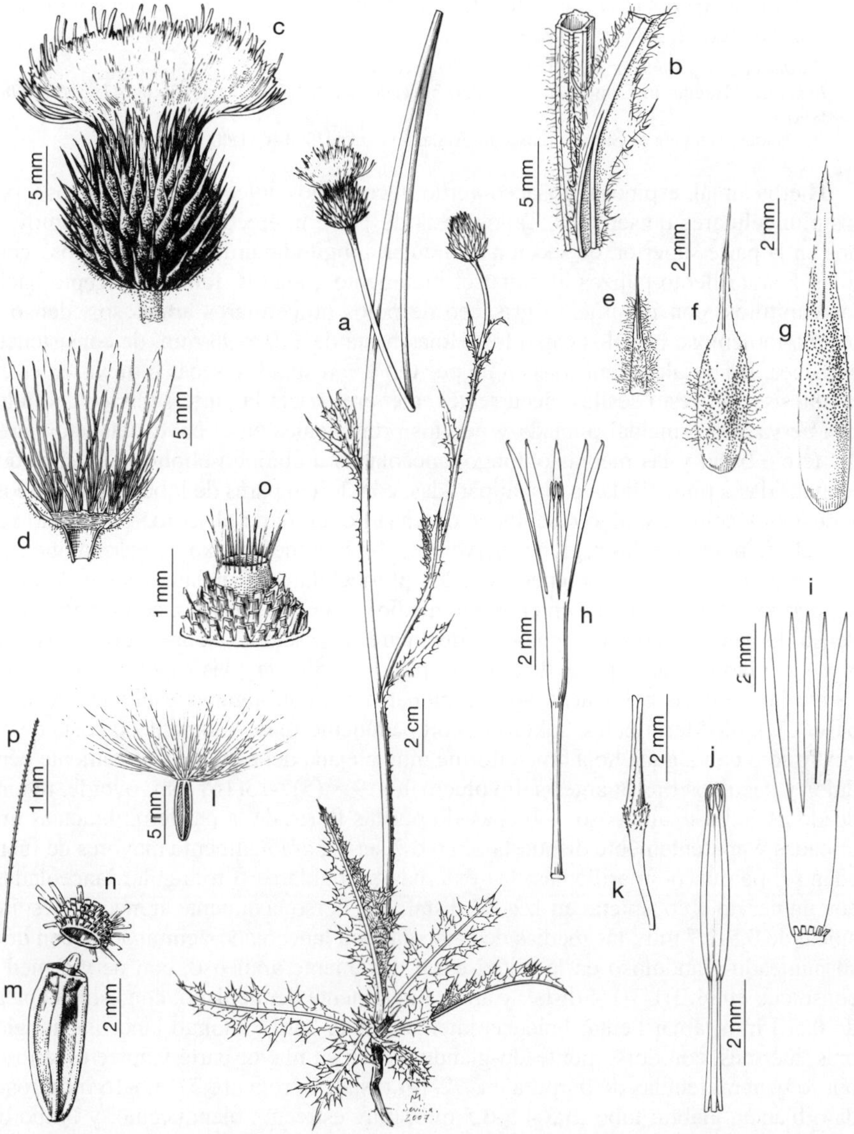

Lám. 34.–*Tyrimnus leucographus,* a-k) entre El Burgo y Ronda, Málaga (COA 12334); l-p) Sierra del Hacho, Pizarra, Málaga (SEV 61087): a) hábito; b) detalle de un nudo del tallo y de la inserción de una hoja; c) capítulo; d) sección longitudinal de un capítulo mostrando los pelos del receptáculo; e) bráctea externa del involucro; f) bráctea media del involucro; g) bráctea interna del involucro; h) corola y verticilos sexuales; i) limbo de la corola abierto mostrando la base de los filamentos estaminales; j) androceo; k) porción del estilo con sus ramas; l) aquenio con vilano; m) aquenio; n) detalle de la base del vilano con los pelos seccionados; o) detalle de la base del vilano con los pelos externos seccionados y mostrando íntegros los del vilano interno; p) detalle de un pelo del vilano externo.

1. T. leucographus (L.) Cass. in F. Cuvier, Dict. Sic. Nat. ed. 2, 56: 207 (1828) [leucógraphus]

Carduus leucographus L., Sp. Pl.: 820 (1753) [basión.]
Ind. loc.: "Habitat in Campania" [lectótipo indicado por N.J. Turland in Taxon 47: 356 (1998): BM]
Ic.: Valdés, Talavera & Galiano (eds.), Fl. Andalucía Occid. 3: 146 (1987); lám. 34

Hierba anual, espinosa, grisáceo-verdosa, con pelos unicelulares araneosos y pelos pluricelulares uniseriados. Tallos hasta de 110 cm, erectos, simples o ramificados en la parte superior, de sección ± circular, longitudinalmente acostillados –costillas ± amarillento-pajizas al quitar el indumento–, alados, foliosos excepto hacia los capítulos, con indumento grisáceo de pelos unicelulares araneosos, denso y blanco-tomentoso bajo los capítulos. Hojas hasta de 170 × 90 mm, de consistencia herbácea, las basales atenuadas en un pecíolo y ± rosuladas, secas o inexistentes en la antesis, y el resto sésiles, decurrentes, menores hacia la parte superior del tallo, con nervadura principal pinnada y nervios prominentes en el envés; las caulinares del tercio basal y las medias oblongo-lanceoladas u oblongo-elípticas, de sinuado-pinnatífidas a pinnatífidas o pinnatipartidas, con 3-5(6) pares de lóbulos palmeados, ± dentado-espinosos, algo discoloras, con haz de un verde obscuro –a menudo variegada de blanco en las regiones nervales–, con indumento laxo de pelos araneosos –sobre todo hacia los márgenes– y pelos pluricelulares abundantes sobre todo en los nervios –especialmente en el nervio medio–, y envés grisáceo, con indumento ± denso de pelos araneosos y pelos pluricelulares esparcidos –sobre todo en los nervios–, y margen con espinas de (1)1,5-5 mm, amarillentas; las superiores estrechamente lanceoladas o lineares, apenas pinnatífidas, con algunas espínulas hacia la base. Capítulos terminales, solitarios, con pedúnculo blanco-tomentoso hasta de 50 cm, afilo o con alguna hoja bracteiforme muy alejada del capítulo, ligeramente péndulos y caedizos tras la antesis. Involucro 13-19 × (5)7-13(16) mm, ovoide, redondeado en la base, araneoso, sobrepasado por las flores de la periferia; brácteas imbricadas y aparentemente dispuestas en 6 o 7 series, gradualmente mayores de fuera adentro, pardusco-amarillentas; las externas triangulares o triangular-lanceoladas, con un nervio ± conspicuo en 1/2-1/3 distal, con dorso laxamente araneoso y espina apical de 0,5-1,7 mm; las medias de lanceoladas a lanceolado-acuminadas, con dorso punteado-glanduloso en la mitad basal, laxamente araneoso, con nervio medio conspicuo en (1/2)1/3-1/4 distal, y ápice ligeramente denticulado, con espina apical de 0,5-2 mm, amarillenta; brácteas internas 13-19 mm, oblongo-lanceoladas, glabras, inermes, con dorso punteado-glanduloso en su mayor parte y ápice escarioso, por lo general teñidas de púrpura en 1/2-1/4 distal. Corola (10,5)13,5-16 mm, rosada o blanca, glabra; tubo (3,5)4,5-6,5 mm, muy estrecho, blanquecino, y limbo de (7)7,8-10 mm, tubular, rosado o rara vez blanco, con 5 lóbulos de 5-6,5 mm –1(2) con los senos menos profundos que el resto–, lineares, inconspicuamente denticulados en el extremo. Anteras 4,5-4,8 mm, amarillas. Estilo blanquecino-rosado, con ramas de un rosa intenso o violeta, obtusas, aproximadas. Estilo blanquecino-rosado, con ramas purpúreas, rara vez del todo blanco. Aquenios 4,2-5,1 × 1,5-1,9 mm, oblongo-obovoides, con 4 costillas pardusco-amarillentas, brillantes –viscosos tras la ruptura del pericarpo–, de un pardo obscuro en la madurez, glabros; nectario c. 0,7 mm; hilo cárpico 0,3-0,4 mm. Vilano doble, blanco, el externo con pelos de (12)13,5-16 mm, y de c. 1 mm en el interno. $n = 17$.

Herbazales ± nitrificados a orillas de camino, orlas de bosque, etc., calcícola; 0-1300 m. IV-VI. S de Europa, se extiende hasta Siria, muy rara en el N de África –Libia–. S y E de la Península Ibérica, y Baleares. **Esp.**: Al Ca Co Cs (Ge) Gr Ma PM[(Mll)] Se T V. **N.v.**: cardo silvestre, espino blanco; *cat.*: card calapoter.

18. Carduus L.*

[Cárduus, -i m. – lat. *cardŭus, -i* m. = cardo, en su más amplio sentido: incluye plantas espinosas de los géneros *Carduus* L., *Centaurea* L., *Cynara* L., *Cirsium* Mill., *Atractylis* L., *Scolymus* L., etc., de las *Compositae,* más *Dipsacus* L. *(Dipsacaceae), Eryngium* L. *(Umbelliferae),* etc. El género *Carduus* L. *(Compositae),* tal y como lo concibe el botánico sueco –aunque incluye los géneros *Polyacantha, Silybum* y *Eriocephalus* del autor francés–, fue establecido por S. Vaillant in Hist. Acad. Roy. Sci. Mém. Math. Phys. (Paris, 4.º) 1718: 153-154 (1719), y validado en Linneo (1733: 820-826; 1754: 358)]

Hierbas anuales, bienales o perennes, a veces rizomatosas, espinosas, con pelos unicelulares araneosos y pelos pluricelulares uniseriados ± sinuosos. Tallos simples o ramificados desde la base o en la mitad superior, alados. Hojas alternas o las basales rosuladas, atenuadas o sésiles, decurrentes, sinuado-lobadas, pinnatífidas, pinnatipartidas o pinnatisectas, con margen dentado-espinoso o dentado-espinuloso. Capítulos multifloros, terminales, solitarios, en estructuras corimbiformes o en grupos ± compactos, sésiles o pedunculados, discoides, homógamos. Involucro globoso, ovoide, ovoide-campanulado o ± cilíndrico; brácteas aparentemente dispuestas en 4-7(9) series, imbricadas y ± adpresas o bien erecto-patentes, patentes o reflexas, herbáceas o ± coriáceas, mayores hacia el interior del capítulo o las medias mayores que el resto, las externas y medias con espina apical bien desarrollada, las internas inermes. Receptáculo plano, alveolado, con pelos blanquecinos, lisos. Flósculos hermafroditas, que sobrepasan el involucro. Corola tubular, pentámera, ± zigomorfa, glabra, blanca, purpúrea, rosada o blanquecino-rosada, con tubo y limbo netamente diferenciados, este con 5 lóbulos desiguales –uno de ellos con los senos más profundos que el resto–. Estambres con filamentos libres, pelosos, insertos en la base del limbo de la corola; anteras con el conectivo prolongado en una lengüeta apical lanceolada ligeramente incurva, calcariformes en la base, con apéndices basales destacados, a menudo fimbriados cuando secos. Estilo con dos ramas adosadas o algo recurvas en su extremo en la madurez, delimitadas por un anillo de pelos colectores cortos, el resto glabro, rodeado en la base por un nectario que persiste en el fruto a modo de prominencia sobre la placa apical. Aquenios homomorfos, todos con vilano, oblongo-obovoides, ligeramente comprimidos, lisos, glabros, a veces viscosos, truncados en el ápice, con placa apical plana, de borde entero y con nectario cilíndrico o globoso, ± pentalobulado, estipitado; hilo cárpico basal, ovado; sin eleosoma. Vilano simple, blanco,

* J.A. Devesa

caedizo, con 1-3 filas de pelos ± desiguales –los externos algo más cortos–, escábridos, a veces algunos de ellos dilatados en su extremo, soldados por la base en un anillo. x = 8, 9, 10 y 11.

Observaciones.–El género comprende unas 90 especies de Eurasia y el N de África y tiene una especial representación en la Región Mediterránea [S.M.A. Kazmi in Mitt. Bot. Staatssamml. München 5: 279-550 (1964); E. Häffner & F.H. Hellwig in Willdenowia 29: 27-39 (1999); A. Susanna & N. Garcia in Kubitzki (ed.), Fam. Gen. Vasc. Pl. 8: 123-147 (2007)], algunas de ellas introducidas en diversas partes del mundo. De él se excluyen los representantes del tradicional subgénero *Afrocarduus* Kazmi, del E de África, al parecer más afines a *Cirsium* [E. Häffner & F.H. Hellwig (loc. cit.)].

Presenta las más estrechas relaciones filogenéticas con *Tyrimnus,* considerado su género hermano, así como con los géneros *Cirsium* [D.G. Kelch & B.G. Baldwin in Molec. Ecol. 12: 141-151 (2003)], *Silybum, Notobasis, Picnomon, Galactites, Ptilostemon, Lamyropsis* (Kharadze) Dittrich [*Cirsium* sect. *Lamyropsis* Kharadze, basión.] y *Cynara.* Todos ellos integran un clado muy bien definido dentro de las *Carduinae* Dumort. [E. Häffner & F.H. Hellwig (loc. cit.); E. Häffner in Englera 21: 1-209 (2000); A. Susanna & al. in Ann. Missouri Bot. Gard. 93: 150-171 (2006)].

En las descripciones, se denominan pelos unicelulares a los tricomas con base inapreciable de varias células uniseriadas y una célula distal de gran tamaño –la única perceptible–; y pelos pluricelulares a aquellos uniseriados en los que las células son grandes y claramente perceptibles con una lupa, siempre mucho más gruesos. Las medidas de la anchura del involucro se corresponden con su estado al natural (no tras prensado) y no incluye las porciones sobresalientes de las brácteas.

Bibliografía.–J. Arènes in Mém. Mus. Natl. Hist. Nat. 24(4): 183-255 (1949) [taxonomía]; J.A. Devesa in Bol. Soc. Brot. ser. 2, 53: 671-673 (1980) [*C. pycnocephalus*]; J.A. Devesa & S. Talavera in Lagascalia 10: 59-63 (1981) [taxonomía]; 10: 65-80 (1981) [cariología]; Rev. Carduus (1981) [taxonomía]; J.A. Devesa & al. in Acta Bot. Malac. 34: 303-308 (2009) [*C. acicularis*]; S.M.A. Kazmi in Mitt. Bot. Staatssamml. München 5: 279-550 (1964) [taxonomía]; J.A. Rosselló & al. in Fl. Montiber. 31: 47-50 (2005) [*C. ibicensis*].

1. Hierba densamente tomentoso-blanquecina o blanco-algodonosa, o bien grisácea o verde-grisácea, con pelos fundamentalmente unicelulares 2
– Hierba verde o de un verde algo canoso, glabrescente o pelosa, con pelos fundamentalmente pluricelulares, ni blanco-algodonosa ni tomentoso-blanquecina a excepción de los pedúnculos de las inflorescencias cuando hay 4
2. Involucro de (3)4-6(8,5) mm de anchura, cilíndrico; corola 12,5-14,3 mm .... **12. C. asturicus**
– Involucro de 5-12 mm de anchura, ovoide u ovoide-campanulado; corola (14)15-22 mm 3
3. Brácteas involucrales más internas con una porción escariosa apical de 8-12(15) mm; hojas con 8-20 pares de lóbulos laterales; capítulos sésiles o sobre pedúnculos blanque-

cino-tomentosos hasta de 6 mm, en grupos ± congestos de (2)3-7 y disposición corimbiforme .... **13. C. carlinoides**

– Brácteas involucrales más internas con una porción escariosa apical de 3-7 mm; hojas con (4)6-8(10) pares de lóbulos laterales; capítulos subsésiles o sobre pedúnculos densamente blanquecino-tomentosos hasta de 5(30) mm, solitarios o en grupos de 2-7(10), dispuestos en estructuras corimbiformes ± laxas .... **11. C. carpetanus**

4. Corola (7,6)9,9-15,5(16) mm; involucro de 4-10(11) mm de anchura, cilíndrico, estrechamente ovoide u ovoide-campanulado; capítulos solitarios o agregados en grupos laxos o ± compactos 5

– Corola (16)17-31 mm; involucro de (8)10-42 mm de anchura, globoso u ovoide; capítulos solitarios 15

5. Hierba perenne, rizomatosa 6

– Hierba anual o bienal, con raíz axonomorfa 8

6. Hojas verdes, ± discoloras, herbáceas, con las espinas mayores de 1-2,5(3,5) mm .... **10. C. defloratus**

– Hojas de un verde glauco, algo coriáceas, con las espinas mayores de 5-18 mm 7

7. Vilano (12)14-16(17) mm; hojas con 6-8(14) pares de lóbulos ± palmatilobados, con el lobulillo central no mucho más grande que los laterales .... **9. C. paui**

– Vilano (12)14-20 mm; hojas con (5)7-12(15) pares de lóbulos profunda y asimétricamente palmatilobados, casi siempre con el lobulillo central más grande que los laterales .... **8. C. carlinifolius**

8. Capítulos sésiles o subsésiles y dispuestos por lo general en grupos terminales, más rara vez solitarios o pedunculados; brácteas involucrales por lo general escuarrosas o con el ápice o acumen notablemente arqueado-patente 9

– Capítulos sobre pedúnculos afilos blanco-tomentosos, solitarios o en grupos terminales, a veces en disposición corimbiforme; brácteas involucrales ± erectas y adpresas o erecto-patentes, o con un acumen de erecto a erecto-patente 12

9. Brácteas involucrales medias ± estrechamente lanceoladas o linear-lanceoladas, atenuadas en una espina, escuarrosas 10

– Brácteas involucrales medias lanceoladas u oblongo-lanceoladas, con el ápice o acumen notablemente arqueado-patente 11

10. Involucro (11)12-16(18) × 5-8(9) mm, ± ovoide u ovoide-campanulado; hojas basales con 4-7 pares de lóbulos laterales; vilano (7)9-13 mm .... **17. C. crispus**

– Involucro (15)16-22 × 4-10 mm, cilíndrico u ovoide; hojas basales con (5)7-10(12) pares de lóbulos laterales; vilano (10)11-15(17) mm .... **20. C. meonanthus**

11. Corola (7,6)10-13,2(13,8) mm, con tubo de (3)4-5(6) mm; involucro cilíndrico; capítulos en grupos compactos de (2)3-10(12) .... **16. C. tenuiflorus**

– Corola 13,3-16 mm, con tubo de 5,7-7,3(8) mm; involucro estrechamente ovoide; capítulos en grupos de 2 o 3(4), o solitarios .... **21. C. myriacanthus**

12. Corola 9,9-12,3 mm; brácteas involucrales medias con 3 nervios distales ± engrosados, uno central y 2 marginales .... **15. C. acicularis**

– Corola (12)13-16 mm; brácteas involucrales medias con un nervio distal 13

13. Brácteas involucrales medias ovado-acuminadas, con abundantes pelos araneosos en el dorso y acumen con el nervio ± denticulado-escábrido; involucro ± cilíndrico .... **14. C. pycnocephalus**

– Brácteas involucrales medias lanceoladas, glabras o con algún pelo araneoso, con el nervio distal liso; involucro ovoide 14

14. Brácteas involucrales medias atenuadas en una espina apical hasta de 2,7 mm, y solo las involucrales internas con ápice escarioso; pelos del vilano no dilatados en su extremo; involucro de (4)5-9(11) mm de anchura .... **18. C. bourgeanus**

– Brácteas involucrales medias atenuadas en una espina apical hasta de 0,5(1,2) mm excepto las próximas a las brácteas involucrales internas, que al igual que estas tienen también el ápice escarioso; al menos algunos pelos del vilano dilatados en su extremo; involucro de 4-7 mm de anchura .... **19. C. ibicensis**

15. Hierba perenne, rizomatosa 16
– Hierba bienal, con raíz axonomorfa 18
16. Hojas verdes, ± discoloras, herbáceas, con las espinas mayores hasta de 2,5(3,5) mm ... . **10. C. defloratus**
– Hojas de un verde glauco, algo coriáceas, con las espinas mayores de 5-18 mm 17
17. Vilano (12)14-16(17) mm; hojas con 6-8(14) pares de lóbulos palmatilobados, con el lobulillo central no mucho más grande que los laterales .... **9. C. paui**
– Vilano (12)14-20 mm; hojas con (5)7-12(15) pares de lóbulos profunda y asimétricamente palmatilobados, con el lobulillo central casi siempre más grande que los laterales .... **8. C. carlinifolius**
18. Involucro 16-19 × (8)9-13(14) mm; corola (14,5)16-20,5(21,5) mm; brácteas involucrales gradualmente mayores de fuera adentro, ± adpresas, las externas y sobre todo las medias a veces con el ápice ± curvo .... **7. C. vivariensis**
– Involucro (15)18-33(35) × 10-42 mm; corola (16)19-31 mm; brácteas involucrales medias fuertemente reflexas, arqueado-recurvas, sigmoides o sigmoide-ascendentes, o bien con una porción o acumen erecto-patente o patente, tan largas o más que las internas, y cuando las brácteas son gradualmente mayores de fuera adentro entonces corola de 23-31 mm 19
19. Brácteas involucrales medias sigmoides o sigmoide-ascendentes .... **2. C. platypus**
– Brácteas involucrales medias fuertemente reflexas, arqueado-recurvas o con una porción o acumen erecto-patente o patente, o bien brácteas involucrales ± adpresas y gradualmente mayores de fuera adentro 20
20. Brácteas involucrales ± adpresas y gradualmente mayores de fuera adentro.................. .... **5. C. rivasgodayanus**
– Brácteas involucrales medias fuertemente reflexas, arqueado-reflexas o con una porción o acumen erecto, erecto-patente o patente, menores, iguales o mayores que las internas 21
21. Involucro de (13)18-30(42) mm de anchura; brácteas involucrales medias constreñidas hacia la mitad o el tercio basal en una porción distal lanceolada o triangular-lanceolada, de 3-6 mm de anchura 22
– Involucro de 10-18(20) mm de anchura; brácteas involucrales medias ± atenuadas, no constreñidas en una porción distal lanceolada 23
22. Brácteas involucrales medias fuertemente reflexas; involucro truncado; vilano (14)18-30 mm; aquenios 4,5-6,1 mm .... **2. C. platypus**
– Brácteas involucrales medias erecto-patentes, patentes o reflexas; involucro redondeado o ligeramente umbilicado en la base; vilano (14)16-23 mm; aquenios 3,1-4,5 mm ... . **1. C. nutans**
23. Involucro densamente araneoso .... **3. C. broteri**
– Involucro glabro o glabrescente con algunos pelos araneosos 24
24. Brácteas involucrales medias de erecto-patentes a patentes, con espina apical hasta de 2(3,5) mm; vilano (17)21-24 mm; anteras 8-9 mm .... **4. C. santacreui**
– Brácteas involucrales medias arqueado-patentes o arqueado-reflexas, con espina apical hasta de 15 mm; vilano (14)16-19,5(20) mm; anteras 7-8 mm .... **6. C. nigrescens**

Sect. 1. **Carduus**

Hierbas bienales, con raíz axonomorfa. Indumento constituido principalmente por pelos pluricelulares. Capítulos grandes, persistentes tras la fructificación.

1. C. nutans L., Sp. Pl.: 821 (1753) [nútans]

C. chrysacanthus var. *leucanthus* Willk. in Willk. & Lange, Prodr. Fl. Hispan. 2: 198 (1865)
C. phyllolepis Willk. in Oesterr. Bot. Z. 41: 51 (1891)
Ind. loc.: "Habitat in Europa ad pagos"[lectótipo designado por S.M.A. Kazmi in Mitt. Bot. Staatssamml. München 5: 323 (1964): LINN]
Ic.: Devesa & Talavera, Rev. Carduus, fig. 2 (1981); lám. 35

Hierba bienal, espinosa, verde, con pelos unicelulares araneosos y pelos pluricelulares uniseriados. Tallos hasta de 75(120) cm, erectos, por lo general ramificados en la mitad superior, con sección ± circular, acostillados longitudinalmente, alados en su mayor parte –excepto los pedúnculos de las inflorescencias–, con alas palmatilobadas provistas de espinas amarillentas hasta de 10 mm, foliosos en su mayor parte, con indumento de pelos pluricelulares ± sinuosos, abundantes, y pelos araneosos, que puede formar un tomento bajo las inflorescencias. Hojas hasta de 300 × 80 mm, sésiles, decurrentes, gradualmente menores hacia la parte superior del tallo, con nervadura principal pinnada y nervios ± prominentes en el envés, sobre todo el principal; las basales y las caulinares inferiores oblongo-lanceoladas, ± pinnatipartidas o pinnatisectas, con (4)6-8(9) pares de lóbulos palmatilobados, cada uno a su vez con 3-5 lóbulos triangulares –el central mayor–, agudos u obtusos, y espinas hasta de 10 mm, con haz verde, provista de pelos pluricelulares ± sinuosos, cortos, dispersos, y envés con pelos pluricelulares más largos, concentrados sobre todo en el nervio medio; las más superiores lineares, de sinuado-pinnatífidas a pinnatipartidas. Capítulos solitarios, terminales, sobre pedúnculos blanquecino-tomentosos hasta de 120 mm, por lo general no alcanzados por la última hoja caulinar, que nunca sobrepasa el involucro. Involucro (15)18-32 × (14)15-30(31,5) mm, ovoide, ligeramente umbilicado en la base, ± araneoso, sobrepasado por las flores; brácteas aparentemente dispuestas en 5-7 series, gradualmente mayores de fuera adentro, pero las medias a menudo mayores que las internas, ± coriáceas, verdes o verdoso-purpúreas, parduscas cuando secas; las externas lanceoladas, patentes, con un nervio ± conspicuo al menos en los 2/3 distales, ± araneosas en el dorso, con margen pubérulo y espina apical hasta de 5 mm, menores que las medias; las medias oblongo-lanceoladas, con dorso laxamente araneoso y margen estrechamente hialino al menos en la mitad inferior, ± constreñidas hacia el 1/3 basal, lo que delimita una porción distal triangular-lanceolada de 3-6 mm de anchura, erecto-patente, patente o reflexa, con margen inconspicuamente ciliado y atenuadas en una espina apical amarillenta hasta de 5 mm, con un nervio medio conspicuo, del mismo tamaño o mayores que las internas; las más internas (15)18-32 mm, estrechamente lanceoladas, glabras, inermes –rara vez con espínula apical–, con 1(3) nervios apicales, acabadas en una porción papiráceo-escariosa a menudo teñida de rosa o de color púrpura. Receptáculo peloso. Flósculos hermafroditas. Corola 21-26(27,5) mm, rosado-purpúrea o blanca, glabra, con tubo de (7)8-13 mm, blanquecino o blanco, y limbo de (8)10-14 mm, rosado-purpúreo o blanco, con 5 lóbulos de 5,5-10 mm, lineares o linear-lanceolados, por lo general uno de ellos con los senos más profundos que los otros. Estambres con filamento peloso; anteras 6-8 mm, violetas –blancas en plantas albinas–, con apéndices basales de 0,5-0,7 mm. Aquenios 3,1-4,5 × 1,3-1,8 mm,

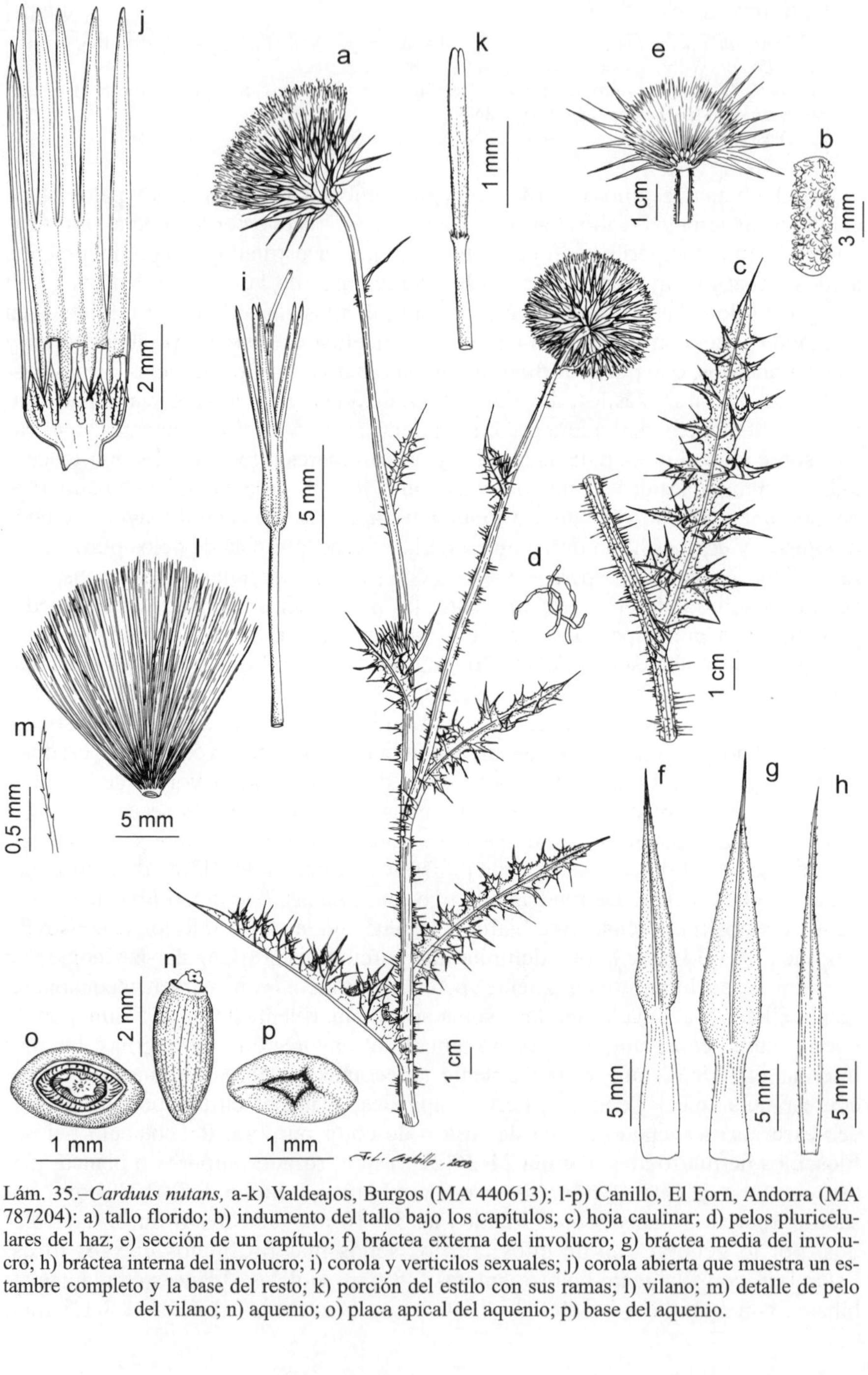

Lám. 35.–*Carduus nutans,* a-k) Valdeajos, Burgos (MA 440613); l-p) Canillo, El Forn, Andorra (MA 787204): a) tallo florido; b) indumento del tallo bajo los capítulos; c) hoja caulinar; d) pelos pluricelulares del haz; e) sección de un capítulo; f) bráctea externa del involucro; g) bráctea media del involucro; h) bráctea interna del involucro; i) corola y verticilos sexuales; j) corola abierta que muestra un estambre completo y la base del resto; k) porción del estilo con sus ramas; l) vilano; m) detalle de pelo del vilano; n) aquenio; o) placa apical del aquenio; p) base del aquenio.

oblongo-obovoides, con sección ± elíptica, de un pardo obscuro en la madurez, muy brillantes, viscosos cuando están dañados; placa apical con nectario de 0,3-0,6 mm, ± globoso, pentalobulado. Vilano (14)16-23 mm. $2n = 16$.

Bordes de camino y carretera, baldíos, majadas y praderas ± nitrificadas, preferentemente en substratos calcáreos; (200)300-2000 m. (V)VI-VIII. Europa, por el W hasta las Islas Británicas y por el E hasta Rusia y Oriente Medio, quizá también en el NW de África; introducida en África del Sur y América del Norte. CN, N y NE de la Península Ibérica. **And.** **Esp.**: B Bu Cs Ge Gu Hu L Le Lo Na O P S Sg So SS T Te Vi Z. **N.v.**: cardo; *cat.*: card, card de camí (Valencia), card penjant (Valencia), cardot (Valencia); *eusk.*: gardua.

Observaciones.–La especie parece hibridarse con *C. defloratus* y *C. carlinifolius* en las zonas de contacto (véanse las observaciones hechas para estas especies).

2. C. platypus Lange, Index Sem. Hort. Haun. 1857: 26 (1857) [plátypus]

C. nutans subsp. *platypus* (Lange) Greuter in Willdenowia 33: 52 (2003)

Ind. loc.: "In Hispaniæ centralis collibus campisque aridis, inde a montibus Marianis ad montes Legionenses, passim inveni; semina lecta prope urbem Valladolid (1.Julii 1852)"

Hierba bienal, espinosa, verde, con pelos unicelulares araneosos y pelos pluricelulares uniseriados. Tallos hasta de 190 cm, erectos, simples o ramificados en la mitad o el tercio superior, con sección ± circular, acostillados longitudinalmente, alados en su mayor parte –excepto los pedúnculos de las inflorescencias–, con alas sinuado-lobadas o palmatilobadas y espinas amarillentas hasta de 9(12) mm, foliosos, con indumento de pelos pluricelulares ± sinuosos, ± abundantes, y pelos araneosos, estos especialmente abundantes y que forman un tomento bajo las inflorescencias. Hojas hasta de 300 × 80 mm, sésiles, decurrentes, gradualmente menores hacia la parte superior del tallo, con nervadura principal pinnada y nervios ± prominentes en el envés, sobre todo el principal; las basales y las caulinares inferiores oblongo-lanceoladas, sinuado-lobadas, pinnatífidas o ± profundamente pinnatipartidas o pinnatisectas, con (5)6-13 pares de lóbulos palmatilobados, cada uno a su vez con 3-5 lóbulos triangulares –el central mayor–, agudos u obtusos, y espinas hasta de 13 mm, con haz verde, glabrescente o con pelos pluricelulares sinuosos, cortos, ± abundantes, y envés similar pero también con pelos araneosos largos concentrados sobre todo en el nervio medio; las más superiores lineares, de sinuado-pinnatífidas a pinnatipartidas. Capítulos solitarios, terminales, sésiles o sobre pedúnculos blanquecino-tomentosos y afilos hasta de 200 mm, alcanzados o no por la última hoja caulinar, que en este caso nunca sobrepasa el involucro. Involucro (17)18-33(35) × 11-30(42) mm, ovoide u ovoide-globoso y ± umbilicado en la base, o cilíndrico y de base truncada, de glabro a ± araneoso, sobrepasado por las flores; brácteas aparentemente dispuestas en 5-9 series, gradualmente mayores de fuera adentro y las medias fuertemente reflexas, o más grandes que el resto y sigmoides o sigmoide-ascendentes, ± coriáceas, con espina apical hasta de 6 mm, parduscas cuando secas; las externas lanceoladas u ovado-lanceoladas, con un nervio ± conspicuo al menos en los 2/3 distales; las medias oblongo-lanceoladas u ovado-lanceoladas, ± constreñidas hacia el 1/2-1/3 basal, lo que delimita una porción distal lanceolada o triangular-lanceolada –a menudo de más de 3 mm de anchura–, con un nervio medio conspicuo, atenuadas en una espina apical amarillenta hasta de 5 mm; las más internas (18)23-33(35) mm, estrechamente lanceoladas o linear-lanceoladas, glabras, inermes –rara vez con espínula apical–, con 1(3) nervios apicales, acabadas en una porción papiráceo-escariosa a menudo teñida de rosa o de color púrpura. Receptáculo peloso. Flósculos hermafroditas. Corola (19)21-30,5 mm, rosado-purpúrea, glabra, con tubo de (8)9-14(15,5) mm, blanquecino o blanco, y limbo de 11-16,5(17,5) mm, rosado-purpúreo, con 5 lóbulos de 6-11 mm, lineares o linear-lanceolados, por lo general uno de ellos con los senos más profundos que el resto. Estambres con filamento peloso; anteras 7,5-10 mm, violetas, con apéndices basales de 0,5-0,8 mm. Aquenios 4,5-5,3(6) × 2-2,5 mm, oblongo-obovoides, con sección ± elíptica, de un pardo obscuro en la madurez, muy brillantes; placa apical con nectario de (0,3)0,5-0,8 mm, ± globoso y a menudo estipitado, pentalobulado. Vilano (14)17-30 mm. $2n = 20 + 0\text{-}1B$.

Herbazales en el borde de caminos y arcenes, orlas de bosque y sotobosque, claros de matorral, baldíos, etc., en suelos ± nitrificados en substratos ácidos o básicos; 280-2500 m. (IV)V-VII(VIII). ● C, CW, NW y S de la Península Ibérica. **Esp.:** Ab Al Av Ba Cc CR Cu Gr Gu J Le M Ma Mu (P) Sa Sg To Va Za. **Port.:** AAl BA BB BL TM. **N.v.:** cardo.

1. Brácteas involucrales medias sigmoides o sigmoide-ascendentes, rematadas en una espina hasta de 2,5(3) mm; involucro glabro o glabrescente, ovoide-globoso u ovoide, ± umbilicado en la base; vilano 17-22(23,6) mm .... **a.** subsp. **platypus**
– Brácteas involucrales medias por lo general fuertemente reflexas, rematadas en una espina hasta de 6 mm; involucro ± densamente araneoso, ± cilíndrico, truncado en la base; vilano (14)18-30 mm .... **b.** subsp. **granatensis**

a. subsp. **platypus**

Ic.: Devesa & Talavera, Rev. Carduus, fig. 3 [var. *platypus,* sub *C. platypus* var. *platypus*], fig. 6 [var. *lusitanicus,* sub *C. lusitanicus* subsp. *lusitanicus*] (1981); lám. 36 m, n [var. *platypus*]; lám. 37 [var. *lusitanicus*]

Tallos hasta de 190 cm, simples o ramificados en la mitad o el tercio superior, con alas provistas de espinas hasta de 6(12) mm. Hojas basales oblongo-lanceoladas, de sinuado-lobadas a pinnatipartidas o más rara vez pinnatisectas, con (5)6-13 pares de lóbulos apenas marcados o anchamente palmatilobados, obtusos, con espinas hasta de 7(8) mm; haz y envés glabrescentes, con pelos pluricelulares sinuosos concentrados sobre todo en el nervio medio. Capítulos sésiles o sobre pedúnculos hasta de 200 mm. Involucro (17)18-30 × 10-16(18) mm, ovoide-globoso u ovoide, ± umbilicado en la base, glabro o glabrescente, con brácteas medias sigmoides o sigmoide-ascendentes y a menudo teñidas de rojo en su parte central, rematadas en una espina hasta de 2,5(3) mm. Corola 19-28,6 mm, con tubo de (8)9-13 mm y limbo de 11-16 mm. Vilano 17-22(23,6) mm. $2n = 20$.

Herbazales en el borde de caminos y arcenes, orlas de bosque y sotobosques, baldíos, etc., en suelos ± nitrificados en substratos preferentemente ácidos; 280-1600 m. (IV)V-VII (VIII). ● C, CW y NW de la Península Ibérica. **Esp.:** Av Cc Le Sa Sg Za. **Port.:** AAl BA BB BL TM. **N.v.:** cardo.

Observaciones.–En esta subespecie pueden reconocerse dos variedades, sobre la base de las características del capítulo y el involucro. Por un lado, las plantas de la var. *platypus,* con tallos hasta de 190

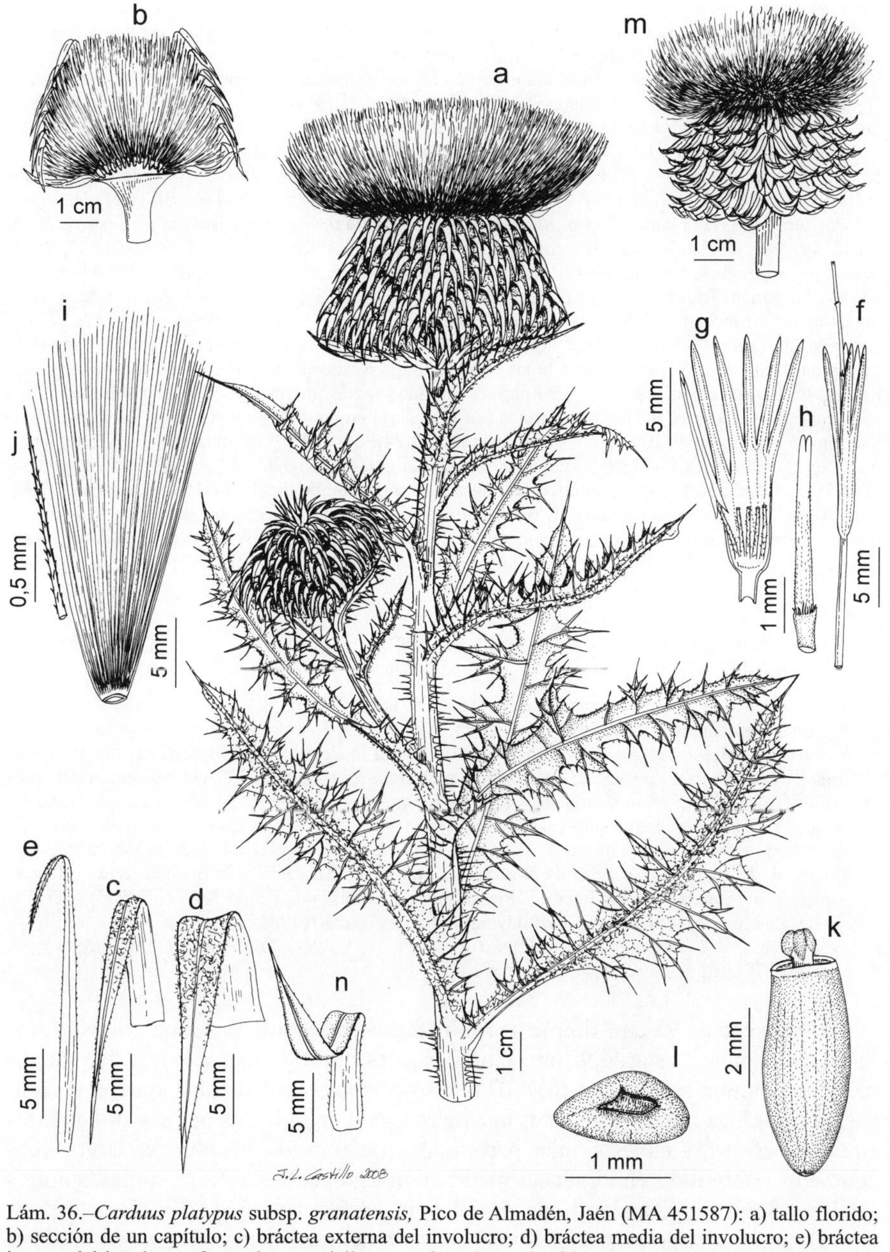

Lám. 36.–*Carduus platypus* subsp. *granatensis,* Pico de Almadén, Jaén (MA 451587): a) tallo florido; b) sección de un capítulo; c) bráctea externa del involucro; d) bráctea media del involucro; e) bráctea interna del involucro; f) corola y verticilos sexuales; g) corola abierta que muestra un estambre y los filamentos del resto; h) porción del estilo con sus ramas; i) vilano; j) detalle de un pelo del vilano; k) aquenio; l) base del aquenio. *C. platypus* subsp. *platypus* (var. *platypus)*, cerca de Meda, Beira Alta (MA 239466): m) capítulo; n) bráctea media del involucro.

cm y alas con espinas hasta de 6(12) mm, tienen hojas basales de pinnatipartidas a pinnatisectas, con (5)6-9 pares de lóbulos palmatilobados, obtusos y con espinas hasta de 7(8) mm; capítulos sésiles o sustentados por pedúnculos hasta de 70 mm, con involucro de (17)18-30 × 11-16(18) mm, ovoide-globoso u ovoide, umbilicado en la base, glabro o débilmente araneoso, con brácteas medias fuertemente sigmoides –en forma de ese– y con espina apical hasta de 2,5(3) mm; corola (19)23-28,6 mm, con tubo de (8)10-13 mm y limbo de 11-15,5 mm; aquenios 4,7-5 × 2-2,2 mm, con prominencia apical de c. 0,4 mm y vilano de (17)18-22(23,6) mm. Es común en herbazales en el borde de caminos y arcenes, baldíos, etc., en suelos ± nitrificados en substratos preferentemente ácidos del CW de la Península Ibérica [2*n* = 20; 280-1600 m. (IV)V-VII (VIII). Esp.: Cc Le Sa Sg. Port.: AAl BA BB BL TM].

Por otro lado, las plantas de *Carduus platypus* var. *lusitanicus* (Rouy) Devesa in Castrov. & al. (eds.), Fl. Iber. 16(1): 190 (2014), comb. nov. [*C. lusitanicus* Rouy, Ill. Pl. Eur. 18: 143 (1902), basión.; *C. nigrescens* var. *spinulosus* Willk. in Willk. & Lange, Prodr. Fl. Hispan. 2: 197 (1865); *C. sandwithii* sensu Franco in Tutin & al. (eds.), Fl. Eur. 4: 223 (1976), non Kazmi in Mitt. Bot. Staatssamml. München 5: 350 (1964); *C. medius* auct. lusit., non Gouan, Ill. Observ. Bot.: 62 (1773)], con tallos hasta de 120 cm, simples o algo ramificados en la mitad o el tercio superior y alas provistas de espinas hasta de 2,5(3) mm, tienen hojas basales oblongo-lanceoladas, de sinuado-lobadas a pinnatífidas –hasta pinnatipartidas–, con 7-13 pares de lóbulos apenas marcados o ± palmatilobados, obtusos, con espinas hasta de 4(5) mm; capítulos por lo general largamente pedunculados, sobre pedúnculos afilos o casi, hasta de 200 mm, con involucro de 20-24(26) × 10-13(15) mm, ovoide, ± umbilicado en la base, con brácteas involucrales externas y medias sigmoide-ascendentes, con espina terminal hasta de 1,5(2,5) mm; corola 19-28 mm, con tubo de 9-13 mm y limbo de (11)14-16 mm; aquenios 4,8-5 × 2-2,1 mm, con prominencia apical de 0,3-0,4 mm y vilano de 17-22 mm. Frecuente en orlas de bosque y sotobosques umbrosos, en suelos ácidos ± nitrificados, del C y NW de la Península [2*n* = 20. (280)500-1000 m. VI-VII. Esp.: Av Cc Le Sa Za. Port.: AAl BA BB BL TM].

b. subsp. **granatensis** (Willk.) Nyman, Consp. Fl. Eur.: 411 (1879) [granaténsis]

C. granatensis Willk. in Linnaea 30: 113 (1859) [basión.]
C. sandwithii Kazmi in Mitt. Bot. Staatssamml. München 5: 350 (1964)
C. nutans subsp. *granatensis* (Willk.) O. Bolòs & Vigo in Collect. Bot. (Barcelona) 17: 91 (1988)
Ind. loc.: "Hab. haec species, ad quam planta a cl. Boissier sub nomine C. nutantis enumerata probabiliter pertinet, in regni Granatensis regione montana et subalpina, ubi ad alt. circ. 3500-6500' usque in locis pinguibus et solo calcareo crescit: in Sierra Nevada in latere occidentali cacuminis el Dornajo supra S. Gerónimo raro (d. 30 Julii 1844 cum flor. et fruct.); in loco la Vibora satis frequens (d. 25. Jun. 1845 cum flor.), Willkomm; supra pag. Trevelez et in monte Sierra de Gador, Boissier; in montibus Sierra Tejeda et Sierra de Lujar, Willkomm (junio 1845 cum flor.)" [lectótipo designado por J.A. Devesa & S. Talavera, Rev. Carduus: 30 (1981): COI]
Ic.: Devesa & Talavera, Rev. Carduus, fig. 4 (1981); Valdés, Talavera & Galiano (eds.), Fl. Andalucía Occid. 3: 129 (1987); lám. 36 a-l

Tallos hasta de 95 cm, simples o ramificados en la parte superior, con alas provistas de espinas hasta de 9 mm. Hojas basales oblongo-lanceoladas, de pinnatipartidas a pinnatisectas, con (6)7-10 pares de lóbulos palmeados, agudos u obtusos, con espinas hasta 13 mm; haz pelosa, con abundantes pelos pluricelulares sinuosos, cortos, y envés similar pero también con pelos unicelulares largos concentrados sobre todo en el nervio medio, con espinas hasta de 13 mm. Capítulos sésiles o sobre pedúnculos hasta de 20 mm. Involucro (18)23-33(35) × (13)18-30(42) mm, ± cilíndrico, truncado en la base, ± densamente araneoso, con brácteas medias fuertemente reflexas –rara vez erecto-patentes o patentes–, rematadas en una espina hasta de 6 mm. Corola 21-30,5 mm, con tubo de 9-14(15,5) mm y limbo de 11,5-16,5(17,5) mm. Vilano (14)18-30 mm. 2*n* = 20 + 0-1B.

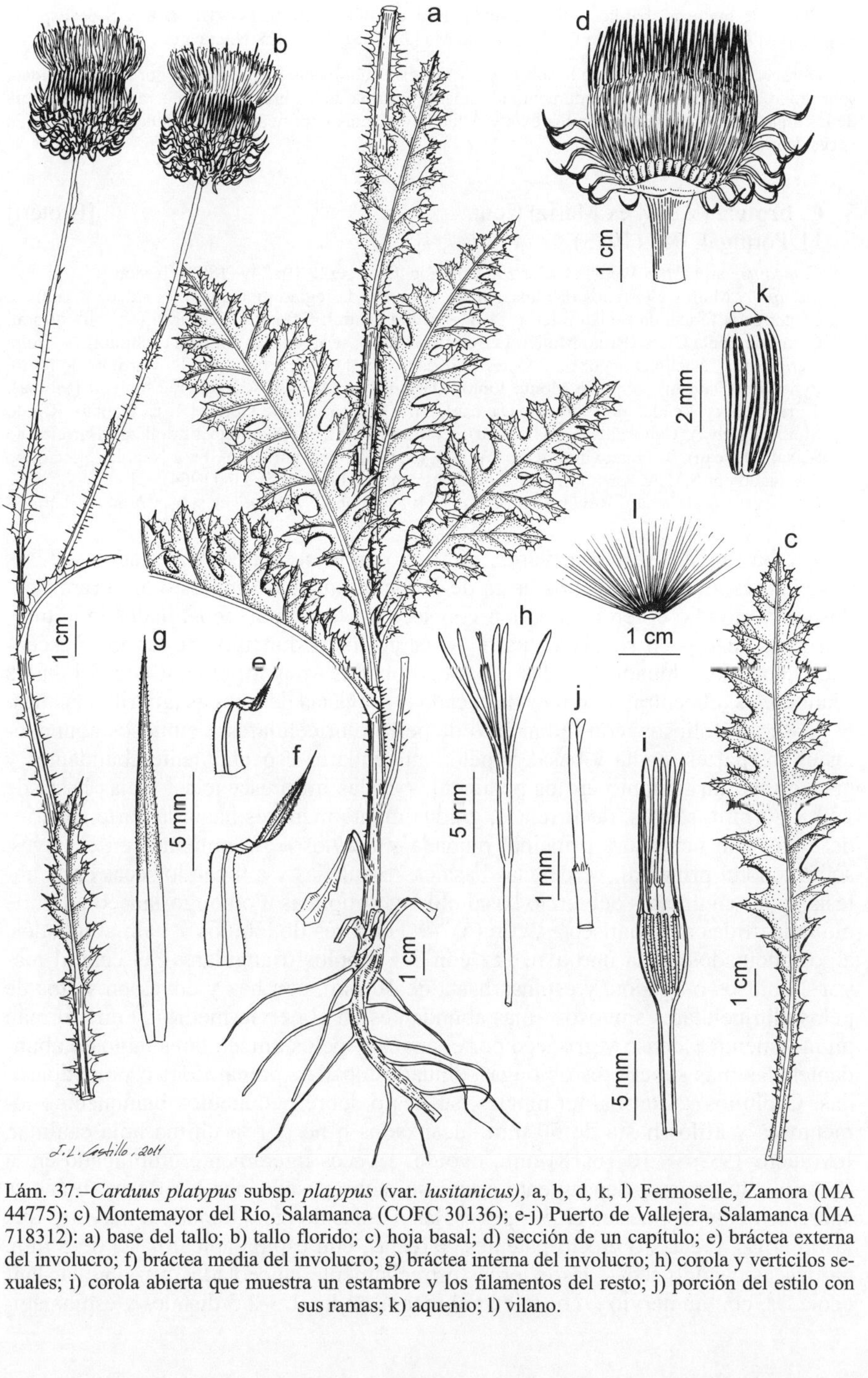

Lám. 37.–*Carduus platypus* subsp. *platypus* (var. *lusitanicus)*, a, b, d, k, l) Fermoselle, Zamora (MA 44775); c) Montemayor del Río, Salamanca (COFC 30136); e-j) Puerto de Vallejera, Salamanca (MA 718312): a) base del tallo; b) tallo florido; c) hoja basal; d) sección de un capítulo; e) bráctea externa del involucro; f) bráctea media del involucro; g) bráctea interna del involucro; h) corola y verticilos sexuales; i) corola abierta que muestra un estambre y los filamentos del resto; j) porción del estilo con sus ramas; k) aquenio; l) vilano.

Claros de matorral, baldíos, etc., en suelos básicos; 400-2600 m. IV-VIII. ● C y S de España. **Esp.:** Ab Al Av Ba Cc CR Cu Gr Gu J Le M Ma Mu (P) Sa Sg To Va Za. **N.v.:** cardo.

Observaciones.–Al igual que la subsp. *platypus,* esta subespecie se caracteriza por su variabilidad, sobre todo en lo que afecta al indumento al tamaño y forma de las brácteas involucrales y a la forma de las hojas. En las provincias de Segovia y Ávila hay plantas intermedias entre ambas subespecies, a veces de muy difícil adscripción.

3. C. broteri (Welw. ex Mariz) Cout., Fl. Portugal: 647 (1913) [Brotéri]

C. medius var. *broteri* Welw. ex Mariz in Bol. Soc. Brot. ser 2, 10: 249 (1892) [basión.]
Ind. loc.: "Mattos e terrenos incultos, rochas calcareas da região montan.; a variedade β tambem em terrenos ferteis da região infer. (…) β — Beira central: Celorico (Ferreira); — Beira littoral: Coimbra: Santa Clara (Brot., Moller, Ferreira), Buarcos: serra de Boa Viagem (Schmitz); — Beira meridional: Castello Branco: rio d'Ocreza (R. da Cunha); — Centro littoral: S. Martinho do Porto: Pyramide (Daveau), serra de Monte Junto (Daveau), arredores d'Alemquer: Montegil (Moller), Torres Vedras: Vendas do Pinheiro (Daveau), Villa Franca: Monte Gordo (R. da Cunha), Rio do Mouro (Welw.), Cabo da Roca (Daveau), Cintra (Welw.); — Alemtejo littoral: do Barreiro ao Seixal (Daveau), S. Thiago de Cacem (Welw.). (…) Hab. esp. em Hesp., Fr. e Napoles" [lectótipo designado por S.M.A. Kazmi in Mitt. Bot. Staassamml. München 5: 338 (1964): G]
Ic.: Devesa & Talavera, Rev. Carduus, fig. 7 (1981) [sub *C. lusitanicus* subsp. *broteri*]; lám. 38

Hierba bienal, espinosa, verde, con pelos pluricelulares uniseriados y pelos unicelulares araneosos. Tallos hasta de 105 cm, erectos, simples o algo ramificados en la mitad o el tercio superior, con sección ± circular, acostillados longitudinalmente, alados en su mayor parte –excepto los pedúnculos de las inflorescencias–, con alas sinuado-lobadas o palmatilobadas –por lo general con 3 lóbulos triangulares, el central algo más destacado–, provistas de espinas amarillentas hasta de 8 mm, foliosos, con indumento de pelos pluricelulares ± sinuosos abundantes en las partes media y basal, y pelos unicelulares especialmente abundantes y que forman un tomento en los pedúnculos de las inflorescencias. Hojas hasta de 270 × 80 mm, sésiles, decurrentes, gradualmente menores hacia la parte superior del tallo, con nervadura principal pinnada y nervios ± prominentes en el envés, sobre todo el principal, verdes; las basales –rosuladas y a menudo secas en la antesis– y las caulinares del tercio basal oblongo-elípticas u oblongo-lanceoladas, de pinnatipartidas a pinnatisectas, con (6)7-9(11) pares de lóbulos ± palmatilobados, algo runcinados, cada uno a su vez con 3-5 lóbulos triangulares –el central mayor–, obtusos o agudos, y espinas hasta de 10 mm, con haz y envés provistos de pelos pluricelulares sinuosos –más abundantes en el nervio medio– y que forman un indumento ± denso y grisáceo por el envés, y pelos unicelulares largos ± abundantes; las más superiores oblongas, sinuado-lobadas, pinnatífidas o pinnatipartidas. Capítulos solitarios, terminales, sésiles o sobre pedúnculos blanquecino-tomentosos y afilos hasta de 50 mm, alcanzados o no por la última hoja caulinar. Involucro 19-24 × 10-16(18) mm, ovoide, a veces ligeramente umbilicado en la base, por lo general densamente araneoso, sobrepasado por las flores; brácteas aparentemente dispuestas en 5-7 series, las medias de igual tamaño o mayores que las internas, erectas o erecto-patentes, ± rectas, con espina apical hasta de 5 mm, parduscas cuando secas; las externas estrechamente lanceoladas o triangular-lanceoladas, con un nervio ± conspicuo al menos en los 1/3-2/3 distales y espina api-

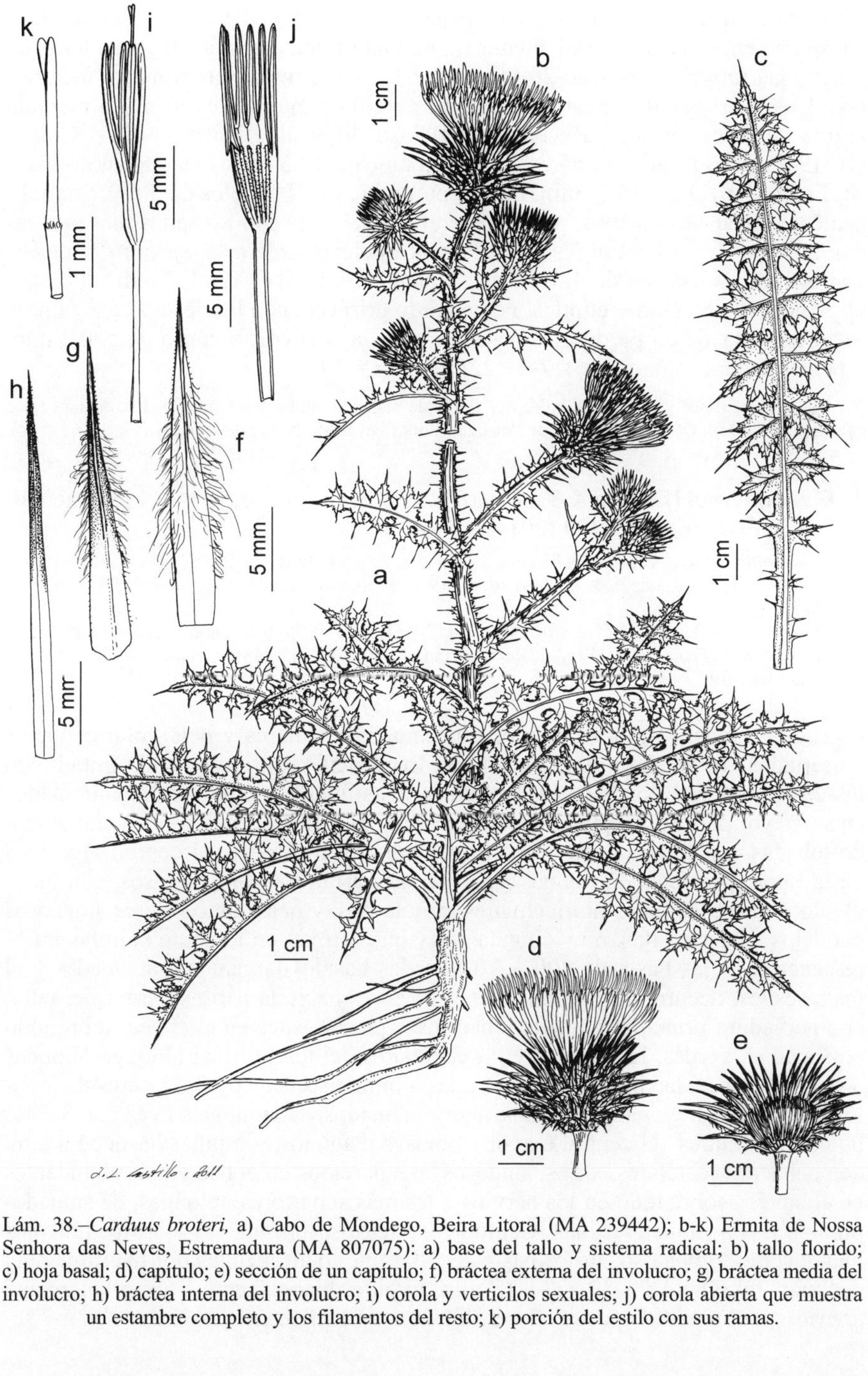

Lám. 38.–*Carduus broteri,* a) Cabo de Mondego, Beira Litoral (MA 239442); b-k) Ermita de Nossa Senhora das Neves, Estremadura (MA 807075): a) base del tallo y sistema radical; b) tallo florido; c) hoja basal; d) capítulo; e) sección de un capítulo; f) bráctea externa del involucro; g) bráctea media del involucro; h) bráctea interna del involucro; i) corola y verticilos sexuales; j) corola abierta que muestra un estambre completo y los filamentos del resto; k) porción del estilo con sus ramas.

cal hasta de 4 mm, amarillenta; las medias oblongo-lanceoladas, con un nervio ± conspicuo en el 1/2-1/3 distal, atenuadas en una espina apical amarillenta hasta de 5 mm; las internas hasta de 26 mm, estrechamente linear-lanceoladas, inermes, con 3 nervios apicales, acabadas en una porción papiráceo-escariosa a menudo teñida de color púrpura. Receptáculo peloso. Flósculos hermafroditas. Corola (16)19-25 mm, rosado-purpúrea, glabra; tubo (6)9-12,5 mm, blanquecino o blanco; limbo (9,6)11-13(14,5) mm, rosado-purpúreo, con 5 lóbulos de 5,5-9,2 mm, lineares o linear-lanceolados, por lo general uno de ellos con los senos más profundos que los otros. Estambres con filamento peloso; anteras 7-8,5 mm, violetas, con apéndices basales de 1-1,3 mm. Aquenios 4,2-4,3 × 1,5-1,7 mm, oblongo-obovoides, de sección ± elíptica, de un pardo grisáceo, con borde superior y líneas longitudinales de un pardo más obscuro; placa apical con nectario de c. 0,2 mm, ± pentalobulado. Vilano (16)17-21(22) mm. $2n = 20$.

Borde de caminos y carreteras, baldíos y claros de matorral, en suelos ± nitrificados, en substratos calcáreos; 0-300 m. IV-VI(VII). ● W de Portugal. **Port.:** BL E Mi. **N.v.,** *port.:* cardo.

4. C. santacreui (Devesa & Talavera) Devesa in Castrov. & al. (eds.), Fl. Iber. 16(1): 194 (2014), comb. nov. [Santacréui]

C. lusitanicus subsp. *santacreui* Devesa & Talavera, Rev. Carduus: 42, fig. 8 (1981) [basión.]
Ind. loc.: "Typus. Cádiz, Los Barrios, 14.VII.1978, Mollesworth Allen 9704. (SEV 23981, holotypus)"
Ic.: Devesa & Talavera, Rev. Carduus, fig. 8 (1981) [sub *C. lusitanicus* subsp. *santacreui*]; Valdés, Talavera & Galiano (eds.), Fl. Andalucía Occid. 3: 130 (1987) [sub *C. lusitanicus* subsp. *santacreui*]; lám. 39

Hierba bienal, espinosa, verde, con pelos unicelulares y pelos pluricelulares uniseriados. Tallos hasta de 150 cm, con frecuencia ramificados en la mitad o en los 2/3 superiores, con sección ± circular, acostillados longitudinalmente, alados en su mayor parte –excepto los pedúnculos de las inflorescencias–, con alas sinuado-lobadas o palmatilobadas –por lo general con 3 lóbulos, el central algo más destacado–, provistas de espinas amarillentas hasta de 4 mm, foliosos, con indumento ± denso de pelos pluricelulares muy largos, y pelos unicelulares araneosos paralelos a las costillas, muy abundantes y que forman un tomento bajo las inflorescencias. Hojas hasta de 400 × 70 mm, las basales largamente atenuadas y el resto sésiles, decurrentes, gradualmente menores hacia la parte superior del tallo, con nervadura principal pinnada y nervios ± prominentes en el envés, sobre todo el principal, verdes; las basales y las caulinares del tercio basal oblongo-elípticas u oblongo-lanceoladas, de pinnatipartidas a pinnatisectas, con 8-12 pares de lóbulos profundamente palmatilobados, algo runcinados, cada uno a su vez con 3-5 lóbulos triangulares –el central mayor–, obtusos o agudos, y espinas hasta de 9 mm, con pelos pluricelulares cortos, sinuosos, ± esparcidos en el haz y más abundantes en el envés –sobre todo en los nervios–; las más superiores oblongas, de sinuado-pinnatífidas a pinnatipartidas. Capítulos solitarios, terminales, sobre pedúnculos blanquecino-tomentosos afilos hasta de 140 mm, no alcanzados por la última hoja caulinar. Involucro 23-29 × 14-18 mm, ovoide, glabrescente o muy laxamente araneoso, sobrepasado por las flores; brácteas aparentemente dispuestas en 5-7 se-

Lám. 39.–*Carduus santacreui,* a-j) finca La Doctora, San Roque, Cádiz (COFC 54204); k, l) Los Barrios, Cádiz (MA 239439): a) base del tallo y sistema radical; b) tallo florido; c) capítulo; d) sección de un capítulo; e) bráctea externa del involucro; f) bráctea media del involucro; g) bráctea interna del involucro; h) corola y verticilos sexuales; i) corola abierta que muestra un estambre completo y los filamentos del resto; j) porción del estilo con sus ramas; k) aquenio; l) vilano.

ries, estrechamente oblongo-lanceoladas, con nervios poco evidentes, a menudo teñidas de un color púrpura violáceo, parduscas cuando secas; las externas de patentes a recurvas; las medias algo más cortas o casi de la misma longitud que las internas, de erecto-patentes a patentes, ± rectas, con espina apical amarillenta hasta de 2(3,5) mm; las internas hasta de 29 mm, estrechamente lanceoladas o linear-lanceoladas, inermes, con tres nervios apicales poco evidentes, acabadas en una porción papiráceo-escariosa teñida de color púrpura. Receptáculo peloso. Flósculos hermafroditas. Corola (20)22-27 mm, rosado-purpúrea, glabra; tubo 7-12(14) mm, blanquecino o blanco; limbo 12-17 mm, rosado-purpúreo, con 5 lóbulos de 6-9,5 mm, lineares o linear-lanceolados, por lo general uno de ellos con los senos más profundos que los otros. Estambres con filamento peloso; anteras 8-9 mm, violetas, con apéndices basales de 0,5-1 mm. Aquenios 5-5,3 × 2,1-2,5 mm, oblongo-obovoides, de sección ± elíptica, de un pardo grisáceo, muy brillantes, con líneas longitudinales de un pardo más obscuro; placa apical con nectario de c. 0,5 mm, ± pentalobulado. Vilano (17)21-24 mm. $2n = 30$.

Campos, baldíos, borde de caminos y carreteras, claros de matorral, etc., en substratos ácidos, en suelos ± nitrificados; 0-100 m. V-VI(VII). ● S de España. **Esp.:** Ca. **N.v.:** cardo.

5. C. rivasgodayanus Devesa & Talavera, Rev. Carduus: 34, fig. 5 (1981) [Rivasgodayánus]

Ind. loc.: "Typus. Málaga. Prope Ronda, 420 m.s.m. 18.VI.1974, Talavera & Valdés (SEV 39059, holotypus)"

Ic.: Devesa & Talavera, Rev. Carduus, fig. 5 (1981); Valdés, Talavera & Galiano (eds.), Fl. Andalucía Occid. 3: 129 (1987); lám. 40

Hierba bienal, espinosa, verde, con pelos unicelulares y pelos pluricelulares uniseriados. Tallos hasta de 120 cm, erectos, simples o apenas ramificados en la mitad superior, con sección ± circular, acostillados longitudinalmente, alados en su mayor parte –excepto los pedúnculos de las inflorescencias–, con alas triangulares o palmatilobadas, provistas de espinas amarillentas hasta de 7 mm, foliosos, con indumento de pelos pluricelulares ± sinuosos y abundantes sobre todo en la base, y pelos unicelulares araneosos, especialmente abundantes y que forman un tomento bajo las inflorescencias. Hojas hasta de 320 × 55 mm, las basales atenuadas en la base y el resto sésiles, decurrentes, gradualmente menores hacia la parte superior del tallo, con nervadura principal pinnada y nervios ± prominentes en el envés, sobre todo el principal, verdes; las basales y las caulinares del tercio basal oblongo-lanceoladas, ± pinnatipartidas o pinnatisectas, con (5)7-10(12) pares de lóbulos palmatilobados, cada uno a su vez con 3-5 lóbulos triangulares –el central mayor–, ± obtusos, y espinas hasta de 8(11) mm, con haz verde, glabra o glabrescente, con algunos pelos pluricelulares sinuosos dispersos, y envés con abundantes pelos pluricelulares sobre todo en el nervio medio y los secundarios; las más superiores lineares, de sinuado-lobadas a pinnatipartidas. Capítulos solitarios, terminales, sobre pedúnculos blanquecino-tomentosos y afilos hasta de 120(150) mm, no alcanzados por la última hoja caulinar. Involucro 20-23(26) × (12)15-18(22) mm, ovoide, algo umbilicado en la base, débilmente araneoso, sobrepasado por las flores; brácteas aparentemente dispuestas en 6 o 7 series, gradualmente

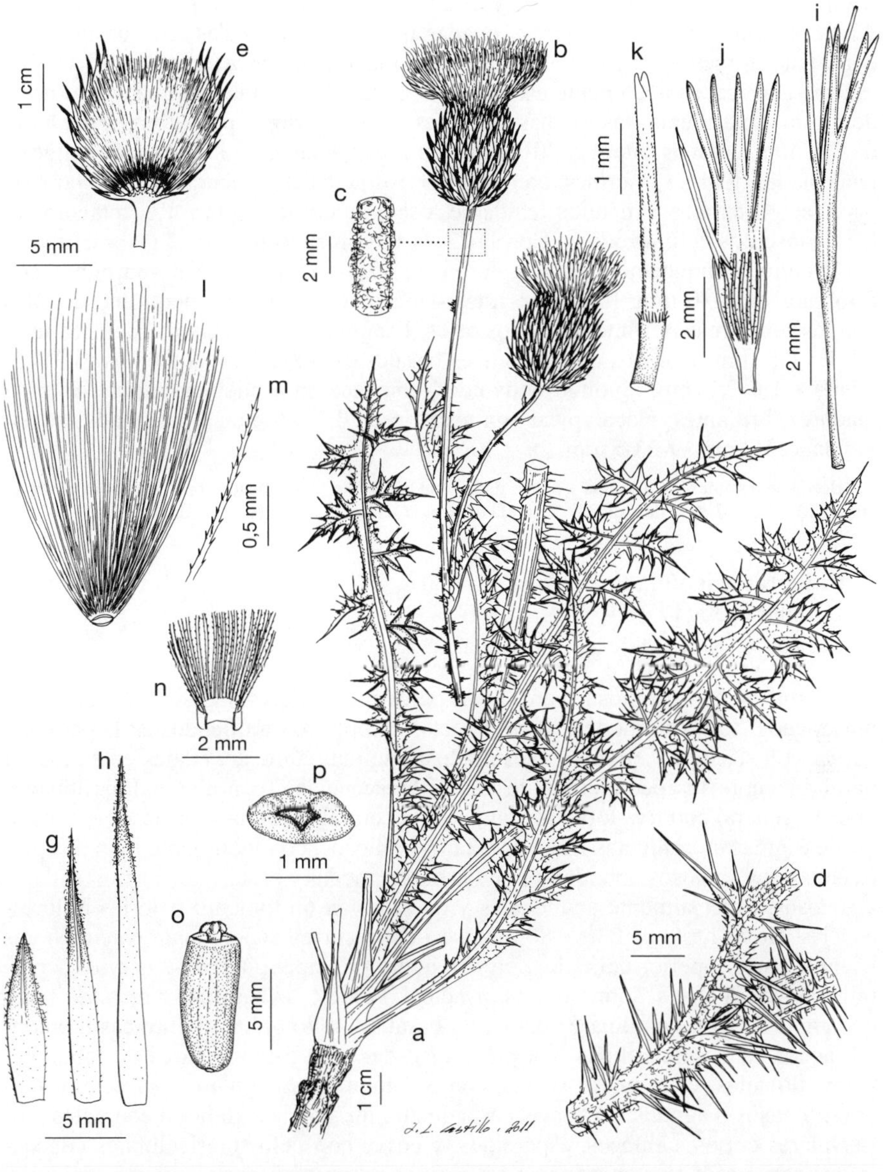

Lám. 40.–*Carduus rivasgodayanus,* a-d, f-p) entre Ronda y Algodonales, El Hondón, Málaga (MA 543381); e) cerca de Ronda, Málaga (MA 239474): a) base del tallo; b) porción de tallos floridos; c) indumento del tallo bajo los capítulos; d) inserción de una hoja caulinar; e) sección de un capítulo; f) bráctea externa del involucro; g) bráctea media del involucro; h) bráctea interna del involucro; i) corola y verticilos sexuales; j) corola abierta que muestra un estambre y los filamentos del resto; k) porción del estilo con sus ramas; l) vilano; m) detalle de un pelo del vilano; n) detalle de la base del vilano; o) aquenio; p) base del aquenio.

mayores de fuera adentro, erectas y ± adpresas, ± coriáceas, algo araneosas, parduscas cuando secas; las externas ovadas u ovado-lanceoladas, con un nervio ± conspicuo al menos en los 2/3 distales, con glándulas punctiformes en el 1/3 basal, margen inconspicuamente escábrido en la porción distal y espina apical hasta de 1 mm, amarillenta; las medias similares a las anteriores pero con espina hasta de 3,5 mm; las más internas 20-23(26) mm, estrechamente lanceoladas o linear-lanceoladas, glabras, inermes, con 1(3) nervios apicales, acabadas en una porción papiráceo-escariosa a menudo teñida de rosa o de color púrpura. Receptáculo peloso. Flósculos hermafroditas. Corola 23-31 mm, rosado-purpúrea, glabra; tubo 9-14(15) mm, blanquecino o blanco; limbo (11)13,5-16,5 mm, rosado-purpúreo, con 5 lóbulos de 6-10 mm, lineares o linear-lanceolados, por lo general uno de ellos con los senos más profundos que los otros. Estambres con filamento peloso; anteras 7,5-8,5 mm, violetas, con apéndices basales de 0,8-1 mm. Aquenios (4,3)4,5-4,9(5) × 1,6-2,1 mm, oblongo-obovoides, con sección ± elíptica, parduscos en la madurez, brillantes; placa apical con nectario de 0,5-0,6 mm, ± estipitado, pentalobulado. Vilano 19-23,5 mm. $2n = 30$.

Borde de caminos y carreteras y claros de bosque, en suelos ± nitrificados en substratos calcáreos; 200-1200 m. V-VII. ● S de España –Serranía de Ronda–. **Esp.:** Ca Ma. **N.v.:** cardo.

6. C. nigrescens Vill., Prosp. Hist. Pl. Dauphiné: 30 (1779) [nigréscens]

Ind. loc.: No indicada de forma expresa [El Delfinado, Francia]

Hierba bienal, espinosa, verde, con pelos unicelulares y pelos pluricelulares uniseriados. Tallos hasta de 130 cm, erectos, simples o ramificados en la parte superior, con sección ± circular, acostillados longitudinalmente, alados en su mayor parte –excepto los pedúnculos de las inflorescencias–, con alas palmatilobadas –por lo general con tres lóbulos ± agudos, el central algo más destacado–, provistas de espinas amarillentas hasta de 22 mm, foliosos, con indumento de pelos pluricelulares ± sinuosos abundantes en las partes media y basal, y pelos unicelulares araneosos, especialmente abundantes y que forman un tomento bajo las inflorescencias. Hojas hasta de 230 × 80 mm, sésiles, decurrentes, gradualmente menores hacia la parte superior del tallo, con nervadura principal pinnada y nervios ± prominentes en el envés, sobre todo el principal, verdes; las basales –a menudo secas en la antesis– y las caulinares del tercio basal del tallo oblongo-elípticas u oblongo-lanceoladas, pinnatífidas o ± pinnatipartidas, con 5-9(10) pares de lóbulos ± palmatilobados, cada uno a su vez con 3-5 lóbulos triangulares –el central mayor–, obtusos o agudos, y espinas hasta de 20 mm, con haz glabra o con pelos pluricelulares cortos, sinuosos, esparcidos, y envés con pelos pluricelulares concentrados sobre todo en los nervios; las más superiores oblongas, sinuado-lobadas, pinnatífidas o pinnatipartidas. Capítulos solitarios, terminales, sobre pedúnculos blanquecino-tomentosos y afilos hasta de 200 mm, alcanzados o no por la última hoja caulinar. Involucro (17)19-31 × 12-18(20) mm, ovoide, glabrescente –apenas con algún pelo unicelular araneoso–, sobrepasado por las flores; brácteas aparentemente dispuestas en 5-7 series, gradualmente mayores de fuera adentro o las medias más grandes que las internas, arqueado-patentes o arqueado-reflexas, parduscas cuando secas; las externas triangular-lanceoladas, con un nervio ± conspicuo al menos en el 1/3 distal, con espina apical hasta de 8 mm; las medias lanceoladas u oblongo-lanceoladas, con 1(3) nervios ± conspicuos al menos en el 1/3 distal, atenuadas en una espina apical amarillenta hasta de 15 mm; las más internas 19-22 mm, estrechamente lanceoladas o linear-lanceoladas, inermes, con 3 nervios apicales, acabadas en porción papiráceo-escariosa a menudo teñida de color púrpura. Receptáculo peloso. Flósculos hermafroditas. Corola (17)19-23(24) mm, rosado-purpúrea, glabra; tubo (6,5)7-11,5(12) mm, blanquecino o blanco; limbo (9)10-13,5(14) mm, rosado-purpúreo, con 5 lóbulos de 6-8 mm, lineares o linear-lanceolados, por lo general uno de ellos con los senos más profundos que los otros. Estambres con filamento peloso; anteras 7-8 mm, violetas, con apéndices basales de 1-1,5 mm. Aquenios 4,5-5 × 1,7-1,8(2) mm, oblongo-obovoides, con sección ± elíptica, de un pardo grisáceo, con borde superior y líneas longitudinales parduscas en la madurez; placa apical con nectario de 0,3-0,8 mm, ± pentalobulado. Vilano (14)16-22 mm. $2n = 20, 22?$

Campos, cunetas y baldíos, en suelos básicos ± nitrificados; 50-1650(1770) m. IV-VII(VIII). N, CN y E de España y S y CS de Francia. **Esp.:** A Ab Al B Bu Cs Cu Ge Gr Gu Hu L Le Lo Lu M Mu Na O Or P S So T Te V Va Vi Z. **N.v.:** cardo; *cat.:* card, card de mont (Valencia), card ver (Valencia).

1. Brácteas externas del involucro de menos de 20 mm, que no sobrepasan las medias; vilano (14)16-19,5(20,5) mm .... **a.** subsp. **nigrescens**
– Brácteas externas del involucro de más de 20 mm, que sobrepasan las medias; vilano (17)19-22 mm .... **b.** subsp. **hispanicus**

a. subsp. **nigrescens**

C. australis Jord. in Verl., Cat. Graines 1849: 1 (1849), nom. illeg., non L. fil., Suppl. Pl.: 348 (1782)
C. vivariensis subsp. *australis* Jord. ex Nyman, Consp. Fl. Eur.: 412 (1879)
C. nigrescens subsp. *assoi* Willk., Suppl. Prodr. Fl. Hispan.: 105 (1893)
C. assoi (Wilk.) Pau in Actas Soc. Esp. Hist. Nat. 1895: 18 (1895)
C. nigrescens subsp. *australis* (Jord. ex Nyman) Greuter in Willdenowia 33: 52 (2003)
Ic.: Devesa & Talavera, Rev. Carduus, fig. 9 [sub *C. assoi* subsp. *assoi*], 55 fig. 12 (1981); lám. 41 a-j

Tallos hasta de 100 cm. Hojas con espinas hasta de 10(15) mm. Involucro (17)19-22 × 12-18 mm; brácteas externas de menos de 20 mm, que no sobrepasan las medias, estas con espina apical hasta de 5 mm, mayores que las externas pero no que las internas. Corola (17)19-23(24) mm, con tubo de (6,5)7-11,5(12) mm y limbo de (9)10-13,5(14) mm. Vilano (14)16-19,5(20,5) mm. $2n = 20, 22?$; $n = 10, 11?$

Campos, cunetas y baldíos, en suelos básicos ± nitrificados; 200-1440(1650) m. V-VII(VIII). E, CN, N y CE de España y S y CS de Francia. **Esp.:** A Ab B Bu Cs Cu Ge Gu Hu L Le Lo Lu M Na O Or P S So T Te V Va Vi Z.

Observaciones.–En tratamientos monográficos previos [cf. S.M.A. Kazmi in Mitt. Bot. Staatssamml. München 5: 279-550 (1964); J.A. Devesa & S. Talavera, Rev. Carduus (1981); O. de Bolòs & J. Vigo, Fl. Països Catalans 3: 874-882 (1996)] se han reconocido *C. nigrescens* y *C. assoi* como táxones independientes. Ambos nombres han sido dados a plantas con capítulos medianos y

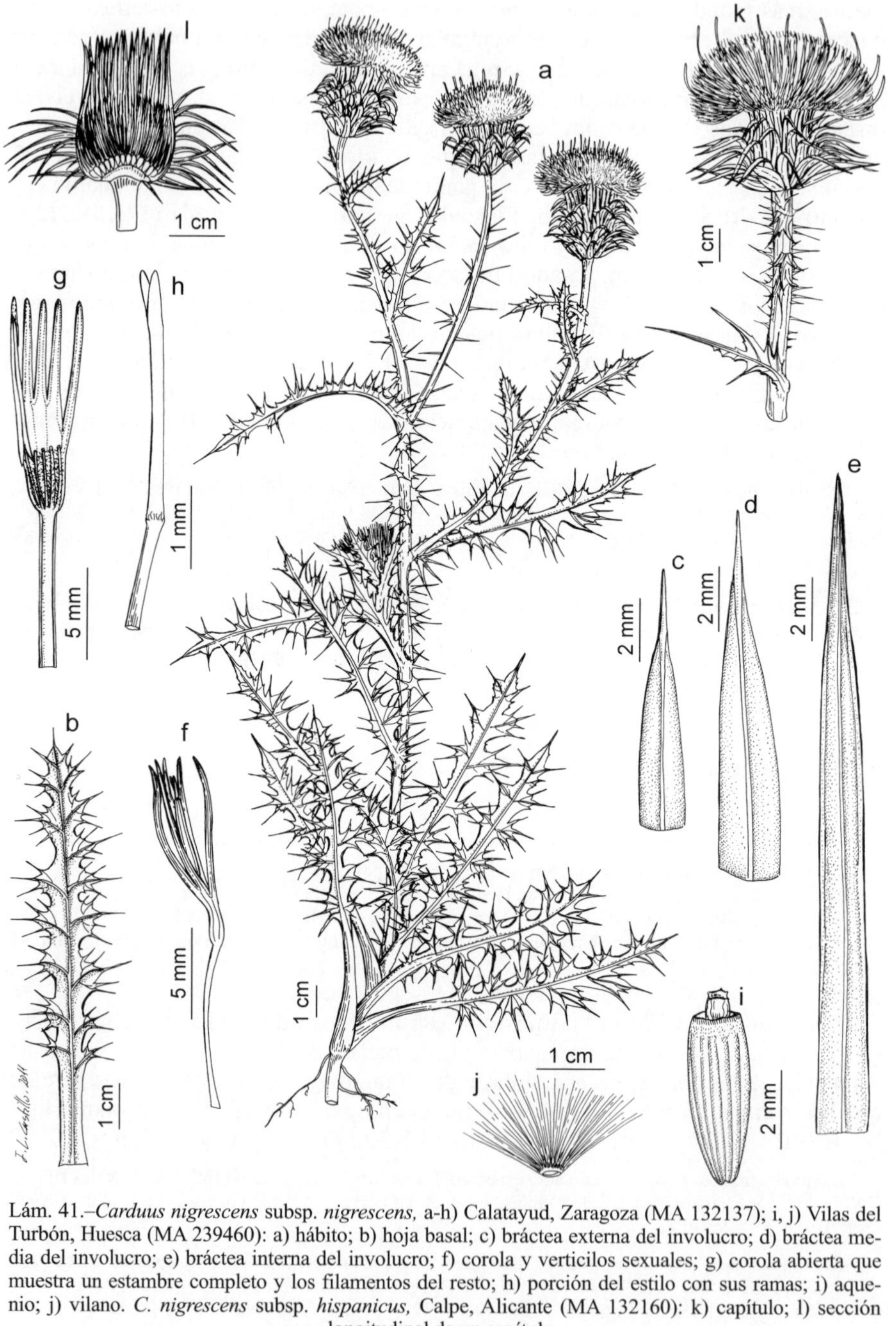

Lám. 41.–*Carduus nigrescens* subsp. *nigrescens,* a-h) Calatayud, Zaragoza (MA 132137); i, j) Vilas del Turbón, Huesca (MA 239460): a) hábito; b) hoja basal; c) bráctea externa del involucro; d) bráctea media del involucro; e) bráctea interna del involucro; f) corola y verticilos sexuales; g) corola abierta que muestra un estambre completo y los filamentos del resto; h) porción del estilo con sus ramas; i) aquenio; j) vilano. *C. nigrescens* subsp. *hispanicus,* Calpe, Alicante (MA 132160): k) capítulo; l) sección longitudinal de un capítulo.

brácteas involucrales reflexas que aparecen de manera continua desde el SE de Francia hasta el N, C y E de España, y se ha admitido que el área de distribución de la primera tiene su límite meridional aproximadamente en el valle del Ebro, y que la segunda se extiende a partir de aquí por el resto del área peninsular. Sin embargo, una nueva revisión del material no permite detectar diferencias morfológicas que permitan la clara segregación de estos táxones, cuyo reconocimiento en los tratamientos más modernos ha estado muy influenciado por la información cariológica disponible. De hecho, para *C. nigrescens* se conoce el recuento $2n = 22$ de plantas del S de Francia [M. Gremaud in Ber. Schweiz. Bot. Ges. 87: 173-181 (1977)], un número cromosómico frecuente en los táxones de la sección *Macrocephali (C. defloratus* aggr.), mientras que el hallado en la mayoría de las poblaciones españolas de *C. assoi* s.str. es $n = 10$ y $2n = 20$ [J.A. Devesa & S. Talavera in Lagascalia 10: 65-80 (1981), sub *C. assoi*], excepto en algunas poblaciones del N de España [provincias de Burgos, León y Zamora; cf. J.A. Devesa & S. Talavera, Rev. Carduus (1981)] en las que se detectó $n = 11$ y $2n = 22$. Los datos disponibles parecen apuntar a dos razas cromosómicas, salvo que la interpretación efectuada en su día fuera también compatible con la presencia en el taxon de cromosomas supernumerarios ($2n = 20 + 0$-$2B$), fenómeno muy frecuente en el género. La solución taxonómica adoptada, de asimilar ambos nombres para designar un mismo taxon, es la más razonable mientras no se aborde un estudio biosistemático en profundidad de la especie.

b. subsp. **hispanicus** (Franco) O. Bolòs & Vigo in Collect. Bot. (Barcelona) 17: 91 (1988) [hispánicus]

C. chrysacanthus subsp. *hispanicus* Franco in Bot. J. Linn. Soc. 71: 48 (1975) [basión.]
C. assoi subsp. *hispanicus* (Franco) Devesa & Talavera in Lagascalia 10: 62 (1981)
Ind. loc.: "Holotypus: Prov. Alicantina, in declivibus merid. montis Aitana, 22.v.1878, F. Hegelmaier (COI-Willk.)"
Ic.: Devesa & Talavera, Rev. Carduus, fig. 10 (1981) [sub *C. assoi* subsp. *hispanicus*]; lám. 41 k, l

Tallos hasta de 130 cm. Hojas con espinas hasta de 22 mm. Involucro (24)26-31 × 13-17(20) mm; brácteas externas de más de 20 mm, que sobrepasan las medias y a veces también las internas, las medias con espina apical hasta de 15 mm. Corola (17)19-24 mm, con tubo de (6,5)7,5-11,5(12) mm y limbo de 10-13,5(14) mm. Vilano (17)19-22 mm. $2n = 20$.

Campos, cunetas y baldíos, en suelos básicos ± nitrificados; 50-1200(1770) m. IV-VI. ● SE de España. **Esp.:** A Al Gr Mu (V)?

Observaciones.–En el W de la provincia de Granada, en su límite con la de Almería (puerto de La Ragua), hay poblaciones integradas por individuos que se pueden identificar con esta subespecie y que conviven con otros que presentan caracteres intermedios entre este taxon y *C. platypus* subsp. *granatensis*.

7. C. vivariensis Jord., Observ. Pl. Nouv. 3: 212, pl. 8 A (1846) [vivariénsis]

C. nigrescens subsp. *vivariensis* (Jord.) Bonnier & Layens, Tabl. Syn. Pl. Vasc. France: 178 (1894)
Ind. loc.: "Cette espèce croît sur les collines sèches et dans les montagnes aux environs de Tournon, Aubenas, Burzet, etc. (Ardèche). Je l'ai observée aux environs d'Alais (Gard.)" [lectótipo designado por J.A. Devesa & S. Talavera, Rev. Carduus: 50 (1981): LY]
Ic.: Devesa & Talavera, Rev. Carduus, fig. 11 (1981); Jord., Observ. Pl. Nouv. 3, pl. 8 A (1846); lám. 42

Hierba bienal, espinosa, verde, con pelos unicelulares y pelos pluricelulares uniseriados. Tallos hasta de 100 cm, erectos, por lo general ramificados en la parte superior, con sección ± circular, acostillados longitudinalmente, alados en su mayor parte –excepto los pedúnculos de las inflorescencias–, con alas palmatiloba-

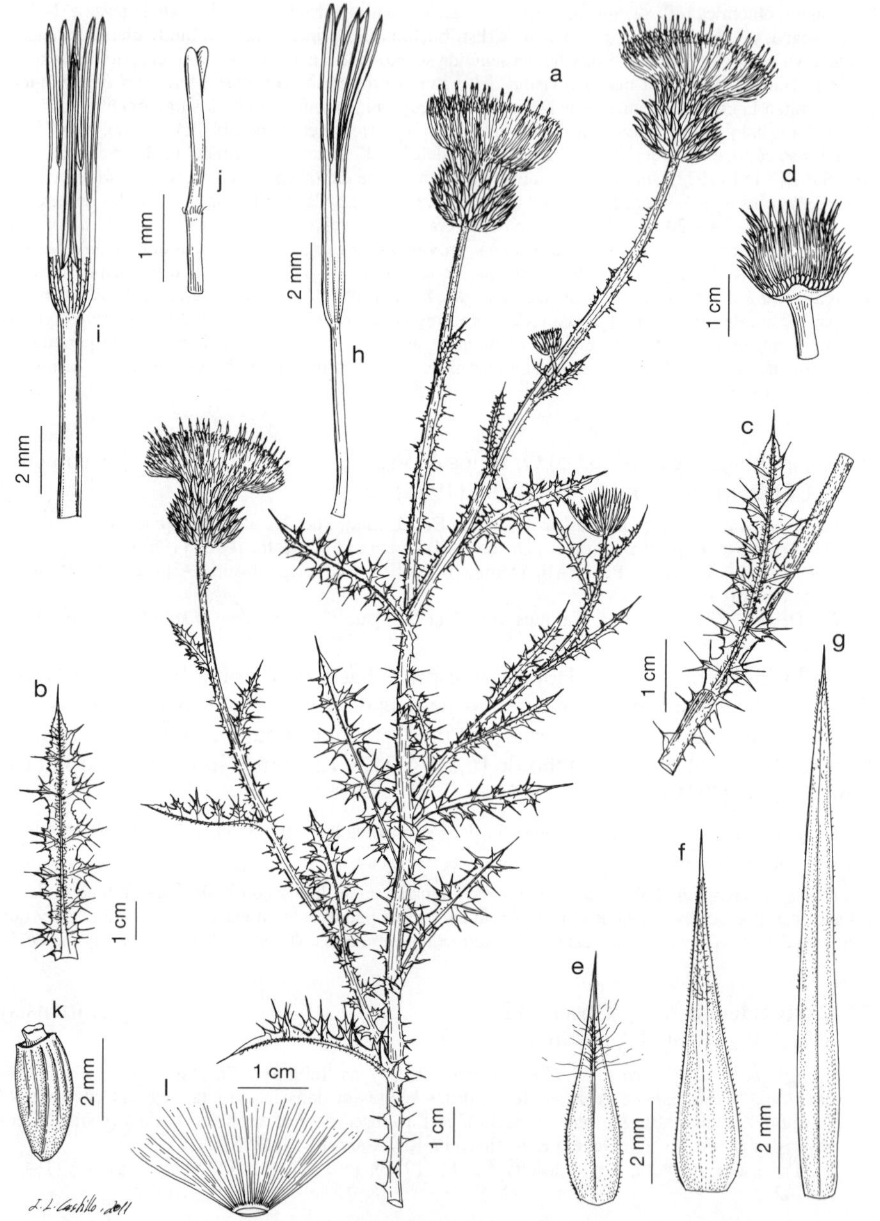

Lám. 42.–*Carduus vivariensis,* a, d-l) San Hipólito de Voltregá, Barcelona (MA 132152); b, c) Manlleu, Barcelona (MA 132145): a) tallo florido; b) hoja basal; c) inserción de una hoja caulinar; d) sección de un capítulo; e) bráctea externa del involucro; f) bráctea media del involucro; g) bráctea interna del involucro; h) corola; i) corola abierta que muestra un estambre y cuatro filamentos estaminales; j) estilo con sus ramas; k) aquenio; l) vilano.

das –por lo general con 3(5) lóbulos, el central algo más destacado–, provistas de espinas amarillentas hasta de 5 mm, foliosos, con indumento de pelos pluricelulares ± sinuosos abundantes en las partes media y basal, y pelos unicelulares araneosos, especialmente abundantes y que forman un tomento bajo las inflorescencias. Hojas hasta de 80 × 30 mm o más, sésiles, decurrentes, gradualmente menores hacia la parte superior del tallo, con nervadura principal pinnada y nervios ± prominentes en el envés, sobre todo el principal, verdes; las basales y las caulinares del tercio basal oblongo-lanceoladas, de pinnatífidas a ± pinnatipartidas o pinnatisectas, con (4)6-8(10) pares de lóbulos ± palmatilobados, cada uno a su vez con 3-5 lóbulos triangulares –el central mayor–, agudos, y espinas hasta de 7 mm, con haz provista de pelos pluricelulares cortos y sinuosos, esparcidos, y envés con pelos pluricelulares concentrados sobre todo en los nervios; las más superiores oblongas, de sinuado-lobadas a pinnatífidas. Capítulos solitarios, terminales, sobre pedúnculos blanquecino-tomentosos y afilos hasta de 200 mm, por lo general no alcanzados por la última hoja caulinar. Involucro 16-19 × (8)9-13(14) mm, ovoide, redondeado o ligeramente umbilicado en la base, glabrescente –con apenas algún pelo unicelular araneoso–, sobrepasado por las flores; brácteas aparentemente dispuestas en 5-7 series, gradualmente mayores de fuera adentro, erectas y ± adpresas –excepto el ápice algo curvo–, con espina apical hasta de 2 mm, parduscas cuando secas; las externas de menos de 20 mm, menores que las medias e internas, lanceoladas, con ápice curvo y un nervio ± conspicuo al menos en el 1/3 distal; brácteas medias lanceoladas, con un nervio ± conspicuo al menos en el 1/3 distal, con ápice algo curvo y espina apical hasta de 2 mm; las más internas 16-19 mm, estrechamente lanceoladas o linear-lanceoladas, inermes, con 3 nervios apicales, acabadas en porción papiráceo-escariosa a menudo teñida de color púrpura. Receptáculo peloso. Flósculos hermafroditas. Corola (14,5)16-20,5(21,5) mm, rosado-purpúrea, glabra; tubo (5)7-9,5(10,5) mm, blanquecino o blanco; limbo (8)9-12,5(13) mm, rosado-purpúreo, con 5 lóbulos de 6-8 mm, lineares o linear-lanceolados, por lo general uno de ellos con los senos más profundos que los otros. Estambres con filamento peloso; anteras 5,5-6 mm, violetas, con apéndices basales de c.1 mm. Aquenios 3-3,6 × 1,2-1,5 mm, oblongo-obovoides, con sección ± elíptica, de un pardo claro u obscuro, con líneas longitudinales más obscuras; placa apical con nectario de 0,2-0,4 mm, ± pentalobulado. Vilano 12-17 mm. *n* = 10.

Campos, cunetas y baldíos, en suelos básicos; 400-1550 m. VII-IX. S y CS de Francia y Península Ibérica. NE de España. **Esp.:** B Ge L. **N.v.:** cardo; *cat.:* card.

Sect. 2. **Macrocephali** (Willk.) Huter
[**] *Macrocephali* Willk.

Hierbas perennes, rizomatosas. Indumento constituido principalmente por pelos pluricelulares. Capítulos medianos, persistentes tras la fructificación.

8. C. carlinifolius Lam., Encycl. 1: 699, 700 (1785) [Carlinifólius]
["Carlinaefolius"]

C. defloratus subsp. *carlinifolius* (Lam.) Ces. in C. Catt., Notiz. Nat. Civili Lombardia 1: 302 (1844)

Ind. loc.: "Cette plante croît dans les Provinces méridionales de la France: on la cultive au Jardin du Roi"
Ic.: Devesa & Talavera, Rev. Carduus, fig. 13 (1981)

Hierba perenne, rizomatosa, espinosa, verde, glabra o con pelos unicelulares y pelos pluricelulares uniseriados. Tallos hasta de 85 cm, erectos, simples o con mayor frecuencia ramificados desde la base y en la parte superior, con sección ± circular, con costillas longitudinales muy marcadas, alados en su mayor parte –excepto los pedúnculos de las inflorescencias–, con alas triangulares o profundamente palmatilobadas, provistas de espinas amarillentas hasta de 15 mm, foliosos, glabros o glabrescentes en su mayor parte, con pelos unicelulares araneosos esparcidos, muy abundantes y que forman un tomento blanquecino bajo las inflorescencias. Hojas hasta de 210 × 80 mm, algo coriáceas, sésiles, decurrentes, gradualmente menores hacia la parte superior del tallo, con nervadura principal pinnada y nervios ± prominentes por el envés, sobre todo el principal, de un verde glauco; las basales y las caulinares inferiores oblongas u oblongo-lanceoladas, de profundamente pinnatipartidas a pinnatisectas, con (5)7-12(15) pares de lóbulos profunda y asimétricamente palmatilobados, cada uno a su vez con 3-5 lóbulos triangulares –a veces algo runcinados y casi siempre el central mayor–, agudos u obtusos, y provistos de espínulas y espinas hasta de 16 mm, con haz glabra y envés glabro o con pelos pluricelulares esparcidos en el nervio principal e incluso en los secundarios; las más superiores de pinnatífidas a pinnatipartidas. Capítulos solitarios, sobre pedúnculos ± blanquecino-tomentosos y afilos hasta de 160 mm. Involucro (14)16-22(23) × (7)8-11(13) mm, estrechamente ovoide, glabro o algo araneoso, sobrepasado por las flores; brácteas aparentemente dispuestas en 5-7 series, las externas y medias por lo general más grandes que el resto, ± herbáceas, parduscas cuando secas; las externas y medias estrechamente lanceoladas o linear-lanceoladas, de menos de 2 mm de anchura, erecto-patentes, atenuadas en una espina apical hasta de 10 mm o más larga, con un nervio ± conspicuo al menos en los 2/3 basales, dorso glabro o con algún pelo araneoso, y margen escarioso en la mitad inferior; las más internas 15-21 mm, estrechamente lanceoladas, por lo general mayores que las medias, inermes, con 1(3) nervios apicales, acabadas en porción escariosa a menudo teñida de rosa o de color púrpura. Receptáculo peloso. Flósculos hermafroditas. Corola (15,5)17-21,5 mm, rosado-purpúrea, glabra; tubo (5)7-9(9,5) mm, blanquecino o blanco; limbo 8,2-13 mm, rosado o purpúreo, con 5 lóbulos de (5,5)6-8 mm, linear-lanceolados, uno con los senos más profundos que los otros. Estambres con filamento peloso; anteras (5,5)6,2-8 mm, violetas, con apéndices basales de 0,8-1,2 mm. Aquenios 4-4,7 × 1,5-2 mm, oblongo-obovoides, con sección ± elíptica, de un pardo obscuro en la madurez; placa apical con nectario de 0,2-0,5 mm, subcilíndrico, ligeramente pentalobulado. Vilano (12)14-20 mm. $2n = 22$.

Borde de caminos y carreteras, baldíos y herbazales, orlas de bosque, etc., en enclaves ± nitrificados, preferentemente en calizas; (600)700-2500(2800) m. (VI)VII-VIII(IX). Pirineos y Alpes –Francia, Suiza e Italia–. NE de la Península Ibérica. **And. Esp.:** B Ge Hu L Na. **N.v.:** cardo; *cat.:* card.

Observaciones.–La especie es variable en lo que concierne a la longitud de las brácteas involucrales y la morfología foliar. En el Pirineo occidental y central (Esp.: Ge Hu L Na) predominan los individuos de la var. *carlinifolius* [*C. zetterdstedtianus* Rouy in Rouy & Foucaud, Fl. France 9: 88 (1905)], que se caracterizan por presentar capítulos con un involucro de brácteas lineares o estrechamente linear-lanceoladas, erectas o erecto-patentes, las externas de la misma longitud o más largas que las medias, y hojas con lóbulos profundamente palmatipartidos. En el Pirineo central y sobre todo en el oriental (Esp.: B Ge Hu L) son más frecuentes las plantas de *Carduus carlinifolius* var. *petrophilus* (Timb.-Lagr.) Devesa in Castrov. & al. (eds.), Fl. Iber. 16(1): 205 (2014), comb. nov. [*C. petrophilus* Timb.-Lagr. in Bull. Soc. Bot. France 15: 87 (1868), basión.; *C. carlinifolius* f. *petrophilus* (Timb.-Lagr.) Rouy in Rouy & Foucaud, Fl. France 9: 88 (1905); *C. cadevalli* Sennen in Bol. Soc. Aragonesa Ci. Nat. 11: 197 (1912), pro hybrid.; *C. loretii* var. *catalaunicus* Sennen in Bol. Soc. Aragonesa Ci. Nat. 11: 197 (1912), pro hybrid.; *C. ceretanus* Sennen in Bull. Soc. Bot. France 73: 655 (1926); *C. defloratus* var. *ceretanus* (Sennen) Arènes in Mém. Mus. Natl. Hist. Nat. 24: 213 (1949); *C. ceretanicus* Sennen, in sched., nom. nud.], que se caracterizan por tener brácteas involucrales ± imbricadas y gradualmente mayores de fuera adentro, por ser las externas menores que las medias y porque los lóbulos de las hojas tienen divisiones menos marcadas y son de palmatífidos a palmatipartidos. En algunas zonas del Pirineo, *C. carlinifolius* convive con *C. defloratus,* especie con la que a menudo parece hibridarse (véanse las observaciones sobre esta última especie). De igual forma, se conocen supuestos híbridos (Esp.: B Ge L) con *C. crispus* subsp. *multiflorus (C.* × *nuriae,* véase el apartado de los híbridos), al que se parecen en la morfología de los capítulos y las hojas, si bien estas tienen la misma consistencia que las de *C. carlinifolius.* También se conocen formas supuestamente híbridas con *C. nutans (C.* × *bergadensis*, *C.* × *leridanus)* del NE de España (Esp.: B L).

9. C. **paui** Devesa & Talavera, Rev. Carduus, fig. 14, 62 (1981) [Páui]

C. defloratus subsp. *paui* (Devesa & Talavera) O. Bolòs & Vigo, Fl. Països Catalans 3: 881 (1996)
Ind. loc.: “Typus. Cuenca, Inter Tragacete et Tejadillos, solo calcáreo, in pinetis, 30.VII.1979, Devesa (SEV 40299, holotypus. BM, G., K, LY, MA, MAF, MPU isotypi)”
Ic.: Devesa & Talavera, Rev. Carduus, fig. 14 (1981); lám. 43

Hierba perenne, rizomatosa, espinosa, verde, glabrescente o con pelos unicelulares y pelos pluricelulares uniseriados dispersos. Tallos hasta de 70 cm, erectos, simples o con mayor frecuencia ramificados desde la base y en la parte superior, con sección ± circular, con costillas longitudinales muy marcadas, alados en su mayor parte –excepto los pedúnculos de las inflorescencias cuando hay–, con alas triangulares o profundamente palmatilobadas, provistas de espinas amarillentas hasta de 17 mm, foliosos, glabros o glabrescentes en su mayor parte, con pelos pluricelulares uniseriados esparcidos y pelos unicelulares araneosos, estos muy abundantes y que forman un tomento blanquecino bajo las inflorescencias. Hojas hasta de 220 × 40 mm, algo coriáceas, sésiles, decurrentes, gradualmente menores hacia la parte superior del tallo, con nervadura principal pinnada y nervios ± prominentes por el envés, sobre todo el principal, de un verde glauco; las basales y las caulinares del tercio basal oblongas u oblongo-lanceoladas, de profundamente pinnatipartidas a pinnatisectas, con 6-8(14) pares de lóbulos ± palmatilobados, cada uno a su vez con 2 o 3(5) lóbulos triangulares –el central no mucho más grande que los laterales–, ± agudos y provistos de espínulas y espinas hasta de 12 mm, amarillas, con haz glabra y envés glabro o con pelos pluricelulares en el nervio medio; las más superiores de pinnatífidas a pinnatipartidas. Capítulos solitarios, por lo general sobre pedúnculos ± blanquecino-tomentosos y afilos hasta de 90(170) mm. Involucro (15)18-22 × 8-11 mm, estrechamente ovoide, glabro o muy ligeramente araneoso, sobrepasado por las flores; brácteas aparentemente dispuestas en 5-7 series, por lo general las medias de igual tamaño que las más in-

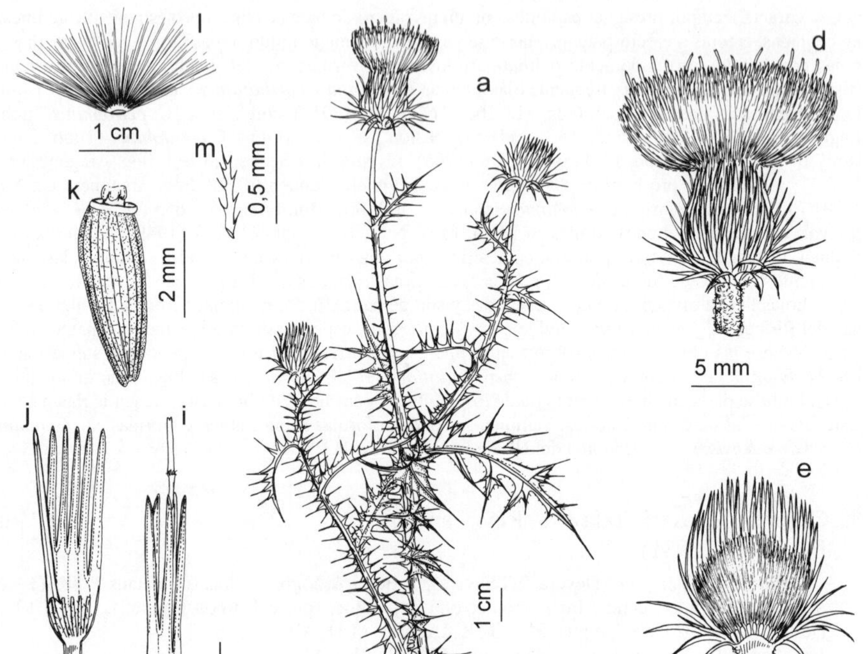

Lám. 43.–*Carduus paui,* a, c-j) Puerto del Cubillo, de Tragacete a los Montes Universales, Cuenca (MA 239464), b) Valdelinares, Sierra de Gúdar, Teruel (MA 558658); k-m) Pico de Javalambre, Camarena de la Sierra, Teruel (MA 447412): a) tallo florido; b) base del tallo y sistema radical; c) hoja caulinar; d) capítulo; e) sección de un capítulo; f) bráctea externa del involucro; g) bráctea media del involucro; h) bráctea interna del involucro; i) corola y verticilos sexuales; j) corola abierta que muestra un estambre y los filamentos del resto; k) aquenio; l) vilano; m) detalle de un pelo del vilano.

ternas, ± herbáceas, parduscas cuando secas; las externas y medias estrechamente lanceoladas o linear-lanceoladas, de menos de 2 mm de anchura, erecto-patentes o patentes, atenuadas en una espina apical amarilla hasta de 5 mm, con un nervio ± conspicuo al menos en los 2/3 basales, dorso glabro o con algún pelo araneoso, y margen estrechamente escarioso en la mitad inferior; las más internas (15)18-22 mm, estrechamente lanceoladas, por lo general mayores que las medias, inermes, con 1(3) nervios apicales, acabadas en una porción escariosa a menudo teñida de rosa o de color púrpura. Receptáculo peloso. Flósculos hermafroditas. Corola 16-21 mm, rosado-purpúrea, glabra; tubo 6,3-9 mm, blanquecino o blanco; limbo 9,7-13 mm, rosado o purpúreo, con 5 lóbulos de 4,5-8,5 mm, linear-lanceolados, uno con los senos más profundos que los otros. Estambres con filamento peloso; anteras 5,5-8 mm, violetas, con apéndices basales de 1-1,2 mm. Aquenios 3,8-4,5 × 1,5-2 mm, oblongo-obovoides, con sección ± elíptica, de un pardo obscuro en la madurez; placa apical con nectario de 0,3-0,6 mm, subcilíndrico, ligeramente pentalobulado. Vilano (12)14-16(17) mm. *n* = 10.

Borde de caminos y carreteras, orlas de bosque –pinares, fundamentalmente–, etc., en enclaves ± nitrificados, en calizas; 1300-2020 m. VII-VIII(IX). ● E de España. **Esp.:** Cu Te V. **N.v.:** cardo; *cat.:* card prim (Valencia).

Observaciones.–Variable en la mayor o menor profundidad de los lóbulos de las hojas, la espinescencia y el desarrollo de las brácteas del involucro, que pueden ser gradualmente mayores de fuera adentro, o bien las medias muy desarrolladas, de la misma longitud que las internas o incluso algo más largas.

10. C. defloratus L., Syst. Nat. ed. 10: 1200 (1759) [deflorátus]
subsp. **medius** (Gouan) Bonnier, [médius]
Fl. Ill. France 6: 36 (1923)

C. medius Gouan, Ill. Observ. Bot.: 62, tab. 24 (1773) [basión.]
Ind. loc.: "In pyrenæis; Loci peculiaris oblitus; an in pratis circa pagum Guerigut & montem Laurenti? Similem circa thermas Barreges legerat D. Darluc, Prof. Aquisext"
Ic.: Devesa & Talavera, Rev. Carduus, fig. 15 (1981) [sub *C. argemone*]; Gouan, Ill. Observ. Bot., tab. 24 (1773) [sub *C. medius* var. *medius*]; lám. 44

Hierba perenne, rizomatosa, espinosa, verde, con pelos unicelulares y pelos pluricelulares uniseriados. Tallos hasta de 130 cm, erectos, simples o con mayor frecuencia ramificados desde la base y en la parte superior, con sección ± circular, con costillas longitudinales muy marcadas, alados en su mayor parte –excepto los pedúnculos de las inflorescencias–, con alas triangulares o palmatilobadas, provistas de espinas amarillentas de 1-2,5(3,5) mm, foliosos, glabrescentes, con pelos pluricelulares sinuosos y pelos unicelulares araneosos ± esparcidos, más abundantes y que forman un tomento bajo las inflorescencias. Hojas hasta de 280 × 90 mm, herbáceas, sésiles, decurrentes, gradualmente menores hacia la parte superior del tallo, con nervadura principal pinnada y nervios ± prominentes por el envés, sobre todo el principal, verdes, ± discoloras; las basales y las caulinares inferiores oblongo-elípticas u oblongo-lanceoladas, ± pinnatipartidas o pinnatisectas, con (6)7-15(18) pares de lóbulos palmatilobulados, asimétricos o no, cada uno a su vez con 3-5 lóbulos triangulares –por lo general el central mucho más desarrolla-

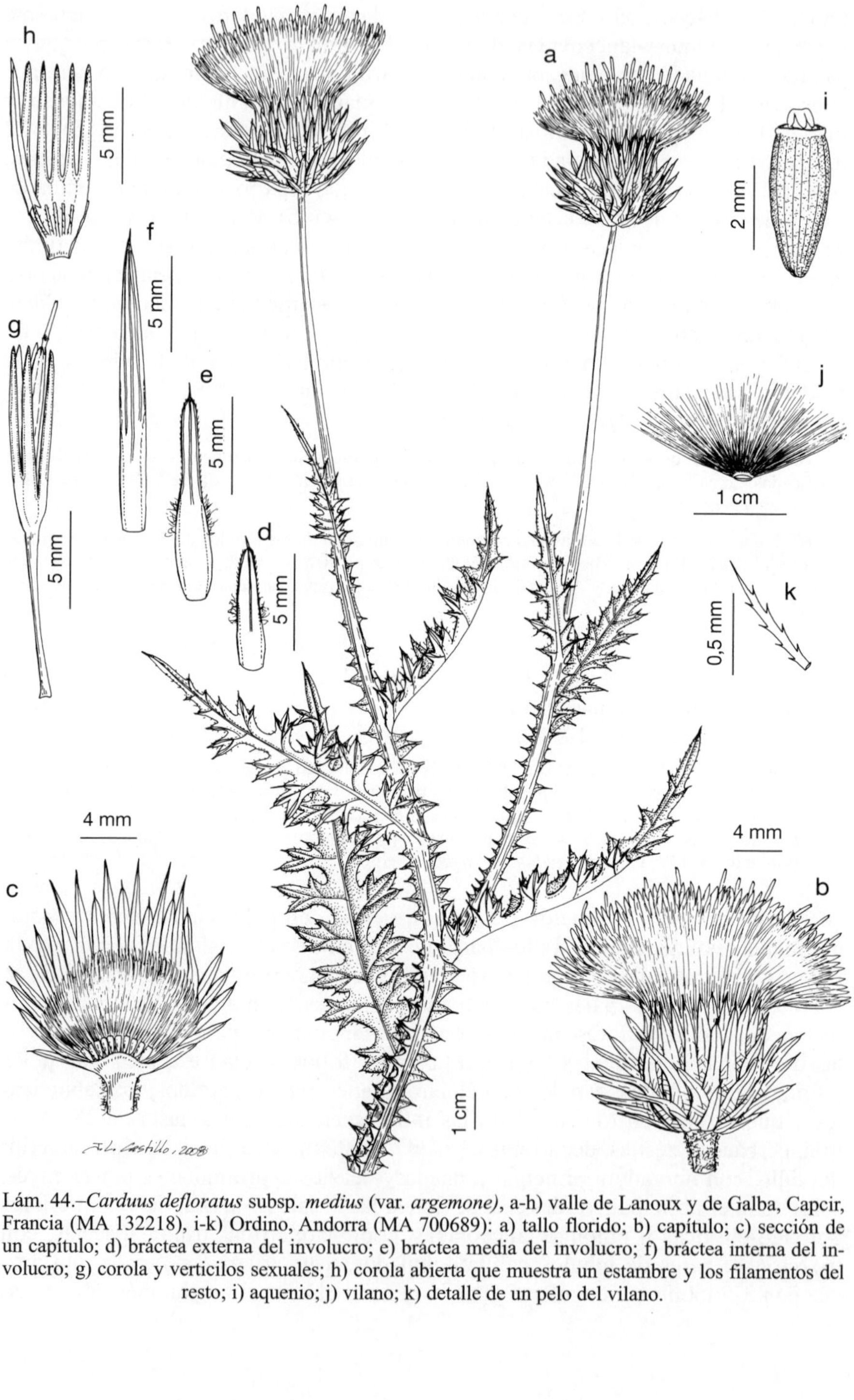

Lám. 44.–*Carduus defloratus* subsp. *medius* (var. *argemone)*, a-h) valle de Lanoux y de Galba, Capcir, Francia (MA 132218), i-k) Ordino, Andorra (MA 700689): a) tallo florido; b) capítulo; c) sección de un capítulo; d) bráctea externa del involucro; e) bráctea media del involucro; f) bráctea interna del involucro; g) corola y verticilos sexuales; h) corola abierta que muestra un estambre y los filamentos del resto; i) aquenio; j) vilano; k) detalle de un pelo del vilano.

do–, agudos u obtusos y provistos de espínulas y espinas hasta de 2,5(3,5) mm, con haz verde, glabra o con algunos pelos pluricelulares exiguos dispersos por lo general en el nervio medio, y envés de un verde más pálido, con pelos pluricelulares esparcidos en los nervios; las más superiores lineares, de pinnatífidas a pinnatipartidas. Capítulos solitarios, sobre pedúnculos ± blanquecino-tomentosos y afilos hasta de 500 mm. Involucro 12-19(21) × (4)5-13(15) mm, estrechamente ovoide u ovoide, a veces ligeramente umbilicado en la base, glabro o ligeramente araneoso, sobrepasado por las flores; brácteas aparentemente dispuestas en 4-6 series, gradualmente mayores de fuera adentro y ± adpresas, o las externas y sobre todo las medias tan grandes como las internas, ± herbáceas, parduscas cuando secas; las externas y medias estrechamente lanceoladas o linear-lanceoladas, de menos de 1,5(2) mm de anchura, erecto-patentes, obtusas o agudas y atenuadas en una espina apical hasta de 0,7(1,2) mm, con un nervio ± conspicuo al menos en los 2/3 basales, dorso glabro o con algún pelo araneoso, y margen estrechamente escarioso en la mitad inferior; las más internas (12)13-18(21) mm, estrechamente lanceoladas, mayores, subiguales o menores que las medias, inermes, con 1(3) nervios apicales, acabadas en una porción escariosa a menudo teñida de rosa o de color púrpura. Receptáculo peloso. Flósculos hermafroditas. Corola 12,5-19(19,5) mm, rosado-purpúrea, glabra; tubo (3,5)4-7,5(8) mm, blanquecino o blanco; limbo 7,5-12 mm, rosado, con 5 lóbulos de (5)5,5-7,5 mm, linear-lanceolados, por lo general uno con los senos más profundos que los otros. Estambres con filamento peloso; anteras (4,8)5-6,6 mm, violetas, con apéndices basales de 0,3-1,5 mm. Aquenios 3,1-4,7 × (0,9)1,3-1,7 mm, oblongo-obovoides, con sección ± elíptica, de un pardo claro en la madurez; placa apical con nectario de (0,2)0,3-0,5 mm, subcilíndrico, ligeramente pentalobulado. Vilano (9)10-14(16) mm. $2n = 22$.

Borde de caminos y carreteras, baldíos y herbazales de orlas de bosque y megaforbios, etc., en enclaves ± nitrificados, preferentemente en calizas; (5)100-2000(2140) m. (VI)VII-VIII(IX). España y Francia. Cordillera Cantábrica y Pirineos. **And. Esp.:** B? Bi Bu Hu L Le Na O P S SS Vi. **N.v.:** cardo; *cat.:* card.

Observaciones.–En el territorio se reconocen dos variedades fundamentadas sobre todo en las diferencias de las brácteas del involucro, aunque no siempre fácilmente segregables y, a veces, incluso con formas intermedias. En la var. *medius* (Gouan) Fiori in Fiori & Paol., Fl. Italia 3: 354 (1904) [*C. defloratus* "proles" *medioformis* Rouy, Fl. France 9: 85 (1905), nom. inval.; *C. defloratus* subsp. *medioformis* Braun-Blanq. in Commun. Sta. Int. Géobot. Médit. Montpellier 87: 235 (1945)] se incluyen plantas por lo general de tamaño mediano, hasta de 45 cm, con los lóbulos laterales de las hojas nada o apenas solapados entre sí, ± profundamente pentalobulados, por lo general con el lobulillo central mucho más desarrollado y los laterales ± simétricos, capítulos con involucro de 12-16(18) × (4)5-8(10) mm, brácteas involucrales gradualmente mayores de fuera hacia dentro del capítulo, ± imbricadas y adpresas, agudas u obtusas, flores con corola de 12,5-18,5(19) mm y vilano de 9-13(13,5) mm (And. Esp.: Bi Bu L O S SS Vi). La var. *argemone* (Pourr. ex Lam.) Rchb., Icon. Fl. Germ. Helv. 15: 89 (1853) [*C. argemone* Pourr. ex Lam., Encycl. 1: 700 (1785), basión.; *Cnicus argemone* (Pourr. ex Lam.) Lapeyr., Hist. Pl. Pyrénées: 493 (1813); *C. defloratus* subsp. *argemone* (Pourr. ex Lam.) Ces. in C. Catt., Notiz. Nat. Civili Lombardia 1: 302 (1844); *C. medius* subsp. *argemone* (Pourr. ex Lam.) P. Fourn., Quatre Fl. France: 1002 (1940); *C. defloratus* subsp. *argemone* (Pourr. ex Lam.) O. Bolòs & Vigo in Collect. Bot. (Barcelona) 17: 91 (1988), comb. superfl.; *C. medius* var. *ramosus* Rouy in Rouy & Foucaud, Fl. France 9: 87 (1905); *C. durieuanus* Font Quer & Rothm. in Cavanillesia 7: 178 (1936), pro hybrid.; *C. arctioides* auct., non Willd., Sp. Pl. 3: 1656 (1803); *C. defloratus* sensu Willk. in Willk. & Lange, Prodr. Fl. Hispan. 2: 196 (1865), non L., Syst. Nat., ed. 10: 1200 (1759)], representada en toda el área (And. Esp.: B? Bi Bu Hu L Le Na O P S SS Vi), comprende plantas de mayor porte, hasta de 130 cm, con los lóbulos laterales de las hojas algo solapados, de pinnatífidos a ± pentalobulados y, en este caso, con el lobulillo central mucho más desarrollado y los laterales asimétricos –por lo general los orientados hacia la base de la hoja menos desarrollados o faltan–, capítulos con involucro de (13)15-19(21) × (6)8-13(15) mm y brácteas estrechamente lineares o linear-lanceoladas, las externas y sobre todo las medias tan grandes como las internas, agudas, erecto-patentes; flores con corola de (13,5)14-19 mm y vilano de (11)12-14(16) mm.

La subespecie convive en los Pirineos con *C. carlinifolius,* con la que parece hibridarse (And. Esp.: B Ge L Na). Los supuestos híbridos [*C. medius* sensu Devesa & Talavera, Rev. Carduus: 107 (1981), non Gouan, Ill. Observ. Bot.: 62, tab. 24 (1773)] tienen hojas del tipo de la var. *argemone,* pero con lóbulos más pronunciados y espinas más desarrolladas, como en *C. carlinifolius.*

También se conocen supuestos híbridos con *C. carpetanus (C.* × *septentrionalis)* en el N de España (Esp.: Le) y con *C. nutans (C.* × *nutanti-medius, C.* × *loretii* y *C.* × *arvaticus)* en las áreas donde ambos táxones conviven (Esp.: Le O).

Sect. 3. **Tomentosi** Devesa & Talavera
Sect. *Microcephali* Willk., p.p.

Hierbas perennes, con raíz axonomorfa engrosada y algo lignificada en la parte superior. Indumento principalmente de pelos unicelulares, que forman un denso tomento blanquecino. Capítulos medianos, persistentes en la fructificación.

11. C. carpetanus Boiss. & Reut., Diagn. Pl. Nov. Hisp.: 19 (1842) [carpetánus]

Ind. loc.: "Hab. in regionis montanæ cultis derelictis, pascuis, Sierra de Guadarrama propè Colmenar viejo, el Escurial, la Granja, San Rafael; Sierra de Gredos (Reuter)" [lectótipo designado por J.A. Devesa & S. Talavera, Rev. Carduus: 67 (1981): G-BOISS]

Hierba perenne, espinosa, ± blanco-tomentosa, con pelos unicelulares largos que forman un indumento denso y ± algodonoso, y pelos pluricelulares uniseriados escasos. Tallos hasta de 140 cm, erectos, por lo general ramificados en la parte superior de manera corimbiforme, con sección ± circular, acostillados longitudinalmente –costillas ± ocultas por el indumento–, alados en su mayor parte, con alas profundamente palmatilobadas, discoloras, provistas de espinas amarillentas hasta de 11(15) mm, foliosos, con indumento denso de pelos unicelulares. Hojas hasta de 250 × 80 mm, sésiles, decurrentes, gradualmente menores hacia la parte superior del tallo, con nervadura principal pinnada y nervios ± prominentes por el envés pero ± ocultos por el indumento –visibles sobre todo hacia el borde–, discoloras; las basales –± persistentes en la antesis– y las caulinares del tercio basal oblongas u oblongo-lanceoladas, profundamente pinnatipartidas o pinnatisectas, con (4)6-8(10) pares de lóbulos palmatilobados, cada uno a su vez con 3-5 lóbulos triangulares –el central mayor–, agudos o subobtusos, y provistos de espinas hasta de 18 mm, con haz de un verde ± canoso, con pelos unicelulares laxamente dispuestos y ± aplicados, y envés con pelos unicelulares que forman un indumento blanco-tomentoso, algodonoso, y algún pelo pluricelular en el nervio principal; las más superiores oblongas, pinnatipartidas. Capítulos solitarios o en grupos de 2-7(10), dispuestos en estructuras corimbiformes ± laxas, subsésiles o sobre pedúnculos densamente blanquecino-tomentosos hasta de 5(30) mm, a menudo alcanzados por la última hoja caulinar, que puede o no superar el involucro. Involucro

(10)13-22,5 × 5-12 mm, ovoide, ± araneoso, sobrepasado por las flores; brácteas aparentemente dispuestas en 5-7 series, gradualmente mayores de fuera adentro, ± coriáceas y parduscas cuando secas; las externas triangulares o triangular-lanceoladas y con espina apical hasta de 3,5 mm, y las medias lanceoladas, todas de menos de 2 mm de anchura, erectas o erecto-patentes, atenuadas en una espina apical hasta de 2,6 mm, con un nervio ± conspicuo al menos en el 1/3 distal, dorso ± araneoso, y margen estrechamente escarioso en la mitad inferior; las más internas (10)13-22,5 mm, estrechamente lanceoladas o linear-lanceoladas, mayores que el resto, inermes, con 1(3) nervios apicales, acabadas en porción escariosa de 3-7 mm, a menudo teñida de rosa o de color púrpura. Receptáculo peloso. Flósculos hermafroditas. Corola (14)15-22 mm, rosado-purpúrea, glabra; tubo (5,2)5,5-9,5 mm, blanquecino o blanco; limbo 9-13 mm, rosado-púrpura, con 5 lóbulos de 5-9 mm, lineares, por lo general uno con los senos más profundos que los otros. Estambres con filamento peloso; anteras 6,5-8,5 mm, violetas, con apéndices basales de 0,6-1,4 mm. Aquenios (3,5)4-5,7 × 1,7-2,3(2,5) mm, oblongo-obovoides u obovoides, con sección ± elíptica, de un pardo ± obscuro en la madurez, a veces con líneas más obscuras; placa apical con nectario de 0,2-0,6 mm, subcilíndrico, ligeramente pentalobulado. Vilano 11-18(20,2) mm. $2n = 16$.

Campos, baldíos, praderas, calveros pedregosos y márgenes de caminos y carreteras, en suelos ácidos ± nitrificados; (400)450-1960(2200) m. (V)VI-VIII(IX). ● Mitad septentrional de la Península Ibérica. **Esp.:** Av Bu C Cc (CR)? Cu Gu Hu Le Lo Lu M Na O Or P S Sa Sg So Te To (Va) Z Za. **Port.:** BA BB DL TM. **N.v.:** cardo.

1. Corola (14)15-19(19,5) mm, con tubo de (5,2)5,5-7,7(8,2) mm y limbo de 9-12(13) mm; involucro (10)13-18 × 5-9 mm .... **a.** subsp. **carpetanus**
– Corola (18,3)19-22 mm, con tubo de (6,8)7,5-9,5 mm y limbo de (11)11,5-13 mm; involucro 21-22,5 × 8-12 mm .... **b.** subsp. **braun-blanquetii**

a. subsp. **carpetanus**

C. gayanus Durieu ex Willk. in Willk. & Lange, Prodr. Fl. Hispan. 2: 193 (1865), nom. illeg.
Ic.: Devesa & Talavera, Rev. Carduus, fig. 16 (1981); lám. 45 n-r

Tallos hasta de 100(140) cm. Involucro (10)13-18 × 5-9 mm. Corola (14)15-19(19,5) mm, con tubo de (5,2)5,5-7,7(8,2) mm y limbo de 9-12(13) mm. Anteras 6,5-8(8,5) mm. Aquenios (3,5)4-5 × 1,7-2,3(2,5) mm. Vilano 11-16(20,2) mm.

Campos, baldíos, praderas, calveros pedregosos y margen de caminos y carreteras, en suelos ácidos ± nitrificados; (400)450-1960(2200) m. (V)VI-VIII(IX). ● Mitad septentrional de la Península Ibérica. **Esp.:** Av Bu C Cc (CR)? Cu Gu Le Lo Lu M Na O Or P S Sa Sg So Te To (Va) Z Za. **Port.:** BA BB DL TM.

Observaciones.–Supuestos híbridos con *C. defloratus* var. *argemone (C.* × *septentrionalis)* se han señalado en el N de España (Esp.: Le). De igual forma, de los Picos de Europa (Esp.: S) se conocen plantas de supuesto origen híbrido entre esta especie y *C. carlinoides* subsp. *carlinoides (C.* × *cantabricus),* con hábito similar al de *C. carpetanus* y unos capítulos del tamaño de los de la última.

De supuesto origen híbrido es *C.* × *camplonensis* ($2n = 20$), para el que se han señalado como parentales *C. carpetanus* y *C. platypus* var. *platypus.* El notomorfo recuerda sobre todo a *C. carpetanus,* pero tiene hojas notablemente discoloras y con lóbulos obtusos, capítulos más grandes, etc.

b. subsp. **braun-blanquetii** (P. Monts.) Rivas Mart. in Itinera Geobot. 15(2): 699 (2002) [Bráun-Blanquétii]

C. gayanus var. *braun-blanquetii* P. Monts. in Collect. Bot. (Barcelona) 10: 347 (1976) [basión.]
Ind. loc.: "Holotypus JACA 6306/71, in spelunca Peña Gallinero (YN4127) ubi P. Monts. die 17 augusto 1971 legebat"
Ic.: L. Villar & al., Atlas Fl. Pirineo Aragon. 2: 316 (2001)

Tallos hasta de 50(100) cm. Involucro 21-22,5 × 8-12 mm. Corola (18,3)19-22 mm, con tubo de (6,8)7,5-9,5 mm y limbo de (11)11,5-13 mm. Anteras 7,5-8,5 mm. Aquenios 4,2-5,7 × 1,7-2,2 mm. Vilano (15,5)16-18 mm.

Cantiles, repisas y bordes de pista; 1230-1860 m. (VI)VII-VIII(IX). ● NE de España: Pirineo oscense. **Esp.:** Hu.

12. C. asturicus Franco in Bot. J. Linn. Soc. 71: 49 (1975) [astúricus]

C. confertus var. *purpureus* DC., Prodr. 6: 625 (1838)
C. gayanus sensu Devesa & Talavera, Rev. Carduus: 71 (1981), non Durieu ex Willk. in Willk. & Lange, Prodr. Fl. Hispan. 2: 193 (1865)
Ind. loc.: "Holotypus: Asturias: Cangas de Tineo, habit. in declivitatib. inferior. montium altiss., 6.vii.1835, Durieu 283 (BM)"
Ic.: Devesa & Talavera, Rev. Carduus, fig. 17 (1981) [sub *C. gayanus*]; lám. 45 a-m

Hierba perenne, espinosa, de un verde grisáceo a blanco-tomentosa, con pelos unicelulares largos y araneosos, y pelos pluricelulares uniseriados. Tallos hasta de 90 cm, erectos, por lo general ramificados en la parte superior de manera corimbiforme, con sección ± circular, acostillados longitudinalmente, alados en su mayor parte, con alas profundamente palmatilobadas, provistas de espinas amarillentas hasta de 12 mm, foliosos, con indumento ± denso de pelos unicelulares y pelos pluricelulares. Hojas hasta de 140 × 40 mm, herbáceas, sésiles, decurrentes, gradualmente menores hacia la parte superior del tallo, con nervadura principal pinnada y nervios ± prominentes por el envés, discoloras; las basales –persistentes o secas en la antesis– y las caulinares del tercio basal oblongas u oblongo-lanceoladas, profundamente pinnatipartidas o pinnatisectas, con (4)5-9(10) pares de lóbulos palmatilobados, cada uno a su vez con 3-5 lóbulos triangulares –el central mayor y a menudo runcinado–, agudos y provistos de espinas hasta de 12 mm, con haz de un verde cano, con pelos unicelulares ± aplicados y pelos pluricelulares al menos en el nervio, y envés ± grisáceo-tomentoso o blanco-tomentoso, con pelos unicelulares y pelos pluricelulares largos en los nervios; las más superiores oblongas, pinnatipartidas. Capítulos en grupos ± congestos de (2)3-12 y disposición corimbiforme, sésiles o subsésiles, por lo general alcanzados por la última hoja caulinar, que no sobrepasa el involucro. Involucro 14-20(23) × (3)4-6(8,5) mm, cilíndrico u ovoide-cilíndrico, redondeado en la base, laxamente araneoso, sobrepasado por las flores; brácteas aparentemente dispuestas en 4-7 series, gradualmente mayores de fuera adentro, ± coriáceas y parduscas cuando secas; las externas y medias triangular-lanceoladas y atenuadas en una espina apical hasta de 3,5 mm, todas de menos de 2 mm de anchura, erectas o erecto-patentes, con un nervio ±

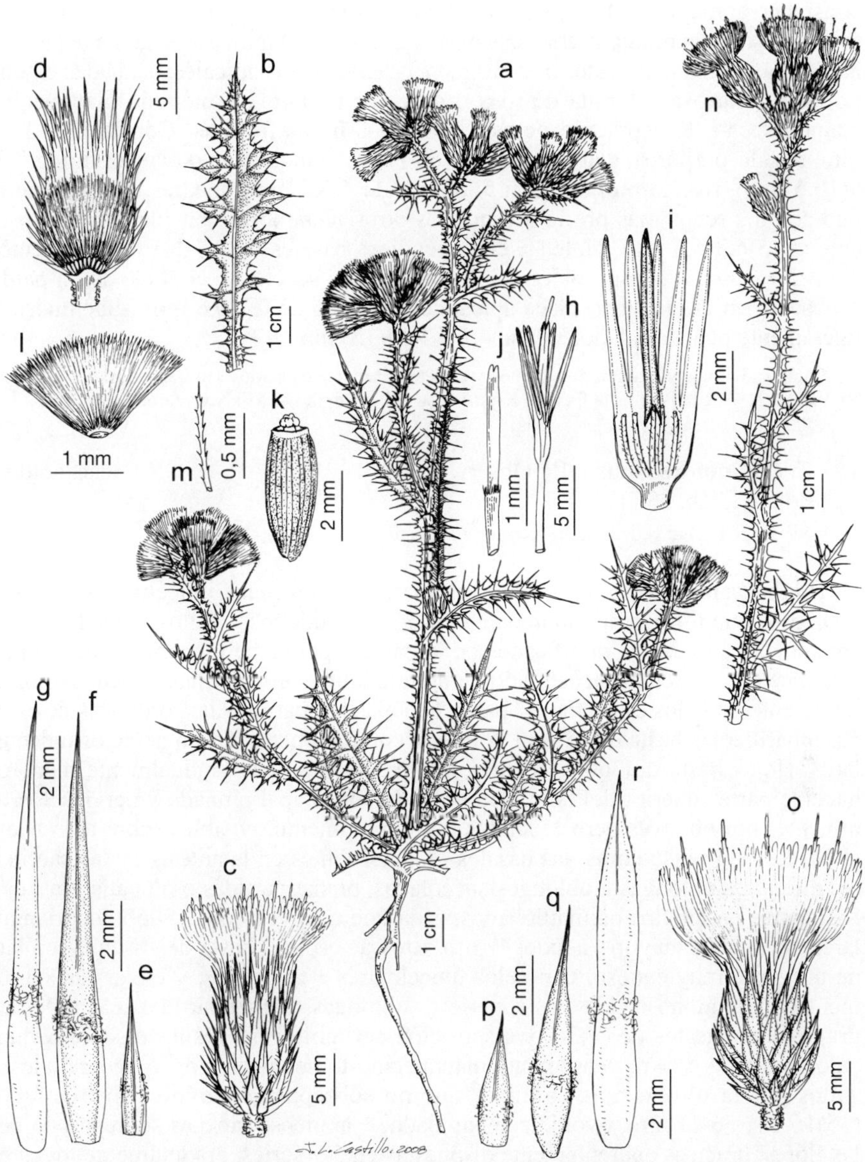

Lám. 45.–*Carduus asturicus,* a, c-m) Serra de Gerês, Minho (MA 180626); b) Santana, pr. Cangas de Tineo, Asturias (MA 131878): a) hábito; b) hoja basal; c) capítulo; d) sección de un capítulo; e) bráctea externa del involucro; f) bráctea media del involucro; g) bráctea interna del involucro; h) corola y verticilos sexuales; i) corola abierta que muestra un estambre y los filamentos del resto; j) porción de estilo con sus ramas; k) aquenio; l) vilano; m) detalle de un pelo del vilano. *C. carpetanus* subsp. *carpetanus*, puerto de Navafría, Segovia (MA 747043): n) tallo florido; o) capítulo; p) bráctea externa del involucro; q) bráctea media del involucro; r) bráctea interna del involucro.

conspicuo al menos en los 2/3-3/4 distales, dorso araneoso y margen estrechamente escarioso en la mitad inferior; las más internas 14-20 mm, estrechamente lanceoladas, mayores que el resto, inermes, con 1-3(5) nervios apicales, acabadas en una porción escariosa ± teñida de rosa o de color púrpura –a menudo blanquecina cuando seca–. Receptáculo peloso. Flósculos hermafroditas. Corola 12,5-14,3 mm, rosado-purpúrea, glabra; tubo 4-5(6,5) mm, blanquecino o blanco; limbo 7,5-9(10,5) mm, rosado-púrpura, con 5 lóbulos de 4-6,5 mm, lineares, por lo general uno con los senos más profundos que los otros. Estambres con filamento peloso; anteras (5)6,3-6,5 mm, violetas, con apéndices basales de 0,7-1,1 mm. Aquenios 3,5-4,2 × 1,4-1,7(2) mm, oblongo-obovoides, con sección ± elíptica, de un pardo ± obscuro en la madurez; placa apical con nectario de 0,2-0,6 mm, subcilíndrico, ligeramente pentalobulado. Vilano (10)12-14(15) mm. $n = 9$.

Campos, baldíos y margen de caminos y carreteras, en suelos ácidos ± nitrificados; 400-1800 m. VI-VIII. ● NW de la Península Ibérica. **Esp.:** Le Lu O Po. **Port.:** DL Mi. **N.v.:** cardo.

13. C. carlinoides Gouan, Ill. Observ. Bot.: 62, tab. 23 (1773) [carlinoídes]

Ind. loc.: "(...) in valle Eynes pyrenæorum abundè, (...)"

Hierba perenne, espinosa, blanco-tomentosa, con pelos unicelulares largos y araneosos que forman un indumento denso y ± algodonoso. Tallos hasta de 50 cm, erectos, por lo general ramificados en la parte superior de manera corimbiforme, con sección ± circular, acostillados longitudinalmente –costillas ± ocultas por el indumento–, alados en su mayor parte, con alas palmatilobadas, provistas de espinas amarillentas hasta de 17 mm, foliosos, con indumento denso de pelos unicelulares. Hojas hasta de 360 × 70 mm, sésiles, decurrentes, gradualmente menores hacia la parte superior del tallo, con nervadura principal pinnada y nervios ± prominentes por el envés pero ± ocultos por el indumento –visibles sobre todo hacia el borde–, algo discoloras; las basales –± persistentes en la antesis– y las caulinares inferiores oblongas u oblongo-lanceoladas, pinnatipartidas o pinnatisectas, con 8-20 pares de lóbulos palmatilobados, cada uno a su vez con 3-5 lóbulos triangulares –el central mayor–, agudos, y provistos de espinas hasta de 18 mm, con haz de un verde muy canoso, con pelos unicelulares ± aplicados, y envés blanco-tomentoso, algodonoso; las más superiores oblongas, pinnatipartidas. Capítulos en grupos ± congestos de (2)3-7 y disposición corimbiforme, sésiles o sobre pedúnculos hasta de 6 mm, densamente blanquecino-tomentosos, por lo general alcanzados por la última hoja caulinar, que no sobrepasa el involucro. Involucro (15)16-24 × 6-11 mm, ovoide-campanulado, ± araneoso, apenas sobrepasado por las flores; brácteas aparentemente dispuestas en 5-7 series, gradualmente mayores de fuera adentro, ± herbáceas, parduscas cuando secas; las externas triangular-lanceoladas y con espina apical hasta de 5,5 mm, y las medias lanceoladas –a veces las del interior algo panduradas–, todas de menos de 2,5 mm de anchura, erectas o erecto-patentes, atenuadas en una espina apical hasta de 7 mm, con un nervio ± conspicuo al menos en los 2/3 distales, dorso araneoso y a menudo teñido de un rosa purpúreo en las medias, y margen algo escarioso en la mitad inferior; las más internas (15)18-26 mm, estrechamente lanceoladas, mayores que el resto, inermes, con 1(3) nervios apicales, acabadas en una porción escariosa de 8-12(15) mm, a menudo teñida de rosa o de color púrpura –a menudo blanquecina cuando seca–. Receptáculo peloso. Flósculos hermafroditas. Corola 14-18 mm, rosado-purpúrea, glabra; tubo 4,5-7 mm, blanquecino o blanco; limbo (6,5)7-11 mm, rosado-púrpura, con 5 lóbulos de (6)6,5-9 mm, lineares, por lo general uno con los senos más profundos que los otros. Estambres con filamento peloso; anteras 6,5-7,5 mm, violetas, con apéndices basales de 0,5-1,1 mm, a menudo fimbriados cuando secos. Aquenios 4-5,1 × 1,5-2,1 mm, oblongo-obovoides, con sección ± elíptica, y pericarpo de un pardo ± obscuro en la madurez; placa apical con nectario de 0,2-0,8 mm, subcilíndrico, ligeramente pentalobulado. Vilano 14-20 mm. $2n = 18$.

Taludes, praderas, gleras y calveros algo nitrificados, en suelos esquistosos; (900)1200-3300 m. VII-VIII(IX). N y SE de España y S de Francia. Cordillera Cantábrica, Pirineos y Sierra Nevada. **And. Esp.:** Al B Ge Gr Hu L Le Lo Na O (P) S.

1. Hojas basales con 8-15(18) pares de lóbulos; brácteas involucrales medias con espina apical hasta de 3,5 mm; vilano 14-17,5 mm .... **a.** subsp. **carlinoides**
– Hojas basales con (8)11-20 pares de lóbulos; brácteas involucrales medias con espina apical hasta de 7 mm; vilano (15)16-20 mm .... **b.** subsp. **hispanicus**

a. subsp. **carlinoides**

Ic.: Devesa & Talavera, Rev. Carduus, fig. 18 (1981); Gouan, Ill. Observ. Bot., tab. 23 (1773)

Tallos hasta de 35 cm, con alas provistas de espinas hasta de 12 mm. Hojas basales con 8-15(18) pares de lóbulos, con espinas hasta de 10(14) mm. Involucro (15)16-22(23) × (6)8-11 mm, con brácteas medias provistas de una espina apical hasta de 3,5 mm. Corola 14-16,5(18) mm, con tubo de 4,5-6,5(7) mm y limbo de (7,5)9-11 mm. Aquenios 4-4,7(5) × 1,5-2,1 mm. Vilano 14-17,5 mm. $2n = 18$.

Taludes, praderas, gleras y calveros algo nitrificados, en suelos esquistosos; (900)1200-2650(3000) m. VII-VIII(IX). N de España y S de Francia. Cordillera Cantábrica y Pirineos. **And. Esp.:** B Ge Hu L Le Lo Na O (P) S. **N.v.:** cardo, cardo de nevero, cardo pirenaico; *cat.:* card.

b. subsp. **hispanicus** (Kazmi) Franco in Bot. J. Linn. Soc. 71: 50 (1975) [hispánicus]

C. pyrenaicus subsp. *hispanicus* Kazmi in Mitt. Bot. Staatssamml. München 5: 438 (1964) [basión.]
Ind. loc.: "Ex herb. ZUCCARINI (M). (...) Spanien"
Ic.: Devesa & Talavera, Rev. Carduus, fig. 19 (1981); lám. 46

Tallos hasta de 50 cm, con alas provistas de espinas hasta de 17 mm. Hojas basales con (8)11-20 pares de lóbulos, con espinas hasta de 18 mm. Involucro 21-24 × 6-8(10) mm, con brácteas medias provistas de una espina apical hasta de 7 mm. Corola 16-18 mm, con tubo de 4,5-6,7 mm y limbo de (8)10-11,5 mm. Aquenios 4,5-5,1 × 1,8-2 mm. Vilano (15)16-20 mm. $2n = 18$.

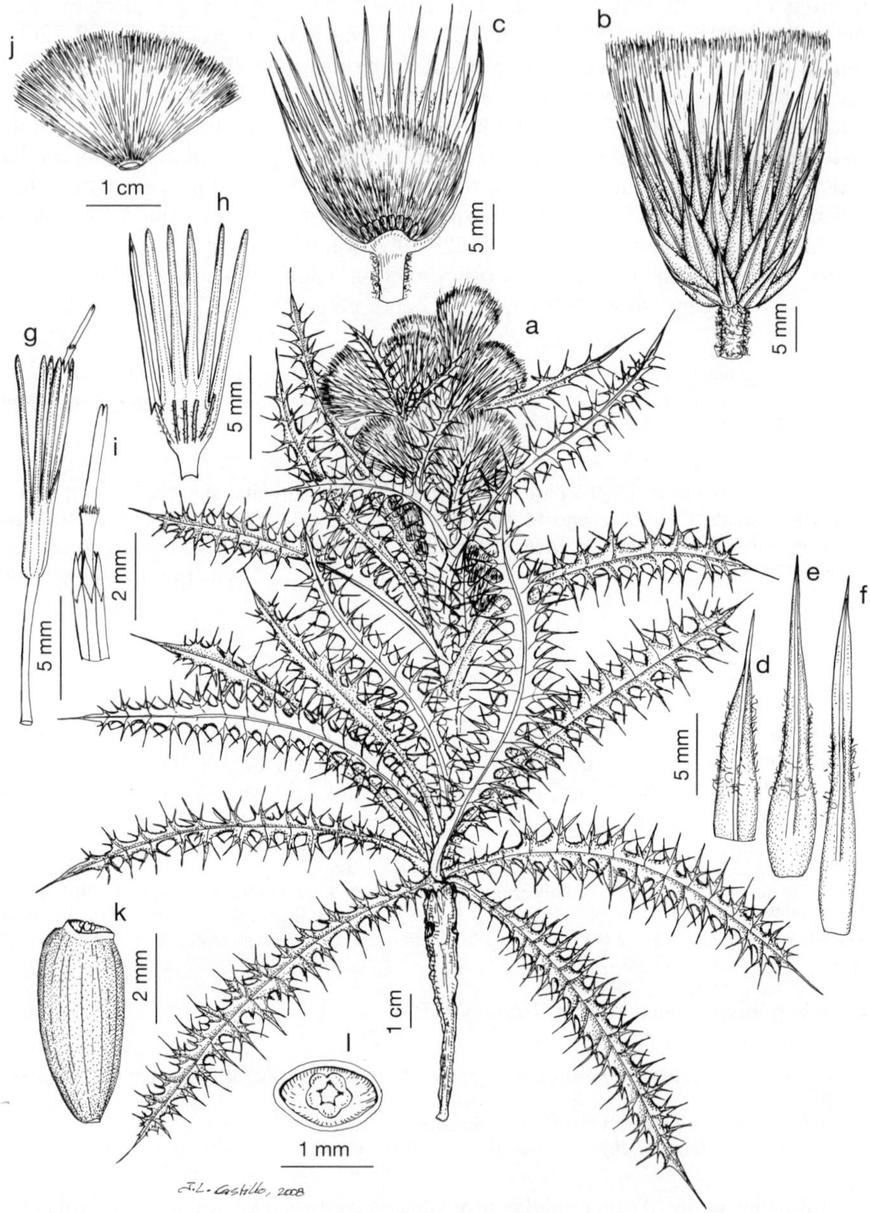

Lám. 46.–*Carduus carlinoides* subsp. *hispanicus,* Veleta, Sierra Nevada, Granada (MA 131850): a) hábito; b) capítulo; c) sección de un capítulo; d) bráctea externa del involucro; e) bráctea media del involucro; f) bráctea interna del involucro; g) corola y verticilos sexuales; h) corola abierta que muestra un estambre y los filamentos del resto; i) porción del estilo con sus ramas que sobresalen por encima del tubo estaminal; j) vilano; k) aquenio; l) placa apical del aquenio.

Taludes, praderas, gleras y calveros algo nitrificados, en suelos esquistosos; (1700)1900-3200 m. (VI)VII-VIII(IX). ● SE de España: Sierra Nevada. **Esp.:** Al Gr. **N.v.:** cardo.

Sect. 4. **Homalotepidoti** W.D.J. Koch
Sect. *Microcephali* Willk., p.p.

Hierbas anuales o bienales, con raíz axonomorfa. Indumento constituido por pelos pluricelulares y unicelulares, los últimos más abundantes. Capítulos pequeños, caedizos tras la fructificación.

14. C. pycnocephalus L., Sp. Pl. ed. 2: 1151 (1763) [pycnocéphalus]

Ind. loc.: "Habitat in Europa australi" [lectótipo designado por S.M.A. Kazmi in Mitt. Bot. Staatssamml. München 5: 445 (1964): LINN]
Ic.: Devesa & Talavera, Rev. Carduus, fig. 20 (1981); Valdés, Talavera & Galiano (eds.), Fl. Andalucía Occid. 3: 130 (1987); lám. 47 a-l

Hierba anual o bienal, espinosa, verde, con pelos unicelulares y pelos pluricelulares uniseriados. Tallos hasta de 130 cm, erectos, simples o ramificados en la parte superior, con sección ± circular, acostillados longitudinalmente, alados en su mayor parte, con alas triangulares o palmatilobadas –con lóbulos agudos–, provistas de espinas amarillentas hasta de 4,5 mm, foliosos, con indumento de pelos unicelulares araneosos ± aplicados, y pelos pluricelulares dispersos al menos en las partes basales. Hojas hasta de 230 × 120 mm, sésiles, decurrentes, gradualmente menores hacia la parte superior del tallo, con nervadura principal pinnada y nervios ± prominentes por el envés, sobre todo el principal, verdes, discoloras; las basales –a veces secas en la antesis– y las caulinares del tercio basal oblongo-lanceoladas u oblongo-elípticas, ± pinnatífidas o pinnatipartidas con 3-6 pares de lóbulos triangulares o palmatilobados y cada uno de ellos a su vez con al menos 3-5 lobulaciones ± destacadas, agudas, provistas de espinas hasta de 6 mm, con haz verde, esparcidamente pelosa, con pelos pluricelulares rígidos, cortos, otros largos y araneosos, aplicados, poco abundantes, y envés canoso, con pelos pluricelulares cortos, concentrados sobre todo en los nervios, y pelos unicelulares largos y aplicados muy abundantes en los espacios internervales; las más superiores lanceoladas, de pinnatífidas a pinnatipartidas. Capítulos solitarios o en grupos de 2 o 3(4), sésiles o con pedúnculo blanco-tomentoso afilo hasta de 45 mm, alcanzados o no por la última hoja caulinar, que no sobrepasa el involucro. Involucro (14)18-21,2(25) × 5-8(8,5) mm, ± cilíndrico, redondeado en la base, densamente araneoso, sobrepasado por las flores; brácteas aparentemente dispuestas en 4-6 series, gradualmente mayores de fuera adentro, ± herbáceas, parduscas cuando secas; las externas y medias ovado-acuminadas, hasta de 3,7 mm de anchura, con dorso punteado-glanduloso y con abundantes pelos araneosos, acumen erecto o erecto-patente, de un verde intenso, atenuado en espina apical hasta de 1,5 mm y con un nervio distal ± denticulado-escábrido, y margen estrechamente escarioso en la mitad inferior; las más internas (14)18-21,2(25) mm, estrechamente linear-lanceoladas, mayores que el resto, inermes, con 1-3 nervios apicales, acabadas en una porción escariosa a menudo teñida de rosa o

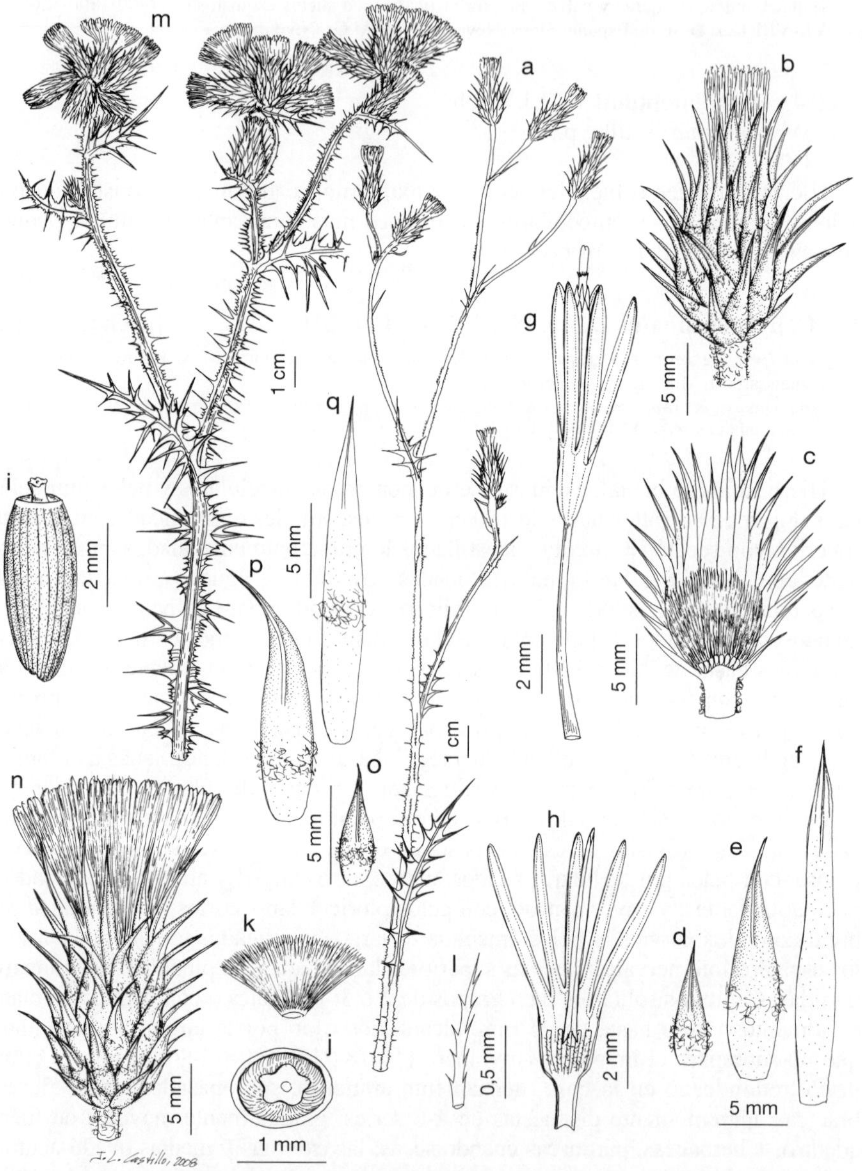

Lám. 47.–*Carduus pycnocephalus,* a-h) embalse de El Carpio, Córdoba (MA 239472); i-l) Bornos, Cádiz (MA 648143): a) tallo florido; b) capítulo; c) sección de un capítulo; d) bráctea externa del involucro; e) bráctea media del involucro; f) bráctea interna del involucro; g) corola y verticilos sexuales; h) corola abierta que muestra un estambre completo y los filamentos del resto; i) aquenio; j) detalle de la base del aquenio; k) vilano; l) detalle de un pelo del vilano. *C. tenuiflorus,* pr. Benisa, Alicante (MA 131960): m) tallo florido; n) capítulo; o) bráctea externa del involucro; p) bráctea media del involucro; q) bráctea interna del involucro.

de color púrpura, y margen estrechamente escarioso en casi toda su longitud. Receptáculo peloso. Flósculos hermafroditas. Corola 13-15,5(16) mm, rosado-purpúrea o blanca, glabra; tubo (4,5)6-8(8,5) mm, blanquecino o blanco; limbo (5)6,5-7,8(8,5) mm, rosado-purpúreo o blanco, con 5 lóbulos de 4,7-5,5 mm, linear-lanceolados, por lo general uno con los senos más profundos que los otros. Estambres con filamento homogéneamente peloso; anteras (4,5)4,8-5 mm, violetas –blancas en las plantas albinas–, con apéndices basales de 0,5-0,7 mm, a menudo fimbriados cuando secos. Aquenios (4,2)4,7-5(5,3) × 1,5-2,2 mm, oblongo-obovoides, con sección ± elíptica, de un pardo claro; placa apical con nectario de 0,3-0,7 mm, ± cilíndrico, ligeramente pentalobulado. Vilano (12)14-16,3(19) mm, con pelos no dilatados en su extremo. $2n$ = 18*, c. 54*, 60*, 61*, 64 y 80*.

Herbazales viarios, rediles y cercanías de vivienda, nitrófila; 0-1300 m. (I)III-VI(VII). Región Mediterránea, SE de Europa y alcanza Portugal por el W; introducida en diversas partes del Globo. Dispersa por la Península Ibérica, sobre todo en la mitad oriental, rara en el resto, y Baleares. **Esp.:** A Al (Av) B Bi C Ca Cc Co (CR) Cs (Cu) Ge Gr Gu (H) Hu J L Le Lo M Ma Mu Na (O) P PM[Mll Ib Cabrera] Po S Sa Se (Sg) (So) (T) Te (To) V Va Vi Z Za. **Port.:** BA (BL) (DL) E (Mi) TM. **N.v.:** cardo, cardo borriquero, cardo negro; *port.:* cardo-asnil, cardo-italiano; *cat.:* card, card d'ase, card gallofer, cardot.

15. C. acicularis Bertol. in Ann. Storia Nat. 1: 274 (1829) [aciculáris]

Ind. loc.: "(...) la quale sino di quattro anni fa fu scoperta nelle campagne di Ravenna da uno de' miei migliori allievi il Signor Dott. Sebastiano Fusconi, e fummi dallo stesso mandata per essere determinata. (...) Nascitur in agro Ravennati"
Ic.: Devesa & al. in Acta Bot. Malac. 34: 305 fig. 9 (2009); lám. 48

Hierba anual o bienal, espinosa, verde, con pelos unicelulares y pelos pluricelulares uniseriados. Tallos hasta de 75(100) cm, erectos, simples o ramificados en la parte superior, con sección ± circular, acostillados longitudinalmente, alados al menos en las partes media e inferior, con alas triangulares o palmatilobadas –con lóbulos agudos–, provistas de espinas amarillentas hasta de 1,5(2) mm, foliosos, con pelos pluricelulares uniseriados esparcidos y pelos unicelulares araneosos ± aplicados hacia la base, y que forman un tomento blanco-algodonoso en las partes medias y sobre todo en las distales. Hojas hasta de 90 × 35 mm, sésiles, decurrentes, gradualmente menores hacia la parte superior del tallo, con nervadura principal pinnada y nervios ± prominentes por el envés, sobre todo el principal, verdes, ± discoloras; las basales –por lo general secas en la antesis– y las caulinares del tercio basal oblongo-lanceoladas u oblongo-elípticas, de pinnatífidas a pinnatipartidas, con (3)4 o 5 pares de lóbulos triangulares o palmatilobados –cada lóbulo con 3(5) lobulaciones ± destacadas, agudas–, provistos de espinas hasta de 1,5(2,5) mm, con haz verde, esparcidamente pelosa, con pelos pluricelulares rígidos, cortos, y otros largos y araneosos, aplicados, y envés de un verde cano, con pelos pluricelulares cortos concentrados sobre todo en los nervios, y pelos unicelulares largos y aplicados muy abundantes en los espacios internervales; las más superiores lanceoladas, de pinnatífidas a sinuado-dentadas. Capítulos solitarios –rara vez en grupos de 2(3)–, largamente pedunculados, con pedúnculo blanco-tomentoso afilo hasta de 110 mm –con pelos que se desprenden en una borra blan-

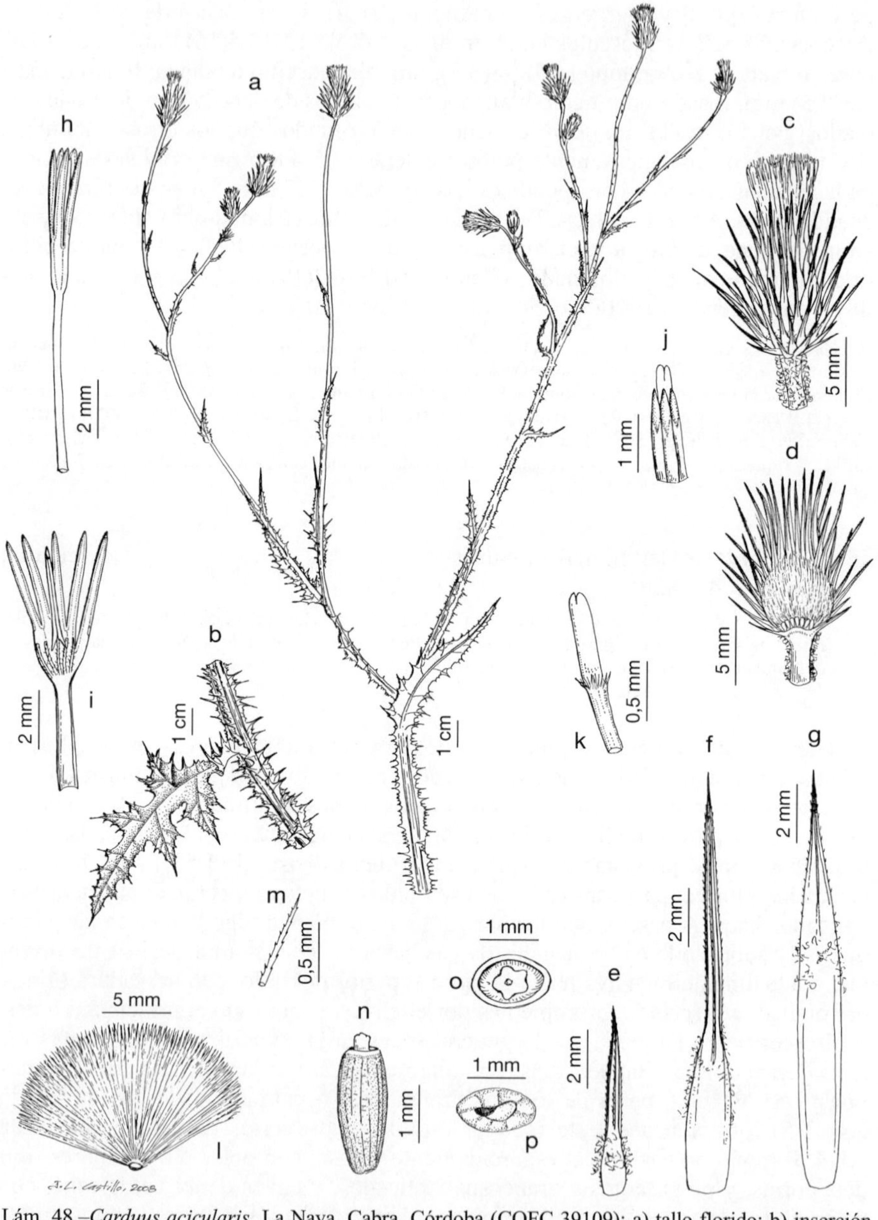

Lám. 48.–*Carduus acicularis,* La Nava, Cabra, Córdoba (COFC 39109): a) tallo florido; b) inserción de una hoja caulinar; c) capítulo; d) sección de un capítulo; e) bráctea externa del involucro; f) bráctea media del involucro; g) bráctea interna del involucro; h) corola; i) corola abierta que muestra un estambre y los filamentos del resto; j) detalle de la parte superior del androceo; k) detalle del estilo con sus ramas; l) vilano; m) detalle de un pelo del vilano; n) aquenio; o) detalle de la placa apical del aquenio; p) detalle de la base del aquenio.

quecina flocosa–, no alcanzados por la última hoja caulinar. Involucro (14)15-19 × 5-7 mm, cilíndrico, redondeado en la base, ± araneoso, sobrepasado por las flores; brácteas aparentemente dispuestas en 5-7 series, gradualmente mayores de fuera adentro –las medias igualando o sobrepasando algo a las más internas–, ± herbáceas, parduscas cuando secas; las externas y medias estrechamente lanceolado-acuminadas, con base hasta de 2 mm de anchura, punteado-glandulosa y con abundantes pelos araneosos, y acumen de erecto a erecto-patente, con espina apical hasta de 1 mm, con tres nervios distales engrosados –uno central y dos marginales– y conspicuamente escábridos; las más internas 15-19 mm, estrechamente linear-lanceoladas, inermes, con 1-3 nervios apicales, acabadas en una porción escariosa a menudo teñida de rosa o de color púrpura, y margen estrechamente escarioso en casi toda su longitud. Receptáculo peloso. Corola 9,9-12,3 mm, rosado-purpúrea, glabra; tubo 5,2-7,2 mm, blanquecino; limbo 4,4-5,3 mm, rosado-purpúreo, con 5 lóbulos de 2,5-3,6 mm, linear-lanceolados, por lo general uno con los senos más profundos que los otros. Estambres con filamento homogéneamente peloso; anteras 2,4-3,4 mm, violetas, con apéndices basales de 0,5-0,7 mm, a menudo fimbriados cuando secos. Aquenios 4,4-4,5 × 1,7-1,8 mm, oblongo-obovoides, con sección ± elíptica, de un pardo claro; placa apical con nectario de 0,5-0,6 mm, ± cilíndrico, ligeramente pentalobulado. Vilano 10-13,2 mm. $2n = 26$.

Herbazales viarios, nitrófila; 1000-1100 m. VI-VII. Dispersa por el S de Europa, N de África –Libia– y Oriente Próximo. S de España. **Esp.:** Co. **N.v.:** cardo.

16. C. tenuiflorus Curtis, Fl. Londin. 2(6,61), pl. 55 (1789) [tenuiflórus]

C. malacitanus Boiss. & Reut., Pugill. Pl. Afr. Bor. Hispan.: 62 (1852)
Ind. loc.: "Environs of London"
Ic.: Curtis, Fl. Londin. 2(6,61), pl. 55 (1789); Devesa & Talavera, Rev. Carduus, fig. 21 (1981); Valdés, Talavera & Galiano (eds.), Fl. Andalucía Occid. 3: 131 (1987); lám. 47 m-q

Hierba anual o bienal, espinosa, verde, con pelos unicelulares y pelos pluricelulares uniseriados. Tallos hasta de 150 cm, erectos, simples o ramificados en la parte superior –a veces ya desde la base–, con sección ± circular, acostillados longitudinalmente, alados en su mayor parte, con alas palmatilobadas, provistas de espinas amarillentas hasta de 15(18) mm, foliosos, con indumento de pelos unicelulares araneosos ± aplicados y pelos pluricelulares dispersos al menos en las partes basales. Hojas hasta de 300 × 170 mm, sésiles, decurrentes, gradualmente menores hacia la parte superior del tallo, con nervadura principal pinnada y nervios ± prominentes por el envés, sobre todo el principal, verdes, discoloras; las basales –a veces secas en la antesis– y las caulinares del tercio basal oblongo-lanceoladas u oblongo-elípticas, ± pinnatífidas o pinnatipartidas, con (3)4-6(8) pares de lóbulos palmatilobados, cada uno a su vez con al menos 3-5 lobulaciones ± destacadas, agudas u obtusas, provistas de espinas hasta de 12 mm, con haz verde, esparcidamente pelosa, con pelos pluricelulares rígidos, cortos, otros largos y araneosos, aplicados, poco abundantes, y envés canoso, con pelos pluricelulares cortos, concentrados sobre todo en los nervios, y pelos unicelulares largos y aplicados muy abundantes en los espacios internervales; las más superiores lanceoladas, de pinnatífidas a pinnatipartidas. Capítulos en grupos compactos de (2)3-10(12), sésiles o subsésiles, casi siempre alcanzados por la última hoja caulinar, que puede o no sobrepasar el involucro. Involucro (10)14-20 × (3)4-7,5 mm, cilíndrico, redondeado en la base, laxamente araneoso, sobrepasado por las flores; brácteas aparentemente dispuestas en 4-6 series, gradualmente mayores de fuera adentro, ± herbáceas, parduscas cuando secas; las externas y medias oblongo-lanceoladas, hasta de 2,5 mm de anchura, acuminadas, con acumen notablemente arqueado-patente, atenuado en espina apical hasta de 2(3) mm, con un nervio ± conspicuo al menos en los 2/3 distales y el resto imperceptibles, dorso punteado-glanduloso y con pelos araneosos ± aplicados al menos en la mitad superior, y margen estrechamente escarioso en la mitad inferior; las más internas (10)14-20 mm, estrechamente linear-lanceoladas, mayores que el resto, inermes, con 1(3) nervios apicales, acabadas en una porción escariosa a menudo teñida de rosa o de color púrpura, y margen estrechamente escarioso en casi toda su longitud. Receptáculo peloso. Corola (7,6)10-13,2(13,8) mm, rosado-purpúrea o blanca, glabra; tubo (3)4-5(6) mm, blanquecino o blanco; limbo (4,5)6-7,3 mm, rosado-purpúreo o blanco, con 5 lóbulos de 3,8-5,1 mm, linear-lanceolados, por lo general uno con los senos más profundos que los otros. Estambres con filamento homogéneamente peloso; anteras (2,5)3,5-4,2 mm, violetas –blancas en las plantas albinas–, con apéndices basales de 0,5-0,8 mm, a menudo fimbriados cuando secos. Aquenios 3,5-4,6 × 1,3-1,9 mm, oblongo-obovoides, con sección ± elíptica, de un pardo claro o ± obscuro; placa apical con nectario de 0,2-0,7 mm, ± cilíndrico, ligeramente pentalobulado. Vilano (6,5)9-13,4(16) mm. $2n = 54$.

Herbazales viarios, rediles e inmediaciones de viviendas, nitrófila; 0-1800 m. (II)III-VIII(XI). W de Europa y Región Mediterránea; introducida en numerosas partes del Globo. Casi toda la Península Ibérica y Baleares. **Esp.:** A Ab Al Av B Ba Bi Bu Ca Cc Co CR Cs Cu Ge Gr Gu H Hu J L Le Lo Lu M Ma Mu Na Or P PM Po S Sa Se Sg So SS T Te To V Va Vi Z Za. **Port.:** AAl Ag BA BAl BB BL DL E Mi R TM. **N.v.:** cardo, cardo borriquero, cardo común, cardo de la alegría; *port.:* cardo, cardo-anil, cardo-azul; *cat.:* card, cardot.

17. C. crispus L., Sp. Pl.: 821 (1753) [críspus]
subsp. **multiflorus** (Gaudin) Franco in Bot. J. Linn. Soc. 71: 48 (1975) [multiflórus]

C. multiflorus Gaudin, Fl. Helv. 5: 166 (1829) [basión.]
C. crispus subsp. *occidentalis* Chass. & Arènes in Mém. Mus. Natl. Hist. Nat. 24: 185 (1949)
Ind. loc.: "Hab. In vallibus iuranis, praecipue inter segetes et secus vias vulgaris. Aux Rousses et à la vallée de Joux ubique. A St.-Cergues. Etiam in planitiem descendit et eum nonnunquam circa Nevidunum observavi"
Ic.: Devesa & Talavera, Rev. Carduus, fig. 22 (1981) [sub *C. crispus* subsp. *occidentalis*]; Rchb., Icon. Fl. Germ. Helv. 15, tab. 149 II (1853) [sub *C. crispus* var. *multiflorus*]; lám. 49

Hierba bienal, espinosa, verde, con pelos unicelulares y pelos pluricelulares uniseriados. Tallos hasta de 130 cm, erectos, por lo general ramificados en la parte superior de manera ± corimbiforme, con sección ± circular, ligeramente acostillados longitudinalmente, alados en su mayor parte, con alas triangulares o palmeado-lobadas, provistas de espinas amarillentas hasta de 9 mm, foliosos, con indumento de pelos pluricelulares uniseriados y pelos unicelulares sobre todo en los pedúnculos de las inflorescencias. Hojas hasta de 500 × 170 mm, herbáceas, sésiles, decurrentes, gradualmente menores hacia la parte superior del tallo, con ner-

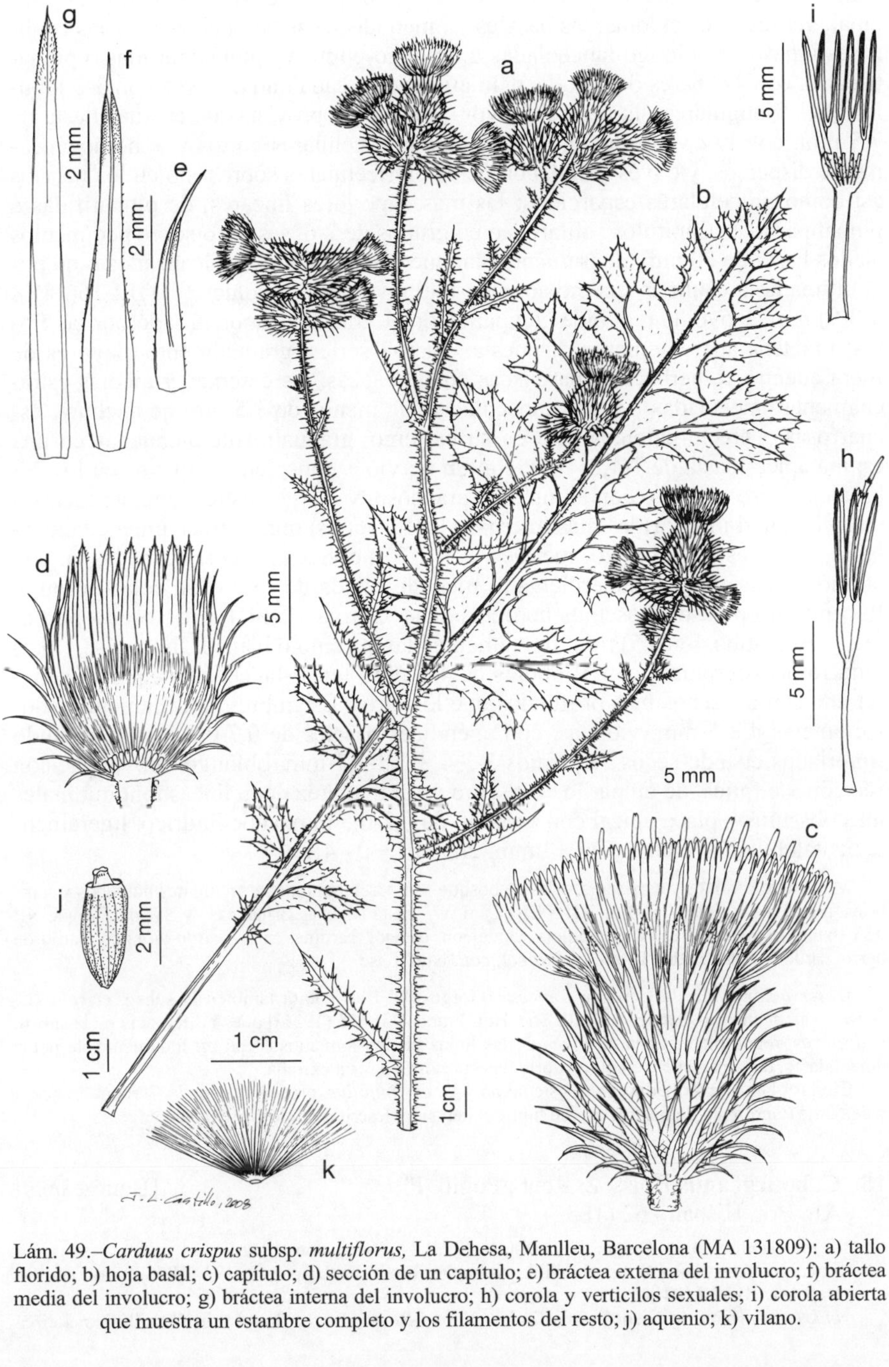

Lám. 49.–*Carduus crispus* subsp. *multiflorus,* La Dehesa, Manlleu, Barcelona (MA 131809): a) tallo florido; b) hoja basal; c) capítulo; d) sección de un capítulo; e) bráctea externa del involucro; f) bráctea media del involucro; g) bráctea interna del involucro; h) corola y verticilos sexuales; i) corola abierta que muestra un estambre completo y los filamentos del resto; j) aquenio; k) vilano.

vadura principal pinnada y nervios ± prominentes por el envés, sobre todo el principal, verdes, ± discoloras; las basales –a menudo secas en la antesis– y las caulinares inferiores oblongo-lanceoladas u oblongo-elípticas, pinnatipartidas o pinnatisectas, con 4-7 pares de lóbulos palmatilobados, cada uno a su vez con 3-5 lobulaciones triangulares –la central mayor–, obtusas y provistas de espinas hasta de 7,5 mm, con haz verde, pelosa, con pelos pluricelulares cortos y ± homogéneamente dispersos, y envés verde, con pelos pluricelulares sobre todo en los nervios así como unicelulares esparcidos; las más superiores lineares, de pinnatífidas a pinnatipartidas. Capítulos solitarios o en grupos de 2-6, sésiles o sobre pedúnculos alados hasta de 20 mm, densamente blanquecino-tomentosos, alcanzados o no por la última hoja caulinar, que no sobrepasa el involucro. Involucro (11)12-16(18) × 5-8(9) mm, ± ovoide u ovoide-campanulado, ± araneoso, sobrepasado por las flores; brácteas aparentemente dispuestas en 5-7 series, gradualmente mayores de fuera adentro, ± herbáceas, parduscas cuando secas; las externas y medias estrechamente lanceoladas o linear-lanceoladas, de menos de 1,5 mm de anchura, escuarrosas o erecto-patentes solo en su extremo, gradualmente atenuadas en una espina apical hasta de 1(1,8) mm, con un nervio ± conspicuo al menos en los 2/3 basales, dorso glabro o con algún pelo araneoso, y margen estrechamente escarioso en la mitad inferior; las más internas (11)12-16(18) mm, estrechamente lanceoladas, mayores que el resto, inermes, con 1(3) nervios apicales, acabadas en una porción escariosa y ± puberulenta, a menudo teñida de rosa o de color púrpura. Receptáculo peloso. Flósculos hermafroditas. Corola 12-14,4 mm, rosado-purpúrea, glabra; tubo 4-6(6,5) mm, ligeramente blanquecino o blanco; limbo 6-8,4(9,5) mm, rosado-purpúreo, con 5 lóbulos de 4-6 mm, linear-lanceolados, por lo general uno con los senos más profundos que los otros. Estambres con filamento peloso; anteras 4,2-5 mm, violetas, con apéndices basales de 0,7-0,8 mm, a menudo fimbriados cuando secos. Aquenios 3-5,4 × 1,2-1,4 mm, oblongo-obovoides, con sección ± elíptica, de un pardo ± obscuro en la madurez –con líneas longitudinales más obscuras–; placa apical con nectario de 0,2-0,5 mm, subcilíndrico, ligeramente pentalobulado. Vilano (7)9-13 mm. $2n = 16 + 0 - 4B$

Margen de caminos y carreteras, orlas de bosque, etc., preferentemente en lugares húmedos y sombríos, nitrófila; (600)900-1800 m. VII-VIII(IX) m. W –hasta las Islas Británicas– y SW de Europa. NE de España. **Esp.:** B Ge L. **N.v.:** ajonjera, camaleón, carasol, cardina, cardo, cardo ajónjico, cardo de burro, cardo dorado, cardo labrado, peine, sol; *cat.:* card d'ase.

Observaciones.–En la Cerdaña francesa (Gorges del Llo) habita también la subsp. *crispus* [*C. crispus* var. *araneosus* Sennen in Bull. Soc. Bot. France 73: 655 (1926)] que, a diferencia de la subsp. *multiflorus,* reúne plantas con el envés de las hojas blanco-tomentoso, con un indumento de pelos unicelulares, cuya presencia en el territorio de esta flora no sería extraña.

Ciertas plantas intermedias entre este taxon y C. *carlinifolius,* procedentes de la Cerdaña francesa y de Nuria (Gerona) y de posible origen híbrido, han sido descritas como *C.* × *nuriae.*

18. C. bourgeanus Boiss. & Reut., Pugill. Pl. Afr. Bor. Hispan.: 62 (1852) [Bourgeánus]

C. reuterianus Boiss., Diagn. Pl. Orient. ser. 2, 3: 44 (1856), nom. illeg.
C. corymbosus sensu Willk. in Willk. & Lange, Prodr. Fl. Hispan. 2: 192 (1865), non Ten., Fl. Napol. 1: XLVIII (1811)
Ind. loc.: "Habit. in Bæticâ circà Gades, Xeres (Boiss., Reut., Bourg.), in Castellâ Novâ circà

Matritum (Reuter.)" [lectótipo designado por J.A. Devesa & S. Talavera, Rev. Carduus: 92 (1981): G-BOISS]
Ic.: Devesa & Talavera, Rev. Carduus, fig. 23 (1981); Valdés, Talavera & Galiano (eds.), Fl. Andalucía Occid. 3: 131 (1987); lám. 50 l-o

Hierba anual o bienal, espinosa, verde, con pelos unicelulares y pelos pluricelulares uniseriados. Tallos hasta de 150(200) cm, erectos, por lo general simples –a veces varios tallos desde la base–, ramificados en la parte superior de manera corimbiforme, con sección ± circular, ligeramente acostillados longitudinalmente, alados en su mayor parte –excepto los pedúnculos de las inflorescencias–, con alas palmatilobadas, provistas de espinas amarillentas hasta de 9(11) mm, foliosos, con indumento de pelos unicelulares araneosos y pelos pluricelulares uniseriados. Hojas hasta de 350 × 120 mm, sésiles, decurrentes, gradualmente menores hacia la parte superior del tallo, con nervadura principal pinnada y nervios ± prominentes por el envés, sobre todo el principal, verdes, discoloras; las basales –a menudo secas en la antesis– y las caulinares del tercio basal oblongo-lanceoladas u oblongo-elípticas, sinuado-pinnatífidas o más comúnmente ± pinnatipartidas o pinnatisectas, con (4)5-7(8) pares de lóbulos palmatilobados, cada uno a su vez con 3-5 lóbulos triangulares –el central mayor–, agudos u obtusos, y provistos de espinas hasta de 9 mm, con haz verde, esparcidamente pelosa, con pelos pluricelulares ± dispersos, unos aplicados y otros más cortos y rígidos, los del nervio largos y araneosos, y envés canoso, con pelos pluricelulares uniseriados muy largos concentrados sobre todo en los nervios, y abundantes pelos unicelulares largos y aplicados en los espacios internervales; las más superiores lineares, de pinnatífidas a pinnatipartidas. Capítulos por lo general en grupos corimbiformes laxos, menos frecuentemente solitarios –en ejemplares depauperados–, subsésiles o sobre pedúnculos afilos densamente blanquecino-tomentosos –de pelos unicelulares– hasta de 30 mm, alcanzados o no por la última hoja caulinar, que no sobrepasa el involucro. Involucro 14-18(20) × (4)5-9(11) mm, estrechamente ovoide, glabrescente o laxamente araneoso, sobrepasado por las flores; brácteas aparentemente dispuestas en 5-8 series, gradualmente mayores de fuera adentro, ± herbáceas, parduscas cuando secas; las externas y medias lanceoladas, de menos de 1,5 mm de anchura, erectas o erecto-patentes, atenuadas en una espina apical hasta de 2,7 mm, con un nervio ± conspicuo al menos en los 2/3 distales, dorso glabro o con algún pelo araneoso, y margen estrechamente escarioso en la mitad inferior; las más internas 14-20 mm, estrechamente lanceoladas, mayores que el resto, inermes, con 1(3) nervios apicales, acabadas en una porción escariosa a menudo teñida de rosa o de color púrpura. Receptáculo peloso. Flósculos hermafroditas. Corola (12)13-15,5(15,8) mm, rosado-purpúrea o blanca, glabra; tubo (4)4,5-6,5(7) mm, blanquecino o blanco; limbo (6,5)7-10 mm, rosado-purpúreo o blanco, con 5 lóbulos de 4,6-6,5 mm, linear-lanceolados, por lo general uno con los senos más profundos que los otros. Estambres con filamento peloso; anteras 5-5,8(6) mm, violetas –blancas en las plantas albinas–, con apéndices basales de 0,5-0,9 mm, a menudo fimbriados cuando secos. Aquenios 3,2-4 × 1,2-1,6 mm, oblongo-obovoides, con sección ± elíptica, de un pardo ± obscuro en la madurez; placa apical con nectario de 0,2-0,6 mm, ± cilíndrico, ligeramente pentalobulado. Vilano (9)11-14(15) mm. $2n = 18$.

Borde de caminos y carreteras, baldíos, majadas y en general lugares ± nitrificados, preferentemente en substratos básicos; 0-1600 m. III-VII(XI). Península Ibérica y NW de Marruecos. C, E y S de la Península. **Esp.:** A Ab Al Ba Bu Ca Cc Co CR Cu Gr Gu H Hu J L (Le) Lo M Ma Mu Na P Sa Se Sg So Te To V Va Z Za Vi. **Port.:** AAl Ag BAL TM. **N.v.:** cardo, cardo borriquero, cardo crespo, cardo negro; *cat.:* cardot (Valencia).

19. C. ibicensis (Devesa & Talavera) Rosselló & N. Torres in Flora Montiber. 31: 48 (2005) [ibicénsis]

C. bourgeanus subsp. *ibicensis* Devesa & Talavera in Lagascalia 10: 61 (1981) [basión.]
C. bourgeanus var. *devesae* O. Bolòs & Vigo in Collect. Bot. (Barcelona) 17: 91 (1988)
Ind. loc.: "Typus. Camino de Cala Llonga (Ibiza), 14.V.1919, Font Quer (MA 131863, holotypus)"
Ic.: Devesa & Talavera, Rev. Carduus, fig. 24 (1981) [sub *C. bourgeanus* subsp. *ibicensis*]; lám. 50 a-k

Hierba anual o bienal, espinosa, verde, con pelos unicelulares y pelos pluricelulares uniseriados. Tallos hasta de 70 cm, erectos, simples o ramificados en la parte superior de manera corimbiforme, con sección ± circular, ligeramente acostillados longitudinalmente, alados en su mayor parte –excepto los pedúnculos de las inflorescencias cuando hay–, con alas palmatilobadas –lóbulos profundos y ± triangulares–, provistas de espinas amarillentas hasta de 4 mm, foliosos, con indumento denso, ± tomentoso-blanquecino, de pelos unicelulares araneosos y pelos pluricelulares uniseriados, aquellos predominantes en la parte superior. Hojas hasta de 170 × 50 mm, sésiles, decurrentes, gradualmente menores hacia la parte superior del tallo, con nervadura principal pinnada y nervios ± prominentes por el envés, sobre todo el principal, ± discoloras; las basales –a menudo secas en la antesis– y las caulinares del 1/3 basal oblongo-lanceoladas u oblongo-elípticas, ± pinnatipartidas o pinnatisectas, con (4)5-7 pares de lóbulos palmatilobados, cada uno a su vez con 3-5 lóbulos triangulares –el central mayor–, agudos o subobtusos, y provistos de espinas hasta de 9 mm, con haz verde, esparcidamente pelosa, con pelos pluricelulares sinuosos ± dispersos, y a veces algunos unicelulares araneosos, y envés canoso, con pelos pluricelulares uniseriados muy largos concentrados sobre todo en los nervios, y pelos unicelulares largos y aplicados en los espacios internervales; las más superiores lineares, de pinnatífidas a pinnatipartidas. Capítulos solitarios, sésiles o sobre pedúnculos densamente blanquecino-tomentosos afilos hasta de 20 mm, alcanzados o no por la última hoja caulinar, que no sobrepasa el involucro. Involucro 14-17 × 4-7 mm, estrechamente ovoide, glabrescente o ± araneoso, sobrepasado por las flores; brácteas aparentemente dispuestas en 4-7 series, mayores de fuera adentro, ± herbáceas, parduscas cuando secas; las externas y medias lanceoladas, de menos de 1,5 mm de anchura, erectas o erecto-patentes, atenuadas en una espina apical hasta de 0,5(1,2) mm, con un nervio ± conspicuo al menos en los 2/3 distales, dorso glabro o con algún pelo araneoso, y margen estrechamente escarioso en la mitad inferior, las próximas a las brácteas involucrales internas con el ápice escarioso; las más internas 14-17 mm, estrechamente lanceoladas, mayores que el resto, inermes, con 1(3) nervios apicales, acabadas en una porción escariosa a menudo teñida de rosa o de color púrpura. Receptáculo peloso. Flósculos hermafroditas. Corola 13-15,5 mm, rosado-purpúrea o blanca, glabra; tubo (5)5,5-6,5(7)

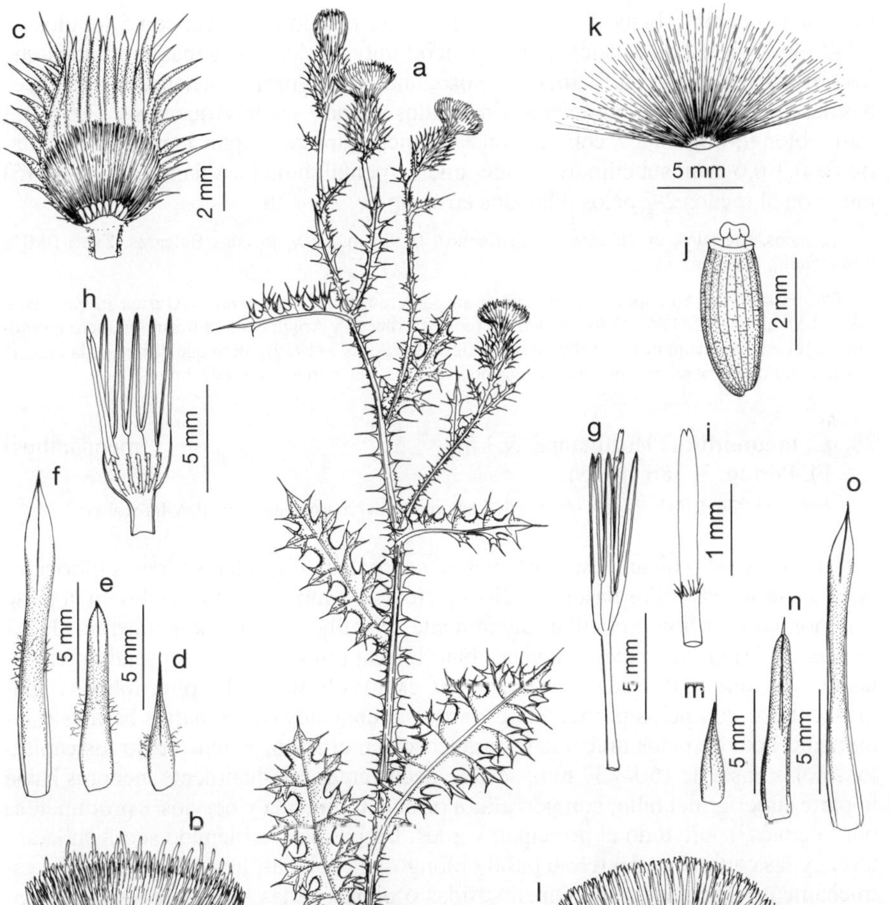

Lám. 50.–*Carduus ibicensis,* Calallonga, Ibiza (MA 131863): a) hábito; b) capítulo; c) sección de un capítulo; d) bráctea externa del involucro; e) bráctea media del involucro; f) bráctea interna del involucro; g) corola y verticilos sexuales; h) corola abierta que muestra un estambre completo y los filamentos del resto; i) porción del estilo con sus ramas; j) aquenio; k) vilano. *C. bourgeanus,* Almonte, Huelva (MA 228944): l) capítulo; m) bráctea externa del involucro; n) bráctea media del involucro; o) bráctea interna del involucro.

mm, blanquecino o blanco; limbo (7)7,5-9 mm, rosado o blanco, con 5 lóbulos de 5,5-7 mm, linear-lanceolados, por lo general uno con los senos más profundos que los otros. Estambres con filamento peloso; anteras 5-6 mm, violetas, con apéndices basales de 0,5-0,9 mm, a menudo fimbriados cuando secos. Aquenios c. 3,5 × 1,3 mm, oblongo-obovoides, con sección ± elíptica, parduscos; placa apical con nectario de 0,3-0,6 mm, subcilíndrico, ligeramente pentalobulado. Vilano (10)11-14(15) mm, con al menos 2-7 pelos dilatados en su ápice. $2n = 26$.

Terrenos alterados, en substratos nitrificados; 0-300 m. IV-V. ● Islas Baleares. **Esp.**: PM[Ib Formentera]. **N.v.**, *cat.*: card.

Observaciones.–La especie guarda un gran parecido con *C. leptocladus* Durieu in Rev. Bot. Recueil Mens. 1: 362 (1845-1846), endemismo de Marruecos y Argelia con el mismo número cromosómico [cf. M. Gremaud in Ber. Schweiz. Bot. Ges. 89: 133-143 (1979)], pero que difiere de la especie balear, entre otros caracteres, por sus espinas poco lesivas, que miden menos de 2 mm.

20. C. meonanthus Hoffmanns. & Link, Fl. Portug. 2: 186 (1825) [meonánthus]

Ind. loc.: "En delà du Tage, vis-à-vis de Lisbonne, aux environs de Setuval, Villa-real etc."

Hierba anual o bienal, espinosa, verde, con pelos unicelulares y pelos pluricelulares uniseriados. Tallos hasta de 120 cm, erectos, simples o ramificados en la parte superior, con sección ± circular, ligeramente acostillados longitudinalmente, alados en toda su longitud –excepto a veces bajo los capítulos–, con alas pseudointerruptas en porciones palmeadas y provistas de espinas hasta de 4,5 mm, foliosos, glabrescentes o con pelos pluricelulares largos abundantes en las partes basales e indumento laxo de pelos unicelulares araneosos en el resto, ± denso bajo los capítulos. Hojas hasta de 160 × 37 mm, sésiles, decurrentes, gradualmente menores hacia la parte superior del tallo, con nervadura principal pinnada y nervios ± prominentes por el envés, sobre todo el principal, verdes; las basales –a menudo secas en la antesis– y las caulinares del tercio basal oblongo-lanceoladas, linear-lanceoladas o estrechamente lanceoladas, ± pinnatipartidas o pinnatisectas –rara vez alguna sinuado-dentada–, con (5)7-10(12) pares de lóbulos palmeados, cada uno a su vez con 3-5 lóbulos triangulares –el central mayor–, agudos u obtusos, y provistos de espinas hasta de 5,5 mm, con haz verde y esparcidamente pelosa, con pelos pluricelulares largos y ± sinuosos, y envés a veces algo canoso, con pelos pluricelulares uniseriados concentrados sobre todo en los nervios, y a veces también con pelos unicelulares araneosos en los espacios internervales; las más superiores lineares, de pinnatífidas a pinnatipartidas. Capítulos solitarios o en grupos de 2-6(8), sésiles, subsésiles o sobre pedúnculos hasta de 20 mm, por lo general alcanzados por la última hoja caulinar, que no sobrepasa el involucro. Involucro (15)16-22 × 4-10 mm, cilíndrico o estrechamente ovoide, redondeado en la base, ± araneoso, sobrepasado por las flores; brácteas aparentemente dispuestas en 5-8 series, gradualmente mayores de fuera adentro, ± herbáceas, verdes o a veces algo teñidas de de color púrpura, parduscas cuando secas; las externas y medias estrechamente lanceoladas o linear-lanceoladas, de menos de 2 mm de anchura, escuarrosas, atenuadas en una espina apical hasta de 3,5 mm, con un nervio ± conspicuo al menos en los 2/3 distales, dorso provisto de pelos araneosos y margen estrechamente escarioso en los 2/3 inferiores; las más internas (15)16-22 mm, estrechamente lanceoladas o linear-lanceoladas, mayores que el resto, inermes, con 1(3) nervios apicales, acabadas en una porción escariosa a menudo teñida de color púrpura. Receptáculo peloso. Flósculos hermafroditas. Corola 11-16 mm, rosado-purpúrea o blanca –en ejemplares albinos–, glabra; tubo (4)4,5-8(8,5) mm, blanquecino o blanco; limbo (5,5)6-11,5 mm, rosado-purpúreo o blanco, con 5 lóbulos de 3,3-7 mm, linear-lanceolados, por lo general uno con los senos más profundos que los otros. Estambres con filamento peloso; anteras 4-7 mm, violetas –blancas en los ejemplares albinos–, con apéndices basales de 0,4-0,6 mm, a menudo fimbriados cuando secos. Aquenios 3-4(4,2) × 1,3-1,8 mm, oblongo-obovoides, con sección ± elíptica, de un pardo obscuro en la madurez, brillantes; placa apical con nectario de 0,2-0,6 mm., subcilíndrico-globoso, ligeramente pentalobulado. Vilano (10)11-15(17) mm.

En dunas y arenas litorales estabilizadas, borde de caminos y carreteras, campos y baldíos, en enclaves ± nitrificados; 0-1100 m. (II)III-V(VI). Península Ibérica y NW de África. W, SW, E y SE de la Península. **Esp.:** A Ab Al Ca (Gr) H Mu Se. **Port.:** Ag BAl BL E R.

1. Limbo de la corola (5,5)6-8,5 mm; hojas basales con (5)7-10(12) pares de lóbulos, con pelos pluricelulares en haz y envés, aquí sobre todo en los nervios y también con pelos unicelulares araneosos en los espacios internervales; capítulos en grupos de (2)3-6(8), sésiles o subsésiles .... **a.** subsp. **meonanthus**
– Limbo de la corola 8-11,5 mm; hojas basales con (6)7 u 8(9) pares de lóbulos, con pelos pluricelulares en haz y envés, aquí sobre todo en los nervios; capítulos solitarios o en grupos de 2 o 3, subsésiles o sobre pedúnculos hasta de 20 mm .... **b.** subp. **valentinus**

a. subsp. **meonanthus**

C. ammophilus Hoffmanns. & Link, Fl. Portug. 2: 187 (1825)
C. baeticus Boiss. & Reut., Pugill. Pl. Afr. Bor. Hispan.: 63 (1852)
C. meonanthus var. *ammophilus* (Hoffmanns. & Link) Cout., Fl. Portugal 1: 647 (1913)
Ic.: Devesa & Talavera, Rev. Carduus, fig. 25 (1981); Valdés, Talavera & Galiano (eds.), Fl. Andalucía Occid. 3: 132 (1987); lám. 51 l

Tallos hasta de 120 cm, erectos, simples o ramificados en la parte superior, glabrescentes o con indumento laxo de pelos araneosos, y pelos pluricelulares sobre todo hacia la base. Hojas basales y las caulinares del tercio basal con (5)7-10(12) pares de lóbulos, con espinas hasta de 5,5 mm, de haz verde y esparcidamente pelosa, con pelos pluricelulares ± sinuosos, y envés algo canoso, con pelos pluricelulares uniseriados concentrados sobre todo en los nervios, y pelos unicelulares araneosos en los espacios internervales. Capítulos en grupos densos de (2)3-6(8), sésiles o subsésiles, por lo general alcanzados por la última hoja caulinar, que no sobrepasa el involucro. Involucro (15)17-22 × 4-8(10) mm, cilíndrico; brácteas externas y medias con espina apical hasta de 3,5 mm; las más internas (15)17-22 mm. Corola 11-16 mm, rosado-purpúrea o blanca; tubo (4)5-8(8,5) mm; limbo (5,5)6-8,5 mm, rosado o blanco, con lóbulos de 3,3-5,5 mm. Estambres con anteras de 4-4,8 mm. Aquenios (3)3,2-3,8(4,2) × 1,3-1,8 mm. Vilano (10)12-15(17) mm. $2n = 20$.

En dunas y arenas litorales estabilizadas, ± nitrificadas; 0-20(40) m. (II)III-V. Península Ibérica y NW de África. W y SW de la Península. **Esp.:** Ca H Se. **Port.:** Ag BAl BL E R. **N.v.:** cardo, cardo borriquero.

b. subsp. **valentinus** (Boiss & Reut.) Devesa & Talavera, Rev. Carduus: 102 (1981) [valentínus]

C. valentinus Boiss. & Reut. in Boiss., Diagn. Pl. Orient. ser. 2, 3: 45 (1856) [basión.]
Ind. loc.: "Hab. in regno Valentino, circa Alicante Bourgeau coll. ann. 1852 Nº 1599 sub. C. crispo, in regno Murcico in monte Sierra de las Cabras Bourgeau 1850" [lectótipo designado por H.M. Burdet & al. in Candollea 38: 769 (1983): G]
Ic.: Devesa & Talavera, Rev. Carduus, fig. 26 (1981); lám. 51 a-k

Tallos hasta de 60 cm, erectos, simples o ramificados de manera corimbiforme en la parte superior, con pelos pluricelulares largos abundantes en las partes basales e indumento laxo de pelos unicelulares araneosos en el resto, ± denso bajo los capítulos. Hojas basales y las caulinares del 1/3 basal con (6)7 u 8(9) pares de lóbulos, con espinas hasta de 4,5 mm, de haz verde y esparcidamente pelosa, con pelos pluricelulares largos y envés con pelos pluricelulares mucho más abundantes, sobre todo en los nervios. Capítulos solitarios o en grupos de dos o tres, subsésiles o sobre pedúnculos hasta de 20 mm, por lo general alcanzados por la última hoja caulinar, que no sobrepasa el involucro. Involucro 16-19(20) × (4)6-10 mm, estrechamente ovoide; brácteas externas y medias con espina apical hasta de 2,6 mm; las más internas 16-19(20) mm. Corola (12,5)14-16 mm, rosado-purpúrea; tubo 4,5-7(8) mm; limbo 8-11,5 mm, con lóbulos de 4,5-7 mm. Estambres con anteras de 5-7 mm. Aquenios 3-4 × 1,3-1,6 mm. Vilano (10)11-13,5 mm.

Borde de caminos y carreteras, campos y baldíos, en enclaves ± nitrificados; 10-1100 m. (III)IV-VI(VII). ● Sierras costeras del E y SE de España. **Esp.:** A Ab Al (Gr) Mu.

21. C. myriacanthus Salzm. ex DC., Prodr. 6: 624 (1838) [myriacánthus]

C. balansae Boiss. & Reut. in Boiss., Diagn. Pl. Orient. ser. 2, 3: 44 (1856)
Ind. loc.: "(...) (Salzm.! pl. exs. 1825), (...) — in Africâ boreali ad Tanger (Salzm.!) et Mogador (Broussonet!)"
Ic.: Devesa & Talavera, Rev. Carduus, fig. 27 (1981); Valdés, Talavera & Galiano (eds.), Fl. Andalucía Occid. 3: 132 (1987)

Hierba anual o bienal, espinosa, verde, con pelos unicelulares y pelos pluricelulares uniseriados. Tallos hasta de 100 cm, erectos, simples o ramificados en la parte superior, con sección ± circular, ligeramente acostillados longitudinalmente, alados en toda su longitud –excepto a veces bajo los capítulos–, con alas pseudointerruptas en porciones palmeadas y provistas de espinas amarillas hasta de 5 mm, foliosos, con pelos pluricelulares y pelos unicelulares araneosos en toda su longitud. Hojas hasta de 200 × 55 mm, sésiles, decurrentes, gradualmente menores hacia la parte superior del tallo, con nervadura principal pinnada y nervios ± prominentes por el envés, sobre todo el principal, verdes; las basales –rosuladas y a menudo secas en la antesis– y las caulinares del tercio basal oblongo-lanceoladas, ± pinnatipartidas o pinnatisectas, con 6-8(12) pares de lóbulos asimétricamente palmeados, cada uno a su vez con 1-3(5) lóbulos ± profundos –el central

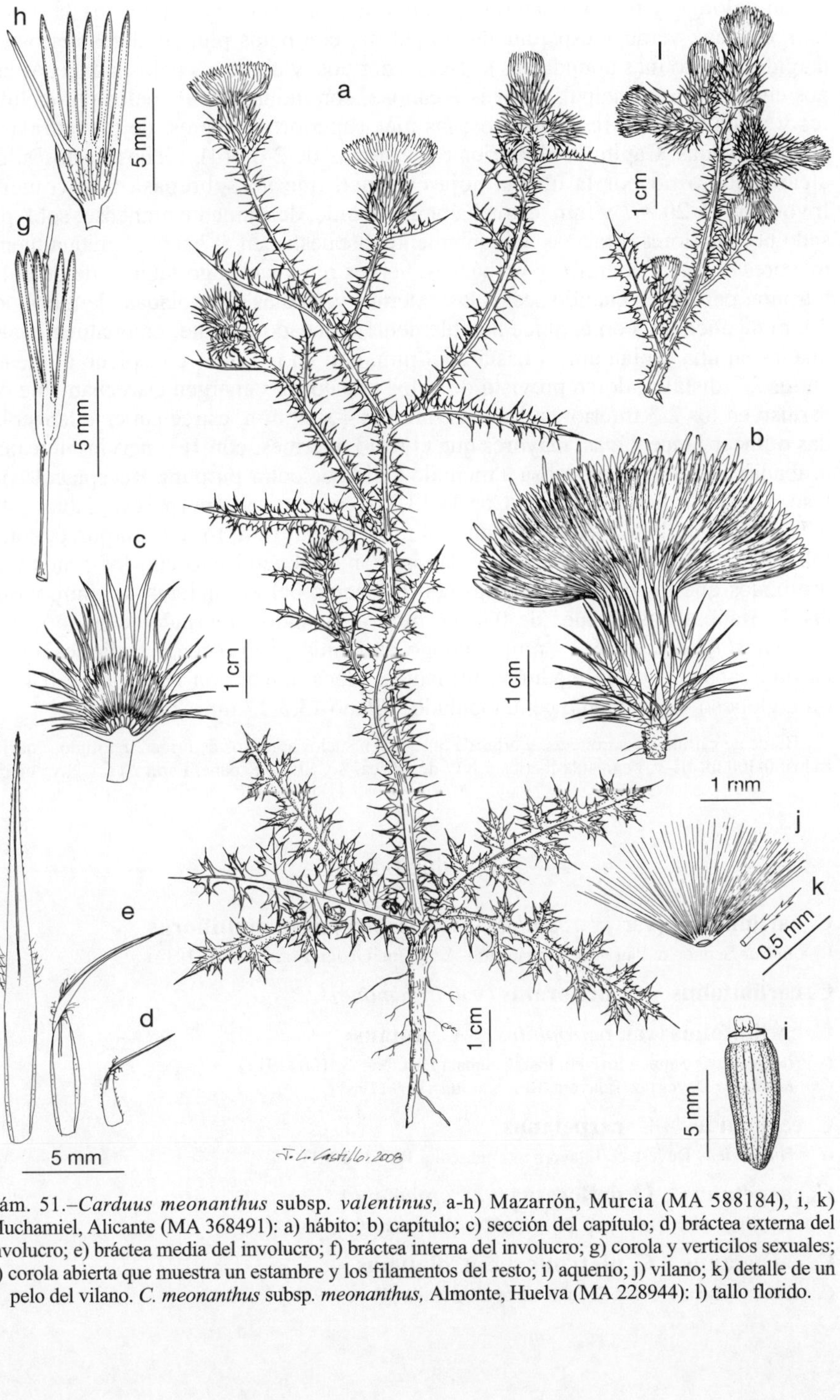

Lám. 51.–*Carduus meonanthus* subsp. *valentinus,* a-h) Mazarrón, Murcia (MA 588184), i, k) Muchamiel, Alicante (MA 368491): a) hábito; b) capítulo; c) sección del capítulo; d) bráctea externa del involucro; e) bráctea media del involucro; f) bráctea interna del involucro; g) corola y verticilos sexuales; h) corola abierta que muestra un estambre y los filamentos del resto; i) aquenio; j) vilano; k) detalle de un pelo del vilano. *C. meonanthus* subsp. *meonanthus,* Almonte, Huelva (MA 228944): l) tallo florido.

ovado-oblongo y mayor–, agudos u obtusos, y provistos de espinas hasta de 4,5 mm, con haz verde y esparcidamente pelosa, con pelos pluricelulares cortos esparcidos y algo más abundantes sobre los nervios, y al menos pelos araneosos largos en el nervio principal, y envés ± canoso, con indumento de pelos pluricelulares y pelos unicelulares araneosos; las más superiores lineares, de pinnatífidas a pinnatipartidas. Capítulos solitarios o en grupos de 2 o 3(4), sésiles o subsésiles, alcanzados o no por la última hoja caulinar, que no sobrepasa el involucro. Involucro 15-20 × 7-9 mm, estrechamente ovoide, densamente araneoso, sobrepasado por las flores; brácteas aparentemente dispuestas en 5-7 series, gradualmente mayores de fuera adentro, ± herbáceas, verdes o a veces algo teñidas de de color púrpura, parduscas cuando secas; las externas y medias lanceoladas, de menos de 2 mm de anchura, con el ápice notablemente arqueado-patente, gradualmente atenuadas en una espina apical hasta de 2 mm, con un nervio ± conspicuo al menos en los 2/3 distales, dorso provisto de pelos araneosos y margen estrechamente escarioso en los 2/3 inferiores; las más internas 15-19 mm, estrechamente lanceoladas o linear-lanceoladas, mayores que el resto, inermes, con 1(3) nervios apicales, acabadas en porción escariosa a menudo teñida de color púrpura. Receptáculo peloso. Flósculos hermafroditas. Corola 13,3-16 mm, rosado-purpúrea, glabra; tubo 5,7-7,3(8) mm, blanquecino o blanco; limbo 7,5-9,5 mm, rosado-purpúreo, con 5 lóbulos de 5-6,5 mm, linear-lanceolados, por lo general uno con los senos más profundos que los otros. Estambres con filamento peloso; anteras 4-5 mm, violetas, con apéndices basales de 0,4-0,6 mm, a menudo fimbriados cuando secos. Aquenios 4,2-4,8 × 1,6-2,2 mm, oblongo-obovoides, con sección ± elíptica, de un pardo ± obscuro en la madurez, brillantes; placa apical con nectario de 0,4-0,9 mm, globoso, ligeramente pentalobulado. Vilano 13,5-17 mm. $2n = 20$.

Borde de caminos y carreteras, y orlas de bosque, en suelos arenosos de origen marítimo ± nitrificados; 0-300 m. III-V. Península Ibérica y NW de África. S y SE de España. **Esp.:** Al Ca. **N.v.:** cardo.

HÍBRIDOS

C. carlinifolius (var. *petrophilus)* × **C. crispus** subsp. **multiflorus**

C. × *nuriae* Sennen & Pau in Sennen in Bull. Acad. Int. Géogr. Bot. 24: 244 (1914)

C. carlinifolius × **C. defloratus** (var. *argemone)*

C. carlinifolius (var. *petrophilus)* × **C. nutans**

C. × *bergadensis* Sennen in Treb. Inst. Catalana Hist. Nat. 3: 150 (1917)
C. × *leridanus* Devesa & Talavera, Rev. Carduus: 109 (1981)

C. carlinoides × **C. carpetanus**

C. × *cantabricus* Devesa & Talavera in Lagascalia 10: 61 (1981)

C. carpetanus × **C. defloratus** (var. *argemone)*

C. × *septentrionalis* Devesa & Talavera, Rev. Carduus: 107 (1981)

C. carpetanus × **C. platypus** subsp. **platypus**

C. × *camplonensis* Devesa & Talavera in Lagascalia 10: 62 (1981)

C. defloratus (var. *argemone)* × **C. nutans**

C. × *nutanti-medius* Loret in Bull. Soc. Bot. France 27: 269 (1880)
C. × *loretii* Rouy in Rouy & Foucaud, Fl. France 9: 87 (1905)
C. × *arvaticus* Font Quer & Rothm., Sched. Fl. Iber. Select. Cent. II-III, n.º 284 (1935)

Subtribu **Centaureinae** Dumort.
Subtribu *Serratulinae* Lindl.
Subtribu *Carthaminae* DC.

Hierbas anuales, bienales o perennes, a veces sufrútices o arbustos, por lo general inermes –aunque las brácteas involucrales pueden ser ± espinosas–. Hojas sésiles o en ocasiones pecioladas, rara vez decurrentes, las distales a veces involucrales pero no transicionales a brácteas del involucro. Capítulos multifloros, discoides o radiantes, homógamos –a veces con las flores de la periferia neutras– o heterógamos y con las flores de la periferia unisexuales. Involucro con brácteas inermes o espinosas, a menudo provistas de un apéndice apical, entero o ± dividido –inerme o espinoso–, las internas con ápice escarioso inerme, por lo general no destacadas del resto en coloración y apenas en tamaño. Receptáculo con pelos o páleas, estas a menudo ± setáceas. Flores con limbo profundamente dividido. Estambres con filamentos libres, glabros, papilosos o ± pelosos; anteras con apéndices basales ± desarrollados, a menudo fimbriados. Estilo con dos ramas ± largas, a menudo soldadas o aproximadas en buena parte. Aquenios homomorfos o rara vez heteromorfos, glabros o pelosos, con pelos unicelulares, a menudo con nectario apical persistente a modo de prominencia; hilo cárpico lateral, rara vez basal; a menudo con eleosoma, aunque con frecuencia caedizo. Vilano doble o más rara vez simple, persistente o caedizo, a veces falta, o solo los aquenios de la periferia del capítulo sin él; el externo formado por varias series de escamas o pelos desiguales, estos a menudo soldados por la base en un anillo, y el interno formado por una sola fila de escamas o de pelos.

19. **Crupina** (Pers.) DC.*

[Crupína, -ae f. – lat. bot. *Crupīna, -ae* f., género de las *Compositae* establecido por A.-P. de Candolle in Ann. Mus. Natl. Hist. Nat. 16: 157 (1810), sobre la base de *Centaurea* subg. *Crupina* Pers., Syn. Pl. 2(2): 481, 488 (1807), subgénero que toma el nombre de la *Centaurea Crupina* L., Sp. Pl. 2: 909 (1753) y este restrictivo de la *Crupina Belgarum* de H.B. Ruppius, Fl. Jen.: 173-174 (1718) –cf. L., Hort. Cliff.: 420 (1738)–. El término aparece por vez primera en M. de L'Obel, Pl. Stirp. Hist.: 116 (1576), donde se viene a decir, bajo *Chondrilla rara purpurante flore, semine nitido deciduo:* "*Crupina* palabra deformada a partir de «Cruppen», es decir, 'reptar', porque al tocar la semilla con la mano se aparta y se escurre" –flamenco *kruuppen;* holandés *kruipen* = reptar, arrastrase // resbalarse, escurrirse, etc.]

Hierbas anuales, inermes, con pelos unicelulares y pluricelulares, simples, ramificados o gloquidiados, y a veces con glándulas. Tallos simples o ramificados en

* T. Rodríguez Riaño & J.A. Devesa

la parte superior, sin alas. Hojas alternas, sésiles, no decurrentes, las caulinares pinnatisectas. Capítulos multifloros, terminales, solitarios, en inflorescencias complejas corimbiformes, subsésiles o pedunculados, discoides, homógamos o heterógamos. Involucro cilíndrico –campanulado en la fructificación–; brácteas aparentemente dispuestas en 7-9 filas, ± coriáceas, imbricadas y ± adpresas o erecto-patentes, mayores hacia el interior. Receptáculo plano, alveolado, con páleas rígidas y ± parcialmente soldadas en estructuras de sección trígona –aparentemente multífidas–. Flósculos del centro del capítulo hermafroditas o funcionalmente masculinos, los de la periferia neutros –solo presentan un ovario muy rudimentario–, todos sobrepasando claramente el involucro. Corola tubular –con base muy acopada–, pentámera, ± zigomorfa, ± pelosa, rosada o purpúrea; la de las flores neutras gradualmente atenuada, con limbo de 5 lóbulos desiguales –tres con los senos algo más profundos– y, en ocasiones, algunos pelos lisos en la parte externa; la de las flores hermafroditas y de las funcionalmente masculinas con tubo y limbo netamente diferenciados, este con 5 lóbulos subiguales –dos con los senos algo menos profundos–, con pelos pluricelulares simples o ramificados. Estambres con filamentos libres, papilosos, insertos en la base del limbo de la corola; anteras con conectivo prolongado en una lengüeta apical lanceolada, calcariformes en la base, con apéndices basales a menudo fimbriados cuando secos. Estilo de las flores hermafroditas liso, con dos ramas erecto-patentes a patentes en su extremo cuando receptivas, delimitadas por un anillo de pelos colectores cortos, con superficie receptiva papilosa en su cara adaxial, el resto glabro, rodeado en la base por un nectario que persiste en el fruto a modo de prominencia sobre la placa apical; el de las flores funcionalmente masculinas siempre con las ramas estilares aproximadas. Aquenios homomorfos, obovoides u obcónicos, de sección ± circular o bien comprimidos y de sección elíptica o ± trígona hacia la base, lisos o a veces unilateralmente carenados, densamente seríceos excepto en la base, truncados en el ápice, con placa apical plana, de borde entero, marcado, y con nectario cilíndrico rodeado por una estructura coriácea acopada; hilo cárpico basal y ± orbicular, o bien sublateral y entonces linear o estrechamente trapezoidal; sin eleosoma. Vilano doble, de un color acastañado rojizo o negruzco, persistente; el externo con 3-7 filas de escamas desiguales e imbricadas, en transición hacia el interior a pelos escábridos mayores; el interno con una fila de 5-11 escamas, lanceoladas y agudas, o bien oblongas y truncado-dentadas. x = 14, 15, 29.

Observaciones.–El género, que posee representación en las regiones Mediterránea e Irano-Turania y se extiende hasta el C de Asia [A. Susanna & N. Garcia in Kubitzki (ed.), Fam. Gen. Vasc. Pl. 8: 140 (2007)], lo componen 3 especies, dos de ellas naturalizadas en América [T. Garnatje & al. in New Phytol. 154: 419-428 (2002); C.T. Roché & al. in Weed Res. 43: 177-189 (2003)]. *Crupina intermedia* (Mutel) Walp. in Ann. Bot. Syst. 1: 447 (1849) [*Centaurea intermedia* Mutel in Rev. Bot. Recuil Mens. 1: 400 (1846), basión.], sin representación en el territorio, es endémica del NW de África (Argelia y Marruecos) y E del Mediterráneo (Turquía).

Bibliografía.–J.I. Briquet in Candollea 4: 191-201 (1930) [anatomía]; 4: 241-278 (1930) [carpología]; C. Couderc in Colloques Int. CNRS 235: 531-536 (1974); R. Gamarra & C. Talbott in Madroño 49: 137-142 (2002) [corología en la

Península Ibérica]; T. GARNATJE & AL. in New Phytol. 154: 419-428 (2002) [filogeografía de *C. vulgaris*]; M. LE VAILLANT in Rev. Gén. Bot. 77: 111-124 (1970) [reproducción]; M.A. MUTEL in Rev. Bot. Recueil Mens. 1: 398-401 (1846) [taxonomía]; C.T. ROCHÉ & AL. in Weed Res. 43: 177-189 (2003) [filogeografía de *C. vulgaris*].

1. Pedúnculos de los capítulos y tubo de la corola de las flores hermafroditas con pelos ramificados; aquenios no comprimidos, con sección ± circular e hilo cárpico basal, ± orbicular; vilano interno con (6)8-10(11) escamas lanceoladas, agudas .... **1. C. vulgaris**
– Pedúnculos de los capítulos y tubo de la corola de las flores hermafroditas con pelos simples; aquenios comprimidos, en su mitad basal de sección ± elíptica o trígona, unilateralmente carenados, e hilo cárpico lateral, linear o estrechamente trapezoidal; vilano interno con 5(7) escamas oblongas, truncado-dentadas en el ápice ... **2. C. crupinastrum**

1. C. vulgaris Pers. ex Cass. in F. Cuvier, Dict. Sci. Nat. ed. 2, 12: 68 (1818) [vulgáris]

Centaurea crupina L., Sp. Pl.: 909 (1753) ["Crupina"] [nom. subst.]
Centaurea acuta Lam., Fl. Franç. 2: 49 (1779), nom. illeg.
C. brachypappa Jord. & Fourr., Brev. Pl. Nov. 2: 84 (1868)
C. acuta (Lam.) Fritsch ex Janch. in Mitt. Naturwiss. Vereins Univ. Wien ser. 2, 5: 111 (1907), nom. illeg.
C. vulgaris var. *brachypappa* (Jord. & Fourr.) Beauverd in Bull. Soc. Bot. Genève ser. 2, 4: 440 (1912)
Ind. loc.: "Habitat in Hetruria, G. Narbonensi" [sec. L., Sp. Pl.: 909 (1753)]
Ic.: Valdés, Talavera & Galiano (eds.), Fl. Andalucía Occid. 3: 163 (1987); lám. 52 r-w

Hierba anual, unicaule, verde, con pelos unicelulares y pluricelulares, simples, ramificados o gloquidiados. Tallos hasta de 80(140) cm, erectos, simples o ramificados en la parte superior, de sección ± circular, longitudinalmente acostillados, con hojas sobre todo en los 3/4 inferiores, glabrescentes o ± pelosos, con pelos pluricelulares ramificados muy esparcidos, casi siempre más abundantes bajo los capítulos y en los nudos. Hojas hasta de 115 mm, las basales rosuladas, obovadas u oblongo-obovadas, atenuadas en la base, enteras, dentadas o inciso-dentadas, con nervadura principal pinnada, secas o inexistentes en la antesis, el resto sésiles y menores hacia la parte superior del tallo; las medias pinnatisectas, con 3-7 pares de lóbulos de (3,5)4-40 × 0,8-3 mm –± opuestos–, lineares, enteros o denticulados, a menudo con glándulas sésiles sobre el haz, con el nervio medio muy prominente por el envés, y márgenes planos o ligeramente revolutos, con pelos pluricelulares gloquidiados de 0,1-0,4 mm; las superiores bracteiformes, enteras, con márgenes hialinos, semejantes a las brácteas del involucro. Capítulos en inflorescencias complejas corimbiformes, pedunculados –pedúnculos con pelos pluricelulares ramificados en la parte superior–, alcanzados –mas sin sobrepasar el involucro– o no por las hojas superiores, con 5 o 6 flores neutras en la periferia, patentes, y en el centro 1-4 flores hermafroditas y una o dos funcionalmente masculinas, erectas. Involucro 11-20 × 5-10 mm, cilíndrico –campanulado en la fructificación–, atenuado en la base, glabro, claramente sobrepasado por las flores de la periferia; brácteas imbricadas y aparentemente dispuestas en 7-9 series, adpresas, gradualmente mayores de fuera adentro, agudas, con glándulas sésiles en el dorso, y márgenes y ápice escariosos, a menudo teñidos de rosa o púrpura; las externas y medias lanceoladas u ovado-lanceoladas, aquellas por lo general con un nervio y estas con tres; las internas 11-20 mm, lineares o linear-lanceoladas, con 5 nervios y ápice rosado. Corola de las flores neutras 8,5-19 mm, con tubo blanquecino y limbo infundibuliforme, rosado o purpúreo, con lóbulos de 4,5-8 mm, lineares o linear-lanceolados; la de la flores hermafroditas y funcionalmente masculinas de 8,5-19(24) mm, con tubo de 2-6(11) mm, blanquecino, con pelos ramificados, y limbo de 6,5-13 mm, rosado o purpúreo, con lóbulos de 2-5 mm, ± iguales, linear-lanceolados. Anteras 3-5 mm, rosado-purpúreas, con apéndices basales de 0,2-0,3 mm, a menudo laciniados cuando secos. Estilo rosado-purpúreo al menos distalmente, con ramas de un rosa intenso. Aquenios 3-5 × (1,8)2-3,5 mm, obovoides, truncados en el ápice, de sección ± circular en toda su longitud, lisos, de un color castaño o negruzco en la madurez, a veces con 4(5) líneas longitudinales parduscas apenas marcadas, densamente seríceos –pelos unicelulares simples– excepto en la base; nectario c. 1 mm; hilo cárpico 0,5-1 mm, basal, ± orbicular. Vilano doble, el externo con escamas muy desiguales, gradualmente mayores hacia el interior y transformadas en pelos escábridos de 4-9(10) mm, erecto-patentes, al principio de un color castaño rojizo y luego castaño negruzco o negro, el interno con (6)8-10(11) escamas de 1-1,2 mm, lanceoladas, agudas. $2n = 30$.

Herbazales de sotobosque y claros de matorral, bordes de camino y campos incultos, en substratos muy variados; 0-1500(1600) m. IV-VII(VIII). C y S de Europa, NW de África y SW de Asia. Casi toda la Península Ibérica –más rara hacia el W– y Baleares. **And. Esp.:** A Ab Al Av (B) Ba Bu Ca Cc Co CR Cs Cu Gr Gu H Hu J L Le Lo Lu M Ma Mu Na O Or P PM[Mll] S Sa Se Sg So T Te To V Va Vi Z Za. **Port.:** AAl (Ag) BA (BAl) (BL) E TM. **N.v.:** cabezuela, cabezuela cana, cana, escobas; *port.:* crupina-comum..

Observaciones.–Número de flores, longitud de las setas del vilano externo y número de escamas del interno muy variables. Ocasionalmente se han observado capítulos sin flores neutras, con solo 1(2) flores hermafroditas, probablemente cleistógamas. Respecto de la longitud de las setas del vilano, algunos autores reconocen la var. *vulgaris,* con vilano de más de 4 mm, y la var. *brachypappa,* con vilano menor o igual a 4 mm, variabilidad a la que no se da aquí valor taxonómico. No obstante, en el territorio de esta flora, todo el material estudiado presenta una variabilidad acorde con el primero de los casos.

2. C. crupinastrum (Moris) Vis., Fl. Dalmat. 2: 42 (1847) [Crupinástrum]

Centaurea crupinastrum Moris, Fl. Sardoa 2: 443 (1840-1843); Enum. Sem. Hort. Taur. 1842: 12 (1842) [basión.]
Ind. loc.: "In apricis maritimis montanisque: frequens" [sec. Moris, Fl. Sardoa 2: 444 (1840-1843)]
Ic.: Valdés, Talavera & Galiano (eds.), Fl. Andalucía Occid. 3: 163 (1987); lám. 52 a-q

Hierba anual, unicaule, verde, con pelos unicelulares y pluricelulares, simples, ramificados o gloquidiados. Tallos hasta de 105 cm, erectos, simples o ramificados en la parte superior, de sección ± circular, longitudinalmente acostillados, con hojas en 1/3-1/2 inferior, con pelos pluricelulares simples, más abundantes bajo los capítulos y en los nudos, y glándulas sésiles esparcidas. Hojas hasta de 92 mm, sésiles, las basales ± rosuladas y a menudo secas en la antesis, el resto menores hacia la parte superior del tallo, pinnatisectas, con 3-7 pares de lóbulos de 3-25 × 0,5-3 mm, lineares, enteros, dentados, pinnatífidos o pinnatipartidos, con nervio medio ± peloso por el haz –pelos pluricelulares inconspicuamente ramificados en toda su

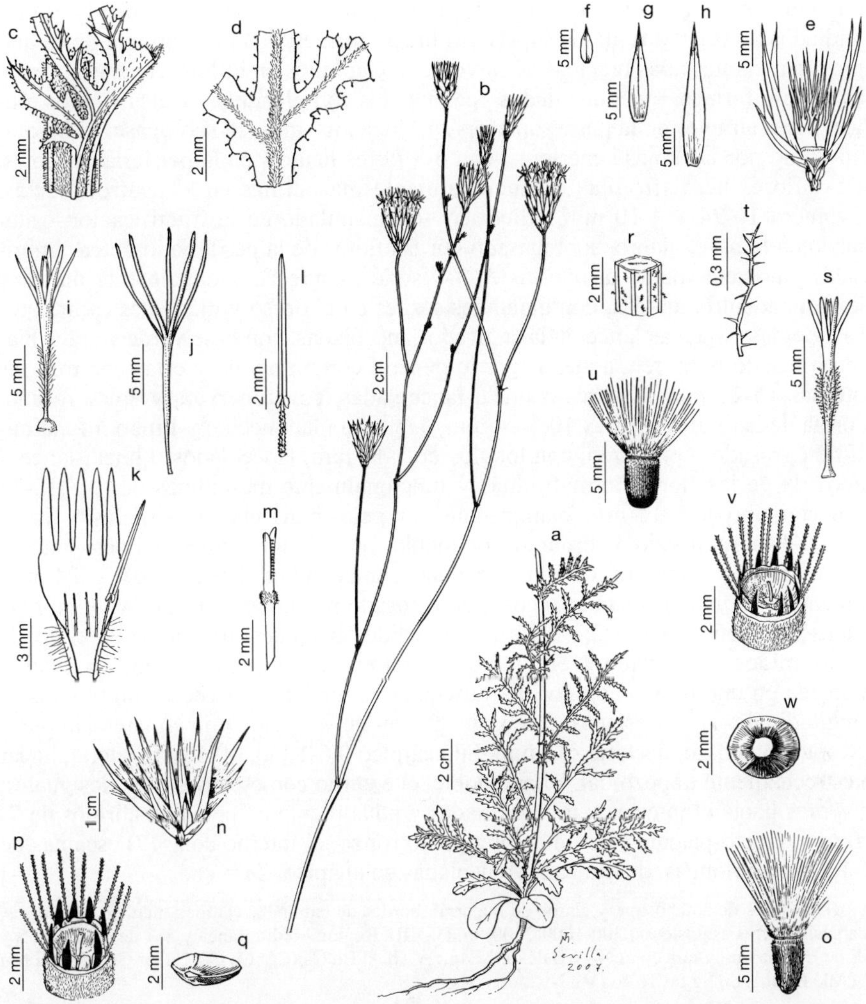

Lám. 52.–*Crupina crupinastrum,* a, c, d) Sierra de Líjar, Algodonales, Cádiz (SEV 58709); b) Baza, Granada (MA 508666); e-i, k-m) Entre Orusco de Tajuña y Brea de Tajo, cerca del río Tajuña, Madrid (UNEX 35217); j, n-q) Cañada de la Cruz, Murcia (UNEX 35219): a) porción basal del tallo y sistema radical; b) inflorescencias; c) fragmento de un tallo y de la inserción de una hoja en vista abaxial; d) fragmento de una hoja en vista adaxial; e) detalle de un capítulo abierto mostrando las brácteas del receptáculo; f) bráctea externa del involucro; g) bráctea media del involucro; h) bráctea interna del involucro; i) corola de una flor hermafrodita dejando ver el extremo del androceo; j) corola de una flor estéril; k) corola de una flor hermafrodita abierta, mostrando los filamentos estaminales y un estambre completo; l) estambre; m) parte superior del estilo con sus ramas; n) capítulo en fructificación; o) aquenio con vilano; p) detalle del vilano interno y externo; q) parte inferior del aquenio mostrando el hilo cárpico. *C. vulgaris,* r) Cazorla, Jaén (MA 481366); s, t) Sierra de Halconera, Badajoz (UNEX 35215); u-w) Mancha Real, Jaén (MA 447282): r) detalle del tallo mostrando el indumento; s) corola de una flor hermafrodita dejando ver el extremo del androceo; t) detalle de un pelo de la corola; u) aquenio con vilano; v) detalle del vilano interno y externo; w) parte inferior del aquenio mostrando el hilo cárpico.

longitud–, y márgenes planos o ligeramente revolutos, con pelos pluricelulares gloquidiados de 0,1-0,4 mm; las superiores bracteiformes, enteras, con márgenes hialinos, semejantes a las brácteas del involucro. Capítulos en inflorescencias complejas corimbiformes, ± pedunculados –pedúnculos con glándulas sésiles y pelos pluricelulares simples en la parte superior–, alcanzados –mas sin sobrepasar el involucro– o no por las hojas superiores, con 6-8 flores neutras en la periferia, patentes, y 1-5 flores hermafroditas o funcionalmente masculinas en el centro, erectas. Involucro 16-24 × 4-10 mm, cilíndrico –campanulado en la fructificación–, atenuado en la base, glabro, sobrepasado por las flores de la periferia; brácteas imbricadas y aparentemente dispuestas en 7-9 series, adpresas, gradualmente mayores de fuera adentro, agudas, con glándulas sésiles en el dorso y márgenes escariosos; las externas y medias lanceoladas u ovado-lanceoladas, con base verde y ápice hialino o rosado-purpúreo, aquellas por lo general con un nervio y estas con tres; las internas 16-23 mm, lineares o linear-lanceoladas, con 5 nervios y ápice rosado. Corola de las flores neutras 10,5-24 mm, con tubo blanquecino y limbo infundibuliforme, rosado o purpúreo, con lóbulos de 3-10 mm, lanceolados o linear-lanceolados; la de las flores hermafroditas y funcionalmente masculinas de (9,5)12-24 mm, con tubo de 5-9,5 mm, blanquecino, con pelos pluricelulares simples, y limbo de (6)7-14 mm, rosado o purpúreo, con lóbulos de 3-7 mm, ± iguales, linear-lanceolados. Anteras 5-8,5 mm, rosado-purpúreas, con apéndices basales de 0,2-0,4 mm, a menudo laciniados cuando secos. Estilo rosado-purpúreo, con ramas de un rosa intenso. Aquenios 4-5 × 2,2-3,2 mm, obovoide-obcónicos, truncados en el ápice, comprimidos, de sección ± elíptica o trígona en la mitad basal, con una costilla marcada en uno de sus ángulos, parduscos en la madurez –a veces con tres líneas longitudinales más obscuras–, densamente seríceos –pelos unicelulares simples– excepto en la base; nectario c. 1 mm; hilo cárpico 0,6-1 × 0,3-0,4 mm, lateral, linear o estrechamente trapezoidal. Vilano doble, el externo con escamas muy desiguales, mayores hacia el interior y transformadas gradualmente en pelos escábridos de 7-10 mm, erecto-patentes, de un color castaño rojizo, el interno con 5(7) escamas de 1-1,2 mm, oblongas, de truncadas a dentadas en el ápice. $2n = 28$.

Herbazales de sotobosque y claros de matorral, bordes de camino y campos incultos, en calizas, margas, pizarras esquistosas; 300-1600(2000) m. IV-VIII. Región Mediterránea y SW de Asia. CE, S y SE de España –muy rara en el N– y Baleares. **Esp.:** A Ab Al Bu Ca (Cc) Co CR Cu Gr Gu J M Ma Mu P PM[Mll (Ib)] Se Sg So Te To (V). **N.v.:** escobas.

Observaciones.–En la especie es frecuente que, además de capítulos casmógamos heterógamos, aparezcan capítulos homógamos con 1(2) flores hermafroditas cleistógamas, sin anillo de pelos colectores bajo los brazos estilares.

20. Serratula L.*

[Serrátula, -ae f. – lat. *serratŭla, -ae* f. = en Plinio, nombre en Italia de la *vettonica;* planta de tallo anguloso, hasta de 2 codos de altura, con hojas desde la raíz, aserradas, similares a las del *lapathum* –sobre todo, la paciencia *(Rumex Patientia* L., *Polygonaceae)*–, que los autores suponen será la betónica

* P. Cantó

–*Stachys officinalis* (L.) Trevisan *(Betonica officinalis* L., *Labiatae)–;* evidentemente, como señala Plinio (25.84) –"folia [...] serrata"–, fue llamada así por las hojas aserradas –lat. *serrātus, -a, -um* = serrado, aserrado, que tiene dientes semejantes a los de una sierra (participio pasivo del verbo lat. *serro;* y éste, de lat. *serra, -ae* f. = sierra); y lat. *-ŭla, -ŭlae* f. = sufijo diminutivo–. El género *Serratula* L. *(Compositae)* fue establecido por J.J. Dillenius, Cat. Pl. Circa Gissam: 27, tab. VIII, 168, 138-139 (1719), y validado en Linneo (1753: 816-820; 1754: 357); sin duda recibió este nombre, porque muchos botánicos prelinneanos quisieron ver en la *S. tinctoria* L. la planta de la que hablaban los antiguos]

Hierbas perennes, inermes, con pelos pluricelulares uniseriados. Tallos por lo general ramificados en la parte superior, sin alas. Hojas basales rosuladas, pecioladas al igual que las caulinares inferiores, el resto alternas, sésiles, no decurrentes, pinnatífidas, pinnatisectas o liradas, con margen inciso-dentado, serrulado o serrado, a veces enteras. Capítulos multifloros, terminales, solitarios o en inflorescencias complejas corimbiformes o paniculiformes, por lo general pedunculados, discoides, homógamos –heterógamos en especies extraibéricas–. Involucro ovoide-oblongo; brácteas aparentemente dispuestas en 5-8 series ± coriáceas, imbricadas y ± adpresas, mayores hacia el interior, las externas y medias a veces mucronadas, las internas con ápice escarioso. Receptáculo plano, ligeramente alveolado, densamente cubierto de pelos blancos. Flósculos hermafroditas o funcionalmente femeninos –plantas funcionalmente ginodioicas–, que sobrepasan el involucro. Corola tubular, pentámera, ± zigomorfa, glabra, predominantemente purpúrea o violeta, rara vez blanca, con tubo y limbo netamente diferenciados –mucho menos marcados en la de las flores funcionalmente femeninas–, este con base inflada y 5 lóbulos ± iguales –uno de ellos con los senos más profundos que el resto–. Estambres con filamentos libres, ± homogéneamente papilosos, insertos en la base del limbo de la corola; anteras con conectivo prolongado en una lengüeta apical lanceolada y ligeramente incurva, aguda, calcariformes en la base, con apéndices basales destacados. Estilo liso, con dos ramas aproximadas al principio y de patentes a recurvadas cuando receptivas, delimitadas por un anillo de pelos colectores cortos, aterciopeladas por la cara externa, el resto glabro, rodeado en la base por un nectario persistente en el fruto a modo de prominencia sobre la placa apical. Aquenios homomorfos, fusiformes u oblongo-obovoides, ligeramente comprimidos, con costillas longitudinales tenues, glabros, truncados en el ápice, con placa apical de borde entero y con nectario ± cilíndrico; hilo cárpico lateral-adaxial, orbicular, ovado o elíptico; sin eleosoma. Vilano simple, blanquecino, persistente, con varias filas de pelos escábridos, muy desiguales en longitud, los internos más largos. $x = 11$.

Observaciones.–El género, que posee representación en Europa y Asia (hasta Japón y Corea) y muy escasa en el N de África, comprende dos secciones: *Serratula*, solo con *S. tinctoria,* una planta ginodioica con capítulos homógamos, y sect. *Mastrucium* (Cass.) DC., Prodr. 6: 667 (1838) [*Mastrucium* Cass. in F. Cuvier, Dict. Sci. Nat. ed. 2, 35: 173 (1825), basión.; *Rhaponticum* subgen. *Mastrucium* (Cass.) Less., Syn. Gen. Compos.: 6 (1832)], que incluye a *S. coronata* L., Sp. Pl. ed. 2: 1144 (1763), con capítulos heterógamos, con las flores del disco hermafroditas y las de la periferia femeninas.

Se excluyen de *Serratula* casi medio centenar de especies, en su gran mayoría reunidas ahora en el género *Klasea* [cf. L. Martins & F.H. Hellwig in Taxon 54:

632-638 (2005)], todas ellas con número cromosomático básico $x = 15$, capítulos solitarios o agregados en inflorescencias complejas laxas, flores hermafroditas, ramas estilares aproximadas en casi toda su longitud –solo se separan algo en su extremo– y granos de polen con espinas ± obtusas [cf. P. Cantó in Anales Asoc. Palin. Lengua Esp. 3: 49-62 (1987)], y no marcadamente pronunciadas y agudas como en *Serratula*. También se excluyen a *S. chinensis* S. Moore in J. Bot. 13: 228 (1875) y *S. forrestii* Iljin in Izv. Glavn. Bot. Sada S.S.S.R. 27: 91 (1928), la primera afín a *Rhaponticum* [*Rhaponticum chinense* (S. Moore) L. Martins & Hidalgo in Bot. J. Linn. Soc. 152: 461 (2006); $2n = 26$] y la segunda un paleoendemismo todavía de afinidades inciertas [cf. L. Martins & F.H. Hellwig in Pl. Syst. Evol. 255: 215-224 (2005)].

Al menos en *S. tinctoria,* es frecuente la ginodioecia funcional y el hecho de que los aquenios de los capítulos de las plantas femeninas sean ligeramente mayores que los de las hermafroditas [cf. C.R. Darwin, Diff. Forms Fl. Same Spec.: 280 (1877)]. Las flores son visitadas fundamentalmente por himenópteros y lepidópteros [cf. H.L.H. Müller, Fertilisation Fl.: 345-346 (1883)].

Bibliografía.–P. Cantó in Lazaroa 6: 7-80 (1985) [revisión taxonómica]; in Acta Bot. Gallica 158: 239-249 (2011) [distribución biogeográfica y bioclimática]; in Int. J. Geobot. Res. 2: 21-33 (2012) [geobotánica]; P. Font Quer, Memoriam Prof. A.-X. Pereira Coutinho: 152-161 (1941) [revisión taxonómica]; L. Martins & F.H. Hellwig in Taxon 54(3): 632-638 (2005) [filogenia]; in Pl. Syst. Evol. 255: 215-224 (2005) [filogenia].

Sect. **Serratula**
Sect. *Sarreta* DC.

1. S. tinctoria L., Sp. Pl.: 816 (1753) [tinctória]

Ind. loc.: “Habitat in Europæ borealioris pratis (…)” [lectótipo designado por P. Cantó in Lazaroa 6: 16 (1985): BM]

Ic.: Cantó in Lazaroa 6: 17 (1985); H.J. Coste, Fl. Descr. France 2: 400 (1903); Rchb., Icon. Fl. Germ. Helv. 15, tab. 802 (1852); lám. 53

Hierba perenne, rizomatosa, de un verde intenso, glabrescente, con pelos pluricelulares uniseriados, a veces algunos glandulíferos. Tallos hasta de 120 cm, erectos, por lo general ramificados en la parte superior, con sección ± circular, con costillas longitudinales muy marcadas, hojas en toda su longitud e indumento escaso de pelos pluricelulares muy cortos, a veces unos pocos glandulíferos. Hojas hasta de 400 × 150 mm, las basales ± rosuladas, pecioladas, enteras, dentadas, pinnatífidas o pinnatipartidas, con frecuencia secas durante la floración, el resto sésiles, no decurrentes, menores hacia la parte superior del tallo, todas con nervadura principal pinnada; las inferiores y medias oblongo-lanceoladas u oblongo-elípticas, por lo general pinnatipartidas o pinnatisectas, con (1)5-10 pares de lóbulos laterales de oblongo-lanceolados a lineares, el terminal lanceolado, ovado o elíptico, con margen inciso-dentado o serrado –dientes acabados en una arista o espínula hasta de 0,5 mm–, con haz y envés glabrescentes, con pelos pluricelulares muy cortos esparcidos sobre todo por los nervios del envés –algo más cortos y abundantes en el margen–, algunos de ellos

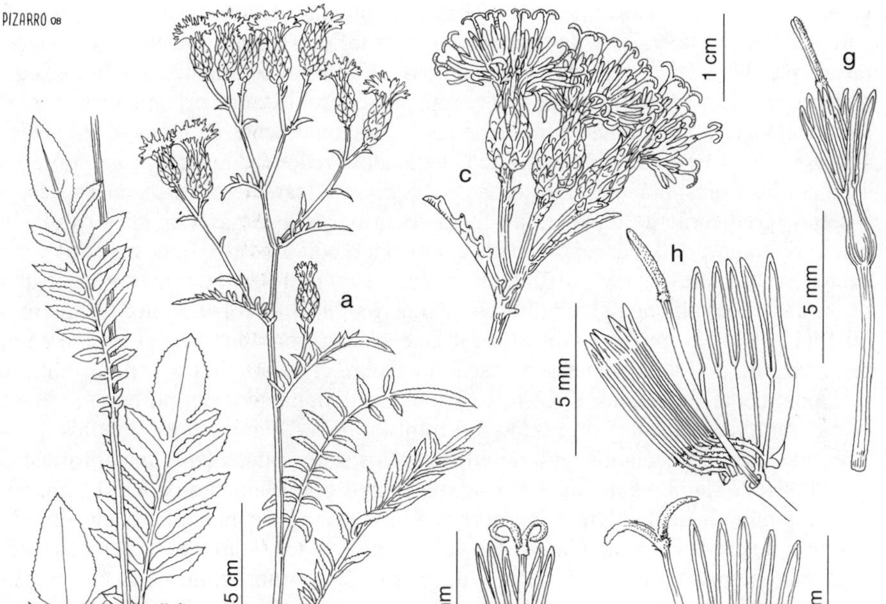

Lám. 53.–*Serratula tinctoria,* a, d-f, i-n) Cabo de Machichaco, Vizcaya (MAF 106010); b) puerto de Somosierra, Madrid (MAF 106003); c) Portillo de Lunada, Cantabria (MAF 108776); g, h) Punta de Morás, Lugo (MAF 108745): a) hábito; b) base del tallo y sistema radical; c) capítulos; d) bráctea externa del involucro; e) bráctea media del involucro; f) bráctea interna del involucro; g) corola y verticilos sexuales; h) corola abierta mostrando los verticilos sexuales; i) corola abierta que muestra los verticilos sexuales, el gineceo con las ramas estilares exponiendo la superficie estigmática; j) flor femenina con aquenio inmaduro y vilano; k) detalle de un pelo del vilano; l) aquenio con vilano; m) porción apical del aquenio que muestra el nectario; n) base del aquenio que muestra el hilo cárpico.

glandulíferos; las distales lineares, enteras o de pinnatífidas a pinnatisectas, con 1-7 pares de lóbulos laterales, y las inmediatas a las inflorescencias lineares u oblongas, laxamente dentadas o dentado-subespinulosas. Capítulos terminales, solitarios, casi siempre reunidos en inflorescencias complejas corimbiformes o paniculiformes, ± pedunculados, homógamos, hermafroditas o funcionalmente femeninos. Involucro 10-19 × 2-9(10) mm, ovoide-cilíndrico, atenuado o redondeado en la base, sobrepasado por las flores; brácteas imbricadas y ± adpresas, aparentemente dispuestas en 5-8 series, gradualmente mayores de fuera adentro; las externas y medias ovadas u ovado-oblongas, de verdosas a violetas, a menudo con 3-5 nervios destacados y espacios intercostales de un violeta intenso, con margen provisto de pelos pluricelulares –raras veces algunos glandulíferos– y mucrón distal de 0,1-0,5 mm; las internas 10-14(15) × 1-1,5 mm, lineares o linear-lanceoladas, con ápice papiráceo, de color rosa, púrpura o violeta, débilmente escábrido sobre el dorso. Flores hermafroditas o funcionalmente femeninas. Corola 9-13 mm, predominantemente purpúrea, violeta o muy rara vez blanca, glabra; tubo 4-5 mm; limbo 4,5-6 mm, con 5 lóbulos de 3-3,5 mm, linear-lanceolados, uno de ellos con los senos ligeramente más profundos que el resto. Estambres de las flores hermafroditas con filamento de 3,5-4 mm, papiloso, y anteras de 4-4,5 mm, purpúreas o violetas, con apéndices basales de 0,5-0,8 mm, de crenados a laciniados; los de las flores funcionalmente femeninas estériles, con filamento de 0,2-0,5 mm y anteras de 2-2,5 mm, blancas. Estilo purpúreo-violeta, más claro hacia la base. Aquenios 3-5,5(6,5) × 0,5-1(1,5) mm, homomorfos, fusiformes u oblongo-obovoides, de sección ± elíptica, pajizos o ± parduscos en la madurez, con costillas longitudinales tenues de un pardo más claro o más oscuro –más marcadas cuando secos–, glabros; nectario por lo general 0,2-0,3 mm, ± cilíndrico; hilo cárpico 0,2-0,5 × 0,2-0,3 mm, lateral, orbicular, ovado o elíptico. Vilano 4-7 mm, blanquecino, persistente, con pelos escábridos. $2n = 22$.

Bosques caducifolios, linderos de bosque y matorrales –brezales–, praderas mesofíticas e higrofíticas, cervunales, etc., en suelos preferentemente ácidos o neutros originados de rocas silíceas, rara vez en calizas; 50-2000 m. VII-XI. Europa, hasta el C de Rusia y NW de África –Argelia–. Mitad septentrional de la Península Ibérica. **Esp.:** B Bi Bu C Ge Gu Hu L Le Lo Lu M Na O Or P Po S Sg So SS T Vi Z. **Port.:** BL DL Mi (TM). **N.v:** serradella, serratela, serrátula, serrátula de los tintoreros, yerba amarilla; *port.:* serratula-dos-tintureiros; *gall.:* serradela.

Observaciones.–Especie extraordinariamente polimorfa en lo que respecta a su hábito y morfología foliar, lo que ha propiciado el reconocimiento de táxones infraespecíficos e incluso especies, la mayor parte de los cuales pueden considerarse como respuestas fenéticas al ambiente y la naturaleza, potencia y características de los suelos en los que se desarrollan. Así, se han considerado aquí los supuestos táxones descritos sobre la base del predominio de hojas indivisas de los ejemplares.

En la Península Ibérica se reconocen tres variedades. La var. *tinctoria* se caracteriza por poseer involucros (2)2,5-3 veces más largos que anchos –10-19 × 2-6 mm–, atenuados en la base y con brácteas involucrales medias de 1,3-1,8(2,5) mm de anchura; bien representada en la Península Ibérica en todos los ambientes de la especie, desde los promontorios costeros hasta los 2000 m [Esp.: B Bi Bu C Ge Gu Hu L Le Lo Lu M Na O Or P Po S Sg So SS T Vi Z. Port.: BL DL Mi (TM)].

La var. *alpina* Godr. in Gren. & Godr., Fl. France 2: 268 (1850) [*S. macrocephala* Bertol., Fl. Ital. 8: 604 (1853); *S. vulpii* Fisch.-Oost. in Flora 37: 98 (1854); *S. monticola* Boreau, Fl. Centre France ed. 3, 2: 364 (1857); *S. tinctoria* subsp. *monticola* (Boreau) Berther in L. Louis, Départ. Vosges 2: 142 (1887); *S. tinctoria* var. *vulpii* (Fisch.-Oost.) Fiori in Fiori & Paol., Fl. Italia 3: 319 (1904); *S. tinctoria* var. *monticola* (Boreau) Rouy in Rouy & Foucaud, Fl. France 9: 107 (1905); *S. tinctoria* subsp. *macrocephala* (Bertol.) Wilczek & Schinz in Schinz & R. Keller, Fl. Schweiz French ed.: 624 (1908); *S. tinctoria* subsp. *vulpii* (Fisch.-Oost.) Kerguélen in Lejeunia ser. 2, 120: 161 (1987)], tiene capítulos por lo general sésiles o subsésiles, dispuestos en una agrupación compacta, con involucro hasta dos veces más largo que ancho (12-18 × 6-10 mm), umbilicado o redondeado en la base y con brácteas involucrales medias de 2,3-2,8 mm de anchura. Vive en las altas montañas centroeuropeas y meridionales sobre todo en suelos dolomíticos (Austria, Croacia, Francia, Italia y Suiza) así como los Pirineos (Esp.: B L), en prados subalpinos, alpinos y pendientes rocosas, entre 1000 y 2000 m.

Finalmente, la var. *seoanei* (Willk.) Samp., Lista Esp. Herb. Portug.: 138 (1913) [*S. seoanei* Willk. in Oesterr. Bot. Z. 39: 317 (1889), basión.; *S. tinctoria* f. *seoanei* (Willk.) Pau in Brotéria, Sér. Bot. 21: 48 (1924); *S. tinctoria* subsp. *seoanei* (Willk.) M. Laínz in Bol. Soc. Brot. ser. 2, 53: 47 (1979)], corresponde a formas extremas del límite occidental de distribución de la especie, de hábito más grácil y tallos pequeños, hasta de 20(30) cm. Presenta capítulos por lo general solitarios o, a veces, dos o tres en inflorescencias complejas laxas, con involucro de 10-19 × 2-4 mm. Está bien representada en serpentinas y peridotitas en la provincia de La Coruña, desde las montañas de Cabo Ortegal hasta El Ferrol; es más rara y convive con la var. *tinctoria* en otros territorios del occidente europeo: N de la Península [Esp.: B Bi Bu C Ge Gu Lu O Or Po S SS Vi. Port.: BL DL Mi (TM)], SW de Francia y S de Inglaterra.

21. **Klasea** Cass.*

[Klásea, -ae f. – lat. bot. *Klasĕa, -ae* f., género de las *Compositae* creado por A.H.G. de Cassini in F. Cuvier, Dict. Sci. Nat. ed. 2, 35: 173 (1825). Aunque nada se indique en el protólogo acerca del origen de tal nombre, en una descripción posterior –op. cit. 41: 321 (1827)– se dice: "Notre genre *Klasea* est dédié à la mémoire de Klase, auteur d'une dissertation insérée dans le premier volume des *Amoenitates academicae,* sous le titre de *Betula nana"* –Lars [Laurentius] Magnus Klase (1722-1766), médico sueco, discípulo de Linneo, que publicó una *Dissertatio botanica de Betula nana, Quam Consensu Amplissimae Fac. Medicae in Reg. Acad. Upsaliensi, praeside viro Experientissimo & Celeberrimo D. D. Carolo Linnaeo,* [...] *Alumnus Laurentius Mag. Klase, Smolandus...* (Estocolmo, 1743)]

Hierbas perennes, rizomatosas, inermes –excepto a veces las brácteas involucrales–, con pelos pluricelulares uniseriados y a veces pelos unicelulares araneosos. Tallos simples o poco ramificados en la parte superior, sin alas. Hojas basales rosuladas, por lo general pecioladas al igual que las caulinares inferiores, el resto sésiles, alternas, no decurrentes –a veces sí en especies extraibéricas–, enteras, pinnatífidas o pinnatipartidas, con nervadura pinnada y margen entero, dentado, inciso-dentado o serrado. Capítulos multifloros, terminales, solitarios o en inflorescencias complejas corimbiformes o paniculiformes, sésiles o pedunculados, discoides, homógamos. Involucro ovoide, ovoide-cilíndrico o globoso; brácteas aparentemente dispuestas en (4)5-9(10) series, coriáceas, imbricadas y ± adpresas, las externas y medias con apéndice apical triangular u ovado, ± erecto-patente, cartáceo y largamente decurrente, o bien atenuadas o contraídas en una espina o en un apéndice de ± triangular a ovado, punzante, y las internas con ápice cartáceo-coriáceo inerme. Receptáculo plano o plano-convexo, ligeramente alveolado, densamente cubierto de pelos blancos. Flósculos hermafroditas, que sobrepasan el involucro. Corola tubular, pentámera, ± zigomorfa, glabra, predominantemente rosada, purpúrea, violeta, amarilla, de color crema o blanquecina, con tubo y limbo netamente diferenciados, este con base por lo general inflada y con 5 lóbulos ± desiguales –uno de ellos con los senos más profundos que el resto–. Estambres con filamentos libres, ± homogéneamente papilosos, insertos en la base del limbo de la corola; anteras con conectivo prolongado en una lengüeta apical lanceolada,

* P. Cantó

obtusa o aguda, calcariformes en la base, con apéndices basales destacados. Estilo liso, con dos ramas aproximadas al principio y de erecto-patentes a patentes en su extremo cuando receptivas, delimitadas por un anillo de pelos colectores cortos, aterciopeladas por la cara externa, el resto glabro, rodeado en la base por un nectario, persistente en el fruto a modo de prominencia sobre la placa apical. Aquenios homomorfos, fusiformes, oblongo-obovoides u obovoides, ligeramente comprimidos o ± cuadrangulares, con costillas longitudinales tenues o ± marcadas, glabros, truncados en el ápice, con placa apical de borde entero o crenulado y nectario ± cilíndrico; hilo cárpico lateral-adaxial o lateral-subbasal, elíptico, ovado o rómbico; sin eleosoma. Vilano simple, blanquecino, persistente, con varias filas de pelos escábridos o plumosos, los internos más largos y ligeramente más anchos en la base que los externos. $x = 15$.

Observaciones.–Comprende 46 especies [cf. L. Martins in Bot. J. Linn. Soc. 152: 435-464 (2006)] con representación en Europa, N de África y Asia (hasta la China oriental), la mayoría de ellas anteriormente incluidas en el género *Serratula*.

Bibliografía.–P. Cantó in Lazaroa 6: 7-80 (1985) [revisión taxonómica]; in Lagascalia 15: 377-382 (1988) [taxonomía]; in Ann. Bot. Fenn. 46: 435-438 (2009) [taxonomía]; in Acta Bot. Gallica 158: 239-249 (2011) [distribución biogeográfica y bioclimática]; in Int. J. Geobot. Res. 2: 21-33 (2012) [geobotánica]; P. Cantó & S. Rivas Martínez in Lazaroa 5: 319 (1984) [nomenclatura]; P. Font Quer in Memoriam Prof. A.-X. Pereira Coutinho: 152-161 (1941) [revisión taxonómica]; L. Martins in Bot. J. Linn. Soc. 152: 435-464 (2006) [sistemática y biogeografía]; M. Iljin in Repert. Spec. Nov. Regni Veg. 35: 353-360 (1934) [taxonomía]; L. Martins & F.H. Hellwig in Taxon 54: 632-638 (2005) [filogenia]; in Pl. Syst. Evol. 255: 215-224 (2005) [filogenia].

1. Corola blanquecina, blanquecino-amarillenta o amarillenta .... **7. K. flavescens**
– Corola predominantemente rosada o purpúrea 2
2. Brácteas involucrales externas y medias con un apéndice apical triangular u ovado, pardusco o negruzco y por lo general mucronado, con bordes decurrentes cartáceos de un pardo más claro; corola 11,5-16 mm; anteras 5-6,5 mm .... **1. K. nudicaulis**
– Brácteas involucrales externas y medias atenuadas o contraídas en una espina o en un apéndice estrechamente triangular, punzante, no decurrente; corola 20-40 mm; anteras 7-12 mm 3
3. Hojas basales y medias pinnatífidas o pinnatipartidas 4
– Hojas enteras, dentadas o inciso-dentadas, rara vez alguna con lóbulos desarrollados hacia la base 6
4. Hojas con nervios laterales muy marcados, densamente lanuginosos; brácteas involucrales medias abruptamente contraídas en una espina .... **3. K. pinnatifida**
– Hojas con nervios laterales apenas marcados, glabros o laxamente pelosos; brácteas involucrales medias ± contraídas en una espina o gradualmente atenuadas en una espina 5
5. Vilano 20-23 mm; brácteas involucrales medias gradualmente atenuadas en una espina; tallos foliosos en toda su longitud; capítulos sésiles, alcanzados por las hojas superiores .... **4. K. boetica**

– Vilano 15-16(18) mm; brácteas involucrales medias ± contraídas en una espina; tallos con la mayoría de las hojas en la base o en el tercio inferior; capítulos sobre pedúnculos largos y afilos .... **2. K. legionensis**
6. Hojas con nervios laterales muy marcados, densamente lanuginosos ... **3. K. pinnatifida**
– Hojas con nervios laterales apenas marcados, glabros o laxamente pelosos 7
7. Brácteas involucrales medias por lo general abruptamente contraídas en una espina 8
– Brácteas involucrales medias gradualmente atenuadas en una espina o en un apéndice estrechamente triangular, punzante 9
8. Vilano (13)16-30 mm; brácteas involucrales medias con espina de 0,5-4(6) mm, recta, erecta .... **5. K. integrifolia**
– Vilano 8-17(20) mm brácteas involucrales medias con espina de (2)3-8 mm, erecto-patente, patente o arqueado-reflexa .... **7. K. flavescens**
9. Brácteas involucrales medias con espina o apéndice punzante de 0,3-3,5 mm; vilano 10-15(17) mm .... **6. K. algarbiensis**
– Brácteas involucrales medias con espina o apéndice punzante de 2-14 mm; vilano 12-25 mm.. **4. K. boetica**

Sect. 1. **Klasea**
Serratula sect. *Klasea* (Cass.) DC.

Brácteas involucrales externas y medias con un apéndice apical triangular u ovado, cartáceo, mucronado, decurrente –o con espina fina y margen coriáceo estrecho decurrente en especies extraibéricas–. Base de la corola conspicuamente ensanchada. Granos de polen con espinas agudas.

1. K. nudicaulis (L.) Fourr. in Ann. Soc. Linn. Lyon ser. 2, 17: 98 (1869) [nudicáulis]

Centaurea nudicaulis L., Syst. Nat. ed. 10: 1232 (1759) [basión.]
Serratula nudicaulis (L.) DC. in Lam. & DC., Fl. Franç. ed. 3, 4: 86 (1805)
Serratula albarracinensis Pau, Not. Bot. Fl. Españ. 2: 30 (1888)
Ind. loc.: "Habitat in Italia, rupe victoriæ Galloprovinciæ" [sec. L., Sp. Pl. ed. 2: 1300 (1763)]
Ic.: O. Bolòs & Vigo, Fl. Països Catalans 3: 908 (1986) [sub *Serratula nudicaulis*]; Cantó in Lazaroa 6: 24 (1985) [sub *Serratula nudicaulis*]; Cav., Icon. 3, tab. 226 (1795) [sub *Carduus glaucus*]; H.J. Coste, Fl. Descr. France 2: 400 (1903) [sub *Serratula nudicaulis*]; Rchb., Icon. Fl. Germ. Helv. 15, tab. 803 figs. I 1-4 (1853) [sub *Serratula nudicaulis*]

Hierba perenne, rizomatosa, de un verde glauco, glabrescente, con pelos pluricelulares uniseriados muy cortos y pelos unicelulares araneosos. Tallos hasta de 60 cm, erectos, simples o excepcionalmente ramificados desde la base, de sección ± circular o poligonal, con costillas longitudinales muy marcadas, glabros o glabrescentes, con pelos pluricelulares escasos, por lo general con todas las hojas basales. Hojas hasta de 200 × 36 mm, las basales rosuladas –la mayoría faltan en la antesis–, pecioladas al igual que las caulinares inferiores, y el resto sésiles, con limbo de elíptico a estrechamente lanceolado, generalmente entero, raras veces sinuado-dentado o pinnatífido y entonces con lóbulos o segmentos de oblongo-lanceolados a lineares, con los dientes y segmentos acabados en un mucrón o arista de 0,1-0,2 mm, y nervadura pinnada –nervio medio más destacado que el resto–, glabras o con pelos pluricelulares cortos en los bordes del limbo y en el pecíolo; las distales estrechamente linear-lanceoladas o lineares, bracteiformes. Capítulos terminales, solitarios, pedunculados. Involucro 10-15(20) × 5-12 mm, ovoide o globoso, sobrepasado por las flores; brácteas coriáceas, imbricadas y aparentemente dispuestas en 5-7 series, mayores de fuera adentro; las externas ovadas, y las medias ovado-lanceoladas u oblongo-lanceoladas, ± adpresas, verdes, glabras o con pelos unicelulares araneosos en los bordes y a veces también sobre el dorso, con 4 nervios ± destacados y un apéndice apical ± triangular u ovado, cartáceo, erecto o erecto-patente, por lo general mucronado –mucrón hasta de 1,5 mm–, pardusco o negruzco y con los bordes de un pardo más claro, ± anchos y decurrentes, enteros o dentado-lacerados; las internas 9-17 mm, linear-lanceoladas, con ápice papiráceo, escábrido en el dorso, ± purpúreo y con tres nervios. Corola 11,5-16 mm, predominantemente rosada o rosado-purpúrea, rara vez blanquecina; tubo 5-8 mm; limbo 7-9 mm, con 5 lóbulos de 3,5-5 mm, linear-lanceolados, uno de ellos con los senos ligeramente más profundos que el resto. Estambres con filamento de 4,5-5 mm, papiloso, y anteras de 5-6,5 mm, rosado-purpúreas, con conectivo prolongado en una lengüeta apical ligeramente obtusa, y apéndices basales de 0,3-0,6 mm, desde crenados hasta lacerados o laciniados. Estilo hasta de 22 mm, liso, rosado-purpúreo en la parte superior, con ramas aproximadas al principio y patentes en su extremo cuando receptivas. Aquenios 3-4,5 × 1,2-1,8 mm, oblongo-obovoides, de sección ± elíptica, con costillas longitudinales ± marcadas, de un pardo claro o amarillento-pajizos –más obscuros en la madurez–, en ocasiones con máculas de un pardo obscuro, glabros; nectario 0,5-0,7 × 0,2-0,5 mm, ± cilíndrico; hilo cárpico 0,5-0,6 × 0,2-0,4 mm, lateral-adaxial, ovado. Vilano 6-10 mm, blanquecino, de pelos escábridos, a veces escábrido-ciliados, con dentículos de 0,1-0,2 mm. $2n = 30 + 0\text{-}4$ B.

Pastizales preferentemente calcícolas crioturbados o ligeramente hidromorfos; (340)500-2800 m. V-VII(VIII). SW de Europa –España, Francia e Italia– y NW de África –Marruecos–. N y mitad E de España, dispersa por el C y CW. **Esp.:** A Ab Al B Bu Cs Cu Gr Gu Hu J L Le Lo Lu M Na (O) Or P S Sa Sg So T Te V Va Vi Z Za. **N.v.:** jarrón.

Sect. 2. **Demetria** (Boriss.) L. Martins
Serratula sect. *Demetria* Boriss.

Brácteas involucrales externas y medias gradual o abruptamente contraídas en una espina o un apéndice apical, ± triangular, punzante, no decurrente. Base de la corola poco o nada ensanchada. Granos de polen con espinas obtusas.

2. K. legionensis (Lacaita) Holub in Folia Geobot. Phytotax. 12: 305 (1977) [legionénsis]

Serratula legionensis Lacaita in Cavanillesia 3: 37 (1930) [basión.]
Ind. loc.: "In dumetis altitudine c. 1030 m., prope lacum «Lago de Sanabria» dictum in provincia Zamorensi regni Legionensis, die 18 Julio 1928 copiosam vidimus"
Ic.: Cantó in Lazaroa 6: 32 (1985) [sub *Serratula legionensis*]; lám. 54; fig. 3 a

Hierba perenne, rizomatosa, de un verde intenso, glabrescente o con pelos pluricelulares uniseriados muy largos. Tallos hasta de 85 cm, erectos, simples, de sec-

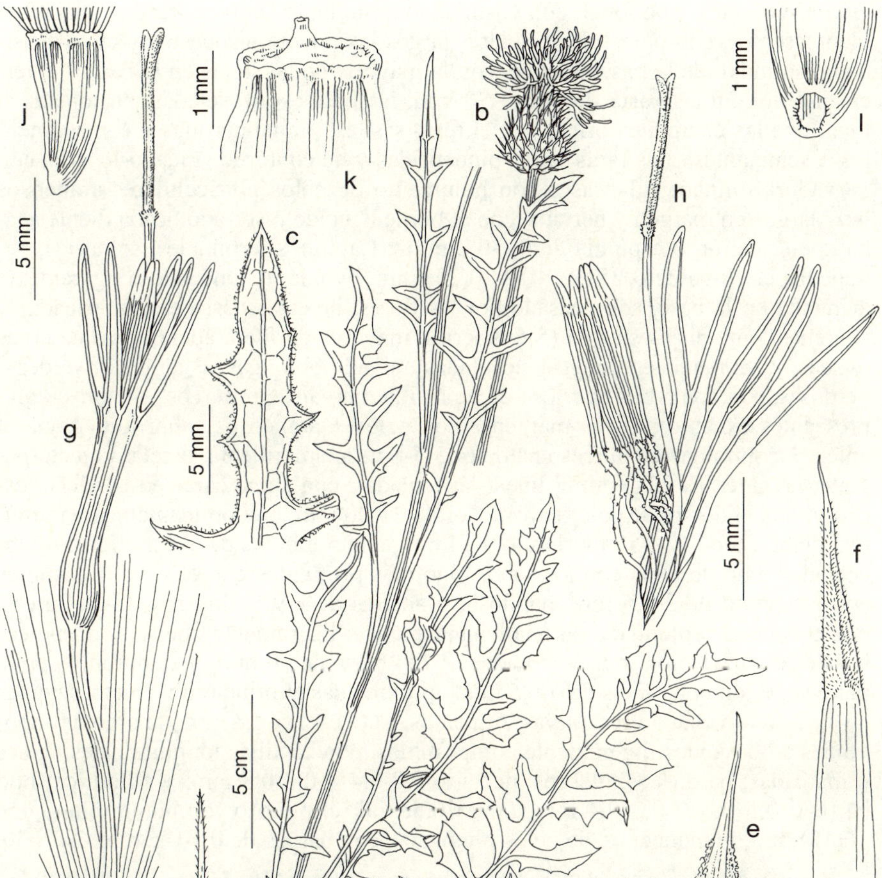

Lám. 54.–*Klasea legionensis,* a-i) Ribadelago, Zamora (MAF 106030); j-l) balneario de Bouzas, lago de Sanabria, Zamora (SEV 5651): a) hábito; b) porción de tallo florido; c) detalle del ápice de una hoja; d) bráctea externa del involucro; e) bráctea media del involucro; f) bráctea interna del involucro; g) flor con aquenio y vilano; h) corola abierta y verticilos sexuales; i) detalle de un pelo del vilano; j) aquenio; k) porción apical del aquenio que muestra el nectario; l) base del aquenio que muestra el hilo cárpico.

ción ± circular o poligonal, con costillas longitudinales muy marcadas, glabros o glabrescentes, con pelos pluricelulares largos laxamente dispuestos y cuya densidad disminuye de la base al ápice, con la mayoría de las hojas en la base o el tercio inferior. Hojas hasta de 360 × 70 mm, las basales arrosetadas, pecioladas al igual que las caulinares inferiores, el resto sésiles, pinnatipartidas y con segmentos ± semejantes, más raras veces pinnatífidas y de contorno sinuado-lobado, con nervadura pinnada, glabras o con indumento de pelos pluricelulares araneosos muy largos en margen y nervios, con el borde dentado o serrado –cada diente acabado en mucrón o espínula de 0,1-0,2 mm–. Capítulos terminales, solitarios, pedunculados. Involucro 25-35 × 10-20(25) mm, ovoide, redondeado o ligeramente atenuado en la base, sobrepasado por las flores; brácteas coriáceas, imbricadas y aparentemente dispuestas en (5)6-8 series, mayores de fuera adentro; las externas ovadas, y las medias oblongo-lanceoladas u ovado-oblongas, ± adpresas, verdes o verdosas, con dos o tres nervios –espacios internervales purpúreos–, glabras o glabrescentes excepto por los márgenes con pelos ± araneosos sobre todo hacia el ápice, ± contraídas en una espina de (4,5)5-8 mm, amarillenta, erecta o erecto-patente; las internas 23-29 mm, linear-lanceoladas, con ápice cartáceo-coriáceo, escábrido en el dorso, de color pajizo. Corola 21-30 mm, predominantemente purpúrea, glabra; tubo 12-15 mm; limbo 9-14 mm, con 5 lóbulos de 5-8 mm, linear-lanceolados, uno de ellos con los senos algo más profundos que el resto. Estambres con filamento de 3-4,5 mm, papiloso, y anteras de 8-9,5 mm, rosado-purpúreas, con conectivo prolongado en una lengüeta apical ligeramente obtusa, y apéndices basales de 0,2-1 mm, inciso-crenados. Estilo hasta de 30 mm, liso, purpúreo en la parte superior, con ramas de 6-6,5 mm, aproximadas al principio y erecto-patentes en su extremo cuando receptivas. Aquenios 4-6(7) × 1,5-1,8 mm, de oblongo-obovoides a obovoides, ligeramente comprimidos, con costillas longitudinales tenues o marcadas, parduscos, glabros; nectario 0,2-0,4 × 0,2-0,3 mm, ± cilíndrico; hilo cárpico 0,5-0,6 × 0,3-0,4 mm, lateral-adaxial, elíptico o rómbico. Vilano 15-16(18) mm, blanquecino, de pelos plumosos, con barbas de 0,1-0,5 mm. $2n = 30$.

Bosques acidófilos caducifolios, linderos de bosque y matorral; 900-1840 m. VII-VIII. ● NW de la Península Ibérica. **Esp.:** (Le) Or Za. **Port.:** (Mi) TM.

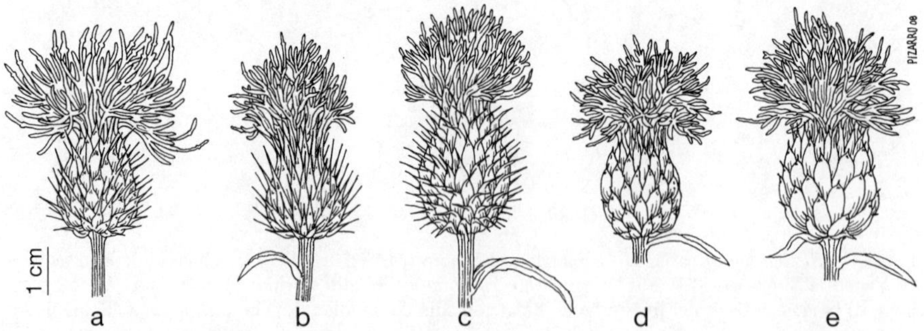

Fig. 3.–Capítulos de: a) *Klasea legionensis;* b) *K. boetica* subsp. *lusitanica;* c) *K. flavescens* subsp. *flavescens;* d) *K. integrifolia* subsp. *monardii;* e) *K. integrifolia* subsp. *integrifolia.*

3. K. pinnatifida (Cav.) Cass. ex Talavera in Valdés, Talavera & Galiano (eds.), Fl. Andalucía Occid. 3: 164 (1987) [pinnatífida]

Carduus pinnatifidus Cav., Icon. 1: 58, tab. 83 (1791) [basión.]
Serratula pinnatifida (Cav.) Poir. in Lam., Encycl. 6: 561 (1805)
Centaurea barrelieri Dufour in Ann. Gén. Sci. Phys. 7: 301 (1820)
Serratula barrelieri (Dufour) Dufour in Ann. Sci. Nat (Paris) 23: 156 (1831)
Ind. loc.: "Habitat in collium radicibus prope Rivas, et in Enguerae collibus, praecipue en la casa de Santich"
Ic.: O. Bolòs & Vigo, Fl. Països Catalans 3: 909 (1996) [sub *Serratula pinnatifida*]; Cantó in Lazaroa 6: 36 (1985) [sub *Serratula pinnatifida*]; Cav., Icon. 1, tab. 83 (1791) [sub *Carduus pinnatifidus*]; Valdés, Talavera & Galiano (eds.), Fl. Andalucía Occid. 3: 164 (1987)

Hierba perenne, rizomatosa, de un verde obscuro, con pelos unicelulares araneosos. Tallos hasta de 55 cm, erectos, simples, muy raras veces ramificados desde la base, de sección ± circular o poligonal, con costillas longitudinales ± marcadas, con indumento araneoso ± denso, sobre todo hacia el ápice, y hojas esparcidas aunque la mayoría en la mitad inferior. Hojas hasta de 200 × 50 mm, las basales arrosetadas, pecioladas al igual que las caulinares inferiores, el resto sésiles, con nervadura pinnada –la secundaria reticulada y ± marcada– e indumento blanco-araneoso esparcido por ambas caras, más denso en las zonas nervales, con los nervios laterales muy marcados, densamente lanuginosos; las basales con limbo de contorno ovado u ovado-lanceolado, entero, pinnatífido o lirado-pinnatífido, con el margen dentado o serrado –dientes acabados en un mucrón de 0,5-0,8 mm–; las caulinares con el limbo pinnatífido, rara vez entero; las superiores linear-lanceoladas, bracteiformes y en algún caso pinnatífidas. Capítulos terminales, solitarios, pedunculados. Involucro 15-40 × 10-18 mm, ovoide u ovoide-cilíndrico, redondeado o atenuado en la base, sobrepasado por las flores; brácteas coriáceas, imbricadas y aparentemente dispuestas en 5-8 series, mayores de fuera adentro –las internas muy destacadas respecto de las medias–; las externas y medias ovadas u ovado-lanceoladas, ± adpresas, verdes pero con el dorso por lo general ± blanquecino-araneoso, con 3-5 nervios destacados, abruptamente contraídas en una espina de 2-5,5(7,5) mm, amarilla, erecta o erecto-patente, no decurrente; las internas 22-32 mm, linear-lanceoladas, con ápice cartáceo-coriáceo, acuminado, escábrido o pelosillo, a menudo teñido de color púrpura en la base. Corola 28-35 mm, predominantemente rosada; tubo 13-16 mm, blanquecino; limbo 12-14 mm, rosado, con 5 lóbulos de 8-10 mm, linear-lanceolados, uno de ellos con los senos algo más profundos que el resto. Estambres con filamento de 3-5 mm, papiloso, y anteras de 7-10 mm, rosadas, con conectivo prolongado en una lengüeta apical ligeramente obtusa, y apéndices basales de 1-2 mm, de inciso-crenados a laciniados. Estilo hasta de 37 mm, liso, rosado en la parte superior, con ramas aproximadas al principio y erecto-patentes en su extremo cuando receptivas. Aquenios 3,5-8 × 1,4-1,8 mm, oblongo-obovoides, de ligeramente comprimidos a ± tetrágonos en la madurez, con costillas longitudinales tenues, de un pardo claro, de un color amarillento pajizo, glabros; nectario 0,1-0,3 × 0,1 mm, ± cilíndrico; hilo cárpico 0,4-0,5 × 0,4-0,5 mm, lateral-adaxial, de circular a ± cuadrangular. Vilano (17)20-26 mm, blanquecino, de pelos plumosos, con barbas de 0,2-1 mm. $2n$ = 30, 60, 90.

Bosques y matorrales calcícolas mediterráneos, preferentemente esclerófilos, linderos de bosque, lastonares, tomillares y matorrales, etc.; 30-2200 m. V-VII. Península Ibérica y NW de África –Argelia y Túnez–. Abundante en la mitad oriental de la Península y dispersa en la mitad occidental. **Esp.:** A Ab Al Ba Bu Ca Co CR Cs Cu Gr Gu Hu J L Le Lo M Ma Mu Na P (S) Sa Se Sg So Te To V Va Vi Z Za. **Port.:** AAl. **N.v.:** cardo-sol, mano de viejo, serrátula, serrilla.

4. K. boetica (Boiss. ex DC.) Holub in Folia Geobot. Phytotax. 12: 305 (1977) [bóetica]

Serratula boetica Boiss. ex DC., Prodr. 7: 306 (1838) [basión.]
Ind. loc.: "— in Hispaniae Granatensis Sierra d'Estepona inter frutices in umbrosis ad ped. 3000-4000 alt. legit cl. E. Boissier!"

Hierba perenne, rizomatosa, de un verde intenso, glabrescente o con pelos pluricelulares uniseriados y pelos unicelulares araneosos. Tallos hasta de 90 cm, erectos, simples o más rara vez ramificados en la parte superior, con sección ± circular o poligonal, ligeramente acostillados longitudinalmente, glabrescentes o con indumento flocoso de pelos araneosos, con hojas esparcidas en casi toda su longitud. Hojas hasta de 350 × 70 mm, las basales rosuladas, por lo general pecioladas, las caulinares inferiores por lo general pecioladas y el resto sésiles o subsésiles, con nervadura pinnada; las basales y caulinares medias con limbo elíptico, ovado, lanceolado u ovado-lanceolado, de entero a pinnatisecto, con el margen entero, dentado o serrado, con dentículos provistos de un mucrón de 0,1-0,5(0,7) mm; las superiores ± lineares, enteras o apenas pinnatífidas. Capítulos terminales, solitarios o en grupos laxos, pedunculados. Involucro 15-40 × 10-25 mm, ovoide, ovoide-cilíndrico o campanulado, redondeado o ligeramente atenuado en la base, sobrepasado por las flores; brácteas coriáceas, imbricadas y aparentemente dispuestas en 5-7(8) series, gradualmente mayores de fuera adentro; las externas y medias lanceoladas, ± adpresas, verdes, con dorso glabrescente o ± araneoso, y margen con pelos cortos o dentículos, gradualmente prolongadas en un apéndice de 2-14 mm, estrechamente triangular, cartáceo, rígido y ± punzante, erecto o erecto-patente; las internas 24-35 mm, linear-lanceoladas, con ápice cartáceo-coriáceo, escábrido en el dorso y ± teñido de color púrpura. Corola 20-30(35) mm, predominantemente purpúrea o rosada; tubo 9-20 mm, blanquecino; limbo 12-18 mm, purpúreo o rosado, con 5 lóbulos de 6-10,5 mm, linear-lanceolados, ± iguales aunque uno de ellos con los senos más profundos que el resto. Estambres con filamento de 2,5-5 mm, papiloso, y anteras de 7-12 mm, rosado-purpúreas, con conectivo prolongado en una lengüeta apical aguda, y apéndices basales de 1-1,7 mm, desde inciso-crenados a laciniados en el extremo. Estilo hasta de 30 mm, liso, rosado-purpúreo en la parte superior, con ramas aproximadas al principio y erecto-patentes en su extremo cuando receptivas. Aquenios 3,5-8 × 1-2 mm, oblongo-obovoides, de ligeramente comprimidos a ± tetrágonos, con costillas longitudinales –rugosas cuando secas–, amarillento-pajizos, glabros; nectario 0,2-0,5 × 0,2 mm, cilíndrico o cónico; región hilar cóncava, con hilo cárpico de 0,3-0,4 × 0,4-0,6 mm, lateral-adaxial, circular, elíptico o ± rómbico. Vilano 12-25 mm, blanquecino, de pelos escábrido-plumosos, con dentículos o barbas de 0,1-0,5 mm. $2n = 30, 60$.

Bosques y matorrales, en substratos ácidos o básicos; 30-1400 m. IV-VII. Península Ibérica y NW de África –Marruecos, Argelia y Túnez–. S y SW de la Península. **Esp.:** Ca Gr Ma. **Port.:** AAl Ag BL E R.

1. Hojas enteras, dentadas o inciso-dentadas 2
– Al menos las hojas superiores pinnatífidas, pinnatipartidas o pinnatisectas, con el margen entero, dentado o inciso-dentado 3
2. Brácteas involucrales medias prolongadas en un apéndice cartáceo subespinoso de 2-7(9) mm; hojas basales elípticas, ovadas u ovado-lanceoladas, verdes, a menudo teñidas de color púrpura por el envés .... **a.** subsp. **boetica**
– Brácteas involucrales medias con espina subulada consistente de 6-14 mm; hojas basales lanceoladas, verdes .... **c.** subsp. **lusitanica**
3. Brácteas involucrales medias prolongadas en un apéndice cartáceo y subespinoso de 3-6(9,5) mm .... **b.** subsp. **alcalae**
– Brácteas involucrales medias con espina subulada consistente de 6-14 mm ....
.... **c.** subsp. **lusitanica**

a. subsp. **boetica**

Ic.: Boiss., Voy. Bot. Espagne 2, tab. 113 (1840) [sub *Serratula baetica*]; Cantó in Lazaroa 6: 44 (1985) [sub *Serratula baetica* subsp. *baetica*]

Tallos hasta de 50 cm, por lo general simples y monocéfalos, más rara vez ramificados y con dos o tres capítulos, casi siempre teñidos de color púrpura, con frecuencia poco foliosos en su tercio apical. Hojas con limbo entero, dentado, inciso-dentado o serrado, glabras o con pelos araneoso-flocosos en el margen y los nervios; las basales rosuladas, pecioladas, con limbo elíptico, ovado u ovado-lanceolado, verdes, a menudo teñidas de color púrpura por el envés; las caulinares inferiores pecioladas, con limbo ovado-lanceolado, y las superiores sésiles, lanceoladas, con limbo entero o a veces dentado, acuminado. Involucro 15-40 × 10-20 mm; brácteas medias lanceoladas, verdes o con el extremo distal ± purpúreo, con tres nervios de un verde más intenso, gradualmente atenuadas en un apéndice cartáceo subespinoso de 2-7(9) mm, rígido, erecto-patente, pardusco, con un nervio ± engrosado. Corola 20-30 mm; tubo 9-15 mm; limbo 10-18 mm, con lóbulos de 6-10 mm. Aquenios 3,5-7 × (1)1,5-2 mm. Vilano 15-25 mm, de pelos escábrido-plumosos, con dentículos o barbas de 0,1-0,3 mm. $2n = 30, 60$.

Bosques y matorrales mediterráneos, preferentemente en serpentinas, peridotitas y dolomías; 300-1400 m. IV-VII. Península Ibérica y NW de Marruecos –Rif–. S de España: sierras de Málaga, Ronda y de Elvira. **Esp.:** Gr Ma.

b. subsp. **alcalae** (Coss.) Cantó & Rivas Mart. in Lazaroa 5: 319 (1984) [Alcálae]

Serratula alcalae Coss., Notes Pl. Crit.: 40 (1849) [basión.]
K. alcalae (Coss.) Holub in Folia Geobot. Phytotax. 12: 305 (1977)
Ind. loc.: "In apricis regionis montanae Gaditanae, in monte Picacho de Alcala de los Gazules cum Drosophyllo lusitanico crescens (E. Bourgeau)"
Ic.: Cantó in Lazaroa 6: 48 (1985) [sub *Serratula baetica* subsp. *alcalae*]; Rouy, Ill. Pl. Eur. 5, tab. 119 (1896) [sub *Serratula alcalae*]; Valdés, Talavera & Galiano (eds.), Fl. Andalucía Occid. 3: 165 (1987) [sub *K. alcalae*]

Tallos hasta de 60 cm, por lo general simples y monocéfalos, más rara vez ramificados y con dos o tres capítulos, casi siempre teñidos de color púrpura, foliosos hasta el ápice. Hojas pecioladas, con limbo 1-2 pinnatífido o 1-2 pinnatipartido, con segmentos oblongos, de subenteros a dentados, verdes, glabras o con pelos araneosos en el margen y nervios. Involucro 25-40 × 10-25 mm; brácteas medias lanceoladas, verdes, con tres nervios de un verde más intenso –uno de ellos engrosado y prolongado en el apéndice–, gradualmente atenuadas en un apéndice cartáceo subespinoso de 3-6(9,5) mm, rígido, erecto-patente, pardusco, con el centro de color pardo o pardo purpúreo. Corola 25-35 mm, tubo 12-16 mm; limbo 14-20 mm, con lóbulos de 7-10 mm. Aquenios 4-6,5(7) × 1-2 mm. Vilano 20-23 mm, de pelos escábrido-plumosos, con dentículos o barbas de 0,1-0,3 mm. $2n = 30$.

Alcornocales, bosques de quejigo andaluz, tomillares y matorrales, preferentemente en areniscas; 100-1000 m. V-VII. S de la Península Ibérica y NW de África –Marruecos, Argelia y Túnez–. S de España –sierras de Cádiz y W de Málaga–. **Esp.:** Ca Ma.

c. subsp. **lusitanica** (Cantó) Cantó & Rivas Mart. [lusitánica]
in Lazaroa 5: 319 (1984)

Serratula boetica subsp. *lusitanica* Cantó in Lazaroa 3: 385 (1981) [basión.]
Serratula estremadurensis Franco, Nova Fl. Portugal 2: 570 (1984)
Serratula acanthocoma Franco, Nova Fl. Portugal 2: 571 (1984)
Ind. loc.: "Holotypus: in herbário Matritensis Phacultatis Pharmaciae (MAF 105820). Portugal: Serra da Arrabida, solo calcareo, 20-VI-1980 a P. Cantó & C. Navarro"
Ic.: Cantó in Lazaroa 3: 386 (1982) [sub *Serratula baetica* subsp. *lusitanica*]; in Lazaroa 6: 53 (1985) [sub *Serratula boetica* f. *sampaiana*]; lám. 55; fig. 3 b

Tallos hasta de 90 cm, simples, monocéfalos, verdes, foliosos hasta el ápice. Hojas con limbo entero, dentado, inciso-dentado o pinnatífido, verdes, con pelos pluricelulares esparcidos en ambas caras y abundantes sobre todo en el margen; las basales pecioladas, con limbo lanceolado, entero, dentado, inciso-dentado; las caulinares semejantes pero sésiles o subsésiles, con limbo lanceolado, acuminado, en ocasiones pinnatífido, y las superiores por lo general regularmente pinnatífidas. Involucro 25-40 × 10-20(25) mm; brácteas medias lanceoladas u ovado-lanceoladas, verdes y a veces ± teñidas de color púrpura, con tres nervios de un verde más intenso o purpúreos, gradualmente atenuadas en una espina subulada de 6-14 mm, rígida, erecto-patente, pardusca, ± teñida de color púrpura. Corola 20-30 mm; tubo 10-14 mm; limbo 12-16 mm, con lóbulos de 6,5-8,5 mm. Aquenios 5-8 × (1)1,5-2 mm. Vilano 12-20 mm, de pelos plumosos, con barbas de (0,2)0,3-0,5 mm. $2n = 30, 60$.

Encinares, quejigares, coscojares, tomillares, matorrales y pastizales vivaces –lastonares y fenalares–, en substratos calcáreos, así como en jarales y brezales de suelos arenosos; 30-700 m. V-VI. ● W y S de Portugal. **Port.:** AAl Ag BL E R.

Observaciones.–Subespecie muy polimorfa en lo que concierne a la forma de las hojas, de la que se aprecia cierta correlación con los factores ecológicos que permite reconocer dos variedades. En la var. *lusitanica* (Cantó) Cantó in Int. J. Geobot. Res. 2: 25 (2012) se incluyen las plantas con las hojas basales de limbo entero, dentado o inciso-dentado, y las caulinares enteras o regularmente pinnatífidas, sobre todo las superiores. Son comunes en encinares, quejigares, coscojares, tomillares, matorrales y pastizales vivaces –lastonares y fenalares–, preferentemente en substratos calcáreos (Port.: Ag BL E R). En la var. *sampaiana* (Cantó) Cantó in Int. J. Geobot. Res. 2: 25 (2012) [*Serratula boetica* f. *sampaiana* Cantó in Lazaroa 6: 52 (1985), basión.; *Serratula alcalae* subsp. *aristata* Franco, Nova Fl. Portugal 2: 571 (1984); *Serratula boetica* var. *sampaiana* (Cantó) Cantó in Lagascalia 15 (extra): 380 (1988); *K. boetica* subsp. *aristata* (Franco) Cantó in Lazaroa 30: 262 (2009)] se incluyen las plantas

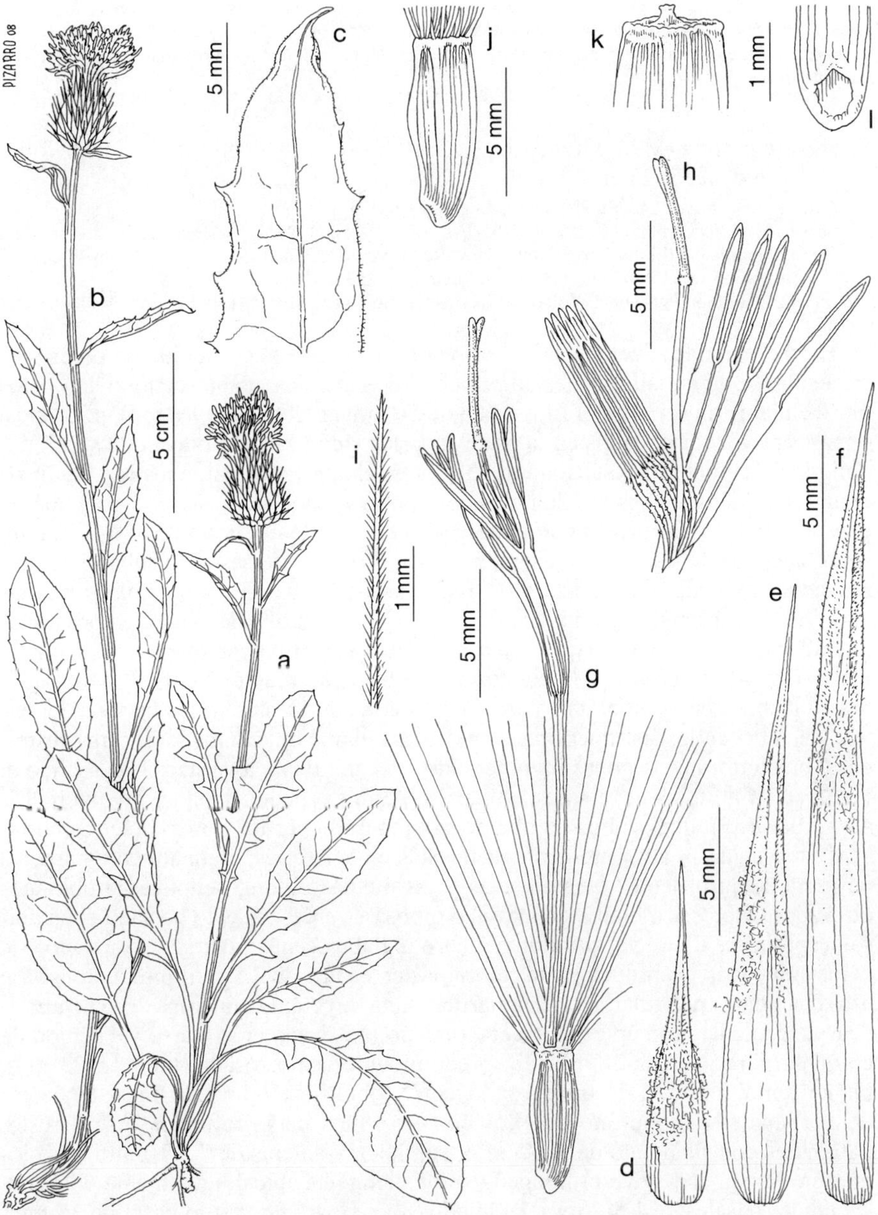

Lám. 55.–*Klasea boetica* subsp. *lusitanica,* a) Serra da Arrábida, Estremadura (MAF 105819); ibídem (MAF 105820): a, b) hábito; c) detalle del ápice de una hoja; d) bráctea externa del involucro; e) bráctea media del involucro; f) bráctea interna del involucro; g) flor con aquenio y vilano; h) corola abierta y verticilos sexuales; i) detalle de un pelo del vilano; j) aquenio; k) porción apical del aquenio que muestra el nectario; l) base del aquenio que muestra el hilo cárpico.

con hojas pinnatífidas o pinnatipartidas, que viven en alcornocales, quejigares de quejigo portugués, jarales y brezales, desarrollados en suelos arenosos en substratos ácidos (Port.: AAl Ag BL E R). En enclaves con suelo arcilloso-arenoso es fácil encontrar plantas con hojas intermedias entre las de ambas variedades.

5. K. integrifolia (Vahl) Greuter in Willdenowia 35: 235 (2005) [integrifólia]

Cynara integrifolia Vahl, Symb. Bot. 1: 68 (1790) [basión.]
Serratula abulensis Pau in Bol. Soc. Esp. Hist. Nat. 21: 150 (1921)
Serratula paueana Iljin in Repert. Spec. Nov. Regni Veg. 35: 354 (1934)
K. abulensis (Pau) Holub in Folia Geobot. Phytotax. 12: 305 (1977)
Ind. loc.: "In montibus versus Toletum Castiliae novae invenit Dn. Barnades matritensis"

Hierba perenne, rizomatosa, de un verde intenso, a veces teñida de color púrpura sobre todo en tallos y nervio principal de las hojas, glabrescente o con pelos pluricelulares uniseriados. Tallos hasta de 50 cm, erectos, simples y monocéfalos, o más rara vez ramificados en la parte superior y con 2-4 capítulos, con sección ± poligonal –cilíndricos o subcuadrangulares en el ápice–, acostillados longitudinalmente, de glabrescentes a ± lanudos, con hojas esparcidas hasta el ápice, una de ellas con frecuencia alcanzando la base del capítulo. Hojas hasta de 360 × 70 mm, las basales rosuladas, por lo general pecioladas, y el resto sésiles o subsésiles, con nervadura pinnada –la secundaria ± reticulada–; las basales y caulinares medias con limbo estrechamente elíptico, ovado-lanceolado u oblanceolado, en ocasiones pinnatífido hacia la base, con el margen entero o con mayor frecuencia dentado, inciso-dentado o serrado, con dientes acabados en un mucrón de 0,1-0,7 mm, glabras o glabrescentes en el haz, pero con pelos ± abundantes en los nervios del envés y en el pecíolo; las superiores semejantes aunque mucho menores y más estrechas, bracteiformes, algunas involucrando los capítulos y a veces sobrepasando el involucro. Capítulos terminales, solitarios, sésiles o pedunculados. Involucro 15-45 × 10-30(35) mm, globoso u ovoide, sobrepasado por las flores; brácteas coriáceas, imbricadas y aparentemente dispuestas en 5-7 series, gradualmente mayores de fuera adentro; las externas ovadas y las medias oblongo-elípticas u oblongo-obovadas, adpresas o bien ± cóncavas o gibosas, verdes excepto hacia la zona apical, ± purpúrea o violeta, con dorso glabro o glabrescente y margen a menudo con pelos araneosos, ± abruptamente contraídas en espina de 0,5-4(6) mm, con la base estrechamente triangular, rígida, amarilla, recta, erecta; las internas 26-35 mm, linear-lanceoladas, con ápice cartáceo-coriáceo, escábrido en el dorso y ± teñido de color púrpura. Corola 28-40 mm, predominantemente rosada; tubo 15-23 mm, blanquecino; limbo 11-17 mm, rosado, con 5 lóbulos de 7-11 mm, linear-lanceolados, ± iguales aunque uno de ellos con los senos más profundos que el resto. Estambres con filamento de 3,5-5 mm, papiloso, y anteras de 7,5-10 mm, rosado-purpúreas, con conectivo prolongado en una lengüeta apical ligeramente obtusa, y apéndices basales de 1,5-2 mm, laciniados en su extremo. Estilo hasta de 37 mm, liso, rosado-purpúreo en la parte superior, con ramas aproximadas al principio y erectas o erecto-patentes en su extremo cuando receptivas. Aquenios 4-9 × 1,3-2,5 mm, elipsoidales u oblongo-obovoides, de ligeramente comprimidos a ± tetrágonos, con costillas longitudinales, amarillento-pajizos, glabros; nectario 0,3-0,7

Lám. 56.–*Klasea integrifolia* subsp. *integrifolia,* a-c, g-l) Arroba de los Montes, Piedrabuena, Ciudad Real (MAF 167910); d-f) Puerto del Comendador, Los Yébenes, Toledo (MAF 138223): a, b) hábitos; c) detalle del ápice de una hoja; d) bráctea externa del involucro; e) bráctea media del involucro; f) bráctea interna del involucro; g) flor con aquenio y vilano; h) corola abierta y verticilos sexuales; i) detalle de un pelo del vilano; j) aquenio; k) porción apical del aquenio que muestra el nectario; l) base del aquenio que muestra el hilo cárpico.

mm, cilíndrico; región hilar cóncava, con hilo cárpico de 0,4-1,3 × 0,3-1 mm, de lateral-adaxial a subbasal, de cuadrado a elíptico. Vilano (13)16-30 mm, blanquecino, de pelos plumosos, con barbas de 0,2-0,7 mm. $2n$ = 30, 90.

Alcornocales, robledales, pinares, linderos de bosque, brezales, jarales y jaguarzales; 30-1000 m. IV-VII. ● C, W y SW de la Península Ibérica. **Esp.:** Av Ba Ca Cc CR H J Sa To Za. **Port.:** AAl Ag BA BAl BL E R TM.

1. Vilano (23)25-30 mm; corola 32-40 mm, con tubo de 18-23 mm y limbo de 14-17 mm; brácteas involucrales medias desde cóncavas a gibosas en el ápice, con el margen rasgado o lacerado en la madurez o cuando secas .... **a.** subsp. **integrifolia**
– Vilano (13)16-20(24) mm; corola 28-33 mm, con tubo de 15-17 mm y limbo de 11-14 mm; brácteas involucrales medias planas o ligeramente cóncavas en el ápice, con el margen entero en la madurez o cuando secas .... **b.** subsp. **monardii**

a. subsp. **integrifolia**

Ic.: Cantó in Lazaroa 6: 57 (1985) [sub *Serratula monardii* f. *abulensis*]; Rivas Goday, Veg. Fl. Guadiana: 739 (1964) [sub *Serratula baetica* var. *alcalae*]; Valdés, Talavera & Galiano (eds.), Fl. Andalucía Occid. 3: 166 (1987) [sub *K. abulensis*]; lám. 56; fig. 3 e

Tallos hasta de 50 cm. Hojas basales con limbo entero, insiso-dentado o serrado. Involucro 20-45 × 20-30(35) mm, globoso u ovoide; brácteas involucrales externas y medias desde cóncavas a gibosas en el ápice, con los márgenes rasgados o lacerados en la madurez o cuando secas, y espina de 2-4(6) mm. Corola 32-40 mm; tubo 18-23 mm; limbo 14-17 mm, con lóbulos de 8-11 mm. Aquenios 6-9 × 1,5-2,4 mm, elipsoidales u oblongo-obovoides. Vilano (23)25-30 mm; pelos con barbas de 0,2-0,5 mm. $2n$ = 90.

Alcornocales, robledales, pinares, linderos de bosque, brezales y jarales; 50-1000 m. IV-VII. ● C, W, SW y S de España. **Esp.:** Av Ba Cc Co CR H J Sa To Za.

b. subsp. **monardii** (Dufour) Cantó in Ann. Bot. Fenn. 46: 437 (2009) [Monárdii]

Serratula monardii Dufour in Ann. Sci. Nat. (Paris) 23: 155 (1831) [basión.]
K. monardii (Dufour) Holub in Folia Geobot. Phytotax. 18: 204 (1983)
Ind. loc.: "Hab. in incultis Gaditensibus"
Ic.: Cantó in Lazaroa 6: 55 (1985) [sub *Serratula monardii* f. *monardii*]; Valdés, Talavera & Galiano (eds.), Fl. Andalucía Occid. 3: 165 (1987) [sub *K. monardii*]; lám. 57; fig. 3 d

Tallos hasta de 40 cm. Hojas basales con limbo entero, dentado o serrado, a veces pinnatífido al menos hacia la base. Involucro 15-40 × 10-15(20) mm, ovoide; brácteas involucrales externas y medias planas o ligeramente cóncavas en el ápice, con el margen entero en la madurez o cuando secas, y espina de 0,5-3(4,5) mm. Corola 28-33 mm; tubo 15-17 mm; limbo 11-14 mm, con lóbulos de 7-9 mm. Aquenios 4-7 × 1,3-2,5 mm, oblongo-obovoides. Vilano (13)16-20(24) mm; pelos con barbas de 0,5-0,7 mm. $2n$ = 30, 90.

Alcornocales, pinares, linderos de bosque, jarales y jaguarzales desarrollados preferentemente en suelos arenosos o limoso-arenosos; 20-600 m. V-VI. ● C, W y SW de la Península Ibérica. **Esp.:** Ba Ca Cc CR H Sa To Za. **Port.:** AAl Ag BA BAl BL E R TM.

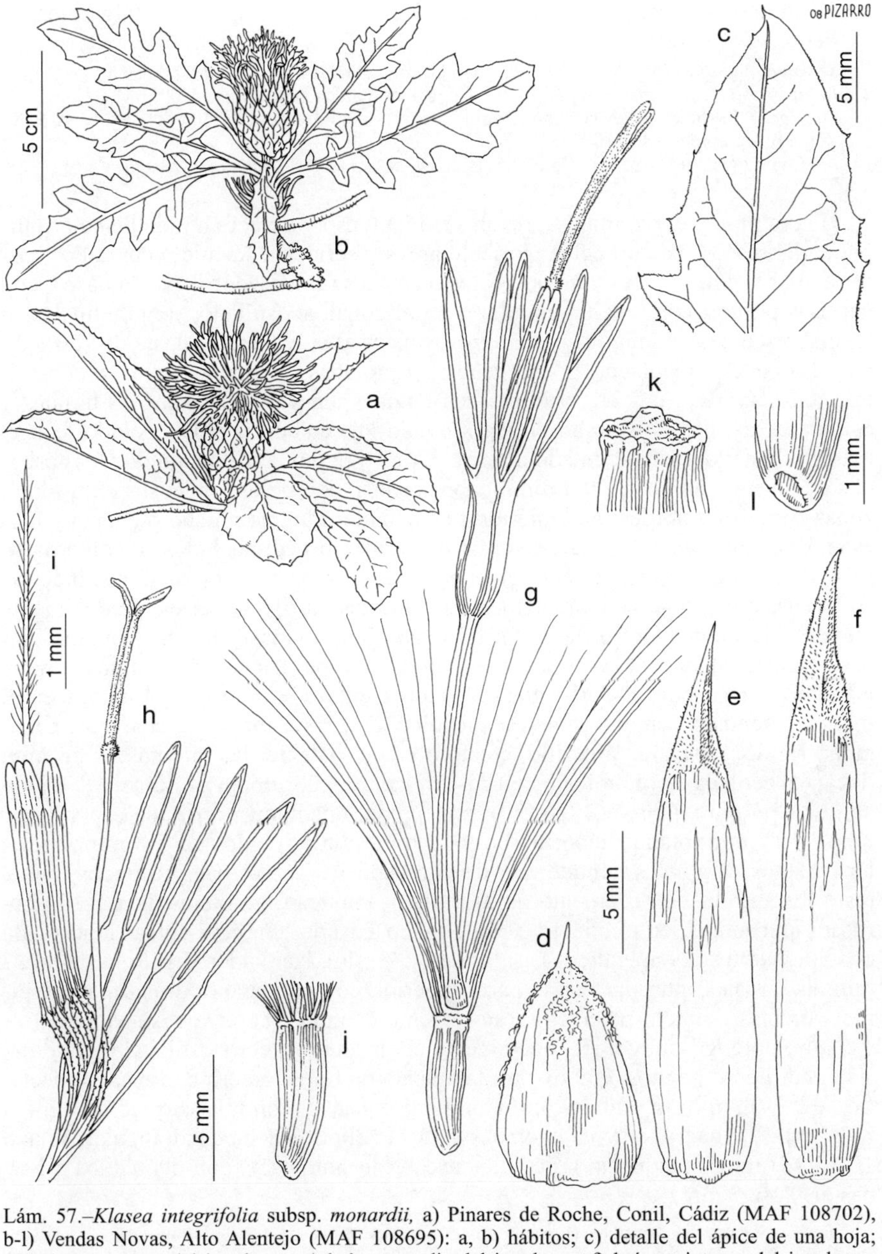

Lám. 57.–*Klasea integrifolia* subsp. *monardii,* a) Pinares de Roche, Conil, Cádiz (MAF 108702), b-l) Vendas Novas, Alto Alentejo (MAF 108695): a, b) hábitos; c) detalle del ápice de una hoja; d) bráctea externa del involucro; e) bráctea media del involucro; f) bráctea interna del involucro; g) flor con aquenio y vilano; h) corola abierta y verticilos sexuales; i) detalle de un pelo del vilano; j) aquenio; k) porción apical del aquenio que muestra el nectario; l) base del aquenio que muestra el hilo cárpico.

6. K. algarbiensis (Cantó) Cantó in Ann. Bot. Fenn. 46: 437 (2009) [algarbiénsis]

Serratula monardii var. *algarbiensis* Cantó in Lazaroa 6: 60, 59 fig. 13 (1985) [basión.]
K. integrifolia subsp. *algarbiensis* (Cantó) Greuter in Willdenowia 35: 235 (2005)
Ind. loc.: "Portugal. Algarve: Faro, Monte Negro, suelo arenoso, 27-V-1981, P. Cantó & M. Romero. Holotypus, MAF108705"
Ic.: Cantó in Lazaroa 6: 59 fig. 13 (1985) [sub *Serratula monardii* var. *algarbiensis*]

Hierba perenne, rizomatosa, de un verde intenso y a veces teñida de color púrpura, glabrescente o con pelos pluricelulares uniseriados. Acaule o con tallos hasta de 10(12) cm, simples y monocéfalos o a veces ramificados desde la base y con varios capítulos, con sección circular o ± poligonal, acostillados longitudinalmente, glabrescentes o lanuginosos, ± foliosos hasta el ápice. Hojas hasta de 150 × 35 mm, las basales rosuladas, por lo general pecioladas, y el resto sésiles o subsésiles, con nervadura pinnada y el margen entero, dentado o serrado; las basales y caulinares medias con limbo elíptico, ovado-lanceolado u oblanceolado, con el margen dentado, inciso-dentado o serrado, rara vez pinnatífido, con dientes acabados en un mucrón de 0,1-0,5 mm, glabrescentes, con pelos araneosos en pecíolo, zonas nervales y bordes; las superiores semejantes aunque mucho menores y más estrechas. Capítulos terminales, solitarios, sésiles o pedunculados. Involucro 15-30 × 10-20 mm, ovoide, redondeado en la base, sobrepasado por las flores; brácteas coriáceas, imbricadas y aparentemente dispuestas en (4)5-7 series, gradualmente mayores de fuera adentro; las externas ovado-lanceoladas y las medias lanceoladas u oblongo-lanceoladas, ± adpresas, verdes excepto hacia la zona apical, ± purpúrea o violeta, con el dorso glabro, glabrescente o ± araneoso al menos en el margen, atenuadas en una espina o apéndice de 0,3-3,5 mm, estrechamente triangular, rígido, punzante, amarillo, erecto o erecto-patente; las internas 22-28 mm, linear-lanceoladas, con ápice cartáceo-coriáceo, escábrido en el dorso y ± teñido de color púrpura. Corola 20-26(30) mm, predominantemente rosada o purpúrea; tubo 10-15 mm, blanquecino; limbo 9-14 mm, con 5 lóbulos de 5-8 mm, linear-lanceolados, ± iguales aunque uno de ellos con los senos más profundos que el resto. Estambres con filamento de 3-3,5 mm, papiloso, y anteras de 7,5-10 mm, rosado-purpúreas, con conectivo prolongado en una lengüeta apical lanceolada con ápice obtuso, y apéndices basales de 0,5-1 mm, laciniados. Estilo hasta de 27 mm, liso, rosado-purpúreo en la parte superior, con ramas aproximadas al principio y erectas o erecto-patentes en su extremo cuando receptivas. Aquenios 4-6 × 1-2 mm, oblongo-obovoides, ligeramente comprimidos, con costillas longitudinales, amarillento-pajizos, glabros; placa apical con borde entero o crenado y nectario de 0,1-0,2 mm, ± cilíndrico; región hilar cóncava, con hilo cárpico de 0,3-0,5 × 0,2 mm, de lateral-adaxial a subbasal, desde elíptico a subcuadrangular. Vilano 10-15(17) mm, blanquecino, de pelos escábrido-plumosos, con dentículos o barbas de 0,1-0,3 mm. $2n = 30$.

Jarales y jaguarzales, en suelos arenosos; 10-100 m. IV-V. ● SW de Portugal. **Port.:** Ag E.

7. K. flavescens (L.) Holub in Folia Geobot. Phytotax. 12: 305 (1977) [flavéscens]

Carduus flavescens L., Sp. Pl.: 825 (1753) [basión.]
Serratula flavescens (L.) Poir. in Lam., Encycl. 6: 562 (1805)
Ind. loc.: "Habitat in Hispania. Löfling" [lectótipo designado por P. Cantó in Lazaroa 6: 61 (1985): LINN]

Hierba perenne, rizomatosa, de un verde vivo, glabrescente o con pelos pluricelulares uniseriados. Tallos hasta de 100 cm, erectos, simples o ramificados en la parte superior, ± acostillados longitudinalmente, con sección circular o ± poligonal, glabros o casi, ± foliosos hasta el ápice. Hojas hasta de 400 × 60 mm, las basales rosuladas, por lo general pecioladas, las caulinares inferiores pecioladas y el resto sésiles, con nervadura pinnada; las basales con limbo ovado, ovado-lanceolado o lanceolado, de margen entero, dentado o serrado, con dientes acabados en un mucrón de 0,1-0,7 mm, glabras o glabrescentes, con nervios laterales poco marcados, glabros o laxamente pelosos; las caulinares semejantes, atenuadas o auriculadas en la base; las superiores linear-lanceoladas, mucho menores y más estrechas. Capítulos terminales, pedunculados, solitarios, o en grupos poco numerosos. Involucro 20-40 × 15-25(30) mm, ovoide, ± umbilicado en la base, sobrepasado por las flores; brácteas coriáceas, imbricadas y aparentemente dispuestas en (6)7-9(10) series, gradualmente mayores de fuera adentro; las externas y medias ovadas, obovadas u oblongo-lanceoladas, ± adpresas, verdes, con tres nervios de un verde más intenso –a veces apenas visibles–, y dorso glabro o ± pubérulo-araneoso, atenuadas o contraídas en una espina de 2-8 mm, con la base estrechamente triangular, de un pardo amarillento, erecto-patente, patente o arqueado reflexa; las internas 23-33 mm, linear-lanceoladas, con ápice cartáceo-coriáceo, escábrido en el dorso y ± teñido de color púrpura. Corola 22-33 mm, amarillenta, blanquecina, blanquecino-amarillenta, purpúrea o rosada; tubo 10-18 mm, blanco o blanquecino; limbo 10-14,5 mm, blanquecino-amarillento, purpúreo o rosado, con 5 lóbulos de 7-10 mm, linear-lanceolados, subiguales, ± iguales aunque uno de ellos con los senos más profundos que el resto. Estambres con filamento de 2,5-5 mm, papiloso, y anteras de 7-10 mm, rosadas, rosado-purpúreas, blanquecinas o blanquecino-amarillentas, con conectivo prolongado en una lengüeta apical lanceolada con ápice ligeramente agudo u obtuso, y apéndices basales de 0,4-1 mm, desde inciso-crenados a laciniados. Estilo hasta de 35 mm, liso, blanquecino, blanquecino-amarillento o rosado-purpúreo, con ramas aproximadas al principio y erectas o erecto-patentes en su extremo cuando receptivas. Aquenios 5-8 × 1-2 mm, oblongo-obovoides u obovoides, desde comprimidos a ± tetrágonos en la madurez, con costillas longitudinales tenues o marcadas, amarillento-pajizos, glabros; placa apical con borde entero y nectario hasta de 0,3 mm, ± cilíndrico, a veces inconspicuo; región hilar cóncava, con hilo cárpico de 0,4-0,7 × 0,3-0,5 mm, lateral-adaxial, elíptico-rómbico. Vilano 8-20 mm, blanquecino, de pelos plumosos, con barbas de 0,2-0,5(1) mm. $2n = 30, 60$.

Espinales con palmitos, cornicales, coscojares, tomillares, lastonares, etc., en suelos ± nitrificados, neutros o básicos, más rara vez ácidos por descarbonatación; 5-1850 m. IV-VII. W de la Región Mediterránea. C, S y E de la Península Ibérica. **Esp.:** A Ab Al B (Co) CR Cs Cu Gr Hu J L Lo M Ma Mu Na Se T Te To V Z. **Port.:** Ag.

1. Corola predominantemente purpúrea o rosada ... 2
– Corola blanquecina, amarillenta o blanquecino-amarillenta ... 3
2. Vilano 8-10(13) mm; brácteas involucrales medias con espina de 3-6 mm ... **b.** subsp. **mucronata**
– Vilano (12,5)14-17 mm; brácteas involucrales medias con espina de (3)4,5-8 mm ... **d.** subsp. **neglecta**
3. Corola blanquecina; vilano 8-15 mm; brácteas involucrales medias con espina de (2)3-6,5 mm ... **c.** subsp. **leucantha**
– Corola amarillenta o blanquecino-amarillenta; vilano 14-20 mm; brácteas involucrales medias con espina de (3)4-8 mm ... 4
4. Brácteas involucrales medias oblongo-lanceoladas, atenuadas en una espina de (4)6-8 mm, erecto-patente; tallos foliosos hasta el ápice ... **a.** subsp. **flavescens**
– Brácteas involucrales medias ovadas u obovadas, bruscamente contraídas en una espina de (3)4,5-8 mm, patente o arqueado-reflexa; tallos poco foliosos en su tercio apical ... **d.** subsp. **neglecta**

a. subsp. **flavescens**

Ic.: Cav., Icon.1, tab. 46 (1791) [sub *Carduus flavescens*]; Cantó in Lazaroa 6: 63 (1985) [sub *Serratula flavescens* subsp. *flavescens*]; Valdés, Talavera & Galiano (eds.), Fl. Andalucía Occid. 3: 166 (1987); lám. 58; fig. 3 c

Tallos hasta de 65 cm, simples o ramificados en la parte superior, verdes, glabrescentes o a veces algo lanuginosos, foliosos hasta el ápice. Hojas basales atenuadas en el pecíolo, con limbo estrechamente lanceolado, de margen uniformemente dentado, glabras o algo araneosas en pecíolo y nervios; las caulinares sésiles o subsésiles, atenuadas en la base o raras veces subauriculadas. Involucro 25-40 × 15-20(25) mm, cilíndrico u ovoide; brácteas medias oblongo-lanceoladas, atenuadas en una espina de (4)6-8 mm, erecto-patente. Flores blanquecino-amarillentas. Corola 25-30 mm; tubo 13-16 mm; limbo 11-14 mm, con lóbulos de 6,5-8 mm. Aquenios 5-8 × 1-2 mm. Vilano 14-20 mm. $2n = 30$.

Herbazales viarios ± nitrificados, en suelos profundos calcáreos o margosos; 350-1500 m. V-VII. ● C y S de España. **Esp.:** Co CR Gr J M Ma Se To. **N.v.:** serradella blanquecina.

b. subsp. **mucronata** (Desf.) Cantó & Rivas Mart. in Lazaroa 5: 319 (1984) [mucronáta]

Serratula mucronata Desf., Fl. Atlant. 2: 243, tab. 219 (1799) [basión.]
Serratula cichoracea subsp. *mucronata* (Desf.) Lacaita in Nuovo Giorn. Bot. Ital. 25: 218 [in Err. 118] (1918)
Ind. loc.: "Habitat prope Mascar in collibus et in Atlante"
Ic.: Cantó in Lazaroa 6: 66 (1985) [sub *Serratula flavescens* subsp. *mucronata*]; Desf., Fl. Atlant. 2, tab. 219 (1799) [sub *Serratula mucronata*]

Tallos hasta de 60 cm, simples o poco ramificados en la parte superior, verdes, aunque a menudo ± teñidos de color púrpura, glabros o con pelos araneosos ± esparcidos, poco foliosos en su tercio apical. Hojas basales atenuadas en el pecíolo, con limbo estrechamente lanceolado, de margen entero, dentado o serrado, glabrescentes, con pelos araneosos esparcidos en los nervios, a menudo teñidas de color púrpura por el envés; las caulinares sésiles o subsésiles, atenuadas en la base

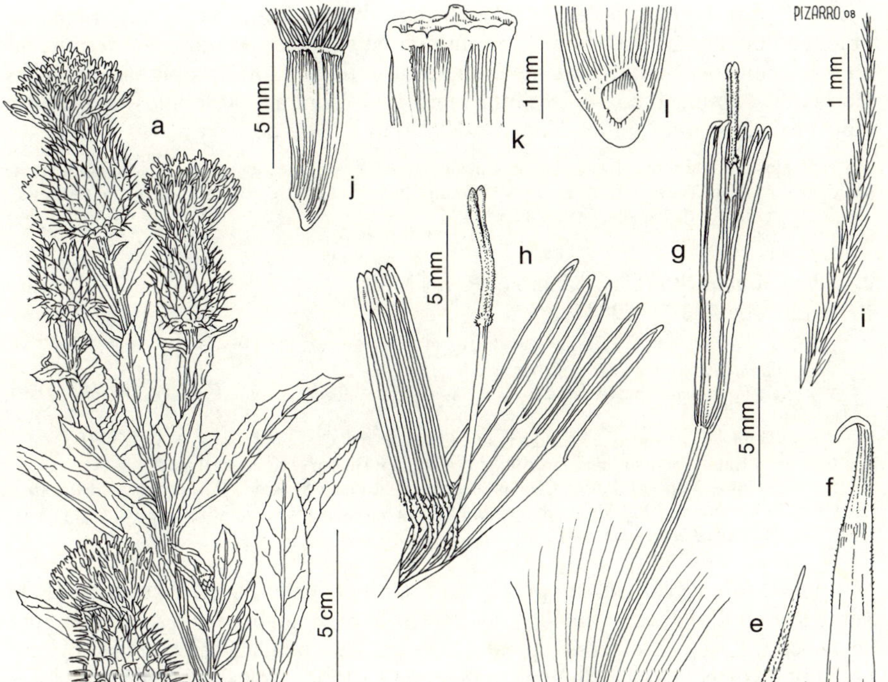

Lám. 58.–*Klasea flavescens* subsp. *flavescens,* a-i) Villaluenga, Toledo (MAF 108688); j-l) Cabañas de la Sagra, Toledo (MAF 167909): a, b) tallos floridos; c) detalle del ápice de una hoja; d) bráctea externa del involucro; e) bráctea media del involucro; f) bráctea interna del involucro; g) flor con aquenio y vilano; h) corola abierta y verticilos sexuales; i) detalle de un pelo del vilano; j) aquenio; k) porción apical del aquenio que muestra el nectario; l) base del aquenio que muestra el hilo cárpico.

o auriculadas. Involucro 25-35 × 13-25 mm, ovoide o globoso; brácteas medias oblongo-obovadas, teñidas de color púrpura en el ápice, bruscamente terminadas en una espina de 3-6 mm, patente o arqueado-reflexa. Flores purpúreas o rosadas. Corola 22-33 mm; tubo 14-18 mm; limbo 12-14,5 mm, con lóbulos de 6-8 mm. Aquenios 3,5-6 × 1-1,5 mm. Vilano 8-10(13) mm. $2n = 60$.

Espinales con palmitos, cornicales, matorrales, tomillares y lastonares, etc., preferentemente en suelos neutros o básicos; 5-1850 m. IV-VI. Península Ibérica, N de África –Marruecos, Argelia y Túnez– y Sicilia. SE de España. **Esp.:** Al Gr Ma Mu.

c. subsp. **leucantha** (Cav.) Cantó & Rivas Mart. in Lazaroa 5: 319 (1984) [leucántha]

Carduus leucanthus Cav., Icon. 2: 52, tab. 165 (1793) ["leucanthos"] [basión.]
Serratula leucantha (Cav.) DC., Prodr. 6: 670 (1838)
Serratula flavescens var. *leucantha* (Cav.) Willk. in Willk. & Lange, Prodr. Fl. Hispan. 2: 173 (1865)
Serratula flavescens subsp. *leucantha* (Cav.) Cantó & M.J. Costa in Lazaroa 3: 193 (1981)
Ind. loc.: "Habitat ad margines agrorum inter oppidum Bicorp et fontem salsum"
Ic.: O. Bolòs & Vigo, Fl. Països Catalans 3: 908 (1996) [sub *Serratula flavescens* var. *leucantha*]; Cantó in Lazaroa 6: 72 (1985) [sub *Serratula flavescens* subsp. *leucantha*]; Cav., Icon. 2, tab. 165 (1793) [sub *Carduus leucanthus*]

Tallos hasta de 80 cm, simples o algo ramificados en la parte superior, de un verde vivo y a menudo ± teñidos de rojo en la base, glabrescentes o ± lanuginosos, poco foliosos en su tercio apical. Hojas basales atenuadas en un pecíolo corto, con limbo lanceolado, por lo general dentado o serrado –rara vez entero–, glabrescentes o con pelos araneosos esparcidos en los nervios, estos a menudo teñidos de color púrpura por el envés; las caulinares sésiles o subsésiles, atenuadas en la base o auriculadas. Involucro 20-35 × 15-20(23) mm, ovoide u ovoide-globoso; brácteas medias oblongo-obovadas, bruscamente terminadas en una espina de (1)3-6,5 mm, patente o arqueado-reflexa. Flores blanquecinas. Corola 22-26 mm; tubo 10-14 mm; limbo 10-14 mm, con lóbulos de 5-6,5 mm. Aquenios 4-6,5 × 1-1,5 mm. Vilano 8-15 mm. $2n = 30$.

Matorrales y tomillares, preferentemente en margas y yesos; 15-1100 m. V-VII. ● E y SE de España. **Esp.:** A Ab Al B Cs Cu Gr Hu L Lo Ma Mu Na T Te V Z.

d. subsp. **neglecta** (Iljin) Greuter & Wagenitz in Willdenovia 33: 59 (2003) [neglécta]

Serratula neglecta Iljin in Repert. Spec. Nov. Regni Veg. 35: 353 (1934) [basión.]
Serratula flavescens var. *neglecta* (Iljin) Font Quer in Memoriam Prof. A.-X. Pereira Coutinho: 159 (1941)
Ind. loc.: "Hispania australis (Granada, Murcia, Malaga). – Typus: Grenada. Sierra de Cartama, 2. VII. 1888, n. 223, leg. Elisée Reverchon"
Ic.: Cantó in Lazaroa 6: 74 (1985) [sub *Serratula flavescens* var. *neglecta*]

Tallos hasta de 100 cm, simples o algo ramificados en la parte superior, de un verde vivo aunque a menudo teñidos de color púrpura, glabrescentes, poco foliosos en su tercio apical. Hojas basales atenuadas en un largo pecíolo –5-15 cm–, con limbo lanceolado, de margen entero, dentado o serrado, glabrescentes o con pelos araneosos esparcidos sobre los nervios; las caulinares sésiles o subsésiles, atenuadas en la base o más rara vez auriculadas, con el margen dentado o serrado. Involucro 25-40 × 13-30 mm, ovoide u ovoide-globoso; brácteas medias ovadas u obovadas, a veces teñidas de color púrpura en el ápice, bruscamente terminadas en una espina de (3)4,5-8 mm, patente o arqueado-reflexa. Flores de amarillentas a blanquecino-amarillentas, excepcionalmente de un rosa pálido. Corola 25-30 mm; tubo 14-17 mm; limbo 12-14 mm, con lóbulos de 6-7 mm. Aquenios 4-7 × 1,3-1,6 mm. Vilano (12,5)14-17 mm. $2n = 30$.

Encinares, coscojares, tomillares, lastonares, etc., en suelos neutros o básicos, preferentemente en calizas y dolomías, más rara vez en suelos ácidos descarbonatados; 10-1000 m. V-VII. Península Ibérica y Marruecos. S de la Península. **Esp.:** Gr Ma. **Port.:** Ag.

22. Rhaponticoides Vaill. [nom. cons. prop.]*

[Rhaponticoídes, -is f. – lat. bot. *Rhaponticŏīdes, -is* f., género de las *Compositae* creado por S. Vaillant in Hist. Acad. Roy. Sci. Mém. Math. Phys. (Paris, 4.°) 1718: 177-180, 186, 190, fig. 3, fig. 55 (1719) ["Rhamponticoïdes"], y validado en el mismo autor in Konigl. Akad. Wiss. Paris Phys. Abh. 5: 179-182, 186, 190, fig. 3, fig. 55 (1754); en la primera de las publicaciones se dice: *"Rhaponticoïdes* vient de *Rhaponticun,* comme si on disoit, *Plante qui a du rapport avec le Rhapontic"* –véase en este vol. el género *Rhaponticum* Vaill. *(Compositae);* y gr. *-eidḗs, -eidoûs (eîdos)* f.; lat. *-īdēs, -īdis* f. = parecida a, con aspecto de (sufijo adjetival sustantivado)–. Según el ICN, art. 62.4, el género gramatical de *Rhaponticoides* ha de ser el femenino]

Hierbas perennes, inermes, con pelos unicelulares araneosos. Tallos simples o ramificados, sin alas. Hojas basales con frecuencia rosuladas y el resto alternas, la mayoría pecioladas, no decurrentes, ± enteras, aserradas, lirado-pinnatífidas o pinnatisectas. Capítulos multifloros, terminales, solitarios o en inflorescencias complejas cimosas, ± pedunculados, discoides o radiantes, homógamos o a veces heterógamos. Involucro ovoide, a veces ligeramente umbilicado en la base; brácteas aparentemente dispuestas en 5-9 series, ± coriáceas, imbricadas y ± adpresas, mayores hacia el interior, con un apéndice apical escarioso, entero o lacerado, discoloro, decurrente. Receptáculo ligeramente convexo, alveolado, con páleas setáceas. Flósculos hermafroditas, excepto los de la periferia del capítulo que son femeninos –capítulo heterógamo– o neutros –capítulo homógamo–, a veces patentes o erecto-patentes y mucho mayores que los del centro, todos sobrepasando el involucro. Corola pentámera o tetrámera, purpúrea, blanquecino-rosada, blanca o de un amarillo pálido; la de las flores neutras y femeninas infundibuliforme, ± actinomorfa, con 4 o 5 lóbulos ± iguales; la de las flores hermafroditas tubular, ± zigomorfa, con tubo y limbo netamente diferenciados, este con 5 lóbulos desiguales –por lo general uno con los senos más profundos que el resto–. Estambres con filamentos libres, papilosos, insertos en la base del limbo de la corola, los de las flores neutras y femeninas inexistentes, con anteras estériles o reducidos a 3-5 estaminodios; anteras con conectivo prolongado en una lengüeta apical lanceolada ligeramente incurva, calcariformes en la base, con apéndices basales oblongo-lan-

* A.J. Pujadas Salvà & J.A. Devesa

ceolados, truncado-erosos o truncado-subenteros. Estilo liso, con dos ramas aproximadas al principio y después rectas o ± recurvado-patentes, delimitadas por un anillo de pelos colectores cortos, con superficie receptiva lisa, por lo demás glabro, rodeado en la base por un nectario que persiste en el fruto en forma de un cilindro membranáceo sobre la placa apical. Aquenios homomorfos o heteromorfos, prismáticos, obovoides u obpiramidales, de sección ± cuadrangular o rómbica, con 4 costillas longitudinales ± marcadas y superficie por lo general ± rugulosa, glabros, truncados en el ápice, con placa apical plana y de borde ± entero o débilmente crenulado, con un anillo cartilaginoso ± resaltado y en su centro el nectario; hilo cárpico adaxial-basal, cuadrado, obovado o ± rómbico; con o sin eleosoma. Vilano doble, de escamas libres, persistente, o bien cuando los aquenios son heteromorfos doble en las flores del disco y simple en los de la periferia; cuando simple, con una fila de escamas estrechamente lanceoladas, blanco-hialinas; cuando doble, el externo con 3-7 filas de escamas lineares o setáceas, desiguales –mayores hacia el interior–, antrorso-escábridas, erecto-patentes o patentes, blanco-hialinas y al final acastañadas, y el interno con una fila de escamas estrechamente triangulares y erectas –a veces alguna con ápice prolongado en una seta–, o bien oblongas y obtusas. $x = 15$.

Observaciones.–El género comprende unas 27 especies distribuidas por la Región Mediterránea, el E de Europa y la Región Irano-Turania [cf. A. Susanna & N. Garcia in Kubitzki (ed.), Fam. Gen. Vasc. Pl. 8: 123-147 (2007)]. La mayoría de ellas han sido tradicionalmente incluidas en el género *Centaurea,* como *Centaurea centaurium* L., Sp. Pl.: 910 (1753) [*Rh. centaurium* (L.) M.V. Agab. & Greuter in Willdenowia 33: 60 (2003)], considerada como la especie tipo de este género y de la sect. *Centaurea.* Sin embargo, su segregación está fuertemente avalada por caracteres moleculares que han puesto de manifiesto su primitivismo y relaciones más fuertes con otros géneros –v.gr., *Crupina* y *Cheirolophus*–, lo que ha requerido la designación de un nuevo tipo para el género *Centaurea* [cf. W.R. Greuter & al. in Taxon 50: 1201-1205 (2001); W.R. Greuter in Willdenowia 33: 49-61 (2003)].

Bibliografía.–M.V. AGABABIAN in Lagascalia 19: 889-902 (1997) [taxonomía]; F. BELLOT & M.E. RON in Trab. Dept. Bot. Univ. Complut. Madrid 7: 3-9 (1975) [taxonomía]; W.R. GREUTER in Willdenowia 33: 49-61 (2003) [taxonomía y nomenclatura]; J. MÜLLER & U. DEIL in Silva Lusitana 10(2): 151-170 (2002) [ecología de *Rh. fraylensis*]; A. SUSANNA in Fontqueria 17: 17-20 (1988); 36: 206-208 (1993) [corología].

1. Corola de las flores de la periferia del capítulo con limbo purpúreo; capítulos radiantes .... **1. Rh. fraylensis**
– Corola de las flores de la periferia del capítulo con limbo amarillo; capítulos discoides 2
2. Hojas basales irregularmente serradas, aparentemente biserradas; corola de las flores neutras 26-31 mm, la de las hermafroditas 23-28 mm; aquenios 4,8-6,5 mm .... **2. Rh. africana**
– Hojas basales pinnatisectas; corola de las flores neutras 43-47 mm, la de las hermafroditas 32-43 mm; aquenios 7,9-8,5 mm .... **3. Rh. alpina**

1. Rh. fraylensis (Sch. Bip. ex Nyman) M.V. Agab. & Greuter in Willdenowia 33: 60 (2003) [fraylénsis]

Centaurea fraylensis Sch. Bip. ex Nyman, Consp. Fl. Eur.: 420 (1879) [basión.]
Centaurea vicentina Welw. ex Mariz in Bol. Soc. Brot. 10: 223, lám. 2 (1892)
Centaurea carrissoi Rothm. in Bol. Soc. Brot. ser. 2, 13: 281 (1939)
Rh. carrissoi (Rothm.) M.V. Agab. & Greuter in Willdenowia 33: 60 (2003)
Ind. loc.: "Baetic. pr. Algeciras (F. del Frayle)" [lectótipo, aquí designado: "Hispania, cuesta del Fraile meridien versus Algeciras ad ripes maritimus, rarissime. Septb 1848. Funk. Herb. Schultz Bip.": P 00307382]
Ic.: M.V. Agab. in Lagascalia 19: 890 fig. 1a, 893 fig. 2a (1997) [sub *Centaurea fraylensis*]; Mariz in Bol. Soc. Brot. 10, lám. 2 (1892) [sub *Centaurea vicentina*]; lám. 59

Hierba perenne, con raíz napiforme y abundantes restos foliares fibrosos en la base, verde, con pelos unicelulares, ± vilosa o lanuginosa en algunas partes. Tallos (13)20-25(55) cm, procumbentes, ascendentes o erectos, ramificados desde la base –rara vez simples–, de sección ± circular, acostillados longitudinalmente –costillas parduscas y valéculas sin bandas estomáticas blancas–, escasamente foliosos, ± vilosos y algo lanuginosos en los nudos. Hojas en su mayoría basales y ± rosuladas, el resto esparcidas y menores hacia la parte superior del tallo, con nervadura principal pinnada –nervios secundarios ± anastomosados–, conspicua, ± vilosas en haz –sobre todo en el nervio medio– y envés, verdes; las basales y caulinares inferiores con pecíolo de 3-12 cm, canaliculado, viloso, y limbo de (3)7-17 × (1,5)3-5,5(7) cm, oblanceolado, ± entero, lirado-pinnatífido o 1(2) pinnatisecto, hasta con 8 pares de lóbulos laterales ± lanceolados o linear-lanceolados; las caulinares medias sésiles o subsésiles, de lirado-pinnatífidas a pinnatisectas, hasta con 10 pares de lóbulos ± lanceolados o linear-lanceolados, y las distales linear-subuladas, ± enteras, bracteiformes. Capítulos homógamos o heterógamos, radiantes, terminales, solitarios o hasta dos por rama, largamente pedunculados, no alcanzados por la última hoja caulinar. Involucro 20-30 × 12-23 mm, ovoide, truncado o ligeramente umbilicado en la base, lanuginoso al principio y glabrescente en la fructificación, netamente sobrepasado por las flores de la periferia; brácteas ± coriáceas, imbricadas y aparentemente dispuestas en 7-9 series, gradualmente mayores de fuera adentro, adpresas, verdes, con 7-11(13) nervios y margen escarioso de 0,2-0,5 mm de anchura, con apéndice apical escarioso, decurrente, de color acastañado o pajizo; las externas y medias 4-16 mm, ovadas, con apéndice hasta de 6 mm, obtuso, lacerado; las internas 20-25 mm, oblongo-lanceoladas u oblongo-ovadas, con apéndice hasta de 6 mm, ± agudo u obtuso, subentero, aserrado o lacerado. Páleas del receptáculo (3)4-7 mm. Flores de la periferia del capítulo neutras o femeninas, patentes, las del centro hermafroditas y mucho más numerosas. Corola ± purpúrea –blanquecina o rosada a nivel del tubo–, con nervios verde-amarillentos visibles solo en el tubo, glabra; la de las flores neutras o femeninas 40-50 mm, con tubo de 22-26 mm y limbo de 15-25 mm, este con 5 lóbulos de 14-22 mm, estrechamente lanceolados; la de las flores hermafroditas 32-35 mm, con tubo de 15-21 mm y limbo de 13-18 mm, este con 5 lóbulos de 6-10 mm, ± iguales, linear-lanceolados, de un púrpura pálido en las externas y casi blanco en las internas. Estambres de las flores neutras y femeninas con anteras de c. 5 mm, purpúreas, estériles; los de las flores hermafroditas con anteras de 7,5-

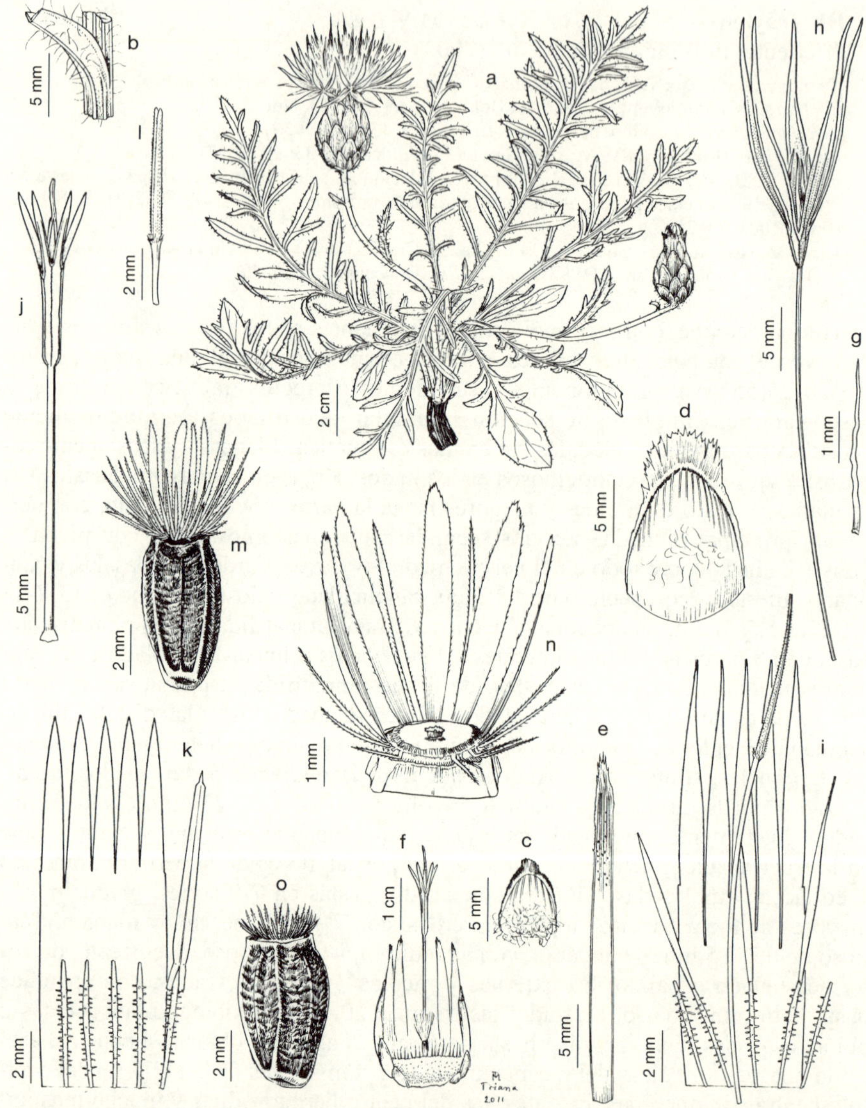

Lám. 59.–*Rhaponticoides fraylensis,* a-g, i, k) Cabo de Sines, Baixo Alentejo (MA 443879); h, j, l) Serra da Brejeira, Monchique, Algarve (COA 45918); m-o) Serra da Brejeira, Monchique, Algarve, (COA 46108): a) hábito; b) detalle de un nudo mostrando la inserción de la hoja; c) bráctea externa del involucro; d) bráctea media del involucro; e) bráctea interna del involucro; f) sección longitudinal de un capítulo que muestra el receptáculo con escamas y una flor hermafrodita; g) escama del receptáculo; h) corola de una flor neutra que muestra los estaminodios; i) limbo de la corola de una flor femenina abierto y que muestra los órganos sexuales; j) corola y verticilos sexuales de una flor hermafrodita; k) limbo de la corola de una flor hermafrodita abierto y que muestra los filamentos estaminales y un estambre completo; l) detalle del estilo con sus ramas; m) aquenio con vilano de una flor hermafrodita; n) detalle del vilano externo e interno de una flor hermafrodita; o) aquenio con vilano de una flor femenina.

9,5 mm, púrpureas, con apéndices basales de 1,2-1,5 mm, oblongos, truncado-erosos. Estilo blanco, con ramas purpúreas, erectas o erecto-patentes en la madurez, siempre soldadas en las flores femeninas. Aquenios (4,5)5-7,2 × (2)2,4-3,5 mm, heteromorfos, glabros; los de las flores hermafroditas prismáticos, de sección ± cuadrangular, con superficie transversalmente rugulosa y estrías longitudinales poco marcadas, y 4 costillas longitudinales coincidentes con los ángulos, ± acastañados, y los de las flores femeninas con sección ± rómbica; placa apical de borde subentero o débilmente crenulado, con anillo cartilaginoso de 0,3-0,5 mm de altura y nectario de 0,3-0,5 mm, cilíndrico; hilo cárpico 0,5-1 mm, cuadrado o rómbico; sin eleosoma. Vilano de los aquenios de las flores femeninas simple, persistente, con una fila de escamas de 0,5-0,8(1) mm, estrechamente lanceoladas, blanco-hialinas, acastañadas al final; el de las flores hermafroditas doble, persistente, el externo con 3 o 4 filas de escamas de 0,5-5,5 mm, lineares, agudas, erecto-patentes o patentes, y el interno con una fila de escamas de (3)4-5,5 mm, más anchas que las anteriores, oblongas, obtusas, erectas o erecto-patentes, antrorso-escábridas y con pelos rígidos sobre el dorso, blanco-hialinas al principio y acastañadas después, a menudo teñidas de color púrpura en el ápice. $2n = 90$.

Sotobosques y claros de encinar, alcornocal, pinar y brezal, pistas forestales y orillas de camino, cortafuegos, bancales, etc., en suelos esqueléticos de carácter ácido; 50-500 m. IV-VI. ● SW de Portugal y S de España. **Esp.:** Ca. **Port.:** Ag BAl. **N.v.,** *port.:* rapôntico.

Observaciones.–La especie fue descrita a partir de material procedente de las inmediaciones de Algeciras, e indicada por M. Gandoger no muy lejos de esta localidad, en la sierra de Carboneras [cf. Cat. Pl. Espagne: 165 (1917), cita no contrastada]. Las características del espécimen tipo se corresponden exactamente con las de las plantas de Portugal descritas como *Centaurea vicentina* y *Centaurea carrissoi,* pero la especie no se ha vuelto a recolectar en la zona ni ha sido incluida en las floras regionales [cf. J.M. Pérez Lara in Anales Soc. Esp. Hist. Nat. 16: 273-372 (1887); S. Talavera in Valdés, Talavera & Galiano (eds.), Fl. Andalucía Occid. 3: 146-160 (1987)].

La variabilidad de las hojas basales es notable. Si bien las plantas presentan al menos algunas hojas pinnatipartidas o pinnatisectas, no faltan ejemplares en los que todas ellas pueden ser enteras o subenteras y han sido descritas como un taxon independiente *Centaurea carrissoi* , lo que carece de fundamento taxonómico.

2. Rh. africana (Lam.) M.V. Agab. & Greuter [africána]
in Willdenowia 33: 60 (2003)

Centaurea africana Lam., Encycl. 1: 664 (1785) [basión.]
Centaurea tagana Brot., Phytogr. Lusit. Select. Fasc. I: 26, tab. 3 (1800)
Centaurea simplex Cav. in Anales Ci. Nat. 4: 95 (1801)
Ind. loc.: "Cette plante est cultivée depuis long-tems au Jardin du Roi: on la dit originaire de l'Afrique septentrionale"
Ic.: M.V. Agab. in Lagascalia 19: 890 fig. 1b, 893 fig. 2b (1997) [sub *Centaurea africana*]; Brot., Phytogr. Lusit. Select. Fasc. I, tab. 3 (1800) [sub *Centaurea tagana*]; Valdés, Talavera & Galiano (eds.), Fl. Andalucía Occid. 3: 147 (1987) [sub *Centaurea africana*]; lám. 60

Hierba perenne, con raíz napiforme y abundantes restos foliares fibrosos en la base, verde, glabra o glabrescente, con pelos unicelulares. Tallos (30)40-110 cm, erectos, simples o apenas ramificados en la parte superior, de sección ± circular, acostillados longitudinalmente –costillas verdes y valéculas con bandas estomáticas blancas–, escasamente foliosos, algo lanuginosos en la base y en los nudos, glabros o glabrescentes en el resto. Hojas en su mayoría basales y ± rosuladas, el resto ± esparcidas y menores hacia la parte superior del tallo, con nervadura principal pinnada –nervios secundarios ± anastomosados–, conspicua, con haz glabra y envés esparcidamente viloso, verdes; las basales y caulinares inferiores con pecíolo de 5-26 cm, canaliculado, ligeramente viloso, y limbo de (8)13-24(40) × (2)2,5-7(16,5) cm, oblanceolado, irregularmente serrado –aparentemente biserrado–; las caulinares medias sésiles o subsésiles, oblanceoladas o estrechamente lanceoladas, enteras, serradas, o bien ± pinnatífidas hacia la base, y las distales estrechamente lanceoladas, enteras, bracteiformes. Capítulos homógamos, discoides, terminales, solitarios o hasta 2(3) por rama, largamente pedunculados, no alcanzados por la última hoja caulinar. Involucro 15-22 × 9-19 mm, ovoide, truncado en la base, glabro, netamente sobrepasado por las flores de la periferia; brácteas ± coriáceas, imbricadas y aparentemente dispuestas en 5 o 6 series, gradualmente mayores de fuera adentro, adpresas, verdes –a veces teñidas de color púrpura–, con (3)5(7) nervios apenas marcados –más obscuros en seco– y márgenes escariosos de 0,2-0,3 mm, con apéndice apical escarioso, entero, decurrente, acastañado; las externas y medias 3-15 mm, ovadas, con apéndice apical hasta de 5 mm, obtuso; las internas 15-20 mm, lanceoladas, con apéndice hasta de 7 mm, ± agudo. Páleas del receptáculo 5-12 mm. Flores de la periferia del capítulo neutras, escasas, primero patentes y luego péndulas, las del centro hermafroditas y mucho más numerosas. Corola de un amarillo pálido –blanquecino-amarillenta a nivel del tubo–, con nervios acastañados, glabra; la de las flores neutras 26-31 mm, con tubo de 18-22 mm y limbo de 8-9 mm, con 4 o 5 lóbulos de 6-7 mm, lineares; la de las flores hermafroditas 23-28 mm, con tubo de 12-15 mm y limbo de 11-13 mm, con 5 lóbulos de 6-7 mm, ± iguales, linear-lanceolados. Estambres de las flores neutras inexistentes o reducidos a 4(5) estaminodios de 1,5-3 mm, filiformes, blanquecinos, glabros; los de las flores hermafroditas con anteras de 8-10 mm, blancas o blanquecino-amarillentas, con apéndices basales de c. 1 mm, oblongos, truncado-erosos. Estilo blanco en la mitad inferior y de un amarillo pálido en el resto, con ramas de un amarillo pálido, patentes en la madurez. Aquenios 4,8-6,5 × 2,3-3,7 mm, homomorfos, obovoides, de sección ± elíptica, con superficie transversalmente rugulosa en su parte superior y lisa o finamente estriada en el resto, y 4 costillas longitudinales apenas marcadas coincidentes con los ángulos, acastañados excepto la base ± ocroleuca, glabros; placa apical de borde subentero o débilmente crenulado, con anillo cartilaginoso de c. 0,2 mm de altura, y nectario de 0,4-0,6 mm, cilíndrico; hilo cárpico 0,8-1 mm, obovado; sin eleosoma. Vilano doble, blanquecino-acastañado, persistente; el externo con 4 o 5 filas de escamas de 0,3-12 mm, setáceas, erectas o erecto-patentes, antrorso-escábridas; el interno con una fila de escamas de 0,9-1,8 mm, estrechamente triangulares, erectas, con margen antrorso-escábrido, algunas de ellas con ápice setoso hasta de 10 mm. $2n = 30$; $n = 15$.

Sotobosques y claros de pinar, alcornocal y matorral heliófilo, en suelos arenosos preferentemente ácidos; 0-900 m. V-VII. W de la Península Ibérica y NW de África –Marruecos, Argelia y Túnez–. NW y SW de España y C y S de Portugal. **Esp.:** C Ca (H) Ma Po. **Port.:** AAl (Ag) (BL) E. **N.v.:** centaurea mayor, centaurea portuguesa; *port.:* centáurea-maior, rapôntico-bastardo, rapôntico-bastardo-do-reino, rapôntico-da-terra.

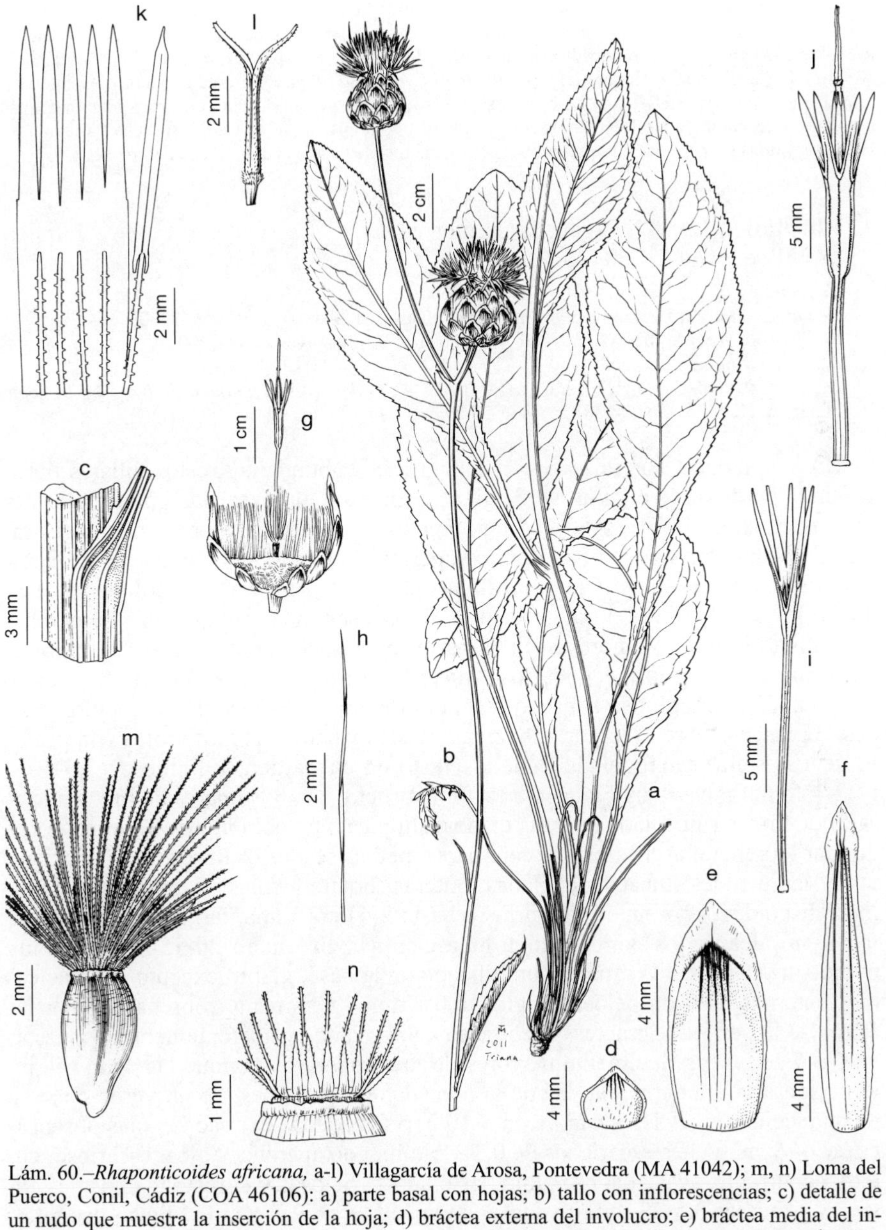

Lám. 60.–*Rhaponticoides africana,* a-l) Villagarcía de Arosa, Pontevedra (MA 41042); m, n) Loma del Puerco, Conil, Cádiz (COA 46106): a) parte basal con hojas; b) tallo con inflorescencias; c) detalle de un nudo que muestra la inserción de la hoja; d) bráctea externa del involucro; e) bráctea media del involucro; f) bráctea interna del involucro; g) sección longitudinal de un capítulo que muestra el receptáculo con escamas y una flor hermafrodita; h) escama del receptáculo; i) corola de una flor neutra; j) corola y verticilos sexuales de una flor hermafrodita; k) limbo de la corola de una flor hermafrodita abierto y que muestra los filamentos estaminales y un estambre completo; l) detalle del estilo con sus ramas; m) aquenio con vilano; n) detalle del vilano externo e interno.

Observaciones.–La especie presenta cierta variabilidad en la morfología de las hojas. Las plantas que se corresponden con el tipo suelen presentar hojas caulinares medias pinnatisectas y son frecuentes sobre todo en el extremo meridional de su área de distribución (provincia de Cádiz, Marruecos y Argelia). Por el contrario, el material descrito como *Centaurea tagana* presenta hojas medias enteras o pinnatífido-pinnatipartidas hacia su base, característica esta que predomina en las poblaciones más septentrionales, aunque también se observa en plantas de la provincia de Cádiz. A dicha variación no le damos valor taxonómico, interpretándose como una respuesta a las condiciones del medio.

3. Rh. alpina (L.) M.V. Agab. & Greuter in Willdenowia 33: 60 (2003) [alpína]

Centaurea alpina L., Sp. Pl.: 910 (1753) [basión.]
Centaurea linaresii Lázaro Ibiza in Anales Soc. Esp. Hist. Nat. ser. 2, 9: 152 (1900)
Rh. linaresii (Lázaro Ibiza) M.V. Agab. & Greuter in Willdenowia 33: 60 (2003)
Ind. loc.: "Habitat in Baldo"
Ic.: Fiori & Paol., Iconogr. Fl. Ital. 2: 446 fig. 3741 (1904) [sub *Centaurea alpina*]; Rchb., Icon. Fl. Germ. Helv. 15, tab. 751 (1852) [sub *Centaurea alpina*]; lám. 61

Hierba perenne, con raíz axonomorfa gruesa y abundantes restos foliares fibrosos en la base, verde o de un verde glauco, glabra o glabrescente, con escasos pelos unicelulares. Tallos (5)60-105 cm, erectos, ascendentes o procumbentes, simples o apenas ramificados en la parte superior, de sección ± circular, acostillados longitudinalmente –costillas amarillento-verdosas y valéculas verdes–, escasamente foliosos, glabros o glabrescentes. Hojas esparcidas aunque más numerosas en la mitad inferior, menores hacia la parte superior del tallo, con nervadura principal pinnada –nervios secundarios ± anastomosados–, conspicua, con haz ± glabra y envés ± lanuginoso sobre todo en el raquis y en la base de los lóbulos, verdes, ± glaucas sobre todo por el haz; las basales y caulinares inferiores con pecíolo de 1,5-5 cm, canaliculado, lanudo-viloso en el margen, y limbo de 7,5-42 × (7)8-13 cm, obovado u oblanceolado, pinnatisecto, con 8-19 pares de lóbulos laterales de linear-lanceolados a lanceolados, simples o a veces alguno ± pinnatilobado, por lo general aserrados; las caulinares medias sésiles o subsésiles, pinnatisectas, y las distales linear-lanceoladas, enteras, bracteiformes. Capítulos homógamos, discoides, terminales, solitarios o hasta 2(5) por rama, largamente pedunculados, no alcanzados por la última hoja caulinar. Involucro 20-35 × 10-33 mm, ovoide, truncado o ligeramente umbilicado en la base, glabro excepto las brácteas más externas que son pelosas –pelos c. 0,1 mm–, netamente sobrepasado por las flores de la periferia; brácteas ± coriáceas, imbricadas y aparentemente dispuestas en 6 o 7 series, gradualmente mayores de fuera adentro –aunque las de la fila interna son algo menores que las de la precedente–, adpresas, de un verde obscuro –blanquecinas en el 1/3 basal–, con 5-10 nervios apenas marcados –más obscuros en seco– y márgenes escariosos de 0,3-1,5 mm, con apéndice apical escarioso, entero, decurrente, acastañado-hialino, las externas pelosas y el resto glabras; las externas y medias 3,5-23 mm, ovadas, con apéndice de 0,5-1 mm, obtuso; las internas 20-35 mm, oblongo-lanceoladas, con apéndice hasta de 7 mm, agudo. Páleas del receptáculo (4)10-14 mm. Flores de la periferia del capítulo neutras, patentes, las del centro hermafroditas y mucho más numerosas. Corola de un amarillo pálido –blanca a nivel del tubo–, con nervios acastañados o purpúreos, glabra; la de

Lám. 61.–*Rhaponticoides alpina,* a-l) Dueñas, Palencia (MA 259874); m, n) Solán de Cabras, Cuenca (COA 46109): a) parte basal con hojas y raíz; b) tallo con inflorescencias; c) detalle de un nudo que muestra la inserción de la hoja; d) bráctea externa del involucro; e) bráctea media del involucro; f) bráctea interna del involucro; g) sección longitudinal de un capítulo que muestra el receptáculo con escamas y una flor hermafrodita; h) escama del receptáculo; i) corola de una flor neutra; j) corola y verticilos sexuales de una flor hermafrodita; k) limbo de la corola de una flor hermafrodita abierto que muestra los filamentos estaminales y un estambre completo; l) detalle del estilo con sus ramas; m) aquenio con vilano; n) detalle del vilano externo e interno.

las flores neutras 43-47 mm, con tubo de 24-25 mm y limbo de 15-19 mm, este con 5 lóbulos de 14-18 mm, lineares; la de las flores hermafroditas 32-43 mm, con tubo de 20-25 mm y limbo de (12)15-18 mm, este con 5 lóbulos de 7-10 mm, ± iguales, linear-lanceolados. Estambres de las flores neutras inexistentes o reducidos a 3 estaminodios de 3-3,5 mm, filiformes –a veces bífidos o con anteras estériles reducidas–, blanquecino-amarillentos, glabros; los de las flores hermafroditas con anteras de 9,5-10,5 mm, blanquecino-amarillentas, con apéndices basales de c. 0,8 mm, oblongo-lanceolados, truncados, subenteros. Estilo blanco en la mitad inferior y de un amarillo pálido en el resto, con ramas de un amarillo pálido, erectas o erecto-patentes en la madurez. Aquenios 7,9-8,5 × 3-3,7 mm, homomorfos, ± cilíndricos u obpiramidales, de sección ± elíptica, con superficie transversalmente rugulosa en los 2/3 superiores y lisa o finamente estriada en el resto, y 4 costillas longitudinales apenas marcadas coincidentes con los ángulos, acastañados u ocroleucos –más pálidos hacia la base–, a veces con máculas lineares de un castaño obscuro, glabros; placa apical de borde subentero o débilmente crenulado-dentado, con anillo cartilaginoso de 0,2-0,4 mm de altura, y nectario de c. 0,5-0,8 mm, cilíndrico; hilo cárpico 1,9-2,5 mm, ± rómbico; con eleosoma de c. 1 mm. Vilano doble, acastañado, persistente; el externo con 5-7 filas de escamas de 0,5-8 mm, setáceas, erectas o erecto-patentes, antrorso-escábridas; el interno con una fila de escamas de 1-6 mm, estrechamente triangulares, erectas, con margen antrorso-escábrido, al principio blanco-hialinas. $2n = 30$.

Sotobosques de pinar, quejigo y encina, bosques mixtos, matorrales de boj, etc., y en taludes y ribazos sombríos, en suelos de textura gruesa, preferentemente básicos; 800-1800 m. VI-VII(VIII). C y S de Europa. C y E de España. **Esp.:** Ab Cu (Gr) Gu J (Le) Mu P Sg (Te) V Va.

23. **Volutaria** Cass.*

[Volutária, -ae f. – lat. bot. *Volutāria, -ae* f., género de las *Compositae* creado por A.H.G. de Cassini in Bull. Sci. Soc. Philom. Paris 1816(Livraison de décembre): 200 (1816); en el protólogo se dice: "Il diffère des autres genres de cette tribu par la corolle hérissée de longs poils, et dont les lobes sont roulés en dedans en volute" –lat. *volūta, -ae* f. = voluta, figura en forma de espiral, etc. (ésta, del verbo lat. *volvo* = girar, rodar, dar vueltas // hacer rodar, hacer dar vueltas, etc.); y lat. *-āria, -āriae* f. = sufijo que indica relación, en sentido amplio]

Hierbas anuales, inermes –a veces las brácteas involucrales con apéndice espiniforme–, con pelos unicelulares y pluricelulares uniseriados y glándulas. Tallos simples o ramificados, ápteros o, a veces, estrecha y cortamente alados bajo las hojas. Hojas alternas, las basales rosuladas, pecioladas, y el resto sésiles, cortamente auriculadas o algo decurrentes, enteras, dentadas, pinnatífidas, lirado-pinnatífidas, lirado-pinnatipartidas o lirado-pinnatisectas. Capítulos multifloros, terminales, por lo general solitarios, pedunculados, radiantes, homógamos. Involucro cilíndrico, ovoide u ovoide-cilíndrico; brácteas aparentemente dispuestas en 4-10 series, ± coriáceas y de margen escarioso ancho, imbricadas y ± adpresas, mayores de fuera adentro, las externas y medias con un apéndice apical triangular, erecto o erecto-patente, o

* J.A. Devesa & J. López Martínez

bien triangular-subulado y espiniforme, patente, pardusco-anaranjado, a veces con una mácula negra en su base, o negruzco, las internas escariosas en el ápice. Receptáculo ligeramente cóncavo o plano, ± alveolado, densamente cubierto de páleas setáceas, blanquecinas, lisas. Flósculos del interior del capítulo hermafroditas, que igualan el involucro, los de la periferia neutros, patentes o erecto-patentes y sobrepasando notablemente el involucro. Corola pentámera o la de las flores de la periferia con 3, 4 o 6 lóbulos, por lo general ± zigomorfa, predominantemente purpúreo-rosada, de un azul pálido o de un rosa azulado; la de las flores neutras infundibuliforme, con 3-6 lóbulos algo desiguales –uno o dos de ellos más cortos–, glabra; la de las flores hermafroditas tubulosa, con tubo y limbo netamente diferenciados, este con 5 lóbulos iguales o desiguales –por lo general uno con los senos más profundos–, glabra o vilosa. Estambres con filamentos libres, aplanados –de extremos adelgazados–, con papilas esféricas o claviformes –ausentes hacia los extremos–, insertos en la base del limbo de la corola; anteras con conectivo prolongado en una lengüeta apical lanceolada ligeramente incurva, calcariformes en la base, con apéndices basales muy desarrollados, ± fimbriados. Estilo liso, con dos ramas aproximadas al principio y divergentes cuando receptivas, delimitadas por un anillo de pelos colectores cortos, pubérulas en la cara abaxial y con superficie receptiva papilosa, el resto glabro, rodeado en la base por un nectario que persiste en el aquenio a modo de prominencia sobre la placa apical. Aquenios homomorfos, oblongo-obovoides, ligeramente comprimidos, longitudinalmente acostillados y punteado-foveolados en los espacios intercostales, pelosos, truncados en el ápice, con placa apical ± plana, con el borde anular dentado y nectario central de sección ± pentagonal o circular; región hilar engrosada, cartilaginosa, con hilo cárpico lateral-basal, de ± rómbico a subcircular; con eleosoma carnoso. Vilano simple, hialino-blanquecino o pardusco, persistente, con varias filas de escamas libres, de lineares a linear-espatuladas, serruladas, desiguales, las internas más largas y anchas. $x = 8, 12, 13$.

Observaciones.–El género comprende unas 18 especies [cf. A. Susanna & N. Garcia in Kubitzki (ed.), Fam. Gen. Vasc. Pl. 8: 141 (2007)] con representación en Macaronesia y en las regiones Mediterránea e Irano-Turania. Estrechamente relacionados con él están, entre otros, los géneros *Mantisalca* y *Amberboa* [cf. A. Susanna & N. Garcia in Funk & al. (eds.), Syst. Evol. Biogeogr. Compos.: 293-313 (2009)], el primero con vilano doble y el segundo con vilano simple y brácteas desprovistas de apéndice.

La presencia de *V. maroccana* (Barratte & Murb.) Maire in Jahand. & Maire, Cat. Pl. Maroc: 818 (1934) [*Amberboa maroccana* Barratte & Murb. in Acta Univ. Lund. ser. 2, 2(1): 56 (1905), basión.] en la flora española fue dada a conocer por J. Dostál in Tutin & al. (eds.), Fl. Eur. 4: 253 (1976), quien se basó en citas previas y, más tarde, por G. Wagenitz in Compositae Newslett. 17: 7-9 (1989). Sin embargo, dicha presencia ha sido cuestionada por W.R. Greuter in Greuter, Burdet & G. Long (eds.), Med-Checklist 2: 792 (2008), y tampoco ha sido posible encontrar material alguno de este taxon procedente de la zona de estudio, por lo que es probable que se trate realmente de un endemismo marroquí.

Bibliografía.–G. WAGENITZ in Compositae Newslett. 17: 7-9 (1989) [taxonomía]; in Candollea 46: 407-410 (1991) [taxonomía y nomenclatura].

1. Corola de las flores hermafroditas 6,1-8,3(8,8) mm, densamente vilosa en el exterior; corola de las flores neutras (11,6)12-17,4(19,5) mm, purpúreo-rosada ...... **1. V. tubuliflora**
– Corola de las flores hermafroditas 8,6-15,2 mm, glabra; corola de las flores neutras 11,2-32,2 mm, predominantemente azulada 2
2. Involucro 16-20 × 9-15(18) mm; brácteas involucrales medias con apéndice distal de 4-6 mm, triangular-subulado, a modo de espina; corola de las flores neutras (20)23,3-32,2 mm, con limbo de un azul pálido o rosa-azulado .... **2. V. muricata**
– Involucro 14-16 × 8-10 mm; brácteas involucrales medias con apéndice distal de 0,7-0,8 mm, triangular-apiculado; corola de las flores neutras 11,2-11,5 mm, con limbo azul-violeta .... **3. V. crupinoides**

1. V. tubuliflora (Murb.) Sennen, Campagn. Bot.: 147 (1936) [tubuliflóra]

Amberboa tubuliflora Murb. in Acta Univ. Lund. 33(12): 105, tab. 6 figs. 17 y 18 (1897) [basión.]
V. lippii auct. iber., non (L.) Cass. in Bull. Sci. Soc. Philom. Paris 1816: 200 (1816)
Ind. loc.: "Sud de l'Espagne; tout le nord de l'Afrique depuis le Maroc jusqu'en Egypte; Sinaï; Perse mérid. (...)"
Ic.: Murb. in Acta Univ. Lund. 33(12), tab. 6 figs. 17 y 18 (1897); lám. 62 q, t-z

Hierba anual, inerme, verde, con pelos unicelulares araneosos, pelos pluricelulares uniseriados y glándulas. Tallos hasta de 65 cm, erectos, simples o ramificados desde la base y en la mitad superior, de sección ± circular, longitudinalmente acostillados –costillas de la parte superior esparcidamente escábridas–, ápteros salvo por las hojas cortamente decurrentes, foliosos excepto hacia los capítulos, con pelos pluricelulares dispersos sobre todo en las partes media y basal –glabrescentes en la superior– y pelos araneosos escasos –a veces más abundantes bajo los capítulos– o sin ellos. Hojas hasta de 130 × 70 mm, con nervadura principal pinnada y nervios prominentes por ambas caras –el central más destacado–, las basales pecioladas, ± rosuladas, presentes o no en la antesis, y el resto sésiles, cortamente decurrentes, menores hacia la parte superior del tallo; hojas basales lirado-pinnatipartidas, con 2-4 pares de lóbulos laterales oblongos u oblongo-elípticos, obtusos, el terminal mayor, oblongo-obovado u obovado, y margen escábrido, laxamente dentados o inciso-dentados, con dientes acabados en un mucrón cónico amarillento, con glándulas amarillentas o parduscas y pelos pluricelulares en haz y envés, sobre todo en los nervios, a veces también pelos unicelulares cortos aplicados; las medias semejantes, con 2-5 pares de lóbulos oblongos, el central más grande pero apenas más ancho, con pelos pluricelulares; hojas superiores dentado-pinnatífidas, lirado-pinnatífidas o estrechamente lanceoladas. Capítulos terminales, solitarios o en grupos de dos o tres, con pedúnculo hasta de 60 mm, afilo y por lo general glabrescente. Involucro 13-17 × 7-12 mm, cilíndrico o ± ovoide, redondeado en la base, densamente viloso, ± igualado por las flores del centro y sobrepasado por las de la periferia; brácteas aparentemente dispuestas en 4-7 series, casi siempre gradualmente mayores de fuera adentro, verdes –parduscas cuando secas–, con 3-5 nervios ± marcados, vilosas al menos en la mitad superior –a veces también escabriúsculas–; las externas y medias oblongo-lanceoladas, frecuentemente con margen negruzco hacia el extremo y apéndice de 1,4-3,6 mm, triangular, de agudo a ± espinescente, pardo-anaranjado y por lo general negruzco hacia la base, glabro o escabriúsculo, con margen antrorso-escábrido; las internas 12-16 mm, oblongo-lanceoladas, con margen hialino y apéndice de 2-3,5 mm, ± antrorso-escábrido, pardusco o hialino y poco conspicuo, con un nervio pardusco o negruzco. Corola de las flores neutras (11,6)12-17,4(19,5) mm, glabra, con tubo de (4,5)5-8,4(9,3) mm, blanco o rara vez purpúreo-rosado, y limbo purpúreo-rosado, con 3 o 4 lóbulos de (6,4)7-10,3(10,7) mm, lineares, uno o dos de ellos más cortos que los otros; corola de las flores hermafroditas 6,1-8,3(8,8) mm, glabra en el interior y densamente vilosa –a excepción de los lóbulos y el extremo inferior– en el exterior, tubo de (2,4)2,6-4,3(4,8) mm, blanquecino o a veces con la base pardusca, y limbo de 3,4-4,7(5,8) mm, purpúreo-rosado, con 5 lóbulos de 2-3 mm, ± iguales, linear-lanceolados, involutos. Estambres con filamento de 1,4-2,2 mm, blanquecino, con papilas esféricas; anteras 2,2-3,2 mm, rosadas, con apéndices basales de 0,6-0,8 mm. Estilo hasta de 9,2 mm, blanquecino-rosado, con ramas estilares de 0,7-1 mm, rosadas. Aquenios (3,2)3,5-3,8(4,2) × 1,4-1,6 mm, oblongo-obovoides, comprimidos, con costillas longitudinales y espacios intercostales punteado-foveolados, de un pardo obscuro en la madurez, hirsutos –pelos caedizos–; nectario de 0,4-0,6 mm de altura, de sección pentagonal; hilo cárpico 0,6-0,8 mm, de ± rómbico a subcircular. Vilano (2,8)3-4(4,4) mm, con escamas serruladas, hialino-blanquecinas, con un nervio de un pardo ± obscuro. $2n = 64$*.

Campos, cultivos y herbazales, en protosuelos y terrenos pedregosos, calcícola; 0-760 m. (I)III-VI(XII). Dispersa por el N de África y S de Europa –España, Sicilia–, Macaronesia y SW de Asia. SE de España; cultivada o subespontánea en Barcelona. **Esp.:** (A) Al [B] (Cs) Mu.

2. V. muricata (L.) Maire in Jahand. & Maire, Cat. Pl. Maroc: 817 (1934) [muricáta]

Centaurea muricata L., Sp. Pl.: 918 (1753) [basión.]
Amberboa muricata (L.) DC., Prodr. 6: 559 (1838)
Cyanopsis muricata (L.) Dostál in Bot. J. Linn. Soc. 71: 193 (1976)
Ind. loc.: "Habitat in Hispania"
Ic.: Lám. 62 a-p

Hierba anual, inerme –aunque brácteas involucrales con apéndice espiniforme–, verde, con pelos unicelulares araneosos, pelos pluricelulares uniseriados y glándulas. Tallos hasta de 100 cm, erectos, ramificados desde la base o al menos en la parte superior, de sección ± circular, longitudinalmente acostillados, ápteros, foliosos excepto hacia los capítulos, glabrescentes o con indumento ± denso de pelos araneosos –en especial bajo los capítulos– y pelos pluricelulares hasta de 0,5(1,5) mm, dispersos sobre todo en las partes media y basal. Hojas hasta de 180 × 80 mm, con nervadura principal pinnada y nervios marcados por ambas caras –el central más destacado–, las basales pecioladas, ± rosuladas, lirado-pinnatisectas, generalmente secas o inexistentes en la antesis, el resto brevemente pecioladas o sésiles y ligeramente auriculadas, no decurrentes, menores hacia la parte superior del tallo; hojas caulinares del tercio basal y medio de contorno oblongo-lanceolado u oblongo-elíptico, lirado-pinnatisectas, con 2(3) pares laterales de lóbulos oblongos u oblongo-elípticos, el terminal mayor y a veces espatulado, laxamente dentados, escábridos entre los dientes –estos con mucrón cónico, ama-

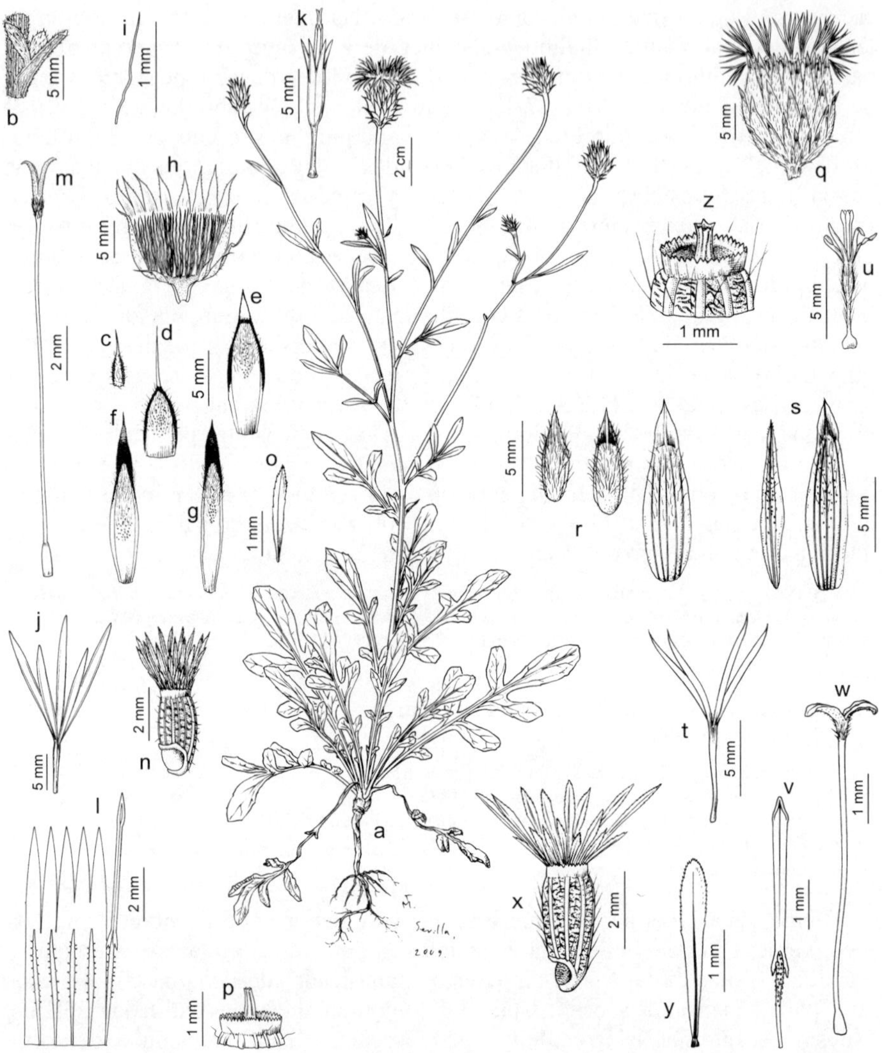

Lám. 62.–*Volutaria muricata,* a, b, j-p) Málaga (MGC 35064); c-g) playa entre Chilches y Benagalbón, Málaga (MGC 3704); h, i) Canillas de Aceituno, Málaga (MGC 34263): a) hábito; b) detalle de un nudo del tallo y de la inserción de una hoja; c) bráctea involucral externa; d, e) brácteas involucrales medias; f, g) brácteas involucrales internas; h) capítulo, sección longitudinal que muestra el receptáculo con páleas setáceas; i) pálea del receptáculo; j) corola de una flor neutra; k) corola y verticilos sexuales de una flor hermafrodita; l) limbo abierto de una corola hermafrodita que muestra los filamentos estaminales y un estambre completo; m) estilo y ramas; n) aquenio con vilano; o) escama del vilano; p) parte superior del aquenio, detalle que muestra el nectario. *V. tubuliflora,* q, t-z) Tabernas, Almería (MA 616164); r, s) Almería (MA 246340): q) capítulo; r) brácteas involucrales externas y medias; s) brácteas involucrales internas; t) corola de una flor neutra; u) corola y androceo; v) estambre; w) estilo con sus ramas; x) aquenio con vilano; y) escama del vilano; z) parte superior del aquenio, detalle que muestra el nectario.

rillento–, de haz y envés ± araneosos, con glándulas amarillentas o parduscas y pelos pluricelulares rectos o ± crispados; las distales lineares o estrechamente lanceoladas, enteras o lirado-pinnatisectas, con (1)2 pares de lóbulos laterales oblongos, oblongo-lanceolados o estrechamente elípticos, de características similares al resto. Capítulos terminales, solitarios, con pedúnculo hasta de 300 mm, afilo, blanco por el tomento. Involucro 16-20 × 9-15(18) mm, ovoide, densamente viloso, sobrepasado por las flores, muy notablemente por las de la periferia; brácteas aparentemente dispuestas en 5-10 series, gradualmente mayores de fuera adentro, verdes –parduscas cuando secas–, con 3-5 nervios destacados al menos hacia el extremo, vilosas sobre todo en la mitad superior, y escábridas, con margen escarioso, generalmente negruzco al menos en 1/3-1/2 distal y antrorso-escábrido al menos hacia el ápice; las externas oblongo-lanceoladas, con apéndice de 3,4-6(6,6) mm, triangular-subulado, espiniforme, antrorso-escábrido y ± patente, amarillento-anaranjado; las medias ovado-lanceoladas u oblongo-lanceoladas, con dorso verde y base ± hialina, con apéndice de 4-6 mm, similar al de las anteriores; las internas 17-19 mm, oblongo-lanceoladas, con apéndice de (2,6)3-4,6 mm, ± triangular, fuertemente antrorso-escábrido, pardusco, anaranjado o amarillento. Corola de las flores neutras (20)23,3-32,2 mm, glabra, con tubo de (5)6-11,5 mm, blanquecino o blanquecino-rosado, y limbo azul-pálido o rosa-azulado, con 5 o 6 lóbulos de (7,4)9-22 mm –dos de ellos mucho más cortos–, lineares o estrechamente lanceolados; corola de las flores hermafroditas 13-15,2 mm, externa e internamente glabra, con tubo de (4)5-7,4 mm, blanquecino, y limbo de 6,3-8,7 mm, blanco-amarillento, en ocasiones anaranjado bajo los lóbulos, con 5 lóbulos de 2,4-3,7 mm –por lo general uno de ellos con los senos más profundos–, linear-lanceolados. Estambres con filamento de 2,5-3,4(4) mm, blanquecino, con papilas claviformes; anteras 4-6 mm, rosadas, con apéndices basales de 0,5-0,9 mm. Estilo hasta de 17,2 mm, blanquecino-rosado, con ramas de (0,9)1,2-1,6 mm, rosadas. Aquenios 3-4,1 × 1,3-1,4 mm, oblongo-obovoides, comprimidos, con costillas longitudinales y espacios intercostales punteado-foveolados, de un pardo obscuro en la madurez, escasamente vilosos; nectario de 0,5-0,6(0,8) mm de altura, de sección pentagonal; hilo cárpico 0,7-0,8(1) mm, de ± rómbico a subcircular. Vilano 2-3 mm, con escamas serruladas, hialino-parduscas, con un nervio de un pardo ± obscuro. $2n = 24$*; $n = 12$*.

Herbazales ± nitrificados de bordes de camino y carretera, preferentemente calcícola, rara vez en substrato silíceo; 0-700 m. III-VI(VIII). S de la Península Ibérica y NW de África –Marruecos y Argelia–. S de España. **Esp.:** Co Gr Ma. **N.v.:** ambarina silvestre, cabezuela, esteba.

3. V. crupinoides (Desf.) Maire in Jahand. & Maire, Cat. Pl. Maroc: 818 (1934) [crupinoídes]

Centaurea crupinoides Desf., Fl. Atlant. 2: 293 (1799) [basión.]
Lacellia libyca Viv., Fl. Libyc. Spec.: 58, tab. 22 fig. 2 (1824)
Amberboa libyca (Viv.) Alavi in Ali & Jafri (eds.), Fl. Libya 107: 267 (1983)
Ind. loc.: "Habitat in deserto"
Ic.: Ali & Jafri (eds.), Fl. Libya 107: 268 fig. 73 a-g (1983) [sub *Amberboa libyca*]; Viv., Fl. Libyc. Spec., tab. 22 fig. 2 (1824) [sub *Lacellia libyca*]

Hierba anual, inerme, verde –purpúrea hacia la base–, glabrescente, con pelos pluricelulares uniseriados y glándulas. Tallos hasta de 90 cm, erectos, ramificados desde la base y en la mitad superior, de sección ± circular, longitudinalmente acostillados, ápteros, foliosos sobre todo en la mitad inferior, con indumento de pelos pluricelulares dispersos –blanquecinos y crispados– en las costillas, especialmente en los nudos, por lo demás glabros. Hojas hasta de 105 × 80 mm, con nervadura principal pinnada y nervios prominentes en ambas caras –el central más destacado–, las basales pecioladas y el resto sésiles, no decurrentes, menores hacia la parte superior del tallo; hojas basales oblanceoladas, enteras, pinnatífidas o dentadas; las caulinares más inferiores de contorno oblongo-lanceolado, lirado-pinnatisectas, con 5 o 6 pares de lóbulos laterales oblongos –el terminal más largo y, en ocasiones, más ancho que el resto–, irregularmente dentadas o inciso-dentadas –margen escábrido entre los dientes–, con dientes acabados en un mucrón cónico hialino, con glándulas parduscas dispersas en haz y envés, y pelos pluricelulares blanquecinos, crespos, dispersos por el nervio medio y el margen en ambas caras –más frecuentes en el envés y en la base de los lóbulos–; las medias semejantes aunque con lóbulos más cortos y estrechos, y las superiores lirado-pinnatisectas y con 3 o 4 pares de lóbulos laterales lineares, enteros, con margen esparcidamente escábrido y mucrón terminal cónico hialino, o bien linear-lanceoladas. Capítulos terminales, solitarios o en grupos de 2(3), con pedúnculos hasta de 20 mm, glabrescentes. Involucro 14-16 × 8-10 mm, cilíndrico u ovoide-cilíndrico, viloso –pelos caedizos–, igualado por las flores del centro y sobrepasado por las de la periferia; brácteas aparentemente dispuestas en 6 o 7 series, gradualmente mayores de fuera adentro, verdes –parduscas cuando secas–, con 3-5 nervios ± marcados, ± vilosas, con margen escarioso entero; las externas y medias ovado-lanceoladas u oblongo-lanceoladas, con margen hialino o ligeramente pardusco, y apéndice de 0,7-0,8 mm, triangular-apiculado, con margen denticulado, negruzco, glabro; las internas 13-13,5 mm, estrechamente lanceoladas, sin apéndice, con ápice hialino o ligeramente pardusco, denticulado en el margen. Corola de las flores neutras 11,2-11,5 mm, glabra, con tubo de 5-5,5 mm, blanquecino al menos hacia la base, y limbo azul-violeta, con 4 lóbulos de 5,3-6,7 mm, –uno o dos de ellos más cortos–, estrechamente lanceolado-elípticos; corola de las flores hermafroditas 8,6-9,1 mm, glabra, con tubo de 5-5,1 mm, blanquecino, y limbo de 3,6-4 mm, amarillento-anaranjado, con 5 lóbulos de 2,4-2,7 mm, iguales, linear-lanceolados e involutos. Estambres con filamento de 0,8-1,4 mm, blanquecino, con papilas esféricas; anteras 3-3,2 mm, violetas –conectivo blanquecino–, con apéndices basales de c. 0,4 mm. Estilo hasta de 8,5 mm, blanquecino-amarillento –± violeta en el tercio superior–, con ramas de 1,1-1,3 mm, violetas. Aquenios 4,6-4,8 × 1,6-1,7 mm, oblongo-obovoides, comprimidos, con costillas longitudinales y espacios intercostales punteado-foveolados, parduscos, hirsutos –pelos caedizos–; nectario de 0,7-0,8 mm de altura, de sección circular; hilo cárpico c. 1 mm, de ± rómbico a subcircular. Vilano 3,8-4 mm, con escamas serruladas, hialino-blanquecinas, con un nervio de un pardo ± obscuro. $2n = 26$*.

Pastos en enclaves pedregosos y roquedos, acantilados marítimos; 100-300 m. IV-V(VI). Península Ibérica, N de África y Oriente Próximo. W de Portugal –Sierra de la Arrábida–. **Port.:** E.

24. Rhaponticum Vaill. [nom. cons. prop.]*

[Rhapónticum, -i n. – gr. *rhâ* n., *rhêon, -ou* n.; lat. *r(h)ā Pontĭcum* n., *rapontĭcum, -i* n. *r(h)eupontĭcum, -i* n., etc. = en Dioscórides *(rhâ),* planta de raíz negra que nace y se trae de más allá del Bósforo, la cual, según el Pseudo Dioscórides, los romanos llaman *rhâ Pónticoum,* y que se supone será un ruibarbo *(Rheum* sp. pl., *Polygonaceae;* se han propuesto *Rh. Ribes* L., *Rh. Rhabarbarum* L. y *Rh. Rhaponticum* L.) –gr. *Rhâ potamós* = el río Volga; gr. *Pontikós, -ḗ, -ón;* lat. *Pontĭcus(-os), -a, -um* = póntico, del mar Negro y regiones contiguas [gr. *Póntos Eúxeinos* m.; lat. *Pontus(-os) Euxīnus* m.; y éstos, de gr. *póntos, -ou* m. = mar, etc.]–. El género *Rhaponticum* Vaill. *(Compositae)* fue creado por S. Vaillant in Hist. Acad. Roy. Sci. Mém. Math. Phys. (Paris, 4.º) 1718: 175-177 (1719), y validado en el mismo autor in Konigl. Akad. Wiss. Paris Phys. Abh. 5: 177-178 (1754); sin duda recibió este nombre, porque varias especies del género habían sido incluidas por algunos botánicos prelinneanos, como C. Bauhin, entre los *Rhaponticum* genuinos]

Hierbas perennes, rizomatosas, inermes, con pelos unicelulares araneosos o seríceos, pelos pluricelulares uniseriados y glándulas punctiformes sésiles. Tallos simples o ramificados, sin alas, o subacaules. Hojas alternas, sésiles o pecioladas, no decurrentes, enteras, sinuado-dentadas, dentado-pinnatífidas, pinnatipartidas o pinnatisectas. Capítulos multifloros, terminales, solitarios en inflorescencias complejas corimbiformes o paniculiformes, sésiles o subsésiles, discoides, homógamos, a veces rodeados de hojas involucrales. Involucro ovoide o ± globoso, a veces ligeramente umbilicado en la base; brácteas aparentemente dispuestas en 5-15 series, ± coriáceas, imbricadas y ± adpresas, mayores hacia el interior, con un apéndice apical ± escarioso, entero o lacerado, discoloro, no decurrente. Receptáculo plano, alveolado, con páleas setáceas lisas. Flósculos hermafroditas, que sobrepasan el involucro. Corola tubular, pentámera, predominantemente rosada o de un rosa purpúreo, ± zigomorfa, con tubo y limbo netamente diferenciados, este con 5 lóbulos desiguales –por lo general uno con los senos más profundos que el resto–, papilosos en la cara interna del ápice. Estambres con filamentos libres, papilosos, insertos en la base del limbo de la corola; anteras con conectivo prolongado en una lengüeta apical lanceolada ligeramente incurva, calcariformes en la base, con apéndices basales poco destacados. Estilo liso, con dos ramas soldadas al menos en la base y aproximadas hasta los extremos –estos ± divergentes y algo recurvos en la madurez–, delimitadas por un anillo de pelos colectores cortos, pubérulas en la cara abaxial y con superficie receptiva papilosa, el resto glabro, rodeado en la base por un nectario que persiste en el aquenio a modo de prominencia sobre la placa apical. Aquenios homomorfos, obovoides o turbinados, con superficie lisa, tuberculada o algo estriada, con 4 o 5 costillas longitudinales ± marcadas, de sección circular o ± elíptica, glabros o escabriúsculos, truncados en el ápice, con placa apical plana, de borde entero, crestado o setoso y con nectario central cilíndrico; hilo cárpico lateral-basal, ± circular, elíptico o rómbico; sin eleosoma. Vilano doble o simple, de un blanco níveo o pardusco, caedizo, con varias filas de pelos barbelados o plumosos –más largos hacia dentro–, libres o soldados por la base en un anillo, todos iguales o el vilano interno con una o dos filas de pelos más largos y más anchos en su base. $x = 12, 13$.

* J. López Martínez, J.A. Devesa & M.B. Crespo

Observaciones.–El género, descrito por S. Vaillant en 1754 [cf. W.R. Greuter & al. in Taxon 54: 149-174 (2005)], comprende alrededor de 26 especies [cf. A. Susanna & N. Garcia in Kubitzki (ed.), Fam. Gen. Vasc. Pl. 8: 143 (2007)], distribuidas por el S y SW de Europa, N de África y Asia, más una especie endémica de Australia; algunas de ellas se han introducido como malas hierbas en otras regiones. Se trata de un género primitivo, estrechamente relacionado con *Klasea,* que es considerado su grupo hermano [cf. O. Hidalgo & al. in Ann. Bot. (Oxford) ser. 2, 97: 705-714 (2006)].

En las descripciones, la longitud de las ramas estilares corresponde solo a la parte no soldada.

Bibliografía.–M. Dittrich in Oesterr. Bot. Z. 115: 379-390 (1968) [carpología]; in Candollea 39: 45-49 (1984) [nomenclatura]; W. Greuter in Willdenowia 33: 49-61 (2003) [nomenclatura]; O. Hidalgo, N. Garcia, T. Garnatje & A. Susanna in Ann. Bot. (Oxford) ser. 2, 97: 705-714 (2006) [filogenia]; O. Hidalgo, N. Garcia, T. Garnatje, A. Susanna & S. Siljak-Yakolev in Bot. J. Linn. Soc. 153: 193-201 (2007) [cariología y evolución]; O. Hidalgo, A. Susanna, N. Garcia & J. Martín in Bot. J. Linn. Soc. 158: 499-510 (2008) [polen y evolución]; J. Holub in Folia Geobot. Phytotax. 8: 377-395 (1973) [nomenclatura]; J. López, M.B. Crespo, N. Garcia, M.A. Alonso, L. Vilar, J.C. Cristóbal, A. Susanna, F. Martínez, A. Juan & L. Sáez in Collect. Bot. (Barcelona) 30: 59-62 (2011) [*R. repens*]; Y.D. Soskov in Bot. Mater. Gerb. Bot. Inst. Komarova Akad. Nauk S.S.S.R. 19: 396-408 (1959) [taxonomía].

1. Involucro de 9-13 mm de longitud; vilano con pelos libres, que se desprenden individualmente del aquenio .... **5. Rh. repens**
– Involucro de 25-50,5 mm de longitud; vilano con pelos soldados por la base en un anillo, que se desprenden conjuntamente del aquenio 2
2. Brácteas involucrales atenuadas en un apéndice apical lanceolado o linear-lanceolado, plano; corola 42-50 mm; anteras 10,2-12 mm .... **4. Rh. centauroides**
– Brácteas involucrales abruptamente ensanchadas en un apéndice ± orbicular, rómbico o ± elíptico, a menudo cuculado; corola 26,3-42,5 mm; anteras (4)4,4-8,8 mm 3
3. Hojas concoloras, verdes; involucro de (30)40-59(68) mm de anchura; aquenios estriados .... **2. Rh. exaltatum**
– Hojas discoloras, con haz verde y envés blanco-grisáceo; involucro de (22)28-45 mm de anchura; aquenios ± tuberculados 4
4. Vilano pardusco, con pelos barbelados –cilios hasta de 0,3 mm–; la mayoría de las hojas enteras, y solo algunas caulinares lirado-pinnatisectas, las superiores no alcanzando el capítulo; aquenios obovoides, ligeramente tuberculados, escabriúsculos .... **3. Rh. longifolium**
– Vilano de un blanco níveo, con pelos plumosos –cilios hasta de 2,8 mm–; la mayoría de las hojas pinnatipartidas o pinnatisectas, y solo algunas enteras, las superiores alcanzando el capítulo; aquenios turbinados, tuberculados, glabros .... **1. Rh. coniferum**

1. Rh. coniferum (L.) Greuter in Willdenowia 33: 61 (2003) [coníferum]

Centaurea conifera L., Sp. Pl.: 915 (1753) [basión.]
Centaurea pitycephala Brot., Fl. Lusit. 1: 369 (1804)

Leuzea conifera (L.) DC. in Lam. & DC., Fl. Franç. ed. 3, 4: 109 (1805)
Ind. loc.: "Habitat Monspelii in saxosis glareosis" [lectótipo designado por D. Jeanmonod in Jeanm., Bocquet & Burdet (eds.), Complém. Prodr. Fl. Corse Asteraceae II: 209 (2004): LINN]
Ic.: Valdés, Talavera & Galiano (eds.), Fl. Andalucía Occid. 3: 161 (1987) [sub *Leuzea conifera*]; L. Villar & al., Atlas Fl. Pirineo Aragon. 2: 330 (2001) [sub *Leuzea conifera*]

Hierba perenne, grisáceo-verdosa, con pelos unicelulares araneosos, pelos pluricelulares uniseriados y glándulas punctiformes. Subacaule o con tallos hasta de 57(65) cm, erectos, simples o con 2-4(7) ramificaciones desde la base, nada o levemente ensanchados y fistulosos bajo los capítulos, de sección ± circular, longitudinalmente acostillados, tomentoso-blanquecinos, con glándulas blanquecinas. Hojas hasta de 200 × 50 mm, esparcidas y menores hacia la parte superior del tallo, con nervadura principal pinnada –nervio medio prominente en ambas caras–; las basales y medias por lo general pecioladas, con pecíolo ligeramente envainador, elípticas, elíptico-lanceoladas u ovado-lanceoladas, la mayoría de las veces pinnatipartidas o pinnatisectas, con lóbulos ± lanceolados o triangular-lanceolados, casi enteros, mucronados, menos frecuentemente enteras, discoloras, de haz verde, con indumento laxo de pelos araneosos y abundantes pelos pluricelulares –también en el margen–, y envés tomentoso-blanquecino, con glándulas blanquecinas; las superiores semejantes pero casi siempre sésiles, lanceoladas u oblongolanceoladas. Capítulos terminales, solitarios, rodeados por las últimas hojas caulinares. Involucro 25-50,5 × (22)28-38 mm, de ovoide a ± globoso, ± umbilicado en la base, glabro o peloso, sobrepasado por las flores; brácteas ± coriáceas y aparentemente dispuestas en (7)9-15 series, gradualmente mayores de fuera adentro del capítulo, ± adpresas y convexas, la mayoría ovadas u ovado-oblongas, con 4-10 nervios longitudinales marcados al menos en la parte superior y margen estrechamente escarioso, verdes o ± pajizas en la cara externa –sobre todo cuando secas– y de un blanco marfil en la interna, glabras o con indumento denso de pelos de c. 0,1 mm, al menos en la mitad superior en la cara externa y margen, abruptamente ensanchadas en un apéndice apical escarioso, suborbicular y lacerado, o herbáceo y cuculado –con margen dentado o escasamente lacerado–, no decurrente, pajizo o purpúreo –sobre todo el de las brácteas más internas–, con pelos hasta de 0,3 mm, más abundantes en la cara externa; las de las una o dos series más internas 25-50,5 mm, lineares o linear-oblongas, con apéndice rómbico o estrechamente elíptico, entero o apenas lacerado, purpúreo, seríceo, con pelos hasta de 1 mm. Corola 29,5-40 mm, glabra o con pelos dispersos en su cara externa, a veces también con glándulas amarillentas –más frecuentes en la base del limbo–; tubo 23-30 mm, blanquecino; limbo (6,2)6,6-9,3(10,1) mm, rosado, con lóbulos de (3,6)3,8-5,5 mm, lineares, ligeramente incurvos. Estambres con filamento de (1,4)1,8-2,8 mm; anteras (4)4,4-6,2 mm, amarillentas, con apéndices basales de 0,6-1,2 mm, fimbriados. Estilo hasta de 39,4(45) mm, blanquecino, con ramas de 0,8-2,6 mm, rosadas. Aquenios (3,4)4-5,1(5,9) × 2-2,8(3) mm, turbinados, de sección ± circular, con superficie tuberculada y con 4 costillas longitudinales tenues, de un pardo obscuro a negruzcos, glabros; placa apical con borde de 0,2-0,3 mm, crestado, y nectario de 0,2-0,3 mm, cilíndrico, a veces inconspicuo; hilo cárpico (0,3)0,4-0,6(0,7) mm, ± circular. Vilano (21)23-30 mm, simple, de pelos plumosos –cilios hasta de 2,8 mm–, soldados por la base en un anillo –se desprenden conjuntamente–, de un blanco níveo. $2n = 18, 22^*, 26$.

Claros de bosque y matorral, taludes, pedregales, baldíos, etc., en substratos preferentemente básicos; 0-1900 m. IV-VII. W de la Región Mediterránea, hasta Suiza por el N. Casi toda la Península Ibérica y Baleares. **And. Esp.:** A Ab Al Av B Ba Bi Bu Ca Cc Co CR Cs Cu Ge Gr Gu H Hu J L Le Lo (Lu) M Ma Mu Na O Or P PM S Sa Se Sg So T Te To V Va Vi Z Za. **Port.:** (AAl) Ag BAl BL E R (TM). **N.v.:** adornos de monte, alcachofilla, alcancililIo, cardo de arzolla, cardo del sol, cardo santo, cigala, cuchara de pastor, cuchareta (Aragón), cucharita de la Virgen, guitarra, hierba de los pujos, picias, pinochas, pinocheta (Aragón), pinillo, piña, piña de san Juan, piñicas de monte, planta de la campanita, planta de la cucharita, yerba de almorranas; *cat.:* capça de sant Joan, capceta (Valencia), card daurat, card de gallineta (Valencia), carxofa borda, carxofera, carxofes (Valencia), carxofeta de muntanya, carxofetes d'almorranes (Valencia), cullera de pastor, cullereta, escarxofa de perdiu, escarxofa de sant Joan, guitarreta, herba de la ronya (Mallorca), herba d'almorranes (Valencia), herba de tall (Valencia), herba dels fics, herba queixalera, perdiueta, pinya de sant Joan, pinyera (Valencia), pinyetes, polles, polles roses (Valencia).

2. Rh. exaltatum (Cutanda ex Willk.) Greuter [exaltátum]
in Willdenowia 33: 61 (2003)

Leuzea exaltata Cutanda ex Willk. in Linnaea 30: 117 (1859) [basión.]
Leuzea rhaponticoides Graells in Mem. Real Acad. Ci. Exact. Madrid ser. 3, 2(3): 468 (1859)
Stemmacantha exaltata (Cutanda ex Willk.) Dittrich in Candollea 39: 47 (1984)
Ind. loc.: "in veteris Castellae regione Montana, ad basin Sierra de Gredos in silva dicta Pinas de Hoyoquesero, ubi abundat sec. Cutanda et Ysern, qui eam Julio et Augusto 1857 florentem fructiferamque legerunt, atque in dumetis ad viam ex illa silva ad pagum Navalosa ducentem" [lectótipo designado por M. Dittrich in Candollea 39: 45-49 (1984): MA]
Ic.: Willk., Ill. Fl. Hispan. 2, tab. 150 (1890) [sub *Leuzea rhaponticoides*]; lám. 63

Hierba perenne, verde, glabrescente, con pelos unicelulares araneosos, pelos pluricelulares uniseriados, y glándulas punctiformes. Tallos hasta de 140 cm, erectos, simples –rara vez con alguna rama–, ± ensanchados y fistulosos bajo los capítulos, de sección ± circular, longitudinalmente acostillados, con glándulas blanquecinas e indumento laxo de pelos araneosos y pluricelulares. Hojas hasta de 300 × 141 mm, esparcidas –escasas y menores hacia la parte superior del tallo–, con nervadura principal pinnada y ± marcada en ambas caras; las basales y medias pecioladas, con pecíolo ligeramente envainador, elípticas o lanceoladas, pinnatipartidas o pinnatisectas, con lóbulos irregulares, elípticos, pinnatífidos o ± pinnatipartidos, –dentados, con dientes mucronados–, concoloras, verdes, con glándulas blanquecinas o anaranjadas en ambas caras e indumento laxo de pelos araneosos y pluricelulares; las superiores semejantes pero sésiles. Capítulos terminales, solitarios, alcanzados por una o dos hojas caulinares. Involucro 30-45 × (30)40-59(68) mm, de ovoide a ± globoso, ± umbilicado en la base, glabro o peloso, sobrepasado por las flores; brácteas ± coriáceas y aparentemente dispuestas en 7-11 series, gradualmente mayores de fuera adentro, ± adpresas y convexas, la mayoría ovadas u ovado-oblongas, con 4-9 nervios longitudinales marcados al menos en la parte superior y margen estrechamente escarioso, verdes en la cara externa –pajizas cuando secas– y de un blanco marfil en la interna, glabras o con indumento denso de pelos de c. 0,1 mm, al menos en la mitad superior de la cara externa y margen, abruptamente contraídas en un apéndice apical escarioso suborbicular y lacerado, o herbáceo y cuculado –con margen dentado o escasamente lacerado–, no decurrente, pajizo o ferrugíneo –sobre todo en las brácteas más internas–, con pelos de c. 0,1 mm –en las series más externas– o bien seríceo y con pe-

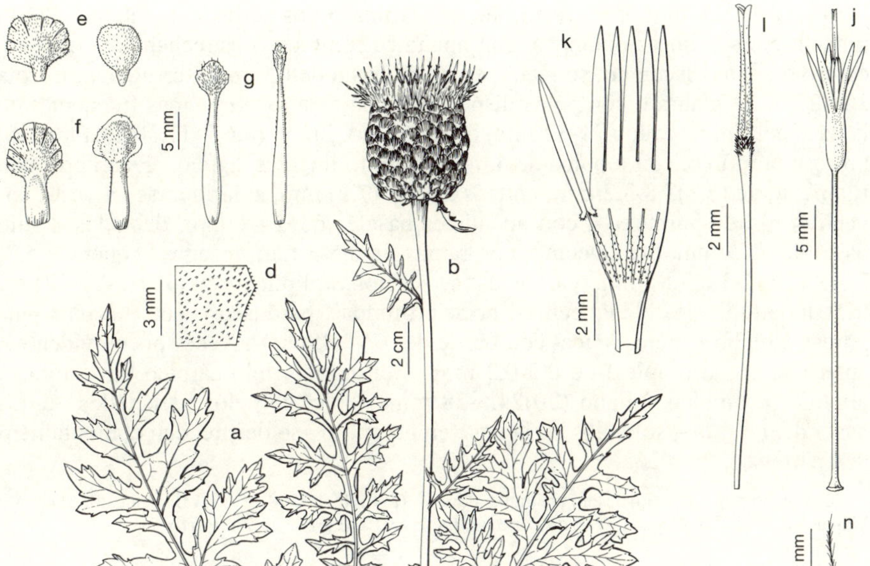

Lám. 63.–*Rhaponticum exaltatum,* a-i) pinar de Hoyocasero, Ávila (MA 366814); j-l) ibídem (UNEX 34401); m-r) entre Los Navalucillos y Navaltoril, Toledo (MA 351389): a) base del tallo con hojas y rizoma; b) porción apical de un tallo florido; c) detalle de un nudo del tallo y de la inserción de una hoja; d) fragmento de una hoja que muestra el indumento de la cara adaxial; e) brácteas externas del involucro; f) brácteas medias del involucro; g) brácteas internas del involucro; h) sección longitudinal de un capítulo; i) pálea del receptáculo; j) corola y verticilos sexuales; k) limbo de la corola abierto que muestra los filamentos estaminales y un estambre completo; l) estilo con sus ramas; m) aquenio con vilano; n) pelo del vilano; o) vilano visto desde abajo que muestra el anillo basal; p) aquenio en vista lateral; q) aquenio visto desde abajo, que muestra el hilo cárpico; r) aquenio visto desde arriba, que muestra la placa apical.

los hasta de 0,8 mm en el resto; las de las una o dos series más internas 30-45 mm, lineares o linear-oblongas, con apéndice rómbico o estrechamente elíptico, entero o apenas lacerado, seríceo, con pelos hasta de 0,8 mm, ferrugíneo. Corola 30-42,5 mm, glabra o con pelos dispersos en su cara externa –más frecuentes en la base del limbo–; tubo 21-32 mm, blanquecino; limbo (8,6)9-11,3(11,6) mm, de un rosa purpúreo, con lóbulos de 4,6-5,8(6) mm, lineares, agudos. Estambres con filamento de (2,3)2,8-3,2 mm; anteras 5,8-6,7(7,2) mm, amarillentas –a veces conectivo rosado-purpúreo–, con apéndices basales de 0,4-1 mm, dentados. Estilo hasta de 45,5 mm, blanquecino, con ramas de 0,5-3 mm, rosadas. Aquenios 5,2-7,5 × (2,8)3-3,6(3,8) mm, obovoides, de sección ± elíptica, con (13)15-21(22) estrías longitudinales blanquecinas, poco profundas, parduscos –con máculas purpúreas–, glabros; placa apical con borde de 0,2-0,4 mm –a veces poco evidente–, entero, y nectario apical de 0,2-0,3 mm, ± cilíndrico; hilo cárpico 0,6-1 mm, ± elíptico o rómbico. Vilano (20)24,5-28 mm, doble, de pelos barbelados –cilios hasta de 0,4 mm–, soldados en la base en un anillo –se desprenden conjuntamente–, pardusco. $2n = 26$.

Claros de pinar y melojar, en substratos silíceos; (890)1000-1500 m. VI-VII. Península Ibérica y Marruecos. C y W de España y NE de Portugal. **Esp.:** Av Cc (Cu) Sa To Za. **Port.:** TM.

3. Rh. longifolium (Hoffmanns. & Link) Dittrich [longifólium]
in Oesterr. Bot. Z. 115: 380 (1969)

Leuzea longifolia Hoffmanns. & Link, Fl. Portug. 2: 217, pl. 96 (1825) [basión.]
Serratula conifera Brot., Phytogr. Lusit. Select. 1: 67, tab. 31 (1816)
Centaurea longifolia (Hoffmanns. & Link) Cout., Fl. Portugal: 655 (1913)
Ind. loc.: "Assez rare dans les bruyères entre Torres-vedras et Obidos" [neótipo designado por M. Dittrich in Candollea 39: 45-49 (1984): G]
Ic.: Brot., Phytogr. Lusit. Select. 1, tab. 31 (1816) [sub *Serratula conifera*]; Hoffmanns. & Link, Fl. Portug. 2, pl. 96 (1825) [sub *Leuzea longifolia*]; lám. 64

Hierba perenne, grisáceo-verdosa, pelosa, con pelos unicelulares araneosos, pelos pluricelulares uniseriados y glándulas punctiformes. Tallos hasta de 70 cm, erectos, simples, ± ensanchados y fistulosos bajo los capítulos, de sección ± circular, longitudinalmente acostillados, con indumento araneoso. Hojas hasta de 200 × 60 mm, esparcidas –escasas y menores hacia la parte superior del tallo–, largamente pecioladas, con pecíolo ligeramente envainador, no decurrentes, elípticas, lanceolado-elípticas o linear-elípticas, por lo general enteras, de margen plano o revoluto y ápice en ocasiones caudado, con menor frecuencia lirado-pinnatisectas, con lóbulos elípticos, enteros –el central muy desarrollado, hasta de 140 mm–, con nervadura principal pinnada –nervio medio marcado en ambas caras–, discoloras, de haz verde, con indumento laxo de pelos araneosos, y envés blanco-grisáceo, con indumento denso de pelos araneosos, y glándulas blanquecinas por ambas caras. Capítulos terminales, solitarios, no alcanzados por las últimas hojas caulinares. Involucro 30-35 × 38-45 mm, de ovoide a ± globoso, ± umbilicado en la base, glabro o peloso, sobrepasado por las flores; brácteas ± coriáceas y aparentemente dispuestas en 5-7 series, gradualmente mayores de fuera adentro, ± adpresas y convexas, la mayoría ovadas u ovado-oblongas, con 5-12 nervios longi-

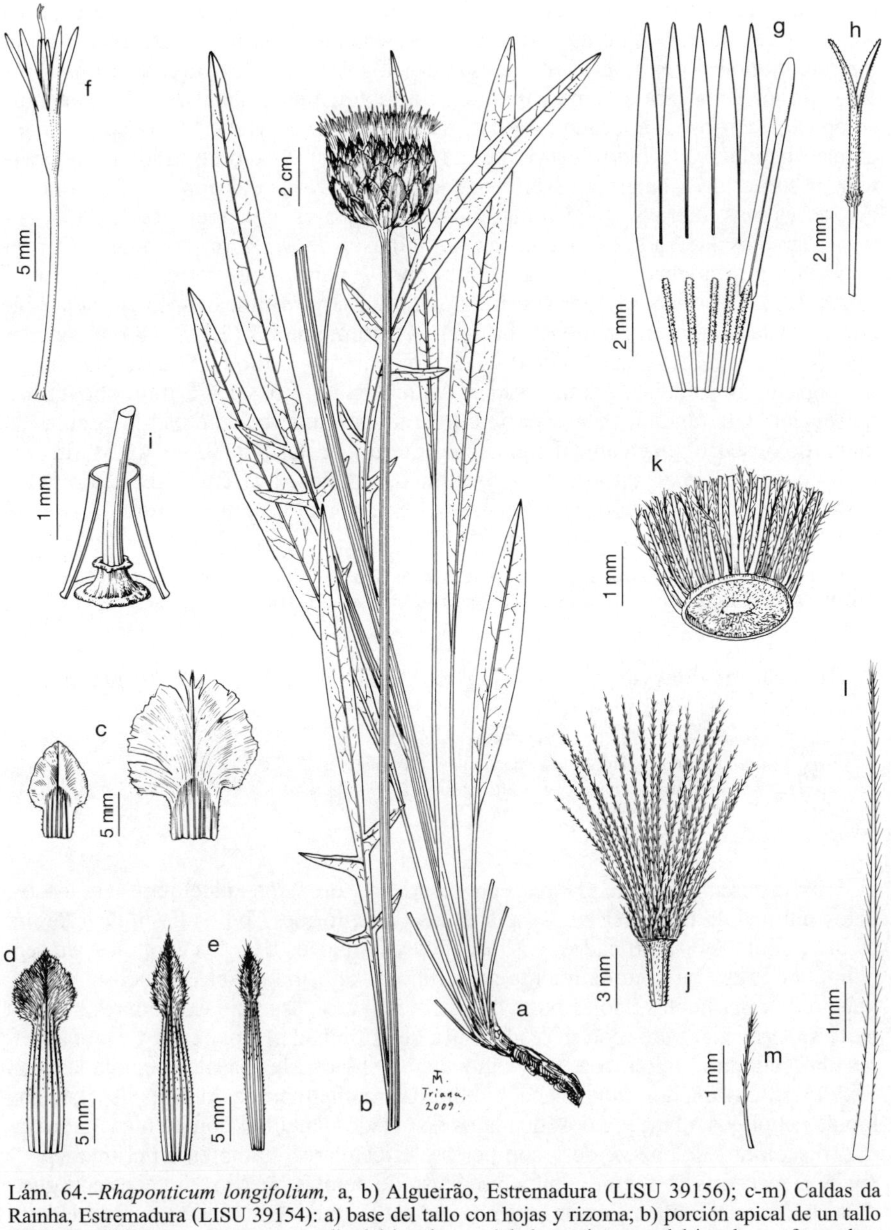

Lám. 64.–*Rhaponticum longifolium,* a, b) Algueirão, Estremadura (LISU 39156); c-m) Caldas da Rainha, Estremadura (LISU 39154): a) base del tallo con hojas y rizoma; b) porción apical de un tallo florido; c, d) brácteas externas y media del involucro; e) brácteas internas del involucro; f) corola y verticilos sexuales; g) limbo de la corola abierto que muestra los filamentos estaminales y un estambre completo; h) parte superior del estilo con sus ramas; i) sección longitudinal de la base de una flor que muestra la placa apical, nectario y parte inferior del estilo; j) aquenio con vilano; k) detalle de la base del vilano; l) pelo interno del vilano; m) pelo externo del vilano.

tudinales marcados al menos en la parte superior y margen estrechamente escarioso, verdes en la cara externa –pajizas cuando secas– y de un blanco marfil en la interna, glabras o con indumento denso de pelos de c. 0,1 mm, al menos en la mitad superior de la cara externa y margen, abruptamente ensanchadas en un apéndice apical escarioso, suborbicular y lacerado, o herbáceo y cuculado –con margen escarioso y lacerado–, no decurrente, pajizo o purpúreo –sobre todo en las brácteas más internas–, laxamente seríceo, con pelos hasta de 0,4 mm; las de las una o dos series más internas 30-35 mm, oblongas o lineares, con apéndice elíptico, entero o apenas lacerado, seríceo, con pelos hasta de 0,5 mm, purpúreo. Corola 26,3-28,6 mm, glabra; tubo 14-15 mm, con 5-7 nervios marcados, blanquecino; limbo 12,3-13,6 mm, rosado, con lóbulos de 7,3-8 mm, lineares, ligeramente incurvos. Estambres con filamento de (3,7)4-4,2 mm; anteras (7,1)8-8,8 mm, amarillentas, con apéndices basales de 0,4-0,8 mm, enteros. Estilo c. 34 mm, blanquecino, con ramas de 2,5-3,2 mm, rosadas. Aquenios 3,1-3,6 × 1,4-2 mm, obovoides, de sección ± tetrágona, con superficie ligeramente tuberculada, escabriúscula, de un pardo obscuro; placa apical con borde entero y nectario de 0,3-0,4(0,5) mm, cilíndrico; hilo cárpico 0,8-0,9 mm, ± elíptico. Vilano 14-16 mm, doble, de pelos barbelados –cilios hasta de 0,3 mm–, soldados por la base en un anillo –se desprenden conjuntamente–, pardusco. $2n = 26$.

Claros de matorral y herbazales de enclaves húmedos, en substratos silíceos y arenas carbonatadas; 100-656 m. IV-VI. ● C y S de Portugal. **Port.:** (AAl) (Ag) BAl (BL) E (R).

4. Rh. centauroides (L.) O. Bolòs in Arch. Naturschutz Landschaftsf. 10: 139 (1970) [centauroídes]

Cnicus centauroides L., Sp. Pl.: 826 (1753) [basión.]
Leuzea centauroides (L.) Holub in Folia Geobot. Phytotax. 8: 391 (1973)
Ind. loc.: “Habitat in Pyrenaeis” [lectótipo designado por M. Dittrich in Candollea 39: 46 (1984): BM]
Ic.: Lám. 65

Hierba perenne, verde, glabrescente o serícea, con pelos unicelulares araneosos, pelos pluricelulares uniseriados y glándulas punctiformes. Tallos hasta de 125 cm, erectos, simples o ramificados, ensanchados y fistulosos bajo los capítulos, de sección ± circular, longitudinalmente acostillados, con indumento araneoso laxo, y glándulas amarillentas. Hojas hasta de 650 × 220 mm, esparcidas, menores hacia la parte superior del tallo, con nervadura principal pinnada, ± marcada en ambas caras –la secundaria reticulada, muy evidente en el haz–; las basales pecioladas, con pecíolo no envainador, lanceoladas o elípticas, pinnatipartidas o pinnatisectas, con lóbulos elípticos o lanceolados, dentados o sinuado-dentados, con dientes mucronados, discoloras, de haz verde y con pelos pluricelulares –también en el margen– y envés blanco-grisáceo, con indumento denso de pelos araneosos, a veces con glándulas blanquecino-amarillentas en ambas caras; las medias semejantes, pecioladas o sésiles, y las superiores sésiles pero sinuado-dentadas o pinnatífido-dentadas. Capítulos terminales, solitarios, alcanzados por 1-3 hojas caulinares. Involucro 40-44(47) × 52-56 mm, ± globoso, nada o apenas umbilicado en la base, peloso, sobrepasado por las flores; brácteas ± coriáceas y aparentemente dispuestas en 10 u 11

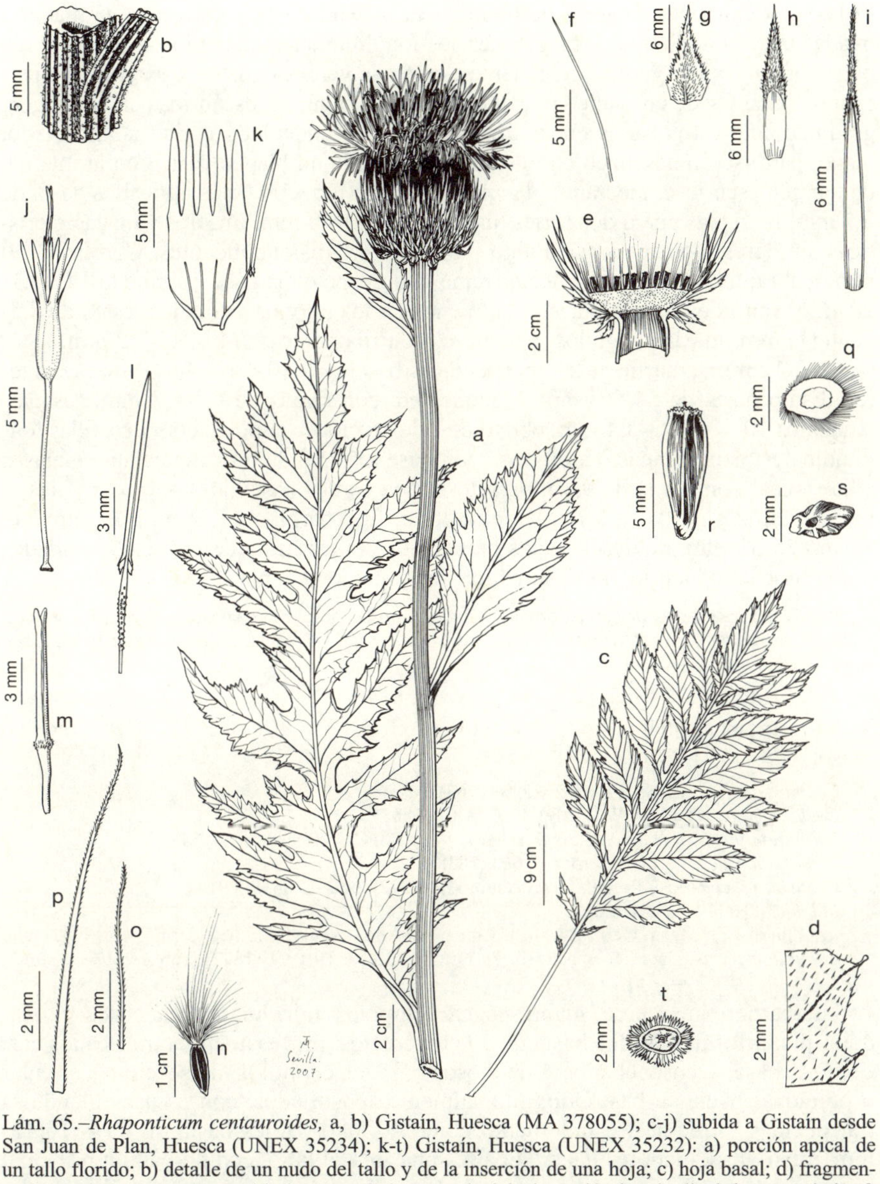

Lám. 65.–*Rhaponticum centauroides,* a, b) Gistaín, Huesca (MA 378055); c-j) subida a Gistaín desde San Juan de Plan, Huesca (UNEX 35234); k-t) Gistaín, Huesca (UNEX 35232): a) porción apical de un tallo florido; b) detalle de un nudo del tallo y de la inserción de una hoja; c) hoja basal; d) fragmento de una hoja que muestra el indumento de la cara adaxial; e) sección longitudinal de un capítulo; f) pálea del receptáculo; g) bráctea externa del involucro; h) bráctea media del involucro; i) bráctea interna del involucro; j) corola y verticilos sexuales; k) limbo de la corola abierto que muestra los filamentos estaminales y un estambre completo; l) estambre; m) parte superior del estilo con sus ramas; n) aquenio con vilano; o) pelo externo del vilano; p) pelo interno del vilano; q) vilano visto desde abajo que muestra el anillo formado por la soldadura de los pelos; r) aquenio en vista lateral; s) aquenio visto desde abajo, que muestra el hilo cárpico; t) aquenio visto desde arriba, que muestra la placa apical.

series, gradualmente mayores de fuera adentro, ± adpresas y convexas, la mayoría ovadas u ovado-oblongas, con 5-8 nervios longitudinales marcados al menos en la parte superior y margen estrechamente escarioso, verdes en la cara externa –pajizas cuando secas– y de un blanco marfil en la interna, glabras, escábridas en el margen, gradualmente estrechadas en un apéndice apical lanceolado o linear-lanceolado, plano, pardusco o negruzco en la cara externa y de un blanco marfil en la interna, de margen escarioso, lacerado, blanquecino, pubérulo, con pelos aplicados hasta de 0,7 mm; las de las una o dos series más internas 34-40 mm, lineares y de características similares, pero con pelos algo más largos y más abundantes. Corola 42-50 mm, glabra; tubo 25-30 mm, blanquecino –negruzco en la base–; limbo (16,1)17,1-20,4(25) mm, de un rosa púrpura, al menos en los nervios y lóbulos, estos de 8,5-10,4(11) mm, lineares, agudos. Estambres con filamento de (4,6)5,4-7,2 mm; anteras 10,2-12 mm, amarillentas, con apéndices basales de (0,8)1-1,4(1,9) mm, ± enteros. Estilo hasta de 54(60) mm, blanquecino, con ramas de 4,3-5,7 mm, rosadas. Aquenios 10-10,5 × 3-3,4 mm, obovoides, de sección ± elíptica, con 5 costillas longitudinales blanquecinas, parduscos –con base más pálida o blanquecina–, glabros; placa apical con borde de 0,3 mm, setoso, con cerdas hasta de 0,4 mm, frágiles, y nectario apical de 0,4-0,6 mm, ± cilíndrico; hilo cárpico 1-1,2 mm, ± rómbico. Vilano 25-31 mm, doble, de pelos barbelados –cilios hasta de 0,4 mm–, soldados por la base en un anillo –se desprenden conjuntamente–, pardusco. $2n = 26$.

Pastos, prados, herbazales megafórbicos, taludes y orillas de camino, en suelos profundos y ricos, preferentemente caliza; (1250)1500-2160 m. VII-VIII. España y Francia. Pirineos. **Esp.:** B Hu L Na. **N.v.:** centaura mayor de Cornuto.

5. Rh. repens (L.) Hidalgo in Ann. Bot. (Oxford) ser. 2, 97: 714 (2006) [répens]

Centaurea repens L., Sp. Pl. ed. 2: 1293 (1763) [basión.]
Centaurea picris Pall. ex Willd., Sp. Pl. 3: 2302 (1803)
Acroptilon picris (Pall. ex Willd.) C.A. Mey., Verz. Pfl. Casp. Meer.: 67 (1831)
Acroptilon repens (L.) DC., Prodr. 6: 663 (1838)
Centaurea jacea sensu Rigual, Fl. Alicante: 352 (1972), non L., Sp. Pl.: 914 (1753)
Ind. loc.: "Habitat in Oriente"
Ic.: Iljin in Bot. Mater. Gerb. Bot. Inst. Komarova Akad. Nauk S.S.S.R. 7(3), fig. 4A (1937) [sub *Acroptilon picris*]; Jaub. & Spach, Ill. Pl. Orient. 1, tabs. 10 y 11 (1842) [sub *Acroptilon picris*]

Hierba perenne, verde, glabrescente, con pelos unicelulares araneosos y glándulas punctiformes. Tallos hasta de 50 cm, erectos, profusamente ramificados casi desde la base, ± ensanchados y fistulosos bajo los capítulos, de sección ± circular o poligonal hacia su base, longitudinalmente acostillados, con escasas glándulas translúcidas, brillantes, e indumento araneoso laxo. Hojas hasta de 80 × 10(15) mm, esparcidas, menores hacia la parte superior del tallo, con nervadura principal pinnada y ± marcada en ambas caras –sobre todo el nervio central–, sésiles, no decurrentes, concoloras, verdes, ± ásperas en el margen –con callosidades cartilaginosas–, con glándulas translúcidas brillantes en ambas caras e indumento laxo de pelos araneosos; las basales y medias elípticas o lanceolado-elípticas, ± regularmente dentadas o pinnatilobadas solo en su mitad basal, con lóbulos poco profundos, triangulares, enteros, provistos –al igual que el ápice– de un mucrón cartilaginoso, blanquecino o pardusco; las superiores semejantes pero ± elípticas, enteras, con mucrón apical. Capítulos terminales, reunidos en inflorescencias complejas corimbiformes o paniculiformes, alcanzados por una o dos hojas caulinares. Involucro 9-13 × (5)7-9 mm, de oblongo-ovoide a ± globoso, no umbilicado en la base, ± peloso, sobrepasado por las flores; brácteas ± coriáceas y aparentemente dispuestas en 5-7 series, gradualmente mayores de fuera adentro, adpresas y convexas, la mayoría ovadas u ovado-oblongas, con 6-12 nervios longitudinales ± marcados al menos en la parte superior y margen ± anchamente escarioso, verdes en la cara externa –pajizas, de color pardusco cuando secas– y de un blanco-verdoso en la interna, lustrosas, abruptamente ensanchadas en un apéndice apical escarioso, hialino o ferrugíneo –sobre todo en las brácteas más internas–; las más externas de suborbiculares a anchamente oblongas, cubiertas de indumento de pelos araneosos de c. 0,1 mm, con apéndice suborbicular estrecho, hialino-escarioso, entero o apenas lacerado; las medias de 4-9 mm, anchamente oblongas, glabras o cortamente pelosas hacia su ápice, con apéndice suborbicular ancho, hialino-escarioso, irregularmente lacerado, con pelos de c. 0,1 mm; las de las una o dos series más internas de 10-12 mm, linear-oblongas, glabras, con apéndice de rómbico o ± deltoide a estrechamente triangular, agudo, entero o apenas lacerado, un tanto recurvado, ferrugíneo, seríceo, con pelos hasta de 0,8 mm. Corola 11-15 mm, glabra; tubo 5-7 mm, blanquecino; limbo 7-9 mm, de un rosa purpúreo –al secarse, blanquecino y con estrías longitudinales rosadas que se extienden por los bordes de los lóbulos hasta su ápice–, con lóbulos de 3-3,5(4) mm, triangular-lineares, agudos. Estambres con filamento de 1,2-1,8 mm; anteras 4,5-5,5 mm, blanquecinas –rosadas hacia el ápice–, con apéndices basales de 0,4-0,6 mm, enteros. Estilo hasta de 20 mm, blanquecino –rosado hacia el ápice–, con ramas hasta de 1,2 mm, rosadas. Aquenios 3-4,5 × 1,8-2,5 mm, obovoides, ± truncados en el ápice, de sección ± triangular-elíptica, con superficie recorrida por 7-9(12) estrías longitudinales poco profundas, pardo-amarillentos, glabros; placa apical con borde de 0,2-0,3 mm –a veces poco marcado–, entero, y nectario apical de 0,2-0,3 mm, ± cilíndrico; hilo cárpico 0,6-0,8 mm, de ± elíptico a triangular-elíptico. Vilano 8-12 mm, doble, de pelos barbelados –cilios hasta de 0,2 mm–, libres en la base –se desprenden individualmente–, de un blanco níveo. $2n = 26^*$.

Claros de matorral y herbazales subnitrófilos ± pastoreados, en sustratos arcillosos o margosos, carbonatados, alterados y, a veces, ligeramente salinos, que conservan cierta humedad durante gran parte del año, a menudo cerca de cursos de agua y en cultivos de cereal; 100-600 m. V-VII(VIII). SW y C de Asia –hasta Mongolia–, hasta el SE de Europa; introducida en el C y N de Europa, N y S de América, Sudáfrica y S de Australia. E de España: introducida en áreas interiores de la provincia de Alicante y alrededores de Gerona. **Esp.:** [A] [Ge].

Observaciones.–Especie que se propaga fácilmente merced a sus rizomas ± horizontales y de crecimiento rápido, muy ramificados y hasta de varios metros de longitud. En algunas partes del mundo resulta invasora de cultivos, a los que puede causar grandes perjuicios por su alta producción de sustancias alelopáticas [cf. W.T. Parsons & E.G. Cuthbertson, Nox. Weeds Australia ed. 2: 236-239 (2001); O. Gajardo & al. in Revista Pilquen Agron. 6: 1-6 (2004); P.B.S. Bhadoria in Amer. J. Exp. Agric. 1: 7-20 (2011)], y llegan a formar grandes extensiones casi monoespecíficas de muy difícil control y erradicación. En el territorio de esta flora se conocen tan solo dos poblaciones recientes aunque, al parecer, ya había sido recolectado a finales de la década de 1950 [cf. A. Rigual, Fl. Alicante: 352 (1972), sub *Centaurea jacea* subsp. *jacea*]. En ambos casos se ha constatado una baja producción de aquenios y de escasa viabilidad, por lo que muy probablemente las plantas se propaguen vegetativamente gracias a sus largos rizomas.

25. Mantisalca Cass.*

[Mantisálca, -ae f. – lat. bot. *Mantisalca, -ae* f., género de las *Compositae* creado por A.H.G. de Cassini in Bull. Sci. Soc. Philom. Paris 1818: 142 (1818). El vocablo en cuestión es sin duda anagrama de *salmantica* –en el protólogo se indica que el tipo nomenclatural del género es la *Centaurea salmantica* L.–, y este restrictivo, de lat. medieval *Salmantĭcus, -a, -um* = salmantino (lat. *Salmanticēnsis, -e;* lat. medieval *Salmantīnus, -a, -um),* de Salamanca (gr. *Salmántika, -ēs* f., etc.; lat. *Salmantĭca, -ae* f., etc.)]

Hierbas anuales o perennes, inermes –brácteas involucrales a veces con espínula terminal–, con pelos unicelulares y pelos pluricelulares uniseriados. Tallos por lo general ramificados desde la base, sin alas. Hojas basales rosuladas, pecioladas al igual que las caulinares inferiores, el resto alternas, sésiles, no decurrentes, subenteras, dentadas, pinnatífidas o lirado-pinnatipartidas. Capítulos terminales, solitarios, pedunculados, radiantes, homógamos o heterógamos. Involucro ovoide; brácteas aparentemente dispuestas en 5-9 series, ± coriáceas, imbricadas y ± adpresas, mayores hacia el interior, las externas y medias con un apéndice apical triangular, purpúreo y provisto de un mucrón o una espínula apical –a veces caediza–, las internas inermes. Receptáculo plano, ligeramente alveolado, densamente cubierto de páleas setáceas, blanquecinas, lisas. Flósculos del centro del capítulo hermafroditas, los de la periferia neutros –con estaminodios– o femeninos, patentes o erecto-patentes, todos de la misma longitud, sobrepasando notablemente el involucro. Corola pentámera o a veces la de las flores externas tetrámera o hexámera, glabra, predominantemente purpúrea, rara vez blanca; la de las flores neutras infundibuliforme, ± zigomorfa, con (4)5(6) lóbulos ligeramente desiguales –uno de ellos con los senos más profundos que el resto–; la de las flores hermafroditas tubular, ± zigomorfa, con tubo y limbo netamente diferenciados a nivel de la zona de inserción de los estambres, este con 5 lóbulos desiguales –por lo general uno de ellos con los senos más profundos que el resto–. Estambres con filamentos libres, glabros, insertos en la base del limbo de la corola; anteras con conectivo prolongado en una lengüeta apical lanceolada ligeramente incurva, calcariformes en la base, con apéndices basales truncados. Estilo liso, con dos ramas soldadas al principio y divergentes después, delimitadas por un anillo de pelos colectores cortos, con superficie receptiva papilosa en la cara adaxial, el resto glabro, rodeado en la base por un nectario, inapreciable en el fruto. Aquenios homomorfos o heteromorfos, oblongo-obovoides, ligeramente comprimidos, longitudinalmente acostillados y transversalmente rugulados, glabros, truncados en el ápice, con placa apical de borde entero y sin nectario persistente; región hilar engrosada, cartilaginosa, con hilo cárpico lateral-basal, rómbico, taponado por un eleosoma carnoso, a veces caedizo. Vilano doble, blanco, persistente, o bien simple e incluso inexistente en los aquenios de la periferia de los capítulos heterógamos; el externo con varias filas de escamas setáceas escábridas, desiguales –mayores hacia el interior–, soldadas por la base en un anillo esclerificado; el interno constituido por una escama setácea por lo general notablemente más larga y ancha que las del externo, a veces caediza. $x = 11$.

Observaciones.–Género con 5 especies distribuidas por el S de Europa, el NW de África y Macaronesia, área que coincide con la distribución de *M. salmantica,*

* E. Ruiz de Clavijo & J.A. Devesa

la especie más ampliamente difundida; las restantes especies ocupan áreas mucho menores, localizadas sobre todo en la mitad occidental de la Región Mediterránea, donde el género presenta su mayor diversidad.

Bibliografía.–E. Ruiz de Clavijo & J.A. Devesa in Nord. J. Bot. 32: 15-25 (2014); E. Spach in Ann. Sci. Nat., Bot. ser. 3, 4: 161-169 (1845) [taxonomía].

1. Limbo de la corola de las flores hermafroditas con lóbulos de (4)4,5-6,5 mm; anteras (6)6,5-8(8,5) mm; brácteas involucrales medias con mucrón o una espínula apical hasta de 1 mm, a menudo caediza; hierba perenne .... **1. M. salmantica**
– Limbo de la corola de las flores hermafroditas con lóbulos de (1,8)2-4(5,5) mm; anteras 3,2-6 mm; brácteas involucrales medias con mucrón o una espínula apical hasta de 2(2,6) mm, persistente o caediza; hierba anual 2
2. Aquenios heteromorfos en un mismo capítulo, los de la periferia sin vilano o muy corto, hasta de 1(1,5) mm, y los del interior con vilano externo de 2-3,2 mm; base del tallo y hojas basales con indumento de pelos pluricelulares .... **4. M. duriaei**
– Aquenios homomorfos, con vilano externo de 2-3,5 mm; parte inferior del tallo y hojas basales con indumento de pelos pluricelulares o unicelulares 3
3. Brácteas involucrales con mucrón o espínula apical hasta de 0,7 mm, erecta o patente, persistente o rara vez caediza; parte inferior del tallo y hojas basales con indumento de pelos unicelulares largos, muy abundantes, y a veces algunos pelos pluricelulares .... **2. M. cabezudoi**
– Brácteas involucrales con espínula apical de (0,8)1-2(2,6) mm, erecta, persistente; parte inferior del tallo y hojas basales con indumento de pelos pluricelulares y, en ocasiones, algunos unicelulares .... **3. M. spinulosa**

1. M. salmantica (L.) Briq. & Cavill., in Arch. Sci. Phys. Nat. ser. 5, 12: 111 (1930) [salmántica]

Centaurea salmantica L., Sp. Pl.: 918 (1753) [basión.]
Microlonchus clusii Spach in Ann. Sci. Nat., Bot. ser. 3, 4: 166 (1845)
Ind. loc.: "Habitat in Europa australi" [lectótipo designado por D. Jeanmonod in Jeanm., Bocquet & Burdet (eds.), Complém. Prodr. Fl. Corse Asteraceae II: 212 (2004): BM]
Ic.: Valdés, Talavera & Galiano (eds.), Fl. Andalucía Occid. 3: 162 (1987); lám. 66

Hierba perenne, inerme –aunque las brácteas involucrales a veces con una espínula apical–, verde, con pelos pluricelulares uniseriados y en ocasiones pelos unicelulares. Tallos hasta de 150 cm, erectos o ascendentes, por lo general densamente ramificados desde la base, con sección ± circular, longitudinalmente acostillados, foliosos excepto los pedúnculos de los capítulos, con pelos pluricelulares en las partes media e inferior y en ocasiones también con algunos pelos unicelulares largos, glabros en la parte superior. Hojas hasta de 350 × 100 mm, menores hacia la parte superior del tallo, con nervadura principal pinnada y nervio medio prominente por el envés; las basales –± rosuladas y a menudo secas en la antesis– y las caulinares inferiores pecioladas, lirado-pinnatipartidas, con 2-10(12) pares de lóbulos laterales triangulares u ovados –el terminal mayor–, ± runcinados, dentados –dientes con mucrón o arista terminal hasta de 1 mm–, con abundantes pelos pluricelulares ± crispados en haz y envés, y a veces también con algunos pelos unicelulares; las medias sésiles, pinnatífidas, dentadas y esparcidamente pelosas –dientes y pelos como

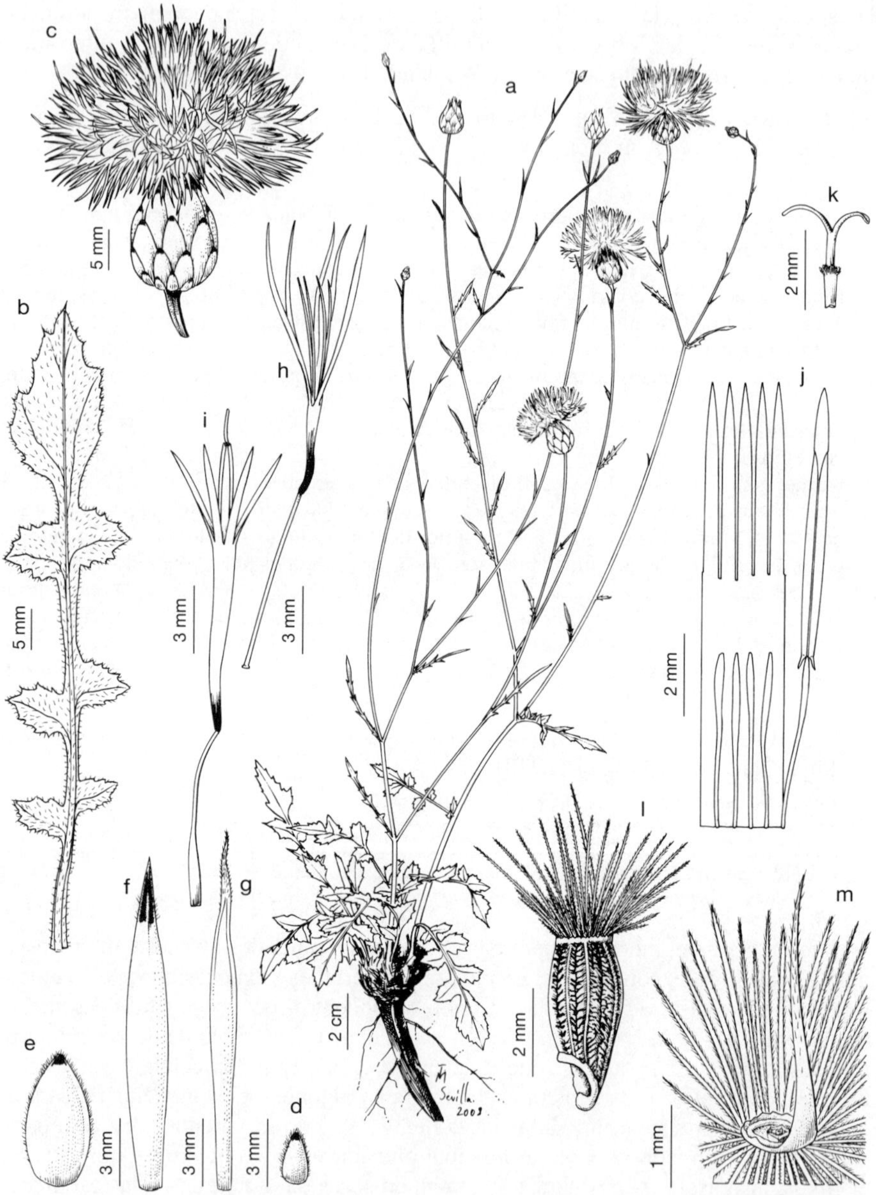

Lám. 66.–*Mantisalca salmantica,* barranco del Alcázar, Jérez del Marquesado, Granada (COFC 31898): a) hábito; b) hoja inferior; c) capítulo; d) bráctea externa del involucro; e) bráctea media del involucro; f, g) brácteas internas del involucro; h) flor neutra con estaminodios; i) corola y verticilos sexuales de una flor hermafrodita; j) limbo de la corola de una flor hermafrodita abierto y mostrando los filamentos estaminales y un estambre completo; k) parte superior del estilo con sus ramas; l) aquenio con vilano; m) detalle del vilano.

en las anteriores–; las superiores semejantes, pero lineares. Capítulos radiantes, homógamos, terminales, solitarios, con pedúnculo hasta de 150 mm, afilo. Involucro (10)12-22 × (5)7-13(16) mm, ovoide, redondeado en la base, notablemente sobrepasado por las flores; brácteas imbricadas y aparentemente dispuestas en 5-7(9) series, gradualmente mayores de fuera adentro, al principio verdes, con margen más claro y ápice purpúreo, cuando secas parduscas y de margen blanquecino; las externas ovadas, con mucrón o espínula apical hasta de 1 mm, amarillenta, aplastada, recta o con mayor frecuencia reflexa, a menudo caediza, glabras o a veces con el margen ligeramente araneoso; las medias semejantes, ovado-elípticas, y las internas estrechamente lanceoladas, inermes, con algunos pelos cortos y rígidos en el ápice. Flores de la periferia neutras, las del centro hermafroditas. Corola predominantemente purpúrea, glabra; la de las flores neutras 17-28 mm, con tubo de 8-13 mm, blanquecino, y limbo de 8,5-16 mm, con (4)5(6) lóbulos de (5)7-10 mm, linear-lanceolados, ± iguales, purpúreos; la de las flores hermafroditas 17-28 mm, con tubo de 8-12(14) mm, blanquecino, y limbo de (9)11-14(16) mm, purpúreo, con 5 lóbulos de (4)4,5-6,5 mm, linear-lanceolados. Anteras (6)6,5-8(8,5) mm, violetas, con apéndices basales de c. 0,4 mm. Estilo blanquecino, con ramas purpúreas, obtusas. Aquenios 3,2-4,7 × 1,2-1,8 mm, homomorfos, ± oblongo-obovoides, algo comprimidos, con 10-15 costillas longitudinales y transversalmente rugulosos, de un pardo obscuro en la madurez, glabros; placa apical de borde entero, sin nectario persistente; porción hilar engrosada, cartilaginosa, blanca, con hilo cárpico de 0,7-1 mm; eleosoma por lo general persistente. Vilano doble; el externo con varias escamas escábridas, desiguales, las más grandes de 2-3,8 mm; el interno con una escama de 2-4,5 mm, de la misma longitud o más larga que las del externo. $2n = 22$.

Orillas de camino y cultivo, indiferente edáfica aunque prefiere suelos básicos; 0-2000 m. III-VIII(XII). Región Mediterránea, de manera aislada por el S de Europa hasta los Balcanes, y Macaronesia –Madera e Islas Salvajes–. Casi toda la Península Ibérica e Islas Baleares. **Esp.:** A Ab Al Av B Ba (Bi) Bu Ca Cc Co CR Cs Cu (Ge) Gr Gu H Hu J L Le Lo Lu M Ma Mu PM[(Mll)] Na (O) Or (P) Po S Sa Se Sg So T Te To V Va Vi Z Za. **Port.:** AAl Ag BA BAl BB BL E R (TM). **N.v.:** ajonjera botonera, alcabota, algaravía, amargos, anapeas, baleas, baleo, baleo fino, baleo macho, barredera, bolica, botones, cabezuela, cabezuela coronada, cabezuela de Salamanca, cabezuela menuda, cálices, camarroja, cantarera, capotica, cardo de bolas, centaurea mayor, clavelitos, coscorrones, drama, escoba, escoba botonera, escoba de cabezuela, escoba de macuca, escoba de palillos, escobas, escobas de cabezuela, escobas de palotes, escobera, escobeta, escobeta fina, escobijo, escobillas, escobón, escobonera, escobones, escombrera, estebe de Salamanca, flor de rama, hierba de las escobas, hierba escobajera, mantisalca, marginera, mata de escobas, padres e hijos, palillos, palmerillas, palotes, pan de pastor, pelotica, punticas de escobarrama, saladilla, salmerón, verruguicas, yerba de escobas, zarcillón; *port.*: serrinha; *cat.*: baleja, cabeçuda, escombra, escombrera, granallons, granera, herba escombrera, herba granera, marxinera (Valencia), raspall (Valencia), raspallera; *eusk.*: burnisquea chillarra, burruiska, buruiska, igurrki, txillar, umancelorria, umanzelorri.

Observaciones.–Extraordinariamente variable en el porte y en el tamaño de los capítulos, según sean las condiciones del medio y de la época de floración; las floraciones tardías propician capítulos menores.

2. M. cabezudoi E. Ruiz & Devesa in Nord. J. Bot. 32: 18, 19 fig. 2 (2014) [Cabezúdoi]

Ind. loc.: "Spain: Granada. Jerez del Marquesado, barranco del Alcázar, 13 Jun. 2007, Arnelas and Ruiz de Clavijo 31890 (holotype: COFC)"
Ic.: E. Ruiz & Devesa in Nord. J. Bot. 32: 19 fig. 2 (2014)

Hierba anual, inerme –aunque las brácteas involucrales por lo general con una espínula apical–, verde, con pelos unicelulares araneosos y pelos pluricelulares uniseriados. Tallos hasta de 40 cm, erectos o ascendentes, simples o ramificados desde la base, con sección ± circular, longitudinalmente acostillados, ápteros, foliosos excepto en los pedúnculos de los capítulos, con indumento denso de pelos unicelulares largos en la parte inferior y algunos pelos pluricelulares, glabros en la parte superior. Hojas hasta de 70 × 22 mm, menores hacia arriba, con nervadura principal pinnada y nervio medio prominente por el envés; las basales –± rosuladas y a veces secas en la antesis– y las caulinares inferiores pecioladas, lirado-pinnatipartidas, con 2-4 pares de lóbulos laterales triangulares u ovados –el terminal mayor–, ± inciso-dentados, con dientes mucronados o con una arista hasta de 0,3 mm, densamente vilosas por ambas caras –sobre todo en el nervio medio–, con pelos unicelulares muy largos y otros más cortos; las caulinares medias indivisas, sésiles, laxamente dentadas y esparcidamente pelosas –dientes y pelos como en las anteriores–; las superiores semejantes, pero lineares y glabras. Capítulos radiantes, homógamos, terminales, solitarios, con pedúnculo hasta de 120 mm, afilo. Involucro 11-15 × 5-10 mm, ovoide, redondeado en la base, notablemente sobrepasado por las flores; brácteas imbricadas y aparentemente dispuestas en 6-8 series, gradualmente mayores de fuera adentro, al principio verdes, con margen más claro y ápice purpúreo, cuando secas parduscas y de margen blanquecino; las externas y medias de ovadas a ovado-elípticas, glabras, con mucrón o espínula apical de menos de 0,7 mm, amarillenta, aplastada, erecta o patente, persistente o rara vez caediza; las internas estrechamente lanceoladas, inermes, con algunos pelos cortos y rígidos en el ápice. Flores de la periferia neutras, las del centro hermafroditas. Corola predominantemente purpúrea o rara vez blanca, glabra; la de las flores neutras 14-18 mm, con tubo de 6-8 mm, blanquecino, y limbo de 8-11 mm, purpúreo o rara vez blanco, con 5 lóbulos de 4-7 mm, ± iguales, linear-lanceolados; la de las flores hermafroditas 13-18 mm, con tubo de (5)6-8 mm, blanquecino, y limbo de 7-10 mm, purpúreo o rara vez blanco, con 5 lóbulos de (2,6)3-4(5,5) mm, linear-lanceolados. Anteras 4-5,5(6) mm, violetas, con apéndices basales de c. 0,4 mm. Estilo blanquecino, con ramas purpúreas, obtusas. Aquenios 3,5-4,8 × 1,2-1,7 mm, homomorfos, ± oblongo-obovoides, algo comprimidos, con 8-12 costillas longitudinales y reticulado-rugulosos, de un pardo obscuro en la madurez, glabros; placa apical de borde entero, sin nectario persistente; porción hilar engrosada, cartilaginosa, blanca, con hilo cárpico de 0,8-1,1 mm; eleosoma carnoso, por lo general persistente. Vilano doble; el externo con varias filas de escamas escábridas, desiguales, las más grandes de 2-3(3,4) mm; el interno con una escama de 2-4 mm, de la misma longitud o más larga que las del externo.

Taludes rocosos, en esquistos y calizas; 1600-1800 m. VI-VII. ● SE de España. **Esp.:** Al Gr J.

3. M. spinulosa (Rouy) E. Ruiz & Devesa in Nord. J. Bot. 32: 20 (2014) [spinulósa]

Microlonchus spinulosus Rouy in Bull. Soc. Bot. France 35: 119 (1888) [basión.]
Microlonchus valdemorensis sensu Willk. in Willk. & Lange, Prodr. Fl. Hispan. 2: 169 (1865), non Cutanda, Fl. Comp. Madrid: 420 (1861)
Ind. loc.: "Hab.- Province de Madrid: pentes du cerro Negro près le chemin de fer"

Ic.: Rouy, Ill. Pl. Eur. 19, tab. 464 (1904) [sub *Microlonchus spinulosus*]; E. Ruiz & Devesa in Nord. J. Bot. 32: 21 fig. 4 (2014)

Hierba anual, inerme –aunque las brácteas involucrales con una espínula apical–, verde, con pelos pluricelulares uniseriados y a veces algunos unicelulares araneosos. Tallos hasta de 60 cm, erectos o ascendentes, por lo general ramificados desde la parte media, con sección ± circular, longitudinalmente acostillados, foliosos excepto en los pedúnculos de los capítulos, con pelos pluricelulares crispados abundantes en la parte inferior, y en ocasiones algunos pelos unicelulares, glabros en el resto. Hojas hasta de 110 × 20 mm, menores hacia la parte superior del tallo, con nervadura principal pinnada y nervio medio prominente por el envés; las basales ± rosuladas –a menudo secas en la antesis–, pecioladas, lirado-pinnatipartidas, con 2-5(6) pares de lóbulos laterales triangulares –el terminal de mayor tamaño–, ± runcinados, dentados –dientes con una arista hasta de 3 mm–, con pelos pluricelulares ± crispados en haz y envés, y algunos pelos unicelulares; las medias sésiles, laxamente dentadas y con pelos pluricelulares esparcidos; las superiores semejantes, pero lineares, glabras. Capítulos radiantes, homógamos, terminales, solitarios, con pedúnculo hasta de 40 mm, afilo. Involucro 9-13(15) × 4-8(9) mm, estrechamente ovoide u oblongo-ovoide, redondeado en la base, notablemente sobrepasado por las flores; brácteas imbricadas y aparentemente dispuestas en 5-7 series, gradualmente mayores de fuera adentro, al principio verdes, con margen más claro y ápice purpúreo, cuando secas parduscas y de margen blanquecino; las externas y medias de ovadas a ovado-elípticas, con espínula apical de (0,8)1-2(2,6) mm, amarillenta, erecta, persistente, glabras o con pelos araneosos en el margen; las internas estrechamente lanceoladas, inermes, con algunos pelos cortos y rígidos en el ápice. Flores de la periferia neutras, las del centro hermafroditas. Corola predominantemente purpúrea, glabra; la de las flores neutras 13-18 mm, con tubo de 7-9,5 mm, blanquecino, y limbo de 5,5-8,5 mm, con (4)5(6) lóbulos de 4-6,5 mm, ± iguales, linear-lanceolados, purpúreos; la de las flores hermafroditas 13-18 mm, con tubo de 6,5-9 mm, blanquecino, y limbo de 6,5-9,5 mm, purpúreo, con 5 lóbulos de 2-4 mm, linear-lanceolados. Anteras 3,5-6 mm, violetas, con apéndices basales de c. 0,4 mm. Estilo blanquecino, con ramas purpúreas, obtusas. Aquenios (2,5)3-4,5 × 1,1-1,6 mm, homomorfos, ± oblongo-obovoides, algo comprimidos, con 10-15 costillas longitudinales y reticulado-rugulosos, de un pardo obscuro en la madurez, glabros; placa apical de borde entero, sin nectario persistente; porción hilar engrosada, cartilaginosa, blanca, con hilo cárpico de 0,5-0,8 mm; eleosoma carnoso, por lo general persistente. Vilano doble; el externo con varias filas de escamas escábridas, desiguales, las más grandes de 2-3,5 mm; el interno con una escama de 2,2-5,5 mm, de la misma longitud o más larga que las del externo.

Campos incultos y herbazales de lugares expuestos, en substratos calizos, yesosos o salinos; 500-900 m. V-VIII(X). ● C y E de España. **Esp.:** Ab Bu CR Cu J M So To V Va Za.

Observaciones.–En el C y SE de España (Madrid y Murcia) se han detectado plantas de capítulos pequeños y con brácteas involucrales culminadas por espínulas largas y persistentes, como es típico de *M. spinulosa,* pero con aquenios heteromorfos, como los presenta *M. duriaei.* Estos ejemplares, a los que se supone un origen híbrido, han sido descritos como *M.* × *castroviejoi.*

Muy parecida por tener unas brácteas involucrales largamente aristadas es *M. delestrei* (Spach) Briq. & Cavill. in Arch. Sci. Phys. Nat. ser. 5, 12: 112 (1930) [*Microlonchus delestrei* Spach in Ann.

Sci. Nat., Bot. ser. 3, 4: 164 (1845), basión.; *Microlonchus amberboides* Caball. in Treb. Mus. Ci. Nat. Barcelona, Sèr. Bot. 11: 35 (1917); *M. amberboides* (Caball.) Maire in Jahand. & Maire, Cat. Pl. Maroc: 819 (1934)], endémica de Marruecos, que difiere de *M. spinulosa* por su mayor porte, y por tener capítulos más gruesos, con involucro de 15-20 × 8-12 mm y brácteas involucrales con arista de 2-6 mm.

4. M. duriaei (Spach) Briq. & Cavill. in Arch. Sci. Phys. Nat. ser. 5, 12: 112 (1930) [Duriáei]

Microlonchus duriaei Spach in Ann. Sci. Nat., Bot. ser. 3, 4: 166 (1845) [basión.]
Microlonchus ysernianus J. Gay & Webb ex Graells, Indic. Pl. Nov.: 7 (1854)
Microlonchus isernianus J. Gay & Webb ex Graells, Ramilletes Pl. Españ.: 466 (1859), orth. var.
Microlonchus valdemorensis Cutanda, Fl. Comp. Madrid: 420 (1861)
M. yserniana (J. Gay & Webb ex Graells) M. Laínz in Collect. Bot. (Barcelona) 7: 591 (1968)
Ind. loc.: "Habitat Mauritania (prope Oran, martio 1839: Bové! Durieu! – Mostaganem, aprili 1844: Durieu! – Milah, junio 1840: Durieu!) et Numidia (Bona, junio 1832: Steinheil! – Constantina, aprili 1840: Durieu!)"
Ic.: O. Bolòs & Vigo, Fl. Països Catalans 3: 912 (1996) [sub *M. duriaei* var. *iserniana*; morfo con hojas dentadas]; Graells, Ramilletes Pl. Españ., lám. 3 (1859) [sub *Microlonchus isernianus*; morfo con hojas dentadas]; Pignatti, Fl. Italia 3: 172 (1982) [morfo con hojas liradas]; lám. 67

Hierba anual, inerme –aunque las brácteas involucrales con una espínula apical– verde, con pelos pluricelulares uniseriados. Tallos hasta de 150 cm, erectos, simples o con mayor frecuencia ramificados de manera corimbiforme desde la parte media, con sección ± circular, longitudinalmente acostillados, foliosos excepto en los pedúnculos de los capítulos, con pelos pluricelulares ± crispados muy abundantes en la parte inferior, glabros en la superior. Hojas hasta de 250 × 60 mm, menores hacia la parte superior del tallo, con nervadura principal pinnada y nervio medio prominente por el envés; las basales –± rosuladas y a menudo secas en la antesis– y las caulinares inferiores pecioladas, ± enteras, lirado-pinnatífidas o lirado-pinnatipartidas, con 1-3(6) pares de lóbulos laterales oblongos –el terminal mayor–, dentados o inciso-dentados –dientes con una arista hasta de 1 mm–, con pelos pluricelulares ± crispados dispersos por el haz y más abundantes por el envés, sobre todo en los nervios; las medias sentadas, de subenteras a pinnatífidas, laxamente dentadas y esparcidamente pelosas –dientes y pelos como en las anteriores–; las superiores semejantes, lineares, glabras. Capítulos radiantes, heterógamos, terminales, solitarios, con pedúnculo hasta de 90 mm, afilo. Involucro (10)12-16(18) × 8-13(15) mm, ovoide-cónico, con base aplanada, notablemente sobrepasado por las flores; brácteas imbricadas y aparentemente dispuestas en 7-9 series, gradualmente mayores de fuera adentro, al principio verdes, con margen más claro y ápice purpúreo, cuando secas parduscas y de margen blanquecino; las externas y medias de ovadas a ovado-elípticas, glabras o a veces con el margen ligeramente araneoso, con espínula apical de 0,4-0,7(1) mm, amarillenta, generalmente recta y persistente; las internas estrechamente lanceoladas, con algunos pelos cortos y rígidos en el ápice. Flores de la periferia neutras o femeninas, las del centro hermafroditas. Corola predominantemente purpúrea, glabra; la de las flores neutras o femeninas 12-17 mm, con tubo de 6-10 mm, blanquecino, y limbo de 5-7 mm, con 5 lóbulos de 3-4 mm, linear-lanceolados, ± iguales, purpúreos; la de las flores hermafroditas 12-16 mm, con tubo de 6-9 mm, blanquecino, y limbo de 5-8 mm, purpúreo, con 5 lóbulos de (1,8)2-3(3,5) mm, linear-lanceolados. Anteras 3,2-

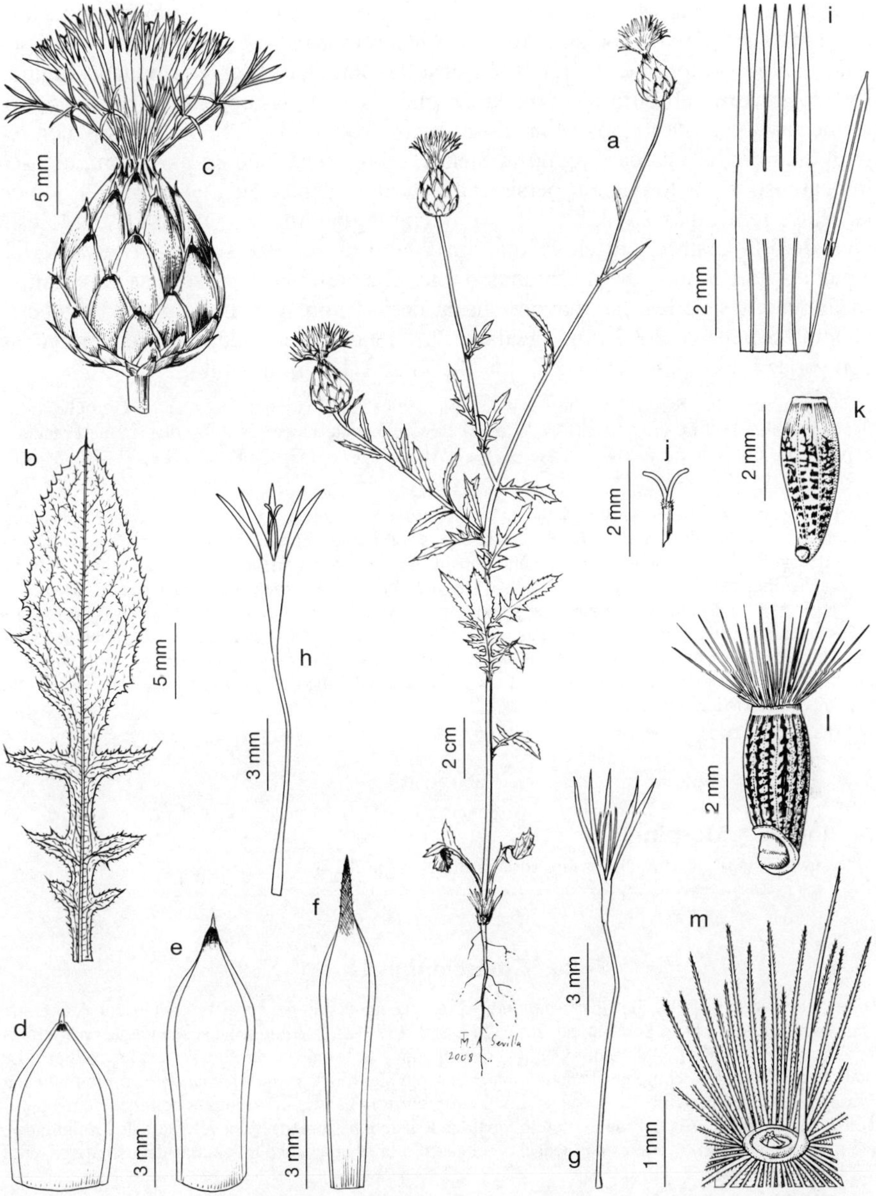

Lám. 67.–*Mantisalca duriaei,* Cerro de los Ángeles, Madrid (COFC 31896): a) hábito; b) hoja inferior; c) capítulo; d) bráctea externa del involucro; e) bráctea media del involucro; f) bráctea interna del involucro; g) flor neutra con estaminodios; h) corola y verticilos sexuales de una flor hermafrodita; i) limbo de la corola de una flor hermafrodita abierto con los filamentos estaminales y un estambre completo; j) parte superior del estilo con sus ramas; k) aquenio de una flor femenina; l) aquenio con vilano de una flor hermafrodita; m) detalle del vilano.

4,2(4,6) mm, violetas, con apéndices basales de c. 0,4 mm. Estilo blanquecino, con ramas purpúreas, obtusas. Aquenios heteromorfos, oblongos u oblongo-obovoides, algo comprimidos, con 10-15 costillas longitudinales y reticulado-rugulosos, de un pardo obscuro en la madurez, glabros, con placa apical de borde entero, sin nectario persistente; los de las flores hermafroditas 3-3,5 × 1,2-1,5 mm, con región hilar engrosada, cartilaginosa, blanca, con hilo cárpico de 0,6-1 mm, eleosoma carnoso y por lo general persistente, y vilano doble, bien desarrollado; los de las flores femeninas 2,7-3,2 × 1-1,4 mm, con región hilar no engrosada e hilo cárpico de 0,2-0,5 mm, sin eleosoma, sin vilano o con este simple. Vilano de los aquenios de las flores hermafroditas doble, el externo con varias filas de escamas escábridas desiguales, las mayores hasta de 2-3 mm, y el interno por lo general con una escama de 2-3,2 mm, igualando las del externo; el de las flores femeninas con varias filas de escamas escábridas hasta de 1(1,5) mm o nulo. $2n = 22$.

Campos incultos, barbechos y bordes de camino, en calizas, margas y yesos, en terrenos algo nitrificados; (0)40-1000 m. (IV)V-VII(IX). W de la Región Mediterránea –N de África, Italia, Francia y España–. C, E y S de España y Baleares. **Esp.:** A Ab Co CR (Cs) Gr Gu Hu J L (Le) M Mu PM[Mll] (Sa) Sg Te To V (Va) Z.

Observaciones.–Taxon muy variable en su tamaño y en la forma de las hojas, según sean las condiciones del medio. Pueden encontrarse desde plantas con tallos simples o apenas ramificados, de escaso desarrollo, hasta individuos de tamaño considerable, ± profusamente ramificados, sobre todo en las condiciones más óptimas. De igual forma, hay individuos con al menos las hojas basales de lirado-pinnatífidas a lirado-pinnatipartidas, que se corresponden con el tipo de la especie, y otros en los que todas las hojas son ± enteras, de dentadas a sinuado-pinnatífidas, una morfología a la que algunos autores han dado rango taxonómico –*Microlonchus ysernianus*–, pero que no parecen constituir sino meras expresiones fenéticas como respuesta a las condiciones del medio, siendo abundantes los ejemplares con características foliares intermedias.

HÍBRIDOS

M. duriaei × M. spinulosa

M. × *castroviejoi* E. Ruiz & Devesa in Nord. J. Bot. 32: 24 (2014)

26. Cheirolophus Cass.*

[Cheirólophus, -i m. – lat. bot. *Cheirolŏphus, -i* m., género de las *Compositae* creado por A.H.G. de Cassini in F. Cuvier, Dict. Sci. Nat. ed. 2, 50: 247, 250, 257 (1827). Aunque nada se indique en el protólogo acerca del origen de tal nombre, en una descripción posterior –op. cit. 51: 57 (1827)– se dice: "Le nom de *Cheirolophus,* composé de deux mots grecs, qui signifient *crête en forme de main,* fait allusion aux appendices du péricline [brácteas del involucro], qui sont palmés ou découpés comme une main ouverte" –gr. *cheír, cheirós* f. = mano // puño // palma de la mano // brazo // pata delantera de los animales, etc.; y gr. *lóphos, -ou* m. = cresta o penacho del casco // cresta, penacho de plumas de los pájaros, etc.]

Sufrútices o hierbas perennes, rizomatosas, inermes, con pelos unicelulares, pelos pluricelulares uniseriados y glándulas punctiformes. Tallos simples o con mayor frecuencia ramificados, sin alas. Hojas alternas, las basales pecioladas y el

* E. Ruiz de Clavijo & J.A. Devesa

resto sésiles, no decurrentes, enteras, dentadas, pinnatipartidas o lirado-pinnatipartidas. Capítulos multifloros, terminales, solitarios, ± pedunculados, discoides o radiantes, homógamos, rara vez heterógamos. Involucro ovoide; brácteas aparentemente dispuestas en 8-11 series, ± coriáceas, imbricadas y ± adpresas, mayores hacia el interior, con apéndice apical pectinado-ciliado, ± patente, decurrente o no, discoloro. Receptáculo alveolado, con pelos blancos, lisos. Flósculos hermafroditas, o los de la periferia neutros o más rara vez femeninos, todos ± del mismo tamaño y sobrepasando el involucro. Corola pentámera o tetrámera, glabra, con glándulas dispersas por el exterior, blanquecino-rosada o de un rosa azulado, rara vez blanca; la de las flores neutras y pistiladas infundibuliforme, ± actinomorfa, con 4 o 5 lóbulos ± iguales, linear-lanceolados; la de las flores hermafroditas tubular, ± zigomorfa, con tubo y limbo netamente diferenciados, este con 5 lóbulos desiguales –por lo general uno con los senos más profundos que el resto–. Estambres con filamentos libres, papilosos, insertos en la base del limbo de la corola, los de las flores neutras y pistiladas reducidos a estaminodios; anteras con conectivo prolongado en una lengüeta apical lanceolada y ligeramente incurva, calcariformes en la base, con apéndices basales fimbriados. Estilo liso, con dos ramas estilares adosadas al principio y después ligeramente patentes en su extremo, delimitadas por un anillo de pelos colectores cortos, con superficie receptiva papilosa en su cara adaxial, el resto glabro. Aquenios homomorfos, subcilíndricos, oblongo-obovoides o claviformes, ligeramente comprimidos, de superficie lisa, glabros; truncados en el ápice, con placa apical plana, sin borde manifiesto y con nectario ± cilíndrico aunque apenas desarrollado; hilo cárpico lateral-basal, ± delimitado o casi oculto por 3 lóbulos del pericarpo oblongos; con eleosoma. Vilano simple, blanco, caedizo, con varias filas de pelos libres y desiguales –los externos más pequeños–, escábridos. $x = 15$.

Observaciones.–El género comprende unas 25 especies distribuidas por el W de la Región Mediterránea –alcanzan el archipiélago de Malta– y Macaronesia [cf. T. Garnatje & al. in Pl. Syst. Evol. 213: 57-70 (1998); A. Susanna & al. in Pl. Syst. Evol. 214: 147-160 (1999)], antes incluidas en el género *Centaurea*. *Cheirolophus uliginosus,* el único hemicriptófito conocido en el género, es la especie hermana de las restantes, que se reúnen en dos clados, uno macaronésico y otro iberonorteafricano (posiblemente el primer centro de especiación). *Cheirolophus crassifolius* (Bertol.) Susanna in Pl. Syst. Evol. 214: 157 (1999) [*Centaurea crassifolia* Bertol. in Ann. Storia Nat. 2: 359 (1829), basión.; *Palaeocyanus crassifolia* (Bertol.) Dostál in Bot. J. Linn. Soc. 71: 192 (1976)], de las islas de Malta y Gozo, se considera la especie hermana del clado macaronésico.

La estructura del vilano es objeto de controversia en el género, pues algunos autores lo describen como simple [cf. A. Susanna & N. Garcia in Kubitzki (ed.), Fam. Gen. Vasc. Pl. 8: 140 (2007)] y otros como doble [cf. K. Bremer (ed.), Asteraceae: 152 (1994)]. En todo caso, los pelos se desprenden individualmente y con mucha facilidad, y ello puede explicar en algunos casos la ausencia de vilano interno; también se ha indicado la falta de vilano en los frutos originados a partir de flores pistiladas [cf. K. Bremer (ed.), loc. cit.]. En el material estudiado siempre se ha observado que el vilano es muy lábil. La existencia de frutos heteromorfos según el tipo de flor de la que procedan, no ha podido ser constatada, pues en casi todo el material estudiado las flores de la periferia del capítulo eran neutras.

Bibliografía.–T. GARNATJE & al. in Collect. Bot. (Barcelona) 28: 7-17 (2009); A. OLIVARES & al. in Anales Jard. Bot. Madrid 53: 262-265 (1995); G. STÜBING & al. in Anales Jard. Bot. Madrid 55: 170-173 (1997); A. SUSANNA in Anales Jard. Bot. Madrid 45: 345 (1988); in Fontqueria 14: 15 (1987); 22: 16-18 (1989); 31: 267-269 (1991); 36: 208-210 (1993).

1. Hojas medias e inferiores pinnatipartidas .... **2. Ch. intybaceus**
– Hojas medias e inferiores enteras o dentadas 2
2. Apéndice de las brácteas involucrales medias con 5-7(9) fimbrias de 0,7-1,7 mm, rectas o curvadas; hierba perenne; tallos fistulosos .... **3. Ch. uliginosus**
– Apéndice de las brácteas involucrales medias con (11)13-17 fimbrias de (2)2,5-4(4,5) mm, flexuosas; sufrútice; tallos macizos .... **1. Ch. sempervirens**

1. Ch. sempervirens (L.) Pomel, Nouv. Mat. Fl. Atlant.: 32 (1874) [sempérvirens]

Centaurea sempervirens L., Sp. Pl.: 913 (1753) [basión.]
Ptosimopappus sempervirens (L.) Boiss., Voy. Bot. Espagne 2: 740 (1845)
Ind. loc.: "Habitat in Lusitania" [lectótipo designado por G. Wagenitz in Taxon 47: 357 (1998): BM]
Ic.: Valdés, Talavera & Galiano (eds.), Fl. Andalucía Occid. 3: 148 (1987); lám. 68 n, o

Sufrútice inerme, verde, escábrido, con pelos pluricelulares cortos y glándulas punctiformes. Tallos hasta de 60(100) cm, erectos, ramificados en la parte superior, de sección ± circular, acostillados longitudinalmente, macizos, ápteros, foliosos en su mayor parte, escábrido-pubescentes, con pelos pluricelulares y glándulas amarillentas bajo los capítulos y a menudo también en las ramas jóvenes. Hojas hasta de 160 × 50 mm, no decurrentes, menores hacia la parte superior del tallo, de lanceoladas a ovado-elípticas, agudas, con nervadura principal pinnada y nervio medio prominente, escábrido-pubescentes, con pelos pluricelulares cortos y glándulas punctiformes; las basales pecioladas, por lo general dentadas y a menudo con dos lóbulos estipuliformes en la base; las medias y superiores sésiles, enteras o dentadas, sin lóbulos basales. Capítulos terminales, solitarios, sésiles o con pedúnculo hasta de 50 mm. Involucro 15-25 × 12-22 mm, ovoide, netamente sobrepasado por las flores; brácteas coriáceas, imbricadas y aparentemente dispuestas en 8-11 series, mayores de fuera adentro, con base verde recorrida por tres nervios algo más obscuros y apenas perceptibles, margen verde y dorso purpúreo en la parte superior, glabras, con apéndice triangular o semilunar, pectinado-fimbriado, algo decurrente, ± patente, de un amarillo pajizo; las externas y medias ovadas u ovado-elípticas, estas con apéndice provisto de (11)13-17 fimbrias de (2)2,5-4(4,5) mm, triangular-subuladas, flexuosas, escábridas; las internas estrechamente lineares, con apéndice triangular u oblongo-ovado, dentado o inciso-dentado. Flores de la periferia neutras o rara vez femeninas, y las del centro hermafroditas y mucho más numerosas. Corola con tubo blanquecino y limbo rosado o rara vez blanco, glabra, con glándulas dispersas por el exterior; la de las flores estériles de

25-30 mm, con tubo de 14-17 mm, y limbo de 10-15 mm, con 4-5 lóbulos de 6-10 mm, linear-lanceolados, ± iguales; la de las hermafroditas 23-30 mm, con tubo de 13-17 mm, y limbo de 10-15 mm, con 5 lóbulos de 5-8 mm, linear-lanceolados y ± iguales. Anteras 6-9 mm, rosado-violetas, con apéndices basales de c. 0,5 mm, ± truncados. Estilo blanquecino-rosado, con ramas purpúreas. Aquenios 4-6 × 1,7-2 mm, oblongo-obovoides o claviformes, lisos y brillantes, de un pardo acastañado, glabros; nectario ± cilíndrico; hilo cárpico de 0,4-0,8 mm, lateral-basal, cóncavo. Vilano tempranamente caedizo, con los pelos más largos de 1,5-3,5 mm, escábridos, blancos. $2n = 30$.

Matorrales, preferentemente de zonas montanas con influencia marítima, en calizas o areniscas; 40-1000 m. V-IX. W de la Región Mediterránea –España, Portugal, Francia y Argelia; dudosa en Italia–. S y W de la Península Ibérica. **Esp.:** Ca Gr (H) Ma Or. **Port.:** Ag BAl BL E. **N.v.:** centaurea bastarda, escoba verde; *port.:* lavapé, viomal.

Observaciones.–Se conocen testimonios de herbario procedentes de Cáceres y Salamanca [cf. A. Susanna in Anales Jard. Bot. Madrid 45: 345 (1988)], pero hay serias dudas de su presencia en ambas provincias, en las que no se ha podido encontrar.

2. Ch. intybaceus (Lam.) Dostál in Bot. J. Linn. Soc. 71: 274 (1976) [intybáceus]

Centaurea intybacea Lam., Encycl. 1: 671 (1785) [basión.]
Centaurea virgata Cav., Icon. 3: 16, tab. 230 (1795), nom. illeg., non Lam., Encycl. 1: 670 (1785)
Ptosimopappus intybaceus (Lam.) Boiss., Voy. Bot. Espagne 2: 740 (1845)
Centaurea intybacea var. *grandifolia* Font Quer in Bol. Soc. Esp. Hist. Nat. 20: 153 (1920)
Ch. lagunae Olivares, Peris, Stübing & J. Martín in Anales Jard. Bot. Madrid 53: 262 (1995)
Ch. grandifolius (Font Quer) Stübing, Peris, Olivares & J. Martín in Anales Jard. Bot. Madrid 55: 171 (1997)
Ch. mansanetianus Stübing, Peris, Olivares & J. Martín in Anales Jard. Bot. Madrid 55: 172 (1997)
Ind. loc.: "Cette plante a été cultivée au Jardin du Roi: nous la croyons originaire d'Espagne"
Ic.: Cav., Icon. 3, tab. 230 (1795) [sub *Centaurea virgata*]

Sufrútice, inerme, verde, con pelos unicelulares y glándulas punctiformes. Tallos hasta de 1,5 m, erectos, ascendentes o procumbentes, muy ramificados desde la base, de sección ± circular, acostillados longitudinalmente, macizos, ápteros, foliosos en su mayor parte, glabros o con indumento araneoso de pelos unicelulares, a menudo con glándulas en las ramas jóvenes o bajo los capítulos. Hojas hasta de 120 × 60 mm, no decurrentes, menores hacia la parte superior del tallo, enteras, pinnatipartidas o lirado-pinnatipartidas, con nervadura principal pinnada y nervio medio prominente, glabras o con indumento araneoso de pelos unicelulares, a menudo escábridas en el margen y el nervio medio, glandulosas; las basales pecioladas, lirado-pinnatipartidas, con segmentos lanceolados o linear-lanceolados, mucronados, y a menudo con un par de lóbulos estipuliformes en la base; las medias similares a las anteriores pero sésiles y pinnatipartidas; las superiores sésiles, lineares o linear-lanceoladas, enteras o dentadas. Capítulos terminales, solitarios, con pedúnculo hasta de 20 cm. Involucro 12-18 × (8)10-15 mm, ovoide, netamente sobrepasado por las flores; brácteas coriáceas, imbricadas y aparentemente dispuestas en 9-11 series, mayores de fuera adentro, con base verde recorrida por tres nervios algo más obscuros y apenas perceptibles, distalmente purpúrea, glabras, con apéndice semilunar pectinado-dentado o pectinado-fimbriado, decurrente, adpreso, de un amarillo pajizo y acastañado en su base; las externas y medias ovadas u ovado-elípticas, estas con apéndice provisto de (5)7-11(13) dientes o fimbrias de (0,6)1-2(2,5) mm, estrechamente triangulares, rectos, escábridos; las internas lineares, con apéndice triangular u oblongo-ovado, dentado o inciso-dentado. Flores de la periferia neutras o rara vez femeninas, y las del centro hermafroditas y mucho más numerosas. Corola con tubo blanquecino y limbo blanquecino-rosado o de un rosa azulado, glabra, con glándulas dispersas por el exterior; la de las flores neutras 18-27 mm, con tubo de 9-14 mm, y limbo de 9-13 mm, con 4 o 5 lóbulos de 5-8 mm, linear-lanceolados, ± iguales; la de las hermafroditas 18-26 mm, con tubo de 9-14 mm, y limbo de 8-14 mm, con 5 lóbulos de 4-6 mm, linear-lanceolados, ± iguales. Anteras 5,5-7,5 mm, blanquecino-rosadas o de un rosa azulado, con apéndices basales de c. 0,5 mm, ± truncados. Estilo blanquecino-rosado con ramas purpúreas. Aquenios 4-6 × 1,2-1,8 mm, subcilíndricos, lisos y brillantes, blanquecinos o parduscos, glabros; nectario ± cilíndrico; hilo cárpico de 0,3-0,7 mm, lateral-basal, cóncavo. Vilano prontamente caedizo, con los pelos más largos de 1,5-4 mm, escábridos, blancos. $2n = 30 + (0\text{-}2B)?$, 32.

Matorrales aclarados, roquedos, bordes de camino, acantilados, etc., en zonas secas y soleadas, en suelos preferentemente básicos, a menudo nitrificados; 0-1100 m. (III)V-X(XII). W de la Región Mediterránea –España, SE de Francia y Córcega–. E de España –penetra al interior por el valle del Ebro– e Islas Baleares. **Esp.:** A (Ab) Al B Cs (Ge) (Gr) Hu L Lo Mu Na PM[Mll Ib Formentera] So T Te V Z. **N.v.:** achicoria falsa, cenizo, escoba de pedriza, escobón.

Observaciones.–Muy variable, especialmente en lo que se refiere al porte, tamaño, forma de las hojas, y al número de dientes o fimbrias del apéndice de las brácteas involucrales, según sean las condiciones ecológicas.

Aunque las plantas presentan tallos erectos o ascendentes, en las proximidades al mar es frecuente que tengan aspecto pulviniforme y que los tallos sean procumbentes. Bajo estas circunstancias, al carácter ligeramente carnosillo de las hojas se suman también los tallos colgantes cuando las plantas se asientan en grietas de acantilados marinos, como sucede en algunos puntos del litoral levantino. Estas plantas, que han sido descritas como *Ch. lagunae,* no parecen constituir sino la lógica respuesta a sus especiales condiciones de vida. De igual forma, dada la notable variabilidad observada, no se cree justificado el reconocimiento taxonómico dado a algunas plantas con hojas y lóbulos algo mayores, descritas como *Centaurea intybacea* var. *grandifolia* o *Ch. grandifolius,* decisión que respaldan también los análisis moleculares [cf. A. Susanna & al. in Pl. Syst. Evol. 214: 147-160 (1999)]. Tampoco parece acertada la segregación taxonómica de algunas plantas del cabo de Gata (Almería) que presentan los cilios de los apéndices de las brácteas involucrales ligeramente mayores, y que fueron descritas como *Ch. mansanetianus* [*Centaurea intybacea* var. *longiciliata* Pau, in sched., nom. nud.].

3. Ch. uliginosus (Brot.) Dostál in Bot. J. Linn. Soc. 71: 193 (1976) [uliginósus]

Centaurea uliginosa Brot., Fl. Lusit. 1: 368 (1804) [basión.]
Ind. loc.: “Hab. in uliginosis, juncetis, locisque hyeme inundatis inter Miranda do Corvo et Lousãa, et alibi in Beira”
Ic.: Valdés, Talavera & Galiano (eds.), Fl. Andalucía Occid. 3: 148 (1987); lám. 68 a-m

Hierba perenne, rizomatosa, inerme, verde, con pelos pluricelulares cortos y glándulas punctiformes. Tallos hasta de 2,5 m, erectos, algo ramificados en la parte superior, de sección ± circular, acostillados longitudinalmente, fistulosos, ápteros, foliosos sobre todo en la parte inferior, glabros o casi en la parte superior y pelosos en la inferior, con pelos pluricelulares. Hojas hasta de 700 × 100 mm, no decurren-

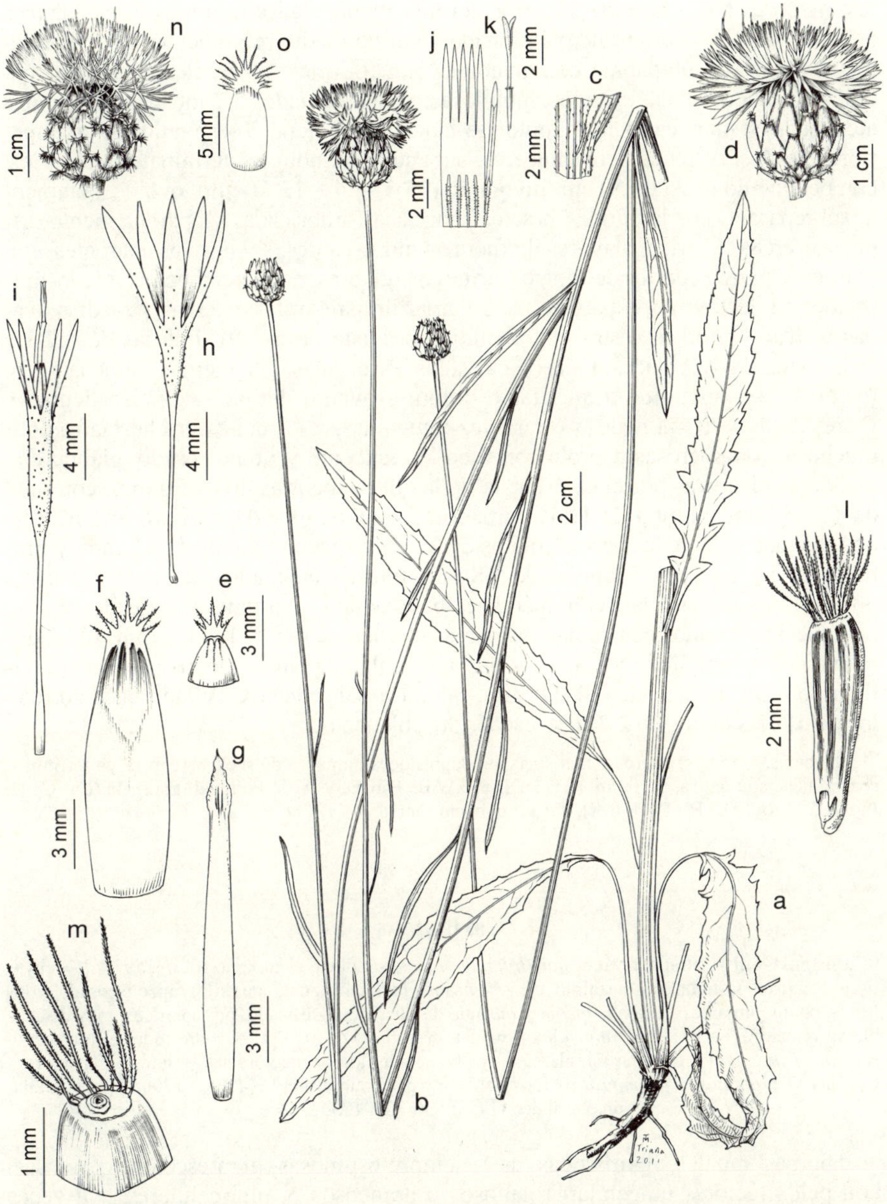

Lám. 68.–*Cheirolophus uliginosus,* a-m) Almonte, Huelva (COFC 12332): a) parte inferior del tallo y sistema radical; b) inflorescencias; c) detalle de un nudo del tallo y de la inserción de una hoja; d) capítulo; e) bráctea externa del involucro; f) bráctea media del involucro; g) bráctea interna del involucro; h) flor externa estéril; i) flor interna fértil desprovista de vilano; j) corola de flor interna fértil seccionada mostrando filamentos y antera; k) parte superior del estilo con sus ramas; l) fruto; m) detalle del vilano. *Ch. sempervirens,* n, o) Los Barrios, Cádiz (SEV 86048): n) capítulo; o) bráctea media del involucro.

tes, menores hacia la parte superior del tallo, lanceoladas u oblongo-lanceoladas, agudas, con nervadura principal pinnada y nervio medio prominente, de esparcidamente pelosas a subglabras, con glándulas punctiformes; las basales largamente pecioladas, lanceoladas, dentado-espinulosas, inciso-dentadas o ± lobadas; las medias atenuadas en un pecíolo corto, oblongo-lanceoladas, dentado-espinulosas; las superiores sésiles, estrechamente lineares, subenteras. Capítulos terminales, solitarios, con pedúnculo hasta de 50 cm. Involucro (15)18-24 × 12-20 mm, ovoide, netamente sobrepasado por las flores; brácteas coriáceas, imbricadas y aparentemente dispuestas en 8-11 series, mayores de fuera adentro, verdes, sin nervios aparentes, con margen y parte superior del dorso purpúreos, glabras, con apéndice pectinado-fimbriado, no decurrente, ± patente, de un amarillo pajizo; las externas y medias ovadas u ovado-elípticas, estas con apéndice provisto de 5-7(9) fimbrias de 0,7-1,7 mm, triangular-subuladas, rectas o curvadas, escábridas; las internas estrechamente lineares, con apéndice triangular u oblongo-ovado, dentado o inciso-dentado. Flores de la periferia neutras o rara vez femeninas, y las del centro hermafroditas, mucho más numerosas. Corola con tubo blanquecino y limbo rosado, glabra, con glándulas dispersas por el exterior; la de las flores neutras de 24-30 mm, con tubo de 12-16 mm, y limbo de 11-16 mm, con 5 lóbulos de 6-11 mm, linear-lanceolados, ± iguales; la de las hermafroditas de 22-28 mm, con tubo de 11-15 mm, y limbo de 11-14 mm, con 5 lóbulos de 5-8 mm, linear-lanceolados, ± iguales. Anteras 6-8 mm, rosado-violetas, con apéndices basales de c. 0,6 mm, ± truncados. Estilo blanquecino-rosado, con ramas purpúreas. Aquenios 4-5 × 1,4-1,8 mm, oblongo-obovoides o subcilíndricos, lisos y brillantes, blanquecinos, glabros; nectario ± cilíndrico; hilo cárpico de 0,4-0,8 mm, lateral-basal, cóncavo. Vilano caedizo, con los pelos más largos de 2-3 mm, escábridos, blancos. $2n = 24^*$, 30 + 0-2B, 32.

Turberas, marjales, esteros y marismas, en depresiones húmedas de suelos arenosos en territorios con influencia atlántica; 0-100 m. (II)VI-IX. ● SW de España y W de Portugal. **Esp.:** Ba (Ca) Cc H. **Port.:** AAl Ag (BB) BL DL E (Mi). **N.v.:** escoba de charcos.

27. Carthamus L.*

[Cárthamus, -i m. – lat. medieval *c(h)art(h)ămus, -i* m. = sin duda, el cártamo *(C. tinctorius* L.), cuyas flores –azafrán bastardo, falso azafrán, etc.– se usaban para teñir de un amarillo, rojizo o rosado, y los frutos, como purgante –del árabe *qirṭim* y *qurṭum,* de idéntico significado; por contra, es muy discutible su relación con gr. *kárdămon, -ámou* n.; lat. *cardămum(-on), -i* n. = sobre todo, el mastuerzo *(Lepidium sativum* L., *Cruciferae),* planta muy diversa, de flores no colorantes y frutos no laxativos–. El género *Carthamus* L. *(Compositae)* fue establecido por Tournefort (1694: 357; 1700: 457), y validado en Linneo (1753: 830-831; 1754: 361)]

Hierbas anuales, lignificadas, casi siempre espinosas, glabrescentes o pelosas, con pelos tectores unicelulares, lanosos o araneosos, y pluricelulares, y a veces también pelos pluricelulares glandulíferos o glándulas viscosas. Tallos ramificados sobre todo en la parte superior, sin alas. Hojas basales rosuladas, pecioladas,

* G. López González

al igual que las caulinares inferiores, el resto sésiles, alternas, no decurrentes, inciso-dentadas, pinnatífidas o pinnatipartidas, por lo general dentadas o lobado-espinosas. Capítulos multifloros, terminales, solitarios, en disposición corimbiforme, sésiles, discoides, homógamos. Involucro ovoide u oblongo; brácteas pluriseriadas, imbricadas, las exteriores semejantes a las hojas, coriáceas o de base córnea, las medias ovales, ovadas o elípticas, coriáceas, terminadas en una punta triangular o en un apéndice ovado-lanceolado, elíptico o lanceolado y rematado en espina, de margen frecuentemente dentado-espinoso, las internas más estrechas, linear-lanceoladas o lanceoladas, de ápice escarioso, generalmente inermes, cartáceas o membranáceas. Receptáculo convexo o casi plano, ligeramente alveolado, densamente cubierto de pelos blancos. Flósculos hermafroditas, que sobrepasan al menos las brácteas más internas del involucro. Corola tubular, pentámera, ± actinomorfa, glabra, amarilla o anaranjada, más raramente rojiza o blanquecina, con tubo y limbo netamente diferenciados, este un poco ventrudo en la base y con 5 lóbulos profundos, ± iguales. Estambres con filamentos libres, glabros o con pelos estrellados en su parte media –a la altura de la parte más ventruda de la corola–, insertos en la base del limbo de la corola; anteras con conectivo prolongado en una lengüeta apical lanceolada, ligeramente incurva, obtusa, calcariformes en la base, con apéndices basales destacados. Estilo liso, con dos ramas adosadas, libres solo en el ápice, delimitadas por un anillo de pelos colectores cortos, con dorso papiloso-piloso y superficie estigmática papilosa, el resto glabro, rodeado en la base por un nectario tubular (excepto en *C. tinctorius),* que persiste en el fruto a modo de prominencia. Aquenios homomorfos o ligeramente heteromorfos, ± obovoides, rectos o arqueados, a veces ligeramente gibosos, de sección cuadrangular o más rara vez redondeada o elíptica, lisos o transversalmente rugosos, glabros, truncados en el ápice, con placa apical de reborde entero o dentado y nectario ± cilíndrico; hilo lateral-adaxial, elíptico u ovado; sin eleosoma. Vilano, cuando hay, doble, pajizo, blanquecino, violeta o pardo negruzco, persistente, a veces nulo en los aquenios periféricos del capítulo; el externo con varias filas de escamas libres, linear-lanceoladas o espatuladas, denticuladas, progresivamente más largas de fuera adentro; el interno con una fila de escamas más pequeñas, conniventes, engrosadas en la base. x = 10, 11 y 12.

Observaciones.–Este género comprende unas 16 especies repartidas por la Región Mediterránea oriental y el W de Asia. Solo la sect. *Kentrophyllus,* aunque de origen oriental, está hoy día ampliamente repartida en torno al Mediterráneo.

En el presente tratamiento, las medidas de las hojas y brácteas incluyen la de las espinas. A su vez, la medida de las anteras incluye la de los apéndices basales más el conectivo y la de los filamentos del collar apical.

Bibliografía.–M. DITTRICH in Candollea 24: 263-277 (1969) [carpología]; P. HANELT in Feddes Repert. Spec. Nov. Regni Veg. 67: 41-180 (1963) [taxonomía]; G. LÓPEZ in Anales Jard. Bot. Madrid 47: 11-34 (1990) [taxonomía]; T. SASANUMA & AL. in Genome 51: 721-727 (2008) [filogenia]; R. VILATERSANA in Collect. Bot. (Barcelona) 27: 37-64 (2008) [carpología]; R. VILATERSANA & AL. in Molec. Phylogenet. Evol. 44: 610-621 (2007) [filogeografía de *C. creticus*]; in Pl. Syst. Evol. 221: 89-105 (2000) [filogenia].

1. Todos los aquenios sin vilano, rara vez los internos con vilano rudimentario o muy corto; filamentos estaminales glabros o glabrescentes; hojas caulinares no divididas, dentadas o enteras, inermes o espinescentes; corola de un amarillo intenso, anaranjada, rojiza o blanca .... **1. C. tinctorius**
– Al menos los aquenios del disco con vilano bien desarrollado, tan largo o más que ellos; filamentos estaminales con pelos estrellados en su parte media; hojas caulinares dentadas, lobadas o divididas, muy espinosas; corola de un amarillo pálido o intenso, rara vez blanquecina 2
2. Hojas involucrales (1,5)1,8-2 veces más largas que el involucro, patentes, arqueado-recurvadas; involucro oblongo o estrechamente ovoide; corola de un amarillo pálido o blanquecina; anteras generalmente blancas o blanquecinas, a veces con líneas violetas ... . **3. C. creticus**
– Hojas involucrales de casi la misma longitud a 1,5(1,6) veces más largas que el involucro, erecto-patentes o patentes, rectas o ligeramente arqueadas, raramente arqueado-revueltas; involucro ovoide u ovoide-cónico; corola de un amarillo intenso; anteras amarillas .... **2. C. lanatus**

Sect. 1. **Carthamus**

Brácteas medias del involucro sin apéndice, cuspidadas, rematadas en espina o casi inermes. Corola de un amarillo intenso, anaranjada o rojiza, rara vez blanca. Filamentos estaminales glabros o glabrescentes. Aquenios sin vilano, o bien los del disco con vilano rudimentario o muy corto.

1. **C. tinctorius** L., Sp. Pl.: 830 (1753) [tinctórius]

Ind. loc.: "Habitat in Ægypto" [lectótipo designado por K.H. Rechinger in Rech. fil. (ed.), Fl. Iran. 139b: 434 (1980): BM]

Ic.: Fiori & Paol., Iconogr. Fl. Ital. 2: 448 n.º 3753 (1904); Font Quer, Pl. Medic.: 855 (1962); Gaertn., Fruct. Sem. Pl. 2(2), tab. 161 (1791); Hegi, Ill. Fl. Mitt.-Eur. 6(2): 986 fig. 676, 988 fig. 677 (1928); Rchb., Icon. Fl. Germ. Helv. 15, tab. 746 figs. I 1-6 (1852)

Hierba anual, por lo general unicaule, inerme, espinescente o espinosa, de un verde claro o glauca, glabra o glabrescente excepto el capítulo sobre todo, con pelos tectores unicelulares araneosos y pelos pluricelulares glandulíferos diminutos, sésiles o brevemente estipitados. Tallos 20-90(170) cm, erectos o ascendentes, ramificados en la parte superior, con ramas erecto-patentes, ligeramente engrosados bajo los capítulos, de sección ± circular o algo comprimidos, ± estriados o asurcados longitudinalmente, sin alas, con hojas a lo largo de casi toda su longitud, blanquecinos. Hojas blandas o ± coriáceas, no decurrentes, concoloras, con nervadura palmeado-reticulada, con un nervio principal y dos o tres nervios arqueados y unidos en red a cada lado, muy prominente por el envés, enteras o dentadas, inermes o espinescentes; las basales rosuladas faltan generalmente en la antesis, pecioladas al igual que las caulinares inferiores, oblanceoladas u oblongas, inermes; las medias y superiores 1,5-9 × 0,7-2,7 cm, sésiles, erecto-patentes o patentes, rectas, planas, de ovadas a elíptico-lanceoladas u oblongo-lanceoladas, redondeadas o cuneadas en la base, agudas, serradas y espinosas, con espinas de 1-3(6) mm, amarillentas, a veces divaricadas, con dientes poco profundos, o bien enteras, rara vez sinuadas o pinnatífidas. Hojas involucrales similares al resto y a las brácteas externas del involucro, al que no sobrepasan. Capítulos terminales, sésiles o con pedúnculo muy corto, en disposición corimbiforme. Involucro (1,8)2-3(3,5) × (1,2)2-3 cm, ovoide-cónico u ovoide, redondeado o casi truncado en la base, a veces araneoso, más corto que las flores; brácteas imbricadas y aparentemente dispuestas en 6-8 series, con nervadura paralela y nervios secundarios reticulados; las externas más cortas o casi de la misma longitud que las internas, de erecto-patentes a reflexas, con base ovada y coriácea y limbo foliáceo, oval o elíptico, verde, inerme o rematado en espina, entero o dentado y espinoso, con nervadura muy prominente; las medias lanceoladas u oblongas, acuminadas o cuspidadas, inermes o espinescentes, verdosas o amarillentas, cartáceas, con margen membranáceo blanquecino; las internas semejantes a las medias, aunque algo más estrechas. Receptáculo convexo o ± aplanado, areolado, con pelos de (4)7-12 mm, lineares, lisos, blancos. Corola 25-30 mm, glabra, con nervios longitudinales rojizos o purpúreos; tubo 12-23 mm, flexuoso, a veces rizado, carnoso en la base; limbo 7-8 mm, acampanado o ciatiforme, amarillo, anaranjado o rojizo, rara vez blanco, con 5 lóbulos de 6,5-7,5 mm, subiguales, de erectos a erecto-patentes, lineares, atenuados en el ápice, subobtusos. Estambres con filamento de 1,5-2,5 mm, elástico –excepto el collar apical, de c. 0,3 mm y consistencia diferente–, glabro, raramente con algún pelo aislado en la parte media; anteras 4,5-6,5 mm, amarillas, con apéndices basales de c. 0,5 mm, estériles, subtriangulares, membranáceos, irregularmente dentados o lobados. Estilo amarillo, sin nectario en la base, con ramas de 4,5-6,5 mm, adosadas, obtusas, con superficie estigmática en su cara interna. Aquenios (5,5)6-7,5(8) × (3)3,5-4,5(5) mm, por lo general homomorfos, irregularmente obovoides u obovoide-tetragonales, de sección oval u oval-subcuadrangular, un poco comprimidos lateralmente, truncados o redondeados en el ápice, asimétricos y algo curvos en la base, ± rectos o ligeramente gibosos en la cara adaxial y arqueados y gibosos en la parte superior de la abaxial, lisos, sin estrías o costillas longitudinales o con estas que apenas se insinúan o ligeramente rugosos en la parte apical, glabros, mates o ligeramente brillantes, blanquecinos o de un color pajizo blanquecino; placa apical plana o algo deprimida, de superficie no claramente estriada ni asurcada, sin reborde o con reborde poco levantado y nectario inapreciable; hilo c. 1 mm, lateral-adaxial, oblicuo, elipsoidal u ovoide. Vilano por lo general nulo, o bien simple y fácilmente caedizo, rudimentario o hasta de 4(6) mm en los aquenios internos, de un color pajizo o pardo-amarillento, con varias filas de escamas libres, progresivamente más largas de fuera adentro, las externas más anchas, de espatuladas a linear-lanceoladas, con margen denticulado-escábrido o subplumoso, obtusas, a menudo retusas o escotadas. $2n = 24$*.

Viñedos, ribazos, eriales, etc. V-VIII. S y C de Europa, de donde probablemente no sea nativa. Naturalizada en localidades aisladas de España. **Esp.:** [(A)] [Cs] [Gr] [(Hu)] [J] [Lu] [(Na)] [(T)] [(V)] [Z]. **N.v.:** alazor, azafrán bastardo, azafrán de moriscos, azafrán romí, azafranillo, azafranillo de México, cardo aceitero (Aragón), cártamo, cártamo cultivado, simiente de papagayo; *port.:* açaflor, açafrão, açafrão-bastardo, açafraô, açafroa, açafrôa, açafrol, saflor, semente-de-papagaios; *cat.*: alasflor, capellans, càrtam, safrà bord, safrà romí, safranó; *eusk.:* asta-azaparana, asta-zafraya, basa-azaparana, basa-zafraya, kartamoa, mandi-belarra.

Observaciones.–De origen desconocido aunque, dada la distribución del género, probablemente proceda de algún punto del W de Asia o del Mediterráneo oriental. El cártamo se cultiva desde la antigüedad como planta tintórea, mientras que hoy día lo es para usos industriales o culinarios y, a veces, como planta ornamental. Puede aparecer subespontánea en gran parte del territorio de esta flora.

De los aquenios se obtiene el aceite de cártamo (contienen aproximadamente un 40 %), aceite con una gran importancia económica para usos alimentarios o industriales (se utiliza como aceite secante en pinturas, barnices, vestidos encerados, etc.). Las flores se emplean con frecuencia como especia o colorante alimentario –proporciona color amarillo– para sustituir al azafrán, sobre todo en las Islas Canarias. Es, además, planta medicinal –flores, frutos y aceite– y se emplea como purgante, como hipocolesterolemiante, vermífugo, aperitivo y eupéptico.

Sect. 2. **Kentrophyllum** (Neck. ex DC.) Baill.
Kentrophylum Neck. ex DC.

Brácteas medias del involucro con apéndice lanceolado u ovado-lanceolado, dentado, rematado en punta aguda. Flores de un amarillo pálido o intenso, a veces blanquecinas. Filamento estaminal con pelos estrellados en su parte media. Aquenios periféricos del capítulo por lo general sin vilano, este solo presente en los del disco.

2. C. lanatus L., Sp. Pl.: 830 (1753) [lanátus]

Kentrophyllum lanatum (L.) DC. ex Duby, Bot. Gall. 1: 293 (1828)
Kentrophyllum lanatum var. *gracillimum* Cadevall, Fl. Catalunya 3: 388 (1923)
C. lanatus subsp. *baeticus* sensu Talavera in Valdés, Talavera & Galiano (eds.), Fl. Andalucía Occid. 3: 167 (1987), non (Boiss. & Reut.) Nyman, Consp. Fl. Eur.: 419 (1879)
Ind. loc.: "Habitat in Gallia, Italia. Creta" [lectótipo designado por P. Hanelt in Feddes Repert. 67: 136 (1963): LINN]
Ic.: Fiori & Paol., Iconogr. Fl. Ital. 2: 448 n.º 3753 (1904); Rchb., Icon. Fl. Germ. Helv. 15, tab. 746 figs. II 7-12 (1852) [sub *Carduncellus lanatus*]; Valdés, Talavera & Galiano (eds.), Fl. Andalucía Occid. 3: 168 (1987) [sub *C. lanatus* subsp. *lanatus* y subsp. *baeticus*]; lám. 69 s

Hierba anual, por lo general unicaule, muy espinosa, de un verde claro o verde-grisácea, de glabrescente a muy pelosa, con pelos tectores unicelulares finos y araneosos, o bien cortos en las brácteas internas del capítulo, pelos pluricelulares flexuosos y pelos pluricelulares glandulíferos diminutos, brevemente estipitados, con glándulas globosas, relucientes, blanquecinas o amarillentas. Tallos (8)15-70(100) cm, erectos, simples, ramificados en la parte superior, con ramas erecto-patentes o patentes, arqueadas, ligeramente engrosados bajo los capítulos, cilíndricos, ± estriados o apenas asurcados longitudinalmente, sin alas, con hojas a lo largo de casi toda su longitud, de un color pajizo o casi blanquecinos, generalmente villoso-lanosos o araneosos. Hojas ± coriáceas, rígidas, no decurrentes, concoloras, espinosas, pelosas por ambas caras; las basales hasta de 10(12) × 3,5(4) cm, pecioladas al igual que las caulinares inferiores, rosuladas, que faltan generalmente en la antesis, oblanceoladas, dentadas o pinnatífidas, más rara vez pinnatisectas y con 3-6(8) pares de lóbulos laterales, el terminal bastante más grande que el resto, con nervadura pseudopinnada-reticulada, de nervios laterales ± paralelos al nervio medio; las medias y superiores (1,5)2-4,5(9) × (0,5)1-2(3,5) cm, sésiles, amplexicaules, erecto-patentes o patentes, frecuentemente arqueadas o arqueado-reflexas, ovado-lanceoladas, ± conduplicadas, redondeadas en la base, largamente acuminadas, con nervadura palmeado-reticulada muy prominente por el envés, con un nervio principal y 3 o 4(5) nervios arqueados y unidos en red a cada lado, sinuado-dentadas, pinnatífidas o pinnatipartidas, con 1-7 pares de dientes o lóbulos laterales antrorsos, desiguales, estrechamente triangulares o triangular-subulados, raramente divaricados, enteros o dentados, con márgenes provistos de espinas de 1-3(4) mm, amarillentas. Hojas involucrales similares al resto y a las brácteas externas del involucro, de casi la misma longitud a 1,5(1,6) veces más largas que este, erecto-patentes o patentes, rectas o ligeramente arqueadas, raramente arqueado-recurvadas. Capítulos terminales, sésiles o con pedúnculo muy corto, en disposición corimbiforme. Involucro (1,5)2-3,5(4) × (0,6)1,5-2,5(3) cm, ovoide u ovoide-cónico, redondeado o casi truncado en la base, por lo general araneoso, de más corto a ligeramente más largo que las flores; brácteas imbricadas y aparentemente dispuestas en 6-8 series, con nervadura ± paralela; las externas iguales o hasta 1,5 veces la longitud de las internas, patentes o arqueado-reflexas, con base ovada u ovado-triangular, coriácea, cóncava, amarillenta, y limbo oblongo-lanceolado, largamente acuminado, con 5-7 nervios prominentes poco o nada marcados en la parte inferior, espinoso-dentado o lobado, pectinado-pinnatífido, con 4-7 pares de lóbulos o dientes triangular-acuminados, desiguales, espinosos, con espina apical de 1-3 mm, amarillenta; las medias más externas erecto-patentes, con base oval-oblonga u obovado-oblonga, correosa y punta foliácea estrechamente lanceolada o lanceolado-linear, dentada y espinosa, y las del interior erectas y adpresas, cartáceas, oblongas, verdosas o amarillentas, de margen hialino estrecho, con nervios casi inapreciables, terminadas en un apéndice de 3,5-6 mm, triangular u ovado-lanceolado, cuspidado, espinescente, a menudo coloreado de pardo o rojo, con margen inferior membranáceo, frecuentemente dentado o lacerado; las internas 15-20 mm, cartáceas, linear-lanceoladas, puntiagudas, inermes, de ápice y margen escarioso, sin apéndice. Receptáculo convexo, ± aplanado, o bien cónico, alveolado, con pelos de 4-8(10) mm –hasta de 11 mm en la fructificación–, lisos, blancos, frecuentemente retorcidos. Corola 30-34,5 mm, glabra, con nervios longitudinales rojizos o purpúreos; tubo 18-25 mm, flexuoso, a veces rizado en la parte superior, carnoso en la base; limbo 9,5-10 mm, tubular-acampanado, ventrudo en la base, de un amarillo intenso, con 5 lóbulos de (5)5,5-7(8) mm, ± iguales, de erectos a erecto-patentes, lineares, obtusos. Estambres con filamento de c. 3 mm, elástico –excepto el collar apical, ligeramente engrosado y de consistencia diferente–, estrellado-peloso en su parte media, con pelos hasta de 0,6(0,8) mm, blanquecinos y digitiformes; anteras 5-6 mm, amarillas, con apéndices basales de 0,5-0,7 mm, triangulares, membranáceos, irregularmente dentados o laciniados. Estilo amarillo con dos bandas longitudinales obscuras, rodeado en la base por un nectario subcilíndrico, con ramas de 5,5-6 mm, adosadas, obtusas, con superficie estigmática en la cara interna de su margen. Aquenios (4)4,5-6(6,5) × 3-5(5,5) mm, ligeramente heteromorfos; los del disco anchamente obovoides, de sección cuadrangular, comprimidos o no, truncados en el ápice y asimétricos en la base, rectos o ligeramente arqueados, ± gibosos en la cara adaxial y arqueados en la abaxial, lisos o con caras rugoso-muricadas o rugoso-reticuladas, cerebroides al menos en los 2/3 superiores, glabros, mates o ligeramente brillantes, grisáceos, parduscos, de un amarillo pajizo o blanquecinos, a menudo con máculas negras, los periféricos muy parecidos a los del disco pero ovoides, obovoides o irregularmente globosos, gibosos en la cara adaxial, de sección ± triangular o ± cuadrangular; placa apical aplanada o ligeramente deprimida, tan ancha como el fruto, de superficie irregular, ni claramente estriada ni asurcada, a veces con 4 costillas radiales obscuras, con reborde irregularmente dentado o denticulado y nectario de c. 0,5 mm, subcilíndrico; hilo de c. 1(1,5) mm, lateral-adaxial, oblicuo, anchamente oval o circular, deprimido. Vilano doble, persistente, pajizo, pardo-amarillento o pardo-negruzco, por lo general nulo o rudimentario en los aquenios de las flores periféricas del capítulo; el externo 8-12(13) mm, (1,2)1,6-2,2(2,7) veces más largo que el aquenio, con varias filas de escamas blandas, libres, progresivamente más largas de fuera adentro, las externas más anchas, de espatuladas a linear-lanceoladas, comprimidas, planas, con margen denticulado-escábrido, a veces también en la parte media de la superficie dorsal, las externas obtusas, retusas o escotadas, y las medias e internas agudas; el interno c. 3 mm, con una fila de escamas conniventes y soldadas en un anillo basal, linear-lanceoladas, membranáceas, cilioladas, con base engrosada y ligeramente mazuda. $2n = 44$.

Bordes de camino, ribazos, lindes de cultivo, campos cultivados o incultos, barbechos y herbazales de medios alterados en general, en todo tipo de substratos; 0-1700 m. V-VIII(XI). Macaronesia, Región Mediterránea y aledaños, desde la Península Ibérica y el NW de África hasta Crimea y el Cáucaso, y en Europa hasta el C de Francia, S de Suiza y Hungría; muy dudosamente nativo en el E de África –Eritrea, Abisinia– y, en realidad, en toda la parte occidental de su área; introducida en África del Sur, Australia, América, N de Europa central, etc. Buena parte de la Península, excepto en las zonas de clima atlántico del N y NW, y Baleares. **Esp.:** [A] [Ab] [Al] [B] [Ba] [Ca] [Cc] [Co] [CR] [(Cs)] [Cu] [Ge] [Gr] [Gu] [H] [Hu] [J] [L] [Le] [Lo] [Lu] [M] [Ma] [Mu] [Na] [Or] [P] [PM[Mll (Mn) Cabrera]] [(Po)] [S] [(Sa)] [Se] [Sg] [T] [Te] [To] [V] [Va] [Vi] [Z] [Za]. **Port.:** [AAl] [BAl] [BB] [E] [(TM)]. **N.v.:** azotacristos, cardo cabrero, cardo chico, cardo de Cristo, cardo hueso, cardohuso, cardones, cártamo salvaje, cártamo silvestre, espina de Cristo, espinas de Cristo, espino, espino de Cristo, pincho cambrón, sangre de Cristo; *port.:* cardo-sanguinho; *cat.:* assotacrist, assotacristos, assota-cristos, card de sang (Menorca), card fuell (Menorca), card negre (Menorca), card sant; *gall.:* cardo breiro.

Observaciones.–Planta alotetraploide de la que uno de los padres podría haber sido *C. dentatus* (Forssk.) Vahl, Symb. Bot. 1: 69 (1790) [*Cnicus dentatus* Forssk., Fl. Aegypt.-Arab.: 217 (1775), basión.], originaria del Mediterráneo oriental. Esta especie y la siguiente parecen tener su origen en la zona mencionada, desde donde se han extendido hacia el W seguramente en épocas históricas como consecuencia de la expansión de la agricultura en tiempos de los fenicios o romanos, de modo parecido a como han colonizado más recientemente otros continentes.

De los aquenios se puede obtener aceite comestible. Además, se ha empleado en medicina popular como antihelmíntico, diaforético y febrífugo.

3. **C. creticus** L., Sp. Pl. ed. 2: 1163 (1763) [créticus]

Kentrophyllum baeticum Boiss. & Reut., Pugill. Pl. Afr. Bor. Hispan.: 65 (1852)
C. lanatus subsp. *baeticus* (Boiss. & Reut.) Nyman, Consp. Fl. Eur.: 419 (1878-1879)
C. lanatus var. *baeticus* (Boiss. & Reut.) Cout., Fl. Portugal: 660 (1913)
Ind. loc.: "Habitat in Creta" [lectótipo designado por P. Hanelt in Feddes Repert. 67: 144 (1963): LINN]
Ic.: Schkuhr, Bot. Handb. ed. 2, 5, tab. 233 (1809) [aquenios]; lám. 69 a-r

Hierba anual, por lo general unicaule, muy espinosa, verde o verde-grisácea, glabrescente o ± pelosa, con pelos tectores unicelulares largos y araneosos, o bien muy cortos en las brácteas internas del capítulo, pelos pluricelulares y pelos glandulíferos diminutos, brevemente estipitados, de glándula blanquecina o amarillenta. Tallos (10)15-60(80) cm, erectos, simples, ramificados en la parte superior o en gran parte de su longitud, ramas patentes, las de la parte media del tallo –cuando hay– a menudo cortísimas, axilares, ligeramente engrosados bajo los capítulos, cilíndricos, estriados o ± asurcados longitudinalmente, sin alas, con hojas a lo largo de casi toda su longitud, blanquecinos, glabros o ± araneosos. Hojas ± coriáceas, rígidas, no decurrentes, concoloras, espinosas, glabras, glandulosas y pubescentes o araneosas, con nervadura blanquecina y muy prominente por el envés; las basales hasta de 10 × 4 cm, pecioladas al igual que las caulinares inferiores, rosuladas, que faltan generalmente en la antesis, oblanceoladas, por lo general pinnatipartidas, hasta con 12 pares de dientes o lóbulos laterales desiguales, patentes, con nervadura pseudopinnada-reticulada, de nervios laterales ± paralelos al nervio medio; las medias y superiores (1,5)2,5-6(7) × (0,6)1-3,5(4,5) cm, sésiles, amplexicaules, arqueado-reflexas, ovado-lanceoladas, ± conduplicadas, redondeadas en la base, largamente acuminadas, provistas de nervadura palmeado-reticulada con 1 nervio principal y 3-4(5) nervios arqueados y unidos en red a cada lado, pinnatífidas o pinnatipartidas, con 4-6(9) pares de dientes o lóbulos laterales desiguales, divaricados, triangular-subulados, enteros o dentados, con márgenes provistos de espinas amarillentas, las más grandes de 1-3(4) mm. Hojas involucrales similares al resto y a las brácteas externas del involucro, (1,5)1,8-2 veces más largas que este, patentes, arqueado-recurvadas. Capítulos terminales o axilares, sésiles o con pedúnculo muy corto, en disposición corimbiforme. Involucro 1,5-2,5(3) × 0,6-1,5 cm, oblongo o estrechamente ovoide, redondeado en la base, glabro, mucho más largo que las flores; brácteas pluriseriadas, imbricadas y aparentemente dispuestas en 5-7 series; las externas 1,8-2 veces más largas que las internas, patentes o arqueado-reflexas, con base ovada u ovado-triangular, córnea o coriácea, cóncava, frecuentemente amarillenta, con nervios poco marcados, y limbo coriáceo, lanceolado, largamente acuminado, con 5-7 nervios prominentes y ± paralelos en la parte inferior, espinoso y dentado o lobado, pectinado-pinnatífido, generalmente con (2)3-5 pares de lóbulos o dientes triangular-subulados, divaricados, desiguales, espinosos, con espina apical de 1-3(4) mm, amarillenta; las medias más externas erecto-patentes, con base oval-oblonga u obovado-oblonga, correosa, y apéndice foliáceo estrechamente lanceolado o lanceolado-linear, dentado y espinoso, y las del interior erectas y adpresas, cartáceas o correosas, oblongas, verdosas o amarillentas, de margen membranáceo, dentado y ciliolado, con nervios paralelos longitudinales casi inapreciables y terminadas en una punta espinosa de 5-7 mm, cuspidada; las internas 15-20 mm, cartáceas, linear-lanceoladas, puntiagudas, espinescentes, de margen escarioso, sin apéndice bien diferenciado. Receptáculo convexo, ± aplanado o irregularmente cónico, alveolado, con pelos de 7-14 mm –hasta de 16 mm en la fructificación–, lisos, blancos, frecuentemente retorcidos. Corola 25-30 mm, glabra, con nervios longitudinales rojizos o purpúreos; tubo 17-24 mm, flexuoso, a veces rizado en la parte superior, ensanchado en la parte inferior, grueso y carnoso en la base; limbo 7-8 mm, tubular-acampanado, ventrudo en la base, de un amarillo pálido o blanquecino, con 5 lóbulos de 5-5,5 mm, subiguales, de erectos a erecto-patentes, lineares, obtusos. Estambres con filamento de 2-2,5

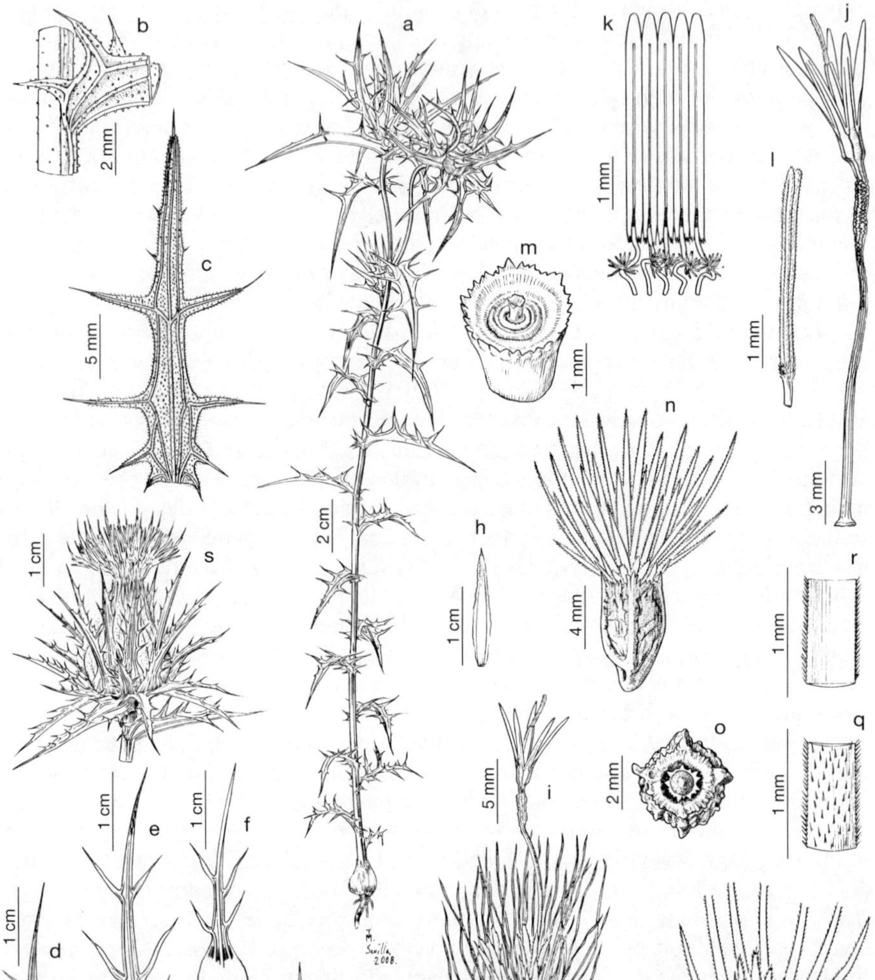

Lám. 69.–*Carthamus creticus,* a-l) Las Mezquitillas, Higuerón de Tavizna, Benaocaz, Cádiz (SEV 208756), m) Monte Figo, Moncarapacho, Algarve (MA 385753), n-r) Cerro de San Antón, Málaga (MA 138668): a) hábito; b) detalle de un nudo del tallo y de la inserción de una hoja; c-f) hojas pseudoinvolucrales; g) bráctea media del involucro; h) bráctea interna del involucro; i) detalle del capítulo desprovisto del involucro; j) corola y verticilos sexuales; k) estambres (tubo abierto y desplegado); l) detalle del estilo con sus ramas; m) ovario con nectario apical; n) aquenio del disco con vilano; o) parte superior de un aquenio periférico; p) detalle del vilano externo e interno; q) detalle de una pálea del vilano en vista abaxial; r) detalle de una escama del vilano en vista adaxial. *C. lanatus,* Garganta de Barrida, Ubrique, Cádiz (SEV 208774): s) capítulo.

mm, elástico –excepto el collar apical, de consistencia diferente y ligeramente engrosado–, con pelos estrellados en su parte media, con pelos blanquecinos digitiformes hasta de 0,6(0,8) mm, rara vez glabrescente; anteras c. 5 mm, blancas o blanquecinas, a veces con líneas violetas, con apéndices basales de 0,6-0,7 mm, triangulares, membranáceos, dentados o laciniados. Estilo blanquecino o amarillo con dos bandas longitudinales obscuras, a veces rizadas, rodeado en la base por un nectario subcilíndrico, con ramas de 4,5-5,5 mm, adosadas, obtusas, con superficie estigmática en la cara interna de su margen. Aquenios 4,5-5,5 × 3,5-4,5(5) mm, ligeramente heteromorfos, los del disco anchamente obovoides, de sección tetragonal, comprimidos o no, truncados en el ápice y asimétricos en la base, rectos o ligeramente arqueados, ± gibosos en la cara adaxial y arqueados en la abaxial, lisos o con caras generalmente rugoso-muricadas o rugoso-reticuladas casi cerebroides al menos en los 2/3 superiores, glabros, mates o ligeramente brillantes, grisáceos, parduscos, de un amarillo pajizo o blanquecinos, a menudo con máculas negras, los periféricos muy parecidos a los del disco, ovoides, obovoides o irregularmente globosos, gibosos en la cara adaxial, de sección subtriangular o subtetrangular; placa apical aplanada o ligeramente deprimida, tan ancha como el fruto, de superficie irregular, no claramente estriada ni asurcada, a veces con 4 costillas radiales obscuras, con reborde de márgenes irregularmente dentados o denticulados; nectario c. 0,5 mm, subcilíndrico; hilo c. 1 mm, lateral-adaxial, oblicuo, anchamente ovoide o circular, deprimido. Vilano doble, persistente, nulo o rudimentario en los aquenios periféricos; el externo 8-10 mm, de un color pajizo o de un pardo obscuro, 1,5-2 veces más largo que el aquenio, con varias filas de escamas blandas, libres, progresivamente más largas de fuera adentro, las externas más anchas, de espatuladas a linear-lanceoladas, comprimidas, denticulado-escábridas en el margen y en la parte media de la superficie dorsal, las externas obtusas, a menudo retusas o escotadas, y las medias agudas; el interno c. 3 mm, blanquecino, con una fila de escamas conniventes y soldadas en un anillo basal, linear-lanceoladas, membranáceas, cilioladas, con base engrosada y ligeramente mazuda. $2n = 64$.

Bordes de camino, ribazos, campos cultivados o incultos y herbazales en medios alterados; 0-1000 m. (II)V-VIII. Región Mediterránea, en Europa solo en su parte más meridional –Península Ibérica, Italia, Eslovenia, Croacia, Bosnia y Herzegovina, Albania, Grecia e islas mediterráneas (parece faltar, sin embargo, en Córcega y Cerdeña)–; dudosamente nativa en Macaronesia –La Gomera y tal vez en otras islas del archipiélago canario– y también, dado su origen, en el C y W de la Región Mediterránea; introducida en África del Sur, América y Australia. E, S y W de la Península e Islas Baleares, principalmente en zonas costeras o subcosteras, pero también en el interior. **Esp.:** [A] [Al] [Ca] [Co] [CR] [Gr] [H] [Ma] [Mu] [PM[(Mll)]] [V]. **Port.:** [(Ag)] [(E)]. **N.v.:** azotacristos.

Observaciones.–Planta alohexaploide en la que uno de los padres habría sido *C. lanatus* y el otro *C. leucocaulos* Sm. in Sibth. & Sm., Fl. Graec. Prodr. 2: 160 (1813), de las islas del Egeo. Probablemente originaria del E del Mediterráneo, desde donde se habría extendido al resto en épocas históricas.

En el territorio de esta flora ha sido tradicionalmente reconocida como *C. lanatus* subsp. *baeticus,* pero con mucha frecuencia se ha confundido con *C. lanatus,* sobre todo por dar una importancia excesiva al indumento en detrimento de otros caracteres asociados a las brácteas, con mucho mayor valor diagnóstico.

28. Carduncellus Adans.*

[Carduncéllus, -i m. – lat. bot. *Carduncellus, -i* m., género de las *Compositae* establecido por M. Adanson, Fam. Pl. 2: 116, 532 (1763), sobre la base del *Carduncellus montis Lupi* de P. Pena & M. de L'Obel, Stirp. Advers. Nov.: 374 (1571) –*C. Monspelliensium* All. *(Carthamus Carduncellus* L.)–; en la publicación de 1571 se viene a decir: "Esta especie de cardo es la más pequeña de todas y por ello la hemos denominado *Carduncellus* [pequeño cardo]" –véase en este vol. el género *Carduus* L. *(Compositae);* y lat. *-cellus, -celli* m. = sufijo diminutivo–. Por otra parte y sin relación manifiesta, lat. medieval *cardu(n)cellus, -i* m. (en otras lecturas, *cardocellus, carduelis, cardue(l)lus, corduelus,* etc.) = entre otras cosas, diversos cardos, como el cardo bendito o cardo santo [*Centaurea benedicta* (L.) L. *(Cnicus benedictus* L., *Compositae)*] –en "Mesue cum expositione Mondini super canones universales...", fol. 338r (1497), se dice: "Senaron cardus benedictus et carducellus idem est"–, quizá el cardo común *(Cynara Cardunculus* L., *Compositae)* –de nombre vulgar italiano *cardoncello*– y, según Mattioli, –v.gr., *Comentarii...*, p. 496 (1554), "vulgò Cardoncello"–, de la hierba cana *(Senecio vulgaris* L., y otras especies, *Compositae)*]

Hierbas perennes y por lo general con cepa leñosa, o arbustivas, inermes o espinosas, glabras o pelosas, con pelos pluricelulares flexuosos o araneosos, pelos lanosos o araneosos aparentemente unicelulares y pelos cortos glandulíferos; en las brácteas frecuentemente con pelos cortos unicelulares acompañados o no de pelos glandulíferos. Acaules o caulescentes con tallos simples o ramificados, sin alas. Hojas basales a menudo rosuladas, pecioladas al igual que las caulinares inferiores, el resto alternas –excepto las hojas primordiales, que pueden ser opuestas–, sésiles y a veces abrazadoras, auriculadas o no, no decurrentes, dentadas, lobadas o divididas –hasta 1 o 2 veces pinnatisectas–, de muy espinosas a inermes. Capítulos multifloros, terminales, solitarios, a menudo en disposición corimbiforme, pedunculados o sésiles, discoides, homógamos. Involucro ovoide, ovoide-cónico o casi cilíndrico; brácteas pluriseriadas, imbricadas, heteromorfas, las exteriores semejantes a las hojas, coriáceas, subcoriáceas o córneas en la base, espinosas o raramente inermes, las medias ovales, ovadas, triangular-elípticas o lanceoladas, coriáceas o cartáceas, terminadas en punta triangular de margen dentado y espinoso, o bien en un apéndice inerme redondeado, semicircular, ovado u ovado-triangular, con frecuencia cocleariforme, por lo general denticulado o lacerado, las internas más estrechas, linear-lanceoladas o lineares, generalmente cartáceas o membranáceas, de ápice o margen escarioso, con apéndice ± definido, ovado-oblongo u oblongo, puntiagudo u obtuso, a veces de ápice dentado. Receptáculo plano o un poco convexo, ligeramente areolado, cubierto de pelos blancos y densos. Flósculos hermafroditas, más largos que el involucro. Corola tubular, pentámera, actinomorfa o ± zigomorfa, glabra, azul, violeta, purpúrea, rosada, blanquecina, amarilla o anaranjada, con tubo y limbo netamente diferenciados, este un poco ventrudo en la base y con 5 lóbulos desiguales –dos de ellos con los senos más profundos que el resto–. Estambres con filamentos libres, con pelos estrellados o papilosos en su parte media –que coincide con la parte más ventruda de la corola–, insertos en la base del limbo de la corola; anteras con conectivo prolongado en una lengüeta ensiforme apical, lanceolada, ovado-lanceolada o espatulada, plana o ligeramente incurva, obtusa, calcariformes en la base y con apéndices basales cortos, triangulares, por lo general irregularmente dentados o laciniados. Estilo liso, con dos ramas aproximadas, libres solo en el

* G. López González

ápice y margen de la parte apical, delimitadas por un anillo de pelos colectores cortos, con dorso peloso y superficie estigmática papilosa en la cara interna de las ramas, por lo demás glabro, rodeado en la base por un nectario cilíndrico o cilíndrico-acopado a menudo dentado o ± obscuramente pentalobulado en el ápice, que persiste en el fruto a modo de prominencia. Aquenios homomorfos o ligeramente heteromorfos, todos con vilano, obovoides, obpiramidales u obcónicos, rectos o arqueados, a menudo algo gibosos en el dorso o el vientre, de sección redondeada, elíptica o angulosa –generalmente tetragonal o subtrígona–, lisos o transversalmente rugosos o muricados, glabros, truncados en el ápice, con placa apical a menudo con un reborde entero o dentado y nectario cilíndrico, acopado o tubular-acopado, truncado y lobulado o denticulado en el ápice; hilo cárpico de lateral-adaxial a casi basal, oblicuo, ± elíptico, oval o redondeado, cóncavo o casi recto; sin eleosoma. Vilano doble o simple –aunque con los pelos de la hilera interna con frecuencia un poco más anchos–, de color pajizo, blanco, rosado, purpúreo-violeta, violeta o pardo-negruzco, persistente o caedizo, con varias filas de pelos, libres o soldados en la base en un anillo, lineares, denticulados, barbados o plumosos, a veces los externos flexuosos en zigzag entrelazan unos vilanos con otros; el interno, cuando desarrollado con una fila de pelos más cortos y conniventes, soldados en la base –que a veces es claviforme– y otras veces igual de largos y un poco más anchos que los del externo, soldados con ellos en un anillo basal. $x = 12$.

Observaciones.–Género con 29 especies repartidas principalmente por la Región Mediterránea occidental, aunque llegan por el E hasta Egipto; solo una de ellas, *C. caeruleus,* es circunmediterránea. Tal como aquí se delimita es monofilético y aparece claramente separado de *Carthamus* en los estudios efectuados con marcadores moleculares [cf. R. Vilatersana & al. in Pl. Syst. Evol. 221: 89-105 (2000)]. Además, también difiere de *Carthamus* en el hábito perenne de sus especies –anual en *Carthamus*–, su área –la de *Carthamus* corresponde al Mediterráneo oriental y W de Asia– y, sobre todo, la estructura diferente del vilano, el carácter básicamente homocarpo de sus especies y la anatomía del pericarpio.

Hay varios tipos de vilano en *Carduncellus,* tan diferentes que han sido utilizados para desmembrar el género en varios [cf. G. López González in Anales Jard. Bot. Madrid 38: 531-532 (1982)]: *Carduncellus* s.str., con vilano aparentemente simple, caedizo, de pelos soldados en anillo parenquimático en la base y frutos con pericarpio dividido en tres capas; *Lamottea* Pomel, con vilano doble y persistente, el interno muy diferente del externo, formado por pelos cortos y conniventes y frutos con pericarpio dividido en tres capas; y *Phonus* Hill, con vilano aparentemente simple y finalmente caedizo formado por pelos libres que se desprenden del aquenio y frutos con pericarpio indiferenciado, no dividido en capas. A ellos habría que unir *Femeniasia* Susanna, un género monotípico descrito con base en una especie que se había incluido anteriormente en *Centaurea* y cuyo vilano y fruto corresponden al tipo de *Phonus.* Esta segregación carece de respaldo en los análisis con marcadores moleculares, por lo que aquí se opta por reconocer estos grupos con la categoría de sección.

Las características del vilano propician la dispersión anemócora en la mayor parte de las especies, si bien en algunas –v.gr., *C. arborescens*– no deben ser muy efectivas porque los pelos se desprenden individualmente con bastante facilidad y no soportan el peso del aquenio. En el caso de *C. cuatrecasasii, C. mitissimus* y *C. monspelliensium* los pelos externos de los vilanos de los aquenios de un mismo capítulo se entrelazan, lo que propicia la liberación conjunta de todos los frutos a modo de un estepicursor [cf. G. López González in Anales Jard. Bot. Madrid 56: 77-84 (1998)]. Respecto del pericarpio, ± grueso y lignificado en todas las especies, carece de espacios intercelulares y puede estar indiferenciado –en este caso con 4 canales excretores, a veces rudimentarios–, o bien presentar tres capas conspicuas de las que una –la que corresponde al tejido o manto excretor– forma una capa continua y más obscura.

La predación de los frutos por gorgojos es un fenómeno frecuente en muchas especies –sobre todo en las de la sect. *Carduncellus*–, que a veces arruina la cosecha entera. Es posible que el desarrollo de los apéndices cocleariformes de las brácteas medias del involucro constituya una adaptación defensiva, pues antes de que el capítulo abra aquellas aparecen imbricadas y los apéndices forman una cúpula protectora.

En las descripciones, las medidas de las hojas y brácteas incluyen las de las espinas. La medida de las anteras incluye la de los apéndices basales y el conectivo; la de los filamentos, el collar apical. Los filomas externos de los capítulos, a pesar de ser muchas veces casi indistinguibles de las hojas superiores, se describen como brácteas, pues también son muchas veces indistinguibles de los filomas sucesivos, o bien hay una gradación continua con estos. Los capítulos se consideran sésiles si, a su vez, se consideran como hojas a los filomas externos del involucro.

Por último, *C. multifidus* (Desf.) Coss. in Bull. Soc. Bot. France 4: 487 (1857) [*Carthamus multifidus* Desf., Fl. Atlant. 2: 256, tab. 227 (1799), basión.; *Lamottea multifida* (Desf) Pomel, Mat. Fl. Atlant.: 4 (1860)] es una especie conocida solo del N de África y de la que se conserva en los Reales Jardines Botánicos de Kew (Londres) un pliego en cuya etiqueta puede leerse "Hispania austr., in collibus aridis et saxosis prope Cadiz, 12.Jun.77 leg. Gheris" (ex Herb. Churchillanum). Parece, sin embargo, muy improbable que esta especie norteafricana crezca o haya crecido en la Península Ibérica; posiblemente se trate de un error de etiquetado.

Bibliografía.–M. DITTRICH in Candollea 24: 263-277 (1969) [carpología]; N. GARCIA & AL. in Ann. Bot. (London) 87: 503-515 (2001) [filogenia]; C. GÁLVEZ & J.E. HERNÁNDEZ in Pl. Syst. Evol. 171: 117-128 (1990) [autoecología de *C. arborescens*]; P. HANELT in Feddes Repert. Spec. Nov. Regni Veg. 67: 41-180 (1963) [taxonomía de *Carthamus*]; G. LÓPEZ GONZÁLEZ in Anales Jard. Bot. Madrid 38: 531-532 (1982) [taxonomía de *Carduncellus*]; D. PETIT in Pl. Syst. Evol. 207: 173-203 (1997) [sistemática]; S. RIVAS GODAY & S. RIVAS MARTÍNEZ in Anales Inst. Bot. Cavanilles 25: 188-197 (1969) [fitosociología y taxonomía]; 47: 11-34 (1990) [sistemática de *Carthamus*]; 56: 77-84 (1998) [dispersión de frutos]; in Acta Bot. Malac. 37: 79-92 (2012) [taxonomía]; M.R. SOLER & AL. in Acta Bot Malac. 24: 195-197 (1999) [corología de *C. dianius*]; A. SUSANNA & R. VILATERSANA in Anales Jard. Bot. Madrid 54: 355-357 (1996) [taxonomía de *Femeniasia*]; R. VILATERSANA in Collect. Bot. (Barcelona) 27: 37-64 (2008) [morfología y anatomía del fruto]; R. VILATERSANA & AL. in Pl. Syst. Evol. 221: 89-105 (2000) [delimitación y filogenia]; in Bot. J. Linn. Soc. 134: 425-438 (2000) [delimitación y citotaxonomía].

1. Corola predominantemente amarilla; plantas leñosas, arbustivas, o hierba perenne con cepa lignificada; vilano con pelos frágiles que generalmente se desprenden con cierta facilidad y de forma independiente 2
– Corola predominantemente azul, violeta, purpúrea, rosada, rosado-lila, rosado-purpúrea o blanquecina; plantas herbáceas o de cepa leñosa; vilano persistente, con pelos tenaces, o caedizo y con pelos soldados en un anillo basal muy conspicuo 3
2. Arbusto 30-80(130) cm, achaparrado, pulvinular, glabro o glabrescente; involucro 9-10 × 4-5 mm; hojas definitivas transformadas en espinas, sin parte laminar .... **2. C. balearicus**
– Hierba perenne con cepa lignificada o arbusto (100)180-250(300) cm, erecta, muy pelosa, con pelos glandulíferos; involucro 20-45(50) × 15-40(45) mm; hojas diferentes entre sí, las superiores del tallo amplexicaules, de ovado-oblongas u ovado-lanceoladas a ovadas, largamente acuminadas, anchamente dentadas o pinnatífidas ...... **1. C. arborescens**
3. Vilano persistente, doble, el interno bien diferenciado, formado por pelos cortos y conniventes; plantas con tallos bien desarrollados, robustas, generalmente de (6)10-120 (140) cm 4
– Vilano caedizo, simple o aparentemente simple, con todos los pelos soldados en un anillo basal muy conspicuo; plantas acaules o con tallos hasta de 43(45) cm 5
4. Involucro con brácteas externas foliáceas casi tan largas o más largas que las internas, a las que casi ocultan; corola predominantemente de un azul intenso .... **7. C. caeruleus**
– Involucro con brácteas externas foliáceas generalmente más cortas que las internas, de forma que dejan ver bien el resto del capítulo; corola predominantemente rosada, purpúrea o, más raramente, blanquecina .... **8. C. dianius**
5. Pelos del receptáculo (7)10-14 mm; vilano (10)11-14(15) mm, muy suave, con pelos blandos, plumosos, los externos derechos y no entrelazados con los de otros vilanos; frutos que se desprenden de forma independiente; planta caulescente; hojas caulinares diferentes de las basales, numerosas, ovado lanceoladas o estrechamente lanceoladas, acuminadas .... **6. C. hispanicus**
– Pelos del receptáculo 1-5(7) mm; vilano (10)15-38 mm, ± rígido, con pelos barbados, subplumosos o plumosos, los externos de punta reflexa y entrelazados con los de otros vilanos; frutos que se desprenden juntos todos los de un mismo capítulo, unidos por los vilanos; planta acaule o caulescente; hojas caulinares, cuando las hay, por lo general similares a las basales 6
6. Hojas con (8)11-15 pares de segmentos laterales dispuestos casi perpendicularmente al raquis, sobre el que se prolongan por un resalte estrecho de anchura uniforme que nace del nervio medio; acaule o subacaule .... **C. pinnatus**
– Hojas con 4-13 pares de segmentos o lóbulos laterales –acompañados a menudo de otros dientes o lóbulos más pequeños–, dispuestos en paralelo al raquis o formando una uve con este, claramente decurrentes; acaules o caulescentes 7
7. Brácteas foliáceas del involucro que cubren y ocultan en gran parte a las otras, la más externa generalmente el doble de larga que las medias e internas; aquenios 7-8,5 mm, con hilo de 1,5-2 mm; base entera del limbo de la corola de (1)1,5-3 mm; caulescente .... **3. C. cuatrecasasii**
– Brácteas foliáceas del involucro que dejan ver la mayor parte de las otras, la más externa de más corta a 1,5 veces más larga que las medias e internas; aquenios 4-6(7,9) mm, con hilo de 0,5-0,8(1) mm; base entera del limbo de la corola de 1-1,5(1,7) mm; acaules o caulescentes 8

8. Brácteas foliáceas externas del involucro herbáceas, inermes o casi inermes (con espinitas blandas que no pinchan), ± erectas; capítulos con involucro cilíndrico u ovoide-cilíndrico; pelos del vilano plumosos o subplumosos .... **5. C. mitissimus**
– Brácteas foliáceas externas del involucro herbáceas, de base coriácea o córnea, espinosas, erecto-patentes o patentes, arqueadas; capítulos con involucro ovoide u ovoide-cilíndrico, rara vez globoso; pelos del vilano barbados, rara vez subplumosos o plumosos .... **4. C. monspelliensium**

Sect. 1. **Thamnacanthi** (DC.) G. López
Kentrophyllum sect. *Thamnacantha* DC.

Hierbas lignificadas en la base, sufrútices o arbustos, a veces pulvinulares. Corola predominantemente amarilla. Aquenio con pericarpio no diferenciado en capas, con 4 canales excretores bien desarrollados o rudimentarios. Vilano con pelos ± frágiles que se desprenden con cierta facilidad de forma independiente.

1. C. arborescens (L.) Sweet, Hort. Brit.: 216 (1826) [arboréscens]

Carthamus arborescens L., Sp. Pl.: 831 (1753) [basión.]
Kentrophyllum arborescens (L.) Hook. in Bot. Mag. 61, tab. 3302 (1834)
Phonus arborescens (L.) G. López in Anales Jard. Bot. Madrid 47: 26 (1990)
Ind. loc.: "Habitat in Hispania" [lectótipo designado por P. Hanelt in Taxon 47: 356 (1998): LINN]
Ic.: Hill, Veg. Syst. 4, tab. 3 (1762) [sub *Carthamus arborescens*]; Hook. in Bot. Mag. 61, tab. 3302 (1834) [sub *Kentrophyllum arborescens*]; Valdés, Talavera & Galiano (eds.), Fl. Andalucía Occid. 3: 169 (1987) [sub *Carthamus arborescens*]

Hierba perenne con cepa lignificada o arbusto, por lo general pluricaule, espinosa, fétida, de un verde intenso u obscuro, muy pelosa, con indumento denso de pelos glandulíferos cortamente estipitados –con glándula globosa, amarillenta o blanquecina–, pelos pluricelulares flexuosos y pelos araneosos, y en las brácteas involucrales internas pelos unicelulares muy cortos. Tallos (100)180-250(300) cm, erectos o ascendentes, ramosos, engrosados bajo los capítulos, de sección circular o un poco angulosos, asurcados longitudinalmente –costillas prominentes y de un color amarillento pajizo en los tallos jóvenes–, sin alas, con hojas –más de 20– en casi toda su longitud, por lo general muy pelosos, con pelos glandulíferos y pelos pluricelulares flexuosos. Hojas coriáceas, no decurrentes, concoloras, con nervadura secundaria reticulada y nervios amarillentos muy prominentes por el envés, muy espinosas, con indumento de pelos glandulíferos y, por lo general, con pelos pluricelulares en los nervios; las inferiores 5-15 × 1,5-4,5 cm, no claramente rosuladas y a menudo secas o nulas en la antesis, cortamente pecioladas –pecíolo envainador, plurinervio–, oblongo-lanceoladas, generalmente pinnatífidas en lóbulos ± triangulares, palmeado-dentados, dentados y espinosos, con nervadura pseudopinnada-reticulada –los nervios laterales no se unen al nervio medio sino que bajan en paralelo a este–; las caulinares medias y superiores 4-10(14) × (1,5)2,5-6 cm, sésiles, amplexicaules, gradualmente menores hacia la parte superior del tallo, de ovado-oblongas u ovado-lanceoladas a ovadas, largamente acuminadas, anchamente dentadas o pinnatífidas, con 3-5(6) pares de lóbulos o segmentos principales –y algunos dientes espinosos adicionales– de 0,8-1,8 × 0,3-0,8 cm, triangulares u ovado-triangulares, rematados por espinas amarillas de 1-6(7) mm, a menudo con un diente espinoso en la base –a cada lado o en uno solo de ellos–, con nervadura semejante a las inferiores, o bien en las superiores palmeado-reticulada –con 5-7 nervios en la base–. Capítulos terminales, sésiles, en disposición corimbiforme. Involucro 20-45(50) × 15-40(45) mm, anchamente ovoide o acampanado, redondeado o ligeramente umbilicado en la base, generalmente araneoso y glanduloso-viscoso, más corto que las flores; brácteas aparentemente dispuestas en 6 o 7 series, las medias e internas imbricadas; las externas un poco más largas que las demás, foliáceas –casi indistinguibles de las hojas superiores–, erecto-patentes, ovadas u ovado-lanceoladas, acuminadas, verdes, dentadas o lobadas, espinosas, con 3-5 pares de dientes de (3)5-9(13) mm, y 5-7 nervios paralelos; las medias exteriores adpresas, casi enteramente foliáceas, ovado-lanceoladas, largamente triangular-acuminadas y rematadas en espina, dentadas y espinosas –espinas antrorsas–, y las medias interiores de 25-30 mm, cartáceas, ovado-oblongas u oblongas, espinosas, terminadas en punta ovado-triangular rematada en espina, de margen pectinado-fimbriado, pectinado-espinuloso o ciliolado, con la parte inferior generalmente coriácea y de nervios inapreciables; las internas c. 35 mm, cartáceas, linear-oblongas, de margen escarioso, puntiagudas, inermes o espinescentes, con parte apical ovado-triangular o triangular, acuminada, de margen entero o fimbriado, generalmente ciliolado. Receptáculo convexo, ligeramente areolado, con pelos de (5)8-15 mm, lineares, planos, lisos, blancos, frecuentemente retorcidos. Corola 34-36 mm, glabra, predominantemente amarilla, con nervios longitudinales rojizos o purpúreos; tubo (13)22-24 mm, engrosado y carnoso en la base, generalmente sigmoideo, blanquecino; limbo 13-14,5 mm, tubular o tubular-acampanado, amarillo, con base entera de 3,5-4,5 mm y 5 lóbulos de (7)8-10 mm, subiguales, lineares, obtusos. Estambres con filamento de 3-4 mm, con collar apical de c. 0,3 mm, estrellado-peloso en su parte media-superior, con pelos blanquecinos digitiformes hasta de 0,5 mm; anteras de 8-10 mm, amarillentas o blanquecinas, con apéndices basales de c. 0,7-0,8 mm, por lo general irregularmente dentados o laciniados. Estilo amarillento, rodeado en la base por un nectario cilíndrico-acopado y por lo general lobado o dentado, con ramas de 7-9 mm, aproximadas, cortamente pelosas en el dorso y con superficie estigmática papilosa en su cara interna. Aquenios (4)5-7(7,5) × (2)2,5-4(4,5) mm, homomorfos o ligeramente heteromorfos, subprismáticos u obovoides, nada o apenas comprimidos lateralmente, de sección tetragonal o los exteriores trígonos –ángulos bien marcados, obtusos, redondeados–, más raramente no angulosos, truncados en el ápice y asimétricos en la base, por lo general casi rectos en la cara adaxial y arqueados en la abaxial, con pericarpio lignificado e indiferenciado y de superficie algo excavado-rugosa transversalmente –sobre todo en el tercio o 2/3 superiores– o casi lisa, glabros, brillantes o mates, negros o negruzcos, más raramente parduscos o de un amarillo pajizo, a veces con máculas más obscuras o con la parte inferior jaspeada; placa apical muy deprimida, cupuliforme, con superficie radialmente asurcada y reborde irregularmente dentado, con un disco muy prominente en el centro y nectario de 0,4-0,5 mm, cilíndrico, truncado y denticulado en el ápice; hilo cárpico c. 1 mm, lateral-adaxial o subbasal, oblicuo, oval o redondeado. Vilano (5)7-10(11) mm, simple, caedizo, de un color pajizo violáceo o purpúreo-violeta, con varias filas de pelos de 0,1-0,2 mm de anchura, subiguales –aunque los de la fila interna ligeramente más largos que los de las medias y exteriores–, libres, lineares, de sección plano-convexa, blandos, barbados en el margen y en la parte media de la superficie dorsal –con cilios de 0,2-0,3 mm–, frágiles, caedizos con facilidad de forma independiente. $2n = 24$.

Ribazos, laderas pedregosas, ramblas, bordes de camino, roquedos, campos incultos, setos y matorrales alterados por el hombre en regiones de clima cálido y seco, principalmente en suelos básicos –calizas, margas, esquistos, etc.– relativamente pobres en nitrógeno; 0-1300 m. (II)IV-VII(VIII). Península Ibérica y NW de África –Argelia, Marruecos–. E y S de España, desde Alicante hasta Cádiz. **Esp.:** A Al Ca Gr Ma Mu Se. **N.v.:** cardo cabrero, cardo cuco, cardo lechero, cardo santo, cardoncha, cardoncillo, cártamo, cuco, lechero; *cat.:* card.

2. C. balearicus (J.J. Rodr.) G. López in Acta Bot. Malac. 37: 83 (2012) [baleáricus]

Centaurea balearica J.J. Rodr. in Bull. Soc. Bot. France 16: 237 (1869) [basión.]
Femeniasia balearica (J.J. Rodr.) Susanna in Collect. Bot. (Barcelona) 17: 83 (1988)
Carthamus balearicus (J.J. Rodr.) Greuter in Willdenowia 33: 53 (2003)
Ind. loc.: "Hab. Capifort, dans l'île de Minorque" [lectótipo designado por J.A. Roselló & L. Sáez in Collect. Bot. (Barcelona) 25: 27 (2001): MPU]
Ic.: Rouy, Ill. Pl. Eur. 3, tab. 63 (1895) [sub *Centaurea balearica*]; Susanna in Collect. Bot. (Barcelona) 17: 86 fig. 1 (1987) [sub *Femeniasia balearica*]; Willk., Ill. Fl. Hispan. 1, tab. 14 (1881) [sub *Centaurea balearica*]; lám. 70

Arbusto 30-80(130) cm, achaparrado, pulvinular, subhemisférico, pluricaule, intricado-ramosísimo –impenetrable– y muy espinoso, de un verde claro, glabro o glabrescente, con indumento sobre todo de pelos araneosos y pelos unicelulares muy cortos, y en las brácteas involucrales medias e internas pelos glandulíferos cortamente estipitados. Tallos difusos, muy ramosos, sin alas, los jóvenes verdosos, angulosos, acostillados longitudinalmente –costillas blancas que se prolongan en las hojas–, densamente hojosos y por lo general glabros, apenas engrosados bajo los capítulos, los de las ramas viejas cilíndricos, flexuosos, blanquecinos o de un pardo claro. Hojas dimorfas, aparentemente no decurrentes; las primeras que nacen de las yemas (1,5)4-15 × 0,7-3,5(6) mm, fasciculadas –fugaces y generalmente secas en la antesis–, con pecíolo envainador, herbáceas o ligeramente carnosas, linear-lanceoladas o lineares, enteras, dentadas o pinnatífidas –con uno o dos pares de lóbulos hasta de 3 mm, opuestos, espaciados, de triangulares a lineares–, uninervias, inermes, glabrescentes; las definitivas 13-25 mm, sésiles, muy rígidas, transformadas en espinas –reducidas al raquis y los dientes espinosos–, verdes, con el raquis subtriangular en la base, semiamplexicaule, recorrido por 3-5 nervios longitudinales blanquecinos –el central más grueso que los laterales–, plano por el haz y redondeado-aquillado y anguloso por el envés, con 1(2) pares de dientes de 0,2-3 mm, opuestos o alternos en la parte media, divaricados, triangular-acuminados o subulados, rematados en espina, con ápice trifurcado y espinoso, con espinas de (2)4-10 mm, divergentes. Capítulos terminales –sobrepasados prontamente por 1-3 ramas axilares que nacen bajo ellos– en disposición corimbiforme, cortamente pedunculados o sésiles, rodeados en la base por las hojas cauli-

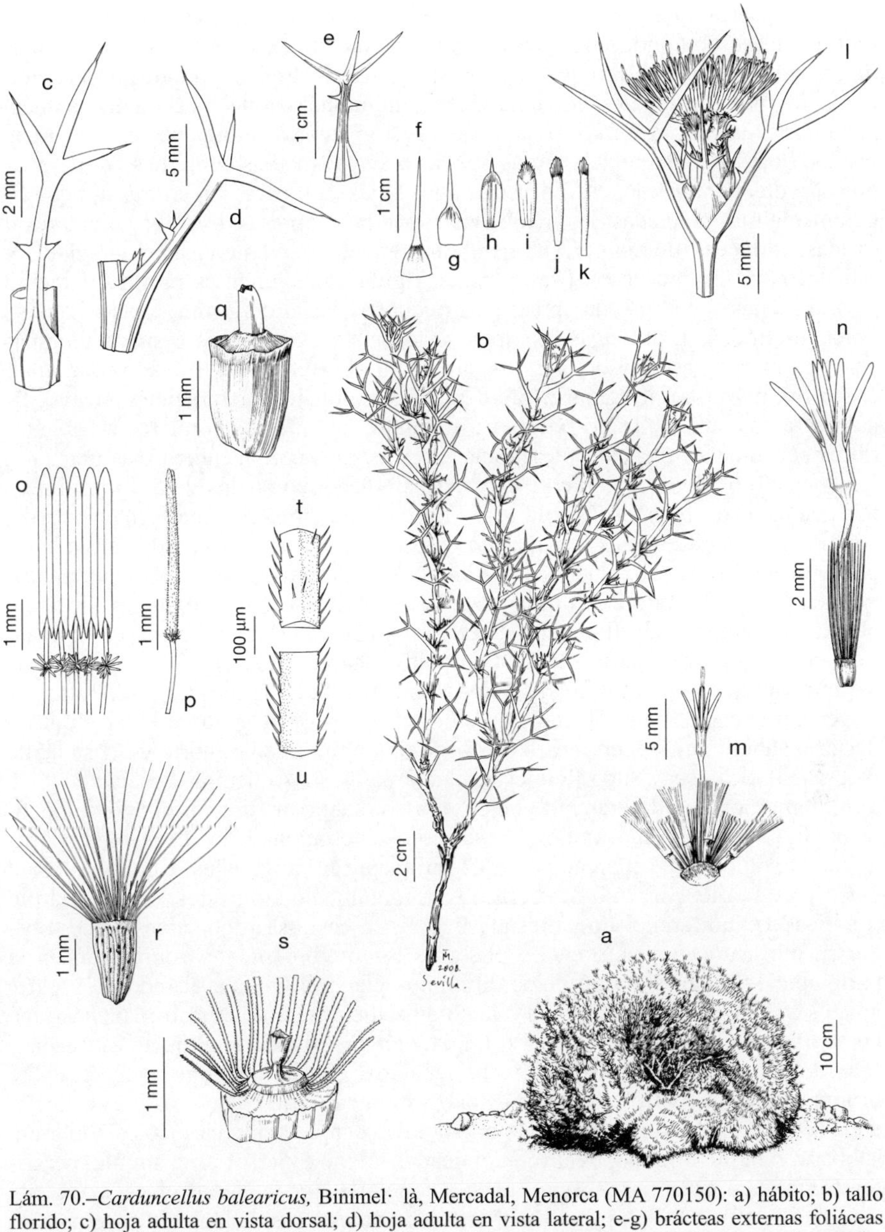

Lám. 70.–*Carduncellus balearicus,* Binimel· là, Mercadal, Menorca (MA 770150): a) hábito; b) tallo florido; c) hoja adulta en vista dorsal; d) hoja adulta en vista lateral; e-g) brácteas externas foliáceas del involucro; h, i) brácteas medias del involucro; j, k) brácteas internas del involucro; l) capítulo; m) porción del capítulo, sección; n) flor; o) estambres (tubo abierto y desplegado); p) detalle del estilo con sus ramas ; q) ovario y nectario apical; r) aquenio y vilano; s) parte superior del aquenio y detalle del vilano; t) detalle de un pelo del vilano en vista abaxial; u) detalle de un pelo del vilano en vista adaxial.

nares superiores, que generalmente sobrepasan el involucro. Involucro 9-10 × 4-5 mm, ovoide u oblongo, redondeado o ligeramente cuneado en la base, frecuentemente araneoso, más corto que las flores; brácteas aparentemente dispuestas en 6 o 7 series, muy desiguales, con nervadura longitudinal paralela, las medias e internas imbricadas; las externas –unas tres– erecto-patentes, subiguales o más largas que las flores y bastante más largas que las brácteas medias e internas, verdes, espinosas, de punta trífida, casi idénticas a las hojas caulinares superiores aunque ligeramente más pequeñas; las medias más externas adpresas, ovado-triangulares u ovadas, coriáceas, de margen submembranáceo, con nervadura casi inapreciable y rematadas en espina de 6-10 mm, recta, rígida, las siguientes progresivamente más estrechas y con espina apical más pequeña –hasta de 2 mm–, hasta hacerse oblongo-elípticas u oblongas, inermes, de consistencia cartácea o submembranácea, con margen escarioso y terminadas en un apéndice oval u ovado-triangular, escarioso, pardusco, irregularmente dentado y ciliolado, ligeramente cóncavo, finalmente patente, arqueado-retrorso o revoluto; las internas similares a las anteriores pero más estrechas y membranáceas, lineares, con apéndice más pequeño. Receptáculo plano o ligeramente convexo, areolado, con pelos de 5-7 mm, lineares, planos, lisos, blancos. Corola 12-14 mm, glabra, predominantemente amarilla, con nervios longitudinales rojizos; tubo 6-8 mm, engrosado y carnoso en la base, por lo general flexuoso, blanquecino; limbo 5,5-6,5 mm, tubular-obcónico, amarillo, con base entera de 2-2,5 mm y 5 lóbulos de 3,5-4 mm, subiguales, lineares, obtusos. Estambres con filamento de c. 2 mm, con collar apical de c. 0,3 mm, estrellado-peloso en su parte media, con pelos blanquecinos digitiformes hasta de 0,5 mm; anteras 4-4,5 mm, blanquecinas, con apéndices basales de c. 0,5 mm, por lo general irregularmente dentados. Estilo amarillento, rodeado en la base por un nectario subcilíndrico, con ramas de 4-4,5 mm, aproximadas, corta y densamente pelosas en el dorso y superficie estigmática papilosa. Aquenios 2-2,5(3) × 1-1,5 mm, homomorfos o ligeramente heteromorfos, subprismáticos u obovoide-obcónicos, ligeramente comprimidos, de sección subtetrágona o los exteriores subtrígonos –ángulos poco marcados–, más raramente no angulosos, truncados en el ápice y asimétricos en la base, derechos o ligeramente arqueados, con pericarpio lignificado e indiferenciado y de superficie lisa o casi lisa –con caras a veces obscuramente asurcadas, estriadas o plegadas longitudinalmente, sobre todo en la parte apical–, glabros o con pelos diminutos glandulíferos en el reborde y parte apical, brillantes, blanquecinos o blanco-amarillentos, a veces con manchas obscuras o jaspeados; placa apical deprimida, con superficie radialmente asurcada y reborde poco prominente –débilmente dentado–, con un disco grande y bastante prominente en el centro y nectario de c. 0,4 mm, cilíndrico, –a veces más estrecho en la base–, irregularmente dentado o lobado en el ápice; hilo cárpico 0,7-0,8 mm, subbasal o basal, oblicuo, oval o redondeado. Vilano 5-5,5(6) mm, simple, persistente, violeta o purpúreo-violeta –a veces con parte apical blanquecina–, con 3 o 4 filas de pelos de 0,1-0,2 mm de anchura, subiguales o los de la hilera externa bastante más cortos –c. 1-3(4) mm– y los internos con la parte inferior algo más engrosada, libres o los internos muy cortamente soldados en la base, lineares o sublineares, curvados en la base, de sección triangular, rígidos, corta y densamente barbados o escábridos en el margen –dientes hasta de 0,1 mm– y frágiles. $2n = 24$.

Matorrales abiertos costeros o subcosteros, pulvinulares, generalmente con *Launaea cervicornis* (Boiss.) Font Quer & Rothm., en substrato esquistoso, en suelos arenosos o arcillosos; (0)10-100 m. V-VI(VII). ● Isla de Menorca –zona de Tramontana, costa N: Mongofre, franja litoral desde el cabo de Cavallería hasta la costa opuesta a las islas Bledas–. **Esp.:** PM[Mn]. **N.v.,** *cat.:* gatosa (Menorca), socarrell bord (Menorca).

Sect. 2. **Carduncellus**
Carthamus sect. *Carduncellus* (Adans.) Sch. Bip.

Hierbas con o sin cepa leñosa. Corola predominantemente azul, purpúrea, rosada, rosado-lila o blanquecina –amarilla en especies norteafricanas–. Aquenio con pericarpio diferenciado en tres capas –indiferenciado en especies norteafricanas–, una de ellas –la que corresponde al tejido o manto excretor– continua y más obscura que las otras. Vilano caedizo o persistente, con pelos lignificados en la base, cuando es caedizo con pelos soldados inferiormente en un anillo parenquimático muy evidente.

Grupo 1. **Carduncellus**

Vilano simple o aparentemente simple, caedizo o inconsistentemente caedizo, pluriseriado, con los pelos internos por lo general tan largos como los medianos o incluso algo más largos, y ligeramente más anchos (puede derivar de la transformación de un vilano doble); pelos curvados y soldados todos en un anillo parenquimático basal.

3. C. cuatrecasasii G. López in Anales Jard. Bot. Madrid 38: 531 (1982) [Cuatrecasásii]

C. araneosus var. *macrocephalus* Cuatrec. in Treb. Mus. Ci. Nat. Barcelona, Sèr. Bot. 12: 471 (1929) [nom. subst.]
Carthamus hispanicus subsp. *macrocephalus* (Cuatrec.) Greuter in Willdenowia 33: 53 (2003)
Ind. loc.: "Entre Jódar y Las Hermanas, 600 m., 4-VI-26; Almadén, Cabezaprieta, 1400 m., 11-VI-26; Cambil, 800 m., 13-VI-26; Campanil, 600 m., 8-VI-26; Cerro de Cabra del Santo Cristo, 1150 m., 4-VI-25; entre Torres y Albanchez, 7-VI-25; Cortijos de Belmez, 14-VII-25" [sec. Cuatrec. in Treb. Mus. Ci. Nat. Barcelona, Sèr. Bot. 12: 471 (1929); lectótipo designado por G. López González in Anales Jard. Bot. Madrid 38: 531 (1982): MA]
Ic.: G. López in Anales Jard. Bot. Madrid 56: 80 fig. 3, 81 figs. 6, 8 y 9 (1998); Valdés, Talavera & Galiano (eds.), Fl. Andalucía Occid. 3: 171 (1987); lám. 71

Hierba perenne, rizomatosa, con cepa leñosa, unicaule o pluricaule, espinosa, de un verde intenso o glauca, pelosa, con pelos pluricelulares flexuosos y pelos araneosos, y en las brácteas involucrales medias e internas también pelos unicelulares y algunos glandulíferos diminutos. Tallos 5-35(43) cm, erectos o ascendentes, simples, apenas engrosados bajo los capítulos, de sección ± circular, asurcados longitudinalmente –costillas prominentes, redondeadas–, sin alas, foliosos –3-7(9) hojas caulinares–, por lo general muy pelosos, los jóvenes verdosos y los viejos de un color pajizo. Hojas coriáceas, no decurrentes, concoloras, con nervadura pseudopinnada-reticulada –los nervios laterales no se unen al nervio medio sino que discurren paralelos– y nervios muy prominentes por el envés, espinosas, generalmente pelosas –sobre todo en los nervios–, con pelos pluricelulares largos y flexuosos; las basales (3)4,5-18(20) × (1)1,5-5 cm, rosuladas, pecioladas –pecíolo envainador, plurinervio– y con raquis alado, de 3-5(10) mm de anchura, oblongo-lanceoladas u oblongas, pinnatipartidas o casi pinnatisectas en 8-13 pares de segmentos –a veces las juveniles y las primeras o más externas de la roseta enteras, aunque faltan en la antesis–, desiguales, el terminal de tamaño similar o más pequeño que el resto, ovales, ovado-lanceolados, obovados o subespatulados, atenuados o no en la base, decurrentes, generalmente arqueado-retrorsos, irregularmente dentados o lobados, con dientes provistos de espinas amarillas de 1-4 mm; las caulinares (3)4,5-15(18) × 1,5-4,5 cm, similares a las basales pero subsésiles, ± erecto-patentes, derechas o ligeramente arqueadas, gradualmente menores hacia la parte superior del tallo, muy rara vez las superiores con 5-7 nervios paralelos en la base y solamente pinnatífidas. Capítulos solitarios, terminales, sésiles, rodeados en la base por hojas que no sobrepasan el involucro. Involucro –sin tener en cuenta las brácteas foliáceas– de 27-45(50) × (20)25-40 mm, ovoide o acampanado, redondeado en la base, más corto que las flores, peloso, frecuentemente subaraneoso; brácteas imbricadas y aparentemente dispuestas en 6 o 7 series, muy desiguales, con nervadura longitudinal paralela; la más externa bastante más larga que las flores –raramente subigual– y el doble que las medias e internas, foliácea y muy similar a las hojas caulinares, arqueado-patente, verde, lanceolada u oblongo-lanceolada, pinnatipartida en 5-7(9) segmentos desiguales, los mayores dentados o lobado-espinosos, con 5-7(9) nervios longitudinales paralelos, y las siguientes también foliáceas pero bastante más cortas, pinnatífidas, con dos o tres pares de lóbulos espinosos; las medias externas adpresas, con base ± ovada, coriácea, plurinervia, y punta foliácea ovado-lanceolada, acuminada, dentado-espinosa, frecuentemente pectinado-fimbriada en la base, y las medias internas de 20-25 mm, ovado-oblongas u oblongas, ligeramente coriáceas o cartáceas, inermes, terminadas en apéndice cocleariforme redondeado, dentado-fimbriado, submembranáceo; las internas c. 25 mm, linear-oblongas o linear-lanceoladas, cartáceas, de margen nada o apenas escarioso, inermes, terminadas en apéndice membranáceo estrecho, irregularmente dentado-fimbriado. Receptáculo convexo, ligeramente areolado, con pelos de 2-4 mm, setáceos, lisos, blancos, más cortos que el ovario, frecuentemente retorcidos. Corola 35-39 mm, predominantemente azul o rosado-lila, con nervios longitudinales rojizos o purpúreos ± conspicuos, glabra; tubo 25-27 mm, engrosado y carnoso en la base, generalmente sigmoideo, a veces rizado, blanquecino; limbo 10-11 mm, tubular-acampanado, azul o rosado-lilacino, con base entera de (1)1,5-3 mm y 5 lóbulos de 8-9 mm, subiguales, lineares, obtusos. Estambres con filamento de c. 3 mm, con collar apical de c. 0,5 mm, bastante engrosado, estrellado-peloso en la parte media-superior –a c. 1 mm de las anteras–, con pelos blanquecinos digitiformes hasta de 0,5 mm; anteras 8-8,5(9) mm, violetas, con apéndices basales de c. 0,7 mm, triangulares o truncados, membranáceos, irregularmente dentado-lobados. Estilo violeta, rodeado en la base por un nectario cilíndrico-acopado y por lo general dentado, con ramas de 8-9 mm, aproximadas, muy cortamente pelosas en el dorso y superficie estigmática papilosa. Aquenios 7-8,5 × 4-5 mm, homomorfos o ligeramente heteromorfos, subprismáticos u obovoide-

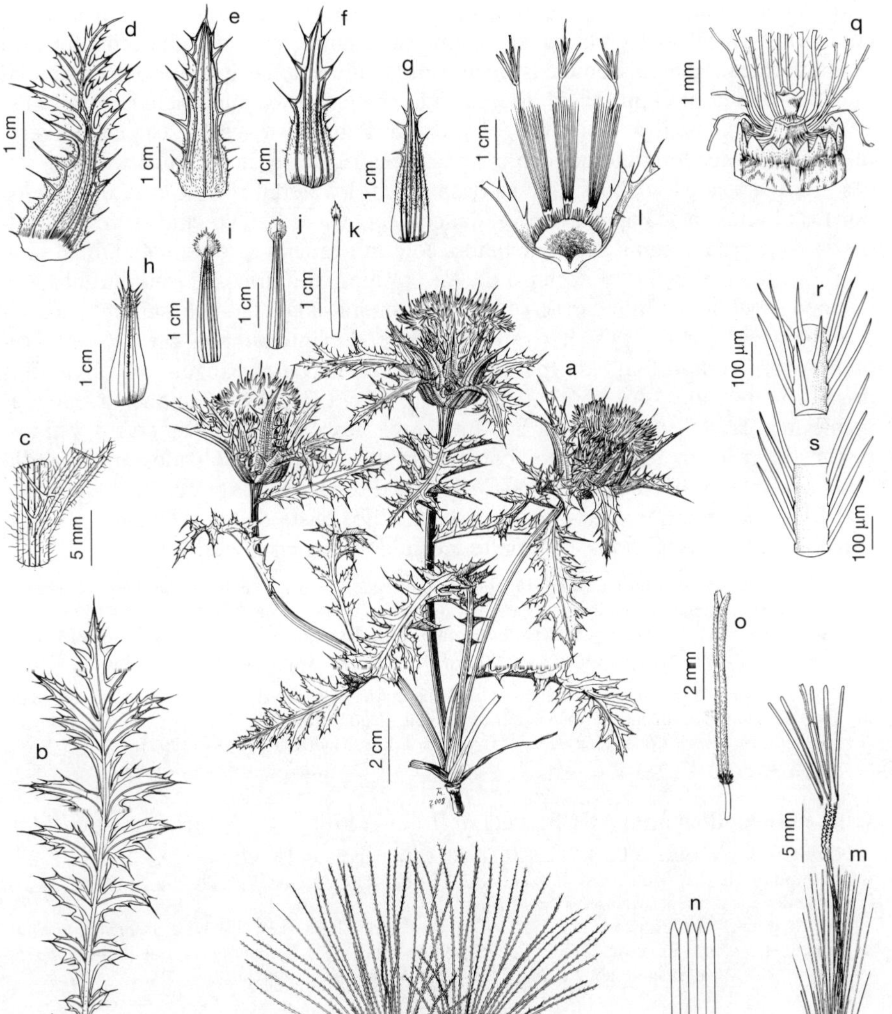

Lám. 71.–*Carduncellus cuatrecasasii,* a-o) Priego de Córdoba, Córdoba (MA 746502), p-s) puente sobre el río Jabalón, Ciudad Real (MA 746503): a) hábito; b) hoja basal; c) detalle de la inserción de una hoja caulinar; d-g) serie gradual de brácteas foliáceas externas; h-j) brácteas medias del involucro; k) bráctea interna del involucro; l) sección del capítulo que muestra la disposición de algunas flores; m) flor; n) estambres (tubo abierto y desplegado); o) detalle del estilo con sus ramas; p) aquenios con vilano; q) parte superior del aquenio y detalle del vilano; r) detalle de fragmento de un pelo del vilano en vista abaxial; s) detalle de fragmento de un pelo del vilano en vista adaxial.

tetragonales, nada o apenas comprimidos, de sección tetragonal –con ángulos aquillados–, truncados en el ápice y asimétricos en la base, con una ceñidura bajo la placa apical, generalmente casi rectos en la cara adaxial y arqueados en la abaxial, con pericarpio lignificado diferenciado en capas y de superficie rugosa transversalmente o casi lisa, mates o ligeramente brillantes –a veces estriados o ligeramente asurcados longitudinalmente–, pardo-negruzcos o de un color pajizo, a veces algo jaspeados, glabros, que se desprenden los de un mismo capítulo unidos por los vilanos; placa apical deprimida, con superficie radialmente asurcada o estriada y reborde irregularmente dentado, con un pequeño disco subtetragonal muy prominente en el centro y nectario de 0,2-0,3 mm, cilíndrico-acopado, truncado y dentado en el ápice; hilo cárpico 1,5-2 mm, lateral-adaxial, subbasal, oblicuo, subromboidal. Vilano (21)23-30(33) mm, aparentemente simple, caedizo –se desprende con cierta dificultad–, pardo-rosado o de un color pajizo, con varias filas de pelos subiguales –los de la hilera interna de c. 0,3-0,4 mm de anchura, ligeramente más largos y anchos que los medianos, los exteriores más cortos y finos, flexuosos, reflexos, entrelazados con los de otros vilanos, soldados en un anillo basal conspicuo, lineares, curvados, rígidos, de sección semicircular, largamente barbados o subplumosos en el margen –con cilios hasta de 0,4(0,5) mm– y por lo general también escábridos en la parte media de la superficie dorsal. $2n = 24$.

Laderas pedregosas, ribazos, campos incultos o cultivados, lindes de cultivo, tomillares o matorrales abiertos, etc., preferentemente en substratos calizos o margosos y lugares áridos; 300-1600 m. IV-VII. ● S de España: Andalucía central y occidental, S de Extremadura y S de Castilla-La Mancha, montañas subbéticas y béticas, comarca de Zújar –Córdoba–, etc. **Esp.:** Ba Co CR Gr J Ma.

Observaciones.–Los frutos se separan de la planta unidos por los vilanos, a modo de un estepicursor. Este peculiar mecanismo de dispersión es similar al que presentan también *C. mitissimus* y *C. monspelliensium* [cf. G. López González in Anales Jard. Bot. Madrid 56: 77-84 (1998)].

4. C. monspelliensium All., Fl. Pedem. 1: 154 (1785) [monspelliénsium]

Carthamus carduncellus L., Sp. Pl.: 831 (1753) ["Carduncellus"] [nom. subst.]
Ind. loc.: "Habitat Monspelii" [sec. L., Sp. Pl.: 831 (1753); lectótipo designado por G. López González in Acta Bot. Malac. 37: 86 (2012): UPS]
Ic.: Bonnier, Fl. Ill. France 6, tab. 323 (1923); Cav., Icon. 2, tab. 128 (1793) [sub *Carthamus tingitanus*]; H.J. Coste, Fl. Descr. France 2: 383 (1903); Fiori & Paol., Iconogr. Fl. Ital. 2: 448 n.º 3755 (1904); Hill, Veg. Syst. 4, tab. 3 (1762) [sub *Carthamus carduncellus*]

Hierba perenne, rizomatoso-estolonífera, con cepa leñosa, acaule o caulescente –uni o pluricaule–, espinosa, de un verde claro o intenso, verde-grisácea o glauca, glabra o pelosa, con pelos pluricelulares flexuosos y pelos araneosos, y en las brácteas involucrales medias e internas también pelos unicelulares y algunos glandulíferos diminutos. Tallos hasta de 35(45) cm, erectos o ascendentes, generalmente simples, ligeramente engrosados bajo los capítulos, de sección circular o ligeramente comprimidos, acostillados longitudinalmente cuando jóvenes –con costillas redondeadas– y estriados o asurcados cuando secos, sin alas, escapiformes o foliosos –con 1-6(9) hojas–, a menudo ± purpúreo-violetas. Hojas coriáceas o herbáceas, no decurrentes, concoloras, con nervadura pseudopinnada-reticulada –los nervios laterales no se unen al nervio medio sino que discurren paralelos– y nervios principales –blanquecinos, traslúcidos– muy prominentes por el envés, espinosas, glabras o pelosas –sobre todo en los nervios–, con pelos pluricelulares largos y flexuosos, o pelos araneosos; las basales (2)3-20(25) × (0,8)1-4,5(5,5) cm, rosuladas, pecioladas –pecíolo envainador, plurinervio, a veces teñido de color púrpura– y con raquis alado de 1-5(6) mm de anchura, dentado-espinoso y ligeramente acanalado por el haz, con limbo oblanceolado u oblongo, pinnatipartido o casi pinnatisecto en 5-9(11) pares de segmentos –las juveniles y las primeras o más externas de la roseta obovadas o espatuladas, indivisas, serrado-espinulosas o irregularmente lobadas, aunque a menudo falten en la antesis–, alternos o subopuestos, desiguales –hay a menudo 2-6(9) pares de pequeños lóbulos o dientes del raquis adicionales–, el terminal de tamaño similar al resto, de oblongo-lanceolados a linear-lanceolados o casi lineares, atenuados o no en la base, decurrentes, falcado-retrorsos o casi derechos, irregularmente serrado-dentados o lobados –hasta profundamente pinnatipartidos en la base–, acuminados, con reborde cartilaginoso estrecho y dientes espinosos, con espinas de (0,5)0,7-2(2,5) mm, amarillentas; las caulinares, cuando las hay, por lo general similares a las basales, cortamente pecioladas o sésiles, semiamplexicaules, erecto-patentes, derechas o arqueadas, a veces menores hacia la parte superior del tallo. Capítulos solitarios, terminales, uno por tallo, pedunculados o sésiles. Involucro 12-37 × 8-25(35) mm, ovoide u ovoide-cilíndrico, raramente globoso, redondeado en la base, más corto que las flores –excepto a veces las brácteas externas–, glabrescente o araneoso; brácteas aparentemente dispuestas en 6 o 7 series, muy desiguales, con nervadura longitudinal paralela ± conspicua –hasta 18-20 nervios–, las medias e internas imbricadas y adpresas; las externas –unas 3-5– de más cortas a ligeramente más largas que las flores y más cortas o hasta 1,5 veces más largas que las medias e internas, foliáceas y muy similares a las hojas superiores, erecto-patentes o patentes, arqueadas, verdes, de base ovado-triangular, coriácea o córnea, frecuentemente ciliada, con nervios poco marcados, y limbo lanceolado o elíptico, acuminado, pinnatífido o profundamente pinnatipartido –rara vez solo dentado–, y las siguientes –unas 6 o 7, de tipo intermedio– ovado-triangulares, cóncavas en su parte interna, con punta foliácea de unos 5-12 mm, lanceolada o linear-lanceolada, terminada en espina, dentada, lobado-espinosa o subentera; las medias externas –unas dos o tres– ovado-oblongas u ovado-elípticas, ligeramente coriáceas o cartáceas, cuspidadas, con parte apical triangular, pectinado-espinosa, o bien –todas o solo las más internas– con un reborde escarioso apical ± amplio, emarginado, pectinado-fimbriado o lacerado, pardusco o amarillento, rematadas en una punta espinosa de 3-4 mm, y las medias internas, unas 6 o 7, de c. 4-6 mm de anchura, –entre estas y las brácteas internas hay unas 9 o 10 intermedias, algo más estrechas y con apéndice más pequeño–, oblongas, cartáceas, verdosas, con margen membranáceo blanquecino, inermes, terminadas en apéndice cocleariforme de c. 2-4,5 × 2,5-5,5 mm, ovado o redondeado, irregularmente dentado, pardo o pardo-amarillento, a menudo con la parte central más obscura; las internas –unas 5 o 6– de c. 2-3 mm de anchura, linear-oblongas o linear-lanceoladas, verdoso-blanquecinas, cartáceas pero de margen membranáceo, inermes, terminadas en apéndice de c. 3-4 mm, oval u ovado-triangular, ± plano, irregularmente denticulado, amarillento o de un color pajizo. Receptáculo de ligeramente convexo a casi cónico, areolado, con pelos de 1-5(7) mm, subulados, fasciculados –soldados en la base–, lisos, blancos, más cortos o algunos ligeramente más largos que el ovario. Corola 21-37 mm, con nervios rojizos o purpúreos ± conspicuos, glabra; tubo 10,5-27 mm, engrosado y carnoso en la base, blanquecino, generalmente sigmoideo, a veces rizado; limbo 6-10,5 mm, tubular-acampanado, azul o rosado-lila, con base entera de 1-1,5 mm y 5 lóbulos de 8-9 mm, subiguales, lineares o linear-lanceoladas, subagudos. Estambres con filamento de 1,5-2 mm, con collar apical de c. 0,5 mm, estrellado-peloso en su parte media, con pelos blanquecinos digitiformes de hasta de 0,5 mm, y anteras de 5,5-7,5(9) mm, violetas o de un gris violáceo, con apéndices basales de 0,5-0,6 mm, triangulares, membranáceos, por lo general ± irregularmente dentado-lobados. Estilo blanco, rodeado en la base por un nectario cilíndrico, carnoso, generalmente dentado o lobulado en el ápice, con ramas de 5,5-8(9) mm, aproximadas, violetas, muy corta y densamente pelosas o papilosas en el dorso y superficie estigmática papilosa. Aquenios (4)4,5-7(7,9) × (2)2,5-4(4,2) mm, homomorfos o ligeramente heteromorfos, irregularmente obovoide-tetragonales o subprismáticos, nada o apenas comprimidos, de sección cuadrangular o redondeada –con ángulos inapreciables o bien subaquillados o redondeados, obtusos–, truncados en el ápice, asimétricos y generalmente curvados en la base y a veces con una ligera ceñidura bajo la placa apical, algo gibosos o casi rectos en la cara adaxial y arqueados o casi rectos en la abaxial, con pericarpio lignificado diferenciado en capas y de superficie lisa o transversalmente rugosa o foveolado-muricada en los 2/3-1/3 superiores, mates o ligeramente brillantes, pardos, pardo-negruzcos o de un color pajizo, a veces discoloros con la parte inferior blanquecina o jaspeados de blanco o negro, glabros; placa apical ± cónico-deprimida, con superficie radialmente asurcada o estriada y reborde irregularmente dentado, a menudo con 4 picos en los ángulos, con un pequeño disco cilíndrico o subtetragonal prominente en el centro y nectario de c. 0,5-1(1,2) mm, cilíndrico o tubular-acopado, truncado y lobulado en el ápice, a veces con una ceñidura subapical o apical; hilo cárpico 0,7-0,8 mm, lateral-adaxial, subbasal, oblicuo, oval o subromboidal. Vilano (10)15-27 mm, 2-4,5 veces más largo que el aquenio, aparentemente simple, caedizo, blanco, pardo-rosado o de un color pajizo, a veces teñido de color púrpura, con varias filas de pelos subiguales –los de la hilera interna de 0,2-0,3 mm de anchura, ligeramente más largos y anchos que los medianos, los exteriores más cortos y finos, flexuosos, con punta reflexa, entrelazados con los de otros vilanos, lo que favorece el desprendimiento conjunto de todos los aquenios del mismo capítulo–, soldados en un anillo conspicuo en la base, lineares, curvados, ± rígidos, de sección semicircular, barbados, rara vez subplumosos o plumosos –con dientes o cilios de 0,1-0,6(1) mm– y por lo general también escábridos en la parte media de la superficie dorsal. $2n = 48$.

Tomillares, matorrales abiertos, pastos secos, ribazos, linderos de bosque, pedregales, etc., generalmente en substratos calizos o margosos, a veces en margas yesíferas o en areniscas, raramente en suelos esquistosos; 0-2300 m. V-VII(VIII). SW de Europa: España, S de Francia e Italia. Ampliamente repartido por el E, C, CN y S de la Península, más raro en el W, así como en las Islas Baleares. **(And.)** **Esp.:** A Ab B Bu Cc? CR Cs Cu Ge Gr Gu Hu J L Le Lo M Na P PM[(Ib)] Sg So T Te V Va Vi Z Za. **N.v.:** arzolla, cardo arzolla, cardo azul, pinochetas; *cat.:* escanyaboc, escanyabocs.

Observaciones.–Esta planta se emplea en medicina popular como vulneraria y es notablemente polimorfa: se aprecian algunas variantes o tendencias de variación que no llegan a la categoría de razas geográficas pero que pueden tener un aspecto tan diferente que merece la pena su enumeración: var. *monspelliensium* [*C. monspelliensium* β *caulescens* Willk. in Willk. & Lange, Prodr. Fl. Hispan. 2: 136 (1865), p.p.; *C. araneosus* subsp. *pseudomitissimus* Rivas Goday & Rivas Mart. in Anales Inst. Bot. Cavanilles 25: 190, 197 (1969); *C. hispanicus* subsp. *pseudomitissimus* (Rivas Goday & Rivas Mart.) Rivas Mart., A. Asensi, Molero Mesa & F. Valle in Rivasgodaya 6: 20 (1991); *C. mitissimus* subsp. *pseudomitissimus* (Rivas Goday & Rivas Mart.) Rivas Mart. in Itinera Geobot. 15: 699 (2002); *Carthamus hispanicus* subsp. *pseudomitissimus* (Rivas Goday & Rivas Mart.) Greuter in Willdenowia 33: 53 (2003); *Carthamus tingitanus* sensu Cav., Icon. 2: 24, tab. 128 (1793), non L., Sp. Pl. ed. 2: 1163 (1763); *C. caeruleus* auct., non (L.) C. Presl, Fl. Sicul.: XXX (1826)], grácil o robusta, con tallos generalmente bien desarrollados, hojas caulinares similares a las basales, capítulos de tamaño medio o grande y vilano barbado, raramente subplumoso, extendida por la mayor parte del área de la especie (Esp.: A Ab B Bu Cc? CR Cu Ge Gr Gu Hu J L Le Lo M Na P Sg So T Te V Va Z Za); var. *subacaulis* Willk. ex Amo, Fl. Fan. Penins. Ibérica 4: 308 (1872) [*Cynara pygmaea* Willd., Sp. Pl. 3: 1692 (1803); *C. monspelliensium* α *subacaulis* Willk. in Willk. & Lange, Prodr. Fl. Hispan. 2: 136 (1865); *C. araneosus* var. *nanus* Debeaux ex Hervier in Bull. Acad. Int. Géogr. Bot. 17: 48 (1907), nom. inval.; *C. araneosus* var. *pumilus* É. Rev. ex Hervier in Bull. Acad. Int. Géogr. Bot. 17: 48 (1907), nom. inval.; *C. celtibericus* Pau, in sched., nom. nud.], acaule o subacaule, con capítulos pequeños sésiles en el centro de la roseta de hojas y vilano barbado o subplumoso, está extendida por las parameras frías del CN, CE y SE de la Península, en suelos crioturbados y hábitat de sabina albar, piornal, tomillar-pradera, condicionada muy probablemente por la dureza del clima (Esp.: Bu Cu Gu Hu J Lo Sg So Te Vi Z); var. *megacephalus* Cuatrec. in Treb. Mus. Ci. Nat. Barcelona, Sèr. Bot. 12: 471 (1929) [*C. pinnatus* var. *acaulis* sensu Cutanda, Fl. Comp. Madrid: 412 (1861), non (C. Presl) DC., Prodr. 6: 614 (1838); *C. monspelliensium* β *caulescens* Willk. in Willk. & Lange, Prodr. Fl. Hispan. 2: 136 (1865), p.p.; *C. matritensis* Pau in Bol. Soc. Aragonesa Ci. Nat. 3: 291 (1904); *C. pinnatus* subsp. *matritensis* (Pau) Rivas Goday & Rivas Mart. in Anales Inst. Bot. Cavanilles 25: 192 (1969); *Carthamus matritensis* (Pau) Greuter in Willdenowia 33: 53 (2003); *C. pinnatus* auct., non (Desf.) DC., Prodr. 6: 614 (1838)], subacaule o caulescente, robusta, de un verde intenso u obscuro, con capítulos bastante grandes –el involucro hasta de 30(35) mm de diámetro–, probablemente una forma de suelos particularmente fértiles, que incluye las poblaciones madrileñas del Cerro Negro –margas grises– (la última recolección se remonta a 1935, por lo que en la actualidad se considera extinta aquí) y la descrita por J. Cuatrecasas de las proximidades de Albanchez, en Jaén [cf. Treb. Mus. Ci. Nat. Barcelona, Sèr. Bot. 12: 471 (1929); Esp.: J M]; var. *valentinus* G. López in Acta Bot. Malac. 37: 88 (2012), caulescente, con tallos bastante alargados, hojas caulinares ovadas u ovado-lanceoladas, dentado-espinosas o lobadas pero de forma muy poco profunda, diferentes de las basales, con vilano subplumoso o plumoso, extendida por el E de España (Esp.: A Cs T V) y que muestra formas intermedias con la var. *monspelliensium;* var. *almeriensis* G. López in Acta Bot. Malac. 37: 89 (2012) [*ic.*: Font Quer, Pl. Medic.: 856 fig. a (1962)], glabra o glabrescente, caulescente o subacaule, muy espinosa, con vilano manifiestamente plumoso y pelos del receptáculo bastante largos, hasta de 7 mm, en lugares muy concretos de las montañas almerienses –sierra de Gádor, zonas calizas de la sierra de Filabres, sierra de María–, entre los 1500 y 2200 m (Esp.: Al).

En la especie la dispersión es anemócora y los frutos de cada capítulo se desprenden de manera conjunta (véanse las observaciones hechas acerca de *C. cuatrecasasii).*

5. **C. mitissimus** (L.) DC. in Lam. & DC., Fl. Franç. ed. 3, 4: 73 (1805) [mitíssimus]

Carthamus mitissimus L., Sp. Pl.: 831 (1753) [basión.]
Ind. loc.: “Habitat circa Parisios” [neótipo designado por G. López González in Acta Bot. Malac. 37: 89 (2012): P]
Ic.: Bonnier, Fl. Ill. France 6, tab. 323 (1923); H.J. Coste, Fl. Descr. France 2: 383 (1903); Hill, Veget. Syst. 4, tab. 3 (1762) [sub *Carthamus mitissimus*]

Hierba perenne, rizomatoso-estolonífera, con cepa leñosa, acaule o caulescente –uni o pluricaule–, inerme o ligeramente espinescente, de un verde claro o ceniciento, pelosa o glabrescente, con pelos pluricelulares flexuosos y pelos araneosos, y a veces en las brácteas involucrales internas pelos unicelulares y algunos glandulíferos diminutos. Tallos hasta de 15(22) cm, erectos o ascendentes, simples, ligeramente engrosados bajo los capítulos, de sección circular, acostillados longitudinalmente cuando jóvenes –con costillas redondeadas– y estriados o asurcados cuando secos, sin alas, escapiformes o foliosos –con 1-4(5) hojas–, por lo general pelosos, verdosos o purpúreo-violetas. Hojas herbáceas, no decurrentes, concoloras, con nervadura pseudopinnada-reticulada –los nervios laterales no se unen al nervio medio sino que discurren paralelos– y nervios muy prominentes por el envés, inermes o subinermes, glabras o pelosas –sobre todo en los nervios–, con pelos pluricelulares largos y flexuosos, o pelos araneosos; las basales (1)1,5-18(20) × (0,8)1-4(5,5) cm, rosuladas, pecioladas –pecíolo envainador, plurinervio– y con raquis alado de (0,8)1-4(5) mm de anchura, oblanceoladas u oblongas, pinnatipartidas o casi pinnatisectas, frecuentemente liradas –las juveniles y las primeras o más externas de la roseta generalmente más cortas, indivisas, serrado-espinulosas o pinnatífidas y con 1 o 2(3) pares de lóbulos en la base, aunque a menudo faltan en la antesis–, con 4-9(11) pares de segmentos desiguales, el terminal de tamaño similar al resto o elíptico y claramente más grande, de oblongo-lanceolados a linear-lanceolados o casi lineares, atenuados o no en la base, decurrentes, derechos o falcado-retrorsos, irregularmente dentados o lobados –hasta profundamente pinnatipartidos–, con dientes provistos de espínulas o setas de 0,5-1(1,5) mm, amarillentas, ± blandas, nada punzantes; las caulinares, cuando las hay, similares a las basales, cortamente pecioladas o sésiles, erecto-patentes, derechas o ± arqueadas, gradualmente menores hacia la parte superior del tallo, generalmente con segmentos más estrechos. Capítulos solitarios, terminales, uno por tallo, pedunculados o sésiles. Involucro 17-35(40) × 7-20 mm, ovoide-cilíndrico o cilíndrico, redondeado en la base, más corto que las flores –excepto a veces la bráctea externa–, glabrescente o araneoso; brácteas involucrales imbricadas y aparentemente dispuestas en 6 o 7 series, muy desiguales, con nervadura longitudinal paralela poco conspicua; las externas más cortas que las flores –o la primera subigual– y más cortas o raramente más largas que las medias e internas, adpresas, foliáceas, verdes, lanceoladas o elípticas, de base triangular y limbo profundamente pinnatipartido en 2 o 3(4) pares de segmentos linear-lanceolados o subulados, dentado-espinulosos, el terminal de tamaño similar al resto o bastante más grande, elíptico u oblongo-elíptico; las medias externas adpresas, ovado-triangulares, subherbáceas, inermes o espinescentes, de punta triangular, rematada en espínula y margen espaciadamente dentado-espinuloso –en las siguientes punta ovado-triangular, bruscamente acuminada, de margen largamente pectinado-dentado–, y las medias internas oblongas, cartáceas, con margen membranáceo estrecho, inermes, terminadas en apéndice cocleariforme de 3-4 × 3-3,5 mm, ovado o redondeado, irregularmente dentado, pardo-amarillento, a menudo con una mancha obscura en el centro; las internas de c. 1,5 mm de anchura, linear-oblongas o linear-lanceoladas, verdoso-blanquecinas, cartáceas, con margen membranáceo, inermes, terminadas en apéndice estrecho de 2-2,5 mm, plano, irregularmente dentado, amarillento o de un color pajizo. Receptáculo convexo o casi cónico, areolado, con pelos de 1-3 mm, subulados, fasciculados –soldados en la base–, lisos, blancos, más cortos que el ovario. Corola 30-38 mm, glabra, predominantemente azul o rosado-lila, con nervios rojizos o purpúreos ± conspicuos; tubo 23-29 mm, engrosado y carnoso en la base, blanquecino, generalmente sigmoideo, a veces rizado; limbo 8-11 mm, tubular-acampanado, azul o rosado-lila, con base entera de 1-1,7 mm y 5 lóbulos de 7-9 mm, subiguales, lineares, subagudos. Estambres con filamentos de c. 2,5(3) mm, con collar apical de c. 0,5 mm, estrellado-peloso en su parte media, con pelos blanquecinos digitiformes hasta de 0,4(0,5) mm, y anteras de 5-7 mm, violetas, con apéndices basales de c. 0,5 mm, triangulares, membranáceos, por lo general irregularmente dentado-lobados. Estilo blanco, rodeado en la base por un nectario cilíndrico, generalmente dentado o lobulado en la punta, con ramas de 6-7 mm, aproximadas, violetas, muy corta y densamente pelosas en el dorso y con superficie estigmática papilosa en la cara interna de las ramas. Aquenios 3,5-5,5 × 1,5-3 mm, homomorfos o ligeramente heteromorfos, irregularmente obovoide-tetragonales o subprismáticos, nada o apenas comprimidos, de sección tetragonal –con ángulos ± aquillados, obtusos o casi inapreciables–, truncados en el ápice, asimétricos y por lo general curvados en la base, a veces con una ligera ceñidura bajo la placa apical, generalmente algo gibosos en la cara adaxial y arqueados en la abaxial, con pericarpio lignificado diferenciado en capas y de superficie lisa o rugosa transversalmente en el 1/2-1/3 superior, mates o ligeramente brillantes, pardos, pardo-negruzcos o de un color pajizo, a veces discoloros, con la parte inferior blanquecina, o jaspeados de blanco, glabros; placa ± deprimida, con superficie radialmente asurcada o estriada y reborde poco saliente, irregularmente dentado, con un pequeño disco cilíndrico o subtetragonal bastante prominente en el centro –c. 0,5 mm de altura– y nectario de c. 0,5 mm, cilíndrico-acopado, truncado y lobulado en el ápice –con 5 lóbulos obtusos–; hilo cárpico c. 0,5 mm, lateral-adaxial, subbasal, oblicuo, oval o subromboidal. Vilano 15-30 mm, aparentemente simple, caedizo, blanco, pardo-rosado o de un color pajizo, con varias filas de pelos subiguales –los de la hilera interna de 0,2-0,3 mm de anchura, ligeramente más largos y anchos que los medianos, los exteriores más cortos y finos, flexuosos, con punta reflexa, entrelazados con los de otros vilanos, lo que favorece el desprendimiento conjunto de todos los aquenios del mismo capítulo–, soldados en un anillo basal conspicuo, lineares, curvados, ± rígidos, de sección semicircular, subplumosos o plumosos –con cilios o dientes marginales de (0,2)0,3-0,8 mm– y por lo general también escábridos en la parte media de la superficie dorsal. $2n = 24$.

Pastos secos o frescos, tomillares, matorrales abiertos, crestones venteados, pedregales, etc., en substrato calizo o margoso; 20-1840(2000) m. V-VIII. Península Ibérica, SW, W, S y C de Francia. N y CN de España. **Esp.:** Bi Bu Gu Hu Le Lo Na O P S SS Vi Z. **N.v.:** arzolla, cardo arzolla.

Observaciones.–Se emplea en medicina popular como vulnerario. Próximamente emparentado con *C. monspelliensium,* de carácter mediterráneo, con el que puede coexistir en lugares próximos de ciertas regiones del N de España sin que haya, aparentemente, separación ecológica alguna, ni formas claramente intermedias. Comparte con esta especie y con *C. cuatrecasasii* la especial manera de dispersar los frutos al modo de un estepicursor.

6. C. hispanicus Boiss. ex DC., Prodr. 7: 304 (1838) [hispánicus]

Carthamus hispanicus (Boiss. ex DC.) Sch. Bip. in Webb & Berthel., Phytogr. Can. 3(2,2): 363 (1846)

Ind. loc.: "(...) in arvis Hispaniæ Granatensis ad alt. 5500 ped. in Sierrâ de Gador legit cl. Boissier!" [lectótipo designado por H. Burdet & al. in Candollea 38: 767 (1983): G]

Hierba perenne, rizomatoso-estolonífera, con cepa leñosa, generalmente pluricaule, espinosa, de un verde claro o ceniciento, o bien glauca, de muy pelosa a glabrescente, con pelos pluricelulares flexuosos y pelos araneosos, y en las brácteas involucrales medias e internas también pelos unicelulares y glandulíferos estipitados diminutos. Tallos (5)10-35(45) cm, erectos o ascendentes, simples o ramificados, un poco engrosados bajo los capítulos, de sección circular, acostillados longitudinalmente al menos en sus 1/2-2/3 superiores –con costillas redondeadas prominentes– y asurcados al menos cuando secos, sin alas, con (7)11-19(20) hojas caulinares –hasta 40 o más cuando son ramosos–, araneoso-pelosos o glabros, blanquecinos o de un color pajizo. Hojas coriáceas, no decurrentes, concoloras, con nervios muy prominentes por el envés, espinosas, glabras o pelosas –sobre todo en los nervios y márgenes–, con pelos pluricelulares largos y flexuosos; las basales 3-10(15) × 0,8-2,5(4) cm, rosuladas, pecioladas –pecíolo envainador, plurinervio– y con raquis alado de 1,5-3(4) mm de anchura, con nervadura pseudopinnada-reticulada –los nervios laterales que van a los lóbulos no se unen al nervio medio sino que discurren paralelos–, lanceoladas, oblongo-lanceoladas, oblanceoladas u oblongas, agudas, profundamente dentadas, pinnatífidas, pinnatipartidas o casi pinnatisectas en (3)4-10 pares de segmentos desiguales –las juveniles y las primeras o más externas de la roseta no suelen ser divididas sino serradas o dentadas, inermes o subinermes, algo más pequeñas, a veces enteras o dentadas solo en la base, aunque a menudo faltan en la antesis–, el terminal de tamaño similar o menor que el resto, de triangulares a oblongo-lanceolados, atenuados o no en la base, decurrentes, generalmente arqueado-retrorsos, irregularmente dentados o lobados –hojas bipinnatífidas–, con dientes provistos de espinas de (1)1,5-4(5) mm, amarillas; las caulinares inferiores similares a las basales, cortamente pecioladas o sentadas, y las medias y superiores de 2-4,5(5) × 0,3-1,5(2) cm, diferentes de las basales, sésiles, patentes o erecto-patentes, arqueadas o arqueado-reflexas, ligeramente menores hacia la parte superior del tallo, con nervadura palmeado-reticulada, ovado-lanceoladas o estrechamente lanceoladas, acuminadas, rígidas, dentadas o pinnatífidas, espinosas, con 5-7(9) dientes o lóbulos desiguales terminados en espinas de 1,5-4(5) mm. Capítulos solitarios, terminales, uno o varios por tallo, sésiles, alcanzados en la base por las hojas caulinares superiores, que no superan el involucro. Involucro 13-30 × 10-30(35) mm, ovoide, estrechamente ovoide o acampanado, más corto que las flores, araneoso o glabrescente; brácteas involucrales imbricadas y aparentemente dispuestas en 6-8 series, muy desiguales, con nervadura longitudinal paralela, las medias e internas fina y cortamente pubescentes –con pelos tectores y glandulíferos– en el dorso; las externas hasta de 3 cm, en 2-4(5) series, más cortas que las flores y de más cortas a ligeramente más largas que las medias e internas, erecto-patentes o patentes, frecuentemente arqueado-reflexas, foliáceas y muy similares a las hojas caulinares, verdes, con base triangular amarillenta y 5-7 nervios prominentes, ovado-lanceoladas o lanceoladas, espinoso-dentadas o lobadas, con 3-8(9) dientes o lóbulos desiguales y provistos de espinas de 1-4 mm, amarillentas; las medias adpresas, con nervadura paralela muy conspicua, las del exterior ovadas u ovado-triangulares, con punta triangular, pectinado-dentada, con punta y dientes espinosos, las siguientes ovado-oblongas u oblongas, cartáceas, con un apéndice apical triangular palmeado-espinoso o palmeado-lacerado, y las del interior similares pero inermes, con apéndice apical escarioso, semicircular u ovado, cocleariforme, lacerado o irregularmente dentado; las internas lineares o linear-lanceoladas, cartáceas, de margen membranáceo, con un pequeño apéndice papiráceo ovado-oblongo, oblongo o lingüiforme, dentado, fimbriado o subentero. Receptáculo convexo, ligeramente areolado, con pelos de (7)10-14 mm, lineares, lisos, agudos, blancos, bastante más largos que el ovario y frecuentemente retorcidos. Corola (14)20-30 mm, predominantemente violeta o rosado-purpúrea, rara vez blanquecina, con nervios longitudinales rojizos o purpúreos ± conspicuos, glabra; tubo (8)10-23 mm, engrosado y carnoso en la base, blanquecino, derecho o sigmoideo; limbo 6-13 mm, acampanado, violeta o rosado-purpúreo, raramente blanquecino, con base entera de (0,5)1-1,5 mm y 5 lóbulos de 5-10(11) × 0,4-0,6 mm, subiguales, lineares, subagudos. Estambres con filamento de (1)1,5-2 mm, con collar apical de c. 0,5 mm, estrellado-peloso en su parte media –a c. 1 mm de las anteras–, con pelos blanquecinos digitiformes hasta de 0,5(0,6) mm; anteras de 5-9(10) mm, violetas, con apéndices estériles de 0,3-0,5 mm, triangulares o de forma irregular, membranáceos, por lo general irregularmente dentados o laciniados. Estilo blanco, rodeado en la base por un nectario cilíndrico o cilíndrico-acopado, generalmente dentado o lobado, con ramas de 5-9 mm, aproximadas, violetas, muy corta y densamente pelosas en el dorso y con superficie estigmática papilosa en la cara interna de las ramas. Aquenios (3,5)4-6(6,5) × 1,8-3,5 mm, homomorfos o ligeramente heteromorfos, obovoides, obovoide-subtetragonales o subprismáticos, nada o apenas comprimidos, de sección redondeada o subtetragonal, –con ángulos muy poco marcados, redondeados–, truncados en el ápice, asimétricos en la base, a veces con una ceñidura muy ligera por debajo de la placa apical, generalmente gibosos en la cara adaxial y arqueados en la abaxial, con pericarpio lignificado diferenciado en capas y de superficie rugosa transversalmente o irregularmente alveolado-muricada –sobre todo en el tercio apical– o casi lisa, brillantes o mates, pardos, pardo-amarillentos, de un color pajizo o blanquecinos, a menudo maculados o jaspeados, y frecuentemente con una banda transversal irregular más obscura en el tercio superior, glabros o esparcida y diminutamente glandular-pubescentes en el borde superior; placa apical ligeramente deprimida o casi plana, con superficie radialmente asurcada o estriada de forma leve y con reborde de unos 0,1-0,3 mm de altura, irregularmente dentado o denticulado, con un pequeño disco cilíndrico o subtetragonal muy prominente en el centro y nectario de 0,3-0,5 mm, tubular o tubular-acopado, denticulado o lobado en el ápice; hilo cárpico c. 0.5 mm, elíptico o redondeado, lateral-adaxial, subbasal, oblicuo. Vilano (10)11-14(15) mm, aparentemente simple, caedizo, blanco o a veces amarillento, con varias filas de pelos subiguales –los de la hilera interna de 0,1-0,2 mm de anchura, ligeramente más largos y anchos que los de las medias, los exteriores generalmente más cortos y finos, derechos, no entrelazados con los de los otros vilanos–, soldados en un anillo en la base, lineares, muy blandos y suaves, de sección semicircular, plumosos en el margen y por lo general también en la parte media de la superficie dorsal, con dientes o cilios hasta de 1(1,5) mm. $2n = 24, 48$.

Matorrales abiertos, pastos secos, tomillares de montaña, laderas pedregosas, cantiles, campos cultivados, ribazos, lindes de cultivo, etc., en medios algo alterados, abiertos y soleados, en substratos calizos o arcillosos, margas yesíferas e incluso terrenos esquistosos o volcánicos –traquitas–; 200-2000 m. V-VII. ● E, C y S de España. **Esp.:** A Ab Al Cu Gr J M Mu To. **N.v.:** cepilla, tetilla.

1. Brácteas foliáceas externas del involucro en 3 o 4(5) hileras, patentes o arqueado-reflexas; tallos floridos generalmente ramosos; planta por lo general densamente araneoso-pelosa, robusta .... **c.** subsp. **araneosus**
– Brácteas foliáceas externas del involucro en 2 o 3 hileras, erecto-patentes; tallos floridos simples, rara vez ramosos; plantas por lo general esparcidamente araneoso-pelosas o glabras, gráciles o robustas 2
2. Hojas de la roseta y caulinares inferiores dentadas o pinnatífidas; involucro 13-20(23) × 10-15(17) mm; planta por lo general grácil .... **a.** subsp. **hispanicus**
– Hojas de la roseta y caulinares inferiores pinnatipartidas o pinnatisectas –excepto las juveniles, que faltan por lo general en la antesis–; involucro 20-25(30) × 17-30(35) mm; planta ± robusta .... **b.** subsp. **intercedens**

a. subsp. **hispanicus**

Ic.: Boiss., Voy. Bot. Espagne, tab. 108 (1840); G. López in Anales Jard. Bot. Madrid 56: 80 fig. 1, 81 fig. 4 (1998)

Hierba por lo general esparcidamente araneoso-pelosa o glabrescente, a menudo grácil, de un verde claro o glauca. Tallos (8)10-35(40) cm × 0,8-2 mm, por lo general simples, rara vez ramosos cuando floridos, blanquecinos, con (9)11-19 hojas caulinares. Hojas de la roseta y las caulinares inferiores hasta de 6 × 1,5 cm, dentadas o pinnatífidas. Involucro 13-20(23) × 10-15(17) mm; brácteas externas foliáceas del involucro dispuestas en dos o tres hileras, erecto-patentes. Aquenios (3,5)4-5(5,5) × 1,8-2,2 mm, de sección redondeada o débilmente tetragonal. $2n = 24$.

Matorrales abiertos, tomillares de montaña, laderas pedregosas, campos cultivados, ribazos, lindes de cultivo, etc., en medios algo alterados, abiertos y soleados, preferentemente en substrato calizo, a veces en terrenos esquistosos o volcánicos –traquitas–; 200-1800 m. V-VI(VII). ● SE de España: sierra de Gádor, sierra Alhamilla, sierra del cabo de Gata, sierra de Enix, Níjar, etc. **Esp.:** Al.

b. subsp. **intercedens** (Degen & Hervier) G. López in Acta Bot. Malac. 37: 90 (2012) [intercédens]

C. araneosus f. *intercedens* Degen & Hervier in Bull. Acad. Int. Géogr. Bot. 17: 47 (1907) [basión.]
Ind. loc.: "La plante de la Sierra de la Malessa, lieux arides, à 1700 mètres, juillet, exs. n° 1240 (...)"
Ic.: Font Quer, Pl. Medic.: 856 fig. b (1962) [sub. *C. monspelliensium*]; lám. 72

Hierba araneoso-pelosa o glabrescente, ± robusta, de un verde ceniciento o claro, o bien glauca. Tallos (8)12-43 cm × 1-2 mm, generalmente simples, con (7)9-18(20) hojas caulinares. Hojas de la roseta y las caulinares inferiores hasta de 15 × 4 cm, pinnatipartidas o pinnatisectas –excepto las juveniles, que faltan por lo general en la antesis–, con segmentos pinnatífidos o dentados. Involucro 20-25(30) ×

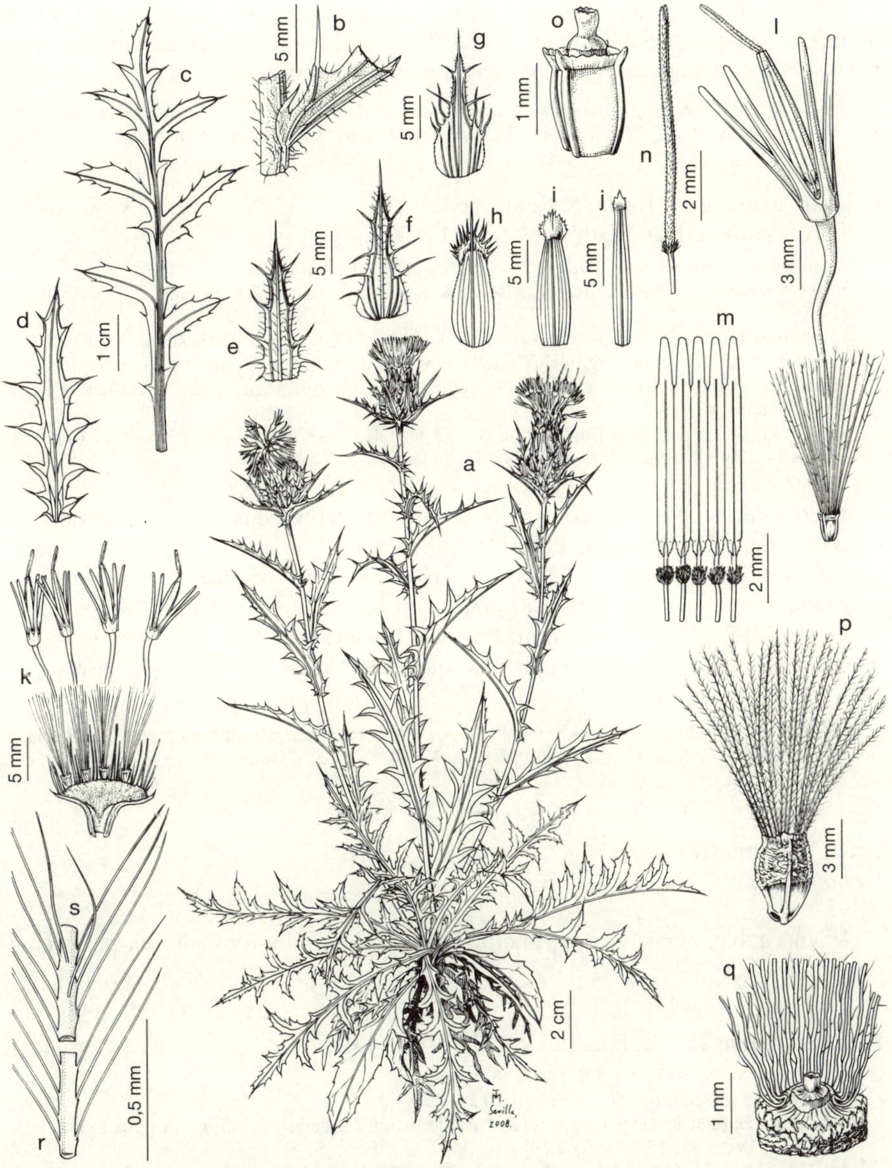

Lám. 72.–*Carduncellus hispanicus* subsp. *intercedens,* entre la ermita de La Fuensanta y el cortijo de Los Prados, sierra de Mágina, Jaén (MA 498237): a) hábito; b) detalle de la inserción de una hoja caulinar; c) hoja basal; d-g) hojas foliáceas externas del involucro; h, i) brácteas medias del involucro; j) bráctea interna del involucro; k) porción de capítulo seccionado; l) flor; m) estambres (tubo abierto y desplegado); n) detalle del estilo con sus ramas; o) ovario con nectario apical; p) aquenio y vilano; q) parte superior del aquenio y detalle del vilano; r) detalle de fragmento de un pelo del vilano en vista adaxial; s) detalle de fragmento de un pelo del vilano en vista abaxial.

17-30(35) mm; brácteas externas foliáceas del involucro dispuestas en dos o tres hileras, erecto-patentes. Aquenios (5)5,5-6(6,5) × 2,5-3,5 mm, de sección tetragonal o subtrígona, pero con ángulos generalmente poco marcados. $2n = 48$.

Pastos secos, tomillares, matorrales aclarados, laderas pedregosas, cantiles, etc., en terrenos calizos; 300(?)-2000 m. V-VII. ● Cuadrante SE de la Península Ibérica. **Esp.:** A Ab Gr J Mu.

c. subsp. **araneosus** (Boiss. & Reut.) G. López in Anales Jard. Bot. Madrid 38: 531 (1982) [araneósus]

C. araneosus Boiss. & Reut., Diagn. Pl. Nov. Hisp.: 18 (1842) [basión.]
C. monspelliensium subsp. *araneosus* (Boiss. & Reut.) O. Bolòs & Vigo in Folia Bot. Misc. 6: 85 (1989)
Carthamus hispanicus subsp. *araneosus* (Boiss. & Reut.) Greuter in Willdenowia 33: 53 (2003)
Ind. loc.: "Hab. in collibus argillosis Castellæ novæ propè Aranjuez, Ocana et la Guardia (Reuter), etiam in regno Granatensi observavit cl. Rambur" [lectótipo designado por H. Burdet & al. in Candollea 38: 767 (1983): G]
Ic.: Caball. in Anales Jard. Bot. Madrid 8: 553 lám. II (1949) [sub *C. araneosus*]; G. López in Anales Jard. Bot. Madrid 56: 80 fig. 2, 81 fig. 5 (1998)

Hierba densamente araneoso-pelosa, rara vez glabrescente, robusta, de un verde ceniciento o blanquecina. Tallos 18-45 cm × 1,5-3 mm, generalmente ramosos cuando floridos, pluricéfalos. Hojas de la roseta y caulinares inferiores hasta de 13 × 2,5 cm, pinnatipartidas o pinnatisectas, con segmentos pinnatífidos o dentados. Involucro 20-27(30) × 17-30 mm; brácteas foliáceas externas del involucro dispuestas en 3 o 4(5) hileras, patentes o arqueado-reflexas. Aquenios (4,5)5-6 × 2-3 mm, de sección tetragonal. $2n = 24$.

Matorrales aclarados, tomillares y lugares despejados, etc., generalmente en margas yesíferas o substratos arcillosos y lugares áridos; 560-1000 m. VI. ● C, E & SE de España. **Esp.**: A? Ab Al? Cu Gr? M To.

Grupo 2. **Lamottea**
Lamottea Pomel

Vilano doble, persistente, el interno bien diferenciado, formado por pelos cortos conniventes.

7. C. caeruleus (L.) C. Presl, Fl. Sicul.: XXX (1826) [caerúleus]

Carthamus caeruleus L., Sp. Pl.: 830 (1753) [basión.]
C. caeruleus var. *dentatus* DC., Prodr. 6: 615 (1838)
Ind. loc.: "Habitat in agro Tingitano & Hispalensi inter segetes" [lectótipo designado por N.J. Turland in Taxon 47: 356 (1998): BM]
Ic.: H.J. Coste, Fl. Descr. France 2: 398 (1903) [sub *Kentrophyllum caeruleum*]; Fiori & Paol., Iconogr. Fl. Ital. 2: 448 n.º 3754 (1904) [sub *Carthamus caeruleus*]; Hill, Veg. Syst. 4, tab. 4 (1762) [sub *Carthamus caeruleus*]; Valdés, Talavera & Galiano (eds.), Fl. Andalucía Occid. 3: 170 (1987) [sub *Carduncellus caeruleus* subsp. *caeruleus*]

Hierba perenne, rizomatosa, cespitosa, con cepa leñosa, pluricaule, espinescente o espinosa, de un verde claro o intenso, por lo general pelosa, con pelos pluricelulares flexuosos y pelos finos araneosos, y en el dorso de las brácteas involucrales medias e internas, pelos unicelulares cortos –de base cónica– y pelos glandulíferos diminutos muy cortamente estipitados. Tallos (6)10-80(90) cm, erectos o ascendentes, simples o ramosos en la parte inferior, engrosados bajo los capítulos, de sección circular y algo angulosos, asurcados en la parte superior y acostillados longitudinalmente –costillas prominentes y blanquecinas–, sin alas, con hojas a lo largo de casi toda su longitud –a menudo con más de 20 hojas–, glabrescentes o con pelos pluricelulares flexuosos. Hojas herbáceas o subcoriáceas, no decurrentes, concoloras, con nervadura secundaria reticulada y nervios prominentes por el envés, espinescentes o espinosas, con frecuencia pelosas, con pelos pluricelulares ± espaciados; las basales (5)7-23(28) × (1,1)1,5-5(6,5) cm, rosuladas, atenuadas en la base y ± pecioladas –pecíolo envainador y plurinervio–, con nervadura pseudopinnada-reticulada –los nervios laterales no se unen al nervio medio sino que discurren en paralelo a este–, oblongo-lanceoladas u oblanceoladas, dentadas, pinnatífidas, profundamente pinnatipartidas o liradas y con 1-9(11) pares de segmentos, alternos o subopuestos, oblongo-lanceolados o linear-lanceolados, rara vez ovados, derechos o arqueado-retrorsos, atenuados o no en la base, decurrentes, serrados y dentados o subenteros, inermes o espinescentes, a veces de margen escábrido, el terminal elíptico, subigual a los laterales o claramente más grande; las caulinares inferiores semejantes a las basales, las medias y superiores 2,5-10 × 0,8-6 cm, sésiles, cordadas en la base, gradualmente menores hacia la parte superior del tallo, de ovado-lanceoladas a oblongas, acuminadas, ± dentadas y más rara vez pinnatífidas o pinnatipartidas, con dientes triangulares con frecuencia divaricados, espinescentes o espinosos y nervadura palmeado-reticulada –con 5-7 nervios en la base, el central mucho más grueso que los laterales–; las inmediatas a la inflorescencia similares a las brácteas externas. Capítulos solitarios, terminales, sésiles, rodeados en la base por las hojas caulinares superiores, que no sobrepasan al involucro. Involucro (17)20-35(45) × (12)15-30 mm, anchamente ovoide o acampanado, redondeado o ligeramente umbilicado en la base, más corto que las flores, generalmente araneoso; brácteas aparentemente dispuestas en 6 o 7 series, muy desiguales, con 5-7 nervios longitudinales paralelos, las medias e internas imbricadas; las externas de casi la misma longitud o un poco más largas que las medias e internas, foliáceas que casi ocultan al resto del involucro, erectas o erecto-patentes, ovado-lanceoladas, acuminadas, verdes, dentadas, espinosas, con nervios prominentes y espina apical de 3-4 mm; las medias externas adpresas, ovado-lanceoladas, largamente acuminadas, con punta triangular pectinado-espinulosa, rematadas en espina, las medias internas cartáceas, lanceoladas u oblongas, inermes, terminadas en un apéndice escarioso ovado-triangular, purpúreo-negruzco, de margen cortamente fimbriado o lacerado; las internas cartáceas, linear-oblongas, de margen escarioso solo en la parte inferior, inermes, con apéndice ovado-triangular u oblongo, irregularmente dentado, generalmente purpúreo-negruzco. Receptáculo convexo, areolado o casi alveolado, con pelos de (1)3-10 mm, lineares, planos, lisos, blancos, frecuentemente retorcidos. Corola 23-38 mm, glabra, predominantemente de un azul intenso, con nervios longitudinales rojizos o purpúreos; tubo 14-26 mm, engrosado y carnoso en la base, generalmente sigmoideo, a veces rizado, blanquecino; limbo 9-15 mm, tubular-obcónico, de un azul intenso –raramente blanco–, con base entera de 2-3,5 mm y 5 lóbulos de (6)7-12 mm, subiguales, lineares, subagudos. Estambres con filamento de 2,5-3 mm y con collar apical de c. 0,5 mm, estrellado-peloso en su parte media, con pelos blanquecinos digitiformes hasta de 0,7 mm; anteras (5,5)6,5-9 mm, violetas, con apéndices basales de c. 0,6-0,7 mm, subtriangulares y membranáceos, por lo general dentados o lobados. Estilo violeta, rodeado en la base por un nectario subcilíndrico, con ramas de 6,5-9 mm, aproximadas, con pelos muy cortos en el dorso y superficie estigmática papilosa. Aquenios (4)5-6,5(7) × 3,2-5(5,5) mm, homomorfos o ligeramente heteromorfos, obovoides, ± obpiramidales o subglobosos, ± comprimidos, de sección oval, redondeada o subtetragonal –con ángulos apenas marcados–, truncados en el ápice y asimétricos y curvados en la base, a veces con una ligera ceñidura subapical, gibosos o casi rectos en la cara adaxial y arqueados en la abaxial, con pericarpio lignificado, diferenciado en capas y de superficie lisa excepto en el tercio superior –por lo general excavado-rugoso–, glabros o con pelos glandulíferos diminutos en la parte apical, mates o ligeramente brillantes, de un pardo claro, amarillo pajizo o grisáceo-blanquecino, a menudo con la parte apical más obscura –que puede ir orlada de una banda negra irregular– y a veces con máculas de color más obscuro o jaspeados; placa apical ligeramente deprimida, con superficie radialmente asurcada y reborde poco pronunciado –débil e irregularmente dentado–, con un disco poco prominente en el centro y nectario de 0,3-0,5 mm, acopado o cilíndrico –a veces con un estrangulamiento en la base–, pentalobulado; hilo cárpico c. 1 mm, lateral-adaxial, oblicuo, transversalmente oval, subromboidal o redondeado. Vilano doble, persistente, con pelos tenaces; el externo 7-11,5 mm, de un color pajizo, pardo-rojizo o blanquecino, con varias filas de pelos de 0,1-0,2 mm de anchura, desiguales, progresivamente más largos de fuera adentro, libres, lineares, de sección plana o plano-convexa, rígidos, escábridos o cortamente barbados en el margen y en la parte media de la superficie dorsal –con dientes hasta de 0,1 mm–; el interno de 2,5-3 mm, concoloro o más pálido que el externo, con una fila de pelos linear-lanceolados o lineares, engrosados y mazudos en la base, soldados en un anillo en la parte inferior y conniventes arriba, similares a los del vilano externo pero desigualmente barbados, con dientes muy cortos o lisos en la parte inferior y hasta de 0,2 mm en la punta. $2n$ = 24, 48, 72.

Campos cultivados o incultos, ribazos, bordes de camino, pastos frescos o secos, alcornocales, etc., indiferente edáfica pero con preferencia por substratos calizos o margosos; 0-950(1520) m. IV-VII. Región Mediterránea y Macaronesia –Islas Canarias, Madeira y Porto Santo–. Islas Baleares y E, S y W de la Península. **Esp.:** A? (Al) Ca Co (Gr) H J Ma Mu PM Se Te V? **Port.:** AAl Ag BAL BL E R. **N.v.:** azafrán azul, cardo arzolla azul, cardo azul, cardo santo azul, cardosanto azul, cártamo azul silvestre, cepilla, tetilla; *port.:* cardo-azul; *cat.:* escorçonera, escurçonera, escurçonera blava.

Observaciones.–Hierba con tamaño y morfología foliar bastante variables. Se reconocen la var. *caeruleus,* con todas las hojas indivisas y dentadas (Esp.: Ca Co H J Ma Mu PM Se Te. Port.: AAl Ag BAl BL E), y la var. *incisus* DC., Prodr. 6: 615 (1838) [*Carthamus tingitanus* L., Sp. Pl. ed. 2, 2: 1163 (1763); *Onobroma caerulea* var. *pinnatifida* Hoffmanns. & Link, Fl. Portug. 2: 208 (1820-1828); *C. tingitanus* (L.) C. Presl, Fl. Sicul.: XXX (1826); *Onobroma tingitana* (L.) Sweet, Hort. Brit.: 216 (1826); *C. tingitanus* var. *corymbosus* Guss., Fl. Sicul. Syn. 2: 431 (1828-1832), p.p.; *Carthamus caeruleus* var. *incisus* (DC.) Sch. Bip. in Webb & Berthel., Phytogr. Can. 3(2,2): 368 (1846); *Carthamus caeruleus* var. *tingitanus* (L.) Ball in J. Linn. Soc., Bot. 16: 532 (1878); *Kentrophyllum tingitanum* (L.) Ces., Pass. & Gibelli, Comp. Fl. Ital. 2: 449 (1886); *C. caeruleus* subsp. *tingitanus* (L.) Rivas Goday & Rivas Mart. in Anales Inst. Bot. Cavanilles 25: 189 (1969); *Carthamus caeruleus* subsp. *tingitanus* (L.)

Giardina, Raimondo & Spadaro in Bocconea 20: 398 (2008)], con todas las hojas o solo las inferiores profundamente divididas, pinnatífidas o pinnatipartidas, las inferiores a veces liradas [Esp.: Ca H Ma PM[Cabrera Ib]; Port.: AAl Ag R]. Los distintos niveles de ploidía detectados en esta especie no parecen tener un reflejo claro en su morfología.

Sus frutos se han empleado como alimento para aves.

8. C. dianius Webb, Iter Hisp.: 33 (1838) [diánius]

Carthamus dianius (Webb) Sch. Bip. in Webb & Berthel., Phytogr. Can. 3(2,2): 363 (1846)
Ind. loc.: "Hab. In rupestribus altioribus montis Jovis propè Dianium, ubi mensi quintili anni 1826 cùm jam defloruit, seminibus diù maturatis, fructiferam detexi"
Ic.: Coincy, Ecl. Pl. Hispan. 1, tab. 5 (1893); Rouy, Ill. Pl. Eur. 1, tab. 13 (1895); lám. 73

Hierba perenne, con cepa leñosa y por lo general cubierta de restos pajizos de las hojas viejas, unicaule o pluricaule, espinosa o espinescente, verde o ligeramente glauca, glabrescente o ± pelosa, con pelos glandulíferos pluricelulares cortos –de 0,1-0,3(0,5) mm–, pelos pluricelulares flexuosos muy largos, pelos largos y muy finos, lanosos, y pelos unicelulares muy cortos. Tallos 60-120(140) cm, erectos o ascendentes, ramosos sobre todo en la mitad superior, ligeramente engrosados bajo los capítulos, de sección ± circular, asurcados longitudinalmente –con costillas de grosor desigual, obtusas–, sin alas, con hojas a lo largo de casi toda su longitud –7-14 hojas caulinares–, glabros o pubescente-glandulosos, a veces pardo-rojizos. Hojas herbáceas o ligeramente coriáceas, algo carnosas, no decurrentes, concoloras, con nervadura secundaria reticulada y nervios prominentes por el envés, subinermes, glabrescentes, a menudo con una borra de pelos lanosos en las axilas y, a veces, con pelos espaciados pluricelulares o glandulíferos, sobre todo en el margen; las basales 15-39 × 4,5-15(20) cm, rosuladas –en la antesis a menudo secas o faltan–, pecioladas –pecíolo amplexicaule–, con nervadura principal pseudopinnada –los nervios laterales no se unen al medio sino que discurren paralelos–, oblanceoladas, estrechamente obovadas o espatuladas, pinnatipartidas o liradas –excepto las primeras, que pueden ser oblongo-elípticas–, con 3-6 pares de segmentos oblongo-elípticos o linear-lanceolados, enteros, dentados o denticulados, mucronados o subaristados, el terminal oval, elíptico u oblongo, conspicuamente mayor que el resto y a veces tripartido; las caulinares inferiores semejantes a las basales y el resto sésiles, semiamplexicaules, gradualmente menores hacia la parte superior del tallo, de ovado-lanceoladas a oblongo-lanceoladas o elípticas, ± profundamente dentadas o pinnatífidas en 3-6 pares de segmentos de lineares a oblongo-lanceolados o triangulares, subenteros, aristado-espinescentes –espinitas 0,5-2,5 mm, amarillentas–, el terminal ligeramente mayor, de triangular-lanceolado a oblongo, y nervadura con 2-6 nervios principales arqueados y ± paralelos al nervio medio desde la base; las superiores similares a las medias, dentadas. Capítulos solitarios o varios en disposición corimbiforme, terminales, cortamente pedunculados o subsésiles, rodeados a veces en la base por la hoja caulinar superior, que no sobrepasa al involucro. Involucro 20-35(40) × 20-30 mm, anchamente ovoide, redondeado o subumbilicado en la base, más corto que las flores; brácteas imbricadas y aparentemente dispuestas en 6 o 7(8) series, claramente desiguales, densamente pubescentes en el dorso y margen –con pelos muy cortos glandulíferos o tectores–, con varios nervios longitudinales paralelos; las externas más cortas o subiguales a las medias e internas, foliáceas, patentes o adpresas, ovado-lanceoladas o lanceoladas, dentado o lobado-espinosas, con 4-7 pares de dientes o lóbulos subulados rematados en espinas amarillentas de 3-5 mm; las medias gradualmente mayores de fuera adentro –excepto las internas, ligeramente más cortas–, fuertemente adpresas, verdes al principio y más tarde verde-amarillentas o amarillentas, con varios nervios paralelos longitudinales prominentes, las de las primeras hileras de 10-17 mm, coriáceas, ovado-lanceoladas u ovado-triangulares, de márgenes no hialinos, agudas, pectinado-dentadas en la mitad apical, con dientes subulados espinescentes de 2-5 mm, y las medianas de c. 20 mm, coriáceas o cartáceas, elípticas u oblongas, inermes, terminadas en un apéndice inerme semicircular u ovado, ± cocleariforme, palmeado-dentado, lacerado o fimbriado, amarillo; las internas c. 18 mm, cartáceas o membranáceas, oblongo-elípticas o linear-lanceoladas, inermes, con margen hialino y apéndice estrecho, ovado-oblongo u oblongo, plano, dentado, lacerado o fimbriado, amarillo. Receptáculo convexo, ligeramente areolado, con pelos de (3)5-8 mm, lineares, planos, lisos, blancos, frecuentemente retorcidos. Corola c. 30 mm, glabra, predominantemente rosada, purpúrea o, más raramente, blanquecina, con nervios longitudinales de un color más obscuro que el del resto; tubo c. 20 mm, ligeramente engrosado en la base, flexuoso en forma de ese, blanquecino; limbo c. 10-11 mm, tubular-acampanado, rosado o purpúreo, raramente blanquecino, con base entera de 3-5 mm y 5 lóbulos de 5-8 mm, subiguales o dos de ellos ligeramente más cortos, lineares, subobtusos. Estambres con filamento de c. 3-4 mm, con collar apical de c. 0,8 mm, ligeramente engrosado y de consistencia diferente, estrellado-peloso por encima de su parte media, con pelos blanquecinos digitiformes hasta de 0,6(1) mm; anteras c. 8 mm, violetas, con apéndices basales de c. 0,7 mm, triangulares. Estilo blanquecino o rosado, rodeado en la base por un nectario cilíndrico, con ramas de c. 8 mm, aproximadas, muy cortamente pelosas en el dorso y con superficie estigmática papilosa. Aquenios 4-6,5(7) × 2,8-4(5) mm, homomorfos o ligeramente heteromorfos, de oblongos a obpiramidales u obovoides, comprimidos, de sección elíptica, oval o subtetragonal –con ángulos redondeados excepto a veces en la parte apical, que puede ser un poco aquillada–, truncados en el ápice y algo asimétricos en la base, a menudo algo gibosos en la parte adaxial y derechos o curvados en la abaxial, con pericarpio lignificado y diferenciado en capas, no muy duro y de superficie lisa, un poco rugosa o con pliegues en la parte apical, ligeramente brillantes, parduscos o de un color pajizo –rara vez blanquecinos– y, a menudo, con máculas o punteaduras negras o con la parte apical negruzca, glabros; placa apical aplanada o ligeramente deprimida, con reborde dentado o subentero, un disco en el centro y nectario de c. 0,5 mm, cilíndrico, pentalobulado; hilo cárpico c. 0,7-1 mm, lateral-abaxial, oblicuo, oval o elíptico. Vilano doble, persistente, con pelos tenaces; el externo 5-11 mm, blanco, rosado, pardo-rojizo o violeta –a veces con manchas negras–, con varias filas de pelos de 0,1-0,2 mm de anchura, desiguales, progresivamente más largos de fuera adentro, libres, lineares, de sección semicilíndrica, algo rígidos, barbados en el margen y en la parte media de la superficie dorsal –con dientes ligeramente más cortos que la anchura del pelo–; el interno de unos 3-5 mm, de un color más claro, con una fila de pelos ligeramente engrosados y soldados en un anillo en la base y conniventes arriba, similares a los del vilano externo pero más largamente barbados. $2n = 24$.

Lám. 73.–*Carduncellus dianius,* a, c, e-n) Montgó, Denia, Alicante (MA 348203); b) ibídem (MA 181099), d, o-s) ibídem (MA 136708): a) tallo florido; b) base de la planta; c) detalle de la inserción de una hoja caulinar; d) hoja caulinar inferior; e, f) brácteas foliáceas externas del involucro; g-i) brácteas medias del involucro; j) bráctea interna del involucro; k) sección del capítulo que muestra la disposición de frutos y pelos; l) flor; m) estambres (tubo abierto y desplegado); n) detalle del estilo con sus ramas; o) ovario con nectario apical; p) aquenio con vilano; q) parte superior del aquenio y detalle del vilano externo e interno; r) detalle de fragmento de un pelo del vilano en vista abaxial; s) detalle de fragmento de un pelo del vilano en vista adaxial.

Repisas y grietas de roca, roquedos marítimos, a veces en laderas pedregosas, en lugares ± umbrosos y substratos calizos; 0-700 m. V-VI(VII). ● Ibiza e islotes próximos, montañas mediterráneas subcosteras y secas o subhúmedas del N de Alicante: macizo del Montgó y sierra de Bernia. **Esp.:** A PM[Ib].

ESPECIE QUE HA DE BUSCARSE

C. pinnatus (Desf.) DC., Prodr. 6: 614 (1838) [*Carthamus pinnatus* Desf., Fl. Atlant. 2: 258, tab. 229 (1799), basión; *C. acaulis* C. Presl, Fl. Sicul.: XXX (1826); *Onobroma pinnatum* (Desf.) Spreng., Syst. Veg. 3: 393 (1826); *C. pinnatus* var. *acaulis* (C. Presl) DC., Prodr. 6: 614 (1838); *Carthamus acaulis* (C. Presl) C. Presl ex Steud., Nomencl. Bot. ed. 2, 1: 300 (1840); *Kentrophyllum pinnatum* (Desf.) Ces., Pass. & Gibelli, Comp. Fl. Ital. 2: 449 (1886); *C. pinnatus* var. *caulescens* Batt. in Batt. & Trab., Fl. Algérie (Dicot.): 513 (1889), nom. illeg.; *Carthamodes pinnatum* (Desf.) Kuntze, Revis. Gen. Pl.: 326 (1891); *C. pinnatus* subsp. *eupinnatus* Maire in Jahand. & Maire, Cat. Pl. Maroc 3: 823 (1934), nom. inval.]. Hierba perenne, acaule o subacaule. Hojas con (8)11-15 pares de segmentos laterales dispuestos casi perpendicularmente al raquis –en posición casi vertical–, sobre el que se prolongan por un resalte estrecho de anchura uniforme que nace del nervio medio; segmentos con nervadura muy prominente, ligeramente decurrentes, con espinas marginales dirigidas hacia el ápice e indumento de pelos aracnoideos muy espaciados. Corola de un azul-violeta intenso. Aquenios 5,5-6 mm, tetragonales, rugosos, con reborde de la placa apical dentado. Vilano 17-30 mm, caedizo, con pelos subplumosos, ± rígido. Principalmente norteafricana, se ha mencionado por error del centro de la Península, pero las citas se corresponden con *C. monspelliensium* var. *megacephalus (C. matritensis),* y también de Badajoz por confusión con *C. cuatrecasasii* [cf. P.J. Gómez Hernández in Bol. Soc. Brot. ser. 2, 57: 334 (1984)]. Aún persisten, sin embargo, las menciones que se hacen en las floras catalanas más recientes para Baleares [cf. O. de Bolòs & J. Vigo, Fl. Països Catalans 3: 951-952 (1995)], citas que no se han visto respaldadas por material de herbario, por lo que la presencia de esta especie allí –en Europa solo crece con seguridad en Sicilia– parece poco verosímil.

29. **Centaurea** L. [nom. cons.]*

[Centauréa, -ae f. – gr. *kentaúr(e)ion, -r(e)íou* n., *kentauría, -as* f., *kentaurís, -ídos* f., etc.; lat. *centaurēum(-ĭon, -ĭum), -i* n., *centaurēa(-rĭa), -ae* f. = en Dioscórides [*kentaúr(e)ion méga*] y Plinio *(centaurium* y *centaurium maius),* planta abundante en Licia y el Peloponeso, de tallos de 2-3 codos, hojas alargadas, de margen aserrado, parecidas a las de la *karýa basilikē* (en Dioscórides) –el nogal *(Juglans*

* J.A. Devesa (descripción del género y clave para determinar sus especies, secciones *Acrocentron* p.p., *Benedicta, Calcitrapa, Centaurea* p.p., *Cyanus* p.p., *Hymenocentron* p.p., *Jacea* p.p., *Lepteranthus* p.p., *Melanoloma, Mesocentron* p.p., *Phalolepis* p.p. y *Seridia* p.p.), E. López Nieto (secciones *Acrocentron* p.p., *Centaurea* p.p., *Hymenocentron* p.p., *Mesocentron* p.p. y *Phalolepis* p.p.), I. Arnelas (secciones *Jacea* p.p. y *Lepteranthus* p.p.), G. Blanca (sect. *Centaurea* p.p.), V.N. Suárez-Santiago (sect. *Centaurea* p.p.), V. Rodríguez Invernón (sect. *Seridia* p.p.) & A.F. Muñoz Rodríguez (sect. *Cyanus* p.p.).

regia L., *Juglandaceae)*–, y cabezuelas semejantes a las del *mḗkōn* (en Dioscórides) o *papaver* (en Plinio) –probablemente, la adormidera *(Papaver somniferum* L., *Papaveraceae)*–, de contorno alargado, y flores azuladas; planta que muchos autores han supuesto será la *Rhaponticoides Centaurium* (L.) M.V. Agab. & Greuter *(C. Centaurium* L.) –pero es endémica del S de Italia–, la *Rh. amplifolia* (Boiss. & Heldr.) M.V. Agab. & Greuter *(C. amplifolia* Boiss. & Heldr.), que crece en el Peloponeso, pero no en Licia, etc. Según Plinio (25.66), "Se dice que Quirón se curó con la centaura cuando cayó sobre su pie una flecha al manejar las armas de Hércules, su huésped, por lo cual algunos la llaman 'planta de Quirón'" –gr. *Kentaúreios, -a, -on,* lat. *Centaurēus, -a, -um* = propio del centauro [del gr. *Kéntauros, -aúrou* m.(f.); lat. *Centaurus, -i* m. = centauro, palabra ésta que designa una estirpe de seres mitológicos, mitad hombre y mitad caballo, que habitaba en las montañas de Tesalia y en la que sobresalía Quirón, sabio y prudente, renombrado médico y preceptor de muchos héroes mitológicos, como Heracles (Hércules)]–. El género *Centaurea* L. *(Compositae)* fue creado por Linneo (1737: 263) como "Centauria", cambiado en el Hort. Cliff.: 420-424 (1738) por "Centaurea", y validado en Linneo (1753: 909-919; 1754: 389)]

Hierbas anuales, bienales o perennes, con raíz axonomorfa o bien con raíces fasciculadas tuberizadas, o rizomatosas, por lo general sufruticulosas, más rara vez sufrútices o matas, inermes salvo con muchísima frecuencia las brácteas del involucro –a menudo con una espina o con un apéndice apical espinoso o espinuloso–, con pelos tectores unicelulares, araneosos o seríceos y pelos pluricelulares uniseriados, a veces también escábridas, y a menudo con glándulas punctiformes sésiles. Tallos bien desarrollados, simples o ± ramificados, a veces escapiformes, alados o no, más rara vez plantas acaules. Hojas rosuladas y ± pecioladas en las especies acaules, en las demás hojas caulinares casi siempre bien desarrolladas, las basales –a menudo rosuladas– y las caulinares inferiores pecioladas y el resto sésiles, ± decurrentes o no decurrentes, enteras, dentadas, sinuado-dentadas, pinnatífidas, pinnatipartidas o pinnatisectas, rarísima vez con margen espinuloso. Capítulos multifloros, terminales o axilares, solitarios, reunidos en grupos o dispuestos en inflorescencias complejas paniculiformes o corimbiformes laxas, sésiles o ± pedunculados, discoides o radiantes, homógamos, a veces rodeados de hojas involucrales. Involucro cilíndrico, fusiforme, ovoide, obcónico o globoso, redondeado, umbilicado o truncado en la base; brácteas dispuestas en (3)4-9 series, herbáceas, ± coriáceas, imbricadas y ± adpresas, mayores hacia el interior o las medias mayores que el resto, las externas y medias con un apéndice apical escarioso, coriáceo, de forma muy variada –triangular, semilunar, elíptico, orbicular, lanceolado, etc.–, entero, dentado, lacerado, pectinado-fimbriado, pectinado-espinuloso, pectinado-espinoso o palmeado-espinoso, en ocasiones en forma de una espina apical ± desarrollada y punzante o reducido a una espínula, de erecto-patente a patente o incluso reflexo, a veces ± decurrente sobre el borde de la bráctea, las internas a menudo sin apéndice o muy diferente del de las medias y externas, y casi siempre inerme. Receptáculo por lo general plano, a veces ligeramente cóncavo o convexo, alveolado, con páleas setáceas comprimidas, caedizas tras la fructificación. Flósculos todos hermafroditas –capítulos discoides–, o los del centro hermafroditas y los de la periferia neutros –capítulos radiantes–, estos del mismo tamaño o mucho mayores que los del disco, todos casi siempre sobrepasan el involucro. Corola tubular, pentámera –la de las flores neutras también trímera, tetrámera, etc.–, ± zigomorfa, glabra o ± papilosa en el exterior, rosada, rosado-blanquecina, purpúrea, rosado-purpúrea, rosado-violeta, de color crema, amarilla, anaranjada, amarillento-anaranjada o azul, rara vez blanca, blanquecina o de un amarillo pálido, la de las flores neutras gradualmente infundibuliforme y notablemente zigomorfa, con lóbulos muy desiguales, y la de las hermafroditas con tubo y limbo netamente diferenciados, este con 5 lóbulos ± desiguales, por lo general uno o dos con los senos algo más profundos. Estambres con filamentos libres, papilosos, pelosos o con espículas, insertos en la base del limbo de la corola; anteras con conectivo prolongado en una lengüeta apical lanceolada ligeramente incurva, calcariformes en la base, con apéndices basales membranáceos o escariosos, truncados y ± dentados o lacerados. Estilo liso, con dos ramas por lo general unidas al principio y luego ± erecto-patentes o patentes, delimitadas por un anillo de pelos colectores cortos, el resto glabro, rodeado en la base por un nectario, que persiste en el fruto a modo de prominencia sobre la placa apical. Aquenios homomorfos, casi siempre con vilano, obovoides, obcónicos, oblongo-obovoides o cilíndricos, de sección ± elíptica o circular, con superficie lisa o ± acostillados longitudinalmente –a menudo con 4 o 5 costillas ± tenues, o con 15-19 muy marcadas–, glabros, laxamente vilosos o adpreso-seríceos, a veces con pelos blancos erectos en torno al hilo cárpico, truncados en el ápice, con placa apical plana, de borde entero y con nectario central ± cilíndrico; hilo cárpico lateral-adaxial, ± circular, elíptico o rómbico; con o sin eleosoma, que sobrepasa o no la base del aquenio. Vilano doble, persistente, rara vez simple, a veces poco desarrollado o que incluso falta; el externo con varias filas de escamas planas, serradas, erectas o erecto-patentes, y el interno con una fila de escamas mucho más pequeñas, erectas y ± conniventes. x = 9, 10, 11 (en especies extraibéricas también 7, 8, 12, 13 y 15).

Observaciones.–El género comprende unas 250 especies eurasiáticas con especial representación en las regiones Mediterránea e Irano-Turania [A. Susanna & N. Garcia in Kubitzki (ed.), Fam. Gen. Vasc. Pl.: 146 (2007)], aunque muchas de ellas se han introducido en diversas partes del Globo.

La complejidad taxonómica de *Centaurea* es bien conocida y, en el tratamiento tradicional, se ha reconocido un gran número de táxones infragenéricos [cf. M. Dittrich in Bot. Jahrb. Syst. 88: 70-122 (1968); J. Dostál in Tutin & al. (eds.), Fl. Eur. 4: 254-301 (1976)], buena parte de ellos cuestionados hoy en día a la luz de los estudios filogenéticos con marcadores moleculares. En la actualidad, el género se considera parafilético en su concepción clásica [A. Susanna & al. in Amer. J. Bot. 82: 1056-1068 (1995); N. Garcia & al. in Pl. Syst. Evol. 223: 185-199 (2000)], lo que ha motivado la segregación de algunos de los subgéneros o secciones en géneros independientes [cf. W. Greuter in Willdenowia 33: 49-61 (2003)], de la misma forma que algunos táxones tradicionalmente segregados han sido de nuevo reunidos en *Centaurea* (v.gr., *Cnicus* L.). De especial trascendencia ha sido la segregación del tradicional subgen. *Centaurea* en un género independiente *(Rhaponticoides),* consecuencia de lo incongruente de mantener a *C. centaurium* L. [*Rhaponticoides centaurium* (L.) M.V. Agab. & Greuter] como especie tipo del género, pues en las filogenias ocupa, junto con sus especies afines, una posición aislada respecto del resto de los representantes del género [E.R. Gabrielian in D.J.N. Hind & al. (eds.), Advances Compositae Syst.: 145-152 (1995); N. Garcia

& al., loc. cit.]. Este hecho ha llevado necesariamente a la elección de un nuevo tipo para el género que apoya el uso tradicional del nombre: *C. paniculata* L. [W. Greuter & al. in Taxon 50: 1201-1205 (2001)].

En la delimitación y subdivisión del género, además de los caracteres morfológicos y de las nuevas herramientas moleculares de análisis, es de gran importancia la información cromosomática, carpológica y palinológica [G. Wagenitz in Flora 142: 213-279 (1955)], esta última claramente unida a los grandes linajes que se reconocen en *Centaurea* [N. Garcia & al. in Ann. Bot. (Oxford) 87: 503-515 (2001)], a los que podría darse categoría de subgénero [cf. L. Barres & al. in Amer. J. Bot. 100: 867-882 (2013)]. En particular, se trata del grupo de *C. cyanus,* que ocupa una posición basal en las filogenias e incluye especies con polen de tipo "Cyanus-Montana" en el sentido de G. Wagenitz (loc. cit.), el grupo *Acrocentron,* con especies cuyo polen es de tipo "Acrocentron", y un tercer gran grupo, *Centaurea (Jacea* Mill.), que reúne todos los táxones con polen de tipo "Jacea" y, entre ellos, la citada especie tipo del género, *C. paniculata*. Cada uno de estos linajes, a su vez, incluye varios subclados ± diversificados, algunos de los cuales poseen una representación importante en el territorio de esta flora.

Las flores de las especies de *Centaurea* son, por lo general, muy atractivas para los polinizadores, que facilitan la fecundación cruzada y entre los que se cuentan dípteros, himenópteros y lepidópteros [H. Müller, Fertilis. Fl.: 346-351 (1883); M. Proctor & al. (eds.), Nat. Hist. Pollination: 61, 67, 112 (1996)]. Los capítulos presentan solo flores hermafroditas y de tamaño parecido, o bien las de la periferia son neutras –rara vez alguna con pistilodio–, a veces incluso mayores que las del disco (v.gr., en *C. polyacantha, C. cyanus* y muchas otras), lo que les confiere ventaja para atraer polinizadores, como se ha comprobado en *C. nigra* [A.J. Lack in New Phytol. 77: 787-792 (1976); 91: 297-339 (1982)] y *C. cyanus* [A.J. Lack in J. Pollination Ecol. 8: 52-58 (2012)], entre otras especies. Hay especies autocompatibles (v.gr., *C. calcitrapa, C. sulphurea, C. diffusa,* etc.) y autoincompatibles (v.gr., *C. scabiosa* L., Sp. Pl.: 913 (1753), *C. jacea, C. solstitialis, C. corymbosa* Pourr. in Hist. & Mém. Acad. Roy. Sci. Toulouse 3: 310 (1780), etc.) [B. Colas & al. in Proc. Natl. Acad. Sci. U.S.A. 94: 3471-3476 (1997); D. Montesinos & al. in Amer. Naturalist 180: 529-533 (2012); M. Sun & K. Ritland in Heredity 80: 225-232 (1998)]. Algunas especies, como *C. melitensis* [R. Porras & J.M. Muñoz in Canad. J. Bot. 77: 1632-1640 (1999)] y *C. maroccana* (observ. pers.), tienen capítulos con flores cleistógamas. La mirmecocoria es común en el género, cuyas especies muy frecuentemente tienen un eleosoma bien desarrollado (a veces falta en las muestras de herbario, debido a la predación), un carácter que se ha asociado con la reducción del vilano [L. van der Pijl, Princ. Disper. Pl. ed. 3: 57 (1982)]. La hibridación es un fenómeno muy extendido, incluso entre especies de secciones muy dispares (véase el apartado de híbridos), lo que complica extraordinariamente la taxonomía del género, como sucede en el complejo *C. jacea-C. nigra* s.l. [cf. E.M. Marsden-Jones & W.B. Turrill, Brit. Knapweeds (1954); C. Gardou in Feddes Repert. 83: 311-472 (1972)]. La poliploidía también ha jugado un papel muy importante en la especiación del género y son comunes distintos niveles de ploidía en algunos grupos, como en el complejo de *C. toletana* y especies afines [cf. N. Garcia & al. in Molec. Phylogen. Evol. 52: 377-394 (2009)], o en el de *C. jacea-C. nigra* s.l. [cf. O.J. Hardy & al. in New Phytol. 146: 281-290 (2000); S. Vanderhoeven & al. in Pl. Biol. (Stuttgart) 4: 403-412 (2002)].

Algunas especies se cultivan como ornamentales, como *C. montana* y *C. ragusina* L., Sp. Pl.: 912 (1753), son muy frecuentes en patios y parterres y, a veces, pueden verse escapadas, mas sin llegar a naturalizarse. Muchas otras se han difundido por diversas partes del mundo y han llegado a ser muy agresivas y perniciosas para los cultivos, como *C. diffusa,* o bien se han extendido ampliamente como ruderales, como *C. melitensis* y *C. diluta.*

Del género se han citado para la flora peninsular algunas especies que no viven en nuestro territorio, o bien adventicias de las que hay algún testimonio de herbario. Entre las primeras se cuenta *C. napifolia* L., Sp. Pl.: 916 (1753) [*Calcitrapa napifolia* (L.) Moench, Methodus: 564 (1794); *Pectinastrum napifolium* (L.) Cass. in F. Cuvier, Dict. Sci. Nat. ed. 2, 44: 38 (1826); *Calcitrapoides napifolia* (L.) Holub in Folia Geobot. Phytotax. 8: 170 (1973)], de la sect. *Seridia,* que ha sido indicada para Menorca [Islas Baleares; cf. P. Fraga & al. in Boll. Soc. Hist. Nat. Balears 43: 67 (2000); 48: 114 (2005); Cat. Fl. Vasc. Menorca: 119 (2004)], si bien el estudio de material así identificado (MA 738086) ha puesto de manifiesto que se trata, en realidad, de *C. diluta.* Especial comentario merece *C. omphalotricha* (Batt.) Willk., Suppl. Prodr. Fl. Hispan.: 91 (1893) [*C. pubescens* subsp. *omphalotricha* Batt. in Batt. & Trab., Fl. Algérie (Dicot.): 497 (1889), basión.], una especie endémica del NW de África pero cuya presencia en el SE de España fue indicada erróneamente por H.M. Willkomm (loc. cit.). Esta cita ha sido recogida con posterioridad en floras y tratamientos recientes del género, si bien el material señalado por este autor se determina inequívocamente como *C. maroccana* [cf. J.A. Devesa & E. López Nieto in Acta Bot. Malac. 38: 256-258 (2013)].

Centaurea rupestris L., Sp. Pl. ed. 2: 1298 (1763), *C. phrygia* L., Sp. Pl.: 910 (1753) y *C. nigrescens* Willd., Sp. Pl. 3: 2288 (1803) fueron citadas para la Península en el tratamiento de H.M. Willkomm & J.M.Ch. Lange, Prodr. Fl. Hispan. 2: 148, 161, 165 (1865), así como *C. microptilon* (Godr.) Godr. & Gren. in Gren. & Godr., Fl. France 2: 242 (1850) [*C. vulgaris* var. *microptilon* Godr., Fl. Lorraine 2: 54 (1843), basión.] lo fue más tarde por H.M. Willkomm, Suppl. Prodr. Fl. Hispan.: 97 (1893). Sin embargo, estos nombres se refieren a especies foráneas de las que no se ha encontrado material alguno en nuestros herbarios durante nuestra revisión. Tampoco se han encontrado verdaderos ejemplares de *C. acaulis* L., Sp. Pl.: 914 (1753) o *C. pubescens* Willd., Sp. Pl. 3: 2322 (1803), a pesar de que con estos dos nombres se ha identificado erróneamente algún material de herbario.

En todos los casos, las medidas del involucro y su morfología se refieren a material sin prensar. En el apéndice de las brácteas involucrales, cuando tiene forma de espina o es predominantemente más largo que ancho y simultáneamente pectinado-fimbriado, pectinado-espinuloso o pectinado-espinoso, los caracteres de la fimbria, espínula o espina terminal se refieren a la porción distal de estas, desde la inserción de la última lateral. A menos que se diga lo contrario, las medidas de las anteras incluyen siempre el conectivo apical.

Bibliografía.–J. ARÈNES in Agron. Lusit. 11: 5-32 (1949) [taxonomía de *C. paniculata* s.l.]; in Mém. Mus. Natl. Hist. Nat. Paris, B, Bot. 1: 175-266 (1951) [taxonomía de *C. paniculata* s.l.]; I. ARNELAS & J.A. DEVESA in Lagascalia 30: 407-445 (2010) [cariología en las secciones *Jacea* y *Lepteranthus*]; in Acta Bot. Malac. 36: 33-88 (2011) [taxonomía de la sect. *Jacea*]; 37: 45-77 (2012) [*C. gallaecica* y taxonomía de la sect. *Lepteranthus*]; 38: 262-263 (2013) [*C. corcubionensis*]; I. ARNELAS & AL. in Phytotaxa 115: 42-48 (2013) [taxonomía del grupo *C. linifolia*-*C. stuessyi*]; A. ASENSI & B. DÍEZ in Anales Inst. Bot. Cavanilles 34: 183-188 (1977) [taxonomía y ecología de *C. lainzii*]; G. BLANCA in Lagascalia 10: 131-205 (1981) [taxonomía de la sect. *Centaurea*]; in Lazaroa 6: 169-174 (1984) [hibridación en la sect. *Melanoloma*]; G. BLANCA & V.N. SUÁREZ in Acta Bot. Malac. 36: 89-105 (2011) [taxonomía de *C. boissieri*]; J.B. BLANCO-DIOS in Acta Bot. Malac. 27: 242-244 (2002) [taxonomía y corología de *C. ultreia*]; I. BORŠIĆ & AL. in Int. J. Pl. Sci. 172: 238-249 (2011) [filogenia de la sect. *Cyanus*]; I. BREITWIESER & D. PODLECH in Mitt. Bot. Staatssamml. München 22: 21-96 (1986) [taxonomía de la sect. *Centaurea*]; J. BRIQUET, Monogr. Centaurées Alpes Mar.: 1-195 (1902) [taxonomía]; J. BRIQUET & F. CAVILLIER in É. BURNAT, Fl. Alpes Marit. 7: 137-153 (1931) [taxonomía de la sect. *Cyanus*]; M. COSTA & M. MANSANET in Anales Jard. Bot. Madrid 37: 277-299 (1981) [híbridos de *C. seridis*]; M.B. CRESPO in Israel J. Bot. 41: 129-133 (1992) [*C. hyalolepis*]; M.B. CRESPO & G. MATEO in Collect. Bot. (Barcelona) 18: 93-98 (1990) [híbridos de *C. aspera*]; M.B. CRESPO & AL. in Flora Montiber. 52: 72-77 (2012) [taxonomía del complejo *C. antennata*]; J.A. DEVESA & E. LÓPEZ NIETO in Flora Montiber. 55: 3-25 (2013) [taxonomía de las secciones *Mesocentron* e *Hymenocentron*]; J.A. DEVESA & G. MARTÍNEZ in Acta Bot. Malac. 38: 103-118 (2013) [taxonomía de la sect. *Melanoloma*]; J.A. DEVESA & AL. in Lagascalia 32: 241-262 (2012) [taxonomía de la sect. *Calcitrapa*]; M. DITTRICH in Bot. Jahrb. Syst. 88: 70-122 (1968) [carpología y taxonomía de *Centaurea*]; J. DOSTÁL in Preslia 10: 57-69 (1931) [taxonomía de la sect. *Cyanus*]; in Acta Bot. Bohem. 10: 67-74 (1931) [taxonomía de la sect. *Cyanus*]; in Sborn. Prací Prír. Fak. Palack. Univ. Olomouci, ser. 2, Biol. 31: 5-39 (1969) [taxonomía de la sect. *Acrocentron*]; F.J. FERNÁNDEZ CASAS in Fontqueria 18: 51 (1988) [híbridos de *C. aspera*]; 48: 203-222 (1997) [taxonomía de la sect. *Acrocentron, C. genesii-lopezii, C. crocata* y *C. galianoi*]; F.J. FERNÁNDEZ CASAS & M.J. FERNÁNDEZ MORALES in Mém. Soc. Bot. Genève 1: 115-122 (1979) [citotaxonomía de *C. lainzii*]; F.J. FERNÁNDEZ CASAS & R. GAMARRA in Fontqueria 10: 5-8 (1986) [taxonomía de *C. haenseleri* y *C. ornata –C. gabrielis-blancae–*]; in Taxon 35: 406 (1986) [cariología de la subsect. *Chamaecyanus*]; F.J. FERNÁNDEZ CASAS & A. SUSANNA in Fontqueria 1: 1-8 (1982); 2: 19-23 (1982); 6: 5-6 (1984); 7: 7-10 (1985) [taxonomía de la subsect. *Chamaecyanus*]; 9: 13-16 (1985) [taxonomía de *C. legionis-septimae* y *C. cephalariifolia*]; 20: 13-15 (1988) [taxonomía de *C. galianoi*]; in Anales Jard. Bot. Madrid 38: 530 (1982); 39: 61-66 (1982); in Treb. Inst. Bot. Barcelona 10: 3-172 (1986) [taxonomía de la subsect. *Chamaecyanus*]; M.J. FERNÁNDEZ & C. GARDOU in S.M. WALTERS & C. KING (eds.), Eur. Fl. Taxon. Studies: 61-75 (1975) [cariología de la sect. *Acrocentron*]; M. FERRIOL & AL. in Pl. Biosyst. 146(Suppl.): 86-100 (2012) [híbridos de *C. aspera* y *C. seridis*]; M. FONT & AL. in Pl. Syst. Evol. 234: 15-26 (2002) [relaciones filogenéticas en la sect. *Acrocentron*]; in Collect. Bot. (Barcelona) 27: 7-18 (2008) [citotaxonomía de la sect. *Acrocentron*]; in Ann. Bot. (Oxford) 103: 985-997 (2009) [evolución y biogeografía de la sect. *Acrocentron*]; P.

FONT QUER in Mem. Mus. Ci. Nat. Barcelona, Sèr. Bot. 1(2): 7-14 (1924) [híbridos de *C. seridis*]; N. GARCIA in Ann. Bot. Fenn. 35: 159-167 (1998) [taxonomía de *C. kunkelii*]; N. GARCIA & A. SUSANNA in Fontqueria 22: 11, 18-19 (1989) [corología de *C. clementei*]; 28: 140-142 (1990) [corología de *C. prolongoi*]; 31: 262-263 (1991) [corología de *C. crocata*]; 36: 65-66 (1993) [taxonomía de *C.* × *polymorpha*]; in Pl. Syst. Evol. 179: 1-18 (1992) [cariología en la sect. *Acrocentron*]; in Nordic J. Bot. 14: 31-38 (1994) [taxonomía de la sect. *Acrocentron*]; N. GARCIA & AL. in Taxon 45: 39-42 (1996) [cromosomas y evolución en *Centaurea*]; in Pl. Syst. Evol. 223: 185-199 (2000) [delimitación de *Centaurea*]; in Ann. Bot. (Oxford) 87: 503-515 (2001) [linajes infragenéricos en *Centaurea*]; in Molec. Phylogen. Evol. 52: 377-394 (2009) [citotaxonomía y evolución de *C. toletana*]; C. GARDOU in Bull. Soc. Bot. France 116: 29-38 (1969) [citotaxonomía de la sect. *Acrocentron*]; in Centre National de la Recherche Scientifique (eds.), Colloques Int. CNRS 235: 537-547 (1975) [sistemática de la sect. *Acrocentron*]; W. GREUTER & AL. in Taxon 50: 1201-1205 (2001) [tipificación en *Centaurea*]; M. GUINOCHET in Compt. Rend. Hebd. Séances Acad. Sci. 244: 1950-1952 (1957) [citogenética de *C. triumfetti* y *C. montana*]; A. HAYEK in Denkschr. Kaiserl. Akad. Wiss. Wien, Math.-Naturwiss. Kl. 70: 585-773 (1901) [taxonomía de la sect. *Cyanus*]; J. HOLUB in Preslia 44: 215-218 (1972) [nomenclatura de la sect. *Acrocentron*]; V.R. INVERNÓN & J.A. DEVESA in Acta Bot. Malac. 38: 49-102 (2013) [taxonomía de la sect. *Seridis*]; V.R. INVERNÓN & AL. in Phytotaxa 74: 41-46 (2012) [*C. susannae*]; C. KUMMER in Mitt. Bot. Staatssamml. München 13: 129-202 (1977) [hibridación entre *C. cephalariifolia* y *C. ornata*]; A. LACK in New Phytol. 91: 297-320 [sect. *Acrocentron*], 321-339 [biología de la polinización en *C. scabiosa*] (1982); E. LÓPEZ NIETO & J.A. DEVESA in Acta Bot. Malac. 33: 57-68 (2008) [taxonomía de *C. castellanoides* y afines]; in Anales Jard. Bot. Madrid 65: 331-342 (2008) [taxonomía de *C. cordubensis* y afines]; 67: 113-126 (2010) [taxonomía de *C. paniculata* s.l.]; in Lagascalia 28: 411-423 (2008) [taxonomía de *C. limbata* y afines]; 33: 75-173 (2013) [sect. *Acrocentron*]; in Collect. Bot. (Barcelona) 30: 37-52 (2011) [taxonomía del grupo *C. alba*]; in Nordic J. Bot. 30: 421-425 (2012) [taxonomía de *C. molesworthiae*]; E. LÓPEZ NIETO & AL. in Ann. Bot. Fenn. 48: 1-12 (2011) [taxonomía de *C. langei* s.l.]; G. LÓPEZ GONZÁLEZ in Anales Jard. Bot. Madrid 50: 121-123 (1992) [taxonomía de la subsect. *Chamaecyanus*]; R. MALLÓN & AL. in Plant Cell Tiss. Organ Cult. 101: 31-39 (2010) [propagación in vitro de *C. ultreia*]; J.M. MARTÍNEZ in Bol. Soc. Brot. ser. 2, 56: 51-58 (1983) [*C. nevadensis*]; G. MATEO & M.B. CRESPO in Bol. Soc. Brot. ser. 2, 61: 259-266 (1988) [taxonomía de la sect. *Centaurea*]; in Flora Montiber. 40: 50-59 (2008) [taxonomía de la sect. *Centaurea*]; 41: 28-34 (2009) [híbridos de *C. aspera, C. melitensis* y *C. seridis*]; M.C. MORALES & AL. in Anales Jard. Bot. Madrid 43: 182 (1986) [corología de *C. involucrata*]; J. MÜLLER & U. DEIL in Silva Lusitana 10: 151-170 (2002) [ecología de *C. crocata*]; A.F. MUÑOZ SECILLA & J.A. DEVESA in Acta Bot. Malac. 35: 23-35 (2010) [revisión de la sect. *Cyanus* para la Península Ibérica]; F. MUÑOZ SECILLA & AL. in Acta Bot. Malac. 37: 233-234 (2012) [*C. sulphurea*]; J. OCHSMANN in Diss. Bot. 324 (2000) [taxonomía de *C. stoebe* y afines]; A. PALLARÉS in Anales Jard. Bot. Madrid 43: 183-184 (1986) [corología de *C. involucrata*]; C. PAU in Actas Soc. Esp. Hist. Nat. 1898: 196-200 (1898) [híbridos de *C. aspera*]; in Brotéria, Sér. Bot. 22: 107-123

(1926) [híbridos de *C. aspera*]; M. Peinado & F. Esteve in Anales Jard. Bot. Madrid 36: 139-142 (1980) [*C. diffusa*]; U. Plitmann in Israel J. Bot. 22: 47-66 (1973); 24: 10-25 (1975); 25: 84-89 (1976) [taxonomía de la sect. *Calcitrapa*]; R. Porras & J.M. Muñoz in Canad. J. Bot. 77: 1632-1640 (1999) [reproducción en *C. melitensis*]; E. Routsi & T. Georgiadis in Nordic J. Bot. 14: 369-378 (1993) [sistemática de la sect. *Acrocentron*]; F.J. Silva Pando in Anales Jard. Bot. Madrid 44: 421-427 (1987) [taxonomía de *C. ultreia*]; V.N. Suárez-Santiago & al. in Molec. Phylogen. Evol. 43: 156-172 (2007) [relaciones filogenéticas en las secciones *Centaurea* y *Phalolepis*]; A. Susanna & al. in Amer. J. Bot. 82: 1056-1068 (1995) [delimitación de *Centaurea* y relaciones con otros géneros]; S. Talavera in Lagascalia 12: 247-249, 271-274 (1984) [taxonomía de la sect. *Melanoloma, C. castellanoides* s.l. y el grupo *C. alba*]; E. Valdés Bermejo & M.P. Agudo in Anales Jard. Bot. Madrid 40: 119-142 (1983) [cariología de la subsect. *Chamaecyanus*]; E. Valdés Bermejo & S. Rivas Goday in Anales Jard. Bot. Madrid 35: 159-164 (1978) [taxonomía de *C. borjae*]; G. Wagenitz in Flora 142: 213-279 (1955) [palinología y taxonomía de *Centaurea*]; in Willdenowia 6: 479-507 (1972) [taxonomía de la sect. *Acrocentron*]; in Tuexenia 3: 535-544 (1983) [taxonomía de la sect. *Cyanus*]; G. Wagenitz & E. Gamal-Eldin in Bot. Jahrb. Syst. 107: 95-107 (1985) [taxonomía de la sect. *Acrocentron*].

1. Brácteas involucrales medias con apéndice apical algo cóncavo o ± cocleariforme y de borde ± anchamente escarioso, hialino o pardo, entero, ± dentado, denticulado o lacerado, a menudo rematado en un mucrón, arista o espinita apical hasta de 4 mm y por lo general no vulnerante, en ocasiones ± bilobado 2
– Brácteas involucrales medias con apéndice apical a modo de espina muy desarrollada y punzante –a veces con alguna espínula en su base–, o con varias o muchas de ellas en disposición palmeada –en una o varias filas–, o con mucrón, espina o espínula pectinado-espinosa o pectinado-espinulosa a los lados de su base, hasta de 37 mm, o bien linear-subulado, triangular, triangular-subulado, semilunar, lanceolado, linear-lanceolado, elíptico u orbicular, pectinado-fimbriado, pectinado-espinoso o pectinado-espinuloso, con dientes, lacinias, fimbrias, espínulas o espinas laterales 8
2. Hojas enteras, dentadas, inciso-dentadas, lirado-pinnatífidas o pinnatífidas con 1-3 lóbulos en la base; vilano doble, el externo de 4-5 mm, o simple e integrado por una fila de escamas apenas desarrolladas, de menos de 0,1 mm, o bien aquenios sin vilano 3
– Al menos algunas hojas caulinares pinnatipartidas o 1(2) pinnatisectas con 1-4 pares de lóbulos oblanceolados, lanceolados o linear-lanceolados, enteros o pinnatífidos; vilano doble, el externo con varias filas de escamas de 0,5-2,8(3) mm, y el interno con una fila de escamas cortas y ± conniventes 5
3. Vilano doble, el externo de 4-5 mm; anteras 6-8 mm; corola de las flores neutras 15-37 mm .... **65. C. diluta**
– Vilano simple e integrado por una fila de escamas apenas desarrolladas, de menos de 0,1 mm, o bien aquenios sin vilano; anteras 5-6 mm; corola de las flores neutras (13)14-25(28) mm 4
4. Apéndice de las brácteas involucrales medias (2,5)4-7 × (3)4-7 mm; involucro (10)13-18 × (4)6-13 mm, globoso u ovoide, truncado o ligeramente atenuado en la base .... **29. C. jacea**
– Apéndice de las brácteas involucrales medias 2,5-3,5(4) × 3-4 mm; involucro (10)12-13(16) × (4)5-6 mm, obcónico, atenuado en la base .... **30. C. dracunculifolia**

5. Apéndice de las brácteas involucrales medias con el margen entero o irregularmente dentado o lacerado 6
– Apéndice de las brácteas involucrales medias con el margen fimbriado, con 2-7 pares de fimbrias laterales 7
6. Apéndice de las brácteas involucrales medias 2,5-9 mm, orbicular, ovado o elíptico, igualando o de mayor tamaño que la base de la bráctea, con mucrón, arista o espina apical de 0,3-3 mm .... **27. C. alba**
– Apéndice de las brácteas involucrales medias 1,5-4 mm, generalmente bilobado, de menor tamaño que la base de la bráctea, mútico o con un mucrón o arista apical de 0,2-1(1,6) mm .... **28. C. costae**
7. Vilano 2-3 mm .... **9. C. schousboei**
– Vilano 0,7-1(1,7) mm .... **17. C. carratracensis**
8. Flores con corola de un azul ± intenso, purpúrea, violeta o raramente blanca o blanquecina; brácteas involucrales medias con apéndice apical triangular y notablemente decurrente a lo largo de casi todo el margen de la bráctea o solo en la parte apical, dentado o irregularmente lacerado, con los dientes o cilios de un color blanco, pardo o negruzco, inerme 9
– Flores con corola predominantemente blanca, rosada, amarilla, anaranjada, purpúrea o violeta, rara vez azul; brácteas involucrales medias con apéndice apical a modo de espina muy desarrollada y punzante –a veces con alguna espínula en su base–, o con varias o muchas de ellas dispuestas de manera palmeada –en una o varias filas–, o con mucrón, espina o espínula simple o, con mayor frecuencia, pectinado-espinosa o pectinado-espinulosa, o bien linear-subulado, triangular, triangular-subulado, semilunar, lanceolado, linear-lanceolado, elíptico u orbicular, pectinado-fimbriado, pectinado-espinoso o pectinado-espinuloso, inerme, con dientes, lacinias, fimbrias, espínulas o espinas laterales, decurrente o no 13
9. Hojas con indumento de pelos araneosos unicelulares 10
– Hojas con indumento de pelos flageliformes 12
10. Hierba perenne; anteras 7-8,5 mm; ramas estilares 0,6-1 mm .... **94. C. graminifolia**
– Hierba anual o raramente bienal; anteras (4)4,6-7 mm; ramas estilares 0,3-0,7 mm .. 11
11. Involucro 9-15(16,5) × 4-9 mm; aquenios 2,8-4 mm; vilano externo con las escamas mayores de 1,9-3,5 mm; brácteas externas laxamente araneosas .... **90. C. cyanus**
– Involucro 15-20 × 8-15 mm; aquenios 4,4-6 mm; vilano externo con las escamas mayores de 3,3-8,2 mm; brácteas externas glabras .... **91. C. depressa**
12. Apéndice de las brácteas involucrales externas negro y por lo general lacerado o irregularmente dentado en su mayor parte, con dientes laterales –cuando hay– más cortos que la anchura de la parte entera del margen, al igual que en las medias; tallos por lo general simples, con un solo capítulo desarrollado; rizoma con entrenudos conspicuos; hojas medias hasta de 50 mm de anchura, con indumento araneoso denso sobre todo en el envés; aquenios 4,2-7,4 mm; vilano 0,4-1,8 mm .... **92. C. montana**
– Apéndice de las brácteas involucrales externas pardo –rara vez negro– y regularmente dentado en su mayor parte, con dientes laterales por lo general más largos que la anchura de la parte entera del margen, al igual que en las medias; tallos con frecuencia ramificados desde la base o en su parte apical, con 1-4 capítulos; rizoma con entrenudos inconspicuos; hojas medias hasta de 30 mm de anchura, glabrescentes o con indumento araneoso laxo; aquenios 4,2-6,7 mm; vilano 0,3-1,2 mm .... **93. C. triumfetti**
13. Brácteas involucrales medias con apéndice apical no decurrente, a modo de espina fuerte y muy desarrollada, por lo general con espínulas a cada lado o en su base, o con tres o más espinas dispuestas de manera palmeada –a veces en varias filas de fuera adentro 14

– Brácteas involucrales medias con apéndice apical a modo de espina o espínula, simple o con mayor frecuencia pectinado-espinosa o pectinado-espinulosa, decurrente, o bien apéndice linear-subulado, triangular, triangular-subulado, semilunar, lanceolado, linear-lanceolado, elíptico u orbicular, con dientes, lacinias, fimbrias, espínulas o espinas laterales, decurrente o no 30
14. Brácteas involucrales medias normalmente con un apéndice apical con 3 o más espinas dispuestas de manera palmeada en una o varias filas –de fuera adentro–, rara vez solo con una espina terminal pero entonces esta de menos de 4,5 mm 15
– Brácteas involucrales medias con un apéndice apical en forma de una espina siempre de más de 3,5 mm, fuerte y muy desarrollada, por lo general con algunas espínulas a cada lado o en su base 22
15. Apéndice apical de las brácteas involucrales con las espinas dispuestas en varias filas paralelas de fuera adentro; aquenios sin vilano .... **48. C. polyacantha**
– Apéndice apical de las brácteas involucrales con todas las espinas dispuestas en una fila; aquenios por lo general con vilano 16
16. Apéndice apical de las brácteas involucrales medias con 1-5(7) espinas, la central de 0,3-4,5 mm, paralelas y erectas, o bien divergentes y erecto-patentes o patentes .... **52. C. aspera**
– Apéndice apical de las brácteas involucrales medias con (3)5-14 espinas, las más grandes de (2)5-14 mm, erecto-patentes, patentes o reflexas 17
17. Hojas caulinares decurrentes 18
– Hojas caulinares atenuadas en la base y con frecuencia auriculadas 19
18. Apéndice apical de las brácteas involucrales medias con 7-12(14) espinas, la central de (6)7-10(14) mm .... **45. C. seridis**
– Apéndice apical de las brácteas involucrales medias con 5-7(9) espinas, la central de 2,5-5(6,5) mm .... **47. C. lusitanica**
19. Aquenios sin vilano; apéndice apical de las brácteas involucrales medias con la espina central de (3,5)4-10 mm; tallos procumbentes .... **46. C. sphaerocephala**
– Aquenios con vilano; apéndice apical de las brácteas involucrales medias con las espinas más grandes de 2,5-6(8) mm; tallos erectos, ascendentes o decumbentes 20
20. Hojas caulinares basales lirado-pinnatipartidas o lirado-pinnatisectas, con 2-7 pares de lóbulos .... **51. C. barrasii**
– Hojas caulinares basales enteras, laxamente sinuado-dentadas, pinnatífidas o con 2 o 3 pares de lóbulos hacia la base 21
21. Hojas caulinares basales enteras, laxamente sinuado-dentadas o pinnatífidas y con algún lóbulo hacia la base .... **50. C. malacitana**
– Hojas caulinares basales lirado-pinnatipartidas o lirado-pinnatisectas, con 2 o 3 pares de lóbulos .... **49. C. susannae**
22. Corola rosada, blanquecino-rosada, purpúrea o rosado-purpúrea, rara vez blanca 23
– Corola amarilla, amarillo-anaranjada o amarillo-pálida 24
23. Aquenios 2,4-2,8(3) × 1,3-1,6 mm, con hilo cárpico de 0,2-0,3 mm; sin vilano; involucro 12-17(19) × 5-8 mm, subcilíndrico u ovoide-cilíndrico; brácteas involucrales medias con un apéndice espinoso de (9)12-33 mm .... **55. C. calcitrapa**
– Aquenios (3)3,2-4 × (0,7)1,4-2 mm, con hilo cárpico de 0,7-1 mm; vilano 1-3(3,2) mm; involucro (16)17-22 × (7)8-11 mm, ovoide; brácteas involucrales externas y medias con un apéndice espinoso de 8-20 mm .... **56. C. bofilliana**
24. Hojas caulinares no decurrentes 25
– Hojas caulinares decurrentes 26
25. Brácteas involucrales medias con espina apical de (8)10-28 mm, a menudo con 1 o 2(3) espínulas hasta de 1,5 mm a cada lado, con bordes escariosos anchos auriculados a ambos lados; aquenios 2,5-2,7 × 1-1,3 mm; vilano externo con las escamas mayores

de 1,8-3,7 mm, y el interno con escamas lineares o estrechamente triangulares de 0,2-0,6 mm .... **57. C. hyalolepis**
– Brácteas involucrales medias con espina apical de 5-14 mm, y bordes escarioso-hialinos o blanquecinos, irregularmente dentados o dentado-lacerados; aquenios 2,8-3,6 × 1,3-1,6 mm; vilano externo con las escamas más grandes de 1-2 mm, y el interno con escamas setáceas de 0,5-1,7 mm .... **64. C. sicula**
26. Involucro 9-15 × 7-11 mm; aquenios 1,9-3,2 × 0,9-1,5 mm, vilano por lo general blanquecino o más rara vez pardo 27
– Involucro 15-26 × 9-20 mm; aquenios 3,6-5,1 × 1,9-3,1 mm; vilano generalmente pardo 28
27. Brácteas involucrales medias con apéndice apical palmeado-espinuloso, con espina apical de 7-22 mm, muy robusta .... **59. C. solstitialis**
– Brácteas involucrales medias con apéndice apical pectinado-espinoso, con espina apical de 3,5-8(10) mm .... **60. C. melitensis**
28. Involucro globoso u ovoide-globoso, con brácteas ocultas por un indumento densamente araneoso .... **63. C. eriophora**
– Involucro ovoide u ovoide-cónico, glabro o ± araneoso, con brácteas visibles 29
29. Brácteas involucrales medias con apéndice apical palmeado-espinoso en la base, con espina apical de (6)11-23 mm .... **61. C. sulphurea**
– Brácteas involucrales medias con apéndice apical pectinado-espinuloso a lo largo de toda su longitud, con espina apical de 4-11 mm .... **62. C. maroccana**
30. Brácteas involucrales medias generalmente con margen papiráceo negro o negruzco hasta la base o casi 31
– Brácteas involucrales medias sin margen papiráceo negruzco, a veces ± recorrido por la base decurrente del apéndice 32
31. Corola predominantemente rosada o blanca; aquenios 3,1-4 × 1,4-2,1 mm, con eleosoma cónico-lingüiforme, que sobrepasa hasta 0,8(1) mm la base del aquenio .... **53. C. pullata**
– Corola amarilla; aquenios 2,7-3,2 × 1,4-1,7 mm, con eleosoma convexo, ± prominente, que no sobrepasa la base del aquenio o, rara vez, hasta 0,1 mm .... **54. C. involucrata**
32. Al menos las flores de la periferia del capítulo con corola amarilla o de un amarillo vivo, pálido o anaranjado, a veces de color crema, blanquecina, amarilla o de un amarillo pálido 33
– Al menos las flores de la periferia del capítulo con corola predominantemente purpúrea, violeta, purpúreo-azulada, rosada, rosado-violeta, rosado-purpúrea, blanquecino-rosada, blanquecina o blanca 57
33. Hojas basales y caulinares inferiores enteras, rara vez alguna asimétricamente lobulada en la base, de ovadas a ovado-orbiculares u ovado-lanceoladas, de consistencia carnosa .... **76. C. lainzii**
– Al menos algunas hojas basales y las caulinares inferiores pinnatífidas, liradas, pinnatipartidas o pinnatisectas, no carnosas 34
34. Aquenios 5,6-8(9) mm, marcadamente acostillados, con 15-19 costillas longitudinales y reborde apical de 0,3-0,8(1) mm de anchura, provisto de 10 dientes agudos marcados y separados por escotaduras amplias .... **58. C. benedicta**
– Aquenios 2,2-6,5(7,1) mm, lisos, sin reborde apical o, si lo hay, nunca dentado 35
35. Capítulos pequeños, con involucro de 10-18 × (5)5,5-10(12) mm; corola de las flores hermafroditas 8,5-16,5 mm; anteras 4-7 mm 36
– Capítulos medianos o grandes, con involucro de (14)16-34 × (8)10-38 mm; corola de las flores hermafroditas 17-34(37) mm; anteras (5,5)7-12(13) mm 38
36. Vilano más largo o de la misma longitud que la mitad del aquenio .... **22. C. citricolor**
– Vilano más corto que la mitad del aquenio 37

37. Corola de las flores neutras 13-20 mm; planta postrada o, a lo sumo, ligeramente ascendente .... **11. C. boissieri**
– Corola de las flores neutras 11-13 mm; planta erecta .... **23. C. monticola**
38. Sin tallos o con tallos escapiformes hasta de 10(16) cm 39
– Tallos foliosos bien desarrollados, por lo general de más de 20 cm 47
39. Apéndice apical de las brácteas involucrales medias nada o débilmente punzante, con espina, arista o fimbria terminal más corta o de la misma longitud que las fimbrias o espínulas laterales .... **79. C. toletana**
– Apéndice apical de las brácteas involucrales medias ± punzante, con espina apical más larga que las fimbrias o espínulas laterales 40
40. Reborde de la placa apical del aquenio con una corona de pelos pluricelulares; vilano rudimentario reducido a alguna escama triangular hasta de 0,4 mm .... **87. C. ultreia**
– Reborde de la placa apical del aquenio sin pelos pluricelulares; vilano doble o aparentemente simple, el externo con varias filas de escamas de (0,1)0,4-2(3,5) mm, rara vez sin vilano o con vilano rudimentario 41
41. Hierba con indumento denso, blanco-tomentosa o canescente 42
– Hierba con indumento ± laxo, verde o a lo más de un verde grisáceo 43
42. Apéndice apical de las brácteas involucrales medias con espina apical de 1,5-4 mm; vilano rudimentario, o con algunas escamas de 0,1-1,8 mm .... **85. C. mariana**
– Apéndice apical de las brácteas involucrales medias con espina apical de 6-20 mm; vilano doble, bien desarrollado, el externo con escamas de 1,5-3,5 mm .... **83. C. saxifraga**
43. Apéndice apical de las brácteas involucrales medias de un pardo obscuro a negruzco, con fimbrias o espínulas laterales de 2,5-6 mm .... **82. C. haenseleri**
– Apéndice apical de las brácteas involucrales medias pardo, de un pardo amarillento a un amarillo pajizo, con fimbrias o espínulas laterales –cuando hay– de (0,2)0,5-3 mm ... 44
44. Involucro globoso .... **88. C. lagascana**
– Involucro ovoide o estrechamente ovoide 45
45. Vilano doble, el externo con escamas de 1,5-2 mm .... **84. C. genesii-lopezii**
– Vilano reducido y aparentemente simple, con escamas de 0,4-1,5 mm 46
46. Sin tallos o con tallos escapiformes hasta de 4 cm; involucro ovoide .... **80. C. argecillensis**
– Tallos escapiformes 3-14 cm; involucro por lo general estrechamente ovoide .... **89. C. podospermifolia**
47. Capítulos con involucro de 20-35 mm de anchura, ± globoso; apéndice apical de las brácteas involucrales medias con todas las fimbrias de un color blanquecino argénteo; la mayoría de las hojas adultas blanquecinas, densamente lanuginosas al menos en el envés .... **77. C. clementei**
– Capítulos con involucro de 8-23(25) mm de anchura, por lo general ovoide; apéndice apical de las brácteas involucrales medias con fimbrias ± pardas o de un color acastañado, rara vez las inferiores blanquecinas o hialinas; la mayoría de las hojas adultas verdes, glabrescentes o laxamente pelosas, más rara vez blanquecino-lanuginosas ... 48
48. Hojas tomentoso-blanquecinas o blanquecino-lanuginosas; apéndice apical de las brácteas involucrales medias con las fimbrias laterales blanquecinas ..... **75. C. granatensis**
– Hojas de glabriúsculas a ± pelosas, pero nunca blanquecino-tomentosas o blanquecino-lanuginosas; apéndice apical de las brácteas involucrales medias con las fimbrias laterales generalmente ± pardas o de un color acastañado, o a veces las inferiores blanquecinas 49
49. Apéndice apical de las brácteas involucrales medias con espina terminal de (3)5-37 mm, robusta, con fimbrias o espínulas laterales mucho más cortas 50
– Apéndice apical de las brácteas involucrales medias con una arista, fimbria o espínula terminal de 0,5-7,5(10) mm, de la misma longitud o solo algo más larga que las laterales 53

50. Vilano externo 2-3 mm; aquenio 5,7-6,5 mm .... **69. C. kunkelii**
– Vilano externo 6-12,5 mm; aquenio 3,1-5,4(5,7) mm 51
51. Corola de un amarillo pálido .... **74. C. molesworthiae**
– Corola de un amarillo vivo, amarillento-anaranjada, anaranjada, raramente rojiza 52
52. Hojas basales pinnatífidas, pinnatipartidas o pinnatisectas, con lóbulos o segmentos ovados, oblanceolados u ovado-lanceolados, generalmente con el lóbulo terminal mayor, glabriúsculas o laxamente pelosas; apéndice de las brácteas involucrales medias con espina terminal de (4)7-37 mm; vilano externo 6-9 mm, menos del doble de la longitud del aquenio .... **68. C. saxicola**
– Al menos algunas hojas basales pinnatífidas, 1-2 pinnatipartidas o 1-2(3) pinnatisectas, con lóbulos o segmentos lanceolados, linear-lanceolados o estrechamente ovado-lanceolados, con el lóbulo terminal igual o menor, abundantemente pelosas; apéndice de las brácteas involucrales medias con espina terminal de 3-24 mm; vilano externo 6-12,5 mm, por lo general de más del doble de la longitud del aquenio .... **67. C. ornata**
53. Flores hermafroditas rosadas .... **70. C. legionis-septimae**
– Flores hermafroditas amarillas o de un amarillo pálido o anaranjado 54
54. Vilano externo con escamas de 1-5,2 mm .... **72. C. crocata**
– Vilano externo con escamas de 7-12 mm 55
55. Aquenio 3,1-3,5 mm .... **73. C. occasus**
– Aquenio 4-6,5 mm 56
56. Vilano interno con escamas de 2-8 mm, las del externo de (7,5)9-12 mm; anteras 9,5-13 mm .... **71. C. prolongoi**
– Vilano interno con escamas de 1,1-2,2 mm, las del externo de 6-10 mm; anteras 8-10 mm .... **66. C. collina**
57. Brácteas involucrales medias con apéndice inerme, no decurrente, triangular, triangular-lanceolado, triangular-ovado, estrechamente triangular-lanceolado, lanceolado, estrechamente lanceolado, linear, linear-subulado, pectinado-fimbriado, con (1)4-20 pares de fimbrias laterales 58
– Brácteas involucrales medias con apéndice decurrente, ± triangular, semilunar, orbicular o elíptico, dentado, pectinado-espinuloso o pectinado-fimbriado, por lo general con una espina o espínula terminal y (1)2-13 pares de fimbrias laterales, rara vez con el apéndice reducido a una espina simple de base triangular aplanada 73
58. Brácteas involucrales con apéndice apical triangular, triangular-ovado, triangular-lanceolado, lanceolado o linear, pectinado-fimbriado, erecto o erecto-patente 59
– Brácteas involucrales con apéndice apical linear-subulado o, a lo más, estrechamente triangular-subulado, pectinado-fimbriado, recurvado o reflexo, rara vez erecto 64
59. Plantas con pelos tectores unicelulares 60
– Plantas con pelos tectores unicelulares y pluricelulares 61
60. Apéndice apical de las brácteas involucrales medias (0,5)1-1,5 mm, de un pardo claro; vilano (0,7)1-2,5(3,9) mm; aquenios 2,5-3 × 1 mm; hojas blanquecino-tomentosas .... **35. C. exarata**
– Apéndice apical de las brácteas involucrales medias 1,3-2(2,5) mm, predominantemente negruzco; vilano (0,1)0,3-0,5(0,9) mm; aquenios 3-3,6(3,9) × 1-1,6 mm; hojas verdes o verdoso-grisáceas .... **36. C. gallaecica**
61. Apéndice apical de las brácteas involucrales medias con 6-11(13) pares de fimbrias laterales 62
– Apéndice apical de las brácteas involucrales medias con (10)11-19(20) pares de fimbrias laterales 63
62. Vilano externo con las escamas mayores de 0,1-0,6(0,8) mm .... **32. C. debeauxii**
– Vilano externo con las escamas mayores de 0,7-1,5 mm .... **33. C. nevadensis**
63. Involucro (12)15-20(23) × (6)8-13(14,5) mm; apéndice apical de las brácteas involu-

crales medias de (1)1,5-5(7) mm de anchura, triangular-lanceolado o triangular-ovado, con 11-19(20) pares de fimbrias laterales .... **31. C. nigra**
– Involucro (12)14-17 × (4)6-8(10) mm; apéndice apical de las brácteas involucrales medias (1)2-3 mm de anchura, lanceolado, con (10)13-15 pares de fimbrias laterales .... **34. C. emporitana**
64. Capítulos discoides 65
– Capítulos radiantes 68
65. Hojas sin pelos pluricelulares .... **39. C. janeri**
– Hojas con pelos pluricelulares 66
66. Al menos las hojas caulinares sésiles, auriculado-amplexicaules o atenuadas en orejuelas; apéndice apical de las brácteas involucrales medias con (8)10-15(16) pares de fimbrias laterales .... **37. C. pectinata**
– Hojas caulinares atenuadas; apéndice apical de las bracteas involucrales medias con (1)2-10 pares de fimbrias laterales 67
67. Hojas medias lineares, agudas; apéndice apical de las brácteas involucrales medias (2,5)3-4,5(6) mm, linear-subulado .... **43. C. stuessyi**
– Hojas medias estrechamente oblongo-obovadas, obtusas; apéndice apical de las brácteas involucrales medias 1,5-4(5,5) mm, triangular-subulado .... **41. C. antennata**
68. Hojas caulinares sésiles, auriculado-amplexicaules o atenuadas en orejuelas .... **37. C. pectinata**
– Hojas caulinares atenuadas o sésiles, no auriculado-amplexicaules ni atenuadas en orejuelas 69
69. Hojas caulinares superiores pinnatipartidas o pinnatisectas .... **38. C. corcubionensis**
– Hojas caulinares superiores enteras o dentadas, a lo más con algún lóbulo hacia la base 70
70. Hojas sin pelos pluricelulares 71
– Hojas con pelos pluricelulares 72
71. Apéndice apical de las brácteas involucrales medias (4)4,5-6(7,5) mm, muy reflexo; aquenios 3,5-4,7 mm; tallos erectos o ascendentes .... **40. C. emigrantis**
– Apéndice apical de las brácteas involucrales medias 1,5-3,5(4) mm, erecto o erecto-patente, arqueado; aquenios 2,8-3,5(3,9) mm; tallos procumbentes .... **39. C. janeri**
72. Sufrútice; aquenios (2,5)3-3,5(4) mm; corola de las flores neutras (10)12-16 mm .... **44. C. hyssopifolia**
– Hierba perenne, sufruticulosa; aquenios 3,5-4,5(5) mm; corola de las flores neutras 13-27 mm .... **42. C. linifolia**
73. Corola de las flores hermafroditas 19-34 mm; capítulos medianos o grandes, con involucro de 16-33 × (10)11-26 mm; anteras 6,5-11 mm 74
– Corola de las flores hermafroditas (7)8-16,5(18,5) mm; capítulos pequeños, con involucro de 7,5-16(18) × (1,5)2-12(15) mm; anteras 3-7(7,5) mm 80
74. Vilano 3-7 mm; tallos foliosos bien desarrollados, por lo general de más de 20 cm 75
– Vilano 0,4-2 mm, o bien rudimentario o sin vilano; sin tallos o con tallos escapiformes hasta de 10(16) cm 76
75. Estambres con anteras y conectivo blanquecino-amarillentos, purpúreas o purpúreo-azuladas; flores hermafroditas con corola purpúrea o purpúreo-azulada, las neutras de 24-40 mm y mucho mayores que aquellas; aquenios 5-6,8 × 2-3,2 mm .... **78. C. cephalariifolia**
– Estambres con anteras amarillentas y conectivo blanquecino-amarillento, rosado o purpúreo; flores hermafroditas con corola ± rosada, las neutras de 15-30 mm y de tamaño similar a aquellas; aquenios 4-4,8 × 2,3-2,7 mm .... **70. C. legionis-septimae**
76. Flores neutras con corola blanquecina, amarilla o de un amarillo pálido .... **88. C. lagascana**

– Flores neutras con corola rosada o rosado-purpúrea 77
77. Vilano externo con escamas de 0,5-2 mm 78
– Sin vilano o con vilano rudimentario con alguna escama hasta de 0,4 mm 79
78. Apéndice apical de las brácteas involucrales medias con arista o espina terminal nada o débilmente punzante, más corta o de la misma longitud que las laterales .... **81. C. amblensis**
– Apéndice apical de las brácteas involucrales medias con la espina terminal punzante, más larga que las laterales .... **84. C. genesii-lopezii**
79. Apéndice apical de las brácteas involucrales medias pardo o de un pardo amarillento; anteras 9-11 mm; hierba con pelos araneosos ± abundantes .... **87. C. ultreia**
– Apéndice apical de las brácteas involucrales medias de un pardo obscuro a negruzco; anteras 6,5-10 mm; hierba con pelos araneosos muy escasos .... **86. C. borjae**
80. Aquenios 2-2,7 mm, sin vilano .... **10. C. diffusa**
– Aquenios (2,2)2,3-5(5,5) mm, con vilano, muy rara vez sin vilano 81
81. Vilano 3-6 mm, de la misma longitud o más largo que el aquenio; planta blanco-lanuginosa .... **14. C. bombycina**
– Vilano hasta de 2,7(3) mm, rara vez hasta de 4 mm, pero siempre más corto que el aquenio; planta verde, de un verde grisáceo, gris-lanuginosa o blanco-lanuginosa 82
82. Apéndice apical de las brácteas involucrales medias con espina terminal 2 o 3 veces más larga que las fimbrias laterales 83
– Apéndice apical de las brácteas involucrales medias con espina, arista o mucrón menor, de la misma longitud o hasta dos veces más larga que las fimbrias laterales 89
83. Capítulos con involucro de 2-4 mm de anchura, cilíndrico-fusiforme, atenuado en la base .... **8. C. beturica**
– Capítulos con involucro de (3)4-14 mm de anchura, ± ovoide o cilíndrico, por lo general ± redondeado en la base, rara vez atenuado 84
84. Aquenios obovoide-obcónicos, negruzcos en la madurez; involucro de 3-6 mm de anchura .... **7. C. cordubensis**
– Aquenios oblongo-obovoides o elipsoides, pardos, grisáceos o de un verde obscuro en la madurez; involucro de (3)4-14 mm de anchura 85
85. Involucro (14)15-18 × (8)9-14 mm; vilano hasta de 0,7(1) mm .... **25. C. pulvinata**
– Involucro 9-16 × 3-10 mm; vilano 0,5-2,5 mm 86
86. Planta postrada o, a lo sumo, ligeramente ascendente .... **12. C. resupinata**
– Planta erecta 87
87. Tallos y ramas dispuestos en pulvínulos; hojas superiores pinnatisectas, o la más cercana al capítulo linear y entera .... **26. C. gadorensis**
– Tallos y ramas no dispuestos apretadamente para formar pulvínulos; hojas superiores por lo general enteras 88
88. Involucro ovoide-subcilíndrico, ± atenuado en la base; apéndice de las brácteas involucrales medias estrechamente triangular, de un pardo claro, a veces más obscuro o negruzco, decurrente en unas alas membranáceas, con espina terminal patente y por lo general fuertemente recurva .... **19. C. beltrani**
– Involucro ovoide, redondeado en la base; apéndice de las brácteas involucrales medias ± triangular, de un pardo obscuro, no decurrente en unas alas membranáceas, con mucrón, arista o espina terminal erecto-patente, recto o algo arqueado .... **2. C. hanrii**
89. Aquenios obovoide-obcónicos, negruzcos en la madurez; apéndice de las brácteas involucrales medias amarillento, pardo o de un pardo obscuro, por lo general poco distinguible del resto de la bráctea .... **6. C. castellanoides**
– Aquenios oblongo-obovoides, obovoides o elipsoides, rara vez obovoide-obcónicos, grisáceos, pardos o de un verde obscuro en la madurez; apéndice de las brácteas involucrales medias de un pardo amarillento a negruzco, bien distinguible del resto de la bráctea 90

90. Plantas postradas o, a lo sumo, ligeramente ascendentes 91
– Plantas erectas 93
91. Vilano más corto que la mitad del aquenio .... **11. C. boissieri**
– Vilano más largo o de la misma longitud que la mitad del aquenio 92
92. Planta blanco-lanuginosa, a veces verde-grisácea, con indumento adpreso y persistente; hojas basales a menudo liradas, las superiores obovadas, espatuladas u oblanceoladas .... **13. C. jaennensis**
– Planta flocoso-lanuginosa, con pelos araneosos que se aglomeran y desprenden con facilidad; hojas basales no liradas, las superiores lineares .... **15. C. rouyi**
93. Apéndice apical de las brácteas involucrales medias pardo, con todas las fimbrias laterales discoloras, hialinas 94
– Apéndice apical de las brácteas involucrales medias de amarillento-pardo a negruzco, con al menos las fimbrias laterales superiores concoloras 95
94. Involucro de 5-10 mm de anchura; apéndice apical de las brácteas involucrales medias ligeramente coceariforme; aquenios 3,2-4,5 mm .... **9. C. schousboei**
– Involucro de 2,5-5(7) mm de anchura; apéndice apical de las brácteas involucrales medias nada cocleariforme; aquenios 2,5-3,7 mm .... **5. C. aristata**
95. Vilano más largo o de la misma longitud que la mitad del aquenio 96
– Vilano más corto que la mitad del aquenio 99
96. Corola de las flores neutras 9-16 mm; involucro de 2,5-8(9) mm de anchura ....
.... **4. C. langei**
– Corola de las flores neutras 15-23 mm; involucro de (7)8-13 mm de anchura 97
97. Vilano ligeramente más corto que el aquenio; brácteas involucrales medias con alas escariosas de 1,5-2 mm de anchura, y espina terminal del apéndice más corta que las fimbrias laterales .... **16. C. avilae**
– Vilano ligeramente más largo que la mitad del aquenio; brácteas involucrales medias con alas escariosas de 0,5-1,5 mm de anchura, y espina terminal del apéndice casi tan larga como las fimbrias laterales 98
98. Planta blanco-lanuginosa, a veces verde-grisácea, con indumento adpreso y persistente; hojas basales a menudo liradas, las superiores obovadas, espatuladas u oblanceoladas .... **13. C. jaennensis**
– Planta flocoso-lanuginosa, con pelos araneosos que se aglomeran y desprenden con facilidad; hojas basales no liradas, las superiores lineares .... **15. C. rouyi**
99. Espina terminal del apéndice de las brácteas involucrales medias más corta o de la misma longitud que las fimbrias laterales 100
– Espina terminal del apéndice de las brácteas involucrales medias más larga que las fimbrias laterales 105
100. Hojas caulinares superiores enteras, rarísima vez con un par de lóbulos hacia la base ...
.... 101
– Hojas caulinares superiores pinnatífidas, pinnatipartidas o pinnatisectas 102
101. Corola de las flores neutras 9-16 mm; vilano 0,5-3,5 mm; hojas de enteras a 1-2 pinnatipartidas o 1-2 pinnatisectas, con lóbulos oblanceolados, ovado-lanceolados, lanceolados o linear-lanceolados .... **4. C. langei**
– Corola de las flores neutras 15-17 mm; vilano 0,7-1(1,7) mm; hojas de enteras a pinnatipartidas, con lóbulos lanceolados u oblongo-lanceolados .... **17. C. carratracensis**
102. Brácteas involucrales medias con la parte superior y el apéndice por lo general araneoso-lanuginosos y con mucrón, arista o espina apical de 0,3-1,5 mm .... **3. C. limbata**
– Brácteas involucrales medias con apéndice glabro, y espina apical de (0,5)1-5 mm .....
.... 103
103. Apéndice apical de las brácteas involucrales medias amarillento o pardo-ferrugíneo ...
.... **1. C. paniculata**

– Apéndice apical de las brácteas involucrales medias de un pardo obscuro o negruzco 104

104. Apéndice apical de las brácteas involucrales medias de menos de la mitad de la longitud de la base de la bráctea, glabro, con arista o espina apical de 0,2-2,3 mm ... **1. C. paniculata**

– Apéndice apical de las brácteas involucrales medias de la misma longitud o más largo que la base de la bráctea, glabro o lanuginoso, con arista o espina apical de 1-5 mm ... **2. C. hanrii**

105. Involucro de estrechamente subcilíndrico a ovoide-subcilíndrico, casi siempre atenuado en la base ... 106

– Involucro de ovoide a ovoide-subgloboso, casi siempre redondeado en la base 109

106. Tallos y ramas dispuestos apretadamente que forman pulvínulos; hojas superiores pinnatisectas, o la más cercana al capítulo linear y entera ... **26. C. gadorensis**

– Tallos y ramas no dispuestos en pulvínulos; hojas superiores enteras ... 107

107. Hojas basales de enteras a pinnatipartidas, con lóbulos lanceolados u oblongo-lanceolados, las superiores de lineares a oblanceoladas ... **23. C. monticola**

– Hojas basales 1 pinnatisectas, más rara vez 2 pinnatisectas, con segmentos lineares o a veces linear-lanceolados, las superiores lineares ... 108

108. Apéndice de las brácteas involucrales medias con fimbrias laterales de un pardo ± obscuro, concoloras o algo más pálidas que el resto del apéndice, decurrente hasta cerca de la mitad de la bráctea mediante alas membranáceas de menos de 1 mm de anchura ... **19. C. beltrani**

– Apéndice de las brácteas involucrales medias con fimbrias laterales ± plateadas, decurrente hasta cerca de la mitad de la bráctea mediante alas membranáceas de 1-1,5 mm de anchura ... **21. C. pinnata**

109. Tallos y ramas dispuestos en pulvínulos; hojas superiores pinnatisectas, con 1-3 pares de segmentos; vilano hasta de 0,7(1) mm ... **25. C. pulvinata**

– Tallos y ramas no dispuestos en pulvínulos; hojas superiores enteras, lineares o linear-oblanceoladas; vilano 0,8-2 mm ... 110

110. Hojas basales de espatuladas a lirado-pinnatipartidas, con lóbulos elípticos u oblongos, el terminal mayor, de envés blanco-lanuginoso y haz gris-lanuginosa o verde-lanuginosa; flores de un color púrpura muy vivo ... **18. C. paui**

– Hojas basales de subenteras a pinnatisectas, con segmentos lanceolados, oblongo-lanceolados o lineares, de caras ± concoloras; flores rosadas ... 111

111. Tallos con indumento no flocoso, adpreso; hojas caulinares inferiores por lo general pinnatisectas, con segmentos lineares, las superiores lineares ... **20. C. fabregatii**

– Tallos con indumento flocoso, sobre todo en la base; hojas caulinares inferiores pinnatífidas o pinnatipartidas, con lóbulos oblongo-lanceolados, las superiores linear-oblanceoladas ... **24. C. sagredoi**

Sect. 1. **Centaurea**
Acrolophus Cass.
Sect. *Willkommia* Blanca
Subsect. *Acrocentroides* DC.
Subsect. *Paniculatae* Hayek
Subsect. *Pterolophoides* DC.

Hierbas perennes, rara vez anuales o bienales. Tallos sin alas. Capítulos homógamos, radiantes, con las flores del disco hermafroditas y las de la periferia neutras y mayores. Involucro cilíndrico, fusiforme, ovoide o globoso; brácteas medias con apéndice apical ± coriáceo, orbicular, semilunar o ± triangular, pectinado-fimbriado, coriáceo, rematado por un mucrón, arista o espina ± vulnerante, erecto o erecto-patente. Corola amarilla, rosada, blanquecino-rosada, violeta, rosado-purpúrea o purpúrea, rara vez blanquecina. Aquenios con reborde de la placa apical entero o inconspicuamente denticulado y eleosoma que no sobrepasa la base del aquenio. Vilano doble –rara vez falta–, el externo con varias filas de escamas planas, serradas, erectas o erecto-patentes, y el interno con una fila de escamas mucho más pequeñas, erectas y ± conniventes. $x = 9, 11$.

1. C. paniculata L., Sp. Pl.: 912 (1753) [paniculáta]

Ind. loc.: "Habitat in G. Narbonensi, Austria, Hispania, Verona, Sibiria" [lectótipo designado por W. Greuter & al. in Taxon 50: 1205 (2001): J. Bauhin & Cherler, Hist. Pl. 3: 31 (1651); epítipo: B]

Hierba perenne, con raíz axonomorfa, sufruticulosa, multicaule, inerme –excepto, a veces, las brácteas involucrales–, de un verde grisáceo a uno obscuro, con pelos tectores unicelulares, araneosos, y pelos pluricelulares. Tallos hasta de 84 cm, erectos o ascendentes, por lo general ramificados desde la parte media o superior, de sección circular o ± poligonal, acostillados, sin alas, muy foliosos, con indumento ± laxo de pelos pluricelulares, rígidos y patentes, y pelos araneosos esparcidos. Hojas hasta de 170 × 40 mm, las basales pecioladas y las caulinares sésiles, no decurrentes, menores hacia la parte superior del tallo, con nervadura principal pinnada –nervio medio prominente en el envés–; las basales rosuladas, enteras, pinnatífidas, 1-2 pinnatipartidas o 1-2 pinnatiscctas, con lóbulos ovados, oblanceolados o lanceolados, enteros o pinnatífidos, mucronados y de margen liso o ligeramente aserrado, con haz glabriúscula o araneosa y envés laxamente araneoso y con pelos pluricelulares cortos y rígidos, a menudo secas durante la floración; las caulinares inferiores y medias pinnatífidas, 1(2) pinnatipartidas o 1(2) pinnatisectas y con 1-4 pares de segmentos o lóbulos lanceolados o linear-lanceolados, enteros o pinnatífidos, el terminal por lo general más ancho, de oblanceolado a lanceolado o linear-lanceolado, de margen liso y ligeramente revoluto, mucronadas, laxamente araneosas y con pelos pluricelulares antrorsos, cortos y rígidos; las superiores enteras, pinnatífidas, pinnatipartidas o pinnatisectas, con segmentos lanceolados o linear-lanceolados. Capítulos radiantes, con las flores del disco hermafroditas y las de la periferia neutras y mayores, terminales, solitarios o en grupos de 2 o 3(4) dispuestos en inflorescencias complejas corimbiformes, laxas o ± densas, a menudo alcanzados por las últimas hojas caulinares –que no sobrepasan el involucro–, o sustentados por un pedúnculo de 5-10 mm. Involucro 10-15 × 5-8 mm, ovoide, redondeado o débilmente atenuado en la base, ampliamente sobrepasado por las flores; brácteas imbricadas y dispuestas aparentemente en 6 o 7 series, gradualmente mayores de fuera adentro; las externas y medias de ovadas a ovado-oblongas, fuertemente adpresas, verdosas, amarillentas o frecuentemente moradas en la parte superior de la base de la bráctea, con nervios longitudinales apenas marcados, con margen estrechamente hialino o sin él, glabras, con apéndice apical decurrente, pardo o de un pardo obscuro, semilunar, triangular u orbicular, de erecto a erecto-patente, glabro y frecuentemente con glándulas translúcidas sésiles en el dorso, pectinado-fimbriado, con 4-7 pares de fimbrias laterales de 1-3 mm, hialinas o al menos las superiores concoloras con la parte central, flexuosas, rematado por un mucrón, arista o espina apical de 0,2-2,3 mm, menor, igual o mayor que las fimbrias laterales; las internas 8-15 mm, lineares o linear-espatuladas, glabras, con margen estrechamente hialino, y apéndice apical apenas distinguible, de ovado a oblongo, plano, escarioso, entero, inerme o débilmente mucronado, de un verde claro o moradas. Corola ± papilosa o ± papilosa, la de las flores neutras de 12-21 mm, con tubo blanquecino y limbo purpúreo, rosado o rosado-blanquecina, con 4 o 5 lóbulos de 3-5 mm, lanceolados o linear-lanceolados, desiguales; la de las hermafroditas 9-14,5 mm, con tubo de 4-6,5 mm, blanquecino, y limbo de 5-8 mm, blanco o blanquecino-rosado, con 5 lóbulos de 2-4 mm, linear-lanceolados, desiguales, uno o dos con los senos más profundos. Estambres con filamento peloso, con pelos hasta de 0,3 mm, blanquecinos; anteras 4-6 mm, blanquecinas, con conectivo apical purpúreo, rosado o blanquecino-rosado, y apéndices basales de 0,3-0,5 mm, membranáceos y a menudo lacerados. Estilo blanquecino, con ramas blancas o blanquecino-rosadas. Aquenios 2,5-3,3 × 1,1-1,5 mm, oblongo-obovoides u obovoides, comprimidos –sección elíptica–, truncados y con reborde entero, en la madurez teñidos de un verde obscuro, con algunas líneas amarillentas longitudinales, laxa e inconspicuamente seríceo-vilosos; placa apical con nectario de 0,1-0,2 mm, pentalobulado, blanco; hilo cárpico de 0,3-0,6 mm, lateral-adaxial; con eleosoma. Vilano doble –falta en subespecies no ibéricas–, persistente, el externo con varias filas de escamas de 0,3-2 mm, desiguales, lineares, serradas, blanquecino, y el interno con una fila de escamas setáceas en su parte superior, cortas, erectas y ± conniventes. $2n = 18$.

Claros y orlas de bosque, matorrales y herbazales de cuneta y bordes de camino, en suelos básicos no demasiado nitrificados; 17-1600 m. VI-X. S y SW de Europa. Cuadrante NE de España. **Esp.:** B Ge Hu L. **N.v.:** arsolla, arzolla, escobas de gamosilla, escobillas, gamosilla, mata gallegos, pinchillo.

1. Apéndice de las brácteas involucrales medias de la misma longitud o más largo que la mitad de la base de la bráctea, de amarillento a un pardo ferrugíneo, con arista o espina apical mayor o igual que las fimbrias laterales .... **c.** subsp. **oscensis**
– Apéndice de las brácteas involucrales medias más corto que la mitad de la base de la bráctea, de pardo a negruzco, con mucrón o arista apical menor o igual que las fimbrias laterales 2
2. Capítulos solitarios o en grupos de 2 o 3(4), dispuestos a su vez en una inflorescencia compleja corimbiforme, ± densa, con ramas de 3-12 cm; apéndice de las brácteas involucrales medias con mucrón o arista apical de 0,5-2,3 mm .... **a.** subsp. **paniculata**
– Capítulos solitarios, dispuestos en una inflorescencia compleja ± corimbiforme, laxa, con ramas de 6-23 cm; apéndice de las brácteas involucrales medias con mucrón o arista apical de 0,2-1 mm .... **b.** subsp. **leucophaea**

a. subsp. **paniculata**

Ic.: E. López & Devesa in Anales Jard. Bot. Madrid 67: 117 fig. 2 (2010); lám. 74

Tallos hasta de 71 cm, muy ramificados. Capítulos solitarios o en grupos de 2 o 3(4), dispuestos a su vez en una inflorescencia compleja corimbiforme, ± densa, con ramas de 3-12 cm. Involucro 10-15 × 4,5-10 mm, ovoide-cilíndrico, redondea-

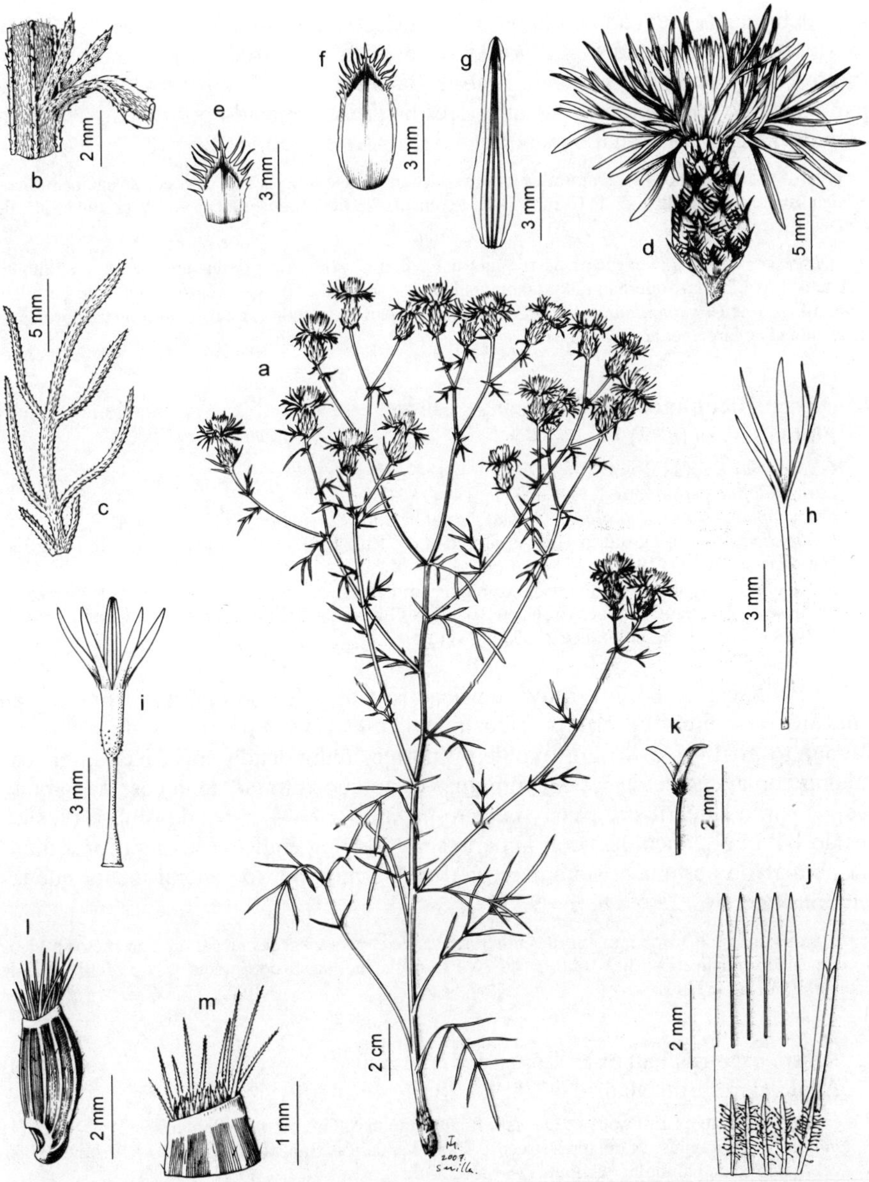

Lám. 74.–*Centaurea paniculata* subsp. *paniculata,* carretera de San Martín de Sesserres al monasterio de Nuestra Señora del Mont, Gerona (UNEX 34481): a) hábito; b) detalle de un nudo del tallo y de la inserción de la hoja; c) hoja caulinar media; d) capítulo; e) bráctea externa del involucro; f) bráctea media del involucro; g) bráctea interna del involucro; h) corola de una flor neutra; i) corola y verticilos sexuales de una flor hermafrodita; j) limbo abierto de la corola de una flor hermafrodita, con los filamentos estaminales y un estambre completo; k) parte superior del estilo con sus ramas; l) aquenio con vilano; m) detalle del vilano interno y parte del externo.

do o débilmente atenuado en la base; brácteas medias con apéndice de 1-4,5 mm, más corto que la mitad de la base de la bráctea, de pardo a negruzco, erecto o erecto-patente, con 4-7 pares de fimbrias laterales de 1-3 mm, concoloras con la parte central del apéndice o las inferiores hialinas, rematado por una arista o mucrón de 0,5-2,3 mm, igual o menor que las fimbrias laterales. $2n = 18$.

Claros y orlas de bosque, matorrales y herbazales de cuneta y bordes de camino, en suelos básicos no demasiado nitrificados; 17-1110 m. VI-IX. Península Ibérica, S de Francia y NW de Italia. NE de España: Gerona. **Esp.:** Ge.

Observaciones.–La subespecie parece hibridarse con *C. calcitrapa* en las áreas en que entran en contacto. Los híbridos, que han sido denominados *C.* × *vernui* (Esp.: Ge; véase el apartado de híbridos), difieren de *C. paniculata* s.str. porque tienen, al menos, algunos capítulos con brácteas provistas de un apéndice largamente espinoso.

b. subsp. **leucophaea** (Jord.) Arcang., Comp. Fl. Ital.: 392 (1882) [leucophǽa]

C. leucophaea Jord., Observ. Pl. Nouv. 5: 64 (1847) [basión.]
C. ochrolopha Costa, Introd. Fl. Cataluña: 140 (1864)
C. leucophaea subsp. *ochrolopha* (Costa) Dostál in Bot. J. Linn. Soc. 71: 200 (1976)
C. urgellensis sensu Dostál in Tutin & al. (eds.), Fl. Eur. 4: 276 (1976), non Sennen in Bull. Soc. Bot. France 75: 447 (1928)
Ind. loc.: "Il est assez commun dans les régions montagneuses du Dauphiné et de la Provence. Je l'ai observé notamment aux environs de Briançon, Gillestre, Gap, Serres, Sisteron, Castellane"
Ic.: H.J. Coste, Fl. Descr. France 2: 395 (1937)

Tallos hasta de 84 cm, muy ramificados. Capítulos solitarios, dispuestos en una inflorescencia compleja ± corimbiforme, laxa, con ramas de 6-23 cm. Involucro 10-14 × 5-8 mm, ovoide-cilíndrico, redondeado en la base; brácteas medias con apéndice de 1,1-2,2 mm, más corto que la mitad de la base de la bráctea, de pardo a negruzco, erecto o erecto-patente, con 4-7 pares de fimbrias laterales de 1-2 mm, concoloras con la parte central del apéndice o las inferiores hialinas, rematado por una arista o mucrón de 0,2-1 mm, por lo general menor que las fimbrias laterales. $2n = 18$; $n = 9$.

Claros y orlas de bosque, matorrales y herbazales de cuneta y bordes de camino, en suelos básicos no demasiado nitrificados; 300-1600 m. VI-X. Península Ibérica, S de Francia y N de Italia. NE de España. **Esp.:** B Ge Hu L.

c. subsp. **oscensis** Pau ex E. López & Devesa in Anales Jard. Bot. Madrid 67: 119, 120 fig. 4 (2010) [oscénsis]

C. oscensis (Pau ex E. López & Devesa) Raab-Straube & Greuter in Willdenowia 41: 314 (2011)
Ind. loc.: "Holotypus: "Centaurea oscensis Pau / Vandaliés [Bandaliés] (Huesca) / 10 Julio 1903 / vel [ilegible] de pallidula. / C. Pau" (MA 135338)"
Ic.: E. López & Devesa in Anales Jard. Bot. Madrid 67: 120 fig. 4 (2010)

Tallos hasta de 50 cm, poco ramificados. Capítulos solitarios. Involucro 9-12 × 5-8 mm, ovoide, redondeado o débilmente atenuado en la base; brácteas medias con apéndice de 1,5-4,3 × 3,5-5,5 mm, de la misma longitud o más largo que la mitad de la base de la bráctea, de erecto a patente, de amarillento a un pardo ferrugíneo, rematado por una arista o espina de 1-3 mm, mayor o igual que las fimbrias laterales, estas de 1,3-2 mm y en número de 4-7 pares, concoloras con la parte central del apéndice o las inferiores hialinas. $2n = 18$.

Claros y orlas de bosque y matorral, herbazales de cuneta y bordes de camino, en suelos básicos no demasiado nitrificados; 300-700 m. V-VII. ● NE de España. **Esp.:** Hu L.

2. C. hanrii Jord., Observ. Pl. Nouv. 5: 70, pl. 4 B (1847) [Hánrii]

C. polycephala sensu Willk. in Willk. & Lange, Prodr. Fl. Hispan. 2: 156 (1865), non Jord., Observ. Pl. Nouv. 5: 67 (1847)
C. isernii Willk. in Willk. & Lange, Prodr. Fl. Hispan. 2: 155 (1865)
C. spinabadia Bubani ex Timb.-Lagr. in Mém. Acad. Sci. Toulouse ser. 8, 1(2): 187 (1879)
C. paniculata subsp. *hanrii* (Jord.) Rouy in Rev. Bot. Syst. Géogr. Bot. 2: 146 (1904)
C. cadevallii Pau in Butll. Inst. Catalana Hist. Nat. 6: 46 (1906)
C. micrantha var. *catalaunica* Pau ex Cadevall in Mem. Real Acad. Ci. Barcelona 6: 436 (1908)
C. hanrii subsp. *isernii* (Willk.) Smythies in Englera 3: 880 (1986)
C. hanrii subsp. *spinabadia* (Bubani ex Timb.-Lagr.) Smythies in Englera 3: 880 (1986)
C. coerulescens auct., non Willd., Sp. Pl. 3(3): 2319 (1803)
Ind. loc.: “Elle a été découverte par lui à la Sainte-Beaume près Toulon (Var)” [lectótipo designado por E. López Nieto & J.A. Devesa in Anales Jard. Bot. Madrid 67: 123 (2010): LY]
Ic.: H.J. Coste, Fl. Descr. France 2: 394 (1937); Jord., Observ. Pl. Nouv. 5, pl. 4 B (1847); lám. 75

Hierba perenne, con raíz axonomorfa, sufruticulosa, inerme –excepto a veces las brácteas involucrales–, de un verde grisáceo u obscuro, con pelos tectores unicelulares y pluricelulares, también con glándulas translúcidas sésiles sobre todo en el haz de las hojas. Tallos hasta de 40 cm, erectos o ascendentes, ramificados por lo general desde la parte media o superior, con sección circular o ± poligonal, acostillados, sin alas, muy foliosos, con indumento ± laxo de pelos pluricelulares rígidos y patentes, y pelos araneosos esparcidos. Hojas hasta de 140 × 40 mm, las basales pecioladas y las caulinares sésiles, no decurrentes, menores hacia la parte superior del tallo, con nervadura principal pinnada –nervio medio prominente en el envés–; las basales rosuladas, enteras, pinnatífidas, 1-2 pinnatipartidas o 1-2 pinnatisectas, con lóbulos lanceolados o linear-lanceolados, enteros o pinnatífidos, mucronados y de margen liso o ligeramente aserrado, con haz de glabra a araneosa, y envés por lo general laxamente araneoso y con pelos pluricelulares cortos y rígidos, a menudo secas durante la floración; las caulinares inferiores y medias 1-2 pinnatipartidas o 1-2 pinnatisectas y con 1-4 pares de lóbulos lanceolados o linear-lanceolados, enteros o pinnatífidos, el terminal por lo general más ancho, de oblanceolado a lanceolado o linear-lanceolado, de margen liso y ligeramente revoluto, mucronadas, con haz glabriúscula, y envés por lo general laxamente araneoso y con pelos pluricelulares antrorso-escábridos, cortos y rígidos; las superiores enteras, pinnatífidas, pinnatipartidas o pinnatisectas, con segmentos lanceolados o linear-lanceolados. Capítulos radiantes, con las flores del disco hermafroditas y las de la periferia neutras y mayores, terminales y axilares, solitarios o en grupos de dos o tres, por lo general alcanzados por las últimas hojas caulinares –que no sobrepasan o alcanzan el involucro– o sustentados por un pedúnculo de 5-10 mm. Involucro 9-16 × 5-10 mm, ovoide, redondeado en la base, ampliamente sobrepasado por las flores; brácteas imbricadas y dispuestas aparentemente en 6 o 7 series, gradualmente mayores de fuera adentro; las externas y medias de ovadas a ovado-

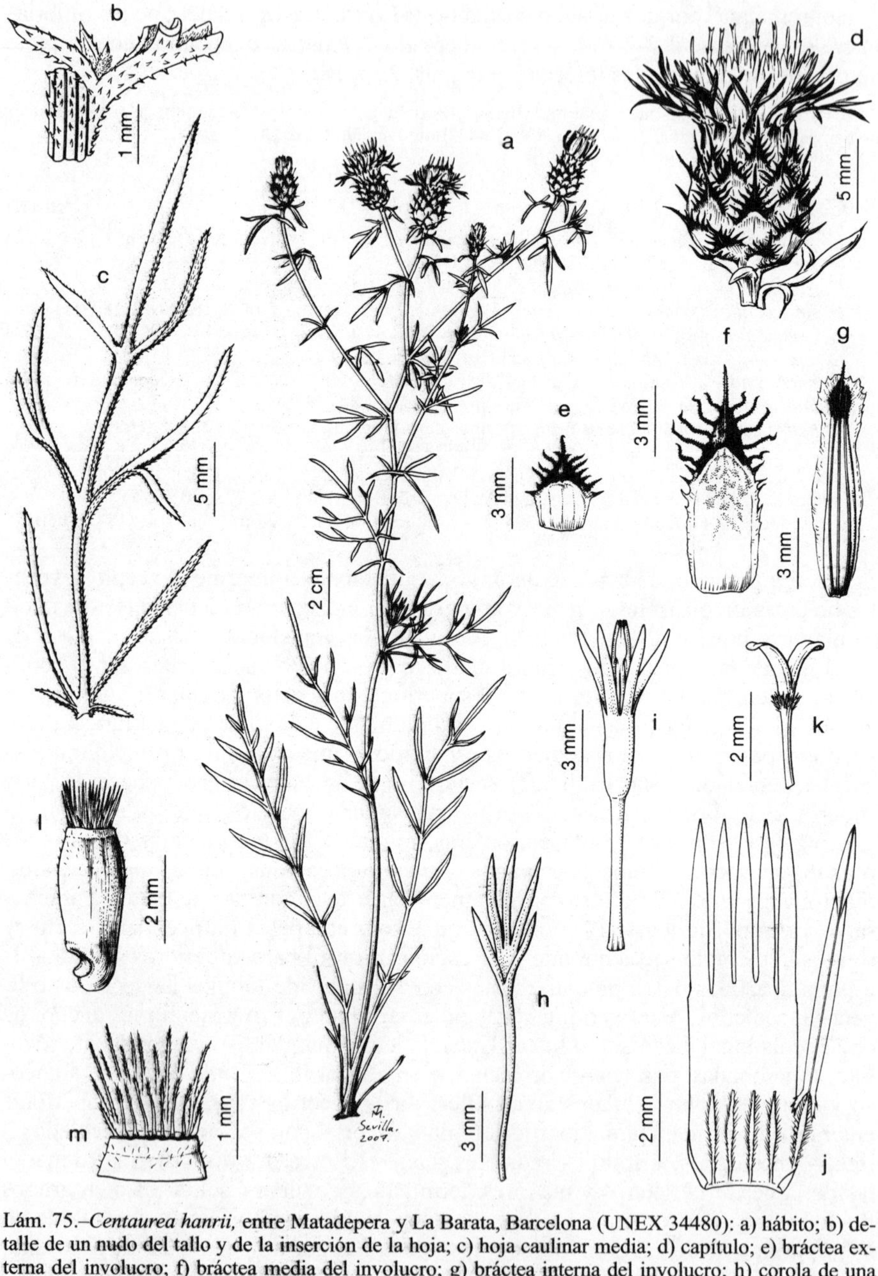

Lám. 75.–*Centaurea hanrii,* entre Matadepera y La Barata, Barcelona (UNEX 34480): a) hábito; b) detalle de un nudo del tallo y de la inserción de la hoja; c) hoja caulinar media; d) capítulo; e) bráctea externa del involucro; f) bráctea media del involucro; g) bráctea interna del involucro; h) corola de una flor neutra; i) corola y verticilos sexuales de una flor hermafrodita; j) limbo abierto de la corola de una flor hermafrodita, con los filamentos estaminales y un estambre completo; k) parte superior del estilo con sus ramas; l) aquenio con vilano; m) detalle del vilano interno y parte del externo.

oblongas, adpresas, verdosas, amarillentas o frecuentemente moradas en la parte superior de la base de la bráctea, con nervios longitudinales apenas marcados, con margen estrechamente hialino o sin él, glabras, con apéndice apical decurrente, bien distinguible del resto de la bráctea, de un pardo obscuro a negruzco, ± triangular, erecto-patente, recto o algo arqueado, glabro o lanuginoso, generalmente con glándulas translúcidas sésiles en el dorso, pectinado-fimbriado, con (4)5-9 pares de fimbrias laterales de 1-2,5 mm, flexuosas, al menos las superiores concoloras, rematado por un mucrón, arista o espina de 1-5 mm, de la misma longitud o más larga que la base de la bráctea; las internas 8-16 mm, lineares o linear-espatuladas, glabras, con margen estrechamente hialino, y apéndice apical apenas distinguible, de ovado a oblongo, plano, escarioso, entero, inerme o débilmente mucronado, de un verde claro. Corola glabra o ± papilosa, la de las flores neutras de 10-19 mm, con tubo blanquecino y limbo rosado o purpúreo, con 4 o 5 lóbulos de 2,5-5 mm, lanceolados o linear-lanceolados, desiguales; la de las hermafroditas 9-15 mm, con tubo de 3,5-7 mm, blanquecino, y limbo de 5-8 mm, blanquecino o blanquecino-rosado, con 5 lóbulos de 2,5-5 mm, linear-lanceolados, desiguales, uno o dos con los senos más profundos. Estambres con filamento peloso, con pelos hasta de 0,3 mm, rosado-blanquecinos; anteras 4-6 mm, blanquecinas, con conectivo apical rosado o blanquecino-rosado, y apéndices basales de 0,4-0,6 mm, membranáceos y a menudo lacerados. Estilo blanquecino, con ramas blanquecinas o blanquecino-rosadas. Aquenios 3-4,2 × 1,4-1,8 mm, elipsoides, oblongo-obovoides u obovoides, comprimidos –sección elíptica–, truncados y con reborde en el ápice, de un verde claro a uno obscuro en la madurez, con líneas longitudinales amarillentas, laxa e inconspicuamente sericeo-vilosos; placa apical con nectario de 0,1-0,2 mm, pentalobulado, blanco; hilo cárpico 0,4-0,7 mm, lateral-adaxial; con eleosoma. Vilano doble, persistente, el externo con varias filas de escamas de 0,5-1,5 mm, desiguales, lineares, serradas, blancas o pardas, y el interno con una fila de escamas setáceas en su parte superior, cortas, erectas y ± conniventes. $2n = 18$.

Claros y orlas de bosque, matorrales, herbazales de borde de camino, en suelos básicos nitrificados; 15-1000 m. IV-IX. Península Ibérica y S de Francia. NE de España. **Esp.:** B Ge L T.

Observaciones.–Se incluyen como sinónimos, aunque no sin ciertas dudas, *C. cadevallii* y *C. micrantha* var. *catalaunica,* dos extrañas formas que parecen representar el extremo de variabilidad de la especie; en ambos casos solo se dispone del material utilizado por C. Pau para describirlas. *Centaurea cadevallii* se basa en una planta minúscula que no supera los 15 cm y tiene numerosos capítulos muy agrupados y anormalmente pequeños e involucro de 6-10 × 3-5 mm; algo similar sucede con *C. micrantha* var. *catalaunica* que, aunque de mayor tamaño, también tiene capítulos pequeños –involucro 4-6 × 2-3 mm– y solitarios. Por esta razón, O. de Bolòs & J. Vigo, Fl. Països Catalans 3: 931 (1995) las sinonimizaron con *C. paniculata* subsp. *paniculata,* aunque difieren de esta por su pequeño porte y por la forma de los apéndices de las brácteas medias: mayores o iguales que la base de la bráctea y negruzcos. Probablemente se trate en ambos casos de respuestas extremas a condiciones desfavorables.

Se conocen formas de tránsito hacia *C. paniculata* subsp. *leucophaea* en la provincia de Gerona, en la zona de contacto de ambos táxones.

3. C. limbata Hoffmanns. & Link, Fl. Portug. 2: 221, pl. 97 (1825) [limbáta]

C. paniculata subsp. *limbata* (Hoffmanns. & Link) Cout., Fl. Portugal: 657 (1913)
Ind. loc.: "Dans les bruyères entre Coimbre et Aveiro et autrepart dans le Portugal moyen"

Hierba perenne, con raíz axonomorfa, sufruticulosa, inerme –excepto a veces las brácteas involucrales–, de un verde grisáceo u obscuro, por lo general laxamente pelosa, con pelos tectores unicelulares, araneosos, y pelos pluricelulares, también con glándulas translúcidas sésiles abundantes sobre todo en el haz de las hojas. Tallos hasta de 72 cm, erectos o ascendentes, ramificados por lo general desde la parte media o superior, de sección circular o ± poligonal, acostillados, sin alas, ± foliosos, escábridos y con indumento laxo de pelos araneosos. Hojas hasta 130 × 40 mm, las basales pecioladas y las caulinares sésiles, no decurrentes, menores hacia la parte superior del tallo, con nervadura principal pinnada –nervio medio prominente en el envés–; las basales rosuladas, enteras, pinnatífidas, 1-2 pinnatipartidas o 1-2 pinnatisectas, con lóbulos ovados u orbiculares, enteros o pinnatífidos, mucronados y de margen liso o ligeramente aserrado, con haz glabriúscula o laxamente araneosa, y envés araneoso y con pelos pluricelulares rígidos, a menudo secas durante la floración; las caulinares inferiores y medias 1-2 pinnatipartidas o 1-2 pinnatisectas con 1-6 o más pares de lóbulos lanceolados o linear-lanceolados, enteros o pinnatífidos, el terminal por lo general más ancho, de elíptico a lanceolado o linear-lanceolado, de margen liso y ligeramente revoluto, mucronadas, con haz glabriúscula y envés con pelos pluricelulares antrorso-escábridos, cortos y rígidos; las superiores enteras, pinnatífidas, pinnatipartidas o pinnatisectas, con segmentos lanceolados o linear-lanceolados. Capítulos radiantes, con las flores del disco hermafroditas y las de la periferia neutras y mayores, terminales y axilares, solitarios o en grupos de 2 o 3(4), por lo general en inflorescencias complejas corimbiformes, laxas, alcanzados o no por las últimas hojas caulinares –que no sobrepasan o solo ligeramente el involucro– o sustentados por un pedúnculo de 0,5-2,5 mm. Involucro 9-14 × 4-10 mm, ovoide u ovoide-cilíndrico, de redondeado a débilmente atenuado en la base, ampliamente sobrepasado por todas las flores del capítulo; brácteas imbricadas y dispuestas aparentemente en 6 o 7 series, gradualmente mayores de fuera adentro; las externas y medias de ovadas a ovado-oblongas, fuertemente adpresas, verdosas o amarillentas, con nervios longitudinales apenas marcados, con o sin margen hialino, glabras excepto en la parte superior araneoso-lanuginosa, con apéndice apical decurrente, bien distinguible del resto de la bráctea, de un pardo obscuro o negruzco, de triangular a orbicular, de erecto a erecto-patente, araneoso-lanuginoso, frecuentemente con glándulas translúcidas sésiles en el dorso, pectinado-fimbriado, con 5-10 pares de fimbrias laterales de 0,5-2 mm, ± flexuosas, al menos las superiores concoloras, rematado por un mucrón, arista o espina apical de 0,3-1,5 mm; las internas 9-14 mm, lineares o linear-espatuladas, glabras, con margen estrechamente hialino, y apéndice apical apenas distinguible, de ovado a oblongo, plano, escarioso, entero, inerme o débilmente mucronado, de un verde claro. Corola ± papilosa, la de las flores neutras de 10-18 mm, con tubo blanquecino y limbo rosado o purpúreo –rara vez blanca–, con 4 o 5 lóbulos de 3-6 mm, lanceolados o linear-lanceolados, desiguales; la de las hermafroditas 8,5-13 mm, con tubo de 4-6 mm, blanquecino, y limbo de 4,5-7,5 mm, rosado, blanquecino-rosado –rara vez enteramente blanca–, con 5 lóbulos de 2-3,5 mm, linear-lanceolados, desiguales, uno o dos con los senos más profundos. Estambres con filamento peloso, con pelos hasta de 0,3 mm, blanquecinos; anteras 4-6 mm, blanquecinas, con conectivo apical purpúreo o rosado, y apéndices basales de 0,3-0,4 mm, membranáceos y a menudo lacerados. Estilo blanquecino, con ramas rosadas o blanquecino-rosadas. Aquenios 2,5-3,5 × 1,3-1,8 mm, oblongo-obovoides u obovoides, comprimidos –sección elíptica–, truncados y con reborde entero, de un amarillo pajizo, en la madurez teñidos de un verde obscuro, con líneas longitudinales amarillentas, laxa e inconspicuamente seríceo-vilosos; placa apical con nectario de 0,1-0,2(-0,5) mm –en ocasiones falta– pentalobulado, blanco; hilo cárpico 0,5-0,7 mm, lateral-adaxial; con eleosoma. Vilano doble, persistente, el externo con varias filas de escamas de 0,3-1,5 mm, desiguales, lineares, serradas, blanquecinas, y el interno con una fila de escamas lisas, solo laceradas o serradas en el ápice, cortas, erectas y ± conniventes. $2n = 18$.

Claros y orlas de bosque, matorrales litorales y herbazales de borde de camino y cuneta, en suelos ácidos nitrificados; 1-1000 m. IV-XI. ● W y NW de la Península Ibérica. **Esp.:** C Lu Or Po. **Port.:** BA BL DL E Mi (TM).

1. Involucro de 4-7 mm de anchura; apéndice de las brácteas involucrales medias de 2-4 mm de anchura .... **a.** subsp. **limbata**
– Involucro de 7-10 mm de anchura; apéndice de las brácteas involucrales medias de 4-5,2 mm de anchura .... **b.** subsp. **lusitana**

a. subsp. **limbata**

Ic.: Hoffmanns. & Link, Fl. Portug. 2, pl. 97 (1825) [sub *C. limbata*]; E. López & Devesa in Lagascalia 28: 415 fig. 2 (2008)

Tallos ramificados desde su parte media o superior. Capítulos solitarios o en grupos de 2 o 3(4). Involucro 9-14 × 4-7 mm, ovoide u ovoide-cilíndrico, redondeado o débilmente atenuado en la base. Apéndice de las brácteas involucrales medias 1,2-3 × 2-4 mm, por lo general negruzco, con 5-10 pares de fimbrias laterales. $2n = 18$.

Claros y orlas de matorral y pinar litoral, bordes de camino y carretera, en suelos ácidos nitrificados; 1-260(990) m. IV-X. ● W y NW de la Península Ibérica. **Esp.:** C Lu Or Po. **Port.:** BL DL E Mi (TM).

Observaciones.–Se reconocen en el territorio dos variedades. La var. *limbata* reúne plantas con capítulos solitarios, tallos poco ramificados y hojas escasas y dispersas, y aparece distribuída por todo el territorio (Esp.: C Lu Or Po. Port.: BL DL E Mi; IV-X; $2n = 18$). Por el contrario, la var. *insularis* Pau in Bol. Soc. Aragonesa Ci. Nat. 1: 49 (1902) [*C. limbata* f. *mixta* Merino, Contr. Fl. Galicia Supl. I 1: 22 (1898); *C. limbata* f. *asperifoliata* Merino in Brotéria, Sér. Bot. 13: 22 (1915); *C. insularis* Pau, in sched., nom. nud.; *C. limbata* var. *latifolia* Merino, in sched., nom. nud.; VI-VIII; $2n = 18$] tiene, al menos, algunos capítulos en grupos de 2 o 3(4) y tallos densamente foliosos, profusamente ramificados de manera corimbiforme, y se localiza únicamente en las Islas Cíes (Esp.: Po; 1-190 m), en claros y orlas de tojal-brezal, pinares litorales y bordes de camino, en suelos ± nitrificados.

b. subsp. **lusitana** (Arènes) E. López & Devesa in Lagascalia 28: 421 (2008) [Lusitána]

C. paniculata var. *lusitana* Arènes in Agron. Lusit. 11: 22 (1949) [basión.]
C. herminii subsp. *lusitana* (Arènes) Franco, Nova Fl. Portugal 2: 479, 573 (1984)
Ind. loc.: "Beira Litoral: Serra do Arestal, a norte de Sever do Vouga (proximidades da capela de S. Tiago)" [holótipo: LISE]
Ic.: E. López & Devesa in Lagascalia 28: 422 fig. 4 (2008)

Tallos ramificados desde su parte media. Capítulos solitarios. Involucro 10-14 × 7-10 mm, ovoide, redondeado en la base. Apéndice de las brácteas involucrales medias 2-3,5 × 4-5,2 mm, por lo general negruzco, con 5-9 fimbrias a cada lado.

Claros y orlas de bosque, matorrales, herbazales de borde de camino, en suelos ácidos ± nitrificados; 200-1000 m. V-XI. ● CW de Portugal: Sierra de Caramulo. **Port.:** BA BL.

4. C. langei Nyman, Suppl. Syll. Fl. Eur.: 6 (1865) [Lángei]

C. divergens Lange, Pugill. Pl. Hispan.: 137 (1861) [nom. subst.], nom. illeg., non Vis., Fl. Dalmat. 2: 37, tab. 12 b (1847)
C. langeana Willk. in Willk. & Lange, Prodr. Fl. Hispan. 2: 157 (1865), nom. illeg.
C. maculosa sensu Merino, Fl. Galicia 2: 414 (1906), non Lam., Encycl. 1: 669 (1785)
C. aristata subsp. *langeana* Willk. ex Dostál in Bot. J. Linn. Soc. 71: 199 (1976), nom. inval.
Ind. loc.: "In rupibus schistosis ad Villafranca del Vierzo (18 Jul. c. fl.)!" [sec. Lange, Pugill. Pl. Hispan.: 137 (1861); lectótipo designado por E. López & al. in Ann. Bot. Fenn. 48: 3 (2011): C]

Hierba perenne, con raíz axonomorfa, sufruticulosa, multicaule, inerme –excepto débilmente las brácteas involucrales–, ± verde, de un verde grisáceo o grisácea, glabra, glabriúscula o más frecuentemente con pelos tectores unicelulares, araneosos, y pelos pluricelulares, a veces con glándulas sésiles translúcidas, abundantes sobre todo en las hojas. Tallos hasta de 105 cm, erectos o ascendentes, a menudo ramificados desde la parte media o superior, de sección circular o ± poligonal, acostillados, sin alas, glabros, glabriúsculos o más frecuentemente con indumento ± laxo de pelos pluricelulares, rígidos, patentes, y pelos araneosos esparcidos. Hojas hasta de 160 × 60 mm, las basales pecioladas y las caulinares sésiles, no decurrentes, menores hacia la parte superior del tallo, con nervadura principal pinnada –nervio medio prominente en el envés–; las basales rosuladas, enteras, 1-2 pinnatipartidas o 1-2 pinnatisectas, con lóbulos oblanceolados, ovado-lanceolados, lanceolados o linear-lanceolados, enteros o pinnatífidos, mucronados y de margen liso o ligeramente aserrado, con haz de glabra a tomentoso-araneosa, y envés por lo general laxamente araneoso y con pelos pluricelulares, cortos y rígidos, a menudo secas durante la floración; las caulinares inferiores y medias pinnatífidas, pinnatipartidas o pinnatisectas y con 1-4 pares de lóbulos ovados, lanceolados o linear-lanceolados, enteros o pinnatífidos, el terminal a menudo más ancho, de margen liso y ligeramente revoluto, mucronadas, con haz glabra, glabriúscula o laxamente tomentoso-araneosa, y envés por lo general laxamente areaneoso y con pelos pluricelulares antrorso-escábridos, cortos y rígidos; las superiores enteras, pinnatífidas, 1-2 pinnatipartidas o 1-2 pinnatisectas, con lóbulos oblanceolados, ovado-lanceolados, lanceolados o linear-lanceolados. Capítulos radiantes, con las flores del disco hermafroditas y las de la periferia neutras y de mayor tamaño, terminales, solitarios o en grupos de 2-4 y a su vez en inflorescencias complejas corimbiformes, laxas, alcanzados por las últimas hojas o con pedúnculo de 5-50 mm, glabro o blanco-tomentoso. Involucro 8-14 × 2,5-8(9) mm, ovoide o cilíndrico, redondeado o atenuado en la base, sobrepasado por las flores; brácteas imbricadas y dispuestas aparentemente en 6 o 7 series, gradualmente mayores de fuera adentro; las externas y medias de ovadas a ovado-oblongas, verdosas, amarillentas o menos frecuentemente moradas en su parte superior, con nervios longitudinales apenas marcados, con margen estrechamente hialino o sin él, glabras o rara vez laxamente araneosas, con apéndice apical decurrente, bien distinguible del resto de la bráctea, de un pardo amarillento o negruzco, semilunar, triangular u orbicular, de erecto a patente, glabro o laxamente peloso y glanduloso, pectinado-fimbriado, con (2)4-8 pares de fimbrias laterales flexuosas de 0,3-2 mm, al menos las superiores concoloras, rematado por un mucrón, arista o espina de 0,2-2 mm; las internas 7-14 mm, lineares, linear-lanceoladas o linear-espatuladas, glabras, con margen estrechamente hialino, y apéndice apical apenas distinguible, de ovado a oblongo, plano, escarioso, entero, inerme o débilmente mucronado, de un verde claro. Corola glabra o ± papilosa, la de las flores neutras de 9-16 mm, con tubo blanquecino y limbo purpúreo, rosado o blanquecino-rosado, con 4 o 5 lóbulos de 2-4,5 mm, lanceolados o linear-lanceolados, desiguales; la de las hermafroditas 8-15 mm, con tubo de 3-7 mm, blanquecino, y limbo de 4-8 mm, blanquecino o blanquecino-rosado, con 5 lóbulos de 2-4 mm, linear-lanceolados, subiguales o uno o dos con los senos más profundos. Estambres con filamento peloso, con pelos hasta de 0,3 mm, blanquecinos; anteras 4-6,5 mm, blanquecinas, con conectivo apical purpúreo, rosado o blanquecino-rosado, y apéndices basales de 0,3-0,5 mm, membranáceos y a menudo lacerados. Estilo blanquecino, con ramas blanquecinas o blanquecino-rosadas. Aquenios 2,2-4,2 × 1-2 mm, oblongo-ovoides, comprimidos –sección elíptica–, truncados y con reborde entero, en la madurez teñidos de un verde obscuro, con máculas lineares amarillentas dispuestas longitudinalmente de manera ± irregular, laxa e inconspicuamente seríceo-vilosos; placa apical con nectario de 0,1-0,2 mm, pentalobulado, blanco, en ocasiones ausente; hilo cárpico 0,2-0,8 mm, lateral-adaxial; con eleosoma. Vilano doble, persistente, el externo con varias filas de escamas de 0,5-3,5 mm, desiguales, lineares, serradas, blanquecinas, y el interno con una fila de escamas setáceas en su parte superior, cortas, erectas y ± conniventes. $2n = 18$.

Claros y orlas de bosque, matorrales, herbazales de borde de camino, en suelos ácidos o básicos ± nitrificados; 100-1800 m. V-XI. ● NW, CW y CN de la Península Ibérica. **Esp.:** Av Bu C Cc Le Lo Lu (O) Or P Po (S) Sa So Va Za. **Port.:** AAl BA BB BL DL Mi R TM.

1. Vilano 2-3,5 mm, de una longitud similar a la del aquenio 2
– Vilano 0,5-2(2,5) mm, de 1/3-1/2(2/3) de la longitud del aquenio 3
2. Tallos, ramas y hojas escábridos y laxamente araneosos; hojas basales verdes .... **a.** subsp. **langei**
– Tallos, ramas y hojas superiores glabros o glabriúsculos; hojas basales grisáceo-blanquecinas, tomentoso-araneosas .... **b.** subsp. **dominguezii**
3. Capítulos por lo general en grupos de 2 o 3, rara vez solitarios; apéndice de las brácteas medias de erecto-patente a patente en la antesis .... **f.** subsp. **kheilii**
– Capítulos solitarios; apéndice de las brácteas medias de erecto a erecto-patente en la antesis 4
4. Vilano de más de la mitad de la longitud del aquenio, rara vez igual 5
– Vilano de la misma longitud o más corto que la mitad de la longitud del aquenio 6
5. Apéndice de las brácteas medias con su parte central más larga que ancha .... **c.** subsp. **exilis**
– Apéndice de las brácteas medias con su parte central más ancha que larga .... **d.** subsp. **coutinhoi**

6. Hierba de un verde obscuro, laxamente araneosa y escábrida o, con menor frecuencia, glabriúscula, erecta o ascendente, laxamente ramificada desde su parte media o superior .. .. e. subsp. **geresensis**
– Hierba ± grisácea, tomentoso-araneosa, sobre todo en su parte inferior, de postrado-ascendente a erecta, muy ramificada desde su parte inferior o media .... g. subsp. **rothmaleriana**

a. subsp. **langei**

C. micrantha Hoffmanns. & Link, Fl. Portug. 2: 220 (1825) ["micranthos"], nom. illeg., non S.G. Gmel., Reise Russland 1: 136, tab. 23 fig. 1 (1770-1774)
C. limbata var. *melanosticta* Lange, Pugill. Pl. Hispan.: 136 (1861)
C. xerolepida Pau in Bol. Soc. Aragonesa Ci. Nat. 1: 50 (1902)
C. paniculata var. *melanosticta* (Lange) Cout., Fl. Portugal: 657 (1913)
C. paniculata subsp. *micrantha* (Hoffmanns. & Link) Cout., Fl. Portugal: 656 (1913)
C. micrantha subsp. *melanosticta* (Lange) Dostál in Bot. J. Linn. Soc. 71: 199 (1976)
C. melanosticta (Lange) Franco, Nova Fl. Portugal 2: 478, 573 (1984)
Ic.: Lám. 76

Hierba laxamente araneosa y escábrida, con glándulas translúcidas sésiles. Tallos hasta de 105 cm, erectos o ascendentes, muy ramificados en su parte media o superior. Hojas basales verdes. Capítulos solitarios o en grupos de dos o tres. Involucro 8-13 × 2,5-5 mm, estrechamente ovoide-cilíndrico, ± atenuado en la base; brácteas medias con apéndice de 1-2,5(3) × 1-3(4) mm, con la parte central tan larga como ancha, de pardo a negruzco, erecto, con 2-7 pares de fimbrias laterales de 0,3-1,5 mm, rematado en una espina o mucrón de 0,2-1(1,5) mm. Aquenios 2,2-3,5 mm. Vilano externo 2-3,5 mm, de longitud similar a la del aquenio. $2n = 18$.

Claros y orlas de bosque, matorrales y herbazales de borde de camino, en suelos ácidos o básicos ± nitrificados; 100-1800 m. VI-XI. ● NW y CN de la Península Ibérica. **Esp.:** Bu C Le Lo Lu (O) Or P Po (S) Sa So Va Za. **Port.:** BA BL DL Mi TM. **N.v.,** *port.:* escalabriosa, fidalguinha, fidalguinha-de-Bragança, fidalguinhos-de-Bragança.

Observaciones.–Aunque *C. micrantha* Hoffmanns. & Link ha sido considerado el nombre válido para el taxon peninsular [W.R. Greuter, H.M. Burdet & G. Long (eds.), Med-Checklist 2: 120 (2008)], se trata de un nombre ilegítimo por ser un homónimo de *C. micrantha* S.G. Gmel. ["micranthos"], nombre aplicado a una especie diferente, válidamente descrita y que se acompaña de un ilustración. Esta interpretación de los restrictivos micrantha y micranthos está de acuerdo con el CINB (art. 53.3) y con autores como A. Hayek in Denkschr. Kaiserl. Akad. Wiss. Wien, Math.-Naturwiss. Kl. 70: 585-773 (1901) y otros anteriores que, consecuentemente, utilizaron nombres nuevos –v.gr., *C. hoffmannseggiana* Lázaro Ibiza, Comp. Fl. Españ. 2: 889 (1896) ["Hoffmanseggiana"], nom. illeg.–, así como con el del reciente tratamiento taxonómico del grupo [E. López & al. in Ann. Bot. Fennici 48: 1-12 (2011)]. La subespecie parece hibridarse con *C. calcitrapa* en algunas áreas. Los híbridos, que han sido denominados *C.* × *numantina* (Esp.: So; véase el apartado de híbridos), difieren de *C. langei* s.str. porque tienen brácteas involucrales largamente aristadas. También parece hibridarse con *C. jacea* subsp. *angustifolia* y los híbridos, que han sido denominados *C.* × *esguevana,* se diferencian de *C. langei* s.str. porque los apéndices de las brácteas medias tienen algunas partes claramente enteras (Esp.: Va).

También son frecuentes formas de transición entre este taxon y *C. aristata* en las provincias de Soria y Valladolid, con *C. limbata* en la de Lugo y con *C. langei* subsp. *dominguezii* en la de Salamanca.

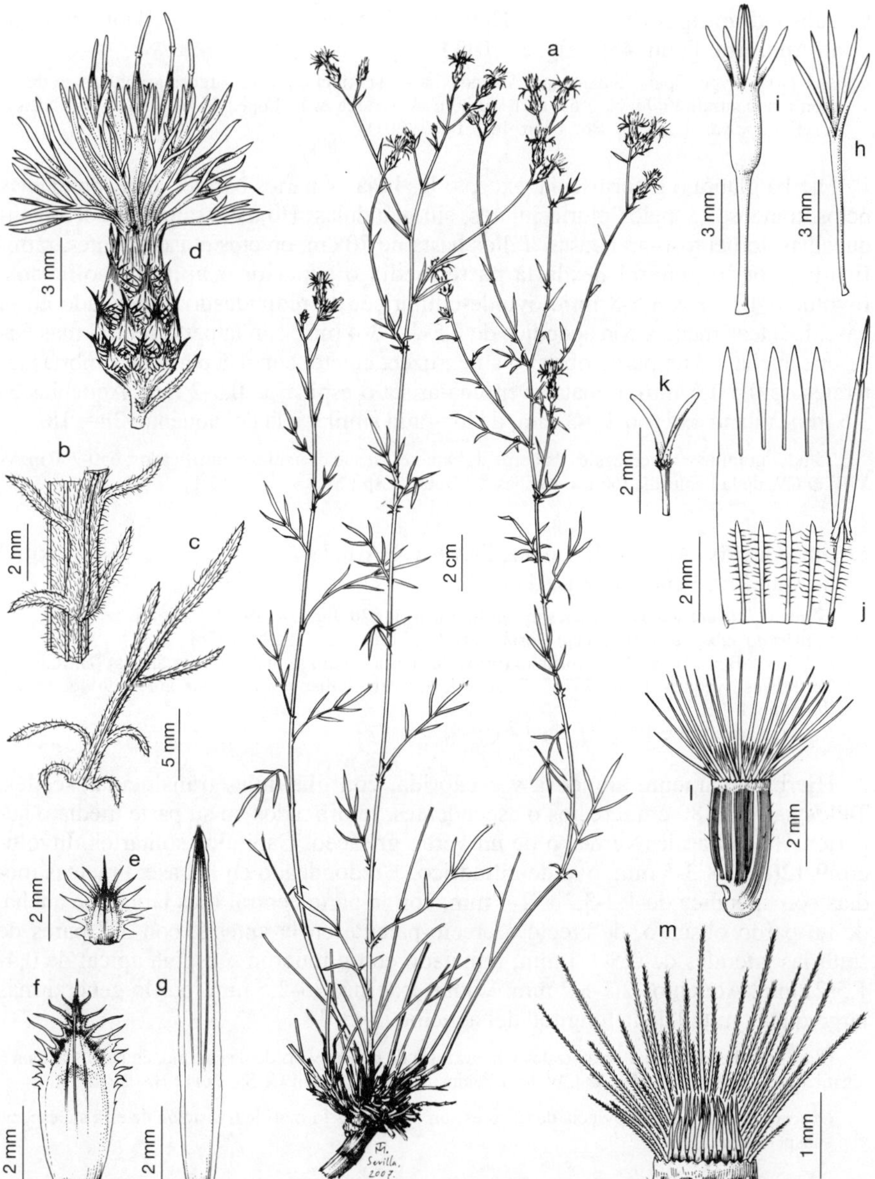

Lám. 76.–*Centaurea langei* subsp. *langei,* Encinas de Esgueva, Valladolid (UNEX 34467): a) hábito; b) detalle de un nudo del tallo y de la inserción de la hoja; c) hoja caulinar media; d) capítulo; e) bráctea externa del involucro; f) bráctea media del involucro; g) bráctea interna del involucro; h) corola de una flor neutra; i) corola y verticilos sexuales de una flor hermafrodita; j) limbo abierto de la corola de una flor hermafrodita, con los filamentos estaminales y un estambre completo; k) parte superior del estilo con sus ramas; l) aquenio; m) detalle del vilano interno y parte del externo.

b. subsp. **dominguezii** E. López, Devesa & Arnelas in Ann. Bot. Fenn. 48: 7 fig. 3 (2011) [Dominguézii]

Ind. loc.: "Type: Spain. Salamanca, Aldeadávila de la Ribera, presa, paredes graníticas en dirección a la central, 40º96' N, 5º65' E, 1.VII.2003 A. Ortega & E. López 34470 (holotype UNEX)"
Ic.: E. López & al. in Ann. Bot. Fenn. 48: 7 fig. 3 (2011)

Hierba glabra o glabriúscula, excepto las hojas y partes basales, con abundantes pelos araneosos y pelos pluricelulares, sin glándulas. Hojas basales grisáceo-blanquecinas, tomentoso-araneosas. Tallos hasta de 70 cm, erectos o ascendentes, ramificados por lo general desde la parte media o superior. Capítulos solitarios. Involucro 10-13 × 3,5-8 mm, ovoide-cilíndrico, de redondeado a atenuado en la base; brácteas medias con apéndice de 2,5-4 × 3-4 mm, con la parte central más larga que ancha, de un pardo obscuro a negruzco, erecto, con 4-6 pares de fimbrias laterales de 0,5-1,5 mm, rematado en una arista o espina de 0,5-2 mm. Aquenios 3-3,5 mm. Vilano externo 2,5-3 mm, de longitud similar a la del aquenio. $2n = 18$.

Taludes graníticos y herbazales de borde de camino, en suelos ácidos ± nitrificados; 650-700 m. V-VIII. ● CW de la Península Ibérica: Arribes del Duero. **Esp.:** Sa.

c. subsp. **exilis** (Arènes) E. López, Devesa & Arnelas in Ann. Bot. Fenn. 48: 8 (2011) [exílis]

C. paniculata subsp. *exilis* Arènes in Agron. Lusit. 11: 20, fig. 1-4 (1949) [basión.]
C. aristata subsp. *exilis* (Arènes) Dostál in Bot. J. Linn. Soc. 71: 199 (1976)
Ind. loc.: "Beira Baixa –Monfortinho (prox. das termas, num pinhal, terrenos áridos) [B. Rainha]. Spécimens typiques– LISE: 23137 (Typus). J. Arènes, Herbar. norm. Cynar. in P. 6990 (cotypus)" [holótipo: LISE]
Ic.: Arènes in Agron. Lusit. 11, fig. 1-4 (1949); lám. 77

Hierba laxamente araneosa y escábrida, con glándulas translúcidas sésiles. Tallos hasta de 80 cm, erectos o ascendentes, ramificados en su parte media o superior. Hojas basales verdes o de un verde grisáceo. Capítulos solitarios. Involucro 9-12(-13) × 3-5 mm, ovoide-cilíndrico, ± redondeado en la base; brácteas medias con apéndice de 1,2-3,2 × 2-4 mm, con la parte central más larga que ancha, de un pardo obscuro, de erecto a erecto-patente en la antesis, con 3-7 pares de fimbrias laterales de 0,5-1,5 mm, rematado en un mucrón o espina apical de 0,4-1,5(2) mm. Aquenios 2,7-3,7 mm. Vilano externo 1,5-2,5 mm, por lo general más largo que la mitad de la longitud del aquenio. $2n = 18$.

Claros y orlas de bosque, matorrales y herbazales de cuneta y borde de camino, en suelos ácidos ± nitrificados; 220-1050 m. V-X. ● CW de la Península Ibérica. **Esp.:** Cc Sa. **Port.:** BA BB DL R.

Observaciones.–En la provincia de Cáceres son frecuentes formas de transición de esta subespecie y la subsp. *kheilii*.

d. subsp. **coutinhoi** (Franco) E. López, Devesa & Arnelas in Ann. Bot. Fenn. 48: 8 (2011) [Coutínhoi]

C. coutinhoi Franco, Nova Fl. Portugal 2: 477, 572 (1984) [basión.]
Ind. loc.: "Typus: Marvão, 500 m antes de entrar nas muralhas da vila, nas margens dum souto, alt. ca. 750 m, exp. E, 23 Jun. 1973, M. Pinheiro de Mello (LISI)" [holótipo: LISI]
Ic.: Lám. 78

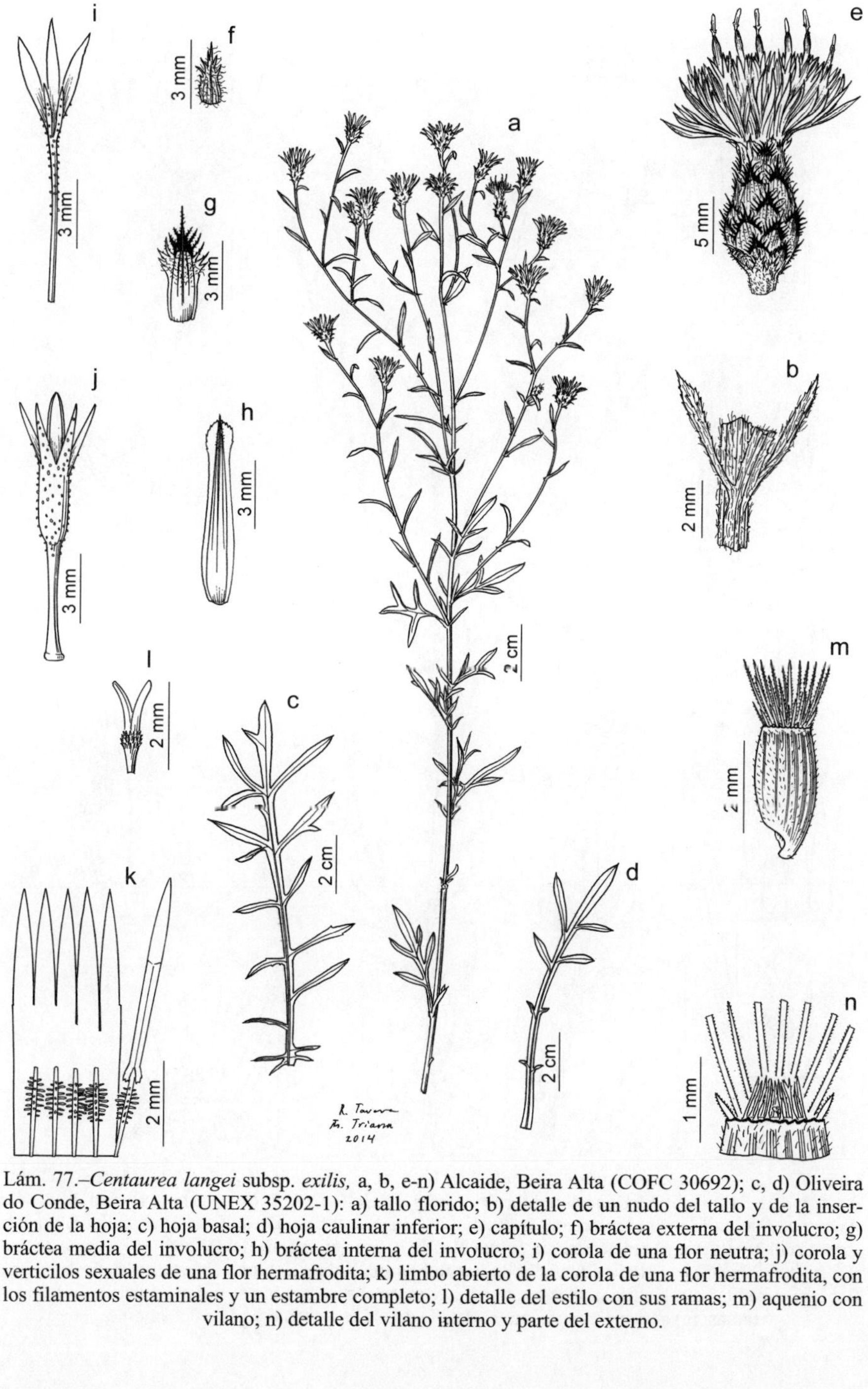

Lám. 77.–*Centaurea langei* subsp. *exilis,* a, b, e-n) Alcaide, Beira Alta (COFC 30692); c, d) Oliveira do Conde, Beira Alta (UNEX 35202-1): a) tallo florido; b) detalle de un nudo del tallo y de la inserción de la hoja; c) hoja basal; d) hoja caulinar inferior; e) capítulo; f) bráctea externa del involucro; g) bráctea media del involucro; h) bráctea interna del involucro; i) corola de una flor neutra; j) corola y verticilos sexuales de una flor hermafrodita; k) limbo abierto de la corola de una flor hermafrodita, con los filamentos estaminales y un estambre completo; l) detalle del estilo con sus ramas; m) aquenio con vilano; n) detalle del vilano interno y parte del externo.

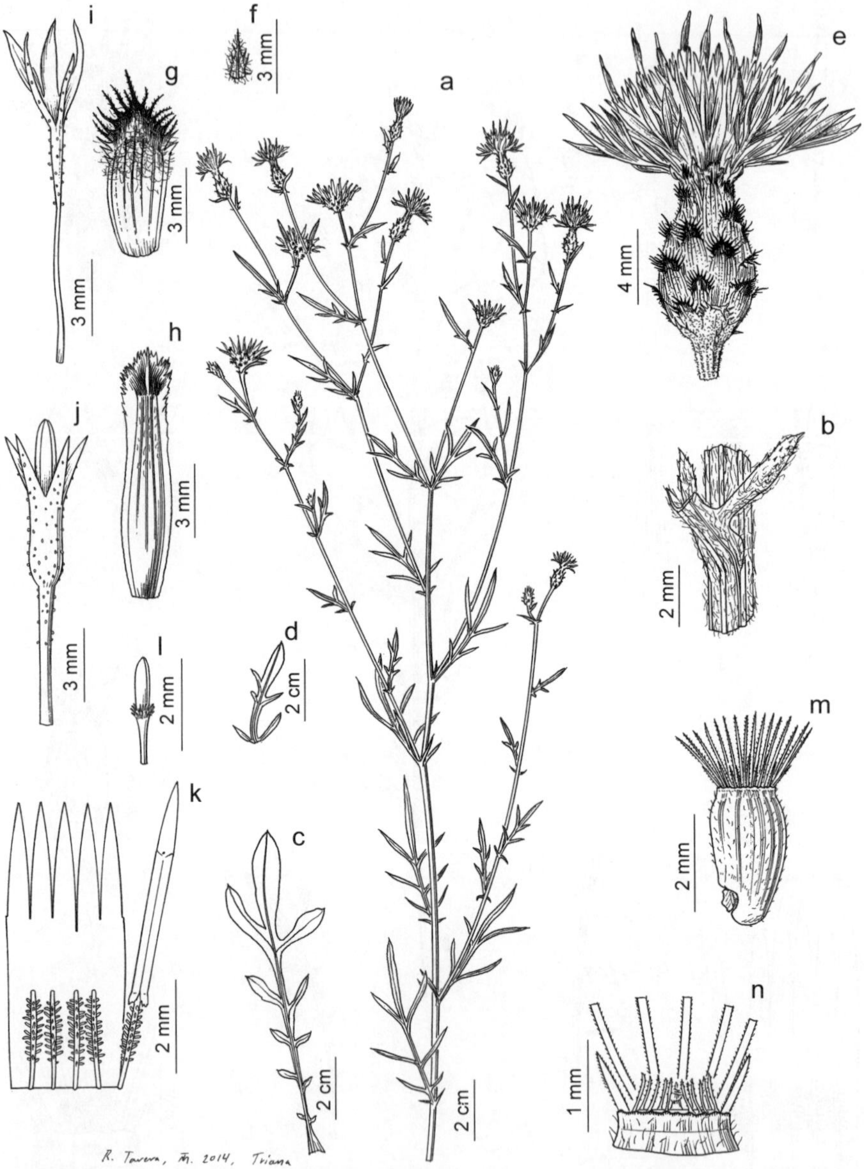

Lám. 78.–*Centaurea langei* subsp. *coutinhoi,* a, b, e, m, n) Castelo da Vide, Alto Alentejo (COFC 30744); c, d, f-l) fuente del Concelho, Marvão, Alto Alentejo (COFC 30684): a) tallo florido; b) detalle de un nudo del tallo y de la inserción de la hoja; c) hoja basal; d) hoja caulinar; e) capítulo; f) bráctea externa del involucro; g) bráctea media del involucro; h) bráctea interna del involucro; i) corola de una flor neutra; j) corola y verticilos sexuales de una flor hermafrodita; k) limbo abierto de la corola de una flor hermafrodita, con los filamentos estaminales y un estambre completo; l) detalle del estilo con sus ramas; m) aquenio con vilano; n) detalle del vilano interno y parte del externo.

Hierba laxamente araneosa y escábrida, con glándulas translúcidas sésiles. Tallos hasta de 80 cm, erectos o ascendentes, ramificados en su parte media o superior. Hojas basales verdes o de un verde grisáceo. Capítulos solitarios. Involucro 8-14 × 4-7 mm, ovoide, redondeado en la base; brácteas medias con apéndice de 1,5-3,5 × 2-4 mm, con su parte central más ancha que larga, de un pardo obscuro a negruzco, de erecto a erecto-patente en la antesis, con 4-7 pares de fimbrias laterales de 0,5-1,7 mm, rematado en un mucrón o espina de 0,6-2 mm. Aquenios 3-3,7 mm. Vilano externo 1,5-2,5 mm, por lo general más largo que la mitad de la longitud del aquenio. $2n = 18$.

Claros y orlas de bosque, matorrales y herbazales de cuneta y borde de camino, en suelos ácidos ± nitrificados; 350-1000 m. V-VIII. ● CW de la Península Ibérica. **Esp.:** Cc. **Port.:** AAl BB R.

e. subsp. **geresensis** (Arènes) E. López, Devesa & Arnelas [gereséńsis]
in Ann. Bot. Fenn. 48: 9 (2011)

C. paniculata subsp. *geresensis* Arènes in Agron. Lusit. 11: 22, fig. 1-7 (1949) [basión.]
C. aristata subsp. *geresensis* (Arènes) Dostál in Bot. J. Linn. Soc. 71: 199 (1976)
C. limbata subsp. *geresensis* (Arènes) Franco, Nova Fl. Portugal 2: 572 (1984)
Ind. loc.: "Minho: Serra do Gerês (inter Lage et Leonte; in dumetis pr. Jucêda solo granitico) [P. da Silva, C. Fontes, B. Rainha et M. da Silva]. Spécimens typiques– LISE: 23138, 23139 (Typi). J. ARÈNES, Herbar. norm. Cynar. in P 6991 (cotypus)"
Ic.: Arènes in Agron. Lusit. 11, fig. 1-7 (1949); lám. 79

Hierba erecta o ascendente, de un verde obscuro, laxamente araneosa y escábrida o, con menor frecuencia, glabriúscula, con glándulas translúcidas sésiles. Tallos hasta de 90 cm, erectos, laxamente ramificados desde su parte media o superior. Hojas basales de un verde obscuro. Capítulos solitarios. Involucro 9-14 × 4-9 mm, ovoide u ovoide-cilíndrico, redondeado o débilmente atenuado en la base; brácteas medias con apéndice de 1,2-3 × 2-4 mm, con su parte central tan larga como ancha, de un pardo obscuro a negruzco, erecto, con 4-8 pares de fimbrias laterales de 0,5-1,5 mm, y rematado en un mucrón o espina de 0,3-1,5 mm. Aquenios 2,7-3,9 mm. Vilano externo 1-1,5(2,5) mm, de la misma longitud que el aquenio o más corto. $2n = 18$.

Claros y orlas de bosque y herbazales de borde de camino, en suelos ácidos ± nitrificados; 100-1300 m. VI-X. ● NW de la Península Ibérica: sierra de Peneda-Gerês y áreas adyacentes. **Esp.:** Or. **Port.:** Mi TM.

Observaciones.–Son relativamente frecuentes ejemplares intermedios entre esta subespecie y *C. langei* s.str. en la región de Trás-os-Montes.

f. subsp. **kheilii** (Pau) E. López, Devesa & Arnelas [Khéilii]
in Ann. Bot. Fenn. 48: 9 (2011)

C. coerulescens var. *kheilii* Pau in Actas Soc. Esp. Hist. Nat. 1897: 200 (1897) [basión.]
Ind. loc.: "Sierra de Gata" [lectótipo designado por E. López & al. in Ann. Bot. Fenn. 48: 9 (2011): MA]
Ic.: Lám. 80

Hierba laxamente lanuginoso-araneosa y escábrida, con glándulas translúcidas sésiles. Tallos hasta de 100 cm, erectos, ramificados desde su parte media. Hojas

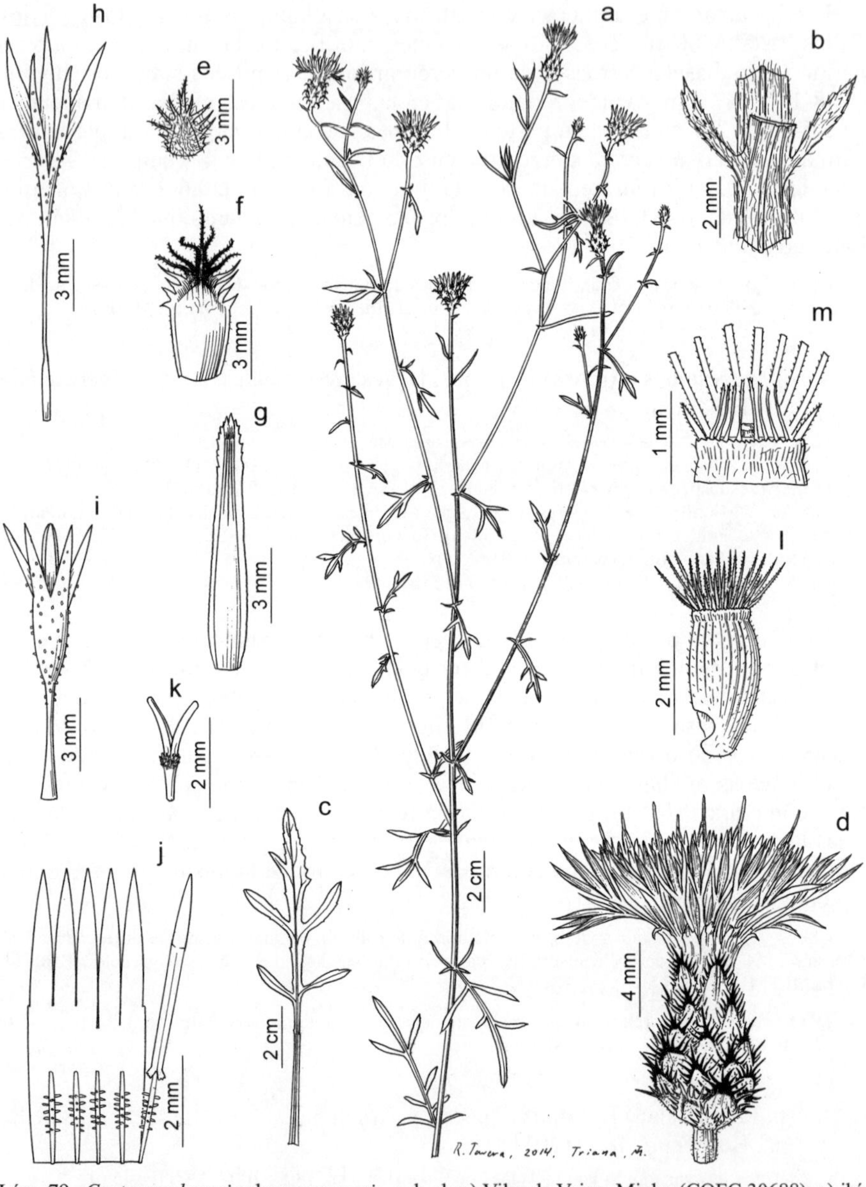

Lám. 79.–*Centaurea langei* subsp. *geresensis,* a, b, d-m) Vilar de Veiga, Minho (COFC 30688); c) ibídem (UNEX 34468): a) tallo florido; b) detalle de un nudo del tallo y de la inserción de la hoja; c) hoja basal; d) capítulo; e) bráctea externa del involucro; f) bráctea media del involucro; g) bráctea interna del involucro; h) corola de una flor neutra; i) corola y verticilos sexuales de una flor hermafrodita; j) limbo abierto de la corola de una flor hermafrodita, con los filamentos estaminales y un estambre completo; k) detalle del estilo con sus ramas; l) aquenio con vilano; m) detalle del vilano interno y parte del externo.

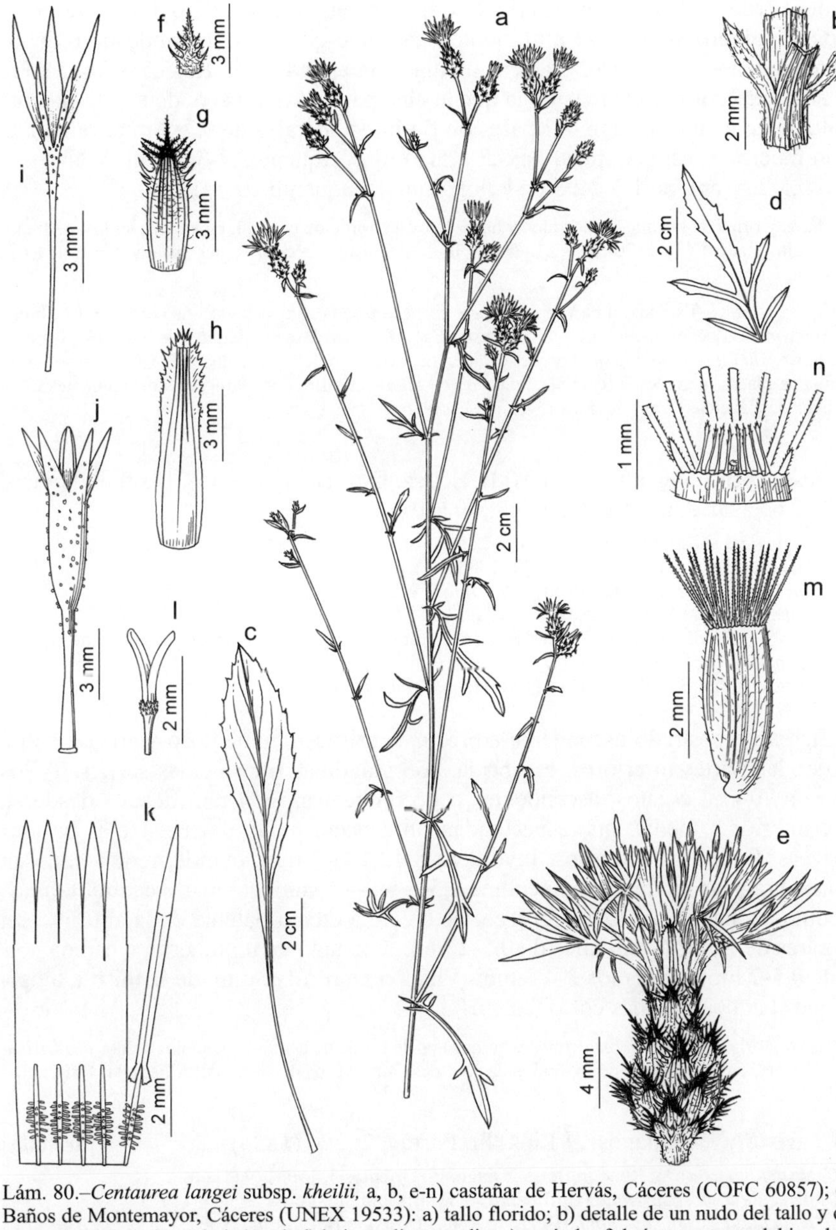

Lám. 80.–*Centaurea langei* subsp. *kheilii,* a, b, e-n) castañar de Hervás, Cáceres (COFC 60857); c, d) Baños de Montemayor, Cáceres (UNEX 19533): a) tallo florido; b) detalle de un nudo del tallo y de la inserción de la hoja; c) hoja basal; d) hoja caulinar media; e) capítulo; f) bráctea externa del involucro; g) bráctea media del involucro; h) bráctea interna del involucro; i) corola de una flor neutra; j) corola y verticilos sexuales de una flor hermafrodita; k) limbo abierto de la corola de una flor hermafrodita, con los filamentos estaminales y un estambre completo; l) detalle del estilo con sus ramas; m) aquenio con vilano; n) detalle del vilano interno y parte del externo.

basales verdes o de un verde grisáceo. Capítulos en grupos de 2 o 3, rara vez solitarios. Involucro 8-13 × 3-7 mm, ovoide u ovoide-cilíndrico, redondeado o débilmente atenuado en la base; brácteas medias con apéndice de 1,5-3,5 × 2-4,5 mm, con su parte central algo más larga que ancha, pardo o negruzco, de erecto-patente a patente en la antesis, con 4-7 pares de fimbrias laterales de 0,7-2 mm, rematado en un mucrón o espina apical de 0,3-1,5(2) mm. Aquenios 3-3,7 mm. Vilano externo 0,5-2,5 mm, de 1/3 a 2/3 de la longitud del aquenio. $2n = 18$.

Claros y orlas de bosque, matorrales y herbazales de borde de camino, en suelos ácidos, pedregosos y ± nitrificados; 430-1620 m. V-XI. ● CW de la Península Ibérica: W del Sistema Central. **Esp.:** Av Cc Sa.

Observaciones.–Este taxon parece hibridarse con *C. alba* en algunas zonas de contacto. Los híbridos, que han sido denominados *C.* × *bigerrensis* (Esp.: Cc Sa; véase el apartado de híbridos), difieren de la subsp. *kheilii* principalmente porque los apéndices de las brácteas involucrales van, incluso los de una misma planta, de enteros (carácter típico de *C. alba)* a fimbriados. También son frecuentes en la provincia de Cáceres formas de tránsito hacia *C. aristata.*

g. subsp. **rothmaleriana** (Arènes) E. López, Devesa & Arnelas in Ann. Bot. Fenn. 48: 10 (2011) [Rothmaleriána]

C. paniculata subsp. *rothmaleriana* Arènes in Agron. Lusit. 11: 24 (1949) [basión.]
C. herminii Rouy in Naturaliste 2: 372 (1883)
C. micrantha subsp. *herminii* (Rouy) Dostál in Bot. J. Linn. Soc. 71: 199 (1976)
C. rothmaleriana (Arènes) Dostál in Bot. J. Linn. Soc. 71: 199 (1976)
Ind. loc.: "Beira Baixa: Covilhã (in pascuis montanis Serra da Estrela l. Penhas de Saúde) [Rothmaler]" [holótipo: LISE]
Ic.: Rouy, Ill. Pl. Eur. 13, lám. 318 (1900) [sub *C. herminii*]

Hierba de postrado-ascendente a erecta, ± grisácea, tomentoso-araneosa sobre todo en las partes inferiores, escábrida, con glándulas translúcidas sésiles. Tallos hasta de 70 cm, erectos, ascendentes o decumbentes, muy ramificados desde su parte inferior o media, que a veces dan un aspecto pulviniforme. Hojas basales grisáceas. Capítulos solitarios. Involucro 8-13 × 4-7 mm, ovoide, redondeado en la base; brácteas medias con apéndice 1,5-3 × 2-4,5 mm, con parte central tan larga como ancha, de pardo a negruzco, de erecto a erecto-patente en la antesis, con 4-8 pares de fimbrias laterales de 0,5-2 mm, rematado en un mucrón o espina apical de 0,5-2 mm. Aquenios 3-4,2 mm. Vilano externo 1-2 mm, de la misma longitud que el aquenio o más corto. $2n = 18$.

Claros y orlas de bosque, matorrales y herbazales de borde de camino, en suelos ácidos ± nitrificados; 900-1500 m. V-X. ● W de la Península Ibérica: C de Portugal, Sierra de la Estrella. **Port.:** BA.

5. C. aristata Hoffmanns. & Link, Fl. Portug. 2: 226 (1825) [aristáta]

C. castellana Boiss. & Reut. in Boiss., Diagn. Pl. Orient. ser. 1, 6: 129 (1846)
C. paniculata subsp. *aristata* (Hoffmanns. & Link) Cout., Fl. Portugal: 657 (1913)
C. paniculata subsp. *castellana* (Boiss. & Reut.) Dostál in Bot. J. Linn. Soc. 71: 199 (1976)
Ind. loc.: "Près de Mertola sur le bord de la Guadiane"
Ic.: Lám. 81

Hierba perenne, con raíz axonomorfa engrosada, sufruticulosa, multicaule, iner-

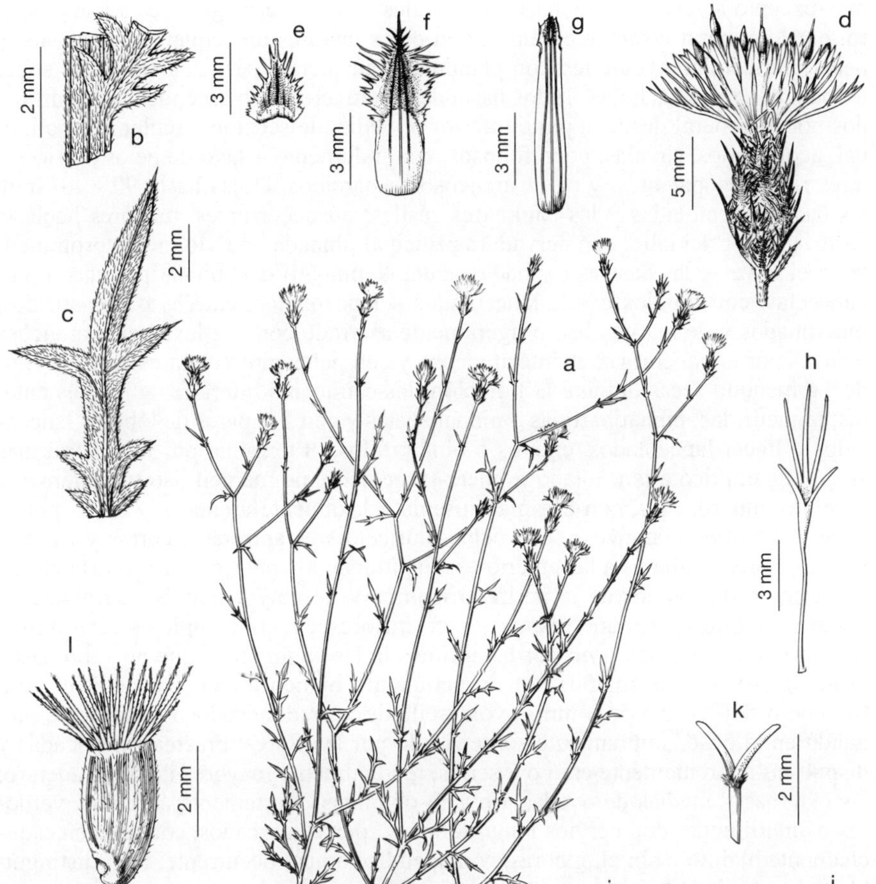

Lám. 81.–*Centaurea aristata,* de Navamorcuende a Sartajada, Toledo (UNEX 34479): a) hábito; b) detalle de un nudo del tallo y de la inserción de la hoja; c) hoja caulinar media; d) capítulo; e) bráctea externa del involucro; f) bráctea media del involucro; g) bráctea interna del involucro; h) corola de una flor neutra; i) corola y verticilos sexuales de una flor hermafrodita; j) limbo abierto de la corola de una flor hermafrodita, con los filamentos estaminales y un estambre completo; k) parte superior del estilo con sus ramas; l) aquenio con vilano; m) detalle del vilano interno y parte del externo.

me –excepto a veces las brácteas involucrales–, de un verde grisáceo a uno obscuro, por lo general laxamente pelosa, con pelos tectores unicelulares, araneosos, y pelos pluricelulares, también con glándulas translúcidas sésiles abundantes sobre todo en el haz de las hojas. Tallos hasta de 80 cm, erectos o ascendentes, ramificados por lo general desde la parte inferior o media, de sección circular o ± poligonal, acostillados, sin alas, poco foliosos, con indumento ± laxo de pelos pluricelulares rígidos y patentes, y pelos araneosos esparcidos. Hojas hasta 90 × 40 mm, las basales pecioladas y las caulinares sésiles, no decurrentes, menores hacia la parte superior del tallo, con nervadura principal pinnada –nervio medio prominente en el envés–; las basales rosuladas, enteras, pinnatífidas, pinnatipartidas o pinnatisectas, con lóbulos ovado-lanceolados o lanceolados, enteros o pinnatífidos, mucronados y de margen liso o ligeramente aserrado con haz laxamente araneosa y envés por lo general laxamente araneoso y con pelos pluricelulares cortos y rígidos, a menudo secas durante la floración; las caulinares inferiores y medias enteras, pinnatífidas, pinnatipartidas o pinnatisectas y con 1-3 pares de lóbulos lanceolados o linear-lanceolados, enteros o pinnatífidos, el terminal por lo general más ancho, de elíptico a lanceolado o linear-lanceolado, de margen liso y ligeramente revoluto, mucronadas, con haz glabriúscula o laxamente araneosa y envés por lo general laxamente araneoso, con pelos pluricelulares antrorsos, cortos y rígidos, las superiores similares a las anteriores. Capítulos radiantes, con las flores del disco hermafroditas y las de la periferia neutras y de mayor tamaño, terminales y axilares, solitarios aunque dispuestos en inflorescencias complejas corimbiformes, laxas, alcanzados o no por las últimas hojas caulinares –que no sobrepasan el involucro–, o sustentados por un pedúnculo blanco-tomentoso de 3-30 mm. Involucro 8-13 × 2,5-5(7) mm, ovoide-cilíndrico, redondeado o débilmente atenuado en la base, ampliamente sobrepasado por las flores; brácteas imbricadas y dispuestas aparentemente en 6 o 7 series, gradualmente mayores de fuera adentro; las externas y medias de ovadas a ovado-oblongas, fuertemente adpresas, verdosas o amarillentas, con nervios longitudinales apenas marcados, con margen estrechamente hialino o sin él, glabras, con apéndice apical decurrente, bien distinguible del resto de la bráctea, pardo, de triangular a orbicular, erecto a erecto-patente, glabro y por lo general con algunas glándulas translúcidas sésiles en el dorso, pectinado-fimbriado, con (2)3-7(8) pares de fimbrias laterales de 0,5-2 mm, ± flexuosas, hialinas, discoloras, rematado por un mucrón, arista o espina de 1-2,5 mm; las internas 8,5-13 mm, lineares o linear-espatuladas, glabras, con margen hialino, y apéndice apical apenas distinguible, de ovado a oblongo, plano, escarioso, entero, inerme o débilmente mucronado, de un verde claro. Corola ± papilosa, la de las flores neutras de 10-17 mm, con tubo blanquecino y limbo rosado o blanquecino-rosado, con 4 o 5 lóbulos de 3-5 mm, lanceolados o linear-lanceolados, desiguales; la de las hermafroditas 8-13 mm, con tubo de 3-6 mm, blanquecino, y limbo de 4,5-7 mm, blanco o blanquecino-rosado, con 5 lóbulos de 2-3,5 mm, linear-lanceolados, desiguales, uno o dos con los senos más profundos. Estambres con filamento peloso, con pelos hasta de 0,3 mm, blanquecinos; anteras 3,5-5,5 mm, blanquecinas, con conectivo apical rosado o blanquecino-rosado y apéndices basales de 0,3-0,5 mm, membranáceos y a menudo lacerados. Estilo blanquecino, con ramas blanquecinas o blanquecino-rosadas. Aquenios 2,5-3,7 × 1,1-1,6 mm, oblongo-obovoides o elipsoides, comprimidos –sección elíptica–, truncados y con reborde entero, de un amarillo pajizo, en la madurez teñidos de un verde obscuro, con máculas lineares amarillentas dispuestas longitudinalmente de manera ± irregular; placa apical con nectario de 0,1-0,3 mm, pentalobulado, blanco; hilo cárpico 0,3-0,6 mm, lateral-adaxial; con eleosoma. Vilano doble, persistente, el externo con varias filas de escamas de 1-2,5 mm desiguales, lineares, serradas, blanquecinas, y el interno con una fila de escamas setáceas en su parte superior, cortas, erectas y ± conniventes. $2n = 36$.

Claros y orlas de bosque, matorrales, baldíos y herbazales de borde de camino, en suelos ácidos o básicos, pedregosos o arenosos, ± nitrificados; 100-1290 m. V-X. ● C y CW de la Península Ibérica, muy rara en el SW. **Esp.:** Ab Av Cc CR Gu Le M P Sa Sg So To Va Za. **Port.:** AAl BAl (TM). **N.v.:** abreojos, abrepuños, amargosa, amargosilla, amarguillo, arsolla, arzolla, baleo, baleo basto, baleo gordo, cardo abrepuños, cardo de la arzolla, escobilla fina, margosilla, matagallegos, matagallos, piropo, raíz de la arzolla.

Observaciones.–Esta especie parece hibridarse con *C. alba* en algunas áreas de contacto. Los híbridos, que han sido denominados *C.* × *matritensis* (Esp.: Gu M To; véase el apartado de híbridos), difieren de *C. aristata* porque presentan el apéndice de las brácteas medias de fimbriado a entero en una misma planta. También parece hibridarse con *C. ornata* y sus híbridos, que han sido denominados *C.* × *unamunoi,* que difieren de *C. aristata* porque tienen el apéndice de las brácteas involucrales largamente aristado y espinoso (Esp: M).

En la provincia de Guadalajara son frecuentes formas de tránsito hacia *C. castellanoides* subsp. *talaverae,* mientras que en la provincia de Cáceres con *C. beturica.*

6. C. castellanoides Talavera in Lagascalia 12: 271 (1984) [castellanoídes]

Ind. loc.: "Typus. Jaén, El Pozo, lieux arides et calcaires 1500 m.s.m., VII.1905, Reverchon Pl. d'Esp. 409, 1905, MA 135264a, holotypus; MA 135264b, isotypus"

Hierba perenne, con raíz axonomorfa, sufruticulosa, multicaule, inerme, de un verde grisáceo a uno blanquecino, con pelos tectores unicelulares, araneosos, y pelos pluricelulares, también con glándulas translúcidas sésiles abundantes sobre todo en el haz de las hojas. Tallos hasta de 63 cm, erectos, ramificados desde la parte inferior, media o superior, de sección circular o ± poligonal, acostillados, sin alas, poco foliosos, con indumento de laxo a abundante, de pelos pluricelulares rígidos y patentes, y pelos araneosos esparcidos. Hojas hasta de 150 × 35 mm, las basales pecioladas y las caulinares sésiles, no decurrentes, menores hacia la parte superior del tallo, con nervadura principal pinnada –nervio medio prominente en el envés–; las basales rosuladas enteras, pinnatífidas, pinnatipartidas o pinnatisectas, con lóbulos oblanceolados, elípticos o lanceolados, enteros o pinnatífidos, mucronados y de margen liso o ligeramente aserrado, con haz de glabriúscula a araneosa, y envés por lo general laxamente araneoso y con pelos pluricelulares cortos y rígidos, a menudo secas durante la floración; las caulinares inferiores y medias enteras, pinnatipartidas o pinnatisectas y con 1-3 pares de lóbulos lanceolados o linear-lanceolados, enteros o pinnatífidos, el terminal por lo general más ancho, de oblanceolado a lanceolado o linear-lanceolado, de margen liso y ligeramente revoluto, mucronadas, con haz generalmente glabriúscula, y envés por lo general laxamente araneoso y con pelos pluricelulares antrorsos, cortos y rígidos; las superiores enteras, linear-lanceoladas. Capítulos radiantes, con las flores del disco hermafroditas y las de la periferia neutras y mayores, terminales y axilares, solitarios –rara vez en parejas– y dispuestos por lo general en inflorescencias complejas corimbiformes, laxas, alcanzados o no por las últimas hojas caulinares, que no sobrepasan el involucro, o sustentados por un pedúnculo de 0,5-2(4) mm. Involucro 7,5-12 × 2-7 mm, ovoide-cilíndrico, redondeado o atenuado en la base, sobrepasado por las flores; brácteas imbricadas y dispuestas aparentemente en 6 o 7 series, gradualmente mayores de fuera adentro; las externas y medias de ovadas a ovado-oblongas, fuertemente adpresas, verdosas, amarillentas o frecuentemente moradas en la parte superior de la base de la bráctea, con nervios longitudinales apenas marcados, con margen estrechamente hialino o sin él, glabras, con apéndice apical decurrente, poco distinguible del resto de la bráctea, amarillento, pardo o de un pardo obscuro, de triangular a orbicular, de erecto a erecto-patente, glabro o lanuginoso, glanduloso, generalmente con glándulas translúcidas sésiles en el dorso, pectinado-fimbriado, con 3-7 pares de fimbrias laterales de 0,6-2 mm, ± flexuosas, concoloras con la parte central o hialinas, rematado por un mucrón o arista de 0,3-1,5 mm; las internas 7-12 mm, lineares o linear-espatuladas, glabras, con margen estrechamente hialino, y apéndice apical apenas distinguible, de ovado a oblongo, escarioso, entero, inerme o débilmente mucronado, de un verde claro. Corola ± papilosa, la de las flores neutras de 9-17 mm, con tubo blanquecino y limbo rosado o blanquecino-rosado, con 4 o 5 lóbulos de 2,5-5 mm, lanceolados o linear-lanceolados, desiguales; la de las hermafroditas 7-13 mm, con tubo de 3-6,5 mm, blanquecino, y limbo de 4-7 mm, rosado o blanquecino-rosado, con 5 lóbulos de 1,5-3,5 mm, linear-lanceolados, subiguales o uno o dos con los senos más profundos. Estambres con filamento peloso, con pelos hasta de 0,3 mm, blanquecinos; anteras 3-6 mm, blanquecinas con conectivo apical purpúreo, y apéndices basales de 0,3-0,5 mm, membranáceos y a menudo lacerados. Estilo blanquecino, con ramas blanquecinas o blanquecino-rosadas. Aquenios 2,3-4,3 × 1,2-1,7 mm, obovoide-obcónicos, comprimidos –sección elíptica–, truncados y con reborde entero, en la madurez negruzcos, laxa e inconspicuamente seríceo-vilosos; placa apical con nectario de 0,1-0,2 mm, pentalobulado, blanco; hilo cárpico 0,3-0,4 mm, lateral-adaxial; con eleosoma. Vilano doble, persistente, el externo con varias filas de escamas de 0,5-2,5 mm, desiguales, lineares, serradas, blanquecinas, y el interno con una fila de escamas cortas, lisas, solo laceradas o serradas en el ápice y ± conniventes. $2n = 18$.

Claros y orlas de bosque, baldíos y herbazales de borde de camino, en suelos básicos y pedregosos en lugares ± nitrificados; (270)530-1700 m. VI-XI. ● S, SE, C y CE de España. **Esp.:** Ab B Ca Co CR Cu Gr Gu J M Ma Mu So Te To Z. **N.v.:** amargos, escoba amarga, escobas, escobas de amargos, jamargos, quiebraraos.

1. Apéndice de las brácteas involucrales medias no decurrente en una membrana hialina .... **a.** subsp. **castellanoides**
– Apéndice de las brácteas involucrales medias decurrente en una corta membrana hialina 2
2. Involucro 10-12 × 4-7 mm, redondeado en la base .... **b.** subsp. **arundana**
– Involucro 7,5-10 × 2-4 mm, atenuado en la base .... **c.** subsp. **talaverae**

a. subsp. **castellanoides**

C. paniculata var. *cossoniana* Arènes in Mém. Mus. Natl. Hist. Nat. Paris, B, Bot. 1(2): 200 (1951)
C. paniculata subsp. *cossoniana* (Arènes) Dostál in Bot. J. Linn. Soc. 71: 199 (1976)
Ic.: Valdés, Talavera & Galiano (eds.), Fl. Andalucía Occid. 3: 150 (1987); lám. 82 a-m

Tallos 30-63 cm. Capítulos solitarios. Involucro 8-12 × 2,5-4 mm, estrechamente ovoide-cilíndrico, atenuado en la base; brácteas involucrales medias con apéndice apical de 1,2-2,6 mm, pardo o pardo-amarillento, erecto o erecto-patente, glabro, no decurrente en una membrana hialina, con 3-7 pares de fimbrias laterales de 0,6-1,3 mm, rematado por un mucrón o arista de 0,3-1,4 mm. Aquenios 3-4,2 mm, negruzcos en la madurez. Vilano externo 0,7-1,6 mm. $2n = 18$.

Claros y orlas de bosque, matorrales, baldíos y herbazales de borde de camino, en suelos básicos pedregosos y lugares ± nitrificados; 620-1700 m. VI-XI. ● S y SE de España. **Esp.:** Ab Co Gr J.

Observaciones.–Son frecuentes las formas de transición entre esta subespecie y la subsp. *talaverae* en la provincia de Albacete.

b. subsp. **arundana** E. López & Devesa in Acta Bot. Malac. 33: 60, fig. 2 (2008) [arundána]

Ind. loc.: "Holotypus: "Centaurea paniculata / var. baetica Pau / España. Málaga: Parque Natural Sierra de las Nieves. / A 1 Km de la entrada por ctra. Ronda - / San Pedro de Alcántara. / En encinar basófilo / 10.7.2004 / leg: E. López & F.J. Valtueña / det.: E. López" (UNEX 34477)"
Ic.: E. López & Devesa in Acta Bot. Malac. 33: 61 fig. 2 (2008)

Tallos 15-60 cm. Capítulos solitarios. Involucro 10-12 × 4-7 mm, ovoide-cilíndrico, redondeado en la base; brácteas involucrales medias con apéndice apical de 1,5-2,8 mm, de pardo a un pardo obscuro, erecto, glabro o lanuginoso, decurrente en una corta membrana hialina, con 4-7 pares de fimbrias laterales de 0,8-1,9 mm, rematado por un mucrón o arista de 0,3-1,2 mm. Aquenios 2,7-4,3 mm, negruzcos en la madurez. Vilano externo 1,3-2,5 mm. $2n = 18$.

Claros y orlas de bosque, matorrales, baldíos y herbazales de borde de camino, en suelos de naturaleza básica y pedregosos en lugares ± nitrificados; 700-1500 m. VI-VIII. ● S de España. **Esp.:** Ca Ma.

c. subsp. **talaverae** E. López & J.A. Devesa in Acta Bot. Malac. 33: 60 (2008) [Talavérae]

Ind. loc.: "Holotypus: "Centaurea castellana Boiss. & Reuter / España. Toledo: Noblejas. / Carretera dirección Dos Barrios. / Taludes calizos. / 7.7.2005/ leg: E. López / det: E. López 70/05" (UNEX 34478)"
Ic.: Lám. 82 n, o

Tallos 13-61 cm. Capítulos solitarios o a veces en parejas. Involucro 7,5-10 × 2-4 mm, ovoide-cilíndrico, atenuado en la base; brácteas involucrales medias con apéndice apical de 1-3 mm, pardo, erecto o erecto-patente, glabro, decurrente en una corta membrana hialina, con 3-6 pares de fimbrias laterales de 0,6-2 mm, rematado por un mucrón o arista de 0,3-1,5 mm. Aquenios 2,3-3,5 mm, negruzcos en la madurez. Vilano externo 0,5-1,5 mm. $2n = 18$.

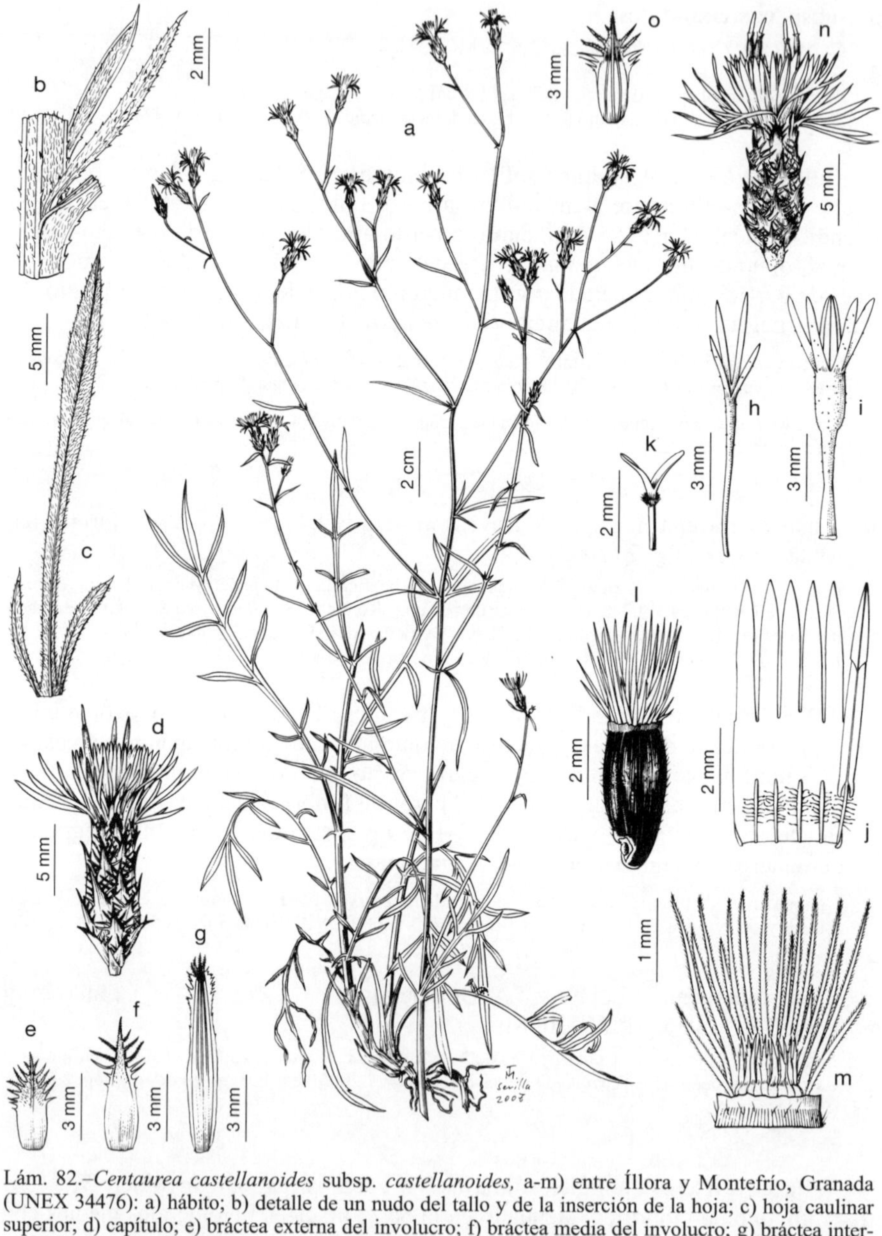

Lám. 82.–*Centaurea castellanoides* subsp. *castellanoides,* a-m) entre Íllora y Montefrío, Granada (UNEX 34476): a) hábito; b) detalle de un nudo del tallo y de la inserción de la hoja; c) hoja caulinar superior; d) capítulo; e) bráctea externa del involucro; f) bráctea media del involucro; g) bráctea interna del involucro; h) corola de una flor neutra; i) corola y verticilos sexuales de una flor hermafrodita; j) limbo abierto de la corola de una flor hermafrodita, con los filamentos estaminales y un estambre completo; k) parte superior del estilo con sus ramas; l) aquenio con vilano; m) detalle del vilano interno y parte del externo. *C. castellanoides* subsp. *talaverae,* n, o) Noblejas, Toledo (UNEX34478): n) capítulo; o) bráctea media del involucro.

Claros y orlas de bosque, matorrales, baldíos y herbazales de borde de camino, en suelos básicos, pedregosos o arenosos, en lugares ± nitrificados; (270)530-1200 m. VI-IX. ● SE y CE de España. **Esp.:** Ab B CR Cu Gu J M Mu So Te To V Z.

Observaciones.–Esta subespecie parece hibridarse con *C. melitensis* en algunas de las áreas de contacto. Los híbridos (Esp.: Cu), que han sido denominados *C.* × *castellano-manchensis* (véase el apartado de híbridos), difieren de *C. castellanoides* subsp. *talaverae* porque son de mayor porte y tienen tallos menos ramificados, apéndices más espinosos y flores amarillentas.

7. C. cordubensis Font Quer in Collect. Bot. (Barcelona) 1: 310 (1947) [cordubénsis]

Ind. loc.: "Hab. in monte Cerro Muriano, circa Cordubam, ubi cl. Gros d. 19 julii 1922 legit" [lectótipo designado por E. López Nieto & J.A. Devesa in Anales Jard. Bot. Madrid 65: 333 (2008): BC]

Ic.: E. López & Devesa in Anales Jard. Bot. Madrid 65: 334 fig 1 a-m (2008); Valdés, Talavera & Galiano (eds.), Fl. Andalucía Occid. 3: 150 (1987); lám 83 a-m

Hierba perenne, con raíz axonomorfa, sufruticulosa, multicaule, inerme –excepto las brácteas involucrales–, de un verde grisáceo o blanquecino, laxamente pelosa, con pelos tectores unicelulares, araneosos, y pelos pluricelulares, también con glándulas translúcidas sésiles. Tallos hasta de 78 cm, erectos, ramificados desde la parte inferior o media, con sección circular o ± poligonal, acostillados, sin alas, poco foliosos, con indumento ± laxo de pelos pluricelulares rígidos y patentes, y pelos araneosos esparcidos aunque más abundantes en la parte inferior. Hojas hasta de 80 × 40 mm, las basales pecioladas y las caulinares sésiles, no decurrentes, menores hacia la parte superior del tallo, con nervadura principal pinnada –con nervio medio prominente en el envés–; las basales rosuladas, enteras, pinnatífidas, pinnatipartidas o pinnatisectas, con lóbulos estrechamente linear-lanceolados, enteros, mucronados y de margen liso o ligeramente serrado, con haz ± araneosa, y envés por lo general laxamente araneoso y con pelos pluricelulares, cortos y rígidos, a menudo secas durante la floración; las caulinares inferiores y medias pinnatífidas, pinnatipartidas o pinnatisectas y con 1-3(4) pares de lóbulos lanceolados o linear-lanceolados, enteros o pinnatífidos, el terminal por lo general más ancho, de elíptico a lanceolado o linear-lanceolado, con margen liso y ligeramente revoluto, mucronadas, con haz de glabriúscula a laxamente araneosa, y envés por lo general laxamente araneoso y con pelos pluricelulares antrorsos, cortos y rígidos; las superiores enteras o pinnatífidas con dos lóbulos en la base, lanceoladas o linear-lanceoladas. Capítulos radiantes, con las flores del disco hermafroditas y las de la periferia neutras y mayores, terminales, solitarios –rara vez en parejas– pero dispuestos por lo general en inflorescencias complejas corimbiformes, laxas, alcanzados o no por las últimas hojas caulinares, que no sobrepasan el involucro, o sustentados por un pedúnculo blanco-tomentoso de 5-20 mm. Involucro 9-13 × 3-6 mm, ovoide, redondeado en la base, ampliamente sobrepasado por las flores; brácteas imbricadas y dispuestas aparentemente en 6 o 7 series, gradualmente mayores de fuera adentro; las externas y medias de ovadas a ovado-oblongas, fuertemente adpresas, verdosas, amarillentas o a menudo moradas en la parte superior de la base de la bráctea, con nervios longitudinales apenas marcados, con margen estrechamente hialino o sin él, glabras, con apéndice apical decurrente, amarillento, pardo o de un pardo obscuro, ± triangular, de erecto-patente a patente-recurvado, glabro y generalmente glanduloso, con glándulas translúcidas sésiles en el dorso, pectinado-fimbriado, con 4-7 pares de fimbrias laterales de 1-2,2 mm, ± flexuosas, concoloras con la parte central o hialinas, rematado por una arista o espina apical de 1,5-5 mm; las internas 8-13 mm, lineares o linear-espatuladas, glabras, con margen estrechamente hialino, y apéndice apical apenas distinguible, de triangular a ovado, plano, escarioso, entero, inerme o débilmente mucronado, de un verde claro. Corola ± papilosa, la de las flores neutras de 8-14 mm, con tubo blanquecino y limbo rosado o blanquecino-rosado, con 4 o 5 lóbulos de 2-4 mm, lanceolados o linear-lanceolados, desiguales; la de las hermafroditas 8-13 mm, con tubo de 3-6 mm, blanquecino, y limbo de 4,5-7 mm, blanquecino o blanquecino-rosado, con 5 lóbulos de 2-3,5 mm, linear-lanceolados, desiguales, uno o dos con los senos más profundos. Estambres con filamento peloso, con pelos hasta de 0,3 mm, blanquecinos; anteras 4-5,5 mm, blanquecinas con conectivo apical rosado, y apéndices basales de 0,3-0,5 mm, membranáceos y a menudo lacerados. Estilo blanquecino, con ramas blanquecinas o blanquecino-rosadas. Aquenios 2,7-3,5 × 1,1-1,4 mm, obovoide-obcónicos, comprimidos –sección elíptica–, truncados y con reborde entero, negruzcos en la madurez, laxa e inconspicuamente seríceo-vilosos; placa apical con nectario de 0,1-0,2 mm, pentalobulado, amarillento; hilo cárpico 0,3-0,5 mm, lateral-adaxial; con eleosoma. Vilano doble, persistente, el externo con varias filas de escamas de 1-3 mm, desiguales, lineares, serradas, blanquecinas, y el interno con una fila de escamas lisas, solo laceradas o serradas en el ápice, cortas, erectas y ± conniventes. $2n = 36$.

Claros y orlas de bosque, y herbazales de borde de camino y carretera, en suelos de naturaleza ácida o básica, ± pedregosos y ± nitrificados; 20-1000 m. V-IX. ● SW de la Península Ibérica. **Esp.:** Ba Co CR H J Se. **Port.:** AAl BAl. **N.v.:** escoba amarga, escoba amargosa.

8. C. beturica E. López & Devesa in Anales Jard. Bot. Madrid 65: 334 fig. 1 n, 336 figs. 3-4, 337 (2008) ["bethurica"] [betúrica]

Ind. loc.: "Holotypus: "Centaurea castellana Boiss. & Reuter / España. Badajoz: Baterno/ Camino hacia "La Garganta". / Bordes de camino / 10.7.2005 / leg: E. López/ det: E. López (UNEX 34474)"

Ic.: E. López & Devesa in Anales Jard. Bot. Madrid 65: 334 fig.1 n (2008); lám. 83 n

Hierba perenne, con raíz axonomorfa, sufruticulosa, multicaule, inerme –excepto las brácteas involucrales–, de un verde grisáceo a uno blanquecino, laxamente pelosa, con pelos tectores unicelulares, araneosos, y pelos pluricelulares, también con glándulas translúcidas sésiles. Tallos hasta de 96 cm, erectos, ramificados desde la parte inferior o media, con sección circular o ± poligonal, acostillados, sin alas, poco foliosos, con indumento ± laxo de pelos pluricelulares rígidos y patentes, y pelos araneosos esparcidos, aunque más abundantes en la parte inferior. Hojas hasta de 100 × 40 mm, las basales pecioladas y las caulinares sésiles, no decurrentes, menores hacia la parte superior del tallo, con nervadura principal pinnada y nervio medio prominente en el envés; las basales rosuladas, enteras, pinnatífidas, pinnatipartidas o pinnatisectas, con lóbulos estrechamente linear-lanceolados, enteros, mucronados y de margen liso o ligeramente serrado, de haz la-

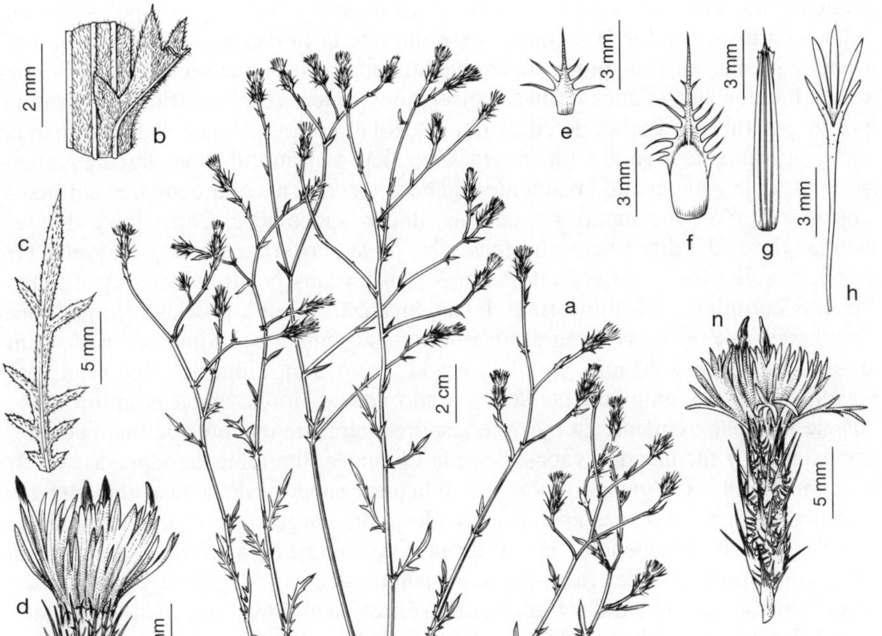

Lám. 83.–*Centaurea cordubensis,* a-m) Fuente de Cantos, Badajoz (UNEX 34473): a) hábito; b) detalle de un nudo del tallo y de la inserción de la hoja; c) hoja caulinar basal; d) capítulo; e) bráctea externa del involucro; f) bráctea media del involucro; g) bráctea interna del involucro; h) corola de una flor neutra; i) corola y verticilos sexuales de una flor hermafrodita; j) limbo abierto de la corola de una flor hermafrodita, con los filamentos estaminales y un estambre completo; k) parte superior del estilo con sus ramas; l) aquenio con vilano; m) detalle del vilano interno y parte del externo. *C. beturica,* Baterno, Badajoz (UNEX 34474): n) capítulo.

xamente araneosa, y envés por lo general laxamente araneoso y con pelos pluricelulares cortos y rígidos, a menudo secas durante la floración; las caulinares inferiores y medias enteras, pinnatífidas, pinnatipartidas o pinnatisectas y con 1-3 pares de lóbulos lanceolados o linear-lanceolados, enteros o pinnatífidos, el terminal por lo general más ancho, de elíptico a lanceolado o linear-lanceolado, de margen liso y ligeramente revoluto, mucronadas, con haz glabriúscula o laxamente araneosa, y envés por lo general laxamente araneoso y con pelos pluricelulares antrorsos, cortos y rígidos; las superiores enteras, linear-lanceoladas. Capítulos radiantes, con las flores del disco hermafroditas y las de la periferia neutras y mayores, terminales, solitarios –rara vez en parejas– y dispuestos por lo general en inflorescencias complejas corimbiformes laxas, alcanzados o no por las últimas hojas caulinares, que no sobrepasan el involucro, o sustentados por un pedúnculo blanco-tomentoso de 5-20 mm. Involucro 9-11 × 2-4 mm, cilíndrico-fusiforme, atenuado en la base, ampliamente sobrepasado por las flores; brácteas imbricadas y dispuestas aparentemente en 6 o 7 series, gradualmente mayores de fuera adentro; las externas y medias de ovadas a ovado-oblongas, fuertemente adpresas, verdosas, amarillentas o a menudo moradas en la parte superior de la base de la bráctea, con nervios longitudinales apenas marcados, con margen estrechamente hialino o sin él, glabras, con apéndice apical decurrente, amarillento, pardo o de un pardo obscuro, ± triangular, de erecto-patente a patente-recurvado, glabro y generalmente glanduloso, con glándulas translúcidas sésiles en el dorso, pectinado-fimbriado, con 4-7 pares de fimbrias laterales de 0,6-2 mm, ± flexuosas, concoloras con la parte central o hialinas, rematado por un arista o espina de 1,5-3,8 mm; las internas 8-11 mm, lineares o linear-espatuladas, glabras, con margen estrechamente hialino, y apéndice apical apenas distinguible, de triangular a ovado, plano, escarioso, entero, inerme o débilmente mucronado, de un verde claro. Corola ± papilosa, la de las flores neutras de 8-14 mm, con tubo blanquecino y limbo purpúreo, rosado o blanquecino-rosado, con 4 o 5 lóbulos de 2-4 mm, lanceolados o linear-lanceolados, desiguales; la de las hermafroditas 8-13 mm, con tubo 3-6 mm, blanquecino, y limbo 5-7 mm, blanquecino o blanquecino-rosado, con 5 lóbulos de 2,5-3,2 mm, linear-lanceolados, desiguales, uno o dos con los senos más profundos. Estambres con filamento peloso, con pelos hasta de 0,3 mm, blanquecinos; anteras 4-5,5 mm, blanquecinas, con conectivo apical rosado o purpúreo, y apéndices basales de 0,3-0,5 mm, membranáceos y a menudo lacerados. Estilo blanquecino, con ramas blanquecinas o blanquecino-rosadas. Aquenios 2,7-3,5 × 1-1,5 mm, obovoide-obcónicos, comprimidos –sección elíptica–, truncados y con reborde entero, negruzcos en la madurez, laxa e inconspicuamente seríceo-vilosos; placa apical con nectario de 0,1-0,2 mm, pentalobulado, amarillento; hilo cárpico 0,3-0,5 mm, lateral-adaxial; con eleosoma. Vilano doble, persistente, el externo con varias filas de escamas de 1-2,5 mm, desiguales, lineares, serradas, blanquecinas, y el interno con una fila de escamas lisas, solo laceradas o serradas en el ápice, cortas, erectas y ± conniventes. $2n = 18$.

Claros y orlas de bosque, y herbazales de borde de camino, taludes, en suelos ácidos, pedregosos y lugares ± nitrificados; 200-1000 m. V-IX. ● SW y C de la Península Ibérica. **Esp.:** Ba Cc CR H To. **Port.:** AAl. **N.v.:** escoba de pinchillo, pinchillo, retamilla amarga.

9. C. schousboei Lange, Pugill. Pl. Hispan.: 135 (1861) [Schousbóei]

C. paniculata subsp. *schousboei* (Lange) Arènes in Agron. Lusit. 11: 24 (1949)
Ind. loc.: "In campis et ad vias ad el Monasterio Extremaduræ (Schousb. Jul. 1798)!" [lectótipo designado por E. López & J.A. Devesa in Anales Jard. Bot. Madrid 65: 337 (2008): C]
Ic.: Lám. 84

Hierba perenne, con raíz axonomorfa, sufruticulosa, multicaule, inerme –excepto con frecuencia las brácteas involucrales–, de un verde grisáceo a otro blanquecino, con pelos tectores unicelulares, araneosos, y pelos pluricelulares, también con glándulas translúcidas sésiles abundantes sobre todo en el haz de las hojas. Tallos hasta de 74 cm, erectos, ramificados desde la parte inferior o media, de sección circular o ± poligonal, acostillados, sin alas, poco foliosos, con indumento ± laxo de pelos pluricelulares rígidos y patentes, y pelos araneosos esparcidos aunque más abundantes en la parte inferior. Hojas hasta de 120 × 40 mm, las basales pecioladas y las caulinares sésiles, no decurrentes, menores hacia la parte superior del tallo, con nervadura principal pinnada –nervio medio prominente en el envés–; las basales rosuladas, enteras, pinnatífidas, pinnatipartidas o pinnatisectas, con lóbulos estrechamente linear-lanceolados, enteros, mucronados y de margen liso o ligeramente serrado, con haz laxamente araneosa, y envés por lo general laxamente araneoso y con pelos pluricelulares cortos y rígidos, a menudo secas durante la floración; las caulinares inferiores y medias pinnatífidas, pinnatipartidas o pinnatisectas y con 1-3 pares de lóbulos lanceolados, oblanceolados o linear-lanceolados, enteros o pinnatífidos, el terminal por lo general más ancho, de elíptico a lanceolado o linear-lanceolado, con margen liso y ligeramente revoluto, mucronadas, con haz glabriúscula o laxamente araneosa, y envés por lo general laxamente araneoso y con pelos pluricelulares antrorsos, cortos y rígidos; las superiores enteras o pinnatífidas con dos lóbulos en la base, linear-lanceoladas o lanceoladas. Capítulos radiantes, con las flores del disco hermafroditas y las de la periferia neutras y mayores, terminales y axilares, solitarios pero dispuestos por lo general en inflorescencias complejas corimbiformes, laxas, alcanzados o no por las últimas hojas caulinares, que no sobrepasan el involucro, o sustentados por un pedúnculo blanco y tomentoso de 5-20 mm. Involucro 11-14 × 5-10 mm, ovoide u ovoide-cilíndrico, redondeado o atenuado en la base, ampliamente sobrepasado por las flores; brácteas imbricadas y dispuestas aparentemente en 6 o 7 series, gradualmente mayores de fuera adentro; las externas y medias de ovadas a ovado-oblongas, fuertemente adpresas, verdosas, amarillentas, con nervios longitudinales apenas marcados, con margen estrechamente hialino o sin él, glabras, con apéndice apical decurrente, bien distinguible del resto de la bráctea, amarillento, pardo o de un pardo obscuro, ± triangular, ligeramente cocleariforme, de erecto a erecto-patente, glabro y por lo general glanduloso, con glándulas translúcidas sésiles en el dorso, de entero a irregularmente pectinado-fimbriado, con 2-7 pares de fimbrias laterales de 1-2,5 mm, ± flexuosas, hialinas, rematado por una arista o espina apical de 1-3,2 mm; las internas 8-14 mm, lineares o linear-espatuladas, glabras, con margen estrechamente hialino, y apéndice apical apenas distinguible, de triangular a ovado, plano, escarioso, entero, inerme o débilmente mucronado, de un verde claro. Corola ± papilo-

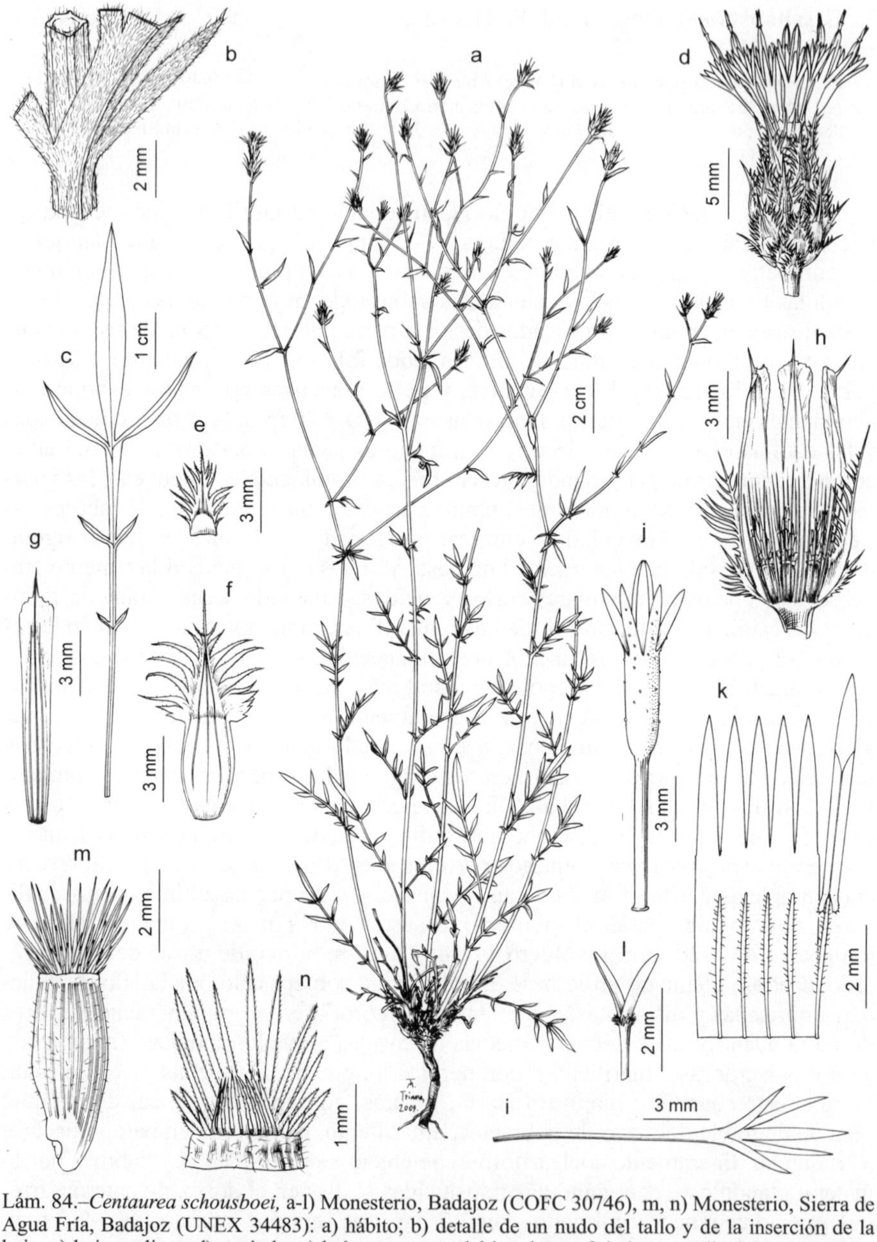

Lám. 84.–*Centaurea schousboei,* a-l) Monesterio, Badajoz (COFC 30746), m, n) Monesterio, Sierra de Agua Fría, Badajoz (UNEX 34483): a) hábito; b) detalle de un nudo del tallo y de la inserción de la hoja; c) hoja caulinar; d) capítulo; e) bráctea externa del involucro; f) bráctea media del involucro; g) bráctea interna del involucro; h) sección longitudinal de un capítulo; i) corola de una flor neutra; j) corola y verticilos sexuales de una flor hermafrodita; k) limbo abierto de la corola de una flor hermafrodita, con los filamentos estaminales y un estambre completo; l) parte superior del estilo con sus ramas; m) aquenio con vilano; n) detalle del vilano interno y parte del externo.

sa, la de las flores neutras de 12-17 mm, con tubo blanquecino y limbo purpúreo, rosado o blanquecino-rosado con 4 o 5 lóbulos de 2-5 mm, lanceolados o linear-lanceolados, desiguales; la de las hermafroditas 10,5-14 mm, con tubo de 4,5-6 mm, blanquecino, y limbo de 6-8 mm, blanquecino o blanquecino-rosado, con 5 lóbulos de 2,5-3,5 mm, linear-lanceolados, subiguales o uno o dos con los senos más profundos. Estambres con filamento peloso, con pelos hasta de 0,3 mm, blanquecinos; anteras 5-6 mm, blanquecinas, con conectivo apical purpúreo, rosado o blanquecino-rosado, y apéndices basales de 0,2-0,5 mm, membranáceos y a menudo lacerados. Estilo blanquecino, con ramas blanquecinas o blanquecino-rosadas. Aquenios 3,2-4,5 × 1,4-2 mm, oblongo-obovoides o elipsoides, comprimidos –sección elíptica–, truncados y con reborde entero, de un verde obscuro en la madurez, con algunas líneas longitudinales blanquecino-amarillentas, laxa e inconspicuamente seríceo-vilosos; placa apical con nectario de 0,1-0,2 mm, pentalobulado, blanco; hilo cárpico 0,4-0,7 mm, lateral-adaxial; con eleosoma. Vilano doble, persistente, el externo con varias filas de escamas de 2-3 mm, desiguales, lineares, serradas, blanquecinas, y el interno con una fila de escamas cortas, lisas, solo laceradas o serradas en el ápice, erectas y ± conniventes. $2n = 36$.

Claros y orlas de bosque, y herbazales de borde de camino, en suelos ácidos, pedregosos, en lugares ± nitrificados; 500-1000 m. VI-VIII. ● SW de España. **Esp.:** Ba H Se.

10. C. diffusa Lam., Encycl. 1: 675 (1785) [diffúsa]

Ind. loc.: "Cette plante croît dans le Levant" [lectótipo designado por P. Wagenitz in Fl. Turkey 5: 499 (1975): P]
Ic.: Fiori & Paol., Iconogr. Fl. Ital. ed. 3, fig. 3655 (1933); lám. 85

Hierba anual o bienal, con raíz axomorfa, sufruticulosa, multicaule, inerme –excepto las brácteas involucrales–, verde, con pelos tectores unicelulares y pluricelulares, y glándulas punctiformes sésiles. Tallos hasta de 60(100) cm, erectos, profusamente ramificados en la parte superior, de sección circular o ± poligonal en las partes viejas –donde a menudo adquieren tonalidad rojiza– y ± tetrágonos en las ramas –con ángulos ligeramente engrosados–, acostillados, sin alas, foliosos en su mayor parte, con indumento de pelos unicelulares aplicados –abundantes sobre todo hacia la base– y pelos pluricelulares cortos ± cónicos, rectos, gradualmente transformados en dentículos. Hojas hasta de 300 × 60 mm, las basales largamente pecioladas y las caulinares sésiles, no decurrentes, menores hacia la parte superior del tallo, con nervadura principal pinnada, apenas visible –solo el nervio medio destacado en el envés–, con haz ± escábrida y con pelos unicelulares araneosos aplicados, y envés con pelos pluricelulares, cortos y rígidos, y pelos unicelulares aplicados, con margen y nervio medio marcadamente antrorso-escábridos, a veces también intramarginal y subapicalmente; las basales rosuladas, de lirado-pinnatisectas a bipinnatisectas, con lóbulos de último orden oblongos, lanceolados o linear-lanceolados, de margen plano o ligeramente revoluto, muy escábridas y con indumento mucho más denso que las restantes, por lo general secas durante la floración; las medias lirado-pinnatisectas, con 2-4 pares de lóbulos laterales lineares o linear-lanceolados, opuestos o no, rematados por un mucrón de 0,1-0,3(0,5) mm, cónico, blanquecino; las superiores lineares o linear-lanceoladas,

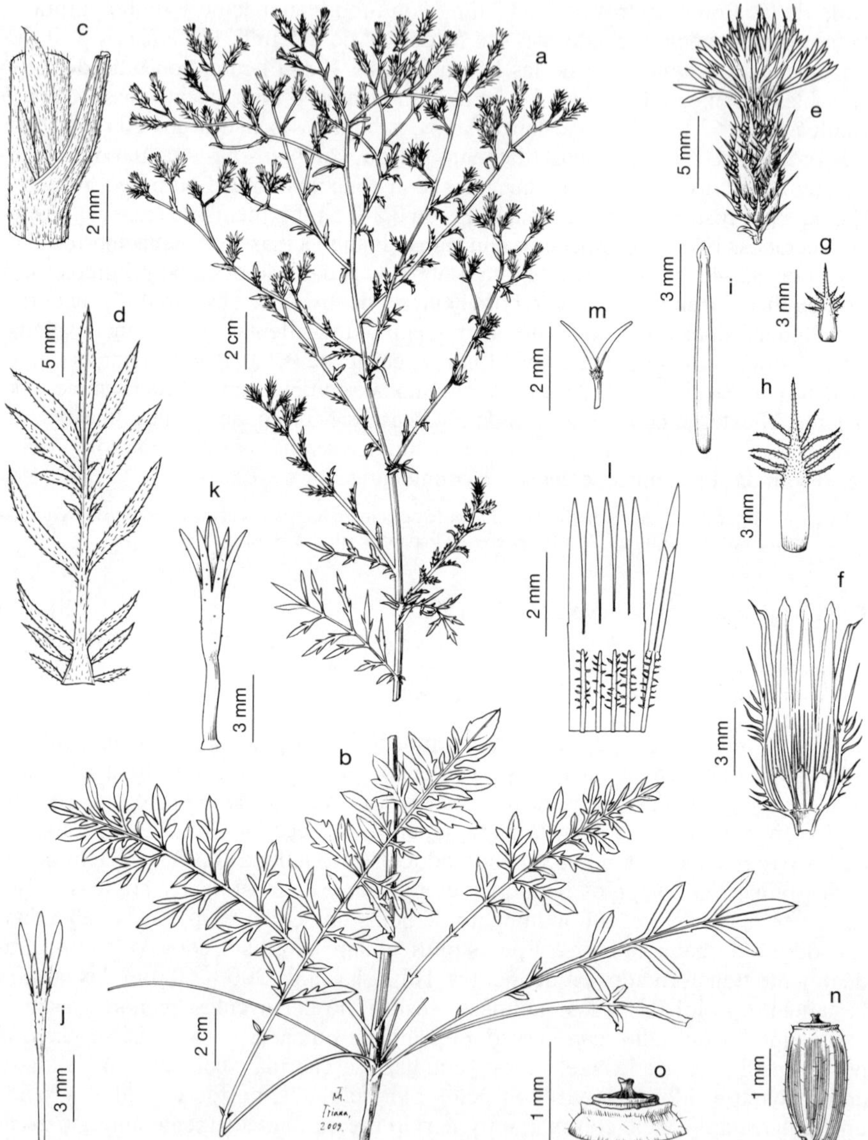

Lám. 85.–*Centaurea diffusa,* a-o) Manzanares, Ciudad Real (COFC 39480): a) porción de tallo florido; b) base del tallo, hojas y sistema radical; c) detalle de un nudo del tallo y de la inserción de la hoja; d) hoja basal; e) capítulo; f) sección longitudinal de un capítulo; g) bráctea externa del involucro; h) bráctea media del involucro; i) bráctea interna del involucro; j) corola de una flor neutra; k) corola y verticilos sexuales de una flor hermafrodita; l) limbo abierto de la corola de una flor hermafrodita, con los filamentos estaminales y un estambre completo; m) parte superior del estilo con sus ramas; n) aquenio; o) parte superior del aquenio.

enteras o con un par de lóbulos hacia la base. Capítulos radiantes, con las flores del disco hermafroditas y las de la periferia neutras y mayores, terminales y axilares, solitarios pero dispuestos en una inflorescencia compleja paniculiforme, alcanzados por las últimas hojas caulinares, que no sobrepasan el involucro, o sobre un pedúnculo hasta de 1-2(3) mm. Involucro 9,5-11,5 × (1,5)2-3,5(4) mm, cilíndrico, atenuado en la base, sobrepasado por las flores; brácteas imbricadas y dispuestas aparentemente en 5-7 series, gradualmente mayores de fuera adentro o bien las medias mayores que el resto, verdes o ± teñidas de color púrpura-violeta –pardas cuando secas–, glabras; las externas de base lanceolada u oblongo-lanceolada, recorrida por un nervio poco visible, por lo general con glándulas translúcidas sésiles en el dorso, con apéndice ± triangular y pectinado-dentado, pardo, con dientes laterales apenas marcados –que pueden faltar– y una espina apical; las medias con base lanceolada u oblongo-lanceolada, recorrida por tres nervios poco visibles, con apéndice pardo, triangular, ± patente, pectinado-espinuloso o pectinado-fimbriado, muy decurrente en la base –porción decurrente estrecha y escarioso-hialina–, con 4 o 5 pares de espínulas o fimbrias laterales de 0,5-1,7(2) mm, blanquecinas, rematado por una espina apical de 1,5-4 mm, erecto-patente; las internas 9,5-11,5 mm, lineares o linear-espatuladas, con tres nervios, con margen estrechamente hialino, y apéndice no distinguible o de oblongo a estrechamente ovado, plano, escarioso, entero o lacerado, acuminado. Corola papilosa, con glándulas amarillentas sésiles dispersas, la de las flores neutras de 12,5-13,5 mm, con tubo ± blanco y limbo blanco, rosado o purpúreo, con 3-5 lóbulos de 3-4,5 mm, lanceolados o linear-lanceolados, desiguales; la de las hermafroditas 10-12,5 mm, con tubo de 5-5,5 mm, blanco o blanquecino, y limbo de 6-6,5 mm, blanco o rosado, con lóbulos de 2-4 mm, linear-lanceolados, ± iguales o uno de ellos con los senos más profundos. Estambres con filamento peloso, con pelos hasta de 0,15 mm; anteras 4,8-5 mm, blancas o rosadas, con conectivo apical blanco o purpúreo, y apéndices basales de 0,2-0,5 mm, membranáceos y a menudo lacerados. Estilo blanco, con ramas blancas o blanquecinas. Aquenios 2-2,7 × 0,9-1,2 mm, oblongo-obovoides u obovoides, comprimidos –sección elíptica–, truncados y con reborde entero, de un pardo grisáceo u obscuro, con algunas líneas longitudinales blanquecinas o de un pardo claro, laxa e inconspicuamente seríceo-vilosos; placa apical con nectario de 0,1-0,2 mm, pentalobulado, blanco; hilo cárpico 0,2-0,3 mm, lateral-adaxial; con eleosoma. Sin vilano. $2n = 18^*, 36^*$.

Herbazales de borde de camino y cuneta, en suelos básicos ± nitrificados; 600-800 m. VIII-X. Nativa del SE de Europa y W de Asia; naturalizada en el C, S y SW de Europa y N de América. Naturalizada en el C de España. **Esp.:** [Ab] [CR] [M] [V]. **N.v.:** abrepuño blanco, abrepuño difuso.

11. C. boissieri DC., Prodr. 7: 303 (1838) [Boissiéri]

Ind. loc.: "(...) in summis Sierræ Tejedæ propè Malagam alt. 6000 ped. legit indef. E. Boissier! C. decumbens Boiss.! ined. nec Dubois nec DC."

Hierba perenne, con raíz axonomorfa, sufruticulosa, multicaule, inerme –excepto las brácteas involucrales–, de un verde grisáceo a un blanco lanuginoso, ± escábrida, con acúléolos pluricelulares cortos y rígidos –a veces más largos y con apariencia de pelos tectores pluricelulares torulosos–, pelos unicelulares araneosos y glándulas translúcidas sésiles. Tallos (3)5-30 cm, postrados –solo los que portan capítulos erguidos– o a veces ascendentes, simples o por lo general ramificados en el tercio superior, a veces casi desde la base, de sección circular o ± poligonal, acostillados, sin alas, foliosos en toda su longitud, algo escábridos, con indumento araneoso ± abundante, sobre todo en el tercio inferior. Hojas hasta de 150(200) × 30(40) mm, las basales largamente pecioladas y las caulinares sésiles, no decurrentes, con nervadura principal pinnada –nervio medio prominente en el envés–, con aculéolos cortos y rígidos e indumento araneoso ± abundante; las basales rosuladas, de enteras a pinnatisectas, a veces liradas, con lóbulos de lineares a suborbiculares, el terminal en ocasiones mayor, mucronados y de margen liso o ligeramente serrado, a veces secas durante la floración; las medias pinnatipartidas o pinnatisectas, con (0)1-5 pares de segmentos de casi filiformes a oblongos u oblanceolados, el terminal de tamaño similar o mayor, linear, lanceolado, estrechamente oblanceolado, elíptico, ovado, obovado o suborbicular, todos mucronados, de margen entero o dentado, revoluto o no; las superiores enteras, lineares o linear-oblanceoladas. Capítulos radiantes, con las flores del disco hermafroditas y las de la periferia neutras y mayores, terminales, solitarios, por lo general dispuestos en inflorescencias complejas corimbiformes, laxas, sustentados por un pedúnculo por lo general muy poco desarrollado, con una o varias hojas involucrales. Involucro 11-18 × 5-12 mm, ovoide, ovoide-subcilíndrico o subcilíndrico, redondeado o a veces atenuado en la base, marcadamente sobrepasado por las flores; brácteas imbricadas y dispuestas aparentemente en 7-9 filas, gradualmente mayores de fuera adentro; las medias de ovadas a ovado-oblongas, adpresas, verdosas y finalmente de un color pajizo, con nervios longitudinales ± marcados, glabras o lanuginosas, con un apéndice apical de color pajizo a pardo obscuro, a veces casi negro, triangular, erecto o erecto-patente, glabro o algo lanuginoso, pectinado-fimbriado, con 5-8 pares de fimbrias laterales de 1-3(3,5) mm, concoloras o algo más pálidas, decurrente hasta cerca de la mitad de la bráctea en unas alas membranáceas de 0,3-1,5(2) mm de anchura, rematado en espina apical de 1-6 mm, punzante, a veces con dos fimbrias laterales en la base; las internas oblongo-lineares, glabras, de un pardo claro, con margen hialino y apéndice apical cocleariforme o rómbico, ± lacerado, inerme, escarioso. Corola papilosa, la de las flores neutras de 13-20 mm, con tubo blanquecino y limbo rosado, amarillo o casi blanco, con 4 o 5 lóbulos de 2-7 mm, lanceolados o linear-lanceolados, desiguales; la de las hermafroditas 10,5-16,5 mm, con tubo de 5-7,5 mm, blanquecino y limbo de 5,5-10 mm, rosado, amarillo o casi blanco, con 5 lóbulos de 2,6-4,5 mm, linear-lanceolados, desiguales, uno o dos con los senos más profundos que el resto. Estambres con filamento peloso, con pelos hasta de 0,3 mm, blanquecinos; anteras 5-7 mm, blanquecinas, con conectivo apical purpúreo, rosado o amarillento, y apéndices basales de 0,5-0,8 mm, a menudo lacerados. Estilo blanquecino, con ramas rosadas. Aquenios 3-4,5 × 1,2-2 mm, obovoide-obcónicos o elipsoidales, comprimidos –sección elíptica–, truncados y con reborde subentero, de grisáceos a pardos en la madurez, laxa e inconspicuamente vilosos; placa apical con nectario de c. 0,3 mm, pentalobulado, blanco; hilo cárpico 0,8-1,2 mm, lateral-adaxial; con eleosoma. Vilano doble, persistente, el externo con varias filas de escamas de

(0,2)0,5-1,9(2,2) mm, desiguales, lineares, serradas, blanquecinas, y el interno con una fila de escamas cortas, ± conniventes, lisas, solo laceradas o serradas en el ápice.

Matorrales –tomillares–, canchales y grietas de roquedo, indiferente a la naturaleza del substrato; 100-2500 m. V-VII(VIII). Península Ibérica y N de África. Mitad oriental de España. **Esp.:** A Ab Al B Co Cs Cu Gr Gu J Ma Mu So T Te V Z. **N.v.:** bracera, escobilla blanca, escobilla rastrera, margenera (Valencia).

1. Involucro subcilíndrico, ± adelgazado en la base .... **d.** subsp. **prostrata**
– Involucro ovoide 2
2. Involucro 14-18 × 9-12 mm; apéndice de las brácteas involucrales medias con espina terminal de 3,8-6 mm .... **c.** subsp. **willkommii**
– Involucro 11-15(16) × 6-11(12) mm; apéndice de las brácteas involucrales medias con espina terminal de 1,5-3,5(4) mm 3
3. Corola amarilla; planta densamente blanco-lanuginosa, no escábrida ..... **b.** subsp. **funkii**
– Corola rosada, blanca o casi blanca, rara vez amarilla y entonces planta escábrida, con indumento lanuginoso que no llega a cubrir toda la superficie 4
4. Apéndice de las brácteas involucrales medias con espina terminal de 2,5-3,5(4) mm, de 1,5 veces la longitud de las fimbrias laterales .... **a.** subsp. **boissieri**
– Apéndice de las brácteas involucrales medias con espina terminal de 1,7-2,5(3,5) mm, de la misma longitud, más corta o poco más larga que las fimbrias laterales 5
5. Hojas basales pinnatisectas, con segmentos por lo general de menos de 1 mm de anchura, lineares y ± revolutos, el terminal tan grande como los laterales, o a veces liradas 6
– Hojas basales de enteras a pinnatipartidas, con algunos lóbulos por lo general de más de 1 mm de anchura, el terminal mucho mayor que los laterales 7
6. Hierba por lo general verde, escasamente lanuginosa; hojas basales con los segmentos revolutos .... **f.** subsp. **pinae**
– Hierba grisácea o blanquecina, densamente lanuginosa; hojas basales con los segmentos poco o nada revolutos .... **g.** subsp. **integrifolia**
7. Hierba verde, escasamente lanuginosa; brácteas involucrales medias con alas de c. 0,5 mm de anchura .... **e.** subsp. **mariolensis**
– Hierba grisácea o blanquecina, densamente lanuginosa; brácteas involucrales medias con alas de 0,7-1 mm de anchura .... **g.** subsp. **integrifolia**

a. subsp. boissieri

Ic.: Blanca & al. (eds.), Fl. Andalucía Orient. 4: 254 (2009); Boiss., Voy. Bot. Espagne 1, tab. 101b (1840) [sub *C. boissieri*]; lám. 86

Hierba verdosa o grisácea, lanuginosa, a veces blanquecina, escábrida, con indumento lanuginoso que no llega a cubrirla. Hojas basales largamente pecioladas, de enteras a pinnatisectas, a veces liradas, con lóbulos de oblongo-lineares a elípticos, el terminal mayor, a veces secas en la floración. Involucro 12-15(16) × 7-10(12) mm, ovoide; brácteas involucrales medias con apéndice apical provisto de fimbrias laterales de 1,5-3(3,5) mm, decurrente en unas alas membranáceas de 0,5-0,7 mm de anchura, con espina terminal de 2,5-3,5(4) mm, de 1,5 veces la longitud de las fimbrias laterales. Corola rosada o blanca, rara vez amarilla. Aquenios 3,3-4,2 × 1,7-1,8 mm. Vilano externo 0,7-1,9(2,2) mm. $2n = 18$.

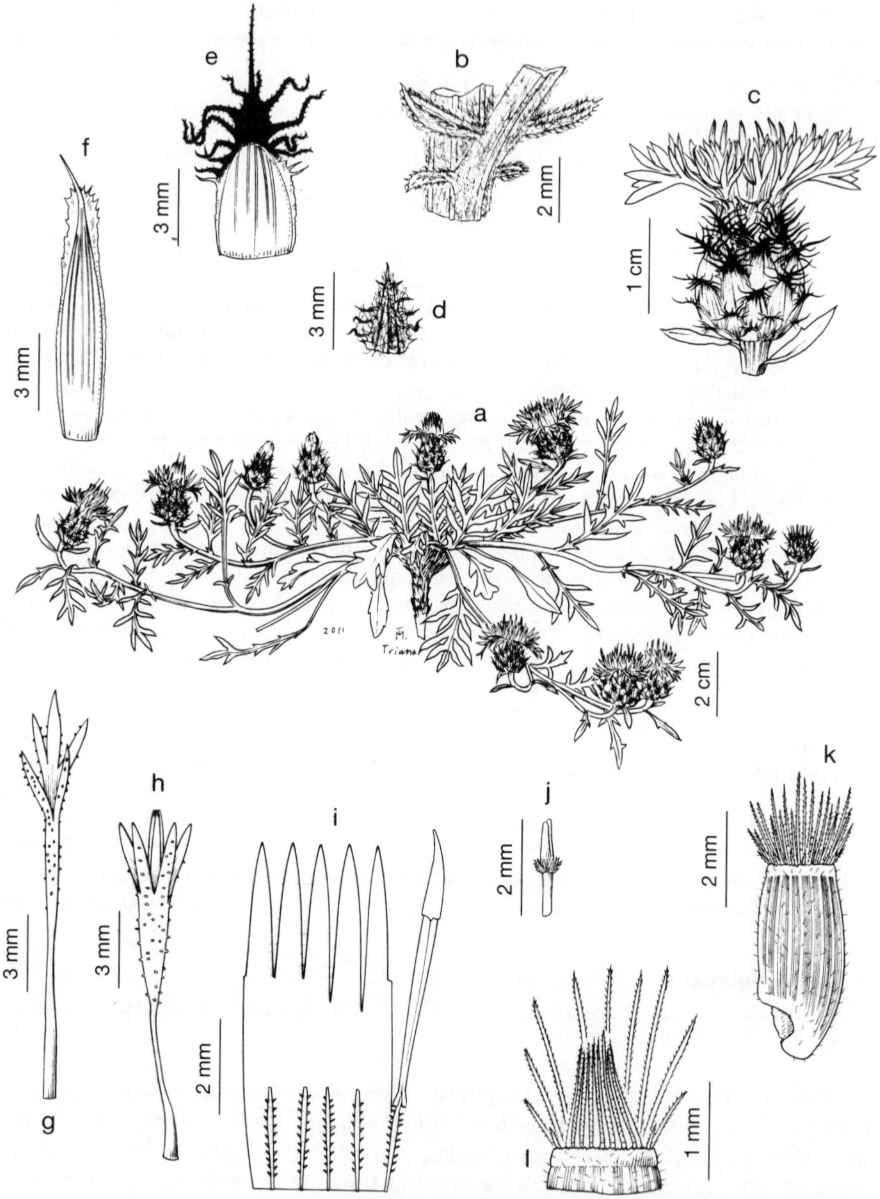

Lám. 86.–*Centaurea boissieri* subsp. *boissieri,* a-j) Sierra de Cázulas, Granada (GDAC 61305); k, l) ibídem (GDAC 6598): a) hábito; b) detalle de un nudo del tallo y de la inserción de la hoja; c) capítulo; d) bráctea externa del involucro; e) bráctea media del involucro; f) bráctea interna del involucro; g) corola de una flor neutra; h) corola y verticilos sexuales de una flor hermafrodita; i) limbo abierto de la corola de una flor hermafrodita, con los filamentos estaminales y un estambre completo; j) detalle del estilo con sus ramas; k) aquenio con vilano; l) detalle del vilano interno y parte del externo.

Matorrales –tomillares–, canchales y grietas de roquedo, indiferente a la naturaleza del substrato; (300)1000-2500 m. V-VII(VIII). Península Ibérica y N de África. S y SE de España. **Esp.:** Ab Al Gr J Ma Mu.

Observaciones.–Las poblaciones de las sierras de Espuña, Carrascoy y sus aledaños (Murcia) presentan caracteres intermedios con la subsp. *willkommii,* así como otros que recuerdan a *C. jaennensis,* particularmente un indumento más abundante y unas hojas basales liradas con un segmento terminal que a veces es suborbicular, aunque se distinguen de esta última especie porque son de porte postrado y tienen los apéndices de las brácteas involucrales triangulares con la espina terminal más larga y el vilano más corto.

b. subsp. **funkii** (Sch. Bip. ex Willk.) Blanca in Anales Jard. Bot. Madrid 36: 352 (1980) [Fúnkii]

C. funkii Sch. Bip. ex Willk. in Linnaea 25: 37 (1852) [basión.]
C. bombycina subsp. *funkii* (Sch. Bip. ex Willk.) Dostál in Bot. J. Linn. Soc. 71: 202 (1976)
Ind. loc.: "Hab. in glareosis rupiumque fissuris apricis in latere australi montis calcarei Sierra de Huetor ad alt. 3-4000' copiose, ubi d. 8. Julii 1845 cum floribus fructibusque legi. Aestate 1848 eodem loco legit cl. Funk" [lectótipo designado por G. Blanca in Anales Jard. Bot. Madrid 36: 354 (1980): P]
Ic.: Blanca & al. (eds.), Fl. Andalucía Orient. 4: 254 (2009)

Hierba densamente blanco-lanuginosa, nada escábrida –tacto suave–. Hojas basales largamente pecioladas, de enteras a pinnatisectas, en ocasiones liradas, con lóbulos de oblongo-lineares a suborbiculares, el terminal mayor, a veces secas durante la floración. Involucro 13-15(16) × 7-10(12) mm, ovoide; brácteas involucrales medias con apéndice apical provisto de fimbrias laterales de 1,5-2(2,5) mm, decurrente en unas alas membranáceas de 0,5-1 mm de anchura, con espina terminal de 1,5-2,5(3) mm, poco más larga que las fimbrias laterales. Corola amarilla –a veces destaca el tubo purpúreo de las anteras–. Aquenios 3,2-4 × 1,5-1,8 mm. Vilano externo 0,9-1,2 mm. $2n = 18$.

Terrenos pedregosos o arenosos y grietas de roquedo, en substratos dolomíticos caquiritizados; 900-1700 m. V-VII(VIII). ● S de España: sierras de Huétor y Alfacar, más rara en Sierra Elvira y en la parte noroccidental dolomítica de Sierra Nevada, alcanza las áreas dolomíticas del N de la sierra de Baza. **Esp.:** Gr.

c. subsp. **willkommii** (Sch. Bip. ex Willk.) Dostál in Bot. J. Linn. Soc. 71: 201 (1976) [Willkómmii]

C. willkommii Sch. Bip. ex Willk. in Linnaea 25: 36 (1852) [basión.]
C. pauneroi Talavera & Muñoz Álv. in Lagascalia 12: 250 (1984)
Ind. loc.: "Hab. in glareosis calcareis vel dolomiticis regionis subalpinae regni Granatensis: in summo jugo et praecipue in latere occidentale montis Sierra de Lujar (d. 15. Junii c. flor. et fruct.) et in Sierra de Jarana in graminosis prope Cortijo de los Esperones (d. 2. Julii) ad alt. circ. 4—6.000′" [lectótipo designado por G. Blanca in Lagascalia 10: 148 (1981): COI]
Ic.: Lám. 87

Hierba de verdosa a blanquecina, ± escábrida, lanuginosa, con indumento que casi nunca llega a cubrirla. Hojas basales largamente pecioladas, de enteras a pinnatisectas, en ocasiones liradas, con lóbulos de oblongo-lineares a elípticos, el terminal mayor, a veces secas durante la floración. Involucro 14-18 × 9-12 mm, ovoide; brácteas involucrales medias con apéndice apical provisto de fimbrias la-

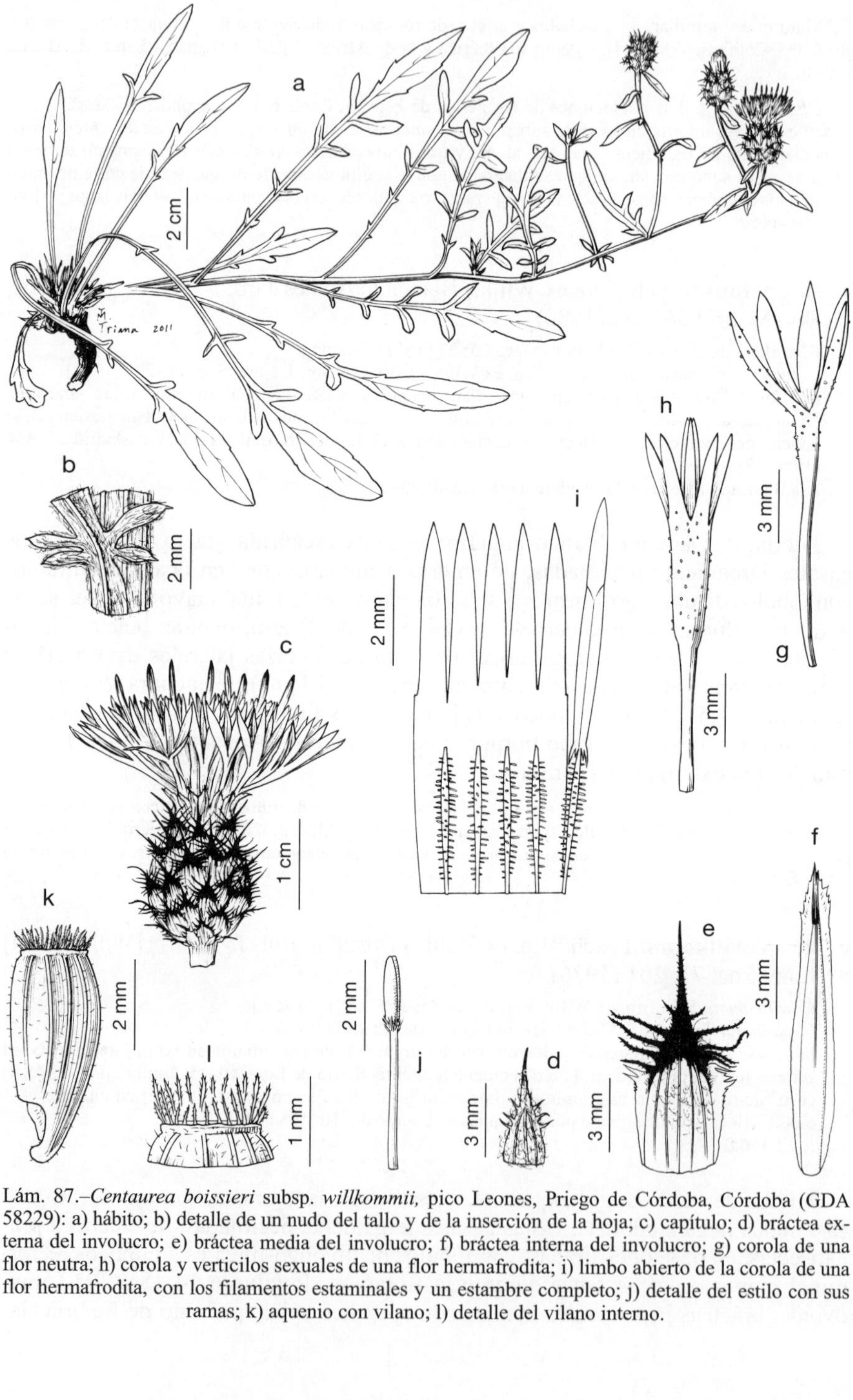

Lám. 87.–*Centaurea boissieri* subsp. *willkommii,* pico Leones, Priego de Córdoba, Córdoba (GDA 58229): a) hábito; b) detalle de un nudo del tallo y de la inserción de la hoja; c) capítulo; d) bráctea externa del involucro; e) bráctea media del involucro; f) bráctea interna del involucro; g) corola de una flor neutra; h) corola y verticilos sexuales de una flor hermafrodita; i) limbo abierto de la corola de una flor hermafrodita, con los filamentos estaminales y un estambre completo; j) detalle del estilo con sus ramas; k) aquenio con vilano; l) detalle del vilano interno.

terales de 2-3(3,5) mm, decurrente en unas alas membranáceas de c. 1 mm de anchura, con espina terminal de 3,8-6 mm, de 1,5-2 veces la longitud de las fimbrias laterales, a menudo con dos pequeñas fimbrias cerca de la base. Corola rosada o amarilla. Aquenios 3-4,5 × 1,5-2 mm. Vilano externo 0,5-1(2,2) mm. $2n = 18$.

Matorrales –tomillares–, canchales y grietas de roquedo, en substratos calcáreos; 600-1700 m. V-VII(VIII). ● SE y S de España: serranías béticas, desde las sierras próximas a Priego de Córdoba hasta el E de la provincia de Murcia. **Esp.:** (Ab) Co Gr J Mu. **N.v.:** pirinola.

Observaciones.–Es la subespecie más robusta de las que se reconocen aquí para *C. boissieri* y tiene lóbulos foliares más anchos, capítulos mayores y tallos más gruesos y rígidos, que en terrenos abonados y en lugares herbosos pueden llegar a ser suberectos, aunque tal vez esto se deba también a la introgresión de otras especies de porte erecto, como *C. monticola* y *C. jaennensis.* La influencia de esta última especie es particularmente visible en la Sierra de Mágina (Jaén), donde hay individuos con hojas basales liradas, con el segmento terminal a veces suborbicular y, sorprendentemente, con un vilano externo de 2-2,2 mm, un carácter propio de *C. jaennensis.* Su presencia en la sierra de Alcaraz (Albacete) debe ser confirmada.

d. subsp. **prostrata** (Coss.) Dostál in Bot. J. Linn. Soc. 71: 201 (1976) [prostráta]

C. prostrata Coss., Notes Pl. Crit.: 115 (1851) [basión.]
C. resupinata subsp. *prostrata* (Coss.) Greuter in Willdenowia 33: 56 (2003)
Ind. loc.: "In herbosis regionis montanæ regni Murcici ad basim montis Sierra de Segura ubi tota planta parte florigera excepta plantis vicinis obtegitur (E. Bourgeau. pl. Esp. n. 1002)" [lectótipo designado por G. Blanca in Lagascalia 10: 149 (1981): P]
Ic.: Lám. 88

Hierba blanquecina, lanuginosa, poco escábrida. Hojas basales largamente pecioladas, pinnatipartidas o pinnatisectas, en ocasiones liradas, con lóbulos elíptico-lanceolados o elíptico-oblanceolados, el terminal mayor, a veces secas durante la floración. Involucro 12-14 × 5-7 mm, subcilíndrico, ± estrechado en la base; brácteas involucrales medias con apéndice apical provisto de fimbrias laterales de 1-1,7 mm, decurrente en unas alas membranáceas de 0,3-0,5 mm de anchura, con espina terminal de 1-2,5 mm, 1-1,5 veces más larga que las fimbrias laterales. Corola rosada. Aquenios 3-3,5 × 1,4-1,6 mm. Vilano externo c. 1 mm. $2n = 18$.

Matorrales –tomillares–, canchales y grietas de roquedo, en substratos calcáreos; 300-1600 m. V-VII(VIII). ● SE de España: sierra de Alcaraz y Calar del Mundo –Albacete–, alcanza áreas adyacentes de las provincias de Granada, Jaén y Murcia. **Esp.:** Ab Gr J Mu.

Observaciones.–Es la subespecie más diferente de las que se incluyen en *C. boissieri* y tiene una clara afinidad con *C. resupinata,* con la que vive en algunas localidades. Tal vez se haya originado por hibridación entre estos dos táxones y, de hecho, se ha considerado como subespecie de ambos. El aspecto general y la morfología de la parte vegetativa corresponden a *C. boissieri,* pero el involucro subcilíndrico la relaciona con *C. resupinata,* aunque se aleje de esta última porque tiene la espina terminal de las brácteas involucrales mucho más corta y el vilano muy corto en relación con la longitud del aquenio.

e. subsp. **mariolensis** (Rouy) Dostál in Bot. J. Linn. Soc. 71: 201 (1976) [mariolénsis]

C. mariolensis Rouy in Bull. Soc. Bot. France 29: 110 (1882) [basión.]
Ind. loc.: "Hab. – Sierra Mariola: çà et là sur le cerro de Agres" [lectótipo designado por G. Blanca in Lagascalia 10: 151 (1981): LY]
Ic.: Lám. 89

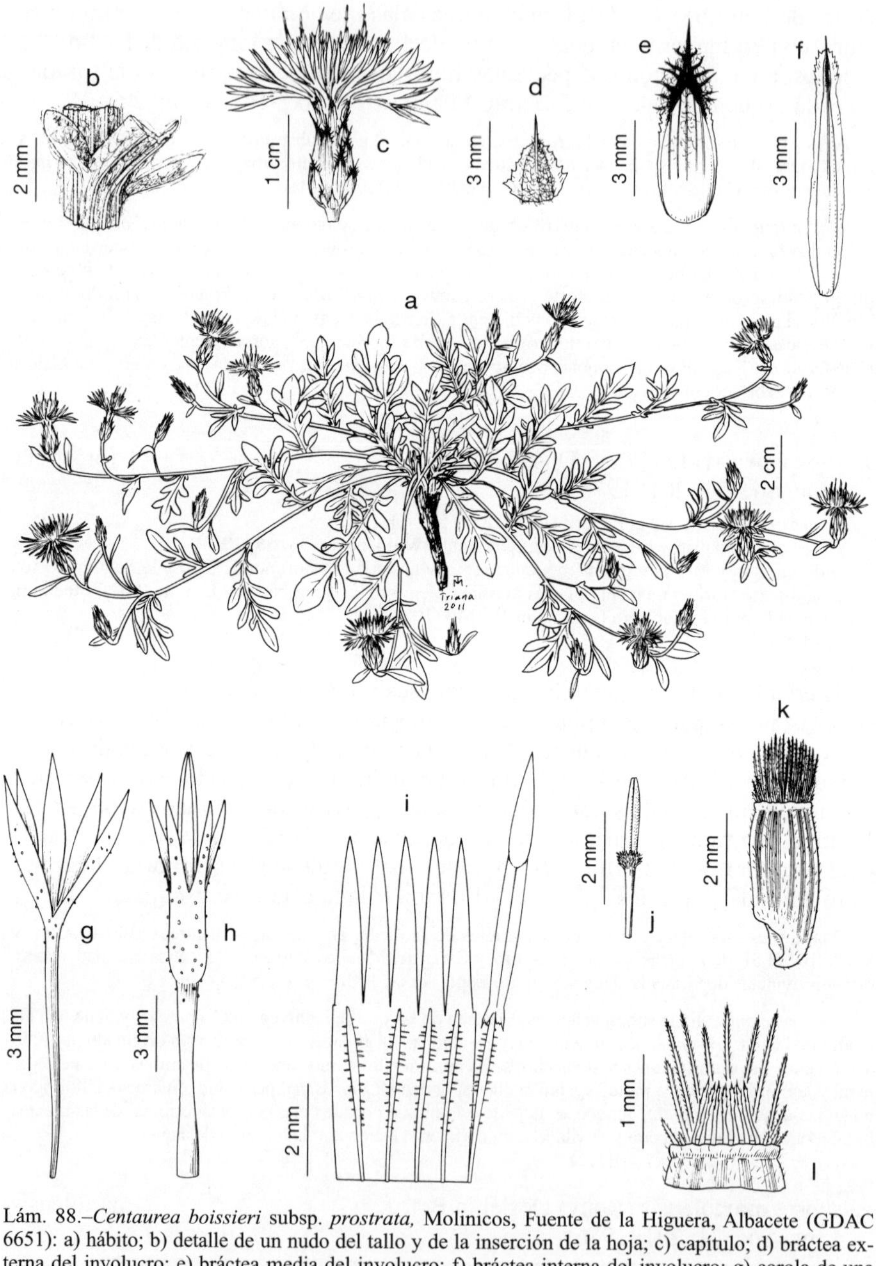

Lám. 88.–*Centaurea boissieri* subsp. *prostrata,* Molinicos, Fuente de la Higuera, Albacete (GDAC 6651): a) hábito; b) detalle de un nudo del tallo y de la inserción de la hoja; c) capítulo; d) bráctea externa del involucro; e) bráctea media del involucro; f) bráctea interna del involucro; g) corola de una flor neutra; h) corola y verticilos sexuales de una flor hermafrodita; i) limbo abierto de la corola de una flor hermafrodita, con los filamentos estaminales y un estambre completo; j) detalle del estilo con sus ramas; k) aquenio con vilano; l) detalle del vilano interno y parte del externo.

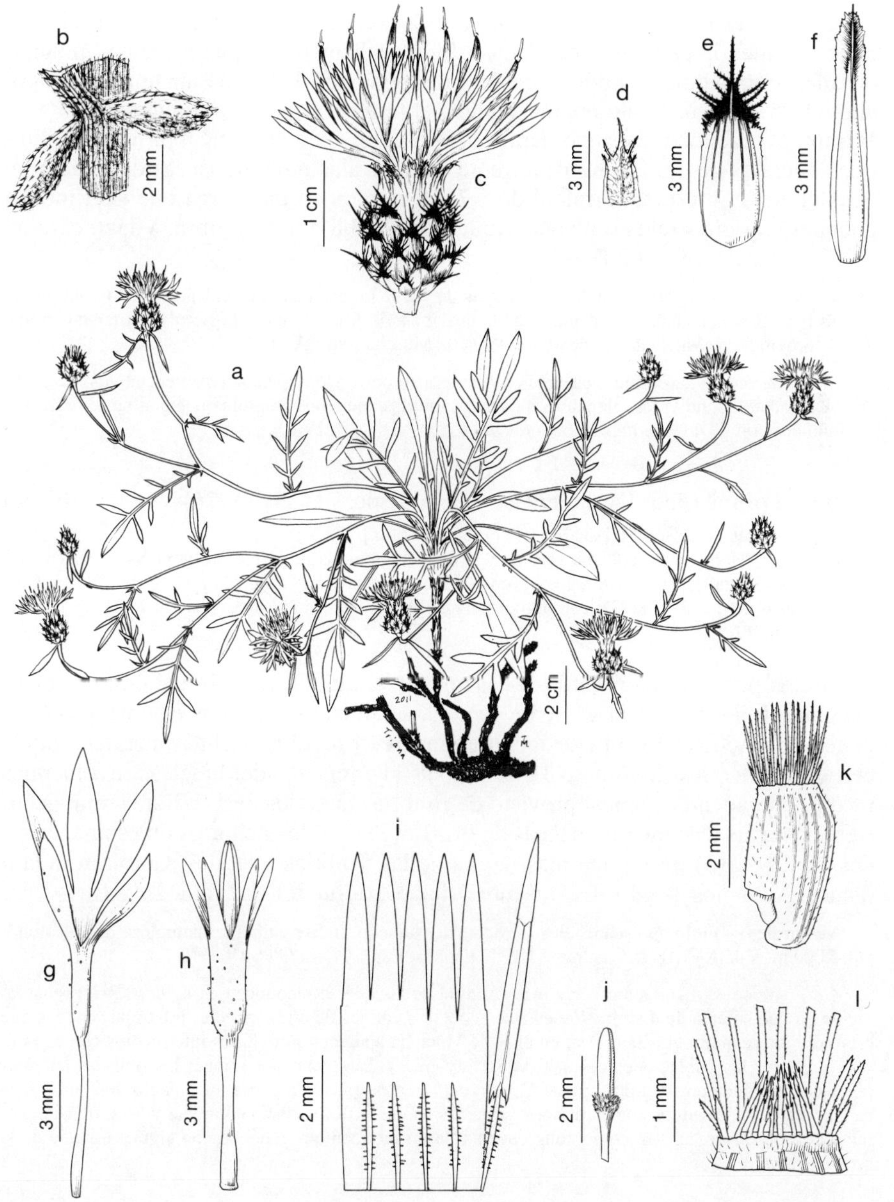

Lám. 89.–*Centaurea boissieri* subsp. *mariolensis,* Sierra de Mariola, Alicante (GDAC 6657): a) hábito; b) detalle de un nudo del tallo y de la inserción de la hoja; c) capítulo; d) bráctea externa del involucro; e) bráctea media del involucro; f) bráctea interna del involucro; g) corola de una flor neutra; h) corola y verticilos sexuales de una flor hermafrodita; i) limbo abierto de la corola de una flor hermafrodita, con los filamentos estaminales y un estambre completo; j) detalle del estilo con sus ramas; k) aquenio con vilano; l) detalle del vilano interno y parte del externo.

Hierba verde, escasamente lanuginosa excepto en la base, muy escábrida. Hojas basales largamente pecioladas, de estrechamente oblanceoladas a pinnatipartidas, con segmentos por lo general de menos de 1 mm de anchura, oblongo-elípticos o estrechamente oblanceolados, el terminal mayor. Involucro 11-15 × 7-10 mm, ovoide; brácteas involucrales medias con apéndice apical provisto de fimbrias laterales de 1,5-2 mm, decurrente en unas alas membranáceas de c. 0,5 mm de anchura, con espina terminal de 1,7-2,5 mm, poco más larga que las fimbrias laterales. Corola rosada o blanca. Aquenios 3,5-3,8 × 1,5-1,7 mm. Vilano externo 1-1,2 mm. $2n = 18 + 0\text{-}2$ B.

Matorrales –tomillares–, canchales y grietas de roquedo, en substratos calcáreos; 600-1500 m. V-VII. ● E de España: sierras occidentales de la provincia de Alicante hasta la sierra de Aitana, extremo S de la provincia de Valencia y N de la provincia de Murcia. **Esp.:** A Mu V.

Observaciones.–Taxon muy variable en cuanto a su porte y otros caracteres vegetativos. Con mucha frecuencia, los individuos depauperados con capítulos pequeños e involucro subcilíndrico han sido confundidos con *C. resupinata* subsp. *dufourii.*

f. subsp. **pinae** (Pau) Dostál in Bot. J. Linn. Soc. 71: 201 (1976) [Pínae]

C. pinae Pau, Not. Bot. Fl. Españ. 1: 12 (1887) [basión.]
Ind. loc.: "Hab. en los collados, selvas y orillas de caminos de la región montana de Valencia y Aragón. Sierra de Pina, San Agustín (en el rebollar abundante, asociada á su afine). Olta y Gea. Junio y Julio del año 1886" [lectótipo designado por G. Blanca in Lagascalia 10: 168 (1981): MA]
Ic.: Lám. 90

Hierba por lo general verde, escasamente lanuginosa, escábrida, rara vez blanquecina. Hojas basales largamente pecioladas, pinnatisectas, con segmentos por lo general de menos de 1 mm de anchura, lineares y revolutos, el terminal tan grande como los laterales. Involucro 12-16 × (7)8-11 mm, ovoide; brácteas involucrales medias con apéndice apical provisto de fimbrias laterales de 1,5-2,2(3) mm, decurrente en unas alas membranáceas de 0,7-1,5(2) mm de anchura, con espina terminal de 1,8-2,5(3) mm, poco más larga que las fimbrias laterales. Corola rosada o blanca. Aquenios 3-3,8 × 1,2-1,5 mm. Vilano externo 0,8-1,2 mm. $2n = 18$.

Matorrales –tomillares–, canchales y grietas de roquedo, indiferente a la naturaleza del substrato; 600-2000 m. V-VII(VIII). ● Cuadrante NE de España. **Esp.:** Cs Cu Gu So Te V Z.

Observaciones.–Es la subespecie más variable de las que se reconocen en *C. boissieri,* probablemente porque su área de distribución entra en contacto con las de otras especies próximas, con las que establece intercambio genético. Así, en el N de Valencia aparecen individuos intermedios con *C. paui* y *C. beltrani;* las poblaciones del SW de Soria y SE de Zaragoza suelen tener las fimbrias laterales plateadas, sin duda por la influencia de *C. pinnata,* mientras que en algunas localidades de la provincia de Cuenca hay individuos con capítulos dispuestos en una inflorescencia compleja y laxa, paniculiforme o corimbiforme, tal vez como consecuencia de un intercambio genético con alguna especie de la sect. *Centaurea.*

g. subsp. **integrifolia** (Willk.) Blanca & Suár.-Sant. in Acta Bot. Malac. 36: 95 (2011) [integrifólia]

C. tenuifolia var. *integrifolia* Willk. in Willk. & Lange, Prodr. Fl. Hispan. 2: 152 (1865) [basión.]
Ind. loc.: "– β. in Aragonia australi (Losc. Pard.!)"
Ic.: Lám. 91

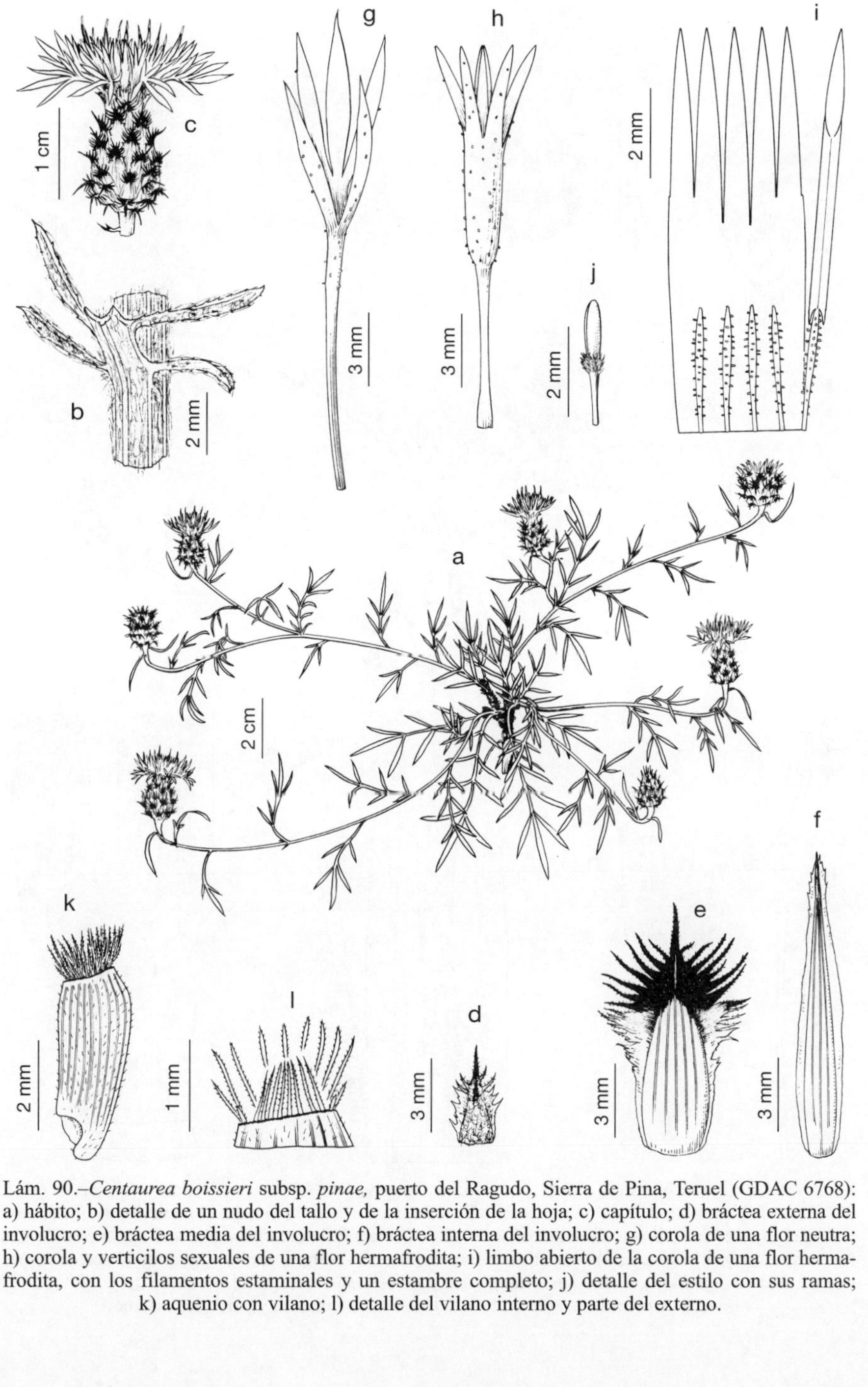

Lám. 90.–*Centaurea boissieri* subsp. *pinae,* puerto del Ragudo, Sierra de Pina, Teruel (GDAC 6768): a) hábito; b) detalle de un nudo del tallo y de la inserción de la hoja; c) capítulo; d) bráctea externa del involucro; e) bráctea media del involucro; f) bráctea interna del involucro; g) corola de una flor neutra; h) corola y verticilos sexuales de una flor hermafrodita; i) limbo abierto de la corola de una flor hermafrodita, con los filamentos estaminales y un estambre completo; j) detalle del estilo con sus ramas; k) aquenio con vilano; l) detalle del vilano interno y parte del externo.

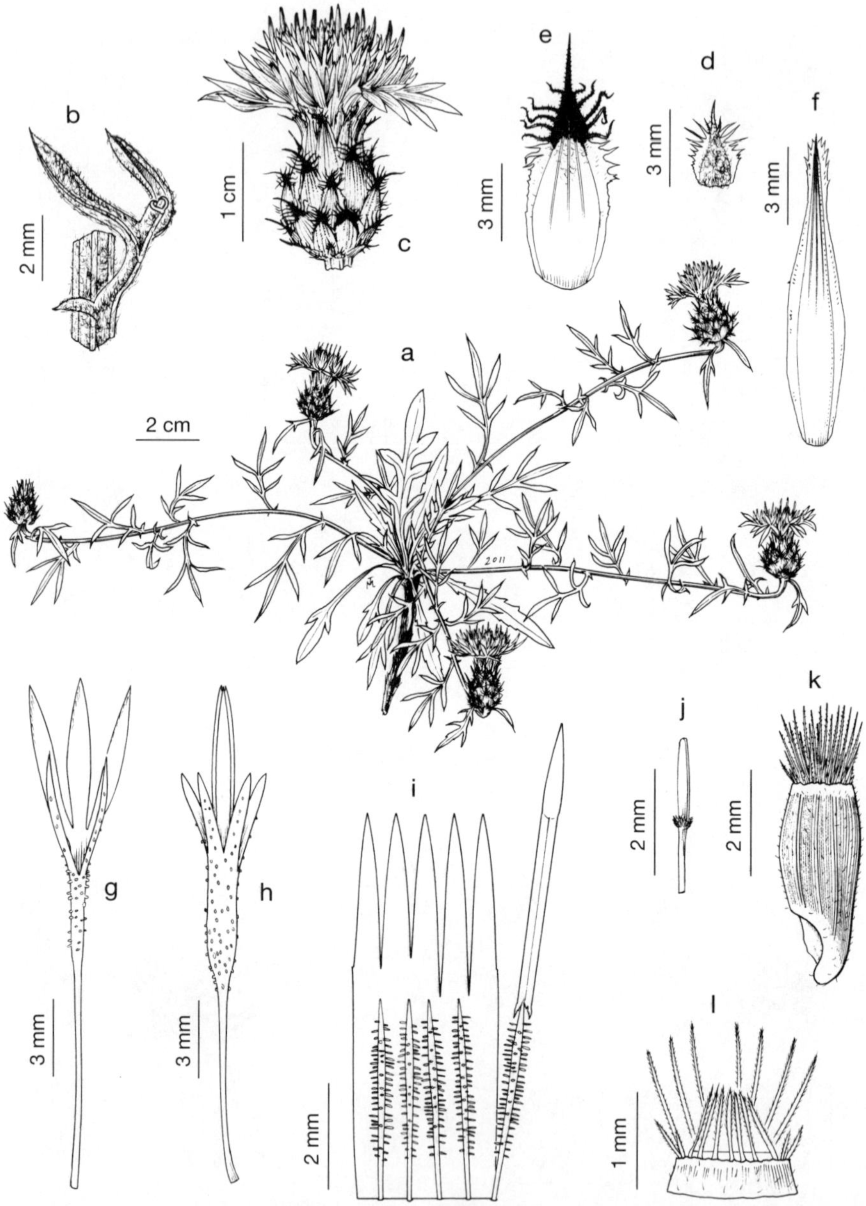

Lám. 91.–*Centaurea boissieri* subsp. *integrifolia,* barranco de Albocácer, Benasal, Castellón (VAL 87707): a) hábito; b) detalle de un nudo del tallo y de la inserción de la hoja; c) capítulo; d) bráctea externa del involucro; e) bráctea media del involucro; f) bráctea interna del involucro; g) corola de una flor neutra; h) corola y verticilos sexuales de una flor hermafrodita; i) limbo abierto de la corola de una flor hermafrodita, con los filamentos estaminales y un estambre completo; j) detalle del estilo con sus ramas; k) aquenio con vilano; l) detalle del vilano interno y parte del externo.

Hierba grisácea o blanquecina, densamente lanuginosa, poco o nada escábrida. Hojas basales largamente pecioladas, de oblongo-lanceoladas a pinnatisectas, a veces liradas, con segmentos por lo general de menos de 1 mm de anchura, de lineares a oblongo-elípticos u oblongo-oblanceolados, poco o nada revolutos, el terminal a veces mayor. Involucro 12-15 × 6-9 mm, ovoide; brácteas involucrales medias con apéndice apical provisto de fimbrias laterales de (1,5)2-2,5 mm, decurrente en unas alas membranáceas de 0,7-1 mm de anchura, con espina terminal de 2-3(3,5) mm, poco más larga que las fimbrias laterales. Corola rosada o casi blanca. Aquenios (2,5)3-4,2 × 1,2-1,5 mm. Vilano externo (0,2)0,5-1 mm.

Matorrales –tomillares–, canchales y grietas de roquedo, indiferente a la naturaleza del substrato; 100-1700 m. (III)IV-VII(VIII). ● Cuadrante NE de España. **Esp.:** B Cs Cu T Te V.

Observaciones.–Sus formas más extremas tienen todas las hojas indivisas, carácter al que alude el epíteto que le aplicó H.M. Willkomm; son frecuentes sobre todo en el macizo de Peñagolosa y en otras localidades del NE de Castellón.

12. C. resupinata Coss., Notes Pl. Crit.: 114 (1851) [resupináta]

C. boissieri subsp. *resupinata* (Coss.) Dostál in Bot. J. Linn. Soc. 71: 201 (1976)
Ind. loc.: "In incultis regionis calidæ superioris circa Fuente-Yguera inter urbes Riopar et Hellin regni Murcici (E. Bourgeau)" [lectótipo designado por G. Blanca in Lagascalia 10: 165 (1981): P]

Hierba perenne, con raíz axonomorfa, sufruticulosa, multicaule, inerme –excepto las brácteas involucrales–, blanquecina, grisácea o verdosa, ± lanuginosa y escábrida, con aculéolos pluricelulares cortos y rígidos, pelos tectores unicelulares araneosos y glándulas translúcidas sésiles. Tallos (5)7-40 cm, postrados o, a lo sumo, ligeramente ascendentes, ramificados en la parte media o en el tercio superior, de sección circular o ± poligonal, acostillados, sin alas, foliosos en toda su longitud, poco o apenas escábridos, con indumento araneoso ± abundante. Hojas hasta de 100 × 30 mm, las basales largamente pecioladas y las caulinares sésiles, no decurrentes, menores hacia la parte superior del tallo, con nervadura principal pinnada –nervio medio prominente en el envés–, con aculéolos cortos y rígidos e indumento araneoso ± abundante; las basales rosuladas, de oblongo-lanceoladas y enteras a 1-2 pinnatipartidas o 1-2 pinnatisectas, con segmentos de lineares a oblongo-elípticos, mucronados y de margen liso o ligeramente serrado; las inferiores y medias pinnatisectas, con 2-5(6) segmentos de estrechamente lineares a oblongos, el terminal similar o algo mayor, de linear a estrechamente lanceolado, todos mucronados, de margen entero o dentado, a veces algo revoluto; las superiores enteras, lineares o linear-oblanceoladas. Capítulos radiantes, con las flores del disco hermafroditas y las de la periferia neutras y mayores, terminales, solitarios, por lo general dispuestos en inflorescencias complejas corimbiformes, laxas, a veces geminados por la escasa longitud de las ramas, sustentados por un pedúnculo hasta de 1 cm. Involucro (10)12-16 × (3)4-7 mm, de cilíndrico a ± ovoide, ± atenuado en la base, marcadamente sobrepasado por las flores; brácteas imbricadas y dispuestas aparentemente en 6 o 7 filas, gradualmente mayores de fuera adentro; las medias oblongo-elípticas, adpresas, verdosas y finalmente de un color pajizo, con nervios longitudinales marcados, glabrescentes o araneosas, con apéndice apical estrechamente triangular, erecto o arqueado-subpatente, glabro o araneoso, de amarillento a pardo, pectinado-fimbriado, con 3-5 pares de fimbrias laterales de (0)0,8-2(2,5) mm, concoloras o algo más pálidas, decurrente hasta cerca de la mitad de la bráctea en unas alas membranáceas de 0,3-0,7 mm de anchura, rematado en espina apical de (2)2,5-7 mm, ± punzante, a veces con dos fimbrias laterales en la base; las internas oblongo-lineares, glabras, de un pardo claro, con margen hialino y apéndice apical cocleariforme o rómbico, ± lacerado, inerme, escarioso. Corola papilosa, la de las flores neutras de 18-19 mm, con tubo blanquecino y limbo rosado o casi blanco, con 4 o 5 lóbulos de 4-5 mm, lanceolados o linear-laneolados, desiguales; la de las hermafroditas 14,5-16 mm, con tubo de 6-7 mm, blanquecino y limbo de 7,5-9 mm, rosado o casi blanco, con 5 lóbulos de c. 3 mm, linear-lanceolados, desiguales, uno de ellos con los senos más profundos. Estambres con filamento peloso, con pelos hasta de 0,3 mm, blanquecinos; anteras 6-6,5 mm, blanquecinas, con conectivo apical purpúreo, y apéndices basales de 0,7-0,8 mm, a menudo lacerados. Estilo blanquecino, con ramas rosadas. Aquenios 3-4 × 1,3-1,9 mm, obovoide-obcónicos o casi elipsoidales, comprimidos –sección elíptica–, truncados y con reborde subentero, de grisáceos a pardos en la madurez, laxa e inconspicuamente vilosos; placa apical con nectario de c. 0,3 mm, pentalobulado, blanco; hilo cárpico 0,5-1,2 mm, lateral-adaxial; con eleosoma. Vilano doble, persistente, el externo con varias filas de escamas de (1)1,3-2,3 mm, desiguales, lineares, serradas, blanquecinas, y el interno con una fila de escamas cortas, ± conniventes, lisas, solo laceradas o serradas en el ápice.

Matorrales –tomillares– en substratos arcillosos o pedregosos, también en grietas de roquedo, en substratos calcáreos; 0-1300 m. (III)IV-VII(IX). Península Ibérica y N de África. E y SE de España: desde el E de la provincia de Ciudad Real hasta el S de la de Valencia. **Esp.:** A Ab CR Cu V.

1. Hierba por lo general grisácea o blanca, poco escábrida; hojas basales bipinnatisectas, con segmentos lineares, rara vez oblongo-elípticos .... **a.** subsp. **resupinata**
– Hierba por lo general verde, muy escábrida; hojas basales de oblongo-lanceoladas y enteras a pinnatífidas o pinnatisectas, con segmentos de oblongo-lanceolados a lineares, el terminal a menudo mayor .... **b.** subsp. **dufourii**

a. subsp. **resupinata**

C. incana Lag., Elench. Pl.: [32] (1816), nom. illeg., non Burm. fil., Fl. Cap. Prodr.: 28 (1768)
C. lagascae Nyman, Syll. Fl. Eur.: 33 (1854-1855)
C. spachii Willk. in Willk. & Lange, Prodr. Fl. Hispan. 2: 154 (1865)
C. boissieri subsp. *spachii* (Willk.) Dostál in Bot. J. Linn. Soc. 71: 202 (1976)
C. resupinata subsp. *lagascae* (Nyman) Fern. Casas & Susanna in Fontqueria 1: 4 (1982)
C. boissieri subsp. *lagascae* (Nyman) O. Bolòs & Vigo in Collect. Bot. (Barcelona) 17: 92 (1988)
Ic.: Caball. in Anales Inst. Bot. Cavanilles 7: 673, 675 (1947) [sub *C. lagascae*]; lám. 92

Hierba por lo general lanuginosa, grisácea o blanca, poco escábrida. Hojas basales bipinnatisectas, con segmentos lineares, rara vez oblongo-elípticos; las superiores lineares. Involucro (10)12-15(16) × (3)4-6 mm, de estrechamente cilíndrico a ligeramente ovoide, atenuado en la base; brácteas araneosas, con espina apical de (2)2,5-5 mm. $2n = 18 + 0\text{-}1$ B.

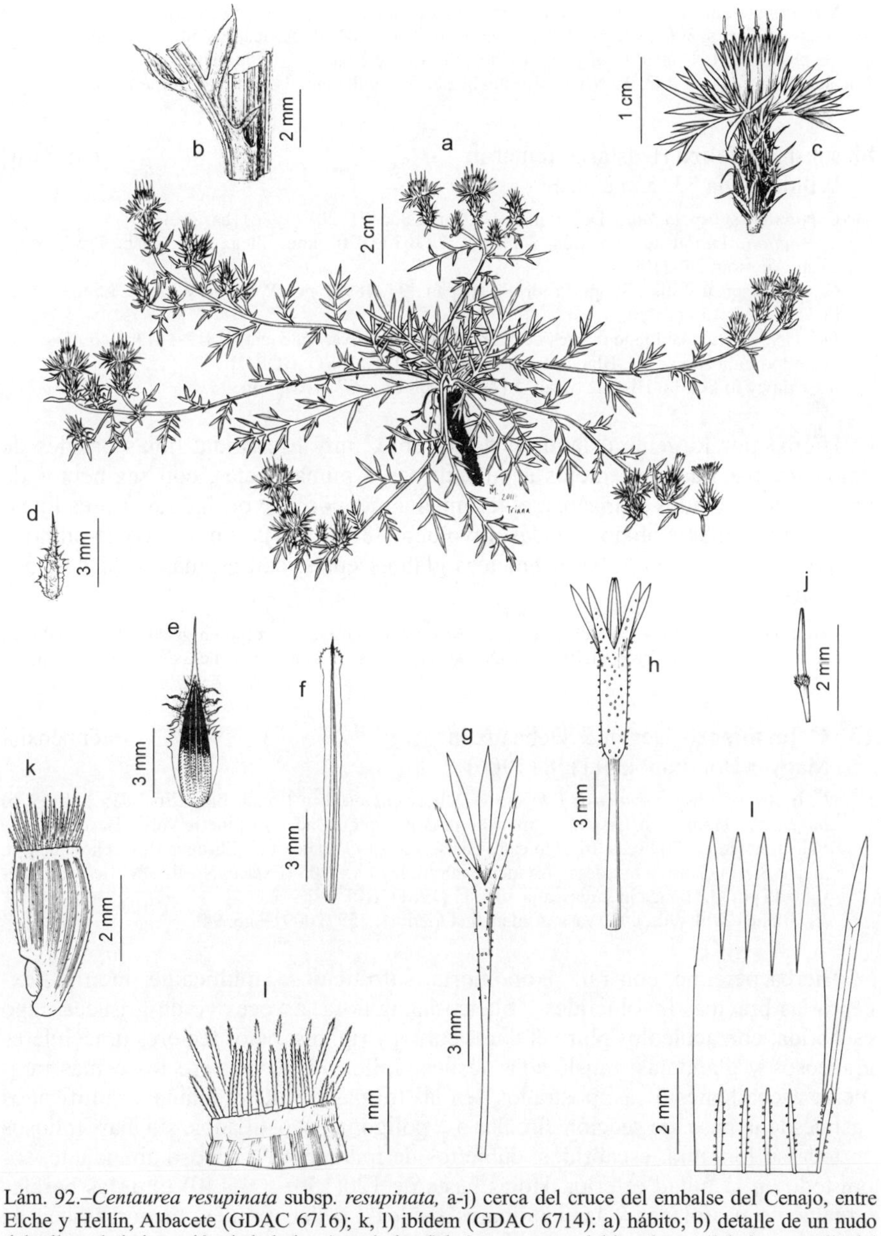

Lám. 92.–*Centaurea resupinata* subsp. *resupinata,* a-j) cerca del cruce del embalse del Cenajo, entre Elche y Hellín, Albacete (GDAC 6716); k, l) ibídem (GDAC 6714): a) hábito; b) detalle de un nudo del tallo y de la inserción de la hoja; c) capítulo; d) bráctea externa del involucro; e) bráctea media del involucro; f) bráctea interna del involucro; g) corola de una flor neutra; h) corola y verticilos sexuales de una flor hermafrodita; i) limbo abierto de la corola de una flor hermafrodita, con los filamentos estaminales y un estambre completo; j) detalle del estilo con sus ramas; k) aquenio con vilano; l) detalle del vilano interno y parte del externo.

Matorrales –tomillares– en substratos arcillosos o pedregosos, así como en grietas de roquedo, en substratos calcáreos; 300-1300 m. IV-VII. Península Ibérica y N de África. E y SE de España: desde el E de la provincia de Ciudad Real y la provincia de Albacete hasta el W de la de Valencia y S de la de Alicante. **Esp.:** A Ab CR Cu V. **N.v.:** escobilla blanca, escobilla lanuda, escobón, romerillo azul.

b. subsp. **dufourii** (Dostál) Greuter in Willdenowia 33: 55 (2003) [Dufóurii]

C. boissieri subsp. *dufourii* Dostál in Bot. J. Linn. Soc. 71: 201 (1976) [basión.]
C. tenuifolia Dufour in Ann. Gén. Sci. Phys. 7: 303 (1820), nom. illeg., non Salisb., Prodr. Stirp. Chap. Allerton: 207 (1796)
C. spachii sensu Willk., Suppl. Prodr. Fl. Hispan.: 94 (1893), non Willk. in Willk. & Lange, Prodr. Fl. Hispan. 2: 154 (1865)
Ind. loc.: "Lieux sablonneux près de Saint Philippe (Játiva, Valencia), 1812-1813, Léon Dufour" [lectótipo indicado por G. Blanca in Lagascalia 10: 155 (1981): BORD]
Ic.: Coincy in Ecl. Pl. Hispan. 5, tab. 5 (1901) [sub *C. setabensis*]; lám. 93

Hierba por lo general lanuginosa y verde, muy escábrida; hojas basales de oblongo-lanceoladas y enteras a pinnatífidas o pinnatisectas, con segmentos de oblongo-lanceolados a lineares, el terminal a menudo mayor; las superiores lineares o estrechamente oblanceoladas. Involucro 13-16 × (4)5-7 mm, ovoide-cilíndrico, poco atenuado en la base; brácteas glabrescentes, con espina apical de 3,5-7 mm. $2n = 18$.

Matorrales –tomillares– en substratos arcillosos o pedregosos, así como en grietas de roquedo, en substratos calcáreos; 0-1000 m. (III)IV-VII(IX). ● E de España: S de la provincia de Valencia. **Esp.:** V.

13. C. jaennensis Degen & Debeaux in Magyar Bot. Lapok 5(1): 8 (1906) [jaënnénsis]

C. boissieri subsp. *jaennensis* (Degen & Debeaux) Dostál in Bot. J. Linn. Soc. 71: 202 (1976)
Ind. loc.: "Habitat in Hispaniae meridionalis provincia Jaën. In pinetis vallis Barrancon de Valentina alt. c. 1700 m. s. m. solo calc. mense Julio 1904 detexit cl. Elisaeus Reverchon, dein in monte Sierra Cabrilla ejusdem provinciae iterum legit a. 1905 (Exsicc. No. 1368)" [lectótipo designado por G. Blanca in Lagascalia 10: 183 (1981): BP]
Ic.: Blanca & al. (eds.), Fl. Vasc. Andalucía Orient. 4: 255 (2009); lám. 94

Hierba perenne, con raíz axonomorfa, sufruticulosa, multicaule, inerme –excepto las brácteas involucrales–, blanco-lanuginosa, a veces verde-grisácea, algo escábrida, con aculéolos pluricelulares cortos y rígidos, pelos tectores unicelulares araneosos y glándulas translúcidas sésiles. Tallos 15-40 cm, erectos o más raramente ascendentes o casi postrados –en las formas de alta montaña–, ramificados casi desde la base, de sección circular o ± poligonal, acostillados, sin alas, foliosos en toda su longitud, escábridos, cubiertos de indumento araneoso abundante, sobre todo en la mitad inferior. Hojas hasta de 120(150) × 35(40) mm, las basales largamente pecioladas y las caulinares sésiles, no decurrentes, menores hacia la parte superior del tallo, con nervadura principal pinnada –nervio medio prominente en el envés–, con aculéolos cortos y rígidos e indumento araneoso que a menudo cubre toda la superficie, a veces las basales verdoso-lanuginosas en el haz; las basales rosuladas, de enteras a pinnatisectas, frecuentemente liradas, con lóbulos

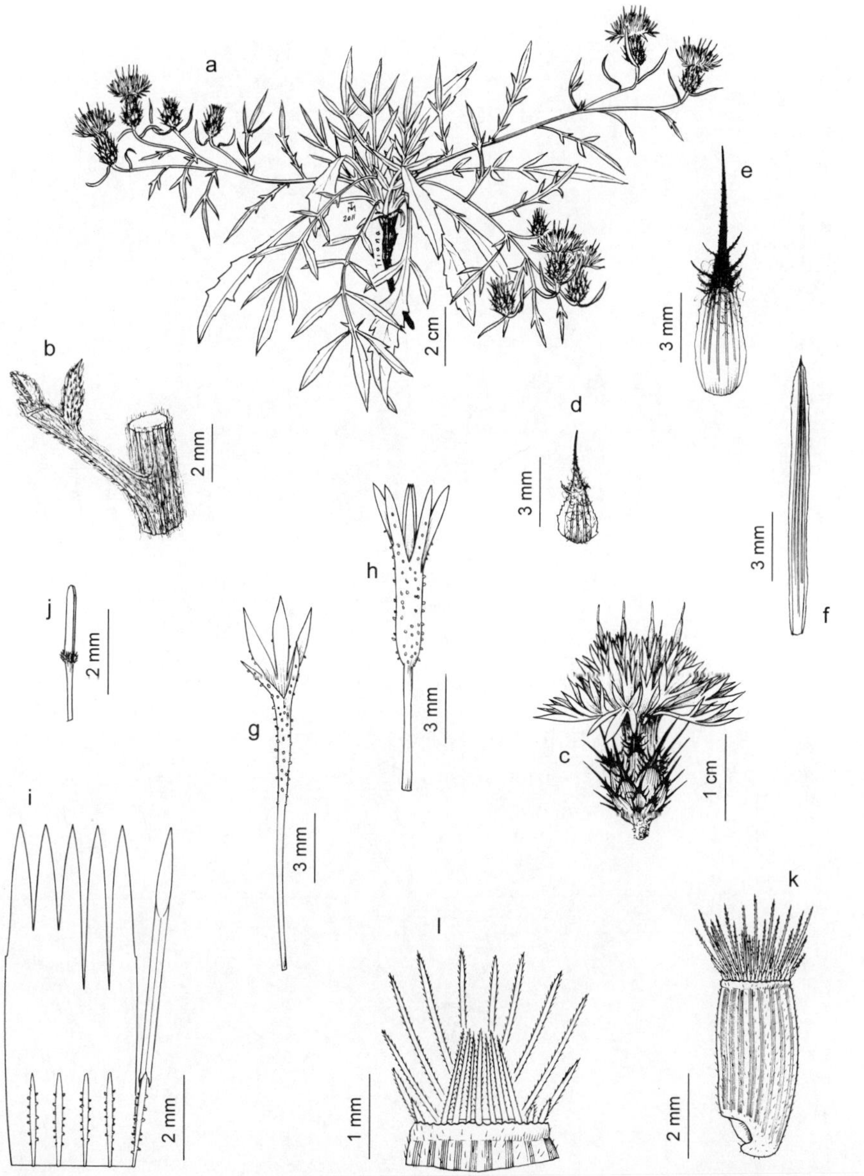

Lám. 93.–*Centaurea resupinata* subsp. *dufourii,* a-j) Cullera, Valencia (GDAC 6701); k, l) castillo de Játiva, Valencia (GDAC 6697): a) hábito; b) detalle de un nudo del tallo y de la inserción de la hoja; c) capítulo; d) bráctea externa del involucro; e) bráctea media del involucro; f) bráctea interna del involucro; g) corola de una flor neutra; h) corola y verticilos sexuales de una flor hermafrodita; i) limbo abierto de la corola de una flor hermafrodita, con los filamentos estaminales y un estambre completo; j) detalle del estilo con sus ramas; k) aquenio con vilano; l) detalle del vilano interno y parte del externo.

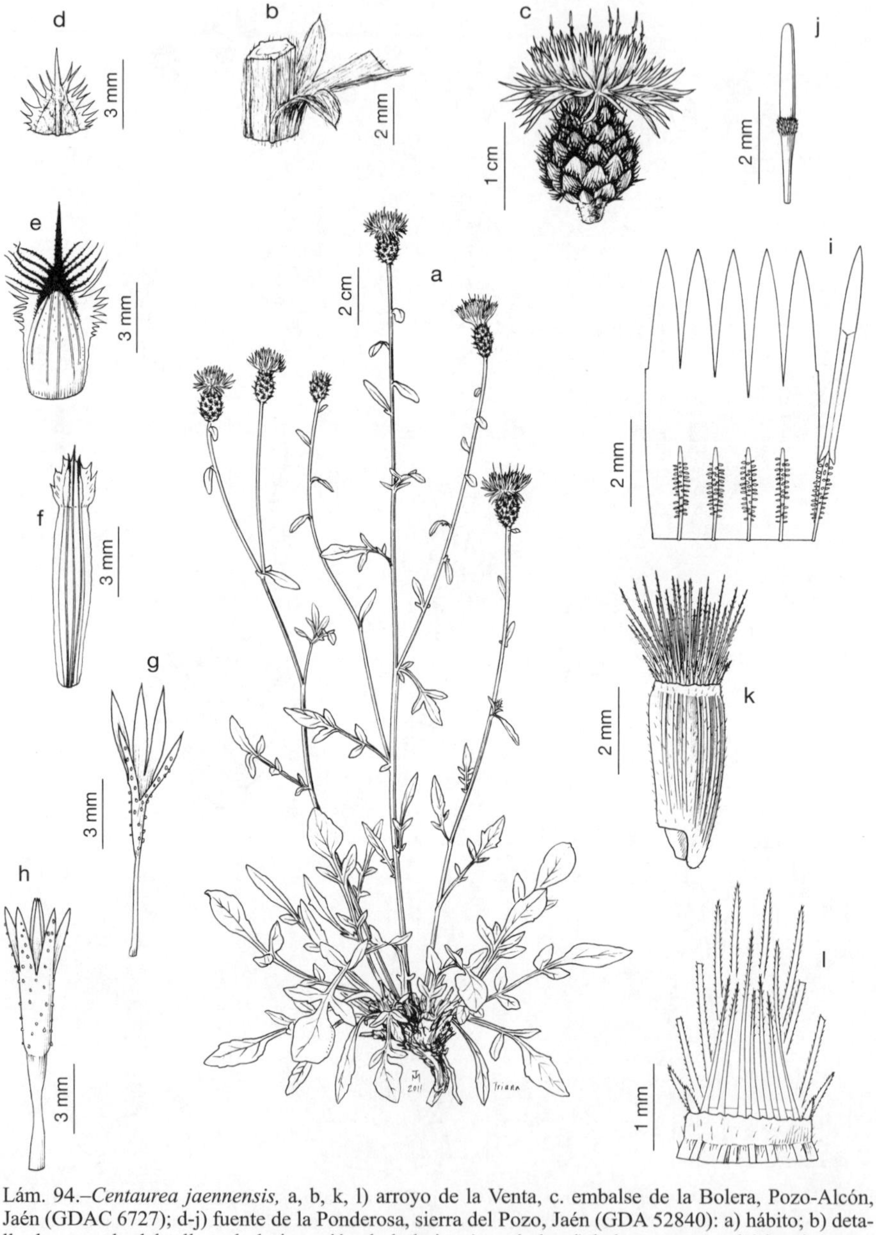

Lám. 94.–*Centaurea jaennensis,* a, b, k, l) arroyo de la Venta, c. embalse de la Bolera, Pozo-Alcón, Jaén (GDAC 6727); d-j) fuente de la Ponderosa, sierra del Pozo, Jaén (GDA 52840): a) hábito; b) detalle de un nudo del tallo y de la inserción de la hoja; c) capítulo; d) bráctea externa del involucro; e) bráctea media del involucro; f) bráctea interna del involucro; g) corola de una flor neutra; h) corola y verticilos sexuales de una flor hermafrodita; i) limbo abierto de la corola de una flor hermafrodita, con los filamentos estaminales y un estambre completo; j) detalle del estilo con sus ramas; k) aquenio con vilano; l) detalle del vilano interno y parte del externo.

de anchamente elípticos a oblongos, mucronados y de margen liso o serrado; las caulinares inferiores y medias pinnatipartidas o pinnatisectas, con 2-4 pares de segmentos laterales de elípticos a oblongos, el terminal por lo general mayor, de elíptico u obovado a anchamente ovado, entero o serrado, todos mucronados; las superiores enteras, obovadas, espatuladas u oblanceoladas. Capítulos radiantes, con las flores del disco hermafroditas y las de la periferia neutras y mayores, terminales, solitarios, a veces dispuestos en inflorescencias complejas corimbiformes, laxas, sustentados por un pedúnculo de 0,5-2(3) cm. Involucro 12-16 × 8-12 mm, ovoide o subgloboso, redondeado en la base, marcadamente sobrepasado por las flores; brácteas imbricadas y dispuestas aparentemente en 7 u 8 series, gradualmente mayores de fuera adentro; las medias de ovadas a ovado-oblongas, adpresas, verdosas y finalmente de un color pajizo, con nervios longitudinales marcados, ± lanuginosas, con apéndice apical anchamente triangular, erecto o erecto-patente, glabrescente, de un pardo obscuro o casi negro –a veces de un color ferruginoso pálido–, pectinado-fimbriado, con 5-8 pares de fimbrias laterales de 1-2,5 mm, concoloras o algo más pálidas, decurrente hasta cerca de la mitad de la bráctea en unas alas membranáceas de 0,8-1,5 mm de anchura, rematado en espina apical de (0,8)1-2 mm, de erecto-patente a casi reflexa, poco punzante, a veces con dos fimbrias laterales en la base; las internas oblongo-lineares, glabras, de un pardo claro, con margen hialino y apéndice apical cocleariforme o rómbico, ± lacerado, inerme, escarioso. Corola papilosa, la de las flores neutras de 15-16 mm, con tubo blanquecino y limbo rosado o rosado-blanquecino, con 4 o 5 lóbulos de 1,5-5 mm, lanceolados o linear-lanceolados, desiguales; la de las hermafroditas 10,5-13 mm, con tubo de 5-5,5 mm, blanquecino y limbo de 6-7,5 mm, rosado o rosado-blanquecino, con 5 lóbulos de 3-3,5 mm, linear-lanceolados, desiguales, uno o dos con los senos más profundos que el resto. Estambres con filamento peloso, con pelos hasta de 0,3 mm, blanquecinos; anteras 5,5-6 mm, blanquecinas, con conectivo apical purpúreo, y apéndices basales de 0,6-0,8 mm, a menudo lacerados. Estilo blanquecino, con ramas rosadas. Aquenios 3,5-4(4,5) × 1,5-1,8 mm, obovoide-obcónicos o elipsoidales, comprimidos –sección elíptica–, truncados y con reborde subentero, de grisáceos a pardos en la madurez, laxa e inconspicuamente vilosos; placa apical con nectario de c. 0,3 mm, pentalobulado, blanco; hilo cárpico 0,8-1 mm, lateral-adaxial; con eleosoma. Vilano doble, persistente, el externo con varias filas de escamas de (1,5)1,8-2,7 mm, desiguales, lineares, serradas, blanquecinas, y el interno con una fila de escamas cortas, ± conniventes, lisas, solo laceradas o serradas en el ápice. 2*n* = 18.

Matorrales y vegetación de roquedo, canchales y cascajares de montaña, en substratos arenosos o pedregosos de naturaleza calcárea; (800)1000-2000 m. VI-VII. ● SE de España: de las sierras de Cazorla y Segura a las del Pozo y Castril. **Esp.:** Gr J. **N.v.:** escobilla de Cazorla.

14. C. bombycina Boiss. ex DC., Prodr. 7: 302 (1838) [bombýcina]

Ind. loc.: “(...) in Hispaniæ Granatensis Sierrâ Tejedâ in arenis calcareis alt. 4000-5500 ped. legit cl. E. Boissier!” [lectótipo designado por H.M. Burdet & al. in Candollea 38: 770 (1983): G]

Hierba perenne, con raíz axonomorfa, sufruticulosa, multicaule, inerme –excepto las brácteas involucrales–, blanco-lanuginosa, con pelos tectores unicelulares araneosos, muy abundantes, que no dejan ver la superficie del vegetal. Tallos (5)10-35(40) cm, erectos, ramificados, ± divaricados, de sección circular o ± poligonal, acostillados, sin alas, foliosos sobre todo en los 2/3 inferiores. Hojas hasta de 70 × 20 mm, las basales pecioladas y las caulinares sésiles, no decurrentes, menores hacia la parte superior del tallo, con nervadura poco visible, blanco-lanuginosas; las basales rosuladas, de espatuladas y enteras a pinnatisectas, frecuentemente liradas, con lóbulos de suborbiculares a oblongos, mucronados, de margen liso, a menudo secas durante la floración; las caulinares inferiores pinnatipartidas o pinnatisectas, más rara vez pinnatífidas, a menudo liradas, con 1-4 pares de segmentos elípticos, oblanceolados o espatulados, el terminal mayor, elíptico, espatulado o suborbicular, de margen entero o dentado; las superiores enteras, obovadas, espatuladas o lineares. Capítulos radiantes, con las flores del disco hermafroditas y las de la periferia neutras y mayores, terminales, solitarios, sustentados por un pedúnculo de 1-5 cm. Involucro 12-17 × 9-15 mm, de anchamente ovoide a subcilíndrico, redondeado o ligeramente atenuado en la base, marcadamente sobrepasado por las flores; brácteas imbricadas y dispuestas aparentemente en 7 u 8 series, gradualmente mayores de fuera adentro; las medias de ovadas a ovado-oblongas, adpresas, verdosas o ± teñidas de color púrpura, con nervios longitudinales marcados, glabras o lanuginosas, con apéndice apical anchamente triangular, erecto, glabro, de un pardo obscuro a uno pajizo, pectinado-fimbriado, con 4-8 pares de fimbrias laterales de 1,5-3 mm, concoloras o completamente escariosas, decurrente hasta cerca de la mitad de la bráctea en unas alas membranáceas de 0,8-1,5(2) mm de anchura, rematado en espina apical de 1,5-2,5(3) mm, poco o nada punzante, a veces con dos fimbrias laterales en la base; las internas oblongo-lineares, glabras, de un color pajizo o de un pardo claro, con margen hialino y apéndice apical coeleariforme o rómbico, ± lacerado, inerme, escarioso. Corola papilosa, la de las flores neutras de 17-20 mm, con tubo blanquecino y limbo rosado –rara vez amarillo en las formas albinas–, con 4 o 5 lóbulos de 4,5-6 mm, lanceolados o linear-lanceolados, desiguales; la de las hermafroditas 13,5-15,5 mm, con tubo de 7-8 mm, blanquecino y limbo de 6,5-8 mm, rosado –rara vez amarillo en las formas albinas–, con 5 lóbulos de 3,5-4,5 mm, linear-lanceolados, desiguales, uno o dos con los senos más profundos. Estambres con filamento peloso, con pelos hasta de 0,3 mm, blanquecinos; anteras 5,5-6,5 mm, blanquecinas, con conectivo apical purpúreo –rara vez amarillo en las formas albinas–, y apéndices basales de 0,8-1,2 mm, a menudo lacerados. Estilo blanquecino, con ramas rosadas –amarillo en las formas albinas–. Aquenios 3,2-4(4,5) × 1,4-1,6 mm, obovoide-obcónicos o elipsoidales, comprimidos –sección elíptica–, truncados y con reborde subentero, de grisáceos a pardos en la madurez, laxa e inconspicuamente vilosos; placa apical con nectario de c. 0,3 mm, pentalobulado, blanco; hilo cárpico 0,6-0,8 mm, lateral-adaxial; con eleosoma. Vilano doble, persistente, el externo con varias filas de escamas de 3-6 mm, desiguales, lineares, serradas, blanquecinas, y el interno con una fila de escamas cortas, ± conniventes, lisas, solo laceradas o serradas en el ápice. $2n = 18 + 2B$.

Matorrales –tomillares– en substratos dolomíticos de textura arenosa; (200)700-1700 m. (V)VI-VII(VIII). ● S de España: montañas del SW de la provincia de Granada y extremo oriental de la de Málaga, desde las sierras de Tejeda y Almijara hasta la Sierra del Manar. **Esp.:** Gr Ma. **N.v.:** escobilla blanca.

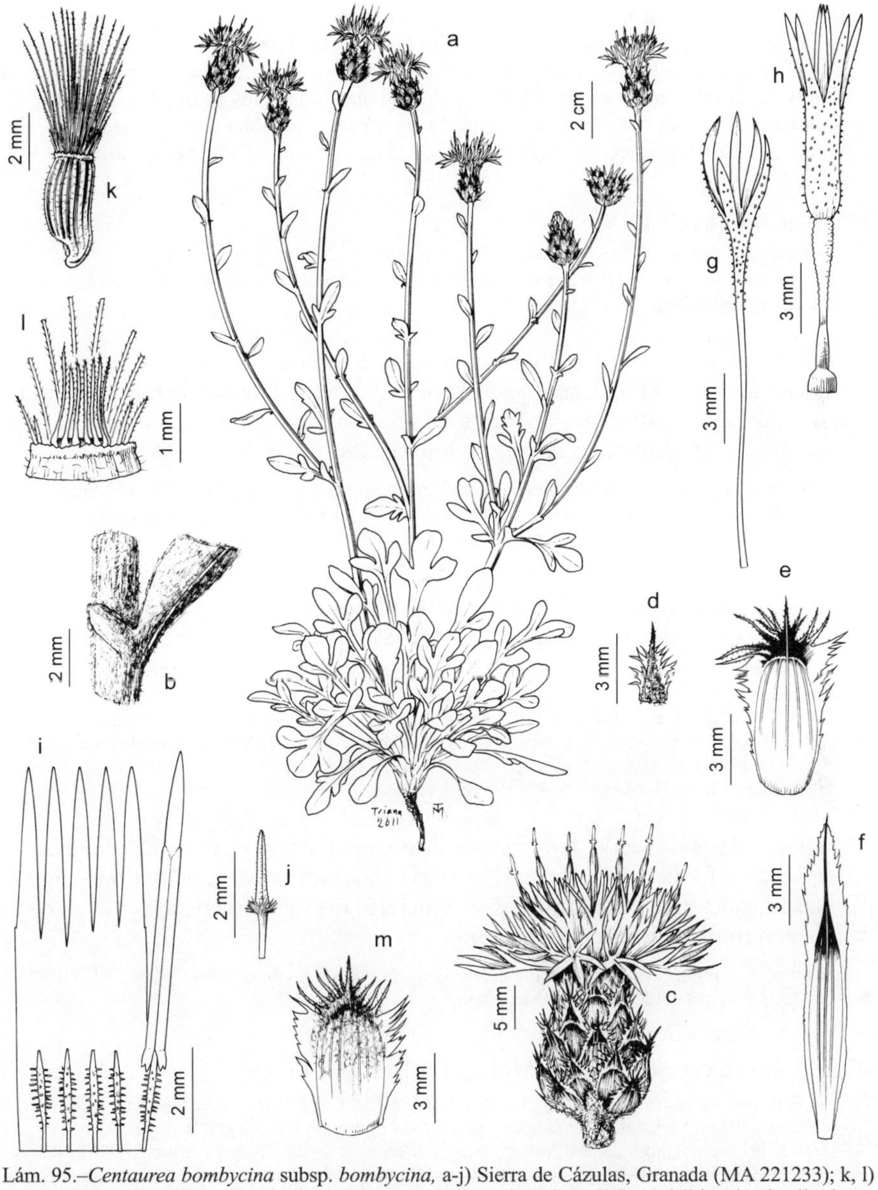

Lám. 95.–*Centaurea bombycina* subsp. *bombycina,* a-j) Sierra de Cázulas, Granada (MA 221233); k, l) Puerto Blanquillo, Sierra de Almijara, Cómpeta, Málaga (MGC 21686): a) hábito; b) detalle de un nudo del tallo y de la inserción de la hoja; c) capítulo; d) bráctea externa del involucro; e) bráctea media del involucro; f) bráctea interna del involucro; g) corola de una flor neutra; h) corola y verticilos sexuales de una flor hermafrodita; i) limbo abierto de la corola de una flor hermafrodita, con los filamentos estaminales y un estambre completo; j) detalle del estilo con sus ramas; k) aquenio con vilano; l) detalle del vilano interno y parte del externo. *C. bombycina* subsp. *xeranthemoides,* Sierra del Manar, Granada (MA 221232): m) bráctea media del involucro.

1. Tallos con hojas a lo largo de casi toda su longitud; involucro redondeado en la base; apéndice de las brácteas involucrales medias de un color ferrugíneo –más raramente pajizo en las formas albinas–, con fimbrias laterales escariosas .... **a.** subsp. **bombycina**
– Tallos ± desnudos en el tercio superior o con algunas hojas muy reducidas; involucro ligeramente atenuado en la base; apéndice de las brácteas involucrales medias de un color pajizo, con fimbrias laterales concoloras .... **b.** subsp. **xeranthemoides**

a. subsp. **bombycina**

C. amoi Amo in Revista Progr. Ci. Exact. 5: 56 (1855)
Ic.: Blanca & al. (eds.), Fl. Vasc. Andalucía Orient. 4: 255 (2009); Boiss., Voy. Bot. Espagne 1, tab. 101 a (1840); lám. 95 a-l

Tallos con hojas a lo largo de casi toda su longitud, las superiores reducidas. Involucro 12-17 × (8)9-13 mm, anchamente ovoide, redondeado en la base; brácteas involucrales medias con apéndice de un color ferrugíneo –pajizo en las formas albinas–, con fimbrias laterales escariosas. $2n = 18 + 2B$.

Matorrales –tomillares– en substratos dolomíticos de textura arenosa; (550)700-1700 m. (V)VI-VII(VIII). ● S de España: desde las sierras de Cázulas y los Guájares, en Granada, hasta las sierras de Tejeda y Almijara en la zona limítrofe con Málaga. **Esp.:** Gr Ma.

b. subsp. **xeranthemoides** (Lange ex Willk.) Blanca, Cueto & Quesada in Saussurea 19: 29 (1989) [xeranthemoídes]

C. funkii var. *xeranthemoides* Lange ex Willk. in Willk. & Lange, Prodr. Fl. Hispan. 2: 154 (1865) [basión.]
Ind. loc.: "In glareosis rupiumque fissuris montium calcareorum regni Granat. ad alt. 3-6000' passim (Sierra de Huetor, Wk., Fk!, Sierra del Mana, Campo!, S. Nevada in Dehesa de Dilar, Reut.)" [tipo indicado por G. Blanca & al. in Saussurea 19: 29 (1988): C]
Ic.: Blanca & al. in Saussurea 19: 30 (1989); lám. 95 m

Tallos ± desnudos en el tercio superior o con algunas hojas muy reducidas, lineares, bracteiformes. Involucro 12-16 × (6)7-10 mm, ovoide-cilíndrico, ligeramente atenuado en la base; brácteas involucrales medias con apéndice de un color pajizo, con fimbrias laterales concoloras.

Matorrales –tomillares– en substratos dolomíticos de textura arenosa; 800-1700 m. VI-VII(VIII). ● S de España: Sierra del Manar, Granada. **Esp.:** Gr.

15. C. rouyi Coincy in J. Bot. (Morot) 13: 165, tab. 4 (1899) [Roúyi]

C. boissieri subsp. *rouyi* (Coincy) O. Bolòs & Vigo in Collect. Bot. (Barcelona) 17: 92 (1988)
Ind. loc.: "Hab. Le Centaurea Rouyi vient dans les endroits escarpés et s'échappe volontiers des fentes des rochers abrupts. Je l'ai rapporté de la montagne du Mongo (province d'Alicante), 5 juin 1889 et 14 juin 1890. M. Rouy, de son côté, l'a récolté dans les environs de Denia, et non loin de là, entre Benitachel et le cap de la Naô"
Ic.: Coincy in J. Bot. (Morot) 13, tab. 4 (1899); lám. 96

Hierba perenne, con raíz axonomorfa, sufruticulosa o a veces sufruticosa, multicaule, inerme, –a veces las brácteas involucrales algo punzantes–, flocoso-lanuginosa, con pelos tectores unicelulares, araneosos, que se aglomeran y desprenden

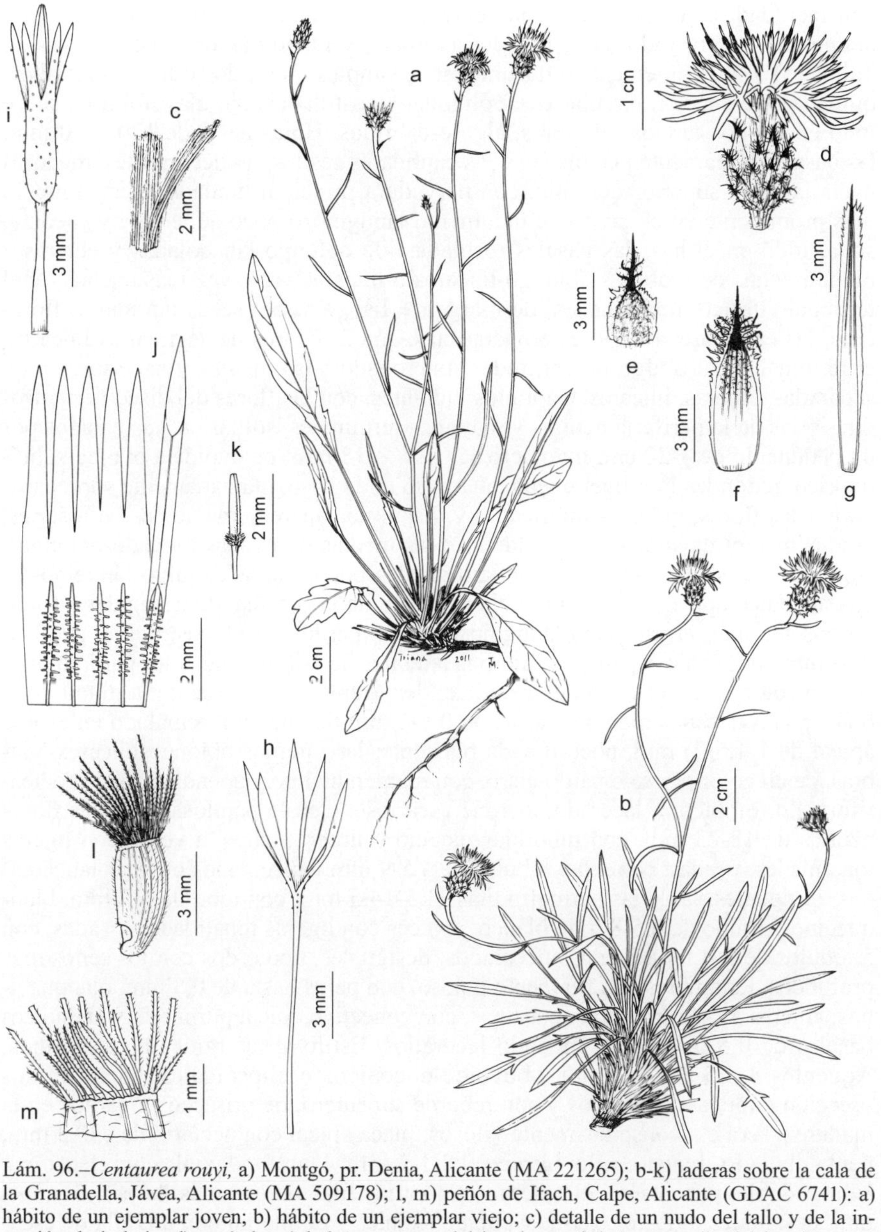

Lám. 96.–*Centaurea rouyi,* a) Montgó, pr. Denia, Alicante (MA 221265); b-k) laderas sobre la cala de la Granadella, Jávea, Alicante (MA 509178); l, m) peñón de Ifach, Calpe, Alicante (GDAC 6741): a) hábito de un ejemplar joven; b) hábito de un ejemplar viejo; c) detalle de un nudo del tallo y de la inserción de la hoja; d) capítulo; e) bráctea externa del involucro; f) bráctea media del involucro; g) bráctea interna del involucro; h) corola de una flor neutra; i) corola y verticilos sexuales de una flor hermafrodita; j) limbo abierto de la corola de una flor hermafrodita, con los filamentos estaminales y un estambre completo; k) detalle del estilo con sus ramas; l) aquenio con vilano; m) detalle del vilano interno y parte del externo.

con facilidad, algo escábrida, con aculéolos pluricelulares cortos y rígidos, más abundantes sobre todo en el haz de las hojas, y glándulas translúcidas sésiles. Tallos (5)10-40 cm, erectos o decumbentes, simples o con dos o tres ramas ahorquilladas, de sección circular o ± poligonal, acostillados, sin alas, foliosos sobre todo en los dos tercios inferiores, algo escábridos. Hojas hasta de 170 × 30 mm, las basales largamente pecioladas y las caulinares sésiles, no decurrentes, menores hacia la parte superior del tallo, con nervadura principal pinnada –nervio medio más prominente en el envés–, e indumento lanuginoso poco adherente y caedizo, sobre todo en el haz; las basales rosuladas, de oblongo-lanceoladas y enteras a pinnatisectas, con lóbulos oblongo-lineares o lineares –rara vez más anchos– y el terminal elíptico, mucronados, de margen ± liso, a veces secas durante la floración; las caulinares inferiores pinnatisectas, con 2-5 pares de segmentos lineares, el terminal igual o algo mayor, todos mucronados; las medias y superiores muy separadas, enteras, lineares. Capítulos radiantes, con las flores del disco hermafroditas y las de la periferia neutras y mayores, terminales, solitarios, sustentados por un pedúnculo de 1-20 cm. Involucro 12-17 × 8-13 mm, de ovoide a ovoide-subcilíndrico, redondeado o ligeramente atenuado en la base, marcadamente sobrepasado por las flores; brácteas imbricadas y dispuestas aparentemente en 7 u 8 series, gradualmente mayores de fuera adentro; las medias de ovadas a ovado-oblongas, adpresas, verdosas, con nervios longitudinales poco marcados, algo lanuginosas, con apéndice apical bien distinguible del resto de la bráctea, de triangular a triangular-semilunar, erecto, algo lanuginoso, de un pardo claro a casi negro, pectinado-fimbriado, con 4-8 pares de fimbrias laterales de 1-2 mm, de color pardo o pajizo, concoloras con el resto del apéndice, decurrente hasta cerca de la mitad de la bráctea en unas alas membranáceas de 0,5-1 mm de anchura, rematado en espina apical de 1-1,5(2) mm, poco o nada punzante; las internas oblongo-lineares, glabras, de un color pajizo o pardo claro, con margen hialino y apéndice apical cocleariforme o rómbico, ± lacerado, inerme, escarioso. Corola papilosa, la de las flores neutras de 18-23 mm, con tubo blanquecino y limbo blanco, a veces con ligeras tonalidades rosadas, con 4 o 5 lóbulos de 4,5-9 mm, lanceolados o linear-lanceolados, desiguales; la de las hermafroditas 11,5-14,5 mm, con tubo de 6-7 mm, blanquecino y limbo de 6,5-8 mm, blanco, a veces con ligeras tonalidades rosadas, con 5 lóbulos de 3-4 mm, linear-lanceolados, desiguales, uno o dos con los senos más profundos. Estambres con filamento peloso, con pelos hasta de 0,3 mm, blanquecinos; anteras 5,5-6,5 mm, blanquecinas, con conectivo apical purpúreo, y apéndices basales de 0,5-0,7 mm, a menudo lacerados. Estilo y sus ramas blanquecinos. Aquenios 3-4,5 × 1,6-2 mm, obovoide-obcónicos o elipsoidales, comprimidos –sección elíptica–, truncados y con reborde subentero, de grisáceos a pardos en la madurez, laxa e inconspicuamente vilosos; placa apical con nectario de c. 0,3 mm, pentalobulado, blanco; hilo cárpico 0,8-1,2 mm, lateral-adaxial; con eleosoma. Vilano doble, persistente, el externo con varias filas de escamas de (1)1,5-3,8(4) mm, desiguales, lineares, serradas, blanquecinas, y el interno con una fila de escamas cortas, ± conniventes, lisas, solo laceradas o serradas en el ápice. $2n = 18$.

Matorrales –tomillares–, lugares pedregosos y grietas de roquedo, en substratos calcáreos; 5-1500 m. IV-VI(VII). ● E de España: cuadrante NE de la provincia de Alicante y extremo SE de la de Valencia. **Esp.:** A V. **N.v.:** bracera, bracera de Penya (Valencia), margenera (Valencia).

Observaciones.–Especie muy variable y que puede contener desde individuos con tallos erectos y hojas basales con pecíolo muy desarrollado, anchas, casi verdes –pierden el indumento flocoso con facilidad–, hasta otros con tallos decumbentes y hojas basales pinnatisectas con lóbulos lineares, más densamente lanuginosas y con pecíolos muy poco desarrollados (probablemente una respuesta al ramoneo del ganado). En lugares favorecidos y con mayor humedad ambiental, particularmente en roquedos que reciben una influencia marina ± directa, los capítulos se engruesan considerablemente y, en consecuencia, los tallos cuelgan de las paredes rocosas. Por último, particularmente en la Sierra de la Segaria (cerca de Vergel, Alicante), muy próxima a la localidad clásica de la especie (Sierra del Montgó, Alicante) –aunque también en otras localidades–, aparecen ejemplares muy robustos de tallos muy lignificados en la base.

Para tratar de describir esta variabilidad, se han propuesto tres variedades, extendidas por todo el territorio de la especie, si bien son frecuentes los individuos intermedios de difícil adscripción. La var. *rouyi* [*C. prostrata* var. *decumbens* Rouy in Bull. Soc. Bot. France 31: 43 (1884); *C. boissieri* f. *tenuiloba* Freyn in Porta & Rigo, Iter Hispan. III 1891: 420 (1891), in sched., nom. nud.; *C. mongoi* Pau in Actas Soc. Esp. Hist. Nat. 21: 115 (1893), nom. nud.] reúne individuos con tallos poco lignificados en la base, capítulos con involucro de 8-10 mm de anchura en la antesis y brácteas involucrales con apéndice de 2-3,5 mm –espina terminal incluida–, triangular, de base menos ancha que la altura –excluidas las lacinias laterales– (Esp.: A V). En la var. *macrocephala* Blanca in Anales Jard. Bot. Madrid 38: 75 (1981) [*C. boissieri* var. *macrocephala* (Blanca) O. Bolòs & Vigo in Collect. Bot. (Barcelona) 17: 93 (1988); *C. lanuginea* Pau, in sched., nom. nud.; *C. hifacensis* Pau, in sched., nom. nud.] se incluyen plantas con tallos poco lignificados en la base, capítulos con involucro de 11-13 mm de anchura en la antesis y brácteas involucrales con apéndice de 3-4 mm –incluida la espina terminal–, triangulares, de base menor que la altura –excluidas las lacinias laterales– (Esp.: A). Por último, en la var. *suffrutescens* Blanca in Anales Jard. Bot. Madrid 38: 76 (1981) [*C. pomeliana* sensu Willk., Suppl. Prodr. Fl. Hispan.: 93 (1893), non Batt. in Bull. Soc. Bot. France 35: 389 (1888); *C. boissieri* var. *suffrutescens* (Blanca) O. Bolòs & Vigo in Collect. Bot. (Barcelona) 17: 93 (1988); *C. segariensis* Figuerola, Peris & Stübing in Feddes Repert. 102: 4 (1991); *C. boissieri* var. *segariensis* (Figuerola, Peris & Stübing) O. Bolòs & Vigo, Fl. Països Catalans 3: 934 (1996); *C. rouyi* var. *segariensis* (Figuerola, Peris & Stübing) Rivas Mart. & M.J. Costa in Itinera Geobot. 15: 699 (2002); *C. rouyi* subsp. *suffrutescens* (Blanca) Mateo & M.B. Crespo in Flora Montiber. 41: 31 (2009)], se incluyen plantas claramente sufruticosas, con tallos muy lignificados en la base, capítulos con involucro de 8-10 mm de anchura en la antesis y brácteas involucrales con apéndice de 2-2,5 mm –espina terminal incluida–, a menudo triangular-semilunar, de base más ancha que la altura –excluidas las lacinias laterales– (Esp.: A V).

Los individuos del S de la provincia de Valencia son algo diferentes del resto, probablemente debido a la introgresión de *C. resupinata* subsp. *dufourii*.

16. C. avilae Pau in Butll. Inst. Catalana Hist. Nat. 8: 49 (1908) [Ávilae]

Ind. loc.: "En las rocas junto á la Laguna" [Laguna de Gredos, Ávila; lectótipo designado por G. Blanca in Lagascalia 10: 178 (1981): MA]
Ic.: Lám. 97

Hierba perenne, con raíz axonomorfa, sufruticulosa, multicaule, inerme –brácteas involucrales con espinita apical nada punzante–, de un verde grisáceo, blanquecina en el tercio inferior de los tallos, algo escábrida, con acúleolos pluricelulares cortos y rígidos, laxamente pelosa, con pelos tectores unicelulares, araneosos, y glándulas translúcidas sésiles, éstas últimas abundantes sobre todo en el haz de las hojas. Tallos (15)20-50 cm, erectos, ramificados en los dos tercios superiores, de sección circular o ± poligonal, acostillados, sin alas, foliosos sobre todo en los dos tercios inferiores, escábridos, con indumento araneoso más abundante en el tercio inferior. Hojas hasta de 120 × 30 mm, las basales largamente pecioladas y las caulinares sésiles, no decurrentes, menores hacia la parte superior del tallo, con nervadura principal pinnada y nervio medio prominente en el envés, con aculéolos cortos y rígidos en el envés –más abundantes hacia el margen– e indumento araneoso ± denso; las basales rosuladas, de enteras a pinnatisectas, con lóbulos lanceolados u oblongo-lanceolados, el terminal mayor, mucronados y de margen liso o ligeramente serrado, a menudo secas durante la floración; las caulinares más inferiores pinnatífidas o pinnatipartidas, con 1-3 pares de segmentos oblongos o elípticos, el terminal mayor, todos mucronados; las superiores enteras, lineares o linear-oblanceoladas, a veces la última involucral. Capítulos radiantes, con las flores del disco hermafroditas y las de la periferia neutras y mayores, terminales, solitarios, sésiles o sustentados por un pedúnculo hasta de 7 cm. Involucro (9)10-13 × 7-10(12) mm, ovoide u ovoide-subcilíndrico, redondeado o ligeramente atenuado en la base, marcadamente sobrepasado por las flores; brácteas imbricadas y dispuestas aparentemente en 7 u 8 series, gradualmente mayores de fuera adentro; las medias de ovadas a ovado-oblongas, adpresas, verdosas y finalmente de un color pajizo, con nervios longitudinales marcados, glabras, con apéndice apical anchamente triangular o semilunar, erecto, glabro, de un pardo obscuro, pectinado-fimbriado, con (4)5-6(7) pares de fimbrias laterales de 1,5-2,3 mm, al menos las superiores concoloras y el resto iguales o de un color algo más pálido o a veces hialinas, decurrente hasta más de la mitad de la bráctea en unas alas membranáceas de 1,5-2 mm de anchura, rematado en espina apical de 0,7-1,1 mm, nada punzante, a veces con dos fimbrias laterales en la base; las internas 10-12 mm, oblongo-lineares, glabras, de un pardo claro, con margen hialino y apéndice apical cocleariforme o rómbico, ± lacerado, inerme, escarioso. Corola papilosa, la de las flores neutras de 15-20 mm, con tubo blanquecino y limbo rosado-purpúreo, con 4 o 5 lóbulos de 5-10 mm, lanceolados o linear-lanceolados, desiguales; la de las hermafroditas 12,5-15 mm, con tubo de 6-7 mm, blanquecino y limbo de 6,5-8 mm, rosado, con 5 lóbulos de 3,2-3,5 mm, linear-lanceolados, desiguales, uno o dos con los senos más profundos. Estambres con filamento peloso, con pelos hasta de 0,1 mm, blanquecinos; anteras 7-7,5 mm, blanquecinas, con conectivo apical purpúreo, y apéndices basales de 0,6-0,8 mm, a menudo lacerados. Estilo blanquecino o rosado, con ramas rosadas. Aquenios 3-3,5 × 1,2-1,4 mm, obovoide-obcónicos o elipsoides, comprimidos –sección elíptica–, truncados y con reborde subentero, de grisáceos a pardos en la madurez, laxa e inconspicuamente vilosos; placa apical con nectario de c. 0,3 mm, pentalobulado, blanco; hilo cárpico 0,4-0,5 mm, lateral-adaxial; con eleosoma. Vilano doble, persistente, el externo con varias filas de escamas de 2,5-3 mm, desiguales, lineares, serradas, blanquecinas, y el interno con una fila de escamas cortas, ± conniventes, lisas, solo laceradas o serradas en el ápice. $2n = 18$.

Fisuras y pequeños rellanos algo nitrificados en rocas graníticas; 1700-2200 m. VII-IX. ● C de España: sierras de Gredos y Béjar. **Esp.:** Av. **N.v.:** escobilla de Ávila.

Observaciones.–Los ejemplares que proceden de la zona más occidental de la sierra de Gredos (Solana de Ávila) tienen los apéndices de las brácteas involucrales más obscuros, casi negros, con las fimbrias laterales ± concoloras y más numerosas, pues las inferiores substituyen en gran medida el ala membranácea. Por el contrario, los ejemplares de la zona central de la Sierra de Gredos y El Barco tienen apéndices más claros, con las fimbrias laterales por lo general más pálidas, menos numerosas –porque están en buena parte soldadas– y que forman un ala membranácea muy desarrollada a cada

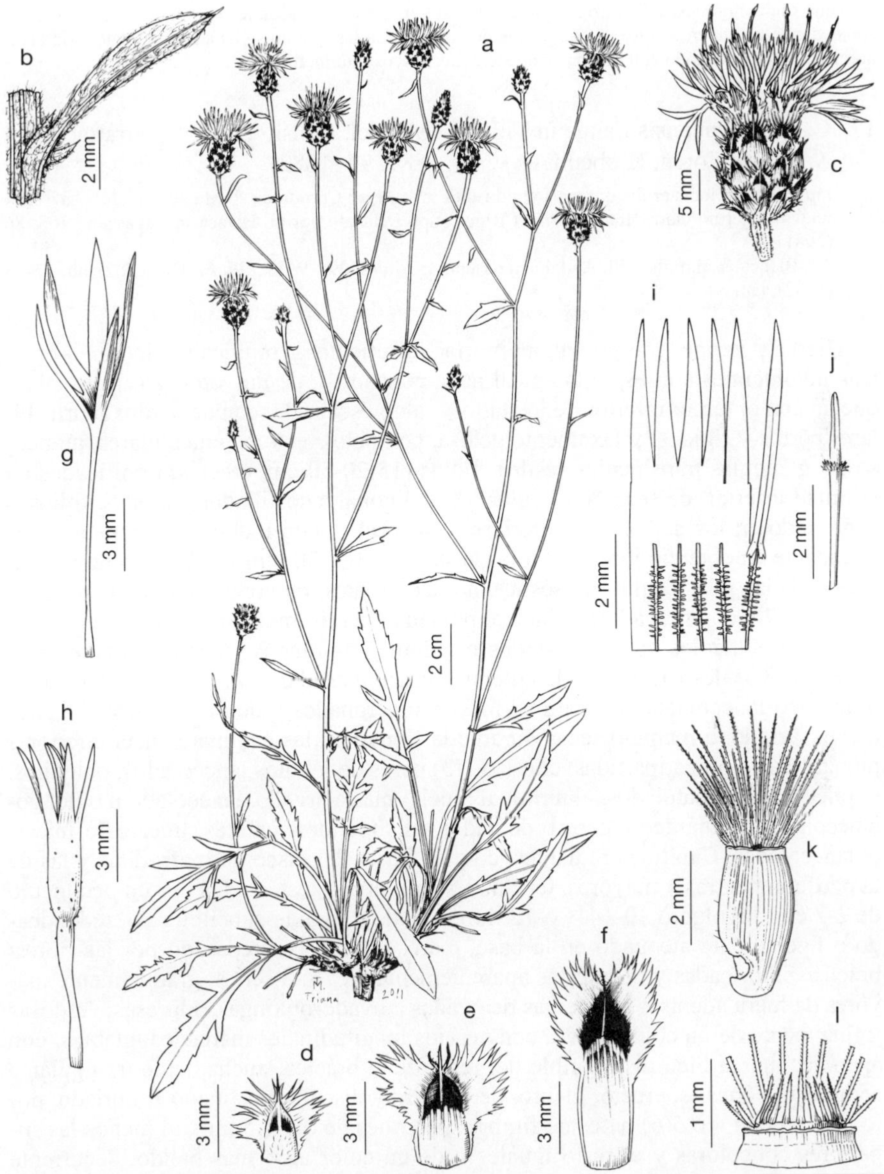

Lám. 97.–*Centaurea avilae,* a-f, k, l) prado de Pozas, sierra de Gredos, Ávila (GDAC 6088); g-j) circo de la laguna del Barco, sierra del Barco, Ávila (MA 589654): a) hábito; b) detalle de un nudo del tallo y de la inserción de la hoja; c) capítulo; d) bráctea externa del involucro; e) bráctea media del involucro; f) bráctea interna del involucro; g) corola de una flor neutra; h) corola y verticilos sexuales de una flor hermafrodita; i) limbo abierto de la corola de una flor hermafrodita, con los filamentos estaminales y un estambre completo; j) detalle del estilo con sus ramas; k) aquenio con vilano; l) detalle del vilano interno y parte del externo.

lado que sugiere procesos de introgresión con *C. alba* (especie, esta última, con la que se hibrida en las zonas donde conviven). Entre ambas pautas de variación, a las que no se ha atribuido categoría taxonómica, se han detectado con mucha frecuencia morfotipos intermedios.

17. C. carratracensis Lange in Vidensk. Meddel. Dansk Naturhist. Foren. Kjøbenhavn ser. 4, 1881: 94 (1882) [carratracénsis]

Ind. loc.: "In locis aridis dumosis et ad rupes in valle ad Carratraca fl. Malacit. 11 Jul. 1879 florentem legerunt clarr. Huter, Porta et Rigo" [tipo indicado por G. Blanca in Lagascalia 10: 186 (1981): C]
Ic.: Blanca & al. (eds.), Fl. Andalucía Orient. 4: 256 (2009); Willk., Ill. Fl. Hispan. 2, tab. 174 B (1892); lám. 98

Hierba perenne, con raíz axonomorfa, sufruticulosa, multicaule, inerme –brácteas involucrales con espinita apical nada punzante–, de un verde grisáceo –blanquecina en el tercio inferior de los tallos–, algo escábrida, con aculéolos pluricelulares cortos y rígidos, y laxamente pelosa, con pelos tectores unicelulares, araneosos, y glándulas translúcidas sésiles. Tallos (15)20-50 cm, erectos, ramificados en la mitad inferior, de sección circular o ± poligonal, acostillados, sin alas, foliosos sobre todo en los dos tercios inferiores, escábridos, con indumento araneoso más abundante en el tercio inferior. Hojas hasta de 100 × 30 mm, las basales largamente pecioladas y las caulinares sésiles, no decurrentes, menores hacia la parte superior del tallo, con nervadura principal pinnada –nervio medio prominente en el envés–, con aculéolos cortos y rígidos e indumento araneoso más abundante en el envés; las basales rosuladas, de enteras a pinnatipartidas, con lóbulos lanceolados u oblongo-lanceolados, el terminal mayor, mucronados y de margen liso o ligeramente serrado, a menudo secas durante la floración; las caulinares más inferiores pinnatífidas o pinnatipartidas, con 1 o 2(3) pares de lóbulos lanceolados, oblongos, elípticos o subespatulados, el terminal mucho más alargado, lanceolado u oblongolanceolado, de margen entero o dentado; las superiores enteras, lineares o linearoblanceoladas. Capítulos radiantes, con las flores del disco hermafroditas y las de la periferia neutras y mayores, terminales, solitarios, sustentados por un pedúnculo de 2-7 cm. Involucro 10-14 × 6-12 mm, ovoide u ovoide-subcilíndrico, redondeado o ligeramente atenuado en la base, marcadamente sobrepasado por las flores; brácteas imbricadas y dispuestas aparentemente en 7 u 8 series, gradualmente mayores de fuera adentro; las medias de ovadas a ovado-oblongas, adpresas, verdosas y finalmente de un color pajizo, con nervios longitudinales marcados, glabras, con apéndice apical bien distinguible del resto de la bráctea, anchamente triangular o semilunar, cóncavo, erecto, glabro, de un pardo obscuro, pectinado-fimbriado, por lo general con 4 o 5(6) pares de fimbrias laterales de 0,5-1,5 mm, al menos las superiores concoloras y el resto iguales o de un color algo más pálido, decurrente hasta cerca de la mitad de la bráctea en unas alas membranáceas de 1-2(2,5) mm de anchura, y rematado en espina apical de 0,5-1(1,5) mm, nada punzante, a veces con dos fimbrias laterales en la base; las internas oblongo-lineares, glabras, de un pardo claro, con margen hialino y apéndice apical cocleariforme o rómbico, ± lacerado, inerme, escarioso. Corola papilosa, la de las flores neutras de 15-17 mm, con tubo blanquecino y limbo rosado, con 4 o 5 lóbulos de 2-5 mm, lanceolados o

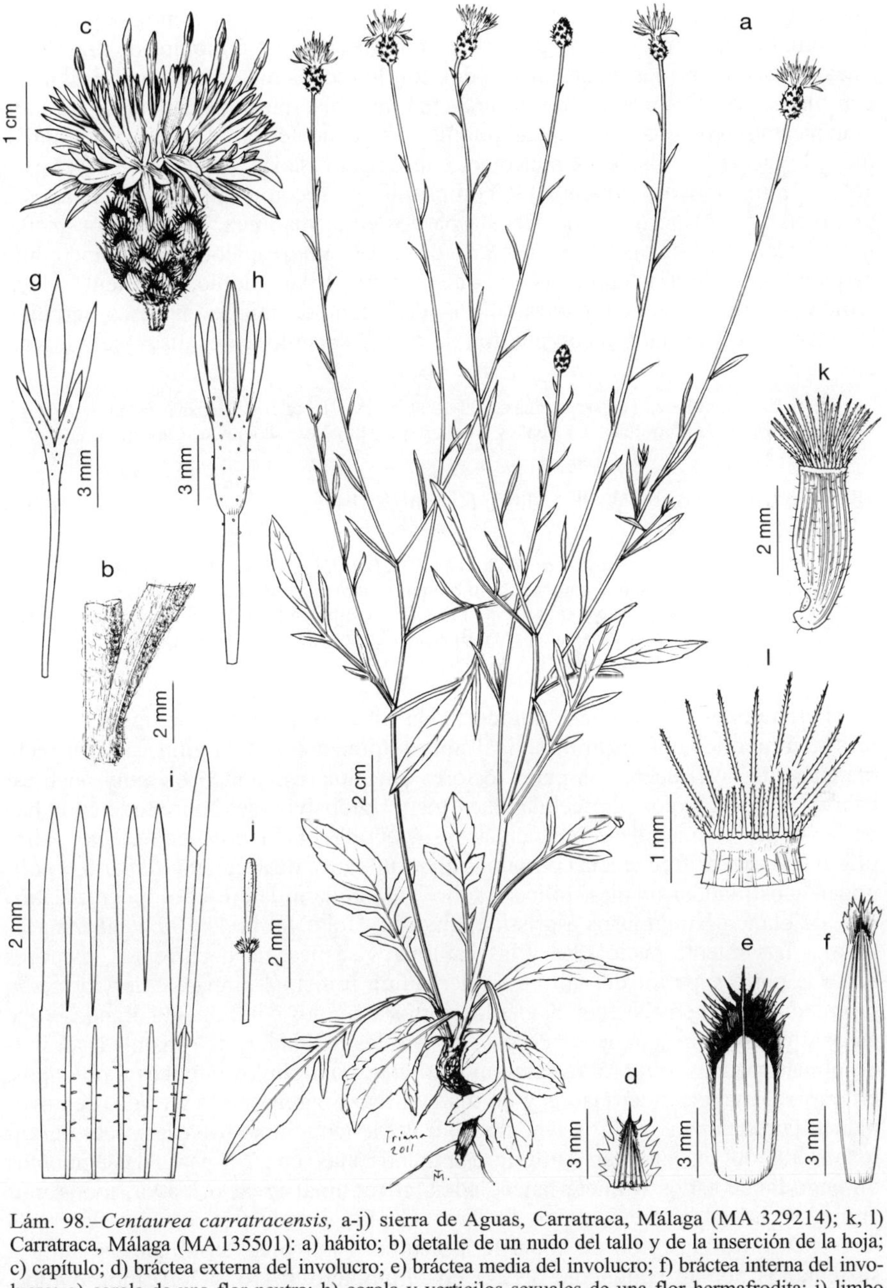

Lám. 98.–*Centaurea carratracensis,* a-j) sierra de Aguas, Carratraca, Málaga (MA 329214); k, l) Carratraca, Málaga (MA 135501): a) hábito; b) detalle de un nudo del tallo y de la inserción de la hoja; c) capítulo; d) bráctea externa del involucro; e) bráctea media del involucro; f) bráctea interna del involucro; g) corola de una flor neutra; h) corola y verticilos sexuales de una flor hermafrodita; i) limbo abierto de la corola de una flor hermafrodita, con los filamentos estaminales y un estambre completo; j) detalle del estilo con sus ramas; k) aquenio con vilano; l) detalle del vilano interno y parte del externo.

linear-lanceolados, desiguales; la de las hermafroditas 10,5-13,5 mm, con tubo de 5-6 mm, blanquecino y limbo de 5,5-7,5 mm, rosado, con 5 lóbulos de 2-2,5 mm, linear-lanceolados, desiguales, uno o dos con los senos más profundos. Estambres con filamento peloso, con pelos hasta de 0,3 mm, blanquecinos; anteras 5-5,5 mm, blanquecinas, con conectivo apical purpúreo, y apéndices basales de 0,5-0,8 mm, a menudo lacerados. Estilo blanquecino, con ramas rosadas. Aquenios 3,5-4(4,5) × 1,4-1,6 mm, obovoide-obcónicos, comprimidos –sección elíptica–, truncados y con reborde subentero, de grisáceos a pardos en la madurez, laxa e inconspicuamente vilosos; placa apical con nectario de c. 0,3 mm, pentalobulado, blanco; hilo cárpico 0,4-0,7 mm, lateral-adaxial; con eleosoma. Vilano doble, persistente, el externo con varias filas de escamas de 0,7-1(1,7) mm, desiguales, lineares, serradas, blanquecinas, y el interno con una fila de cortas, ± conniventes, lisas, solo laceradas o serradas en el ápice. $2n = 18$, $18 + 1B$; $n = 9$.

Matorrales –tomillares– en serpentinas; 300-1000 m. IV-VII. ● S de España: sierra de Aguas y sierras de Alcaparaín, Carratraca, La Robla y Álora. **Esp.:** Ma. **N.v.:** escobilla de Carratraca.

18. C. paui Loscos ex Willk., Ill. Fl. Hispan. 2: 141, tab. 174 A (1892) [Páui]

C. boissieri subsp. *paui* (Loscos ex Willk.) Dostál in Bot. J. Linn. Soc. 71: 202 (1976)
Ind. loc.: "Hab. in regno Valentino, ubi in rupium fissuris regionis montanae crescit, sed hucusque non nisi in monte calcareo Sierra de Espadán dicto prope Segorbe sito observata est (Pau! Reverchon!)" [lectótipo designado por G. Blanca in Lagascalia 10: 187 (1981): MA]
Ic.: Willk., Ill. Fl. Hispan. 2, tab. 174 A (1892)

Hierba perenne, con raíz axonomorfa, sufruticulosa, multicaule, inerme –brácteas involucrales con espinita apical apenas punzante–, lanuginosa, de aspecto blanquecino o grisáceo, con pelos tectores unicelulares, araneosos, muy poco escábrida, con aculéolos pluricelulares cortos y rígidos visibles sobre todo en el haz de las hojas, y glándulas translúcidas sésiles. Tallos (15)20-60 cm, erectos, simples o con mayor frecuencia con ramas ahorquilladas, de sección circular o ± poligonal, acostillados, sin alas, foliosos sobre todo en la mitad inferior, poco escábridos, de blanco-lanuginosos a gris-lanuginosos. Hojas hasta de 100 × 30 mm, las basales largamente pecioladas y las caulinares sésiles, no decurrentes, menores hacia la parte superior del tallo, con nervadura principal pinnada –nervio medio prominente en el envés–, con aculéolos cortos y rígidos e indumento araneoso que en ocasiones cubre toda la superficie; las basales rosuladas, de espatuladas a lirado-pinnatipartidas, muy rara vez bipinnatisectas, con lóbulos elípticos u oblongos, el terminal mayor, mucronados y de margen liso o ligeramente serrado, de envés blanco-lanuginoso y haz gris-lanuginoso o verde-lanuginoso, a veces secas durante la floración; las caulinares inferiores pinnatisectas, con 2-4 pares de segmentos oblongo-lanceolados o linear-lanceolados, el terminal igual o mayor, todos mucronados; las superiores enteras, lineares. Capítulos radiantes, con las flores del disco hermafroditas y las de la periferia neutras y mayores, terminales, solitarios, sustentados por un pedúnculo de 2-7 cm. Involucro 10-16 × 7-10 mm, ovoide, más raramente ovoide-subcilíndrico, por lo general redondeado en la base, marcadamente sobrepasado por las flores; brácteas imbricadas y dispuestas aparentemente en 7 u 8 series, gradualmente mayores de fuera adentro; las medias de ovadas a ovado-oblongas, adpresas, verdosas y finalmente de un color pajizo, con nervios longitudinales marcados, glabras o glabrescentes, con apéndice apical anchamente triangular, erecto, glabro, negruzco, pectinado-fimbriado, con 5-7 pares de fimbrias laterales de 1-2 mm, al menos las superiores concoloras y el resto iguales o de un color algo más pálido, decurrente hasta cerca de la mitad de la bráctea en unas alas membranáceas de 1-1,4 mm de anchura, rematado en espina apical de 1,2-3(3,5) mm, poco punzante, a veces con dos fimbrias laterales en la base; las internas oblongo-lineares, glabras, de un pardo claro, con margen hialino y apéndice apical cocleariforme o rómbico, ± lacerado, inerme, escarioso. Corola papilosa, la de las flores neutras de 16-17 mm, con tubo blanquecino y limbo de un color púrpura muy vivo, con 4 o 5 lóbulos de 4-6,5 mm, lanceolados o linear-lanceolados, desiguales; la de las hermafroditas 12,5-15,5 mm, con tubo de 6-7 mm, blanquecino y limbo de 6,5-8 mm, de un color púrpura muy vivo, con 5 lóbulos de 3,5-4,5 mm, linear-lanceolados, desiguales, uno o dos con los senos más profundos. Estambres con filamento papiloso, con papilas hasta de 0,1 mm, blanquecinas; anteras 5,3-5,8 mm, blanquecinas, con conectivo apical purpúreo, que amarillean en seco, y apéndices basales de 0,4-0,5 mm, a menudo lacerados. Estilo y sus ramas rosadas. Aquenios 3,5-4,5 × 1,4-1,6 mm, obovoide-obcónicos, comprimidos –sección elíptica–, truncados y con reborde subentero, de grisáceos a pardos en la madurez, laxa e inconspicuamente vilosos; placa apical con nectario de c. 0,3 mm, pentalobulado, blanco; hilo cárpico 0,7-1 mm, lateral-adaxial; con eleosoma. Vilano doble, persistente, el externo con varias filas de escamas de 0,8-1,7(2) mm, desiguales, lineares, serradas, blanquecinas, y el interno con una fila de escamas cortas, ± conniventes, lisas, solo laceradas o serradas en el ápice. $2n = 18$.

Grietas de roquedo y matorrales –tomillares– en lugares pedregosos, en rodenos y, muy rara vez, en calizas; 200-1400 m. (IV)V-VII. ● E de España: Castellón, sierras de Espadán y Pina. **Esp.:** Cs.

Observaciones.–En las montañas cercanas a la cartuja de Porta-Coeli (Sierra Calderona, N de Valencia) y en Onda (Castellón), hay algunos individuos con caracteres intermedios con *C. beltrani*, probablemente hibridógenos. Del mismo modo, en la sierra de Pina se encuentran individuos con caracteres intermedios con *C. boissieri* subsp. *pinae*, de porte postrado y con menos indumento, a los que se ha denominado *C.* × *sanctae-barbarae* (véase el apartado de híbridos).

19. C. beltrani (Pau) Blanca in Lagascalia 10: 187 (1981), pro hybrid. [Beltráni]

C. tenuifolia subsp. *beltrani* Pau in Bol. Soc. Aragonesa Ci. Nat. 13: 43 (1914) [basión.]
C. boissieri subsp. *beltrani* (Pau) O. Bolòs & Vigo in Collect. Bot. (Barcelona) 17: 92 (1988)
C. saguntina Mateo & M.B. Crespo in Bol. Soc. Brot. 61: 262 (1988)
C. resupinata subsp. *saguntina* (Mateo & M.B. Crespo) Greuter in Willdenowia 35: 229 (2005)
C. aguilellae Mateo & M.B. Crespo in Flora Montiber. 40: 54, fig. 2 (2008)
Ind. loc.: "Nules, V. 1910. Leg. Beltrán"
Ic.: Lám. 99

Hierba perenne, con raíz axonomorfa, sufruticulosa, unicaule o multicaule, inerme –excepto las brácteas involucrales–, lanuginosa, de aspecto grisáceo o blanquecino, con pelos tectores unicelulares araneosos, muy escábrida –sobre todo en la base–, con aculéolos pluricelulares cortos y rígidos, y glándulas translúcidas sésiles. Tallos 10-40 cm, erectos, con ramas ahorquilladas, de sección circular o ± poligonal, acostillados, sin alas, foliosos sobre todo en la mitad inferior, escábridos, lanuginosos, de blancos a grises. Hojas hasta de 100 × 30 mm, las basales largamente pecioladas y las caulinares sésiles, no decurrentes, menores hacia la parte superior del tallo, con nervadura principal pinnada –nervio medio prominente en el envés–, con aculéolos cortos y rígidos e indumento araneoso algo más abundante en el envés; las basales rosuladas, pinnatisectas, con segmentos lineares, el terminal a menudo mayor y a veces linear-lanceolado, todos mucronados y de margen liso, a veces secas durante la floración; las caulinares inferiores pinnatisectas, con 2-5 pares de segmentos lineares, raramente estrechamente oblongos, el terminal similar o algo mayor, todos mucronados, de margen ± revoluto; las superiores enteras, lineares. Capítulos radiantes, con las flores del disco hermafroditas y las de la periferia neutras y mayores, terminales, solitarios, sustentados por un pedúnculo de 2-7 cm. Involucro 9-12 × 5-7(8) mm, ovoide-subcilíndrico, ± atenuado en la base, marcadamente sobrepasado por las flores; brácteas imbricadas y dispuestas aparentemente en 7 u 8 series, gradualmente mayores de fuera adentro; las medias de ovadas a ovado-oblongas, adpresas, verdosas y finalmente de un color pajizo, con nervios longitudinales marcados, glabras o glabrescentes, con apéndice apical estrechamente triangular, erecto, glabro, de un pardo claro –a veces más obscuro o casi negro–, pectinado-fimbriado, con 4 o 5(6) pares de fimbrias laterales de 1,5-2 mm, al menos las superiores concoloras con la parte central del apéndice y el resto de un pardo ± obscuro o algo más pálidas, decurrente hasta cerca de la mitad de la bráctea en unas alas membranáceas de menos de 1 mm de anchura, rematado en espina apical de 1,5-4(5) mm, patente, ± punzante y, por lo general, recurvada, a veces con dos fimbrias laterales en la base; las internas oblongo-lineares, glabras, de un pardo claro, con margen hialino y apéndice apical cocleariforme o rómbico, ± lacerado, inerme, escarioso. Corola papilosa, la de las flores neutras de 14-15 mm, con tubo blanquecino y limbo rosado-purpúreo, con 4 o 5 lóbulos de 3-4,5(5) mm, lanceolados o linear-lanceolados, desiguales; la de las hermafroditas 9,5-12 mm, con tubo de 5-6 mm, blanquecino y limbo de 5-6 mm, rosado-purpúreo, con 5 lóbulos de 2-2,5 mm, linear-lanceolados, iguales o uno o dos con los senos más profundos. Estambres con filamento peloso, con pelos hasta de 0,2 mm, blanquecinos; anteras 4,5-5,5 mm, blanquecinas o amarillentas, con conectivo apical purpúreo, y apéndices basales de 0,6-0,8 mm, a menudo lacerados. Estilo blanquecino, con ramas rosadas. Aquenios 3,2-4 × 1,5-1,8 mm, obovoide-obcónicos o elipsoides, comprimidos –sección elíptica–, truncados y con reborde subentero, de grisáceos a pardos en la madurez, laxa e inconspicuamente vilosos; placa apical con nectario de c. 0,3 mm, pentalobulado, blanco; hilo cárpico 0,6-1 mm, lateral-adaxial; con eleosoma. Vilano doble, persistente, el externo con varias filas de escamas de (1)1,3-2(2,5) mm, desiguales, lineares, serradas, blanquecinas, y el interno con una fila de escamas cortas, ± conniventes, lisas, solo laceradas o serradas en el ápice. $2n = 18$.

Matorrales –tomillares– en lugares pedregosos, en substrato silíceo o calcáreo; 0-1000 m. III-VII. ● E de España: desde los alrededores de Valencia hasta el SE de la provincia de Tarragona. **Esp.:** Cs T V. **N.v.:** bracera, margenera (Valencia).

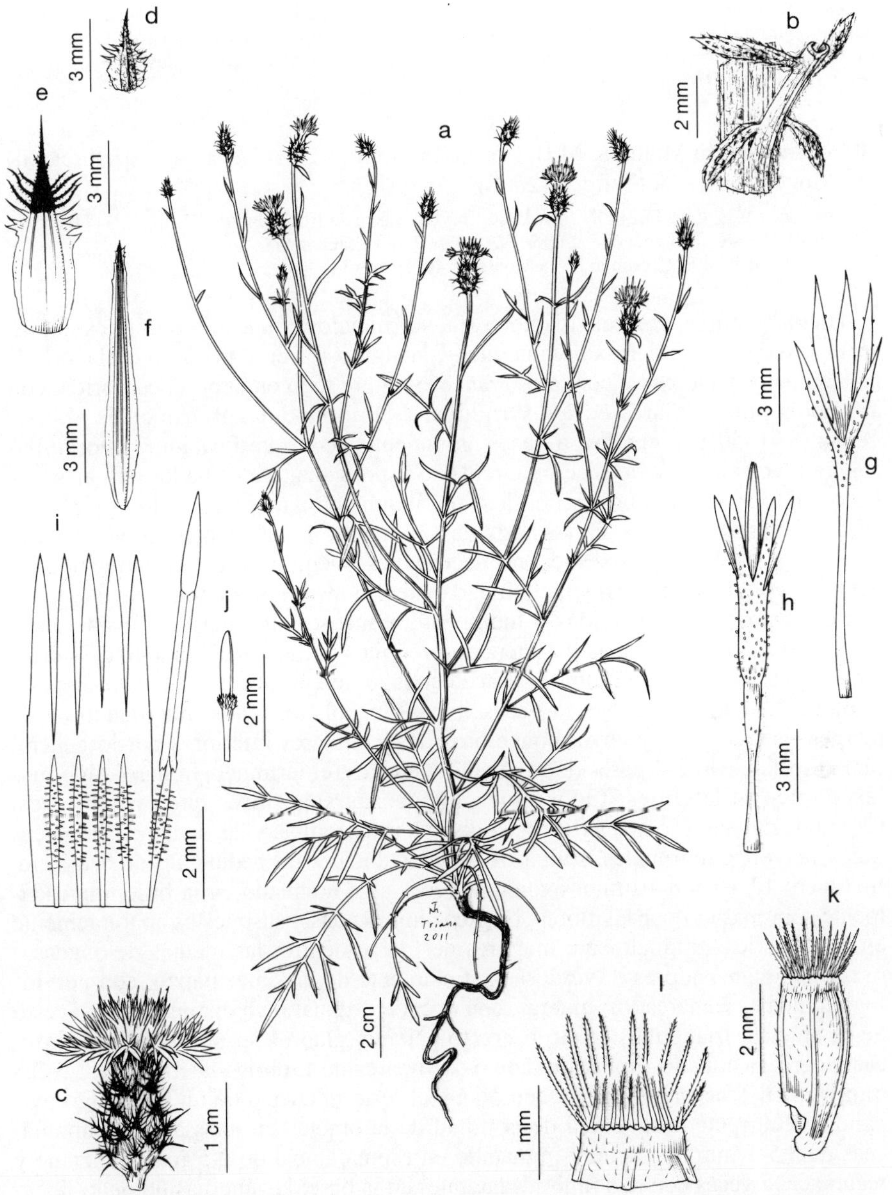

Lám. 99.–*Centaurea beltrani,* a-j) Eslida, Castellón (GDAC 6583); k, l) El Puntal, Nules, Castellón (GDAC 6582): a) hábito; b) detalle de un nudo del tallo y de la inserción de la hoja; c) capítulo; d) bráctea externa del involucro; e) bráctea media del involucro; f) bráctea interna del involucro; g) corola de una flor neutra; h) corola y verticilos sexuales de una flor hermafrodita; i) limbo abierto de la corola de una flor hermafrodita, con los filamentos estaminales y un estambre completo; j) detalle del estilo con sus ramas; k) aquenio con vilano; l) detalle del vilano interno y parte del externo.

Observaciones.–Léanse las observaciones hechas sobre la especie anterior para lo relativo a las relaciones entre ambos táxones. Además, en la Sierra Perenchiza y sus alrededores (E de la ciudad de Valencia) se encuentran individuos con caracteres intermedios con *C. resupinata* subsp. *dufourii,* que se han denominado *C. aguilellae.*

20. C. fabregatii Mateo & M.B. Crespo in Flora Montiber. 40: 55, 59 fig. 3 (2008) [Fabregátii]

Ind. loc.: "Hs, CASTELLÓN: Alcalá de Chivert, Sierra de Irta, Camí de l'Estopet, 31TBE6564, 30-III-1996, C. Fabregat & S. López (VAL 97607, ut C. saguntina)"
Ic.: Mateo & M.B. Crespo in Flora Montiber. 40: 59 fig. 3 (2008)

Hierba perenne, con raíz axonomorfa, sufruticulosa, unicaule o multicaule, inerme –excepto las brácteas involucrales–, lanuginosa, verde-grisácea o blanquecina, con pelos tectores unicelulares araneosos sobre todo en la base, escábrida, con aculéolos pluricelulares cortos y rígidos, y con glándulas translúcidas sésiles. Tallos (8)10-50 cm, erectos, a veces ascendentes, con ramificaciones ahorquilladas, rara vez simples, de sección circular o ± poligonal, acostillados, sin alas, foliosos en toda su longitud, escábridos, con indumento lanuginoso adpreso, no flocoso, de blancos a grises. Hojas hasta de 130 × 35 mm, las basales largamente pecioladas y las caulinares sésiles, no decurrentes, menores hacia la parte superior del tallo, con nervadura principal pinnada –nervio medio prominente en el envés–, con aculéolos cortos y rígidos e indumento araneoso, algo más abundante en el envés; las basales rosuladas y a menudo presentes durante la floración, de subenteras a pinnatisectas, con lóbulos lanceolados, oblongo-lanceolados o lineares, el terminal a menudo mayor y a veces linear-lanceolado, todos mucronados y de margen liso, con haz y envés concoloros; las caulinares inferiores por lo general pinnatisectas, con 2-4 pares de segmentos lineares, el terminal similar o algo más largo que los laterales, todos mucronados; las superiores enteras, lineares. Capítulos radiantes, con las flores del disco hermafroditas y las de la periferia neutras y mayores, terminales, solitarios, sustentados por un pedúnculo de 0,1-1 cm. Involucro 13-16 × 8-10 mm, ovoide, a veces algo atenuado en la base, marcadamente sobrepasado por las flores; brácteas imbricadas y dispuestas aparentemente en 7 u 8 series, gradualmente mayores de fuera adentro; las medias de ovadas a ovado-oblongas, adpresas, verdosas y finalmente de un color pajizo, con nervios longitudinales ± marcados, glabras, con apéndice apical bien distinguible del resto de la bráctea, triangular, erecto o erecto-patente, glabro, de un pardo obscuro o casi negro, pectinado-fimbriado, con 5-7(8) pares de fimbrias laterales de 1,5-2,5 mm, al menos las superiores concoloras y el resto iguales o de un color algo más pálido, decurrente hasta cerca de la mitad de la bráctea en unas alas membranáceas de 0,5-1 mm de anchura, rematado en espina apical de 2-5 mm, punzante y recurvada, a veces con dos fimbrias laterales en la base; las internas oblongo-lineares, glabras, de un pardo claro, con margen hialino y apéndice apical cocleariforme o rómbico, ± lacerado, inerme, escarioso. Corola papilosa, la de las flores neutras de 18-24 mm, con tubo blanquecino y limbo rosado, con 4 o 5 lóbulos de 5,5-9,5 mm, lanceolados o linear-lanceolados, desiguales; la de las hermafroditas 12,5-18,5 mm, con tubo de 6,5-8 mm, blanquecino y limbo de 8-10,5 mm, rosado, con 5 lóbulos de 3-4,5 mm, linear-lanceolados, iguales o uno o dos con los senos más profundos. Estambres con filamento peloso, con pelos hasta de 0,2 mm, blanquecinos; anteras 6-7 mm, blanquecinas o amarillentas, con conectivo apical purpúreo, y apéndices basales de 0,6-0,8 mm, a menudo lacerados. Estilo blanquecino, con ramas rosadas. Aquenios 4,2-5 × 1,7-1,9 mm, obovoide-obcónicos, comprimidos –sección elíptica–, truncados y con reborde subentero, de grisáceos a pardos en la madurez, laxa e inconspicuamente vilosos; placa apical con nectario de c. 0,3 mm, pentalobulado, blanco; hilo cárpico 1-1,3 mm, lateral-adaxial; con eleosoma. Vilano doble, persistente, el externo con varias filas de escamas de 1,2-2 mm, desiguales, lineares, serradas, blanquecinas, y el interno con una fila de escamas cortas, ± conniventes, lisas, solo laceradas o serradas en el ápice.

Matorrales –tomillares– en lugares pedregosos, preferentemente en substrato calcáreo; 0-1100 m. III-VI(VII). ● E de España: N de la provincia de Castellón y S de la de Tarragona. **Esp.:** Cs T. **N.v.:** bracera, bracera roja, margenera (Valencia).

21. C. pinnata Pau ex Vicioso in Bol. Soc. Aragonesa Ci. Nat. 5: 233 (1906) [pinnáta]

Ind. loc.: "Calatayud. Sierra de Vicort" [lectótipo designado por G. Blanca in Lagascalia 10: 194 (1981): MA]
Ic.: Lám. 100

Hierba perenne, con raíz axonomorfa, sufruticulosa, multicaule, inerme –excepto las brácteas involucrales–, de un verde grisáceo o blanquecina sobre todo en el tercio inferior de los tallos, ± pelosa, con pelos tectores unicelulares, araneosos, muy escábrida, con aculéolos pluricelulares cortos y rígidos, y glándulas translúcidas sésiles. Tallos (8)10-40 cm, erectos, más rara vez ascendentes, ramificados en la mitad superior, de sección circular o ± poligonal, acostillados, sin alas, foliosos en toda su longitud, escábridos, con indumento araneoso ± abundante. Hojas hasta de 120 × 45 mm, las basales largamente pecioladas y las caulinares sésiles, no decurrentes, menores hacia la parte superior del tallo, con nervadura principal pinnada –nervio medio prominente en el envés–, con aculéolos cortos y rígidos e indumento araneoso ± abundante; las basales rosuladas, 1(2) pinnatisectas, con segmentos lineares o raramente linear-lanceolados, mucronados y de margen liso o ligeramente serrado, a veces secas durante la floración; las caulinares inferiores y medias pinnatisectas, con 2-4 pares de segmentos lineares, más rara vez linear-lanceolados, el terminal similar a los laterales o un poco más largo, enteros, dentados o a veces pinnatífidos; las superiores enteras, lineares. Capítulos radiantes, con las flores del disco hermafroditas y las de la periferia neutras y mayores, terminales, solitarios, sustentados por un pedúnculo hasta de 1 cm o sésiles. Involucro (10)11-12 × 6-7 mm, ovoide-subcilíndrico o subcilíndrico, ligeramente atenuado en la base, marcadamente sobrepasado por las flores; brácteas imbricadas y dispuestas aparentemente en 7 u 8 series, gradualmente mayores de fuera adentro; las medias de ovadas a ovado-oblongas, adpresas, verdosas y finalmente de un color pajizo, con nervios longitudinales marcados, glabras o ligeramente lanuginosas, con apéndice apical bien distinguible del resto de la bráctea, triangular, erecto o erecto-patente, glabro, de un pardo claro a casi negro, pectinado-fimbria-

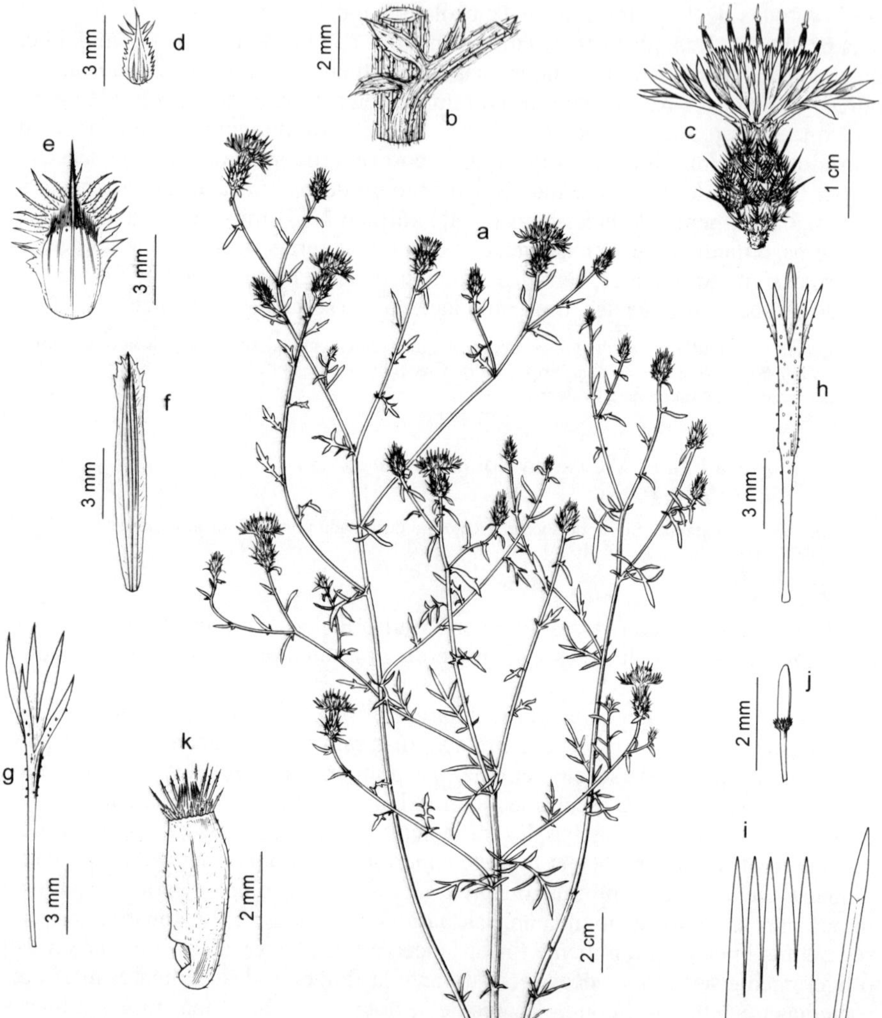

Lám. 100.–*Centaurea pinnata,* subiendo al puerto de Codos, Aguarón, Sierra de Algairén, Zaragoza (VAL 158565): a) hábito; b) detalle de un nudo del tallo y de la inserción de la hoja; c) capítulo; d) bráctea externa del involucro; e) bráctea media del involucro; f) bráctea interna del involucro; g) corola de una flor neutra; h) corola y verticilos sexuales de una flor hermafrodita; i) limbo abierto de la corola de una flor hermafrodita, con los filamentos estaminales y un estambre completo; j) detalle del estilo con sus ramas; k) aquenio con vilano; l) detalle del vilano interno y parte del externo.

do, con 5-6(7) pares de fimbrias laterales de 1-2,2 mm, ± de un color plateado a excepción de las superiores que son concoloras con el resto del apéndice, decurrente hasta cerca de la mitad de la bráctea en unas alas membranáceas de 1-1,5 mm de anchura, rematado en espina apical de (2)2,5-3,5 mm, punzante, a veces con dos fimbrias laterales en la base; las internas oblongo-lineares, glabras, de un pardo claro, con margen hialino y apéndice apical cocleariforme o rómbico, ± lacerado, inerme, escarioso. Corola papilosa, la de las flores neutras de 13-15 mm, con tubo blanquecino y limbo rosado, con 4 o 5 lóbulos de 2,5-5,2 mm, lanceolados o linear-lanceolados, desiguales; la de las hermafroditas 9,5-11 mm, con tubo de 5-5,5 mm, blanquecino y limbo de 4,5-5,5 mm, rosado, con 5 lóbulos de 2,5-2,8 mm, linear-lanceolados, desiguales, uno o dos con los senos más profundos. Estambres con filamento peloso, con pelos hasta de 0,3 mm, blanquecinos; anteras 5-5,5 mm, blanquecinas, con conectivo apical violeta, rosado o blanco, y apéndices basales de 0,6-0,8 mm, a menudo lacerados. Estilo blanquecino, con ramas rosadas. Aquenios (2,6)2,8-3,8(4,5) × 1,1-1,3 mm, obovoide-obcónicos, comprimidos –sección elíptica–, truncados y con reborde subentero, de grisáceos a pardos en la madurez, laxa e inconspicuamente vilosos; placa apical con nectario de c. 0,3 mm, pentalobulado, blanco; hilo cárpico 0,7-0,8 mm, lateral-adaxial; con eleosoma. Vilano doble, persistente, el externo con varias filas de escamas de 0,8-1,5 mm, desiguales, lineares, serradas, blanquecinas, y el interno con una fila de escamas cortas, ± conniventes, lisas, solo laceradas o serradas en el ápice. $2n = 18$.

Matorrales –tomillares– en substratos silíceos –esquistos, cuarcitas y pizarras–, arcillosos e incluso yesosos, más raramente en terrenos calcáreos; 500-1200 m. VI-VII(IX-X). ● NE de España: SW de la provincia de Zaragoza. **Esp.:** Z.

Observaciones.–En el SW de la provincia de Soria viven plantas de *C. boissieri* subsp. *pinae* con las fimbrias laterales plateadas (véase lo comentado sobre esta subespecie), sin duda por la influencia de *C. pinnata*.

22. C. citricolor Font Quer, Ill. Fl. Occid.: 7, tab. 9 (1926) [citrícolor]

Ind. loc.: "Hab. in montium Marianorum faucibus, l. Valdeflores dicto, circa Despañaperros, solo schistoso, 800 m. alt., ubi d. 8 junii 1924, inveni" [lectótipo designado por G. Blanca in Lagascalia 10: 192 (1981): BC]

Ic.: Font Quer, Ill. Fl. Occid., tab. 9 (1926); lám. 101

Hierba perenne, con raíz axonomorfa, sufruticulosa, multicaule, inerme –excepto las brácteas involucrales, con una espinita apenas punzante–, verdosa, verde-grisácea en la base, laxamente pelosa, con pelos tectores unicelulares, araneosos, algo escábrida, con acúléolos pluricelulares cortos y rígidos, y glándulas translúcidas sésiles. Tallos 20-70 cm, erectos, ramificados desde la base, de sección circular o ± poligonal, acostillados, sin alas, esparcidamente foliosos en toda su longitud, escábridos, con indumento araneoso más abundante en el tercio inferior. Hojas hasta de 100 × 30 mm, las basales largamente pecioladas y las caulinares sésiles, no decurrentes, menores hacia la parte superior del tallo, con nervadura principal pinnada –nervio medio prominente en el envés–, con acúléolos cortos y rígidos e indumento araneoso poco denso; las basales rosuladas, de enteras a pinnatipartidas, con lóbulos lanceolados, oblongo-lanceolados u oblongo-oblanceola-

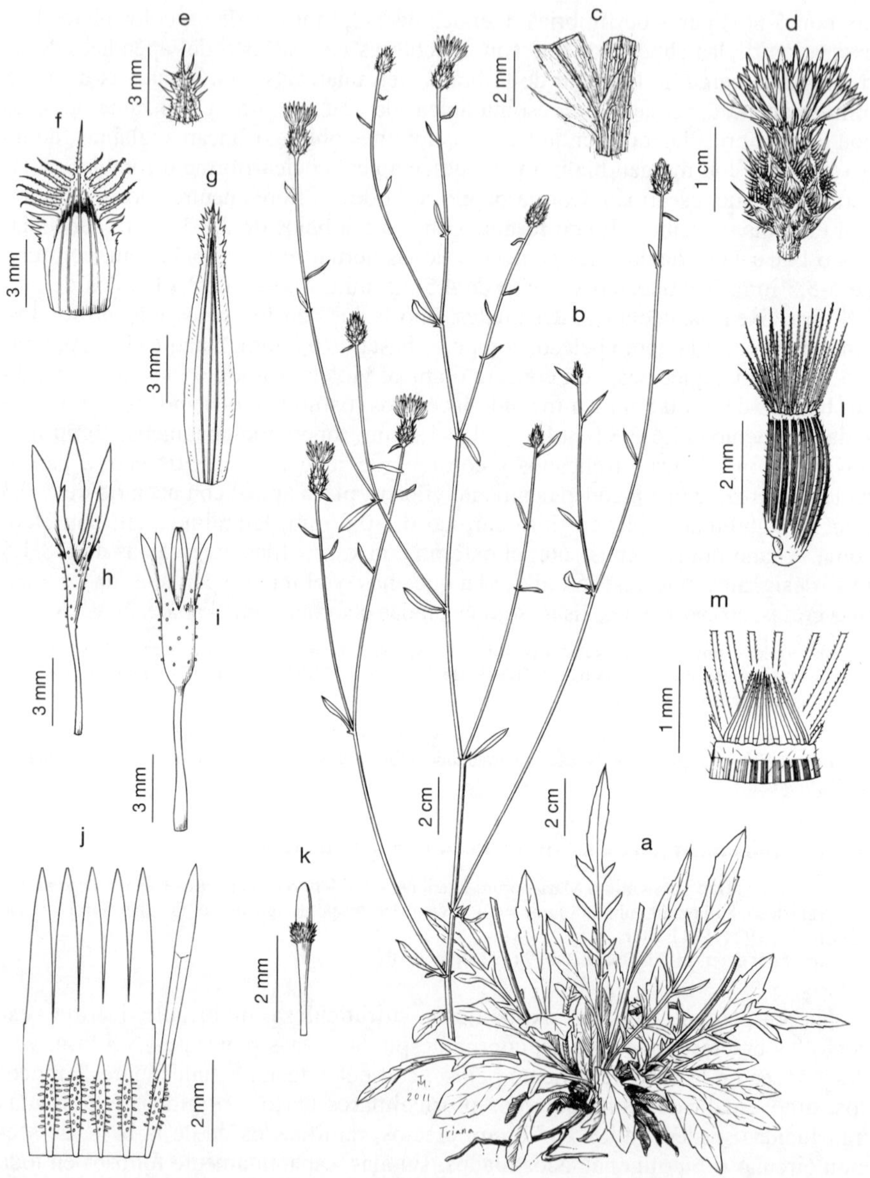

Lám. 101.–*Centaurea citricolor,* a-k) collado de los Jardines, c. Despeñaperros, Jaén (GDAC 6688); l, m) Valdeazores ["Valdeflores"], Despeñaperros, Jaén (GDA 4080): a) hojas basales y sistema radical; b) tallo florido; c) detalle de un nudo del tallo y de la inserción de la hoja; d) capítulo; e) bráctea externa del involucro; f) bráctea media del involucro; g) bráctea interna del involucro; h) corola de una flor neutra; i) corola y verticilos sexuales de una flor hermafrodita; j) limbo abierto de la corola de una flor hermafrodita, con los filamentos estaminales y un estambre completo; k) detalle del estilo con sus ramas; l) aquenio con vilano; m) detalle del vilano interno y parte del externo.

dos, el terminal mucho mayor, mucronados y de margen liso o ligeramente serrado; las caulinares más inferiores pinnatipartidas o pinnatisectas, con 1 o 2(3) pares de segmentos oblongo-lanceolados, el terminal por lo general mayor, lanceolado u oblongo-lanceolado, todos mucronados, a veces casi todas enteras o con dos segmentos basales muy reducidos; las demás enteras, lineares o linear-oblanceoladas. Capítulos radiantes, con las flores del disco hermafroditas y las de la periferia neutras y mayores, terminales, solitarios, sésiles o sustentados por un pedúnculo hasta de 5 cm. Involucro 10-14 × 5-8(9) mm, ovoide u ovoide-cilíndrico, redondeado o ligeramente atenuado en la base, marcadamente sobrepasado por las flores; brácteas imbricadas y dispuestas aparentemente en 7-9 series, gradualmente mayores de fuera adentro; las medias de ovadas a ovado-oblongas, adpresas, verdosas y finalmente de un color pajizo, con nervios longitudinales marcados, glabras, con apéndice apical triangular, erecto, glabro, pajizo o de un ferruginoso pálido, pectinado-fimbriado, con (4)5-7 pares de fimbrias laterales de 1,5-2,5 mm, concoloras o de un color algo más pálido, decurrente hasta cerca de la mitad de la bráctea en unas alas membranáceas de c. 1 mm de anchura, rematado en espina apical de 1,2-2,5 mm, erecta, apenas punzante, a veces con dos fimbrias laterales en la base; las internas oblongo-lineares, glabras, con margen hialino y apéndice apical cocleariforme o rómbico, ± lacerado, inerme, escarioso. Corola papilosa, la de las flores neutras de 12-13 mm, con tubo blanquecino y limbo de un amarillo pálido, con 4 o 5 lóbulos de 1,5-3,5 mm, lanceolados o linear-laneolados, desiguales; la de las hermafroditas 11,5-13 mm, con tubo de 5-6 mm, blanquecino y limbo de 6-7,5 mm, de un amarillo pálido, con 5 lóbulos de 4-4,2 mm, linear-lanceolados, desiguales, uno o dos con los senos más profundos. Estambres con filamento peloso, con pelos hasta de 0,3 mm, blanquecinos; anteras 5-5,5 mm, blanquecinas, con conectivo apical amarillo-pálido, y apéndices basales de 0,5-0,7 mm, a menudo lacerados. Estilo y sus ramas blanquecinas. Aquenios 3,2-4(4,5) × 1,4-1,6 mm, obovoide-obcónicos o elipsoides, comprimidos –sección elíptica–, truncados y con reborde subentero, de grisáceos a pardos en la madurez, laxa e inconspicuamente vilosos; placa apical con nectario de c. 0,3 mm, pentalobulado, blanco; hilo cárpico 0,6-0,8 mm, lateral-adaxial; con eleosoma. Vilano doble, persistente, el externo con varias filas de escamas de 2-2,5 mm, desiguales, lineares, serradas, blanquecinas, y el interno con una fila de escamas cortas, ± conniventes, lisas, solo laceradas o serradas en el ápice. $2n = 36 + 0\text{-}1$ B.

Matorrales silicícolas, también en taludes viarios; 600-1300 m. VI-VII. ● S de España: Sierra Morena oriental. **Esp.:** CR J. **N.v.:** escobilla de Despeñaperros.

23. C. monticola Boiss. ex DC., Prodr. 7: 302 (1838) [montícola]

Ind. loc.: "In calidis Sierræ Nevadæ Hispano-Granatensium legit cl. E. Boissier!" [lectótipo designado por H.M. Burdet & al. in Candollea 38: 775 (1983): G]

Ic.: Blanca & al. (eds.), Fl. Andalucía Orient. 4: 258 (2009); Boiss., Voy. Bot. Espagne 1, tab. 102 fig. a (1840)

Hierba perenne, con raíz axonomorfa, sufruticulosa, multicaule, inerme –excepto las brácteas involucrales–, verde o de un verde grisáceo, por lo general laxamente pelosa, con pelos tectores unicelulares, araneosos, algo escábrida, con aculéolos pluricelulares cortos y rígidos, y glándulas translúcidas sésiles. Tallos 15-40(50) cm, erectos, ramificados en la mitad superior o a veces desde la base, de sección circular o ± poligonal, acostillados, sin alas, foliosos en toda su longitud, escábridos, con indumento araneoso más abundante en el tercio inferior. Hojas hasta de 100(120) × 20(30) mm, las basales pecioladas y las caulinares sésiles, no decurrentes, menores hacia la parte superior del tallo, con nervadura principal pinnada –nervio medio prominente en el envés–, todas con aculéolos cortos y rígidos e indumento araneoso más abundante en el envés; las basales rosuladas, de enteras a pinnatipartidas, con lóbulos lanceolados u oblongo-lanceolados, a veces el terminal mayor, mucronados y de margen liso o ligeramente serrado, a menudo secas durante la floración; las caulinares más inferiores pinnatífidas o pinnatipartidas, con 1 o 2(3) pares de segmentos oblongo-lanceolados, el terminal por lo general mayor, lanceolado u oblongo-lanceolado, todos mucronados, a veces casi todas enteras; las superiores enteras, de lineares a oblanceoladas. Capítulos radiantes, con las flores del disco hermafroditas y las de la periferia neutras y mayores, terminales, solitarios, con pedúnculo muy poco desarrollado –a menudo con una hoja involucral–. Involucro 10-15 × (5)5,5-8 mm, ovoide-subcilíndrico, ± atenuado en la base, marcadamente sobrepasado por las flores; brácteas imbricadas y dispuestas aparentemente en 7 u 8 series, gradualmente mayores de fuera adentro; las medias de ovadas a ovado-oblongas, adpresas, verdosas y finalmente de un color pajizo, con nervios longitudinales marcados, glabras o ligeramente araneosas, con apéndice apical bien distinguible del resto de la bráctea, triangular, erecto, glabro o algo araneoso, de un pardo amarillento a uno ± obscuro, pectinado-fimbriado, con 5-8 pares de fimbrias laterales de 1,5-2,5 mm, al menos las superiores concoloras y el resto iguales o de un color algo más pálido, decurrente hasta cerca de la mitad de la bráctea en unas alas membranáceas de 0,5-1 mm de anchura, rematado en espina apical de 2-3(5) mm, de erecto-patente a recurvada, punzante, a veces con dos fimbrias laterales en la base; las internas oblongo-lineares, glabras, de un pardo claro, con margen hialino y apéndice apical cocleariforme o rómbico, ± lacerado, inerme, escarioso. Corola papilosa, la de las flores neutras de 11-13 mm, con tubo blanquecino y limbo rosado o amarillo, con 4 o 5 lóbulos de 1,5-4 mm, lanceolados o linear-lanceolados, desiguales; la de las hermafroditas 8,5-11 mm, con tubo de 4,5-5,5 mm, blanquecino y limbo de 4-5,5 mm, rosado o amarillo, con 5 lóbulos de 2,6-2,8 mm, linear-lanceolados, desiguales, uno o dos con los senos más profundos. Estambres con filamento peloso, con pelos hasta de 0,3 mm, blanquecinos; anteras c. 4 mm, blanquecinas, con conectivo apical purpúreo o amarillo, y apéndices basales de c. 0,5 mm, a menudo lacerados. Estilo blanquecino, con ramas rosadas o blanquecinas. Aquenios (3)3,5-4,5 × 1,6-2 mm, obovoide-obcónicos o elipsoides, comprimidos –sección elíptica–, truncados y con reborde subentero, de grisáceos a pardos en la madurez, laxa e inconspicuamente vilosos; placa apical con nectario de c. 0,3 mm, pentalobulado, blanco; hilo cárpico 0,7-1 mm, lateral-adaxial; con eleosoma. Vilano doble, persistente, el externo con varias filas de escamas de (1)1,5-2(2,5) mm, desiguales, lineares, serradas, blanquecinas, y el interno con una fila de escamas cortas, ± conniventes, lisas, solo laceradas o serradas en el ápice. $2n = 18$ (19, 20).

Matorrales –tomillares– en substrato calizo, a menudo en taludes viarios en substrato arcilloso; 700-1800 m. V-VII(VIII). Península Ibérica y el Rif marroquí. SE de España: de la zona NW de Sierra Nevada a la Sierra de Mágina en Jaén. **Esp.:** Gr J. **N.v.:** escobilla de monte.

24. C. sagredoi Blanca in Anales Jard. Bot. Madrid 36: 144, 146 fig. 1 (1980) [Sagrédoi]

Ind. loc.: "Holotypus: asservatus in Herbario Facultatis Scientiarum Granatensis (reg. nº 6014), Sierra de Filabres (Almería) inter Bacares et Sierro, in aridis schistosis viareis die 21-VI-1979 G. Blanca et J. L. Rosua lectus"
Ic.: Blanca in Anales Jard. Bot. Madrid 36: 146 fig. 1 (1980); lám. 102

Hierba perenne, con raíz axonomorfa, sufruticulosa, multicaule, inerme –excepto las brácteas involucrales–, de un verde grisáceo, blanquecina en el tercio inferior de los tallos, laxamente lanuginosa y escábrida, con pelos tectores unicelulares, araneosos, aculéolos pluricelulares cortos y rígidos, y glándulas translúcidas sésiles. Tallos (15)20-40(45) cm, erectos, ramificados desde la base, con ramas ± divaricadas, de sección circular o ± poligonal, acostillados, sin alas, foliosos en toda su longitud, escábridos, con indumento araneoso y flocoso más abundante en el tercio inferior. Hojas hasta de 110 × 25 mm, las basales largamente pecioladas y las caulinares sésiles, no decurrentes, menores hacia la parte superior del tallo, con nervadura principal pinnada –nervio medio prominente en el envés–, con aculéolos cortos y rígidos e indumento araneoso más abundante en el envés; las basales rosuladas, pinnatífidas o pinnatipartidas, con lóbulos lanceolados u oblongo-lanceolados, el terminal mayor, mucronados y de margen liso o ligeramente serrado, a menudo secas durante la floración, ± concoloras; las caulinares inferiores pinnatífidas o pinnatipartidas, con 1-3 pares de segmentos oblongo-lanceolados, el terminal por lo general mayor, lanceolado u oblongo-lanceolado, todos mucronados; las superiores enteras, linear-oblanceoladas. Capítulos radiantes, con las flores del disco hermafroditas y las de la periferia neutras y mayores, terminales, solitarios, sustentados por un pedúnculo de 0,5-3,5 cm. Involucro (12)14-17 × 7-13 mm, ovoide o subgloboso, redondeado en la base, marcadamente sobrepasado por las flores; brácteas imbricadas y dispuestas aparentemente en 8 o 9 series, gradualmente mayores de fuera adentro; las medias de ovadas a ovado-oblongas, adpresas, verdosas, finalmente de un color pajizo, con nervios longitudinales marcados, glabras o algo lanuginosas, con apéndice apical bien distinguible del resto de la bráctea, triangular, erecto o erecto-patente, glabro o algo lanuginoso, de un pardo obscuro, pectinado-fimbriado, con 5-8(9) pares de fimbrias laterales de 1,5-3 mm, al menos las superiores concoloras y el resto iguales o de un color algo más pálido,decurrente hasta cerca de la mitad de la bráctea en unas alas membranáceas de 0,7-1,3 mm de anchura, rematado en espina apical de (2)2,5-3,5(4) mm, de erecto-patente a reflexa, punzante, a veces con dos fimbrias laterales en la base; las internas oblongo-lineares, glabras, con margen hialino y apéndice apical cocleariforme o rómbico, ± lacerado, inerme, escarioso, de un pardo claro. Corola papilosa, la de las flores neutras de 15-17 mm, con tubo blanquecino y limbo rosado, con 4 o 5 lóbulos de 2-5 mm, lanceolados o linear-lanceolados, desiguales; la de las hermafroditas 10,5-14 mm, con tubo de 5-7 mm, blanquecino y limbo de 5,5-7

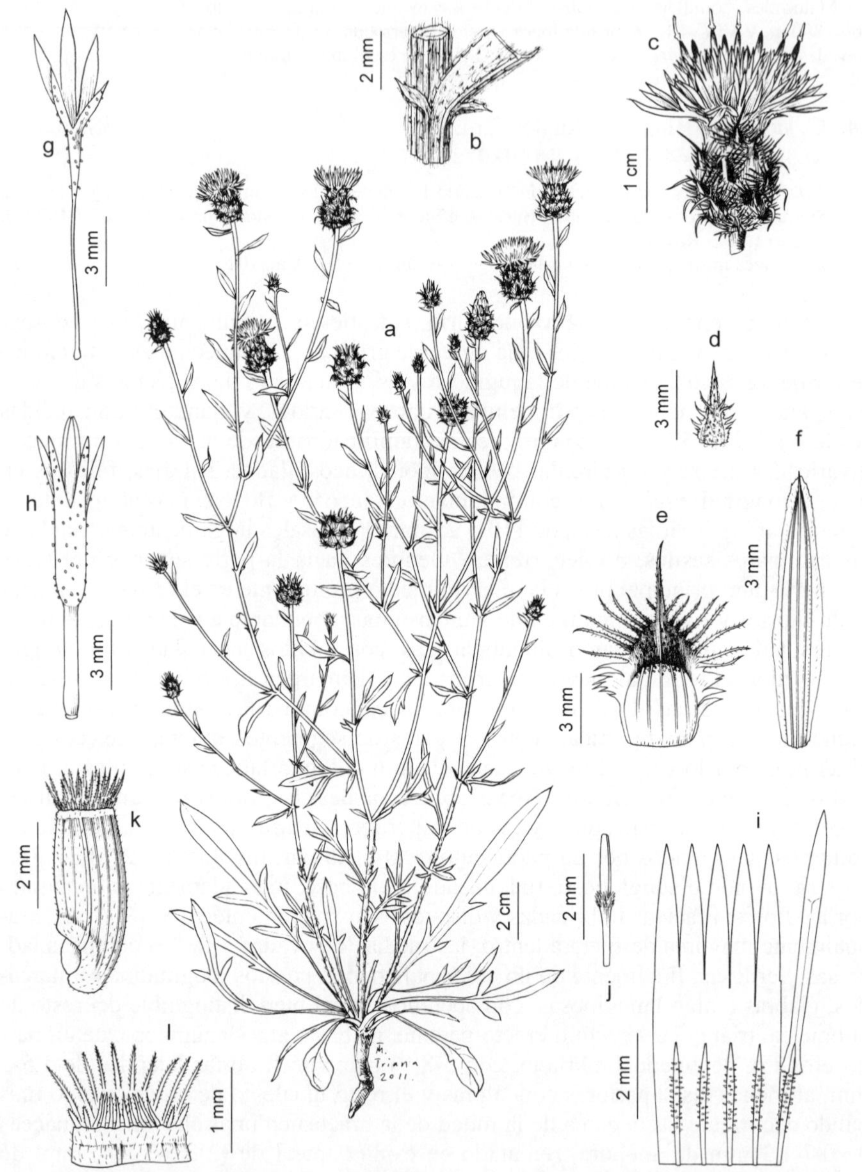

Lám. 102.–*Centaurea sagredoi,* a-j) entre Bacares y Sierro, Sierra de Los Filabres, Almería (MA 221269); k, l) ibídem (GDAC 6014): a) hábito; b) detalle de un nudo del tallo y de la inserción de la hoja; c) capítulo; d) bráctea externa del involucro; e) bráctea media del involucro; f) bráctea interna del involucro; g) corola de una flor neutra; h) corola y verticilos sexuales de una flor hermafrodita; i) limbo abierto de la corola de una flor hermafrodita, con los filamentos estaminales y un estambre completo; j) detalle del estilo con sus ramas; k) aquenio con vilano; l) detalle del vilano interno y parte del externo.

mm, rosado, con 5 lóbulos de 3-4 mm, linear-lanceolados, iguales o uno o dos con los senos más profundos. Estambres con filamento peloso, con pelos hasta de 0,3 mm, blanquecinos; anteras 5,5-6,5 mm, blanquecinas, con conectivo apical purpúreo, y apéndices basales de 0,7-0,9 mm, a menudo lacerados. Estilo blanquecino, con ramas rosadas. Aquenios 3,6-5 × 1,4-1,9 mm, obovoide-obcónicos, comprimidos –sección elíptica–, truncados y con reborde subentero, de grisáceos a pardos en la madurez, laxa e inconspicuamente vilosos; placa apical con nectario de c. 0,3 mm, pentalobulado, blanco; hilo cárpico 0,7-1,1 mm, lateral-adaxial; con eleosoma. Vilano doble, persistente, el externo con varias filas de escamas de (1,2)1,4-1,8(2) mm, desiguales, lineares, serradas, blanquecinas, y el interno con una fila de escamas cortas, ± conniventes, lisas, solo laceradas o serradas en el ápice. $2n = 18$.

Matorrales –tomillares–, en lugares abiertos y taludes viarios, en substrato preferentemente silíceo –esquistos–; 1100-1700 m. VI-VII. ● SE de España: extremo oriental de la Sierra de Los Filabres. **Esp.:** Al. **N.v.:** escobilla de Sagredo.

25. C. pulvinata (Blanca) Blanca in Lazaroa 6: 173 (1985) [pulvináta]

C. sagredoi subsp. *pulvinata* Blanca in Anales Jard. Bot. Madrid 36: 144, 148 fig. 3 (1980) [basión.]

Ind. loc.: "Holotypus: asservatus in Herbario Facultatis Scientiarum Granatensis (reg. nº 6020), Puerto de la Ragua (Granada), 1900 m. alt. inter urbes Lacalahorra et Laroles, in schistosis viareis die 6-VII-1978 G. Blanca et J. A. Gil lectus"

Ic.: Blanca in Anales Jard. Bot. Madrid 36: 148 fig. 3 (1980); Blanca & al. (eds.), Fl. Andalucía Orient. 4: 256 (2009)

Hierba perenne, con raíz axonomorfa, sufruticulosa, pulvinular, multicaule, inerme –excepto las brácteas involucrales–, de un verde grisáceo, blanquecina hacia la base de los tallos, ± lanuginosa y escábrida, con pelos tectores unicelulares, araneosos, aculéolos pluricelulares cortos y rígidos, y glándulas translúcidas sésiles. Tallos (8)10-25 cm, erectos, muy ramificados desde la base, con ramas divaricadas dispuestas apretadamente, de sección circular o ± poligonal, acostillados, sin alas, foliosos en toda su longitud, escábridos, con indumento araneoso más abundante hacia la base. Hojas hasta de 60 × 20(30) mm, las basales pecioladas y las caulinares sésiles, no decurrentes, menores hacia la parte superior del tallo, con nervadura principal pinnada –nervio medio prominente en el envés–, con aculéolos cortos y rígidos y con indumento araneoso algo más abundante hacia el nervio medio en el envés; las basales pinnatisectas, con segmentos hasta de 3 mm de anchura, lineares o linear-lanceolados, mucronados y de margen liso o ligeramente serrado, ± revoluto, por lo general secas durante la floración; las caulinares pinnatipartidas o pinnatisectas, con 2-4 pares de segmentos lineares, más rara vez linear-lanceolados, el terminal semejante a los laterales, todos mucronados y ± revolutos; las superiores similares o con 1-3 pares de segmentos basales. Capítulos radiantes, con las flores del disco hermafroditas y las de la periferia neutras y mayores, terminales, solitarios, sustentados por un pedúnculo de 0,5-2 cm. Involucro (14)15-18 × (8)9-14 mm, ovoide u ovoide-globoso, atenuado o redondeado en la base, marcadamente sobrepasado por las flores; brácteas imbricadas y dispuestas aparentemente en 7-9 series, gradualmente mayores de fuera adentro; las medias ovadas, adpresas, verdosas y finalmente de un color pajizo, con nervios longitudinales marcados, glabras o algo lanuginosas, con apéndice apical bien distinguible del resto de la bráctea, triangular, erecto o erecto-patente, glabro o poco lanuginoso, de un pardo obscuro, pectinado-fimbriado, con 6-8 pares de fimbrias laterales de (1,5)2-3,5(4) mm, al menos las superiores concoloras y el resto por lo general de un color algo más pálido, decurrente hasta cerca de la mitad de la bráctea en unas alas membranáceas de 0,8-1,2 mm de anchura, rematado en espina apical de (3)4-7(8) mm, de erecto-patente a casi reflexa, punzante, a menudo con dos fimbrias laterales en la base; las internas oblongo-lineares, glabras, con margen hialino y apéndice apical cocleariforme o rómbico, ± lacerado, inerme, escarioso, de un pardo claro. Corola papilosa, la de las flores neutras de 16-19 mm, con tubo blanquecino y limbo rosado, con 4 o 5 lóbulos, de 3,5-6 mm, lanceolados o linear-lanceolados, desiguales; la de las hermafroditas 12,5-15 mm, con tubo de 6,5-8 mm, blanquecino y limbo de 5,5-7,5 mm, rosado, con 5 lóbulos de 3,5-4 mm, linear-lanceolados, iguales o uno o dos con los senos más profundos. Estambres con filamento papiloso, con papilas de menos de 0,1 mm, blanquecinas; anteras 5-6 mm, blanquecinas, con conectivo apical purpúreo, y apéndices basales de c. 1 mm, a menudo lacerados. Estilo blanquecino, con ramas rosadas. Aquenios 4-5,5 × 2-2,3 mm, obovoide-obcónicos o elipsoides, comprimidos –sección elíptica–, truncados y con reborde subentero, de grisáceos a pardos en la madurez, laxa e inconspicuamente vilosos; placa apical con nectario de c. 0,3 mm, pentalobulado, blanco; hilo cárpico 1,1-1,3 mm, lateral-adaxial; con eleosoma. Vilano doble, persistente, el externo con varias filas de escamas hasta de 0,7(1) mm, desiguales, lineares, serradas, blanquecinas, a veces sin vilano externo, y el interno con una fila de escamas muy cortas, ± conniventes, lisas, solo laceradas o serradas en el ápice, o bien sin vilano interno. $2n = 18$.

Vegetación almohadillada de alta montaña, a menudo en lugares abiertos y taludes viarios, en substrato silíceo –micasquistos–; (1200)1500-2000 m. V-VII. ● SE de España: sierra de Baza oriental, Sierra de Los Filabres y Sierra Nevada. **Esp.:** Al Gr. **N.v.:** escobilla de cojín.

Observaciones.–Los escasos individuos que habitan por debajo de los 1500 m aproximadamente, tienen un indumento lanuginoso blanco más abundante y los capítulos menores. En el núcleo central de la Sierra de Los Filabres (Almería) hay formas de tránsito hacia *C. sagredoi.*

26. C. gadorensis Blanca in Lazaroa 6: 173 (1985) [gadorénsis]

C. tenuifolia var. *tenuiloba* Boiss., Voy. Bot. Espagne 2: 346, tab. 102 fig. b (1840) [nom. subst.]
Ind. loc.: “In aridis regionis alpinæ, Sierra de Gador pars superior circà fodinas plumbeas. Alt. circ. 6000’” [sec. Boiss., Voy. Bot. Espagne 2: 346 (1840); lectótipo designado por H.M. Burdet & al. in Candollea 38: 776 (1983): G]
Ic.: Blanca & al. (eds.), Fl. Andalucía Orient. 4: 257 (2009); Boiss., Voy. Bot. Espagne 2, tab. 102 fig. b (1840); lám. 103

Hierba perenne, con raíz axonomorfa, sufruticulosa, pulvinular, multicaule, inerme –excepto las brácteas involucrales–, verdosa, blanquecina en la base de los tallos, glabrescente en la mitad superior y laxamente lanuginosa en la inferior, con pelos tectores unicelulares, araneosos, escábrida, con aculéolos pluricelulares cortos y rígidos, y con glándulas translúcidas sésiles. Tallos 8-30 cm, erectos, muy ramificados desde la base, con ramas divaricadas dispuestas apretadamente, de

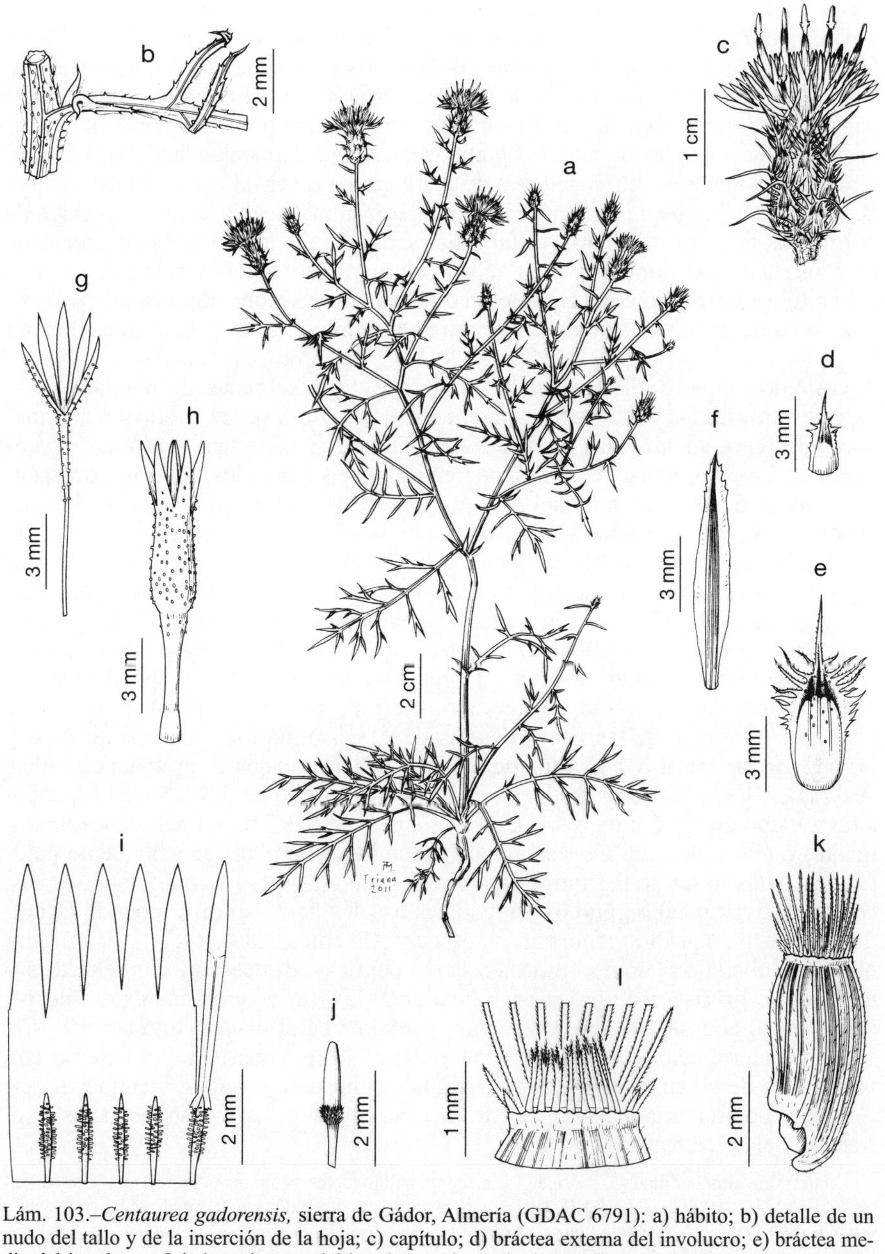

Lám. 103.–*Centaurea gadorensis,* sierra de Gádor, Almería (GDAC 6791): a) hábito; b) detalle de un nudo del tallo y de la inserción de la hoja; c) capítulo; d) bráctea externa del involucro; e) bráctea media del involucro; f) bráctea interna del involucro; g) corola de una flor neutra; h) corola y verticilos sexuales de una flor hermafrodita; i) limbo abierto de la corola de una flor hermafrodita, con los filamentos estaminales y un estambre completo; j) detalle del estilo con sus ramas; k) aquenio con vilano; l) detalle del vilano interno y parte del externo.

sección circular o ± poligonal, acostillados, sin alas, foliosos en toda su longitud, escábridos, con indumento araneoso más abundante en el tercio inferior. Hojas hasta de 60 × 25 mm, las basales pecioladas y las caulinares sésiles, no decurrentes, gradualmente menores hacia la parte superior del tallo, con nervadura principal pinnada –nervio medio prominente en el envés–, con aculéolos cortos y rígidos, glabrescentes; las basales 1-2 pinnatisectas, con segmentos de 0,3-1(1,2) mm de anchura, lineares, mucronados y de margen liso o serrado, ± revolutos, por lo general secas durante la floración; las caulinares pinnatisectas, con 2-5(6) pares de segmentos lineares, revolutos, el terminal similar a los laterales, todos mucronados; las superiores similares o con un par de segmentos basales, o la más cercana al capítulo linear y entera. Capítulos radiantes, con las flores del disco hermafroditas y las de la periferia neutras y mayores, terminales, solitarios, sustentados por un pedúnculo de 0,5-2 cm. Involucro 10-13 × 5-7(8) mm, estrechamente subcilíndrico, redondeado o algo atenuado en la base, muy sobrepasado por las flores; brácteas imbricadas y dispuestas aparentemente en 7 u 8 series, gradualmente mayores de fuera adentro; las medias ovado-oblongas, adpresas, verdosas y finalmente de un color pajizo, con nervios longitudinales marcados, glabras, con apéndice apical bien distinguible del resto de la bráctea, triangular, erecto, glabro, de un pardo obscuro, pectinado-fimbriado, con 4 o 5 pares de fimbrias laterales de 1,5-1,7(2) mm, al menos las superiores concoloras y el resto iguales o de un color algo más pálido, decurrente hasta cerca de la mitad de la bráctea en unas alas membranáceas de 0,7-1 mm de anchura, y rematado en espina apical de 3-4 mm, de erecto-patente a casi reflexa, punzante, a veces con dos fimbrias laterales en la base; las internas oblongo-lineares, glabras, con margen hialino y apéndice apical cocleariforme o romboidal, ± lacerado, inerme, escarioso, de un pardo claro. Corola papilosa, la de las flores neutras de 11-13 mm, con tubo blanquecino y limbo rosado, con 4 o 5 lóbulos de 1,5-4 mm, lanceolados o linear-lanceolados, desiguales; la de las hermafroditas 9,5-12 mm, con tubo de 5,5-6,5 mm, blanquecino y limbo de 4,5-6 mm, rosado, con 5 lóbulos de 3-3,2 mm, linear-lanceolados, iguales o uno o dos con los senos más profundos. Estambres con filamento peloso, con pelos hasta de 0,3 mm, blanquecinos; anteras 4,5-5,5 mm, blanquecinas, con conectivo apical purpúreo, y apéndices basales de c. 1 mm, a menudo lacerados. Estilo blanquecino, con ramas rosadas. Aquenios 3,8-4,5(4,7) × 1,7-2 mm, obovoide-obcónicos, comprimidos –sección elíptica–, truncados y con reborde subentero, de grisáceos a pardos en la madurez, laxa e inconspicuamente vilosos; placa apical con nectario de c. 0,3 mm, pentalobulado, blanco; hilo cárpico 0,7-1,2 mm, lateral-adaxial; con eleosoma. Vilano doble, persistente, el externo con varias filas de escamas de 1-2 mm, desiguales, lineares, serradas, blanquecinas, y el interno con una fila de escamas cortas, ± conniventes, lisas, solo laceradas o serradas en el ápice. $2n = 18$.

Matorrales almohadillados –piornales– de montaña, en suelos pedregosos preferentemente calcáreos; (1100)1300-1900 m. (V)VI-VII. ● SE de España: sierra de Gádor y vertiente S de Sierra Nevada oriental. **Esp.:** Al Gr. **N.v.:** centaurea de Gádor, escobilla de Gádor.

Sect. 2. **Phalolepis** (Cass.) DC.
Phalolepis Cass.

Hierbas perennes. Tallos sin alas. Capítulos homógamos, radiantes, con las flores del disco hermafroditas y las de la periferia neutras y mucho mayores. Involucro cilíndrico, fusiforme, ovoide, globoso-ovoide o globoso; brácteas medias con apéndice apical ovado, orbicular o elíptico, ± cocleariforme, a veces profundamente bilobado, con la parte central elíptica, triangular o semilunar, coriácea y discolora, y borde anchamente escarioso-hialino, entero, denticulado, lacerado o ligeramente fimbriado, por lo general culminado por un mucrón, arista o espina apical rara vez punzante, erecto o erecto-patente, ± decurrente. Corola rosada o purpúrea, rara vez blanquecina. Aquenios con reborde de la placa apical entero o inconspicuamente denticulado y eleosoma que no sobrepasa la base del aquenio. Vilano doble, el externo con varias filas de escamas planas, serradas, erectas o erecto-patentes, y el interno con una fila de escamas mucho menores, erectas y ± conniventes. $x = 9$.

27. C. alba L., Sp. Pl.: 914 (1753) [álba]

Ind. loc.: "Habitat in Hispania" [lectótipo designado por S. Talavera in Lagascalia 12: 247 (1984): LINN]

Hierba perenne, con raíz axonomorfa, sufruticulosa, inerme –excepto a veces las brácteas involucrales–, de un verde grisáceo a blanquecina, con pelos tectores unicelulares y pluricelulares. Tallos hasta de 110 cm, erectos o ascendentes, simples o ramificados por lo general desde la base o su parte media, de sección circular o ± poligonal, acostillados, sin alas, por lo general poco foliosos, con indumento ± laxo de pelos pluricelulares rígidos y patentes, y pelos araneosos esparcidos. Hojas hasta de 180 × 50 mm, las basales pecioladas y las caulinares sésiles, no decurrentes, menores hacia la parte superior del tallo, con nervadura principal pinnada y nervio medio prominente por el envés; las basales rosuladas, enteras, pinnatífidas, pinnatipartidas o 1(2) pinnatisectas, con lóbulos ovados, oblanceolados o lanceolados, enteros o pinnatífidos, mucronados y de margen liso o ligeramente aserrado, con haz de glabra a araneosa, y envés por lo general laxamente araneoso y con pelos pluricelulares, cortos y rígidos, a menudo secas durante la floración; las caulinares inferiores y medias pinnatífidas, pinnatipartidas o pinnatisectas con 1-4 pares de lóbulos oblanceolados, lanceolados o linear-lanceolados, enteros o de pinnatífidos a pinnatipartidos, el terminal por lo general más ancho, de oblanceolado a lanceolado o linear-lanceolado, de margen liso y ligeramente revoluto, mucronadas, con haz de glabra a araneosa, y envés por lo general laxamente araneoso y con pelos pluricelulares antrorso-escábridos, cortos y rígidos; las superiores enteras, pinnatífidas o de pinnatipartidas a pinnatisectas, con lóbulos lanceolados o linear-lanceolados. Capítulos radiantes, con las flores del disco hermafroditas y las de la periferia neutras y mayores, terminales y axilares, solitarios o en inflorescencias complejas corimbiformes, laxas, alcanzados o no por las últimas hojas caulinares –que generalmente no sobrepasan el involucro– o sustentados por un pedúnculo blanco-tomentoso, blanco –al menos en su parte superior– de 5-50 mm. Involucro 9-19 × 4-16 mm, ovoide, globoso o cilíndrico, redondeado o atenuado en la base, fuertemente sobrepasado por las flores; brácteas imbricadas y dispuestas aparentemente en 6 o 7 series, gradualmente mayores de fuera adentro; las externas y medias de ovadas a ovado-oblongas, fuertemente adpresas, verdosas o amarillentas, con nervios longitudinales apenas marcados, con margen estrechamente hialino, o sin él, glabras, con apéndice apical de 2,5-9 mm, de la misma longitud o más largo que la base de la bráctea, ovado, orbicular o elíptico, cocleariforme, de erecto a erecto-patente, ± decurrente, glabro o laxamente peloso y glanduloso, con parte central elíptica o triangular, ± coriácea o endurecida, discolora, con glándulas translúcidas sésiles, y borde anchamente escarioso, con el margen entero, lacerado o ligeramente fimbriado en su parte superior, culminado por un mucrón, arista o espina apical de 0,3-3 mm; las internas 8,5-19 mm, lineares o linear-espatuladas, glabras, con margen estrechamente hialino, y apéndice apical apenas distinguible, de ovado a oblongo, plano o cóncavo, escarioso, entero, inerme o débilmente mucronado, de un verde claro. Corola ± papilosa, la de las flores neutras de 10-22 mm, con tubo blanquecino y limbo violeta o rosado –rara vez enteramente blanca–, con 4 o 5 lóbulos de 2,5-6 mm, lanceolados o linear-lanceolados, desiguales; la de las hermafroditas 10-14 mm, con tubo de 4-8 mm, blanquecino, y limbo de 6-8 mm, blanco o blanquecino-rosado, con 5 lóbulos de 2-4 mm, desiguales, uno o dos con los senos más profundos. Estambres con filamento peloso, con pelos hasta de 0,4 mm, blanquecinos; anteras 4,5-8 mm, blanquecinas o amarillentas, con conectivo apical violeta o rosado, y apéndices basales de 0,3-0,7 mm, membranáceos y a menudo lacerados. Estilo blanquecino, con ramas rosadas o blanquecino-rosadas. Aquenios 2,4-4 × 1,1-1,6 mm, oblongo-obovoides u obovoides, algo comprimidos –sección elíptica–, en la madurez teñidos de un verde obscuro o negro, con líneas longitudinales amarillas, laxa e inconspicuamente seríceo-vilosos; placa apical con nectario de 0,1-0,2 mm, pentalobulado, amarillento; hilo cárpico 0,4-0,9 mm, lateral-adaxial; con eleosoma. Vilano doble, persistente; el externo con varias filas de escamas de (0,5)0,8-2,8 mm lineares, serradas, blanquecinas, y el interno con una fila de escamas setáceas solo en su parte superior o solo en el ápice, cortas, erectas y ± conniventes. $2n = 18, 18 + 1B^*, 36^*$.

Claros y orlas de bosque, matorrales y herbazales de camino, en suelos ácidos o básicos ± nitrificados; 3-2000 m. IV-X. S y SW de Europa. C, CN, CW y SW de la Península Ibérica. **Esp.:** Av Ba Bu Ca Cc CR Cu Gu H Le M Sa Se Sg So To Va Z Za. **Port.:** BB R. **N.v.:** calcitrapa, cardo estrellado, centaura estrellada, garbanzos del cura, siempre nueva, trapacaballos; *cat.:* raspallera.

1. Apéndice de las brácteas involucrales medias con arista o espina apical de 1-3 mm, erecta o erecto-patente; hojas superiores pinnatipartidas o pinnatisectas, con 1-3 pares de lóbulos .... **b.** subsp. **aristifera**
– Apéndice de las brácteas involucrales medias mucronado o con una arista o espina apical de 0,3-1,5(2) mm, erecta; hojas caulinares superiores enteras, menos frecuentemente pinnatífidas o pinnatisectas con un par de lóbulos 2
2. Hojas superiores linear-lanceoladas, con indumento araneoso; involucro globoso u ovoide –rara vez subcilíndrico–, de 4-16 mm de anchura, redondeado o rara vez atenuado en la base .... **a.** subsp. **alba**
– Hojas superiores elíptico-espatuladas, escábridas, glabriúsculas; involucro subcilíncrico-fusiforme, de (4)5-9(10) mm de anchura, débilmente atenuado en la base .... **c.** subsp. **tartesiana**

a. subsp. **alba**

Ic.: E. López & Devesa in Collect. Bot. (Barcelona) 30: 43 fig. 2 o (2011); Rchb., Icon. Fl. Germ. Helv. 15, tab. 21 I-III (1852); Valdés, Talavera & Galiano (eds.), Fl. Andalucía Occid. 3: 157 (1987) [sub *C. alba* subsp. *macrocephala*]

Hierba con indumento de pelos araneosos, escábrida. Tallos (5)10-80(110) cm. Hojas caulinares superiores por lo general enteras, linear-lanceoladas, menos frecuentemente pinnatífidas o pinnatisectas con un par de lóbulos. Involucro 9-19 × 4-16 mm, globoso u ovoide, rara vez subcilíndrico, redondeado o atenuado en la base; brácteas medias con apéndice elíptico, ovado u orbicular, con la parte central elíptica y margen entero, lacerado, denticulado o fimbriado en su parte superior, culminado por un mucrón, arista o espina de 0,3-1,5(2) mm, erecta. Aquenios 2,4-3,6 mm. Vilano externo (0,5)1-2,5 mm. $2n = 18$.

Claros y orlas de bosque, matorrales y herbazales en bordes de camino, en suelos ± nitrificados; 3-2000 m. IV-X. ● CN de la Península Ibérica, muy rara en el S. **Esp.:** Av Bu Ca Cc CR Gu Le M Sa Sg So To Va Za. **Port.:** BB R.

Observaciones.–En el territorio estudiado pueden reconocerse tres variedades. Por un lado, las plantas con involucro de 4-7 mm de anchura, de ovoide a subcilíndrico, atenuado en la base, y brácteas involucrales medias con apéndice de un tamaño similar al del resto de la bráctea, se identifican con la var. *latronum* (Pau) E. López & Devesa in Collect. Bot. (Barcelona) 30: 44 (2011) [*C. latronum* Pau, Not. Bot. Fl. Españ. 6: 67 (1896), basión.; *C. latronum* f. *virens* Pau in Bol. Soc. Aragonesa Ci. Nat. 6: 27 (1907); *C. alba* subsp. *latronum* (Pau) Dostál in Bot. J. Linn. Soc. 71: 205 (1976); *C. bolivaris* Sennen, in sched., nom. nud.], que está extendida por el C y CN de España (Esp.: Av Bu Le Sg Va; $2n = 18$).

Por otro lado, el resto de las plantas, con un involucro de 5-16 mm de anchura, de globoso a ovoide, redondeado en la base y con el apéndice de las brácteas medias mayor que el resto de la bráctea, responde a dos pautas de variación: la var. *alba* [*C. strepens* Hoffmanns. & Link, Fl. Portug. 2: 236 (1825); *C. alba* var. *concolor* DC., Prodr. 6: 569 (1838); *C. deusta* sensu Willk. in Willk. & Lange, Prodr. Fl. Hispan. 2: 167 (1865), non Ten., Fl. Napol. 1: LI (1811); *C. segoviensis* Rouy in Bull. Soc. Bot. France 52: 513 (1905); *C. deusta* var. *heterochlamyda* Sennen, Pl. Espagne 1929, n.º 7154 (1929-1930), in sched., nom. nud.; *C. alba* subsp. *strepens* (Hoffmanns. & Link) Rocha Afonso in Bol. Soc. Brot. ser. 2, 54: 228 (1981)], que incluye las plantas con el involucro más estrecho –5-11 mm–, globoso u ovoide, y el apéndice de las brácteas medias involucrales ± elíptico, aparece mucho más extendida en el territorio (Esp.: Av Cc CR Gu M Sa Sg To Va Za. Port.: BB R; $2n = 18$); por el contrario, la var. *macrocephala* Pau in Bol. Soc. Aragonesa Ci. Nat. 15: 68 (1916) [*C. appendiculata* Lag. ex Colmeiro, Enum. Pl. Peníns. Hispano-Lusit. 3: 297 (1887), nom. nud.; *C. alba* subsp. *macrocephala* (Pau) Talavera in Lagascalia 12: 248 (1984); *C. alba* var. *pseudodeusta* C. Vicioso, in sched., nom. nud.; *C. latronum* var. *pseudodeusta* C. Vicioso, in sched., nom. nud.], algo más restringida y con áreas disjuntas (Esp.: Av Ca Gu Hu M Sg To; $2n = 18$), presenta un involucro de 9-16 mm de anchura, globoso, y el apéndice de las brácteas involucrales medias orbicular.

La var. *alba* parece hibridarse con *C. langei* subsp. *kheilii (C.* × *bigerrensis,* véase el apartado de híbridos) y con *C. aristata (C.* × *matritensis)* en algunas zonas de contacto. La var. *latronum* lo hace también con *C. calcitrapa* y sus híbridos, que han sido denominados *C.* × *eliasii,* difieren de ella porque tienen una arista larga y punzante en el extremo del apéndice de las brácteas involucrales medias. Además, en la provincia de Soria son relativamente frecuentes formas de transición de la var. *alba* con *C. alba* subsp. *aristifera.*

b. subsp. **aristifera** (Pau ex Vicioso) E. López & Devesa in Collect. Bot. (Barcelona) 30: 45 (2011) [aristífera]

C. aristifera Pau ex Vicioso in Bol. Soc. Aragonesa Ci. Nat. 5: 234 (1906), pro hybrid. [basión.]
Ind. loc.: "Calatayud, 3 Junio 1906. Rocas de las ruínas de Bílbilis" [lectótipo designado por E. López & J.A. Devesa in Collect. Bot. (Barcelona) 30: 45 (2011): MA]
Ic.: E. López & Devesa in Collect. Bot. (Barcelona) 30: 43 fig. 2 A-N (2011)

Hierba con indumento laxo de pelos araneosos, a veces escábrida en los tallos y el envés de las hojas. Tallos (5)10-45 cm. Hojas caulinares superiores pinnatipartidas o pinnatisectas, con 1-3 pares de lóbulos oblanceolados o linear-lanceolados. Involucro 9-15 × 5-11 mm, ovoide o globoso-cilíndrico, redondeado en la base; brácteas medias con apéndice orbicular u ovado, con la parte central ± triangular y de un pardo obscuro o amarillento, y margen por lo general denticulado o lacerado, a veces fimbriado en la parte superior, culminado por una arista o espina de 1-3 mm, erecta o erecto-patente, cuya base a menudo se prolonga en una costilla amarillenta que recorre parte del apéndice. Aquenios 2,4-3,2 mm. Vilano externo 1-2 mm. $2n = 18$.

Herbazales en el margen de caminos, taludes y barrancos, en suelos pedregosos de naturaleza calcárea y ± nitrificados; 530-1450 m. V-VIII. ● CE de España. **Esp.:** Cu Z.

Observaciones.–Esta subespecie parece hibridarse con *C. pinnata* en algunas de las áreas en que ambas conviven. Los híbridos (Esp.: Cu Gu Z), que han sido denominados *C.* × *bilbilitana* (véase el apartado de híbridos), difieren de *C. alba* subsp. *aristifera* principalmente porque los apéndices de las brácteas involucrales varían de enteros a completamente fimbriados en una misma planta.

c. subsp. **tartesiana** Talavera in Lagascalia 12: 248 (1984) [tartesiána]

Ind. loc.: "Typus. Huelva: Sierra de Aracena. Entre Aguafría y Quejigo. 19.VII.1978, J. Rivera (SEV 49121, holotypus)"
Ic.: E. López & Devesa in Collect. Bot. (Barcelona) 30: 43 fig. 2 P (2011); Valdés, Talavera & Galiano (eds.), Fl. Andalucía Occid. 3: 158 (1987)

Hierba con indumento de pelos araneosos –aunque las hojas superiores son glabriúsculas–, marcadamente escábrida. Tallos (8)20-84 cm. Hojas caulinares superiores enteras, elíptico-espatuladas. Involucro 10-15 × (4)5-9(10) mm, subcilíndrico-fusiforme, débilmente atenuado en la base; brácteas medias con apéndice orbicular u ovado, con parte central elíptica, amarillenta o parda, y margen entero, lacerado o pectinado-dentado, culminado por una arista o espina de 0,5-1,5(2) mm. Aquenios 2,9-4 mm. Vilano externo 1,5-2,5(2,8) mm. $2n = 18$.

En orlas y claros de bosque, matorrales, y herbazales en bordes de camino, en suelos pedregosos de naturaleza silícea y ± nitrificados; 500-1000 m. VI-IX. ● SW de España. **Esp.:** Ba H Se.

28. C. costae Willk. in Linnaea 30: 115 (1859) [Cóstae]

C. alba subsp. *costae* (Willk.) Dostál in Bot. J. Linn. Soc. 71: 205 (1976)
Ind. loc.: "Hab. nostra species in Catalauniae ditione la Segarra, ubi cl. Costa eam prope San Ramon aliisque in locis d. 16. Julii 1858 florentem fructiferamque legit" [lectótipo designado por E. López Nieto & J.A. Devesa in Collect. Bot. (Barcelona) 30: 46 (2011): COI]
Ic.: O. Bolòs & Vigo, Fl. Països Catalans 3: 914 (1995) [sub *C. alba*]; E. López & Devesa in Collect. Bot. (Barcelona) 30: 46 fig. 4 A-N [sub *C. alba* var. *costae*] O [sub *C. alba* var. *maluqueri*] P [sub *C. alba* var. *montsicciana*] (2011); lám. 104

Hierba perenne, con raíz axonomorfa, sufruticulosa, inerme –excepto a veces las brácteas involucrales–, verde-grisácea, con pelos tectores unicelulares y pluricelulares. Tallos hasta de 50(95) cm, erectos o ascendentes, ramificados por lo general desde la parte media o superior, de sección circular o ± poligonal, acostilla-

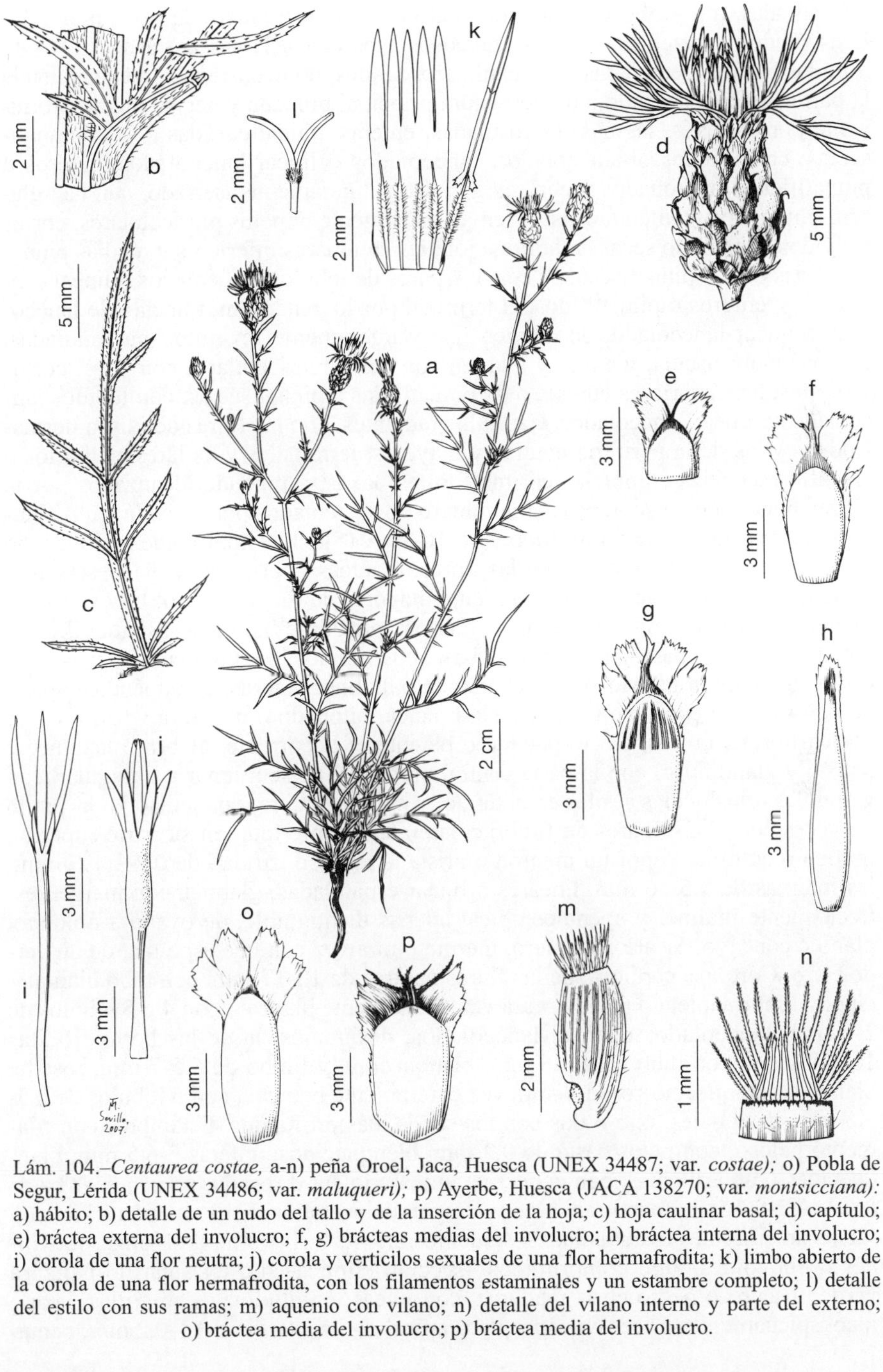

Lám. 104.–*Centaurea costae,* a-n) peña Oroel, Jaca, Huesca (UNEX 34487; var. *costae);* o) Pobla de Segur, Lérida (UNEX 34486; var. *maluqueri);* p) Ayerbe, Huesca (JACA 138270; var. *montsicciana):* a) hábito; b) detalle de un nudo del tallo y de la inserción de la hoja; c) hoja caulinar basal; d) capítulo; e) bráctea externa del involucro; f, g) brácteas medias del involucro; h) bráctea interna del involucro; i) corola de una flor neutra; j) corola y verticilos sexuales de una flor hermafrodita; k) limbo abierto de la corola de una flor hermafrodita, con los filamentos estaminales y un estambre completo; l) detalle del estilo con sus ramas; m) aquenio con vilano; n) detalle del vilano interno y parte del externo; o) bráctea media del involucro; p) bráctea media del involucro.

dos, sin alas, muy foliosos, con indumento generalmente laxo, de pelos pluricelulares rígidos y patentes, y pelos araneosos esparcidos. Hojas hasta de 130 × 40 mm, las basales pecioladas y las caulinares sésiles, no decurrentes, menores hacia la parte superior del tallo, con nervadura principal pinnada y nervio medio prominente por el envés; las basales rosuladas, enteras, pinnatipartidas o 1(2) pinnatisectas, con lóbulos oblanceolados, lanceolados o linear-lanceolados, enteros o pinnatífidos, mucronados y con margen liso o ligeramente aserrado, con haz glabriúscula o laxamente araneosa, y envés y margen con pelos pluricelulares, cortos y rígidos, a menudo secas en la floración; las caulinares inferiores y medias pinnatipartidas o 1(2) pinnatisectas y con 1-4 pares de lóbulos lanceolados o linear-lanceolados, enteros o pinnatífidos, el terminal por lo general más ancho, de lanceolado a linear-lanceolado, de margen liso y ligeramente revoluto, mucronuladas, con haz glabriúscula, y envés y margen con pelos pluricelulares antrorsos, cortos y rígidos; las superiores enteras o de pinnatífidas a pinnatisectas, con lóbulos lanceolados o linear-lanceolados. Capítulos radiantes, con las flores del disco hermafroditas y las de la periferia neutras y mayores, terminales y axilares, solitarios o en inflorescencias complejas corimbiformes, laxas, a menudo alcanzados por la última hoja –que no sobrepasa el involucro– o sustentados por un pedúnculo blanco y tomentoso de 5-10 mm. Involucro 10-16 × (5)6-12 mm, ovoide, redondeado en la base, muy sobrepasado por las flores; brácteas imbricadas y dispuestas aparentemente en 6 o 7 series, gradualmente mayores de fuera adentro; las externas y medias de ovadas a ovado-oblongas, fuertemente adpresas, verdosas, amarillentas o purpúreas en la parte superior de la base, con nervios longitudinales apenas marcados, de margen herbáceo o estrechamente hialino, glabras, con apéndice apical de 1,5-4 mm, menor que la base de la bráctea, bilobado o más rara vez orbicular, cocleariforme, erecto, erecto-patente o patente, ± decurrente, glabro o laxamente peloso y glanduloso, con la parte central pardusca, de semilunar a triangular, con glándulas translúcidas sésiles en el dorso, y margen entero, denticulado o lacerado –a veces con (1)2-5 pares de fimbrias laterales– sobre todo en su parte superior, mútico o culminado por un mucrón o arista –simple o trífida– de 0,2-1(1,6) mm; las internas de 9,5-16 mm, lineares o linear-espatuladas, glabras, con margen estrechamente hialino, y apéndice apical apenas distinguible, de ovado a oblongo, plano o cóncavo, escarioso, entero, inerme o rara vez con una espínula, de un verde claro. Corola ± papilosa, de las flores neutras de 12-17 mm, con tubo blanquecino, y limbo violeta o rosado –rara vez enteramente blanca–, con 4 o 5 lóbulos de 2-6 mm, lanceolados o linear-lanceolados, desiguales; la de las hermafroditas 10,5-13 mm, con tubo de 4,5-6 mm, blanquecino, y limbo de 5,5-7 mm, rosado, blanco o blanquecino-rosado –rara vez enteramente blanca–, con 5 lóbulos de 2,5-3,5 mm, desiguales, uno o dos con los senos más profundos. Estambres con filamento peloso, con pelos hasta de 0,2 mm, blanquecinos; anteras 5-6,5 mm, blanquecinas o amarillentas, con conectivo apical violeta o rosado, y apéndices basales de 0,2-0,4 mm, membranáceos y a menudo lacerados. Estilo blanquecino, con ramas amarillentas o anaranjadas. Aquenios 2,5-4,3 × 1-1,6 mm, oblongo-obovoides u obovoides, algo comprimidos –sección elíptica–, de un amarillo pajizo a verde obscuro o negro en la madurez, con líneas longitudinales amarillas, laxa e inconspicuamente seríceo-vilosos; placa apical con nectario de 0,1-0,2 mm, pentalobulado, amarillento; hilo cárpico 0,4-0,6 mm, lateral-adaxial, con eleosoma. Vilano doble, persistente; el externo con varias filas de escamas de 0,5-2,5 mm, lineares, serradas, blanquecinas, y el interno con una fila de escamas setáceas en su parte superior, cortas, erectas y ± conniventes. $2n = 18$.

Orlas y claros de bosque, matorrales y herbazales de bordes de camino y carretera, en suelos ligeramente nitrificados; (100)450-1900 m. V-X. ● NE de España. **Esp.:** B Ge? Hu L Na Z.

Observaciones.–En el territorio pueden reconocerse tres variedades: la var. *maluqueri* Font Quer in Treb. Mus. Ci. Nat. Barcelona, Sèr. Bot. 5: 230 (1920) [*C. alba* subsp. *maluqueri* (Font Quer) Molero & Vigo in Treb. Inst. Bot. Barcelona 6: 24 (1981); *C. alba* var. *maluqueri* (Font Quer) O. Bolòs & Vigo in Collect. Bot. (Barcelona) 17: 91 (1988); *C. costae* f. *robusta* Font Quer, in sched., nom. nud.] tiene el apéndice de las brácteas involucrales de 3,5-6 mm de anchura y siempre mútico (Esp.: Ge? Hu L; $2n = 18$), mientras que en las demás variedades está rematado por un mucrón o una arista, simple o trífida.

La var. *costae* [*C. aragonensis* Bubani, Fl. Pyren. 2: 162 (1899); *C. cinerascens* Bubani, Fl. Pyren. 2: 161 (1899); *C. pinae* var. *aragonensis* (Bubani) J.M. Monts. in Collect. Bot. (Barcelona) 15: 329 (1984); *C. alba* var. *cinerascens* (Bubani) J.M. Monts., Fl. Veg. Sierra Guara: 195 (1986)] reúne plantas con apéndice de las brácteas involucrales medias de 3-5 mm de anchura y rematado por un mucrón de 0,3-0,5(1) mm (Esp.: B Hu L Z; $2n = 18$); por último, en la var. *montsicciana* Pau & Font Quer in Treb. Mus. Ci. Nat. Barcelona, Sèr. Bot. 5: 230 (1920) [*C. biformis* var. *oscilans* Pau & Font Quer in Treb. Mus. Ci. Nat. Barcelona, Sèr. Bot. 5: 229 (1920); *C. sagarrae* Pau & Font Quer in Treb. Mus. Ci. Nat. Barcelona, Sèr. Bot. 5: 230 (1920), pro hybrid.; *C. alba* var. *ciliata* Font Quer ex O. Bolòs & Vigo in Collect. Bot. (Barcelona) 17: 92 (1988); *C. alba* var. *montsicciana* (Pau & Font Quer) O. Bolòs & Vigo in Collect. Bot. (Barcelona) 17: 92 (1988); *C. alba* subsp. *montsicciana* (Pau & Font Quer) Romo, Fl. Veg. Montsec: 304 (1989); *C. leucophaea* var. *oscilans* (Pau & Font Quer) Romo, Fl. Veg. Montsec: 302 (1989); *C. alba* subsp. *ciliata* (Font Quer ex O. Bolòs & Vigo) Greuter in Willdenowia 35: 227 (2005); *C. biformis* var. *oscilans* Pau & Font Quer, in sched., nom. nud.] se incluyen las plantas que tienen el apéndice de las brácteas involucrales medias de (3,5)4,5-6 mm de anchura y rematado por una arista trífida de (0,3)0,5-1,6 mm (Esp.: B Hu L Na).

Sect. 3. **Jacea** (Mill.) Pers. ex Dumort.
Jacea Mill.
Platylophus Cass.
Pterolophus Cass.
Setachna Dulac
Subsect. *Nigrae* Hayek

Hierbas perennes. Tallos sin alas. Capítulos homógamos, discoides, con todas las flores hermafroditas y de tamaño similar, o radiantes, con las flores del disco hermafroditas y las de la periferia neutras, patentes y mayores que aquellas. Involucro ovoide o globoso, rara vez obcónico; brácteas medias con apéndice apical orbicular o elíptico, ± cocleariforme, con borde escarioso y de margen lacerado o denticulado, rematado por un mucrón, o bien triangular, triangular-lanceolado, triangular-ovado o lanceolado, pectinado-fimbriado, con 4-19(20) pares de fimbrias laterales, la apical menor, erecto o erecto-patente, no decurrente. Corola rosada o rosado-purpúrea. Aquenios con reborde de la placa apical entero o inconspicuamente denticulado, y eleosoma que no sobrepasa la base del aquenio. Sin vilano o con vilano poco desarrollado, o bien doble, el externo con varias filas de escamas planas, serradas, erectas o erecto-patentes, y el interno con una fila de escamas mucho menores, erectas y ± conniventes. $x = 11$.

Observaciones.–En los suelos ± permanentemente humedecidos, por los que tienen apetencia la mayor parte de los táxones de la sección, la raíz axonomorfa aparece a menudo substancialmente modificada. A la típica raíz principal, ± engrosada en su parte superior, se suman a menudo las raíces fasciculadas adventicias y ± gruesas que surgen de la base de los brotes –± numerosos– que se forman a partir de la parte superior de aquella. Cada brote da lugar a una roseta de hojas y, con mucha frecuencia, también a un nuevo vástago que puede florecer o no durante el mismo año. Este rizoma corto, por lo general ± vertical y ramificado, es fácilmente escindible y puede facilitar la multiplicación vegetativa.

29. C. jacea L., Sp. Pl.: 914 (1753) [Jácea]

Jacea pratensis Lam., Fl. Franç. 2: 55 (1779)
C. pratensis Lam. ex Salisb., Prodr. Stirp. Chap. Allerton: 208 (1796), nom. illeg.
Ind. loc.: "Habitat in Europa septentrionali" [lectótipo designado por M. Barbo & al. in Taxon 47: 357 (1998): BM]

Hierba perenne, con raíz axonomorfa, o ± rizomatosa y con raíces adventicias fasciculadas, sufruticulosa, multicaule, inerme, verde, glabrescente, escábrido-araneosa o araneoso-tomentosa, con pelos tectores unicelulares y pluricelulares, y glándulas sésiles. Tallos hasta de 80 cm, erectos o ascendentes, muy ramificados desde la parte media o la inferior, con ramas erecto-patentes, de sección circular o ± poligonal –con 4-6 costillas muy marcadas–, sin alas, foliosos en su mayor parte, glabrescentes, escábridos o con indumento araneoso-tomentoso ± denso de pelos unicelulares, pelos pluricelulares cónicos cortos y glándulas punctiformes. Hojas hasta de 200 × 40 mm, las basales largamente atenuadas en un pecíolo y las caulinares sésiles, subauriculadas en la base, no decurrentes, menores hacia la parte superior del tallo, con nervadura pinnada –nervio medio destacado en ambas caras–, punteado-glandulosas, ± araneoso-escábridas por ambas caras –con pelos pluricelulares de 0,1-0,3 mm, cónicos, rectos, con 2-5 células–, o ± glabrescentes, con margen plano, antrorso-escábrido; las basales y caulinares inferiores con limbo lanceolado, elíptico-lanceolado u ovado-lanceolado, dentado, inciso-dentado o pinnatífido con dos o tres lóbulos hacia la base, agudas, mucronadas; las medias y superiores oblongas, lineares, elíptico-lanceoladas u ovado-lanceoladas, enteras, dentadas, inciso-dentadas, o pinnatífidas con dos o tres lóbulos agudos, por lo demás semejantes a las anteriores. Capítulos discoides, con todas las flores hermafroditas y de tamaño similar, o radiantes, con las flores del disco hermafroditas y las de la periferia neutras, patentes y mayores que aquellas, terminales, solitarios, alcanzados o no por las hojas caulinares superiores, que no sobrepasan el involucro. Involucro (10)13-18 × (4)6-13 mm, globoso u ovoide, truncado o ligeramente atenuado en la base, ± araneoso, netamente sobrepasado por las flores; brácteas imbricadas y dispuestas aparentemente en 7 u 8 series, gradualmente mayores de fuera adentro, verdes o verdoso-amarillentas –pardas cuando secas–, laxamente araneosas y a veces esparcidamente glandulosas; las medias con base lanceolada o elíptica y margen estrechamente escarioso, con 3 o 4 nervios de un verde más obscuro o acastañado, laxamente araneosas, con apéndice apical de (2,5)4-7 × (3)4-7 mm, orbicular o ± elíptico, cóncavo o cocleariforme, erecto o erecto-patente, ± araneoso en su base, de un negro acastañado en su parte central y pardo o blanquecino en el resto, no decurrente, con borde ± escarioso y de margen lacerado, laciniado o ± dentado, con mucrón de 0,1-0,2 mm o sin mucrón –el conjunto de los apéndices oculta las bases de las brácteas–; las internas 9-14 mm, lineares o linear-espatuladas, glabrescentes o laxamente araneosas, con 3 o 4 nervios marcados y margen escarioso-hialino, ± contraídas en un apéndice espatulado, escarioso, inciso-dentado o con algunas fimbrias hialinas, a menudo pardo o de un pardo acastañado en el centro. Corola ± papilosa, la de las flores neutras (13)16-25(28) mm, con tubo blanquecino y limbo rosado o violeta, este con 5 lóbulos de 4-10 mm oblongo-lanceolados, desiguales; la de las hermafroditas (11)14-17 mm, con tubo de (4)7-8 mm, blanquecino, y limbo de (7)8-9 mm, rosado, blanquecino-rosado o blanquecino-violeta, con 5 lóbulos de 3-5 mm, linear-lanceolados, desiguales, por lo general dos con los senos más profundos. Estambres con filamento peloso; anteras 5-6 mm, blanquecinas, con conectivo apical rosado o violeta, y apéndices basales de 0,3-0,5 mm, membranáceos y a menudo lacerados. Estilo blanquecino, con ramas de un rosa-violeta. Aquenios 2,8-4 × 1,2-1,6 mm, oblongos u obovoides, algo comprimidos –sección elíptica–, con al menos 4 costillas longitudinales ± marcadas y otras secundarias menos perceptibles, de un amarillo pajizo o pardos, laxamente pelosos; placa apical con nectario de 0,1 mm, ± pentalobulado; hilo cárpico 0,6-0,8 mm, lateral-adaxial. Sin vilano o con vilano de solo una fila de escamas –la interna– apenas desarrollada, de menos de 0,1 mm. $2n$ = 22, 44.

Prados, claros de pinar y robledal, cultivos abandonados, etc., por lo general en suelos básicos; (15)300-1800 m. VII-IX. Europa y NW de África. Mitad N de la Península Ibérica, muy rara en el S. **Esp.:** (Av) B Bu Cs Cu Ge Gr Gu Hu L Lo M Na P S Sa Sg So T Te V Va Vi Z. **Port.:** DL. **N.v.:** cártamo silvestre, escoba blanca, escoba negra, escoba yesquera, escobera, hierba de los burros, jácea de los prados, liebrecilla, yerba ojera, yerba rosa; *port.:* jaca; *cat.:* ascardot, caps blaus; *eusk.:* manda belarra, udazkeneko mandabelarra.

Observaciones.–La especie se hibrida con facilidad con las del complejo *C. nigra-C. debeauxii.* Los híbridos presentan, por lo general, brácteas involucrales con características intermedias entre las de los parentales, con un apéndice orbicular, lacerado-fimbriado –grupos de fimbrias ± soldadas de manera característica, pardas o negruzcas–. Estas plantas, muy abundantes en la mitad N de España (Esp.: B Bu Cs C Ge Hu L Le Lo M Na P S Sa Sg So SS T Vi Z) y en el W de Europa, se identifican aquí colectivamente como *C.* × *decipiens,* si bien los nombres que han recibido los supuestos híbridos son muy numerosos (véase el apartado de híbridos). La mayor parte de las veces resulta muy difícil reconocer morfológicamente qué otro parental se ha cruzado con *C. jacea.* De hecho, en el curso de este estudio, se han detectado plantas de posible origen híbrido con hojas ± lineares o lanceoladas y capítulos radiantes o discoides, en las áreas de solapamiento de la subsp. *angustifolia, C. nigra* subsp. *nigra* y *C. debeauxii* subsp. *debeauxii,* que son interpretables como híbridos entre estas. También se conocen ejemplares con hojas ovado-lanceoladas o elíptico-lanceoladas y capítulos discoides o radiantes en los Pirineos centrales, que son muy comunes y posiblemente híbridos de *C. nigra* subsp. *nigra* y la subsp. *vinyalsii;* la morfología de otras plantas del Sistema Ibérico es intermedia entre las de *C. nevadensis* y la subsp. *angustifolia;* y en el Sistema Central ocurre otro tanto entre *C. nigra* subsp. *carpetana* y la subsp. *angustifolia.* También se ha indicado la existencia de híbridos entre *C. jacea* subsp. *angustifolia* y *C. calcitrapa (C.* × *sudrei,* véase el apartado de híbridos), aunque no ha podido ser confirmada.

La variabilidad debida a la hibridación dificulta la delimitación de *C. jacea.* Por este motivo, la información corológica de los táxones reconocidos aquí está basada exclusivamente en el material de herbario estudiado y se ha desechado la información corológica derivada de la bibliografía cuando no ha podido ser contrastada.

1. Hojas medias elíptico-lanceoladas u ovado-lanceoladas; involucro de (8)11-13 mm de anchura, ± globoso, truncado en la base; apéndice de las brácteas involucrales medias de (4)6-7 mm de anchura .... **a.** subsp. **vinyalsii**

– Hojas medias lineares; involucro de (4)6-9(13) mm anchura, ± ovoide, ligeramente atenuado en la base; apéndice de las brácteas involucrales medias de (3)4-5(7) mm de anchura .... **b.** subsp. **angustifolia**

a. subsp. **vinyalsii** (Sennen) O. Bolòs, Nuet & Panareda in Terradas & Miralles (eds.), Patrim. Biol. Montseny: 76 (1986) [Vinyálsii]

C. vinyalsii Sennen, Pl. Espagne 1925, n.º 5338 (1925-1926), in sched. [basión.]
Ind. loc.: "Barcelone: S. Cugat, coteaux argiles, marges" [lectótipo designado por I. Arnelas & J.A. Devesa in Acta Bot. Malac. 36: 39 (2011): BC]
Ic.: O. Bolòs & Vigo, Fl. Països Catalans 3: 915 (1996)

Hojas hasta de 130 × 40 mm, dentadas, inciso-dentadas o pinnatífidas con 1 o 2 lóbulos hacia la base, adpreso-araneosas o tomentosas por ambas caras; las inferiores con limbo elíptico-lanceolado u ovado-lanceolado; las medias y superiores elíptico-lanceoladas u ovado-lanceoladas, inciso-dentadas o pinnatífidas con 2 o 3 lóbulos. Capítulos por lo general radiantes, rara vez discoides, a menudo alcanzados por las hojas caulinares superiores, que sobrepasan el involucro. Involucro (13)15-18 × (8)11-13 mm, globoso, truncado en la base; brácteas medias con apéndice de (4)5-7 × (4)6-7 mm; brácteas internas 13-14 mm. Corola de las flores neutras (16)20-25(28) mm, la de las hermafroditas (11)14-17 mm. Aquenios (3)3,5-4 × 1,3-1,6 mm. $2n = 44$.

Pastos montanos, cultivos abandonados y sotobosques, por lo general en suelos de naturaleza básica; (15)100-1800 m. VII-IX. Península Ibérica y Francia. NE de España. **Esp.:** B Cs Ge L.

Observaciones.–En la subespecie predominan las poblaciones con capítulos radiantes (Esp.: B Cs Ge L) y son muy raras las que los tienen discoides (Esp.: B).

b. subsp. **angustifolia** (DC.) Gremli, Excursionsfl. Schweiz ed. 2: 248 (1874) [angustifólia]

C. amara var. *angustifolia* DC., Prodr. 6: 570 (1838) [basión.]
C. amara L., Sp. Pl. ed. 2: 1292 (1763)
C. gaudinii Boiss. & Reut. in Boiss., Diagn. Pl. Orient. ser. 2, 3: 70 (1856)
C. timbalii Martrin-Donos, Pl. Crit. Tarn: 31 (1862)
C. jacea subsp. *amara* (L.) Bonnier & Layens, Tabl. Syn. Pl. Vasc. France: 180 (1894)
C. amara f. *approximata* Rouy in Bull. Assoc. Franç. Bot. 1(1): 84 (1898)
C. jacea subsp. *timbalii* (Martrin-Donos) Braun-Blanq. in Braun-Blanq. & al., Groupem. Vég. France Médit.: 138 (1952)
C. vinyalsii subsp. *approximata* (Rouy) Dostál in Bot. J. Linn. Soc. 71: 206 (1976)
C. jacea var. *dertosensis* O. Bolòs & L. Torres in L. Torres, Fl. Massís Port: 329 (1989)
Ind. loc.: "– in pratis apricis"
Ic.: Arnelas & Devesa in Acta Bot. Malac. 36: 41 fig. 2 a-l (2011)

Hojas hasta de 200 × 20 mm, enteras, dentadas, inciso-dentadas o pinnatífidas con dos o tres lóbulos hacia la base, ± araneoso-escábridas por ambas caras; las inferiores con limbo lanceolado o elíptico-lanceolado; las medias y superiores oblongas, lineares, enteras, dentadas o inciso-dentadas. Capítulos discoides o radiantes, alcanzados o no por las hojas caulinares superiores, que escasamente sobrepasan el involucro. Involucro (10)13-17 × (4)6-9(13) mm, ± ovoide, ligeramente atenuado en la base; brácteas medias con apéndice de (2,5)4-7 × (3)4-5(7) mm; brácteas internas 9-14 mm. Corola de las flores neutras (13)20-23(28) mm, la de las hermafroditas (11)14-17 mm. Aquenios 2,8-3,5(4) × 1,2-1,5 mm. $2n$ = 22*, 44; n = 22.

Pastos, claros en sotobosques de pinar y robledal, campos, etc., por lo general en suelos arcillosos de naturaleza calcárea; (26)300-1800 m. VII-IX. W y C de Europa y Región Mediterránea. Mitad N de la Península Ibérica, muy rara en el S. **Esp.:** (Av) B Bu Cs Cu Ge Gr Gu Hu L Lo M Na P S Sa Sg So T Te V Va Vi Z. **Port.:** DL.

Observaciones.–En esta subespecie son frecuentes las poblaciones con capítulos radiantes (Esp.: B Bu Cs Cu Ge Gu Hu L Lo M Na S Te V Va Vi Z) o discoides (Esp.: Bu Cs Cu Ge Gr Gu Hu Lo Na P Sg So T Te Va Vi Z. Port.: DL), si bien, a veces, también hay poblaciones con los dos tipos de capítulo.

30. C. dracunculifolia Dufour in Ann. Sci. Nat. (Paris) 23: 157 (1831) [dracunculifólia]

C. jacea subsp. *dracunculifolia* (Dufour) A. Bolòs, Veg. Comarcas Barcelon.: 533 (1950)
Ind. loc.: “Hab. haud infrequens in maritimis humidiusculis regni Valentini loco dicto Dehesa de la Albufera” [lectótipo designado por I. Arnelas & J.A. Devesa in Acta Bot. Malac. 36: 43 (2011): BORD]
Ic.: Lám. 105

Hierba perenne, con raíz axonomorfa, o ± rizomatosa y con raíces adventicias fasciculadas, sufruticulosa, multicaule, inerme, de un verde pálido, glabrescente, con pelos tectores unicelulares y pluricelulares, y glándulas sésiles. Tallos hasta de 90 cm, erectos, muy ramificados desde la parte media, con ramas erecto-patentes, de sección circular o ± poligonal –con 4-6 costillas muy marcadas–, sin alas, foliosos en su mayor parte, glabrescentes o con indumento araneoso-tomentoso escaso, de pelos unicelulares, sin glándulas punctiformes. Hojas hasta de 80 × 13 mm, las basales largamente atenuadas en un peciolo y las caulinares sésiles, no decurrentes, menores hacia la parte superior del tallo, con nervadura pinnada –nervio medio destacado en ambas caras–, punteado-glandulosas, glabrescentes o con indumento adpreso-araneoso por ambas caras, laxamente escábridas en el envés –con dentículos cónicos unicelulares–, con margen plano, cortamente antrorso-escábrido; las basales y caulinares inferiores con limbo lanceolado, entero o dentado, agudas, mucronadas; las medias y superiores estrechamente lineares, enteras, agudas, por lo demás semejantes a las anteriores. Capítulos radiantes, con las flores del disco hermafroditas y las de la periferia neutras, patentes y mayores que aquellas, terminales, solitarios, no alcanzados por las hojas caulinares superiores. Involucro (10)12-13(16) × (4)5-6 mm, obcónico, atenuado en la base, ± araneoso, netamente sobrepasado por las flores; brácteas imbricadas, dispuestas aparentemente en 6 o 7 series, gradualmente mayores de fuera adentro, verdes o verdoso-amarillentas –pardas cuando secas–, laxamente araneosas, escasamente glandulosas; las medias con base lanceolada y margen estrechamente escarioso, con dos o tres nervios de un verde más obscuro o acastañado, glabrescentes o laxamente araneosas, con apéndice apical de 2,5-3,5(4) × 3-4 mm, orbicular o ± elíptico, cóncavo o cocleariforme, erecto o erecto-patente, ± araneoso y escasa-

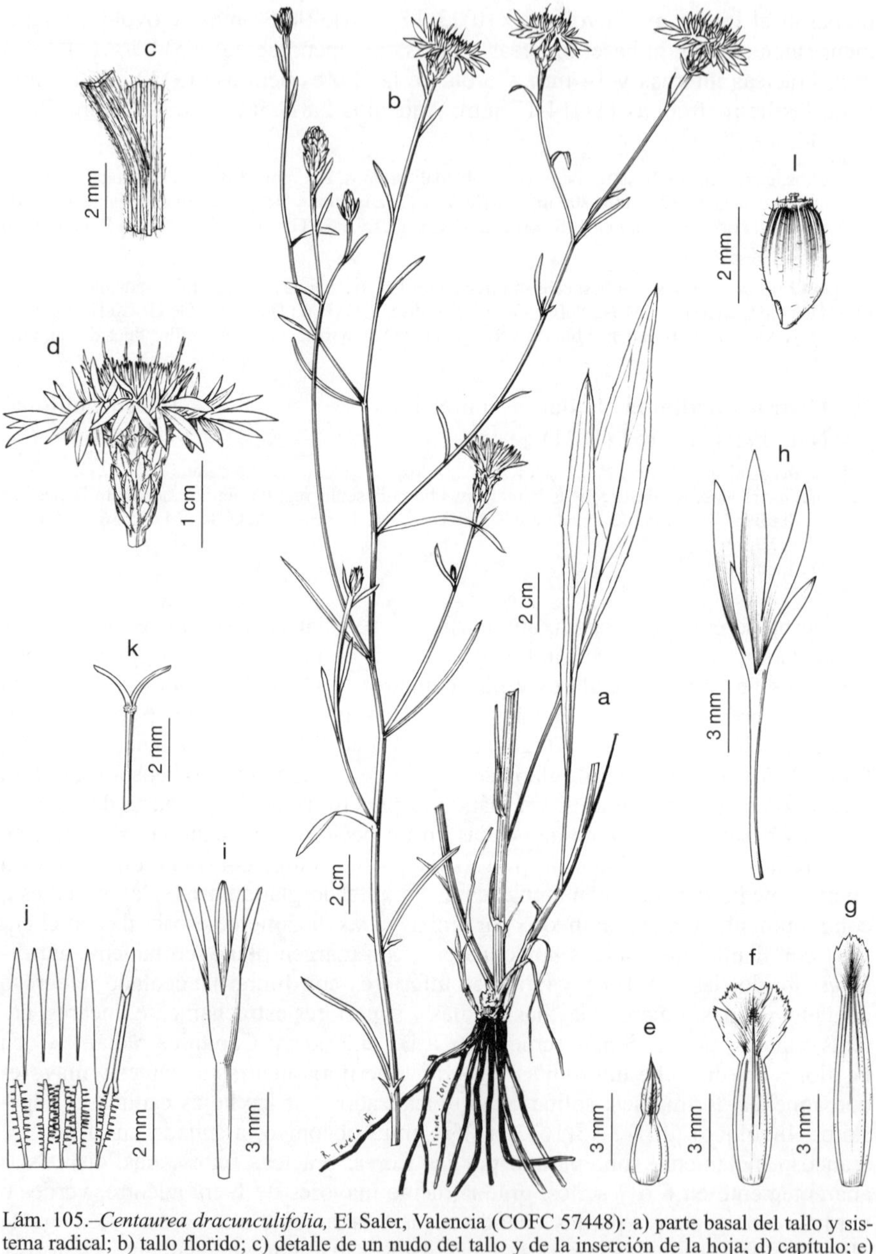

Lám. 105.–*Centaurea dracunculifolia,* El Saler, Valencia (COFC 57448): a) parte basal del tallo y sistema radical; b) tallo florido; c) detalle de un nudo del tallo y de la inserción de la hoja; d) capítulo; e) bráctea externa del involucro; f) bráctea media del involucro; g) bráctea interna del involucro; h) corola de una flor neutra; i) corola y verticilos sexuales de una flor hermafrodita; j) limbo abierto de la corola de una flor hermafrodita, con los filamentos estaminales y un estambre completo; k) detalle del estilo con sus ramas; l) aquenio.

mente glanduloso en su base, de un color acastañado, no decurrente, con borde ± escarioso y de margen lacerado o laciniado, con mucrón de 0,1 mm, –el conjunto de los apéndices oculta o no las bases de las brácteas–; las internas 9-12 mm, lineares o linear-espatuladas, glabrescentes, con 3 o 4 nervios marcados y margen escarioso-hialino, ± contraídas en un apéndice espatulado, escarioso, inciso-dentado o con algunas fimbrias hialinas, a menudo pardo o de un pardo acastañado en el centro. Corola ± papilosa, la de las flores neutras 14-20 mm, con tubo blanquecino y limbo rosado-violeta, este con 5 lóbulos de 2-6 mm, oblongo-lanceolados, marcadamente desiguales, dos de ellos mucho más pequeños; la de las hermafroditas (10)12-15 mm, con tubo de (4)5-7 mm, blanquecino y limbo de (6)7-8 mm, blanquecino o blanquecino-violeta, con 5 lóbulos de 3-4 mm, linear-lanceolados, desiguales, por lo general dos con los senos más profundos. Estambres con filamento peloso; anteras 5-6 mm, blanquecinas, con conectivo apical rosado o rosado-violeta, y apéndices basales de 0,3 mm, membranáceos y a menudo lacerados. Estilo blanquecino, con ramas rosa-violetas. Aquenios 2,5-3 × 1-1,3 mm, obovoides, algo comprimidos –sección elíptica–, con al menos 4 costillas longitudinales ± marcadas y otras secundarias menos perceptibles, de un amarillo pajizo –algo pardos hacia la mitad–, laxamente pubescentes; placa apical con nectario de 0,1 mm, ± pentalobulado; hilo cárpico 0,6-0,8 mm, lateral-adaxial. Sin vilano. $2n = 22$; $n = 11$.

Praderas húmedas, en suelos ± salobres; 0-300(950) m. VII-XII. SE de Francia y Península Ibérica. E de España. **Esp.:** A B Cs Gr T V. **N.v.:** bracera de marjal (Valencia), escobilla.

31. C. nigra L., Sp. Pl.: 911 (1753) [nígra]

Ind. loc.: "Habitat in Anglia, Helvetia, Austria" [lectótipo designado por E.M. Marsden-Jones & W.B. Turrill, Brit. Knapweeds: 13 (1954): LINN]

Hierba perenne, con raíz axonomorfa, sufruticulosa o ⊥ rizomatosa y con raíces adventicias fasciculadas, multicaule, inerme, verde o de un verde pálido, de glabrescente a ± pelosa, con pelos tectores unicelulares y pluricelulares, ± escábrida y con glándulas sésiles dispersas. Tallos hasta de 140 cm, erectos, escasamente ramificados desde la parte media o en la superior, con ramas erecto-patentes, de sección circular o ± poligonal –con 4-6 costillas muy marcadas–, sin alas, foliosos en su mayor parte, glabrescentes o con indumento araneoso-tomentoso de pelos unicelulares y con pelos pluricelulares hasta de 0,5 mm, con glándulas punctiformes dispersas. Hojas hasta de 460 × 60 mm, las basales largamente atenuadas en un pecíolo y las caulinares sésiles, atenuadas o ± auriculadas, no decurrentes, menores hacia la parte superior del tallo, con nervadura pinnada –con nervio medio y los secundarios destacados en ambas caras–, escasamente punteado-glandulosas, glabrescentes o con indumento araneoso adpreso, ± escábridas por ambas caras –con pelos de 0,1-0,3 mm, cónicos, rectos, con 2-5 células–, con margen plano, antrorso-escábrido; las basales y caulinares inferiores con limbo elíptico u ovado-lanceolado, entero, dentado, inciso-dentado o pinnatífido con 1 o 2(3) lóbulos hacia la base, el terminal ovado, agudos u obtusos, mucronados; las medias y superiores lanceoladas u ovado-lanceoladas, enteras, dentadas, inciso-dentadas o pinnatífidas con uno o dos lóbulos hacia la base, agudas o acuminadas, mucronadas, por lo demás semejantes a las anteriores. Capítulos discoides, con todas las flores hermafroditas y de tamaño similar, o radiantes, con las flores del disco hermafroditas y las de la periferia neutras –a veces con pistilodio–, patentes y mayores que aquellas, terminales, solitarios, alcanzados por las hojas caulinares superiores, que por lo general sobrepasan el involucro. Involucro (12)15-20(23) × (6)8-13(14,5) mm, globoso, redondeado o truncado en la base, ± araneoso, ± sobrepasado por las flores; brácteas imbricadas y dispuestas aparentemente en 7 u 8 series, gradualmente mayores de fuera adentro, verdes o verdoso-amarillentas –pardas cuando secas–, laxamente araneosas; las medias con base lanceolada y margen estrechamente escarioso, con 3 o 4 nervios de un verde más obscuro o acastañado, laxamente araneosas, con apéndice apical de (1,5)3-6 × (1)1,5-5(7) mm, triangular-lanceolado o triangular-ovado, pectinado-fimbriado, erecto, negruzco, de un color castaño, castaño negruzco o, a veces, ± blanquecino, no decurrente, con 11-19(20) pares de fimbrias laterales de (0,3)1-4 mm –la terminal 1-2 mm–, escábridas o barbadas, negruzcas o de un pardo claro hacia la punta, o blanquecinas, –el conjunto de los apéndices oculta las bases de las brácteas–; las internas 13-16 mm, lineares o linear-espatuladas, glabrescentes, con 3 o 4 nervios marcados y margen escarioso-hialino, ± contraídas en un apéndice espatulado, escarioso, inciso-dentado o con algunas fimbrias hialinas, a menudo pardo o de un pardo acastañado en el centro, o a veces de un color argénteo hacia el extremo. Corola ± papilosa, la de las flores neutras 20-30 mm, con tubo blanquecino y limbo rosado-violeta, este con 5 lóbulos de 4-14 mm, oblongo-lanceolados, marcadamente desiguales, dos mucho menores; la de las hermafroditas (12)14-19 mm, con tubo de (5)6-9 mm, blanquecino, y limbo de (7)8-11 mm, blanquecino-rosado o rosa-violeta, con 5 lóbulos de 3-6 mm, linear-lanceolados, desiguales, por lo general dos con los senos más profundos. Estambres con filamento peloso; anteras 5-7 mm, blanquecinas, con conectivo apical violeta, y apéndices basales de 0,3-0,5 mm, membranáceos y a menudo lacerados. Estilo blanquecino, con ramas rosa-violetas. Aquenios (2,5)3-4,5 × 1-1,7 mm, oblongos u oblongo-obovoides, algo comprimidos –sección elíptica–, con al menos 4 costillas longitudinales ± marcadas y otras secundarias menos perceptibles, de un amarillo pajizo –algo pardos hacia la mitad–, laxamente pelosos; placa apical con nectario de 0,1 mm, ± pentalobulado; hilo cárpico 0,6-0,8 mm, lateral-adaxial. Vilano doble o simple, persistente, de un amarillo pajizo; el externo con 2 o 3 filas de escamas desiguales bien desarrolladas, las mayores de (0,2)0,3-1,3(2) mm, y el interno con una fila de escamas setáceas mucho menores e incurvadas, o bien sin vilano interno, o bien vilano apenas desarrollado y con una o dos filas de escamas de 0,3-0,7 mm. $2n$ = 22, 44.

Herbazales y prados húmedos ± nitrificados, praderas subalpinas, prados de siega, cultivos abandonados, rellanos y grietas de roquedo, etc., en suelos de naturaleza calcárea o silícea; (10)350-2000 m. (V)VI-X(XII). C, W, SW y S de Europa. Mitad N de la Península Ibérica, rara en el SW. **And. Esp.:** Av Bi Bu C Cc CR Ge Gu H Hu L Le Lu M Na O Or P Po S Sa Sg SS Za. **Port.:** BA BB BL DL Mi TM. **N.v.:** aciano negro, cañamones, garabanzos (Asturias), garampayu (Asturias), garbanzón (Asturias), hierba de la mota, manzorru (Asturias); *cat.:* caps de burro; *eusk.:* nabar-lorea.

1. Capítulos discoides 2
– Capítulos radiantes 3

2. Apéndice de las brácteas involucrales medias (1,5)3-4,5(6) × (1)1,5-3 mm, triangular-lanceolado, erecto-patente, negruzco o de un color castaño negruzco, con 11-15(19) pares de fimbrias laterales de 1,5-3(4) mm, negruzcas o pardas; involucro redondeado en la base; corola (12)14-16(18) mm .... **a.** subsp. **nigra**
– Apéndice de las brácteas involucrales medias (3,5)4-6 × (2)3,5-5 mm, triangular-ovado, erecto, de un color acastañado, acastañado negruzco o ± blanquecino, con 15-17(20) pares de fimbrias laterales de (0,5)2-4 mm, de un pardo claro o blanquecinas; involucro truncado en la base; corola (16)17-19 mm .... **d.** subsp. **carpetana**
3. Apéndice de las brácteas involucrales medias triangular-ovado, de un color castaño, castaño negruzco o ± blanquecino; corola de las flores hermafroditas (16)17-19 mm, la de las flores neutras 20-23(29) mm; capítulos ligeramente radiantes ..... **d.** subsp. **carpetana**
– Apéndice de las brácteas involucrales medias lanceolado, triangular-lanceolado o triangular-ovado, por lo general negruzco o de un color acastañado negruzco; corola de las flores hermafroditas (12)14-16(18) mm, la de las flores neutras (20)25-30 mm; capítulos notablemente radiantes 4
4. Vilano externo escasamente desarrollado o sin vilano externo, con escamas de 0,3-0,7 mm; involucro redondeado en la base .... **b.** subsp. **endressii**
– Vilano externo bien desarrollado, con escamas de (0,3)0,7-1,3(1,9) mm; involucro truncado en la base .... **c.** subsp. **rivularis**

a. subsp. **nigra**

C. nemoralis auct. hisp., non Jord. in Mém. Acad. Natl. Sci. Lyon, Sect. Lett., ser. 2, 1: 315 (1851)
Ic.: H.J. Coste, Fl. Descr. France 2: 391 (1903)

Hierba de un verde obscuro, glabrescente o laxamente lanuginoso-escábrida. Tallos hasta de 120 cm. Hojas caulinares lanceoladas, de dentadas a sinuado-pinnatífidas, con uno o dos lóbulos en la base. Capítulos discoides. Involucro (12)15-16(19) × (6)8-11(13) mm, globoso, redondeado en la base; brácteas medias con apéndice de (1,5)3-4,5(6) × (1)1,5-3 mm, triangular-lanceolado, erecto-patente, negruzco o de un color acastañado negruzco, con 11-15(19) pares de fimbrias laterales de 1,5-3(4) mm, negruzcas o pardas, la apical de 1,5-2 mm. Corola (12)14-16(18) mm. Aquenios (2,5)3-4 × 1,3-1,5 mm. Vilano externo bien desarrollado, con escamas de (0,3)0,5-1 mm. $2n = 22, 44$.

Herbazales y pastos húmedos ± nitrificados, praderas subalpinas, rellanos y grietas de roquedo en calizas, etc.; (10)350-2000 m.VII-IX. C, W, SW y S de Europa. N de España y Andorra. **And. Esp.:** Bi Bu C Ge Hu L Le Lu Na Or P S SS.

Observaciones.–De la vertiente francesa de los Pirineos proceden unos ejemplares que, por la morfología de las brácteas involucrales y porque no tienen las flores de la periferia radiantes, recuerdan a la subsp. *nigra,* si bien aquellas son pardas y no negruzcas. Además, en estos ejemplares los aquenios carecen de vilano, a diferencia de lo que es común en la subsp. *nigra.* Estas plantas, que fueron descritas con el nombre *C. fulva* A. Huet in Ann. Sci. Nat., Bot. ser. 3, 19: 254 (1853), parecen constituir una variante local que hasta la fecha no ha sido detectada en el territorio de esta flora.

b. subsp. **endressii** (Hochst. & Steud.) Arnelas & Devesa in Acta Bot. Malac. 36: 47 (2011) [Endréssii]

C. endressii Hochst. & Steud. in Steud., Nomencl. Bot. ed. 2, 1: 320 (1840) ["Endresii"] [basión.]
C. nigra var. *radiata* DC. in lam. & DC., Fl. Franç. ed. 3: 460 (1815) [syn. subst.]
C. coronata Lamy in Compt. Rend. Congr. Archéol. Fr., Séances Gén. 1865: 94 (1866)

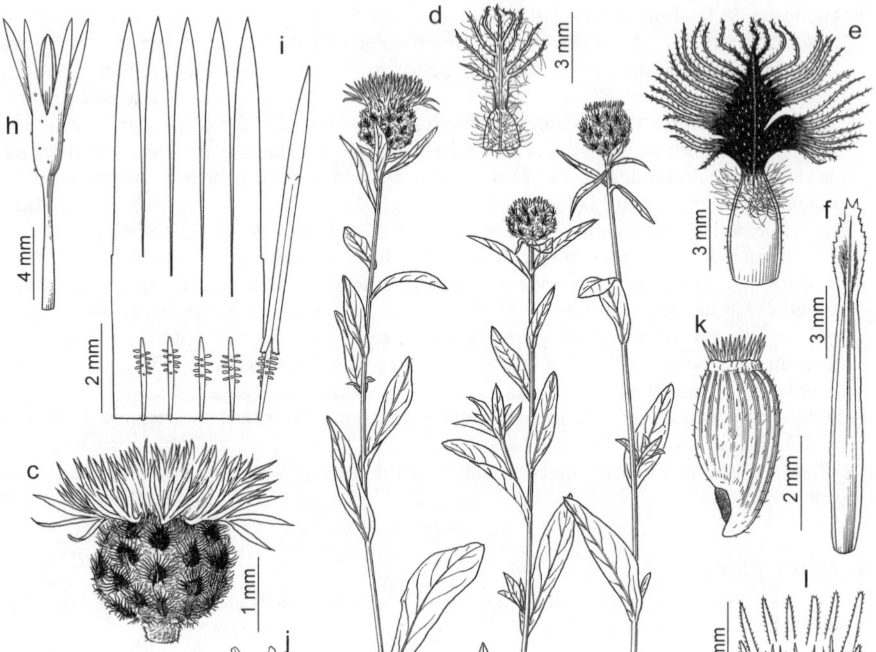

Lám. 106.–*Centaurea nigra* subsp. *endressii,* Eugi, Navarra (COFC 58404): a) hábito; b) detalle de un nudo del tallo y de la inserción de la hoja; c) capítulo; d) bráctea externa del involucro; e) bráctea media del involucro; f) bráctea interna del involucro; g) corola de una flor neutra; h) corola y verticilos sexuales de una flor hermafrodita; i) limbo abierto de la corola de una flor hermafrodita, con los filamentos estaminales y un estambre completo; j) detalle del estilo con sus ramas; k) aquenio con vilano; l) detalle del vilano interno y parte del externo.

C. debeauxii subsp. *endressii* (Hochst. & Steud.) Dostál in Bot. J. Linn. Soc. 71: 206 (1976)
Ind. loc.: "(...) je l'ai trouvée à la montagne d'Esquierro, dans les Pyrénées près Bagnères-de-Luchon" [sec. Lam. & DC., Fl. Franç. ed. 3: 461 (1815)]
Ic.: Lám. 106

Hierba verde, glabrescente o ± lanuginoso-escábrida. Tallos hasta de 80 cm. Hojas caulinares linear-lanceoladas, lanceoladas u ovado-lanceoladas, dentadas o sinuado-pinnatífidas. Capítulos radiantes –flores neutras a veces con pistilodio–. Involucro (13)15-18(23) × (8)11-13(14) mm, globoso, redondeado en la base; brácteas medias con apéndice de (3)4-5(6) × 3-4(7) mm, triangular-lanceolado, erecto-patente, negruzco o de un color castaño negruzco, con 13-16(18) pares de fimbrias laterales de (0,3)1-3 mm, negruzcas o pardas, la apical de 0,7-1,5 mm. Corola de las flores hermafroditas (12)14-16(18) mm, la de las neutras (20)25-30 mm. Aquenios (2,5)3-4 × (1)1,3-1,6 mm. Vilano externo escasamente desarrollado con 1 o 2 filas de escamas de 0,3-0,7 mm o sin vilano externo. $2n = 44$.

Herbazales húmedos ± nitrificados, prados de siega cercanos a cursos fluviales, cultivos abandonados, etc., en suelos de naturaleza calcárea; (350)700-1800 m. VI-X. Península Ibérica y Francia. Andorra y N de España: Cantábrico y Pirineos. **And. Esp.:** Hu Le Na S SS.

c. subsp. **rivularis** (Brot.) Cout., Fl. Portugal: 655 (1913) [rivuláris]

C. rivularis Brot., Fl. Lusit. 1: 367 (1804) [basión.]
Ind. loc.: "Hab. in humidis, et ad rivulos inter Conimbricam et Bussaco, et alibi in Beira boreali"
Ic.: Lám. 107

Hierba verde o de un verde pálido, glabrescente o ± laxamente lanuginoso-escábrida. Tallos hasta de 140 cm. Hojas caulinares lanceoladas u oblongo-lanceoladas, enteras o dentadas. Capítulos radiantes. Involucro (13)15-17(23) × (8,5)10-12(14) mm, globoso, truncado en la base; brácteas medias con apéndice de (2,5)3-4,5(5) × 2-3(4,5) mm, triangular-lanceolado o triangular-ovado, erecto, negruzco, de un color castaño negruzco o ± blanquecino, con (11)13-17(18) pares de fimbrias laterales de (0,5)1-2,5(4) mm, negruzcas, de un pardo claro o blanquecinas hacia la punta, la apical de 1,5-2 mm. Corola de las flores hermafroditas (12)14-16(18) mm, la de las neutras (20)25-30 mm. Aquenios (3)3,5-4,5 × (1)1,3-1,7 mm. Vilano externo bien desarrollado, con escamas de (0,3)0,7-1,3(1,9) mm. $2n = 22$; $n = 11$.

Herbazales húmedos ± nitrificados, orlas de robledal, cultivos, vaguadas, etc., en substratos ácidos; 10-1500 m. V-XII. ● Cuadrante NW de la Península Ibérica, menos frecuente en el SW de España. **Esp.:** C H Le Lu O Or P Po S Za. **Port.:** BA BL DL Mi TM.

Observaciones.–Esta subespecie convive en muchos enclaves del NW peninsular con *C. debeauxii* subsp. *grandiflora,* donde es posible encontrar individuos con características intermedias de ambos táxones (Esp.: O P S).

d. subsp. **carpetana** (Boiss. & Reut.) Nyman, Consp. Fl. Eur.: 422 (1879) [carpetána]

C. carpetana Boiss. & Reut., Pugill. Pl. Afr. Bor. Hispan.: 65 (1852) [basión.]

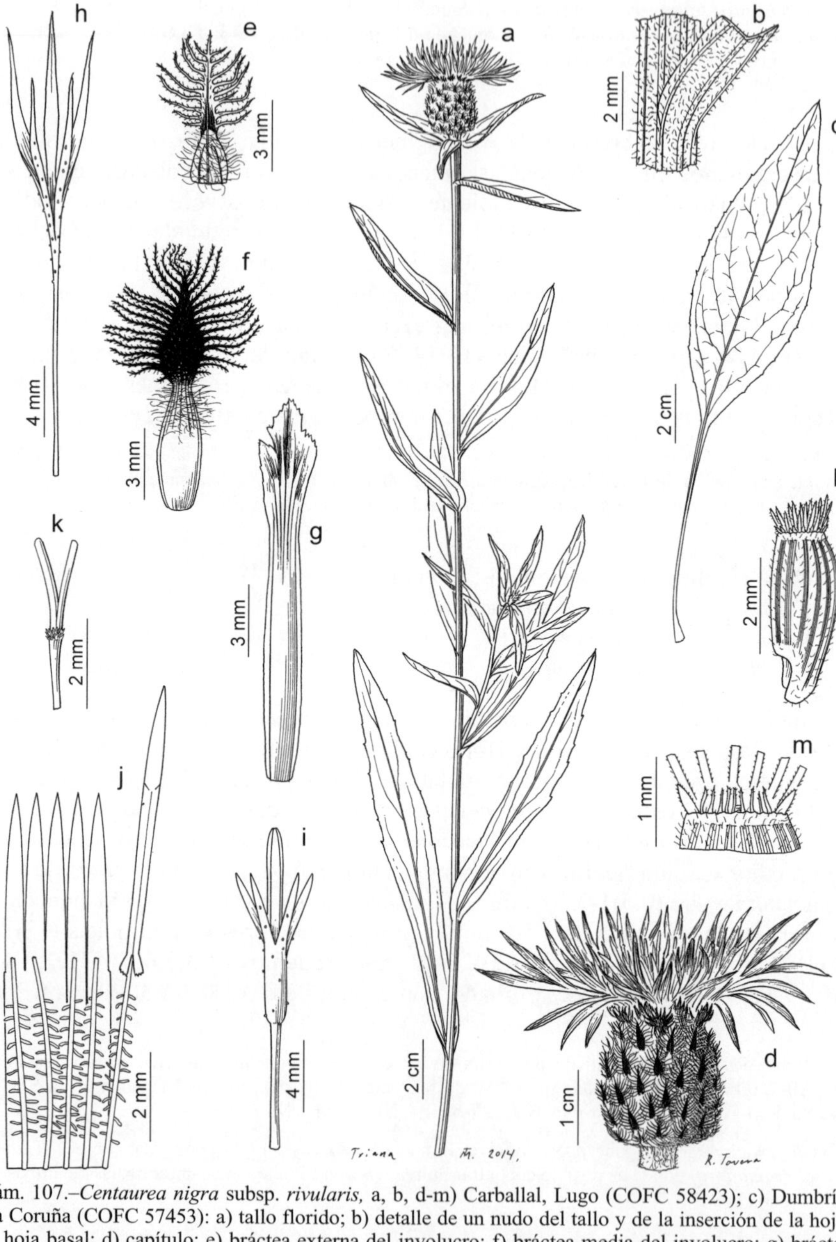

Lám. 107.–*Centaurea nigra* subsp. *rivularis,* a, b, d-m) Carballal, Lugo (COFC 58423); c) Dumbría, La Coruña (COFC 57453): a) tallo florido; b) detalle de un nudo del tallo y de la inserción de la hoja; c) hoja basal; d) capítulo; e) bráctea externa del involucro; f) bráctea media del involucro; g) bráctea interna del involucro; h) corola de una flor neutra; i) corola y verticilos sexuales de una flor hermafrodita; j) limbo abierto de la corola de una flor hermafrodita, con los filamentos estaminales y un estambre completo; k) detalle del estilo con sus ramas; l) aquenio con vilano; m) detalle del vilano interno y parte del externo.

Ind. loc.: "Hab. in Castellæ veteris montibus circà San Raphaël (Reut. 1841)" [lectótipo designado por H.M. Burdet & al. in Candollea 38: 771 (1983): G]
Ic.: Arnelas & Devesa in Acta Bot. Malac. 36: 49 fig. 6 a-m (2011); lám. 108

Hierba de un verde pálido, ± lanuginoso-escábrida. Tallos hasta de 115 cm. Hojas caulinares ovado-lanceoladas, enteras, esparcidamente dentadas o inciso-dentadas. Capítulos ligeramente radiantes, más rara vez discoides. Involucro (13)17-20 × (7)10-13(14,5) mm, globoso, truncado en la base; brácteas medias con apéndice de (3,5)4-6 × (2)3,5-5 mm, triangular-ovado, erecto, de un color acastañado, castaño negruzco o ± blanquecino, con 15-17(20) pares de fimbrias laterales de (0,5)2-4 mm, de un pardo claro o blanquecinas, la apical de 1-1,5(2) mm. Corola de las flores hermafroditas (16)17-19 mm, la de las flores neutras 20-23(29) mm. Aquenios (3)3,5-4 × 1-1,4 mm. Vilano externo bien desarrollado, con escamas de 0,2-0,8(2) mm. $2n = 22$; $n = 11$.

Herbazales húmedos junto a cursos de agua, en substratos ácidos; (500)1000-1400 m. (VI)VII-IX. ● C y CW de la Península Ibérica: Sistema Central y aledaños (Ciudad Real). **Esp.:** Av Cc CR Gu M Sa Sg. **Port.:** BB.

Observaciones.–Esta subespecie ha sido citada para el Pirineo central por diversos autores [v.gr., J. Dostál in T.G. Tutin & al. (eds.), Fl. Eur. 4: 293 (1975)], probablemente por confusión con plantas híbridas entre algún taxon del grupo de *C. jacea* y *C. nigra,* en las que a menudo se observan apéndices de las brácteas involucrales pardos.

32. C. debeauxii Godr. & Gren. in Gren. & Godr., Fl. France 2: 243 (1850) [Debeáuxii]

Ind. loc.: "Hab. Coteaux secs. Agen (Debeaux)" [lectótipo designado por I. Arnelas & J.A. Devesa in Acta Bot. Malac. 36: 50 (2011): NCY]

Hierba perenne, con raíz axonomorfa, sufruticulosa o ± rizomatosa y con raíces adventicias fasciculadas, multicaule, inerme, de un verde ± obscuro, con pelos tectores unicelulares y pluricelulares uniseriados –a veces cónicos, rectos–, escábrida y con glándulas sésiles dispersas. Tallos hasta de 160 cm, erectos, poco ramificados o muy ramificados de manera corimbiforme desde la parte media o en la superior, con ramas erecto-patentes, de sección circular o ± poligonal –con 4-6 costillas muy marcadas–, sin alas, foliosos en su mayor parte, escábridos y con indumento ± denso de pelos unicelulares y pelos pluricelulares de 0,1-0,3 mm, cónicos y rectos, y glándulas punctiformes dispersas. Hojas hasta de 330 × 50 mm, las basales largamente atenuadas en un pecíolo y las caulinares sésiles, ± auriculadas en la base, no decurrentes, menores hacia la parte superior del tallo, con nervadura pinnada –con nervio medio y secundarios destacados en ambas caras–, ± punteado-glandulosas, escábridas por ambas caras –con pelos de 0,1-0,3 mm, cónicos, rectos, con 2-5 células–, con margen plano, antrorso-escábrido; las basales y las caulinares inferiores con limbo lanceolado-elíptico u ovado-lanceolado, dentado, inciso-dentado o pinnatífido, con uno o dos lóbulos hacia la base y el lóbulo terminal ovado, todos obtusos y mucronados; las medias y superiores lanceoladas, oblongo-lanceoladas u ovado-lanceoladas, enteras, dentadas, inciso-dentadas o pinnatífidas con uno o dos lóbulos en la base, agudas, mucronadas, por lo demás semejantes a las anteriores. Capítulos discoides, con todas las flores hermafroditas

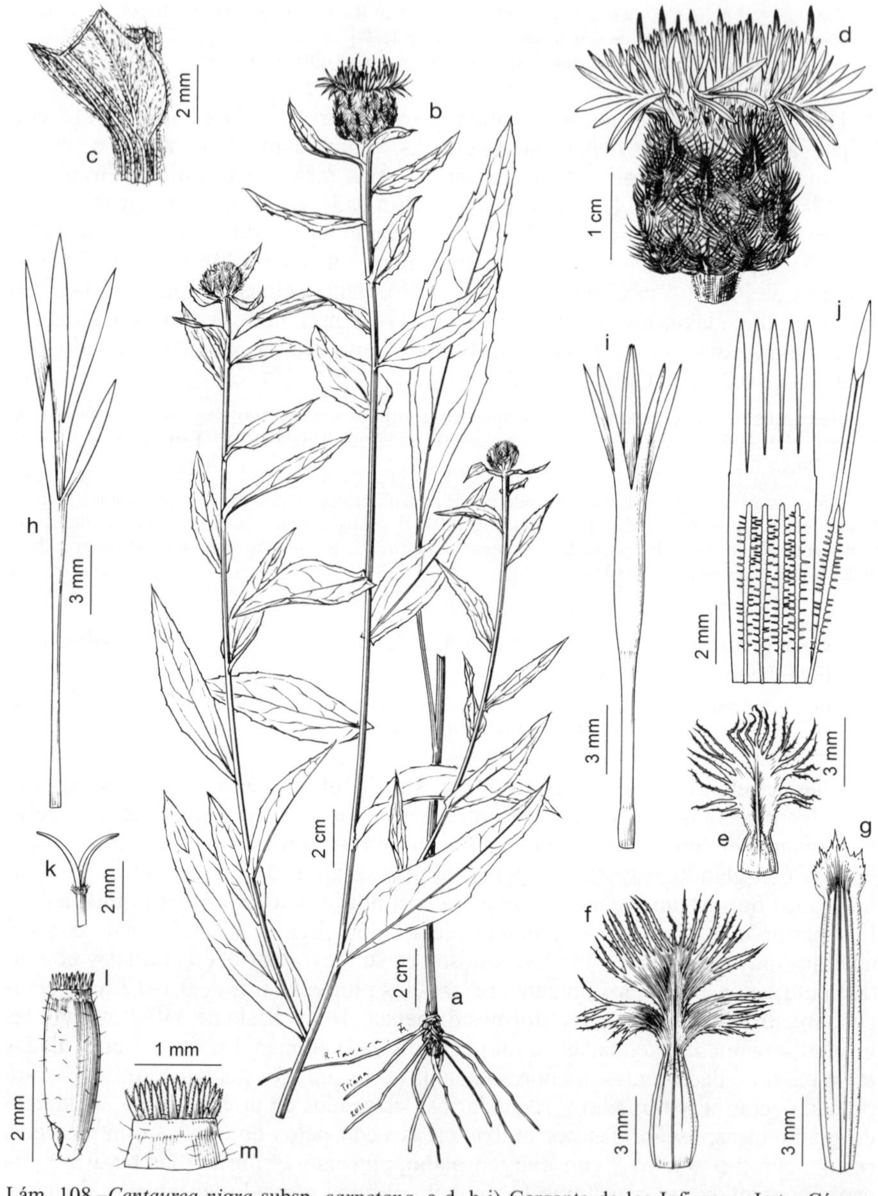

Lám. 108.–*Centaurea nigra* subsp. *carpetana,* a-d, h-j) Garganta de los Infiernos, Jerte, Cáceres (COFC 57934); e-g, l, m) Nuestra Señora de Chilla, Candeleda, Ávila (COFC 58432): a) parte basal del tallo y sistema radical; b) tallo florido; c) detalle de un nudo del tallo y de la inserción de la hoja; d) capítulo; e) bráctea externa del involucro; f) bráctea media del involucro; g) bráctea interna del involucro; h) corola de una flor neutra; i) corola y verticilos sexuales de una flor hermafrodita; j) limbo abierto de la corola de una flor hermafrodita, con los filamentos estaminales y un estambre completo; k) detalle del estilo con sus ramas; l) aquenio con vilano; m) detalle del vilano.

y de tamaño similar, o radiantes, con las flores del disco hermafroditas y las de la periferia neutras, patentes y mayores que aquellas, terminales, solitarios o a veces geminados, no alcanzados por las hojas caulinares superiores. Involucro (11)13-17 × (4)5-9(12) mm, ovoide, redondeado en la base, ± araneoso, sobrepasado por las flores; brácteas imbricadas y dispuestas aparentemente en 7 u 8 series, gradualmente mayores de fuera adentro, verdes, verdoso-purpúreas o verdoso-amarillentas –pardas cuando secas–, laxamente araneosas; las medias con base lanceolada y margen estrechamente escarioso, con 3 o 4 nervios de un verde más obscuro o acastañado, laxamente araneosas, con apéndice apical de 1,5-3(3,5) × (0,4)0,8-1,5 mm, linear, lanceolado o estrechamente lanceolado, pectinado-fimbriado, erecto o recurvado, ± araneoso en su base, negruzco o de un color acastañado negruzco, no decurrente, con 6-11(13) pares de fimbrias laterales de (0,5)2-3(4) mm –la terminal 0,7-2(4) mm–, escábridas o barbadas, negruzcas pero de un pardo claro hacia el ápice, –el conjunto de los apéndices oculta o no las bases de las brácteas–; las internas 12-15 mm, lineares o linear-espatuladas, glabrescentes o laxamente araneosas, con 3 o 4 nervios marcados y margen escarioso-hialino, ± contraídas en un apéndice espatulado, escarioso, inciso-dentado o con algunas fimbrias hialinas, a menudo pardo o de un pardo acastañado en el centro. Corola ± papilosa, la de las flores neutras (19)22-25(29) mm, con tubo blanquecino y limbo violeta, este con 5 lóbulos de 5-10 mm, oblongo-lanceolados, marcadamente desiguales, dos mucho más pequeños; la de las hermafroditas (9)13-16 mm, con tubo de (4)6-7 mm, blanquecino, y limbo de (5)7-9 mm, blanquecino-rosado o de un rosa-violeta, con 5 lóbulos de 3-5 mm, linear-lanceolados, desiguales, por lo general dos con los senos más profundos. Estambres con filamento peloso; anteras 5-6 mm, blanquecinas, con conectivo apical violeta, con apéndices basales de 0,3-0,5 mm, membranáceos y a menudo lacerados. Estilo blanquecino, con ramas de un rosa-violeta. Aquenios 2,8-3,5(4) × 1,2-1,5 mm, oblongos u oblongo-obovoides, algo comprimidos –sección elíptica–, con al menos 4 costillas longitudinales ± marcadas y otras secundarias menos perceptibles, pardos o de un amarillo pajizo –y pardos hacia la mitad–, ± pelosos; placa apical con nectario de c. 0,1 mm, ± pentalobulado; hilo cárpico 0,6-0,8 mm, lateral-adaxial. Sin vilano o con vilano apenas desarrollado y con una o dos filas de escamas de 0,1-0,6(0,8) mm. $2n = 44$; $n = 22$.

Herbazales húmedos ± nitrificados, campos, orlas de robledal, brezales costeros, taludes, etc., indiferente al substrato; 10-500(700) m. (II)VII-XI. Península Ibérica y Francia. N de España. **Esp.:** Bi Bu C Le Lu Na O S SS Vi. **N.v.:** garbanzo (Asturias), garbanzones (Asturias), garbanzu (Asturias), mestranzo (Asturias), mestranzu (Asturias), pumarón (Asturias).

1. Capítulos discoides .... **a.** subsp. **debeauxii**
– Capítulos radiantes .... **b.** subsp. **grandiflora**

a. subsp. **debeauxii**

Ic.: Arnelas & Devesa in Acta Bot. Malac. 36: 52 fig. 7 a-m (2011)

Tallos hasta de 160 cm. Hojas hasta de 330 × 30 mm, las basales con limbo lanceolado-elíptico, dentado, inciso-dentado o pinnatífido, con uno o dos lóbulos hacia la base; las medias y superiores ovado-lanceoladas u oblongo-lanceoladas.

Capítulos discoides. Involucro (11)13-17 × (4)5-8(10) mm; brácteas medias con apéndice 1,5-2,5(3,5) × (0,4) 0,8-1,5 mm, linear o estrechamente lanceolado, pectinado-fimbriado, erecto o recurvado, con 6-9(11) pares de fimbrias laterales de (0,5)2-3(4) mm –la terminal 0,7-1,5(2) mm, el conjunto de los apéndices no oculta las bases de las brácteas–. Corola (9)13-15 mm, con tubo de (4)6-7 mm y limbo de (5)7-8 mm, con lóbulos de 3-4 mm. Aquenios 3-3,5(4) × 1,2-1,5 mm. Vilano apenas desarrollado y con una o dos filas de escamas de 0,1-0,2 mm, o bien doble, el externo con una o dos filas de escamas escasas y desiguales, las mayores de 0,1-0,6(0,8) mm, y el interno con una fila de escamas setáceas mucho menores e incurvadas. $2n = 44$; $n = 22$.

Herbazales húmedos ± nitrófilos, en borde de cultivos, orlas de bosque y matorral, etc., en substratos básicos o ácidos; 10-300(600) m. (II)VII-XI. Península Ibérica y Francia. N de España. **Esp.:** Bi Bu Na S SS Vi.

b. subsp. **grandiflora** (Gaudin ex Schübl. & G. Martens) Devesa & Arnelas in Castrov. & al. (eds.), Fl. Iber. 16(1): 460 (2014), comb. nov. [grandiflóra]

C. jacea subsp. *grandiflora* Gaudin ex Schübl. & G. Martens, Fl. Würtemberg: 547 (1834) [basión.]
C. pratensis Thuill., Fl. Env. Paris ed. 2: 444 (1799), nom. illeg. [syn. subst.], non Lam. ex Salisb., Prodr. Stirp. Chap. Allerton: 208 (1796), nom. illeg.
C. jacea var. *pratensis* Thuill. ex DC. in Lam. & DC., Fl. Franç. ed. 3, 4(1): 91 (1805)
C. debeauxii subsp. *thuillieri* Dostál in Bot. J. Linn. Soc. 71: 207 (1976), nom. illeg.
C.thuillieri J. Duvign. & Lambinon in De Langhe & al., Nouv. Fl. Belgique ed. 2: 594 (1978)
C. debeauxii subsp. *pratensis* (Thuill. ex DC.) Smythies in Englera 3(1): 137 (1984)
Ind. loc.: "habitat in pratis" [alrededores de París; sec. Thuill., Fl. Env. Paris ed. 2: 444 (1799)]
Ic.: Lám. 109

Tallos hasta de 140 cm. Hojas hasta de 220 × 50 mm, las inferiores con limbo lanceolado u ovado-lanceolado, dentado, inciso-dentado o pinnatífido, con uno o dos lóbulos hacia la base; las medias y superiores lanceoladas u oblongo-lanceoladas. Capítulos radiantes. Involucro (11)13-17 × (5)7-9(12) mm; brácteas medias con apéndice 2-3(3,5) × 1-1,5 mm lanceolado, pectinado-fimbriado, erecto, con 7-11(13) pares de fimbrias laterales de (0,5)2-3(4) mm –la terminal 1-2(4) mm, el conjunto de los apéndices oculta o no las bases de las brácteas–. Corola de las flores neutras (19)22-25(29) mm, con lóbulos de 5-10 mm; la de las hermafroditas (12)14-16 mm, con tubo de (5)6-7 mm y limbo de (7)8-9 mm, con lóbulos de 3-5 mm. Aquenios 2,8-3,2(3,7) × 1,2-1,5 mm. Vilano doble y escasamente desarrollado, con una o dos filas de escamas, o bien sin vilano; el externo con una fila de escasas escamas desiguales, las mayores de 0,3-0,6 mm, y el interno con una fila de escamas setáceas mucho menores e incurvadas. $2n = 44$.

Herbazales húmedos en campos, orlas de robledal, taludes, etc., en substratos básicos o ácidos; 20-500(700) m. (II)VII-XI. Península Ibérica y Francia. N de España. **Esp.:** Bi Bu C Le Lu Na O S SS Vi.

Observaciones.–En las zonas de contacto con *C. nigra* subsp. *rivularis,* no son raros los individuos con características intermedias entre ambos táxones y que tal vez tengan origen híbrido. Se distinguen por sus tallos muy ramificados (como los de *C. debeauxii* subsp. *grandiflora),* capítulos con involucro de 10-11 mm y apéndices de las brácteas involucrales de 2-2,5 mm de anchura, caracteres estos que los aproximan a *C. nigra* subsp. *rivularis.*

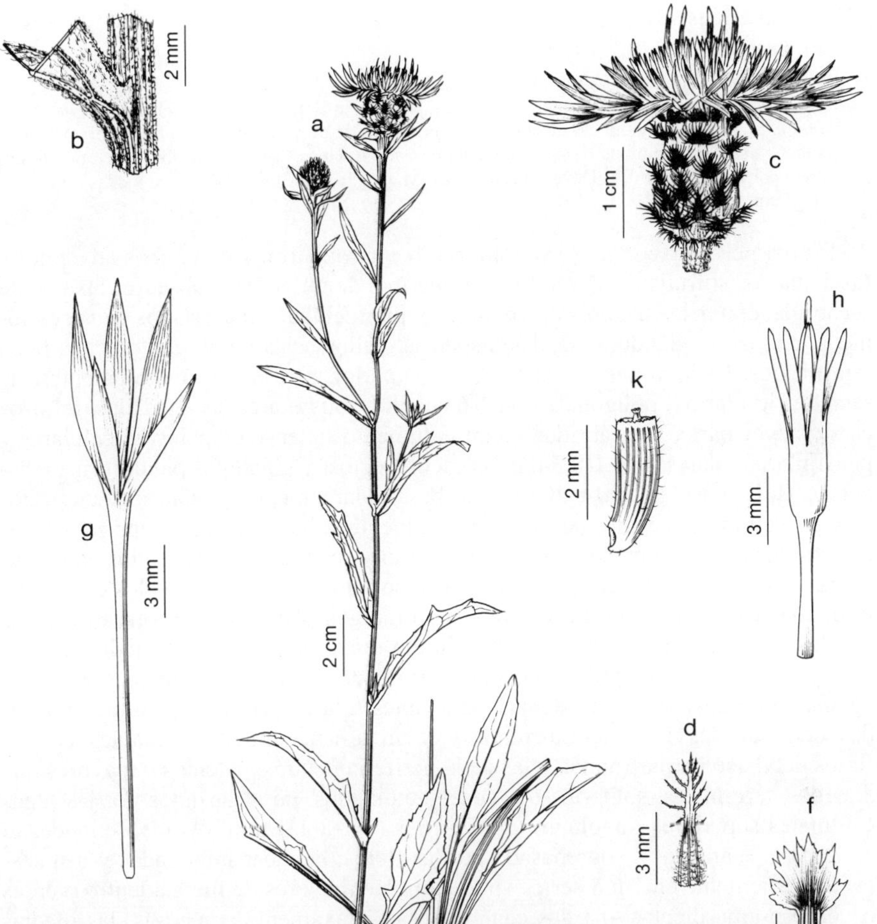

Lám. 109.–*Centaurea debeauxii* subsp. *grandiflora,* Bergara, Guipúzcoa (COFC 57930): a) hábito; b) detalle de un nudo del tallo y de la inserción de la hoja; c) capítulo; d) bráctea externa del involucro; e) bráctea media del involucro; f) bráctea interna del involucro; g) corola de una flor neutra; h) corola y verticilos sexuales de una flor hermafrodita; i) limbo abierto de la corola de una flor hermafrodita, con los filamentos estaminales y un estambre completo; j) detalle del estilo con sus ramas; k) aquenio.

33. C. nevadensis Boiss. & Reut. in Boiss., Diagn. Pl. Orient. ser. 2, 3: 71 (1856) [nevadénsis]

C. inuloides Willk., Suppl. Prodr. Fl. Hispan.: 96 (1893)
C. debeauxii subsp. *nevadensis* (Boiss. & Reut.) Dostál in Bot. J. Linn. Soc. 71: 207 (1976)
Ind. loc.: "Hab. in regioni calidiori montis Sierra Nevada propè Dylar cl. Bourgeau pl. exs. 1851 sub. C. nigrâ E. seminibus Hispanicis plantam vivam in Hort. Valeyres educavi" [lectótipo designado por I. Arnelas & J.A. Devesa in Acta Bot. Malac. 36: 54 (2011): G]
Ic.: Lám. 110

Hierba perenne, con raíz axonomorfa, o ± rizomatosa y con raíces adventicias fasciculadas, sufruticulosa, multicaule, inerme, de un verde ± obscuro, laxamente escábrida, con pelos tectores unicelulares y pluricelulares uniseriados –a veces cónicos, rectos–, y glándulas sésiles dispersas. Tallos hasta de 80 cm, erectos, poco ramificados desde la parte media o en la superior, con ramas erecto-patentes, de sección circular o ± poligonal –con 4-6 costillas muy marcadas–, sin alas, foliosos en su mayor parte, ± escábridos y con indumento ± denso de pelos unicelulares y pelos pluricelulares de 0,1-0,3 mm, cónicos, rectos, y glándulas punctiformes dispersas. Hojas hasta de 200 × 40 mm, las basales largamente atenuadas en un pecíolo y las caulinares sésiles, no decurrentes, menores hacia la parte superior del tallo, con nervadura pinnada –con nervio medio y secundarios destacados en ambas caras–, ± punteado-glandulosas, escábridas por ambas caras –con pelos de 0,1-0,3 mm, cónicos, rectos, con 2-5 células–, con margen plano, antrorso-escábrido; las basales y las caulinares inferiores con limbo ovado-lanceolado, dentado; las medias y superiores lineares, ± lanceoladas u ovado-lanceoladas, enteras, dentadas, agudas, mucronadas, por lo demás semejantes a las anteriores. Capítulos discoides, con todas las flores hermafroditas y de un tamaño similar, o radiantes, con las flores del disco hermafroditas y las de la periferia neutras, patentes y mayores que aquellas, terminales, solitarios o a veces geminados, no alcanzados por las hojas caulinares superiores. Involucro (10)13-16 × (6)7-8(11) mm, ovoide, redondeado en la base, ± araneoso, sobrepasado por las flores; brácteas imbricadas y dispuestas aparentemente en 7 u 8 series, gradualmente mayores de fuera adentro, verdes o verdoso-amarillentas –pardas cuando secas–, laxamente araneosas; las medias con base lanceolada y margen estrechamente escarioso, con 3 o 4 nervios de un verde más obscuro o acastañado, laxamente araneosas, con apéndice apical de 2,5-3,5(4) × 1-2 mm, triangular-lanceolado, pectinado-fimbriado, erecto, ± araneoso en su base, negruzco o de un color acastañado negruzco, no decurrente, con (8)9-11 pares de fimbrias laterales de 1,5-2,5 (3) mm –la terminal 1-2 mm–, escábridas o barbadas, negruzcas pero de un pardo claro hacia el ápice –el conjunto de los apéndices no oculta las bases de las brácteas–; las internas 12-15 mm, lineares o linear-espatuladas, glabrescentes o laxamente araneosas, con 3 o 4 nervios marcados y margen escarioso-hialino, ± contraídas en un apéndice espatulado, escarioso, inciso-dentado o con algunas fimbrias hialinas, a menudo pardo o de color acastañado en el centro. Corola ± papilosa, la de las flores neutras (15)19-23 mm, con tubo blanquecino y limbo rosado o rosa-violeta, este con 5 lóbulos de 3-8 mm, oblongo-lanceolados, marcadamente desiguales, dos mucho menores; la de las hermafroditas (12)14-16 mm, con tubo de (5)6-7 mm, blanquecino, y limbo de

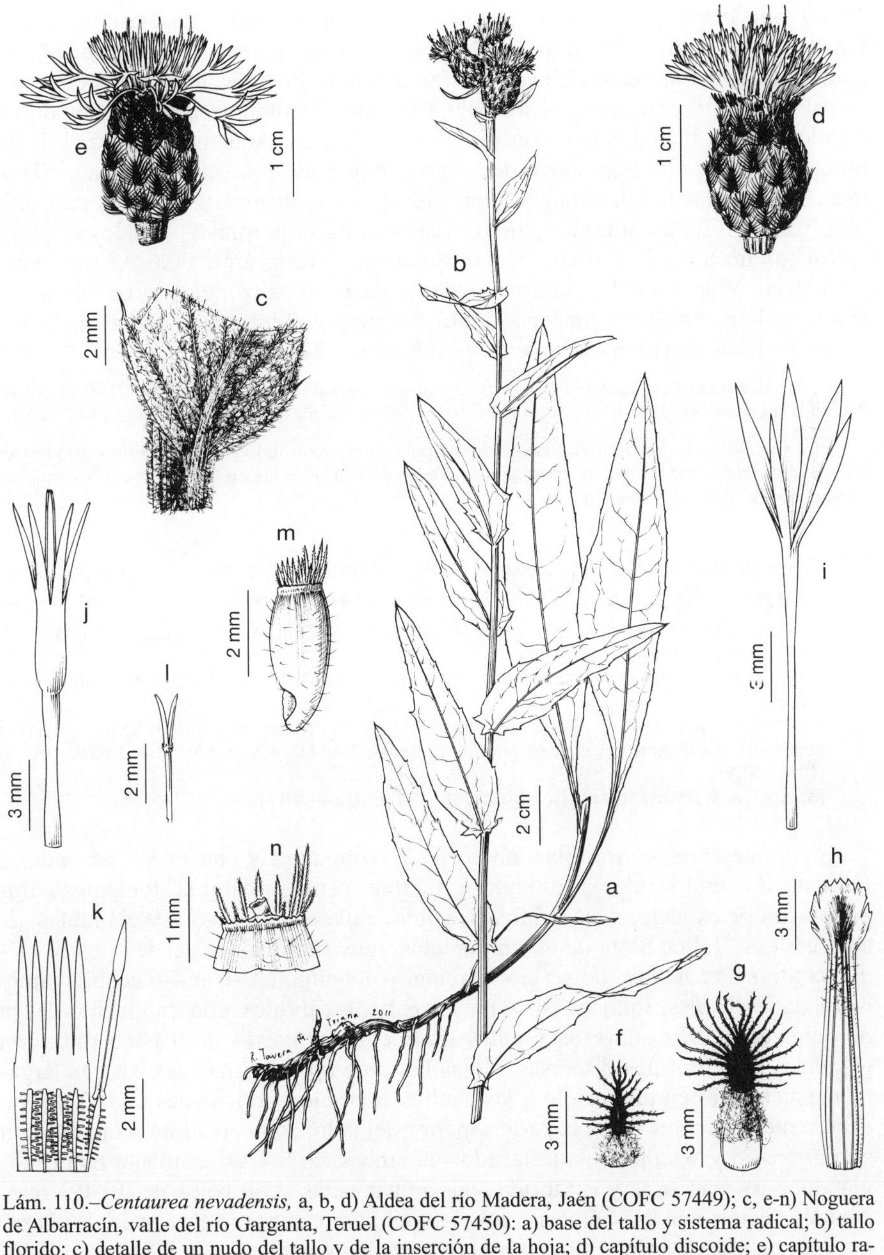

Lám. 110.–*Centaurea nevadensis,* a, b, d) Aldea del río Madera, Jaén (COFC 57449); c, e-n) Noguera de Albarracín, valle del río Garganta, Teruel (COFC 57450): a) base del tallo y sistema radical; b) tallo florido; c) detalle de un nudo del tallo y de la inserción de la hoja; d) capítulo discoide; e) capítulo radiante; f) bráctea externa del involucro; g) bráctea media del involucro; h) bráctea interna del involucro; i) corola de una flor neutra; j) corola y verticilos sexuales de una flor hermafrodita; k) limbo abierto de la corola de una flor hermafrodita, con los filamentos estaminales y un estambre completo; l) detalle del estilo con sus ramas; m) aquenio con vilano; n) detalle del vilano.

(7)8-9 mm, blanquecino-rosado o rosa-violeta, con 5 lóbulos de 3-5 mm, linear-lanceolados, desiguales, por lo general dos con los senos más profundos. Estambres con filamento peloso; anteras 5-6 mm, blanquecinas, con conectivo apical violeta, y apéndices basales de 0,3-0,5 mm, membranáceos y a menudo lacerados. Estilo blanquecino, con ramas rosa-violetas. Aquenios 2,5-3,5 × 1-1,5 mm, oblongos u oblongo-obovoides, algo comprimidos –sección elíptica–, con al menos 4 costillas longitudinales ± marcadas y otras secundarias menos perceptibles, pardos o de un amarillo pajizo –y pardos hacia la mitad–, ± pelosos; placa apical con nectario de c. 0,1 mm, ± pentalobulado; hilo cárpico 0,6-0,8 mm, lateral-adaxial. Vilano, doble, persistente, de un amarillo pajizo; el externo con dos o tres filas de escamas, las mayores de 0,7-1,5 mm, y el interno con una fila de escamas setáceas mucho menores e incurvadas. $2n = 22$.

Herbazales húmedos, borde de cursos de agua, etc., en substratos básicos; 900-2100 m. VI-X. Península Ibérica y NW de África –Marruecos–. CE y SE de España. **Esp.:** Ab Cu Gr Gu J Ma (So) Te.

Observaciones.–En el territorio estudiado las poblaciones con individuos de capítulos radiantes son más frecuentes que las que los presentan discoides, formas a las que, por otra parte, no acompaña carácter morfológico alguno distintivo.

34. C. emporitana (Vayr. ex Sennen & Pau) Sennen in Hayek, Centaureae Exsicc. Crit. Fasc. II, n.º 89 (1914), in sched. [emporitána]

C. microptilon var. *emporitana* Vayr. ex Sennen & Pau in Bull. Acad. Int. Géogr. Bot. 18: 470 (1908) ["amporitana"] [basión.]
C. microptilon subsp. *emporitana* (Vayr. ex Sennen & Pau) Dostál in Bot. J. Linn. Soc. 71: 206 (1976)
Ind. loc.: "Hab. Catalogne: Fortia et Fortianell, Castillon de Ampurias (Frères Sennen, Jonas et Septimin)" [isolectótipo indicado por I. Arnelas & J.A. Devesa in Acta Bot. Malac. 36: 56 (2011): MA]
Ic.: Arnelas & Devesa in Acta Bot. Malac. 36: 57 fig. 10 a-j (2011)

Hierba perenne, con raíz axonomorfa, ± rizomatosa y con raíces adventicias fasciculadas, multicaule, sufruticulosa, inerme, verde, escábrida, tomentoso-araneosa, con pelos tectores unicelulares y pluricelulares uniseriados y glándulas sésiles escasas. Tallos hasta de 80 cm, erectos, muy ramificados desde la parte media, con ramas patentes, de sección circular o ± poligonal –con 4-6 costillas muy marcadas–, sin alas, foliosos en su mayor parte, escábridos, con indumento denso de pelos araneosos adpresos y pelos pluricelulares cortos de 0,1-0,3 mm, con glándulas punctiformes dispersas. Hojas hasta de 80 × 10 mm, las basales largamente atenuadas en un pecíolo y las caulinares sésiles, auriculadas en la base, no decurrentes, menores hacia la parte superior del tallo, con nervadura pinnada –con nervio medio y secundarios destacados en ambas caras–, escasamente punteado-glandulosas, araneosas y escábridas por ambas caras –con pelos de 0,1-0,3 mm, cónicos, rectos, con 2-5 células–, con margen plano, antrorso-escábrido; las basales y las caulinares inferiores con limbo lanceolado, entero o con 1(2) pares de lóbulos hacia la base, agudo, mucronado; las medias y superiores sésiles, ovado-lanceoladas u oblongo-lanceoladas, por lo general enteras, agudas, mucronadas, por lo demás semejantes a las anteriores. Capítulos radiantes, con las flores del disco hermafroditas y las de la periferia neutras, patentes y mayores que aquellas, terminales, solitarios, a menudo alcanzados al menos por las hojas caulinares superiores, que no sobrepasan el involucro. Involucro (12)14-17 × (4)6-8(10) mm, ovoide, redondeado en la base, ± araneoso, sobrepasado por las flores; brácteas imbricadas y dispuestas aparentemente en 7 u 8 series, gradualmente mayores de fuera adentro, verdes o verde-amarillentas –pardas cuando secas–, laxamente araneosas; las medias con base lanceolada y margen estrechamente escarioso, con 3 o 4 nervios de un verde más obscuro o de un color acastañado, laxamente araneosas, con apéndice apical de (3)4-5 × (1)2-3 mm, lanceolado, pectinado-fimbriado, erecto, ± araneoso en su base, pardo ± negruzco en el centro, no decurrente, con (10)13-15 pares de fimbrias laterales de (1)2-3 mm –la terminal 0,8-1(2,5) mm–, escábridas o barbadas, de un pardo claro o blanquecinas –el conjunto de los apéndices oculta o no las bases de las brácteas–; las internas 12-14 mm, lineares o linear-espatuladas, glabrescentes, con 3 o 4 nervios marcados y margen escarioso-hialino, ± contraídas en un apéndice espatulado, escarioso, inciso-dentado o con algunas fimbrias hialinas, a menudo pardo o de un color acastañado en el centro. Corola ± papilosa, la de las flores neutras (16)19-23 mm, con tubo blanquecino y limbo de un rosa-violeta, este con 5 lóbulos de 3,5-9 mm, oblongo-lanceolados, marcadamente desiguales, dos mucho más pequeños; la de las hermafroditas 13-16 mm, con tubo de 6-7 mm, blanquecino, y limbo de 7-9 mm, blanquecino-rosado o rosa-violeta, con 5 lóbulos de 3-5 mm, linear-lanceolados, desiguales, por lo general dos con los senos más profundos. Estambres con filamento peloso; anteras 5-6 mm, blanquecinas, con conectivo apical violeta, y apéndices basales de 0,3-0,5 mm, membranáceos y a menudo lacerados. Estilo blanquecino, con ramas rosa-violetas. Aquenios 3,5-4 × 1,7 mm, oblongos u oblongo-elipsoidales, algo comprimidos –sección elíptica–, con al menos 4 costillas longitudinales ± marcadas y otras secundarias menos perceptibles, de un amarillo pajizo –algo pardos hacia la mitad–, laxamente pelosos; placa apical con nectario de 0,1 mm, ± pentalobulado; hilo cárpico 0,6-0,8 mm, lateral-adaxial. Vilano doble pero escasamente desarrollado, persistente, de un amarillo pajizo, o bien sin vilano; el externo con una o dos filas de escamas desiguales escasas, las mayores de 0,3-0,5 mm, y el interno con una fila de escamas setáceas mucho menores e incurvadas.

Herbazales húmedos ± nitrificados, campos, orlas de bosque, etc., en substratos de naturaleza calcárea; 5-600 m. VII-XI. ● NE de España. **Esp.:** B Ge.

Observaciones.–Su indicación para la provincia de Castellón [I. Arnelas & J.A. Devesa in Acta Bot. Malac. 36: 33-88 (2011)] obedece a un error en la interpretación del origen de un material del F. Sennen recolectado en "Castellón", el 4 de septiembre de 1905 (MA 134758 y MA 134757). Dicha localidad ha de ser referida inequívocamente a Castellón de Empúries, localidad del Alto Ampurdán (provincia de Gerona, L. Sáez, com. pers.).

35. C. exarata Boiss. ex Coss., Notes Pl. Crit.: 116 (1851) [exaráta]

Ind. loc.: "In Extremaduræ Transtaganæ humidis inter frutices non procul ab Vendas ad basim montis Serra da Arrabida (Welwitsch, Junio 1840). In incultis agri Gaditani: in sylva prope S. Lucar (Faucher in herb. Gay); in pineto prope Medina Sidonia (E. Bourgeau, 31ª die Mai 1849)" [síntipo indicado por I. Arnelas & J.A. Devesa in Acta Bot. Malac. 36: 58 (2011): G]
Ic.: Lám. 111

Hierba perenne, con raíz axonomorfa o ± rizomatosa y con raíces adventicias fasciculadas, sufruticulosa, multicaule, inerme, verde, lanuginoso-araneosa, con pelos tectores unicelulares y glándulas sésiles abundantes. Tallos hasta de 100 cm, erectos, escasamente ramificados desde la parte media o en la superior, con ramas erecto-patentes, de sección circular o ± poligonal –con 4-6 costillas muy marcadas–, sin alas, foliosos en su mayor parte, glabrescentes o con indumento lanuginoso-araneoso, y con glándulas punctiformes abundantes. Hojas hasta de 180 × 20 mm, las basales largamente atenuadas en un pecíolo y las caulinares sésiles, atenuadas en la base, no decurrentes, menores hacia la parte superior del tallo, con nervadura pinnada –con nervio medio y secundarios destacados en ambas caras–, punteado-glandulosas, blanquecino-tomentosas, con margen plano; las basales y las caulinares inferiores con limbo lanceolado-espatulado, entero, obtuso, mucronado; las medias y superiores oblongas o lineares, enteras, agudas, mucronadas, por lo demás semejantes a las anteriores. Capítulos discoides, con todas las flores hermafroditas y de un tamaño similar, terminales, solitarios, no alcanzados por las hojas caulinares superiores. Involucro 14-17(19) × (6)8-10 mm, ovoide, redondeado en la base, ± araneoso, sobrepasado por las flores; brácteas imbricadas y dispuestas aparentemente en 6 o 7 series, gradualmente mayores de fuera adentro, verdes o verdoso-purpúreas –pardas cuando secas–, araneosas, muy glandulosas; las medias con base lanceolada y margen estrechamente escarioso, con 3 o 4 nervios de un verde más obscuro o acastañado, laxamente araneosas, con apéndice apical de (0,5)1-1,5 × (0,3)0,5-1 mm, triangular, pectinado-fimbriado, erecto, de un pardo claro, no decurrente, con 4-5(8) pares de fimbrias laterales de (0,3)1-1,5 mm –la terminal 0,5-1 mm–, escábridas o barbadas, de un pardo claro –el conjunto de los apéndices no oculta las bases de las brácteas–; las internas 11-13 mm, lineares o linear-espatuladas, glabrescentes, con 3 o 4 nervios marcados y margen escarioso-hialino, ± contraídas en un apéndice espatulado, escarioso, inciso-dentado o con algunas fimbrias hialinas, a menudo pardo o de un pardo acastañado en el centro. Corola 15-17 mm, ± papilosa en el exterior, con tubo de 6-7,5 mm, blanquecino-amarillento, y limbo de 9-10 mm, rosa-violeta, con 5 lóbulos de 3-5 mm, linear-lanceolados, desiguales, por lo general dos con los senos más profundos. Estambres con filamento peloso; anteras 5-6 mm, blanquecinas –conectivo de un rosa purpúreo–, con apéndices basales de 0,3-0,5 mm, membranáceos y a menudo lacerados. Estilo blanquecino, con ramas rosa-violetas. Aquenios 2,5-3 × 1 mm, oblongos, algo comprimidos –sección elíptica–, con al menos 4 costillas longitudinales ± marcadas y otras secundarias menos perceptibles, de un amarillo pajizo –algo pardos hacia la mitad–, laxamente pelosos; placa apical con nectario de 0,1 mm, ± pentalobulado; hilo cárpico 0,6-0,8 mm, lateral-adaxial. Vilano doble, persistente, de un amarillo pajizo; el externo con 3 o 4 filas de escamas desiguales, las mayores de (0,7)1-2,5(3,9) mm, y el interno con una fila de escamas setáceas mucho menores e incurvadas. $2n = 22$; $n = 11$.

Arenales marítimos, en herbazales de depresiones húmedas; 0-30 m. V-IX. ● SW de la Península Ibérica. **Esp.:** Ca H. **Port.:** BAl E.

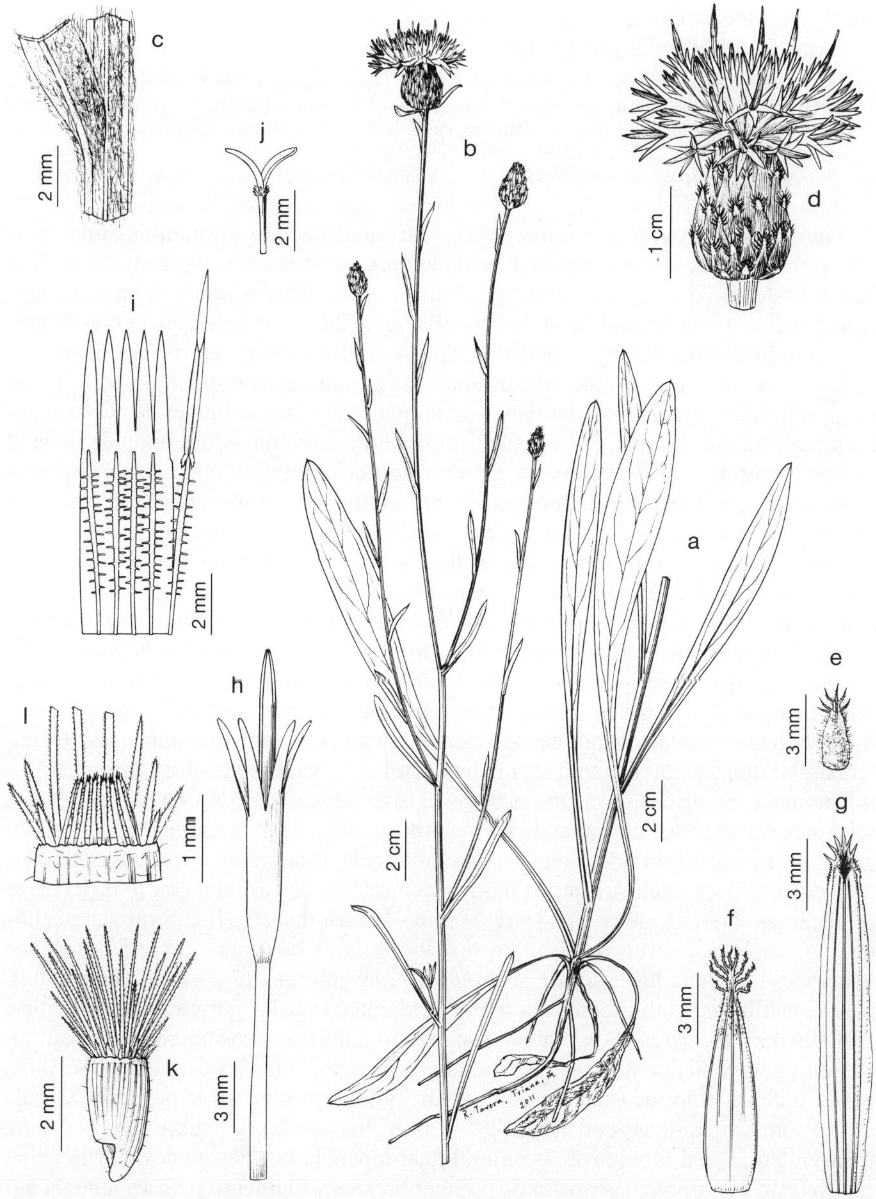

Lám. 111.–*Centaurea exarata,* Navazo del Toro, Parque Nacional de Doñana, Huelva (MA 240399): a) parte basal del tallo y sistema radical; b) tallo florido; c) detalle de un nudo del tallo y de la inserción de la hoja; d) capítulo; e) bráctea externa del involucro; f) bráctea media del involucro; g) bráctea interna del involucro; h) corola y verticilos sexuales; i) limbo abierto de la corola con los filamentos estaminales y un estambre completo; j) detalle del estilo con sus ramas; k) aquenio con vilano; l) detalle del vilano interno y parte del externo.

36. C. gallaecica (M. Laínz) Arnelas & Devesa in Acta Bot. Malac. 37: 66 (2012) [galláecica]

C. janeri subsp. *gallaecica* M. Laínz in Anales Inst. Forest. Invest. 12: 40 (1968) [basión.]
Ind. loc.: "Holotypus in herbario meo hispanico boreo-occidentali: Pr. Basadre (Golada, Pontevedra), sed in ditione lucensi (Pambre, Palas de Rey), loco sterili –ob substratum serpentinicum ut nuncupant– ad 350 m., 30-VI-1966"
Ic.: Arnelas & Devesa in Acta Bot. Malac. 37: 65 fig. 9 a-l (2012)

Hierba perenne, con raíz axonomorfa, sufruticulosa, cespitosa, multicaule, inerme, verde o verdoso-grisácea, con pelos tectores unicelulares y glándulas sésiles. Tallos hasta de 60 cm, procumbentes, simples o ramificados desde la base, de sección circular o ± poligonal –con 4-6 costillas marcadas–, foliosos en su mayor parte, con indumento araneoso ± denso y adpreso y glándulas punctiformes dispersas. Hojas hasta de 110 × 6 mm, linear-lanceoladas, enteras o esparcidamente dentadas, las basales largamente atenuadas en un pecíolo y las caulinares sésiles, no decurrentes, menores hacia la parte superior del tallo, con nervadura pinnada –con al menos el nervio medio destacado, sobre todo por el envés–, agudas, con mucrón blanquecino, punteado-glandulosas, glabrescentes o con indumento araneoso ± denso y adpreso por ambas caras. Capítulos discoides, con todas las flores hermafroditas y de un tamaño similar, terminales, solitarios, a menudo alcanzados al menos por las hojas caulinares superiores, que sobrepasan o no el involucro, o con pedúnculo corto y por lo general arqueado-ascendente. Involucro (11)13-16 × (3,6)6-9 mm, ovoide u ovoide-globoso, redondeado o ± atenuado en la base, ± araneoso, netamente sobrepasado por las flores; brácteas imbricadas y dispuestas aparentemente en 6 o 7 series, gradualmente mayores de fuera adentro, verdes o verdoso-violetas –pardas cuando secas–, glabrescentes o laxamente araneosas, ± punteado-glandulosas; las externas y medias con base ovado-lanceolada y margen estrechamente escarioso, con tres nervios ± marcados –solo uno en las externas–, laxamente araneosas, con apéndice apical de 1,3-2(2,5) mm, estrechamente triangular, pectinado-fimbriado, erecto o erecto-patente, ± araneoso en su base, glanduloso o no, negruzco en sus partes basal y central, no decurrente, con 5-7(10) pares de fimbrias laterales de (0,5)1-1,8(2,4) mm –la terminal (0,5)1-2,5 mm–, escábridas o barbuladas, de un pardo claro o blancas hacia la punta –el conjunto de los apéndices no oculta las bases de las brácteas–; las internas 12-14 mm, lineares o linear-espatuladas, glabrescentes, a menudo teñidas de color púrpura hacia el ápice, con tres nervios marcados y margen escarioso-hialino, a veces ligeramente contraídas en un apéndice ovado o ± espatulado, escarioso, ± inciso-dentado o lacerado, pardo o de un color acastañado en el centro y blanquecino en la periferia. Corola 13-16 mm, ± papilosa, con tubo de 5-7 mm, blanquecino, y limbo de 6-9 mm, rosa-violeta, con 5 lóbulos de 3-5 mm, linear-lanceolados, desiguales, por lo general dos con los senos más profundos. Estambres con filamento peloso; anteras 5-7 mm, blanquecinas, con conectivo apical violeta, y apéndices basales de 0,3-0,5 mm, membranáceos y a menudo lacerados. Estilo blanquecino, con ramas rosa-violetas. Aquenios 3-3,6(3,9) × 1-1,6 mm, cilíndricos u oblongo-obovoides, algo comprimidos –sección elíptica– y arqueados, con al menos 4 costillas longitudinales ± marcadas, de un amarillo pajizo –algo pardos hacia la mitad–, laxamente pelosos; placa apical con nectario de 0,1-0,2 mm, ± pentalobulado; hilo cárpico 0,8-1 mm, lateral-adaxial. Vilano doble, persistente, de un amarillo pajizo o acastañado en la madurez; el externo con una o dos filas de escamas desiguales, las mayores de (0,1)0,3-0,5(0,9) mm, y el interno con una fila de escamas setáceas mucho menores e incurvadas. 2*n* = 44?, 66.

Claros de brezal y prados temporalmente encharcados, en rocas ultrabásicas; 150-700 m. VI-VIII. ● NW de España: Galicia. **Esp.:** C Lu Po.

Sect. 4. **Lepteranthus** (Neck. ex DC.) Dumort.
Cyanus sect. *Lepteranthus* Neck. ex DC.
Lepteranthus Neck., nom. inval.
Stenolophus Cass.
Subsect. *Linifoliae* Hayek
Subsect. *Pectinatae* Hayek

Hierbas perennes. Tallos sin alas. Capítulos homógamos, discoides, con todas las flores hermafroditas, o radiantes con las flores del disco hermafroditas y las de la periferia del capítulo neutras y mayores. Involucro ± ovoide u ovoide-globoso; brácteas medias con apéndice apical linear-subulado o muy estrechamente triangular-subulado, pectinado-fimbriado, con (1)4-15(17) pares de fimbrias laterales, recurvado o reflexo. Corola rosada, rosado-purpúrea o rosado-violeta, más rara vez predominantemente blanca o de un blanco rosado. Aquenios con reborde de la placa apical entero o inconspicuamente denticulado, y eleosoma que no sobrepasa la base del aquenio. Vilano doble, el externo con 3 o 4 filas de escamas desiguales, planas, serradas, erectas o erecto-patentes, y el interno con una fila de escamas setáceas menores, erectas y ± conniventes. *x* = 11.

37. C. pectinata L., Sp. Pl. ed. 2: 1287 (1763) [pectináta]

Ind. loc.: "Habitat in Gallia Narbonensi, Galloprovincia" [lectótipo designado por I. Arnelas & J.A. Devesa in Acta Bot. Malac. 37: 48 (2012): LINN]
Ic.: Arnelas & Devesa in Acta Bot. Malac. 37: 49 fig. 1 a-1 (2012) [sub *C. pectinata* var. *pectinata*]

Hierba perenne, con raíz axonomorfa, sufruticulosa, multicaule, inerme, verde o de un verde grisáceo, ± escábrida, con pelos tectores unicelulares y pluricelulares, y glándulas sésiles. Tallos hasta de 40 cm, erectos, ascendentes o decumbentes, simples o escasamente ramificados desde la parte media o en la superior, de sección circular o ± poligonal –con 4-6 costillas muy marcadas–, foliosos en su mayor parte, glabrescentes o con indumento araneoso-tomentoso ± denso de pelos unicelulares, a veces con pelos pluricelulares cortos, con formas de transición a dentículos cónicos, y con glándulas punctiformes dispersas. Hojas hasta de 90 × 20 mm, las basales atenuadas en un largo pecíolo y las caulinares sésiles, ligeramente auriculadas o auriculado-amplexicaules, no decurrentes, menores hacia la parte superior del tallo, con nervadura principal pinnada –nervio medio prominente por ambas caras–, punteado-glandulosas, ± escábridas por ambas caras –con dentículos de 0,1-0,3 mm, cónicos, rectos, con 2-5 células–, glabrescentes o con indumento araneoso adpreso especialmente abundante en el pecíolo y los nervios, con margen plano, antrorso-escábrido; las basales y las caulinares inferiores con limbo oblongo-elíptico, de subentero a laxamente dentado, inciso-dentado o pinnatífido, o bien ± liradas, con dos o tres lóbulos hacia la base y el lóbulo terminal ovado, todos obtusos y mucronados; las medias y superiores ovadas, elípticas u oblongo-lanceoladas, enteras, inciso-dentadas, pinnatífidas o pinnatipartidas con dos o tres lóbulos hacia la base, agudas u obtusas, por lo demás semejantes a las anteriores. Capítulos discoides, con todas las flores hermafroditas y de tamaño similar o, muy rara vez, radiantes, con las flores del disco hermafroditas y las de la periferia neutras, patentes y mayores que aquellas, terminales, solitarios alcanzados por las hojas caulinares superiores, que con frecuencia sobrepasan el involucro. Involucro (13)14-17 × 5-7(8) mm, ovoide, redondeado en la base, ± araneoso, netamente sobrepasado por las flores; brácteas imbricadas y dispuestas aparentemente en 6 o 7 series, las medias mayores que el resto, verdes o verdoso-amarillentas –pardas cuando secas–, glabrescentes o laxamente araneosas, la mayoría de ellas con apéndice linear-subulado, pectinado-fimbriado –el conjunto de los apéndices no oculta las bases de las brácteas–; las medias con base lanceolada u oblongo-lanceolada, y margen estrechamente escarioso, con 3 o 4 nervios de un verde más obscuro o acastañado, laxamente araneosas, con apéndice apical de (3)4-6(8) mm, linear-subulado, arqueado-reflexo, ± araneoso en su base, de un color castaño negruzco en su parte basal y pardo en el resto, no decurrente, con (8)10-15(16) pares de fimbrias laterales de (0,5)2-3(4) mm –la terminal (1,5)2-3(4) mm–, escábridas o barbadas, de un pardo claro hacia la punta; las internas 12-14 mm, lineares o linear-espatuladas, glabrescentes o laxamente araneosas, con 3 o 4 nervios marcados y margen escarioso-hialino, ± contraídas en un apéndice espatulado, escarioso, inciso-dentado o con algunas fimbrias hialinas, a menudo pardo o de un pardo acastañado en el centro. Corola ± papilosa, la de las flores hermafroditas de (12)13-15,5(17,5) mm, con tubo de 6-7,5(9,5) mm, blanquecino-amarillento, y limbo de (6)7-8 mm, rosa-violeta, con 5 lóbulos de 3-5 mm, linear-lanceolados, desiguales, por lo general dos con los senos más profundos. Estambres con filamento peloso; anteras 5-6 mm, blanquecinas, con conectivo apical violeta, y apéndices basales de 0,3-0,5 mm, membranáceos y a menudo lacerados. Estilo blanquecino, con ramas rosa-violetas o rosado-blanquecinas. Aquenios 3-3,5(3,9) × (1,1)1,5 mm, cilíndricos u oblongo-obovoides, algo comprimidos –sección elíptica–, con al menos 4 costillas longitudinales ± marcadas y otras secundarias menos perceptibles, de un amarillo pajizo –algo pardos hacia la mitad–, laxamente pubescentes; placa apical con nectario de 0,1 mm, ± pentalobulado; hilo cárpico 0,6-0,8 mm, lateral-adaxial. Vilano doble, persistente, de un amarillo pajizo a un color violeta acastañado en la madurez; el externo con varias filas de escamas desiguales, las mayores de 0,5-1 mm, y el interno con una fila de escamas setáceas mucho menores e incurvadas. $2n = 22$; $n = 11$.

Encinares, alcornocales, pinares y matorrales, bordes de camino, taludes y baldíos, roquedos, etc., en substratos básicos o ácidos; (7)50-1700(2200) m. V-XI. SE de Francia y Península Ibérica. NE de España. **Esp.:** B Ge Hu L. **N.v.**, *cat.:* barbassa, caps de burro, caps de nina, herba de l'àcid úric, herba del sucre, herba rapinyada, herba travalera, herba tronquera, travalada, tronquera.

Observaciones.–Centaurea pectinata es una especie muy variable en cuanto a su porte, indumento y forma de las hojas, una variabilidad especialmente notoria en Francia, donde su área de distribución es mucho mayor. En el territorio de esta flora, lo normal es que las plantas tengan capítulos discoides, pero se ha detectado una población gerundense (COFC 34320, de la var. *pectinata)* en la que son radiantes, una condición mucho más frecuente en Francia.

En el ámbito de esta flora se distinguen al menos tres variedades, aunque no siempre sean bien separables. La var. *supina* (Jord.) Loret & Barrandon, Fl. Montpellier: 371 (1876) [*C. supina* Jord. in Mém. Acad. Roy. Sci. Lyon, Sect. Sci. ser. 2, 1: 319 (1851); *C. pectinata* var. *supiniformis* Rouy in Rouy & Foucaud, Fl. France 9: 135 (1905); *C. pectinata* subsp. *supina* (Jord.) Dostál in Bot. J. Linn. Soc. 71: 208 (1976); *C. tripontina* López Alvarado, L. Sáez, Filigh., Guardiola & Susanna in Pl. Biosyst. 146(Suppl.): 273 (2012)] reúne plantas de ± araneoso-tomentosas a ± lanuginosas, con tallos decumbentes o procumbentes, hojas medias de 15-35 × (3)5-15 mm, capítulos discoides y representación en toda el área de distribución de la especie [Esp.: B Ge L; suelos básicos o ácidos; (44)400-1110 m; $2n = 22$].

Las plantas glabrescentes o araneoso-tomentosas con tallos erectos o ascendentes y hojas medias mayores, se incluyen en dos variedades: la var. *pectinata* [*C. fuscata* Jord. in Mém. Acad. Roy. Sci. Lyon, Sect. Sci. ser. 2, 1: 316 (1851), nom. illeg., non Desf., Fl. Atlant. 2: 302, tab. 244 (1799); *C. rufescens* Jord. in Mém. Acad. Roy. Sci. Lyon, Sect. Sci. ser. 2, 1: 318 (1851); *C. pectinata* var. *fuscata* Gaut., Cat. Fl. Pyrénées-Orientales: 253 (1897); *C. pectinata* var. *atrofusca* Rouy in Rouy & Foucaud, Fl. France 9: 135 (1905); *C. pectinata* var. *provincialis* Rouy in Rouy & Foucaud, Fl. France 9: 135 (1905)], con hojas medias de 30-60 × 15-25(30) mm, ovadas, obtusas, auriculado-amplexicaules en la base y con capítulos discoides o muy rara vez radiantes (Esp.: B Ge; suelos básicos o ácidos; 50-1700 m; $2n = 22$, $n = 11$); por último, la var. *acutifolia* (Jord.) Briq., Monogr. Centaurées Alpes Mar.: 94 (1902) [*C. acutifolia* Jord. in Mém. Acad. Roy. Sci. Lyon, Sect. Sci. ser. 2, 1: 316 (1851), basión.; *Jacea acutifolia* (Jord.) Holub in Preslia 46: 229 (1974); *C. pectinata* subsp. *acutifolia* (Jord.) Dostál in Bot. J. Linn. Soc. 71: 208 (1976)], con hojas medias de 30-60 × 8-12(20) mm, elípticas o lanceoladas, agudas, con base atenuada o ligeramente auriculada, y capítulos discoides [Esp.: B Ge Hu; suelos básicos o ácidos; (7)190-900(2200) m; $2n = 22$].

38. C. corcubionensis M. Laínz in Anales Inst. Forest. Invest. 12: 40 (1968) [corcubionénsis]

C. pectinata sensu Merino, Fl. Galicia 3: 603 (1909), non L., Sp. Pl. ed. 2: 1287 (1763)
Ind. loc.: "Holotypus in herbario meo hispanico boreo-occidentali: El Pindo (Carnota, La Coruña), in rupestribus graniticis quae dicunt ad oceanum, 10.VI.1966"
Ic.: Lám. 112

Hierba perenne, con raíz axonomorfa, sufruticulosa, multicaule, inerme, de un verde grisáceo, con pelos tectores unicelulares y pluricelulares uniseriados, y glándulas sésiles. Tallos hasta de 40 cm, procumbentes, ramificados desde la base, de sección circular o ± poligonal –con 4-6 costillas muy marcadas–, foliosos en su mayor parte, con indumento araneoso-tomentoso ± denso de pelos unicelulares, o pelos pluricelulares de 0,1-0,2 mm, cónicos, dispersos –abundantes sobre todo hacia los capítulos–, y glándulas punctiformes dispersas. Hojas hasta de 120 × 40 mm, las inferiores atenuadas en un corto pecíolo y las restantes sésiles, no decurrentes, menores hacia la parte superior del tallo, con nervadura principal pinnada –nervio medio destacado, sobre todo por el envés–, ± densamente adpreso-araneosas por ambas caras –sobre todo hacia la base del haz y en el nervio– y también con pelos pluricelulares de 0,1-0,3 mm –con 2-5 células–, rectos, esparcidos, punteado-glandulosas, con margen plano, antrorso-escábrido; las caulinares inferiores lirado-pinnatisectas, con 4 o 5 pares de lóbulos oblongos u oblongo-elípticos, enteros o lobados, el terminal ovado u oblongo-obovado, todos obtusos, con mucrón

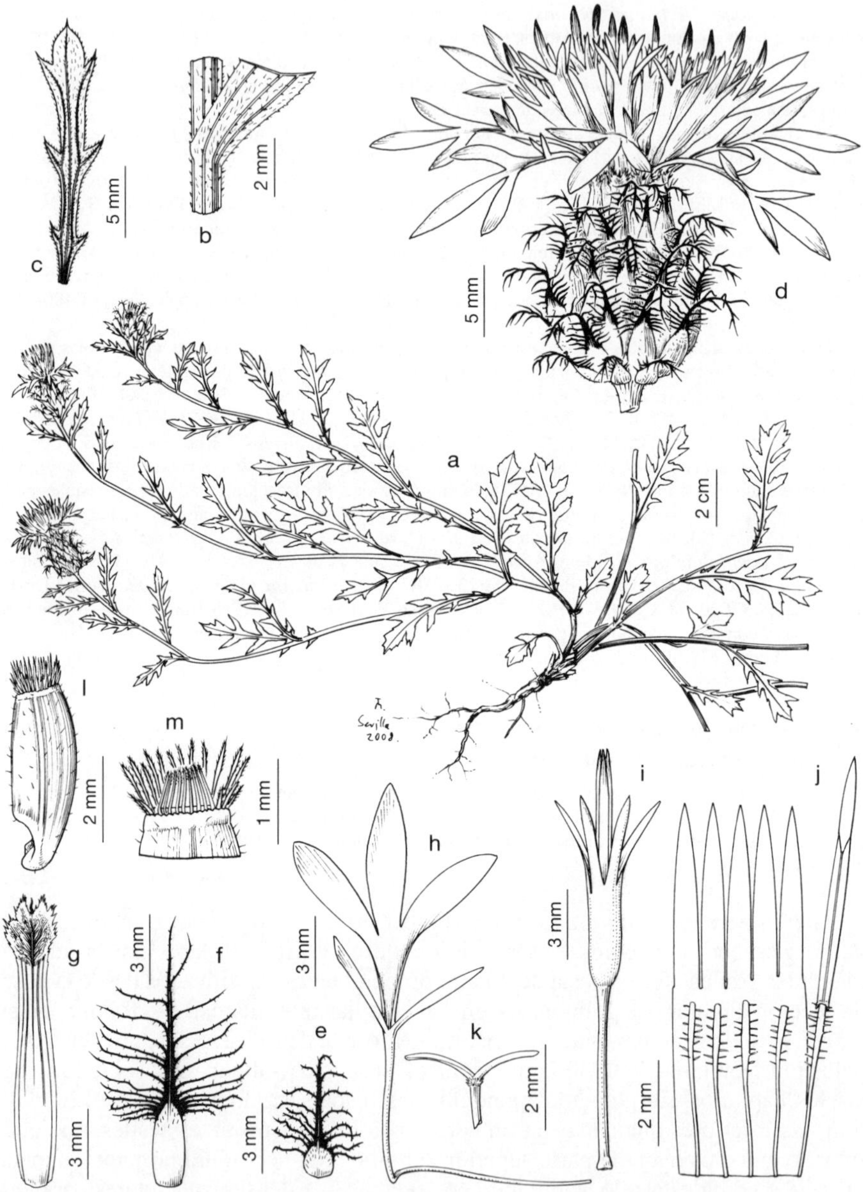

Lám. 112.–*Centaurea corcubionensis,* Carnota, Fervenza de Piedrafiqueira, La Coruña (COFC 34316): a) hábito; b) detalle de un nudo del tallo y de la inserción de la hoja; c) hoja caulinar; d) capítulo; e) bráctea externa del involucro; f) bráctea media del involucro; g) bráctea interna del involucro; h) corola de una flor neutra; i) corola y verticilos sexuales de una flor hermafrodita; j) limbo abierto de la corola de una flor hermafrodita, con los filamentos estaminales y un estambre completo; k) detalle del estilo con sus ramas; l) aquenio con vilano; m) detalle del vilano interno y parte del externo.

pardo; las medias semejantes pero pinnatisectas, con 2-4(5) pares de lóbulos –el par inferior estipuliforme–; las superiores pinnatipartidas o pinnatisectas, con 1-3 pares de lóbulos, con menor frecuencia enteras. Capítulos radiantes, con las flores del disco hermafroditas y las de la periferia neutras, patentes y mayores que aquellas, terminales, solitarios, alcanzados al menos por las hojas caulinares superiores, que por lo general no sobrepasan el involucro. Involucro (11)14-16(19) × (4,7)8-10(13,4) mm, ovoide, redondeado en la base, ± araneoso, netamente sobrepasado por las flores; brácteas imbricadas y dispuestas aparentemente en 6 o 7 series, gradualmente mayores de fuera adentro del capítulo, verdes o verdoso-amarillentas –pardas cuando secas–, punteado-glandulosas, glabrescentes o laxamente araneosas, la mayoría de ellas con apéndice linear-subulado o estrechamente triangular-subulado, pectinado-fimbriado –el conjunto de los apéndices no oculta las bases de las brácteas–; las externas y medias con base lanceolada y margen estrechamente escarioso, con un nervio central algo destacado y dos laterales imperceptibles o casi, laxamente araneosas, con apéndice apical de (2,5)3,5-4,5(7,5) mm, linear-subulado o estrechamente triangular-subulado, erecto-patente, recurvado o reflexo, ± araneoso y glanduloso en su base, de un color castaño negruzco en su parte basal y pardo en la distal, no decurrente, con (6)13-14(17) pares de fimbrias laterales de (0,5)1,5-2,5(4) mm –la terminal (0,7)2-3,5 mm–, escábridas o barbuladas, de un pardo claro hacia la punta; las internas de 11-13 mm, lineares o linear-espatuladas, glabrescentes o laxamente araneosas, a menudo teñidas de color púrpura al menos en la porción distal, con tres nervios marcados y margen escarioso-hialino, ± contraídas en un apéndice espatulado, escarioso, inciso-dentado o con algunas fimbrias hialinas, a menudo pardo o de un color acastañado en el centro. Corola ± papilosa, la de las flores neutras de 20-29 mm, con tubo blanquecino y limbo rosado o rosa-violeta, este con 5 lóbulos de 2-9 mm, oblongo-lanceolados, marcadamente desiguales, dos mucho menores; la de las hermafroditas 13-15(18,5) mm, con tubo de 5,5-7(9) mm, blanquecino, y limbo de 7,5-8(9,5) mm, rosado o rosa-violeta, con 5 lóbulos de 3-4 mm, linear-lanceolados, desiguales, por lo general dos con los senos más profundos. Estambres con filamento peloso; anteras 5-6,6 mm, blanquecinas, con conectivo apical de un rosa más intenso o violeta, y apéndices basales de 0,3-0,5 mm, membranáceos y a menudo lacerados. Estilo blanquecino, con ramas rosa-violetas. Aquenios (3)3,4-3,8(4) × (1,1)1,5-1,7(1,9) mm, cilíndricos u oblongo-obovoides, algo comprimidos –sección elíptica– y algo arqueados, con al menos 4 costillas longitudinales ± marcadas, de un amarillo pajizo –algo pardos hacia la mitad–, laxamente pubescentes; placa apical con nectario de 0,1-0,3 mm, ± pentalobulado; hilo cárpico (0,6)0,8-1,2 mm, lateral-adaxial. Vilano doble, persistente, de un amarillo pajizo, acastañado o rosado en la madurez; el externo con 1-3 filas de escamas desiguales, las mayores de (0,5)0,8-1,5 mm, y el interno con una fila de escamas setáceas mucho menores e incurvadas. $2n = 22$.

Brezales-tojales costeros, por lo general en suelos arenosos de naturaleza ácida; 10-600 m. IV-VIII. ● NW de España: La Coruña. **Esp.:** C.

39. C. janeri Graells in Mem. Real Acad. Ci. Exact. Madrid ser. 3, 2: 466 (1859) ["Janerii"] [Janéri]

Ind. loc.: "Invenitur in Sierra de Avila propè el Puerto del Pico et juxta diversorium de Sta. Teresa, non procul à pago Cepeda la Mora, ubi mense julio anno 1855 collector Isern detexit..." [isolectótipo indicado por I. Arnelas & J.A. Devesa in Acta Bot. Malac. 37: 53 (2012): MA]

Hierba perenne, con raíz axonomorfa, sufruticulosa, cespitosa, multicaule, inerme, verde grisácea o blanquecina, con pelos tectores unicelulares y glándulas sésiles. Tallos hasta de 25 cm, procumbentes, simples o ramificados desde la base, de sección circular o ± poligonal –con 4-6 costillas marcadas–, foliosos en su mayor parte, con indumento adpreso-araneoso ± denso, y glándulas punctiformes dispersas. Hojas hasta de 100 × 6 mm, las inferiores atenuadas en un corto pecíolo y las medias y superiores sésiles, no decurrentes, menores hacia la parte superior del tallo, linear-lanceoladas, enteras o esparcidamente dentadas, agudas, con mucrón blanquecino, con nervadura pinnada –con al menos el nervio medio destacado, sobre todo por el envés–, punteado-glandulosas, con indumento adpreso-araneoso ± denso por ambas caras, con el margen ± escábrido. Capítulos discoides, con todas las flores hermafroditas y de tamaño similar, o bien radiantes, con las flores del disco hermafroditas y las de la periferia neutras, patentes y mayores que aquellas, terminales, solitarios, a menudo alcanzados al menos por las hojas caulinares superiores, que sobrepasan o no el involucro, o sustentados por un pedúnculo corto y por lo general arqueado-ascendente. Involucro (9)11-17(19) × (3,2)4,5-9 mm, ovoide u ovoide-globoso, redondeado o ± atenuado en la base, ± araneoso, netamente sobrepasado por las flores; brácteas imbricadas y dispuestas aparentemente en 6 o 7 series, gradualmente mayores de fuera adentro, verdes o verdoso-violetas –pardas cuando secas–, glabrescentes o laxamente araneosas, ± punteado-glandulosas, la mayoría de ellas con apéndice linear-subulado o muy estrechamente triangular-subulado, pectinado-fimbriado –el conjunto de apéndices no oculta las bases de las brácteas–; las externas y medias con base ovado-lanceolada y margen estrechamente escarioso, con tres nervios ± marcados –solo uno en las externas–, laxamente araneosas, con apéndice apical de 1,5-3,5(4) × 0,4-1,5 mm, linear-subulado, erecto o erecto-patente y arqueado, ± araneoso en su base, glanduloso o no, de un color acastañado en su parte basal y central, y pardo o de un pardo rojizo en la distal o de un color acastañado en toda su longitud, no decurrente, con 4-11 pares de fimbrias laterales de (0,3)0,5-2(3,5) mm –la apical 1,5-2,5(3) mm–, escábridas o barbuladas, de un pardo claro o blancas hacia la punta; las internas 12-14 mm, lineares o linear-espatuladas, glabrescentes, a menudo teñidas de color púrpura hacia el ápice, con tres nervios marcados y margen escarioso-hialino, a veces ligeramente contraídas en un apéndice ovado o ± espatulado, escarioso, ± inciso-dentado o lacerado, pardo o de un color acastañado en el centro y blanquecino en la periferia. Corola ± papilosa, la de las flores neutras de 14-27 mm, con tubo blanquecino y limbo rosado o rosa-violeta, este con 5 lóbulos de 1-10 mm, oblongo-lanceolados, marcadamente desiguales, dos mucho menores; la de las hermafroditas 11-16(18) mm, con tubo de 4-7(8) mm, blanquecino, y limbo de 8-9(10) mm, blanquecino-violeta o rosa-violeta, con 5 lóbulos de 3-5 mm, linear-lanceolados, desiguales, por lo general dos con los senos más profundos. Estambres con filamento peloso; anteras 5-7 mm, blanquecinas, con conectivo apical violeta, y apéndices basales de 0,3-0,5 mm, membranáceos y a menudo lacerados. Estilo blanquecino, con ramas rosa-

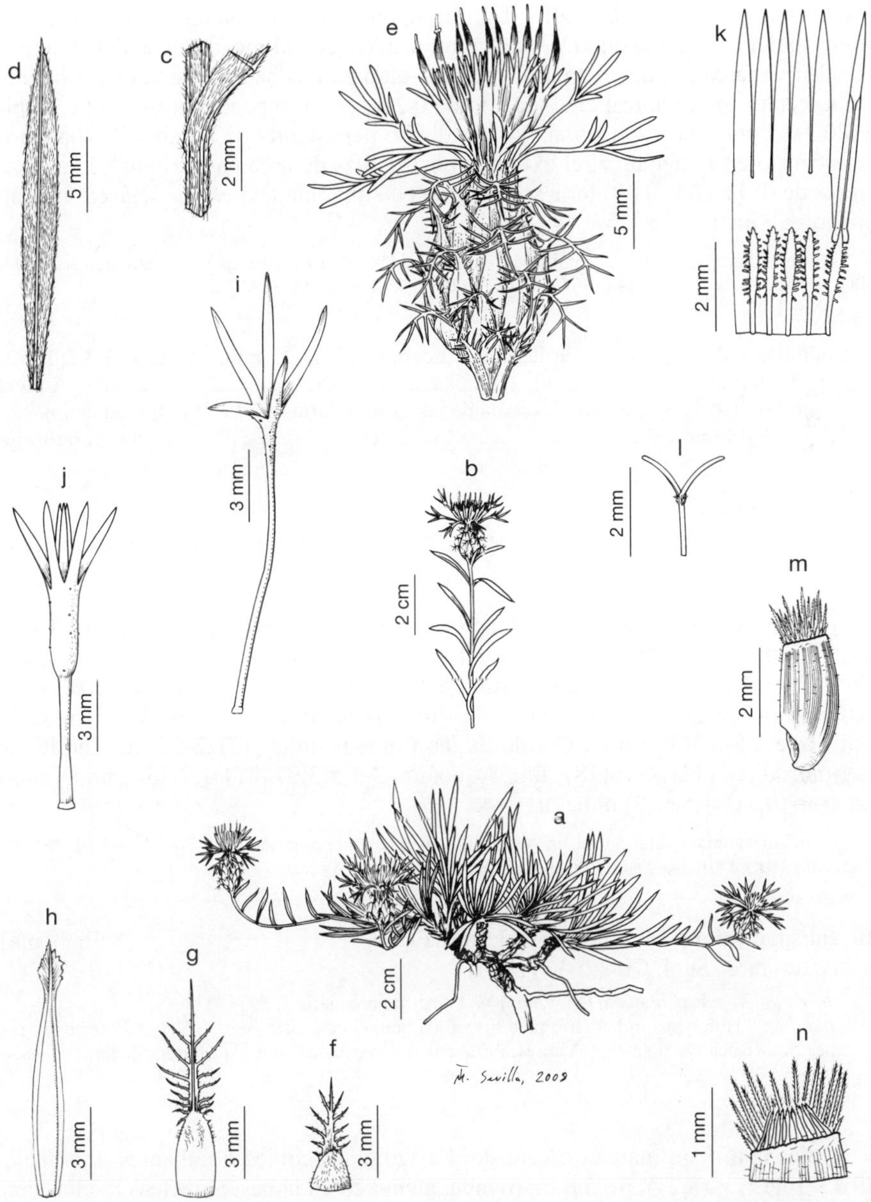

Lám. 113.–*Centaurea janeri* subsp. *babiana*, entre Herreros de Jamuz y Nogarejas, León (COFC 34376): a) hábito; b) tallo florido; c) detalle de un nudo del tallo y de la inserción de la hoja; d) hoja; e) capítulo; f) bráctea externa del involucro; g) bráctea media del involucro; h) bráctea interna del involucro; i) corola de una flor neutra; j) corola y verticilos sexuales de una flor hermafrodita; k) limbo abierto de la corola de una flor hermafrodita, con los filamentos estaminales y un estambre completo; l) detalle del estilo con sus ramas; m) aquenio con vilano; n) detalle del vilano interno y parte del externo.

violetas. Aquenios 2,8-3,5(3,9) × 1-1,6 mm, cilíndricos u oblongo-obovoides, algo comprimidos –sección elíptica– y algo arqueados, con al menos 4 costillas longitudinales ± marcadas, de un amarillo pajizo –algo pardos hacia la mitad–, laxamente pubescentes; placa apical con nectario de 0,2-0,3 mm, ± pentalobulado; hilo cárpico 0,7-1,1 mm, lateral-adaxial. Vilano doble, persistente, de un amarillo pajizo o acastañado en la madurez; el externo con 1-3 filas de escamas desiguales, las mayores de (0,1)0,7-1,8(1,9) mm, y el interno con una fila de escamas setáceas mucho menores e incurvadas. $2n = 44$.

Pastos y claros de matorral, tomillares, etc., en suelos calizos o silíceos de textura arenosa; (400) 480-1990(2079) m. V-VIII. ● C y N de España. **Esp.:** Av Bu Le O P Sa Vi Za.

1. Capítulos radiantes; corola de las flores neutras (17)22-27 mm; aquenios 3-3,5(3,9) × (1)1,3-1,6 mm .... **a.** subsp. **janeri**
– Capítulos discoides o radiantes; corola de las flores neutras 14-19(22) mm; aquenios 2,8-3,2 × 1,2-1,4 mm .... **b.** subsp. **babiana**

a. subsp. **janeri**

Ic.: Arnelas & Devesa in Acta Bot. Malac. 37: 54 fig. 5 (2012); Caball. in Anales Inst. Bot. Cavanilles 6: 569-571 (1946)

Hojas sin margen escábrido. Capítulos radiantes. Involucro (11)14-16(19) × (4)6-9 mm, ovoide, atenuado o redondeado en la base; brácteas medias con apéndice de (1,5)2,5-3,5(4) × 0,4-1,5 mm, estrechamente linear-subulado, erecto-patente, arqueado, con (4)6-11 pares de fimbrias laterales de (0,5)1-2(3,5) mm, la apical de 1,5-2,5(3,5) mm. Corola de las flores neutras (17)22-27 mm, la de las hermafroditas (12)14-16(18) mm. Aquenios 3-3,5(3,9) × (1)1,3-1,6 mm. Vilano externo (0,7)1-1,5 (1,9) mm. $2n = 44$.

Tomillares supramediterráneos, en suelos silíceos de textura arenosa; 980-1700 m. V-VIII. ● C de España: sierra de Gredos y sierra de la Peña de Francia. **Esp.:** Av Sa.

b. subsp. **babiana** M. Laínz in Bol. Inst. Estud. Asturianos, Supl. Ci. 22: 36 (1976) [babiána]

Jacea janeri subsp. *babiana* (M. Laínz) M. Laínz in Fontqueria 3: 39 (1983)
Ind. loc.: "Holotypus in herbario meo hispanico boreo-occidentali, die 30-VII-1975 lectus in rupestribus calcareis supra La Cueta (Cabrillanes, León), iuxta locum la Mortera dictum, ad 1850 m"
Ic.: Lám. 113

Hojas con o sin margen escábrido. Capítulos discoides o radiantes. Involucro (9)13-16(17) × (3,2)4,5-6,5 mm, ovoide, atenuado en la base; brácteas medias con apéndice de 1,5-2,5(3) × 0,4-0,6 mm, estrechamente linear-subulado o triangular-subulado, erecto-patente o patente, arqueado-reflexo, con 4-10 pares de fimbrias laterales de (0,3)0,7-2(3) mm, la apical de 1,5-2,5(3) mm. Corola de las flores neutras 14-19(22) mm, la de las hermafroditas 11-16 mm. Aquenios 2,8-3,2 × 1,2-1,4 mm. Vilano externo 0,1-1,8 mm. $2n = 44$.

Pastos y claros de matorral, tomillares, casi siempre en calizas; (400)480-1990(2079) m. (V)VI-VIII. ● N de España. **Esp.:** Bu Le O P Vi Za.

Observaciones.–De esta subespecie se conocen poblaciones con plantas de capítulos radiantes que se corresponden con el tipo de la subespecie; otras, con plantas de capítulos discoides y abundantes sobre todo en la porción oriental del área de distribución, fueron denominadas *C. burgalensis* Pau, in sched., nom. nud., no reúnen más características distintivas que permitan su segregación taxonómica de las que presentan capítulos radiantes.

40. C. emigrantis Bubani in Nuovo Giorn. Bot. Ital. 5: 318 (1873) [emigrántis]

C. jordaniana sensu Willk., Suppl. Prodr. Fl. Hispan.: 96 (1893), non Godr. & Gren. in Gren. & Godr., Fl. France 2: 245 (1850)
C. uniflora subsp. *emigrantis* (Bubani) Pau & Font Quer in Treb. Mus. Ci. Nat. Barcelona, Sèr. Bot. 5: 229 (1920)
Ind. loc.: "Montesec, supra Ceriveta" [lectótipo designado por I. Arnelas & J.A. Devesa in Acta Bot. Malac. 37: 57 (2012): GE]
Ic.: L. Villar & al., Fl. Pirineo Aragon 2: 337 (2001); lám. 114

Hierba perenne, con raíz axonomorfa, sufruticulosa, multicaule, inerme, de un verde grisáceo, con pelos tectores unicelulares y glándulas sésiles. Tallos hasta de 30 cm, erectos o ascendentes, ramificados en la mitad superior, de sección circular o ± poligonal –con 5 o 6 costillas muy marcadas–, foliosos en su mayor parte, con indumento adpreso-lanuginoso ± denso de pelos unicelulares, y glándulas punctiformes dispersas. Hojas hasta de 100(120) × 15 mm, las inferiores largamente atenuadas en un pecíolo y las medias y superiores sésiles, menores hacia la parte superior del tallo, no decurrentes, oblongo-lanceoladas, enteras, con dos o tres dientes o más rara vez pinnatífidas –con 1-3 lóbulos–, de obtusas a agudas, con mucrón o acumen pardo, con nervadura pinnada –con al menos el nervio medio destacado, sobre todo por el envés–, ± densamente adpreso-lanuginosas por ambas caras, punteado-glandulosas. Capítulos radiantes, con las flores del disco hermafroditas y las de la periferia neutras, patentes y mayores que aquellas, terminales, solitarios, alcanzados al menos por las hojas caulinares superiores, que por lo general no sobrepasan el involucro. Involucro (12)14-16(19) × (5)6-8(10) mm, ovoide, redondeado en la base, de glabrescente a ± araneoso –sobre todo hacia la base–, netamente sobrepasado por las flores; brácteas imbricadas y dispuestas aparentemente en 6 o 7 series, gradualmente mayores de fuera adentro, verdes o verdoso-amarillentas –pardas cuando secas–, glabrescentes o laxamente araneosas, por lo general no punteado-glandulosas, la mayoría de ellas con apéndice linear-subulado, pectinado-fimbriado –el conjunto de los apéndices no oculta las bases de las brácteas–; las externas y medias con base ovado-lanceolada y margen estrechamente escarioso, con 3(5) nervios apenas marcados –nada en las externas–, laxamente araneosas y a veces con manchas purpúreas, con apéndice apical de (4)4,5-6(7,5) mm, linear-subulado, muy reflexo, ± araneoso-lanuginoso en su base, glanduloso o no, de un color castaño negruzco en su parte basal y pardo o de un pardo rojizo en la distal, no decurrente, con (7)8-10(11) pares de fimbrias laterales de (0,5)2-3(4,5) mm –la terminal 2,5-3,5(4) mm–, escábridas o barbuladas, de un pardo claro hacia la punta; las internas 12-14 mm, lineares o linear-espatu-

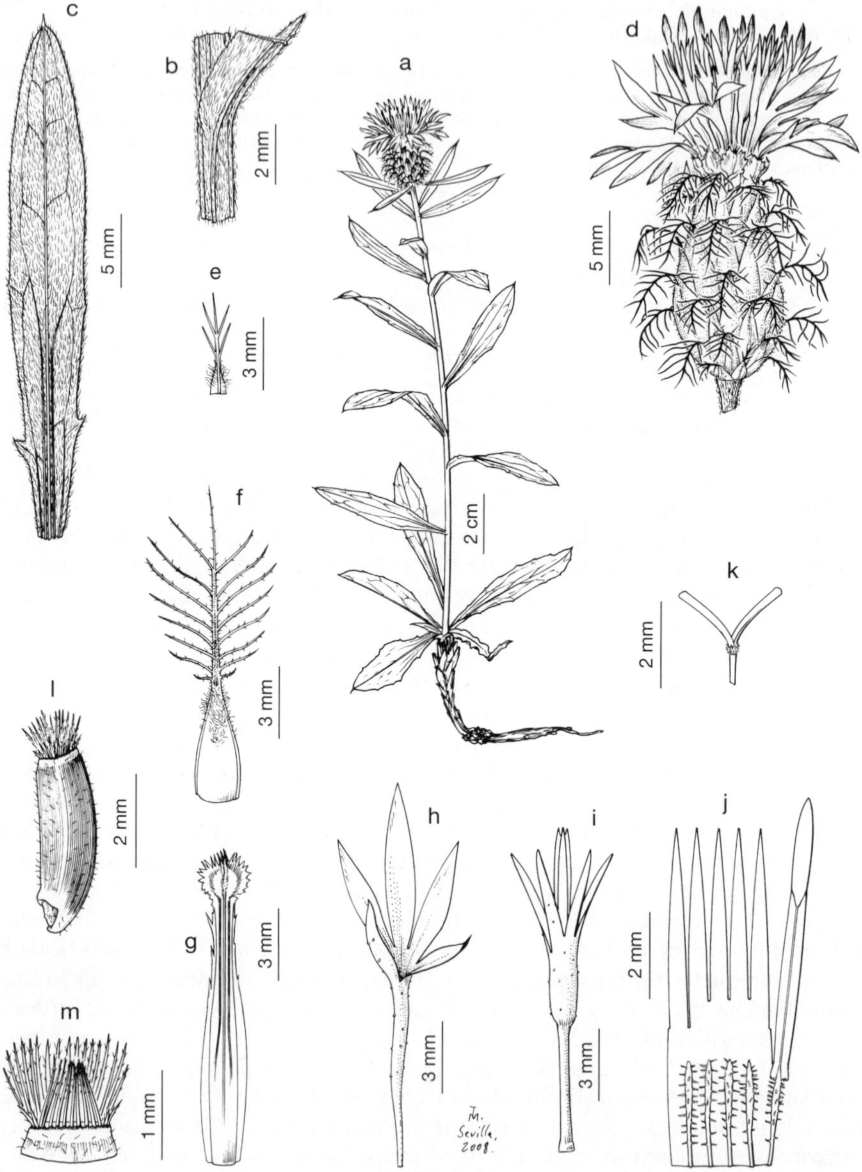

Lám. 114.–*Centaurea emigrantis,* a-d, h-k) Montsec d'Ares, Lérida (MA 134656); e-g, l, m) Guardia de Tremp, Lérida (COFC 34377): a) hábito; b) detalle de un nudo del tallo y de la inserción de la hoja; c) hoja; d) capítulo; e) bráctea externa del involucro; f) bráctea media del involucro; g) bráctea interna del involucro; h) corola de una flor neutra; i) corola y verticilos sexuales de una flor hermafrodita; j) limbo abierto de la corola de una flor hermafrodita, con los filamentos estaminales y un estambre completo; k) detalle del estilo con sus ramas; l) aquenio con vilano; m) detalle del vilano interno y parte del externo.

ladas, glabras, a menudo teñidas de color púrpura hacia el apéndice, con 1-5 nervios marcados –el central prolongado hasta el apéndice– y margen escarioso-hialino –pardo o de un pardo purpúreo en la zona transicional al apéndice–, ± contraídas en un apéndice espatulado, escarioso, inciso-dentado o con algunas fimbrias hialinas, a menudo pardo o de un pardo acastañado en el centro. Corola ± papilosa, la de las flores neutras de 16-21 mm, con tubo blanco o blanquecino-rosado, y limbo blanco, con 5 lóbulos de 3,5-7 mm, oblongo-lanceolados, marcadamente desiguales, dos mucho menores; la de las hermafroditas (12)14,5-16,5 mm, con tubo de 6-7,5(9,5) mm, blanquecino, y limbo de (7)8-9 mm, blanco o bien con los lóbulos blanquecino-rosados en el ápice, con 5 lóbulos de 3-5 mm, linear-lanceolados, desiguales, por lo general dos con los senos más profundos. Estambres con filamento peloso; anteras 5-6 mm, blanquecinas, con conectivo apical violeta, con apéndices basales de 0,3-0,5 mm, membranáceos y a menudo lacerados. Estilo blanquecino, con ramas rosa-violetas. Aquenios 3,5-4,7 × 1,3-1,8 mm, cilíndricos u oblongo-obovoides, algo comprimidos –sección elíptica– y algo curvados, con al menos 4 costillas longitudinales ± marcadas, de un amarillo pajizo –algo pardos hacia la mitad–, laxamente pubescentes; placa apical con nectario de 0,1 mm, ± pentalobulado; hilo cárpico 0,8-1 mm, lateral-adaxial. Vilano doble, persistente, de un amarillo pajizo o acastañado en la madurez; el externo con 1-3 filas de escamas desiguales, las mayores de (0,5)0,8-1 mm, y el interno con una fila de escamas setáceas mucho menores e incurvadas. $2n = 22$.

Claros de matorral, sotobosque de pinares, etc., en substratos calcáreos; (280)350-1200(1400) m. V-VII. ● NE de España. **Esp.:** Hu L.

41. C. antennata Dufour in Ann. Sci. Nat. (Paris) 23: 158 (1831) [antennáta]

Ind. loc.: "Hab. in aridis montium Porta-Coeli in regno Valentino" [lectótipo designado por I. Arnelas & J.A. Devesa in Acta Bot. Malac. 37: 59 (2012): BORD]

Hierba perenne, con raíz axonomorfa, sufruticulosa, multicaule, inerme, verde, con pelos tectores unicelulares, araneosos, pelos pluricelulares uniseriados y glándulas sésiles. Tallos hasta de 30 cm, erectos, ascendentes o decumbentes, ramificados desde la base, de sección circular o ± poligonal –con 4-6 costillas muy marcadas, numerosas bajo los capítulos–, foliosos sobre todo en su parte inferior, con indumento ± denso de pelos pluricelulares de (0,3)0,5-1,5 mm, o de pelos pluricelulares y unicelulares, con glándulas punctiformes dispersas. Hojas hasta de 110(120) × 30 mm, las basales atenuadas en un pecíolo y el resto sésiles, atenuadas, no decurrentes, menores hacia la parte superior del tallo, con un nervio medio destacado y dos apenas perceptibles, algo discoloras, con indumento ± híspido de pelos pluricelulares y, a veces, también con pelos araneosos aplicados, punteado-glandulosas; las inferiores rosuladas, oblongo-obovadas, obovadas u obovado-espatuladas, a veces liradas y con dos lóbulos lanceolados en la base, de margen entero o escasamente dentado, obtusas, con mucrón pardo, por lo general escasas durante la floración; las medias y superiores estrechamente oblongo-obovadas, obtusas, mucronadas, enteras o a veces con margen escasamente dentado, e indumento similar a las anteriores. Capítulos discoides, con todas las flores hermafroditas y de tamaño similar, terminales, solitarios, alcanzados al menos por las hojas caulinares superiores que, por lo general, sobrepasan el involucro. Involucro (11)14-18(20) × (4,3)6-10 mm, ± ovoide, ± redondeado en la base, de glabrescente a ± araneoso –sobre todo hacia la base–, netamente sobrepasado por las flores; brácteas imbricadas y dispuestas aparentemente en 6 o 7 series, gradualmente mayores de fuera adentro, verdes o verdoso-amarillentas –pardas cuando secas–, ± araneosas o lanuginoso-araneosas, escasamente punteado-glandulosas, la mayoría de ellas con apéndice linear-subulado o muy estrechamente triangular-subulado, pectinado-fimbriado –el conjunto de los apéndices no oculta las bases de las brácteas–; las externas y medias con base ovada y margen escarioso, y 3-5 nervios apenas marcados –solo uno y poco visible en las externas–, densamente araneosas y a veces con manchas purpúreas, con apéndice apical de 1,5-4(5,5) × (0,3)0,5-0,8(1) mm, triangular-subulado, pectinado-fimbriado, erecto, recurvado o reflexo, densamente araneoso-lanuginoso en su base, de un color acastañado negruzco, no decurrente, con (2)5-10 pares de fimbrias laterales de (0,5)1-3 mm –la terminal 1-3 mm–, escábridas o barbuladas; las internas 14-15 mm, lineares o linear-espatuladas, glabrescentes, a menudo teñidas de color púrpura hacia el apéndice, con tres nervios –el central más marcado y prolongado hasta el apéndice– y margen escarioso-hialino, algo punteado-glandulosas, ± contraídas en un apéndice espatulado, escarioso, inciso-dentado o con algunas fimbrias hialinas, a menudo pardo o de un pardo purpúreo en el centro. Corola 12-19 mm, ± papilosa, con tubo de 4-9 mm, blanquecino, y limbo de 8-10 mm, blanco, con 5 lóbulos de 3-6 mm, linear-lanceolados, desiguales, por lo general dos con los senos más profundos. Estambres con filamento peloso; anteras 6-8 mm, blanquecinas o violetas, con conectivo apical de un violeta intenso, con apéndices basales de c. 0,5 mm, membranáceos y a menudo lacerados. Estilo blanquecino, con ramas rosa-violetas o blanquecino-rosadas. Aquenios 3,5-4,5 × 1,5-1,8(2,5) mm, cilíndricos u oblongo-obovoides, algo comprimidos –sección elíptica– y algo arqueados, con numerosas costillas longitudinales ± marcadas, de un amarillo pajizo –algo pardos hacia la mitad–, laxamente pubescentes; placa apical con nectario de 0,1 mm, ± pentalobulado; hilo cárpico 0,8-1,5 mm, lateral-adaxial. Vilano doble, persistente, de un amarillo pajizo; el externo con dos o tres filas de escamas desiguales, las mayores de (0,5)0,9-1,5 mm, y el interno con una fila de escamas setáceas de 0,5-0,7 mm, incurvadas. $2n = 22$.

Pastos en claros de pinar, matorrales, borde de caminos, etc., en suelos pedregosos y fisuras de roquedo calizo; 220-1500 m. (IV)VI-VII(X). ● E de España. **Esp.:** Ab Al Gr Mu T V. **N.v.:** arbrassera (Valencia), bracera (Valencia).

1. Tallos y hojas con pelos pluricelulares de 0,3-0,7(1) mm; apéndice de las brácteas involucrales medias 1,5-2,5(3) mm, con (2)5-8 pares de fimbrias laterales de (0,5)1-2 mm .... **a.** subsp. **antennata**
– Tallos y hojas con pelos pluricelulares de (0,5)0,7-1,5 mm; apéndice de las brácteas involucrales medias (1,5)2,5-4(5,5) mm, con (5)7-10 pares de fimbrias laterales de (0,5)2-3 mm .... **b.** subsp. **meridionalis**

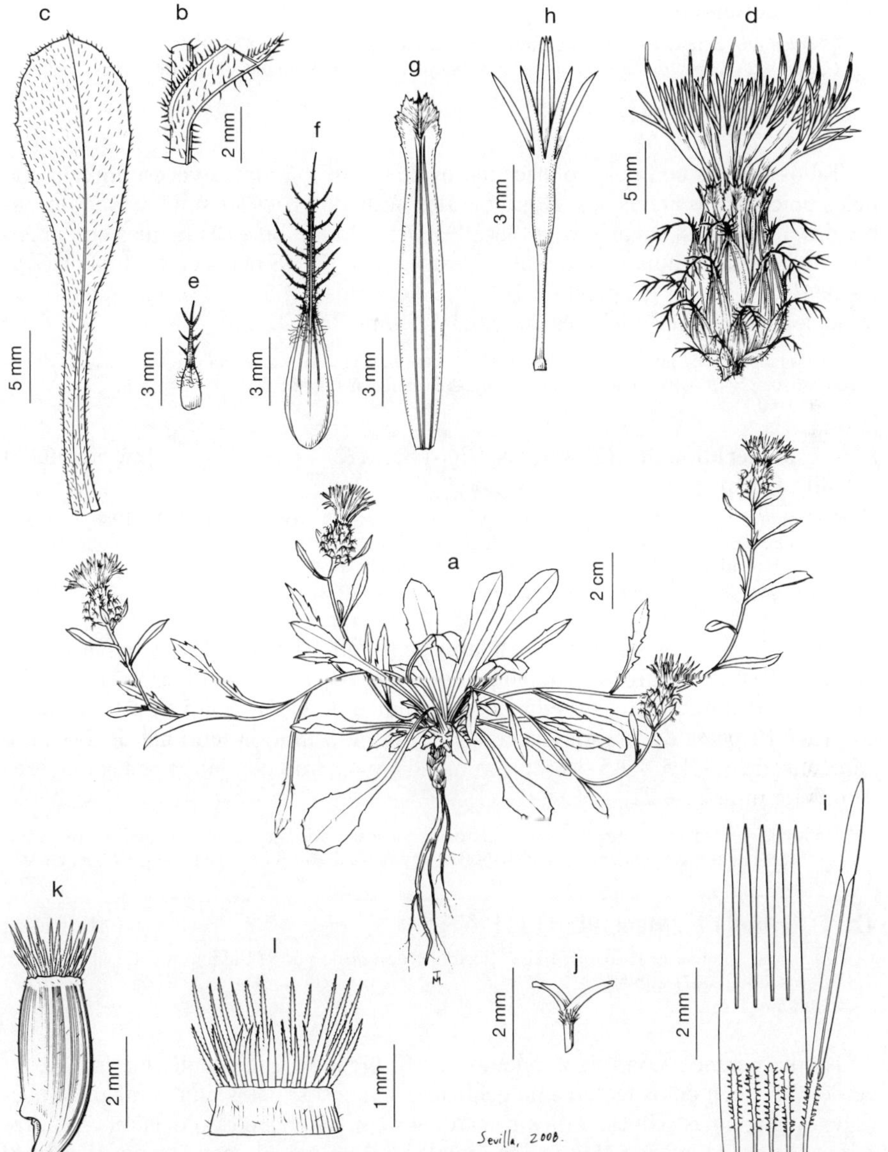

Lám. 115.–*Centaurea antennata* subsp. *antennata,* a-d, h-j) Ulldecona, sierra del Montsià, Tarragona (MA 700599); e-g) Amposta, sierra del Montsià, Tarragona (ARAN 59675); k, l) valle de Carreretes, Tortosa, Tarragona (MA 169826): a) hábito; b) detalle de un nudo del tallo y de la inserción de la hoja; c) hoja; d) capítulo; e) bráctea externa del involucro; f) bráctea media del involucro; g) bráctea interna del involucro; h) corola y verticilos sexuales de la flor; i) limbo abierto de la corola con los filamentos estaminales y un estambre completo; j) detalle del estilo con sus ramas; k) aquenio con vilano; l) detalle del vilano interno y parte del externo.

a. subsp. **antennata**

C. caballeroi Font Quer & Pau in Butll. Inst. Catalana Hist. Nat. 18: 82 (1918)
C. linifolia subsp. *caballeroi* (Font Quer & Pau) O. Bolòs & Vigo in Collect. Bot. (Barcelona) 17: 92 (1988)
Ic.: Lám. 115

Tallos y hojas con pelos pluricelulares de 0,3-0,7(1) mm, a veces también con pelos unicelulares araneosos. Hojas basales hasta de 110 × 30 mm, obovado-espatuladas o ± liradas. Involucro 14-18(20) × 7,5-10 mm; brácteas medias con apéndice de 1,5-2,5(3) mm, erecto o algo recurvo, con (2)5-8 pares de fimbrias laterales de (0,5)1-2 mm, la apical de 1-2 mm. Aquenios 4-4,5 × c.1,7 mm. Vilano externo con las escamas mayores de (0,5)1-1,5 mm. 2*n* = 22.

Pastos en claros de pinar, matorrales, borde de caminos, etc., en suelos pedregosos y fisuras de roquedo calizo; 220-700(1000) m. (IV)VI-VII(X). ● E de España. **Esp.:** T V.

b. subsp. **meridionalis** (O. Bolòs & Vigo) Serra & M.B. Crespo in Ruizia 19: 858 (2007) [meridionális]

C. linifolia var. *meridionalis* O. Bolòs & Vigo in Collect. Bot. (Barcelona) 17: 92 (1988) [basión.]
Ind. loc.: "Holotypus asservatus est in herbario Instituti Botanici Barcinonesis: in collibus calc. iuxta Chinchilla, leg. P. Font i Quer, 3 junii 1924 (BC 89474)"
Ic.: Arnelas & Devesa in Acta Bot. Malac. 37: 61 fig. 2 (2012)

Tallos y hojas con pelos pluricelulares de (0,5)0,7-1,5 mm. Hojas basales hasta de 80 × 10 mm, oblongo-espatuladas u oblongo-obovadas. Involucro (11)14-17 × (4,3)6-8(10) mm; brácteas medias con apéndice de (1,5)2,5-4(5,5) mm, reflexo, con (5)7-10 pares de fimbrias laterales de (0,5)2-3 mm, la terminal de 2-3 mm. Aquenios de 3,5-4,5 × 1,5-1,8(2,5) mm. Vilano externo con las escamas mayores de 0,9-1,5 mm. 2*n* = 22.

Matorrales en laderas pedregosas secas, claros de pinar y bordes de camino, etc., en suelos pedregosos y fisuras de roquedo calizo; (320)700-1500 m. (IV)VI-VII. ● SE de España. **Esp.:** Ab Al Gr Mu.

42. C. linifolia L., Mant. Pl.: 117 (1767) [linifólia]

Ind. loc.: "Habitat in Hispania, Italia" [lectótipo designado por R. Baldini in C.E. Jarvis, Order Chaos: 400 (2007): LINN]
Ic.: Lám. 116

Hierba perenne, con raíz axonomorfa sufruticulosa, multicaule, inerme, de un verde claro, con pelos tectores unicelulares, araneosos, pelos pluricelulares uniseriados y glándulas sésiles. Tallos hasta de 45 cm, ascendentes o decumbentes, ramificados desde la base, de sección circular o ± poligonal –con 4-6 costillas muy marcadas, numerosas bajo los capítulos–, foliosos sobre todo en su parte inferior, con indumento ± denso de pelos pluricelulares de (0,1)0,3-0,5(1) mm y pelos unicelulares, con glándulas punctiformes dispersas. Hojas hasta de 130 × 6 mm, las basales atenuadas en un pecíolo y el resto sésiles, atenuadas, no decurrentes, menores hacia la parte superior del tallo, con un nervio medio destacado y dos más apenas perceptibles, algo discoloras, con indumento de pelos unicelulares araneo-

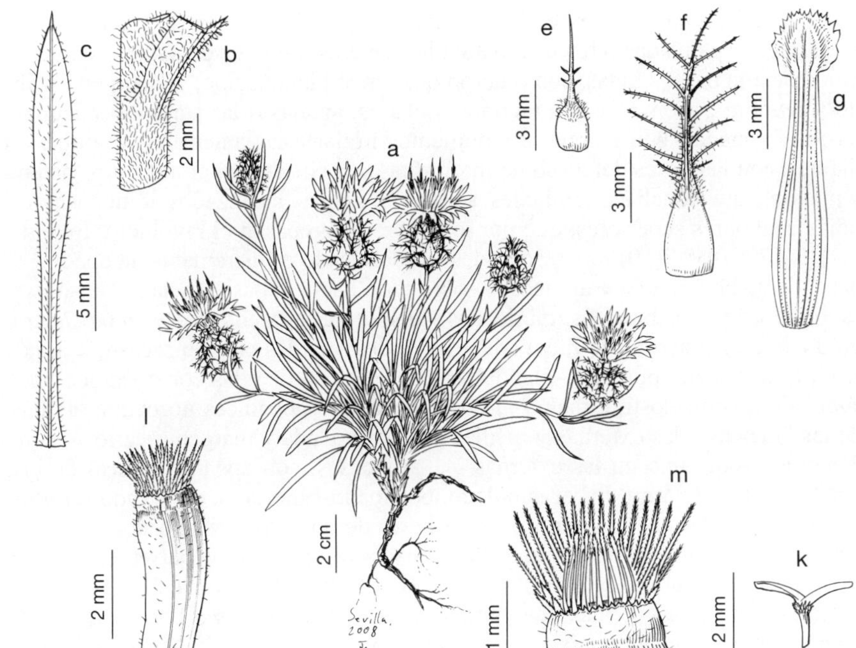

Lám. 116.–*Centaurea linifolia,* a-d, h-k) Vilanova de l'Aguda, Lérida (MA 316357); e-g, l, m) Cubells, Lérida (COFC 34321): a) hábito; b) detalle de un nudo del tallo y de la inserción de la hoja; c) hoja; d) capítulo; e) bráctea externa del involucro; f) bráctea media del involucro; g) bráctea interna del involucro; h) corola de una flor neutra; i) corola y verticilos sexuales de una flor hermafrodita; j) limbo abierto de la corola de una flor hermafrodita, con los filamentos estaminales y un estambre completo; k) detalle del estilo con sus ramas; l) aquenio con vilano; m) detalle del vilano interno y parte del externo.

sos, adpresos, y pelos pluricelulares, punteado-glandulosas; las basales rosuladas, ± oblongo-espatuladas o linear-espatuladas, enteras, rara vez dentadas o con un lóbulo hacia la base, agudas, con mucrón o acumen blanquecino, de margen escábrido y revoluto; las medias y superiores lineares, agudas o las superiores acuminadas, mucronadas, con margen e indumento similar a las anteriores. Capítulos radiantes, con las flores del disco hermafroditas y las de la periferia neutras, patentes y mayores que aquellas, terminales, solitarios, sésiles, alcanzados al menos por las hojas caulinares superiores, que por lo general sobrepasan el involucro. Involucro (11)13-17 × (4)5-7(10) mm, ± ovoide, ± redondeado o ligeramente atenuado en la base, de glabrescente a ± araneoso –sobre todo hacia la base–, netamente sobrepasado por las flores; brácteas imbricadas y dispuestas aparentemente en 6 o 7 series, gradualmente mayores de fuera adentro, verdes –pardas cuando secas–, ± araneosas, por lo general punteado-glandulosas, la mayoría de ellas con apéndice linear-subulado, pectinado-fimbriado –el conjunto de los apéndices no oculta las bases de las brácteas–; las externas y medias con base ovada y margen escarioso, con 3-5 nervios –solo uno en las externas–, ± araneosas, con apéndice apical de (1)2-4,5(6,2) × 0,3-0,5 mm, linear-subulado, pectinado-fimbriado, recurvado o reflexo, densamente araneoso-lanuginoso en su base, de un color castaño negruzco en la base y de un pardo rojizo o amarillento hacia el ápice, no decurrente, con (2)6-8(10) pares de fimbrias laterales de (0,5)2-3,5(4) mm –la terminal (1)2,5-4,5 mm–, ± marcadamente escábridas; las internas 12-14 mm, lineares o linear-espatuladas, glabrescentes, a menudo teñidas de color púrpura hacia el apéndice, con 5 nervios marcados y margen escarioso-hialino, punteado-glandulosas, ± contraídas en un apéndice espatulado, escarioso, inciso-dentado o con algunas fimbrias hialinas, a menudo pardo o de un pardo purpúreo en el centro. Corola ± papilosa, la de las flores neutras de 13-27 mm, con tubo blanquecino y limbo rosa-violeta, con 5 lóbulos de 1-8 mm, oblongo-lanceolados, marcadamente desiguales, dos mucho menores; la de las hermafroditas 13-15(19) mm, con tubo de 5-6(9) mm, blanco, y limbo de 8-9(10) mm, rosado o rosa-violeta, con 5 lóbulos de 3-6 mm, linear-lanceolados, desiguales, por lo general dos con los senos más profundos. Estambres con filamento peloso, y anteras de 5-7 mm, blanquecinas, con conectivo violeta, con apéndices basales de 0,3-0,5 mm, membranáceos y a menudo lacerados. Estilo blanquecino, con ramas rosa-violetas. Aquenios 3,5-4,5(5) × 1,3-1,8 mm, cilíndricos u oblongo-obovoides, algo comprimidos –sección elíptica– y ± curvos, con numerosas costillas longitudinales ± marcadas, de un amarillo pajizo –algo pardos hacia la mitad–, laxamente pubescentes; placa apical con nectario de 0,1 mm, ± pentalobulado; hilo cárpico 0,9-1,3 mm, lateral-adaxial. Vilano doble, persistente, de un amarillo pajizo; el externo con 2 o 3 filas de escamas desiguales, las mayores de 0,5-1,5(2,5) mm, y el interno con una fila de escamas setáceas de 0,5-0,7 mm, incurvadas. $2n = 22$, $n = 11$.

Tomillares, carrascales y matorral de pinares, etc., en calizas, dolomías y yesos; 0-1600 m. (III)IV-VIII(XI). ● E de España. **Esp.:** A B Cs Hu L Mu Na So T Te V Z. **N.v.:** bracera (Valencia).

43. C. stuessyi Arnelas, Devesa & E. López in Phytotaxa 115: 43, 45 fig. 1 (2013) [Stuéssyi]

Ind. loc.: "ESPAÑA. Tarragona: Rasquera, Balneario de Cardó, 479 m, 1 July 2009, I. Arnelas Seco (holotype COFC 57443!)"
Ic.: Arnelas & al. in Phytotaxa 115: 45 fig. 1 (2013)

Hierba perenne, con raíz axonomorfa, sufruticulosa, multicaule, inerme, de un verde claro, con pelos tectores unicelulares, araneosos, pelos pluricelulares uniseriados y glándulas sésiles. Tallos hasta de 45 cm, ascendentes o decumbentes, ramificados desde la base, de sección circular o ± poligonal –con 4-6 costillas muy marcadas, numerosas bajo los capítulos–, sin alas, foliosos sobre todo en su parte inferior, con indumento ± denso de pelos pluricelulares de (0,1)0,3-0,5(1) mm y pelos unicelulares, con glándulas punctiformes dispersas. Hojas hasta de 85 × 7 mm, las basales atenuadas en un pecíolo y el resto sésiles, atenuadas, no decurrentes, menores hacia la parte superior del tallo, con un nervio medio destacado y dos apenas perceptibles, algo discoloras, con indumento de pelos unicelulares araneosos adpresos y pelos pluricelulares uniseriados, punteado-glandulosas; las inferiores rosuladas, linear-espatuladas o estrechamente oblongo-espatuladas, enteras, rara vez dentadas o con un lóbulo hacia la base, obtusas o agudas, con mucrón o acumen blanquecino, de margen escábrido y revoluto; las medias y superiores lineares, agudas, mucronadas, con margen e indumento similar a las anteriores. Capítulos discoides, con todas las flores hermafroditas y de tamaño similar, terminales, solitarios, sésiles, alcanzados al menos por las hojas caulinares superiores, que por lo general sobrepasan el involucro. Involucro (13)15-18(21) × 5-8(10) mm, ± ovoide, ± redondeado o ligeramente atenuado en la base, de glabrescente a ± araneoso –sobre todo hacia la base–, netamente sobrepasado por las flores, brácteas imbricadas y dispuestas aparentemente en 6 o 7 series, gradualmente mayores de fuera adentro, verdes –pardas cuando secas–, ± araneosas, por lo general punteado-glandulosas, la mayoría de ellas con apéndice linear-subulado, pectinado-fimbriado –el conjunto de los apéndices no oculta las bases de las brácteas–; las externas y medias con base ovada, margen escarioso y 3-5 nervios –solo uno en las externas–, ± araneosas, con apéndice apical de (2,5)3-4,5(6) × 0,3-0,5 mm, linear-subulado, pectinado-fimbriado, recurvado o reflexo, densamente araneoso-lanuginoso en su base, de un color castaño negruzco en la base y de un pardo rojizo o pardo amarillento hacia el ápice, con un nervio central marcado, no decurrente, con (1)6-8 pares de fimbrias laterales de (0,5)1-2,5 mm –la terminal 2,5-3,5(4) mm–, ± largamente escábridas; las internas 12-14 mm, lineares o linear-espatuladas, glabrescentes, a menudo teñidas de color púrpura hacia el apéndice, con 5 nervios marcados y margen escarioso-hialino, punteado-glandulosas, ± contraídas en un apéndice espatulado, escarioso, inciso-dentado o con algunas fimbrias hialinas, a menudo pardo o de un pardo purpúreo en el centro. Corola 13-15(19) mm, ± papilosa, con tubo de 5-6(9) mm, blanco, y limbo de 8-9(10) mm, rosado, rosado-blanquecino o rosa-violeta, con 5 lóbulos de 3,5-5,5 mm, linear-lanceolados, desiguales, por lo general dos con los senos más profundos. Estambres con filamento peloso, y anteras de 5-7 mm, blanquecinas, con conectivo violeta, y apéndices basales de 0,3-0,5 mm, membranáceos y a menudo lacerados. Estilo blanquecino, con ramas rosadas o rosa-violetas. Aquenios 3,5-4,5(5) × 1,3-1,8 mm, cilíndricos u oblongo-obovoides, algo comprimidos –sección elíptica– y ± curvos, con numerosas costillas longitudinales ± marcadas, de un amarillo pajizo –algo pardos hacia la mitad–, laxamente pubescentes; placa apical con nectario de 0,1 mm, ± pentalobulado; hilo cárpico 0,9-1,3 mm, lateral-adaxial. Vilano doble, persistente, de un amarillo pajizo; el externo con dos o tres filas de escamas desiguales, las mayores de 0,5-1,5(2,5) mm, y el interno con una fila de escamas setáceas mucho menores e incurvadas.

Pinares, tomillares, carrascales, etc., en laderas pedregosas en calizas, dolomías y yesos; 320-980 m. IV-VII. ● NE de España. **Esp.:** Cs T Te.

44. C. hyssopifolia Vahl, Symb. Bot. 1: 75 (1790) [hyssopifólia]

Ind. loc.: "Legi cum præcedente in Castilia veteri (...)"
Ic.: Lám. 117

Sufrútice multicaule, con raíz axonomorfa, inerme, de un verde grisáceo, con pelos tectores unicelulares, araneosos, pelos pluricelulares uniseriados y glándulas sésiles. Tallos hasta de 45 cm, erectos o ascendentes, ramificados desde la base, de sección circular o ± poligonal –con 4-5(8) costillas marcadas–, foliosos en su mayor parte, con indumento de pelos unicelulares araneosos ± esparcidos, pelos pluricelulares de 0,1-0,6(1) mm, patentes, ± abundantes, a veces cortos, cónicos y con formas de transición a dentículos –sobre todo en las costillas–, y glándulas amarillentas sésiles. Hojas hasta de 60 × 3 mm, sésiles, linear-lanceoladas, enteras, no decurrentes, menores hacia la parte superior del tallo, con un nervio mediano destacado –sobre todo por el envés– y nervadura secundaria inapreciable, de margen plano o ligeramente incurvo, antrorso-escábrido, agudas, mucronadas –mucrón 0,1-0,5 mm, hialino o blanquecino–, punteado-glandulosas, de glabrescentes a ± densamente adpreso-araneosas y, a veces, con algunos pelos pluricelulares esparcidos, sobre todo hacia la base del envés; las inferiores a menudo secas o faltan en la antesis. Capítulos radiantes, con las flores del disco hermafroditas y las de la periferia neutras, patentes y mayores que aquellas, terminales, solitarios o en inflorescencias complejas corimbiformes, alcanzados al menos por las hojas caulinares superiores, que no sobrepasan el involucro. Involucro (8)11-14(17) × 3-5(8) mm, estrechamente ovoide, redondeado o atenuado en la base, araneoso-tomentoso, netamente sobrepasado por las flores; brácteas imbricadas y dispuestas aparentemente en 6 o 7 series, gradualmente mayores de fuera adentro, verdes o verdoso-blanquecinas –pardas cuando secas–, ± araneoso-tomentosas, punteado-glandulosas, la mayoría de ellas con apéndice linear-subulado, pectinado-fimbriado –el conjunto de los apéndices no oculta las bases de las brácteas–; las externas y medias con base triangular-lanceolada o lanceolada, recorrida por 3 o 4 nervios marcados, y apéndice de (1,5)3-6(7) mm, linear-subulado, erecto-patente o recurvado, ± araneoso y glanduloso en su base, de un color castaño rojizo, no decurrente, con (4)7-8(10) pares de fimbrias laterales de (0,3)1-3(4) mm –la terminal (0,7)1-2,5(4) mm–, ± largamente escábridas, de un pardo claro y algo blanquecinos en la punta; las internas 10-12 mm, lineares o linear-espatuladas, glabrescentes o laxamente araneosas, con tres nervios marcados y margen escarioso-hialino, ± contraídas en un apéndice espatulado, escarioso, inciso-dentado o con algunas

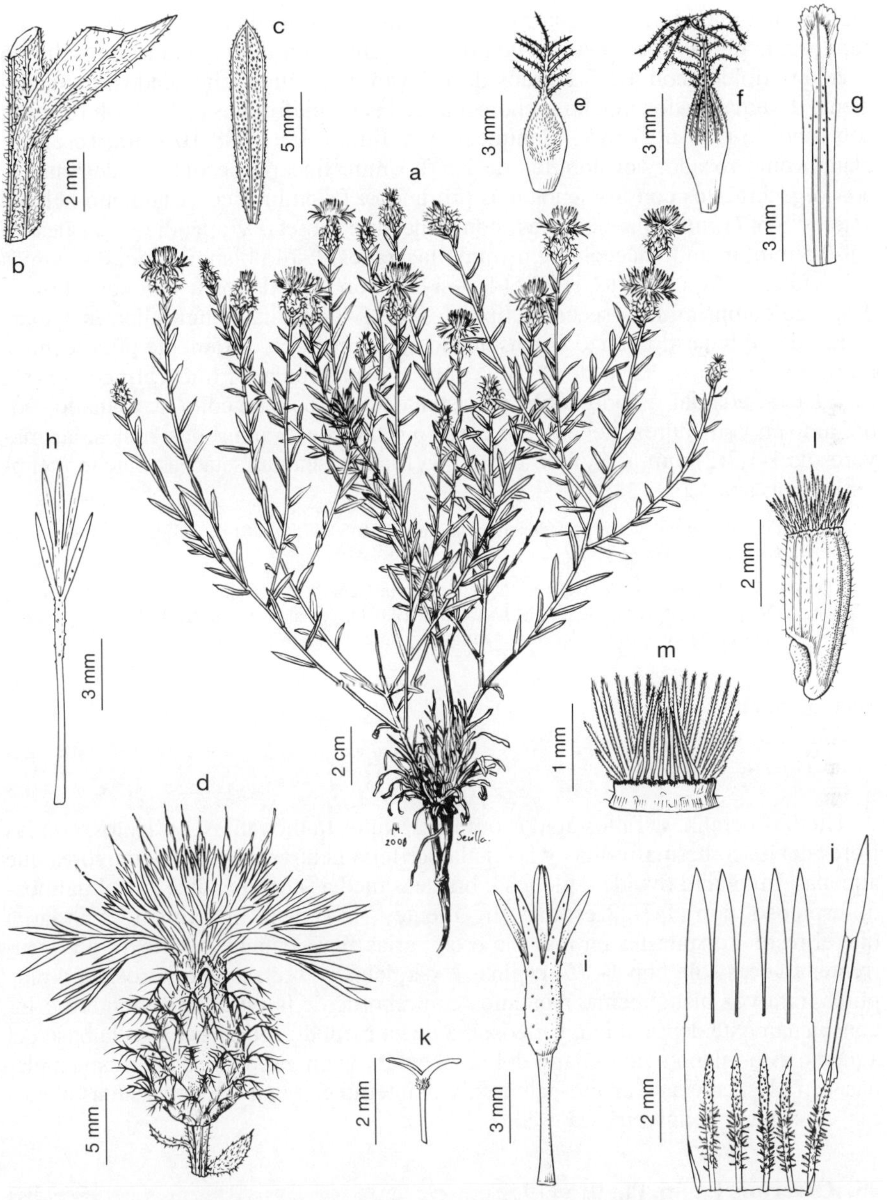

Lám. 117.–*Centaurea hyssopifolia,* entre Aranjuez y Villaconejos, Madrid (COFC 34373): a) hábito; b) detalle de un nudo del tallo y de la inserción de la hoja; c) hoja; d) capítulo; e) bráctea externa del involucro; f) bráctea media del involucro; g) bráctea interna del involucro; h) corola de una flor neutra; i) corola y verticilos sexuales de una flor hermafrodita; j) limbo abierto de la corola de una flor hermafrodita, con los filamentos estaminales y un estambre completo; k) detalle del estilo con sus ramas; l) aquenio con vilano; m) detalle del vilano interno y parte del externo.

fimbrias hialinas, a menudo pardo o de un pardo acastañado en el centro. Corola ± papilosa, la de las flores neutras de (10)12-16 mm, con tubo blanquecino y limbo rosado o violeta, con 4 o 5 lóbulos de 1,7-8 mm, oblongo-lanceolados, marcadamente desiguales, dos mucho menores; la de las hermafroditas (10)12-14(19) mm, con tubo de (4)5-6(9) mm, blanquecino, y limbo de (6)7-8(10) mm, rosado o blanquecino-rosado, con lóbulos de 2,5-3,5 mm, linear-lanceolados, desiguales, por lo general dos con los senos más profundos. Estambres con filamento peloso; anteras 5-6(7) mm, blanquecinas, con conectivo violeta, y apéndices basales de 0,3-0,5 mm, membranáceos y a menudo lacerados. Estilo blanquecino, con ramas rosa-violetas. Aquenios (2,5)3-3,5(4) × 1-1,7 mm, cilíndricos u oblongo-obovoides, algo comprimidos –sección elíptica–, con 2-7 costillas longitudinales ± marcadas, de un amarillo pajizo o acastañado en la madurez, laxamente pubescentes; placa apical con nectario de 0,1-0,2 mm, ± pentalobulado; hilo cárpico 0,8-1,2 mm, lateral-adaxial. Vilano doble, persistente, de pardo a un color acastañado –sobre todo en la madurez–; el externo con 3 o 4 filas de escamas desiguales, las mayores de 1-1,7(2) mm, y el interno con una fila de escamas setáceas mucho menores e incurvadas. $2n = 22$; $n = 11$.

Matorrales en margas, yesos y suelos algo salobres; (18)500-750(900) m. IV-VII(VIII). ● C y E de España. **Esp.:** A? Cu Gu M To V? Z.

Observaciones.–Las citas de Alicante (Crevillente, sin fecha, leg. A.J. de Cavanilles, MA 134649) y Valencia (Mogente, sin fecha, leg. J.-M.L. Dufour, BORD; cerca de Valencia, 07/1853, leg. Isern, MA 134598), están basadas en recolecciones antiguas y no conocemos testimonios recientes.

Sect. 5. **Seridia** (Juss.) DC.
Seridia Juss.
Sect. *Asperae* Rouy

Hierbas perennes. Tallos alados o no. Capítulos homógamos, radiantes, con las flores del disco hermafroditas y las de la periferia neutras, patentes y mayores que aquellas. Involucro ovoide o globoso; brácteas medias con apéndice apical palmeado-espinoso, con (1)3-22 espinas divergentes –la central ligeramente más larga que el resto–, dispuestas en una fila o en varias filas, patente o reflexo, no decurrente, a veces solo con 1-3(5) espinas ± paralelas y erectas. Corola rosada o purpúrea, rara vez blanquecina. Aquenios con reborde de la placa apical entero o inconspicuamente denticulado, y eleosoma que a menudo sobrepasa algo la base del aquenio. Sin vilano o con vilano doble, el externo con varias filas de escamas planas, serradas, erectas o erecto-patentes, y el interno con una fila de escamas menores, erectas y ± conniventes. $x = 11$.

45. C. seridis L., Sp. Pl.: 915 (1753) [Séridis]

C. sonchifolia L., Sp. Pl.: 915 (1753)
C. maritima Dufour in Ann. Sci. Nat. (Paris) 23: 165 (1831)
C. jacobi Dufour in Bull. Soc. Bot. France 7: 348 (1860)
C. homoeoscevos Pau in Bol. Soc. Aragonesa Ci. Nat. 13: 42 (1914)
C. seridis subsp. *maritima* (Dufour) Dostál in Bot. J. Linn. Soc. 71: 203 (1976)
C. seridis subsp. *sonchifolia* (L.) Greuter in Willdenowia 33: 56 (2003)

C. seridis subsp. *cruenta* auct. hisp., non (Willd.) Dostál in Bot. J. Linn. Soc. 71: 203 (1976)
Ind. loc.: "Habitat in Hispania"
Ic.: Invernón & Devesa in Acta Bot. Malac. 38: 52 fig. 1 (2013); Valdés, Talavera & Galiano (eds.), Fl. Andalucía Occid. 3: 152 (1987) [sub *C. sonchifolia*]

Hierba perenne, con raíz axonomorfa, sufruticulosa, multicaule, inerme –excepto las brácteas involucrales–, verde, con pelos tectores pluricelulares uniseriados y unicelulares araneosos ± abundantes. Tallos hasta de 70 cm, erectos, ascendentes o decumbentes, ramificados por lo general desde la parte media o superior, con sección circular o ± poligonal, acostillados, alados –alas por lo general muy anchas, con borde ondeado y homogéneamente denticulado, provisto de espinitas cónicas cortas–, foliosos en casi toda su longitud, con indumento sobre todo de pelos unicelulares araneosos, largos y ± paralelos a las costillas, y pelos pluricelulares. Hojas hasta de 390 × 210 mm, las basales atenuadas y las caulinares sésiles, decurrentes, menores hacia la parte superior del tallo, con nervadura pinnada –nervio medio muy marcado, sobre todo por el envés– e indumento de pelos pluricelulares ± dispersos por el haz y el envés, y pelos araneosos más abundantes en la zona del nervio medio; las basales ± rosuladas, de contorno oblongo-lanceolado y margen denticulado, lirado-pinnatífidas o lirado-pinnatipartidas, con 2-5 pares de lóbulos triangulares u ovados, agudos, el terminal ovado-lanceolado, todos culminados por una espínula cónica hasta de 1 mm, nada punzante, a menudo secas durante la floración; las medias de lanceoladas a elípticas, enteras o con algunos lóbulos más evidentes hacia la base, de margen ± denticulado, con dientes de (0,3)0,5-1(1,5) mm, y una espina apical de (0,5)0,9-2,6(4) mm; las superiores semejantes a las medias pero nunca lobuladas y, por lo general, con una espinita apical más larga. Capítulos radiantes, con las flores del disco hermafroditas y las de la periferia neutras, patentes y mayores que aquellas, terminales, solitarios o a veces geminados, sésiles, alcanzados por las últimas hojas del tallo, que no suelen sobrepasarlos. Involucro 18-26 × (12)14-18(21) mm, de ovoide a globoso, umbilicado o redondeado en la base, glabro, sobrepasado por las flores; brácteas imbricadas y dispuestas aparentemente en 5-7 series, gradualmente mayores de fuera adentro; las externas y medias fuertemente adpresas, de ovadas a ovado-oblongas, verdosas o verdoso-amarillentas –en ocasiones teñidas de color púrpura–, con nervios longitudinales apenas marcados y glándulas estipitadas en el margen de la mitad superior de la bráctea, con apéndice apical palmeado-espinoso, erecto-patente, patente o reflexo, no decurrente, inconspicuamente pubérulo-glandulífero, de un amarillo pajizo o a veces algo purpúreo, con (4)5-7(9) espinas divergentes en las brácteas más externas y 7-12(14) en las medias, la central de (6)7-10(14) mm, ligeramente mayor que el resto; las internas hasta de 21 mm, inermes, lineares o linear-espatuladas, glabras, de un verde claro a de un color pajizo –en ocasiones teñidas de color púrpura– excepto en el margen estrechamente hialino en los 2/3 inferiores, con margen y ápice escariosos, las inmediatas a las brácteas medias con un apéndice algo más patente y acabado en una espínula reflexa. Corola ± papilosa, la de las flores neutras de 17-32 mm, con tubo blanquecino y limbo de un rosa intenso o purpúreo, por lo general con 4 lóbulos lanceolados o linear-lanceolados –en ocasiones 3 o 5–, ± papiloso-glandulosos, desiguales; la de las hermafroditas 17-25 mm, con tubo blanquecino y limbo de (8)9-11(14) mm, blanquecino en la base y blanco o blanquecino-rosado hacia el ápice, con 5 lóbulos lineares ± papiloso-glandulosos, dos de ellos con los senos más profundos. Estambres con filamento peloso; anteras 7-9,5 mm, blanquecino-rosadas, con conectivo apical violeta, y apéndices basales de 0,5-1,2 mm, membranáceos. Estilo blanquecino, purpúreo hacia los pelos colectores, con ramas purpúreas o rosado-blanquecinas, erecto-patentes en el extremo. Aquenios 4-5(6) × 1,8-2,6 mm, oblongo-obovoides, algo comprimidos –sección elíptica–, de un amarillo pajizo –con líneas longitudinales pardas en la madurez–, laxamente adpreso-seríceos; placa apical con nectario rudimentario, cilíndrico; hilo cárpico 1-1,5(2) × (0,6)0,8-1,2 mm, lateral-adaxial; eleosoma carnoso, amarillento, que sobrepasa la base del aquenio. Vilano doble, persistente, aunque a veces puede faltar; el externo con 4-6 filas de escamas de 0,1-3 mm, lanceoladas, erectas o erecto-patentes, desiguales –gradualmente mayores de fuera adentro–, con borde ± largamente escábrido, de un blanquecino pajizo o de un pardo acastañado, y el interno con una fila de escamas de 0,5-1,2 mm, setáceas, aplanadas, erectas o conniventes, de un color castaño negruzco. $2n = 44$; $n = 22$.

Herbazales de borde de camino, lechos de río, etc., en suelos ± nitrificados; 0-1300 m. (II)III-VII(XI). S de Europa –España, Baleares (dudoso), Italia, Sicilia, Albania y Grecia– y NW de África –Marruecos, Argelia y Túnez–. E y S de España. **Esp.:** A Ab Al (B) Co Cs (Ge) Gr J Ma Mu PM[Ib]? Se T V. **N.v.:** arzolla, arzolla marina, bracera marina, ramosa fuerte; *port.:* aresol da praia, lavapé; *cat.:* centàurea cruenta.

Observaciones.–Especie muy variable en cuanto a la forma de las hojas y el desarrollo de las alas del tallo. Por lo general, las plantas de lugares sombríos desarrollan hojas enteras o escasamente lobuladas, lo que contrasta con las de sitios más expuestos, que tienen hojas más divididas. De igual forma, las plantas que crecen más cerca de la costa tienen hojas algo crasas y más tomentosas.

Esta especie es escasa en Cataluña, a pesar de la abundancia de citas. Su presencia solo se ha confirmado en Tarragona (Riera de la Pixerota, Montroig, BC 836073). Por otro lado, tampoco se tiene certeza sobre su presencia en Baleares, pues la cita de P. Font Quer in Bol. Soc. Esp. Hist. Nat. 20: 141-159 (1920) hace referencia a un material ibicenco recolectado en la cala de S'Arenal (pr. San Juan Bautista, Ibiza, BC 35318), cuya correcta identificación resulta difícil por el estado de deterioro en que se encuentra.

Los híbridos con *C. aspera* son extraordinariamente frecuentes en los enclaves arenosos del E peninsular, donde a menudo ambas especies conviven (Esp.: A Ab Al Cs Ge Mu V; véase el apartado de híbridos). Su morfótipo típico se caracteriza por sus hojas, que suelen ser lanceoladas, con 1-4 pares de lóbulos agudos, aunque también pueden ser lirado-pinnatífidas, pinnatisectas o pinnatipartidas, a la vez que disminuye el número de lóbulos y su profundidad hacia la parte superior del tallo; la base de las hojas es auriculada o, en la mayoría de los casos, ± decurrente; los apéndices de las brácteas del involucro tienen un carácter intermedio entre ambos parentales y es variable el número y longitud de sus espinas, aunque es frecuente encontrar algunos apéndices con las espinas ± paralelas y erectas que recuerdan a la forma "subinermis". En ocasiones los híbridos pueden ser confundidos con *C. sphaerocephala* por presentar hojas semejantes, pero en esta las espinas de los apéndices de las brácteas involucrales están más desarrolladas y forman aquenios –sin vilano–, capacidad que nunca se ha visto en las plantas bastardas. No obstante, son también abundantes otros morfótipos, a menudo de transición y retrocruces hacia ambos parentales, que han recibido denominaciones muy diversas: *C.* × *valentina, C.* × *auricularis, C.* × *semidecurrens, C.* × *aemiliae, C.* × *segobricensis* y *C.* × *albuferae.*

45. C. sphaerocephala L., Sp. Pl.: 916 (1753) [sphaerocéphala]

C. seridis subsp. *maritima* auct. hisp., non (Dufour) Dostál in Bot. J. Linn. Soc. 71: 203 (1976)
Ind. loc.: "Habitat in Mauritania" [lectótipo designado por D. Jeanmonod & al. in Jeanm., Bocquet & Burdet (eds.), Complém. Prodr. Fl. Corse Asteraceae II: 166 (2004): LINN]
Ic.: Lám. 118

Hierba perenne, con raíz axonomorfa, sufruticulosa, multicaule, inerme –excepto las brácteas involucrales–, verde, a menudo con indumento denso de pelos tectores pluricelulares uniseriados y unicelulares araneosos ± abundantes. Tallos hasta de 110 cm, procumbentes, ramificados por lo general desde la parte media o superior, con sección circular o ± poligonal, acostillados, sin alas –a veces la base de las hojas algo decurrente–, foliosos en casi toda su longitud, con indumento sobre todo de pelos pluricelulares, muy abundantes, y pelos araneosos, largos y ± paralelos a las costillas. Hojas hasta de 200 × 50 mm, las basales atenuadas y las caulinares sésiles, auriculadas o decurrentes, menores hacia la parte superior del tallo, con nervadura pinnada –nervio medio muy marcado, sobre todo por el envés– e indumento de pelos pluricelulares abundantes por el haz y el envés, y pelos araneosos por lo general más abundantes en el nervio medio; las basales ± rosuladas, de contorno obovado y margen denticulado, lirado-pinnatipartidas o lirado-pinnatisectas, con 2-6 pares de lóbulos triangulares u ovados, agudos, el terminal ovado, todos culminados por una espínula cónica nada punzante hasta de 1,5 mm, a menudo secas durante la floración; las medias de lirado-pinnatipartidas a pinnatisectas, con lóbulos triangulares u ovados, cuyo número disminuye hacia el ápice, con margen denticulado, con dientes de (0,2)0,4-1(1,5) mm y una espínula apical de 0,6-1,6(2) mm, nada punzante; las superiores semejantes a las medias, mas con frecuencia no lobuladas, en ocasiones con la espínula apical ligeramente mayor. Capítulos radiantes, con las flores del disco hermafroditas y las de la periferia neutras, patentes y mayores que aquellas, terminales, solitarios o rara vez geminados, sésiles, alcanzados por las últimas hojas del tallo, que no suelen sobrepasarlos. Involucro 16-23 × (11)12-16(19) mm, ovoide, umbilicado o redondeado en la base, glabro, sobrepasado por las flores; brácteas imbricadas y dispuestas aparentemente en 5-7 series, gradualmente mayores de fuera adentro; las externas y medias fuertemente adpresas, de ovadas a ovado-oblongas, verdosas o verdoso-amarillentas –en ocasiones teñidas de color púrpura–, con nervios longitudinales apenas marcados y glándulas estipitadas en el margen de la mitad superior de la bráctea, con apéndice apical no decurrente, palmeado-espinoso, erecto-patente, patente o reflexo, inconspicuamente pubérulo-glandulífero, de un amarillento pajizo o a veces purpúreo, con 3-6(7) espinas divergentes en las brácteas externas y 5-9 en las medias, la central de (3,5)4-10 mm, ligeramente mayor que el resto; las internas hasta de 18 mm, inermes, lineares o linear-espatuladas, glabras, de un verde claro a un color pajizo –en ocasiones teñidas de color púrpura– excepto en el margen estrechamente hialino en los dos tercios inferiores, con margen y ápice escariosos, las inmediatas a las brácteas medias con apéndice algo más patente y acabado en una espínula reflexa. Corola ± papilosa, la de las flores neutras de 19-30 mm, con tubo blanquecino y limbo de un rosa intenso o purpúreo, por lo general con 4 lóbulos lanceolados o linear-lanceolados –en ocasiones 3 o 5–, ± papiloso-glandulosos, desiguales; la de las hermafroditas 15-24 mm, con tubo blanquecino y limbo de 9-12 mm, blanquecino en la base y blanco o blanquecino-rosado hacia el ápice, con 5 lóbulos lineares ± papiloso-glandulosos, dos de ellos con los senos más profundos. Estambres con filamento peloso; anteras 7-9,5 mm, blanquecino-rosadas, con conectivo apical violeta, y apéndices basales de 0,5-1 mm, membranáceos. Estilo blanquecino, purpúreo hacia los pelos colecto-

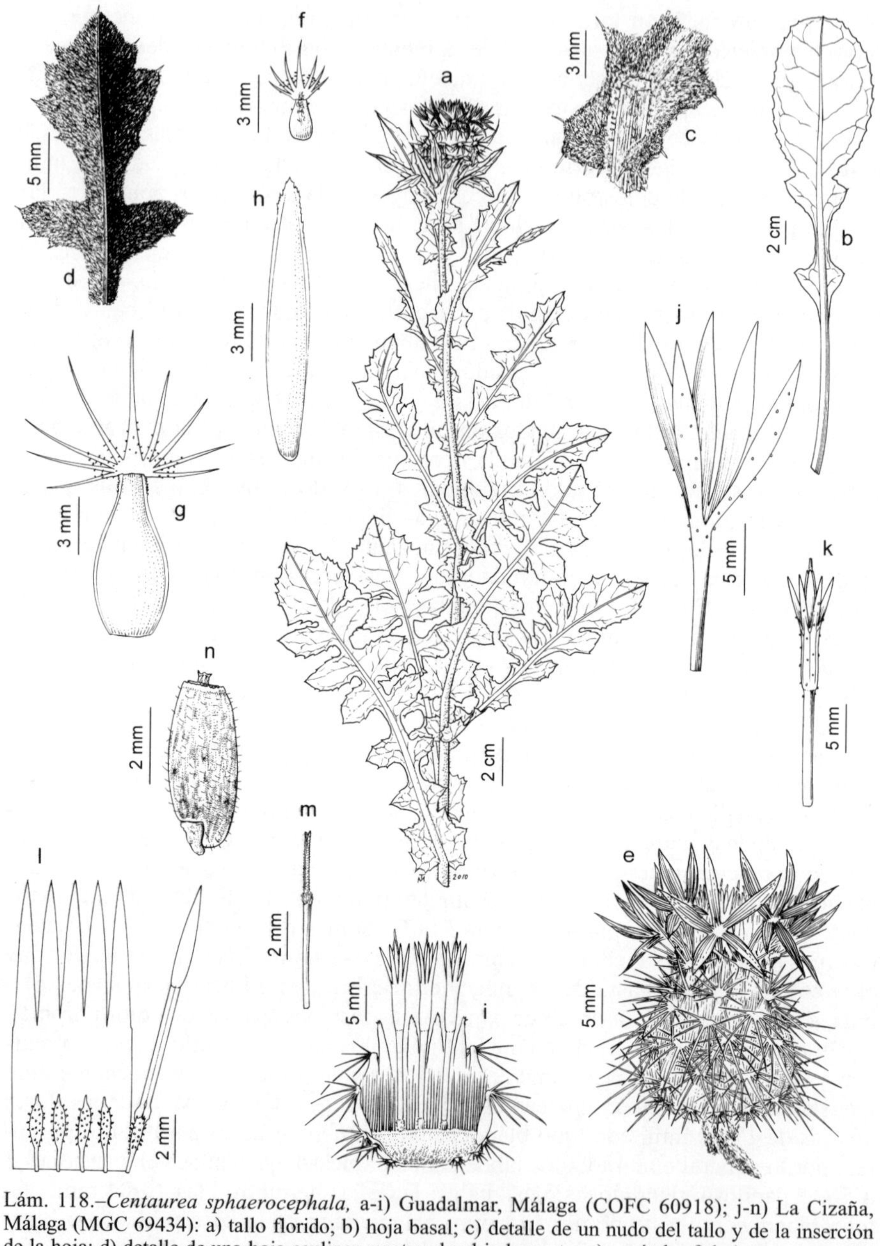

Lám. 118.–*Centaurea sphaerocephala,* a-i) Guadalmar, Málaga (COFC 60918); j-n) La Cizaña, Málaga (MGC 69434): a) tallo florido; b) hoja basal; c) detalle de un nudo del tallo y de la inserción de la hoja; d) detalle de una hoja caulinar mostrando el indumento; e) capítulo; f) bráctea externa del involucro; g) bráctea media del involucro; h) bráctea interna del involucro; i) sección longitudinal de un capítulo; j) corola de una flor neutra; k) corola y verticilos sexuales de una flor hermafrodita; l) limbo abierto de la corola de una flor hermafrodita, con los filamentos estaminales y un estambre completo; m) detalle del estilo con sus ramas; n) aquenio.

res, con ramas purpúreas o rosado-blanquecinas, erecto-patentes en el extremo. Aquenios 3,2-5 × 1,8-2,5 mm, oblongo-obovoides, algo comprimidos –sección elíptica–, de un amarillo pajizo –con líneas longitudinales pardas en la madurez–, laxamente adpreso-seríceos; placa apical con nectario rudimentaro, cilíndrico; hilo cárpico 0,8-1,5 × 0,7-1,3 mm, lateral-adaxial; eleosoma carnoso, amarillento, que sobrepasa la base del aquenio. Sin vilano. $2n = 44$; $n = 22$.

Herbazales en arenas litorales fijas y ± nitrificadas; 0-20 m. (II)III-VII(XI). S de Europa –Portugal, España, Córcega, Cerdeña, Italia Sicilia, Grecia– y N de África –Marruecos, Argelia, Túnez y Libia–. S y E de España y W y SW de Portugal. **Esp.:** Al Ca Cs Gr Ma. **Port.:** Ag BAl.

Observaciones.–La forma de la base de las hojas caulinares es variable; por lo general, son auriculado-amplexicaules, aunque en algunas hojas pueden ser también brevemente decurrentes, una variación a la que no se ha dado valor taxonómico alguno.

La especie está escasamente representada en el litoral levantino y se conoce solo entre El Grao de Castellón y Nules, donde puede convivir con *C. seridis* y no son infrecuentes plantas de carácter intermedio entre ambas especies, así como con *C. aspera* s.l. De manera excepcional, se han detectado plantas del E de Portugal –península de Tróia– y el S de España –Marbella, Málaga– en las que algunos de los apéndices de las brácteas involucrales medias tienen 1-3 espinas más delgadas y situadas en un plano posterior a las restantes, un carácter típico de *C. polyacantha* y otras especies africanas de la sección [v.gr., *C. dimorpha* Viv., Fl. Libyc. Spec.: 58, tab. 24. fig. 3 (1824) y *C. ferox* Desf. in Méd. Eclairée Sci. Phys. 3: 163 (1792)], pero que aquí se interpreta tan solo como singularidad.

47. C. lusitanica Boiss. & Reut. in Boiss., Diagn. Pl. Orient. ser. 2, 3: 85 (1856) [lusitánica]

C. sphaerocephala subsp. *lusitanica* (Boiss. & Reut.) Nyman, Consp. Fl. Eur.: 432 (1879)
Ind. loc.: "Hab. in Lusitaniâ circâ Olissiponem Welwitsch! Guthnick! in arvis incultis Algarbiæ propè Lagos Bourgeau exs. 1853 N° 1925" [lectótipo designado por H.M. Burdet & al. in Candollea 38: 774 (1983): G]
Ic.: Lám. 119

Hierba perenne, con raíz axonomorfa o a veces rizomatosa, sufruticulosa, multicaule, inerme –excepto las brácteas involucrales–, verde, con pelos tectores pluricelulares uniseriados y pelos unicelulares araneosos. Tallos hasta de 130 cm, erectos, ascendentes o decumbentes, ramificados por lo general desde la parte media o superior, con sección circular o ± poligonal, acostillados, sin alas o cortamente decurrentes en la base de las hojas caulinares, foliosos a lo largo de casi toda su longitud, con indumento fundamentalmente de pelos pluricelulares y pelos araneosos ± dispersos. Hojas hasta de 170 × 60 mm, las basales atenuadas y las caulinares sésiles, decurrentes, menores hacia la parte superior del tallo, con nervadura pinnada e indumento sobre todo de pelos pluricelulares homogéneamente distribuidos por toda la superficie, y algunos araneosos más abundantes alrededor de los nervios principales; las basales de contorno ovado, obovado u oblongo, y margen denticulado, con dientes ± dispersos, lirado-pinnatipartidas o lirado-pinnatisectas, con 2-5 pares de lóbulos triangulares u ovados, agudos, el terminal ovado-lanceolado u oblongo, todos rematados en una espínula cónica hasta de 1,5 mm, nada punzante, a menudo secas durante la floración; las medias enteras, obovadas, oblongo-lanceoladas, lanceoladas o lirado-pinnatífidas, lirado-pinnatipartidas o lirado-pinnatisectas, con lóbulos de triangulares a ovados –que disminuyen en número hacia la parte superior–, de margen denticulado, con dientes de 0,2-

0,8(1) mm, y una espínula apical de 0,4-1,5 mm, nada punzante; las superiores linear-lanceoladas, por lo general no lobuladas y con una espina apical más larga que las medias. Capítulos radiantes, con las flores del disco hermafroditas y las de la periferia neutras, patentes y mayores que aquellas, terminales, solitarios, sésiles, alcanzados por las últimas hojas del tallo, que no suelen sobrepasarlos. Involucro (15)16-21 × (8)10-16 mm, ovoide, umbilicado o redondeado en la base, con algunos pelos araneosos ± dispersos, sobrepasado por las flores; brácteas imbricadas y dispuestas aparentemente en 5 o 6 series, gradualmente mayores de fuera adentro; las externas y medias fuertemente adpresas, de ovadas a ovado-oblongas, verdosas o verdoso-amarillentas –en ocasiones teñidas de color púrpura–, con nervios longitudinales apenas marcados y glándulas estipitadas en el margen de la mitad superior de la bráctea, con apéndice apical palmeado-espinoso, erecto-patente, patente o reflexo, no decurrente, ± pubérulo-glandulífero, de un amarillento pajizo o a veces purpúreo, con 3-5(7) espinas divergentes en las brácteas externas y 5-7(9) en las medias, la central de 2,5-5(6,5) mm, del mismo tamaño que las contiguas o ligeramente mayor; las internas hasta de 16 mm, inermes, lineares o linear-espatuladas, glabras, de un verde claro a un color pajizo –en ocasiones teñidas de color púrpura– excepto el margen estrechamente hialino en los 2/3 inferiores, con margen y ápice escariosos, las inmediatas a las brácteas medias con apéndice algo más patente y rematado en una o varias espínulas reflexas. Corola ± papilosa, la de las flores neutras de 20-28 mm, con tubo blanquecino y limbo de un rosa intenso o purpúreo, generalmente con 4 lóbulos lanceolados o linear-lanceolados –en ocasiones 3 o 5–, ± papiloso-glandulosos, desiguales; la de las hermafroditas 15-24 mm, con tubo blanquecino y limbo de 9-12 mm, blanquecino en la base y blanco o blanquecino-rosado hacia el ápice, con 5 lóbulos lineares ± papiloso-glandulosos, dos de ellos con los senos más profundos. Estambres con filamento peloso; anteras 7,5-9 mm, blanquecino-rosadas, con conectivo apical violeta, y apéndices basales de 0,3-0,6 mm, membranáceos. Estilo blanquecino, purpúreo hacia los pelos colectores, con ramas purpúreas o rosado-blanquecinas, erecto-patentes en el extremo. Aquenios 4-5,5 × 1,5-2,5 mm, oblongo-obovoides, algo comprimidos –sección elíptica–, de un amarillo pajizo –con líneas longitudinales pardas en la madurez–, laxamente adpreso-seríceos; placa apical con nectario rudimentario, cilíndrico; hilo cárpico 0,8-1,6 × 0,7-1,4 mm, lateral-adaxial; eleosoma carnoso, amarillento, que no suele sobrepasar la base del aquenio. Vilano doble, persistente; el externo con 4-6 filas de escamas de 0,2-2,5 mm, lanceoladas, erectas o erecto-patentes, desiguales –gradualmente mayores de fuera adentro–, con borde ± largamente escábrido, de un blanquecino pajizo, y el interno con una fila de escamas de 0,3-0,7 mm, setáceas, aplanadas, erectas o connivENTES, de un color blanquecino pajizo o castaño. $2n = 22$; $n = 11$.

Herbazales en claros de matorral, pinar y eucaliptal, borde de caminos y carreteras, baldíos, en suelos arenosos del litoral y substratos ± nitrificados; 30-200 m. IV-VI(IX). ● C y S de Portugal. **Port.:** Ag BAl BB BL E Mi R.

Observaciones.–En el territorio se reconocen dos variedades. La var. *lusitanica* [*C. sphaerocephala* var. *microcephala* Welw. ex Mariz in Bol. Soc. Brot. 10: 210 (1892)] incluye plantas hasta de 130 cm, con tallos erectos o ascendentes, hojas hasta de 170 × 60 mm, las medias obovadas, oblongo-lanceoladas o lanceoladas, enteras o a veces con algún lóbulo hacia la base, denticuladas, con dientes de 0,2-0,6(1) mm, y capítulos con involucro de 16-21 × 10-16 mm. Es muy frecuente en el territorio y

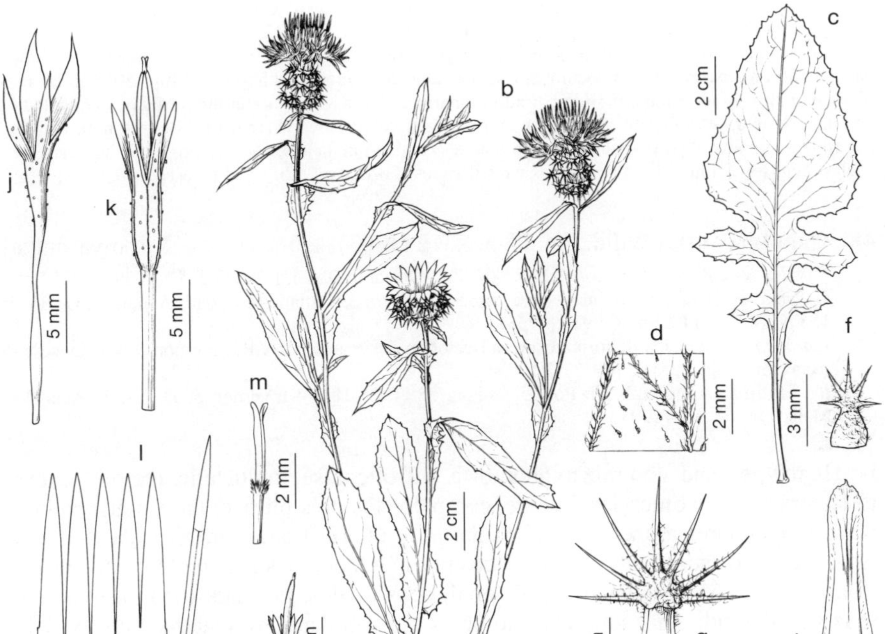

Lám. 119.–*Centaurea lusitanica,* entre Aldeia de Irmãos y Macã, Setúbal, Estremadura (COFC 60526): a) detalle de la base de un tallo estolonífero; b) tallo florido; c) hoja basal; d) detalle del indumento de la hoja; e) capítulo; f) bráctea externa del involucro; g) bráctea media del involucro; h) bráctea interna del involucro; i) sección longitudinal de un capítulo; j) corola de una flor neutra; k) corola y verticilos sexuales de una flor hermafrodita; l) limbo abierto de la corola de una flor hermafrodita, con los filamentos estaminales y un estambre completo; m) detalle del estilo con sus ramas; n) aquenio con vilano; o) detalle del vilano interno y parte del externo.

vive en herbazales de claros de matorral, pinar y eucaliptal, borde de caminos y carreteras, en baldíos, etc., en substratos ± nitrificados (Port.: Ag BAl BB BL E Mi R; $2n = 22$; V-VI).

Por otro lado, la var. *crassifolia* P. Silva in Agron. Lusit. 24: 175 (1964) incluye plantas con tallos hasta de 50 cm, ascendentes o decumbentes, con hojas algo menores, hasta de 140 × 50 mm, las medias lobuladas, lirado-pinnatipartidas, lirado-pinnatisectas o a veces lirado-pinnatífidas, denticuladas, con dientes de 0,2-0,8 mm, y capítulos menores, con involucro de (15)16-19 × (8)10-14 mm. Esta variedad tiene un área de distribución mucho más restringida que la anterior y es propia de herbazales en suelos arenosos del litoral, ± degradados y nitrificados (Port.: Ag E; $2n = 22$; IV-VI).

48. C. polyacantha Willd., Sp. Pl. 3: 2312 (1803) [polyacántha]

C. sphaerocephala subsp. *polyacantha* (Willd.) Dostál in Bot. J. Linn. Soc. 71: 203 (1976)
C. sphaerocephala sensu Talavera in Valdés, Talavera & Galiano (eds.), Fl. Andalucía Occid. 3: 153 (1987), non L., Sp. Pl.: 916 (1753)
Ind. loc.: No indicada de forma expresa [lectótipo designado por V.R. Invernón & J.A. Devesa in Acta Bot. Malac. 38: 62 (2013): B]
Ic.: Hoffmanns. & Link, Fl. Portug. 2, lám. 98 (1925-1828); Invernón & Devesa in Acta Bot. Malac. 38: 61 fig. 4 (2013)

Hierba perenne, con raíz axonomorfa, sufruticulosa, multicaule, inerme –excepto las brácteas involucrales–, verde, con pelos tectores pluricelulares uniseriados y pelos unicelulares araneosos. Tallos hasta de 60(100) cm –rara vez plantas acaules–, erectos o ascendentes, ramificados por lo general desde la parte media o superior, con sección circular o ± poligonal, acostillados, no alados, foliosos en casi toda su longitud, con indumento de pelos pluricelulares muy abundantes, y pelos unicelulares araneosos ± dispersos. Hojas hasta de 300 × 60 mm, las basales atenuadas y las caulinares sésiles, auriculadas, menores hacia la parte superior del tallo, con nervadura pinnada –nervio medio muy marcado, sobre todo por el envés–, e indumento de pelos pluricelulares muy abundantes, y algunos pelos unicelulares araneosos en el nervio medio; las basales rosuladas, de contorno obovado y margen dentado, lirado-pinnatisectas, con 3-9 pares de lóbulos triangulares u ovados, runcinados, agudos, el terminal ovado-lanceolado, todos culminados por una espínula cónica hasta de 1 mm, nada punzante, a menudo secas durante la floración; las medias lirado-pinnatisectas, lirado-pinnatipartidas o lirado-pinnatífidas, con menos lóbulos hacia la parte superior del tallo –a veces enteras–, de margen dentado, con dientes de (0,2)0,4-1,8(2,5) mm, y una espina apical de 0,4-3(6) mm, nada punzante; las superiores semejantes a las medias, por lo general no lobuladas y con una espina apical mayor. Capítulos radiantes, con las flores del disco hermafroditas y las de la periferia neutras, patentes y mayores que aquellas, terminales, solitarios, sésiles, alcanzados por las últimas hojas del tallo, que no suelen sobrepasarlos. Involucro (18)20-24(30) × (14)17-25 mm, de ovoide a globoso, umbilicado o redondeado en la base, a menudo con pelos araneosos ± abundantes, fuertemente sobrepasado por las flores; brácteas imbricadas y dispuestas aparentemente en 5-7(8) series, gradualmente mayores de fuera adentro; las externas y medias fuertemente adpresas, de ovadas a ovado-oblongas, verdosas o verdoso-amarillentas –en ocasiones teñidas de color púrpura–, con nervios longitudinales apenas marcados y glándulas estipitadas en el margen de la mitad superior de la bráctea, con apéndice apical no decurrente, palmeado-espinoso, con las espinas dispuestas en varias filas paralelas de fuera adentro, erecto-patente, patente o reflexo, inconspicuamente pubérulo-glandulífero, de un amarillento pajizo, mas con frecuencia virando a color púrpura hacia la parte superior del capítulo, con (3)5-13(16) espinas divergentes en las brácteas externas; las medias semejantes aunque mayores, con apéndice provisto de (5)7-22 espinas, la central de (3)4-8(10) mm, ligeramente mayor que el resto; las internas hasta de 24 mm, inermes, lineares o linear-espatuladas, glabras, de un verde claro a un color pajizo –en ocasiones teñidas de color púrpura– excepto el margen estrechamente hialino en los dos tercios inferiores, con margen y ápice escariosos, las inmediatas a las brácteas medias con apéndice algo más patente y acabado en una o varias espínulas reflexas. Corola ± papilosa, la de las flores neutras de 34-54 mm, con tubo blanquecino y limbo de un rosa intenso o purpúreo, por lo general con 4 lóbulos lanceolados o linear-lanceolados –en ocasiones 3 o 5–, inconspicuamente papiloso-glandulosos, desiguales; la de las hermafroditas 17-28 mm, con tubo blanquecino y limbo de 9-13 mm, blanquecino en la base y rosado o rosado-purpúreo hacia el ápice, con 5 lóbulos lineares inconspicuamente papiloso-glandulosos, dos de ellos mayores. Estambres con filamento peloso; anteras 6,5-10 mm, rosado-violetas, con conectivo apical violeta, y apéndices basales de 0,5-1 mm, membranáceos. Estilo blanquecino, purpúreo hacia los pelos colectores, con ramas purpúreas o rosado-blanquecinas, erecto-patentes en el extremo. Aquenios 4,6-6,4 × 2,4-3,6 mm, oblongo-obovoides, algo comprimidos –sección elíptica–, de un amarillo pajizo –con líneas longitudinales pardas en la madurez–, laxamente adpreso-seríceos; placa apical con nectario rudimentario, cilíndrico; hilo cárpico 0,7-1(1,5) × 0,8-1,6 mm, lateral-adaxial; eleosoma carnoso, amarillento, que sobrepasa la base del aquenio. Sin vilano. $2n = 22$; $n = 11$.

Herbazales litorales o de interior, en suelos arenosos y dunas fijas ± nitrificados; 0-150 m. (II)III-VI(X). Península Ibérica y NW de Marruecos. W y SW de la Península. **Esp.:** Ca H Ma Po. **Port.:** AAl Ag BAl BL DL E Mi R.

49. C. susannae Invernón & Devesa in Phytotaxa 74: 42, 43 fig. 1 (2012) [Susánnae]

Ind. loc.: "Type:—PORTUGAL. Algarve: Cabo de São Vicente, roadside, 37°1'36.2" N, 8°59'22.9" W, 6 May 2010, V.R. Invernón & J.A. Devesa (holotype COFC 57935!)"
Ic.: Invernón & al. in Phytotaxa 74: 43 fig. 1 (2012)

Hierba perenne, con raíz axonomorfa, sufruticulosa, multicaule, inerme –excepto las brácteas involucrales–, verde, con pelos tectores pluricelulares uniseriados y unicelulares araneosos. Tallos hasta de 65 cm, erectos o ascendentes, ramificados por lo general desde la base, con sección circular o ± poligonal, acostillados, sin alas, foliosos en casi toda su longitud, con indumento sobre todo de pelos unicelulares araneosos, largos y ± paralelos a las costillas, y pelos pluricelulares uniseriados. Hojas hasta de 120 × 50 mm, las basales atenuadas y las caulinares sésiles o atenuadas, con frecuencia auriculadas, menores hacia la parte superior del tallo, con nervadura pinnada e indumento de pelos pluricelulares uniseriados abundantes por el haz y el envés; las basales de contorno obovado-espatulado y margen entero, lirado-pinnatipartidas o lirado-pinnatisectas, con dos o tres pares de lóbulos triangulares u ovados, agudos, el terminal ovado-lanceolado, en ocasiones obovado-lanceolados dentados, a lo más con un par de lóbulos en la base, todos culminados por una espínula cónica hasta de 0,8 mm, nada punzante, a menudo secas durante la floración; las medias de obovado-lanceoladas a lanceoladas, enteras, o más comúnmente de lirado-pinnatipartidas a lirado-pinnatisectas, de margen ± denticulado, con dientes de 0,3-0,8 mm, y una espínula apical de 0,6-1,4 mm, nada punzante; las superiores con los lóbulos más atenuados y por lo general con una espina apical más larga, pudiendo alcanzar hasta 2 mm. Capítulos radiantes, con las flores del disco hermafroditas y las de la periferia neutras, patentes y mayores que aquellas, terminales, solitarios, sésiles, alcanzados por las últimas hojas, que pueden o no sobrepasarlos. Involucro 15-20 × (9)11-18 mm, ovoide, redondeado en la base, glabro o con pelos araneosos ± abundantes, sobrepasado por las flores; brácteas imbricadas y dispuestas aparentemente en 5 o 6 series, gradualmente mayores de fuera adentro; las externas y medias fuertemente adpresas, de ovadas a ovado-oblongas, verdosas o verdoso-amarillentas –en ocasiones teñidas de color púrpura hacia la parte media y superior del capítulo–, con nervios longitudinales apenas marcados y glándulas estipitadas en el margen de la mitad superior de la bráctea, con apéndice apical palmeado-espinoso, erecto-patente, patente o reflexo, no decurrente, inconspicuamente pubérulo-glandulífero, de un amarillento pajizo o a veces algo purpúreo, con 3-5 espinas divergentes en las brácteas más externas y (3)5-6(7) en las medias, la central de 2-5 mm, ligeramente mayor que el resto; las internas hasta de 16 mm, inermes, lineares o linear-espatuladas, glabras, de un verde claro a un color pajizo –en ocasiones teñidas de color púrpura– excepto el margen estrechamente hialino en los dos tercios inferiores, con margen y ápice escariosos, las inmediatas a las brácteas medias con apéndice algo más patente y acabado en una espínula reflexa. Corola ± papilosa, la de las flores neutras de 17-23 mm, con tubo blanquecino y limbo de un rosa intenso o purpúreo, con 4 lóbulos lanceolados o linear-lanceolados –en ocasiones 3 o 5–, inconspicuamente papiloso-glandulosos, desiguales; la de las hermafroditas 16-20 mm, con tubo blanquecino y limbo de 8-11 mm, blanquecino en la base y blanco o blanquecino-rosado hacia el ápice, con 5 lóbulos lineares inconspicuamente papiloso-glandulosos, dos de ellos con los senos más profundos. Estambres con filamento peloso; anteras 6-9 mm, rosado-violetas, con conectivo apical violeta, y apéndices basales de 0,3-0,6 mm, membranáceos. Estilo blanquecino, purpúreo hacia los pelos colectores, con ramas purpúreas o rosado-blanquecinas, erecto-patentes en el extremo. Aquenios 3,5-4,7 × 1,9-2,5 mm, oblongo-obovoides, algo comprimidos –sección elíptica–, de un amarillo pajizo –con líneas longitudinales pardas en la madurez–, laxamente adpreso-seríceos; placa apical con nectario rudimentario, cilíndrico; hilo cárpico 0,9-1,8 × 0,5-1,5 mm, lateral-adaxial; eleosoma carnoso, amarillento, que puede o no sobrepasar la base del aquenio. Vilano doble, persistente; el externo con 4-6 filas de escamas de 0,1-1,8 mm, lanceoladas, erectas o erecto-patentes, desiguales –gradualmente mayores de fuera adentro–, con borde ± largamente escábrido, de un blanquecino pajizo o de un pardo acastañado, y el interno con una fila de escamas de 0,4-0,6 mm, setáceas, aplanadas, erectas o conniventes, de un color acastañado negruzco. $2n = 22$; $n = 11$.

Claros de matorral, borde de carreteras y baldíos, en suelos arenosos marítimos fijados y ± nitrificados; 30-100 m. IV-VI. ● W y SW de Portugal: Sierra de Sintra, cabo de San Vicente, Aljezur y alrededores. **Port.:** Ag E.

Observaciones.–En el territorio se reconocen dos variedades. La var. *susannae* incluye plantas con tallos erectos o ascendentes, con hojas basales y medias lobuladas, lirado-pinnatipartidas o pinnatisectas con dos o tres pares de lóbulos triangulares u ovados, agudos, el terminal ovado-lanceolado, y capítulos con involucro de 15-20 × (9)11-18 mm, glabro, con el apéndice de las brácteas involucrales medias provisto de 5 o 6(7) espinas, la central de 2,5-5 mm, ligeramente mayor que el resto, y aquenios con vilano externo de 0,2-1,8 mm. Es relativamente común en matorrales del litoral y en arenales marítimos fijados y ± nitrificados (Port.: Ag E; 2*n* = 22).

La var. *paivae* Invernón & Devesa in Acta Bot. Malac. 38: 66 (2013) reúne plantas con tallos ascendentes, hojas basales y medias obovado-lanceoladas o lanceoladas, enteras –alguna basal con un par de lóbulos–, dentadas, y capítulos con involucro de 15-17 × 11-13 mm, glabro o con pelos araneosos ± abundantes, con el apéndice de las brácteas involucrales medias provisto de (3)5 espinas, la central de 2-3(5) mm, ligeramente mayor que el resto, y aquenios con vilano externo de 0,1-0,8(1,2) mm. De esta variedad solo se conocen dos poblaciones y próximas en el municipio de Aljezur (Port.: Ag; además, en una de ellas conviven plantas de las dos variedades).

50. C. malacitana Boiss., Diagn. Pl. Orient. ser. 2, 3: 85 (1856) [malacitána]

C. sphaerocephala subsp. *malacitana* (Boiss.) Dostál in Bot. J. Linn. Soc. 71: 203 (1976)
Ind. loc.: "Hab. in regione montanâ prov. Malacitanae. Hisp. australis circâ el Colmenar (Rambur! Prolongo), circâ Canillas de Aceituno (Boiss.)" [lectótipo designado por H.M. Burdet & al. in Candollea 38: 774 (1983): G-BOISS]
Ic.: Invernón & Devesa in Acta Bot. Malac. 38: 67 (2013)

Hierba perenne, con raíz axonomorfa, sufruticulosa, multicaule, inerme –excepto las brácteas involucrales–, verde o a veces con tallos ligeramente teñidos de un rojo granate al menos en la base, con pelos tectores pluricelulares uniseriados y unicelulares araneosos más escasos. Tallos hasta de 1 m, erectos o ascendentes, ramificados por lo general desde la parte media o superior, con sección circular o ± poligonal, acostillados, sin alas, foliosos a lo largo de casi toda su longitud, con indumento de pelos unicelulares araneosos, largos y poco abundantes, y pelos pluricelulares uniseriados. Hojas hasta de 120 × 35 mm, las basales atenuadas y las caulinares sésiles, atenuadas o auriculadas, menores hacia la parte superior del tallo, con nervadura pinnada –nervio medio muy marcado, sobre todo por el envés–, e indumento de pelos pluricelulares más abundantes en el margen y el envés, y pelos araneosos poco frecuentes; las basales de contorno ovado-lanceolado y margen dentado, inciso o pinnatífido, con dos o tres pares de lóbulos hacia la base, todos culminados por una espínula cónica hasta de 1 mm, nada punzante, a menudo secas durante la floración; las medias semejantes a las basales pero llegan a ser lanceoladas y enteras –a veces con alguna lobulación en la base–, auriculadas, con el margen de dentado a inciso, con dientes de 0,4-1,3 mm y una espínula apical de 0,5-1,5(2,5) mm, nada punzante; las superiores lanceoladas, por lo general enteras, a veces con espínula apical más larga. Capítulos radiantes, con las flores del disco hermafroditas y las de la periferia neutras, patentes y mayores que aquellas, terminales, solitarios, sésiles, alcanzados por las últimas hojas, que pueden o no sobrepasarlos. Involucro 13-19,5 × 8-15,5 mm, de ovoide a globoso, redondeado en la base, glabro, sobrepasado por las flores; brácteas imbricadas y dispuestas aparentemente en 5 o 6 series, gradualmente mayores de fuera adentro; las externas y medias fuertemente adpresas, de ovadas a ovado-oblongas, verdosas o algo purpúreas hacia el ápice, con nervios longitudinales apenas marcados y glándulas estipitadas en el margen de la mitad superior de la bráctea, con apéndice apical palmeado-espinoso, erecto-patente, patente o reflexo, no decurrente, inconspicuamente pubérulo-glandulífero, de un amarillento pajizo o a veces purpúreo hacia la parte superior del capítulo, con 3-5(6) espinas divergentes en las brácteas más externas, 5-7(9) en las medias, la central de 2-6(8) mm, ligeramente mayor que el resto; las internas hasta de 16 mm, inermes, lineares o linear-espatuladas, glabras, de un verde claro a pajizas –en ocasiones teñidas de púrpura– excepto el margen estrechamente hialino en los dos tercios inferiores, con margen y ápice escariosos, las inmediatas a las brácteas medias con apéndice algo más patente y acabado en una espínula reflexa. Corola ± papilosa, la de las flores neutras de 16-24 mm, con tubo blanquecino y limbo de un rosa intenso o purpúreo, con 4 lóbulos lanceolados o linear-lanceolados –en ocasiones 3 o 5–, inconspicuamente papiloso-glandulosos, desiguales; la de las hermafroditas 14-18 mm, con tubo blanquecino y limbo de 7-10 mm, blanquecino en la base y blanco o rosado hacia el ápice, con 5 lóbulos lineares inconspicuamente papiloso-glandulosos, dos de ellos con los senos más profundos. Estambres con filamento peloso; anteras 5,5-8,5 mm, rosado-violetas, con conectivo apical violeta, y apéndices basales de 0,4-0,6 mm, membranáceos. Estilo blanquecino, purpúreo hacia los pelos colectores, con ramas purpúreas o rosado-blanquecinas, erecto-patentes en el extremo. Aquenios 3,9-4,8 × 1,6-2,3 mm, oblongo-obovoides, algo comprimidos –sección elíptica–, de un amarillo pajizo –con líneas longitudinales pardas en la madurez–, laxamente adpreso-seríceos; placa apical con nectario rudimentario, cilíndrico; hilo cárpico 1,3-1,8 × 1-1,2 mm, lateral-adaxial; eleosoma carnoso, amarillento, que suele sobrepasar la base del aquenio. Vilano doble, persistente; el externo con 4-6 filas de escamas de 0,2-1,9 mm, erectas o erecto-patentes, desiguales –gradualmente mayores de fuera adentro–, lanceoladas, con borde ± largamente escábrido, de blanquecinas a de un amarillo pajizo o pardo acastañado, y el interno con una fila de escamas de 0,4-0,8 mm, setáceas, aplanadas, erectas o conniventes, púrpureo-negruzcas. $2n = 22$; $n = 11$.

Claros de matorral, borde de caminos, arcenes, etc., en suelos ± nitrificados en substratos calcáreos o silíceos; 300-1000(1700) m. (II)IV-VII. ● S de España. **Esp.:** Al Gr Ma Mu. **N.v.:** brasera de Málaga.

51. C. barrasii Pau in Mem. Mus. Ci. Nat. Barcelona, Sèr. Bot. 1(1): 52 (1922) [Barrásii]

Ind. loc.: "Cabo de Gata" [lectótipo designado por V.R. Invernón & J.A. Devesa in Acta Bot. Malac. 38: 69 (2013): MA]
Ic.: Lám. 120

Hierba perenne, con raíz axonomorfa, sufruticulosa o a veces sufruticosa, multicaule, inerme –excepto las brácteas involucrales–, verde, con pelos tectores pluricelulares uniseriados y unicelulares araneosos. Tallos hasta de 60 cm, erectos o ascendentes, ramificados por lo general desde la parte media o superior, con sección circular o ± poligonal, acostillados –costillas poco marcadas–, sin alas, foliosos a lo largo de casi toda su longitud, con indumento fundamentalmente de pelos unicelulares araneosos, largos y ± paralelos a las costillas. Hojas hasta de 130 × 40 mm, sé-

Lám. 120.–*Centaurea barrasii,* faro de Mesa Roldán, Almería (COFC 60618): a) hábito; b) hoja basal; c) detalle de un nudo del tallo y de la inserción de la hoja; d) detalle del indumento de una hoja; e) capítulo; f) bráctea externa del involucro; g) bráctea media del involucro; h) bráctea interna del involucro; i) sección longitudinal de un capítulo; j) corola de una flor neutra; k) corola y verticilos sexuales de una flor hermafrodita; l) limbo abierto de la corola de una flor hermafrodita, con los filamentos estaminales y un estambre completo; m) detalle del estilo con sus ramas; n) aquenio con vilano; o) detalle del vilano interno y parte del externo.

siles, menores hacia la parte superior del tallo, con nervadura pinnada e indumento de pelos araneosos ± abundantes y pelos pluricelulares sobre todo en el margen y el nervio medio; las basales atenuadas, pinnatisectas, con 4-7 pares de lóbulos triangulares u ovados, agudos, el terminal lanceolado, todos culminados por una espínula cónica hasta de 0,8 mm, nada punzante, a menudo secas durante la floración; las medias semejantes a las basales pero auriculadas en la base –aurículas estrechas y de ápice agudo– y con menos lobulaciones, sobre todo en las superiores, con dientes de 0,4-0,6 mm en el ápice de cada lóbulo lateral, y una espínula apical de 0,6-1 mm, nada punzante; las superiores lineares, las inmediatas a los capítulos enteras y por lo general con una espínula apical no más larga que las de las demás hojas caulinares. Capítulos radiantes, con las flores del disco hermafroditas y las de la periferia neutras, patentes y mayores que aquellas, terminales, solitarios, sésiles, alcanzados por las últimas hojas, que pueden o no sobrepasarlos. Involucro 17-18 × 12-14 mm, ovoide, redondeado en la base, glabro, netamente sobrepasado por las flores; brácteas imbricadas y dispuestas aparentemente en 5 o 6 series, gradualmente mayores de fuera adentro; las externas y medias fuertemente adpresas, de ovadas a ovado-oblongas, verdosas o verdoso-amarillentas –en ocasiones teñidas de color púrpura–, con nervios longitudinales apenas marcados y glándulas estipitadas en el margen de la mitad superior de la bráctea, con apéndice apical palmeado-espinoso, erecto-patente, patente o reflexo, no decurrente, inconspicuamente pubérulo-glandulífero, de un amarillento pajizo o a veces algo purpúreo, con 3-5 espinas divergentes en las brácteas más externas y 5-8 en las medias, la central de 2,5-5 mm, ligeramente mayor que el resto; las internas hasta de 14 mm, inermes, lineares o linear-espatuladas, glabras, de un verde claro a un amarillo pajizo –en ocasiones teñidas de color púrpura– excepto el margen estrechamente hialino en los 2/3 inferiores, con margen y ápice escariosos, las inmediatas a las brácteas medias con apéndice algo más patente y acabado en una espínula reflexa. Corola ± papilosa, la de las flores neutras de 16,5-22 mm, con tubo blanquecino y limbo de un rosa intenso o purpúreo, generalmente con 4 lóbulos lanceolados o linear-lanceolados –en ocasiones 3 o 5–, inconspicuamente papiloso-glandulosos, desiguales; la de las hermafroditas 15,5-18 mm, con tubo blanquecino y limbo de 7-9 mm, blanquecino en la base y blanco o blanquecino-rosado hacia el ápice, con 5 lóbulos lineares inconspicuamente papiloso-glandulosos, dos de ellos con los senos más profundos. Estambres con filamento peloso; anteras 5,5-8 mm, rosado-violetas, con conectivo apical violeta, y apéndices basales de 0,4 mm, membranáceos. Estilo blanquecino, purpúreo hacia los pelos colectores, con ramas purpúreas o rosado-blanquecinas, erecto-patentes en el extremo. Aquenios 3,7-4,5 × 2-2,2 mm, oblongo-obovoides, algo comprimidos –sección elíptica–, de un amarillo pajizo –con líneas longitudinales pardas en la madurez–, laxamente adpreso-seríceos; placa apical con nectario rudimentario, cilíndrico; hilo cárpico 0,8-1,1 × 0,7-0,8 mm, lateral-adaxial; eleosoma carnoso, amarillento, que suele sobrepasar la base del aquenio. Vilano doble, persistente; el externo con 4-6 filas de escamas de 0,1-1,3 mm, erectas o erecto-patentes, desiguales –gradualmente mayores de fuera adentro–, lanceoladas, con borde ± largamente escábrido, de blanquecinas a de un color pajizo o de un pardo rojizo, y el interno con una fila de escamas de 0,3-0,6 mm, setáceas, aplanadas, erectas o conniventes, de un color negruzco acastañado. $2n = 22$; $n = 11$.

Espartales y tomillares; 0-500 m. (I)IV-VI(VII). ● SE de España: cabo de Gata-Níjar. **Esp.:** Al. **N.v.:** brasera del cabo.

52. C. aspera L., Sp. Pl.: 916 (1753) [áspera]

Ind. loc.: "Habitat Monspelii, inque Hetruria, Lusitania"

Hierba perenne, con raíz axonomorfa, sufruticulosa, multicaule, inerme –excepto las brácteas involucrales–, verde, con pelos tectores pluricelulares uniseriados escasos y unicelulares araneosos. Tallos hasta de 105 cm, erectos, ascendentes o decumbentes, ramificados por lo general desde la parte media o superior, con sección circular o ± poligonal, acostillados –costillas levemente marcadas–, sin alas, foliosos a lo largo de casi toda su longitud, con indumento sobre todo de pelos araneosos, largos y ± paralelos a las costillas. Hojas hasta de 100 × 35 mm, sésiles, atenuadas, menores hacia la parte superior del tallo, con nervadura pinnada e indumento de pelos araneosos ± abundantes y pelos pluricelulares escasos; las basales enteras o de pinnatífidas a lirado-pinnatipartidas y con 1-4 pares de lóbulos triangulares u ovados, agudos, el terminal lanceolado, todos rematados por una espínula cónica hasta de 1 mm, nada punzante, a menudo secas durante la floración; las medias filiformes, lineares, lanceoladas, oblongo-lanceoladas o elípticas, enteras o de lirado-pinnatipartidas a lirado-pinnatisectas –con menos lóbulos hacia la parte superior del tallo–, a veces auriculadas en la base –por lo general aurículas estrechas y de ápice agudo–, con dientes de 0,1-0,7 mm en el margen o en el ápice de cada lóbulo lateral, y una espínula apical de 0,2-1,5 mm, nada punzante; las superiores enteras, lineares o filiformes, por lo general con una espínula apical no más larga que las de las demás hojas caulinares. Capítulos radiantes, con las flores del disco hermafroditas y las de la periferia neutras, patentes y mayores que aquellas, terminales, solitarios, sésiles, alcanzados por las últimas hojas, que pueden o no sobrepasarlos. Involucro 10,5-17 × 4,5-12(13) mm, oblongo-ovoide u ovoide, redondeado en la base, glabro, sobrepasado por las flores; brácteas imbricadas y dispuestas aparentemente en (4)5 o 6 series, gradualmente mayores de fuera adentro; las externas y medias fuertemente adpresas, de ovadas a ovado-oblongas, verdosas o verdoso-amarillentas –en ocasiones teñidas de color púrpura–, con nervios longitudinales apenas marcados y glándulas estipitadas en el margen de la mitad superior de la bráctea, con apéndice apical palmeado-espinoso, erectas, paralelas y apretadamente dispuestas, o con mayor frecuencia divergentes, erecto-patentes, patentes o reflexas, no decurrente, inconspicuamente pubérulo-glandulífero, de un color amarillento pajizo, con 1-3 espinas en las brácteas más externas y 1-5(7) en las medias, la central de 0,3-4,5 mm, ligeramente mayor que el resto; las internas hasta de 14 mm, inermes, lineares o linear-espatuladas, glabras, de un verde claro a un amarillo pajizo –en ocasiones teñidas de color púrpura– excepto el margen estrechamente hialino en los 2/3 inferiores, con margen y ápice escariosos, las inmediatas a las brácteas medias con apéndice algo más patente y acabado en una espínula reflexa. Corola ± papilosa, la de las flores neutras de 12-29 mm, con tubo blanquecino y limbo blanco, de un rosa intenso o purpúreo, generalmente con 4 lóbulos lanceolados o linear-lanceolados –en ocasiones 3 o 5–, inconspicuamente papiloso-glandulosos, desiguales; la de las hermafroditas 10,5-19 mm, con tubo blanquecino y limbo de 6-10 mm, blanquecino en la base y blanco o blanquecino-rosado hacia el ápice, o totalmente blanca, con 5 lóbulos lineares inconspicuamente papiloso-glandulosos, dos de ellos con los senos más profundos. Estambres con filamento peloso; anteras 4,5-8 mm, rosado-violetas, con conectivo apical violeta, y apéndices basales de 0,2-0,8 mm, membranáceos. Estilo blanquecino, purpúreo hacia los pelos colectores, con ramas purpúreas o blanquecinas, erecto-patentes en su extremo. Aquenios 3,5-5 × 1,5-2,5 mm, oblongo-obovoides, algo comprimidos –sección elíptica–, de un amarillo pajizo –con líneas longitudinales pardas en la madurez–, laxamente adpreso-seríceos; placa apical con nectario rudimentario, cilíndrico; hilo cárpico 0,7-1,8 × 0,6-1,3 mm, lateral-adaxial; eleosoma carnoso, amarillento, que suele sobrepasar la base del aquenio. Vilano doble, persistente; el externo con 4-6 filas de escamas de 0,1-3 mm, erectas o erecto-patentes, desiguales –gradualmente mayores de fuera adentro–, lanceoladas, con borde ± largamente escábrido, de blanquecinas a de un color pajizo o de un pardo acastañado a rojizo, y el interno con una fila de escamas de 0,3-1,2(2,2) mm, setáceas, aplanadas, erectas o conniventes, de un color castaño negruzco. $2n = 22$; $n = 11$.

Herbazales viarios y de bordes de camino, claros de matorral y pinar, baldíos, etc., por lo general en suelos ± nitrificados en substratos preferentemente básicos; 0-1500 m. (I)III-VII(IX,XII). S y SW de Europa –Portugal, España, Andorra, Francia, Baleares, Córcega, Cerdeña, Italia y Sicilia– y NW de África –Marruecos y Argelia–; introducida en diversos países europeos (Bélgica, Irlanda, Reino Unido, Alemania, Suecia, Noruega), Canarias, N de América y Australia. Dispersa por casi toda la Península Ibérica y Baleares. **And. Esp.:** A Ab Al Av B Bu Ca Co CR Cs Cu Ge Gr Gu H Hu J L (Le) Lo M Ma Mu Na P PM (S) Sa Se Sg So SS T Te To V Va Vi Z Za. **Port.:** Ag BA DL E Mi R TM. **N.v.:** abrepuños, amarga, amargo, amargosa, amarguilla, azotalenguas, bovenaga, brasera, brazera, brozera, brozeras, cabrarao, cañaladrera, cardito digitado, cardo, cascariya, esbarcera, escobas amargas, escobas amargosas, escobas de amarguilla, frasera, frasnialadro, herba rasera (Aragón), hierba vaquera, mormaga, panialadro, paniarado, peñaladro, peñalao, peñarao, quebrantarao, quebrarao, quiebra araos, quiebra arreos, quiebracamas, quiebralao, quiebraraos, rompearao, tamaladro, trabalera, tramaladro, tramaladros; *port.:* lóios-ásperos; *cat.:* bonaga, bovenaga, brassadera, brassera, caps de burro, card bord (Valencia), carxofa borda (Valencia), clavellets (Valencia), enganyaladre (Valencia), esbarcera, escabaiosa borda, flor del sucre, gracera, grassera, herba bracera (Valencia), herba de la diabetes, herba del gaferrot, herba del garrafot, herba del sucre, herba del Terrig, herba travalera, herba vaquera, manuaga, margenera (Valencia), panieladro (Valencia), santaula (Valencia), tiravaques, trevalera (Mallorca).

Observaciones.–Especie de hábito, forma de las hojas, tamaño del involucro y forma del apéndice de sus brácteas, entre otros caracteres, extraordinariamente variables. Aun así, se reconocen en el territorio tres subespecies por la morfología foliar, pero entre las que, a veces, hay formas de transición. En las tres el apéndice de las brácteas involucrales externas y medias es palmeado-espinoso, con (1)3-6 espinas ± patentes, la central mayor. No obstante, no es infrecuente en todas –sobre todo, en la subsp. *aspera*– que el apéndice de las brácteas involucrales presente 1-3(5) espinas generalmente menores y, sobre todo, paralelas, erectas y apretadas entre sí. Las plantas con esta peculiaridad han sido descritas como var. *subinermis* DC., Prodr. 6: 600 (1838) [*C. praetermissa* Martrin-Donos in Recueil Agron. (Montauban) 23: 253, pl. B (1852); *C. aspera* f. *praetermissa* (Martrin-Donos) C. Arnaud in Bull. Soc. Dauphin. Échange Pl. 14: 580 (1887); *C. aspera* subvar. *subinermis* (DC.) Rouy in Rouy & Foucaud, Fl. France 9: 168 (1905); *C. aspera* subsp. *marotii* Sennen, Diagn. Nouv.: 70 (1936); *C. marotii* Sennen, Pl. Espagne 1929, n.º 7159 (1929-1930), in sched., nom. nud.; *C. aspera* f. *macrocephala* Pau, in sched., nom. nud.; *C. cuspidata* Clemente, in sched., nom. nud.]. Se trata de una manifestación fenética anómala del apéndice a la que no se ha dado valor taxonómico.

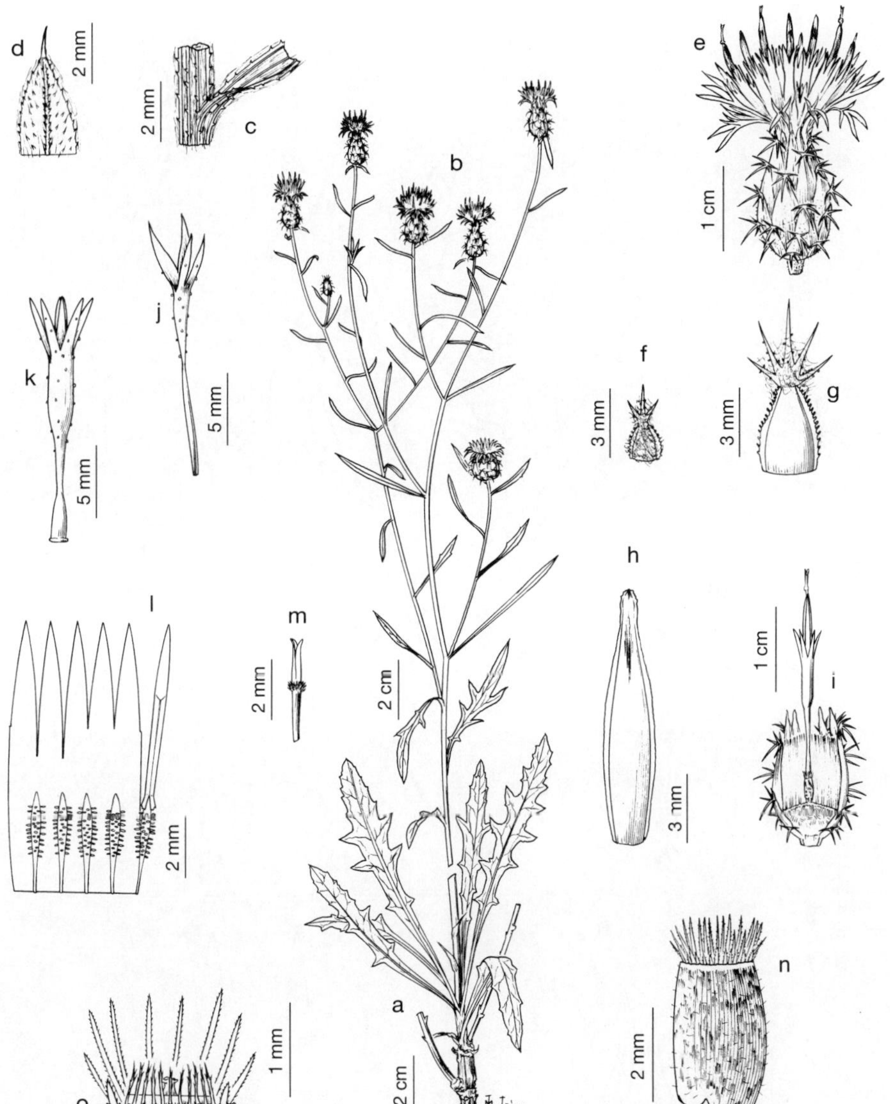

Lám. 121.–*Centaurea aspera* subsp. *aspera,* playa Honda, Manga del Mar Menor, Murcia (COFC 60563): a) base del tallo y sistema radical; b) tallo florido; c) detalle de un nudo del tallo y de la inserción de la hoja; d) detalle del indumento de una hoja; e) capítulo; f) bráctea externa del involucro; g) bráctea media del involucro; h) bráctea interna del involucro; i) sección longitudinal de un capítulo; j) corola de una flor neutra; k) corola y verticilos sexuales de una flor hermafrodita; l) limbo abierto de la corola de una flor hermafrodita, con los filamentos estaminales y un estambre completo; m) detalle del estilo con sus ramas; n) aquenio con vilano; o) detalle del vilano interno y parte del externo.

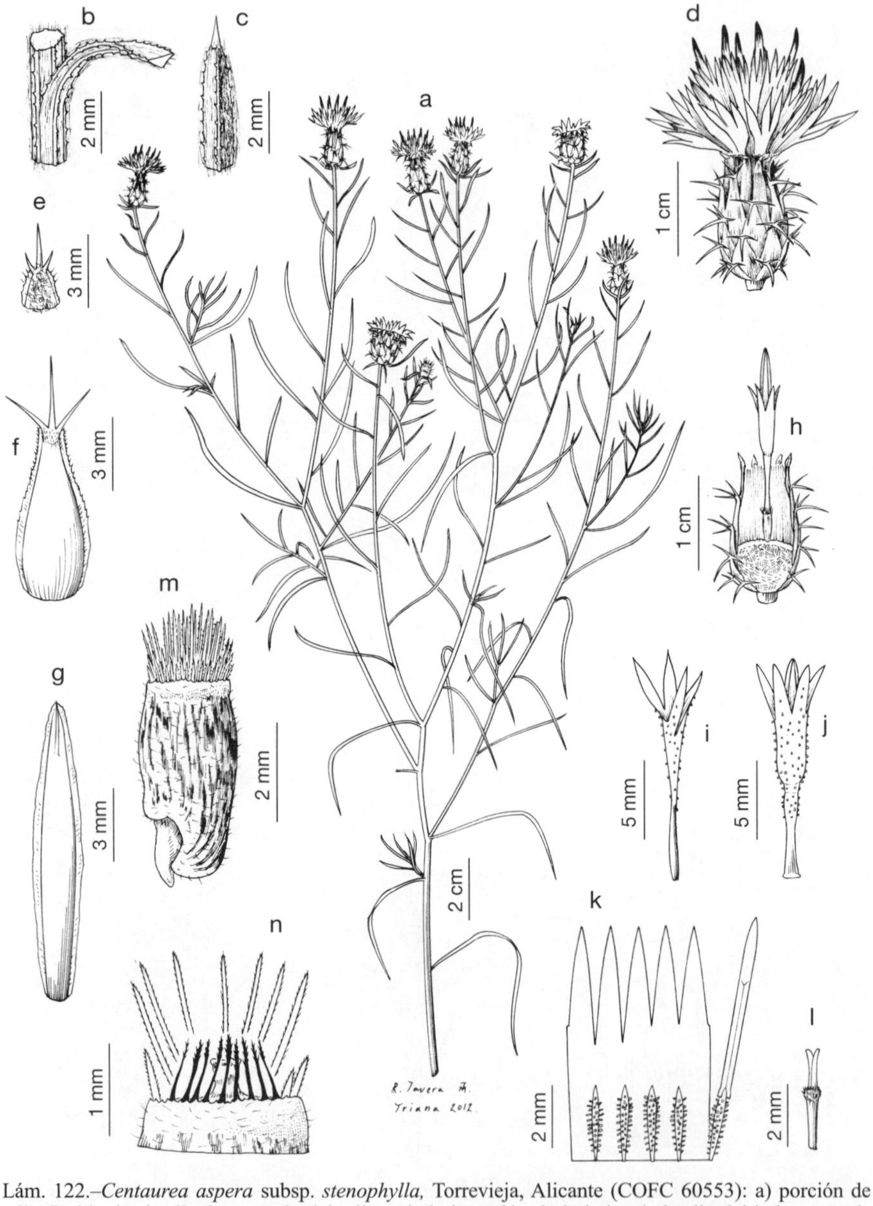

Lám. 122.–*Centaurea aspera* subsp. *stenophylla,* Torrevieja, Alicante (COFC 60553): a) porción de tallo florido; b) detalle de un nudo del tallo y de la inserción de la hoja; c) detalle del indumento de una hoja; d) capítulo; e) bráctea externa del involucro; f) bráctea media del involucro; g) bráctea interna del involucro; h) sección longitudinal de un capítulo; i) corola de una flor neutra; j) corola y verticilos sexuales de una flor hermafrodita; k) limbo abierto de la corola de una flor hermafrodita, con los filamentos estaminales y un estambre completo; l) detalle del estilo con sus ramas; m) aquenio con vilano; n) detalle del vilano interno y parte del externo.

1. Hojas caulinares medias de 0,5-2 mm de anchura, lineares o filiformes .... **b.** subsp. **stenophylla**
– Hojas caulinares medias de 2-30 mm de anchura, lanceoladas, oblongo-lanceoladas o elípticas, o de pinnatipartidas a pinnatisectas 2
2. Hojas caulinares medias pinnatipartidas o pinnatisectas, si enteras entonces de 2-5 mm de anchura .... **a.** subsp. **aspera**
– Hojas caulinares medias lanceoladas, oblongo-lanceoladas o elípticas, de 5-20 mm de anchura .... **c.** subsp. **scorpiurifolia**

a. subsp. **aspera**

C. heterophylla Willd., Sp. Pl.: 3: 2314 (1803)
Alophium tenuifolium Cass. in F. Cuvier, Dict. Sci. Nat. ed. 2, 54: 494 (1829)
C. alophium DC., Prodr. 6: 601 (1838)
Ic.: Lám. 121

Tallos hasta de 105 cm. Hojas hasta de 100 × 30 mm, las basales con 1-4 pares de lóbulos y las caulinares medias semejantes, pinnatipartidas o pinnatisectas –gradualmente con menos lóbulos en las superiores–, si enteras entonces de 2-5 mm de anchura. Involucro 11-17 × 5-12 (13) mm; brácteas medias con apéndice apical provisto de 1-5(7) espinas, la central de 0,3-3,5(4,5) mm. Corola de las flores neutras 12-29 mm; la de las hermafroditas 11-19 mm, con limbo de 6-10 mm. Anteras 5-8 mm, con apéndices basales de 0,2-0,8 mm. Aquenios 3,5-5 × 1,5-2,5 mm. Vilano externo con escamas de 0,1-3 mm, las del interno de 0,3-1,2(2,2) mm. $2n = 22$; $n = 11$

Herbazales en el borde de caminos y carreteras, baldíos, arenales marítimos fijados, etc., en suelos ± nitrificados; 0-1500 m. (I)IV-VII(IX,XII). S y SW de Europa –Portugal, España, Baleares, Francia, Córcega, Cerdeña, Italia y Sicilia– y NW de África –Marruecos y Argelia–; introducida en diversos países europeos –Bélgica, Irlanda, Reino Unido, Alemania, Suecia y Noruega–, Canarias, N de América y Australia. Casi toda la Península Ibérica, sobre todo en el E y S, y Baleares. **And. Esp.:** A Ab Al Av B Bu Ca Co CR Cs Cu Ge Gr Gu H Hu J L (Le) Lo M Ma Mu Na P PM (S) Sa Se Sg So SS T Te To V Va Vi Z Za. **Port.:** Ag BA DL E Mi R TM.

Observaciones.–Las plantas con brácteas involucrales provistas de un apéndice anómalo ("subinermis") son muy frecuentes en buena parte del área de distribución (Esp.: A Ab Al B Bu Co CR Cs Cu Gr Gu M Ma Mu Se T Te To V Z).

Esta subespecie se hibrida con suma facilidad con otras especies del género. Entre los híbridos detectados destaca el que forma con *C. seridis* (véase esta especie y el apartado de híbridos). Los híbridos con *C. calcitrapa (C.* × *pouzinii; C.* × *albarracinensis; C.* × *levantina* y *C.* × *calcitrapo-aspera)* son también muy frecuentes y los notomorfos fácilmente identificables. El híbrido con *C. pullata* ha sido descrito como *C.* × *hervieri* y se conoce de las provincias de Jaén y Granada.

b. subsp. **stenophylla** (Dufour) Nyman, Consp. Fl. Eur.: 432 (1879) [stenophýlla]

C. stenophylla Dufour in Ann. Sci. Nat. (Paris) 23: 162 (1831) [basión.]
Ind. loc.: "Hab. in sterilibus Hispaniæ, α frequens loco dicto Dehesa prope Valentiam, (...)"
Ic.: Lám. 122

Tallos hasta de 70 cm. Hojas hasta de 75 × 30 mm, las basales con 1-3 pares de lóbulos, y las caulinares medias por lo general enteras, lineares, filiformes, de 0,5-

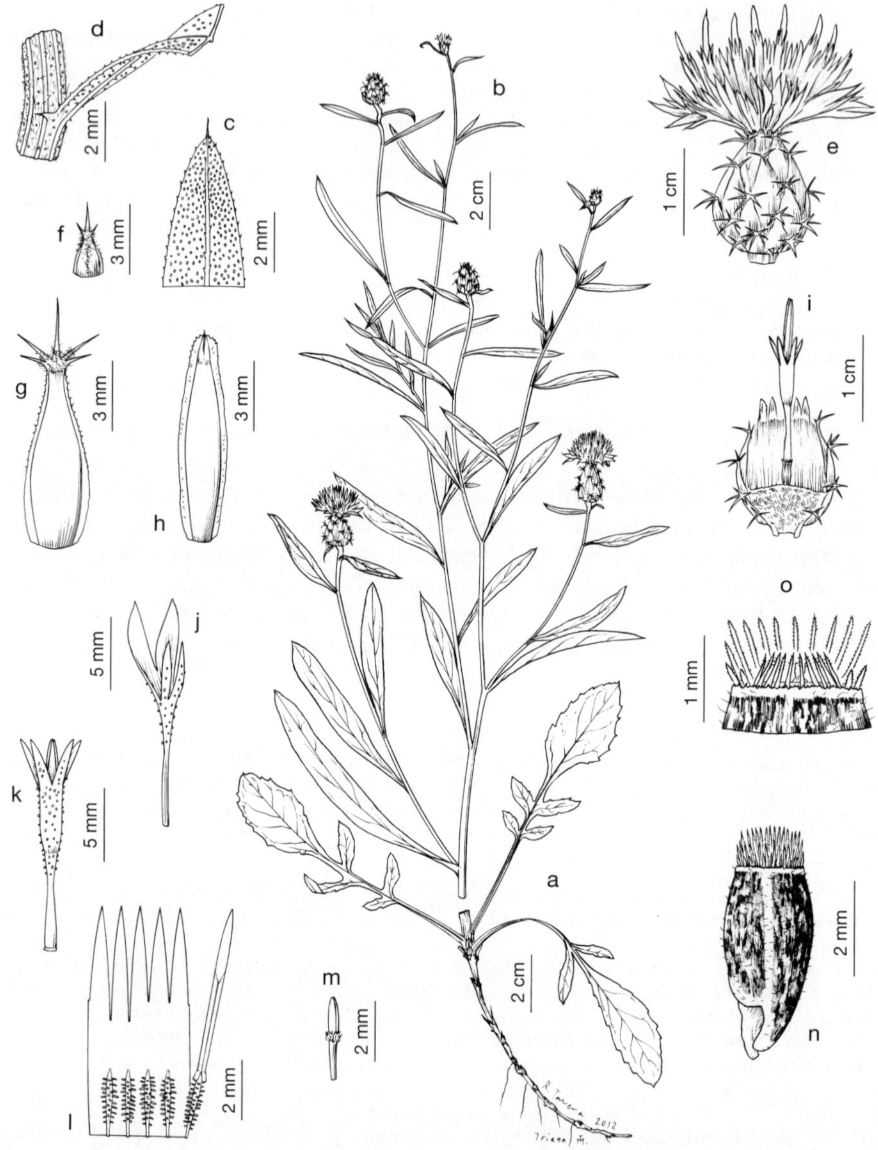

Lám. 123.–*Centaurea aspera* subsp. *scorpiurifolia,* a) Chiclana de la Frontera, Cádiz (MA 239631); b-o) San Roque, Cádiz (COFC 60557): a) base del tallo y sistema radical; b) tallo florido; c) detalle del indumento de una hoja; d) detalle de un nudo del tallo y de la inserción de la hoja; e) capítulo; f) bráctea externa del involucro; g) bráctea media del involucro; h) bráctea interna del involucro; i) sección longitudinal de un capítulo; j) corola de una flor neutra; k) corola y verticilos sexuales de una flor hermafrodita; l) limbo abierto de la corola de una flor hermafrodita, con los filamentos estaminales y un estambre completo; m) detalle del estilo con sus ramas; n) aquenio con vilano; o) detalle del vilano interno y parte del externo.

2 mm de anchura. Involucro 10,5-14,5 × 4,5-9,5 mm; brácteas medias con apéndice apical provisto de (1)3-5 espinas, la central de 1,2-2,5 mm; las internas hasta de 11 mm. Corola de las flores neutras 14-19 mm; la de las hermafroditas 10,5-14,5 mm, con limbo de 6,5-8 mm. Anteras 4,5-5,5 mm, con apéndices basales de c. 0,5 mm. Aquenios 3,5-4 × 1,5-2 mm. Vilano externo con escamas de 0,1-2 mm, las del interno de 0,5-1 mm. $2n = 22$.

Matorrales, herbazales en el borde de caminos y carreteras, baldíos, claros de matorral, arenales marítimos, etc., en suelos ± nitrificados; 0-1100 m. IV-VII(X). ● E y S de España, S de Portugal y Baleares. **Esp.:** A Ab Al Ca Cs Cu Gr Ma Mu PM[(Mn)] T Te V Z. **Port.:** Ag. **N.v.:** arbassera fina (Valencia), bracera fina (Valencia), herba vaquera (Valencia), mazgenera vera (Valencia), santaula (Valencia).

Observaciones.–Las plantas con brácteas involucrales provistas de apéndice anómalo ("subinermis") son frecuentes en el territorio (Esp.: A Ab Cs Cu T V Z).

c. subsp. **scorpiurifolia** (Dufour) Nyman, Consp. Fl. Eur.: 432 (1879) [scorpiurifólia]

C. scorpiurifolia Dufour in Ann. Sci. Nat. (Paris) 23: 163 (1831) [basión.]
Ind. loc.: "Hab. in sterilibus Gaditensibus. (...) a été découverte aux environs de Cadix, par MM. Monard, qui m'en ont communiqué plusieurs échantillons"
Ic.: Lám. 123

Tallos hasta de 60 cm. Hojas hasta de 95 × 35 mm, las basales con uno o dos pares de lóbulos, y las caulinares medias por lo general enteras, lanceoladas, oblongo-lanceoladas o elípticas, de 5-20 mm de anchura. Involucro 11-17 × 8-12 mm; brácteas medias con apéndice apical provisto de 3-5 espinas, la central de 1,5-4 mm. Corola de las flores neutras 15-23 mm; la de las hermafroditas 12-18 mm, con limbo de 7-9 mm. Anteras 5-8 mm, con apéndices basales de 0,3-0,5 mm. Aquenios 3,5-4 × 1,5-2 mm. Vilano externo con escamas de 0,2-1,2 mm, las del interno de 0,5-1 mm. $2n = 22$; $n = 11$.

Claros de matorral y pinar, en substratos calcáreos y suelos arenosos del litoral ± nitrificados; 20-1400 m. III-VI. Península Ibérica y NW de África –Marruecos–. S de España. **Esp.:** Al Ca Co Gr H Ma Mu. **N.v.:** rompepiedras.

Observaciones.–Las plantas con brácteas involucrales provistas de apéndice anómalo ("subinermis") se conocen en el territorio (Esp.: Al Ca Ma), aunque son menos frecuentes aquí que en las otras subespecies.

Sect. 6. **Melanoloma** (Cass.) DC.
Melanoloma Cass.

Hierbas anuales o perennes. Tallos sin alas. Capítulos homógamos, radiantes, con las flores del disco hermafroditas y las de la periferia neutras, patentes y mayores que aquellas. Involucro ovoide; brácteas medias con apéndice apical filiforme o estrechamente linear-lanceolado, con 1-6(7) pares de fimbrias laterales, de arqueado a ± recurvado, no decurrente, y margen con borde papiráceo negro, dentado-lacerado, sobre todo en la parte distal. Corola rosado-blanquecina o amarilla. Aquenios con reborde de la placa apical entero o inconspicuamente denticulado, y eleosoma ± linguliforme que sobrepasa, a veces, la base del aquenio. Vilano doble, el externo con varias filas de escamas planas, barbadas, erectas o erecto-patentes, y el interno con una fila de escamas mucho más pequeñas, erectas y ± conniventes. $x = 11$.

53. C. pullata L., Sp. Pl.: 911 (1753) [pulláta]

Ind. loc.: "Habitat in G. Narbonensi, Hispania" [lectótipo designado por G. Wagenitz in P.H. Davis (ed.), Fl. Turkey 5: 509 (1975): LINN 1030/10 y S. Talavera in Lagascalia 12: 273 (1984): LINN 1030/14]

Hierba anual, o perenne y entonces con raíz axonomorfa engrosada, napiforme, o con raíces fasciculadas tuberizadas, inerme, verde, con pelos tectores pluricelulares uniseriados acabados en una célula larga araneosa. Tallos hasta de 55 cm –a veces sin tallos–, erectos, ascendentes o decumbentes, simples o con mayor frecuencia ramificados desde la base y en la mitad superior, de sección circular o ± poligonal, acostillados –costillas a menudo rojizas–, sin alas, rojizos en las partes viejas y verdes en las jóvenes, foliosos a lo largo de toda su longitud, con indumento viloso denso de pelos pluricelulares. Hojas hasta de 800 × 70 mm, las basales largamente atenuadas en pecíolo y las caulinares sésiles, no decurrentes, menores hacia la parte superior del tallo, con nervadura pinnada –más destacada por el envés–, e indumento de pelos pluricelulares cortos ± dispersos por el haz y el envés, sobre todo en los nervios, donde son más largos; las basales rosuladas y a menudo persistentes durante la floración, de contorno oblongo-lanceolado, oblongo-elíptico u oblongo-obovado, subenteras, lirado-pinnatífidas o lirado-pinnatipartidas, con (1)2-5(7) pares de lóbulos obtusos, triangulares, oblongos, ovados u ovado-oblongos, el terminal oblongo-elíptico, ovado u ovado-rómbico, con margen entero o laxamente dentado o inciso-dentado –dentículos con espina cónica de 0,1-0,25 mm, blanquecina, nada punzante–, antrorso-escábridos; las medias y superiores semejantes aunque por lo general lirado-pinnatífidas o lirado-pinnatipartidas, con (1)2-5 pares de lóbulos, auriculado-subamplexicaules en la base; las inmediatas a los capítulos erectas o suberectas y formando un pseudoinvolucro, lanceoladas, oblongo-lanceoladas u oblongo-elípticas, atenuadas en la base, enteras, sinuado-dentadas o pinnatífidas, con margen ondeado, entero o laxamente dentado, notablemente pectinado-peloso hacia la base. Capítulos radiantes, con las flores del disco hermafroditas y las de la periferia neutras, patentes y más grandes que aquellas, terminales, solitarios, sésiles, a menudo sobrepasados por las hojas involucrales. Involucro 13-19(20) × 6-12(13) mm, ovoide u ovoide-cónico, redondeado o atenuado en la base, glabro, fuertemente sobrepasado por las flores; brácteas imbricadas y dispuestas aparentemente en 4-6 series, mayores de fuera adentro o bien las medias mayores que el resto, verdes, sin nervios visibles, las externas y medias fuertemente adpresas, con apéndice apical filiforme o estrechamente linear-lanceolado, pectinado-fimbriado, ± arqueado –recurvado cuando seco–, con fimbrias laterales subuladas, patentes, escábrido-cilioladas, blanquecinas o amarillentas, y borde papiráceo, por lo general negro, dentado-lacerado –sobre todo distalmente–, desde la base del apéndice hasta la base de la bráctea o casi; las externas triangulares o triangular-lanceoladas, con varias fimbrias apicales dispuestas de manera palmeada o con apéndice pectinado-fimbriado, provisto de 1-4 pares de fimbrias laterales; las medias lanceoladas u ovado-lanceoladas, con apéndice apical de (0,2)0,7-6(8) mm, provisto de 1-6(7) pares de fimbrias laterales de (0,2)0,7-6(8) mm –la terminal 0,7-4,5 mm–; las internas hasta de 20 mm, oblongas u oblongo-lanceoladas, sin apéndice pinnatisecto, con ápice ± espatulado, a veces acabado en una arista corta. Corola ± papilosa, la de las flores neutras de 20-37 mm, con tubo blanquecino y limbo blanco o rosado, con 5 o 6 lóbulos muy desiguales –por lo general uno o dos mayores–; la de las hermafroditas 10-19 mm, glabra, con tubo de 3,5-9 mm, blanquecino, y limbo de 6,5-10 mm, rosado o blanco, con lóbulos de 3-5,3 mm, por lo general uno con los senos más profundos. Estambres con filamento papiloso, con papilas blanquecinas; anteras 5-6,7 mm, amarillas, con conectivo apical verdoso, amarillento-verdoso o rosado, y apéndices basales de c. 0,3 mm, truncados. Estilo blanquecino o blanquecino-rosado, con ramas ± rosadas. Aquenios 3,1-4 × 1,4-2,1 mm, oblongo-obovoides, algo comprimidos –sección elíptica–, truncados y con reborde entero o ligeramente dentado, pardos, con líneas longitudinales blanquecinas o de un pardo claro, laxamente vilosos; placa apical con nectario de (0,1)0,2-0,3 mm, ± cilíndrico-acopado, o rudimentario, blanco; hilo cárpico 0,5-0,7(1) mm, lateral-adaxial; eleosoma cónico-lingüiforme, que sobrepasa la base del aquenio en 0,3-0,8(1) mm. Vilano doble, persistente; el externo con varias filas de escamas de 1,5-2,5 mm lineares, planas, erectas o erecto-patentes, desiguales, barbadas, blanquecinas, y el interno con una fila de escamas de 0,7-1 mm, setáceas, blanquecinas o pardas, erectas y ± conniventes, rectas. $2n = 22$.

Herbazales nitrófilos de bordes de camino y carretera, preferentemente en substratos calcáreos; 0-1500 m. (XI)II-V(VI). SW de Europa –Portugal, España y Francia– y NW de África; naturalizada o adventicia en algunos países del S de Europa y el N de África. Mitad S de la Península Ibérica. **Esp.**: A Ab Al Ba Ca Cc Co CR (Cs) Gr H J Ma Mu Sa Se To V. **Port.**: AAl Ag BAl BB BL E R.

Observaciones.–Esta especie se hibrida con otras especies del género, como *C. aspera* y *C. calcitrapa* (véase el apartado de híbridos).

1. Hierba perenne, con raíz axonomorfa engrosada, napiforme, o bien con raíces fasciculadas tuberizadas; brácteas involucrales medias con apéndice de (2,5)3-6(8) mm, provisto de (2)4-6(7) pares de fimbrias laterales de 1,5-5(6) mm .... **a.** subsp. **pullata**
– Hierba anual, con raíz axonomorfa no engrosada; brácteas involucrales medias con apéndice de (0,2)0,7-4(5) mm, provisto de 1-3(4) pares de fimbrias laterales de (0,5)1,5-4 mm .... **b.** subsp. **baetica**

a. subsp. **pullata**

Ic.: H.J. Coste, Fl. Descr. France 2: 390 (1903); Valdés, Talavera & Galiano (eds.), Fl. Andalucía Occid. 3: 159 (1987); lám. 124 n

Hierba perenne, con raíz axonomorfa, napiforme, o bien con raíces fasciculadas tuberizadas. Hojas basales con (1)2-5(7) pares de lóbulos; las medias y superiores con 2-5 pares de lóbulos. Involucro 14-19(20) × 7-12(13) mm; brácteas dispuestas en 4 o 5 series, las externas y medias con apéndice apical de 2,5-8 mm;

las externas triangulares o triangular-lanceoladas, con apéndice provisto de 2-4 pares de fimbrias laterales; las medias lanceoladas u ovado-lanceoladas, con apéndice de (2,5)3-6(8) mm, provisto de (2)4-6(7) pares de fimbrias laterales de 1,5-5(6) mm –la terminal 1,5-4,5 mm–. Corola de las flores neutras (24)27-37 mm; la de las hermafroditas (11)12-19 mm, con tubo de 4,5-9 mm, blanquecino, y limbo de 6,5-10 mm, rosado o blanco. Anteras 5-6,7 mm. Aquenios 3,1-4 × 1,4-2,1 mm. Vilano externo con escamas de 1,5-2,5 mm, el interno con escamas de 0,7-0,8 mm. $2n = 22$; $n = 11$*.

Herbazales nitrófilos de bordes de camino y carretera, preferentemente en substratos calcáreos; 0-1500 m. (XII)II-V(VI). SW de Europa –Portugal y España– y NW de África; introducida en el SE de Francia (?). Mitad S de la Península Ibérica. **Esp.:** A Ab Al Ba Ca Cc Co CR (Cs) Gr H J Ma Mu Sa Se To V. **Port.:** AAl Ag BAl BB BL E R. **N.v.:** cabeza de pollo, cardo, centaurea, escobonera, quiebra-escamas; *port.:* cardinho-das-almorreimas, centáurea-maior, padre-nosso, rapôntico-da-terra; *cat.:* bracera negra (Valencia), sarpa de llop.

b. subsp. **baetica** Talavera in Lagascalia 12: 274 (1984) [báetica]

Ind. loc.: "Tipus. Sevilla. Inter Cantillana et Villanueva del Río y Minas, Los Pinillos, in arvis, 21.IV.1972, Montero & Ramos, SEV 71556 holotypus"
Ic.: Lám. 124 a-m

Hierba anual, con raíz axonomorfa no engrosada. Hojas basales con 2-5(7) pares de lóbulos; las medias y superiores con (1)2 o 3(5) pares de lóbulos. Involucro 13-17 × 6-9 mm; brácteas dispuestas en 4-6 series, las externas y medias con apéndice apical de (0,2)0,7-4(5) mm; las externas triangulares o triangular-lanceoladas, con varias fimbrias apicales dispuestas de manera palmeada o con un apéndice pinnatisecto provisto de 1-3(4) pares de fimbrias laterales; las medias lanceoladas u ovado-lanceoladas, con apéndice de (0,2)0,7-4(5) mm, provisto de 1-3(4) pares de fimbrias laterales de (0,5)1,5-4 mm –la terminal 0,7-4(4,5) mm–. Corola de las flores neutras 20-30 mm; la de las hermafroditas 10-14 mm, glabra, con tubo de 3,5-6 mm, blanquecino, y limbo de 6,5-9 mm, rosado o blanco. Anteras 6-7 mm. Aquenios 3,5-3,9 × 1,7-1,8 mm. Vilano externo con escamas de 2,1-2,5 mm, el interno con escamas de 0,7-1 mm.

Herbazales de bordes de camino y carretera, nitrófila, indiferente edáfica aunque más frecuente en substratos calcáreos; 0-750 m. (XI)II-V(VI). Península Ibérica y NW de África. W y SW de la Península. **Esp.:** Ba Ca? Co H J Ma Se. **Port.:** AAl Ag BAl BB.

54. C. involucrata Desf., Fl. Atlant. 2: 295 (1799) [involucráta]

Ind. loc.: "Habitat in Atlante"
Ic.: Devesa & G. Martínez in Acta Bot. Malac. 38: 109 (2013); Pallarés in Anales Jard. Bot. Madrid 43: 183 (1986)

Hierba anual, con raíz axonomorfa, inerme, verde, con pelos tectores pluricelulares uniseriados acabados en una célula larga araneosa. Tallos hasta de 30(70) cm –a veces planta acaule–, erectos, ascendentes o decumbentes, simples o muy ramificados desde la base, de sección circular o ± poligonal, acostillados –costillas purpúreas–, sin alas, rojizos en las partes viejas y verdes en las jóvenes, con

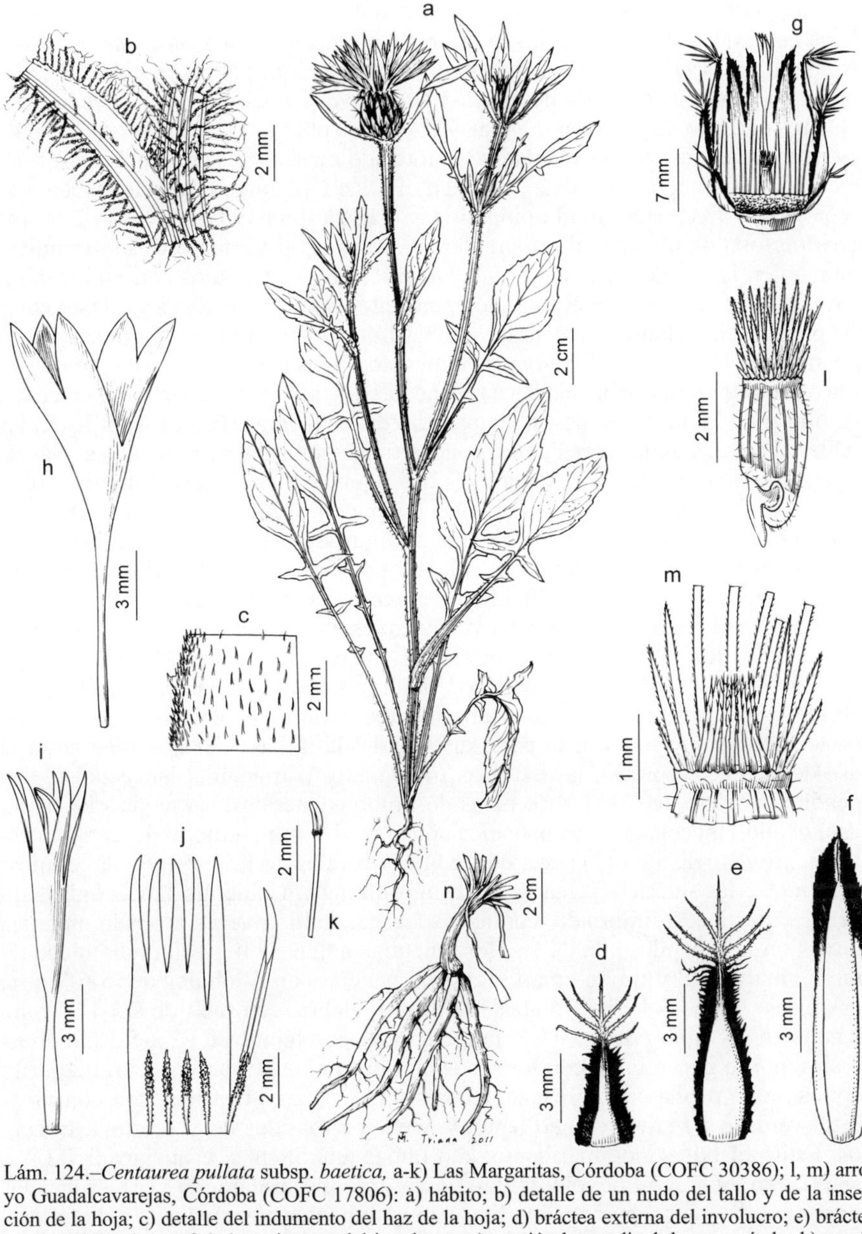

Lám. 124.–*Centaurea pullata* subsp. *baetica,* a-k) Las Margaritas, Córdoba (COFC 30386); l, m) arroyo Guadalcavarejas, Córdoba (COFC 17806): a) hábito; b) detalle de un nudo del tallo y de la inserción de la hoja; c) detalle del indumento del haz de la hoja; d) bráctea externa del involucro; e) bráctea media del involucro; f) bráctea interna del involucro; g) sección longtudinal de un capítulo; h) corola de una flor neutra; i) corola y verticilos sexuales de una flor hermafrodita; j) limbo abierto de la corola de una flor hermafrodita, con los filamentos estaminales y un estambre completo; k) detalle del estilo con sus ramas; l) aquenio con vilano; m) detalle del vilano interno y parte del externo. *C. pullata* subsp. *pullata,* Zambra, Córdoba (COFC 19788): n) sistema radical.

hojas a lo largo de toda su longitud, con indumento viloso de pelos pluricelulares. Hojas hasta de 140 × 40 mm, las inferiores largamente atenuadas en un pecíolo y las caulinares sésiles, no decurrentes, menores hacia la parte superior del tallo, con nervadura pinnada –más destacada por el envés–, e indumento de pelos pluricelulares cortos ± dispersos por el haz y el envés, sobre todo en los nervios, donde son más largos; las basales rosuladas y a menudo persistentes durante la floración, de contorno oblongo-lanceolado, oblongo-elíptico u oblongo-obovado, subenteras o con mayor frecuencia lirado-pinnatífidas o lirado-pinnatipartidas, con 2 o 3(4) pares de lóbulos obtusos, de triangulares a ovados, el terminal ovado-rómbico, con margen laxamente dentado o inciso-denticulado –dentículos con espina cónica de 0,1-0,25 mm, blanquecina, nada punzante–, antrorso-escábridos; las medias y superiores semejantes pero lirado-pinnatífidas o lirado-pinnatipartidas, por lo general con (1)2 pares de lóbulos; las inmediatas a los capítulos erectas y en pseudoinvolucro, oblongo-lanceoladas u oblanceoladas, atenuadas en la base, enteras o con un par de lóbulos –lirado-pinnatipartidas en las plantas acaules–, por lo demás iguales al resto. Capítulos radiantes, con las flores del disco hermafroditas y las de la periferia neutras, patentes y mayores que aquellas, terminales, solitarios, sésiles, a menudo sobrepasados por las hojas involucrales. Involucro (14)15-18(20) × 7-10(11) mm, ovoide u ovoide-oblongo, redondeado o atenuado en la base, glabro, fuertemente sobrepasado por las flores; brácteas imbricadas, dispuestas aparentemente en 4-6 series, gradualmente mayores de fuera adentro o las medias mayores que el resto, verdes, sin nervios visibles, las externas y medias con apéndice apical filiforme o estrechamente linear-lanceolado, pectinado fimbriado y ± arqueado –recurvado cuando seco–, con fimbrias laterales subuladas, patentes, escábrido-ciliolados, blanquecinos o amarillentos, y borde papiráceo, negro, dentado-lacerado –sobre todo en la parte distal–, desde la base del apéndice hasta la base de la bráctea o casi; las externas triangulares o triangular-lanceoladas, con apéndice provisto de (2)3 o 4(5) pares de fimbrias laterales; las medias lanceoladas u ovado-lanceoladas, con apéndice apical de 4-7 mm, a modo de espina o espínula, provisto de 5 o 6(7) pares de fimbrias laterales de 1,5-3,5 mm –la terminal 2-3,5 mm–; las internas hasta de 18 mm, oblongas u oblongo-lanceoladas, sin apéndice pectinado-fimbriado, con ápice ± espatulado, a veces acabado en arista corta. Corola ± papilosa, la de las flores neutras de 26-35 mm, con tubo blanquecino o amarillento y limbo amarillo, por lo general con 5 lóbulos de (5)6-9 mm, desiguales; la de las hermafroditas 19-23 mm, glabra, con tubo de 9,5-11,5 mm, blanquecino, y limbo de 9,5-11,5 mm, amarillo, con lóbulos de 3,3-5,2 mm, desiguales, por lo general uno con los senos más profundos. Estambres con filamento papiloso, con papilas amarillentas; anteras 6,6-7,5 mm, amarillas, con conectivo apical verdoso o verdoso-amarillento, y apéndices basales de c. 0,3 mm, truncados. Estilo blanquecino-amarillento, con ramas amarillentas. Aquenios 2,7-3,2 × 1,4-1,7 mm, oblongo-obovoides, algo comprimidos –sección elíptica–, truncados y con reborde entero, pardos, con líneas longitudinales blanquecinas o de un pardo claro, laxamente vilosos; placa apical con nectario de 0,1-0,3 mm, cilíndrico, ± pentalobulado, de un amarillo pajizo; hilo cárpico 0,4-0,7(1) mm; eleosoma convexo, ± prominente, que no suele sobrepasar la base del aquenio, o solo hasta en 0,1 mm. Vilano doble, persistente; el externo con varias filas de escamas de 1,2-

1,6 mm, lineares, planas, erectas o erecto-patentes, desiguales, barbadas, blanquecinas, y el interno con una fila de escamas 0,5-0,7 mm, pardas, erectas y ± conniventes, rectas. *n* = 11*.

Herbazales nitrófilos de ambientes antropizados, en substratos arcilloso-calizos; 0-50(500) m. III-V(VI). Península Ibérica, Marruecos y Argelia; adventicia en el SE de Francia. SE de España, provincia de Almería. **Esp.:** Al.

Sect. 7. **Calcitrapa** (Vaill.) DC. ex Duby
Calcitrapa Vaill.
Hippophaestum Gray

Hierbas bienales –algunas especies extraibéricas son anuales–. Tallos sin alas. Capítulos homógamos, radiantes, con las flores del disco hermafroditas y las de la periferia neutras y de tamaño similar. Involucro globoso, ovoide o cilíndrico; brácteas medias con apéndice apical en forma de espina rígida, muy desarrollada y punzante, coriácea, de erecto-patente a patente, no decurrente, con 1 o 2(3) espínulas a cada lado de la base. Corola amarilla o purpúreo-rosada, rara vez blanca. Aquenios con reborde de la placa apical entero o inconspicuamente denticulado, y eleosoma que no sobrepasa la base del aquenio. Sin vilano o con vilano doble, el externo con varias filas de escamas planas, escábridas, erectas o erecto-patentes, y el interno con una fila de escamas mucho menores, erectas. *x* = 10.

55. C. calcitrapa L., Sp. Pl.: 917 (1753) [Calcitrápa]

C. calcitrapoides L., Cent. Pl. I: 29 (1755)
Ind. loc.: "Habitat in Helvetia, Anglia & Europa australiori secus vias" [lectótipo designado por C. Jeffrey in Kew Bull. 22: 137 (1968): LINN]
Ic.: Devesa & al. in Lagascalia 32: 244 fig. 1a, 253 fig. 6 (2012); Rchb., Icon. Fl. Germ. Helv. 15, tab. 798 I 1 2 (1852); Valdés, Talavera & Galiano (eds.), Fl. Andalucía Occid. 3: 152 (1987); lám. 125

Hierba bienal, con raíz axonomorfa, verde, inerme –excepto las brácteas involucrales–, con pelos tectores pluricelulares uniseriados y algunos unicelulares araneosos, aculéolos y glándulas punctiformes. Tallos hasta de 80 cm o más, erectos, ramificados desde la base y ± divaricados en la mitad superior, de sección circular o ± poligonal, acostillados, sin alas, foliosos en su mayor parte, con pelos pluricelulares uniseriados rígidos o ± crespos, ± abundantes en las partes medias y ramas, que llegan hasta los pedúnculos de los capítulos. Hojas hasta de 250 × 90 mm, las basales y medias pecioladas y el resto sésiles, no decurrentes, menores hacia la parte superior del tallo, con nervadura pinnada –más destacada por el envés–, margen escábrido, y haz y envés con abundantes glándulas punctiformes e indumento de pelos pluricelulares cortos, rígidos o ± crespos, mucho más abundantes y largos por el envés –sobre todo en el nervio–, copioso sobre todo en las hojas jóvenes; las basales rosuladas, 1(2) pinnatipartidas, con 4-7 pares de lóbulos laterales, por lo general secas o nulas durante la floración; las medias 1(2) pinnatipartidas o 1(2) pinnatisectas, con (2)3 o 4(5) pares de lóbulos, oblongos o linear-lanceolados, agudos, por lo general indivisos, con margen entero o dentado-aserrado

–dientes acabados en una espínula cónica, muy breve, nada punzante, blanquecino-hialina–; las superiores lineares o linear-lanceoladas, enteras, dentadas o pinnatífidas –alguna alcanza los capítulos–. Capítulos radiantes, con las flores del disco hermafroditas y las de la periferia neutras, de similar tamaño, radiantes, terminales y axilares –en las bifurcaciones del tallo–, solitarios, sésiles, alcanzados por las últimas hojas del tallo, por lo general reflexas. Involucro de 12-17(19) × 5-8 mm, subcilíndrico u ovoide-cilíndrico, redondeado en la base, glabro, netamente sobrepasado por las flores; brácteas coriáceas, imbricadas y dispuestas aparentemente en 3 o 4 series, verdes –amarillento-pardas cuando secas–, con apéndice apical no decurrente, en forma de espina ± desarrollada, pardo-amarillenta; las externas ovadas, con bordes anchamente membranáceos en su porción distal y una costilla que se prolonga en la espina del apéndice, punzante, a menudo con una espínula a cada lado de su base, mucho menos desarrollada que en las medias; las medias ovado-oblongas u oblongo-elípticas, por lo general mayores que el resto –incluida la espina–, las mayores con margen estrechamente escarioso y apéndice de (9)12-33 mm, en forma de espina de base triangular con sección semicircular-canaliculada, patente, recta o algo arqueada, pardo-amarillenta, con 2 o 3(4) pares de espínulas hasta de 4,5 mm a cada lado de su base, algunas de las de transición a las más internas con apéndice reducido a una espina corta y cónica; las internas oblongas, con 5 nervios verdosos poco marcados, margen estrechamente escarioso y apéndice espatulado, escarioso, pardo, mucronado, inerme. Corola ± papilosa, con abundantes glándulas sésiles, la de las flores neutras purpúrea o rosado-purpúrea, rara vez blanca, con limbo de 4 o 5 lóbulos lanceolados, agudos, desiguales; la de las hermafroditas (13,5)15-19(20) mm, purpúrea o rosado-purpúrea, rara vez blanca, con tubo y limbo perfectamente diferenciados, aquel de (6,5)7-10 mm y este de (7)8-11 mm, con 5 lóbulos de 2-4(4,5) mm, lineares, agudos, desiguales, por lo general dos con los senos más profundos. Estambres con filamento papiloso; anteras 6,5-7,8 mm, rosadas o blanquecino-rosadas, con conectivo apical rosado-purpúreo o purpúreo, y apéndices basales de 0,2-0,5 mm. Estilo blanquecino-rosado, con ramas soldadas, rosado-blanquecinas. Aquenios 2,4-2,8(3) × 1,3-1,6 mm, oblongo-obovoides, algo comprimidos –sección elíptica–, lisos, pardos y a veces con líneas longitudinales algo más obscuras, brillantes, con algunos pelos largos muy finos y apenas perceptibles; placa apical con borde entero y nectario de 0,1-0,2 mm, cilíndrico; hilo cárpico 0,2-0,3 mm, elíptico, lateral-adaxial. Sin vilano, rara vez con alguna seta rudimentaria. $2n = 20$; $n = 10$.

Herbazales del margen de caminos y carreteras, baldíos y campos, en suelos ± nitrificados; 0-1800 m. V-IX(XI). Región Mediterránea; introducida en otras partes del mundo, como América y Australia. Casi toda la Península Ibérica y Baleares. **Esp.:** A Ab Al (Av) B Ba Bi Bu Ca Cc Co CR (Cs) (Cu) Ge Gr Gu H Hu J L (Le) Lo Lu M Ma Mu Na (O) Or P PM Po S Sa Sg Se So SS T Te To (V) Va Vi Z Za. **Port.:** AAl Ag BA BAl BL DL E R TM. **N.v.:** abreojos, abrepuños, abriojos, abrojos, ardolla, arzolla, azotacristos, cabezuelas, cagatripa, carabino, cardo, cardo abriojo, cardo azotacristo, cardo de marinero, cardo estrellado, cardo garbancero, cardo garbanzuelo, cardo pinchoso, cardo retalludo, centaura estrellada, encarnada, encojaperros, garbancitos del cura, garbanzos, garbanzos del cura, garbanzuelo, mancaperro, obreulls, papos, pincho, quiebracamas, ramón sutil, sopa de vino, trepacaballos, trepacaballos encarnado; *port.:* ambreta, arzola, calcatripa, calcitrapa, calsatripa, cardo-de-cristo, cardo-esporado, cardo-estrelado, erva-escovinha, loios-dos-jardins, saudades; *cat.:* abraülls, abriülls, angelets, aubriülls, auriüll, auriülls, blanquiella, blanquielles, blauet, blavet, cagatrepa, cagatripa, candell, candells, cap-blau, card estrellat, card strellat, card vermell, cart blanc (Mallorca), cart estrellat (Mallorca), espitllera, flor de blat, floravia, florivia, foravia, herba de la febre, herba espitllera, llums,

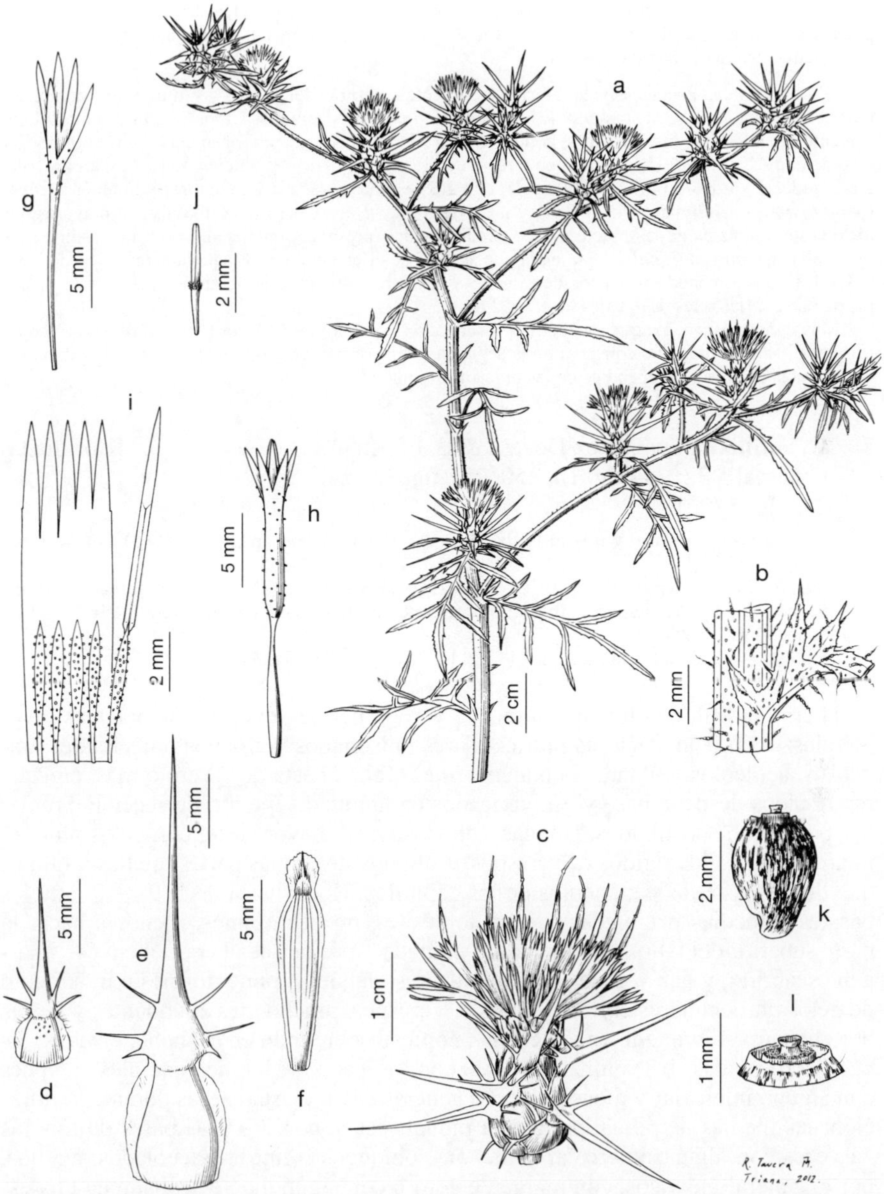

Lám. 125.–*Centaurea calcitrapa,* a-j) Zafra, Badajoz (COFC 30337); k, l) orillas del río Guadiato, Belmez, Córdoba (COFC 20333): a) tallo florido; b) detalle de un nudo del tallo y de la inserción de la hoja; c) capítulo; d) bráctea externa del involucro; e) bráctea media del involucro; f) bráctea interna del involucro; g) corola de una flor neutra; h) corola y verticilos sexuales de una flor hermafrodita; i) limbo abierto de la corola de una flor hermafrodita, con los filamentos estaminales y un estambre completo; j) detalle del estilo con sus ramas; k) aquenio; l) detalle de la placa apical del aquenio.

narriola, obreülls, obril'lull (Valencia), obriülls, obriulls dels camins (Valencia), punxera (Valencia), punxoses (Valencia), riola, voravia, xorivies; *eusk.:* armika; *gall.:* arsola, arzola, calcatripa, cardo-de-cristo, cardo estrelado, harzoa, soldina.

Observaciones.–Esta especie se hibrida fácilmente con otras del género y son muy numerosos los híbridos descritos (véase el apartado de híbridos). Entre los más comunes y mejor definidos morfológicamente cabe destacar los que forma con *C. aspera* s.l., que responden básicamente a dos notomorfos. Uno de ellos, *C.* × *confusa,* es fácilmente reconocible porque tiene el apéndice de las brácteas involucrales reducido a una espina corta y erecta, con 2(3) espinas a cada lado, menores y también erectas. *Centaurea* × *pouzinii* mantiene el porte y las hojas de *C. aspera,* pero los capítulos son mayores que los de esta y algunas de las brácteas involucrales medias presentan un apéndice con una espina muy desarrollada, como en *C. calcitrapa,* de la que además se diferencia por los aquenios mayores, de 3,8-4 × 1,7-1,8 mm, a menudo provistos de vilano –a veces hay una mezcla de ambos tipos en la misma planta– con varias setas desiguales hasta de 2 mm.

Muy característico, aunque mucho más localizado (Esp.: Ge), es *C.* × *sennenii,* híbrido de *C. calcitrapa* y *C. emporitana,* que conserva de la segunda la mayor parte de los caracteres y de la primera la consistencia espinosa del apéndice de las brácteas involucrales.

56. **C. bofilliana** Sennen ex Devesa & E. López in Lagascalia 32: 244 fig. 1b, 250, 251 fig. 3, 253 fig. 5 (2012) [Bofilliána]

C. calcitrapoides sensu Willk. in Willk. & Lange, Prodr. Fl. Hispan. 2: 144 (1865), non L., Cent. Pl. 1: 29 (1755)
Ind. loc.: "Holotypus: BARCELONA. "PLANTES D'ESPAGNE / x Centaurea Bofilliana Sennen / ? = C. Calcitrapa x collina ej. / Barcelone vers le Pantano de Valvidrera / 1916-26-VI F.[re] Sennen" (BC 35280)"
Ic.: Devesa & al. in Lagascalia 32: 244 fig. 1b, 251 fig. 3, 253 fig. 5 (2012)

Hierba bienal, con raíz axonomorfa, verde, inerme –excepto las brácteas involucrales–, con pelos tectores pluricelulares uniseriados y algunos unicelulares araneosos, aculéolos y glándulas punctiformes. Tallos hasta de 70 cm o más, erectos, ramificados desde la base y ± divaricados en la mitad superior, de sección circular o ± poligonal, acostillados, sin alas, foliosos en su mayor parte, con pelos pluricelulares uniseriados rígidos o ± crespos, ± abundantes en las partes medias y ramas, que llegan hasta los pedúnculos de los capítulos. Hojas hasta de 170 × 60 mm, las basales y medias pecioladas y el resto sésiles, no decurrentes, menores hacia la parte superior del tallo, con nervadura pinnada –más destacada por el envés–, margen escábrido, y haz y envés con abundantes glándulas punctiformes e indumento de pelos pluricelulares cortos, rígidos o ± crespos, mucho más abundantes y largos por el envés –sobre todo en el nervio–, copioso sobre todo en las hojas jóvenes; las basales rosuladas, 1(2) pinnatipartidas, con 4-7 pares de lóbulos laterales –a veces con alguno intercalar y menor–, por lo general faltan o están secas durante la floración; las medias de pinnatipartidas a pinnatisectas, con 2 o 3(4) pares de lóbulos –a veces con alguno intercalar y menor–, oblongos o linear-lanceolados, agudos, por lo general indivisos, con margen entero o con algún diente acabado en una espínula cónica, muy breve, blanquecino-hialina; las superiores lineares o linear-lanceoladas, enteras o casi, de las que una o más alcanzan los capítulos. Capítulos radiantes, con las flores del disco hermafroditas y las de la periferia neutras, de tamaño similar, terminales y axilares –en las bifurcaciones del tallo–, solitarios, sésiles, alcanzados por las últimas hojas del tallo, por lo general reflexas. Involucro

(16)17-22 × (7)8-11 mm, ovoide, redondeado en la base, glabro, netamente sobrepasado por las flores; brácteas coriáceas, imbricadas y dispuestas aparentemente en 4 o 5 series, verdes –amarillento-pardas cuando secas–, con apéndice apical no decurrente, en forma de una espina muy punzante, de base triangular con sección plano-convexa, patente y algo arqueada, pardo-amarillenta, a menudo con 1-3 pares de espínulas a cada lado de su base; las externas y medias ovadas, de bordes algo membranáceos en su porción distal y con apéndice muy desarrollado en ambas –involucro de aspecto estrellado-espinoso–, con espina de 8-20 mm, patente, con espínulas basales hasta de 4,5 mm; las internas oblongas, con c. 5 nervios verdosos apenas marcados, margen estrechamente escarioso y apéndice espatulado, escarioso, pardo, inerme. Corola ± papilosa, con abundantes glándulas sésiles, la de las flores neutras purpúrea o rosado-purpúrea, con limbo de 4 o 5 lóbulos lanceolados, agudos, desiguales; la de las hermafroditas 17-20 mm, purpúrea, rosado-purpúrea o blanquecino-rosada, con tubo de (6)7,5-9(10) mm y limbo de (8)9-9,5(10) mm, con 5 lóbulos de 4-5,5 mm, lineares, agudos, desiguales, por lo general uno con los senos más profundos. Estambres con filamento papiloso; anteras 7-8,5 mm, blanquecinas o blanquecino-rosadas, con conectivo apical purpúreo, y apéndices basales de 0,3-0,5 mm. Estilo blanquecino-rosado, con ramas soldadas, rosadas o blanquecino-rosadas. Aquenios (3)3,2-4 × (0,7)1,4-2 mm, oblongo-obovoides o elipsoidales, algo comprimidos –sección ± elíptica–, lisos, ± pardos o de un color pardo obscuro, con pelos largos muy finos y apenas perceptibles; placa apical con borde entero y nectario de 0,3-0,4 mm, cilíndrico; hilo cárpico 0,7-1 mm, elíptico, lateral-adaxial. Vilano doble, persistente; el externo con escamas de 1-3(3,2) mm y el interno con algunos pelos setosos ± erectos, rara vez sin vilano.

Herbazales en el margen de caminos y carreteras, baldíos y campos, en suelos ± nitrificados; 0-750 m. V-VIII. SE de Francia y Península Ibérica; naturalizada en Argentina. Mitad oriental de España. **Esp.:** Ab Al B Bu Co Cs Gr Hu J L Lo Ma Mu Na S Se T V Z.

57. C. hyalolepis Boiss., Diagn. Pl. Orient. ser. 1, 6: 133 (1846) [hyalólepis]

Ind. loc.: "Hab. in Syrià Aucher No. 3136, inter Bagdad et Alep Olivier, inter Alep et Mossoul Kotschy herb. Mus. Vindob." [síntipo indicado por G. Wagenitz in P.H. Davis (ed.), Fl. Turkey 5: 545 (1975): G-DC]

Ic.: Devesa & al. in Lagascalia 32: 244 fig. 1c (2012); O. Bolòs & Vigo, Fl. Països Catalans 3: 940 (1995); lám. 126

Hierba bienal, con raíz axonomorfa, inerme –excepto las brácteas involucrales–, verde, con pelos tectores pluricelulares uniseriados y algunos unicelulares araneosos, aculéolos y glándulas punctiformes. Tallos hasta de 120(160) cm, erectos, divaricados sobre todo en la mitad superior, de sección circular o ± poligonal, acostillados, sin alas, foliosos en su mayor parte, glabros en la parte inferior y con indumento de pelos pluricelulares uniseriados ± crespos en partes medias y ramas, que llegan hasta los pedúnculos de los capítulos. Hojas hasta de 200 × 50 mm o más, las basales y medias pecioladas y el resto sésiles, no decurrentes, menores hacia la parte superior del tallo, con nervadura pinnada –más destacada por el envés–, margen escábrido, y haz y envés con abundantes glándulas punctiformes e indumento de pelos pluricelulares cortos, rígidos o ± crespos, mucho más abundantes y

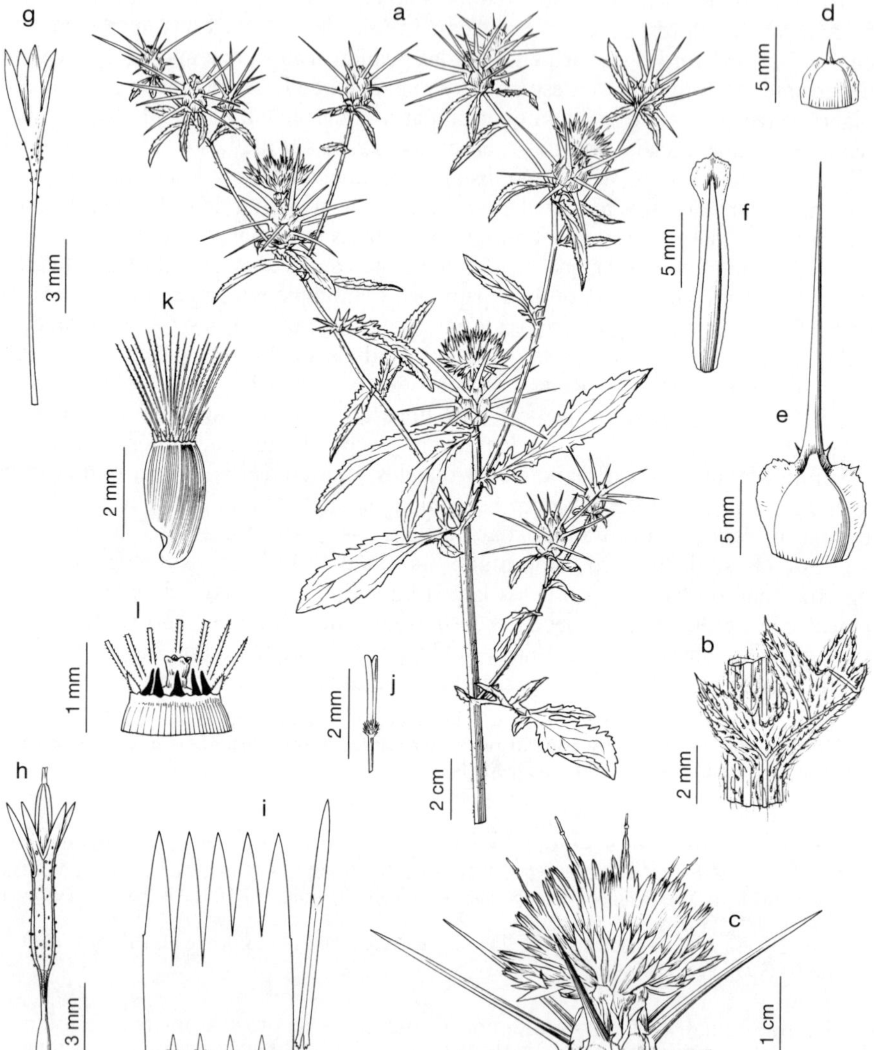

Lám. 126.–*Centaurea hyalolepis,* a-f) Torrevieja, Alicante (MA 537021); g-l) playa de los Náufragos, Torrevieja, Alicante (COFC 57965): a) tallo florido; b) detalle de un nudo del tallo y de la inserción de la hoja; c) capítulo; d) bráctea externa del involucro; e) bráctea media del involucro; f) bráctea interna del involucro; g) corola de una flor neutra; h) corola y verticilos sexuales de una flor hermafrodita; i) limbo abierto de la corola de una flor hermafrodita, con los filamentos estaminales y un estambre completo; j) detalle del estilo con sus ramas; k) aquenio con vilano; l) detalle del vilano interno y parte del externo.

largos por el envés –sobre todo en el nervio–, copioso sobre todo en las hojas jóvenes; las basales y medias lirado-pinnatipartidas, con 2 o 3 pares de lóbulos laterales oblongos hacia la base; las superiores lineares o linear-lanceoladas, enteras, dentadas o pinnatífidas, las inmediatas a los capítulos, ± conduplicadas, arqueado-reflexas, los alcanzan y por lo general no los sobrepasan. Capítulos radiantes, terminales o axilares –en las bifurcaciones del tallo–, solitarios o geminados, sésiles, alcanzados por las últimas hojas del tallo. Involucro 12-15 × (5)7-10 mm, ovoide o globoso, redondeado en la base, glabro, netamente sobrepasado por las flores; brácteas coriáceas, imbricadas y dispuestas aparentemente en 4-6 series, verdes –amarillento-pardas cuando secas–, aparentemente sin nervios, con margen escarioso hialino, y apéndice apical no decurrente, en forma de espina ± desarrollada, pardo-amarillenta; las externas ovadas, sin nervios visibles, con una espina apical ± cónica, breve; las medias ovadas, mayores que el resto –incluida la espina–, las mayores con margen escarioso ancho auriculado a ambos lados del apéndice, este constituido por una espina de (8)10-28 mm, muy punzante, patente, con la base ± teñida de un pardo rojizo y a menudo con 1 o 2(3) espínulas hasta de 1,5 mm a cada lado, algunas de las brácteas más internas con espina corta y cónica; las internas oblongas, elípticas u oblongo-ovadas, con c. 5 nervios verdosos apenas marcados, margen escarioso y ápice inerme, escarioso-hialino, pardo. Corola ± papilosa, con abundantes glándulas sésiles, la de de las flores neutras amarilla, con limbo de 4 o 5 lóbulos lanceolados, agudos, desiguales; la de las hermafroditas 13-18 mm, amarilla, con tubo de 5,5-9 mm y limbo de 7-9 mm, con 5 lóbulos de 2,5-4 mm, lineares, agudos, desiguales, por lo general dos con los senos más profundos. Estambres con filamento peloso; anteras 5 5,5 mm, amarillas o amarillento-blanquecinas, con conectivo apical amarillo, y apéndices basales de 0,2-0,4 mm. Estilo blanquecino-amarillento, con ramas soldadas, amarillento-verdosas. Aquenios 2,5-2,7 × 1-1,3 mm, oblongo-obovoides, algo comprimidos –sección ± elíptica–, lisos, pardos con líneas longitudinales algo más claras, brillantes, glabros; placa apical con borde entero y nectario cilíndrico, rudimentario, hilo cárpico 0,2-0,4 mm, elíptico, lateral-adaxial. Vilano doble, persistente; el externo con varias filas de escamas aplanadas, desiguales –mayores hacia el interior–, de 1,8-3,7 mm, ± erectas, blanquecino-hialinas, con margen escábrido; el interno con una fila de escamas de 0,2-0,6 mm, lineares o estrechamente triangulares, erectas, de un pardo obscuro, lisas. $2n = 20$*.

Herbazales en baldíos y bordes de camino y carretera, en suelos ± nitrificados; 0-20 m. III-VI. SE de Europa y SW de Asia; introducida en diversos países del W de la Región Mediterránea, como España, Italia, Francia y Marruecos. SE de España: S de Alicante, Torrevieja. **Esp.:** [A].

Sect. 8. **Benedicta** (Bernh.) Devesa in Castrov. & al. (eds.), Fl. Iber. 16(1): 521 (2014), comb. nov.
Benedicta Bernh., Syst. Verz.: 108, 159 (1800), basión.
Carbenia Adans.
Cnicus L.
Hierapicra Kuntze

Hierbas anuales. Tallos sin alas, aunque algunas hojas sean brevemente decurrentes. Capítulos homógamos, radiantes, con las flores de la periferia neutras y las del disco hermafroditas, de tamaño similar. Involucro ovoide; brácteas medias con apéndice apical coriáceo, pectinado-espinoso, con 3-7 pares de espinas laterales, erecto, no decurrente. Corola amarilla. Aquenios con reborde de la placa apical con 10 dientes agudos muy marcados, y eleosoma que no sobrepasa la base del aquenio. Vilano doble, persistente, el externo con una fila de 10 escamas setáceas, rígidas, laxa e inconspicuamente denticuladas, erectas o erecto-patentes, y el interno con una fila de 10 escamas mucho menores, erectas. $x = 11$.

Observaciones.–Centaurea benedicta ha sido a menudo segregada en el género monotípico *Cnicus*. Sin embargo, estudios de filogenia con caracteres moleculares la sitúan en un clado circunmediterráneo dentro del género *Centaurea* (gr. *C. jacea)* [N. Garcia & al. in Pl. Syst. Evol. 223: 185-199 (2000); in Ann. Bot. (London) 87: 503-515 (2001); 98: 741-753 (2006)], algo que ya había sido propuesto por K. Bremer (ed.), Asteraceae: 124-128 (1994) y G. Wagenitz & F.H. Hellwig in D.J.N. Hind & al. (eds.), Proc. Int. Compositae Kew 2: 491-510 (1996). Los caracteres más singulares y que han justificado su segregación como género se refieren al aquenio, muy diferente del tipo general en *Centaurea.*

Las medidas del involucro incluyen el apéndice de las brácteas.

58. C. benedicta (L.) L., Sp. Pl. ed. 2: 1296 (1763) [Benedícta]

Cnicus benedictus L., Sp. Pl.: 826 (1753) [basión.]
Ind. loc.: “Habitat in Chio, Lemno, Hispania ad versuras agrorum”
Ic.: Valdés, Talavera & Galiano (eds.), Fl. Andalucía Occid. 3: 160 (1987) [sub *Cnicus benedictus*]; lám. 127

Hierba anual, con raíz axonomorfa, inerme –excepto las brácteas involucrales y los dentículos espinulosos de las hojas–, verde o de un verde cano, con pelos tectores pluricelulares uniseriados y glándulas punctiformes. Acaule o con tallos hasta de 35(45) cm, erectos, ascendentes o decumbentes, simples o ramificados desde la base y a veces divaricados en el extremo, de sección circular o ± poligonal, acostillados, nada o apenas alados, foliosos a lo largo de toda su longitud, con indumento viloso denso, de pelos pluricelulares. Hojas hasta de 200 × 60 mm, ligeramente coriáceas, las basales y caulinares inferiores atenuadas en un pecíolo, el resto sésiles, ± amplexicaules o brevemente decurrentes, menores hacia la parte superior del tallo, con nervadura pinnada –nervios blanquecinos y más destacados por el envés–, e indumento de pelos pluricelulares ± dispersos por el haz y mucho más abundantes en el envés, sobre todo en los nervios; las basales rosuladas –secas durante la floración en los individuos caulescentes con gran desarrollo–, oblongo-lanceoladas, por lo general ± profundamente pinnatipartidas en (5)6 o 7(8) pares de lóbulos ± triangulares u ovados, agudos, con margen dentado-espinuloso, con espínulas de 0,3-2,5 mm; las caulinares inferiores de contorno oblongo-lanceolado, pinnatífidas o pinnatipartidas, runcinadas, con (3)4-8 pares de lóbulos de triangulares a ovados, con margen dentado-espinuloso –espínulas 0,3-2,5 mm–; las medias semejantes aunque dentadas o pinnatilobadas, y las inmediatas a los capítulos erectas y en pseudoinvolucro, ovadas u ovado-lanceoladas, sinuado-dentadas o sinuado-pinnatífidas, por lo demás iguales a las restantes aunque con indumento menos denso. Capítulos radiantes, con las flores del disco hermafroditas y las de la periferia neu-

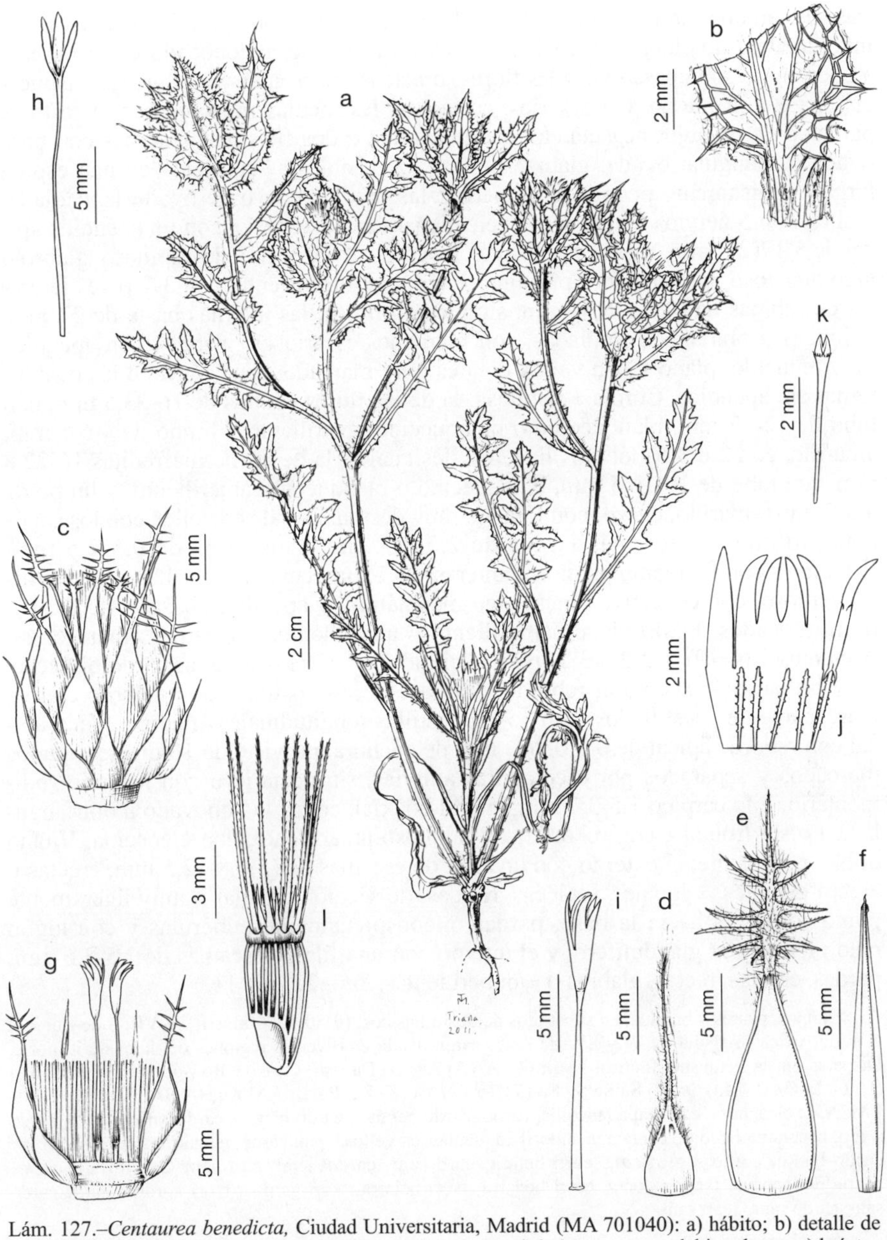

Lám. 127.–*Centaurea benedicta,* Ciudad Universitaria, Madrid (MA 701040): a) hábito; b) detalle de un nudo del tallo y de la inserción de la hoja; c) involucro; d) bráctea externa del involucro; e) bráctea media del involucro; f) bráctea interna del involucro; g) sección longitudinal de un capítulo; h) corola de una flor neutra; i) corola y verticilos sexuales de una flor hermafrodita; j) limbo abierto de la corola de una flor hermafrodita, con los filamentos estaminales y un estambre completo; k) detalle del estilo con sus ramas; l) aquenio con vilano.

tras, de tamaño similar, terminales, solitarios, sésiles, sobrepasados por las hojas involucrales. Involucro 21-40(45) × 7-15 mm, ovoide, redondeado en la base, ± araneoso, no sobrepasado por las flores; brácteas imbricadas y ± adpresas, dispuestas aparentemente en 4 o 5 series, coriáceas, las medias mayores que el resto, ± pardas o de un color acastañado; las de las una o dos filas más externas con base ovada o triangular-ovada, glabra, sin nervios visibles, ± contraída en una espina larga y densamente pectinado-araneosa; las medias con base ovado-lanceolada, glabra, con 5 nervios tenues y margen anchamente escarioso, con un apéndice apical de 5-17(21) mm, rígido y punzante, a veces curvo, pectinado-espinoso, glabro o algo araneoso, en ocasiones purpúreo-violeta, no decurrente, con 3-7 pares laterales de espinas de (0,3)1-5(8) mm, simples o bífidas; las internas hasta de 27 mm, oblongas u oblongo-lanceoladas, con márgenes escariosos, glabras, con apéndice muy reducido, plano y con varios dientes muy marcados, punzantes, o las más internas sin apéndice. Corola ± papilosa, la de las flores neutras de 16-23,5 mm, con tubo de 12-17 mm, blanquecino o blanquecino-amarillento y limbo de 4-6,5 mm, amarillo, con 2 o 3(5) lóbulos lineares, desiguales; la de las hermafroditas 16-22,8 mm, con tubo de 10-16,5 mm, blanquecino o blanquecino-amarillento, y limbo de 4,5-7 mm, amarillo, curvo, con lóbulos muy desiguales –dos de ellos con los senos más profundos–, los más largos de 2,5-4,5 mm y los otros de 0,5-2,5 mm. Estambres con filamento papiloso; anteras 4-5,2 mm, curvas, amarillas o de un pardo verdoso, con conectivo apical algo más pálido, y apéndices basales de 0,2-0,4 mm, truncados. Estilo blanco-amarillento o amarillento, con ramas amarillentas. Aquenios 5,6-8(9) × 2-2,8(3,2) mm, ± cilíndricos, pardos o de un pardo oliváceo, muy brillantes –excepto el reborde y la base de las costillas, de un pardo claro–, marcadamente acostillados, con 15-19 costillas longitudinales, glabros; placa apical con reborde apical de 0,3-0,8(1) mm de anchura, provisto de 10 dientes agudos marcados y separados por escotaduras amplias, sin nectario o con nectario rudimentario; hilo cárpico 1,5-3,7 mm, lateral-adaxial, cóncavo –obovado u obtriangular en vista frontal–, con reborde cartilaginoso amarillento; con eleosoma. Vilano doble, persistente; el externo con una fila de escamas de (5)6,8-12,5 mm, erectas o erecto-patentes, ± iguales, setáceas, rígidas, de sección circular o muy ligeramente plano-convexas hacia la base, pardas, inconspicuamente pubérulas y con algún pelo pluricelular glandulífero, y el interno con una fila de escamas de 1,5-3,6 mm, pardas, erectas, rectas, glabras o ± puberulentas. $2n = 22$; $n = 11$.

Campos, pastos y baldíos, en substratos ácidos o básicos; (0)50-1200 m. (III)IV-VII. S de Europa, NW de África –Argelia– y W y SW de Asia; naturalizada en diversas regiones del hemisferio norte. Dispersa por la Península Ibérica. **Esp.:** (A) Ab Al Av (B) Ba (Bu) Cc Co CR Cs Cu (Ge) Gr H Hu J (L) Le M (Ma) (Mu) Or (P) Sa Se Sg So (T) To (V) Va (Z) Za. **Port.:** AAl Ag BA BAl BB (BL) DL R TM. **N.v.:** alcachofa, calcitrapa lanosilla, cardo, cardo bendito, cardo blanco, cardo-huso áspero, cardo santo, centaurea bendita, centaurea sudorífica, centaurea vellosa, panicardo, tangarnina, zorrina; *port.:* cardo-bento, cardo-santo; *cat.:* card beneit, card sant, cardot sant, cart sant (Mallorca); *eusk.:* Maria'ren kardua, txanpar-lorea, txori bedarra, txori-belarra, txori-gardua, txori kardua; *gall.:* cardo sant, cardo santo, cart sant.

Observaciones.–Taxon muy variable en cuanto a su porte, la división de las hojas y el tamaño del capítulo, de las flores y de los aquenios, que varían según la edad de la planta y las condiciones del medio. Las plantas jóvenes tienen hojas oblongas u oblongo-lanceoladas, rosuladas y ± profundamente partidas, algo runcinadas, con (5)6 o 7(8) pares de lóbulos agudos. Si las condiciones del medio son desfavorables las plantas no se desarrollan más, permanecen acaules y forman en el centro de la roseta un capítulo de tamaño mediano, con un involucro por lo general de 21-26 × 8-11 mm y brácteas foliáceas apenas destacadas, en el que se forman por lo general aquenios pequeños de 5,6-6,5 × 2,2-3,2 mm, pardos, con vilano externo de 5-7,2 mm e interno de 1,5-2 mm. Estas plantas fueron descritas como *Cnicus benedictus* var. *microcephalus* Boiss., Fl. Orient. 3: 705 (1875). En otras ocasiones, de la base del capítulo parten uno o escasos tallos que con frecuencia apenas alcanzan 10-15 cm, con hojas pinnatipartidas en (3)4 o 5 pares de lóbulos agudos y ± profundos, que contrastan con las hojas involucrales pinnatífidas o sinuado-pinnatífidas que rodean los capítulos, por lo general también medianos y con frutos parecidos a los anteriores; estas plantas fueron descritas como *Cnicus benedictus* var. *kostchyi* Boiss., Fl. Orient. 3: 706 (1875). Estas plantas, ya sean acaules o tengan tallos pequeños, son frecuentes, sobre todo, durante los meses que van de marzo a mayo y logran completar su ciclo biológico de una manera más precoz, un comportamiento observado también en el extremo del área de distribución de la especie [P.E. Boissier, Fl. Orient. 3: 705-706 (1875); F.K. Kupicha in P.H. Davis (ed.), Fl. Turkey 5: 588-590 (1975)].

Cuando las condiciones son más favorables, las plantas forman multitud de tallos, por lo general ascendentes o decumbentes, hasta de 45 cm, con las hojas medias con 3-5 pares de lóbulos poco marcados, o bien pinnatífidas o sinuado-pinnatífidas, sobre todo las distales e involucrales, en tanto que las caulinares inferiores y las basales responden a los tipos anteriores, si bien muchas veces están secas o incluso llegan a faltar durante la floración. Estas plantas, que poseen una fenología algo más extendida, de abril o mayo a junio, forman en los extremos de las ramas capítulos más gruesos, rodeados por hojas involucrales muy desarrolladas –que los llegan a ocultar– y con involucro de (21)23-45 × 8-18(20) mm. Producen aquenios mayores, de (4,8)5-7 mm, de un pardo oliváceo obscuro, con un vilano externo de (5)9,5-12,5 mm y uno interno de (1,5)2,3-3,2 mm. Si la muestra que se estudia de estas plantas corresponde a los extremos de los tallos y se compara con otras de individuos precoces, las diferencias son tan llamativas que explican los táxones infraespecíficos erróneamente descritos. A esta notabilísima variabilidad se suman también individuos depauperados que crecen en condiciones extremas y que son monocaules y de apenas 5 cm de altura, con todas las hojas pinnatífidas o sinuado-pinnatífidas y capítulos extraordinariamente pequeños.

Sect. 9. **Mesocentron** (Cass.) DC.

Mesocentron Cass.
Eriopha Hill
Solstitiaria Hill
Triplocentron Cass.

Hierbas anuales. Tallos por lo general alados. Capítulos homógamos, radiantes, con las flores del disco hermafroditas y las de la periferia neutras, de tamaño similar. Involucro ± ovoide u ovoide-globoso; brácteas medias con apéndice apical en forma de espina, por lo general muy desarrollada, o palmeado-espinoso, coriáceo, ± patente, no decurrente, a menudo con (1)2-8 espínulas a cada lado de la espina o en la base ensanchada del apéndice, rara vez la base del apéndice con borde escarioso-hialino, ± dentado, decurrente sobre los lados de las brácteas. Corola amarilla, de un amarillo pálido o amarillento-anaranjada. Aquenios con reborde de la placa apical entero o inconspicuamente denticulado, y eleosoma que no sobrepasa la base del aquenio. Vilano doble, el externo con varias filas de escamas desiguales, planas, serradas, erectas o erecto-patentes, y el interno con una fila de escamas lineares o setáceas menores, erectas y ± conniventes. $x = 8, 12$.

Observaciones.–Las medidas de las flores, mientras no se diga lo contrario, se han tomado siempre de flores casmógamas; la longitud de la espina terminal del apéndice, en cambio, desde las últimas espínulas laterales.

59. C. solstitialis L., Sp. Pl.: 917 (1753) [solstitiális]
subsp. **solstitialis**

Ind. loc.: "Habitat in Gallia, Anglia, Italia" [lectótipo designado por G. Wagenitz in P.H. Davis (ed.), Fl. Turkey 5: 542 (1975): LINN]
Ic.: O. Bolòs & Vigo, Fl. Països Catalans 3: 938 (1995); Valdés, Talavera & Galiano (eds.), Fl. Andalucía Occid. 3: 155 (1987); lám. 128

Hierba anual, con raíz axonomorfa, inerme –excepto las brácteas involucrales–, verde-grisácea, con pelos tectores pluricelulares uniseriados y pelos unicelulares, y glándulas punctiformes. Tallos hasta de 75 cm, erectos, ± bifurcados en la mitad superior, de sección circular o ± poligonal, acostillados, estrechamente alados a lo largo de casi toda su longitud –alas hasta de 3 mm–, foliosos en su mayor parte, ± araneosos. Hojas hasta de 80 × 10 mm, las basales pecioladas y las caulinares sésiles, decurrentes, menores hacia la parte superior del tallo, pinnatinervias, con el nervio central destacado –sobre todo por el envés–, verde-grisáceas, con pelos araneosos y pluricelulares abundantes por el haz y sobre todo por el envés, y margen antrorso-escábrido; las basales sinuado-lobadas, lirado-pinnatífidas o lirado-pinnatipartidas, con 1-4 pares de lóbulos ovados u oblongos, mucronados, por lo general secas durante la floración; las medias y superiores estrechamente linear-lanceoladas u oblongo-lanceoladas, enteras o sinuado-dentadas, con margen ligeramente ondeado y revoluto, mucronadas. Capítulos radiantes, con las flores del disco hermafroditas y las de la periferia neutras y de tamaño similar, terminales, solitarios, alcanzados por las últimas hojas caulinares, que no sobrepasan el involucro. Involucro 11-14 × 7-10 mm, ovoide o globoso-ovoide, redondeado en la base, laxamente araneoso, sobrepasado por las flores; brácteas coriáceas, imbricadas y dispuestas aparentemente en 5 o 6 series, las medias mayores que el resto, verdes o verde-grisáceas, ± araneosas; las externas con base triangular u ovada, sin nervios visibles y apéndice apical palmeado-espinuloso, amarillento, no decurrente, con 3-5 espínulas, la central igual o algo mayor; las medias con base ovada u ovado-oblonga, sin nervios visibles y apéndice apical de 9-23 mm, espinoso, no decurrente, de erecto-patente a patente-curvado, amarillento o pardo-amarillento, con espina terminal de 7-22 mm muy robusta y dos o tres espinas o espínulas a cada lado de su base; las internas 8,5-13 mm, linear-lanceoladas u oblongo-lanceoladas, con apéndice apical de ovado a oblongo, cocleariforme, escarioso, entero, denticulado o lacerado, con margen estrechamente hialino, recorrido al menos en su parte superior por tres nervios ± pardos. Corola ± papilosa, la de las flores neutras de 13,5-16,5 mm, con tubo blanquecino-amarillento y limbo amarillo o amarillento-anaranjado, con 3-5 lóbulos de 3,5-4,5 mm, lineares o linear-lanceolados, desiguales; la de las hermafroditas 15-18 mm, con tubo de 7-8 mm, blanquecino-amarillento y limbo de 7,5-9 mm, amarillo o amarillento-anaranjado, con lóbulos de 3,5-4,5 mm, uno o dos con los senos algo más profundos. Estambres con filamento papiloso; anteras 5,5-6,5 mm, amarillas al igual que el conectivo apical y apéndices basales de 0,3-0,6 mm, membranáceos y a menudo lacerados. Estilo blanquecino o blanquecino-amarillento hacia los pelos colectores, con ramas erecto-patentes solo en el extremo, amarillas. Aquenios 2,1-2,4 × 1-1,3 mm, obovoides u oblongo-obovoides, algo comprimidos –sección elíptica–, pardos o de un

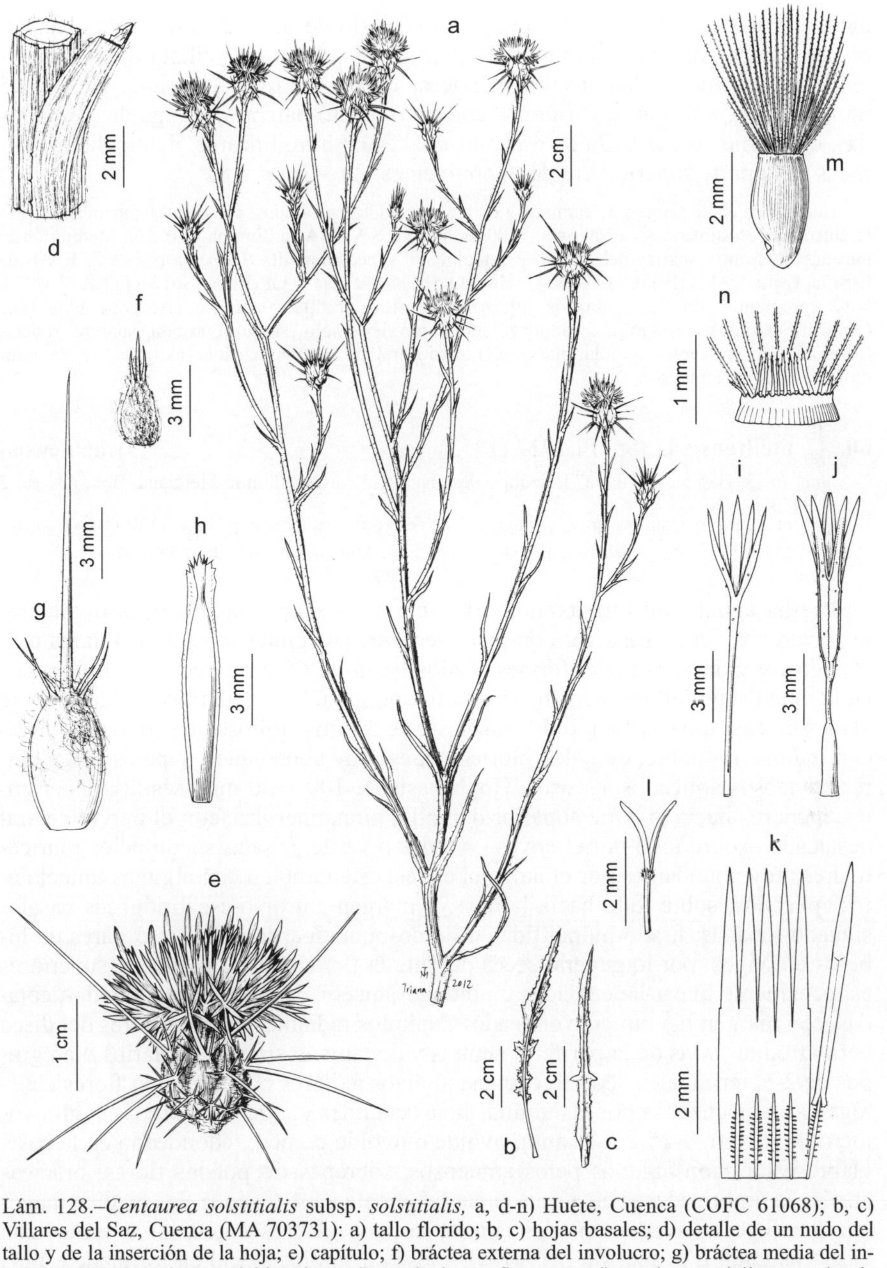

Lám. 128.–*Centaurea solstitialis* subsp. *solstitialis,* a, d-n) Huete, Cuenca (COFC 61068); b, c) Villares del Saz, Cuenca (MA 703731): a) tallo florido; b, c) hojas basales; d) detalle de un nudo del tallo y de la inserción de la hoja; e) capítulo; f) bráctea externa del involucro; g) bráctea media del involucro; h) bráctea interna del involucro; i) corola de una flor neutra; j) corola y verticilos sexuales de una flor hermafrodita; k) limbo abierto de la corola de una flor hermafrodita, con los filamentos estaminales y un estambre completo; l) detalle del estilo con sus ramas; m) aquenio con vilano; n) detalle del vilano interno y parte del externo.

pardo verdoso, glabros; placa apical con nectario de 0,1-0,2 mm, pentalobulado, blanco-amarillento; hilo cárpico 0,3-0,5 mm; con eleosoma. Vilano doble, persistente, por lo general blanquecino; el externo con varias filas de escamas de 2,5-3,5 mm, lineares, aplanadas, ± rígidas, erectas o erecto-patentes, desiguales, escábridas; el interno con una fila de escamas de 0,5-0,8 mm, lineares, denticulado-laceradas en la parte superior, erectas, conniventes. $2n = 16$; $n = 8$.

Herbazales en el margen de caminos y carreteras, baldíos y campos, en suelos ± nitrificados, preferentemente en substratos calcáreos; 0-1200 m. VII-XI. SW de Asia, Europa y Región Mediterránea; introducida en otras partes del mundo y actualmente subcosmopolita. Dispersa por el C, E y S de España. **Esp.:** A Al B (Bi) (Ca) Cu Ge Gr Hu (J) L (Le) M Ma Na O Or (P) Sa (Sg) So (T) Te V Va Za. **N.v.:** abremanos, abrepuño, abrojos, argazolla amarilla, arzolla, blanquilla (Aragón), blanquina (Aragón), cardigazo (Aragón), cardo alazorado, cardo del diablo (Aragón), ramón pajarero, rodetas (Aragón); *cat.:* aurayoles, auriola, blanquiella, card estrellat, floravia, narriola, narrioles, oriola, renigrola, reniquiola, reniquoles.

60. C. melitensis L., Sp. Pl.: 917 (1753) [meliténsis]

Ind. loc.: "Habitat in Melita" [lectótipo designado por M.O. Dillon in Fieldiana, Bot., n.s. 10: 2 (1982): LINN]

Ic.: O. Bolòs & Vigo, Fl. Països Catalans 3: 938 (1995); Devesa & E. López in Flora Montiber. 55: 23 (2013); Valdés, Talavera & Galiano (eds.), Fl. Andalucía Occid. 3: 155 (1987)

Hierba anual, con raíz axonomorfa, inerme –excepto las brácteas involucrales–, verde o verde-grisácea, con pelos tectores unicelulares y pluricelulares uniseriados, y glándulas punctiformes. Tallos hasta de 65 cm, erectos, ± bifurcados en la mitad superior, de sección circular o ± poligonal, acostillados, estrechamente alados en casi toda su longitud –alas hasta de 3 mm–, foliosos en su mayor parte, con indumento doble, de pelos pluricelulares muy abundantes, y pelos unicelulares araneosos aplicados, escasos. Hojas hasta de 100 × 20 mm, sésiles, decurrentes, menores hacia la parte superior del tallo, pinnatinervias, con el nervio central destacado –sobre todo por el envés–, verdes o verde-grisáceas, con pelos pluricelulares muy abundantes por el haz y el envés, este también con algunos unicelulares aplicados, sobre todo hacia la base, y margen antrorso-escábrido; las basales sinuado-lobadas, lirado-pinnatífidas o lirado-pinnatipartidas, con 1-5 pares de lóbulos oblongos, por lo general secas durante la floración; las medias y superiores estrechamente linear-lanceoladas u oblongo-lanceoladas, enteras o sinuado-dentadas, con margen ligeramente ondeado. Capítulos radiantes, con las flores del disco hermafroditas y las de la periferia neutras y de tamaño similar, solitarios o en grupos de 2-5, terminales –con frecuencia algunos axilares o basales con flores cleistógamas–, alcanzados por las últimas hojas caulinares, que no sobrepasan el involucro. Involucro 9-15 × 7-11 mm, ovoide u ovoide-cónico, redondeado en la base, glabrescente, con algunos pelos araneosos, sobrepasado por las flores; brácteas coriáceas, imbricadas y dispuestas aparentemente en 4-6 series, las medias mayores que el resto, verdes –pardas cuando secas–, glabrescentes; las externas con base triangular u ovada, sin nervios visibles, y apéndice apical en forma de espina o pectinado-espinuloso, no decurrente, pardo-amarillento, con 1 o 2(3) espínulas a cada lado, enfrentadas o no; las medias con base ovado-lanceolada, sin nervios visibles y apéndice de 5-14 mm, pectinado-espinoso, no decurrente, de erecto-patente a curvado, pardo-amarillento o de un color ± acastañado en su base, con espina terminal de 3,5-8(10) mm y 2-4 espinas o espínulas a cada lado; las internas 8-12 mm, linear-lanceoladas u oblongo-lanceoladas, sin apéndice, con margen estrechamente hialino, y ápice ± escarioso, recorrido por tres nervios ± teñidos de rojo. Corola ± papilosa, la de las flores neutras de 7-12 mm, con tubo blanquecino-amarillento, y limbo amarillo, con 3 o 4 lóbulos de 1-3 mm, lineares o linear-lanceolados, desiguales; la de las hermafroditas 7-13 mm, con tubo de 3-7,5 mm, blanquecino-amarillento, y limbo de 4-6 mm, amarillo, con lóbulos de 1,2-2,5 mm, uno con los senos algo más profundos. Estambres con filamento puberulento; anteras 2,6-4,5 mm, amarillas, con conectivo apical de un amarillo algo más pálido, y apéndices basales de 0,2-0,4 mm, membranáceos y a menudo lacerados. Estilo blanquecino o blanquecino-amarillento hacia los pelos colectores, con ramas si erecto-patentes solo en el extremo, amarillas. Aquenios 1,9-3,2 × 0,9-1,5 mm, oblongo-obovoides, de un pardo obscuro y con algunas líneas longitudinales blanquecinas o de un pardo claro, glabros o laxamente seríceo-vilosos; placa apical con nectario de 0,1-0,3 mm, pentalobulado, blanco; hilo cárpico 0,2-0,7 mm; con eleosoma. Vilano doble, persistente, blanquecino o pardo; el externo con varias filas de escamas de 1,7-3,5 mm, lineares, aplanadas, ± rígidas, erectas o erecto-patentes, desiguales, escábridas; el interno con una fila de escamas de 0,5-0,7 mm, lineares, denticulado-laceradas en la parte superior, erectas, conniventes. $2n = 24$; $n = 12$.

Herbazales en el margen de caminos y carreteras, baldíos y campos, en suelos ± nitrificados; 0-1600 m. III-VII(XI). Región Mediterránea y Macaronesia; introducida en otras partes del mundo y actualmente subcosmopolita. Casi toda la Península Ibérica y Baleares. **Esp.:** A Ab Al Av (B) Ba (Bu) Ca Cc Co CR (Cs) Cu Ge Gr Gu H Hu J L (Le) Lo (Lu) M Ma Mu Na Or P PM (S) Sa Se Sg So (T) Te (To) V Va Vi Z Za. **Port.:** AAl Ag BA BAl BB BL DL E R TM. **N.v.:** abremanos, abrepuños, arzolla, cardo escarolado; *port.:* beija-mão, centaurea-menor; *cat.:* oriola, rialles; *eusk.:* lubeazuna.

Observaciones.–Hacia la base de la planta son frecuentes capítulos cleistógamos [R. Porras & J.M. Muñoz in Canad. J. Bot. 77: 1632-1640 (1999)], menores, con menos flores y aquenios ligeramente mayores de 3,2-3,5 × 1,5-1,7 mm, pero con vilano más corto (escamas externas hasta de 2,1 mm) y siempre con eleosoma.

Esta especie parece hibridarse con *C. castellanoides* subsp. *talaverae* en algunas áreas donde ambas conviven y sus híbridos han sido denominados *C.* × *castellano-manchensis* (Esp.: Cu; véase el apartado de híbridos). También se conocen en el territorio plantas de posible carácter híbrido con *C. ornata* (Esp.: Mu).

61. C. sulphurea Willd., Enum. Pl.: 930 (1809) [sulphúrea]

Ind. loc.: No indicada de forma expresa

Ic.: Boiss., Voy. Bot. Espagne 1, tab. 100 fig. b (1841); lám. 129

Hierba anual, con raíz axonomorfa, inerme –excepto las brácteas involucrales–, verde, con pelos tectores unicelulares y pluricelulares uniseriados, y glándulas punctiformes. Tallos hasta de 85 cm, erectos, a menudo ± bifurcados en la parte superior, de sección circular o ± poligonal, acostillados, estrechamente alados a lo largo de casi toda su longitud –alas hasta de 4 mm–, foliosos en su mayor parte, con indumento de pelos pluricelulares abundantes sobre todo en la base, y pelos unicelulares araneosos aplicados, escasos. Hojas hasta de 150 × 40 mm, las basales pecioladas y las caulinares sésiles, decurrentes, menores hacia la parte superior del tallo, pinnatinervias, con el nervio central destacado –sobre todo por el envés–, verdes, con pelos tectores unicelulares, araneosos, y pelos pluricelulares uniseriados ± abundantes por haz y envés –las superiores glabrescentes o laxamente pelosas–, y margen antrorso-escábrido; las basales por lo general secas durante la floración, sinuado-lobadas, lirado-pinnatífidas o lirado-pinnatipartidas, con 1-4 pares de lóbulos ovados u oblongos, mucronados; las medias y superiores estrechamente linear-lanceoladas u oblongo-lanceoladas, enteras o dentadas –a veces solo en la base–, con margen ligeramente revoluto, mucronadas. Capítulos radiantes, con las flores del disco hermafroditas y las de la periferia neutras y de tamaño similar, solitarios, alcanzados por las últimas hojas caulinares –que no sobrepasan el involucro– o con pedúnculo hasta de 15 mm. Involucro 19-26 × 11-20 mm, ovoide u ovoide-cónico, redondeado en la base, glabro, sobrepasado por las flores; brácteas coriáceas, imbricadas y dispuestas aparentemente en 6 o 7 series, las medias mayores que el resto, verdes, glabras; las externas con base triangular u ovada, sin nervios visibles, con apéndice amarillento, no decurrente, por lo general palmeado-espinuloso, con 5-7 espínulas, la mediana mayor; las medias con base ovada u ovado-oblonga, sin nervios visibles, con apéndice apical de (7)13-25 mm, palmeado-espinoso, no decurrente, de erecto-patente a recurvado, amarillento o pardo-amarillento con el margen negruzco o de un pardo obscuro en su base, con espina terminal de (6)11-23 mm y 3-5 espinas o espínulas a cada lado; las internas 15-22 mm, linear-lanceoladas u oblongo-lanceoladas, con nervios visibles, sin apéndice o reducido a un apéndice escarioso de un pardo claro, con margen estrechamente hialino. Corola ± papilosa, la de las flores neutras de 24-30 mm, con tubo blanquecino-amarillento y limbo de un amarillo ± pálido, con 3-5 lóbulos de 4,5-8 mm, lineares o linear-lanceolados, desiguales; la de las hermafroditas 23,5-31 mm, con tubo de 12-16 mm, blanquecino-amarillento, y limbo de 9-16 mm, de un amarillo ± pálido, con lóbulos de 3,5-5,5 mm, uno con los senos algo más profundos. Estambres con filamento papiloso; anteras 8-10 mm, amarillas, con conectivo apical de un amarillo algo más pálido, y apéndices basales de 0,5-1 mm, membranáceos y a menudo lacerados. Estilo blanquecino o blanquecino-amarillento hacia los pelos colectores, con ramas erecto-patentes solo en el extremo, amarillentas. Aquenios 4,4-5,1 × 2,5-3,1 mm, obovoides, algo comprimidos –sección elíptica–, de un pardo obscuro en la madurez y con líneas amarillas longitudinales, laxamente seríceo-vilosos; placa apical con nectario de 0,4-0,7 mm, pentalobulado, blanquecino-amarillento; hilo cárpico 0,7-1 mm; con eleosoma. Vilano doble, persistente, por lo general pardo; el externo con varias filas de escamas de 7-9 mm, lineares, aplanadas, ± rígidas, erectas o erecto-patentes, desiguales, escábridas; el interno con una fila de escamas de 1,5-2 mm, lineares, denticulado-laceradas en la parte superior, erectas, conniventes. $2n = 24$; $n = 12$.

Herbazales en el margen de caminos y carreteras, baldíos y campos, en suelos ± nitrificados; (0)200-1500 m. IV-VII. Península Ibérica y N de África –Marruecos, Argelia y Libia–; indicada como adventicia en Francia y conocida también de California. E y S de España. **Esp.:** Ca Cu Gr Ma. **N.v.:** arzolla granadina, cardo-arzolla, escoba amarilla, tetillas.

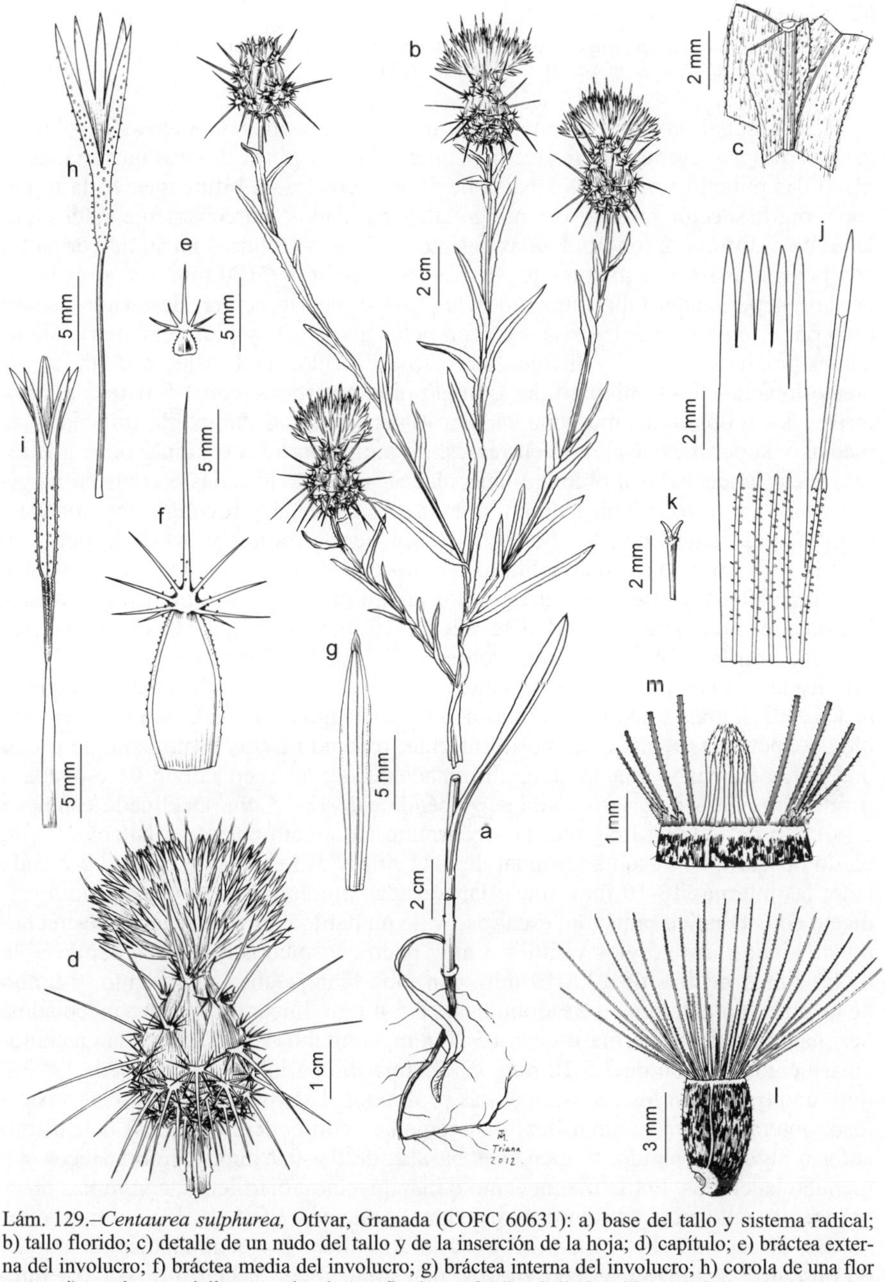

Lám. 129.–*Centaurea sulphurea,* Otívar, Granada (COFC 60631): a) base del tallo y sistema radical; b) tallo florido; c) detalle de un nudo del tallo y de la inserción de la hoja; d) capítulo; e) bráctea externa del involucro; f) bráctea media del involucro; g) bráctea interna del involucro; h) corola de una flor neutra; i) corola y verticilos sexuales de una flor hermafrodita; j) limbo abierto de la corola de una flor hermafrodita, con los filamentos estaminales y un estambre completo; k) detalle del estilo con sus ramas; l) aquenio con vilano; m) detalle del vilano interno y parte del externo.

62. C. maroccana Ball in J. Bot. 11: 370 (1873) [maroccána]

Ind. loc.: "Hab. Sat frequens in regione arida subdeserta inter Mogador et urbem Marocco"
Ic.: Devesa & E. López in Acta Bot. Malac. 38: 257 (2013)

Hierba anual, con raíz axonomorfa, inerme –excepto las brácteas involucrales–, verde-grisácea, con pelos tectores unicelulares y pluricelulares uniseriados, y glándulas punctiformes. Tallos hasta de 50 cm, erectos, ± bifurcados en la mitad superior, de sección circular o ± poligonal, acostillados, estrechamente alados a lo largo de casi toda su longitud –alas hasta de 3,5 mm–, foliosos en su mayor parte, con pelos araneosos ± abundantes. Hojas hasta de 360 × 100 mm, menores hacia la parte superior del tallo, pinnatinervias, con el nervio central destacado –sobre todo por el envés–, verde-grisáceas, con pelos araneosos y pluricelulares ± abundantes por haz y envés, y margen antrorso-escábrido; las basales pecioladas, sinuado-lobadas, lirado-pinnatífidas o lirado-pinnatipartidas, con 1-8 pares de lóbulos ovados u oblongos, mucronados, por lo general secas durante la floración; las medias y superiores sésiles, decurrentes, de pinnatipartidas o pinnatífidas a enteras, linear-lanceoladas u oblongo-lanceoladas, sinuado-dentadas en toda su longitud o solo en la base, con margen ligeramente ondeado y revoluto, mucronadas. Capítulos radiantes, con las flores del disco hermafroditas y las de la periferia neutras y de tamaño similar, solitarios –con frecuencia algunos axilares o basales con flores cleistógamas–, alcanzados por las últimas hojas caulinares, que no sobrepasan el involucro. Involucro 15-22 × 9-16 mm, ovoide u ovoide-cónico, redondeado en la base, ± araneoso, sobrepasado por las flores; brácteas coriáceas, imbricadas y dispuestas aparentemente en 7 u 8 series, las medias mayores que el resto, verdes, araneosas; las externas con base triangular u ovada, sin nervios visibles, y apéndice amarillento, no decurrente, reducido a una espina simple o con una o dos espínulas a cada lado, enfrentadas o no; las medias con base ovada u ovado-oblonga, sin nervios visibles, y apéndice de 13-23 mm, pectinado-espinoso a lo largo de toda su longitud, no decurrente, de erecto-patente a patente, de un pardo obscuro, con espina terminal de 4-11 mm y 3-5 espinas o espínulas a cada lado; las internas 13-19 mm, linear-lanceoladas u oblongo-lanceoladas, sin apéndice o con apéndice reducido, escarioso y de un pardo claro, con margen estrechamente hialino, sin nervios visibles o muy poco conspicuos. Corola ± papilosa, la de las flores neutras de 13,5-19 mm, con tubo blanquecino-amarillento, y limbo de un amarillo pálido, con tres lóbulos de 2,5-4 mm, lineares o linear-lanceolados, desiguales; la de las hermafroditas 17-20 mm, con tubo de 8-10 mm, blanquecino-amarillento, y limbo de 7,5-10 mm, de un amarillo pálido, con lóbulos de 1,8-3,2 mm, uno o dos con los senos algo más profundos. Estambres con filamento papiloso; anteras 4-6 mm, amarillento-anaranjadas, con conectivo apical del mismo color o algo más pálido, y apéndices basales de 0,4-0,7 mm, membranáceos y a menudo lacerados. Estilo blanquecino o blanquecino-amarillento, con ramas erecto-patentes solo en el extremo, amarillentas. Aquenios 3,6-4,1 × 1,9-2,4 mm, obovoides, de sección elíptica, pardos o pardo-amarillentos y con máculas de un pardo obscuro, laxamente seríceo-vilosos; placa apical con nectario de 0,1-0,4 mm, pentalobulado, blanquecino-amarillento; hilo cárpico 0,5-0,9 mm; con eleosoma. Vilano doble, persistente, por lo general pardo; el externo con varias filas de escamas de 6-7,5 mm, lineares, aplanadas, erectas o erecto-patentes, ± rígidas, desiguales, escábridas; el interno con una fila de escamas de 1,3-1,8 mm, lineares, lisas, denticulado-laceradas superiormente, erectas, conniventes. $2n = 24^*$.

Herbazales en el margen de caminos y carreteras, baldíos y campos; 0-700 m. (III)V-VI. Península Ibérica y Marruecos. SE de España. **Esp.:** Al Mu. **N.v.:** espino marroquí.

63. C. eriophora L., Sp. Pl.: 916 (1753) [erióphora]

Ind. loc.: "Habitat in Lusitania"

Ic.: O. Bolòs & Vigo, Fl. Països Catalans 3: 937 (1995); Gaertn., Fruct. Sem. Pl. 2, tab. 161 (1791); Valdés, Talavera & Galiano (eds.), Fl. Andalucía Occid. 3: 156 (1987); lám. 130

Hierba anual, con raíz axonomorfa, inerme –excepto las brácteas involucrales–, verde o verde-grisácea, con pelos tectores unicelulares y pluricelulares uniseriados, y glándulas punctiformes. Tallos hasta de 55 cm, erectos, ± bifurcados en la mitad superior, de sección circular o ± poligonal, acostillados, estrechamente alados a lo largo de casi toda su longitud –alas hasta de 7 mm–, foliosos en su mayor parte, con pelos araneosos ± abundantes. Hojas hasta de 150 × 40 mm, menores hacia la parte superior del tallo, pinnatinervias, con el nervio central destacado –sobre todo por el envés–, verde-grisáceas, con pelos araneosos y pluricelulares ± abundantes por haz y envés, y margen antrorso-escábrido; las basales pecioladas, sinuado-lobadas, lirado-pinnatífidas o lirado-pinnatipartidas, con 1-7 pares de lóbulos ovados u oblongos, mucronados, por lo general secas durante la floración; las medias y superiores sésiles, decurrentes, de pinnatipartidas o pinnatífidas a enteras, linear-lanceoladas, oblongo-lanceoladas u oblongo-espatuladas, sinuado-dentadas a lo largo de toda su longitud o solo en la base, con margen ligeramente ondeado y revoluto, mucronadas. Capítulos radiantes, con las flores del disco hermafroditas y las de la periferia neutras y de tamaño similar, solitarios –con frecuencia algunos axilares o basales con flores cleistógamas–, alcanzados por las últimas hojas caulinares, que no sobrepasan el involucro. Involucro 18-24 × 12-20 mm, globoso u ovoide-globoso, redondeado en la base, densamente araneoso, de aspecto blanquecino-algodonoso, apenas sobrepasado por las flores; brácteas coriáceas, imbricadas y dispuestas aparentemente en 8 o 9 series, las medias mayores que el resto, densamente araneosas, ocultas por el indumento; las externas con base triangular u ovada, sin nervios visibles y apéndice apical amarillento, no decurrente, en forma de espina simple o con una o dos espínulas a cada lado, enfrentadas o no; las medias con base ovada u ovado-oblonga, sin nervios visibles, y apéndice de (8)10-17 mm, pectinado-espinoso, no decurrente, de erecto-patente a recurvado, de un pardo obscuro, con la espina terminal de 5-11 mm y 2-5 espinas o espínulas a cada lado, enfrentadas o no; las internas 13-19 mm, linear-lanceoladas u oblongo-lanceoladas, sin apéndice o con apéndice reducido, escarioso, de un pardo claro, con margen estrechamente hialino, sin nervios visibles o muy poco conspicuos. Corola ± papilosa, la de las flores neutras de 13-18 mm, con tubo blanquecino-amarillento, y limbo amarillo o de un amarillo pálido, con 2-4 lóbulos de 2-5 mm, lineares o linear-lanceolados, desiguales; la de las hermafroditas 14-19 mm, con tubo de 8-12 mm, blanquecino-amarillento, y limbo de 6-9 mm, de un amarillo ± pálido, con lóbulos de 2,2-3,5 mm, uno con los senos algo más

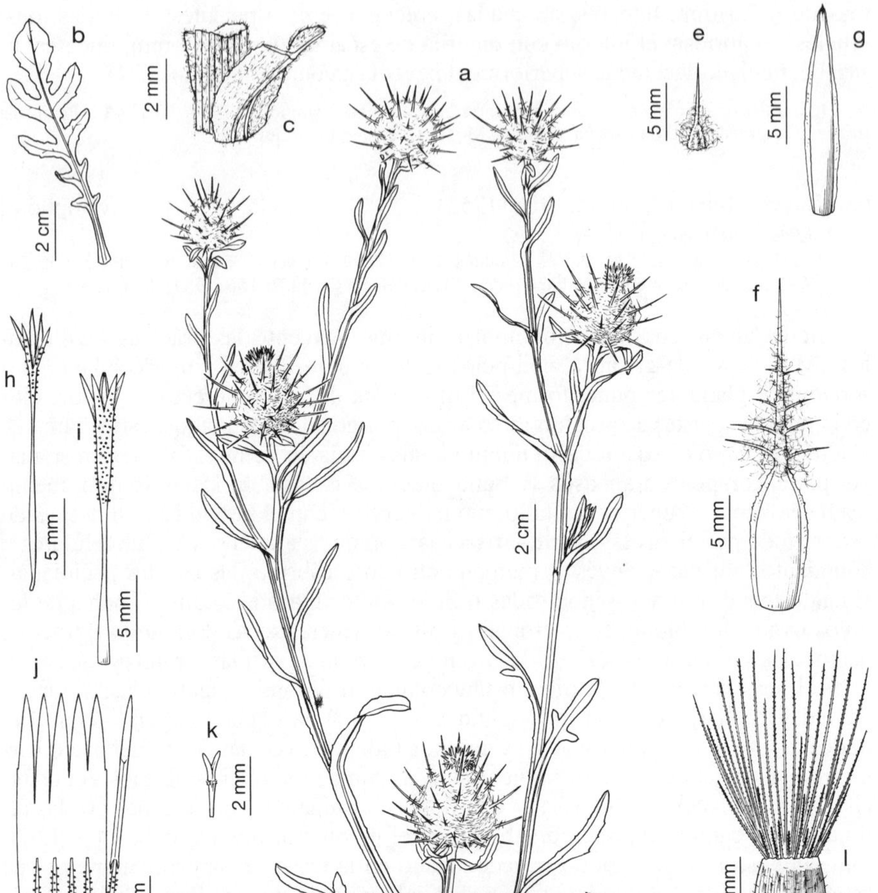

Lám. 130.–*Centaurea eriophora,* alrededores de Jauja, Córdoba (COFC 18478): a) tallo florido; b) hoja basal; c) detalle de un nudo del tallo y de la inserción de la hoja; d) capítulo; e) bráctea externa del involucro; f) bráctea media del involucro; g) bráctea interna del involucro; h) corola de una flor neutra; i) corola y verticilos sexuales de una flor hermafrodita; j) limbo abierto de la corola de una flor hermafrodita, con los filamentos estaminales y un estambre completo; k) detalle del estilo con sus ramas; l) aquenio con vilano; m) detalle del vilano interno y parte del externo.

profundos. Estambres con filamento papiloso; anteras 4,5-6 mm, amarillas o amarillento-anaranjadas, con conectivo apical de igual color o algo más pálido, y apéndices basales de 0,4-0,7 mm, membranáceos y a menudo lacerados. Estilo blanquecino o blanquecino-amarillento, con ramas si erecto-patentes solo en el extremo, amarillentas. Aquenios 4,1-4,8 × 2-2,7 mm, obovoides u oblongo-obovoides, de sección elíptica, pardos o pardo-amarillentos y con líneas amarillas longitudinales, laxamente seríceo-vilosos; placa apical con nectario de 0,1-0,4 mm, pentalobulado, blanquecino-amarillento o amarillento-verdoso; hilo cárpico 0,6-1 mm; con o sin eleosoma. Vilano doble, persistente, por lo general pardo; el externo con varias filas de escamas de 5,5-7,5 mm, lineares, aplanadas, erectas o erecto-patentes, ± rígidas, desiguales, escábridas; el interno con una fila de escamas de 1-1,7 mm, lineares, denticulado-laceradas superiormente, erectas, connivente. $2n = 24$.

Herbazales en el margen de caminos y carreteras, baldíos y campos; 10-1000 m. IV-VII. Península Ibérica, Marruecos y Macaronesia –Madeira y Canarias–; introducida en otras partes de la Región Mediterránea y en Norteamérica. E y S de la Península. **Esp.:** A Al (Ca) Co Gr H J Ma Mu Se. **Port.:** (BAl)? **N.v.:** cardo enmarañado, cardo lanudo.

Observaciones.–De esta especie no se ha encontrado material de herbario portugués. La cita que se recoge para Portugal es de A.X. Pereira Coutinho, Fl. Portugal: 777 (1939), si bien luego ya no la indica J. do Amaral Franco, Nova Fl. Portugal 2 (1984).

64. C. sicula L., Sp. Pl.: 918 (1753) [sícula]

C. nicaeensis All., Fl. Pedem. 1: 162 (1785)
Ind. loc.: "Habitat in Sicilia" [epítipo designado por G. Wagenitz & W. Greuter in Willdenowia 37: 140 (2007): GOET]
Ic.: O. Bolòs & Vigo, Fl. Països Catalans 3: 943 (1995); Devesa & E. López in Flora Montiber. 55: 25 (2013)

Hierba anual, con raíz axonomorfa, inerme –excepto las brácteas involucrales–, verde, escábrida, con pelos tectores unicelulares araneosos, y glándulas punctiformes. Tallos hasta de 75 cm, erectos, ± bifurcados en la parte superior, de sección circular o ± poligonal, acostillados, con costillas antrorso-escábridas ± engrosadas y destacadas sobre todo en la parte superior, sin alas, foliosos en su mayor parte, glabros o glabrescentes en las partes basal y media, ± araneosos en la parte superior. Hojas hasta de 120 × 40 mm, las basales pecioladas y las caulinares sésiles, no decurrentes, menores hacia la parte superior del tallo, pinnatinervias, con el nervio central más destacado –sobre todo por el envés–, verdes, glabriúsculas o laxamente araneosas y escábridas, sobre todo en el envés; las basales rosuladas, oblongo-ovadas, enteras, con margen ondulado, entero, laxamente dentado o denticulado, por lo general secas durante la floración; las medias semejantes pero sésiles, enteras, inciso-dentadas o más rara vez lirado-pinnatífidas con 1-3 pares de lóbulos, ± auriculadas en la base; las superiores sésiles, auriculadas, enteras o ± lirado-pinnatífidas, oblongo-lanceoladas u oblongo-espatuladas. Capítulos radiantes, con las flores del disco hermafroditas y las de la periferia neutras y de tamaño similar, terminales, solitarios, alcanzados por las últimas hojas caulinares, que no sobrepasan el involucro. Involucro 14-19 × 9-16 mm, ovoide u ovoide-cónico, redondeado o débilmente atenuado en la base, glabro o glabriúsculo, sobrepasado por las flores; brácteas coriáceas, imbricadas y dispuestas aparentemente en 6 o 7 series, las medias mayores que el resto, verdes; las externas y medias ovadas y con apéndice apical de 6-16 mm, ± triangular u ovado, algo cóncavo, coriáceo, erecto-patente o patente, con una espina terminal de 5-14 mm, y 2-8 espínulas laterales a cada lado de su base, con bordes anchamente escarioso-hialinos o blanquecinos, irregularmente dentados o dentado-lacerados, decurrentes por el margen de la bráctea; las internas 10-17 mm, oblongo-lanceoladas, de margen estrechamente hialino y apéndice inerme, espatulado, ± escarioso, pardo o amarillento. Corola ± papilosa, la de las flores neutras de 13-20 mm, con tubo blanquecino, y limbo amarillo o amarillo-anaranjado, con 4 o 5 lóbulos de 2,5-5 mm, lanceolados o linear-lanceolados, de tamaño ligeramente desigual; la de las hermafroditas 15-19 mm, con tubo de 6-10 mm, blanquecino, y limbo de 8-10 mm, amarillo o amarillento-anaranjado, con 5 lóbulos de 3-5 mm, uno con los senos algo más profundos. Estambres con filamento papiloso, con papilas claviformes; anteras 6,5-8 mm, amarillentas, con apéndices basales de 0,3-0,6 mm, membranáceos y a menudo lacerados. Estilo blanquecino o amarillento hacia los pelos colectores, con ramas soldadas, amarillentas. Aquenios 2,8-3,6 × 1,3-1,6 mm, obovoides u ovoide-oblongos, de un pardo claro a un verde obscuro, ligeramente acostillados, con costillas pardo-amarillentas, laxa e inconspicuamente seríceo-vilosos; placa apical con nectario hasta de 0,5 mm, ± pentalobulado, blanquecino o blanquecino-amarillento; hilo cárpico 0,3-0,5 mm; con eleosoma. Vilano doble, persistente, blanco; el externo con una fila de escamas de 1-2 mm, lineares, aplanadas, desiguales y finamente denticuladas; el interno con una fila de pelos de 0,5-1,7 mm, setáceos, inconspicuamente escábridos. $2n = 20$.

Herbazales en el margen de caminos y carreteras, baldíos y campos, en suelos ± nitrificados; 0-500 m. (III)IV-VII. W de la Región Mediterránea; adventicia en Francia. SE de España. **Esp.:** A Al (Ca)? Mu. **N.v.:** abreojos, abrepuños, abrojo, azotacristos; *cat.:* assotacrist (Valencia), obriülls (Valencia).

Observaciones.–Esta especie comparte con *C. diluta* la posesión en las brácteas externas y, sobre todo, en las medias, de un borde escarioso-hialino y muy decurrente.

Sect. 10. **Hymenocentron** (Cass.) DC.
Hymenocentron Cass.

Hierbas anuales. Tallos sin alas o solo brevemente alados bajo la inserción de las hojas. Capítulos homógamos, radiantes, con las flores del disco hermafroditas y las de la periferia neutras y mucho mayores. Involucro ± ovoide u ovoide-cónico; brácteas medias con apéndice apical ± cocleariforme en su parte central, emarginado y con un mucrón o espina breve en la escotadura, de borde profundamente dentado, escarioso-hialino o blanquecino, decurrente por el margen de la bráctea. Corola blanca, blanquecino-rosada, rosada o rosado-purpúrea. Aquenios con reborde de la placa apical entero o inconspicuamente denticulado, y eleosoma que no sobrepasa la base del aquenio. Vilano doble, el externo con varias filas de escamas desiguales, planas, serradas, erectas o erecto-patentes, y el interno con una fila de escamas lineares o setáceas menores, erectas y ± conniventes. $x = 10$.

65. C. diluta Aiton, Hort. Kew. 3: 261 (1789) [dilúta]

C. micracantha Dufour in Ann. Sci. Nat. (Paris) 33: 164 (1831)
Ind. loc.: "Nat. of the South of Europe"
Ic.: O. Bolòs & Vigo, Fl. Països Catalans 3: 928 (1995); Valdés, Talavera & Galiano (eds.), Fl. Andalucía. Occid. 3: 156 (1987); lám. 131

Hierba anual, con raíz axonomorfa, inerme, verde, escábrida, con pelos tectores unicelulares araneosos y glándulas punctiformes. Tallos hasta de 250 cm, erectos, ramificados en su parte media, de sección circular o ± poligonal, acostillados, con costillas antrorso-escábridas ± engrosadas y destacadas sobre todo en la parte superior, brevemente alados bajo la inserción de las hojas, foliosos en su mayor parte, glabros o glabrescentes en las partes basal y media, con algunos pelos araneosos aplicados sobre todo en la parte superior. Hojas hasta de 180 × 80 mm, las basales pecioladas y las caulinares sésiles, decurrentes, menores hacia la parte superior del tallo, pinnatinervias, con el nervio central más destacado –sobre todo por el envés–, verdes, glabras; las basales rosuladas, lirado-pinnatipartidas, con 1-4 pares de lóbulos oblongos, de margen entero, laxamente dentado o denticulado, por lo general secas durante la floración; las medias semejantes pero sésiles y decurrentes hasta 30 mm, de inciso-dentadas a lirado-pinnatipartidas, con un par de lóbulos; las superiores sésiles, auriculadas, decurrentes o no, enteras o ± lirado-pinnatífidas. Capítulos radiantes, con las flores del disco hermafroditas y las de la periferia neutras, patentes y mucho mayores que aquellas, terminales, solitarios, sobre pedúnculos hasta de 15 mm o alcanzados por las últimas hojas caulinares, que no sobrepasan el involucro. Involucro 12-17 × 8-14 mm, ovoide u ovoide-cónico, redondeado en la base, glabro, sobrepasado por las flores; brácteas coriáceas, imbricadas y dispuestas aparentemente en 5-7 series, gradualmente mayores de fuera adentro o bien las medias mayores que el resto, verdes –pardas cuando secas–; las externas y medias ovadas, con apéndice apical de 2-5,5 mm, algo cóncavo y largamente decurrente, en las externas emarginado y con un mucrón o espinita en la escotadura, y en las medias con parte central ovada o ± triangular, coriácea, de un pardo obscuro, con tres nervios ± visibles y espina terminal erecto-patente de 0,2-4 mm, y borde ancha e irregularmente dentado o dentado-lacerado, escarioso-hialino o blanquecino, decurrente por el margen de la bráctea; las internas 15-20 mm, oblongo-lanceoladas, de margen estrechamente hialino y apéndice inerme, espatulado, ± escarioso, pardo. Corola ± papilosa, la de las flores neutras de 15-37 mm, con tubo blanco o blanco-rosado, y limbo rosado o de un rosa purpúreo, con 5 lóbulos de 3-11 mm, lanceolados o triangular-lanceolados, desiguales, tres mayores que los restantes; la de las hermafroditas 15-20 mm, con tubo de 7-11 mm, blanco, y limbo de 7-10 mm, blanco, blanco-rosado o de un rosa purpúreo, con 5 lóbulos de 2,5-4 mm, uno o dos con los senos más profundos. Estambres con filamento papiloso, con papilas claviformes; anteras 6-8 mm, blancas, con conectivo apical purpúreo, y apéndices basales de 0,3-0,6 mm, membranáceos y a menudo lacerados. Estilo blanquecino o rosado hacia los pelos colectores, con ramas rosado-purpúreas. Aquenios 2,8-3,4 × 1,3-1,9 mm, obovoides u ovoide-oblongos, de un pardo-amarillento claro, laxa e imperceptiblemente vilosos; placa apical con nectario de 0,4-0,7 mm, ± pentalo-

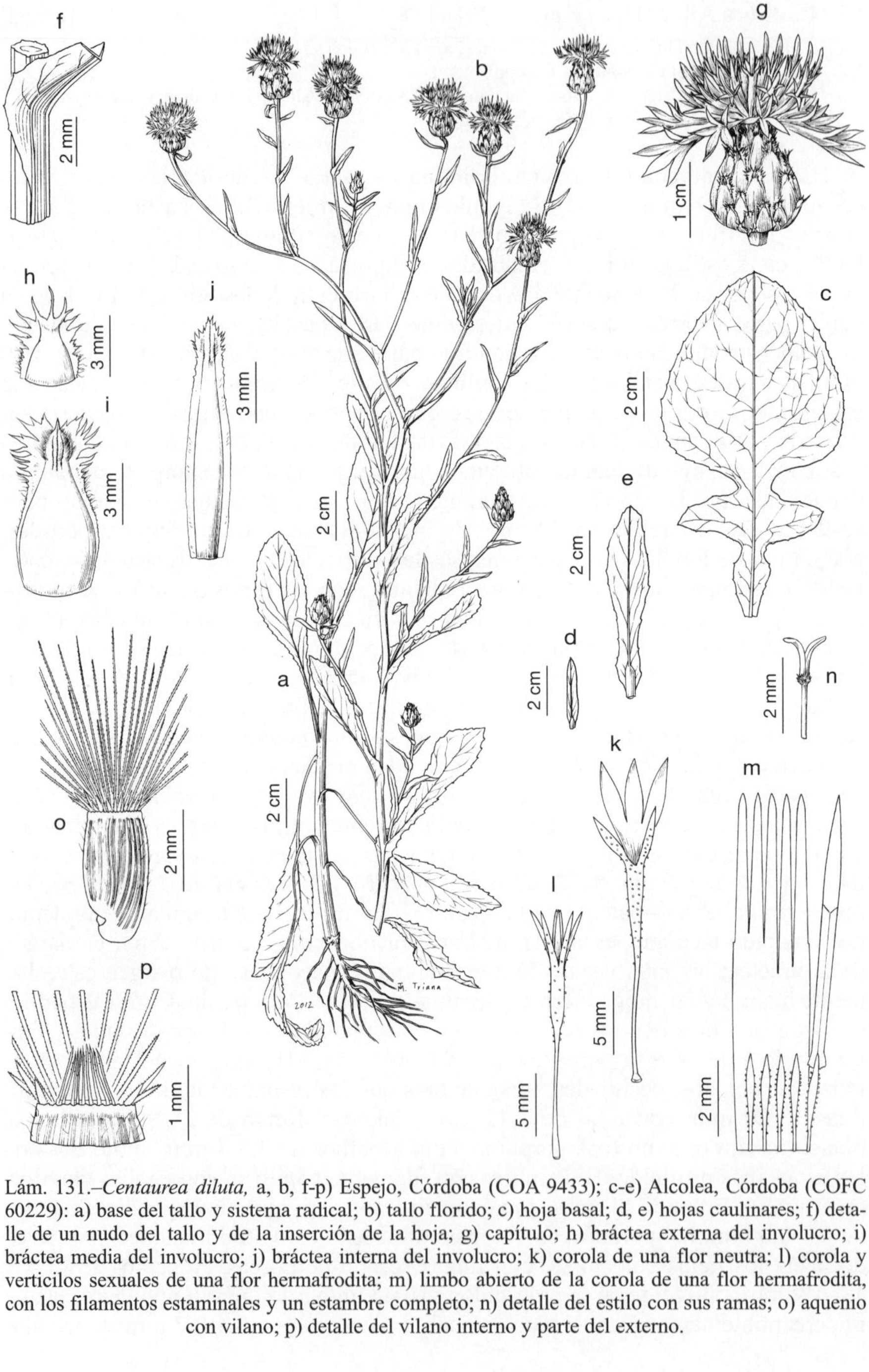

Lám. 131.–*Centaurea diluta,* a, b, f-p) Espejo, Córdoba (COA 9433); c-e) Alcolea, Córdoba (COFC 60229): a) base del tallo y sistema radical; b) tallo florido; c) hoja basal; d, e) hojas caulinares; f) detalle de un nudo del tallo y de la inserción de la hoja; g) capítulo; h) bráctea externa del involucro; i) bráctea media del involucro; j) bráctea interna del involucro; k) corola de una flor neutra; l) corola y verticilos sexuales de una flor hermafrodita; m) limbo abierto de la corola de una flor hermafrodita, con los filamentos estaminales y un estambre completo; n) detalle del estilo con sus ramas; o) aquenio con vilano; p) detalle del vilano interno y parte del externo.

bulado, blanquecino o blanquecino-amarillento; hilo cárpico 0,3-0,4 mm, lateral-adaxial; con eleosoma, a veces caedizo. Vilano doble, persistente, blanco; el externo con una fila de escamas de 4-5 mm, lineares, aplanadas, desiguales y finamente denticuladas; el interno con una fila de escamas de 0,6-1 mm, lineares, denticulado-laceradas en la parte superior, erectas, conniventes. $2n = 20$; $n = 10$.

Herbazales en el borde de caminos y carreteras, baldíos y campos, en suelos ± nitrificados y algo salobres; 10-800 m. V-VII. SW de Europa –Francia y España–, NW de África –Argelia y Marruecos– y Macaronesia –Canarias y Madeira–; introducida y naturalizada en diversas partes de Europa. SW y E de la Península y Baleares, adventicia en el NW. **Esp.:** (A) Al (Ba) (C) Ca Co (Cs) Gr H (Hu) J (Ma) PM[Mll Mn] Se SS (Te) V (Z).

Sect. 11. **Acrocentron** (Cass.) DC.
Acrocentron Cass.
Sect. *Chamaecentron* Fern. Casas & Susanna
Sect. *Chamaewillkommia* Fern. Casas & Susanna
Sect. *Lophocyanus* Fern. Casas & Susanna
Sect. *Valdesi-bermejoi* Fern. Casas & Susanna
Sect. *Borcea* Fern. Casas & Susanna

Hierbas perennes. Tallos sin alas. Capítulos homógamos, radiantes, con las flores del disco hermafroditas y las de la periferia neutras, del mismo tamaño o mucho mayores. Involucro ovoide, globoso-ovoide o globoso; brácteas medias con apéndice triangular, orbicular o elíptico, por lo general ± coriáceo, pectinado-fimbriado, pectinado-espinuloso o pectinado-espinoso, culminado por una fimbria espiniforme o una espina terminal ± desarrollada y punzante, erecto o erecto-patente, ± decurrente, en ocasiones reducido a la espina terminal. Corola de color crema, amarilla, de un amarillo pálido, amarillo-anaranjada, anaranjada, rosada, azulada o rosado-azulada. Aquenios con reborde de la placa apical entero o inconspicuamente denticulado, y eleosoma que no sobrepasa la base del aquenio. Vilano por lo general doble –rara vez simple, rudimentario o sin vilano–, el externo con varias filas de escamas planas, serradas, erectas o erecto-patentes, y el interno con una fila de escamas mucho menores, erectas y ± conniventes. $x = 10, 11$.

Observaciones.–De este grupo se cultivan distintas especies por su valor ornamental y que, ocasionalmente, se pueden ver escapadas. Entre ellas cabe citar *C. ragusina* L., Sp. Pl.: 912 (1753) [*Acrolophus ragusinus* (L.) Webb, Iter Hisp.: 32 (1838); *Colymbada ragusina* (L.) Holub in Folia Geobot. Phytotax. 7: 316 (1972)], endémica de los Balcanes, perenne, con hojas y tallos densamente blanco-tomentosos, capítulos con brácteas lanuginosas y flores amarillas o amarillento-anaranjadas.

Los nervios de la corola destacan notablemente, al menos tras la antesis, siendo rojizos en los táxones con flores amarillas y de un violeta ± intenso en los que tienen flores rosadas o azuladas.

Subsect. 1. **Lopholomoides** (DC.) Boiss. & Reut.
[*] *Lopholomoides* DC.
Lopholoma Cass.
Menomphalus Pomel

Hierbas caulescentes, con tallos muy desarrollados.

gr. **C. collina**

Capítulos radiantes, con las flores de la periferia de un tamaño similar al de las del disco. Brácteas involucrales con apéndice espinoso o punzante, rara vez inerme. Corola amarilla, amarillento-blanquecina o ± anaranjada.

66. C. collina L., Sp. Pl.: 918 (1753) [collína]

Ind. loc.: "Habitat in Italia, Hispania" [lectótipo designado por D. Jeanmonod & al. (eds.), Complém. Prodr. Fl. Corse: 145 (2004): UPS]
Ic.: H.J. Coste, Fl. Descr. France 2: 395 (1937); lám. 132

Hierba perenne, con raíz axonomorfa, sufruticulosa, a menudo multicaule, inerme –excepto las brácteas involucrales–, de un verde grisáceo u obscuro, con pelos tectores unicelulares araneosos y pelos pluricelulares uniseriados, con glándulas punctiformes. Tallos hasta de 70 cm, erectos, poco ramificados –por lo general desde la parte media o superior–, de sección circular o ± poligonal, acostillados, sin alas, poco foliosos, con indumento laxo de pelos araneosos y pelos pluricelulares rígidos y patentes, otros más cortos y recurvos, glabriúsculos en la parte superior. Hojas hasta de 350 × 110 mm, las basales pecioladas y las caulinares sésiles, no decurrentes, menores hacia la parte superior del tallo, pinnatinervias, con el nervio central destacado sobre todo por el envés; las basales rosuladas, 1(2) pinnatisectas, con segmentos de oblongo-obovados a lanceolados, agudos, enteros, pinnatífidos o pinnatipartidos, mucronados, de margen liso, el terminal mayor o del mismo tamaño que los laterales, laxamente araneosas, con haz y envés provistos además de pelos pluricelulares antrorsos, cortos y rígidos, especialmente en el envés, más largos y abundantes sobre los nervios y el pecíolo, a menudo secas durante la floración; las medias pinnatipartidas o pinnatisectas –rara vez enteras– con 1-7 pares de lóbulos o segmentos ovado-lanceolados, lanceolados o linear-lanceolados, mucronados, de margen liso y en ocasiones ligeramente revoluto, con haz de glabriúscula a laxamente araneosa, así como margen y envés con pelos pluricelulares antrorsos, cortos y rígidos, y pelos araneosos esparcidos; las superiores semejantes, con menor número de lóbulos o incluso enteras. Capítulos radiantes, con las flores del disco hermafroditas y las de la periferia neutras, de tamaño similar, terminales, solitarios, alcanzados por las últimas hojas caulinares –que no sobrepasan el involucro– o sustentados por un pedúnculo hasta de 8 cm. Involucro 19-27 × 13-20 mm, ovoide, redondeado en la base, sobrepasado por las flores; brácteas imbricadas y dispuestas aparentemente en 7 u 8 series, gradualmente mayores de fuera adentro; las medias de ovadas a ovado-oblongas, fuerte-

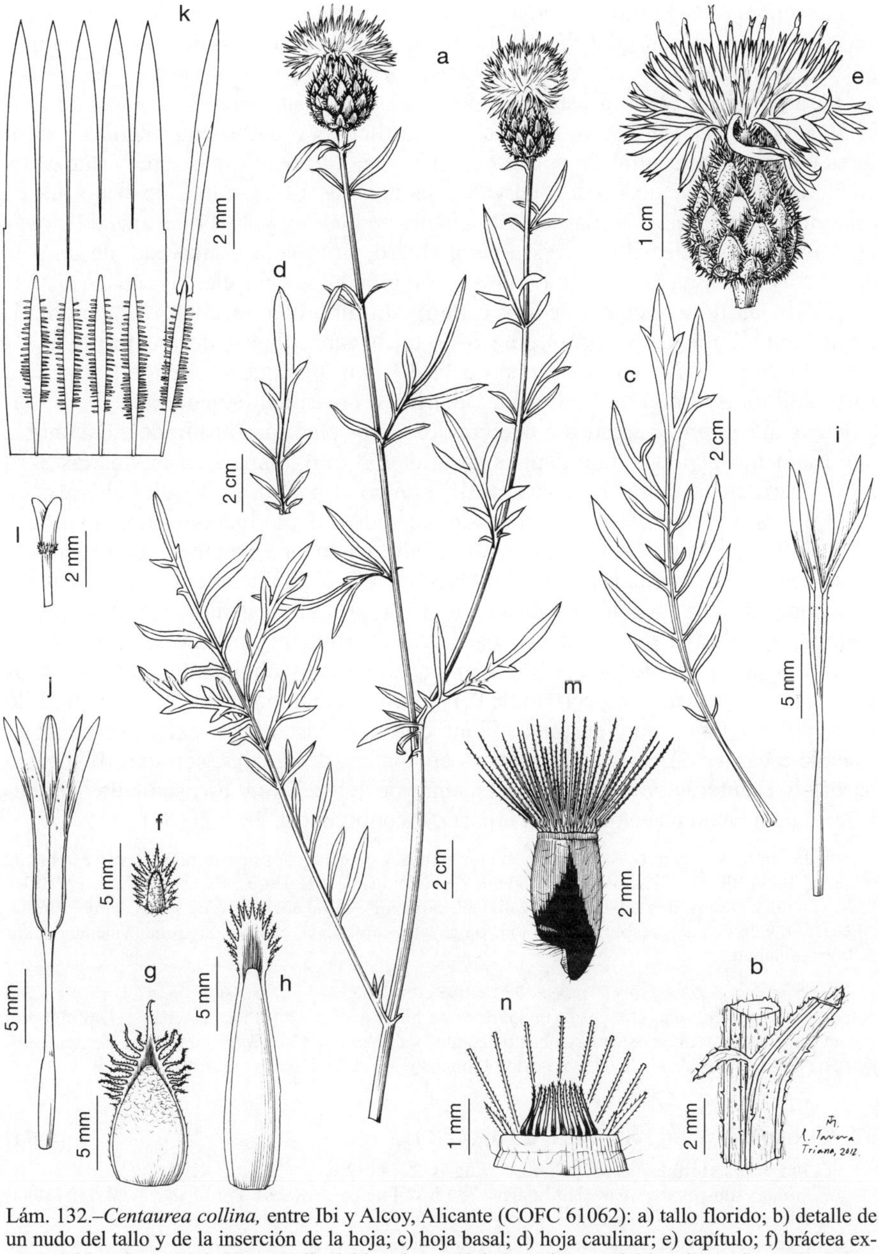

Lám. 132.–*Centaurea collina,* entre Ibi y Alcoy, Alicante (COFC 61062): a) tallo florido; b) detalle de un nudo del tallo y de la inserción de la hoja; c) hoja basal; d) hoja caulinar; e) capítulo; f) bráctea externa del involucro; g) bráctea media del involucro; h) bráctea interna del involucro; i) corola de una flor neutra; j) corola y verticilos sexuales de una flor hermafrodita; k) limbo abierto de la corola de una flor hermafrodita, con los filamentos estaminales y un estambre completo; l) detalle del estilo con sus ramas; m) aquenio con vilano; n) detalle del vilano interno y parte del externo.

mente adpresas, de verdosas a amarillentas, con nervios longitudinales apenas marcados o inconspicuos, glabriúsculas o ± araneosas, con apéndice apical triangular, ± decurrente por el margen de la bráctea, de erecto a erecto-patente, glabriúsculo, pardo o de un pardo acastañado, pectinado-fimbriado, con 7-12 pares de fimbrias laterales de 1,5-5 mm, flexuosas, amarillentas o pardo-amarillentas, discoloras con la parte central, la apical de 1-10 mm, a veces espiniforme y punzante, erecta o erecto-patente, recta o curvada; las internas 14-21 mm, lineares o linear-espatuladas, glabras, con margen estrechamente hialino, y apéndice apical de ovado a oblongo, cocleariforme, escarioso, entero, fimbriado o lacerado, de un pardo claro. Corola glabra o algo papilosa, con glándulas amarillentas sésiles dispersas, la de las flores neutras de 26-36 mm, con tubo blanquecino y limbo amarillento, con lóbulos de 6-10 mm, lineares o linear-lanceolados, desiguales; la de las hermafroditas 23-27 mm, con tubo de 11-17 mm, blanquecino, engrosado en su parte inferior, y limbo de 11-15 mm, amarillo o amarillento-anaranjado, con 5 lóbulos de 5,5-9 mm, ± iguales o uno con los senos algo más profundos. Estambres con filamento papiloso, con papilas hasta de 0,3 mm, blanquecinas; anteras 8-10 mm, amarillentas, con conectivo apical de un color pajizo, y apéndices basales de 0,5-1,3 mm, membranáceos y a menudo lacerados. Estilo blanquecino, amarillento hacia los pelos colectores; ramas de erecto-patentes a patentes en el extremo, amarillentas o anaranjadas. Aquenios 5,5-6,5 × 3-3,5 mm, ovoides u obovoides, algo comprimidos –sección elíptica–, en la madurez amarillentos o pardos –por lo general con alguna mácula negruzca–, laxa e inconspicuamente seríceo-vilosos excepto a veces alrededor del hilo cárpico, donde hay abundantes pelos blancos erectos; placa apical con nectario de 0,1-0,7 mm, pentalobulado, amarillento; hilo cárpico 0,5-1 mm; con eleosoma. Vilano doble, persistente; el externo con varias filas de escamas de 6-10 mm, lineares, aplanadas, desiguales, serradas, blancas o pardas, y el interno con una fila de escamas de 1,1-2,2 mm, escasamente denticuladas o solo laceradas en el ápice, erectas, ± conniventes. $2n = 20(60)$.

Prados, bordes de camino, campos, en suelos arenosos o pedregosos de naturaleza preferentemente calcárea; 100-1300 m. VI-X. SW de Europa. E de la Península y Baleares. **Esp.:** A B Ge L PM[Ib] T V. **N.v.:** aljolla, arzalla, arzolla, cardasol, cardazol, cardazola, cardo anzol, cardo arzolla, cardo estrellado español, cola de puercoespín; *cat.:* botons de gavatx, capferrada, capferrada groga (Valencia), caps de burro, rotabou.

Observaciones.–Esta especie parece hibridarse con *C. cephalariifolia (C.* × *basilei, C.* × *collina* nothosubsp. *serratulifolia,* etc.; véase el apartado de híbridos). Los híbridos detectados (Esp.: B) presentan caracteres intermedios entre ambos parentales y difieren de *C. collina,* sobre todo, por tener hojas con lóbulos ovados o anchamente ovado-oblongos y flores de amarillas a azuladas.

67. C. ornata Willd., Sp. Pl. 3: 2320 (1803) [ornáta]

C. interrupta Hoffmanns. & Link, Fl. Portug. 2: 227 (1825)
C. ornata subsp. *interrupta* (Hoffmanns. & Link) Franco, Nova Fl. Portugal 2: 473, 572 (1984)
Ind. loc.: "Habitat in Hispania"
Ic.: Valdés, Talavera & Galiano (eds.), Fl. Andalucía Occid. 3: 149 (1987)

Hierba perenne, con raíz axonomorfa, sufruticulosa, a menudo multicaule, inerme –excepto las brácteas involucrales–, verde o de un verde grisáceo, con pelos tectores unicelulares araneosos y pelos pluricelulares uniseriados, con glándulas punctiformes. Tallos hasta de 80 cm –por lo general de más de 20 cm–, erectos, ± ramificados desde la base o la parte media, con sección circular o ± poligonal, acostillados, sin alas, poco foliosos, con indumento laxo de pelos pluricelulares rígidos y patentes –más abundante en la parte inferior–, y pelos araneosos esparcidos. Hojas hasta de 400 × 110 mm, las basales pecioladas y las caulinares sésiles, no decurrentes, menores hacia la parte superior del tallo, pinnatinervias, con el nervio central destacado sobre todo por el envés; las basales rosuladas, enteras, pinnatífidas, 1-2 pinnatipartidas o 1-2(3) pinnatisectas, con lóbulos o segmentos lanceolados, linear-lanceolados u ovado-lanceolados, enteros o pinnatífidos, mucronados y de margen liso o ligeramente aserrado, el terminal del mismo tamaño o menor que los demás, con pelos pluricelulares abundantes en el envés y en los nervios, a menudo secas durante la floración; las medias pinnatífidas, pinnatipartidas o pinnatisectas y con 1-4 pares de lóbulos o segmentos oblongo-ovados, oblanceolados, lanceolados o linear-lanceolados, enteros o pinnatífidos, de margen liso, en ocasiones ligeramente revoluto, mucronadas, con haz glabra o glabriúscula, y envés y margen con pelos pluricelulares antrorsos, cortos y rígidos; las superiores semejantes, con menos lóbulos o incluso enteras. Capítulos radiantes, con las flores del disco hermafroditas y las de la periferia neutras –a veces con un androceo o gineceo rudimentarios–, de tamaño similar, terminales, solitarios mas en inflorescencias complejas corimbiformes, laxas, alcanzados por las últimas hojas caulinares –que no sobrepasan el involucro– o con un pedúnculo afilo hasta de 5 cm. Involucro 15-34 × (8)10-25 mm, ovoide, redondeado en la base, sobrepasado por las flores; brácteas imbricadas y dispuestas aparentemente en 7 u 8 series, las medias mayores que el resto; las medias de ovadas a ovado-oblongas, adpresas, verdosas, amarillentas o más rara vez de un color ligeramente morado en la parte superior, con nervios longitudinales apenas marcados o inconspicuos, glabras o laxamente araneosas, con apéndice apical ± triangular, decurrente hasta la mitad o más de cada lado de la bráctea, glabro o laxamente araneoso, amarillento, pardo o de un pardo obscuro, pectinado-espinoso, con espina apical de 3-24 mm, coriácea, muy punzante, pectinado-espinulosa hacia la base, de sección plano-convexa –hasta casi canaliculada–, de erecta a recurvada, y 4-11 pares de espínulas laterales de 1-6,5 mm, hialinas o concoloras con la parte central; las internas 13-26 mm, lineares o linear-espatuladas, glabras, con margen estrechamente hialino, y apéndice apical de ovado a oblongo, cocleariforme, escarioso, entero, fimbriado, lacerado o serrado en el ápice, pardo. Corola glabra o algo papilosa, la de las flores neutras de 15-30 mm, con tubo blanquecino y limbo amarillento-anaranjado o de un amarillo vivo, rara vez rojizo, con 4(5) lóbulos de 3-7 mm, lineares o linear-lanceolados, desiguales; la de las hermafroditas 19-37 mm, con tubo de (8-)10-16 mm, blanquecino, y limbo de 8-17 mm, amarillo o anaranjado, raramente rojizo, con 5 lóbulos de 3,5-9 mm, ± iguales o uno con los senos más profundos. Estambres con filamento papiloso, con papilas hasta de 0,2 mm, blanquecinas; anteras 7-12 mm, amarillentas o anaranjadas, rara vez rojizas, con conectivo apical del mismo color pero más pálido, y apéndices basales de 0,4-1 mm, membranáceos y a menudo lacerados. Estilo blanquecino, amarillo o amarillento-anaranjado en su parte superior; ramas enteramente soldadas o erecto-patentes en el extremo, amarillentas o anaranjadas. Aquenios 3,1-5 × 1,7-2,5 mm, oblongo-obovoides u ovoides, algo comprimidos –sección elíptica–, truncados y con reborde entero, en la madurez de un color pajizo o pardos, generalmente con alguna mácula negruzca, laxa e inconspicuamente seríceo-vilosos excepto a veces en los alrededores del hilo cárpico, donde hay pelos blancos erectos; placa apical con nectario de 0,1-0,4 mm, ± pentalobulado, blancuzco o amarillento; hilo cárpico de 0,5-1,2 mm, lateral-adaxial; con eleosoma, a veces rudimentario. Vilano doble, persistente; el externo con varias filas de escamas de 6-12,5 mm, lineares, desiguales, serradas, blancas o pardas, y el interno con una fila de escamas de 1-2 mm, ± lisas y laceradas en su parte superior, erectas y ± conniventes. $2n = 20 + 0\text{-}1B^*$, $40 + 0\text{-}5B^*$; $n = 10$.

En paredones, roquedos, bordes de camino y carretera, campos, pastizales y claros de bosque o matorral, en suelos ácidos o básicos ± nitrificados; 100-1900 m. (IV)V-X. ● Dispersa por gran parte de la Península Ibérica. **Esp.:** A Ab Al Av Ba Bu Ca Cc Co CR Cs Cu Gr Gu H Hu J L Le Lo Lu M Ma Mu Na Or P S Sa Se Sg So Te To V Va Vi Z Za. **Port.:** AAl Ag BA BAl BB E? R TM. **N.v.:** abrepuños, agarzoya, argolla, arzoya, azolla, cabeza de espinas, cardo abrepuños, cardo amarillo de calvero, cardo burrero, cardo cabezudo, cardo de argolla, cardo de arzolla, cardo uvero, encojaperros, espinas de calvero, garzoya, garzoya amarilla, lazoya, raíz de arzoya, raíz de lozoya, zolla; *port.:* cardazol, cardazola, cardelejas, cardenzol, cigarras, cristas-do-gato, lavapé, nòmal; *cat.:* assotacrist, card groc, escanyabous groc, obreulls, obriull, punxa de Crist, trencamans; *eusk.:* gardulata-horia.

Observaciones.–Esta especie, ampliamente distribuida por la Península, presenta un alto grado de polimorfismo, sobre todo en lo que se refiere al tamaño de los capítulos y la longitud de la espina apical del apéndice de las brácteas involucrales medias, caracteres que parecen ir asociados al nivel de ploidía. Así, los individuos diploides ($2n = 20$) tienen menor involucro y espinas más cortas, mientras que los individuos tetraploides ($2n = 40$) tienen el involucro mayor y las espinas más largas. Sin embargo, la falta de una correlación entre estas variaciones, su nivel de ploidía (en algunos sitios ambos extremos de variación coexisten) y su distribución geográfica, así como el elevado grado de solapamiento de los caracteres, no permiten la segregación clara de estas variantes de las que, no obstante, vamos a indicar sus características más notables. *C. ornata* s.str. tiene tallos hasta de 80 cm, capítulos con involucro de 18-34 × 12-25 mm y el apéndice de las brácteas medias rematado en una espina de 5-24 mm; es el taxon más frecuente y está ampliamente distribuido por el territorio (Esp.: A Ab Al Av Ba Bu Ca Cc Co CR Cs Cu Gr Gu H J Le Lo Lu M Ma Na Or P S Sa Se Sg So Te To V Va Vi Z Za. Port.: Ag BA BAl BB E? R TM; $2n = 40 + 0\text{-}5B^*$). La longitud de la espina apical de las brácteas medias y el diámetro del involucro son muy variables. Además, se han observado también variaciones en la coloración de la corola, que va de un amarillo intenso, lo más común, a rojiza, mucho menos frecuente. Por otra parte, *C. gabrielis-blancae* Fern. Casas in Fontqueria 10: 6 (1986) [*C. ornata* var. *microcephala* Willk. in Willk. & Lange, Prodr. Fl. Hispan. 2: 147 (1865), syn. subst.; *C. ornata* var. *tenuispina* Pau in Cavanillesia 4: 131 (1931)] tiene tallos hasta de 72 cm, capítulos con involucro de 15-23 × 10-17 mm y apéndice de las brácteas medias rematado en una espina de 3-12 mm; este taxon, mucho menos frecuente que *C. ornata* s.str., vive principalmente en el E y N de la Península y está asociado, sobre todo, a substratos básicos (Esp.: A Al Av Bu Ca Cs Cu Gr Gu H Hu J L Lo M Ma Na So Te To V Vi Z. Port.: AAl; $2n = 20 + 0\text{-}1B^*$, $n = 10$). Convive en muchas localidades del CE del territorio con *C. ornata* s.str. Por último, *C. galianoi* Fern. Casas & Susanna in Fontqueria 20: 13 (1988) [*C. ornata* var. *galianoi* (Fern. Casas & Susanna) Fern. Casas in Fontqueria 48: 221 (1997)] tiene tallos hasta de 62 cm, capítulos con involucro de 16-24 × 10-16 mm y apéndice de las brácteas medias rematado en una espina de 4-12 mm; este taxon vive en sotobosques y linderos de pinar, encinar o alcornocal, en substratos ácidos de la sierra de Aracena (Huelva) y los alrededores de Ameixial (Algarve) (Esp.: H. Port.: Ag; $2n = 20$).

A las dificultades taxonómicas susodichas, se suma aquella debida a los procesos de hibridación. Se conocen posibles híbridos con *C. lagascana (C. × zubiae),* con *C. cephalariifolia (C. × polymorpha, C. × joviniana, C. × heribaudii),* con *C. toletana (C. × tatayana),* etc. (véase el apartado de híbridos).

68. C. saxicola Lag., Elench. Pl.: [32] (1816); Gen. Sp. Pl.: 32 (1816) [saxícola]

C. ornata subsp. *saxicola* (Lag.) Dostál in Bot. J. Linn. Soc. 71: 195 (1976)
C. saxicola subsp. *jimenezii* Molero in Anales Jard. Bot. Madrid 47: 265 (1990)
Ind. loc.: "Habitat ad saxorum calcareorum rimas juxta Orcelim, alibique in australiore Hispania"
Ic.: Molero in Anales Jard. Bot. Madrid 47: 266 fig. 1 (1990) [sub *C. saxicola* subsp. *jimenezii*]; Willk., Ill. Fl. Hispan. 2, tab. 173 A (1892); lám. 133

Hierba perenne, con raíz axonomorfa, sufruticulosa, a menudo multicaule, inerme –excepto las brácteas involucrales–, verde, glabriúscula o con pelos tectores unicelulares araneosos y pelos pluricelulares uniseriados, con glándulas punctiformes. Tallos hasta de 85 cm –por lo general de más de 20 cm–, erectos, ± ramificados desde la base o la parte media, con sección circular o ± poligonal, acostillados, sin alas, poco foliosos, glabriúsculos o con indumento laxo de pelos unicelulares araneosos. Hojas hasta de 300 × 80(90) mm, las basales pecioladas y las caulinares sésiles, no decurrentes, menores hacia la parte superior del tallo, pinnatinervias, con el nervio central destacado sobre todo por el envés; las basales rosuladas, enteras, pinnatífidas, pinnatipartidas o pinnatisectas, con lóbulos o segmentos ovados, oblanceolados u ovado-lanceolados, enteros, rara vez pinnatífidos o pinnatipartidos, mucronados y con margen liso o ligeramente aserrado, por lo general el terminal de mayor tamaño, glabriúsculas o laxamente pelosas en margen y envés, con pelos pluricelulares y pelos araneosos esparcidos; las medias pinnatipartidas o pinnatisectas y con 1-6 pares de lóbulos o segmentos ovados, oblanceolados, lanceolados o linear-lanceolados, enteros o pinnatífidos, de margen liso y ligeramente revoluto, mucronadas, limbo glabriúsculo o con pelos pluricelulares antrorsos sobre todo en el envés, principalmente en nervios y bordes; las superiores semejantes, mas con menor número de lóbulos o incluso enteras. Capítulos radiantes, con las flores del disco hermafroditas y las de la periferia neutras –a veces con un androceo o gineceo rudimentario–, de tamaño similar, terminales, solitarios mas en inflorescencias complejas corimbiformes, laxas, alcanzados por las últimas hojas caulinares –que no sobrepasan el involucro– o con un pedúnculo afilo hasta de 14 cm. Involucro 16-34 × 14-23 mm, de ovoide a globoso, redondeado en la base, sobrepasado por las flores; brácteas imbricadas y dispuestas aparentemente en 7 u 8 series, las medias mayores que el resto; las medias ovado-oblongas, adpresas, verdosas, amarillentas o rara vez ligeramente de color morado en la parte superior, con nervios longitudinales apenas marcados o del todo inconspicuos, glabras o laxamente araneosas, con apéndice apical triangular, glabro, cortamente decurrente por cada lado de la bráctea, amarillento, pardo o de un pardo ferruginoso ± obscuro, pectinado-espinoso, con una espina apical de (4)7-37 mm, robusta, coriácea, muy punzante, con sección plano-convexa, de erecta a recurvada, laxamente pectinado-espinulosa, con 4-9 pares de espínulas laterales de 2-5 mm, flexuosas, hialinas o concoloras con la parte central; las internas 14-30 mm, lineares o linear-espatuladas, glabras, con margen estrechamente hialino, y apéndice apical apenas distinguible, de ovado a oblongo, cocleariforme, escarioso, entero, lacerado o serrado en el ápice, de un verde claro o pardo. Corola glabra o algo papilosa, la de las flores neutras de 21-32 mm, con tubo blanquecino y limbo

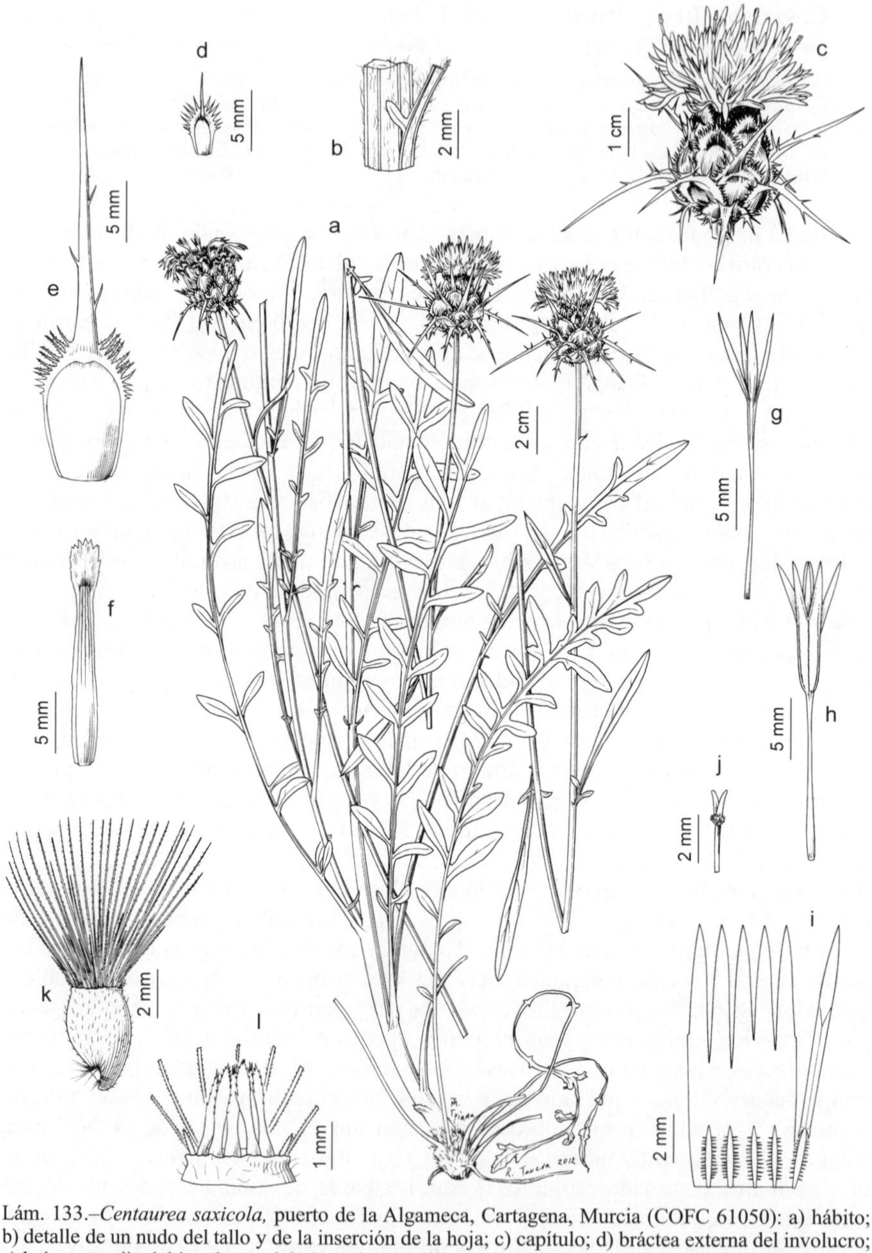

Lám. 133.–*Centaurea saxicola,* puerto de la Algameca, Cartagena, Murcia (COFC 61050): a) hábito; b) detalle de un nudo del tallo y de la inserción de la hoja; c) capítulo; d) bráctea externa del involucro; e) bráctea media del involucro; f) bráctea interna del involucro; g) corola de una flor neutra; h) corola y verticilos sexuales de una flor hermafrodita; i) limbo abierto de la corola de una flor hermafrodita, con los filamentos estaminales y un estambre completo; j) detalle del estilo con sus ramas; k) aquenio con vilano; l) detalle del vilano interno y parte del externo.

amarillo o amarillento-anaranjado, con (2)3 o 4 lóbulos de 3,5-6,5 mm, lineares o linear-lanceolados, desiguales; la de las hermafroditas 21-35 mm, con tubo de 11-19 mm, blanquecino, y limbo de 10-16 mm, amarillo o anaranjado, con 5 lóbulos de 4,5-8 mm, ± iguales o uno de ellos con los senos más profundos. Estambres con filamento papiloso, con papilas hasta de 0,3 mm, blanquecinas; anteras 7,5-11 mm, amarillentas o anaranjadas, con conectivo apical de un amarillo o naranja más pálido o bien amarillento-verdoso, y apéndices basales de 0,5-1 mm, membranáceos y a menudo lacerados. Estilo blanquecino, amarillento en su parte superior; ramas erecto-patentes en su extremo, amarillentas o anaranjadas. Aquenios 3,9-5,4 × 1,6-2,8 mm, oblongo-obovoides u ovoides, algo comprimidos –sección elíptica–, truncados y con reborde entero, en la madurez pajizos o pardos, generalmente con alguna mácula negruzca, laxa e inconspicuamente seríceo-vilosos excepto a veces alrededor del hilo cárpico, donde hay pelos blancos erectos; placa apical con nectario de 0,1(0,2) mm, ± pentalobulado, blancuzco o amarillento; hilo cárpico 0,9-1,1 mm, lateral-adaxial; con eleosoma, a veces rudimentario. Vilano doble, persistente; el externo con varias filas de escamas de 6-9 mm, lineares, desiguales, serradas, de color blanco o pardo, y el interno con una fila de escamas de 1-1,7 mm, ± lisas y laceradas en su parte superior, erectas y ± conniventes. $2n = 60$, 60 + (2-4)B.

Dunas fijas, acantilados y roquedos costeros, bordes de camino y pastos del interior, en suelos básicos ligeramente nitrificados; 1-630 m. (II)IV-VIII. ● SE de España. **Esp.**: A Ab Al Mu. **N.v.**: abreojos, abrepuños, azotacristo; *cat.*: bracera, groga (Valencia), obriülls groc (Valencia), trencamans (Valencia).

Observaciones.–Se pueden observar individuos con una morfología de transición entre las de *C. saxicola* y *C. ornata* en las sierras del interior de la provincia de Murcia y el S de Albacete.

69. C. kunkelii N. Garcia in Ann. Bot. Fenn. 35: 164 fig. 4, 165 (1998) [Kunkélii]

Ind. loc.: "Type: Spain. Almera, Sierra de Gádor, carretera AL 411 de Roquetas a Canjáyar 200 m más allá del cruce al Marchal de Antón López, 30SWF38, 900 m, matorrales sobre calizas, 24.VI.1996, Garcia-Jacas, Susanna 1613 & Vilatersana (holotype BC, isotypes BC)"
Ic.: N. Garcia in Ann. Bot. Fenn. 35: 164 fig. 4 (1998); E. López & Devesa in Lagascalia 33: 102 (2013)

Hierba perenne, con raíz axonomorfa, sufruticulosa, a veces multicaule, inerme –excepto las brácteas involucrales–, verde o de un verde obscuro, con pelos tectores unicelulares araneosos y pelos pluricelulares, y glándulas punctiformes. Tallos hasta de 45 cm –por lo general de más de 20 cm–, erectos, ± ramificados desde su parte media o superior, con sección circular o ± poligonal, acostillados, sin alas, poco foliosos, con indumento laxo de pelos araneosos unicelulares. Hojas hasta de 250 × 60 mm, las basales pecioladas y las caulinares sésiles, no decurrentes, menores hacia la parte superior del tallo, pinnatinervias, con el nervio central destacado sobre todo por el envés; las basales rosuladas, pinnatífidas, 1-2 pinnatipartidas o 1-2 pinnatisectas, con lóbulos o segmentos ovados, elípticos o linear-lanceolados, enteros o pinnatífidos, mucronados y con margen liso o ligeramente aserrado, pelosas en margen y envés, con pelos pluricelulares eglandulosos cortos y pelos araneosos unicelulares esparcidos; las medias pinnatipartidas o pinnatisectas y con 1-6 pares de lóbulos o segmentos ovado-lanceolados, lanceolados o linear-lanceolados, enteros o pinnatífidos, de margen liso y ligeramente revoluto, mucronados, con haz glabriúscula y glandulosa, así como margen y envés con pelos pluricelulares antrorsos, cortos y rígidos; las superiores semejantes, mas con menos lóbulos o incluso enteras. Capítulos radiantes, con las flores del disco hermafroditas y las de la periferia neutras y de tamaño similar, terminales, solitarios mas en inflorescencias complejas corimbiformes, laxas, alcanzados por las últimas hojas caulinares –que no sobrepasan el involucro– o con un pedúnculo afilo hasta de 3,5 cm. Involucro 24-30 × 18-23 mm, ovoide, redondeado en la base, sobrepasado por las flores; brácteas imbricadas y dispuestas aparentemente en 7 u 8 series, las medias mayores que el resto; las medias ovado-oblongas, adpresas, verdosas o de color algo morado en la parte superior, con nervios longitudinales apenas marcados o inconspicuos, glabras o laxamente araneosas, con apéndice apical triangular u ovado, glabro, de un pardo obscuro o rojizo, pectinado fimbriado, ± decurrente a cada lado de la bráctea, con 6-12 pares de fimbrias laterales de 2,5-5 mm, hialinas o concoloras con la parte central, flexuosas, y una espina apical de 5-18 mm, robusta, coriácea, muy punzante, con sección plano-convexa, de erecta a recurvada; las internas 13-24 mm, ovado-oblongas o linear-espatuladas, glabras, con margen estrechamente hialino, y apéndice apical de ovado a oblongo, cocleariforme, escarioso, entero, lacerado o serrado en el ápice, de un verde claro o de color morado. Corola glabra, por lo general con algunas glándulas sésiles dispersas, la de las flores neutras de 27-30 mm, con tubo blanquecino y limbo amarillo, con 2-4 lóbulos de 6,5-8,5 mm lineares o linear-lanceolados, desiguales; la de las hermafroditas 25-30 mm, con tubo de 13-15 mm, blanquecino, y limbo de 12-14 mm, amarillo, con 5 lóbulos de 5-7 mm, ± iguales o bien uno o dos con los senos algo más profundos. Estambres con filamento papiloso, con papilas hasta de 0,2 mm, blanquecinas; anteras 9-10 mm, amarillentas o blanquecino-amarillentas, con conectivo apical más pálido o de un amarillo verdoso, y apéndices basales de 0,6-1,2 mm, membranáceos y a menudo lacerados. Estilo blanquecino o amarillento en la parte distal; ramas amarillentas. Aquenios 5,7-6,5 × 2,5-3 mm, oblongo-obovoides u ovoides, algo comprimidos –sección elíptica–, truncados y con reborde entero, en la madurez pardos con alguna mácula negruzca o negruzcos, laxa e inconspicuamente vilosos excepto alrededor del hilo cárpico, donde hay abundantes pelos blancos erectos; placa apical con nectario ± pentalobulado, blanquecino-amarillento; con eleosoma. Vilano doble, persistente; el externo con varias filas de escamas de 2-3 mm, lineares, desiguales, serradas, blancas, y el interno con una fila de escamas de 0,7-1,2 mm, ± lisas y laceradas en su parte superior, erectas y ± conniventes. $2n = 110$.

Taludes y bordes de camino y carretera, campos, claros de matorral y pastizales, en suelos básicos; 700-1700 m. IV-VII(VIII). ● SE de España: desde la sierra de Gádor (Almería) hasta la de Lújar (Granada). **Esp.:** Al Gr.

70. C. legionis-septimae Fern. Casas & Susanna in Fontqueria 9: 13, 14 lám. 1, 15 lám. 2 a y d (1985) [Legiónis-Séptimae]

Ind. loc.: "Holotypus asservatus est in herbario nostro hispanico: "León: pr. vicum Crémenes, 30TUN25, ad 1000 m, in subruderatis ad viam, Fernández Casas 5600 & Susanna, 20-VIII-1981". Isotypi adsunt etiam, libentissime cuilibet commodandi"
Ic.: Fern. Casas & Susanna in Fontqueria 9: 14 lám. 1, 15 lám. 2 a y d (1985); lám. 134

Hierba perenne, con raíz axonomorfa, sufruticulosa, por lo general multicaule, inerme –excepto las brácteas involucrales–, verde-grisácea o de un verde claro, con pelos tectores unicelulares araneosos y pelos pluricelulares uniseriados, sin glándulas punctiformes. Tallos hasta de 80 cm –por lo general de más de 20 cm–, erectos o ascendentes, ± ramificados a lo largo de toda su longitud, con sección circular o ± poligonal, acostillados, sin alas, con indumento de pelos pluricelulares rígidos y patentes, y pelos araneosos esparcidos, más abundante en la parte inferior y escaso en la superior. Hojas hasta de 350 × 120 mm, las basales pecioladas y las caulinares sésiles o subsésiles, no decurrentes, menores hacia la parte superior del tallo, pinnatinervias, con el nervio central destacado; las basales rosuladas, enteras, 1-2 pinnatipartidas o 1-2 pinnatisectas, con lóbulos o segmentos ovados, obovados, lanceolados o linear-lanceolados, enteros o pinnatífidos, mucronados y de margen liso, crenado o ligeramente aserrado, el terminal igual o menor que los laterales, pelosas, con pelos pluricelulares especialmente abundantes en nervios y envés, a menudo secas durante la floración; las medias pinnatipartidas o pinnatisectas y con 1-5 pares de segmentos oblanceolados, lanceolados o linear-lanceolados, enteros o pinnatífidos, de margen liso y en ocasiones ligeramente revoluto, mucronadas, glabras, glabriúsculas o laxamente pelosas, con pelos pluricelulares recurvos en margen y envés; las superiores semejantes pero con menos lóbulos o enteras. Capítulos radiantes, con las flores del disco hermafroditas y las de la periferia neutras y de tamaño similar, solitarios y terminales, pero en inflorescencias complejas corimbiformes, laxas, alcanzados por las últimas hojas caulinares, que no sobrepasan el involucro. Involucro 20-25 × 14-20 mm, ovoide o globoso-ovoide, redondeado en la base, sobrepasado por las flores; brácteas imbricadas y dispuestas aparentemente en 6-8 series, gradualmente mayores de fuera adentro; las medias de ovadas a ovado-oblongas, adpresas, de un verde claro o glaucas, con nervios longitudinales apenas marcados o del todo inconspicuos, glabras o laxamente araneosas, con apéndice apical triangular, de un amarillo pajizo o un pardo claro, ± decurrente por el margen de la bráctea, de erecto a patente, glabro, pectinado-fimbriado, con 8-12 pares de fimbrias laterales de 1,5-3 mm, flexuosas, hialinas o concoloras con la parte central, la apical de 1-4,7 mm, espiniforme y a veces punzante, de erecta a patente; las internas de 16-21 mm, lineares o linear-espatuladas, glabras, con margen estrechamente hialino, y apéndice apical de ovado a orbicular, cocleariforme, entero, fimbriado o lacerado, de un amarillo pálido a un pardo obscuro. Corola glabra o algo papilosa, la de las flores neutras de 15-30 mm, con tubo blanquecino y limbo amarillo, de un amarillo pálido o rosado, con 3 o 4 lóbulos de 5-8 mm, lineares o linear-lanceolados, desiguales; la de las hermafroditas 24-28 mm, con tubo de 12-16 mm, blanquecino, y limbo de 11-13 mm, rosado, con 5 lóbulos de 5-7 mm, ± iguales o uno de ellos con los senos más profundos. Estambres con filamento papiloso, con papilas hasta de 0,3 mm, blanquecinas; anteras 8-9,5 mm, amarillentas, con conectivo apical blanquecino-amarillento, rosado o purpúreo, y apéndices basales de 0,5-0,8 mm,

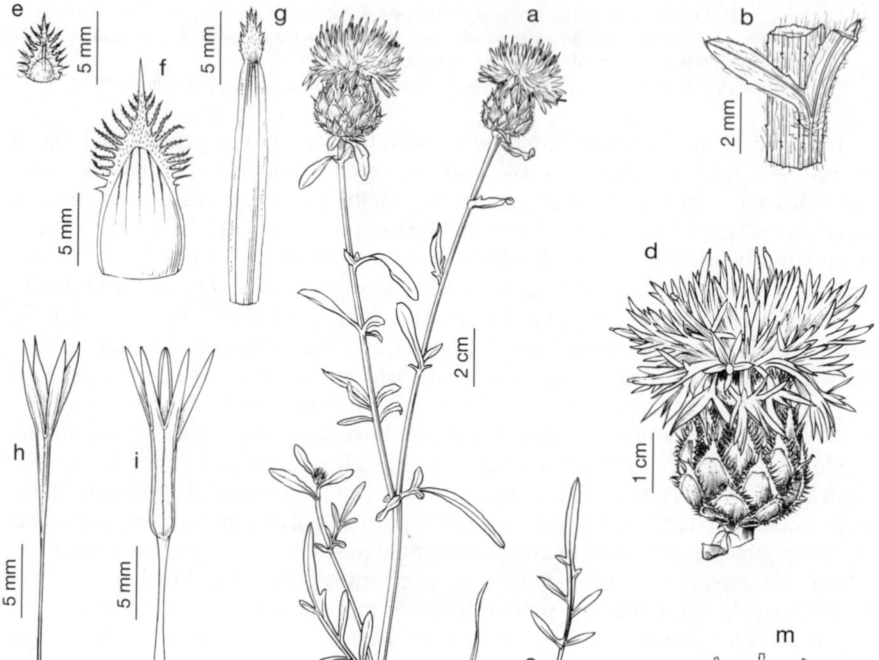

Lám. 134.–*Centaurea legionis-septimae*, Crémenes, en dirección a Las Salas, León (COFC 61060): a) tallo florido; b) detalle de un nudo del tallo y de la inserción de la hoja; c) hoja basal; d) capítulo; e) bráctea externa del involucro; f) bráctea media del involucro; g) bráctea interna del involucro; h) corola de una flor neutra; i) corola y verticilos sexuales de una flor hermafrodita; j) limbo abierto de la corola de una flor hermafrodita, con los filamentos estaminales y un estambre completo; k) detalle del estilo con sus ramas; l) aquenio con vilano; m) detalle del vilano interno y parte del externo.

membranáceos y a menudo lacerados. Estilo blanquecino; ramas amarillas o anaranjadas. Aquenios 4-4,8 × 2,3-2,7 mm, ovoides u oblongo-ovoides, algo comprimidos –sección elíptica–, truncados y con reborde entero, en la madurez amarillentos o pardos, con alguna mácula negruzca, laxa e inconspicuamente seríceo-vilosos excepto, a veces, alrededor del hilo cárpico, donde hay abundantes pelos blancos erectos; placa apical con nectario hasta de 0,4 mm, ± pentalobulado, blancuzco o amarillento; hilo cárpico 0,6-1 mm, lateral-adaxial; con eleosoma, a menudo rudimentario. Vilano doble, persistente; el externo con varias filas de escamas de 6-7 mm, lineares, desiguales, serradas, blancas o pardas, y el interno con una fila de escamas de 0,7-1,3 mm, ± lisas y laceradas en su parte superior, erectas y ± conniventes. $2n = 40$.

Taludes y bordes de camino y carretera, en suelos básicos; 1000-1200 m. VII-VIII. ● N-NW de España: N de León, Cantabria. **Esp.:** Le S.

Observaciones.–Esta especie parece hibridarse con *C. cephalariifolia* (véase el apartado de híbridos). El híbrido, *C.* × *cephalariseptimae* (Esp.: Le), combina caracteres de ambos parentales. Difiere de *C. legionis-septimae,* sobre todo, porque la arista apical de las brácteas involucrales es más corta, hasta de 3 mm, y porque tiene el aquenio y el vilano de una longitud similar.

71. C. prolongoi Boiss. ex DC., Prodr. 7: 303 (1838) [Prolóngoi]
["Prolongi"]

Ind. loc.: "(...) in montibus demissis circà Malaccam et Rondam alt. 1200 ad 3000 ped. legit cl. Boissier" [lectótipo designado por H.M. Burdet & al. in Candollea 38: 776 (1983): G]
Ic.: Boiss., Voy. Bot. Espagne 1, tab. 103 (1840); Fern. Casas in Fontqueria 48: 217 lám. 8 (1997)

Hierba perenne, con raíz axonomorfa, sufruticulosa, a menudo multicaule, inerme –excepto las brácteas involucrales–, verde, glabriúscula o con pelos tectores unicelulares araneosos y pelos pluricelulares uniseriados, a veces con glándulas punctiformes en las hojas inferiores. Tallos hasta de 65(70) cm –por lo general de más de 20 cm–, erectos, simples o poco ramificados –solo en su parte media o superior–, de sección circular o ± poligonal, acostillados, sin alas, poco foliosos, glabriúsculos o laxamente pelosos, con pelos pluricelulares rígidos y patentes –sobre todo en su parte inferior–, y pelos araneosos esparcidos. Hojas hasta de 270 × 65 mm, las basales pecioladas y las caulinares sésiles, no decurrentes, menores hacia la parte superior del tallo, pinnatinervias, con el nervio central destacado por el envés; las basales rosuladas, las primordiales lanceoladas, enteras o dentadas, y las consecutivas lirado-pinnatipartidas o lirado-pinnatisectas, con lóbulos o segmentos ovados u ovado-lanceolados, enteros, mucronados, de margen liso o apenas denticulado, verdes, glabriúsculas, a menudo secas durante la floración; las medias pinnatífidas, pinnatipartidas o pinnatisectas con 1-6 pares de lóbulos o segmentos laterales oblongos, oblongo-lanceolados o linear-lanceolados, mucronados, de margen liso o apenas denticulado, ligeramente revolutos, verdes, glabriúsculas o laxamente pelosas, con pelos pluricelulares cortos en haz y envés; las superiores semejantes pero por lo general enteras, lanceoladas o lineares. Capítulos radiantes, con las flores del disco hermafroditas y las de la periferia neutras y de tamaño similar, terminales, solitarios, sustentados por un pedúnculo hasta de 180 mm. Involucro 20-28 × (11)13-23 mm, ovoide u ovoide-globoso, redondeado en la base, sobrepasado por las flores; brácteas imbricadas y dispuestas aparentemente en 7 u 8 series, gradualmente mayores de fuera adentro; las medias de ovadas a ovado-oblongas, fuertemente adpresas, verdosas –a veces verdoso-amarillentas en el margen–, con nervios longitudinales apenas marcados o del todo inconspicuos, glabras, araneosas o laxamente lanuginosas, con apéndice apical triangular, estrechamente decurrente por el margen de la bráctea, de erecto a erecto-patente, glabro o laxamente araneoso, pardo o de un pardo obscuro o acastañado, pectinado-fimbriado, con 7-12 pares de fimbrias laterales de 1-3 mm, ± flexuosas, las superiores concoloras con la parte central y las inferiores hialinas, la apical de 1-4,5(8) mm, inerme o a veces espiniforme y ± punzante, por lo general curvada; las internas 17-25 mm, lineares o linear-lanceoladas, glabras, con margen estrechamente hialino, y apéndice apical ovado u orbicular, cocleariforme, escarioso, entero, fimbriado o lacerado, pardo. Corola glabra o algo papilosa, la de las flores neutras de 21-30 mm, con tubo blanquecino y limbo amarillo o amarillento-anaranjado, con 3-5 lóbulos de 5-7 mm, lineares o linear-lanceolados, desiguales; la de las hermafroditas 23-34 mm, con tubo de 13-18 mm, blanquecino, y limbo de 11-16 mm, amarillo o amarillento-anaranjado, con 5 lóbulos de 5-8 mm, ± iguales o uno de ellos con los senos más profundos. Estambres con filamento papiloso, con papilas hasta de 0,3 mm, blanquecinas; anteras 9,5-13 mm, amarillentas o amarillento-anaranjadas, con conectivo apical de un amarillo pajizo, y apéndices basales de 0,6-1 mm, membranáceos y a menudo lacerados. Estilo blanquecino o blanquecino-amarillento; ramas por lo general erecto-patentes en el extremo, amarillentas. Aquenios 4,1-5,9 × 2,2-3 mm, obovoides, algo comprimidos –sección elíptica–, truncados y con reborde entero, en la madurez amarillentos o grisáceo-pardos –en ocasiones con alguna mácula negruzca–, laxa e inconspicuamente seríceo-vilosos excepto a veces alrededor del hilo cárpico, donde hay pelos blancos erectos; placa apical con nectario de 0,2-0,6 mm, pentalobulado, blanco; hilo cárpico 0,7-1,4 mm; con eleosoma, a veces rudimentario. Vilano doble, persistente; el externo con varias filas de escamas de (7,5)9-12 mm, lineares, desiguales, serradas, pardas, y el interno con una fila de escamas de 2-8 mm, lisas y solo laceradas en el ápice, erectas y ± conniventes, a veces con algunas de ellas de tamaño similar a las del externo y serradas solo en su parte media superior. $2n = 20$.

En paredones, roquedos, bordes de camino, pastos y claros de bosque o matorral, en suelos básicos, peridotitas y dolomías, por lo general poco nitrificados; 100-1600 m. (III)IV-VIII. ● S de España. **Esp.:** Gr Ma.

Observaciones.–En el NW de África vive una especie muy afín, *C. carolipauana* Fern. Casas & Susanna in Fontqueria 1: 2 (1982) [*C. prolongoi* var. *macrocephala* Pau & Font Quer in Font Quer, Iter Marocc. 1930, n.º 702 (1931), in sched., nom. subst.; *C. prolongoi* subsp. *macrocephala* (Pau & Font Quer) Fern. Casas in Mém. Soc. Bot. Genève 1: 119 (1979); *Colymbada carolipauana* (Fern. Casas & Susanna) Fern. Casas & Susanna in Fontqueria 2: 21 (1982); $2n = 22$], que se diferencia porque tiene hojas basales pinnatipartidas con segmentos laterales más anchos y unos capítulos con involucro mayor, de 25-45 × 35-55 mm.

72. C. crocata Franco, Nova Fl. Portugal 2: 474, 572 (1984) [crocáta]

C. prolongoi sensu Cout., Fl. Portugal ed. 2: 776 (1939), non Boiss. ex DC., Prodr. 7: 303 (1838)
Ind. loc.: "Hab. in Lusitaniae austro-occidentalis meridionalis fruticetis in solo glareoso. Typus: Monchique: Moinho do Peso, Jul. 1924, R. Palhinha (LISU, P-39238)"

Ic.: Fern. Casas in Fontqueria 48: 204 lám. I (1997); N. Garcia & Susanna in Nordic J. Bot. 14: 34 fig. 2 (1994); lám. 135

Hierba perenne, con raíz axonomorfa, sufruticulosa, a menudo multicaule, inerme –excepto las brácteas involucrales–, verde, con pelos tectores unicelulares araneosos y pelos pluricelulares uniseriados, sin glándulas punctiformes. Tallos hasta de 60 cm –por lo general de más de 20 cm–, erectos, simples o poco ramificados desde la parte media o inferior, de sección circular o ± poligonal, acostillados, sin alas, poco foliosos, glabriúsculos o laxamente pelosos, con pelos pluricelulares rígidos y patentes –más abundantes en su parte inferior–, y pelos araneosos esparcidos. Hojas hasta de 300 × 50 mm, las basales pecioladas y las caulinares sésiles, no decurrentes, menores hacia la parte superior del tallo, pinnatinervias, con el nervio central destacado por el envés; las basales rosuladas, las primordiales lanceoladas, enteras o dentadas, y las consecutivas lirado-pinnatipartidas o lirado-pinnatisectas, con lóbulos o segmentos ovados u ovado-lanceolados, enteros, mucronados, de margen liso o apenas denticulado, verdes, con pelos pluricelulares en haz y envés, a menudo secas durante la floración; las medias pinnatífidas, pinnatipartidas o pinnatisectas y con 1-5 pares de lóbulos o segmentos laterales, lanceolados o linear-lanceolados, mucronados, de margen liso o apenas denticulado, ligeramente revoluto, glabriúsculas o pelosas, con pelos pluricelulares en haz y envés, más abundantes en las hojas inferiores; las superiores por lo general de pinnatífidas a enteras, lanceoladas o lineares. Capítulos radiantes, con las flores del disco hermafroditas y las de la periferia neutras y de tamaño similar, terminales, solitarios, sustentados por un pedúnculo hasta de 90 mm. Involucro 17-25 × 11-18 mm, ovoide, redondeado en la base, sobrepasado por las flores; brácteas imbricadas y dispuestas aparentemente en 7 u 8 series, gradualmente mayores de fuera adentro; las medias de ovado a ovado-oblongas, fuertemente adpresas, verdosas –a veces verdoso-amarillentas en el margen–, con nervios longitudinales apenas marcados o del todo inconspicuos, glabras o laxamente araneosas, con apéndice apical triangular, estrechamente decurrente por el margen de la bráctea, de erecto a erecto-patente, glabro o laxamente araneoso, de un pardo obscuro a negruzco o acastañado, pectinado-fimbriado, con 8-14 pares de fimbrias laterales de 1,5-3 mm, ± flexuosas, todas concoloras con la parte central o de un pardo más claro, la apical de 0,5-3,5 mm, espiniforme y ± punzante, por lo general algo recurvada; las internas 14-20 mm, lineares o linear-lanceoladas, glabras, con margen estrechamente hialino, y apéndice apical ovado u orbicular, cocleariforme, escarioso, entero, fimbriado o lacerado, pardo. Corola glabra o algo papilosa, la de las flores neutras de 18-21 mm, con tubo blanquecino y limbo de un amarillo intenso o amarillento-anaranjado, con 3-5 lóbulos de 4-5,5 mm, lineares o linear-lanceolados, desiguales; la de las hermafroditas 20-25 mm, con tubo de 10-13 mm, blanquecino, y limbo de 10-12 mm, de un amarillo intenso o amarillento-anaranjado, con 5 lóbulos de 5-7 mm, ± iguales o uno de ellos con los senos más profundos. Estambres con filamento papiloso, con papilas hasta de 0,2 mm, blanquecinas; anteras 7,5-9 mm, amarillentas o de un amarillo pajizo, con conectivo apical más pálido, y apéndices basales de 0,5-0,7 mm, membranáceos y a menudo lacerados. Estilo blanquecino, amarillo o amarillento-anaranjado en su parte superior; ramas enteramente soldadas o erecto-patentes en su extremo,

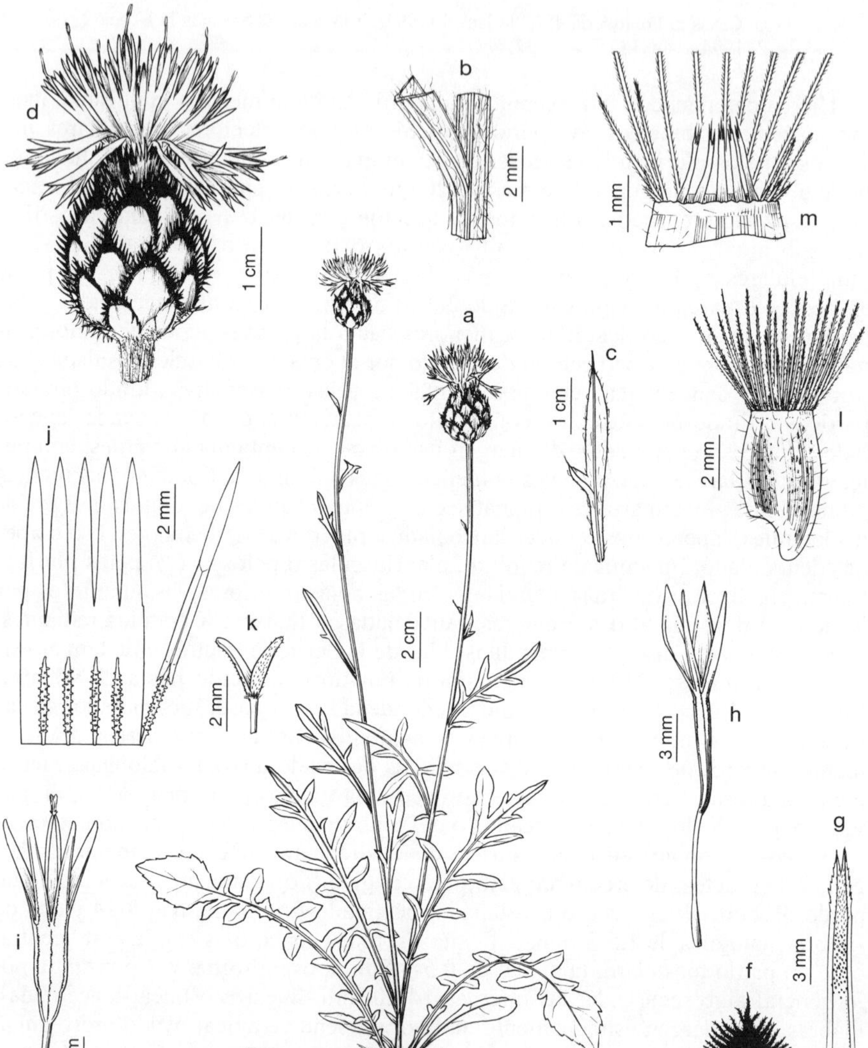

Lám. 135.–*Centaurea crocata,* a-k) entre San Marcos da Serra y Monchique, Algarve (MA 588740); l, m) Serra da Brejeira, Monchique, Algarve (COA 46855): a) hábito; b) detalle de un nudo del tallo y de la inserción de la hoja; c) hoja caulinar; d) capítulo; e) bráctea externa del involucro; f) bráctea media del involucro; g) bráctea interna del involucro; h) corola de una flor neutra; i) corola y verticilos sexuales de una flor hermafrodita; j) limbo abierto de la corola de una flor hermafrodita, con los filamentos estaminales y un estambre completo; k) detalle del estilo con sus ramas; l) aquenio con vilano; m) detalle del vilano interno y parte del externo.

de amarillentas a anaranjadas. Aquenios 4,8-5,5(6,3) × 2,5-2,8(3,2) mm, obovoides, algo comprimidos –sección elíptica–, en la madurez de un pardo obscuro, por lo general con máculas negruzcas, laxamente seríceo-vilosos excepto a veces alrededor del hilo cárpico, donde hay pelos blancos erectos; placa apical con nectario de 0,2-0,4 mm, pentalobulado, blanco; hilo cárpico 1,3-1,5 mm, lateral-adaxial; con eleosoma. Vilano doble, persistente; el externo con varias filas de escamas de 1-5,2 mm, lineares, desiguales, serradas, pardas, y el interno con una fila de escamas de 0,4-1,3 mm, lisas y laceradas en su parte superior, erectas y ± conniventes. $2n = 40$.

En claros de bosque –pinares– y matorrales xerófilos, bordes de camino y carretera, en suelos arenosos o pedregosos de naturaleza silícea; 100-850 m. IV-VI. ● SW de Portugal. **Port.**: Ag BAl.

73. C. occasus Fern. Casas in Fontqueria 48: 212 lám. 5 a y b, 213 lám. 6, 221 (1997) [occásus]

C. collina sensu Cout., Fl. Portugal ed. 2: 777 (1939), non L., Sp. Pl.: 918 (1753)

Ind. loc.: "Typus: Portugal, Algarve, Faro: pr. Loulé, ad cacumine Guelhim. In dumosis apricis, solo calcareo. Fernández Casas 14036 & Souto Mandelos, 26-VI-1996 (herb. JFC, holo-)"

Ic.: Fern. Casas in Fontqueria 48: 212 lám. 5 a y b, 213 lám. 6 (1997); N. Garcia & Susanna in Nordic J. Bot. 14: 33 fig. 1 (1994) [sub *C. prolongoi*]; E. López & Devesa in Lagascalia 33: 113 (2013)

Hierba perenne, con raíz axonomorfa, sufruticulosa, inerme –excepto las brácteas involucrales–, verde, glabriúscula o laxamente pelosa, con pelos tectores unicelulares araneosos y pelos pluricelulares uniseriados cortos, con o sin glándulas punctiformes. Tallos hasta de 60 cm –por lo general de más de 20 cm–, erectos, de escasa consistencia, simples o poco ramificados –por lo general desde la parte media–, de sección circular o ± poligonal, acostillados, sin alas, glabriúsculos o con indumento de pelos araneosos esparcidos. Hojas hasta de 350 × 80 mm, las basales largamente pecioladas y las caulinares sésiles, no decurrentes, menores hacia la parte superior del tallo, pinnatinervias, con el nervio central destacado por el envés; las basales ± rosuladas, las primordiales lanceoladas, enteras, y las consecutivas 1(2) lirado-pinnatipartidas o 1(2) lirado-pinnatisectas, con lóbulos ovado-lanceolados, lanceolados o linear-lanceolados, enteros o pinnatífidos, mucronados, de margen liso o apenas denticulado, verdes, laxamente araneosas y con pelos pluricelulares dispersos en haz y envés, o glabriúsculas, a menudo secas durante la floración; las medias pinnatífidas, pinnatipartidas o pinnatisectas y con 1-6 pares de lóbulos laterales lanceolados o linear-lanceolados, mucronados, de margen liso o apenas denticulado, ligeramente revoluto, glabriúsculas o pelosas, con pelos araneosos esparcidos y pelos pluricelulares cortos y curvos en el margen; las superiores a menudo enteras, lanceoladas o lineares. Capítulos radiantes, con las flores del disco hermafroditas y las de la periferia neutras y de tamaño similar, terminales, solitarios, sustentados por un pedúnculo hasta de 120 mm. Involucro 17-23 × 10-17 mm, ovoide, redondeado en la base, sobrepasado por las flores; brácteas imbricadas y dispuestas aparentemente en 6 o 7 series, gradualmente mayores de fuera adentro; las medias de ovadas a ovado-oblongas, fuertemente adpresas, verdosas –a veces verdoso-amarillentas en el margen–, con nervios longitudinales apenas marcados o inconspicuos, laxamente araneosas en su parte superior, con apéndice apical ± triangular, estrechamente decurrente por el margen de la bráctea, de patente a recurvado, algo araneoso, de un pardo obscuro a negruzco, pectinado-fimbriado, con 7-10 pares de fimbrias laterales de 1,5-3 mm, muy flexuosas, las superiores concoloras con la parte central y las inferiores hialinas, la apical de 2-7 mm, espiniforme y ± punzante, por lo general recurvada; las internas 13-20 mm, lineares o linear-lanceoladas, glabras, con margen estrechamente hialino, y apéndice apical ovado u orbicular, cocleariforme, escarioso, entero, fimbriado o lacerado, pardo. Corola glabra o algo papilosa, la de las flores neutras de 19-24 mm, con tubo blanquecino y limbo de un amarillo pálido, con 3 o 4 lóbulos de 4-6 mm, lineares o linear-lanceolados, desiguales; la de las hermafroditas 21-30 mm, con tubo de 11-14 mm, de blanquecino a un color pajizo, y limbo de 10-14 mm, de un amarillo pálido, con 5 lóbulos de 4-7 mm, ± iguales o uno de ellos con los senos algo más profundos. Estambres con filamento papiloso, con papilas hasta de 0,2 mm, blanquecinas; anteras 8-10 mm, blanquecinas o amarillentas, con conectivo apical más pálido, apéndices basales de 0,5-0,7 mm, membranáceos y a menudo lacerados. Estilo de blanquecino a un color amarillento pálido; ramas enteramente soldadas o erecto-patentes en el extremo, amarillentas. Aquenios 3,1-3,5 × 1,5-1,9 mm, obovoides, algo comprimidos –sección elíptica–, en la madurez de un amarillo pajizo o grisáceo-pardos –en ocasiones con alguna mácula negruzca–, laxa e inconspicuamente seríceo-vilosos excepto a veces alrededor del hilo cárpico, donde hay pelos blancos erectos; placa apical con nectario de 0,2-0,3 mm, pentalobulado, blanco; hilo cárpico 0,7-0,8 mm, con eleosoma muy poco desarrollado. Vilano doble, persistente; el externo con varias filas de escamas de 7-8 mm, lineares, desiguales, serradas, pardas, y el interno con una fila de escamas de 1,4-1,5 mm, setáceas, erectas y ± conniventes. $2n = 30$.

Claros de matorral xerófilo, en substratos calcáreos; 150-400 m. IV-VI. ● S de Portugal: Algarve. **Port.:** Ag.

74. C. molesworthiae E. López, Devesa & García Rojas in Nordic J. Bot. 30: 422 fig. 1 (2012) [Moleswórthiae]

Ind. loc.: "Type: Spain, Cádiz, Tarifa, Sierra de Ojén, the slope of "El Chivato", 30STE6798, 19 Jun 2010, acid soils, J. A. García Rojas no. 59475 (holotype: COFC, isotype: no. 60482 COFC)"
Ic.: E. López & al. in Nordic J. Bot. 30: 422 fig. 1 (2012)

Hierba perenne, con raíz axonomorfa, sufruticulosa, inerme –excepto las brácteas involucrales–, verde, glabriúscula o con pelos tectores unicelulares araneosos, con glándulas punctiformes. Tallos hasta de 56 cm –por lo general de más de 20 cm–, erectos, simples o ramificados solo en la parte inferior, de sección circular o ± poligonal, acostillados, sin alas, poco foliosos, glabriúsculos o con pelos araneosos esparcidos. Hojas hasta de 250 × 50 mm, las basales pecioladas y las caulinares sésiles, no decurrentes, menores hacia la parte superior del tallo, pinnatinervias, con el nervio central destacado por el envés; las basales rosuladas, las primordiales de ovadas a ovado-lanceoladas, enteras, y las consecutivas lirado-pinnatipartidas o lirado-pinnatisectas, con lóbulos o segmentos ovados, ovado-lanceolados u oblongo-lanceolados, enteros, mucronados, de margen liso o apenas denticulado, verdes, glabriúsculas, a menudo secas durante la floración; las caulinares inferiores pinnatipartidas o pinnatisectas con 1-5 pares de lóbulos laterales lanceolados o linear-lanceolados, de margen liso o apenas denticulado –el terminal más largo y solo algo más ancho–, con haz glabriúscula y envés de glabrescente a laxamente araneoso; las medias y superiores enteras, estrechamente lanceoladas o linear-lanceoladas. Capítulos radiantes, con las flores del disco hermafroditas y las de la periferia neutras –a veces con un androceo rudimentario e incluso con un cipseloide–, de tamaño similar, terminales, solitarios, sustentados por un pedúnculo hasta de 70 mm. Involucro 20-27 × 10-19 mm, ovoide, redondeado en la base, sobrepasado por las flores; brácteas imbricadas y dispuestas aparentemente en 5-7 series, las medias mayores que el resto; las medias de ovadas a ovado-oblongas, adpresas, verdosas –a veces verdoso-amarillentas en el margen–, con nervios longitudinales apenas marcados o inconspicuos, araneosas o laxamente lanuginosas, con apéndice apical triangular, glabriúsculo o laxamente araneoso, de un pardo obscuro o acastañado, pectinado-fimbriado, estrechamente decurrente por buena parte del margen de la bráctea, con 7-9 pares de fimbrias laterales de 1,5-4 mm, concoloras con la parte central o de un pardo más claro y las que están en la parte decurrente blanquecinas, así como una espina apical de 5-12 mm, robusta, coriácea, muy punzante, con sección plano-convexa, erecto-patente o patente; las internas 12-19 mm, lineares o linear-lanceoladas, glabras, con margen estrechamente hialino, y apéndice apical ovado u orbicular, cocleariforme, escarioso, entero, fimbriado o lacerado, pardo. Corola glabra o algo papilosa, la de las flores neutras de 20-30 mm, con tubo blanquecino y limbo de un amarillo pálido, con 4 o 5 lóbulos de 5-7 mm, lineares o linear-lanceolados, desiguales; la de las hermafroditas 24-32 mm, con tubo de 12-18 mm, blanquecino, y limbo de 13-14 mm, de un amarillo pálido, con 5 lóbulos de 5-7 mm, ± iguales o uno de ellos con los senos algo más profundos. Estambres con filamento papiloso, con papilas hasta de 0,2 mm, blanquecinas; anteras 8,5-10 mm, amarillentas o blanquecinas, con conectivo apical más pálido, y apéndices basales de 0,7-1 mm, membranáceos y a menudo lacerados. Estilo blanquecino; ramas enteramente soldadas o erecto-patentes en el extremo, blanquecinas o amarillentas. Aquenios 4,3-5,7 × 2,3-3,6 mm, obovoides, algo comprimidos –sección elíptica–, truncados y con reborde entero, en la madurez grisáceos o pardos, a veces con alguna mácula negruzca, de glabrescentes a laxa e inconspicuamente seríceo-vilosos excepto a veces alrededor del hilo cárpico, donde hay pelos blancos erectos; placa apical con nectario de 0,1-0,4 mm, pentalobulado, blanco; hilo cárpico 0,6-1,2 mm, lateral-adaxial; con eleosoma, a veces rudimentario. Vilano doble, persistente; el externo con varias filas de escamas de 8-11 mm, lineares, desiguales, serradas, blancas o parduzcas, y el interno con una fila de escamas de 1,7-3 mm, lisas y laceradas o serradas en su parte superior, erectas y ± conniventes, a veces con algunas de ellas de tamaño similar a las del externo. $2n = 40$.

Claros de matorral, taludes y laderas pedregosas muy expuestas, en substratos ácidos; 200-650 m. V-VII. ● S de España: Cádiz. **Esp.:** Ca.

75. C. granatensis DC., Prodr. 7: 303 (1838) [granaténsis]

Ind. loc.: "(...) in declivibus calidis Sierræ Nevadæ Hispano-Granatensium alt. 4500-5000 ped. legit cl. Boissier!" [lectótipo designado por H.M. Burdet & al. in Candollea 38: 773 (1983): G-DC]

Ic.: Boiss., Voy. Bot. Espagne 1, tab. 104 (1840); lám. 136

Hierba perenne, con raíz axonomorfa y a veces con la cepa ramificada, sufruticulosa, por lo general unicaule, inerme –excepto las brácteas involucrales–, blanquecino-tomentosa o blanquecino-lanuginosa, con pelos tectores unicelulares araneosos y pluricelulares uniseriados, sin glándulas punctiformes. Tallos hasta de 45 cm –por lo general de más de 20 cm–, erectos, simples o, si ramificados, desde la base o en la parte media, con sección circular o ± poligonal, acostillados, sin alas, poco foliosos, con indumento ± denso de pelos araneosos. Hojas hasta de 250 × 40 mm, las basales pecioladas y las caulinares sésiles, no decurrentes, menores hacia la parte superior del tallo, pinnatinervias, con el nervio medio destacado por el envés; las basales rosuladas, enteras, pinnatipartidas o pinnatisectas, con lóbulos o segmentos elípticos, ovados u oblongo-ovados, enteros o pinnatífidos, mucronados, con margen liso, densamente blanquecino-lanuginosas; las caulinares enteras, pinnatífidas, pinnatipartidas o pinnatisectas con 1-4 pares de lóbulos o segmentos ovados u oblongo-ovados, enteros o pinnatífidos, de margen liso o ligeramente aserrado, mucronados, densamente blanquecino-lanuginosas. Capítulos radiantes, con las flores del disco hermafroditas y las de la periferia neutras y de tamaño similar, terminales, solitarios, por lo general sustentados por un pedúnculo hasta de 20 cm. Involucro 18-25 × 9-18 mm, ovoide u ovoide-cilíndrico, de redondeado a débilmente atenuado en la base, sobrepasado por las flores; brácteas imbricadas y aparentemente dispuestas en 6 o 7 series, las medias mayores que el resto; las medias de ovadas a ovado-oblongas, adpresas, verdosas, con nervios longitudinales apenas marcados o del todo inconspicuos, con margen estrechamente hialino, o sin él, glabras o laxamente araneosas, con apéndice apical triangular, ± decurrente por el margen de la bráctea, de erecto-patente a recurvado, glabro o laxamente araneoso, pardo, negruzco o de un pardo obscuro o rojizo, pectinado-fimbriado, con 6-10 pares de fimbrias laterales de 1,5-3 mm, blanquecinas –las distales ± pardas y concoloras con la parte central–, flexuosas, la apical de (1)1,5-6,5(8) mm, espiniforme y ± punzante, de erecto-patente a recurvada; las internas 13-19 mm, lineares o linear-espatuladas, glabras, con margen estrechamente hialino, y apéndice apical ovado, cocleariforme, escarioso, entero, lacerado o serrado en el ápice, de un verde claro o de color morado. Corola glabra o algo papilosa, la de las flores neutras de 23-27 mm, con tubo y limbo amarillento o amarillento-anaranjado, con 3-5 lóbulos de 5-9 mm, linear-lanceolados, ± iguales; la de las hermafroditas 22-27 mm, con tubo de 11-14 mm, blanquecino, y limbo de 11-13 mm, amarillo o amarillento-anaranjado, con 5 lóbulos de 5-8 mm, ± iguales o uno de ellos con los senos algo más profundos. Estambres con filamento papiloso, con papilas hasta de 0,2 mm, blanquecinas; anteras 8-11 mm, amarillentas o anaranjadas, con conectivo apical del mismo color aunque más pálido, blanquecinas en su parte superior, con apéndices basales de 0,4-0,9 mm, membranáceos y a menudo lacerados. Estilo blanquecino, amarillento en su parte superior, con ramas

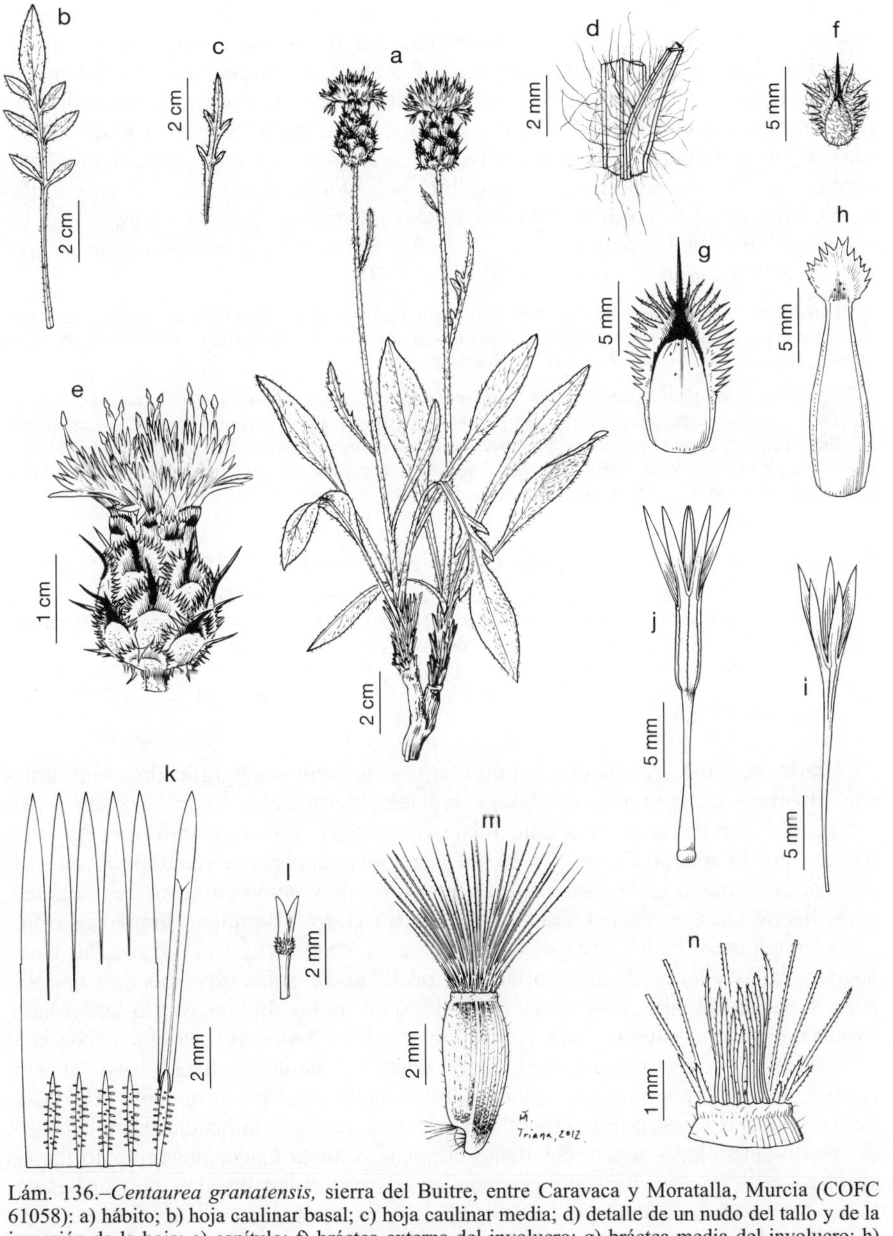

Lám. 136.–*Centaurea granatensis,* sierra del Buitre, entre Caravaca y Moratalla, Murcia (COFC 61058): a) hábito; b) hoja caulinar basal; c) hoja caulinar media; d) detalle de un nudo del tallo y de la inserción de la hoja; e) capítulo; f) bráctea externa del involucro; g) bráctea media del involucro; h) bráctea interna del involucro; i) corola de una flor neutra; j) corola y verticilos sexuales de una flor hermafrodita; k) limbo abierto de la corola de una flor hermafrodita, con los filamentos estaminales y un estambre completo; l) detalle del estilo con sus ramas; m) aquenio con vilano; n) detalle del vilano interno y parte del externo.

enteramente soldadas o erecto-patentes en el extremo, amarillentas o anaranjadas. Aquenios 5-6,3 × 1,5-2,5 mm, oblongo-ovoides u obovoides, algo comprimidos –sección elíptica–, truncados y con reborde entero, en la madurez amarillentos o pardos, laxa e inconspicuamente seríceo-vilosos excepto a veces alrededor del hilo cárpico, donde hay pelos blancos erectos; placa apical con nectario de 0,1-0,2 mm, ± pentalobulado, blancuzco; hilo cárpico 1-1,4 mm, lateral-adaxial; con eleosoma, a veces rudimentario. Vilano doble, persistente; el externo con varias filas de escamas de (4)6-8 mm, desiguales, lineares, serradas, blancas o pardas, y el interno con una fila de escamas de 0,7-1,7 mm, ± lisas y laceradas en su parte superior, erectas y ± conniventes. $2n = 20, 30$; $n = 10$.

Paredones, roquedos, taludes y bordes de camino, pastos y claros de bosque o matorral, en suelos básicos con peridotitas y dolomías, por lo general poco nitrificados; 700-2100 m. (IV)V-VIII. ● SE de España. **Esp.:** Ab Al Gr J Mu. **N.v.:** árnica, flor de árnica.

Observaciones.–Esta especie parece hibridarse con individuos diploides de *C. ornata (C. gabrielis-blancae;* véase el apartado de híbridos). Los híbridos, que han sido descritos como *C.* × *segimonensis* (Esp.: J), difieren de *C. granatensis* porque presentan un indumento más laxo, las hojas más divididas y la espina apical de las brácteas medias más larga, de más de 10 mm. También se conocen híbridos con *C. mariana (C.* × *piifontiana;* Esp.: Al).

76. C. lainzii Fern. Casas, Exsicc. Quaed. Me Distr. 1: 9 (1975) [Laínzii]

Ind. loc.: “Holotypus asservatur in herbario meo hispanico. (...) Málaga: Sierra Bermeja de Estepona, pr. Puerto de Piedras Blancas, 30S UF04, 800 m, in dumosis ad meridiem spectantibus, substrato peridotitico, 18.VII.1975, 612 (typus!)”
Ic.: A. Asensi & Díez Garretas in Anales Inst. Bot. Cavanilles 34: 186 (1977); Fern. Casas & Fern. Morales in Mém. Soc. Bot. Genève 1: 117 figs. 1, 4 y 7 (1979); E. López & Devesa in Lagascalia 33: 124 (2013)

Hierba perenne, rizomatosa, estolonífera –con estolones lignificados, muy gruesos–, inerme –excepto a veces algunas brácteas involucrales–, verde o glauca, glabriúscula o con pelos tectores unicelulares araneosos. Tallos escapiformes hasta de 68 cm –por lo general de más de 20 cm–, erectos, simples o a veces algo ramificados –por lo general en la parte media o inferior–, de sección circular o ± poligonal, acostillados, sin alas, apenas foliosos, de glabriúsculos a laxamente araneosos o flocoso-lanuginosos. Hojas hasta de 250 × 120 mm, de consistencia carnosa, las basales pecioladas y las caulinares cortamente pecioladas o subsésiles, menores hacia la parte superior del tallo; las basales rosuladas, con limbo elíptico, ovado-lanceolado, ovado u orbicular, enteras –rara vez con uno o dos lóbulos asimétricos a cada lado de la base–, de margen laxamente sinuado-dentado –dientes cartilaginosos–, al principio ± flocoso-lanuginosas y cuando adultas glabriúsculas o laxamente araneosas; las caulinares escasas, por lo general enteras –rara vez pinnatilobadas hacia la base–, de ovado-lanceoladas a estrechamente elípticas o linear-lanceoladas, por lo demás similares a las basales; las superiores sésiles, bracteiformes, lineares o linear-lanceoladas. Capítulos radiantes, con las flores del disco hermafroditas y las de la periferia neutras y de tamaño similar, terminales, solitarios, sustentados por un pedúnculo hasta de 350 mm. Involucro 24-33 × 16-24 mm, ovoide, redondeado o algo atenuado en la base, sobrepasado por las flores del capítulo; brácteas imbricadas y dispuestas aparentemente en 7 u 8 series, gradualmente mayores de fuera adentro; las medias de ovadas a ovado-oblongas, fuertemente adpresas, verdosas –a veces verdoso-amarillentas en el margen–, con nervios longitudinales apenas marcados o inconspicuos, glabrescentes, laxamente araneosas o ± flocoso-lanuginosas, con apéndice apical anchamente triangular, apenas decurrente por el margen de la bráctea, erecto, glabro o ± araneoso, de un pardo obscuro o negruzco, pectinado-fimbriado, con 6-13 pares de fimbrias laterales de 1,5-4 mm, rectas o algo flexuosas, concoloras con la parte central o, con mayor frecuencia, de un color acastañado y con la punta más pálida, la apical de 0,8-2,3 mm, a veces espiniforme y algo punzante, erecta; las internas 16-26 mm, lineares o linear-lanceoladas, glabras, con margen estrechamente hialino, y apéndice apical de ovado a orbicular, cocleariforme, escarioso, entero, fimbriado o lacerado, de un pardo ± acastañado. Corola glabra, la de las flores neutras de 29-34 mm, con tubo blanquecino y limbo de un amarillo pálido, con 3-5 lóbulos de 6-8 mm, lineares o linear-lanceolados, desiguales; la de las hermafroditas 22-34 mm, con tubo de 8-18 mm, blanquecino, y limbo de 14-18 mm, de un amarillo pálido, con 4-6 lóbulos de 5-8,5 mm, ± iguales, o bien uno o dos de ellos con los senos algo más profundos. Estambres con filamento papiloso, con papilas hasta de 0,2 mm, blanquecinas; anteras 10-13 mm, amarillentas o blanquecino-amarillentas, con conectivo apical amarillento, y apéndices basales de 0,6-1 mm, membranáceos y a menudo lacerados. Estilo blanquecino o de un amarillo pálido; ramas enteramente soldadas o erecto-patentes en el extremo, blanquecinas o de un amarillo pálido. Aquenios y vilano no estudiados. $2n = 33$.

Orlas y claros de pinar, taludes y bordes de camino y carretera, en suelos de naturaleza peridotítica; 400-1400 m. IV-VII. ● S de España –Sierra Bermeja–. **Esp.:** Ma.

Observaciones.–Las características de los aquenios y el vilano no han podido ser observadas en el material estudiado. La producción de aquenios es rara y, en todo caso, cuando se da, los aquenios que se forman son siempre funcionalmente estériles [F.J. Fernández Casas & M.J. Fernández Morales in Mém. Soc. Bot. Genève 1: 115-122 (1979)]. De acuerdo con N. Garcia, tiene aquenios de 5,4-6,3 × 3-3,7 mm, elipsoidales y de un amarillo pajizo, con un pequeño eleosoma sobre el hilo cárpico lateral, y el vilano es doble, con escamas externas de 7,2-9,6 mm e internas de 2-3 mm [cf. *Estudi taxonòmic i biosistemàtic de les espècies ibèriques i nord-africanes del gènere Centaurea* sect. *Acrocentron*. Tesis doctoral (1992)].

77. C. clementei Boiss. ex DC., Prodr. 7: 303 (1838) [Cleméntei]

Ind. loc.: "(...) in Hispaniæ Granatensis Sierra de Tolox ad parietes rupis calcareæ dictæ Tajo de la Caisna alt. 4000 ped. Legit cl. E. Boissier!" [lectótipo designado por H.M. Burdet & al. in Candollea 38: 772 (1983): G-DC]

Ic.: Boiss., Voy. Bot. Espagne 1, tab. 102a (1841); N. Garcia & Susanna in Fontqueria 21: 7 lám. 2 f, g (1988); Valdés, Talavera & Galiano (eds.), Fl. Andalucía Occid. 3: 149 (1987); lám. 137

Hierba perenne, rizomatosa, estolonífera, sufruticulosa, inerme –excepto a veces algunas brácteas del involucro con apéndice algo punzante–, ± verdoso-blanquecina, con indumento lanuginoso ± denso de pelos tectores unicelulares, araneosos, rara vez con glándulas punctiformes en las hojas. Tallos hasta de 72 cm –por lo general de más de 20 cm–, erectos o ascendentes, simples o poco ramificados –por lo general solo en su parte inferior o media–, de sección circular o ± poligonal, acostillados, sin alas, poco foliosos, blanquecino-lanuginosos a lo largo de toda su longitud. Hojas hasta de 520 × 140 mm, las basales pecioladas y las caulinares sésiles o cortamente pecioladas, no decurrentes, menores hacia la parte superior del tallo, con nervadura principal pinnada y nervio medio prominente por el envés, densamente lanuginosas al menos en el envés; las basales rosuladas, pinnatífidas, pinnatipartidas o pinnatisectas con hasta 7 pares de lóbulos o segmentos ovado-oblongos u ovado-lanceolados, de enteros a sinuados o profundamente pinnatipartidos sobre todo hacia la base –aquí, a menudo, con uno o dos lóbulos más destacados a cada lado, asimétricos–, mucronados, apenas denticulados, el terminal por lo general mayor, al principio blanquecinas y después verdosas o de un verde cano, a menudo secas durante la floración; las caulinares pinnatífidas, pinnatipartidas o pinnatisectas con 1-5 pares de lóbulos o segmentos laterales ovado-lanceolados o triangular-ovados, enteros, crenados o pinnatífidos, mucronados, apenas denticulados, en ocasiones de margen ligeramente revoluto, glabriúsculas o laxamente pelosas en el haz y densamente lanuginosas en el envés, las superiores bracteiformes, lineares, lanuginosas o araneosas. Capítulos radiantes, con las flores del disco hermafroditas y las de la periferia neutras y de tamaño similar, terminales, solitarios, radiantes, sustentados por un pedúnculo hasta de 60 mm. Involucro 18-30 × 20-35 mm, ± globoso, redondeado o truncado en la base, sobrepasado por las flores; brácteas imbricadas y aparentemente dispuestas en 8 o 9 series, mayores de fuera adentro; las medias ovadas, adpresas, verdes o de un verde cano, con nervios longitudinales apenas marcados o del todo inconspicuos, ± araneosas, con apéndice apical de anchamente triangular a orbicular, poco decurrente por el margen de la bráctea, de erecto a recurvado, laxamente araneoso, negruzco, pectinado-fimbriado, con 8-15 pares de fimbrias laterales de 4-8 mm, de un color blanquecino argénteo, la apical de 2-8 mm, espiniforme y a veces algo punzante, por lo general recurvada; las internas 17-26 mm, estrechamente lanceoladas o linear-lanceoladas, glabras, de margen estrechamente hialino, con apéndice apical ovado u orbicular, cocleariforme, escarioso, lacerado-fimbriado, de pardo a negruzco. Corola glabra, la de las flores neutras de 24-27 mm, con tubo blanquecino y limbo de color crema o de un amarillo muy pálido, a veces ligeramente anaranjado, con 3(4) lóbulos de 4-6 mm, linear-lanceolados, ± iguales; la de las hermafroditas 20-27 mm, con tubo de 13-16 mm, blanquecino, y limbo de 7-10 mm, de color crema o de un amarillo muy pálido a veces ligeramente anaranjado, con 5 lóbulos de 5-7 mm, ± iguales o uno de ellos con los senos algo más profundos. Estambres con filamento papiloso, con papilas hasta de 0,2 mm, blanquecinas; anteras 5,5-8 mm, amarillentas o amarillento-anaranjadas, con el conectivo apical más pálido, y apéndices basales de 0,5-1,1 mm, membranáceos y a menudo lacerados. Estilo blanquecino o de color crema, con ramas de anaranjadas a color crema. Aquenios 5,2-6,1 × 2,1-2,7 mm, oblongo-obovoides, algo comprimidos –sección elíptica–, truncados y con reborde entero, en la madurez de un amarillo pajizo o verdoso-amarillentos, laxa e inconspicuamente seríceo-vilosos excepto, a veces, alrededor del hilo cárpico, donde hay pelos blancos erectos; placa apical con nectario de 0,3-0,5 mm, ± pentalobulado, blanco; hilo cárpico 0,8-1,5 mm, lateral-adaxial; con eleosoma. Vilano doble, persistente; el externo con varias filas de escamas de 4,5-7,5 mm, desiguales, lineares, serradas, blancas, y el interno con una fila de escamas de 0,6-1,2 mm, ± lisas y laceradas en su parte superior, erectas y ± conniventes. $2n = 20, 40$; $n = 9, 10$.

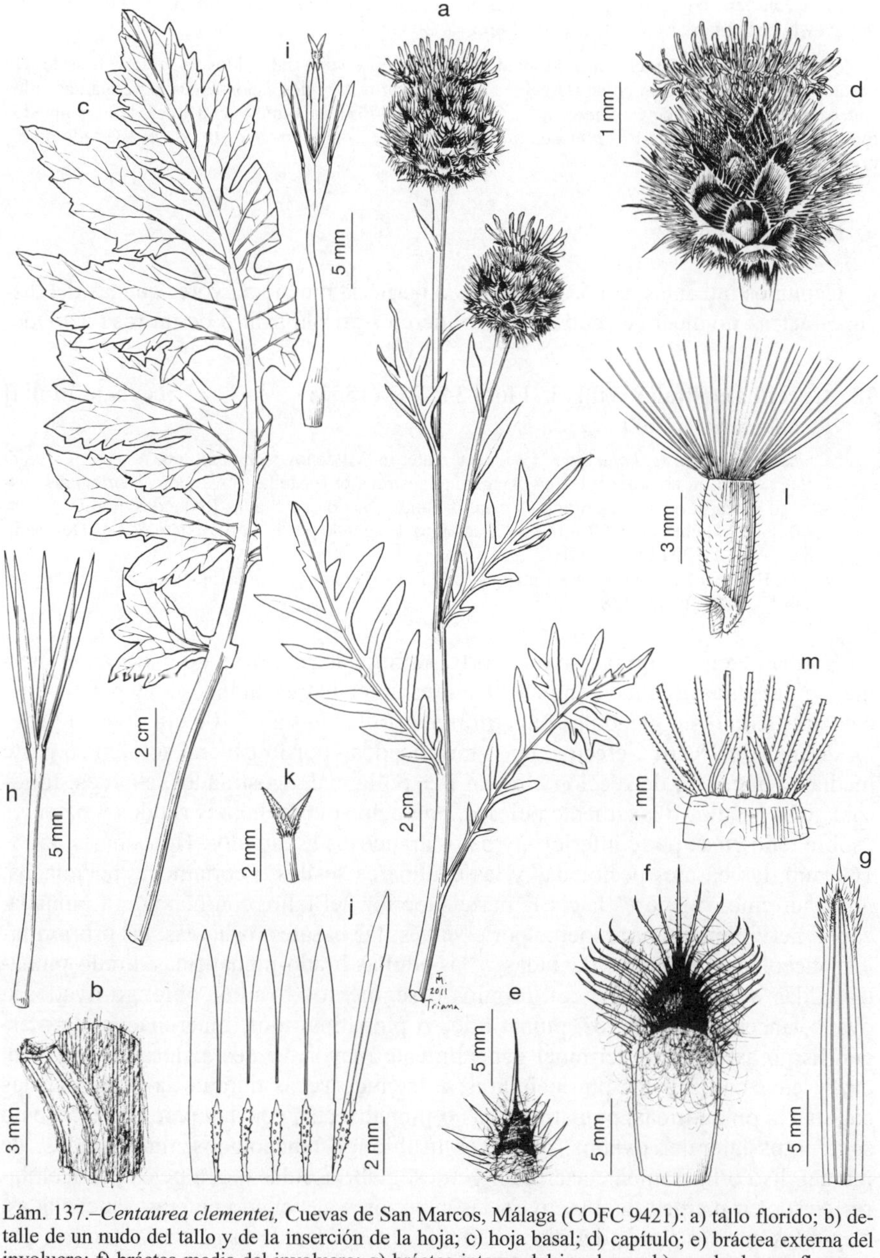

Lám. 137.–*Centaurea clementei,* Cuevas de San Marcos, Málaga (COFC 9421): a) tallo florido; b) detalle de un nudo del tallo y de la inserción de la hoja; c) hoja basal; d) capítulo; e) bráctea externa del involucro; f) bráctea media del involucro; g) bráctea interna del involucro; h) corola de una flor neutra; i) corola y verticilos sexuales de una flor hermafrodita; j) limbo abierto de la corola de una flor hermafrodita, con los filamentos estaminales y un estambre completo; k) detalle del estilo con sus ramas; l) aquenio con vilano; m) detalle del vilano interno y parte del externo.

Fisurícola, en roquedos y paredones calcáreos muy expuestos; 500-1500 m. IV-VII. Península Ibérica y NW de Marruecos. S de España. **Esp.:** Ca Co Gr Ma Se.

Observaciones.–En el territorio estudiado no se han observado individuos de carácter híbrido. No obstante, en el Jardín Botánico de Barcelona se han descrito híbridos espontáneos entre plantas cultivadas de esta especie y de *C. cineraria* L., Sp. Pl.: 912 (1753), esta última endémica de los roquedos litorales de Italia y Sicilia. Los híbridos fueron llamados *C.* × *santamariae* (véase el apartado de híbridos).

gr. **C. scabiosa**

Capítulos radiantes, con las flores de la periferia mucho mayores que las del disco. Brácteas involucrales con apéndice inerme. Corola azul o de un rosa azulado.

78. C. cephalariifolia Willk. in Flora 34: 762 (1851) [cephalariifólia] ["cephalariaefolia"]

C. scabiosa subsp. *cephalariifolia* (Willk.) Greuter in Willdenowia 33: 56 (2003)
In loc.: "Hab. in arenosis calcareis Aragoniae australis et Castellæ Novæ boreali-orientalis passim: ad vinearum margines prope Daroca, in rupestribus prope Prados-Redondos et alibi, ad alt. 1500-3500'. Diebus 26 et 29 Julii (...)" [lectótipo designado por E. López Nieto & J.A. Devesa in Lagascalia 33: 129 (2013): COI]
Ic.: O. Bolòs & Vigo, Fl. Països Catalans 3: 927 (1995) [sub *C. scabiosa*]; Willk., Ill. Fl. Hispan. 2, tab.172 (1892); lám. 138

Hierba perenne, con raíz axonomorfa, sufruticulosa, a menudo multicaule, inerme, verde, glabriúscula o con pelos tectores unicelulares, araneosos, y pelos pluricelulares, con o sin glándulas punctiformes. Tallos hasta de 100 cm –por lo general de más de 20 cm–, erectos, poco ramificados –por lo general solo en su parte media o superior–, de sección circular o ± poligonal, acostillados, sin alas, foliosos, glabriúsculos o laxamente pelosos, con pelos pluricelulares rígidos y patentes –sobre todo en su parte inferior–, y pelos araneosos esparcidos. Hojas hasta 450 × 160 mm, las basales pecioladas y las caulinares sésiles o cortamente pecioladas, no decurrentes, menores hacia la parte superior del tallo, con nervadura pinnada, con el nervio medio prominente por el envés; las basales rosuladas, las primordiales lanceoladas, enteras o dentadas, y las adultas lirado-pinnatífidas, lirado-pinnatipartidas o pinnatisectas, con lóbulos o segmentos ovados, oblongo-ovados u ovado-lanceolados, enteros, pinnatífidos o pinnatipartidos, mucronados, de margen liso o aserrado, el terminal generalmente mayor, verdes, pelosas en margen, haz y envés, con pelos pluricelulares, a menudo secas durante la floración; las caulinares pinnatífidas, pinnatipartidas o pinnatisectas con 1-9 pares de lóbulos o segmentos laterales ovados, oblongos u oblongo-lanceolados, mucronados, de margen liso o ligeramente aserrado, verdes, glabriúsculas o con pelos pluricelulares cortos en margen, haz y envés; las superiores a menudo enteras, lanceoladas. Capítulos con las flores del disco hermafroditas y las de la periferia neutras, patentes o reflexas y mayores que aquellas, terminales, solitarios o en grupos de 2 o 3, sustentados por un pedúnculo hasta de 10 cm. Involucro 16-27 × (10)12-23 mm, ovoide u ovoide-globoso, redondeado en la base, sobrepasado por las flores;

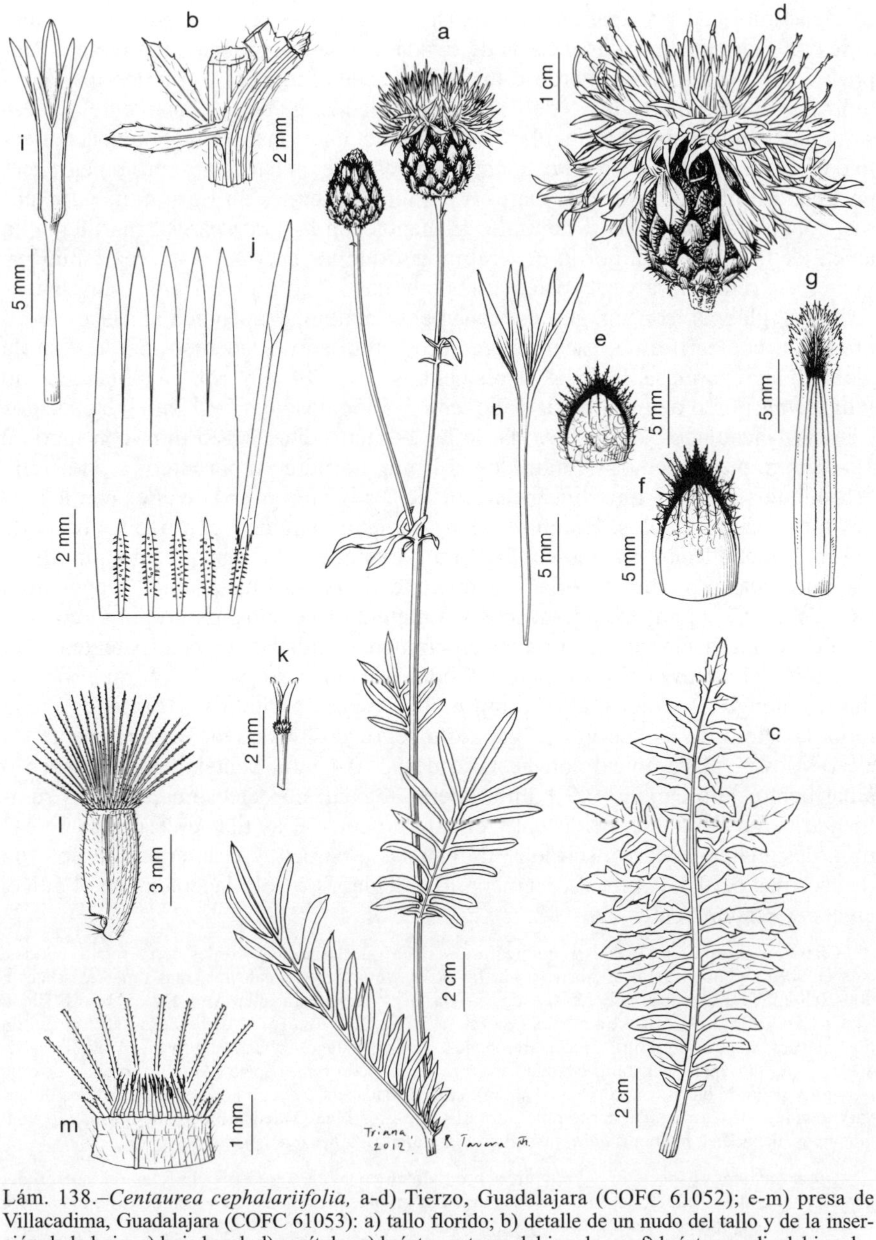

Lám. 138.–*Centaurea cephalariifolia,* a-d) Tierzo, Guadalajara (COFC 61052); e-m) presa de Villacadima, Guadalajara (COFC 61053): a) tallo florido; b) detalle de un nudo del tallo y de la inserción de la hoja; c) hoja basal; d) capítulo; e) bráctea externa del involucro; f) bráctea media del involucro; g) bráctea interna del involucro; h) corola de una flor neutra; i) corola y verticilos sexuales de una flor hermafrodita; j) limbo abierto de la corola de una flor hermafrodita, con los filamentos estaminales y un estambre completo; k) detalle del estilo con sus ramas; l) aquenio con vilano; m) detalle del vilano interno y parte del externo.

brácteas imbricadas y aparentemente dispuestas en 6-8 series, gradualmente mayores de fuera adentro; las medias de ovadas a ovado-oblongas, fuertemente adpresas, verdosas –a veces verdoso-amarillentas en el margen–, con nervios longitudinales apenas marcados o del todo inconspicuos, glabras o laxamente araneosas, con apéndice apical triangular, ± decurrente por el margen de la bráctea, erecto o erecto-patente, glabro o laxamente araneoso, de un pardo obscuro o negruzco, pectinado-fimbriado, con 7-13 pares de fimbrias laterales de 1,5-4 mm, ± flexuosas, concoloras con la parte central o al menos con la punta pardo-amarillenta, la apical de 0,5-2(3) mm, por lo general menor que las laterales, rara vez espiniforme, erecta o más rara vez ± patente; las internas 14-25 mm, lineares o linear-lanceoladas, glabras, con margen estrechamente hialino, y apéndice apical ovado u orbicular, cocleariforme, escarioso, entero, fimbriado o lacerado, pardo. Corola glabra o algo papilosa, la de las flores neutras de 24-40 mm, con tubo blanquecino y limbo purpúreo o purpúreo-azulado, con 3-5 lóbulos de 4,5-11 mm, lanceolados o linear-lanceolados, desiguales; la de las hermafroditas 20-26 mm, con tubo de 10-15 mm, blanquecino, y limbo de 9-14 mm, purpúreo o purpúreo-azulado, con 5(6) lóbulos de 4,5-8 mm, linear-lanceolados, ± iguales o uno de ellos con los senos algo más profundos. Estambres con filamento papiloso, con papilas hasta de 0,3 mm, blanquecinas; anteras 6,5-10 mm, blanquecinas, blanquecino-amarillentas, purpúreas o purpúreo-azuladas, con conectivo apical más pálido, y apéndices basales de 0,5-1 mm, membranáceos y a menudo lacerados. Estilo purpúreo-azulado en su parte superior, con ramas enteramente soldadas o erecto-patentes en el extremo, del mismo color pero más pálido. Aquenios 5-6,8 × 2-3,2 mm, obovoides u oblongo-obovoides, algo comprimidos –sección elíptica–, truncados y con reborde entero, en la madurez de pajizos a negruzcos, laxa e inconspicuamente seríceo-vilosos; placa apical con nectario de 0,1-0,4 mm, pentalobulado, blanco o amarillento; hilo cárpico 0,5-1 mm, lateral-adaxial; con eleosoma, a veces rudimentario. Vilano doble, persistente; el externo con varias filas de escamas de 3-7 mm, desiguales, lineares, serradas, de blancas a pardas, y el interno con una fila de escamas de 0,3-1 mm, escasamente denticuladas o solo laceradas en el ápice, erectas y ± conniventes. $2n = 40$; $n = 20$.

Claros de bosque –robledales y quejigares– y matorral, herbazales, bordes de carretera, taludes, etc., en suelos pedregosos o arenosos ± nitrificados y de naturaleza calcárea, más rara vez silíceos; 400-2000 m. VI-X. Península Ibérica y S de Francia. C y N de la Península. **And. Esp.:** Ab Al B Bi Bu Cc Cs Cu Ge Gr Gu Hu J L Le Lo M Na P O S Sa Sg So SS T Te (To) V Va Vi Z Za. **N.v.:** agarzolla lila, anapera, anipeta (Aragón), arnaza, arreapedos, asnaza, azulejo, cabeza de gurrión (Aragón), cabezuela, cardo garrapata, centaura, centaura mayor, hierba pedorrera, napeta (Aragón), orella de somé (Aragón), pedo de burro, yerba ojera (Aragón); *cat.:* arrencapets, botja, botons de frare, botons de gavatx, camferrada, capferrada, capferrada purpúria, cap-gros blau (Valencia), caps de burro, capçuda, gratabous, llapadena, ratabous; *eusk.:* astuzkerra, gardulatza, lubeazuna, puzkerra.

Observaciones.–Especie muy variable, sobre todo en cuanto a su morfología foliar, el tamaño del involucro y el desarrollo del apéndice de las brácteas involucrales medias, a veces decurrente hasta la mitad o más del margen de la bráctea y otras veces relegado a la porción apical (una variación que puede a veces observarse dentro de la misma población). Las plantas peninsulares no difieren significativamente de las del resto de Europa, que corresponden a *C. scabiosa* L., Sp. Pl.: 913 (1753), excepto porque tienen el involucro y el apéndice de las brácteas medias ligeramente menores. Sin embargo, es importante señalar que en las poblaciones ibéricas y algunas del S de Francia, reconocidas aquí como *C. cephalariifolia,* los individuos presentan invariablemente $2n = 40$, mientras que los recuentos efectuados en poblaciones del resto de Europa indican el citótipo $2n = 20$, que correspondería a las plantas descritas como *C. scabiosa*. Esta variación y sus implicaciones taxonómicas requieren de un estudio de mayor alcance.

La especie convive y se hibrida en muchas zonas con *C. ornata* (véase el apartado de híbridos). Los híbridos *(C. × polymorpha, C. × joviniana* y *C. × heribaudii)* son muy abundantes en el territorio (Esp.: Ab Bu Cu Gu Le Lo Na P Sg So Te Va Z) y presentan una gran variabilidad morfológica. Por lo general, sus caracteres son intermedios entre los de ambos parentales, las flores son a menudo rosadas, más rara vez amarillentas y el apéndice de las brácteas involucrales ligeramente espinoso. También se conocen híbridos con *C. calcitrapa* en el E de España *(C. × noguerensis;* Esp.: Te) y parecidos a *C. cephalariifolia,* mas con capítulos menos gruesos, brácteas involucrales terminadas en una espina apical rígida y hojas aserradas y con más lóbulos. Con *C. legionis-septimae* se hibrida en la escasa área en la que ambas especies conviven *(C. × cephalariseptimae, C. × cephalariseptimae* nothovar. *cremenensis),* y también se hibrida con *C. collina, C. argecillensis, C. lagascana, C. toletana* y *C. podospermifolia* (véanse las observaciones de cada una de estas especies).

Subsect. 2. **Lagascanae** Fern. Casas & Susanna
Sect. *Chamaecyanus* Willk.
Sect. *Borjae* Valdés Berm. & Rivas Goday
Subsect. *Chamaecyanus* (Willk.) Willk. ex E. López & Devesa

Hierbas acaules o subacaules.

79. C. toletana Boiss. & Reut., Diagn. Pl. Nov. Hisp.: 18 (1842) [toletána]

C. cavanillesiana Graells, Indic. Pl. Nov.: 7 (1854)
Ind. loc.: "Hab. in dumosis regionis montanæ inferioris Sierra de Toledo supra San Pablo de los montes (Reuter)" [lectótipo designado por H.M. Burdet & al. in Candollea 38: 777 (1983): G-DC]
Ic.: Fern. Casas & Susanna in Treb. Inst. Bot. Barcelona 10: 56 fig. 21 (1986); E. López & Devesa in Lagascalia 33: 137 (2013); Rouy, Ill. Pl. Eur. 8, tab. 189 (1897) [sub *C. cavanillesiana*]; Willk., Ill. Fl. Hispan. 2, tab. 173 B (1892)

Hierba perenne, acaule o subacaule, con raíz axonomorfa, inerme –excepto a veces las brácteas involucrales–, de un verde grisáceo a uno canescente, pelosa, con pelos tectores unicelulares, araneosos, y glándulas punctiformes. Sin tallos o con tallos escapiformes hasta de 15 cm, erectos, simples, de sección circular o ± poligonal, acostillados, sin alas, poco foliosos, ± lanuginoso-araneosos. Hojas hasta de 250 × 90 mm, rosuladas, persistentes durante la floración, las primordiales ovadas, rómbicas o lanceoladas, enteras, y el resto pinnatipartidas o 1-2 pinnatisectas, con segmentos de tamaño desigual, ovados, lanceolados o linear-lanceolados, enteros, laxamente dentados o aserrados, pinnatífidos o pinnatipartidos, mucronados, el terminal ± del mismo tamaño que los laterales, lanuginoso-araneosas –más rara vez glabrescentes–, sobre todo por el envés; hojas caulinares, cuando hay, similares a las anteriores o bien las superiores ± bracteiformes. Capítulos 1-7, radiantes, con las flores del disco hermafroditas y las de la periferia neutras y de tamaño similar, terminales, sustentados por un pedúnculo hasta de 5 cm. Involucro 20-32 × 15-26 mm, ovoide, redondeado en la base, sobrepasado por las flores; brácteas imbricadas y aparentemente dispuestas en 6 o 7 series, gradualmente mayores de fuera adentro, o bien las medias mayores que el resto; las medias de ovadas a ovado-oblongas, fuertemente adpresas, con base verdosa y nervios longitudinales apenas marcados o inconspicuos, glabriúsculas o laxamente araneosas en su parte superior, con apéndice apical orbicular o elíptico, cóncavo, de erecto a erecto-patente, débilmente decurrente por el margen de la bráctea, laxamente araneoso, de un amarillo pajizo a pardo, pectinado-espinuloso o pectinado-fimbriado, con 7-13 pares de fimbrias o espínulas laterales de 2,5-6,5 mm, ± flexuosas, generalmente concoloras con la parte central o amarillentas, la arista o espina apical de 0,5-5,5 mm, nada punzante, de erecta a erecto-patente; las internas 18-25 mm, lineares o linear-espatuladas, glabras o glabriúsculas, con margen estrechamente hialino, y apéndice apical de ovado a oblongo, cocleariforme, escarioso, entero, fimbriado o lacerado, amarillento o pardo. Corola glabra, la de las flores neutras de 24-30 mm, con tubo blanquecino y limbo amarillo, con 3 o 4 lóbulos de 3,5-8 mm, linear-lanceolados, desiguales; la de las hermafroditas 22-32 mm, con tubo de 10-20 mm, blanquecino o blanquecino-amarillento, y limbo de 10-15 mm, amarillo, con 5 lóbulos de 4-8 mm, linear-lanceolados, uno de ellos con los senos algo más profundos. Estambres con filamento papiloso, con papilas hasta de 0,2 mm, blanquecinas; anteras 8-12 mm, amarillentas o blanquecino-amarillentas, con conectivo apical más pálido, y apéndices basales de 0,5-1 mm, membranáceos y lacerados. Estilo blanquecino, con ramas enteramente soldadas o erecto-patentes en su extremo, amarillas. Aquenios 5-7,1 × 2,1-3,5 mm, obovoides u oblongo-obovoides, algo comprimidos –sección elíptica–, truncados y con reborde entero, en la madurez pardos con alguna mácula negruzca o negruzcos, laxa e inconspicuamente seríceo-vilosos; placa apical con nectario de 0,1-0,3 mm, pentalobulado, amarillento; hilo cárpico 1-1,7 mm, lateral-adaxial; con eleosoma. Vilano doble, persistente, a veces sin vilano; el externo con varias filas de escamas de 0,5-1,8 mm, desiguales, lineares, serradas, de blanquecinas a pardas, y el interno con una fila de escamas de 0,5-0,9 mm, lisas, solo laceradas en el ápice, erectas y ± conniventes. $2n = 20, 40, 60$.

Claros y bordes de bosque –pinares, encinares y robledales–, matorrales, taludes y borde de caminos, en suelos de naturaleza básica o silícea; 700-1800 m. V-VIII. ● C y E de España. **Esp.:** Ab (Av) Cc CR Cu Gu J M Te To So V. **N.v.:** centaurea de Cavanilles.

Observaciones.–Esta especie parece hibridarse con *C. ornata* y *C. cephalariifolia* en las áreas de contacto (véase el apartado de híbridos). Los híbridos con *C. ornata*, que han sido denominados *C.* × *tatayana* (Esp.: Cu), difieren de *C. toletana* porque son algo caulescentes y tienen hojas más divididas y con segmentos más cortos; además, el apéndice de las brácteas involucrales externas y medias posee una arista apical ± punzante. Los híbridos con *C. cephalariifolia,* que han sido denominados *C.* × *ceballosii* (Esp.: Cu Lo), se parecen a *C. toletana* en el hábito, pero tienen flores por lo general rosadas y brácteas involucrales negruzcas, ovado-triangulares y terminadas en un mucrón corto.

80. C. argecillensis Gredilla in Bol. Soc. Esp. Hist. Nat. 3: 431, lám. 5 (1903) [argecillénsis]

Ind. loc.: "In lateralibus sinistræ collinæ dictæ La Umbria vallis Argecillæ" [lectótipo designado por J. Fernández Casas & A. Susanna in Treb. Inst. Bot. Barcelona 10: 68 (1986): MAF]
Ic.: Fern. Casas & Susanna in Treb. Inst. Bot. Barcelona 10: 66 fig. 22 (1986); Gredilla in Bol. Soc. Esp. Hist. Nat. 3, lám. 5 (1903); lám. 139

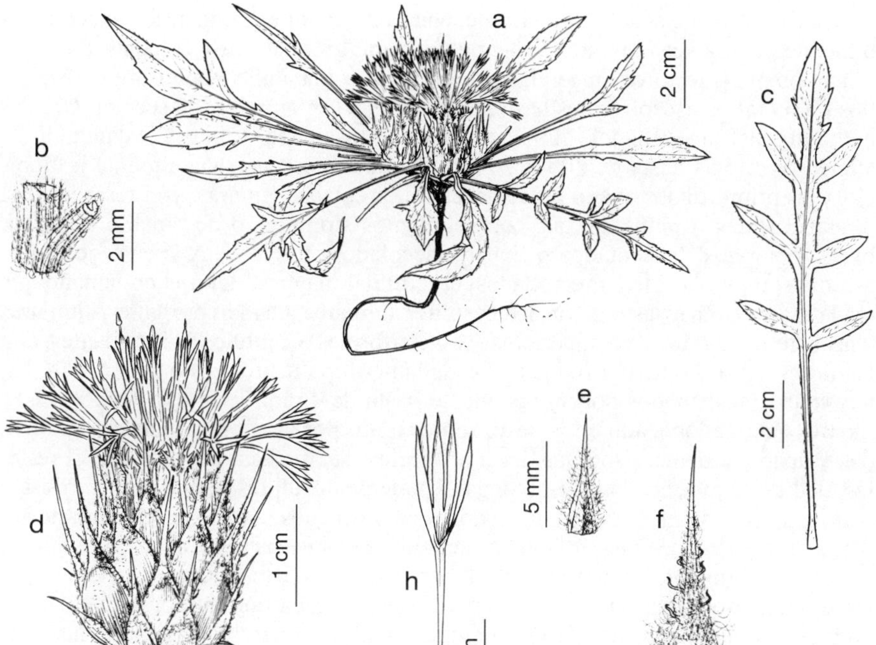

Lám. 139.–*Centaurea argecillensis,* de Villalba a El Ventorro, Cuenca (MA 447378): a) hábito; b) detalle de un nudo del tallo y de la inserción de la hoja; c) hoja basal; d) capítulo; e) bráctea externa del involucro; f) bráctea media del involucro; g) bráctea interna del involucro; h) corola de una flor neutra; i) corola y verticilos sexuales de una flor hermafrodita; j) limbo abierto de la corola de una flor hermafrodita, con los filamentos estaminales y un estambre completo; k) detalle del estilo con sus ramas; l) aquenio con vilano; m) detalle del vilano.

Hierba perenne, acaule o subacaule, con raíz axonomorfa, inerme –excepto débilmente las brácteas involucrales–, de un verde grisáceo, pelosa, con indumento ± laxo de pelos tectores unicelulares, araneosos, y glándulas punctiformes. Sin tallos o con tallos escapiformes hasta de 4 cm, erectos, simples, de sección circular o ± poligonal, acostillados, sin alas, nada o escasamente foliosos, ± lanuginoso-araneosos. Hojas hasta de 200 × 70 mm, rosuladas, persistentes durante la floración, las primordiales ovado-lanceoladas o lanceoladas, enteras, y el resto liradas, pinnatipartidas o pinnatisectas, con segmentos similares o de tamaño desigual, ovado-oblongos, lanceolados o linear-lanceolados, enteros, laxamente dentados, aserrados o pinnatífidos, mucronados, el terminal mayor o del mismo tamaño que los laterales, araneosas o glabrescentes; las caulinares, cuando presentes, similares a las anteriores o bien las superiores ± bracteiformes. Capítulos 1-5, radiantes, con las flores del disco hermafroditas y las de la periferia neutras y de tamaño similar, terminales, sustentados por un pedúnculo hasta de 4 cm. Involucro 18-30 × 9-18 mm, ovoide, redondeado en la base, sobrepasado por las flores; brácteas imbricadas y aparentemente dispuestas en 6 o 7 series, las medias mayores que el resto; las medias de ovadas a ovado-oblongas, fuertemente adpresas, con base verdosa y nervios longitudinales apenas marcados o inconspicuos, araneosas en su parte superior, con apéndice apical triangular-acuminado –a veces reducido a una espina–, cóncavo, débilmente decurrente por el margen de la bráctea, de erecto a erecto-patente, araneoso en su base, de un amarillo pajizo a pardo, entero, denticulado o cortamente pectinado-fimbriado y entonces con 3-10 pares de fimbrias laterales de 0,5-3 mm, concoloras con la parte central amarillenta, con arista o espina apical de 3-8 mm, ± punzante, de erecta a erecto-patente; las internas 15-25 mm, lineares o linear-espatuladas, glabras o glabriúsculas, con margen estrechamente hialino, y apéndice apical de ovado a oblongo, cocleariforme, escarioso, entero, fimbriado o lacerado, amarillo o pardo. Corola glabra, la de las flores neutras de 19-30 mm, con tubo blanquecino y limbo amarillo, con 4 o 5 lóbulos de 4-7 mm, lanceolados o linear-lanceolados, desiguales; la de las hermafroditas 21-32 mm, con tubo de 11-18 mm, blanquecino o blanquecino-amarillento, y limbo de 10-15 mm, amarillo, con 5 lóbulos de 3,5-7 mm, linear-lanceolados, uno de ellos con los senos algo más profundos. Estambres con filamento papiloso, con papilas hasta de 0,2 mm, blanquecinas; anteras 8-11,5 mm, amarillentas o blanquecino-amarillentas, con apéndices basales de 0,5-1,1 mm, membranáceos y lacerados. Estilo blanquecino, con ramas enteramente soldadas o erecto-patentes en su extremo, amarillas. Aquenios 4,7-5,5 × 1,9-2,9 mm, obovoides u oblongo-obovoides, algo comprimidos –sección elíptica–, truncados y con reborde entero, en la madurez pardos con alguna mácula negruzca o negruzcos, laxa e inconspicuamente seríceo-vilosos; placa apical con nectario de 0,1-0,2 mm, pentalobulado, amarillento; hilo cárpico 0,8-1,1 mm, lateral-adaxial; con eleosoma a veces rudimentario. Vilano aparentemente simple, persistente, con varias filas de escamas de 0,5-1,5 mm, desiguales, lineares, serradas, blanquecinas. $2n = 60$.

Claros y bordes de bosque –pinares y encinares– y matorral, taludes y bordes de camino, en substratos de naturaleza calcárea; 800-1300 m. VI-VIII. ● C-NE de España. **Esp.:** Cu Gu So.

Observaciones.–Se ha señalado el posible origen híbrido de esta especie a partir de *C. toletana* y *C. podospermifolia* [N. Garcia & al. in Molec. Phylogenet. Evol. 52: 377-394 (2009)] y, en efecto, presenta caracteres intermedios entre estas especies. Parece hibridarse con *C. cephalariifolia* en las áreas donde ambos táxones conviven *(C. × andresiana;* Esp.: Gu So; véase el apartado de híbridos), donde los híbridos difieren de *C. argecillensis* porque son algo caulescentes y tienen brácteas involucrales con apéndices ovado-triangulares, cortamente fimbriados y rematados en un mucrón corto.

81. C. amblensis Graells, Indic. Pl. Nov.: 6 (1854) [ambléнsis]

Ind. loc.: "Habitat in arvis et collibus vallis Ambles, Puerto de Villatoro, ad basim montis la Sarrota, ubi florenten legi die 27 Junii et fructiferam 25 Augusti"

Hierba perenne, acaule o subacaule, con raíz axonomorfa, inerme –excepto débilmente las brácteas involucrales–, de un verde grisáceo, ± pelosa, con pelos tectores unicelulares, araneosos, pelos pluricelulares, y glándulas punctiformes. Sin tallos o con tallos escapiformes hasta de 10 cm, erectos, simples –rara vez ramificados–, de sección circular o ± poligonal, acostillados, sin alas, rara vez con alguna hoja, laxamente araneosos o glabrescentes. Hojas hasta de 230 × 80 mm, rosuladas, persistentes durante la floración, las primordiales enteras, ovadas, rómbicas o lanceoladas, y el resto pinnatipartidas o 1-2 pinnatisectas, con segmentos de tamaño desigual, obovados, elípticos, lanceolados o linear-lanceolados, enteros, dentados, aserrados, pinnatífidos o pinnatipartidos, mucronados, el terminal ± del mismo tamaño que los laterales, araneosas o glabriúsculas, sin pelos o con pelos pluricelulares sobre todo por el envés; las caulinares, cuando presentes, por lo general parcialmente transformadas en brácteas involucrales. Capítulos 1-9, radiantes, con las flores del disco hermafroditas y las de la periferia neutras y de tamaño similar, terminales, sustentados por un pedúnculo hasta de 4 cm. Involucro 19-31 × 12-20 mm, ovoide, redondeado en la base, sobrepasado por las flores; brácteas imbricadas y dispuestas aparentemente en 6 o 7 series, gradualmente mayores de fuera adentro o las medias mayores que el resto; brácteas medias de ovadas a ovado-oblongas, acuminadas, fuertemente adpresas, con base verdosa y nervios longitudinales apenas marcados o inconspicuos, glabriúsculas o araneosas en su parte superior, con apéndice apical de un amarillo pajizo a pardo o a un pardo obscuro, orbicular o elíptico, ± decurrente por el margen de la bráctea, de patente a recurvado, laxamente araneoso, pectinado-espinuloso, con 3-10 pares de fimbrias o espínulas laterales de 1,5-5,5 mm, ± flexuosas, generalmente concoloras con la parte central o discoloras –amarillentas–, con arista o espina apical de 1,5-6 mm, nada o débilmente punzante, de patente a recurvada; las internas 15-26 mm, lineares o linear-espatuladas, glabras o glabriúsculas, con margen estrechamente hialino, y apéndice apical de ovado a oblongo, cocleariforme, escarioso, entero, fimbriado o lacerado, de un pardo claro. Corola glabra, la de las flores neutras de 17-35 mm, con tubo blanquecino y limbo rosado o rosado-purpúreo, con 3-5 lóbulos de 4-7 mm, lanceolados o linear-lanceolados, desiguales; la de las hermafroditas 21-30 mm, con tubo de 10-16 mm, blanquecino o blanquecino-rosado, y limbo de 11-14 mm, rosado o rosado-purpúreo, con 5 lóbulos de 4-7,5 mm, lanceolados o linear-lanceolados, uno de ellos con los senos algo más profundos. Estambres con filamento papiloso, con papilas hasta de 0,2 mm, blanquecinas; anteras 8-11 mm, rosadas o rosado-purpúreas, con conectivo apical del mismo color pero más pálido, apéndices basales de 0,4-1,2 mm, membranáceos y lacerados. Estilo blanquecino, con ramas enteramente soldadas o erecto-patentes en su extremo, rosadas. Aquenios 4,6-6 × 2-2,8 mm, oblongo-obovoides, algo comprimidos –sección elíptica–, truncados y con reborde entero, en la madurez pardos con alguna mácula negruzca, laxa e inconspicuamente seríceo-vilosos excepto a veces alrededor del hilo cárpico, donde hay abundantes pelos blancos erectos; placa apical con nectario de 0,1-0,2 mm, pentalobulado, amarillento; hilo cárpico 1-1,7 mm, lateral-adaxial; con eleosoma. Vilano doble, persistente; el externo con varias filas de escamas de 0,5-2 mm, desiguales, lineares, serradas, blanquecinas, y el interno con una fila de escamas de 0,5-1,2 mm, lisas, solo laceradas en el ápice, erectas y ± conniventes. $2n = 40$.

Claros de bosque –robledales y encinares–, taludes y bordes de camino, praderas, etc., en suelos arenosos o arcillosos de naturaleza silícea o calcárea; 800-1640 m. V-VII. ● C y SW de España y N de Portugal. **Esp.:** Av Ba (H) M Sa Za. **Port.:** BA TM.

1. Corola y anteras rosadas; 1-9 capítulos .... **a.** subsp. **amblensis**
– Corola y anteras rosado-purpúreas; 1-5 capítulos .... **b.** subsp. **tentudaica**

a. subsp. **amblensis**

C. luisieri Samp. in Brotéria, Sér. Bot. 14: 104 (1916)
Ic.: Fern. Casas & Susanna in Treb. Inst. Bot. Barcelona 10: 70 fig. 23 (1986); Graells in Mem. Real Acad. Ci. Exact. Madrid 2: 495 lám. 2 (1859); Laínz in Anales Jard. Bot. Madrid 13: 498 lám. 2 (1956) [sub *C. amblensis* f. *luisieri*]

Hojas araneosas o glabriúsculas, con pelos pluricelulares. Capítulos 1-9. Corola y anteras rosadas.

Taludes, bordes de camino y praderas, en suelos arenosos o arcillosos de naturaleza silícea o calcárea; 800-1640 m. V-VII. ● C y SW de España y N de Portugal. **Esp.:** Av (Ba) M Sa Za. **Port.:** BA TM.

b. subsp. **tentudaica** (Rivas Goday) Rivas Mart. in Lagascalia 15(extra): 116 (1988) [tentudáica]

C. toletana subsp. *tentudaica* Rivas Goday, Veg. Fl. Guadiana: 666, fig. 6 (1964) [basión.]
Ind. loc.: "In pascuis montanis siliceis, Sierra Tudia (Badajoz) (2-junio-1952; Rivas Goday et Rivas Martínez legit)" [lectótipo designado por E. López Nieto & J.A. Devesa in Lagascalia 33: 147 (2013): MAF]
Ic.: Fern. Casas & Susanna in Treb. Inst. Bot. Barcelona 10: 76 fig. 24 (1986); Rivas Goday, Veg. Fl. Guadiana: 667 fig. 6 (1964)

Hojas araneosas o glabriúsculas, por lo general sin pelos pluricelulares. Capítulos 1-5. Corola y anteras rosado-purpúreas.

Claros de robledal y pinar, taludes, bordes de camino y pastos, en suelos de naturaleza silícea; 910-1070 m. VI-VII. ● SW de España. **Esp.:** Ba (H).

82. C. haenseleri (Boiss.) Boiss. & Reut., Pugill. Pl. Afr. Bor. Hispan.: 67 (1852) [Haenséleri]

C. acaulis var. *haenseleri* Boiss., Elench. Pl. Nov.: 61 (1838) [basión.]
Ind. loc.: "Hab. in summâ Sierra d'Estepona ubi primus observavit cl. Haenseler. Alt. 3000'-4000'" [lectótipo designado por H.M. Burdet & al. in Candollea 38: 769 (1983): G]
Ic.: Boiss., Voy. Bot. Espagne 1, tab. 105 b (1840) [sub *C. acaulis* var. *haenseleri*]; lám. 140

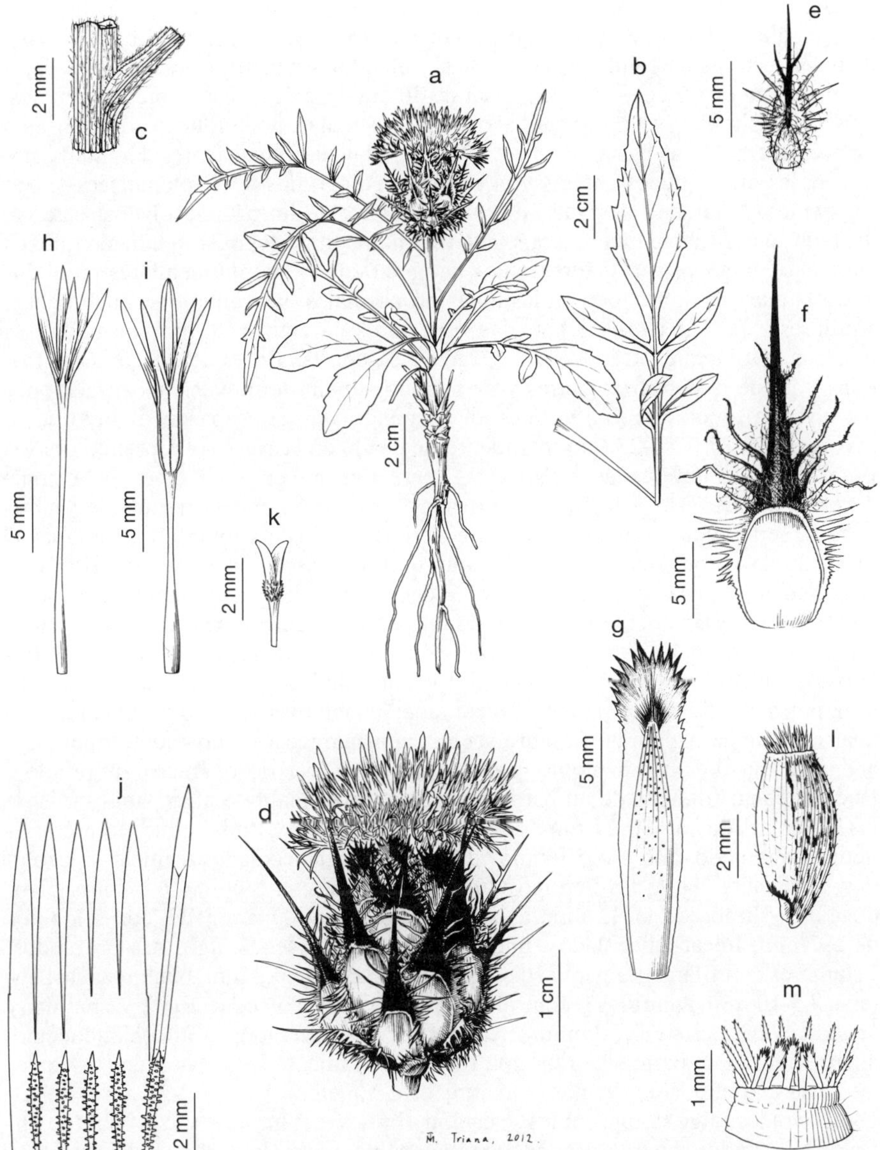

Lám. 140.–*Centaurea haenseleri,* a, c-m) Sierra Bermeja, Estepona, Málaga (COFC 61057); b) ibídem (UNEX 19525): a) hábito; b) hoja basal; c) detalle de un nudo del tallo y de la inserción de la hoja; d) capítulo; e) bráctea externa del involucro; f) bráctea media del involucro; g) bráctea interna del involucro; h) corola de una flor neutra; i) corola y verticilos sexuales de una flor hermafrodita; j) limbo abierto de la corola de una flor hermafrodita, con los filamentos estaminales y un estambre completo; k) detalle del estilo con sus ramas; l) aquenio con vilano; m) detalle del vilano interno y parte del externo.

Hierba perenne, subacaule, con raíz axonomorfa, inerme –excepto las brácteas involucrales–, de un verde grisáceo, glabrescente o pelosa, con indumento ± laxo de pelos tectores unicelulares, araneosos, y glándulas punctiformes. Tallos escapiformes hasta de 10 cm –rara vez hasta de 30 cm– y en este caso erectos, simples, de sección circular o ± poligonal, acostillados, sin alas, poco foliosos, araneosos o glabrescentes. Hojas hasta de 230 × 70 mm, rosuladas, persistentes durante la floración, las primordiales enteras y el resto pinnatipartidas o 1-2 pinnatisectas, con segmentos de tamaño desigual, de ovado-elípticos a linear-lanceolados, enteros, dentados o aserrados, mucronados, el terminal mayor o del mismo tamaño que los laterales, ± araneosas o glabrescentes, también con pelos pluricelulares en el envés y el margen, sobre todo en las hojas primordiales; las caulinares, cuando hay, similares a las inferiores o bien las superiores parcialmente transformadas en brácteas involucrales. Capítulos 1-5, radiantes, con las flores del disco hermafroditas y las de la periferia neutras y de tamaño similar, terminales, alcanzados por las últimas hojas caulinares que por lo general no sobrepasan el involucro. Involucro 18-27 × 13-23 mm, ovoide, redondeado en la base, sobrepasado por las flores; brácteas imbricadas y dispuestas aparentemente en 6 o 7 series, las medias mayores que el resto; las medias de ovadas a ovado-oblongas largamente acuminadas, fuertemente adpresas, con base verdosa y nervios longitudinales apenas marcados o inconspicuos, glabriúsculas o araneosas en su parte superior, con apéndice apical triangular-acuminado, ± decurrente, de erecto-patente a recurvado, araneoso o laxamente araneoso, de un pardo obscuro a negruzco, pectinado-espinuloso, con 6-10 pares de fimbrias o espínulas laterales de 2,5-6 mm, ± flexuosas, concoloras con la parte central o amarillentas, y espina apical de 4-13 mm, punzante, de erecto-patente a recurvada; las internas 14-23 mm, lineares o linear-espatuladas, glabras o glabriúsculas, con margen estrechamente hialino, y apéndice apical de ovado a oblongo, cocleariforme, escarioso, entero, fimbriado o lacerado, generalmente de un pardo obscuro. Corola glabra o algo papilosa, la de las flores neutras de 16-27 mm, con tubo blanquecino y limbo amarillo o amarillento-anaranjado, con 4 o 5 lóbulos de 4,5-6 mm, lanceolados o linear-lanceolados, desiguales; la de las hermafroditas 19-26 mm, con tubo de 7-14 mm, blanquecino, y limbo de 11-13 mm, amarillo o amarillento-anaranjado, con 5 lóbulos de 5-7 mm, linear-lanceolados, uno de ellos con los senos algo más profundos. Estambres con filamento papiloso, con papilas hasta de 0,2 mm, blanquecinas; anteras 8,5-10 mm, amarillas o amarillento-anaranjadas, con conectivo más pálido, y apéndices basales de 0,7-1 mm, membranáceos y lacerados. Estilo blanquecino, amarillento en su parte superior, con ramas enteramente soldadas o erecto-patentes en su extremo, amarillentas o anaranjadas. Aquenios 4,7-6 × 2-2,6 mm, oblongo-obovoides, algo comprimidos –sección elíptica–, truncados y con reborde entero, en la madurez pardos con alguna mácula negruzca, laxa e inconspicuamente seríceo-vilosos, rara vez con pelos blancos erectos abundantes alrededor del hilo cárpico; placa apical con nectario de 0,1-0,4 mm, pentalobulado, amarillento; hilo cárpico 1-1,5 mm, lateral-adaxial; con eleosoma. Vilano doble, persistente; el externo con varias filas de escamas de 0,5-1,2 mm, desiguales, lineares, serradas, generalmente blancuzcas, y el interno con una fila de escamas de similar tamaño al externo, lisas, solo laceradas en el ápice, erectas y ± conniventes. $2n$ = 40, 44.

Claros de bosque –pinares– y matorral, taludes y bordes de camino, en suelos pedregosos de naturaleza ultrabásica –serpentinas–; 520-1500 m. V-VII. ● S de España: Sierra Bermeja. **Esp.:** Ma.

83. C. saxifraga Coincy in J. Bot. (Morot) 11: 45(1897) [saxífraga]

Ind. loc.: "(...) il croît dans les fentes des rochers abrupts du Jabalcón, (...)"
Ic.: Lám. 141

Hierba perenne, acaule o subacaule, con raíz axonomorfa, inerme –excepto las brácteas involucrales–, canescente, con indumento denso de pelos tectores unicelulares, araneosos, a veces o con alguna glándula punctiforme dispersa. Sin tallos o con tallos escapiformes hasta de 15 cm, erectos, simples o apenas ramificados desde la base, de sección circular o ± poligonal, acostillados, sin alas, poco foliosos, ± lanuginoso-araneosos. Hojas hasta de 200 × 50 mm, rosuladas, persistentes durante la floración, las primordiales enteras y el resto pinnatipartidas o pinnatisectas, con segmentos de tamaño desigual, de ovados a oblongo-obovados, enteros, dentados o pinnatífidos, mucronados, el terminal mayor o del mismo tamaño que los laterales, ± lanuginoso-araneosas y con pecíolo densamente lanuginoso; las caulinares, cuando hay, similares a las basales pero sésiles, menores y enteras, pinnatífidas, pinnatipartidas o pinnatisectas. Capítulos 1-4, radiantes, con las flores del disco hermafroditas y las de la periferia neutras y de tamaño similar, terminales, alcanzados por las últimas hojas caulinares que en ocasiones sobrepasan el involucro. Involucro 18-25 × 13-19 mm, ovoide, redondeado en la base, sobrepasado por las flores; brácteas imbricadas y aparentemente dispuestas en 6 o 7 series, las medias mayores que el resto; las medias de ovadas a ovado-oblongas, fuertemente adpresas, con base verdosa y nervios longitudinales apenas marcados o del todo inconspicuos, glabriúsculas o araneosas en su parte superior, con apéndice apical triangular-acuminado, ± decurrente, de erecto-patente a recurvado, araneoso o laxamente araneoso, pardo o de un amarillo pajizo, pectinado-espinuloso, con 6-9 pares de fimbrias o espínulas laterales de 1,5-4,5 mm, ± flexuosas, concoloras con la parte central o las inferiores hialinas, y espina apical de 6-20 mm, punzante, de erecto-patente a recurvada; las internas 14-20 mm, lineares o linear-espatuladas, glabras o glabriúsculas, con margen estrechamente hialino, y apéndice apical de ovado a oblongo, cocleariforme, escarioso, entero, fimbriado o lacerado, de un pardo claro. Corola glabra o algo papilosa, la de las flores neutras de 23-26 mm, con tubo blanquecino y limbo amarillo o amarillento-anaranjado, con tres lóbulos de 3,5-6,5 mm, lanceolados o linear-lanceolados, desiguales; la de las hermafroditas 22-26 mm, con tubo de 10-14 mm, blanquecino, y limbo de 11-15 mm, amarillo o amarillento-anaranjado, con 4 o 5 lóbulos de 5-7 mm, linear-lanceolados, uno de ellos con los senos algo más profundos. Estambres con filamento papiloso, con papilas hasta de 0,2 mm, blanquecinas; anteras 7,5-9,5 mm, amarillas o amarillento-anaranjadas, con conectivo apical del mismo color aunque algo más pálido, apéndices basales de 0,5-0,7 mm, membranáceos y lacerados. Estilo blanquecino, amarillento en su parte superior, con ramas enteramente soldadas o erecto-patentes en su extremo, amarillentas o anaranjadas. Aquenios 5-7 × 2,1-2,6 mm, oblongo-obovoides, algo comprimidos –sección elíptica–, truncados y con reborde entero, en la madurez negruzcos o pardos con alguna mácula ne-

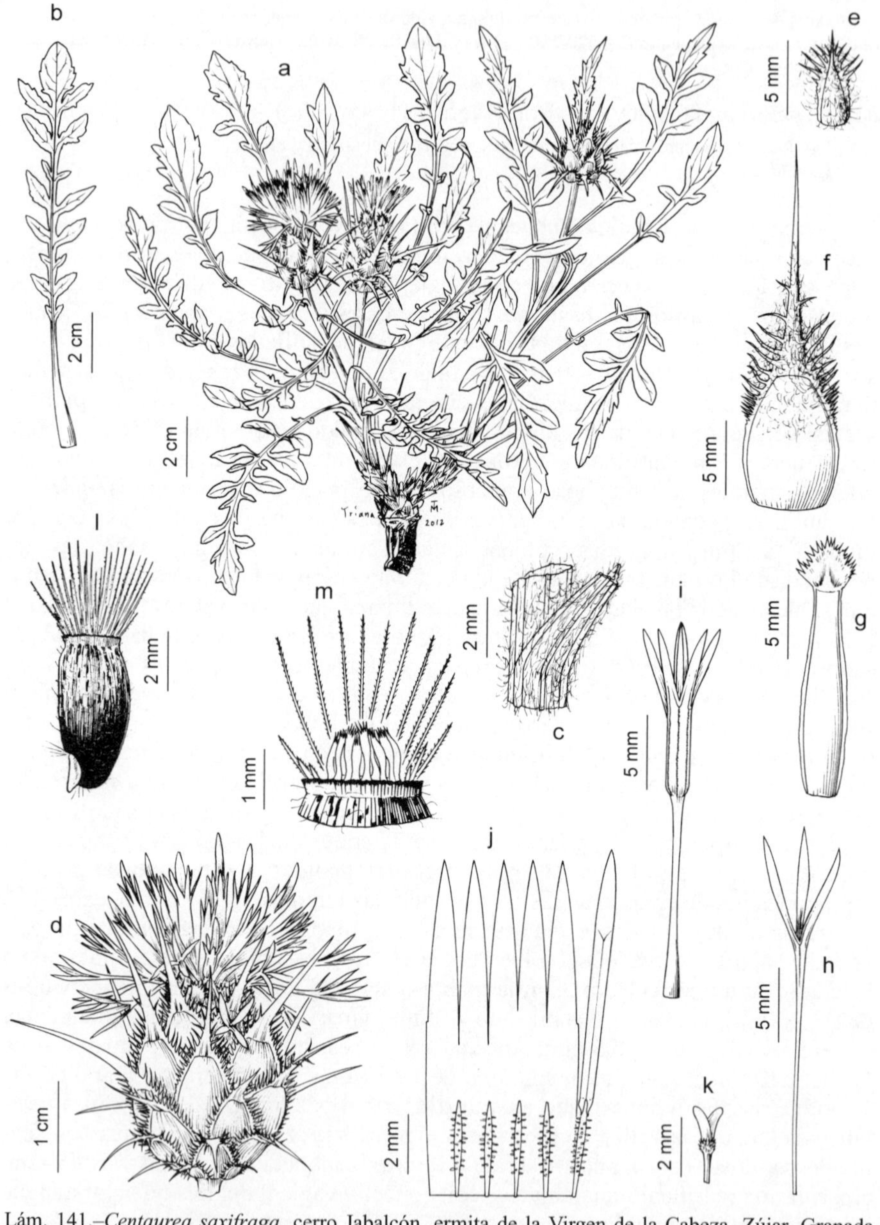

Lám. 141.–*Centaurea saxifraga,* cerro Jabalcón, ermita de la Virgen de la Cabeza, Zújar, Granada (COFC 61064): a) hábito; b) hoja basal; c) detalle de un nudo del tallo y de la inserción de la hoja; d) capítulo; e) bráctea externa del involucro; f) bráctea media del involucro; g) bráctea interna del involucro; h) corola de una flor neutra; i) corola y verticilos sexuales de una flor hermafrodita; j) limbo abierto de la corola de una flor hermafrodita, con los filamentos estaminales y un estambre completo; k) detalle del estilo con sus ramas; l) aquenio con vilano; m) detalle del vilano interno y parte del externo.

gruzca, laxa e inconspicuamente seríceo-vilosos excepto a veces alrededor del hilo cárpico, donde abundan pelos blancos erectos; placa apical con nectario de 0,2-0,4 mm, pentalobulado, amarillento; hilo cárpico 1-1,7 mm, lateral-adaxial; con eleosoma. Vilano doble, persistente; el externo con varias filas de escamas de 1,5-3,5 mm, desiguales, lineares, serradas, generalmente blanquecinas, y el interno con una fila de escamas de 0,7-1,5 mm, lisas, solo laceradas en el ápice, erectas y ± conniventes. $2n = 60$.

Grietas de roquedo, taludes y bordes de camino, en suelos pedregosos de naturaleza calcárea; 1200-1500 m. VI-VII. ● SE de España: Cerro Jabalcón, Granada. **Esp.**: Gr. **N.v.**: árnica del Jabalcón.

84. C. genesii-lopezii Fern. Casas & Susanna in Anales Jard. Bot. Madrid 39: 62 (1982), pro hybrid. [Genésii-Lopézii]

Ind. loc.: "Typus asservatur in Horto Regio Matritensi: Málaga, Alcaucín, Sierra de Tejeda, supra Cortijo del Alcázar, 30S VF0387, ad 1.200 m, in rupestribus calcareis, Fdez. Casas 3490 (pro parte!), 29-VI-1980"
Ic.: Fern. Casas in Fontqueria 48: 206 lám. 2 (1997); Fern. Casas & Susanna in Treb. Inst. Bot. Barcelona 10: 122 fig. 38 (1986); lám. 142

Hierba perenne, acaule o subacaule, con raíz axonomorfa, inerme –excepto las brácteas involucrales–, de un verde obscuro o grisáceo, pelosa, con indumento ± laxo de pelos tectores unicelulares, araneosos, sin glándulas punctiformes. Sin tallos o con tallos escapiformes hasta de 16 cm, erectos, simples o solo débilmente ramificados desde su parte media, de sección circular o ± poligonal, acostillados, sin alas, poco foliosos, ± lanuginoso-araneosos. Hojas hasta de 150 × 40 mm, rosuladas, persistentes durante la floración, las primordiales enteras y el resto liradas, pinnatipartidas o 1-2 pinnatisectas, con segmentos de tamaño desigual, ovados, oblongo-obovados o lanceolados, enteros, aserrados o pinnatífidos, mucronados, el terminal mayor o del mismo tamaño que los laterales, con pecíolo y nervio principal araneosos, envés laxamente araneoso y haz glabra o glabriúscula; las caulinares, cuando hay, similares a las basales pero sésiles y menores, enteras, pinnatífidas, pinnatipartidas o pinnatisectas. Capítulos 1-3, radiantes, con las flores del disco hermafroditas y las de la periferia neutras y de tamaño similar, terminales, alcanzados por las últimas hojas caulinares o sustentados por un pedúnculo hasta de 7 cm. Involucro 20-26 × 11-18 mm, ovoide, redondeado en la base, sobrepasado por las flores; brácteas imbricadas y dispuestas aparentemente en 6 o 7 series, gradualmente mayores de fuera adentro o las medias mayores que el resto; las medias de ovadas a ovado-oblongas, fuertemente adpresas, con base verdosa y nervios longitudinales apenas marcados o del todo inconspicuos, glabriúsculas o araneosas en su parte superior, con apéndice apical triangular-acuminado, de erecto-patente a recurvado, decurrente por el margen de la bráctea, araneoso o laxamente araneoso, de un amarillo pajizo o pardo, pectinado-espinuloso, con 3-8 pares de fimbrias o espínulas laterales de 1-2 mm, ± flexuosas, amarillentas o hialinas las inferiores, y espina apical de 3-7 mm, ± punzante, de erecto-patente a recurvada; las internas 15-23 mm, lineares o linear-espatuladas, glabras o glabriúsculas, con margen estrechamente hialino, y apéndice apical de ovado a oblongo, cocleariforme, escarioso, entero, fimbriado o lacerado, de un pardo claro. Corola

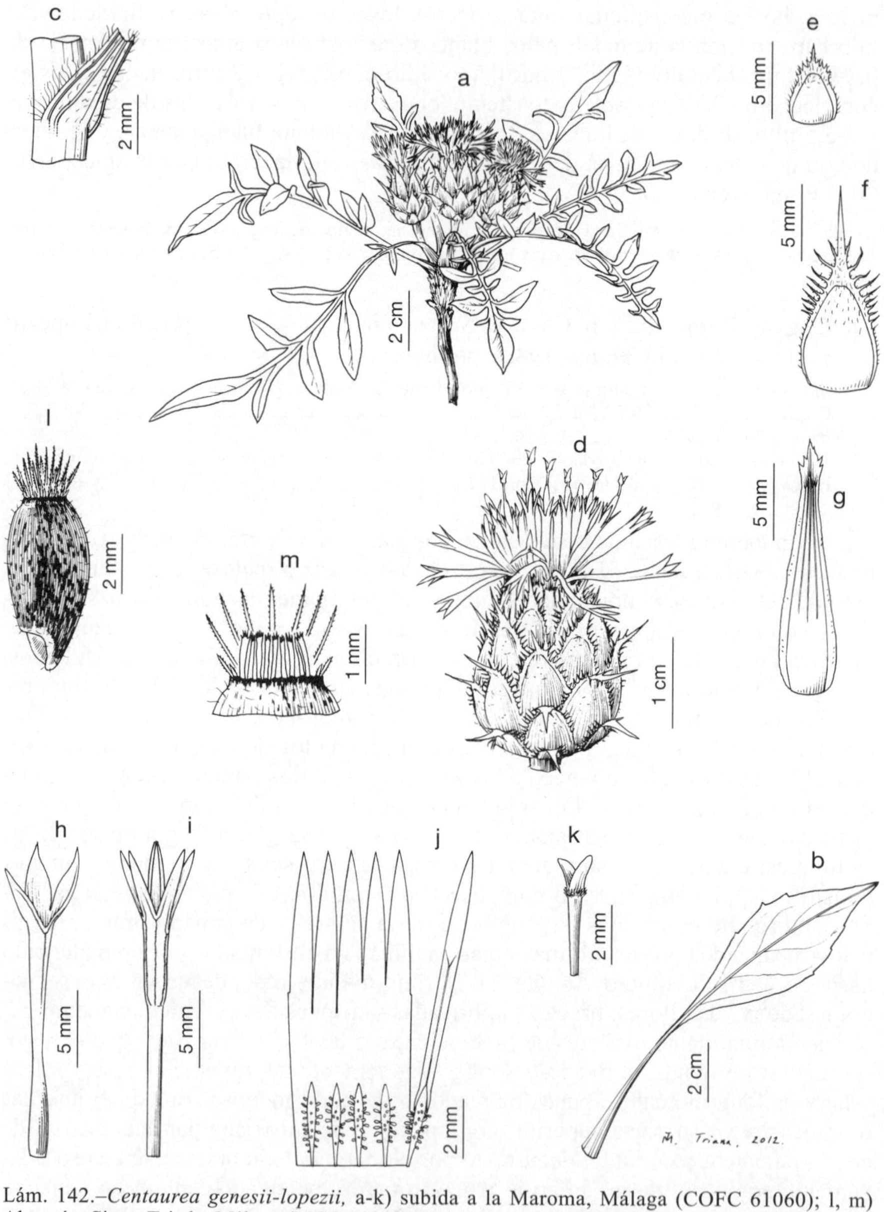

Lám. 142.–*Centaurea genesii-lopezii,* a-k) subida a la Maroma, Málaga (COFC 61060); l, m) Alcaucín, Sierra Tejeda, Málaga (MGC 52280): a) hábito; b) hoja basal primordial; c) detalle de un nudo del tallo y de la inserción de la hoja; d) capítulo; e) bráctea externa del involucro; f) bráctea media del involucro; g) bráctea interna del involucro; h) corola de una flor neutra; i) corola y verticilos sexuales de una flor hermafrodita; j) limbo abierto de la corola de una flor hermafrodita, con los filamentos estaminales y un estambre completo; k) detalle del estilo con sus ramas; l) aquenio con vilano; m) detalle del vilano interno y parte del externo.

glabra, la de las flores neutras de 17-25 mm, con tubo blanquecino y limbo de un amarillo pálido o rosado-purpúrea, con 3 o 4 lóbulos de 4-7 mm, lanceolados o linear-lanceolados, desiguales; la de las hermafroditas 21-28 mm, con tubo de 10-16 mm, blanquecino, y limbo de 9,5-13 mm, de un amarillo pálido o rosado-purpúrea, con 5 lóbulos de 4,5-7 mm, lanceolados o linear-lanceolados, uno de ellos con los senos algo más profundos. Estambres con filamento papiloso, con papilas hasta de 0,2 mm, blanquecinas; anteras 7-10 mm, blanquecinas, blanquecino-amarillentas o rosadas, con conectivo apical del mismo color aunque más pálido, y apéndices basales de 0,7-1,5 mm, membranáceos y lacerados. Estilo blanquecino, amarillento en su parte superior, con ramas enteramente soldadas o erecto-patentes, blanquecinas o blanquecino-amarillentas. Aquenios 5,8-6,1 × 2,8-3,3 mm, oblongo-obovoides, algo comprimidos –sección elíptica–, truncados y con reborde entero, en la madurez negruzcos o pardos –con alguna mácula negruzca–, laxa e inconspicuamente seríceo-vilosos; placa apical con nectario de 0,1-0,2 mm, pentalobulado, amarillento; hilo cárpico 1-1,8 mm, lateral-adaxial; con eleosoma, a veces rudimentario. Vilano doble, en ocasiones caedizo; el externo con varias filas de escamas de 1,5-2 mm, desiguales, lineares, serradas, por lo general blanquecinas, y el interno con una fila de escamas de 1-1,2 mm, laceradas en el ápice, erectas y ± conniventes. $2n = 40 + 0\text{-}1B$.

Grietas de roquedo, taludes y bordes de camino, en suelos pedregosos de naturaleza calcárea; 1200-1650 m. VI-VII. ● S de España: Sierra Tejeda. **Esp.:** (Gr) Ma.

Observaciones.–Aunque descritas inicialmente como híbrido de *C. boissieri* y *C. haenseleri,* las poblaciones de esta especie están integradas por individuos fértiles que producen descendencia viable, por lo que su consideración como especie es incuestionable.

85. C. mariana Nyman, Suppl. Syll. Fl. Eur.: 6 (1865) [Mariána]

C. funkii Boiss. & Reut. in Boiss., Diagn. Pl. Orient. ser. 2, 3: 83 (1856), nom. illeg., non Sch. Bip. ex Willk. in Linnaea 25: 37 (1852) [nom. subst.]
C. macrorrhiza Willk. in Willk. & Lange, Prodr. Fl. Hispan. 2: 150 (1865), nom. illeg., non Willk. in Linnaea 25: 38 (1852)
Ind. loc.: "Hab. in fissuris rupium montis Sierra de Maria regni Granatensis cl. Funck" [sec. Boiss., Diagn. Pl. Orient. ser. 2, 3: 83 (1856)]
Ic.: Fern. Casas & Susanna in Treb. Inst. Bot. Barcelona 10: 83 fig. 26 (1986)

Hierba perenne, acaule o subacaule, con raíz axonomorfa, inerme –excepto las brácteas involucrales–, blanco-tomentosa o canescente, con indumento denso de pelos tectores unicelulares, araneosos, sin glándulas. Sin tallos o con tallos escapiformes hasta de 8 cm, simples, de sección circular o ± poligonal, acostillados, sin alas, poco foliosos, lanuginosos. Hojas hasta de 160 × 30 mm, rosuladas, persistentes durante la floración, las primordiales enteras y el resto liradas, pinnatipartidas o pinnatisectas, con segmentos ovados o elípticos, enteros, sinuados o ligeramente aserrados, mucronados, el terminal del mismo tamaño o mayor que los laterales, lanuginosas; las caulinares, cuando hay, sésiles, enteras, pinnatífidas o pinnatipartidas. Capítulos 1-3(5), radiantes, con las flores del disco hermafroditas y las de la periferia neutras y de tamaño similar, terminales, alcanzados por las últimas hojas caulinares, que pueden sobrepasar el involucro. Involucro 14-21 × 8-

15 mm, ovoide, redondeado en la base, sobrepasado por las flores; brácteas imbricadas y dispuestas aparentemente en 6 o 7 series, gradualmente mayores de fuera adentro; las medias de ovadas a ovado-oblongas, acuminadas, fuertemente adpresas, con base verdosa y nervios longitudinales débilmente marcados, glabriúsculas o araneosas en su parte superior, con apéndice apical triangular-acuminado, ± decurrente por el margen de la bráctea, de erecto-patente a patente, araneoso, de amarillento a pardo, entero, dentado o con 2-6 pares de fimbrias laterales de 0,3-2 mm, hialinas, y arista o espina apical de 1,5-4 mm, ± punzante, de erecto-patente a patente; las internas 11-18 mm, lineares o linear-espatuladas, glabras o glabriúsculas, con margen estrechamente hialino, y apéndice apical de ovado a oblongo, cocleariforme, escarioso, entero, fimbriado o lacerado, de un pardo claro. Corola glabra o algo papilosa, la de las flores neutras de 15-21 mm, con tubo blanquecino y limbo amarillento-anaranjado, con tres lóbulos subiguales de 3-4,5 mm, lanceolados o linear-lanceolados, desiguales; la de las hermafroditas 17-24 mm, con tubo de 8-13 mm, blanquecino o blanquecino-amarillento, y limbo de 8-11 mm, amarillento-anaranjado, con 5 lóbulos de 5-7 mm, linear-lanceolados, uno de ellos con los senos algo más profundos. Estambres con filamento papiloso, con papilas hasta de 0,2 mm, blanquecinas; anteras 6-8 mm, amarillento-anaranjadas, con conectivo apical del mismo color aunque más pálido, apéndices basales de 0,5-0,8 mm, membranáceos y lacerados. Estilo blanquecino o amarillento en su parte superior, con ramas enteramente soldadas o erecto-patentes, amarillento-anaranjadas o anaranjadas. Aquenios 4,5-5,6 × 1,8-2,6 mm, oblongo-obovoides, algo comprimidos –sección elíptica–, truncados y con reborde entero, en la madurez pardo-amarillentos, pardos con alguna mácula negruzca o negruzcos, laxa e inconspicuamente seríceo-vilosos excepto a veces alrededor del hilo cárpico, con abundantes pelos blancos erectos; placa apical con nectario de 0,1-0,4 mm, ± pentalobulado, amarillento; hilo cárpico 1-1,4 mm, lateral-adaxial; con eleosoma. Vilano doble, persistente, rara vez rudimentario o sin vilano; el externo con varias filas de escamas de 0,1-1,8 mm, desiguales, lineares, serradas, blancuzcas, y el interno con una fila de escamas de tamaño similar al externo, lisas, solo laceradas en el ápice, erectas y ± conniventes. $2n = 20$.

En taludes rocosos y grietas de roquedo de naturaleza calcárea; 1000-1900 m. VI-VII. ● SE de España. **Esp.:** Al Mu. **N.v.:** árnica de María.

Observaciones.–Esta especie parece hibridarse con *C. granatensis* en las áreas de contacto. Los híbridos, que han sido denominados *C.* × *piifontiana* (Esp.: Al; véase el apartado de híbridos), difieren de *C. mariana* porque son algo caulescentes, así como por tener brácteas con apéndices negruzcos y espinosos y un vilano más largo (2-3 mm).

86. C. borjae Valdés Berm. & Rivas Goday in Anales Inst. Bot. Cavanilles 35: 160, 162 fig. 2 (1978) [Bórjae]

Ind. loc.: "Holotypus in herbario Matritensis Horti Regii (MA 208259): Punta Candelaria (Cedeira, La Coruña), habitat in praeruptis litoralibus ad rupes ophiolithicas, S. Castroviejo die 2-VII-77 leg. (sub num. 800 SC)"

Ic.: Fern. Casas & Susanna in Treb. Inst. Bot. Barcelona 10: 126 fig. 39 (1986); E. López & Devesa in Lagascalia 33: 157 (2013); Valdés Berm. & Rivas Goday in Anales Inst. Bot. Cavanilles 35: 162 fig. 2 (1978)

Hierba perenne, subacaule, con raíz axonomorfa, inerme –excepto las brácteas involucrales–, verde o de un verde obscuro, de glabriúscula a laxamente pelosa, con pelos tectores pluricelulares –en ocasiones también algún pelo unicelular araneoso–, y glándulas punctiformes. Tallos escapiformes hasta de 10 cm, erectos, simples, de sección circular o ± poligonal, acostillados, sin alas, nada o poco foliosos, glabriúsculos o laxamente pelosos. Hojas hasta de 190 × 60 mm, rosuladas, persistentes durante la floración, las primordiales enteras y lanceoladas, el resto pinnatipartidas o 1-2 pinnatisectas, con segmentos de tamaño desigual, de ovados a ovado-oblongos, enteros, agudos, dentados o ligeramente aserrados o pinnatífidos, mucronados, el terminal ± del mismo tamaño que los laterales, con haz glabriúscula y pecíolo, bordes y envés –sobre todo su nervio central– pelosos, con pelos pluricelulares; las caulinares escasas, similares a las anteriores pero menores, pecioladas o sésiles, pinnatífidas o pinnatipartidas. Capítulos 1-4, radiantes, con las flores del disco hermafroditas y las de la periferia neutras y de tamaño similar, terminales, alcanzados por las últimas hojas caulinares que generalmente no sobrepasan el involucro. Involucro 20-33 × 15-23 mm, ovoide, redondeado en la base, sobrepasado por las flores; brácteas imbricadas y dispuestas aparentemente en 6-8 series, las medias mayores que el resto; las medias de ovadas a ovado-oblongas, largamente acuminadas, fuertemente adpresas, con base verdosa y nervios longitudinales apenas marcados o del todo inconspicuos, glabras o glabriúsculas, con apéndice apical triangular-acuminado, ± decurrente, de erecto-patente a recurvado, glabro o glabriúsculo, de un pardo obscuro a negruzco, pectinado-espinuloso, con 4-10 pares de fimbrias o espínulas laterales de 1-5 mm, ± flexuosas, concoloras con la parte central o hialinas las inferiores, y espina apical de 3-15 mm, punzante, de erecto-patente a recurvada; las internas 14-26 mm, lineares o linear-espatuladas, glabras o glabriúsculas, con margen estrechamente hialino, y apéndice apical triangular, ovado u oblongo, ± cocleariforme, escarioso, entero, fimbriado o lacerado, generalmente de un pardo obscuro. Corola glabra o algo papilosa, la de las flores neutras de 18-32 mm, con tubo blanquecino y limbo rosado, con 4 o 5 lóbulos de 5-6 mm, lanceolados o linear-lanceolados, desiguales; la de las hermafroditas 21-30 mm, con tubo de 9-15 mm, blanquecino, y limbo de 9-15 mm, rosado, con 5 lóbulos de 4-7 mm, linear-lanceolados, uno de ellos con los senos algo más profundos. Estambres con filamento papiloso, con papilas hasta de 0,3 mm, blanquecinas; anteras 6,5-10 mm, rosadas, con conectivo apical de un púrpura obscuro o rojizo, con apéndices basales de 0,7-1,2 mm, membranáceos y lacerados. Estilo blanquecino, rosado en su parte superior, con ramas erecto-patentes o patentes, purpúreas. Aquenios 5,5-6,6 × 2,4-3,3 mm, oblongo-obovoides, algo comprimidos –sección elíptica–, truncados y con reborde entero, en la madurez de pardos con alguna mácula negruzca a negruzcos, laxa e inconspicuamente seríceo-vilosos excepto a veces alrededor del hilo cárpico, donde abundan pelos blancos erectos; placa apical con su borde rematado por una corona de pelos pluricelulares, y nectario de 0,1-0,2 mm, pentalobulado, amarillento; hilo cárpico 1-2 mm, lateral-adaxial; con eleosoma, a veces rudimentario. Sin vilano. $2n = 66$.

Claros de tojal-brezal, en roquedos y acantilados costeros, en substratos de naturaleza silícea; 100-490 m. V-VIII. ● NW de España: NE de La Coruña. **Esp.:** C.

87. C. ultreia Silva Pando in Anales Jard. Bot. Madrid 44: 422 fig. 1, 423 fig. 2, 424 fig. 3, 425 fig. 4 (1987) ["ultreiae"] [ultréia]

Ind. loc.: "Holotypus: La Coruña, Coristanco, Monte Castelo, 500 m, pista forestal, bordes removidos, sobre gabros, F. J. Silva Pando (n.º 3466), E. Valdés Bermejo & X. R. García Martínez (LOU 07783). Isotypi: Exsiccata Flora Península Ibérica, fascículo III-G.B.G. (LOU 07784)"
Ic.: Silva Pando in Anales Jard. Bot. Madrid 44: 422 fig. 1, 423 fig. 2, 424 fig. 3, 425 fig. 4 (1987); lám. 143

Hierba perenne, acaule o subacaule, con raíz axonomorfa, inerme –excepto las brácteas involucrales–, verde o de un verde obscuro, de glabriúscula o laxamente pelosa, con pelos tectores pluricelulares, y unicelulares araneosos, ± abundantes, a veces con alguna glándula punctiforme dispersa. Sin tallos o con tallos escapiformes hasta de 10 cm, erectos, simples, de sección circular o ± poligonal, acostillados, sin alas, nada o poco foliosos, glabriúsculos o laxamente pelosos. Hojas hasta de 240 × 80 mm, rosuladas, persistentes durante la floración, las primordiales lanceoladas, enteras, y el resto liradas, pinnatipartidas o 1-2 pinnatisectas, con segmentos de tamaño desigual, de ovados a ovado-oblongos, enteros, agudos, dentados o ligeramente aserrados o pinnatífidos, mucronados, el terminal mayor o del mismo tamaño que los laterales, con haz glabriúscula o laxamente pelosa, y pecíolo, bordes y envés –sobre todo en nervio central– pelosos, con pelos pluricelulares y pelos unicelulares araneosos dispersos; hojas caulinares escasas, similares a las anteriores aunque menores, pecioladas o sésiles, pinnatífidas o pinnatipartidas, o bien las superiores parcialmente transformadas en brácteas. Capítulos 1-10, radiantes, con las flores del disco hermafroditas y las de la periferia neutras y de tamaño similar, terminales, alcanzados por las últimas hojas caulinares que, por lo general, no sobrepasan el involucro. Involucro 22-30 × 13-26 mm, ovoide, redondeado en la base, sobrepasado por las flores; brácteas imbricadas y dispuestas aparentemente en 6 o 7 series, gradualmente mayores de fuera adentro o las medias mayores que el resto; las medias de ovadas a ovado-oblongas, fuertemente adpresas, con base verdosa, nervios longitudinales apenas marcados o del todo inconspicuos, glabras o laxamente araneosas en su parte superior, con apéndice apical triangular-acuminado, ± decurrente por el margen de la bráctea, de erecto-patente a patente, glabro o laxamente araneoso, pardo o de un pardo amarillento, entero, dentado o pectinado-espinuloso, en este caso con 1-7 pares de fimbrias o espínulas laterales de 0,5-3 mm, ± flexuosas, concoloras con la parte central o hialinas las inferiores, y espina apical de 2-15 mm, punzante, de erecto-patente a patente; las internas 15-25 mm, lineares o linear-espatuladas, glabras o glabriúsculas, con margen estrechamente hialino, y apéndice apical de ovado a oblongo, cocleariforme, escarioso, entero, fimbriado o lacerado, de un pardo claro. Corola glabra, la de las flores neutras de 25-32 mm, con tubo blanquecino y limbo amarillo o de un amarillo pálido, más rara vez rosado, con 3-5 lóbulos de 4-7 mm, lanceolados o linear-lanceolados, desiguales; la de las hermafroditas 26-34 mm, con tubo de 12-19 mm, blanquecino-amarillento, ligeramente engrosado en su parte inferior, y limbo de 12-18 mm, amarillo o de un amarillo pálido, más rara vez rosado, con 5 lóbulos de 5,5-8,5 mm, lanceolados o linear-lanceolados, uno de ellos con los senos algo más profundos. Estambres con filamento papiloso, con papilas

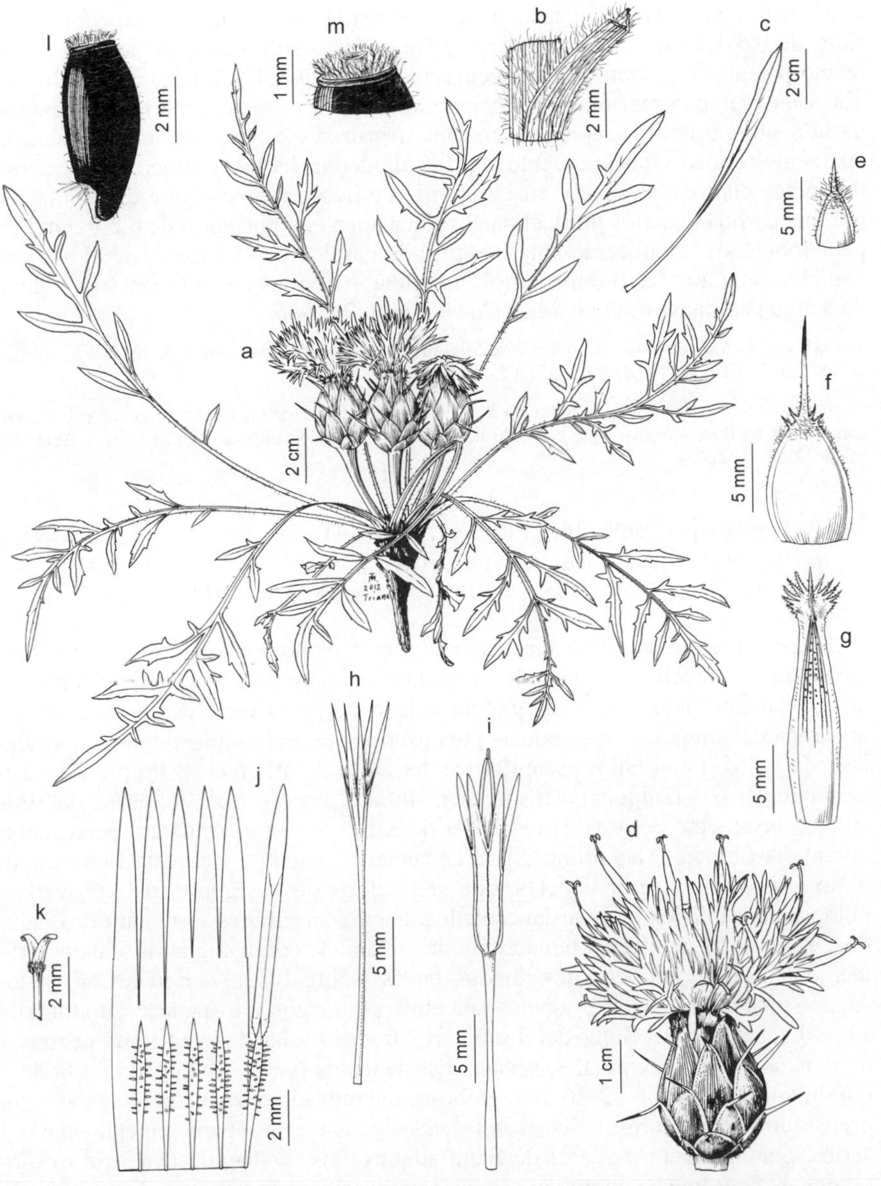

Lám. 143.–*Centaurea ultreia,* Santa Comba, Bazar, Monte do Castelo, La Coruña (COFC 61063): a) hábito; b) detalle de un nudo del tallo y de la inserción de la hoja; c) hoja basal primordial; d) capítulo; e) bráctea externa del involucro; f) bráctea media del involucro; g) bráctea interna del involucro; h) corola de una flor neutra; i) corola y verticilos sexuales de una flor hermafrodita; j) limbo abierto de la corola de una flor hermafrodita, con los filamentos estaminales y un estambre completo; k) detalle del estilo con sus ramas; l) aquenio; m) detalle de la parte superior del aquenio mostrando la corona de pelos en el borde de la placa apical.

hasta de 0,3 mm, blanquecinas; anteras 9-11 mm, blanquecinas, con apéndices basales de 0,6-1,3 mm, membranáceos y lacerados. Estilo blanquecino, con ramas erecto-patentes o patentes, blanquecinas. Aquenios 5-6,4 × 2,4-2,9 mm, oblongo-obovoides, algo comprimidos –sección elíptica–, truncados y con reborde entero, en la madurez pardos con alguna mácula negruzca o negruzcos, laxa e inconspicuamente seríceo-vilosos excepto a veces alrededor del hilo cárpico, donde abundan pelos blancos erectos, y en el reborde de la placa apical, que está rematado por una corona de pelos pluricelulares; placa apical con nectario de 0,2-0,5 mm, ± pentalobulado, blanquecino-amarillento; hilo cárpico 0,7-1,5 mm, lateral-adaxial; con eleosoma a veces rudimentario. Sin vilano o con vilano rudimentario, reducido a alguna escama triangular hasta de 0,4 mm. $2n = 66$.

Taludes, bordes de camino y claros de tojal-brezal degradados, en suelos de naturaleza silícea; 400-500 m. V-VIII. ● NW de España: La Coruña. **Esp.:** C.

Observaciones.–Dentro de la reducida área de distribución de este taxon hay algunas poblaciones con plantas de flores rosadas, que han sido descritas como var. *bazarensis* Blanco-Dios in Acta Bot. Malac. 27: 244 (2002).

88. C. lagascana Graells, Indic. Pl. Nov.: 7 (1854) [Lagascána]

Ind. loc.: "Habitat propè Caldas. Junio Lagasca legit"

Ic.: Fern. Casas & Susanna in Treb. Inst. Bot. Barcelona 10: 94 fig. 28 (1986); lám. 144

Hierba perenne, acaule o subacaule, con raíz axonomorfa, inerme –excepto ligeramente las brácteas involucrales–, verde o de un verde grisáceo, de glabriúscula a laxamente pelosa, con indumento ± laxo de pelos tectores pluricelulares y unicelulares araneosos, y glándulas punctiformes excepto en las hojas primordiales. Sin tallos o con tallos escapiformes hasta de 8 cm, erectos, simples, de sección circular o ± poligonal, acostillados, sin alas, poco o nada foliosos, glabriúsculos o laxamente pelosos. Hojas hasta de 330 × 90 mm, rosuladas, persistentes durante la floración, las primordiales lanceoladas, enteras, y el resto liradas, pinnatipartidas o 1-2 pinnatisectas, con segmentos de desigual tamaño, ovados, oblongo-lanceolados o linear-lanceolados, enteros, aserrados o pinnatífidos, agudos, el terminal de ± igual tamaño que los laterales, con haz glabriúscula o laxamente pelosa, pecíolo y bordes ciliados, envés –sobre todo el nervio central– peloso, con pelos pluricelulares y pelos unicelulares araneosos dispersos. Capítulos 1-11, radiantes, con las flores del disco hermafroditas y las de la periferia neutras y de tamaño similar, terminales, sésiles o sustentados por un pedúnculo hasta de 3 cm. Involucro 18-30 × 12-26 mm, globoso, redondeado o truncado en la base, sobrepasado por las flores; brácteas imbricadas y dispuestas aparentemente en 6 o 7 series, gradualmente mayores de fuera adentro; las medias de ovadas a ovado-oblongas, fuertemente adpresas, con base verdosa y nervios longitudinales apenas marcados o del todo inconspicuos, glabras o laxamente araneosas en su parte superior, con apéndice apical triangular-acuminado –a veces reducido a una espina terminal–, ± decurrente por el margen de la bráctea, de erecto a patente o recurvado, glabro o laxamente araneoso, pardo, entero, dentado o cortamente fimbriado, entonces con 2-10 pares de fimbrias laterales de 0,2-1 mm, discoloras con la parte

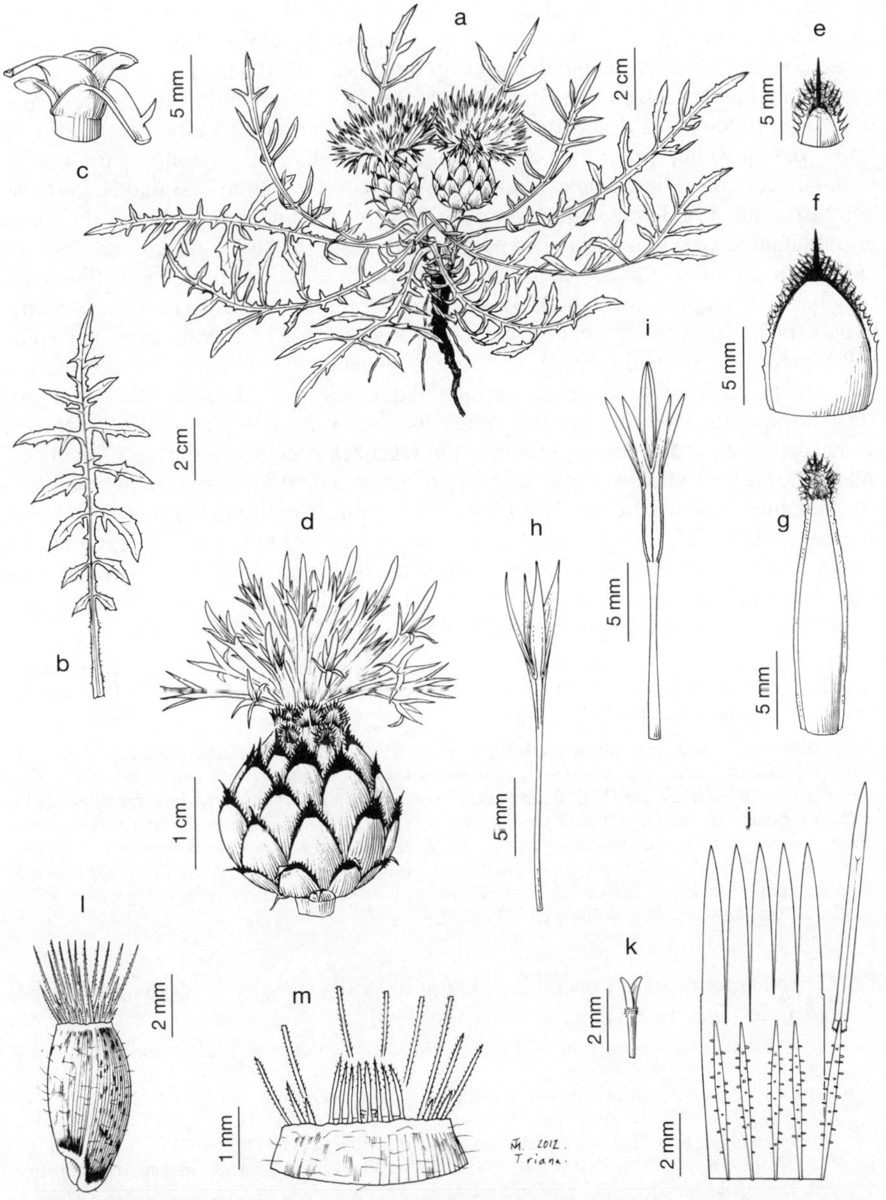

Lám. 144.–*Centaurea lagascana,* San Emiliano, León (COFC 61056): a) hábito; b) hoja basal; c) detalle de un nudo del tallo y de la inserción de la hoja; d) capítulo; e) bráctea externa del involucro; f) bráctea media del involucro; g) bráctea interna del involucro; h) corola de una flor neutra; i) corola y verticilos sexuales de una flor hermafrodita; j) limbo abierto de la corola de una flor hermafrodita, con los filamentos estaminales y un estambre completo; k) detalle del estilo con sus ramas; l) aquenio con vilano; m) detalle del vilano interno y parte del externo.

central, y arista o espina apical de 1-20 mm, ± punzante, de erecta a patente o recurvada; las internas 19-33 mm, lineares o linear-espatuladas, glabras o glabriúsculas, con margen estrechamente hialino, y apéndice apical de ovado a oblongo, cocleariforme, escarioso, entero, fimbriado o lacerado, de un pardo claro. Corola glabra o algo papilosa, la de las flores neutras de 17-36 mm, con tubo blanquecino y limbo blanquecino, amarillo o de un amarillo pálido, con 3-5 lóbulos de 4,5-7,5 mm, lanceolados o linear-lanceolados, ± iguales o claramente desiguales; la de las hermafroditas 19-33 mm, con tubo de 9-16 mm, blanquecino, y limbo de 10-16 mm, blanquecino o de un amarillo pálido, con 5 lóbulos de 4-7 mm, linear-lanceolados, uno de ellos con los senos algo más profundos. Estambres con filamento papiloso, con papilas hasta de 0,3 mm, blanquecinas; anteras 8-10,5 mm, amarillentas o rosadas en su ápice, con apéndices basales de 0,7-1,3 mm, membranáceos y lacerados. Estilo blanquecino, con ramas enteramente soldadas o erecto-patentes, blanquecinas o rosado-blanquecinas. Aquenios 4-6,5 × 2-3,2 mm, oblongo-obovoides, algo comprimidos –sección elíptica–, truncados y con reborde entero, en la madurez pardos con alguna mácula negruzca o negruzcos, laxa e inconspicuamente seríceo-vilosos; placa apical con nectario de 0,1-0,6 mm, ± pentalobulado, blanquecino-amarillento; hilo cárpico 1-2 mm, lateral-adaxial; con eleosoma, a veces rudimentario. Vilano doble, persistente, rara vez sin vilano; el externo con varias filas de escamas de 1-2 mm, desiguales, lineares, serradas, de blanquecinas a pardas, y el interno con una fila de escamas de 0,5-1,1 mm, lisas, solo laceradas en el ápice, erectas y ± conniventes. $2n = 66$.

Taludes y bordes de camino, praderas y pastos montanos en suelos profundos preferentemente de naturaleza calcárea; 700-2000 m. VI-VIII. ● N y NW de España. **Esp.:** Bu Le Lo Na O P S Sa So Vi. **N.v.:** arzolla, cardo, cardo de arzolla.

Observaciones.–Esta especie parece hibridarse con *C. ornata* y *C. cephalariifolia* en las áreas de contacto (véase el apartado de híbridos). Los híbridos con *C. ornata,* que han sido denominados *C.* × *zubiae* [Esp.: (Bu) (Le) Lo Na (Vi)], difieren de *C. lagascana,* sobre todo, porque los apéndices de las brácteas terminan en una larga espina y están siempre fimbriadas en la base, y los aquenios tienen un vilano más desarrollado. Los híbridos con *C. cephalariifolia,* que han sido denominados *C.* × *losana* (Esp.: Bu Le Lo S), difieren de *C. lagascana* porque son ± caulescentes y tienen a menudo flósculos rosados, capítulos con apéndice de las brácteas involucrales negruzco, fimbriado y cortamente aristado, y aquenios con vilano desarrollado de 2-3 mm.

89. C. podospermifolia Loscos & J. Pardo in Willk. (ed.), Ser. Inconf. Pl. Aragon.: 58 (1863) [podospermifólia]

C. lagascana subsp. *podospermifolia* (Loscos & J. Pardo) Dostál in Bot. J. Linn. Soc. 71: 196 (1976)
Ind. loc.: "Hab. in Aragonia australi in montibus circa Valderrobles, in jugis editis hasta el Tozal del Rey, atque circa Beceite, imo in ipsis hujus oppidi muris" [lectótipo designado por J. Fernández Casas & A. Susanna in Treb. Inst. Bot. Barcelona 10: 89 (1986): C]
Ic.: O. Bolòs & Vigo, Fl. Països Catalans 3: 939 (1995); Fern. Casas & Susanna in Treb. Inst. Bot. Barcelona 10: 88 fig. 27 (1986); Font Quer, Fl. Cardó: 143 (1950); E. López & Devesa in Lagascalia 33: 165 (2013); Willk., Ill. Fl. Hispan. 1, tab. 80 (1884)

Hierba perenne, subacaule, con raíz axonomorfa, inerme –excepto las brácteas involucrales–, verde o de un verde grisáceo, de glabriúscula o laxamente pelosa, con indumento ± laxo de pelos tectores unicelulares, araneosos, y glándulas punctiformes. Tallos escapiformes 3-14 cm, erectos, simples, de sección circular o ± poligonal, acostillados, sin alas, nada o muy poco foliosos, de araneosos a glabriúsculos. Hojas hasta de 170 × 50 mm, rosuladas, persistentes durante la floración, las primordiales lanceoladas u ovado-lanceoladas, enteras, y el resto liradas, pinnatipartidas o pinnatisectas, con segmentos de tamaño desigual, obovados u ovado-oblongos, enteros, aserrados o pinnatífidos, el terminal mayor o igual que los laterales, con haz glabriúscula y envés araneoso; hojas caulinares, cuando presentes, similares a las anteriores o las superiores parcialmente transformadas en brácteas involucrales. Capítulos 1-4, radiantes, con las flores del disco hermafroditas y las de la periferia neutras y de tamaño similar, terminales, sésiles o sustentados por un pedúnculo de hasta 4 cm. Involucro 17-25 × 10-15 mm, por lo general estrechamente ovoide, de redondeado a atenuado en la base, sobrepasado por las flores; brácteas imbricadas y dispuestas aparentemente en 6 o 7 series, gradualmente mayores de fuera adentro o las medias mayores que el resto; las medias de ovadas a ovado-oblongas, fuertemente adpresas, con base verdosa y nervios longitudinales apenas marcados o del todo inconspicuos, glabras o araneosas en su parte superior, con apéndice apical triangular-acuminado, por lo general reducido a una espina apical, ± decurrente por el margen de la bráctea, de erecto-patente a patente, araneoso, de un amarillo pajizo o pardo, entero, dentado o cortamente fimbriado, entonces con 2-5 pares de fimbrias laterales de 0,5-2 mm, hialinas, y arista o espina apical de 2,5-10 mm, punzante, de erecto-patente a patente; las internas 14-20 mm, lineares o linear-espatuladas, glabriúsculas y araneosas en el apéndice, con margen estrechamente hialino, y apéndice apical de ovado a oblongo, cocleariforme, escarioso, entero, fimbriado o lacerado, de un pardo claro. Corola glabra o algo papilosa, la de las flores neutras de 18-28 mm, con tubo blanquecino o amarillento-blanquecino y limbo amarillento, con 4 lóbulos de 5-7 mm, lanceolados o linear-lanceolados, desiguales; la de las hermafroditas 19-27 mm, con tubo de 8-15 mm, blanquecino o blanquecino-amarillento y limbo de 9-13 mm, amarillento, con 5 lóbulos de 4,5-6,5 mm, lanceolados o linear-lanceolados, uno o dos con los senos algo más profundos. Estambres con filamento papiloso, con papilas hasta de 0,3 mm, blanquecinas; anteras 7-9,5 mm, amarillentas, con apéndices basales de 0,4-1 mm, membranáceos y lacerados. Estilo blanquecino, con ramas erecto-patentes o patentes, blanquecinas o amarillentas. Aquenios 4,7-5,4 × 2-2,6 mm, oblongo-obovoides, algo comprimidos –sección elíptica–, truncados y con reborde entero, en la madurez pardos con alguna mácula negruzca, laxa e inconspicuamente seríceo-vilosos; placa apical sin nectario o con uno de hasta 0,2 mm, ± pentalobulado, blanquecino-amarillento; hilo cárpico 1-1,5 mm, lateral-adaxial; con eleosoma. Vilano aparentemente simple, persistente, con varias filas de escamas de 0,4-0,5 mm, desiguales, lineares, serradas, blanquecinas. $2n = 40$.

Taludes, bordes de camino, claros de pinar y herbazales, en substratos de naturaleza calcárea; 400-1100 m. VI-VII. ● NE de España. **Esp.:** (Cs) T Te Z. **N.v.,** *cat.:* bracera dels Ports, margenera (Valencia), margenera groga (Valencia).

Observaciones.–Esta especie parece hibridarse con *C. cephalariifolia* en las áreas de contacto (véase el apartado de híbridos). Los híbridos denominados *C.* × *loscosii* [Esp.: (T) (Te)] difieren de *C. podospermifolia* por ser plantas caulescentes y tener flósculos estériles a menudo rosados y apéndices de las brácteas con fimbrias bien desarrolladas, negruzcas y terminados en una espina apical muy reducida [F.J. Fernández Casas & A. Susanna in Treb. Inst. Bot. Barcelona 10: 3-172 (1986)].

Sect. 12. **Cyanus** (Mill.) Dumort.
Cyanus Mill.
Cyananthus Raf., nom. illeg.

Hierbas anuales, bienales o perennes. Tallos ápteros o ± alados. Capítulos homógamos, radiantes, con las flores del disco hermafroditas y las de la periferia neutras, patentes y mucho mayores que aquellas. Involucro ovoide; brácteas medias con apéndice apical dentado o lacerado y ± decurrente por el borde de la bráctea –hasta la base en el caso de las externas–, escarioso, notablemente discoloro –negro, de color pardo o plateado–, erecto o ± erecto-patente. Corola predominantemente azul o violeta, excepcionalmente blanca. Aquenios con reborde de la placa apical entero o inconspicuamente denticulado, y eleosoma que no sobrepasa la base del aquenio. Vilano doble, el externo con varias filas de escamas lineares, planas, desiguales, escábridas, erectas o erecto-patentes, y el interno indiferenciado o con una fila de escamas mucho menores, setáceas y conniventes. $x = 8$, 11, 12.

Observaciones.–En algunas especies del grupo hay pelos flageliformes *(C. montana y C. triumfetti)*, que constan de un pie con varias células cilíndricas y ± largo que se estrecha bruscamente en una célula larga y sinuosa.

90. C. cyanus L., Sp. Pl.: 911 (1753) [Cýanus]

Cyanus segetum Hill, Herb. Brit. 1: 82 (1769)
Jacea segetum (Hill) Lam., Fl. Franç. 2: 54 (1779), nom. illeg.
C. hortorum Pau, Not. Bot. Fl. Españ. 1: 12 (1887)
Ind. loc.: "Habitat inter Europæ segetes biennes" [lectótipo designado por G. Wagenitz in Rech. fil. (ed.), Fl. Iran. 139b: 418 (1980): LINN]
Ic.: Fiori & Paol., Iconogr. Fl. Ital. 2: 443 fig. 3726 (1904); Rchb., Icon. Fl. Germ. Helv. 15, tab. 768 fig. I (1853); Thomé, Fl. Deutschl. ed. 2, 4, tab. 595 (1905)

Hierba anual o rara vez bienal, con raíz axonomorfa, inerme, verde, con pelos tectores unicelulares, araneosos, y a veces también pelos pluricelulares diminutos, en ocasiones ± escábrida. Tallos hasta de 85 cm, erectos, ramificados al menos en la parte superior, con menos frecuencia simples o ramificados desde la base, de sección circular o ± poligonal, acostillados –costillas a veces laxamente escábridas–, sin alas, foliosos en su mayor parte, con indumento flocoso-lanuginoso de pelos araneosos. Hojas hasta de 155 × 45 mm, las basales atenuadas y las caulinares sésiles, no decurrentes, menores hacia la parte superior del tallo, con 1(3) nervios ± paralelos –el central destacado por el envés, liso o laxamente escábrido–, e indumento flocoso-lanuginoso de pelos araneosos abundantes en el haz y ± dispersos por el envés; las basales ± rosuladas, linear-espatuladas, enteras, laxamente dentadas o lirado-pinnatisectas y con 1-6 pares de lóbulos laterales lineares, el terminal hasta de 12 mm de anchura, por lo general planas, agudas, a menudo secas durante la floración; las medias y superiores lineares o linear-lanceoladas, enteras, planas, involutas o conduplicadas, con arista apical de 0,2-2(3) mm, blanca con la base ± purpúrea; las inmediatas a los capítulos a menudo bracteiformes. Capítulos radiantes, con las flores del disco hermafroditas y las de la periferia neutras, patentes y mucho mayores que aquellas, terminales, solitarios, sobre pedúnculos hasta de 105(240) mm, con 4-11 flores neutras, patentes, y 6-30 hermafroditas. Involucro 9-15(16,5) × 4-9 mm, ovoidal o elipsoidal –campanulado y hasta de 13 mm en la fructificación–, redondeado en la base, ligeramente araneoso, netamente sobrepasado por las flores; brácteas imbricadas y dispuestas aparentemente en (4)5 o 6 series, gradualmente mayores de fuera adentro, ± herbáceas, verdes o pardas –con frecuencia al menos las internas teñidas de color púrpura–, con margen membranáceo al menos en la base de las medias e internas, y apéndice apical escarioso, dentado, notablemente decurrente; las externas 1,7-6,3 × 0,6-1,6 mm, de triangulares a ovadas, hasta con 5 nervios poco visibles, laxamente araneosas, con apéndice hasta de 3,8 mm de anchura, triangular, decurrente a lo largo de todo el margen de la bráctea, glabro, con 7-17 dientes de 0,3-1,6(2,4) mm, triangulares, escábrido-ciliolados, blancos o pardos al menos en la base, los laterales más largos que la anchura de la parte entera del margen; las medias 3,7-10 × 1,3-2 mm, ovadas, oblongo-lanceoladas u ovado-lanceoladas, con hasta 5 nervios poco visibles, laxamente araneosas, y apéndice hasta de 2,5 mm de anchura, decurrente en la parte apical, inerme, escábrido y en ocasiones con pelos pluricelulares claviformes diminutos, dispersos, con 9-17 dientes de 0,2-1,7 mm, triangulares, escábrido-ciliolados, blancos o ± pardos, los laterales más largos que la anchura de la parte entera del margen; las internas 7,9-13,5(17) × 0,5-2,2 mm, lineares, con 3-5 nervios, glabras o laxamente araneosas en la parte apical, con apéndice hasta de 3,5 mm de anchura, escábrido por ambas caras y en ocasiones con pelos pluricelulares claviformes diminutos, dispersos, con 3-11 dientes de 0,2-0,8 mm, triangulares, pardos, a menudo con tintes violetas, más cortos que la anchura de la parte entera del margen. Corola ± papilosa, la de las flores neutras de 15-25(30) mm, con tubo de 9-17(20) mm, blanco, y limbo de 5-11 mm, de un azul ± intenso o más rara vez blanco, ± bilabiado, con labio superior escindido en 3-5(6) lóbulos de 2-6 × 1-2,8 mm, triangulares u oblongo-ovados, enteros, agudos, y el inferior en 1-4(6) lóbulos de (0,8)1,5-6,5 × 0,2-2,4 mm, triangulares u oblongo-ovados, enteros o dentados, agudos o fimbriados; la de las hermafroditas 8-15 mm, con tubo de (2,4)4-7,5 mm, blanquecino, y limbo de 4-8 mm, de un azul ± intenso o violeta, con 5 lóbulos de 2,3-4,8 × 0,3-0,6 mm, lineares, ± agudos, desiguales, por lo general uno de ellos con los senos más profundos. Estambres con filamento de 1,2-2,8 mm, con un ensanchamiento en la zona media o distal cubierto por pelos adpresos formando un anillo; anteras 4-6,2 mm, purpúreo-violetas, con conectivo apical más pálido, y apéndices basales de 0,1-0,5 mm, escariosos, enteros. Estilo blanco, con ramas de 0,4-0,6 mm, erecto-patentes o patentes, violetas. Aquenios 2,8-4 × 1-1,9 mm, oblongo-obovoidales o elipsoidales, algo comprimidos –sección elíptica–, amarillentos o pardos –con líneas longitudinales blanquecinas o de un pardo claro–, laxamente vilosos; placa apical con nectario rudimentario; hilo cárpico 0,8-1,6 × 0,2-0,6 mm, lateral-adaxial, elíptico, con un mechón de pelos rígidos de 0,3-0,8 mm en su borde basal. Vilano doble, persistente, rara vez sin vilano; el externo con las escamas mayores de 1,9-3,5 mm, en varias filas, mayores hacia el interior, erectas o erecto-patentes, blancas, amarillentas o violetas, escábridas, y el interno con una fila de escamas de 0,7-1,2 mm, setáceas, conniventes, ± iguales, blancas. $2n = 24$; $n = 12, 12 + 1B$*.

Campos de cereal incultos, margen de caminos y cunetas; 0-1800 m. IV-IX(XI). Posiblemente nativa del SE de Europa y W de Asia; extendida desde muy antiguo por Europa y otras regiones junto a los cultivos de cereal. Naturalizada, sobre todo, en la mitad septentrional de la Península Ibérica, y Baleares. **[(And.)] Esp.:** [(Ab)] [Av] [B] [Ba] [Bi] [Bu] [C] [Ca] [Cc] [Co] [(CR)] [Cs] [Cu] [Ge] [Gu] [H] [Hu] [L] [Le] [Lo] [Lu] [M] [Na] [Or] [P] [PM[(Mn) (Cabrera)]] [Po] [S] [Sa] [Se] [Sg] [So] [SS] [T] [Te] [(To)] [(V)] [Va] [Vi] [Z] [Za]. **Port.:** [BA] [Mi] [TM]. **N.v.:** aciano, aciano menor, aldiza, angelicos, angelina, azulejo, azuleño, azuletes, azulina, azulines, azulón, azulones, escobilla, farolitos de la Virgen, farolitos de los campos, flor celeste, flor celeste andaluza, flor celeste de sembrados, flor de cielo barbada, flor de cielo castellana, flor de cielo española, flor de cielo montañesa, granera, hojera, liebrecilla, linditas, ojeras, peranzules; *port.:* ambreta, ambreta-cianea, ciano-menor, erva-escobinha, fidalguinhos, fidalguinhos-dos-jardins, lóios, lóios-de-jardim, lóios-dos-jardins, loucos-dos-jardins, saudades; *cat.:* angeleta (Valencia), angelina (Valencia), angelets, blaus, blavet, capblau (Valencia), caps blaus, clavell de sant Isidre, clavell de sant Jaume, clavell del blat, escombra, estel, flor de blat, garlanda, granera (Valencia), graneres, llebreta (Valencia), llums, peu de colom, xerampions; *eusk.:* nabar-lorea; *gall.:* acial, acianos, cardafuso, flor do trigo, linditas.

91. C. depressa M. Bieb., Fl. Taur.-Caucas. 2: 346 (1808) [depréssa]

C. rivasmateoi Ladero in Anales Inst. Bot. Cavanilles 27: 87 (1970)
Cyanus depressus (M. Bieb.) Soják in Čas. Nár. Mus., Odd. Přír. 140: 131 (1972)
Ind. loc.: "Habitat in collibus siccis Iberiae, circa Tiflin. D. Steuen"
Ic.: Ladero in Anales Inst. Bot. Cavanilles 27: 88 fig. 1 (1970) [sub *C. rivasmateoi*]; lám. 145

Hierba anual o rara vez bienal, con raíz axonomorfa, inerme, de un verde oliváceo o grisáceo, con pelos tectores unicelulares, araneosos. Tallos hasta de 60 cm, erectos, ramificados en la base, con menos frecuencia simples o ramificados en su parte media, de sección circular o ± poligonal, acostillados, sin alas, foliosos en su mayor parte, con indumento flocoso-lanuginoso. Hojas hasta de 100(115) × 14(25) mm, las basales atenuadas y las caulinares sésiles, no decurrentes, menores hacia la parte superior del tallo, con un nervio central destacado por el envés y liso, e indumento ± flocoso-lanuginoso por ambas caras, por lo general más denso por el envés; las basales ± rosuladas, oblanceladas, enteras, laxamente dentadas o lirado-pinnatisectas y con 1-3 pares de lóbulos laterales lineares, el terminal hasta de 25 mm de anchura, planas, obtusas o agudas, a menudo secas durante la floración; las medias y superiores oblongo-elípticas, oblongo-lanceoladas o lineares, enteras, planas o revolutas, apiculadas o con arista apical hasta de 2,6 mm, blanca; las inmediatas a los capítulos a menudo bracteiformes. Capítulos radiantes, con las flores del disco hermafroditas y las de la periferia neutras y mucho mayores que aquellas, terminales, solitarios, sobre pedúnculos hasta de 50(80) mm, con 6-11 flores neutras, patentes, y 12-38 hermafroditas y, de estas, las de la periferia fuertemente reflexas. Involucro 15-20 × 8-15 mm, ovoide –campanulado y hasta de 17 mm en la fructificación–, redondeado en la base, glabro, netamente sobrepasado por las flores; brácteas imbricadas y dispuestas aparentemente en 5-7 series, gradualmente mayores de fuera adentro, ± herbáceas, verdes o pardas –con frecuencia al menos las internas teñidas de color púrpura–, con margen membranáceo al menos en la base de las internas, y apéndice apical

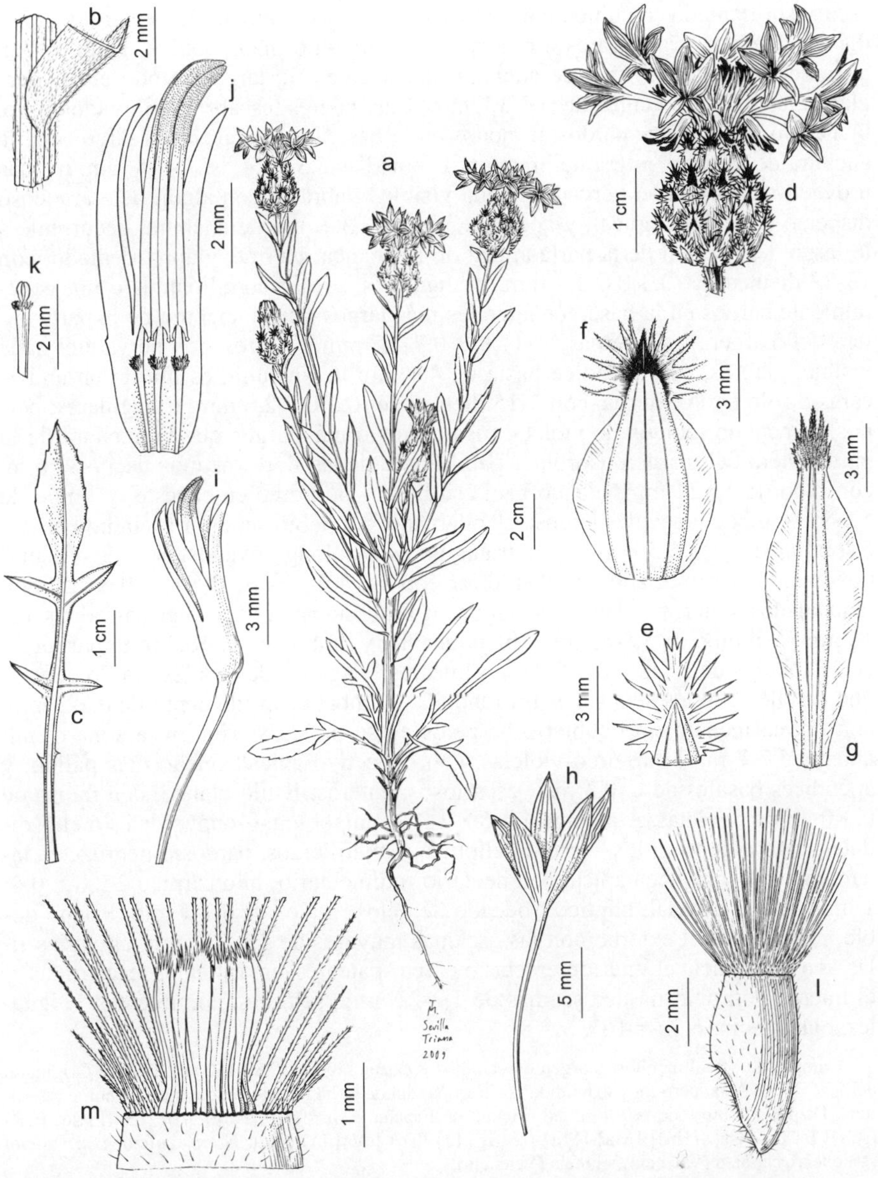

Lám. 145.–*Centaurea depressa,* a, b) Villafranca de los Caballeros, Toledo (MA 580791); c) Pozocañada, Albacete (MA 185648); d-m) Madridejos, Toledo (MA 440826): a) hábito; b) detalle de un nudo del tallo y de la inserción de la hoja; c) hoja basal; d) capítulo; e) bráctea externa del involucro; f) bráctea media del involucro; g) bráctea interna del involucro; h) corola de una flor neutra; i) corola y verticilos sexuales de una flor hermafrodita; j) vista parcial del limbo abierto de la corola de una flor hermafrodita mostrando tres estambres completos; k) detalle del estilo con sus ramas; l) aquenio con vilano; m) detalle del vilano interno y parte del externo.

escarioso, dentado, notablemente decurrente en las externas; las externas 3-9 × 0,8-3,2 mm, de triangulares a ovadas, con nervadura nada visible, glabras, con apéndice hasta de 4,6 mm de anchura, decurrente a lo largo de todo el margen, glabro, con 13-25 dientes de 0,7-2,7 mm, triangulares, escábrido-ciliolados o no, blancos o los apicales pardos al menos en la base, los laterales más largos que la anchura de la parte entera del margen; las medias 5,3-15,4 × 2,4-4,5 mm, ovadas u ovado-elípticas, con nervadura nada visible, glabras o con algún pelo araneoso disperso en la zona apical, y apéndice hasta de 3,7 mm de anchura, decurrente a lo largo del margen de la parte apical de la bráctea, inerme, glabro, dentado, con 13-27 dientes de (0,3)0,6-2,9 mm, triangulares, escábrido-ciliolados o no, generalmente pardos en la base, los laterales más largos que la anchura de la parte entera del margen; las internas 11-17,8 × 0,7-2,5 mm, lineares, con nervadura nada visible, glabras, con apéndice hasta de 4,1 mm de anchura, escábrido en ambas caras o solo en la externa, con 3-15 dientes de (0,2)0,5-2,6 mm, triangulares, pardos, a menudo teñidos de violeta, más cortos o más largos que la anchura de la parte entera del margen. Corola ± papilosa, la de las flores neutras de 17-30 mm, con tubo de 12-22 mm, blanco hacia su base y purpúreo en el resto, y limbo de 5,5-9,5 mm, de un azul ± intenso, ± bilabiado, con labio superior escindido en 4 o 5 lóbulos de (2)3-5,5 × 1-4 mm, triangulares u oblongo-ovados, enteros o dentados, agudos o fimbriados, y el inferior con 1-3 lóbulos de 3,5-6 × 0,6-2,5 mm, lanceolados, enteros o dentados, agudos o fimbriados; la de las hermafroditas 12-16 mm, con tubo de 5,8-8,2 mm, blanquecino, y limbo de 4,2-10,3 mm, purpúreo, con 5 lóbulos de 2,5-6 × 0,3-0,7 mm, lineares, ± agudos desiguales, por lo general uno de ellos con los senos más profundos. Estambres con filamento de 0,7-2 mm, con un ensanchamiento cubierto de pelos en su parte exterior en la zona distal; anteras 5,7-7 mm, purpúreo-violetas, con conectivo apical mucho más pálido, y apéndices basales de c. 0,3 mm, escariosos, enteros. Estilo blanco, con ramas de 0,3-0,7 mm, violetas. Aquenios 4,4-6 × 1,9-3 mm, oblongo-obovoidales o elipsoidales, algo comprimidos –sección elíptica–, amarillentos, pardos o negruzcos, laxamente vilosos; placa apical con nectario rudimentario; hilo cárpico 2-2,8 × 0,4-1 mm, lateral-adaxial, elíptico, rodeado de pelos rígidos de 0,7-1 mm. Vilano doble, persistente; el externo con las escamas mayores de 3,3-8,2 mm, en varias filas, mayores hacia el interior, erectas o erecto-patentes, amarillentas, escábridas, y el interno con una fila de escamas de 1,2-2,3 mm, setáceas, conniventes, ± iguales, blanquecinas. $2n = 16^*$; $n = 8^*$.

Campos de cereal incultos, margen de caminos y carreteras, etc.; 350-1500 m. IV-VII. Originaria del C y SW de Asia, pero muy extendida por Europa, donde se ha naturalizado o aparece como adventicia. Dispersa sobre todo por la mitad oriental de España. **Esp.:** [(A)] [Ab] [(Al)] [(Bu)] [Co] [CR] [(Cs)] [(Cu)] [Gr] [(Hu)] [Ma] [Mu] [(So)] [Te] [To] [(V)] [Va] [Z]. **N.v.:** azulejo; *cat.:* blavet (Valencia), capblau (Valencia), graneia (Valencia).

92. C. montana L., Sp. Pl.: 911 (1753) [montána]

Cyanus montanus (L.) Hill, Hort. Kew.: 64 (1768)
Ind. loc.: "Habitat in Alpibus Helveticis"
Ic.: Fiori & Paol., Iconogr. Fl. Ital. 2: 443 fig. 3727 (1904); Hill., Veg. Syst. 4: 28 pl. 26 figs. 1 y 2 (1762); Rchb., Icon. Fl. Germ. Helv. 15, tab. 771 (1853)

Hierba perenne, rizomatosa, con rizoma bien desarrollado y de entrenudos conspicuos, inerme, verde, de un verde oliváceo o grisácea, con pelos tectores flageliformes, araneosos, y a veces también pelos pluricelulares diminutos. Tallos hasta de 65 cm, erectos o ascendentes, simples o raramente ramificados en la parte superior, de sección circular o ± poligonal, acostillados, alados, foliosos en su mayor parte, con indumento lanuginoso denso de pelos flageliformes. Hojas hasta de 170 × 52 mm, las basales atenuadas y las caulinares sésiles, decurrentes, menores hacia la parte superior del tallo, con nervadura pinnada poco evidente aunque con el nervio central liso y destacado por el envés, e indumento ± lanuginoso de pelos flageliformes, más denso por el envés; las basales ± rosuladas, oblanceoladas o elípticas, enteras, laxamente dentadas o bien pinnatífidas o pinnatipartidas y con hasta tres pares de lóbulos laterales, planas, agudas, persistentes; las medias y superiores oblanceoladas o elípticas –las superiores lanceoladas, las medias hasta de 50 mm de anchura, con indumento araneoso denso sobre todo en el envés–, enteras o menos frecuentemente sinuado-dentadas, planas, agudas, decurrentes hasta en 90 mm de longitud y 13 mm de anchura. Capítulos radiantes, con las flores del disco hermafroditas y las de la periferia neutras y mucho mayores que aquellas, terminales, solitarios, sobre pedúnculos hasta de 60 mm, con 10-18 flores neutras, patentes, y 15-45 hermafroditas. Involucro 18-24 × 10-18 mm, ovoidal o elipsoidal –campanulado y hasta de 23 mm en la fructificación–, redondeado en la base, glabro o ligeramente araneoso, netamente sobrepasado por las flores; brácteas imbricadas y dispuestas aparentemente en 4-6 series, gradualmente mayores de fuera adentro, ± herbáceas, verdes o amarillentas –las internas a veces teñidas de color púrpura–, con margen membranáceo al menos en la base de las medias e internas, y apéndice apical escarioso, dentado o lacerado, decurrente; las externas 4,8-15 × 1,2-5,3 mm, de triangulares a ovadas, con hasta 9 nervios poco visibles, glabras o laxamente araneosas, con apéndice hasta de 5 mm de anchura, decurrente a lo largo de toda la longitud de la bráctea, negro, glabro o escábrido, lacerado o irregularmente dentado en su mayor parte, con hasta 25 dientes de 0,6-1,6 mm, triangulares, escábrido-ciliolados, negros, los laterales generalmente más cortos que la anchura de la parte entera del margen; las medias 12,4-21,5 × 3,6-6,1 mm, ovadas o lanceoladas, con 7-13 nervios, glabras, y apéndice escarioso hasta de 5,5 mm de anchura, inerme, decurrente a lo largo del margen de la parte apical de la bráctea, dentado y en ocasiones con pelos pluricelulares claviformes diminutos, con 17-43 dientes de 0,6-2 mm, regulares o irregulares, triangulares, escábrido-ciliolados, pardos con la base negra, los laterales más cortos que la anchura de la parte entera del margen; las internas 14,3-22,5 × 2-3 mm, lanceoladas o lineares, con 5-8 nervios, glabras, con apéndice apical escarioso hasta de 5,5 mm de anchura, escábrido en ambas caras, con 8-16 dientes de 0,9-2,1 mm, triangulares, pardos, más cortos que la anchura de la parte entera del margen. Corola ± papilosa, la de las flores neutras de 27-50 mm, con tubo de (10,5)15-35 mm, blanco, y limbo de 13-18 mm, de un azul ± intenso –rara vez blanco–, ± bilabiado, con labio superior escindido en 3-5 lóbulos de 10-15 × (0,5)1,3-2,5(3,5) mm, lineares u oblongo-lanceolados, enteros, agudos, y el inferior con uno o dos lóbulos de 12-17 × 0,9-1,8 mm, generalmente lineares, enteros, agudos; la de las hermafroditas 17-23 mm, con tubo de 7,5-12 mm, blanquecino, y limbo de 8,5-12 mm, purpúreo-violeta, con 5 lóbulos de 5,5-7,5 × 0,4-0,7 mm, lineares, ± agudos desiguales, por lo general uno de ellos con los senos más profundos. Estambres con filamento de 3-5,1 mm, por lo general con espículas patentes dispersas en la parte media; anteras de 7-9 mm, purpúreas, con conectivo apical de un color púrpura azulado muy obscuro, y apéndices basales de 0,2-0,5 mm, escariosos, enteros. Estilo blanco o violeta, con ramas de 0,7-1,2 mm, erecto-patentes o patentes, violetas. Aquenios 4,2-7,4 × 2,4-3 mm, oblongo-obovoidales o elipsoidales, algo comprimidos –sección elíptica–, pardo-amarillentos, laxamente vilosos; placa apical con nectario rudimentario; hilo cárpico 1,5-2,5 × 0,5-0,8 mm, lateral-adaxial, elíptico, rodeado de pelos rígidos de 0,8-1,6 mm. Vilano doble, persistente; el externo con las escamas mayores de 0,4-1,8 mm, en varias filas, mayores hacia el interior, erectas o erecto-patentes, amarillentas, escábridas, y el interno con una fila de escamas 0,6-0,8 mm, setáceas, conniventes, ± iguales, blancas. $2n$ = 24?*, 44*, 44+1B*.

Hayedos y pinares, pastos alpinos y comunidades de megaforbios de montaña, con preferencia en substrato ácido; (600)900-2600 m. V-IX. Regiones montañosas del C y S de Europa. N de la Península: Pirineos y Cordillera Cantábrica. **(And.). Esp.:** B† Hu L Na O S SS. **N.v.:** aciano de montaña, centaura de las montañas, centaura de montaña.

Observaciones.–El taxon ha sido a menudo confundido con otros afines, por lo que las citas provinciales indicadas aquí están basadas sobre todo en el material que ha podido ser estudiado.

En las partes altas del Pirineo y en las montañas cantábricas las plantas presentan los caracteres típicos de la especie: indumento denso, hojas anchas, notablemente decurrentes a lo largo y ancho, y brácteas involucrales externas con dientes marginales irregulares, negros y lacerados. No obstante, tanto en el S de Francia como en España, pueden encontrarse plantas que en cierto modo recuerdan a *C. triumfetti* subsp. *semidecurrens* por su tendencia a la regularidad de los dientes de las brácteas involucrales y por las hojas, más estrechas y en menor medida decurrentes; estas plantas se localizan en el Pirineo oscense y navarro y en Cataluña (Catllarás, BC 621632). Ambos táxones están muy relacionados e incluso se ha apuntado a que *C. montana* pueda ser una especie poliploide originada a partir de *C. triumfetti,* por lo que no es de extrañar la aparición ocasional de plantas con características intermedias. De hecho, plantas de este tipo se han obtenido mediante cruzamientos artificiales [M. Guinochet in Compt. Rend. Hebd. Séances Acad. Sci. 244: 1950-1952 (1957)].

93. C. triumfetti All., Auct. Syn. Stirp. Taurin.: 16 (1773) [Triumfétti]
subsp. **semidecurrens** (Jord.) Dostál in Bot. J. Linn. Soc. 71: 209 (1976) [semidecúrrens]

C. semidecurrens Jord., Observ. Pl. Nouv. 5: 52, pl. 3 B (1847) ["semi-decurrens"] [basión.]
Cyanus semidecurrens (Jord.) Holub in Preslia 45: 145 (1973)
C. montana subsp. *semidecurrens* (Jord.) O. Bolòs & Vigo in Collect. Bot. (Barcelona) 17: 92 (1988)
Ind. loc.: "Cette plante croit sur les montagnes calcaires, aux environs de Gap et de Sisteron, oú elle ne parait pas rare. Je présume que c'est elle que Villars indique à Menteyer près Gap, d'après Chaix, (…)"
Ic.: Jord., Observ. Pl. Nouv. 5, pl. 3 B (1847); lám. 146

Hierba perenne, rizomatosa, con rizoma corto y de entrenudos insconspicuos, inerme, verde, de un verde oliváceo o grisácea, con pelos tectores flageliformes, araneosos. Tallos hasta de 72 cm, erectos o ascendentes, con frecuencia ramificados desde la base o en la parte superior, de sección circular o ± poligonal, acostillados, alados o no, foliosos en su mayor parte, glabrescentes o con indumento lanuginoso ± denso de pelos flageliformes. Hojas hasta de 240 × 42 mm, las basales atenuadas y las caulinares sésiles –las medias hasta de 30 mm de anchura, glabrescentes o con indumento araneoso laxo–, no decurrentes o decurrentes hasta en 60 mm de longitud y 8 mm de anchura, menores hacia la parte superior del tallo, con nervadura pinnada poco evidente aunque con el nervio central liso y destacado por el envés, glabrescentes o con indumento ± lanuginoso de pelos flageliformes dispersos en el haz y envés, más concentrados en el margen; las basales ± rosuladas, largamente lanceoladas u oblanceoladas, enteras o laxamente dentadas, planas, agudas, persistentes; las medias y superiores largamente lanceoladas, menos frecuentemente elípticas u oblanceoladas, enteras o en ocasiones sinuado-dentadas, planas, agudas, las inmediatas a los capítulos excepcionalmente bracteiformes. Capítulos radiantes, con las flores del disco hermafroditas y las de la periferia neutras y mucho mayores que aquellas, terminales, solitarios o en grupos hasta de 4, sobre pedúnculos hasta de 55 mm, con 8-16 flores neutras, patentes, y (8)13-45 hermafroditas. Involucro 15-24 × 8,5-19 mm, ovoide o elipsoide –campanulado y hasta de 22 mm en la fructificación–, redondeado en la base, glabro o ligeramente araneoso, netamente sobrepasado por las flores; brácteas imbricadas y dispuestas aparentemente en 4-6 series, gradualmente mayores de fuera adentro, ± herbáceas, verdes o amarillentas –las internas a veces teñidas de color púrpura–, con margen membranáceo al menos en la base de las medias e internas, y apéndice apical escarioso, dentado, decurrente; las externas 4,3-11 × 1,5-3,5 mm, de triangulares a ovadas, con hasta 9 nervios poco visibles, glabras o laxamente araneosas, con apéndice escarioso hasta de 4,6 mm de anchura, pardo –rara vez negro–, decurrente a lo largo de toda el margen de la bráctea, glabro o escábrido, en su mayor parte regularmente dentado, con 15-31 dientes de 0,9-2,7 mm, triangulares, escábrido-ciliolados, pardos o menos frecuentemente negros, los laterales más largos que la anchura de la parte entera del margen; las medias 10,4-17 × 3,7-5,2 mm, ovadas o lanceoladas, con 7-13 nervios, glabras o laxamente araneosas, con apéndice escarioso hasta de 4,5 mm de anchura, inerme, decurrente a lo largo del margen de la parte apical de la bráctea, escábrido, dentado regularmente, con 23-39 dientes de 0,8-2,2 mm, triangulares, escábrido-ciliolados y en ocasiones con pelos pluricelulares claviformes diminutos, pardos con la base más obscura o concolora, los laterales generalmente más largos que la anchura de la parte entera del margen; las internas 14,5-19,5 × 1,6-3 mm, lanceoladas o lineares, con 5-8 nervios, glabras, con apéndice apical escarioso hasta de 5 mm de anchura, escábrido en ambas caras, con 8-28 dientes de 0,7-2,3 mm, triangulares, pardos, generalmente más cortos que la anchura de la parte entera del margen. Corola ± papilosa, la de las flores neutras de 23-40 mm, con tubo de 14-25 mm, blanco, y limbo de 10-15 mm, de un azul ± intenso, ± bilabiado, con labio superior escindido en (2)3 o 4 lóbulos de (5,5)7,5-11 × 1-2,3 mm, lineares u oblongo-lanceolados, enteros, agudos, y el inferior con uno o dos lóbulos de 8-15 × 0,5-1,5 mm, lineares, enteros, agudos; la de las hermafroditas 14-20 mm, con tubo de 6,8-10 mm, blanquecino, y limbo de 6,3-10,5 mm, violeta, con 5 lóbulos de 4,5-7 × 0,4-0,7 mm, lineares, enteros, subagudos, desiguales, por lo general uno de ellos con los senos más profundos. Estambres con filamento de 2,2-4,5 mm, con espículas patentes dispersas en la parte media; anteras 5,8-8,8 mm, purpúreas, con conectivo apical del mismo color pero más obscuro, y apéndices basales de 0,2-0,5 mm, escariosos, enteros. Estilo blanco o violeta, con

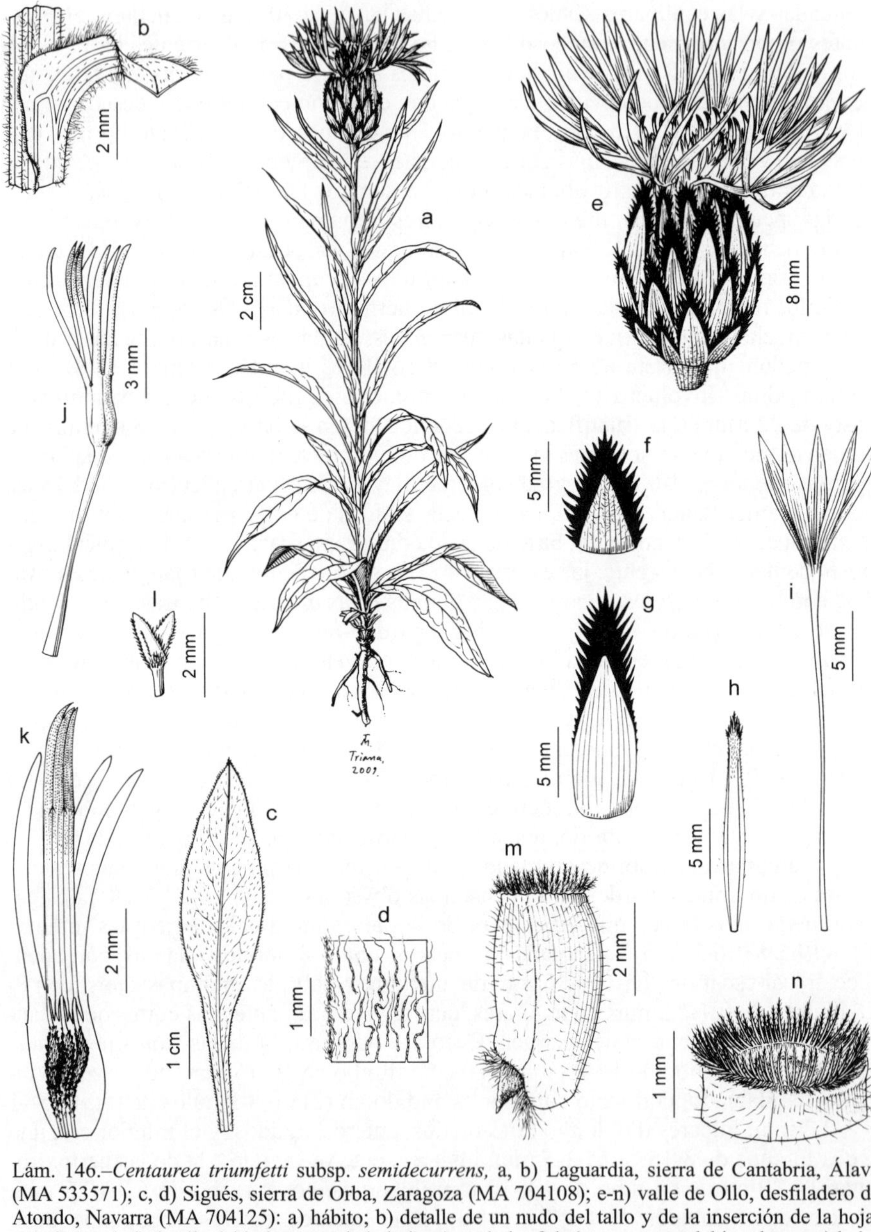

Lám. 146.–*Centaurea triumfetti* subsp. *semidecurrens,* a, b) Laguardia, sierra de Cantabria, Álava (MA 533571); c, d) Sigués, sierra de Orba, Zaragoza (MA 704108); e-n) valle de Ollo, desfiladero de Atondo, Navarra (MA 704125): a) hábito; b) detalle de un nudo del tallo y de la inserción de la hoja; c) hoja basal; d) detalle del indumento de la hoja; e) capítulo; f) bráctea externa del involucro; g) bráctea media del involucro; h) bráctea interna del involucro; i) corola de una flor neutra; j) corola y verticilos sexuales de una flor hermafrodita; k) vista parcial del limbo abierto de la corola de una flor hermafrodita mostrando tres estambres completos; l) detalle del estilo con sus ramas; m) aquenio con vilano; n) detalle del vilano.

ramas de 0,7-1,2 mm, erecto-patentes o patentes, violetas. Aquenios 4,2-6,7 × 2,2-3 mm, oblongo-obovoidales o elipsoidales, algo comprimidos –sección elíptica–, amarillentos –a veces con 4 líneas longitudinales violetas–, laxamente vilosos; placa apical con nectario rudimentario; hilo cárpico 1-2 × 0,5-0,7 mm, lateral-adaxial, elíptico, rodeado de pelos rígidos de 0,5-1,5 mm. Vilano doble, persistente, rara vez apenas desarrollado, el externo con las escamas mayores de 0,3-1,2 mm, en varias filas, mayores hacia el interior, erectas o erecto-patentes, blancas, amarillentas o violetas, escábridas, y el interno con una fila de escamas hasta de 0,8 mm, setáceas, conniventes, ± iguales, blancas, o bien nulo. $2n = 22^*$.

Quejigares, bosques mixtos, matorrales y praderas en suelos profundos, así como en roquedos calizos propios de áreas submediterráneas; 520-1800 m. (IV)V-VIII. S y SW de Europa. Cuadrante NE de España. **Esp.:** B Bu Cs Ge Hu L Lo Na (T) (Te) Vi Z. **N.v.:** azulejo; *cat.:* blavet (Valencia), capblau (Valencia), granera (Valencia).

Observaciones.–Centaurea triumfetti guarda un gran parecido con *C. montana,* de la que se diferencia sobre todo por el apéndice de las brácteas involucrales regularmente dentado y con dientes relativamente más largos, por carecer de rizomas desarrollados y presentar invariablemente $2n = 22$.

Con relación a las poblaciones típicas y extremadamente variables de *C. triumfetti,* que se distribuyen por el SW de Asia y el C y S de Europa, la subsp. *semidecurrens* se distingue por sus tallos ramificados en la base y hojas estrechas, poco decurrentes y glabrescentes. Las plantas del Prepirineo aragonés y navarro presentan de manera constante estos caracteres, mientras que en el resto del área de distribución peninsular es frecuente que haya plantas de tallos simples, hojas más anchas y conspicuamente decurrentes e indumento más denso. A estas plantas, que fueron descritas como *C. montana* var. *catalaunica* Pau ex Cadevall in Butll. Inst. Catalana Hist. Nat. 2: 122 (1902) y que tienen características ± intermedias entre la subsp. *semidecurrens* y *C. montana,* no se les ha reconocido aquí valor taxonómico.

Sin embargo, si se atiende a la morfología de las hojas, sí es posible reconocer dos pautas claras de variación para esta subespecie: por un lado, en la var. *semidecurrens* (Jord.) Muñoz Rodr. & Devesa in Acta Bot. Malac. 35: 36 (2010) [*C. semidecurrens,* basión.; *C. montana* var. *axillarioides* Loret in Rev. Sci. Nat. Montpellier 3: 566 (1875); *C. axillaris* f. *occitanica* Rouy ex M.B. Martin in Bull. Soc. Bot. France 35: 442 (1888); *C. montana* var. *catalaunica* Pau ex Cadevall in Butll. Inst. Catalana Hist. Nat. 2: 122 (1902); *C. axillaris* var. *occitanica* (Rouy ex M.B. Martin) Rouy in Rouy & Foucaud, Fl. France 9: 143 (1905)] se incluyen plantas con hojas por lo general ± esparcidamente pelosas, las inferiores hasta de 240 × 42 mm y las superiores hasta de 170 × 30 mm, de 3 a 13 veces más largas que anchas. La variedad, cuya área general se extiende por el S de Francia y España, está ampliamente representada en el cuadrante NE del territorio peninsular [Esp.: B Bu Cs Ge Hu L Lo Na (T) (Te) Vi Z].

Mucho más restringida está la var. *adscendens* (Bartl.) Hayek, Fl. Steiermark 2: 637 (1913) [*C. montana* var. *adscendens* Bartl. in Bartl. & H.L. Wendl., Beitr. Bot. 2: 121 (1825), basión.; *C. lugdunensis* Jord., Observ. Pl. Nouv. 5: 49 (1847); *C. intermedia* Cariot, Étude Fl. ed. 3, 2: 300 (1860), nom. illeg., non Mutel in Rev. Bot. Recueil Mens. 1: 400 (1846); *Cyanus lugdunensis* (Jord.) Fourr. in Ann. Soc. Linn. Lyon ser. 2, 17: 96 (1869); *C. montana* var. *intermedia* Rouy ex M.B. Martin in Bull. Soc. Bot. France 35: 443 (1888); *C. montana* subsp. *lugdunensis* (Jord.) Gugler in Ann. Hist.-Nat. Mus. Natl. Hung. 6: 104 (1907); *C. adscendens* (Bartl.) Prodan, Centaur. Român.: 65 (1930); *Cyanus adscendens* (Bartl.) Soják in Čas. Nár. Mus., Odd. Přír. 140: 131 (1972); *C. triumfetti* subsp. *adscendens* (Bartl.) Dostál in Bot. J. Linn. Soc. 71: 209 (1976); *C. triumfetti* subsp. *lugdunensis* (Jord.) Dostál in Bot. J. Linn. Soc. 71: 209 (1976); Esp.: B Bu Lo Na Vi], conocida también de Francia, Italia, Eslovenia y Croacia. Las plantas de esta variedad tienen hojas glabrescentes, más estrechas, las inferiores hasta de 190 × 14 mm, de 10 a 30 veces más largas que anchas, y las medias y superiores hasta de 140 × 11 mm, de 6 a 20 veces más largas que anchas.

94. C. graminifolia (Lam.) Muñoz Rodr. & Devesa in Acta Bot. Malac. 35: 36, 38 (2010) [graminifólia]

Jacea graminifolia Lam., Fl. Franç. 3: 638 (1779) [basión.]
C. variegata Lam., Encycl. 1: 668 (1785), nom. illeg.

C. seusana Chaix in Vill., Hist. Pl. Dauphiné 1: 365 (1786)
C. lingulata Lag., Elench. Pl.: [32] (1816)
C. montana subsp. *variegata* Lam. ex Rouy in Rouy & Foucaud, Fl. France 9: 144 (1905)
C. triumfetti subsp. *lingulata* (Lag.) Vicioso in Hayek, Centaureae Exsicc. Crit. Fasc. II, n.° 53 (1914), in sched.
Cyanus lingulatus (Lag.) Holub in Preslia 45: 144 (1973)
C. triumfetti sensu Dostál in Tutin & al. (eds.), Fl. Eur. 4: 299 (1976), non All., Auct. Syn. Stirp. Taurin.: 16 (1773)
Ind. loc.: "Cette plante m'a été envoyée par M. Liottard neveu, qui l'a trouvée dans les environs de Gap"
Ic.: Muñoz Rodr. & Devesa in Acta Bot. Malac. 35: 27 fig. 3 e, 37 fig. 6 (2010); Rchb., Icon. Fl. Germ. Helv. 15, tab. 759 II (1853) [sub *C. seusana*]; Valdés, Talavera & Galiano (eds.), Fl. Andalucía Occid. 3: 159 (1987) [sub *C. triumfetti* subsp. *lingulata*]

Hierba perenne, rizomatosa, con rizoma muy desarrollado y de entrenudos conspicuos, inerme, de un verde oliváceo o grisáceo, con pelos tectores unicelulares, araneosos. Tallos hasta de 50 cm, por lo general erectos, simples o ramificados en la base, con menor frecuencia ramificados en la parte apical, de sección circular o ± poligonal, acostillados, sin alas, foliosos en su mayor parte, con indumento lanuginoso de pelos araneosos ± aplicados, excepcionalmente glabrescentes. Hojas hasta de 150(190) × 16 mm, las basales atenuadas y las caulinares sésiles, no decurrentes o decurrentes en menos de 5 mm, las inferiores con nervadura pinnada –con nervio central liso y destacado por el envés– y el resto con 1-6 nervios ± paralelos, con indumento lanuginoso ± denso en ambas caras; las basales rosuladas o no, oblanceoladas, enteras, sinuado-dentadas o bien pinnatífidas o pinnatipartidas y con 1-6 pares de lóbulos, planas, agudas; las medias y superiores lineares, linear-elípticas o linear-oblanceoladas –lanceoladas o linear-lanceoladas hacia el ápice–, enteras, laxamente dentadas o lobuladas, planas, agudas o las superiores a veces con arista apical hasta de 2,7 mm, blanca; las inmediatas a los capítulos a menudo bracteiformes. Capítulos terminales, solitarios, sobre pedúnculos hasta de 55 mm, con 8-16 flores neutras y (8)13-45 hermafroditas. Capítulos radiantes, con las flores del disco hermafroditas y las de la periferia neutras y mucho mayores que aquellas, terminales, solitarios, sobre pedúnculos hasta de 140 mm, con (2)6-13 flores neutras, patentes, y (5)10-35 hermafroditas. Involucro 12-22 × (7)9-16 mm, ovoidal o elipsoidal –campanulado y hasta de 18 mm en la fructificación–, redondeado en la base, glabro o ligeramente araneoso, netamente sobrepasado por las flores; brácteas imbricadas y dispuestas aparentemente en 4-6 series, gradualmente mayores de fuera adentro, ± herbáceas, verdes o pardas –las internas a menudo teñidas de color púrpura–, con margen membranáceo al menos en la base de las medias e internas, y apéndice apical escarioso, dentado, decurrente; las externas 3,5-10 × 0,9-2,8 mm, de triangulares a ovadas, con hasta 5 nervios poco visibles, glabras o laxamente araneosas, a menudo escábridas, con apéndice hasta de 5,1 mm de anchura, decurrente a lo largo de todo el margen de la bráctea, con 11-37 dientes de 1,2-3,8 mm, triangulares, escábrido-ciliolados, blancos y pardos en la base, los laterales más largos que la anchura de la parte entera del margen; las medias 8,2-15,5 × 2,3-4,7 mm, ovadas, con 7-11 nervios poco visibles, glabras o rara vez laxamente araneosas, con apéndice escarioso hasta de 5,2 mm de anchura, inerme, decurrente a lo largo del margen de la parte apical de la bráctea, dentado, con 15-37 dientes de 1-3,5(4,1) mm, triangulares, escábrido-ciliolados, blancos, pardos en la base, los laterales más largos que la anchura de la parte entera del margen; las internas 12-18(18,4) × 1-3 mm, lineares, con 3-9 nervios, glabras, con apéndice hasta de 5,3(5,7) mm de anchura, escábrido en ambas caras, con 3-24 dientes de 1-2,2(2,7) mm, triangulares, pardos, a menudo con tintes violetas, por lo general más cortos que la anchura de la parte entera del margen. Corola ± papilosa, la de las flores neutras de 25-45 mm, con tubo de 15-30 mm, blanco, y limbo de 8,2-19 mm, de un azul ± intenso, ± bilabiado, con labio superior escindido en 3-6 lóbulos de 4,5-13,5 × 0,8-3,5 mm, triangulares, oblongo-ovados, oblongo-elípticos u oblanceolados, enteros, agudos, y el inferior con uno o dos lóbulos de 6-15,5 × (0,2)0,5-2(4) mm, raramente ninguno, generalmente lineares, enteros, agudos; la de las hermafroditas 13,3-20,5 mm, con tubo de 4,7-11 mm, blanquecino, y limbo de 5,9-15,5 mm, blanquecino o violeta, con 5 lóbulos de 4,5-8,2 × 0,3-0,6 mm, lineares, enteros, subagudos, desiguales, por lo general uno de ellos con los senos más profundos. Estambres con filamento de 2-5 mm, glabrescente o más frecuentemente con espículas patentes dispersas o concentradas en un anillo en la parte media; anteras 7-8,5 mm, purpúreas, con conectivo apical de un azul-violeta muy obscuro, y apéndices basales de 0,2-0,5 mm, escariosos, enteros. Estilo blanco o violeta, con ramas de 0,6-1 mm, violetas. Aquenios 3,5-5,4 × 1,8-2,5 mm, oblongo-obovoidales o elipsoidales, algo comprimidos –sección elíptica–, amarillentos, pardos o grisáceos, laxamente vilosos; placa apical con nectario rudimentario; hilo cárpico 1-1,7 × 0,3-0,7 mm, lateral-adaxial, elíptico, rodeado de pelos rígidos de 0,6-1,3 mm. Vilano doble, persistente; el externo con las escamas mayores de 0,7-2,5(2,8) mm, en varias filas, mayores hacia el interior, erectas o erecto-patentes, blancas, amarillentas o violetas, escábridas, y el interno con una fila de escamas 0,7-1,1 mm, setáceas, conniventes, ± iguales, blancas. $2n = 22, 44?$*; $n = 11$.

Bosques caducifolios y perennifolios, matorrales, pastizales vivaces y roquedos de zonas supramediterráneas y templado-submediterráneas, preferentemente en calizas, aunque también en dolomías, pizarras, areniscas, etc.; (100)500-2100(2500) m. (IV)V-VIII(IX). Italia, S de Francia, Península Ibérica y NW de África. Dispersa por la Península Ibérica, excepto la franja más occidental. **Esp.:** A Ab Al Av Bu (Ca) Cc CR Cs Cu Gr Gu Hu J L Le Lo Lu M Ma (Na) O Or P S Sa Sg So (T) Te To V Va Vi Z Za. **Port.:** BA Mi TM. **N.v.:** aciano mayor, azulejos, liebrecilla grande, olorica quecha; *port.:* cyano-mayor; *cat.:* angelets (Valencia), blavets (Valencia), cap blau (Valencia), flor Blava (Valencia), granera (Valencia).

HÍBRIDOS

Se recogen aquí solo los híbridos detectados en el material estudiado y aquellos que, a pesar de no haber sido observados, han sido descritos con material recolectado en el ámbito geográfico de esta flora (a veces sin que se haya podido localizar su material tipo ni otro identificable como tal). En efecto, la hibridación en el género es muy frecuente y han sido descritos numerosos híbridos, en su gran mayoría a partir de material extrapeninsular. Asimismo, en los jardines botánicos, cuando se cultivan especies de este género, es frecuente que se formen híbridos.

C. alba subsp. alba × C. aristata

C. × *matritensis* Pau in Bol. Soc. Aragonesa Ci. Nat. 15: 69 (1916)
C. × *soriana* A. Segura ex Mateo & M.B. Crespo in Flora Montiber. 41: 30 (2009)

C. alba subsp. alba × C. avilae

C. alba subsp. alba (var. *latronum)* × C. calcitrapa

C. × *eliasii* Sennen & Pau in Bol. Soc. Aragonesa Ci. Nat. 13: 43 (1914)

C. alba subsp. alba × C. langei subsp. kheilii

C. × *bigerrensis* Pau in Bol. Soc. Aragonesa Ci. Nat. 27: 132 (1928)
C. × *paniculata* nothovar. *septentrionalis* Arènes in Agron. Lusit. 11: 24 (1949), pro var.
C. × *schousboei* nothosubsp. *septentrionalis* (Arènes) Dostál in Bot. J. Linn. Soc. 71: 198 (1976), pro subsp.
C. × *petri-montserrati* A. Segura in Monogr. Inst. Piren. Ecol. 4: 356 (1988)

C. alba subsp. aristifera × C. pinnata

C. × *bilbilitana* Pau in Actas Soc. Esp. Hist. Nat. 23: 137 (1894)
C. × *bilbilitana* nothof. *paredensis* G. López in Anales Jard. Bot. Madrid 37: 98 (1980)
C. × *paredensis* (G. López) Mateo & Arán in Flora Monteiber. 16: 11 (2000)

C. argecillensis × C. cephalariifolia

C. × *andresiana* Fern. Casas & Susanna in Fontqueria 1: 1 (1982)
Colymbada × *andresiana* (Fern. Casas & Susanna) Fern. Casas & Susanna in Fontqueria 2: 20 (1982)
C. × *ceballosii* nothovar. *andresiana* (Fern. Casas & Susanna) Fern. Casas & Susanna in Fontqueria 7: 1 (1985)
C. × *ceballosii* nothosubsp. *andresiana* (Fern. Casas & Susanna) A. Segura, Mateo & J.L. Benito, Cat. Fl. Soria: 111 (1998)

C. aristata × C. ornata

C. × *villaris* Sennen in Butll. Inst. Catalana Hist. Nat. 32: 101 (1932)
C. × *unamunoi* Sennen, in sched., nom. nud.

C. aspera s.l. × C. pullata

C. × *hervieri* Degen in Magyar Bot. Lapok 5: 7 (1906)
C. × *hurtadoi* Blanca in Lazaroa 6: 169 (1985)

C. aspera s.l. × C. seridis

C. × *subdecurrens* Pau in Actas Soc. Esp. Hist. Nat. 1898: 198 (1898)
C. × *valentina* Rouy, Ill. Pl. Eur. 14: 112 (1900)
C. × *auricularis* Pau in Bol. Soc. Aragonesa Ci. Nat. 2: 68 (1903)
C. × *semidecurrens* Pau in Actas II Congr. Asoc. Esp. Progr. Cienc.: 4 (1910), nom. nud.
C. × *aemiliae* Font Quer in Mem. Mus. Ci. Nat. Barcelona, Sèr. Bot. 1(2): 13 (1924)
C. × *segobricensis* Pau in Brotéria, Sér. Bot. 22: 118 (1926)
C. × *albuferae* M.J. Costa in Anales Jard. Bot. Madrid 37: 292 (1981)
C. × *valentina* nothosubsp. *albuferae* (M.J. Costa) Susanna in Fontqueria 18: 51 (1988)
C. × *subdecurrens* nothosubsp. *albuferae* (M.J. Costa) M.J. Costa, M.B. Crespo & Mateo in Collect. Bot. (Barcelona) 18: 94 (1990)
C. × *subdecurrens* nothovar. *segobricensis* (Pau) M.B. Crespo & Mateo in Collect. Bot. (Barcelona) 18: 94 (1990)
C. × *subdecurrens* nothosubsp. *segobricensis* (Pau) Mateo & M.B. Crespo in Flora Montiber. 41: 30 (2009)
C. × *subdecurrens* nothosubsp. *oblanceolata* Merle, Garmendia & Ferriol in Flora Montiber. 44: 67, fig. 1 (2010)
C. × *edetana* Pau, in sched., nom. nud.
C. × *hifacensis* Font Quer, in sched., nom. nud.
C. × *sphaerocephala* nothovar. *elongata* Pau, in sched., nom. nud., pro var.

C. aspera s.l. × **C. sphaerocephala**

C. aspera ("subinermis") × **C. calcitrapa**

C. × *aspero-calcitrapa* Godr. & Gren. in Gren. & Godr., Fl. France 2: 260 (1850), nom. inval.

C. aspera subsp. **aspera** × **C. beltrani**

C. × *eclipsislunae* Mateo & M.B. Crespo in Flora Montiber. 36: 4, 5 figs. 1 y 2 (2007)

C. aspera subsp. **aspera** × **C. calcitrapa**

C. × *hybrida* Chaix in Vill., Hist. Pl. Dauphiné 1: 366 (1786), nom. illeg., non All., Fl. Pedem. 1: 161 (1785)
C. × *pouzinii* DC., Cat. Pl. Horti Monsp.: 91 (1813)
C. × *calcitrapo-aspera* Godr. & Gren. in Gren. & Godr., Fl. France 2: 260 (1850), nom. inval.
C. × *confusa* Coste & Sennen in Bull. Soc. Bot. France 41: 578 (1894)
C. × *albarracinensis* Rouy in Rouy & Foucaud, Fl. France 9: 169 (1905)
C. × *chaixiana* Rouy in Rouy & Foucaud, Fl. France 9: 168 (1905)
C. × *chaixiana* nothovar. *confusa* (Coste & Sennen) Rouy in Rouy & Foucaud, Fl. France 9: 168 (1905)
C. × *pouzini* nothovar. *vulgaris* Rouy in Rouy & Foucaud, Fl. France 9: 169 (1905), nom. inval.
C. × *levantina* Font Quer in Mem. Mus. Ci. Nat. Barcelona, Sèr. Bot. 1(2): 13 (1924)
C. × *dufourei* Sennen, in sched., nom. nud.
C. × *aspera* nothovar. *conica* Palau in Anales Inst. Bot. Cavanilles 14: 258 (1957)
C. × *confusa* nothovar. *valdespina* Sennen, in sched., nom. nud.

C. aspera subsp. **stenophylla** × **C. resupinata** subsp. **dufourii**

C. × *ternilli* Mateo & M.B. Crespo in Bol. Soc. Brot. ser. 2, 61: 265 (1988)

C. beltrani × **C. paui**

C. boissieri subsp. **pinae** × **C. paui**

C. × *sanctae-barbarae* Mateo & M.B. Crespo in Bol. Soc. Brot. ser. 2, 61: 264 (1988)

C. calcitrapa × **C. cephalariifolia**

C. × *noguerensis* Mateo in Flora Montiber. 33: 78 (2006)

C. calcitrapa × **C. costae** (var. *maluqueri)*

C. × *broteroana* Font Quer in Bol. Soc. Brot. ser. 2, 19: 261 (1944)

C. calcitrapa × **C. emporitana**

C. × *sennenii* Pau ex Sennen in Bull. Acad. Int. Géogr. Bot. 18: 476 (1908)

C. calcitrapa × **C. jacea** subsp. **angustifolia**

C. × *sudrei* Sennen & Elías in Bol. Soc. Aragonesa Ci. Nat. 15: 261 (1916)

C. calcitrapa × **C. langei** subsp. **langei**

C. × *numantina* A. Segura in Monogr. Inst. Piren. Ecol. 4: 353 (1988)
C. × *adulterina* nothosubsp. *numantina* (A. Segura) Mateo & M.B. Crespo in Flora Montiber. 41: 28 (2009)

C. calcitrapa × **C. paniculata** subsp. **paniculata**

C. × *vernui* Sennen & Pau in Bol. Soc. Aragonesa Ci. Nat. 4: 321 (1905)

C. calcitrapa × **C. pullata**

C. × *mirabilis* Rouy in Bull. Soc. Bot. France 36: 425 (1890)

C. castellanoides subsp. **talaverae** × **C. melitensis**

C. × *castellano-manchensis* Mateo & M.B. Crespo in Flora Montiber. 41: 29 (2009)

C. cephalariifolia × C. collina

C. × *basilei* Sennen in Bol. Soc. Aragonesa Ci. Nat. 11: 198 (1912)
C. × *collina* nothosubsp. *serratulifolia* Hayek, Centaureae Exsicc. Crit. Fasc. I, n.º 13 (1913), in sched., pro subsp.
C. × *sylvatica* nothof. *microcephala* Sennen, Pl. Espagne 1914, n.º 1985 (1914-1915), in sched.
C. × *serratulifolia* (Hayek) Sennen in Bol. Soc. Aragonesa Ci. Nat. 15: 231 (1916), pro sp.
C. × *sylvatica* nothovar. *valdespina* Sennen in Anuari Junta Ci. Nat. Barcelona 2: 649 (1917)
C. × *sylvatica* nothovar. *catalaunica* Sennen, Pl. Espagne 1924, n.º 5077 (1924-1925), in sched., nom. nud.
C. × *sylvatica* nothovar. *inermis* Sennen, Pl. Espagne 1924, n.º 5077 (1924-1925), in sched.

C. cephalariifolia × C. lagascana

C. × *losana* Pau in Bol. Soc. Ibér. Ci. Nat. 24: 104 (1925)
C. × *andresii* López Pach. in López Pach. & al., Dos Nuevas Especies Fl. Leonesa: 5 (1979), pro sp.
Colymbada × *losana* (Pau) Fern. Casas & Susanna in Fontqueria 2: 20 (1982)

C. cephalariifolia × C. legionis-septimae

C. × *cephalariseptimae* Fern. Casas & Susanna in Fontqueria 9: 16 (1985)
C. × *cephalariseptimae* nothovar. *cremenensis* Fern. Casas & Susanna in Fontqueria 10: 7 (1986)

C. cephalariifolia × C. ornata

C. × *polymorpha* Lag., Elench. Pl.: [32] (1816), pro sp.
C. × *joviniana* Sennen & Pau in Bol. Soc. Aragonesa Ci. Nat. 6: 27 (1907)
Colymbada × *polymorpha* (Lag.) Holub in Preslia 46: 228 (1974), pro sp.
C. × *heribaudii* Elías & Sennen, in sched., nom. nud.

C. cephalariifolia × C. podospermifolia

C. × *podospermifolia* nothof. *caulescens* Loscos & J. Pardo in Willk. (ed.), Ser. Inconf. Pl. Aragon.: 59 (1863)
C. × *loscosii* Willk., Ill. Fl. Hispan. 1: 133 (1884), pro sp.
C. × *caulescens* Pau in Brotéria, Sér. Bot. 22: 117 (1926)
Colymbada × *loscosii* (Willk.) Holub in Preslia 46: 228 (1974)

C. cephalariifolia × C. toletana

C. × *ceballosii* Fern. Casas, Exsicc. Quaed. Nobis Distr. IV: 17 (1981)
Colymbada × *ceballosii* (Fern. Casas) Fern. Casas & Susanna in Fontqueria 2: 20 (1982)

C. cineraria × C. clementei

C. × *santamariae* Font Quer ex N. Garcia & Susanna in Fontqueria 21: 5 (1988)

C. collina × C. hanrii

C. × *victoris* Sennen in Bol. Soc. Aragonesa Ci. Nat. 11: 199 (1912)

C. debeauxii subsp. grandiflora × C. nigra subsp. rivularis

C. diluta × C. pullata

C. × *olweri* Font Quer in Mem. Mus. Ci. Nat. Barcelona, Sèr. Bot. 2: 13 (1924)
Observaciones.–Híbrido originado a partir de los parentales cultivados en el Jardín Botánico de Barcelona.

C. granatensis × C. mariana

C. × *piifontiana* Fern. Casas & Susanna in Fontqueria 6: 5 (1984)

C. granatensis × C. ornata

C. × *segimonensis* Pajarón & Fern. Casas in Fontqueria 48: 223 (1997)

C. jacea s.l. × **C. nigra** s.l. o **C. deveauxii** s.l. (?)

C. × *decipiens* Thuill., Fl. Env. Paris ed. 2: 445 (1799), pro sp.

Rhaponticum × *serotinum* Dubois, Méth. Éprouv.: 402 (1803), pro sp.
C. × *ruscinonensis* Boiss., Diagn. Pl. Orient. ser. 2, 3: 70 (1856), pro sp.
C. × *serotina* (Dubois) Boreau, Fl. Centre France ed. 3, 2: 350 (1857)
C. × *jacea* nothosubsp. *decipiens* (Thuill.) Nyman, Consp. Fl. Eur.: 421 (1879)
C. × *nigrescens* nothosubsp. *serotina* (Dubois) Nyman, Consp. Fl. Eur.: 421 (1879)
Jacea × *decipiens* (Thuill.) Holub in Preslia 46: 229 (1974)
C. × *nigra* nothosubsp. *decipiens* (Thuill.) H.P. Fuchs in Feddes Repert. 90: 631 (1980)
C. × *jacea* nothof. *ruscinonensis* (Boiss.) Rouy in Rouy & Foucaud, Fl. France 9: 120 (1905), pro "forme"
C. × *moncktonii* Britton in Rep. Bot. Soc. Exch. Club Brit. Isles 6: 172 (1921)
C. × *jacea* nothof. *dumeticola* Sennen, Pl. Espagne 1925, n.° 5339 (1925-1926), in sched., pro f.
C. × *jacea* nothosubsp. *ruscinonensis* (Boiss.) P. Fourn., Fl. Compl. Plaine Franç.: 293 (1928)
C. × *reyesii* Sennen & Elías in Bol. Soc. Ibér. Ci. Nat. 28: 110 (1930), pro sp.
C. × *decipiens* nothosubsp. *ruscinonensis* (Boiss.) Dostál in Bot. J. Linn. Soc. 71: 206 (1976)
C. × *jacea* nothovar. *ruscinonensis* (Boiss.) O. Bolòs & Vigo in Collect. Bot. (Barcelona) 17: 92 (1988)

C. jacea subsp. **angustifolia** × **C. langei** subsp. **langei**

C. × *esguevana* Fern. Alonso & Fern. Casas in Fontqueria 36: 451 (1993)

C. jacea subsp. **angustifolia** × **C. nevadensis**

C. jacea subsp. **angustifolia** × **C. nigra** subsp. **carpetana**

C. jacea subsp. **vinyalsii** × **C. nigra** subsp. **nigra**

C. lagascana × **C. ornata**

C. × *zubiae* Pau in Brotéria, Sér. Bot. 22: 117 (1926)
Colymbada × *zubiae* (Pau) Fern. Casas & Susanna in Fontqueria 2: 20 (1982)
C. × *zubiae* nothof. *somedana* Fern. Casas & Susanna in Treb. Inst. Bot. Barcelona 10: 115 (1986)

C. melitensis × **C. ornata**

C. ornata × **C. toletana** (var. *toletana)*

C. × *tatayana* Fern. Casas & Susanna in Anales Jard. Bot. Madrid 38: 53 (1982)
Colymbada × *tatayana* (Fern. Casas & Susanna) Fern. Casas & Susanna in Fontqueria 2: 20 (1982)

C. seridis × **C. sphaerocephala**

APÉNDICES

APÉNDICE I

INDICACIÓN ABREVIADA –MÁS AMPLIACIONES, ETC.– QUE HACEMOS DE LOS NOMBRES DE LOS AUTORES MENCIONADOS EN EL TEXTO

Adans. Michel Adanson (1727-1806).
M.V. Agab. Mariam V. Agababjan (n. 1964).
Aiton William Aiton (1731-1793).
Alavi S.A. Alavi (n. 1934).
Alcaraz Francisco Alcaraz Ariza (n. 1958).
Ali Syed Iztifaq Ali (n. 1930).
All. Carlo Allioni (1728-1804).
Fern. Alonso José Luis Fernández Alonso (n. 1959).
Amo Mariano del Amo y Mora (1809-1896).
Arán Vicente Jesus Arán Redó (n. 1954).
Arcang. Giovanni Arcangeli (1840-1921).
Arènes Jean Arènes (1898-1960).
C. Arnaud Ch. Arnaud (fl. 1883).
Arnelas Itziar Arnelas Seco (n. 1955).
Arv.-Touv. Jean Maurice Casimir Arvet-Touvet (1841-1913).
A. Ascnsi Alfredo Ascnsi Marfil (n. 1949).
Bab. Charles Cardale Babington (1808-1895).
Baill. Henri Ernest Baillon (1827-1895).
Balao Francisco Javier Balao Robles (n. 1981).
Ball John Ball (1818-1889).
Barrandon Auguste Barrandon (1814-1897).
Barratte Jean François Gustave Barratte (1857-1920).
Bartl. Friedrich [Theophilus] Gottlieb Bartling (1798-1875).
Batt. Jules Aimé Battandier (1848-1922).
Beauverd Gustave Beauverd (1867-1942).
Bég. Augusto Béguinot (1875-1940).
J.L. Benito José Luis Benito Alonso (n. 1967).
Benth. George Bentham (1800-1884).
Berher Eugène-Laurent Berher (1822-1900).
Bernh. Johann Jakob Bernhardi (1774-1850).
Berthel. Sabin Berthelot (1794-1880).
Bertol. Antonio Bertoloni (1775-1869).
M. Bieb. Friedrich August Freiherr Marschall von Bieberstein (1768-1826).
Blanca Gabriel Blanca López (n. 1954).
C. Blanché Cèsar Blanché i Vergés (n. 1958).
Blanco-Dios Jaime Bernardo Blanco Dios (n. 1969).
Bluff Mathias Joseph Bluff (1805-1837).
Boehm. Georg Rudolf Boehmer (1723-1803).
Boiss. Pierre Edmond Boissier (1810-1885).
A. Bolòs Antoni [Antonio] de Bolòs [Bolós] i [y] Vayreda (1889-1975).
O. Bolòs Oriol de Bolòs [Bolós] i [y] Capdevila (1924-2007).
Bonafè Francesc Bonafè Barceló (1912-1994).
Bonnet Edmond Bonnet (1848-1922).
Bonnier Gaston Eugène Marie Bonnier (1853-1922).
Borbás Vincze [Vincent, Vincenz] von Borbás (1844-1905).
Boreau Alexandre Boreau (1803-1875).
Boriss. Antonina Georgievna Borissova [Borissova-Bekrjaševa] (1903-1970).
Borja José Borja Carbonell (1902-1993).
Bosc Louis-Augustin[Auguste]-Guillaume Bosc (1759-1828).
Bourg. Eugène Bourgeau (1813-1877).
R. Br. Robert Brown (1773-1858).
Braun-Blanq. Josias Braun-Blanquet (1884-1980).
Breitw. Ilse Breitwieser (fl. 1986).
K. Bremer Kåre (Kaare) Bremer (n. 1948).
Briq. John Isaac Briquet (1870-1931).
Britting. Christian Casimir Brittinger (1795-1869).
Britton Nathaniel Lord Britton (1859-1934).
Brot. Félix da Silva de Avellar [de sobrenombre] Brotero (1744-1828).

Bubani Pietro Bubani (1806-1888).
Burnat Émile Burnat (1828-1920).
Caball. Arturo Caballero Segares (1877-1950).
Cadevall Juan [Joan] Cadevall [Cadeval] y [i] Diars (1846-1921).
Cámara Fernando Cámara Niño (1906-1985).
E.G. Camus Edmond Gustave Camus (1852-1915).
Cantó Paloma Cantó Ramos (n. 1956).
Carey William Carey (1761-1834).
Cariot [Abbé] Antoine Cariot (1820-1883).
Casim.-Sor. Ramón Casimiro-Soriguer Camacho (n. 1981).
Cass. Alexandre Henri Gabriel de Cassini (1781-1832).
Castrov. Santiago Castroviejo Bolibar (1946-2009).
Catalán Pilar Catalán Rodríguez (n. 1958).
C. Catt. Carlo Cattaneo (1801-1869).
Cav. Antonio Joseph [José] de Cavanilles Palop (1745-1804).
Cavill. François Georges Cavillier (1868-1953).
Čelak. Ladislav Josef Čelakovský (1834-1902).
Ces. Vincenzo [Barone] de Cesati (1806/-1807-1883).
Chaix [Abbé] Dominique Chaix (1730-1799).
Chass. Maurice Chassagne (1880-1960).
Chevall. François Fulgis Chevallier (1796-1840).
Chrtek Jindřich [Jindrich] Chrtek (n. 1930/1931).
Chrtková Anna Chrtková (n. 1930).
Clairv. Joseph Philippe de Clairville (1742-1830).
Clemente Simón de Rojas [Roxas] Clemente y Rubio (1777-1827).
Clus. Carolus Clusius [Charles de l'Escluse] (1526-1609).
Coincy Auguste Henri Cornut de la Fontaine de Coincy (1837-1903).
Colmeiro Miguel Colmeiro y Penido (1816-1901).
Coss. Ernest Saint-Charles Cosson (1819-1889).
Costa Antonio Cipriano Costa y Cuxart (1817-1886).
M.J. Costa Manuel Jacinto Costa Talens (n. 1938).
Coste Jean François Coste (1741-1819).
H.J. Coste [Abbé] Hippolyte Jacques Coste (1858-1924).
Cout. António Xavier Pereira Coutinho (1851-1939).
M.B. Crespo Manuel Benito Crespo Villalba (n. 1962).
Cuatrec. José [Josep] Cuatrecasas y [i] Arumí (1903-1996).
Cueto Miguel Cueto Romero (n. 1955).
Curtis William Curtis (1746-1799).
Cutanda Vicente Cutanda y Jarauta (1804-1866).
Cuthbertson Eric George Cuthbertson (n. 1916).
F. Cuvier Georges-Frédéric [Frédéric] Cuvier (1773-1838).
DC. Augustin Pyramus de Candolle (1778-1841).
De la Torre Antonio de la Torre García (n. 1962).
De Langhe Joseph-Edgard de Langhe (n. 1907).
Debeaux Jean Odon Debeaux (1826-1910).
Degen Arpád von Degen (1866-1934).
Delarbre Antoine Delarbre (1724-1813).
Delile Alire Raffeneau-Delile (1778-1850).
Desf. René Louiche [alias] Desfontaines (1750-1833).
Desv. Nicaise-Auguste [Augustin; otras veces, Auguste-Nicaise] Desvaux (1784-1856).
Devesa Juan Antonio Devesa Alcaraz (n. 1955).
Díez Garretas Blanca Díez Garretas (n. 1950).
Dittrich Manfred Dittrich (n. 1934).
Döll Johann [Johannes] Christoph [Christian] Döll [Doell] (1808-1885).
Dostál Josef Dostál (1903-1999).
Douin Charles Isidore Douin (1858-1944).
R.C.V. Douin Robert Charles Victor Douin (1892-1965).
Dress William John Dress (n. 1918).
Druce George Claridge Druce (1850-1932).
Dubois François Noël [Noel] Alexandre Dubois (1752-1824).
Duby Jean Étienne Duby (1798-1885).
Duch. Pierre Étienne Simon Duchartre (1811-1894).
Dufour Jean-Marie Léon Dufour (1780-1865).
Dulac [Abbé] Joseph Dulac (1827-1897).
Dumort. Barthélemy Charles Joseph [Count] Dumortier-Rutteau [Du Mortier] (1797-1878).

Durieu Michel Charles Durieu [du Rieu] de Maisonneuve (1796-1878).
J. Duvign. Jacques Duvigneaud (1920-2006).
Ehrh. Jakob Friedrich Ehrhart (1742-1795).
Elías Hermano [Frère Harman] Elías [Élie] [François Jalicon] (1870-1937).
Emb. Marie Louis Emberger (1897-1969).
Endl. Stephan Friedrich Ladislaus Endlicher (1804-1849).
Engl. Heinrich Gustav Adolf Engler (1844-1930).
Esteve Fernando Esteve Chueca (1919-1988).
Faure Alphonse Faure (1865-1958).
Fern. Casas Francisco Javier Fernández Casas (n. 1945).
Fern. Morales María José Fernández Morales (n. 1948?).
P.P. Ferrer Pedro Pablo Ferrer Gallego (n. 1978).
Ferriol María Ferriol Molina (n. 1974).
Figuerola Ramón Figuerola Lamata (n. 1953).
Filigh. Rossella Filigheddu (n. 1959).
Fingerh. Karl [Carl] Anton Fingerhuth (1798/1802-1876).
Fiori Adriano Fiori (1865-1950).
Fisch.-Oost. Carl von Fischer-Ooster (1807-1875).
Font Quer Pío [Pius] [José Mariano] Font y [i] Quer (1888-1964).
Formánek Eduard Formánek [Formáneck] (1845-1900).
Forssk. Pehr [Peter, Petter, Petrus] Forsskål [Forskål, Forskåhl, Forsskåhl, Forskaol] (1732-1763).
Foucaud Julien Foucaud (1847-1904).
P. Fourn. Paul Victor Fournier (1877-1964).
Fourr. Jules-Pierre Fourreau (1844-1871).
Franco João Manuel António Paes do Amaral Franco (1921-2009).
Freyn Josef Franz Freyn (1845-1903).
Fritsch Karl Fritsch (1864-1934).
H.P. Fuchs Hans Peter Fuchs Eckert (1928-1999).
Gaertn. Joseph Gaertner (1732-1791).
G. Gaertn. [Philipp] Gottfried Gaertner (1754-1825).
Galiano Emilio Fernández-Galiano Fernández (1923-2006).
Gand. [Abbé] Michel Gandoger (1850-1926).
N. Garcia Núria Garcia Jacas (n. 1961).
García Rojas Juan Antonio García Rojas (n. 1960).
Garmendia Alfonso Garmendia Salvador (n. 1970).
Gasp. Gulielmo Gasparrini (1804-1866).
Gaudin Jean François Aimé Théophile [Gottlieb] Philippe Gaudin (1766-1833).
Gaut. Marie Clément Gaston Gautier (1841-1911).
J. Gay Jacques Étienne Gay (1786-1864).
T. Georgiev Toma Coev Georgiev (1883-?).
Germ. Jacques Nicolas Ernest Germain de Saint-Pierre (1815-1882).
Giardina Girolamo Giardina (fl.1999).
Gibelli Giuseppe Gibelli (1831-1898).
Gillot François Xavier Gillot (1842-1910).
Giseke Paul Dietrich Giseke (1741-1796).
Godr. Dominique Alexandre Godron (1807-1880).
Gómez Nav. José Gómez Navarro (n. 1962).
Gonz. Sierra Graciela González Sierra (n. 1966).
Gonzalo Hermano [Frère, Germà] Gonzalo [Gonçal] José [Josep Barrau i Andreu] (?-1985).
Gouan Antoine Gouan (1733-1821).
Grab. Heinrich Emanuel Grabowski (1792-1842).
Graells Mariano de la Paz Graells y de la Agüera (1809-1898).
Grande Loreto Grande (1878-1965).
Gray Samuel Frederick Gray (1766-1828).
Gredilla Apolinar Federico Gredilla y Gauna (1859-1919).
Gremli August [Auguste] Gremli (1833-1899).
Gren. Jean Charles Marie Grenier (1808-1875).
Greuter Werner Rodolfo Greuter (n. 1938).
Griseb. August Heinrich Rudolph Grisebach (1814-1879).
Guardiola Moisés Guardiola Bufí (n. 1975).
Gugler Wilhelm Gugler (1874-1909).
A. Guillén Alberto Guillén Bas (n. 1990).
Guin. Marcel Guinochet (n. 1909).
Guss. Giovanni Gussone (1787-1866).
Halácsy Eugen [Eugène] von [de] Halácsy (1842-1913).
Hampe Georg Ernst Ludwig Hampe (1795-1880).
Hausskn. Heinrich Carl Haussknecht (1838-1903).
Hayek August von [Edler] Hayek (1871-1928).
Hegi Gustav Hegi (1876-1932).
Hejný Slavomil Hejný (n. 1924).

Hervier [Abbé] Gabriel Marie Joseph Hervier Basson (1846-1922).
Hidalgo Oriane Hidalgo (n. 1976).
Hill [Sir] John Hill (1716-1775).
Hochst. Christian Ferdinand Friedrich Hochstetter (1787-1860).
Hoffm. Georg Franz Hoffmann (1760/1761-1826).
O. Hoffm. Karl August Otto Hoffmann (1853-1909).
Hoffmanns. Johann Centurius Graf von Hoffmannsegg (1766-1849).
Holmb. Otto Rudolf Holmberg (1874-1930).
Holmboe Jens Holmboe (1880-1943).
Holub Josef Holub (1930-1999).
Hook. [Sir] William Jackson Hooker (1785-1865).
Hook. fil. [Sir] Joseph Dalton Hooker (1817-1911).
Hornem. Jens Wilken Hornemann (1770-1841).
A. Huet Alfred Huet du Pavillon (1829-1907).
Iljin Modest Mikhaylovich Iljin [Ilyin] (1889-1967).
Invernón Vanessa Rodríguez Invernón (n. 1982).
B.D. Jacks. Benjamin Daydon Jackson (1846-1927).
Jacq. Nicolaus [Nicolaas] Joseph Freiherr von Jacquin (1727-1817).
Jafri Saiyid [Saiyad] Masudul [Masudal] Hasan Jafri (1927-1986).
Jahand. Émile Jahandiez (1876-1938).
Janch. Erwin Emil Alfred Janchen (1882-1970).
R.K. Jansen Robert K. Jansen (n. 1954).
Jaub. Hippolyte François Comte de Jaubert (1798-1874).
Jord. [Claude Thomas] Alexis Jordan (1814-1897).
Juss. Antoine Laurent de Jussieu (1748-1836).
Kästner Anselm Kästner (n. 1936).
Kazmi Syed Muhammad Anwar Kazmi (n. 1926).
R. Keller Robert Keller (1854-1939).
Kerguélen Michel François Jacques Kerguélen (1928-1999).
Kharadze Anna Lukianovna Kharadze (1905-1971).
Kit. Pál [Paul] Kitaibel (1757-1817).
Kjellq. Ebbe Kjellqvist (fl. 1963-1973).
Klett Gustav Theodor Klett (?-1827).
Koch Johann Friedrich Wilhelm Koch (1759-1831).
K. Koch Karl [Carl] Heinrich Emil [Ludwig] Koch (1809-1879).
W.D.J. Koch Wilhelm Daniel Joseph Koch (1771-1849).
Kom. Vladimir Leontjevic [Leontevich] Komarov (1869-1945).
Kuntze Carl [Karl] Ernst [Eduard] Otto Kuntze (1843-1907).
Kunze Gustav Kunze (1793-1851).
L. Carl [Carolus] von Linné [Linnaeus] (1707-1778).
L. fil. Carl [Carolus] von Linné [Linnaeus] (1741-1783).
Lacaita Charles Carmichael Lacaita (1853-1933).
Ladero Miguel Ladero Álvarez (n. 1939).
Lag. Mariano de Lagasca [La Gasca] y Segura (1776-1839).
E. Laguna Emilio Laguna Lumbreras (n. 1961).
Laínz José María Laínz Ribalaygua (1900-1978).
M. Laínz Manuel Laínz Gallo (n. 1923).
Lam. Jean-Baptiste Pierre Antoine Monnet [Chevalier] de Lamarck [La Marck] (1744-1829).
Lambinon Jacques [Ernest Joseph] Lambinon (n. 1936).
Lamy Pierre Marie Édouard Lamy de la Chapelle (1804-1886).
Lange Johan Martin Christian Lange (1818-1898).
Lapeyr. Philippe Picot [Baron] de Lapeyrouse [La Peirouse] (1744-1818).
Layens Georges de Layens (1834-1897).
Lázaro Ibiza Blas Lázaro e Ibiza (1858-1921).
J. Leal Juan Leal Pérez-Chao (n. 1955?).
Ledeb. Carl [Karl] Friedrich von Ledebour (1785-1851).
Lej. Alexandre Louis [Alexander Ludwig] Simon Lejeune (1779-1858).
Less. Christian Friedrich Lessing (1809-1862).
Levier Émile [Emilio] Levier (1839-1911).
H. Lindb. Harald Lindberg (1871-1963).
Lindl. John Lindley (1799-1865).
Link Johann Heinrich Friedrich Link (1767-1851).
M. Loehr Matthias Joseph Loehr [Löhr] (1800-1882).

Loisel. Jean Louis Auguste Loiseleur-Deslongchamps (1774-1849).
Lojac. Michele Lojacono-Pojero (1853-1919).
R. Lopes Maria Elena Ramos Lopes (?-2005).
E. López Eusebio López Nieto (n. 1978).
G. López Ginés [Alejandro] López González (n. 1950).
J. López Josefa López Martínez (n. 1965).
López Alvarado Javier López Alvarado (n. 1984).
López Fern. María Luisa López Fernández (n. 1940).
López Pach. María José López Pacheco (n. 1950).
Loret Henri Loret (1811-1888).
Losa Taurino Mariano Losa España (1893-1966).
Loscos Francisco Loscos y Bernal (1823-1886).
Loudon John Claudius Loudon (1783-1843).
L. Louis Léon Louis (fl. 1887).
Á. Löve Áskell Löve (1916-1994).
D. Löve Doris Benta Maria Löve [de soltera, Wahlen] (1918-2000).
Lovrić Andrija-Želimir Lovrić (n. 1943).
Lunell Joël Lunell (1851-1920).
Maire René Charles Joseph Ernest Maire (1878-1949).
Malag. Ramón de Peñafort Malagarriga Heras [Hermano Teodoro Luis, Irmão Teodoro Luis] (1904-1990).
Mariz Joaquim de Mariz (1847-1916).
Mart. Parras José María Martínez Parras (n. 1953).
G. Martens Georg Matthias von Martens (1788-1872).
J. Martín Joan Martín Villodre (n. 1949).
M.B. Martin M.B. Martin (fl. 1888).
G. Martínez Gloria Martínez Sagarra (n. 1987).
L. Martins Ludwig Martins (fl. 2005).
Martrin-Donos Julien Victor [comte] de Martrin-Donos (1802-1870).
Mateo Gonzalo Mateo Sanz (n. 1953).
Meikle Robert Desmond Meikle (n. 1923).
Merino [Padre] Baltasar Merino y Román (1845-1917).
Merle Hugo Basilio Merle Farinós (n. 1977).
Meusel Hermann Meusel (1909-1997).
B. Mey. Bernhard Meyer (1767-1836).
C.A. Mey. Carl Anton [Andreevič] von Meyer (1795-1855).
Mill. Philip Miller (1691-1771).
Miralles Jordi Miralles (n. 1959).
Moench Conrad Moench (1744-1805).
Molero Julián Molero Briones (n. 1946).
Molero Mesa Joaquín Molero Mesa (n. 1952).
J.M. Monts. José María Montserrat Martí (n. 1955).
P. Monts. Pedro Montserrat Recoder (n. 1918).
S. Moore Spencer Le Marchant Moore (1850-1931).
Moris Giuseppe [Joseph] Giacinto [Hyacinthe] Moris (1796-1869).
Mössler Johann Christoph Mössler (1770-1840).
Muñoz Álv. Jesús Muñoz Álvarez (n. 1955).
Muñoz Rodr. Adolfo Francisco Muñoz Rodríguez (n. 1962).
Murb. Svante Samuel Murbeck (1859-1946).
Mutel [Pierre] Auguste [Victor] Mutel (1795-1847).
Nägeli Carl Wilhelm von Nägeli (1817-1891).
A. Navarro Albert Navarro Peris (n. 1973).
F. Navarro Florentino Navarro Andrés (n. 1947).
M.A. Navarro Maria Auxiliadora Navarro Llorente (n. 1970).
Nebot Josep Ramon Nebot i Cerdà (n. 1963).
Neck. Noel Martin Joseph De Necker (1730-1793).
Neilr. August Neilreich (1803-1871).
Nieuwl. Julius [Aloysius] Arthur Nieuwland (1878-1936).
Nuet Josep Nuet i Badia (n. 1946).
Nyman Carl Frederik Nyman (1820-1893).
Olivares Amparo Olivares Tormo (n. 1958).
M.Á. Ortiz Maria Ángeles Ortiz Herrera (n. 1974).
Paiva Jorge Américo Rodrigues Paiva (n. 1933).
Pajarón Santiago Pajarón Sotomayor (n. 1954).
Palau Antonio Palau y Verdera (?-1793).
P. Palau Pedro Palau y Ferrer (1881-1956).
Pall. Peter [Pyotr] Simon von Pallas (1741-1811).
Pamp. Renato Pampanini (1875-1949).
Panareda Josep Maria Panareda i Clopés (n. 1945).
Paol. Giulio Paoletti (1865-1941).
J. Pardo José Pardo y Sastrón (1822-1909).

W.T. Parsons William Thomas Parsons (n. 1928).
Pass. Giovanni Passerini (1816-1893).
Pau Carlos Pau y Español (1857-1937).
Penas Ángel Penas Merino (n. 1948).
Pérez Lara José María Pérez Lara (1841-1918).
Pérez Morales Carmen Pérez Morales (n. 1952).
Pérez-Coll. Ernesto Pérez-Collazos (n. 1976).
Peris Juan Bautista Peris Gisbert (n. 1948).
Pers. Christiaan Hendrik Persoon (1761/1762-1836).
Petit Antoine Petit (?-1843).
Petr. Franz Petrak (1886-1973).
Pit. Charles-Joseph Marie Pitard (1873-1927).
Planellas José Planellas Giralt (1821-1888).
Podlech Dietrich Podlech (n. 1931).
Poir. Jean Louis Marie Poiret (1755-1834).
Pollini Ciro [Cyrus] Pollini (1782-1833).
Pomel Auguste Nicolas Pomel (1821-1898).
Porta Pietro Porta (1832-1923).
Pourr. Pierre-André Pourret [de Figeac] (1754-1818).
Prantl Karl Anton Eugen Prantl (1849-1893).
C. Presl Carol [Karel, Carolus] Borivoj [Boriwog, Boriwag] Presl (1794-1852).
J. Presl Jan Svatopluk [Swatopluk] Presl (1791-1849).
Prodan Juliu [Julius] Prodán (1875-1959).
Quesada María del Carmen Quesada Ochoa (n. 1961).
Raab-Straube Eckhard von Raab-Straube (fl. 2003).
Raf. Constantin Samuel Rafinesque-Schmaltz (1783-1840).
Raimondo Francesco Maria Raimondo (n. 1944).
Ramond Louis François Élisabeth de Carbonnières Baron de Ramond (1753/1755-1827/1829).
Rauschert Stephan Rauschert (1931-1986).
Rchb. [Heinrich Gottlieb] Ludwig Reichenbach (1793-1879).
Rchb. fil. Heinrich Gustav Reichenbach (1824-1889).
Retz. Anders Jahan Retzius (1742-1821).
Reut. Georges-François Reuter (1805-1872).
É. Rev. Élisée Reverchon (1835-1914).
Rich. Louis Claude Marie Richard (1754-1821).
Richt. Hermann Eberhard Friedrich Richter (1808-1876).
Rigo Gregorio Rigo (1841-1922).
Rigual Abelardo Rigual Magallón (1918-2009).
Rivas Goday Salvador Rivas Goday (1905-1981).
Rivas Mart. Salvador Rivas Martínez (n. 1935).
Rocha Afonso Maria da Luz de Oliveira Tavares Monteiro da Rocha Afonso (n. 1925).
J.J. Rodr. Juan [Joan] Joaquín [Joaquim] Rodríguez y [i] Femenías [Femenias] (1839-1905).
Romo Ángel [Àngel] María [Maria] Romo [i] Díez (n. 1955).
J. Ros Joandomènec Ros Aragonès (n. 1946).
R. Roselló Roberto Roselló Gimeno (n. 1952).
Rosselló Josep Antoni Rosselló Picornell (n. 1961).
Roth Albrecht Wilhelm Roth (1737-1834).
Rothm. Werner Walter Hugo Paul Rothmaler (1908-1962).
Rouy Georges [C. Chr.] Rouy (1851-1924).
Rovira Ana María Rovira López (n. 1947).
Roxb. William Roxburgh (1751-1815).
Ruhmer Gustav [Gustaf] Ferdinand Ruhmer (1853-1883).
E. Ruiz Emilio Ruiz de Clavijo Jiménez (n. 1949).
L. Sáez Lorenzo [Llorenç] Sáez Goñalons (n. 1965).
Salisb. Richard Anthony Salisbury (1761-1829).
Sallent Àngel [Ángel] Sallent i [y] Gotés (1857-1934).
Salzm. Philipp Salzmann (1781-1851).
Samp. Gonçalo António da Silva Ferreira Sampaio (1865-1937).
Sánchez Mata Daniel Pablo de la Cruz Sánchez Mata (n. 1959).
Sandwith Noel Yvri Sandwith (1901-1965).
Saut. Anton [Eleutherius] Sauter (1800-1881).
Savi Gaetano Savi (1769-1844).
Sch. Bip. Carl [Karl] Heinrich 'Bipontinus' Schultz (1805-1867).
Scherb. Johannes Scherbius (1769-1813).
Schinz Hans Schinz (1858/1859-1941).
Schousb. Peder [Peter] Kofod Anker Schousboe (1766-1832).

Schrank Franz von Paula von Schrank (1747-1835).
Schübl. Gustav Schübler (1787-1834).
Schult. Josef (Joseph) August Schultes (1773-1831).
Schultz Sch. Carl(Karl) Heinrich Schultz, 'Schultzenstein' (1798-1871).
Scop. Giovanni [Johannes] Antonio [Antonius] Scopoli (1723-1788).
Segarra José Gabriel Segarra Moragues (n. 1973).
A. Segura Antonio Segura Zubizarreta (1921-2004).
Sennen Frère [Hermano] Sennen [Étienne Marcellin Granier-Blanc (Grenier-Blanc)] (1861-1937).
Septimin Frère Septimin-Donat [Ambroise Chaussounet] (1874-1946).
Serra Luis Serra Laliga (n. 1966).
F. Seym. Frank Conkling Seymour (1895-1985).
Sibth. John Sibthorp (1758-1796).
P. Silva António Rodrigo Pinto da Silva (1912-1992).
Silva Pando Francisco Javier Silva Pando (n. 1955).
B. Slavík Bohumil Slavík (n. 1935).
Sm. [Sir] James Edward Smith (1759-1828).
Smythies Bertram Evelyn Smythies (1912-1999).
Soják Jirí Soják (n. 1936).
Soldano Adriano Soldano (n. 1944).
Soskov Yurij (G.) Dmitrievič Soskov (n. 1930).
Soulié [Frère] Joseph Auguste Louis Soulié (1868-1930).
Spach Édouard Spach (1801-1879).
Spadaro Vivienne Spadaro (fl. 2006).
Spreng. Kurt [Curt, Curtius] Polycarp Joachim Sprengel (1766-1833).
St.-Lag. Jean-Baptiste Saint-Lager (1825-1912).
Stef. Boris Stefanov [Stefanoff] (1894-1979).
Steud. Ernst Gottlieb von Steudel (1783-1856).
Stoj. Nikolai Andreev [Andrejev] Stojanov [Stojanoff, Stoyanoff] (1883-1968).
Stübing Gerardo Stübing Martínez (n. 1957).
Suár.-Sant. Víctor N. Suárez Santiago (n. 1974).
Sudre Henri L. Sudre (1862-1918).
Suksd. Wilhelm Nikolaus Suksdorf (1850-1932).
Susanna Alfonso Susanna de la Serna (n. 1955).
Sweet Robert Sweet (1783-1835).
Syme John Thomas Irwine [Irvine] Boswell-Syme (1822-1888).
Talavera Salvador Talavera Lozano (n. 1945).
M. Talavera María Manuela Talavera Solís (n. 1982).
Tausch Ignaz Friedrich Tausch (1793-1848).
Ten. Michele Tenore (1780-1861).
Terrab Anass Terrab (fl. 2008).
Terradas Jaume Terradas i Serra (n. 1943).
Teyber Alois Teyber (1846-1913).
Thell. Albert Thellung (1881-1928).
Thuill. Jean Louis Thuillier (1757-1822).
Timb.-Lagr. Pierre Marguérite Édouard Timbal-Lagrave (1819-1888).
Tomšovic Pavel Tomšovic (1932-1998).
L. Torres Lluís de Torres Espuny (n. 1935).
N. Torres Nèstor Torres i Torres (n. 1949).
Tourn. Joseph Pitton de Tournefort (1656-1708).
Trab. Louis Charles Trabut (1853-1929).
Trautv. Ernst Rudolf von Trautvetter (1809-1889).
Treuinf. Leo M. Treuinfels (1848-?).
Turra Antonio Turra (1730-1796).
Tutin Thomas Gaskell Tutin (1908-1987).
Ucria Bernardino da Ucria [Michelangelo Aurifici] (1739-1796).
Vacc. Lino Vaccari (1873-1951).
Vahl Martin Hendriksen [Henrichsen] Vahl (1749-1804).
Vaill. Sébastien [Sebastian] Vaillant (1669-1722).
Valdés Benito Valdés Castrillón (n. 1942).
Valdés Berm. Enrique Valdés Bermejo (1945-1999).
C.J. Valle Cipriano Jesús Valle Gutiérrez (n. 1955).
F. Valle Francisco Valle Tendero (n. 1953).
Vandas Karel (Karl) Vandas (1861-1923).
Vayr. Estanislao [Estanislau] Vayreda y [i] Vila (1848-1901).
F.M. Vázquez Francisco María Vázquez Pardo (n. 1964).
Velen. Josef [Joseph] Velenovský (1858-1949).
Verl. Jean-Baptiste Verlot (1825-1891).
Vest Lorenz Chrysanth von Vest (1776-1840).
Vicioso Benito Vicioso Trigo (1850-1929).
C. Vicioso M. Carlos Vicioso Martínez (1886/1887-1968).

Nombres de autores

Vigo Josep Vigo i Bonada (n. 1937).
Vill. Dominique Villars [antes de 1785, Villar] (1745-1814).
Villar Emilio [Emile] Huguet del Villar y Serratacó (1871-1951).
Vis. Roberto de Visiani (1800-1878).
Viv. Domenico Viviani (1772-1840).
Wagenitz Gerhard Wagenitz (n. 1927).
Waldst. Franz de Paula Adam Graf von Waldstein-Wartenburg (1759-1823).
Walp. Wilhelm Gerhard Walpers (1816-1853).
Webb Philip Barker Webb (1793-1854).
Weiss Friedrich Wilhelm G. Weiss (1744-1826).
J. Weiss Johann Evangelista Weiss (1850-1918).
Welw. Friedrich Martin Josef [Joseph] Welwitsch (1806-1872).
H.L. Wendl. Heinrich Ludolph Wendland (1791-1869).
Werner Roger-Guy Werner (1901-1977).
Wettst. Richard Wettsteinvon Westersheim (1863-1931).
Wiklund Annette Wiklund (n. 1953).
Wilczek Ernst Wilczek (1867-1948).
Willd. Carl [Karl] Ludwig von Willdenow (1765-1812).
Willk. Heinrich Moritz Willkomm (1821-1895).
Wimm. [Christian] Friedrich [Heinrich] Wimmer (1803-1868).

APÉNDICE II

INDICACIÓN ABREVIADA –MÁS EQUIVALENCIAS, ETC.– QUE USAMOS PARA LAS PUBLICACIONES PERIÓDICAS U OCASIONALES MENCIONADAS EN EL TEXTO

Acta Bot. Malac.
Acta botanica malacitana. Málaga. Vol. 1-, 1975-.

Acta Univ. Lund.
Acta Universitatis Lundensis. Lunds Universitets Årsskrift. Afdelningen för Mathematik och Naturvetenskap [título sueco de los vols. 26-40, 1889-1890/1904: *Lunds Universitets Års-Skrift. Andra afdelningen. Kongl. Fysiografiska Sällskapets Handlingar;* subtitulados: *Acta Regiae Societatis Physiographicae Lundensis. Kongl. fysiografisca Sällskapets i Lund Handlingar. Ny Följd,* vols. 1-15]. Lund. Vols. [1]-40, 1864-1904 [la numeración de los vols. comienza en el vol. 9, 1872]; n.s. [ser. 2], sect. 2, vols. 1-59 [ser. 2, sect. 2, vol. 1 = ser. 2, vol. 16; ser. 2, sect. 2, vol. 59 = ser. 2, vol. 74], 1905/1906-1963/1964 [la n.s. lleva por título: *Acta Universitatis Lundensis. Nova series. Sectio 2. Lunds Universitets Årsskrift. Ny foljd. Andra afdelningen. Medicin samt Matematiska och Naturveten-Skapliga ämnen*].

Actas II Congr. Asoc. Esp. Progr. Cienc.
Actas del segundo Congreso de la Asociación Española para el Progreso de las Ciencias. Valencia, 1910.

Actas Soc. Esp. Hist. Nat.
Actas de la Sociedad Española de Historia Natural. Madrid. 1871-.

Agron. Lusit.
Agronomia Lusitana. Sacavém, Oeiras. Vol. 1-, 1939-.

Anales Ci. Nat.
Anales de ciencias naturales. Madrid. Vols. 3-7(20), 1801-1804 [anteriormente, y vol. 7(21), 1804, *Anales Hist. Nat.*].

Anales Estac. Exp. Aula Dei
Anales de la Estación Experimental de Aula Dei. Zaragoza. Vol. 1-, 1948-.

Anales Inst. Bot. Cavanilles
Anales del Instituto Botánico A.J. Cavanilles. Madrid. Vols. 10-35, 1951-1980 [anterior y posteriormente, *Anales Jard. Bot. Madrid*].

Anales Inst. Forest. Invest.
Anales del Instituto Forestal de Investigaciones y Experiencias. Madrid. Vols. 1-10(2), 1956-1966; vols. 1966(1), 1966(2), y 1967, 1967-1968.

Anales Jard. Bot. Madrid
Anales del Jardín Botánico de Madrid. Madrid. Vols. 1-9, 1941-1950; vol. 36-, 1980- [vols. 10-35, 1951-1980, *Anales Inst. Bot. Cavanilles*].

Anales Soc. Esp. Hist. Nat.
Anales de la Sociedad Española de Historia Natural. Madrid. Vols. 1-30 [vols. 21-30 (ser. 2) también numerados del 1 al 10], 1872/1873-1901/1902.

Ann. Bot. (Oxford)
Annals of Botany. Londres, Oxford, San Diego. Vols. 1-50, 1887/1888-1936; n.s. [ser. 2], vol. 1-, 1937-.

Ann. Bot. Fenn.
Annales botanici fennici [Societas Zoologica Botanica Fennica Vanamo]. Helsinki. Vol. 1-, 1964-.

Ann. Gén. Sci. Phys.
Annales générales des sciences physiques. Bruselas. Vols. 1-8, 1819-1821.

Ann. Hist.-Nat. Mus. Natl. Hung.
Annales historico-naturales musei nationalis hungarici. A magyar nemzeti múzeum természetrajzi osztályainak folyóirata [el título en húngaro en los vols. [42]-[43] (n.s. vols. 1-2, 1949-1952) es *Országos természettudományi múzeum évkönyve;* desde el vol. [44] (n.s. vol. 3, 1952) en adelante es *Magyar nemzeti múzeum természettudományi múzeum évkönyve*]. Budapest. vol. 1-, 1903- [los vols. [42]-[49] se numeran n.s. vols. 1-8; el vol. [50] también se numera n.s. vol. 9] [anteriormente, *Természetrajzi Füz.*].

Ann. Mag. Nat. Hist.
Annals and Magazine of Natural History, including Zoology, Botany, and Geology. Londres. Vols. 6-20, 1841-1847; ser. 2, vols. 1-20, 1848-1857; ser. 3, vols. 1-20, 1858-1867; ser. 4, vols. 1-20, 1868-1877; ser. 5, vols. 1-20, 1878-1887; ser. 6, vols. 1-20, 1888-1897; ser. 7, vols. 1-20, 1898-1907; ser. 8, vols. 1-20, 1908-1917; ser. 9, vols. 1-20, 1918-1927; ser. 10, vols. 1-20, 1928-1937; ser. 11, vol. 1-, 1938- [anteriormente, *Ann. Nat. Hist.*].

Ann. Missouri Bot. Gard.
Annals of the Missouri Botanical Garden. San Luis, Misuri. Vol. 1-, 1914-.

Ann. Mus. Natl. Hist. Nat.
Annales du Muséum national d'histoire naturelle. París. Vols. 1-21, 1802-1813, 1827 [a partir del vol. 6 se suprime *National*; el vol. 21, 1827, es un índice de los vols. 1-20, 1802-1813; posteriormente, *Mém. Mus. Hist. Nat.; Nouv. Ann. Mus. Hist. Nat.; Arch. Mus. Hist. Nat.; Nouv. Arch. Mus. Hist. Nat.; Arch. Mus. Natl. Hist. Nat.*].

Ann. Sci. Nat. (Paris)
Annales des sciencies naturelles. París. Vols. 1-30, 1824-1833 [posteriormente, *Ann. Sci. Nat., Bot.; Ann. Sci. Nat., Bot. Biol. Veg.*].

Ann. Sci. Nat., Bot.
Annales des sciencies naturelles. Botanique. París. Ser. 2, vols. 1-20, 1834-1843; ser. 3, vols. 1-20, 1844-1853; ser. 4, vols. 1-20, 1854-1863; ser. 5, vols. 1-20, 1864-1874; ser. 6, vols. 1-20, 1875-1884; ser. 7, vols. 1-20, 1885-1894; ser. 8, vols. 1-20, 1895-1904; ser. 9, vols. 1-20, 1905-1917; ser. 10, vols. 1-?, 1919-?; ser. 11, vols. 1-20, ?-1959, [anteriormente, *Ann. Sci. Nat. (Paris)* y *Arch. Bot. (Paris);* posteriormente, *Ann. Sci. Nat., Bot. Biol. Vég.*].

Ann. Soc. Linn. Lyon
Annales de la Société linnéenne de Lyon. Lyon. Vols. 1-4, 1836-1852; n.s. [ser. 2], vols. 1-80, 1852-1937.

Ann. Storia Nat.
Annali di storia naturale. Bolonia. Vols. 1-4, 1829-1830 [posteriormente, *Nuovi Ann. Sci. Nat.; Nuovi Ann. Sci. Nat. Rendiconto Sess. Soc. Agrar.; Rendiconto Sess. Accad. Sci. Ist. Bologna; Rendiconto Sess. Reale Accad. Sci. Ist. Bologna, Cl. Sci. Fis.; Atti Accad. Sci. Ist. Bologna, Cl. Sci. Fis., Rendiconti*].

Anuari Junta Ci. Nat. Barcelona
Anuari. Junta de Ciències Naturals de Barcelona. Barcelona. Vols. [1]-3, 1916-1918 [posteriormente, *Mem. Anual Junta Ci. Nat.*].

Arch. Naturschutz Landschaftsf.
Archiv für Naturschutz und Landschaftsforschung. Berlín. Vol. 1-, 1961-.

Arch. Sci. Phys. Nat.
Archives des sciences physiques et naturelles. Ginebra, Lausana. Vols. 1-36, 1846-1857; ser. 2, vols. 1-64, 1858-1878; ser. 3, vols. 1-34, 1878-1895; ser. 4, vols. 1-46, 1896-1918; ser. 5, vols. 1-29, 1919-1947 [los vols. de las series 1-4 no se publicaron independientemente, eran un suplemento o parte de *Bibliothèque universelle;* posteriormente, *Arch. Sci.*].

Atti Imp. Regia Accad. Roveretana
Atti dell'Imperiale Regia Accademia Roveretana. Rovereto. Vols. 1-?, (1826-1863); ser. 2, vols. 1-12, 1883-1894; ser. 3, vols. 1-18, 1895-1912; ser. 4, vol. 1-9-?, 1913-1929-?; ser. 5, vols. ?-?, 19??-19?? [no se publicó en los años 1829-1849; posteriormente, *Atti Accad. Roveretana Agiati, B*].

Atti Soc. Ital. Sci. Nat. Mus. Civico Storia Nat. Milano
Atti della Società Italiana di Scienze Naturali e del Museo Civico di Storia Naturale di Milano. Milán. Vol. 35-, 1896- [anteriormente, *Atti Soc. Ital. Sci. Nat.*].

Biblioth. Bot.
Bibliotheca Botanica. Abhandlungen aus dem Gesammtgebiet der Botank. Kassel. Vol. 1-, 1886-.

Bocconea
Bocconea; monographiae Herbarii Mediterranei Panormitani sub auspiciis Societatis Botanicorum Mediterraneorum "Optima" nuncupata edita. Palermo. Vol. 1-, 1991-.

Boissiera
Boissiera. Mémoires du Conservatoire de botanique et de l'Institut de botanique systématique de l'Université du Genève (supplément de Candollea). Ginebra. Vol. 1-, 1936- [en los vols. 14-30, 1969-1979, cambia el subtítulo por: *Mémoires des Conservatoire et Jardin botaniques de la Ville de Genève*; y a partir del vol. 31, 1980, por: *Mémoires de botanique systématique*].

Bol. Inst. Estud. Asturianos, Supl. Ci.
Boletín del Instituto de Estudios Asturianos. Suplemento de Ciencias. Oviedo. Vols. 1-17, 1960-1973 [posteriormente, *Supl. Ci. Bol. Inst. Estud. Asturianos; Bol. Ci. Naturaleza I.D.E.A.*; *Bol. Ci. Naturaleza R.I.D.E.A.*].

Bol. Soc. Aragonesa Ci. Nat.
Boletín de la Sociedad Aragonesa de Ciencias Naturales. Zaragoza. Vols. 1-17, 1902-1918 [posteriormente, *Bol. Soc. Ibér. Ci. Nat.; Rev. Soc. Ibér. Ci. Nat.*].

Bol. Soc. Brot.
Boletim da Sociedade Broteriana. Coímbra. Vols. 1-28, 1880-1920; ser. 2, vol. 1-, 1922- [el vol. 47 tiene un volumen suplementario, el que abreviamos: 47 *Supl.*].

Bol. Soc. Esp. Hist. Nat.
Boletín de la Sociedad Española de Historia Natural. Madrid. Vols. 1-47, 1901-1949 [a partir del vol. 4, 1904, se titula: *Boletín de la Real Sociedad...;* desde el vol. 31, sesión de abril de 1931, se suprime *Real* del título; en el vol. 38, 1940, vuelve a ser *Boletín de la Real Sociedad...;* a partir del vol. 48, 1950, se subdivide en *Bol. Real Soc. Esp. Hist. Nat., Secc. Biol.* y *Bol. Real Soc. Esp. Hist. Nat., Secc. Geol.;* en 1957 hay un *Tomo Extraordinario*].

Bol. Soc. Ibér. Ci. Nat.
Boletín de la Sociedad Ibérica de Ciencias Naturales. Zaragoza. Vols. 18-35(1/2), 1919/1920-1936 [anteriormente, *Bol. Soc. Aragonesa Ci. Nat.;* posteriormente, *Rev. Soc. Ibér. Ci. Nat.*].

Boll. Mus. Civico Storia Nat. Verona
Bollettino del Museo Civico di Storia Naturale di Verona. Verona. Vols. 1–23, 1974-1999 [anteriormente, *Mem. Mus. Civico Storia Nat. Verona*; posteriormente, *Boll. Mus. Civico Storia Nat. Verona, Bot. Zool.*].

Bot. J. Linn. Soc.
Botanical journal of the Linnean Society. Londres. Vol. 62-, 1969- [anteriormente, *J. Proc. Linn. Soc., Bot.; J. Linn. Soc., Bot.*].

Bot. Mag.
The botanical magazine; or, flower garden displayed... Londres. Vols. 1-184, 1787/1788-1983; ["ser. 6"], vol. 1-, 1984- [con 6 "confusas" series; del vol. 15, 1800/1801, en adelante se titula: *Curtis's Botanical magazine; or, flower-garden displayed...;* en los vols. 71-184, 1845-1983, cambia el subtítulo por: *comprising the plants of the Royal Gardens of Kew, and of other botanical establishments in Great Britain...,* excepto en el vol. 147, 1898, que se subtitula: *containing coloured figures with descriptions and observations on the botany, history and culture of choice plants...;* los vols. 1-184, 1787/1788-1983, aunque incluyan 5 "confusas" series, son correlativos; a partir de 1984, comienza la "confusa" serie 6 y empieza una nueva numeración de los volúmenes, los vols. 1-11, 1984-1994, de esta "confusa" serie 6, cambian el título por *The Kew magazine, incorporating Curtis's Botanical magazine*].

Bot. Not.
Botaniska notiser. Lund. Vols. 1839/40-1846, 1841-1846; vols. 1857-1954, 1857-1854; vols. 108-133, 1955-1980 [los. vols. no están numerados hasta el vol. 108, 1955; no se publicaron los vols. 1847-1848, 1859-1862, 1864 y 1869-1870; y entre 1849 y 1856 cambia el título por *Nya Bot. Not.;* posteriormente, *Nordic J. Bot.*].

Brotéria, Sér. Bot.
Brotéria. Série botânica; Revista de sciencias naturaes do Collegio de S. Fiel. Lisboa. Vols. 6-25, 1907-1931 [anteriormente, *Brotéria;* posteriormente, *Brotéria, Ci. Nat.; Brotéria, Genét.*].

Bull. Acad. Int. Géogr. Bot.
Bulletin de l'Académie internationale de géographie botanique. Le Mans. Vols. 8(110/111)-20(253/254), 1899-1910 [anteriormente, *Monde Pl. Rev. Mens. Bot.;* posteriormente, *Bull. Géogr. Bot.*].

Bull. Assoc. Franç. Bot.
Bulletin de l'Association française de botanique. Le Mans. Vols. 1-5, 1898-1902.

Bull. Herb. Boissier
Bulletin de l'Herbier Boissier. Ginebra. Vols. 1-7, 1893-1899; ser. 2, vols. 1-8, 1901-1908 [para el año 1900 véase *Mém. Herb. Boissier*].

Bull. Jard. Bot. État. Bruxelles
Bulletin du Jardin botanique de l'État à Bruxelles. Bruselas. Vols. 1-36, 1902/1905-1966 [posteriormente, *Bull. Jard. Bot. Natl. Belg.*].

Bull. Sci. Soc. Philom. Paris
Bulletin des sciences, par la Société philomatique [de Paris]. París. Vols. 1-3, 1791/1797-1801/1805; 1814-1824; 1832-1833 [posteriormente, y entre 1807-1813, véase *Nouv. Bull. Sci. Soc. Philom. Paris*].

Bull. Soc. Bot. France
Bulletin de la Société botanique de France. París. Vols. 1-125, 1854-1978 [posteriormente, se subdivide en *Bull. Soc. Bot. France, Act. Bot.;* y *Bull. Soc. Bot. France, Lettres Bot.;* posteriormente, desde 1993, *Acta Bot. Gallica*].

Bull. Soc. Bot. Genève
Bulletin de la Société botanique de Genève. Ginebra. Ser. 2, vols. 1-42/43, 1909-1951 [anteriormente, *Bull. Trav. Soc. Bot. Genève;* posteriormente, *Trav. Soc. Bot. Genève; Saussurea*].

Bull. Soc. Dauphin. Échange Pl.
Bulletin de la Société dauphinoise pour l'échange des plantes. Grenoble. Vols. 1-16, 1874-1889; ser. 2, vols. 1-3, 1890-1892.

Bull. Soc. Franç. Échange Pl.
Bulletin, Société française pour l'échange des plantes. Agen. Vols. 1-26, 1911-1936 [posteriormente, *Bull. Soc. Franç. Échange Pl. Vasc.*].

Bull. Soc. Philom. Paris
Bulletin de la Société philomatique de Paris. París. Ser. 6, vols. 1-13, 1864-1875/76 [anteriormente, *Extr. Procès-Verbaux Séances Soc. Philom. Paris;* posteriormente, *Bull. Annuel Soc. Philom. Paris*].

Butll. Inst. Catalana Hist. Nat.
Butlletí de la Institució Catalana d'Història Natural. Barcelona. Vol. 1-, 1901-.

Candollea
Candollea. Organe du Conservatoire et du Jardin botaniques de la Ville de Genève. Ginebra. Vol. 1-, 1922/1924- [anteriormente, *Annuaire Conserv. Jard. Bot. Genève*].

Cavanillesia
Cavanillesia, Rerum Botanicarum Acta. Barcelona. Vols. 1-8, 1928-1938.

Collect. Bot. (Barcelona)
Collectanea botanica a Barcinonense Instituto Botanico edita. Barcelona. Vol. 1-, 1946-.

Commun. Sta. Int. Géobot. Médit. Montpellier
Communication de la Station Internationale Géobotanique Méditeranéenne et Alpine, Montpellier. Montpellier. Vol. 1-, 1931-.

Compt. Rend. Congr. Archéol. Fr., Séances Gén.
Compte Rendu du Congrès Archéologique de France. Séances Générales. Session I-, 1834- [año 1865, Session ?, publ. en 1866].

Denkschr. Akad. Wiss. Wien, Math.-Naturwiss. Kl.
Denkschriften, Akademie der Wissenschaften in Wien. Mathematisch-Naturwissenschaftliche Klasse. Viena. Vols. 96-107, 1919-1943 [vol. 105, 1945-1951; vol. 106, 1942-1946; anteriormente, *Denkschr. Kaiserl. Akad. Wiss., Math.-Naturwiss. Kl.;* posteriormente, *Denkschr. Österr. Akad. Wiss., Math.-Naturwiss. Kl.*].

Denkschr. Kaiserl. Akad. Wiss. Wien, Math.-Naturwiss. Kl.
Denkschriften der Kaiserliche Akademie der Wissenschaften, Wien. Mathematisch-Naturwissenschaftliche Klasse. Viena. Vols. 1-95, 1850-1918 [posteriormente, *Denkschr. Akad. Wiss. Wien, Math.-Naturwiss. Kl.; Denkschr. Österr. Akad. Wiss., Math.-Naturwiss. Kl.*].

Englera
Englera; Veröffentlichungen aus dem Botanischen Garten und Botanischen Museum, Berlin-Dahlem. Berlín. Vol. 1-, 1979- [anteriormente, *Willdenowia, Beih.*].

Estud. Mus. Ci. Nat. Álava

Estudios del Museo de Ciencias Naturales de Álava. Vitoria. Vol. 5-, 1990- [anteriormente, *Estud. Inst. Alavés Naturaleza*].

Feddes Repert.

Feddes Repertorium. Zeitschrift für Botanische Taxonomie und Geobotanik. Berlín. Vol. 70-, 1965- [anteriormente, *Repert. Spec. Nov. Regni Veg.; Feddes Repert. Spec. Nov. Regni Veg.*].

Flora

Flora oder [allgemeine] Botanische Zeitung. Ratisbona. Vols. 1-155, 1818-1965; ed. 2, vol. 1, 1818 (c. 1828) [los vols. 1-13, 1818-1830, incluyen *Beilage*; los vols. 8, 1825 y 11-13, 1828-1830, incluyen *Ergänzungsblätter;* los vols. 14-25, 1831-1842, incluyen *Intelligenzblatt*; los vols. 15-25, 1832-1842, incluyen *Beiblatt*; posteriormente, se divide en dos partes: *Flora, A* y *Flora, B*; ambas con la misma numeración de volumen].

Flora Montiber.

Flora Montiberica. Vehículo de expresión del grupo de trabajo sobre la flora del Sistema Ibérico. Valencia. Vol. 1-, 1995- [a partir del vol. 10, 1998, el subtítulo cambia por *Publicación periódica especializada en trabajos sobre la flora del Sistema Ibérico*].

Folia Bot. Extremadurensis

Folia Botanica Extremadurensis. Badajoz. Vol. 1, 2007-.

Folia Bot. Misc.

Folia botanica miscellanea. Departament de Botànica. Facultat de Biologia. Universitat de Barcelona. Barcelona. Vols. 1-10, 1979-1996 [en 1997 se fusiona con *Acta Bot. Barcinon.*].

Folia Geobot. Phytotax.

Folia geobotanica et phytotaxonomica. Czechoslovak Academy of Sciences. Praga. Vols. 2-32, 1967-1997 [anteriormente, *Folia Geobot. Phytotax. Bohemoslov.*; posteriormente, *Folia Geobot.*].

Fontqueria

Fontqueria. Madrid. Vol. 1-, 1982-.

Int. J. Geobot. Res.

International journal of geobotanical research. León. Vol. 1-, 2011-.

Itinera Geobot.

Itinera geobotánica. León. Vol. 1-, 1987-.

Izv. Glavn. Bot. Sada S.S.S.R.

Izvestiya Glavnogo Botanicheskogo Sada S S S R. San Petersburgo ["Leningrado"]. Vol. 25-29, 1926-1930 [anteriormente, *Izv. Glavn. Bot. Sada R.S.F.S.R.*; posteriormente, *Izv. Bot. Sada Akad. Nauk S.S.S.R.*].

J. Bot.

The journal of botany, British and foreign [los vols. 18-20, 1880-1882, se titulan: *Trimen's Journal of Botany...*]. Londres. Vols. 1-80 [los vols. 10-20, 1872-1882, también se numeran, n.s. vols. 1-11], 1863-1942.

J. Bot. (Morot)

Journal de botanique [editada por L. Morot]. París. Vols. 1-20, 1887-1906; ser. 2, vols. 1-3, 1907-1913.

J. Linn. Soc., Bot.

The journal of the Linnean Society. Botany. Londres. Vols. 8-61, 1865-1968 [anteriormente, *J. Proc. Linn. Soc., Bot.;* posteriormente, *Bot. J. Linn. Soc.*].

J. Phys. Chim. Hist. Nat. Arts
Journal de physique, de chimie, d'histoire naturelle et des arts. París. Vols. 1-96, 1794-1823 [el vol. 1, 1794, se titula: *Journal de physique, de chimie et d'histoire naturelle*].

Jahrb. Königl. Bot. Gart. Berlin
Jahrbuch des Königlichen Botanischen Gartens un des Botanischen Museums zu Berlin. Berlín. Vols. 1-5, 1881-1889.

Jahresber. Pollichia
Jahresbericht der Pollichia, eines Naturwissenschaftlichen Vereins der Bayerischen Pfalz. Landau. Vols. 1-43/46, 1843-1888 [posteriormente, *Mitt. Pollichia Naturwiss. Vereins Rheinpfalz*].

Königl. Akad. Wiss. Paris Anat. Abh.
Der Königl[iche] Akademie der Wissenschaften in Paris Anatomische, Chymische und Botanische Abhandlungen. Breslavia. Vols. 1-9, 1749-1760.

Lagascalia
Lagascalia. Sevilla. Vol. 1-, 1971- [editada por el Departamento de Botánica. Facultad de Ciencias. Universidad de Sevilla].

Lazaroa
Lazaroa. Madrid. Vol. 1-, 1979- [editada por el Departamento de Botánica. Facultad de Farmacia. Universidad Complutense].

Lejeunia
Lejeunia; revue de botanique [subtítulos variados]. Lieja. Vols. 1-23, 1937-1959; n.s. [ser. 2], vol. 1-, 1961-.

Linnaea
Linnaea. Ein Journal für die Botanik in ihrem Ganzen Umfange. Berlín. Vols. 1-43, 1826-1882 [vols. 17-43, 1843-1880/1882, titulados *Linnaea, oder Beiträge zur Pflanzenkunde;* vols. 35-43, 1867-1882, también numerados n.s. vols. 1-9].

Mag. Hort. (Liège)
Magasin d'horticulture. Lieja. Vol. 1-, 1833-

Magyar Bot. Lapok
Magyar Botanikai Lapok. Ungarische Botanische Blätter. Budapest. Vols. 1-33, 1902-1934.

Méd. Eclairée Sci. Phys.
La Médecine eclairée par les sciences physiques, ou journal des découvertes relatives aux différentes parties de l'art de guérir. París. Vols. 1-4, 1791-1792.

Mém. Acad. Roy. Sci. Lyon, Sect. Sci.
Mémoires de l'Académie royale des sciences, belles-lettres et arts de Lyon. Section des sciences. Lyon. Vols. 1-2, 1845-1847; ser. 2, vols. 1-31, 1851-1892; ser. 3, vol. 1-, 1893- [ser. 2, vol. 1, 1851, titulado: *Mémoires de l'Académie nationale des sciences, belles-lettres et arts de Lyon. Classe des sciences;* ser. 2, vol. 3, 1853, titulado: *Mémoires de l'Académie impériale...;* ser. 2, vol. 18, 1870-1871, titulado: *Mémoires de l'Académie des sciences...;* desde la ser. 3, vol. 1, 1893, la sección se titula: *Sciences et lettres*].

Mém. Acad. Sci. Toulouse
Mémoires. Académie des sciences, inscriptions et belles-lettres de Toulouse. Toulouse. Ser. 3, vols. 1-6, 1842-1850; ser. 4, vols. 1-6, 1851-1856; ser. 5, vols. 1-6, 1857-1862; ser. 6, vols. 1-6, 1863-1868; ser. 7, vols. 1-10, 1869-1878; ser. 8, vols. 1-10, 1879-1888; ser. 9, vols. 1-9, 1889-1897; ser. 10, vols. 1-12, 1901-1912; ser. 11, vols. 1-10, 1913-1922; ser. 12, vol. 1-, 1923- [anteriormente, *Hist. & Mém. Acad. Roy. Sci. Toulouse*].

Mem. Mus. Ci. Nat. Barcelona, Sèr. Bot.
Memòries del Museu de Ciències Naturals de Barcelona. Sèrie botànica. Barcelona. Vol. 1, fascs. 1-3, 1922-1925 [los fascs. 2 y 3 cambian el título por: *Memorias del Museo de Ciencias Naturales de Barcelona. Serie botánica*].

Mém. Mus. Hist. Nat.
Mémoires du Muséum d'Histoire Naturelle. París. Vols. 1-20, 1815-1832 [anteriormente, *Ann. Mus. Natl. Hist. Nat. Paris; Ann. Mus. Hist. Nat.;* posteriormente, *Nouv. Ann. Mus. Hist. Nat.; Arch. Mus. Hist. Nat.; Nouv. Arch. Mus. Hist. Nat.; Arch. Mus. Natl. Hist. Nat.*].

Mém. Mus. Natl. Hist. Nat.
Mémoires du Muséum National d'Histoire Naturelle. París. Vols. 1-30, 1936-1950; vols. 155-, 1993- [Vols. 1-32, 1950-1990, *Mém. Mus. Natl. Hist. Nat. Paris, B, Bot.*].

Mém. Mus. Natl. Hist. Nat. Paris, B, Bot.
Mémoires du Muséum national d'histoire naturelle. Série B, Botanique. París. Vols. 1-32, 1950-1990 [anteriormente y posteriormente, *Mém. Mus. Natl. Hist. Nat.*].

Mem. Real Acad. Ci. Barcelona
Memorias de la Real Academia de Ciencias y Artes de Barcelona. Barcelona. Vols. 1-2?, 1876-1885?; ser. 2? [2ª época]; ser. 3 [3ª época], vol. 1-, 1892- [algunos fasc. se titulan *Memòries de la Reial Acadèmia de Ciències i Arts de Barcelona;* en los fascs. 22(18)-25(16), 1931-1936, se suprime *Real* o *Reial* del título].

Mem. Real Acad. Ci. Exact. Madrid
Memorias. Real Academia de Ciencias Exactas, Físicas y Naturales de Madrid. Madrid. Vols. 1-32, 1850-1929; ser. 2, vols. 1-9, 1921-1929; ser. 3, <i>Ci. Nat.,</i> vol. 1-, 1931- [en algunos vols. se suprime lo de *Exactas, Físicas y Naturales*].

Mem. Real Soc. Esp. Hist. Nat.
Memorias de la Real Sociedad Española de Historia Natural. Madrid. Vols. 1-17, 1903-1935 [en 1921 y 1949 hay un tomo extraordinario; en el vol. 17, 1935, se suprime del título *Real*].

Mém. Soc. Bot. Genève
Mémoires de la Société Botanique de Genève. Chambésy. Vol. 1-, 1979-.

Mitt. Bot. Staatssamml. München
Mitteilungen [aus] der Botanischen Staatssammlung München. Múnich. Vols. 1-30, 1950-1991 [posteriormente, *Sendtnera*].

Mitt. Naturwiss. Vereins Univ. Wien
Mitteilungen des Naturwissenschaftlichen Vereins der Universität Wien. Viena. 1882-1896; ser. 2, vols. 1-12, 1903-1914.

Monogr. Inst. Piren. Ecol.
Monografías del Instituto Pirenaico de Ecología. Jaca. Vol. 1-, 1987- [anteriormente, *Publ. Centro Piren. Biol. Exp.*].

Naturaliste
Le Naturaliste. Journal des échanges et des nouvelles. París. Nos. 1-53 [*année* 1-9], 1879-1887; ser. 2, nos. 1-571?, 1887-1910 [année 9-32 ó 1-24 de la ser. 2; se subtitula: *Revue illustrée des sciences naturelles*].

Nordic J. Bot.
Nordic journal of botany. Copenhague. Vol. 1-, 1980- [anteriormente, *Bot. Not.; Bot. Tidsskr.; Dansk Bot. Ark.; Friesia;* y *Norweg. J. Bot.*].

Notul. Syst. (Paris)
Notulae systematicae. Herbier du Muséum de Paris. Phanérogamie. París. Vols. 1-16, 1909-1960 [anterior y posteriormente, *Adansonia*].

Nouv. Dict. Hist. Nat.
Nouveau dictionnaire d'histoire naturelle... París, 1802-1804, 24 vols. y 1 Atlas [ed. 2, 1816-1819, 36 vols. y 1 Atlas].

Nuovo Giorn. Bot. Ital.
Nuovo giornale botanico italiano; e bollettino della Società Botanica Italiana. Florencia. Vols. 1-25, 1869-1893; n.s. [ser. 2], vols. 1-68, 1894-1961 [anterior y posteriormente, *Giorn. Bot. Ital.*].

Oesterr. Bot. Z.
Oesterreichische Botanische Zeitschrift. Gemeinnütziges Organ für Botanik... Viena. Vols. 8-91, 1858-1942; vols. 94-122, 1947-1973 [en el vol. 39, 1889, el título cambia por *Österreichische...;* anteriormente, *Oesterr. Bot. Wochenbl.;* para los vols. 92-93, 1943-1944, véase, *Wiener Bot. Z.;* posteriormente, *Pl. Syst. Evol.*].

Österr. Akad. Wiss., Math.-Naturwiss. Kl., Denkschr.
Österreichische Akademie der Wissenschaften. Mathematisch-Naturwissenschaftliche Klasse. Denkschriften. Viena. Vol. 108-, 1948- [anteriormente, *Denkschr. Kaiserl. Akad. Wiss., Math.-Naturwiss. Kl.; Kaiserl. Akad. Wiss. Wien, Math.-Naturwiss. Kl., Denkschr.; Akad. Wiss. Wien, Math.-Naturwiss. Kl., Denkschr.*].

Phys. Abh. Königl. Akad. Wiss. Paris
Physische Abhandlungen, Königlichen Akademie der Wissenschaften in Paris. Breslavia. Vols. 1-13, (1692/1702-1739/1741), 1748-1759.

Phytotaxa
Phytotaxa: a rapid international journal for accelerating the publication of botanical taxonomy. Auckland. Vol. 1-, 2009- [revista electrónica].

Pl. Biosyst.
Plant biosystems; giornale botanico italiano. Bolonia. Vol. 131-, 1997- [anteriormente, *Giorn. Bot. Ital.*].

Pl. Syst. Evol.
Plant systematics and evolution. Viena, Nueva York. Vol. 123-, 1974- [anteriormente, *Oesterr. Bot. Wochenbl.; Oesterr. Bot. Z.; Wiener Bot. Z.;* tiene un *Supplementum*, vol. 1-, 1977-].

Preslia
Preslia. Věstník (Časopis) Československé Botanické Společnosti. Bulletin de la Société botanique tchécoslovaque à Prague. Praga. Vol. 1-, 1914-.

Recueil Agron. (Montauban)
Recueil agronomique publié par les soins de la Société des sciences, agriculture et belles-lettres du département de Tarn-et-Garonne. Montauban. Vol. 1-?, 1820-1925.

Rep. Bot. Soc. Exch. Club Brit. Isles
(Report,) Botanical Society and Exchange Club of the British Isles. Arbroath. Vols. 4-13, 1914/1916-1947 [anteriormente, *Curator's Rep. Thirsk Nat. Hist. Soc.; Rep. Curators London Bot. Exch. Club; Rep. Curator Bot. Exch. Club Brit. Isles; Rep. Bot. Exch. Club; Rep. Bot. Exch. Club Brit. Isles; Rep. Bot. Exch. Club Soc. Brit. Isles*; posteriormente, *Year Book Bot. Soc. Brit. Isles; Proc. Bot. Soc. Brit. Isles; Watsonia*].

Repert. Spec. Nov. Regni Veg.
Repertorium specierum novarum regni vegetabilis. Centralblatt [Zentralblatt] für Sammlung und Veröffentlichung von Einzeldiagnosen neuer Pflanzen [editado por F. Fedde]. Berlín-

Dahlem. Vols. 1-51, 1905-1942 [a partir del vol. 8 cambia *Novarum Specierum* por *Specierum Novarum;* posteriormente, *Feddes Repert. Spec. Nov. Regni Veg.; Feddes Repert.*].

Rev. Bot. Recueil Mens.
Revue botanique, recueil mensuel renfermant l'analyse des travaux publiés en France et à l'étranger sur la botanique... París. Vols. 1-2, 1845/1846-1846/1847 [editada por P. Duchartre, las notas y artículos sin autoría se le atribuyen].

Rev. Bot. Syst. Géogr. Bot.
Revue de botanique systématique et de géographie botanique. París. Vols. 1-2, 1903-1904.

Rev. Sci. Nat. Montpellier
Revue des sciences naturelles publiées sous la Direction de M.M.E. Dubrueil and E. Heckel. Montpellier. Vols. 1-8, 1872-1879; ser. 2, *publiées sous la direction de M.E. Dubrueil,* vol. 2, 1880-1881 [también es el vol. 9; según parece, falta el vol. 1]; ser. 3, *Fondée à Montpellier par M.E. Dubrueill, publiée sous la direction de MM. Flahault, E. Planchon, P. de Rouville, A. Savatier,* vols. 1-4 [también, *années* 10-13], 1881-1885.

Revista Progr. Ci. Exact.
Revista de los progresos de las ciencias exactas, físicas y naturales. Madrid. Vols. 1-22, 1850-1904.

Rivasgodaya
Rivasgodaya. Madrid. Vol. 6-, 1992- [anteriormente, *Opusc. Bot. Pharm. Complut.*].

Ruizia
Ruizia. Monografías del Real Jardín Botánico. Consejo Superior de Investigaciones Científicas. Madrid. Vol. 1-, 1984-.

Saussurea
Saussurea. Travaux de la Société botanique de Genève. Ginebra. Vol. 1-, 1970- [anteriormente, *Bull. Trav. Soc. Bot. Genève; Bull. Soc. Bot. Genève; Trav. Soc. Bot. Genève*].

Sitzungsber. Königl. Böhm. Ges. Wiss. Prag, Math.-Naturwiss. Cl.
Sitzungsberichte der Königlichen Böhmischen Gesellschaft der Wissenschaften. Mathematisch-naturwissenschaftliche Classe. Praga. 1885-1917 [en 1884 se subtitula: *Zprávy o Zasedání Královské České Spolčnosti Nauk v Praze. Třida mathematicko-přírodovědecké;* y entre 1886-1917: *Věstník Královské České Společnosti Nauk. Třida matematicko-přírodovědecké;* anteriormente, *Sitzungsber. Königl. Böhm. Ges. Wiss. Prag;* posteriormente, *Věstn. Král. České Společn. Nauk., Tř. Mat.-Přír.*].

Treb. Inst. Bot. Barcelona
Treballs de l'Institut Botànic de Barcelona. Barcelona. Vol. 5-, 1979- [el vol. 1 es el vol. 5, 1917-1926, de los *Treb. Mus. Ci. Nat. Barcelona, Sèr. Bot.;* el 2, es el 12, 1929, y el 3 el 15, 1931-1937, de la misma revista; el vol. 4, 1944, es R. Margalef, *Datos para la flora algológica de nuestras aguas dulces*].

Treb. Inst. Catalana Hist. Nat.
Treballs de la Institució Catalana d'Història Natural. Barcelona. Vol. 1-, 1915-.

Treb. Mus. Ci. Nat. Barcelona, Sèr. Bot.
Treballs del Museu de Ciències Naturals de Barcelona. Sèrie Botànica. Barcelona. Vols. [5], fascs. 1-[15], fasc. 4, 1917-1937 [solo pertenecen a la *Sèrie botànica* los vols. 5 y 15, con sus fascs. respectivos, en el 12, que también es de esta serie, no se indica en parte alguna lo de *Sèrie botànica*; el resto de los vols. son de la *Sèrie zoològica*, *Sèrie geològica*, *Sèrie mineralògica* y *Sèrie biològico-oceanogràfica*; estos vols. de la *Sèrie botànica* también se han considerado como los vols. 1-3 de las *Publicacions de l'Institut Botànic de Barcelona*; más

tarde, a partir del vol. 5, 1979, *Treballs de l'Institut Botànic de Barcelona*; los fascs. 1 y 2 del vol. 5, tienen por título *Musei Barcinonensis Scientarum Naturalium Opera. Series botanica. I [II]*; el vol. 5, fasc. 6, 1924, y 7, 1926, y el vol. 12, 1929, se titulan *Trabajos del Museo de Ciencias Naturales de Barcelona... Serie botánica*; el título del fasc. 4 del vol. 15, 1937, es *Publicacions l'Institut Botànic*, vol. III. no. 4, aunque se sugiere, en el verso de la cubierta delantera, que este trabajo es el no. 4 del vol. 15 de los *Treballs del Museu de Ciències Naturals de Barcelona*, y también el no. 4 del vol. 3 de las *Publicacions de l'Institut Botànic de Barcelona*].

Vidensk. Meddel. Dansk Naturhist. Foren. Kjøbenhavn

Videnskabelige meddelelser fra Dansk den Naturhistoriske Forening i Kjøbenhavn. Copenhague. [Vols. 1-10], (1849/1850-1858), 1851-1859; ser. 2, vols. 1-10, (1859-1868), 1860-1869; ser. 3, vols. 1-10, (1869-1878), 1870-1878; ser. 4, vols. 1-10, (1879-1888), 1879-88; ser. 5, vols. 1-?, (1889-?), 1890-?; ser. 6?-, vols. ?-?, ?-19??; vol. 63-, 1911/1912- [en la ed. 2 del *Botanico Periodicum Huntianum, 2004, se suprime Dansk* del título y de la abreviatura].

Willdenowia

Willdenowia. Mitteilungen aus dem Botanischen Garten und Museum Berlin-Dahlem. Berlín-Dahlem. Vol. 1(2)-, 1954- [vol. 1(1), 1953, titulado *Mitteilungen aus dem Botanischen Garten und Museum Berlin-Dahlen;* anteriormente, *Notizbl. Königl. Bot. Gart. Berlin; Notizbl. Bot. Gart. Berlin-Dahlem*].

APÉNDICE III

INDICACIÓN ABREVIADA –MÁS EQUIVALENCIAS, ETC.– QUE USAMOS PARA LAS OBRAS AUTÓNOMAS MENCIONADAS EN EL TEXTO

Adans., Fam. Pl.
M. Adanson, *Familles des plantes.* París, 1763[-1764], 2 vols. [vol. 1 (III.1764); vol. 2 (VII-VIII.1763)].

Aiton, Hort. Kew.
W. Aiton, *Hortus kewensis...* Londres, 1789, 3 vols [VIII-X.1789]; ed. 2, 1810-1813, por W.T. Aiton.

Ali & Jafri (eds.), Fl. Libya
S.I. Ali & S.M.H. Jafri (eds.), *Flora of Libya.* Trípoli, 1976- [hasta el momento, 150 fascs. y otros 2 no numerados *(Pteridophytes* y *Gymnosperms);* cambia de editores varias veces; fascs. 1-24 (1976-1977), editados por S.I. Ali & S.M.H. Jafri; fascs. 25-144 (1977-1986), editados por S.M.H. Jafri & A.A. El-Gadi; fascs. 145-150 (1988-1990), editados por A.A. El-Gadi; *Pteridophytes* (1989), editado por A.A. El-Gadi & A. El-Taife].

All., Auct. Fl. Pedem.
C. Allioni, *Auctarium ad floram pedemontanam...* Turín, 1789 [I-III.1789].

All., Auct. Syn. Stirp. Taurin.
C. Allioni, *Auctarium ad synopsim methodicam stirpium horti regii taurinensis.* Turín, 1773 [antes del 30.IX.1773; tirada aparte de *Mélanges Philos. Math. Soc. Roy. Turin* 5: 53-96 (1774)].

All., Fl. Pedem.
C. Allioni, *Flora pedemontana...* Turín, 1785 [IV-VII.1785], 3 vols.

Amo, Fl. Fan. Peníns. Ibérica
M. del Amo y Mora, *Flora fanerogámica de la Península Ibérica...* Granada, 1871-1873, 6 vols. [vol. 1 (1871, post. 1.X); vol. 2 (1871, post. 1.X); vols. 3 y 4 (1872); vols. 5 y 6 (1873)].

Arcang., Comp. Fl. Ital.
G. Arcangeli, *Compendio della flora italiana...* Turín, 1882 [I-IV.1882]; ed. 2., Turín, Roma, 1894 [VII-IX.1894].

Baill., Hist. Pl.
H.E. Baillon, *Histoire des plantes.* París, Londres, Leipzig, 1866-1895, 13 vols [*Monographie des Composées,* 1882].

Bartl. & Wendl., H.L., Beitr. Bot.
F.G. Bartling & H.L. Wendland, *Beiträge zur Botanik.* Gotinga, 1824-1825, 2 vols. [vol. 1 (III.1824); vol. 2 (XII.1825)].

Batt. & Trab., Fl. Algérie (Dicot.)
J.A. Battandier & L.Ch. Trabut, *Flore de l'Algérie... Dicotylédones.* Argel, París, 1888-

1890, 4 fascs. y 2 apéndices [autor J.A. Battandier; fasc. 1, pp. [I-III], [I]-XI, [1]-183, y App. 1: [I]-III (VIII.1888); fasc. 2, pp. [185]-384 (V.1889); fasc. 3, pp. 385-576 (XI-XII. 1889) ("1890"); fasc. 4, pp. [577]-825, y App. 2: [I]-XXIX (XII.1890)].

Bernh., Syst. Verz.
J.J. Bernhardi, *Systematisches Verzeichnis der Pflanzen...* Erfurt, 1800.

Bertol., Fl. Ital.
A. Bertoloni, *Flora italica...* Bolonia, 1833-1854[-1857], 10 vols. [vol. 1 (1833-1834); vol. 2 (1835-1836), vol. 3 (1837-1838); vol. 4 (1839-1841); vol. 5 (1842-1844); vol. 6 (1844-1847); vol. 7 (1847-1850); vol. 8 (1850-1853), vol. 9 (1853-1854); vol. 10 (1854-1857)].

Bieb., M., Fl. Taur.-Caucas.
F.A.F. Marschall von Bieberstein, *Flora taurico-caucasica...* Járkov ["Charkoviae"], 1808-1819, 3 vols. [vols. 1 y 2 (1808); vol. 3 (XII.1819 o principios de 1820)].

Boiss., Diagn. Pl. Orient.
P.E. Boissier, *Diagnoses plantarum orientalium novarum.* Ginebra, Leipzig, París, Como, 1843-1859, 2 series con 3 vols. [serie 1, vol. 1 (1843-1846) y vol. 2 (1849-1854); serie 2, vol. 3 (1854-1859)].

Boiss., Elench. Pl. Nov.
P.E. Boissier, *Elenchus plantarum novarum...* Ginebra, 1838 [VII.1838].

Boiss., Voy. Bot. Espagne
P.E. Boissier, *Voyage botanique dans le midi de l'Espagne...* París, 1839-1845, 2 vols.

Boiss. & Reut., Diagn. Pl. Nov. Hisp.
P.E. Boissier & G.F. Reuter, *Diagnoses plantarum novarum hispanicarum...* Ginebra, 1842 [III.1842; tirada aparte, con distinta paginación, de *Biblioth. Universelle Genève ser. 2,* 38: 195-220 (VI.1842)].

Boiss. & Reut., Pugill. Pl. Afr. Bor. Hispan.
P.E. Boissier & G.F. Reuter, *Pugillus plantarum novarum Africae borealis Hispaniaeque australis...* Ginebra, 1852 [I.1852].

Bolòs, A., Veg. Comarcas Barcelon.
A. de Bolòs i Vayreda, *Vegetación de las comarcas barcelonesas...* Barcelona, 1950.

Bolòs, O. & Vigo, Fl. Països Catalans
O. de Bolòs i Capdevila & J. Vigo i Bonada, *Flora dels Països Catalans...* Barcelona, 1984-2001, 4 vols. [vol. 1, *Introducció. Licopodiàcies-Capparàcies* (1984); vol. 2, *Crucíferes-Amarantàcies* (VI.1990); vol. 3, *Pirolàcies-Compostes* (III.1996; "1995"); vol. 4, *Monocotiledònies* (2001)].

Bonafè, Fl. Mallorca
F. Bonafè Barceló, *Flora de Mallorca.* Palma de Mallorca, 1977-1980, 4 vols. [vol. 1 (1977); vol. 2 (1978); vol. 3 (1979); vol. 4 (1980)].

Bonnet & Barratte, Expl. Sci. Tunisie, Cat. Pl.
É. Bonnet & J.F.G. Barratte, *Exploration scientifique de la Tunisie. Catalogue raisonné des plantes vasculaires de la Tunisie...* París, 1896 [antes de VI.1896].

Bonnier, Fl. Ill. France
G.E.M. Bonnier, *Flore complète illustrée en couleurs de France, Suisse et Belgique...* París, Neuchâtel, Bruselas, 1911-1935, 13 vols. [autor de los vols. 7-13, R.Ch.V. Douin].

Bonnier & Layens, Tabl. Syn. Pl. Vasc. France
G.E.M. Bonnier & G. de Layens, *Tableaux synoptiques des plantes vasculaires de la Flore de la France...* París, 1894 [V-VI.1894]; ed. 2, 1900.

Boreau, Fl. Centre France
A. Boreau, *Flore du centre de la France*... París, 1840, 2 vols. [vol. 1 (III-V.1840); vol. 2 (1840)]; ed. 2., Angers, 1849, 2 vols. [post. 30.III.1849]; ed. 3., Angers, 1857, 2 vols. [post. 2.III.1857].

Briq., Monogr. Centaurées Alpes Mar.
J.I. Briquet, *Monographie des Centaurées des Alpes maritimes*... Ginebra, Basilea, 1902.

Brot., Fl. Lusit.
F. de Avellar Brotero, *Flora lusitanica*... Lisboa, 1804 [7.XI.1804; cf. J. do Amaral Franco in *Anales Jard. Bot. Madrid* 45: 374-375 (1988)], 2 vols.

Brot., Phytogr. Lusit. Select.
F. de Avellar Brotero, *Phytografia Lusitaniae selectior*... Lisboa, 1816-1827, 2 vols. [vol. 1 (1816); vol. 2 (1827); se publicó anteriormente, en 1800, un primer fasc.].

Bubani, Fl. Pyren.
P. Bubani, *Flora pyrenaea*... Milán, 1897-1901[1902], 4 vols. [vol. 1 (X-XI.1897); vol. 2 (XII.1899, "1900"); vol. 3 (III.1901); vol. 4 (XII.1901-II.1902)].

Cadevall, Fl. Catalunya
J. Cadevall y Diars, *Flora de Catalunya*... Barcelona, 1913-1937, 6 vols. [colaboradores: vols. 1-3, Á. Sallent y Gotés; vols. 3-6, P. Font Quer, y vol. 6 (pteridófitos) W. Rothmaler].

Cariot, Étude Fl.
A. Cariot, *Étude des fleurs*... ed. 2. Lyon, 1854-1855, 3 vols. [vols. 1 y 2 (1854); vol. 3 (1855); la edición primera es de L. Chirac]; ed. 3, 1860; ed. 4, 1865; ed. 5, 1872; ed. 6, 1879; ed. 7, 1884; ed. 8, vol. 2 de J.-B. Saint-Lager, 1888-1889.

Castrov. & al. (eds.), Fl. Iber.
S. Castroviejo Bolibar, M. Laínz Gallo, G. López González, P. Montserrat Recoder, F. Muñoz Garmendia, J. Paiva & L. Villar Pérez (eds.), *Flora iberica. Plantas vasculares de la Península Ibérica e Islas Baleares.* Madrid, 1986- [vol. 1 (1986); vol. 2 (1990); vol. 3, S. Castroviejo Bolibar, C. Aedo, S. Cirujano Bracamonte, M. Laínz Gallo, P. Montserrat Recoder, R. Morales Valverde, F. Muñoz Garmendia, C. Navarro Aranda, J. Paiva & C. Soriano Martín (eds.), (1993); vol. 4, S. Castroviejo Bolibar, C. Aedo, C. Gómez Campo, M. Laínz Gallo, P. Montserrat Recoder, R. Morales Valverde, F. Muñoz Garmendia, G. Nieto Feliner, E. Rico Hernández, S. Talavera Lozano & L. Villar Pérez (eds.), (1993); vol. 5, S. Castroviejo Bolibar, C. Aedo, M. Laínz Gallo, R. Morales Valverde, F. Muñoz Garmendia, G. Nieto Feliner & J. Paiva (eds.), (1997); vol. 6, F. Muñoz Garmendia & C. Navarro Aranda (eds.), (1998); vol. 7(1), S. Talavera Lozano, C. Aedo, S. Castroviejo Bolibar, C. Romero Zarco, L. Sáez Goñalons, F.J. Salgueiro González & M. Velayos Rodríguez (eds.), (1999); vol. 7(2), S. Talavera Lozano, C. Aedo, S. Castroviejo Bolibar, A. Herrero Nieto, C. Romero Zarco, F.J. Salgueiro González & M. Velayos Rodríguez (eds.), (2000); vol. 8, S. Castroviejo Bolibar, C. Aedo, C. Benedí i Gonzalez, M. Laínz Gallo, F. Muñoz Garmendia, G. Nieto Feliner & J. Paiva (eds.), (1997); vol. 10, G. Nieto Feliner, S.L. Jury & A. Herrero Nieto (eds.), (2003); vol. 11, S. Talavera, C. Andrés, M. Arista, M.P. Fernández Piedra, M.J. Gallego, P.L. Ortiz, C. Romero Zarco, F.J. Salgueiro, S. Silvestre & A. Quintanar Sánchez (eds.), (2011); vol. 12, R. Morales Valverde, A. Quintanar Sánchez, F.J. Cabezas Fuentes, A.J. Pujadas Salvà & S. Cirujano Bracamonte (eds.), (2010); vol. 13, C. Benedí i Gonzalez, E. Rico Hernández, J. Güemes Heras & A. Herrero Nieto (eds.), (2009); vol. 14, J. Paiva, F. Sales, I.C. Hedge, C. Aedo, J.J. Aldasoro Martín, S. Castroviejo Bolibar, A. Herrero Nieto & M. Velayos Rodríguez (eds.), (2001); vol. 15, J.A. Devesa Alcaraz, R. Gonzalo Estébanez & A. Herrero Nieto (eds.), (2007); vol. 17, S. Talavera Lozano, M.J. Gallego Cidoncha, C. Romero Zarco & A. Herrero Nieto (eds.), (2010); vol. 18, S. Castroviejo Bolibar, M. Luceño Garcés, A. Galán de Mera, P. Jiménez Mejías, F.J.

Cabezas Fuentes & L. Medina Domingo (eds.), (2008; "2007"); vol. 20, E. Rico, M.B. Crespo, A. Quintanar, A. Herrero & C. Aedo (eds.), 2013; vol. 21, C. Aedo & A. Herrero Nieto (eds.), (2005)].

Catt., C., Notiz. Nat. Civili Lombardia
C. Cattaneo, *Notizie naturali e civili su la Lombardia...* Milán, 1844, 1 vol.

Cav., Icon.
A.J. de Cavanilles Palop, *Icones et descriptiones plantarum...* Madrid, 1791-1801, 6 vols. [ed. facsímil, Valencia, 1995].

Ces., Pass. & Gibelli, Comp. Fl. Ital.
V. Cesati, G. Passerini & E.G. Gibelli, *Compendio della flora italiana...* Milán, 1868-1886, 2 vols. con 37 fascs. [vol. 1, fascs. 1-9 (1868-1871); vol. 2, fascs. 10-37 (1872-1889)].

Chevall., Fl. Gén. Env. Paris
F.F. Chevallier, *Flore générale des environs de Paris...* París, 1826-1827[-1828], 2 vols. [vol. 1 (5.VIII.1826); vol. 2(1), pp. 1-512 (1827); vol. 2(2), pp. 513-980 (5.I.1828)]; ed. 2, 1836 [2.IV.1836], 2 vols.

Colmeiro, Enum. Pl. Peníns. Hispano-Lusit.
M. Colmeiro y Penido, *Enumeración y revisión de las plantas de la Península Hispano-Lusitana e islas Baleares...* Madrid, 1885-1889, 5 vols. [vol. 1 (1885); vol. 2 (1886); vol. 3 (1887); vol. 4 (1888); vol. 5 (1889)].

Coss., Notes Pl. Crit.
E.S.-Ch. Cosson, *Notes sur quelques plantes critiques, rares ou nouvelles...* París, Leipzig, 1849-1852, 1 tomo en 4 fascs. [el título cambia en los distintos fascs.; fasc. 1, pp. 1-24 (4.II.1849; "1848"); fasc. 2, pp. 25-48 (15.XII.1849); fasc. 2(bis), pp. 49-72, (VII.1850); fasc. 2(ter), pp. 73-91 (VII.1850); fasc. 3, pp. 93-139 (VI.1851); fasc. 4, pp. 141-184 (VII.1852)].

Costa, Introd. Fl. Cataluña
A.C. Costa y Cuxart, *Introducción á la flora de Cataluña...* Barcelona, 1864; ed. 2, 1877 [post. V.1877].

Costa, Supl. Cat. Pl. Cataluña
A.C. Costa y Cuxart, *Suplemento al catálogo razonado de las plantas fanerógamas de Cataluña.* Barcelona, 1877 [post. V.1877]; está incluido en el mismo vol. que la *Introduccion á la flora de Cataluña... [edición] Corregida y aumentada...*

Cout., Fl. Portugal
A.X. Pereira Coutinho, *Flora de Portugal...* París, Lisboa, Río de Janeiro, São Paulo, Bello Horizonte, 1913 [antes del 1.II.1913]; ed. 2, dirigida por Dr. Ruy Telles Palhinha, Lisboa, 1939.

Curtis, Fl. Londin.
W. Curtis, *Flora londinensis...* Londres, [1775-]1777-1798, 2 vols., con 6 fascs. y 72 números.

Cutanda, Fl. Comp. Madrid
V. Cutanda y Jarauta, *Flora compendiada de Madrid y su provincia...* Madrid, 1861.

Cuvier, F., Dict. Sci. Nat.
F. Cuvier, *Dictionnaire des sciences naturelles dans lequel on traite méthodiquement des differents étres de la nature.* París, 1804-1806, 6 vols [vols. 1 y 2 (12.X.1804); vol. 3 (30.I.1805); vols. 4 y 5 (8.I.1806); vol. 6 (1806)]; ed. 2., Estrasburgo, París, 1816-1845, 61 vols. [los autores de los distintos artículos son numerosos].

DC., Cat. Pl. Horti Monsp.
A.P. de Candolle, *Catalogus plantarum Horti Botanici Monspeliensis...* Montpellier, París, Estrasburgo, 1813 [II-III.1813].

DC., Prodr.
A.P. de Candolle, *Prodromus systematis naturalis regni vegetabilis...* París, Estrasburgo, Londres, Leipzig, 1824-1874, 17 tomos en 24 vols. [tomos 8-17 editados por Alphonse de Candolle; 1 (I.1824); 2 (XI.1825); 3 (III.1828); 4 (IX.1830); 5 (1-10.X.1836); 6 (I.1838); 7(1) (IV.1838); 7(2) (XII.1839); 8 (III.1844); 9 (1.I.1845); 10 (8.IV.1846); 11 (25.XI.1847); 12 (5.XI.1848); 13(1) (10.V.1852); 13(2) (5.V.1849); 14(1) (X.1856); 14(2) (XI.1857); 15(1) (V.1864); 15(2.1) (I.1862); 15(2.2) (VIII.1866); 16(1) (XI.1869); 16(2.1) (XII.1864); 16(2.2) (VII.1868); 17 (16.X.1873)].

De Langhe & al., Nouv. Fl. Belgique
J.-E. de Langhe, L. Delvosalle, J. Duvigneaud, J. Lambinon & C. Vanden Berghen, *Nouvelle Flore de la Belgique, du Grand-Duché de Luxembourg, du Nord de la France et des régions voisines: ptéridophytes et spermatophytes).* Bruselas, 1973; ed. 2., 1978; ed. 3, 1983; ed. 4, 1992, ed. 5, 2004 [cambia de autores y colaboradores en las distintas ediciones].

Desf., Fl. Atlant.
R.L. Desfontaines, *Flora atlantica...* París, 1798-1799, 2 vols. con 9 fascs. [vol. 1, fasc. 1, pp. I-XX, 1-120, pl. 1-30 (29.IV.1798); fasc. 2, pp. 121-?, pl. 31-60 (VI.1798); fasc. 3, pp. ?, pl. 61-90 (28.VII.1798); fasc. 4, pp. ?-444, pl. 91-120 (IX.1798); vol. 2, fasc. 5, pp. 1-80, pl. 121-150 (X.1798); fasc. 6, pp. 81-160, pl. 151-180 (XI.1798); fasc. 7, pp. 161-?, pl. 181-210 (II.1799); fasc. 8, pp. ?, pl. 211-240 (V.1799); fasc. 9, ?-458, pl. 241-261 (VII.1799); hay dos reimpresiones, una de 1799 y otra de 1800].

Devesa & Talavera, Rev. Carduus
J.A. Devesa & S. Talavera, *Revisión del género Carduus L. en la Península Ibérica e Islas Baleares.* Sevilla, 1981.

Döll, Rhein. Fl.
J.Ch. Döll, *Rheinische Flora...* Fráncfort del Meno, 1843 [VI.1843].

Dubois, Méth. Éprouv.
F.N.A. Dubois, *Méthode Éprouvée.* Orleans, 1803 [ed. 2, 1833; ed. 3, 1840; ed. 4, 1846].

Duby, Bot. Gall.
J.É. Duby, *Aug. Pyrami de Candolle Botanicon gallicum...* París, [1828-30], 1 tomo en 2 vols. [vol. 1, pp. I-XII, 1-544 (12-14.IV.1828); vol. 2, pp. I-VI, 545-1068, I-LVIII (V.1830)].

Dulac, Fl. Hautes-Pyrénées
J. Dulac, *Flore du département des Hautes-Pyrénées...* París, 1867 [VII-XII.1867].

Dumort., Anal. Fam. Pl.
B.Ch.J. Dumortier, *Analyse des familles des plantes...* Tournay, 1829.

Dumort., Fl. Belg.
B.Ch.J. Dumortier, *Florula belgica...* Tournay, 1827 [no hay pruebas acerca de una tardía aparición de la flórula, pero las primeras críticas son del VI.1830].

Fern. Casas, Exsicc. Quaed. Me Distr. 1
J. Fernández Casas, *Exsiccata quaedam a me nuper distributa,* 1. Madrid, 1975 [post. 29.XII.1975].

Fern. Casas, Exsicc. Quaed. Nobis Distr. III
J. Fernández Casas, *Exsiccata quaedam a nobis nuper distributa,* III (163-253). Madrid, 1980 [8.V.1980; autor, J. Fernández Casas; ayudante, A. Ceballos Jiménez].

Obras autónomas

Fern. Casas, Exsicc. Quaed. Nobis Distr. IV

J. Fernández Casas, *Exsiccata quaedam a nobis nuper distributa,* IV, (254-500). Madrid, 1981 [23.V.1981; autor, J. Fernández Casas; ayudantes, A. García-Villaraco López-Pozuelo, A. Susanna de la Serna; contribuyentes, G. García Guardia, J. Leal Pérez-Chao, S. Pajarón Sotomayor y A.M. Pons-Sorolla Ruiz de la Prada].

Fiori & Paol., Fl. Italia

A. Fiori & G. Paoletti, *Flora analitica d'Italia...* Padua, 1896-1908, 4 vols. [coautores: G. Paoletti, del vol. 1, A. Béguinot, de los vols. 2-3; vol. 1(1), pp. 1-256 (XII.1896); vol. 1(2), pp. 257-607, 2 err. (IV.1898); vol. 1 [intr. geobot.], pp. I-C, I-VII (XII.1908), vol. 2(1), pp. 1-224 (I.1900); vol. 2(2), pp. 225-304 (III.1901); vol. 2(3), pp. 305-492, I-III, 1 err. (VI.1902); vol. 3(1), pp. 1-272 (V.1903); vol. 3(2), pp. I-III, 273-527, 1 err., I-VIII (IV.1904); vol. 4(1), 1-217 (App.), 1-16 (ind. Gen.) (III.1907); vol. 4(2), pp. 17-192 (Ind. Gen.) (III.1907); vol. 4(3), pp. 193-330 (IX.1908)].

Font Quer, Ill. Fl. Occid.

P. Font Quer, *Illustrationes Florae Occidentalis...* Barcelona, 1926.

Font Quer, Iter Marocc.

P. Font Quer, *Iter Maroccanum.* Barcelona, 1928-1932 [*Iter Marocc. 1927*, 739 exsiccata con etiquetas impresas (IV.1928); *Iter Marocc. 1928*, 438 exsiccata con etiquetas impresas (IV-V.1929); *Iter Marocc. 1929*, 483 exsiccata con etiquetas impresas (30.IV.1930); *Iter Marocc. 1930*, 741 exsiccata con etiquetas impresas (IV.1932)].

Font Quer, Memoriam Prof. A.-X. Pereira Coutinho

P. Font Quer, *In-memoriam do professor Dom António-Xavier Pereira Coutinho.* Oporto, 1941.

Font Quer & Rothm., Sched. Fl. Iber. Select. Cent. II-III

P. Font Quer & W. Rothmaler, *Schedae ad floram ibericam selectam. Cent. II-III.* Barcelona, 1935 [cuadernillo de 56 pp. que acompañó a los exsiccata no. 101-300, 99bis, con etiquetas impresas, de la *Flora iberica selecta*].

Forssk., Fl. Aegypt.-Arab.

P. Forsskål, *Flora aegyptiaco-arabica...* Copenhague, 1775 [1.X.1775; editada por C. Niebuhr].

Fourn., P., Fl. Compl. Plaine Franç.

P.V. Fournier, *Flore complétive de la plaine française...* París, 1928, 20 fascs. [9.II.1928; además de la edición comercial, hay otra especial, simultánea o casi, apañada para la presentación de la tesis].

Fourn., P., Quatre Fl. France

P.V. Fournier, *Les quatre flores de la France...* Poinson-les-Grancey, [1934-]1940 [pp. 1-64 (13.XI.1934); pp. 65-160 (9.IV.1935); pp. 161-256 (1.X.1935); pp. 257-448 (27.IV.1936); pp. 449-576 (28.X.1936); pp. 577-704 (17.VIII.1937); pp. 705-832 (27.I.1938); pp. 833-896 (12.X.1938); pp. 897-992 (24.IV.1939); pp. 1065-1092 (X.1940)]; *Deuxième tirage*, París (X-XII.1946); *Nouveau tirage*, París (1961); *Additiions et corrections*, P. Fournier in *Monde Pl.* ser. 6, 42(247): 33 (1947), E. Thommen, loc. cit. 42(248): 43-46 (1947), H. Breistroffer, loc. cit. 45(265): 11, 45(266): 21-22 (1950), A. Berton, loc. cit. 51(317): 4-6, 51(318): 11, 51(319): 15-17 (1956).

Franco, Nova Fl. Portugal

J. do Amaral Franco, *Nova flora de Portugal (Continente e Açores).* Lisboa, 1971-2003 [vol. 1, *Lycopodiaceae-Umbelliferae* (1971); vol. 2, *Clethraceae-Compositae* (1984); vol. 3(1), *Alismataceae-Iridaceae* (1994); vol. 3(2), Gramineae (1998); vol. 3(3), *Juncaceae-Orchidaceae* (2003); los autores del vol. 3 son J. do Amaral Franco y M.L. Rocha Afonso].

Gaertn., Fruct. Sem. Pl.
J. Gaertner, *De fructibus et seminibus plantarum...* Stuttgart, Tubinga, 1788-1791[-1792], 2 vols., con 4 partes y 10 centurias [vol. 1 (XII.1788); vol. 2(1), pp. I-LII, 1-184, pl. 80-119 (IX-XI.1790); vol. 2(1), pp. 185-352, pl. 120-156 (IV-V.1791); vol. 2(2), pp. 353-504, pl. 157-180 (IX-XII.1791); vol. 2(4), pp. 505-520 [err.] (I-VI.1792)].

Gaertn., G., B. Mey. & Scherb., Oekon. Fl. Wetterau
[Ph.] G. Gaertner, B. Meyer & J. Scherbius, *Oekonomisch-technische Flora der Wetterau.* Fráncfort del Meno, 1799-1802, 3 vols. [vol. 1 (VI-VII.1799); vol. 2 (V-VII.1800); vol. 3(1) (I-VI.1801); vol. 3(2) (1802)].

Gaudin, Fl. Helv.
J.F.A.P. Gaudin, *Flora helvetica.* Zúrich, 1828-1833, 7 vols. [vols. 1-3 (1828); vols. 4-5 (1829); vol. 6 (1830); vol. 7 (1833)].

Gaut., Cat. Fl. Pyrénées-Orientales
M.C.G. Gautier, *Catalogue raisonné de la flore des Pyrénées-Orientales...* Perpiñán, 1897 [prob. XII.1897].

Giseke, Prael. Ord. Nat. Pl.
P.D. Giseke, *Praelectiones in ordines naturalers plantarum...* Hamburgo, 1792 [IV.1792].

Godr., Fl. Lorraine
D.A. Godron, *Flore de Lorraine...* Nancy, 1843-1844, 3 vols. [vol. 1 (IX-X.1843); vol. 2 (XII.1843); vol. 3 (V.1844); tiene un *Premier supplément*, 1845 (VII.1845)]; ed. 2, 2 vols. (1857) [se imprimió a la vez en Nancy, "Nancy... Metz, París", y en París, "Paris... Londres... Nueva York... Madrid... Nancy"; hay otra reimpresión, en "Nancy... Paris", en 1861]; ed. 3, Nancy, 2 vols., 1883 [por P.H.M.Th.A. Fliche].

Gouan, Ill. Observ. Bot.
A. Gouan, *Illustrationes et observationes botanicae...* Zúrich, 1773.

Graells, Indic. Pl. Nov.
M. Graells y de la Agüera, *Indicatio Plantarum Novarum...* Madrid, 1854.

Graells, Ramilletes Pl. Españ.
M. Graells y de la Agüera, *Ramilletes de plantas españolas escogidas.* Madrid, 1859.

Gray, Nat. Arr. Brit. Pl.
S.F. Gray, *A natural arrangement of British plants...* Londres, 1821, 2 vols.

Gremli, Excursionsfl. Schweiz
A. Gremli, *Excursionsflora für die Schweiz...* Aarau, [1866-]1867; ed. 2, 1874; ed. 3, 1878; ed. 4, 1881; ed. 5, 1885; ed. 6, 1889; ed. 7, 1893; ed. 8, 1896; ed. 9, 1901; French ed., titulada *Flore analytique de la Suisse...*, Basilea, Ginebra, Lyon, 1886 [I.1886; traducida de la ed. 5 (1885), alemana, por J.J. Vetter]; French ed. 2, Basilea, Ginebra, Lyon,1898; English ed., titulada *The flora of Switzerland...*, Zúrich, 1889 [traducida de la ed. 5 (1885), alemana, por L.W. Paitson].

Gren. & Godr., Fl. France
J.Ch.M. Grenier & D.A. Godron, *Flore de France...* París, Londres, Besanzón, Nueva York, Madrid, 1847-1856, 3 vols. [vol. 1(1), pp. 1-330 (XI.1847; "1848"); vol. 1(2), pp. 331-776 (XII.1848-I.1849); vol. 2(1), pp. 1-392 (XI.1850); vol. 2(2), pp. 393-760 (principios de 1853; "1852"); vol. 3(1), pp. 1-384 (antes de VI.1855); vol. 3(2), pp. 385-779 (IX.1856)].

Guss., Fl. Sicul. Syn.
G. Gussone, *Florae siculae synopsis...* Nápoles, 1843-1845, 2 vols. [vol. 1 (1843); vol. 2(1), pp. 1-529 (1844); 2(2), pp. 527[sic]-920 (1844-1845)].

Obras autónomas

Guss., Index Sem. Hort. Boccadifalco 1825
G. Gussone, *Index seminum anni 1825 quae ad Horto Regio in Boccadifalco*... [Nápoles], 1825.

Hampe, Prodr. Fl. Hercyn.
G.E.L. Hampe, *Prodromus florae hercyniae oder Verzeichniss der in dem Harzgebiete wildwachsenden Pflanzen. Nach dem Sexualsystem geordnet von Ernst Hampe*... Halle, 1836.

Hayek, Centaureae Exsicc. Crit.
A.E. von Hayek, *Centaureae exsiccatae criticae.* Fasc. 1-4, 1913-1924.

Hayek, Fl. Steiermark
A. von Hayek, *Flora von Steiermark*... Berlín, 1908-1956, 2 tomos en 3 vols. [vol. 1 (1908-1911); vol. 2(1) (1911-1914); vol. 2(2) (1956)].

Hegi, Ill. Fl. Mitt.-Eur.
G. Hegi, *Illustrierte Flora von Mittel-Europa*... Múnich, 1906-1931, 7 tomos en 13 vols.; ed. 2, Múnich, Berlín, Hamburgo, 1936-; ed. 3, Múnich, Berlín, Hamburgo, 1966-.

Hill, Herb. Brit.
J. Hill, *Herbarium britannicum exhibens plantas Britaniae indigenas secundum methodum floralem novam digestas. Cum historia, descriptione, characteribus specificis, viribus, et usis. Tabulis aeneis illustratum*... Londres, 2 vols., 1769-1770 [vol. 1, 1769; vol. 2, 1770].

Hill, Hort. Kew.
J. Hill, *Hortus Kewensis*... Londres, 1768.

Hill, Veg. Syst.
J. Hill, *The vegetable system*... Londres, 1759-1775, 26 vols.

Hoffmanns. & Link, Fl. Portug.
J.C. Hoffmannsegg & H.F. Link, *Flore portugaise*... Berlín, 1809[-1840], 2 vols.

Jacq., Enum. Stirp. Vindob.
N.J. Freiherr von Jacquin, *Enumeratio stirpium plerarumque, quae sponte crescunt in agro vindobonensi*... Viena, 1762.

Jacq., Fl. Austriac.
N.J. Freiherr von Jacquin, *Florae austriacae*... Viena, 1773-1778, 5 vols. [vol. 1 (1773); vol. 2 (1774); vol. 3 (1775); vol. 4 (1776); vol. 5 (1778)].

Jacq., Observ. Bot.
N.J. Freiherr von Jacquin, *Observationum botanicarum*... Viena, 1764-1771, 4 partes [parte 1 (1764); parte 2 (1767); parte 3 (1768); parte 4 (1771)].

Jahand. & Maire, Cat. Pl. Maroc
É. Jahandiez & R.Ch.J.E. Maire, *Catalogue des plantes du Maroc.* Argel, 1931-1941, 1 tomo en 4 vols. [colaboradores: J.A. Battandier, L.O. Ducellier & P. Font Quer; el vol. 4 es de L. Emberger & R. Maire. Vol. 1, pp. [I]-XL, [1]-159 (1931); vol. 2, pp. [XLI-XLIII], [161]-557 (1932); vol. 3, pp. [I*], [XLI]-LVII, [559]-913 (1934); vol. 4, pp. [I*-V*], [LIX("IX")]-LXXV, [915]-1181 (1941)].

Jord., Observ. Pl. Nouv.
A. Jordan, *Observations sur plusieurs plantes nouvelles*... París, Leipzig, 1846-1849, 7 fascs. [fasc. 1 (V.1846); fasc. 2 (VII.1846); fasc. 3 (IX.1846); fasc. 4 (XI.1846); fasc. 5 (II.1847); fasc. 6 (IV.1847); fasc. 7 (XII.1849)].

Jord. & Fourr., Brev. Pl. Nov.
A. Jordan & J.P. Fourreau, *Breviarum plantarum novarum*... París, 1866-1868, 2 fascs. [fasc. 1 (XII.1866); fasc. 2 (últimos meses de 1868)].

Juss., Gen. Pl.
A.L. de Jussieu, *Genera plantarum*... París, 1789 [4.VIII.1789]; Zúrich ed., 1791.

Klett & Richt., Fl. Leipzig
G.T. Klett & H.E.F. Richter, *Flora der phanerogamischen Gewächse der Umgegend von Leipzig*... Lipsia, 1830.

Koch, W.D.J., Syn. Deut. Schweiz. Fl.
W.D.J. Koch, *Synopsis der deutschen und schweizer Flora*... Fráncfort del Meno, 1837-1838, 2 partes [1, pp. I-LXVI, 1-? (26.XI-2.XII.1837); 2, pp. ?-840 (15-21.IV.1838); index (25.XI-1.XII.1838)]; ed. 2, 1846-1847; ed. 3, [1890-]1892-1907, 3 vols en 18 fascs. [editada por E. Hallier, R. Wohlfarth & A. Brand].

Koch, W.D.J., Syn. Fl. Germ. Helv.
W.D.J. Koch, *Synopsis florae germanicae et helveticae*... Fráncfort del Meno, [1835-]1837-1838, 1 tomo en 2 vols. [vol. 1, pp. 1-352 (1835); vol. 2, pp. 353-844, I-LX (1837); "Index", pp. 1-102 (25.XI-1.XII.1838)]; ed. 2, 1843-1845, 3 partes [parte 1, pp. I-LX, 1-452, Fráncfort del Meno (19-21.VI.1843); parte 2, pp. 451[451-452, duplicadas]-964, Leipzig (XI.1844); parte 3, pp. 963[963-964, duplicadas]-1164, Leipzig (17-20.IX.1845); ed. 3, Leipzig, [1856-]1857, 2 partes [parte 1, pp. I-LVIII, 1-400 (IX-X.1856); parte 2, pp. 401-875 (1857)].

Kom. (ed.), Fl. URSS
V.L. Komarov (ed.), *Flora URSS*... San Petersburgo ["Leningrado"], 1934-1964, 30 vols. [cambia de editores varias veces].

Kuntze, Revis. Gen. Pl.
C.E.O. Kuntze, *Revisio generum plantarum*... Leipzig, etc., 1891-1898, 3 partes en 5 vols. [vols. 1 y 2 (1891); vol. 3(1) (1893); vol. 3(2 y 3) (1898)]

Kunze, Chlor. Austro-Hispan.
G. Kunze, *Chloris austro-hispanica*... Ratisbona, 1846 [tirada aparte, con distinta paginación, de *Flora* ???].

L., Cent. Pl. I
C. von Linné, *Centuria I. plantarum*... Upsala, 1755.

L., Mant. Pl.
C. von Linné, *Mantissa plantarum*... Estocolmo, 1767-1771 [con 2 partes, la segunda titulada *Mantissa plantarum altera*... publicada en 1771].

L., Sp. Pl.
C. von Linné, *Species plantarum*... Estocolmo, 1753, 1 tomo en 2 vols.

L., Sp. Pl. ed. 2
C. von Linné, *Species plantarum*... ed. 2. Estocolmo, 1762-1763, 1 tomo en 2 vols. [vol. 1 (IX.1762); vol. 2 (VII.1763)].

L., Syst. Nat. ed. 10
C. von Linné, *Systema naturae*... ed. 10. Estocolmo, 1758-1759, 2 vols. [vol. 2 (*Vegetabilia*), V-VI.1759].

L. fil., Suppl. Pl.
C. von Linné, filius, *Supplementum plantarum*... Brunswick, 1782 ["1781"].

Lag., Elench. Pl.
M. Lagasca y Segura, *Elenchus plantarum*... Madrid, 1816 [incluye *Generum specierumque plantarum*..., que tiene idéntica paginación y texto que *Genera et species plantarum*..., Madrid, 1816].

Lam., Encycl.
J.-B.P.A. Monnet de Lamarck, *Encyclopédie méthodique. Botanique*... París, Lieja, 1783-1817, 8 vols. y 5 suplementos [coautor y autor de los últimos vols.: J.L.M. Poiret; hay, además, otros muchos colaboradores].

Lam., Fl. Franç.
J.-B.P.A. Monnet de Lamarck, *Flore françoise*... París, 1779 ["1778"], 3 vols.

Lam. & DC., Fl. Franç. ed. 3
J.-B.P.A. Monnet de Lamarck & A.P. de Candolle, *Flore française*... ed. 3. París, 1805-1815, 5 tomos en 6 vols. [tomos 1-4 (vols. 1-5) (17.IX.1805); tomo 5 (vol. 6) (8.X.1815); hay una reimpresión, con pequeños cambios, del tomo 5, en 1829].

Lam. & DC., Syn. Pl. Fl. Gall.
J.-B.P.A. Monnet de Lamarck & A.P. de Candolle, *Synopsis plantarum in florâ gallicâ descriptarum*. París, 1806 [30.VI.1806].

Lange, Haandb. Danske Fl.
J.M.Ch. Lange, *Haandbog i den Danske flora*... Copenhague, 1851; ed. 2, 1856-1859; ed. 3, 1864; ed. 4, 1886-1888.

Lange, Index Sem. Hort. Haun. 1857
J.M.Ch. Lange, *Index seminum in Horto Academico Hauniensi a. 1857 collectorum*. Copenhague, 1858.

Lange, Pugill. Pl. Hispan.
J.M.Ch. Lange, *Pugillus plantarum imprimis hispanicarum* Copenhague, 1860-1866, 4 fasc. [fasc. 1 (ant. 23.XI.1860), tirada aparte de Vidensk. Meddel. Dansk Naturhist. Foren. Kjøbenhavn 1860(1-4): 1-82 (I.1861); fasc. 2 (fin. 1861), tirada aparte de Vidensk. Meddel. Dansk Naturhist. Foren. Kjøbenhavn 1861(1-7): 33-116 (1862); fasc. 3 (fin. 1863), tirada aparte de Vidensk. Meddel. Dansk Naturhist. Foren. Kjøbenhavn 1863(1-4): 1-58 (1864); fasc. 4 (ant. 13.VII.1866), tirada aparte de Vidensk. Meddel. Dansk Naturhist. Foren. Kjøbenhavn 1865(1-8): 30-204, tab. III-IV (1866); de esta última hay otra tirada aparte con distinta paginación, p. [225]-399, Tab. III-IV].

Lapeyr., Hist. Pl. Pyrénées
Ph. Picot de Lapeyrouse, *Histoire abrégée des plantes des Pyrénées*... Toulouse, 1813 [principios de V.1813; tiene un *Supplement à l'Histoire*..., publicado en 1818; el conjunto se reimprimió en 1818].

Less., Syn. Gen. Compos.
C.F. Lessing, *Synopsis generum Compositarum earumque dispositions novae tentamen monographiis multarum capensium interjectis*... Berlín, Londres, 1832.

Link, Enum. Hort. Berol. Alt.
J.H.F. Link, *Enumeratio plantarum Horti Regii Berolinensis altera*... Berlín, 1821-1822, 2 vols. [vol. 1 (1821); vol. 2 (1822)].

Loehr, M., Enum. Fl. Deutsch.
M.J. Loehr, *Enumeratio der Flora von Deutschland und der angrenzenden Länder im ganzen Umfange von Reichenbach's Flora germanica excursoria, vom Mittelländischen Meere bis zur Nord- und Ost-See*. Brunswick, 1852.

López Pach. & al., Dos Nuevas Especies Fl. Leonesa
López, M.J., J. Andrés & J.M. Losa, *Dos nuevas especies para la flora leonesa*. León, 1979.

Loret & Barrandon, Fl. Montpellier
H. Loret & A. Barrandon, *Flore de Montpellier*... Montpellier, París, 1876, 2 vols.; ed. 2, 1886.

Loscos, Tratado Pl. Aragón Supl. 6
F. Loscos y Bernal, *Tratado de plantas de Aragon. Suplemento 6.°*. [Madrid], 1884 [4 cuadernillos de 4 hojas cada uno, firmados por F. Loscos el 6.IX.1884, y publicados entre esta fecha y el 30.XI.1884 de manera análoga a la del resto del *Tratado*].

Loscos, Tratado Pl. Aragón Supl. 7
F. Loscos y Bernal, *Tratado de plantas de Aragon. Suplemento 7.°*. [Madrid], 1885 [4 cuadernillos de 4 hojas cada uno publicados después del 20.VIII.1885 de manera análoga a la del resto del *Tratado;* el apartado III está firmado por Antonio Badal y el IV por Carlos Pau].

Loudon, Encycl. Pl.
J.C. Loudon, *An encyclopaedia of plants*. Londres, 1829 [reimpresión ed. 1, 1836; *First additional supplement,* 1840; ed. 2, 1841; ed. 3 *New edition,* entitulada *Loudon's Encyclopaedia of plants,* 1855; ed. 3 reimpresión, 1866].

Louis, L., Départ. Vosges
L. Louis, *Le Département des Vosges; description, histoire, statistique...* Épinal, 1887-1890, 7 vols. [en el vol. 2, pp. 9-366 (1887), *La flore des Vosges...*, por E.-L. Berher].

Martrin-Donos, Pl. Crit. Tarn
J.V. de Martrin-Donos, *Plantes critiques du département du Tarn... Fragment 1* Toulouse, 1862 [se publicó únicamente este "Fragment 1"].

Merino, Contr. Fl. Galicia Supl. I
B. Merino y Román, *Contribución a la flora de Galicia. Suplemento I.* Tuy, 1898.

Merino, Fl. Galicia
B. Merino y Román, *Flora descriptiva é ilustrada de Galicia.* Santiago de Compostela, 1905-1909, 3 vols. [vol. 1 (1905); vol. 2 (1906); vol. 3 (1909)].

Mey., C.A., Verz. Pfl. Casp. Meer.
C.A. von Meyer, *Verzeichniss der Pflanzen... Caspischen Meeres...* San Petersburgo, 1831 [XI-XII.1831].

Mill., Gard. Dict. Abr. ed. 4
Ph. Miller, *The gardeners dictionary... Abridged...* ed. 4. Londres, 1754 [28.I.1754], 3 vols.

Mill., Gard. Dict. ed. 8
Ph. Miller, *The gardeners dictionary...* ed. 8. Londres, 1768 [16.IV.1768].

Moench, Methodus
C. Moench, *Methodus plantas horti botanici et agri marburgensis...* Marburgo, 1794 [4.V.1794]; tiene un suplemento publicado en 1802.

Moench, Suppl. Meth.
C. Moench, *Supplementum ad methodum plantas...* [Marburgo], 1802 [2.V.1802].

Monts., J.M., Fl. Veg. Sierra Guara
J.M. Montserrat Martí, *Flora y vegetación de la Sierra de Guara (Prepirineo aragonés).* Zaragoza, 1986 [*Naturaleza en Aragón* no. 1].

Moris, Fl. Sardoa
G.G. Moris, *Flora sardoa...* Turín, 1837-1859, 3 vols. [vol. 1 (1837), vol. 2 (1840-1843); vol. 2 (1858-1859)].

Mössler, Handb. Gewächsk. ed. 3
J.Ch. Mössler, *Handbuch der Gewächskunde...* Altona, 1815; ed. 2, 1827-1830, 3 vols. [vol. 1 (1827); vol. 2(1) (1828); vol. 2(2) (1829); vol. 3 (1830)]; ed. 3, 1833-1834, 3 vols. [vol. 1 (1833); vol. 2(1) (1833); vol. 2(2-3) (1834); vol. 3 (1835)]; editor, y en parte autor, de las eds. 2 y 3, H.G.L. Reichenbach.

Obras autónomas

Nägeli, Cirsien Schweiz
C.W. von Nägeli, *Die Cirsien der Schweiz...* Neuchâtel, 1840.

Neck., Elem. Bot.
N.J. de Necker, *Elementa botanica...* Neuwied, 1790, 3 vols. [¿IV?1790]; ed. 2, 1808.

Nyman, Consp. Fl. Eur.
C.F. Nyman, *Conspectus florae europaeae...* Örebro, 1878-1890, 2 vols. [4 fascs. y suppl. I, en 1 tomo, 1878-1884; suppl. II(1) y suppl. II(2), en 1 tomo, 1889-1890].

Nyman, Suppl. Syll. Fl. Eur.
C.F. Nyman, *Supplementum Sylloges florae Europaeae...* Örebro, 1865.

Nyman, Syll. Fl. Eur.
C.F. Nyman, *Sylloge florae Europaeae...* Örebro, 1854-1855.

Pau, Not. Bot. Fl. Españ.
C. Pau y Español, *Notas botánicas á la flora española...* Madrid, Segorbe, 1887-1895, 6 fascs.

Pers., Syn. Pl.
C.H. Persoon, *Synopsis plantarum...* París, Tubinga, 1805-1807, 2 vols. [vol. 1 (1.IV-15.VI.1805); vol. 2(1), pp. 1-272 (XI.1806); vol. 2(2), pp. 273-657 (IX.1807)].

Poir., Voy. Barbarie
J.L.M. Poiret, *Voyage en Barbarie...* París, 1789, 2 vols.

Pollini, Fl. Veron.
C. Pollini, *Flora Veronensis...* Verona, 1822-1824, 3 vols. [vols. 1 y 2, XI-XII.1822; vol. 3, XII.1824].

Pomel, Mat. Fl. Atl.
A.N. Pomel, *Matériaux pour la flore atlantique...* Caen, 1860.

Pomel, Nouv. Mat. Fl. Atlant.
A.N. Pomel, *Nouveaux matériaux pour la flore atlantique...* París, Argel, 1874-1875, 2 partes [parte 1 (1874), tirada aparte de *Bull. Soc. Sci. Phys. Algérie,* vol. 11 (1874); parte 2 (1875), tirada aparte de *Bull. Soc. Sci. Phys. Algérie,* vol. 13 (1876)].

Porta & Rigo, Iter Hispan. III 1891
P. Porta & G. Rigo, *Iter Hispanicum III. 1891.* [sin loc. de impresión], 1891-92 [exsiccata con etiquetas impresas].

Presl, C., Fl. Sicul.
C.B. Presl, *Flora sicula...* Praga, 1826.

Prodan, Centaur. Român.
I. Prodan, *Centaureele României* (Centaureae Romaniae). Cluj-Napoca, 1930.

Raf., Anal. Nat.
C.S. Rafinesque, *Analyse de la nature...* Palerno, 1815 [IV-VII.1815].

Rchb., Icon. Fl. Germ. Helv.
H.G.L. Reichenbach, *Icones florae germanicae et helveticae...* Leipzig, 1834-1914, 25 vols. [de algunos vols. se hizo una edición en alemán titulada: *Deutschlands Flora* (1837-1870); vol. 1 (1834-1836) con el título alternativo de *Agrostographia germanica*, el que a su vez también es el vol. 1 de los *Icones florae germanicae et helvetiae;* a partir del vol. 12 los autores son: H.G. Reichenbach, J. Murr, K.H. Zahn, J. Poell, G.E. Beck y F.G. Kehl].

Rigual, Fl. Alicante
A. Rigual, *Flora y vegetación de la provincia de Alicante.* Alicante, 1972.

Rivas Goday, Veg. Fl. Guadiana
S. Rivas Goday, *Vegetación y flórula de la cuenca extremeña del Guadiana (Vegetación y flórula de la provincia de Badajoz).* Madrid, 1964.

Romo, Fl. Veg. Montsec
À.M. Romo i Díez, *Flora i vegetació del Montsec (Pre-Pirineus Catalans).* Barcelona, 1989 [*Arxius Secc. Ci. Inst. Estud. Catalans* vol. 90].

Ros, J. & al., Sist. Nat. Illes Medes
J. Ros, I Olivella & J.M. Gili, *Els Sistemes naturals de les illes Medes.* Institut d'Estudis Catalans. Secció de Ciències, 1984.

Rouy, Ill. Pl. Eur.
G. Rouy, *Illustrationes plantarum Europae rariorum...* París, 1895-1905, 1 tomo en 20 fascs.

Rouy & Foucaud, Fl. France
G. Rouy & J. Foucaud, *Flore de France...* Asnières, París, Rochefort, 1893-1913, 14 vols. [cambio de autores: vols. 1-3, G. Rouy & J. Foucaud; vols. 6-7, G. Rouy & E.G. Camus; vol. 1 (XI.1893); vol. 2 (IV.1895); vol. 3 (VII-VIII.1896); vol. 4 (1-12.XII.1897); vol. 5 (I.1899); vol. 6 (VI.1900); vol. 7 (XI.1901); vol. 8 (IV.1903); vol. 9 (III.1905); vol. 10 (II.1908); vol. 11 (VII.1909); vol. 12 (XI.1910); vol. 13 (V.1912); vol. 14 (IV.1913)].

Salisb., Prodr. Stirp. Chap. Allerton
R.A. Salisbury, *Prodromus stirpium in horto ad Chapel Allerton vigentium...* Londres, 1796.

Samp., Lista Esp. Herb. Portug.
G.A. da Silva Ferreira Sampaio, *Lista das espécies representadas no Herbário português.* Oporto, 1913 [VII.1913; con 3 apéndices publicados en 1914].

Savi, Fl. Pis.
G. Savi, *Flora pisana...* Pisa, 1798 [1.I.1798], 2 vols.

Schinz & Keller, R., Fl. Schweiz
H. Schinz & R. Keller, *Flora der Schweiz...* Zúrich, [1899-]1900, en 4 partes [V.1899-VI.1900]; ed. 2, 1905, 2 vols. [vol. 1, *Exkursionsflora* (IV.1905); 2, *Kritische Flora* (VIII-IX.1905)]; ed. 3, 1909-1914, 2 vols. [vol. 1, *Exkursionsflora* (III-IV.1909); vol. 2, *Kritische Flora*, por H. Schinz y la colaboración de A. Thellung (VII-X.1914)]; ed. 4, 1923 [XI-XII.1923; solo se publicó la *Exkursionsflora;* por H. Schinz y la colaboración de A. Thellung]; ed. francesa [french ed.], *Flore de la Suisse... Première partie, flore d'excursion...*, Lausana, traducida y revisada por E. Wilczek & H. Schinz, 1908 (XII.1908) ["1909"].

Schousb., Iagttag. Vextrig. Marokko
P.K.A. Schousboe, *Iagttagelser over Vextriget i Marokko...* Copenhague, 1800 [tirada aparte, publicada previamente, de *Kongel. Danske Vidensk.-Selsk. Skr.* 1800(1): 1-204 [205, err.], pl. 1-4, 5a, 5b, 6-7 (1801)]; ed. alemana, 1801; ed. francesa, 1874.

Schübl. & Martens, G., Fl. Würtemberg
G. Schübler & G.M. von Martens, *Flora von Würtemberg...* Tubinga, 1834 [20-21.IX.1834; tiene un *Suppl. Fl. Württemberg*, de W. Lechler, publicado en 1844].

Scop., Annus Hist.-Nat.
G.A. Scopoli, *Annus I[-V] historico-naturalis...* Leipzig, 1769[-1772], 5 vols. [vols. 1-3 (1769); vol. 4 (1770); vol. 5 (1772)].

Scop., Fl. Carniol.
G.A. Scopoli, *Flora carniolica...* Viena, 1760; ed. 2, 1771, 2 vols. [hay una edición facsimilar, Graz, 1972].

Obras autónomas

Sennen, Campagn. Bot.
Frère Sennen, *Campagnes botaniques du Maroc oriental de 1930 à 1935*... Madrid, 1936 [antes de VII.1936].

Sennen, Diagn. Nouv.
Frère Sennen, *Diagnoses des nouveautés parues dans les exsiccata Plantes d'Espagne et du Maroc de 1928 à 1935.* Vich, 1936.

Sennen, Pl. Espagne
Frère Sennen, *Plantes d'Espagne*... [Barcelona], 1906-1935[1936?], cerca de 10000 etiquetas impresas.

Sibth. & Sm., Fl. Graec. Prodr.
J. Sibthorp & J.E. Smith, *Florae Graecae prodromus*... Londres, 1806-1816, 2 vols. [1(1), pp. 1-218 (X-XI.1806); 1(2), pp. 219-442 (V-XI.1809); 2(1), pp. 1-210 (1813); 2(2), pp. 211-422 (1816); J.E. Smith es el autor del texto].

Spreng., Syst. Veg.
K.P.J. Sprengel, *Caroli Linnaei... Systema vegetabilium. Editio decima sexta*... Gotinga, [1824-]1825-1828, 4 tomos en 5 vols., y 1 vol. índice [1 (finales de 1824); 2 (I-V-1825; 3 (I-III.1826); 4(1) (I.1827); 4(2) (I-VI.1827); 5(índice) (7.VII.1828)].

Steud., Nomencl. Bot.
E.G. Steudel, *Nomenclator botanicus*... Stuttgart, Tubinga, 1821-1824, 2 vols. [vol. 1 (IV-VI.1821) fanerógamas; vol. 2 (IX-X.1824) criptógamas]; ed. 2., 1840-1841, 2 vols. en 10 fascs. [vol. 1(1/2, 3), pp. 1-384 (VIII.1840); 1(4), pp. 385-512 (IX.1840); 1(5/6), pp. 513-768 (XI.1840); 1(7), pp. 769-852 (XII.1840); 2(8), pp. 1-48 (XII.1840); 2(9), pp. 49-176 (III.1841); 2(10), pp. 177-432 (IV.1841); 2(11), pp. 433-560 (VI.1841); 2(12/13), pp. 561-810 (VIII.1841)].

Sweet, Hort. Brit.
R. Sweet, *Sweet's hortus britannicus*... Londres, 1826, 2 partes [parte 1, pp. [I-IV], 1-240 (VIII-IX.1826); parte 2, pp. [I-IV], 241-492 [493-524, índice y bibliografía] (IX-X.1826); hay otra reimpresión idéntica, salvo la fecha de la portada, en 1826[-1827]; ed. 2, 1830 [X-XII.1830]; ed. 3, 1839 [finales de 1839; editada por G. Don].

Ten., Fl. Napol.
M. Tenore, *Flora Napolitana*... Nápoles, 1811[-1838], 5 vols. [el vol. 1 (1811-1815) incluye el *Prodromus florae neapolitanae* y una introducción: pp. I-XXXII (1811), pp. XXXIII-LII (1812), así como el suplemento I, pp. LIII-LXIII (1813), y el suplemento II, pp. LXV-LXXII (1815); *Flora Napolitana,* pp. 1-40 y tab. 1-10 (1811), pp. 41-60 y tab. 11-15 (1812), pp. 61-88 y tab. 16-20 (1813), pp. 89-208 y tab. 21-35 (1814), pp. 209-324 y tab. 36-50 (1815); el vol. 2 (1820) incluye el *Prodromus* suplemento III, pp. 377-382; el vol. 3 (1824-1829), incluye el *Prodromus* suplemento IV, pp. III-XII; el vol. 4 (1830) incluye el *Syll. Pl. Fl. Neapol.* (1831), pp. 1-152, el *appendix I*, pp. 153-156, el *appendix II*, pp. 161-167, y el *Sylloge appendix III*, pp. I-XIV; el vol. 5 (1835-1836[-1838]) incluye el *Sylloge appendix IV*, pp. I-XIV].

Terradas & Miralles (eds.), Patrim. Biol. Montseny
J. Terradas & J. Miralles (eds.), *El patrimoni biològic del Montseny. Catàlegs de flora i fauna.* Barcelona, 1986, 1 vol.

Thuill., Fl. Env. Paris
J.L. Thuillier, *La flore des environs de Paris*... París, 1790; ed. 2, 1799 [24.VI.1799].

Torres, L., Fl. Massís Port
L. de Torres, *Flora del Massís del Port.* Tarragona, 1989.

Treuinf., Cirsien Tirols
L.M. Treuinfels, *Die Cirsien Tirols*... Innsbruck, 1875.

Tutin & al. (eds.), Fl. Eur.
T.G. Tutin, V.H. Heywood, N.A. Burges, D.H. Valentine, S.M. Walters & D.A. Webb (eds.), *Flora Europaea*... Cambridge, 1964-1980, 5 vols. [en los vols. 2-5, a los editores antes mencionados se suma D.M. Moore]; ed. 2, 1993-, vol. 1-.

Vahl, Symb. Bot.
M.H. Vahl, *Symbolae botanicae*... Copenhague, 1790-1794, 3 fascs. [fasc. 1 (VIII-X.1790); fasc. 2 (VII-XII.1791); fasc. 3 (1794)].

Valdés, Talavera & Galiano (eds.), Fl. Andalucía Occid.
B. Valdés Castrillón, S. Talavera Lozano & E. Fernández-Galiano (eds.), *Flora vascular de Andalucía occidental.* Barcelona, 1987, 3 vols.

Vandas, Reliq. Forman.
K. Vandas, *Reliquiae Formánekianae [sic]*... Brno, 1909.

Verl., Cat. Graines
J.-B. Verlot, *Jardin botanique de la Ville de Grenoble. Catalogue des graines récoltées en 1847[-1879]*... Grenoble, 1849-1853 [en el catálogo del año 1847 el autor del taxon nuevo es J.-Ch.-M. Grenier; en los de 1849-1851, 1853, es A. Jordan; y en los de 1852 y 1879, los comentarios y táxones nuevos son de J.-B. Verlot].

Vill., Hist. Pl. Dauphiné
D. Villars, *Histoire des plantes de Dauphiné*... Grenoble, Lyon, París, 1786-1789, 3 tomos en 4 vols. [vol. 1 (poco antes del 13.II.1786); vol. 2 (poco antes del 2.III.1787); vol. 3(1), pp. 1-580 (VII.1788); vol. 3(2), pp. 581-1092 (12.IX-22.X.1789)].

Vill., Prosp. Hist. Pl. Dauphiné
D. Villars, *Prospectus de l'histoire des plantes de Dauphiné*... Grenoble, 1779 [16.IV.1779].

Vis., Fl. Dalmat.
R. de Visiani, *Flora dalmatica*... Leipzig, 1842-1851, 3 vols. [1 (31.VIII-3.IX.1842); 2 (10-13.XI.1847); 3(1), pp. I-IV, 1-185 (1850); 3(2), pp. 185-390, pl. 52-55 (principios de XII.1851); tiene un "Supplementum" (IV-V.1872), tirada aparte con distinta paginación de las *Mem. Reale Ist. Veneto Sci.* 16: 33-229, pl. 1-10 (1872) ["1871"]; un *Supplementum alterum* (1877-1881) en 2 partes, la primera (V-VII.1877), tirada aparte con distinta paginación de las *Mem. Reale Ist. Veneto Sci.* 20: 115-219, pl. 2 (1877) ["1876"], y la segunda (IV-V.1881), publicada por P.A. Saccardo, tirada aparte con distinta paginación de las *Mem. Reale Ist. Veneto Sci.* 21: 475-546, pl. 8-14 (1881)["1878"]].

Viv., Fl. Libyc. Spec.
D. Viviani, *Florae libycae specimen*... Génova, 1824.

Waldst. & Kit., Descr. Icon. Pl. Hung.
F.A. von Waldstein & P. Kitaibel, *Descriptiones et icones plantarum rariorum Hungariae*... Viena, [1799]1800-1812, 1 tomo en 3 vols. [vol. 1, pp. I-XXXII, 1-104, pl. 1-100 (1799-1802); vol. 2, pp. I-XXXII, 105-220, pl. 101-200 (1803-1805); vol. 3, pp. 221-310 [311-312] (1806-1812)].

Webb, Iter Hisp.
Ph.B. Webb, *Iter hispaniense*... París, Londres, 1838 [IX.1838].

Webb & Berthel., Phytogr. Can.
Ph.B. Webb & S. Berthelot, *Phytographia canariensis*... París, 4 vols., con 71 fascs. (1836-1850), sectio 1 (1836-1841), sectio 2 (1842-1850), sectio 3 (1844-1850), sectio 4 (1839-1841)]; Ph.B. Webb y otros colaboradores son los autores del texto; se trata de la *deuxième*

partie del *tome troisième* [*Botanique*]... de la obra *Histoire naturelle des Îles Canaries*...; la *Première partie contenat la géographie botanique*, con 8 fasc. (1835-1842), por S. Berthelot.

Willd., Enum. Pl.
C.L. Willdenow, *Enumeratio plantarum Horti Regii Botanici Berolinensis*... Berlín, 1809, 2 vols. [vol. 1, pp. 1-592 (IV.1809); vol. 2, pp. I-VI, 593-1099 (VI.1809); tiene un *Supplementum* publicado en 1814 [VII.XII.1814 ("1813"); el autor es C.L. Willdenow, aunque fuera editado por D.F.L. von Schlechtendal, cf. p. X]; para la *Enumeratio plantarum... Altera*, véase Link, *Enum. Hort. Berol. Alt.* (1821-1822)].

Willd., Sp. Pl.
C.L. Willdenow, *Caroli a Linné Species plantarum... Editio quarta*... Berlín, 1797-1830, 6 tomos en 13 vols. [los vols. 1-5(1) son de C.L. Willdenow; el 5(2), de C.F. Schwägrichen; y los 6(1) y 6(2), de H.F. Link].

Willk., Ill. Fl. Hispan.
H.M. Willkomm, *Illustrationes florae Hispaniae insularumque Balearium*... Stuttgart, 1881-1892, 2 vols., con 20 fascs. [vol. 1 (1881-1885); vol. 2 (1886-1892)].

Willk., Suppl. Prodr. Fl. Hispan.
H.M. Willkomm, *Supplementum Prodromi florae hispanicae*... Stuttgart, 1893 [XII.1893].

Willk. (ed.), Ser. Inconf. Pl. Aragon.
H.M. Willkomm (ed.), *Series inconfecta plantarum indigenarum Aragoniae praecipue meridionalis, auctoribus Francisco Loscos y Bernál pharmacopola oppidi Castelserás et Josepho Pardo y Sastrón pharmacopola oppidi Castellote. Ex lingua castellana in latinam vertit, recensuit, emendavit observationibus suis auxit atqueedendam curavit Mauritius Willkomm.* Dresde, 1863.

Willk. & Lange, Prodr. Fl. Hispan.
H.M. Willkomm & J.M.Ch. Lange, *Prodromus florae hispanicae*... Stuttgart, 1861-1880, 3 vols. [vol. 1(1), pp. 1-192 (1861); 1(2), pp. 193-316 (I-III.1862); vol. 2(1), pp. 1-272 (XII.1865); 2(2), pp. 273-480 (V.VI.1868); 2(3), pp. 481-680 (I-VI.1870); vol. 3(1), pp. 1-240 (VI.1874); 3(2), pp. 241-512 (I.1877); 3(3), pp. 513-736 (VII.1878); 3(4), pp. 737-1144 (IV-V.1880)].

APÉNDICE IV*

DICCIONARIO DE LOS RESTRICTIVOS ESPECÍFICOS E INFRAESPECÍFICOS Y DE LAS SUBDIVISIONES GENÉRICAS CONSIDERADAS CORRECTAS

Acánthium, -ii n. gr. *akánthion, -íou* n.; lat. *acanthĭon, -ĭi* n. (en otras lecturas, *acanthĭum)* = en Dioscórides y Plinio, planta de hojas semejantes al *akántha leukḗ* o *spīna alba* –supuestamente, un cardo; se han propuesto *Cirsium ferox* (L.) DC. *(Cnicus ferox* L., *Compositae)* y *Picnomon acarna* (L.) Cass. *(Carduus acarna* L., *Compositae)–,* "las quales son espinosas por las extremidades, y cubiertas de un cierto vello, que se parece a las telarañas" (según Dioscórides, traducido por Laguna); planta que se cree será un cardo borriquero *(Onopordum Acanthium* L. ["acanthium"] y *O. illyricum* L., *Compositae)* –gr. *akánthion, -íou* n. = espinita, espina pequeña; diminutivo de gr. *ákantha, -ánthēs* f. = espina, pincho, etc.

Acárna, -ae f. gr. *ákorna, -órnēs* f. (en otras lecturas, *ákarna);* lat. *acorna, -ae* f. (en otras lecturas, *acarna)* = en Teofrasto, planta leñosa, de hojas espinosas, parecida al *knêkos hḗmeros* –según parece el alazor *(Carthamus tinctorius* L., *Compositae)–,* pero de color amarillento y jugo untuoso; en Plinio, planta rojiza, de tallos y hojas espinosas y lanuginosas, y jugo pingüe; en ambos casos han supuesto los autores que será un cardo –la *Centaurea benedicta* (L.) L. *(Cnicus benedictus* L., *Compositae);* o en Plinio, además, el *Picnomon Acarna* (L.) Cass. *(Carduus Acarna* L., *Compositae).*

acáulos, -on gr. *ákaulos, -on* = acaule, sin tallo [gr. *a-* = prefijo privativo; gr. *kaulós, -oû* m.; lat. *caulis, -is* m. = tallo, etc.].

aciculáris, -e lat. bot. *acicularis, -e* = acicular, de forma de aguja –particularmente, referido a las hojas, como las de los pinos *(Pinus* L., sp. pl., *Pinaceae),* lineares y puntiagudas– [lat. *acicŭla, -ae* f. = alfiler, diminutivo de aguja (lat. *acus, -us* f.), etc.; y lat. *-āris, -āre* = sufijo que indica relación, posesión, etc.]. En el protólogo del *Carduus acicularis* Bertol. *(Compositae)* se dice, acerca de las brácteas del involucro de la inflorescencia: "squamis imbricatis, lineari-aciformibus" [lat. bot. *aciformis, -e* = aciforme de forma de aguja –de lat. *acus, -us* f.; y lat. *-formis, -forme* (de lat. *forma, -ae* f. = forma, figura, etc.) = de forma de].

Acrocéntron, -i n. lat. bot. *Acrocentron, -i* n., género de las *Compositae* establecido por A.H.G. de Cassini in F. Cuvier, Dict. Sci. Nat. ed. 2, 44: 35, 37 (1826), que en *Flora iberica* se acepta como *Centaurea* sect. *Acrocentron* (Cass.) DC., Prodr. 6: 586-591 (1838). Aunque nada se diga en el protólogo acerca del nombre, sin duda alguna proviene del gr. *ákros, -a, -on* = lo más elevado de, de la parte de arriba o de fuera, lo extremo, lo más alto, etc.; y gr. *kéntron, -ou* n. = todo lo que sirve para picar, aguijón, púa, punta de lanza, espolón del gallo, etc. // punto central de una circunferencia, centro, etc. –lat. *centrum, -i* n. = centro o punto medio de alguna cosa–. En el protólogo se dice: "Notre genre *Acrocentron* [...] ne diffère du *Lopholoma* que par le sommet de l'appendice, qui forme une épine bien manifeste."

africánus, -a, -um lat. *Africānus, -a, -um* = africano, de África –en tiempo de los romanos, inicialmente, los antiguos dominios cartagineses tan solo; aunque luego la provincia se amplió

* F. Muñoz Garmendia, F. Cortés Gabaudan, M. Martínez Pastor & M. Laínz

desde lo que hoy es Túnez hasta buena parte de Libia y Argelia [lat. *Afrĭca, -ae* f.; y lat. *-(t)ānus, -(t)āna, -(t)ānum* = sufijo que indica procedencia, pertenencia, conexión, etc.].

álbus, -a, -um lat. *albus, -a, -um* = albo, blanco, etc. En el caso de la *Centaurea alba* L. *(Compositae),* Linneo, con toda probabilidad, toma el restrictivo del nombre de Tabernaemontanus, que figura entre los sinónimos, *Iacea alba –Eicones plantarum...,* p. 153 (1590)–; en esta publicación no hay descripción alguna y nada se dice al respecto; aunque por otro de los sinónimos citados por el autor sueco, *Stoebe calyculis argenteis minor* C. Bauhin, Pinax: 273 (1623), podemos suponer que lo de "alba" aludiría a las brácteas del involucro de la inflorescencia, ± argénteas –ya que las flores de la planta en cuestión rara vez son enteramente blancas.

Alcálae f. genitivo singular de lat. medieval *Alcala, -ae* f., 'de Alcalá' –a partir del castellano medieval *Alcalá* f. = entre otras cosas, topónimo que da nombre a varias poblaciones hispanas; y éste, del árabe *al-qal'a,* con el artículo incorporado = lugar fortificado, fortaleza, castillo, etc.–. En el caso de la *Klasea boetica* subsp. *alcalae* (Coss.) Cantó & Rivas Mart. ["baetica"] *(Serratula alcalae* Coss., *Compositae),* en el protólogo se dice que la planta se colectó en el Picacho de Alcalá de los Gazules (Cádiz).

algarbiénsis, -e neolat. *Algarb(i)ēnsis, -e* = algarbense, principalmente del Algarve (S de Portugal) [neolat. *Algarbĭa, -ae* f.; y lat. *-ēnsis, -ēnse* = sufijo que indica relación, pertenencia, etc.; del árabe *al-Gharb al-Andalus* = parte más occidental de la Hispania musulmana, 'el oeste de al-Andalus' –al principio gran parte del actual terrorio portugés; más tarde, la actual provincia de Huelva y el S de Portugal; y, al fin, el actual Algarve portugués–; éste, del árabe *al-gharb* = el poniente, el occidente, el oeste]; también, de los Algarbes (Algarves), S de Portugal y NW de África –el Occidente del Islán.

alpínus, -a, -um lat. *Alpīnus, -a, -um* = alpino, de los Alpes [lat. *Alpis, -is* f. y *Alpes, -ĭum* f. pl.] y a veces, por extensión, de otras montañas // bot., además, del piso alpino.

ambléns is, -e lat. bot. *amblēnsis, -e* = del valle de Amblés (Ávila).

angustifólius, -a, -um lat. bot. *angustifolĭus, -a, -um* = de hojas estrechas [lat. *angustus, -a, -um* = angosto, estrecho, etc. –del verbo lat. *ango* = estrechar, oprimir, etc.–; y lat. *folĭum, -ĭi* n. = hoja].

ánnuus, -a, -um lat. *annŭus, -a, -um* = anual, que dura un año, que se repite cada año // bot. que desarrolla o completa su ciclo biológico en un año [lat. *annus, -i* m.].

antennátus, -a, -um neolat. *antennātus(antemn-), -a, -um* = provisto de antena [de lat. *antemna(antenn-), -ae* f. = verga de navío, entena, antena // neolat. antena, apéndice sensorial par de la cabeza de los artrópodos, etc.; y lat. *-ātus, -āta, -ātum* = sufijo participial en derivado no verbal que indica posesión o parecido]. En el protólogo de la *Centaurea antennata* Dufour *(Compositae)* nada se dice en concreto acerca del restrictivo, aunque con toda probabilidad alude a las brácteas del involucro de la inflorescencia, que recordarían una antena de insecto.

araneósus, -a, -um lat. *araneōsus, -a, -um* = lleno o cubierto de telas de araña // parecido a una telaraña // bot. araneoso: planta, tallo, hoja, etc., con pelos largos y delicados, entrecruzados, como los de las telarañas [lat. *aranĕa, -ae* f. y *aranĕum, -i* n. = telaraña, etc. –gr. *aráchnē, -ēs* f. y. *aráchnēs, -ou* m.; lat. *aranĕus, -i* m. y *aranĕa, -ae* f. = araña, etc.–; y lat. *-ōsus, -ōsa, -ōsum* = sufijo que indica abundancia, desarrollo completo o marcado, etc.]. En el protólogo del *Carduncellus hispanicus* subsp. *araneosus* (Boiss. & Reut.) G. López *(C. araneosus* Boiss. & Reut., *Compositae)* se dice: "C. totus pilis arachnoideis sparsis obtectus."

arboréscens, -éntis lat. *arborescens, -entis* = arborescente, que se hace árbol o cosa parecida [participio activo del verbo lat. *arboresco;* y éste, de lat. *arbor, -ŏris* f. = árbol].

argecilléns is, -e lat. bot. *argecillēnsis, -e* = argecillano, de Argecilla (Guadalajara).

aristátus, -a, -um lat. *aristātus, -a, -um* = provisto de espigas [con aristas] // bot. aristado, que remata en una arista [lat. *arista, -ae* f. = arista, filamento de las espigas de cereal // espiga de cereal, etc.; y lat. *-ātus, -āta, -aātum* = sufijo participial en derivado no verbal que indica posesión o parecido]. En el protólogo de la *Centaurea aristata* Hoffmanns. & Link *(Compositae)* se lee: "peranthodii phyllis aristâ apicis rectâ" –evidentemente, se trata las brácteas del involucro de la inflorescencia.

arístifer(-íferus), -ífera, -íferum lat. *arista, -ae* f. = arista, filamento de las espigas de cereal // espiga de cereal, etc.; y lat. *-fĕr(-fĕrus), -ĕra, -fĕrum* (de *fĕro* = llevar // producir, etc.) = que lleva, que tiene, que produce, que cría, etc. En la *Centaurea alba* subsp. *aristifera* (Pau ex Vicioso) E. López & Devesa *(C. aristifera* Pau ex Vicioso, *Compositae),* por las brácteas del involucro de la inflorescencia, prolongadas en arista.

arundánus, -a, -um lat. bot. *arundānus, -a, -um* = arundense [lat. *Arundēnsis, -e*], rondeño, de Ronda, en Málaga [gr. *Aroúnda, -as* f.; lat. *Arunda, -ae* f. = en Plinio y Ptolomeo, ciudad céltica de la Bética, con toda probabilidad la actual Ronda; y lat. *-(t)ānus, -(t)āna, -(t)ānum* = sufijo que indica procedencia, pertenencia, conexión, etc.].

arvénsis, -e neolat. *arvēnsis, -e* = arvense, que crece entre los cultivos o sembrados [de lat. *arvum, -i* n. = campo de labor, cultivado, etc.; y lat. *-ēnsis, -ēnse* = sufijo que indica relación, pertenencia, etc.].

ásper, -era, -erum lat. *asper, -ĕra, -ĕrum* = áspero, rugoso, escabroso, rudo, etc.

astúricus, -a, -um lat. *Asturĭcus, -a, -um* = astur, asturiano, perteneciente o natural de Asturias, en su más amplio sentido [lat. *Asturĭa, -ae* f. = Asturias, región de la España Tarraconense poblada por los astures; y lat. *-ĭcus, -ĭca, -ĭcum* = sufijo que indica relación, pertenencia, etc.] // astorgano, natural de Astorga (León) [lat. *Asturĭca Augusta* y *Asturĭca, -ae* f.]. En el *Carduus asturicus* Franco *(Compositae),* tal restrictivo alude a que la planta se describió de Cangas de Tineo (Asturias).

Ávila, -ae m. en la *Centaurea Avilae* Pau *(Compositae),* homenaje a Pedro de Ávila y Zumarán (1842-1924), Ingeniero de Montes, botánico y naturalista natural de Cenicero (La Rioja); catedrático de Botánica de la Escuela Especial de Ingenieros de Montes en El Escorial (1873-1881), impartió, además, en diferenters cursos, Zoología, Selvicicultura y Metereología, siendo también su director desde 1896 a 1901; discípulo predilecto de M. Laguna y Villanueva, bajo su jefatura participó en la Comisión de la Flora Forestal Española (1868-1887); en lo botánico, fue también colaborador de las más importantes publicaciones del citado M. Laguna, *Comision de la Flora forestal española* [...] *1867 y 1868...* (Madrid, 1870), *Comision de la Flora forestal española* [...] *1869 y 1870...* (Madrid, 1872), *Flora forestal española...* (Madrid, 1875) y *Flora forestal española...* [2.ª ed.] (Madrid, 1883-1890, 2 vols. de texto y 2 vols. "Atlas").

babiánus, -a, -um lat. bot. *babiānus, -a, -um* = babiano, que se cría en la Babia, comarca de León.

báeticus(bóeticus), -a, -um gr. *Baitikós, -ḗ, -ón;* lat. *Baetĭcus(Boet-), -a, -um* = bético, de la Bética, hoy Andalucía [gr. *Baitikḗ, -ês* f.; lat. *Baetĭca(Boet-), -ae* f.] –recibió su nombre del río Betis, actual Guadalquivir [gr. *Baĩtis, -ios(-idos)* m.; lat. *Baetis(Bĕt-), -is* m.].

baleáricus, -a, -um gr. *Baliarikós(Balear-, Ballear-), -ḗ, -ón;* lat. *Baliarĭcus(Balear-), -a, -um* = baleárico, balear, de las Baleares [gr. *Baliarides(Balear-, Balēar-, Balliar-), -ōn* f. pl.; lat. *Baliares(Balear-), -ĭum* f. pl.; y lat. *-ĭcus, -ĭca, -ĭcum* = sufijo que indica relación, pertenencia, etc.].

Barrásius, -ii m. aunque en el protólogo de la *Centaurea Barrasii* Pau *(Compositae)* nada se dice al respecto, con toda probabilidad el restrictivo es homenaje a Francisco de las Barras de Aragón (1868-1955), naturalista, antropólogo, etnógrafo, historiador de la ciencia, americanista, bibliófilo y político sevillano –fue concejal por el Partido Liberal y alcalde (en 1918) de su ciudad–; cursó estudios de dibujo, pintura y teoría e historia de las artes en la Escuela de Bellas Artes (1885-1889), licenciado en Derecho por la Universidad de Sevilla (1890) y en Ciencias por la Central madrileña (1894) y doctor (1895); en lo académico y científico, fue profesor auxiliar de la Facultad de Ciencias de la Universidad de Oviedo (1897-1898), catedrático de Historia Natural y Fisiología Humana e Higiene en los institutos de segunda enseñanza de Palencia (1898-1899), Ávila (1899-1902) y Huelva (1902-1906), de Mineralogía y Botánica en las universidades de Oviedo (1906-1910) y Sevilla –Facultad de Medicina en Cádiz (1911-1913) y de Ciencias en Sevilla (1913-1919)–, y de Antropología en la Facultad de Ciencias de la Universidad Central madrileña (1920-1939), más primer director de la Estación Alpina de Biología del Guadarrama (1910-1911), dependiente del Museo de Ciencias Naturales, vicerrector de la Universidad de Sevilla (1916-1917), decano de la Facultad de Ciencias de esta universidad (1918-1919), catedrático de Historia Natural en la Escuela de Estudios Superiores del Magisterio (1919-1920), jefe de la Sección de Etnografía del Museo Nacional de Antropología (1920-1929) y su director (1929-1939) –la guerra civil de 1936-1939 la pasó en su ciudad natal dando clases, entre otras cosas, de Historia Natural en la universidad; al terminar la guerra, en 1939, recuperó sus cargos y, tras su jubilación como catedrático (27.X.1939), renunció también a la dirección del museo y fijó su residencia en Sevilla–; lógicamente, sus publicaciones son muy numerosas (más de 300) y variadas.

Beltránus, -i m. aunque en el protólogo de la *Centaurea Beltrani* (Pau) Blanca ["beltrani"], pro hybr. *(C. tenuifolia* subsp. *Beltrani* Pau ["Beltrani"], *Compositae)* nada se dice al respecto, con toda probabilidad el restrictivo es homenaje a Francisco Beltrán y Bigorra (1886-1962), naturalista oriundo de Nules (Castellón); licenciado en Ciencias y doctor (1911) por la Universidad Central madrileña con la tesis *Estudios sobre la vegetación de la Sierra de Espadán;* tras ser el encargado de la Estación Alpina de Biología del Guadarrama (1911-1913), dependiente del Museo de Ciencias Naturales, con una plaza de ayudante del Instituto Nacional de Ciencias Físico-Naturales, y Auxiliar de Mineralogía y Botánica en la Facultad de Ciencias de dicha universidad (1913-1914), ganó por oposición la cátedra de estas disciplinas en la de Valencia (1914) y en esta universidad continuó hasta su jubilación, en 1956; fue además director del Jardín Botánico de la Universidad (1914-1962), del Museo Paleontológico Municipal (1925-1962) y decano de la Facultad de Ciencias (1929-1936) –dimitió el 22-II-1936, tras el triunfo electoral del Frente Popular–; separado de la cátedra por el gobierno republicano (1937), fue repuesto por el "franquista" tanto en la cátedra y las direcciones, como en el decanato (1939-1954), y designado juez instructor para los expedientes de depuración del profesorado universitario y concejal del ayuntamiento de Valencia (1948-1952) –murió de un accidente automovilístico (1962)–; en lo científico, fue iniciado en los estudios fanerogámicos por el también castellonense C. Pau, rindió sin embargo sus principales contribuciones como briólogo bajo los auspicios de A. Casares Gil, en el ámbito del Museo de Ciencias Naturales madrileño [de lat. medieval *Bertramus(-nus), -i* m., *Bertichramnus, -i* m., *Bertrandus, -i* m., etc.; en España, además, *Berteramnus, Berteranus, Beltra(n)nus, Bertranus,* etc. = Beltrán (inglés *Bertram,* Francés *Bertrand,* etc.), nombre propio m. y apellido de origen germánico [al parecer, del antiguo germánico *berht* = brillante, lúcido, ínclito, ilustre, afamado, etc., y *hraben* f. = cuervo]. Está claro que, según el ICN art. 60.12 (cf. Rec. 60.C2), no debe corregirse el restrictivo original *Beltrani,* al ser nombre de persona con latinización bien establecida, *Beltranus.*

Benedícta, -ae f. lat. bot. *Benedicta, -ae* f., género de las *Compositae* establecido por J.J. Bernhardi, Syst. Verz.: 108-109, 159 (1800), que en *Flora iberica* se acepta como *Centaurea* sect. *Benedicta* (Bernh.) Devesa, cuya especie tipo es la *B. officinalis* Bernh. *(Centaurea benedicta* (L.) L., ≡ *Cnicus benedictus* L.) –véase *benedictus.*

benedíctus, -a, -um lat. *benedīctus, -a, -um* = bendito, santo [del verbo lat. *bene dīco* o *benedīco* = pronunciar palabras de buen agüero // hablar bien de uno, elogiar, alabar // lat. eclesiástico, bendecir, consagrar; y éste, de lat. *bene* = bien, buenamente, convenientemente // en abundancia, mucho, muy, etc. –relacionado con lat. *bonus, -a, -um* = bueno, agradable, ventajoso, útil, de buena calidad, etc.–, y el verbo lat. *dīco* = mostrar con la palabra, decir, expresar con palabras, etc.]. En la *Centaurea benedicta* (L.) L. *(Cnicus benedictus* L., *Compositae)* Linneo toma el restrictivo de unos cuantos botánicos prelinneanos, quienes habían llamado a la planta *Carduus benedictus* o *Carduus sanctus,* "por las virtudes y facultades admirables, casi santas, que tiene contra varias enfermedades", viene a decir G. Ambrosini –*Phytologiae,* p. 133 (1666).

betúricus, -a, -um lat. *beturĭcus, -a, -um* = betúrico, de la Beturia [gr. *Baitouría, -as* f.; lat. *Baeturĭa(Be-), -ae* f. = Beturia; y lat. *-ĭcus, -ĭca, -ĭcum* = sufijo que indica relación, pertenencia, etc.], amplia región de la Hispania antigua comprendida entre los cursos medios e inferiores de los ríos Guadiana y Guadalquivir, el W ocupada por pueblos célticos (la mayor parte del SW de la actual provincia de Badajoz, el N de la de Huelva y territorios portugueses colindantes, hasta el Algarve) y al E por los túrdulos (buena parte del N la provincia de Córdoba y una parte del S de la de Ciudad Real). En el caso de la *Centaurea beturica* E. López & Devesa ["bethurica"] *(Compositae),* la "th" del restrictivo es, evidentemente, un error ortográfico que debe ser corregido –cf. ICN art. 60.1 y 60.3.

bóeticus, -a, -um véase *baeticus.*

Bofilliánus, -a, -um aunque nada se diga en el protólogo de la *Centaurea Bofilliana* Sennen ex Devesa & E. López ["bofilliana"] *(Compositae),* ni en la etiqueta manuscrita, *Centaurea Bofilliana* Sennen, Pl. Espagne 1916 (BC 35280), pro hybr., nom. nud., acerca del restrictivo; suponemos que, por lo que se lee en el de la *Mentha Bofillii* Sennen in Bol. Soc. Ibér. Ci. Nat. 33(4-7): 61-62 (1935) ["Bofilli"], "Affectueuse dédicace à M. le Dr. Arturo Bofill Secrétaire de R. A. C. y A. de Barcelona, à laquelle nous avons l'honneur d'appartenir", es homenaje a Arturo Bofill y [i] Poch (1844-1929), naturalista, geólogo, paleontólogo y malacólogo barcelonés; quien, tras estudiar Derecho y Filosofía y Letras en la universidad de su ciudad, se interesó por las Ciencias Naturales; fue, entre otras cosas, auxiliar-conservador del Museo Martorell –actual Museo de Ciencias Naturales de la Ciudadela (Barcelona)– desde 1887, su director interino (1890), con nombramiento oficial desde 1893 hasta su jubilación en 1920, secretario perpetuo de la Real Academia de Ciencias y Artes de Barcelona desde 1896 hasta su muerte y secretario de la Junta Municipal de Ciencias Naturales.

Boissiérus, -i m. Pierre-Edmond Boissier (1810-1885), botánico ginebrino, en particular estudioso de la flora ibérica y, luego, de la del Oriente Medio en sentido amplio (desde los Balcanes hasta el Afganistán).

bombýcinus, -a, -um gr. *bombýkinos, -ē, -on;* lat. *bombycĭnus, -a, -um* = de seda, etc. [gr. *bómbyx, -ykos* m.; lat. *bombyx, -ycis* m./f. = gusano de seda, capullo del gusano de seda // tela o ropa de seda // copo de algodón, etc.]. En el protólogo de la *Centaurea bombycina* Boiss. ex DC. *(Compositae)* se viene a decir que, a excepción de la inflorescencia, toda la planta está cubierta de un denso tomento cano.

Bórja, -ae m. José Borja Carbonell (1902-1993), farmacéutico y botánico natural de Cárcer (Valencia); tras cursar la licenciatura de Farmacia en Madrid, se estableció en 1927 como boticario en Corbera de Alcira (Valencia); pronto se interesó por la botánica, hacia 1930; fue corresponsal de Pío Font Quer desde 1944; en 1945, bajo la dirección de Salvador Rivas Goday, comenzó su tesis doctoral, que concluyó en 1948 –"Estudio fitográfico de la Sierra de Corbera (Valencia)"–; tras abandonar en 1948 su oficina de farmacia, fue profesor en la Cátedra de Botánica de la Facultad de Farmacia de la Universidad Complutense, colaborando durante muchos años con su catedrático, el citado Salvador Rivas Goday; también estuvo

(1950-1961) y ayudante y colaborador científico (1961-1971); sus publicaciones son abundantes, pero su obra botánica más importante hay que buscarla sin duda ninguna en los herbarios MA y MAF, donde se hallan depositadas gran parte de sus personales recolecciones.

Bourgeánus, -a, -um Eugène Bourgeau (1813-1877), infatigable colector saboyano; entre 1845 y 1846 herborizó para Philip Barker Webb en las Canarias; entre 1847 y 1856, nombrado "voyageur-collecteur" de la "Association botanique française d'exploration", colectó en la Península Ibérica (1847, 1849-1854, 1856), Córcega y el SE de Francia (1848), las Canarias (1855) y Argelia (1856); en el Canadá, para la expedición al Canadá (1857-1859); en Asia Menor, para Pierre-Edmond Boissier (1860, 1862); en el SE de Francia, para sus subscriptores (1861); en la Península Ibérica, de nuevo para la "Association botanique française d'exploration" (1863 y 1864); y en México (1865-1866), "à la suite de notre armée", para el Museo de París.

Bráun-Blanquétius, -ii m. Josias Braun-Blanquet [desde 1915 a su nombre original, Josias Braun, añadió el apellido de su mujer, Gabrielle Blanquet] (1884-1980), botánico, geobotánico y ecólogo suizo, fundador de la llamada Escuela Sigmatista de Zúrich-Montpellier; tras unos años en Zúrich, en 1926 definitivamente afincó en Montpellier, donde en 1930 funda la "Station Internationale de Géobotanique Méditerranéenne et Alpine" (SIGMA); es autor, entre otras cosas, de la *Pflanzensoziologie* (Berlín, 1928), *La végétation alpine des Pyrénées orientales* (Barcelona, 1948), *Les groupements végétaux du bassin moyen de l'Ebre et leur dynamisme* (Zaragoza, 1957; en colabotación con O. de Bolòs) y las *Vegetationsskizzen aus dem Baskenland mit Ausblicken auf das weitere Ibero-Atlanticum* (La Haya, 1966).

Brotérus, -i m. Félix da Silva de Avellar, Brotero [latinizado, Broterus] por sobrenombre (1744-1828), nacido en Santo Antão do Tojal (Estremadura, Portugal), catedrático y director del jardín botánico de la universidad de Coímbra desde 1791 y director del Real Jardín Botánico de Ajuda (Lisboa) desde 1811; autor, entre otras cosas, de una conocida *Flora Lusitanica*... (Lisboa, 1804, 2 t.) y de la *Phytografia Lusitaniae selectior*... (Lisboa, 1800; y Lisboa, 1816-1827, 1 t. en 2 vols.).

Cabezúdous, -oi m. Baltasar Cabezudo Artero (n. 1946), botánico ceutí; licenciado en Biología (1971) y doctor (1974) por la Universidad de Sevilla con la tesis *Flora y vegetación de la Reserva Biológica de Doñana;* tras ser becario y profesor de Botánica en esta universidad y en las de Córdoba y La Laguna, es catedrático, desde 1981, en el Departamento de Botánica de la Universidad de Málaga, editor de la revista *Acta botanica Malacitana* y responsable y *alma mater* del herbario MGC; sus publicaciones son muy numerosas, y deben destacarse las dedicadas a la flora andaluza.

caerúleus, -a, -um lat. *caerul(ĕ)us(coe-), -a, -um* = cerúleo, de color azul semejante al del cielo, o al marino, etc. [de lat. *caelum(coe-), -i* n. = cielo, bóveda celeste, firmamento, etc.]. En el *Carduncellus caeruleus* (L.) C. Presl *(Carthamus caeruleus* L., *Compositae),* por la corola.

Calcitrápa, -ae f. lat. medieval *calcitrapa* [*calcatrepa, calcatri(p)pa, calcicrepa, calcid(r)i(p)pa, calcitrepa, calcitrepola, cartarupa,* etc.], *-ae* f. = artefactos de hierro con púas que se esparcían por el suelo para obstaculizar a la caballería y la infantería enemigas // el abrojo, cardo estrellado o calcitrapa *(Centaurea Calcitrapa* L., *Compositae,* u otras especies de similar inflorescencia) –los capítulos, espinosos, se parecerían a los mentados artefactos– // cepo, artefacto de hierro, con púas, para atrapar animales salvajes, como lobos, zorros, etc. Muchos autores suponen al término latinización del francés *chausse-trap(p)e* f. (con formas antiguas, *cauketrepe, chauchetrepe, calketrappe, calcitrape, calchetrepe,* etc.) [supuestamente, del francés antiguo *chauchier* = pisar, hollar, y *treper (trèpigner)* = patalear, saltar; pero hay variantes en otras lenguas romances, como en las antiguas lenguas occitanas *(calcatrepa, calcatrapo, caucotrapo, caucotrepo, caoucotropo,* etc.), y en el toscano *(caccatreppola, calcatreppola, calcatrippa,* etc.); lo que es indicio de una más que probable rela-

catrepa, calcatrapo, caucotrapo, caucotrepo, caoucotropo, etc.), y en el toscano *(caccatreppola, calcatreppola, calcatrippa,* etc.); lo que es indicio de una más que probable relación con el verbo lat. *calco* = pisotear, hollar con los pies –éste, de lat. *calx, calcis* f.(m.) = talón // pie–; y lat. medieval *trappa, -ae* f. = armadijo, trampa para cazar animales, etc. (quizá tomada del germánico occidental, quizá una creación onomatopéyica paralela en esa lengua y en romance)]. El género *Calcitrapa* Vaill. *(Compositae),* que aquí se acepta como *Centaurea* sect. *Calcitrapa* (Vaill.) DC. ex Duby, Bot. Gall. 1: 289, 291 (1828), fue creado por S. Vaillant in Hist. Acad. Roy. Sci. Mém. Math. Phys. (Paris, 4.º) 1718: 164-167, 189, fig. 35 (1719) –validado en el mismo autor in Konigl. Akad. Wiss. Paris Phys. Abh. 5: 165-169, 192, fig. 35 (1754)–, tiene como tipo nomenclatural la *Centaurea Calcitrapa* L.

cancellátus, -a, -um lat. *cancellātus, -a, -um* = dispuesto en forma de verja, etc. // rodeado por una verja, etc. [participio pasivo del verbo lat. *cancello* = disponer en forma de verja, etc. // rodear con una verja, enrejar, etc. // cubrir con un enrejado // tachar, anular, etc.; y éste, relacionado con lat. *cancer, -cri* m. = barrera, verja, celosía, enrejado]. En el protólogo de la *Atractylis cancellata* L. *(Compositae)* se dice: "Atractylis involucris cancellatis..."

Cardúnculus, -i m. lat. bot. *Carduncŭlus, -i* m. = en *Cynara Cardunculus* L. ["Cardunculus"] *(Compositae),* nada se indica en el protólogo, directa o indirectamente, acerca del origen del restrictivo; todo apunta a que, en este caso, el vocablo ha sido creado por el botánico sueco a semejanza de *Carduncellus* –véase en este vol. este género–, por más que hayamos encontrado, al menos, otros tres *Cardunculus* sin relación aparente con el que nos ocupa –v.gr., en F. Cupani, *Hortus Catholicus...,* p. 36 (1696), *Cardunculus purpureus, pulchellus, aculeis ad alas, seù angulos deorsùm spectantibus...;* planta que, según A. Bertoloni, Fl. Ital. 9(1): 38-39 (1853), sería el *Ptilostemon stellatus* (L.) Greuter *(Carduus stellatus* L., *Compositae)*– [véase en este vol. el género *Carduus* L. *(Compositae);* y lat. *-cŭlus, -cŭli* m. = sufijo diminutivo].

carlinifólius, -a, -um véase en este vol. el género *Carlina* L. *(Compositae);* y lat. *folĭum, -ĭi* n. = hoja.

carlinoídes, -es véase en este vol. el género *Carlina* L. *(Compositae);* y gr. *-eidḗs, -eidés (eîdos);* lat. *-īdēs, -īdĕs* = parecido a, con aspecto de.

carpetánus, -a, -um lat. *Carpetānus, -a, -um* = carpetano, de la región de los carpetanos [lat. *Carpetani, -orum* m. pl.], en el centro de la Península Ibérica, la que comprendía la actual provincia de Madrid y algunos territorios de las de Guadalajara, Toledo, Ciudad Real y Cáceres; en la actualidad, de los Montes Carpetanos o sierras de Gredos, Guadarrama y Somosierra.

carratracénsis, -e lat. bot. *carratracēnsis, -e* = carratraqueño, de Carratraca (Málaga).

Casabóna, -ae m. Jodocus [Jozef, Joseph] De [van] Goethuysen [Goedenhuizen], llamado también Guiseppe [Giosseffo, Iosephus, Josephus] de Casabona [Casabuona, Benincasa] (c. 1515-1595), jardinero, botánico y colector de plantas flamenco, natural Munsterbilzen (Bélgica); en 1543 está en Florencia trabajando en la construcción y mantenimiento de los jardines del Gran Duque de Toscana, Cósimo I de Médici y, más tarde, en los de sus sucesores, Francisco I y Fernando I –este último le nombró botánico personal–; para dichos jardines colectó semillas y plantas vivas por varias regiones de la Península Itálica, Córcega y Creta (1590-1591) –semillas y plantas que envió a muchos botánicos contemporáneos, como U. Aldobrandi, C. Bauhin, J. Bauhin, Ch. de L'Écluse, etc.–; en 1591 fue nombrado "prefectto" del jardín botánico de la universidad de Pisa y recibió el encargo ducal de trasladarlo a su actual emplazamiento y de organizarlo; dejó unos cuantos manuscritos, con excelentes dibujos de plantas y animales, que se conservan hoy en la biblioteca de la mentada universidad de Pisa.

castellanoídes, -es lat. medieval *Castellānus, -a, -um* = castellano, de Castilla [lat. *castellānus, -a, -um* = castellano, del castillo (lat. *castellum, -i* n.; y este diminutivo, de lat. *castrum, -i* n. = castro, campamento, fortaleza, etc.); lat. medieval *Castella, -ae* f. = Castilla]; y gr. *-eidḗs, -eidés (eîdos);* lat. *-īdēs, -īdĕs* = parecido a, con aspecto de. En la *Centaurea castellanoides* Talavera *(Compositae),* por su parecido a la *C. castellana* Boiss. & Reut. *(C. aristata* Hoffmanns. & Link).

cauléscens, -éntis lat. *caulescens, -entis* = que entallece, que va echando tallo // bot. caulescente, que tiene tallo aparente, bien desarrollado [participio activo del verbo lat. *caulesco;* y éste, de lat. *caulis, -is* m. = tallo].

centauroídes, -es véase en este vol. el género *Centaurea* L. *(Compositae);* y gr. *-eidḗs, -eidés (eîdos);* lat. *-īdēs, -īdĕs* = parecido a, con aspecto de. A pesar de que en el protólogo del *Rhaponticum centauroides* (L.) O. Bolòs *(Cnicus centauroides* L. ["Centauroides"], *Compositae),* el restrictivo va en mayúscula y podría ser, en consecuencia, un substantivo en aposición, pensamos que se trata de uno de tantos yerros linneanos y que el restrictivo es un adjetivo –de hecho, muchos autores, como Willdenow, Sp. Pl. 3(3): 1685 (1803), lo corrigen por "centauroides"–; ya que el vocablo que nos ocupa aludiría a que esta planta fue incluida por unos cuantos botánicos prelinneanos entre los *Centaurium* genuinos. Ciertamente, existen al menos dos lat. bot. *Centauroīdes, -is* f., sin relación directa aparente con nuestro restrictivo; uno, creado por J. Thal, *Sylva Hercynia...,* p. 26-27 –in J. Camerarius, *Hortus medicus et philosophicus...* (1588)–, *Centauroides, aut Centaurium maius sylvestre Germanicum,* recogido por C. Bauhin, Pinax: 235 (1623), que sería la *Serratula tinctoria* L. *(Compositae)–;* y el otro, mencionado por el propio Linneo, Hort. Cliff.: 421 (1738), *Centauroides folio glabro, flore flauescente,* de J. Bauhin & J.H. Cherler, Hist. Pl. 3: 40-41 (1651), que es la *Centaurea alpina* L. *(Compositae).*

Cephalánoplos, -i m. lat. bot. *Cephalanŏplos, -i* m., género de las *Compositae* creado por N.M.J. de Necker, Elem. Bot. 1: 68 (1790), que el ICN hace inválido –cf. App. VI, *Opera utrique opressa–,* y que en *Flora iberica* se acepta como *Cirsium* sect. *Cephalanoplos* Neck. ex DC., Prodr. 6: 643-644 (1838) ["Cephalonoplos"]. Aunque nada se diga en el protólogo acerca del nombre, sin duda ninguna proviene del gr. *kephălḗ, -ês* f. = cabeza, etc.; *ánoplos, -on* = inerme, desarmado, desprovisto de armas, sin escudo [de gr. *an-* = prefijo privativo; y gr. *óplon, -ou* n. = instrumento, utensilio // arma, escudo, coraza, etc.], en alusión a que el capítulo es prácticamente inerme, no espinoso. Aunque en el repertorio *IPNI* el género gramatical de *Cephalanoplos* ["Cephalanoplos"] es masculino o neutro y en *TROPICOS* es neutro, pensamos que, dado que el género está formado de manera arbitraria y que los autores originales no indican nada al respecto, en aplicación del ICN, art. 62.3, hay que optar por el masculino, ya que debe ser aceptada la elección del autor de la primera publicación efectiva del nombre, en este caso *C. arvensis* (L.) Fourr. in Ann. Soc. Linn. Lyon ser. 2, 17: 95 (1869) ["Cephalonoplos"].

cephalariifólius, -a, -um lat. bot. *Cephalaria, -ae* f., género de las *Dipsacaceae* establecido por J.J. Roemer & J.A. Schultes, Syst. Veg. 3: 1, 43-54 (1818), sobre la base del homónimo inválido creado por H.A. Schrader, Index Sem. Horti Goett.: 2 (1814) [Aunque nada se dice en el protólogo acerca del origen del vocablo, está claro que está formado a partir de gr. *kephălḗ, -ês* f. = cabeza, etc.; y lat. *-ārĭa, -ārĭae* f. = sufijo que indica relación, en sentido amplio. Las flores, en este género, están reunidas en capítulos hemisféricos o subglobosos]; y lat. *folĭum, -ĭi* n. = hoja. En el caso de la *Centaurea cephalariifolia* Willk. ["cephalariaefolia"] *(Compositae),* en el protólogo se dice que la figura de sus hojas imita a la de la *Cephalaria leucantha* (L.) Roem. & Schult. *(Dipsacaceae).*

Chamáeleon, -ónis m. gr. *chamailéōn, -ontos* m.; lat. *chamaelĕōn, -ōnis* y *-ontis* m.(f.) = el camaleón, pequeño reptil de la familia de los *Chamaeleonidae,* que en Europa solo está representada por el camaleón común *(Chamaeleo chamaeleon* L.), que posee la facultad de cambiar de color según las condiciones ambientales // en Teofrasto, Dioscórides y Plinio, nombre de dos plantas que producen o gomorresina o liga y que, al decir de los dos últimos, se llaman así por la variedad de los colores de sus hojas, según los diferentes terrenos en los que vive; una, el camaleón blanco –gr. *chamailéōn leukós;* lat. *chamaelĕōn albus* o *candidus*–, que los autores suponen se trata de la ajonjera o cardo de liga [*Carlina gummifera* (L.) Less. *(Atractylis gummifera* L., *Compositae)*]; la otra, el camaleón negro –gr. *chamailéōn mélas;* lat. *chamaelĕōn niger*–, supuestamente el *Cardopatium corymbosum* (L.) Pers. *(Echinops corymbosus* L., *Compositae)* [gr. *chamaí* = en tierra, por tierra, que se arrastra, etc.; y gr. *léōn, -ontos* m.; lat. *lĕo, -ōnis* m. = león, etc.]. El género *Chamaeleon* Cass. *(Compositae),* que en *Flora iberica* se acepta como *Carlina* subgen. *Chamaeleon* (Cass.) Less., Syn. Gen. Compos.: 12 (1832), fue creado por A.H.G. de Cassini in F. Cuvier, Dict. Sci. Nat. ed. 2, 47: 498, 509 (1827).

citrícolor, -óris lat. *citrus, -i* f., *citrĕa(-trĭa), -ae* f. y *citrĕum(-trĭum, -trum), -i* n. = entre otras especies, el cidro *(Citrus Medica* L., *Rutaceae),* etc.; y lat. *cŏlŏr, -ōris* m. = color, etc. En el protólogo de la *Centaurea citricolor* Font Quer *(Compositae)* se dice: “corollae non radiantae, citrinae”.

Cleménteus, -i m. en *Centaurea Clementei* Boiss. ex DC. [“Clementei”] *(Compositae),* homenaje a Simón de Rojas Cosme Damián Clemente y Rubio (1777-1827), orientalista y botánico titagüeño, bibliotecario del Real Jardín Botánico madrileño desde 1805, el cual dedicó gran parte de su tiempo al estudio de las variedades de la vid, del trigo, del olivo y de otras muchas plantas cultivadas; viajó, también, y herborizó, principalmente por el Reino de Granada y otras tierras andaluzas; entre otras cosas, hay que destacar su *Ensayo sobre las variedades de la vid comun* (Madrid, 1807).

collínus, -a, -um lat. *collīnus, -a, -um* = colino, perteneciente al collado o a la colina [lat. *collis, -is* m.] // bot. del piso colino, que subsigue al inferior o basal.

cónifer(-íferus), -ífera, -íferum lat. *conĭfer, -ĕra, -ĕrum* = que lleva frutos en forma de cono o de piña [gr. *kônos, -ou* m.; lat. *conus, -i* m. = cono, estróbilo, la piña del pino, etc. // cono, figura geométrica, etc.; lat. *-fĕr(-fĕrus), -fĕra, -fĕrum* (de *fĕro* = llevar // producir, etc.) = que lleva, que tiene, que produce, que cría, etc.] // lat. bot. *Conifĕrae, -arum* f. pl., grupo de las gimnospermas. En *Rhaponticum coniferum* (L.) Greuter *(Centaurea conifera* L., *Compositae),* por el aspecto de lo capítulos –el restrictivo linneano está inspirado en el nombre de la planta en C. Bauhin, Pinax: 272 (1623), *Jacea montana incana capite pini.*

corcubionénsis, -e lat. bot. *corcubionēnsis, -e* = corcubionés, de Corcubión (La Coruña).

cordubénsis, -e lat. *Cordubēnsis, -e* = cordobés, de Córdoba [gr. *Kórdyba, -ýbēs* f., *Kordýbē, -ēs* f., etc.; lat. *Cordŭba, -ae* f.; y lat. *-ēnsis, -ēnse* = sufijo que indica relación, pertenencia, etc.] y, por extensión, de la provincia.

corymbósus, -a, -um lat. bot. *corymbōsus, -a, -um* = corimboso, que produce corimbos [gr. *kórymbos, -ou* m.; lat. *corymbus, -i* m. = entre otras cosas, racimo de flores o de frutas // bot. inflorescencia simple de tipo racemoso, en la que las flores alcanzan el mismo nivel, aunque parten los pedicelos florales de alturas distintas; y lat. *-ōsus, -ōsa, -ōsum* = sufijo que indica abundancia, desarrollo completo o marcado, etc.].

Cósta, -ae m. en la *Centaurea Costae* Willk. [“Costae”] *(Compositae),* homenaje a Antonio [Antoni] Cipriano [Cebrià] Costa y [i] Cuxart (1817-1886), botánico valenciano; discípulo de J.F. Bahí y Fonseca en la Escuela de Agricultura y Botánica de la Junta de Comercio de Barcelona (1835); licenciado en Medicina y Cirugía por el Real Colegio de Cirugía de esta ciudad (1843); sucedió a M. Colmeiro y Penido en la cátedra de Botánica de la Facultad de Ciencias de la universidad barcelonesa (1847); se licenció en Filosofía, sección de Ciencias Naturales, de la misma facultad (1854) y obtuvo el título de doctor en 1869; antes, en 1868, se había jubilado, anticipadamente y a petición propia, de sus cargos docentes; en lo científico, es considerado como uno de los precursores del excursionismo científico hispano, el fundador de la escuela de botánica catalana moderna y el autor de la primera flora, propiamente dicha, de Cataluña, *Introduccion á la flora de Cataluña...* (Barcelona, 1864; ed. 2, Barcelona, 1877).

Coutínhous, -oi m. António Xavier Pereira Coutinho (1851-1939), ingeniero agrónomo y botánico lisboeta; agrónomo del distrito de Braganza (1875), del de Coímbra (1878), jefe de los servicios químicos del "Instituto Geral de Agriculura" (1879), catedrático de Selvicultura del "Instituto Agrícola" (1883), de Química agrícola (1886) y, por último, de Botánica, hasta su jubilación; además, naturalista adjunto de la sección de Botánica del "Museo nacional" de Lisboa (1890), "lente substituto" de la cátedra de Botánica de la "Escola Politécnica" (1903) y "lente proprietário" (1911), hasta su jubilación; son numerosos sus trabajos, sobre todo los referentes a la flora portuguesa, y muy conocida su *A flora de Portugal (plantas vasculares)...* (París, Lisboa, etc., 1913; ed. 2, Lisboa, 1939).

créticus, -a, -um gr. *Krētikós, -ḗ, -ón;* lat. *Cretĭcus, -a, -um* = crético, cretense, de la isla de Creta [gr. *Krḗtē, -ēs* f.; lat. *Creta, -ae* y *Crete, -es* f.; y lat. *-ĭcus, -ĭca, -ĭcum* = sufijo que indica relación, pertenencia, etc.].

crocátus, -a, -um lat. *crocātus, -a, -um* = azafranado, de color de azafrán [gr. *krókos, -ou* m.(f.); lat. *crocus, -i* m.(f.) y *crocum, -i* n. = sobre todo, el azafrán *(Crocus sativus* L., *Iridaceae);* también, los *Crocus* no cultivados *(C. vernus* L., etc.) y otras plantas que tiñen o colorean de amarillo al igual que el azafrán –según opinan algunos autores el vocablo es de origen semítico y estaría relacionado con el acadio *kurkamū,* caldeo *kurkām, kūrkam, kurkămā, kūrkăma,* arameo *kūrkāmā,* hebreo *karkōm,* árabe *kurkum,* etc.–; y lat. *-aātus, -āta, -ātum* = sufijo participial en derivado no verbal que indica posesión o parecido]. En el protólogo de la *Centaurea crocata* Franco *(Compositae)* se lee: "Corola [...] crocea" –lat. *crocĕus, -a, -um* = de azafrán, de color de azafrán.

Crupinástrum, -i n. véase en este vol. el género *Crupina* (Pers.) DC. *(Compositae);* y lat. *-astrum, -astri* n. = sufijo que indica, despectivamente, silvestre, no genuino, de semejanza imperfecta, etc. En el protólogo de la *Crupina Crupinastrum* (Moris) Vis. ["Crupinastrum"] *(Centaurea Crupinastrum* Moris ["Crupinastrum"], *Compositae)* se lee: *"Centaureae Crupinae* L. (Crupinae vulgaris Cass.) prorsus similis, differt..."

crupinoídes, -es véase en este vol. el género *Crupina* (Pers.) DC. *(Compositae);* y gr. *-eidḗs, -eidés (eîdos);* lat. *-īdēs, -īdĕs* = parecido a, con aspecto de. En el protólogo de la *Volutaria crupinoides* (Desf.) Maire *(Centaurea crupinoides* Desf., *Compositae)* se lee: "Affinis C. crupinae Lin."

Cuatrecasásius, -ii m. José [Josep] Cuatrecasas y [i] Arumí (1903-1996), farmacéutico y botánico, natural de Camprodón (Gerona); de 1932 a 1939, catedrático de Botánica en la Facultad de Farmacia de la Universidad Central de Madrid; de 1937 a 1939, además, director del Jardín Botánico madrileño. Exiliado tras la guerra civil española, primero en Colombia y luego en los Estados Unidos de Norteamérica –de 1947 a 1955, en el Natural History Museum de Chicago, y de 1957 a 1996, en la Smithsonian Institution de Washington–, se dedicó exclusivamente, o poco menos, a la flora neotropical, sobre todo a las *Compositae.*

Cýanus, -i m. gr. *kýanos, kyánou* m.(f.) = esmalte o substancia de color azul obscuro especialmente utilizado para decorar las armas (armaduras, escudos, etc.) y el propio color azul obscuro, en cuyo caso es f. // especie de mineral azul usado para teñir // el lapislázuli // el aciano o azulejo *(Centaurea Cyanus* L., *Compositae),* etc.; lat. *cyănus(-os), -i* f. = el lapislázuli // el aciano o azulejo. El género *Cyanus* Mill. *(Compositae),* que fue establecido por Tournefort (1694: 353-354; 1700: 445-447) y validado en Ph. Miller, Gard. Dict. Abr. ed. 4 (1754), en *Flora iberica* se acepta como *Centaurea* sect. *Cyanus* (Mill.) Dumort., Fl. Belg.: 72 (1827), y tiene por especie tipo la citada *C. Cyanus* L.

cylindráceus, -a, -um neolat. *cylindracĕus, -a, -um* = cilíndrico, de forma de cilindro [de gr. *kýlindros, -índrou* m.; lat. *cylindrus, -i* m. = rodillo, cilindro, etc. –del verbo griego *kylíndō* = rodar, hacer rodar, etc.; y éste, relacionado con gr. *kyliō* = rodar, etc.–; y lat. *-ācĕus, -ācĕa, -ācĕum* = sufijo que indica parecido, etc.]. En el caso del *Xeranthemum cylindraceum* Sm. *(Compositae),* el restrictivo está tomado de Tournefort, Coroll. Inst. Rei Herb.: 38 (1703), quien llamó a la planta *Xeranthemum Orientale, flore minimo, calyce cylindraceo* –evidentemente, lo cilíndrico es el involucro de la inflorescencia.

Cýnara, -ae f. véase en este vol. el género *Cynara* L. *(Compositae).* Nada se dice en el protólogo de la *Carlina acanthifolia* subsp. *Cynara* (Pourr. ex DC.) Arcang. ["Cynara"] *(C. acanthifolia* var. *Cynara* Pourr. ex DC. ["cynara"], *Compositae)* acerca del porqué del restrictivo; se nos ocurre que podría aludir al apreciable tamaño de los capítulos florales de la planta, como los de la alcachofa *–Cynara Cardunculus* L. (incl., *C. Scolimus* L., *Compositae)–* o, acaso, a que los capítulos jóvenes serían comestibles, como las alcachofas.

Debeáuxius, -ii m. Jean-Odon Debeaux (1826-1910), farmacéutico militar, malacólogo, botánico y ficólogo natural de Agen (Lot-et-Garonne, Francia); tras su formación en la farmacia Loze de Burdeos, marchó a París (1851) para estudiar en la Escuela de Farmacia; concluidos los estudios (1854), inicia su andadura como farmacéutico militar y con este empleo fue destinado a Argelia (1855-1859; Argel, Boghar y la Kabilia), China (1860-1862; Shanghái, Shandong y Tianjín), colectando, además, en las islas Canarias, Sudáfrica y probablemente en Madagascar; también tuvo destino en Córcega (1868), Perpiñán (1872) y, de nuevo, en Argelia (1880-1884); en lo que respecta a la botánica hispana, son destacables la *Synopsis de la flore de Gibraltar* (París, etc., 1889), con G. Dautez como coautor, lo publicado sobre las *Notas botanicas a la flora española (Fasc. IV, 1891). Por Carlos Pau. Suivies d'observations sur quelques espèces critiques* (Toulouse, 1892) y acerca de los exsiccatos de É. Reverchon, *Plantes rares ou nouvelles de la Province d'Aragon (Espagne) provenant des récoltes de M. Reverchon...* (1894-1897, 3 part.).

Demétria, -ae m. aunque en el protólogo de la *Klasea* sect. *Demetria* (Boriss.) L. Martins in Bot. J. Linn. Soc. 152(4): 457 (2006) [*Serratula* sect. *Demetria* Boriss. in Kom. (ed.), Fl. URSS 28: 607 (1963), *Compositae*] nada se dice al respecto, probablemente el restrictivo es homenaje a Dmitrii [Dimitri] Ivanovich Sosnowsky [Sosnowski, Sosnovskii, Sosnovsky, Sosnowskyi] (1885-1952), botánico y micólogo georgiano; especialista, entre otras cosas, en las Compuestas y coautor de una *Flora Gruzii* = *Flora Georgiae* (Tiflis, 1941-1952, 8 vols.) y autor de unas cuantas revisiones genéricas de dicha familia en la *Fora URSS* vol. 28 (Moscú, San Petersburgo, 1963), donde está descrito el término en cuestión [gr. *Dēmḗtrios, -íou* m.; lat. *Demētrĭus, -ĭi* m. = Demetrio, nombre de varón –éste, de gr. *Dēmḗtēr, -tros* f. = Deméter, diosa griega de la agricultura, hija de Crono y Rea, símbolo de las fuerzas productoras de la naturaleza; y gr. *-ios, -íou* m. = sufijo que indica relación, etc.].

depréssus, -a, -um lat. *depressus, -a, -um* = que se hunde profundamente // bajo // hondo, profundo // hundido, sumergido, etc. // bot. deprimido, aplastado en sentido dorsiventral, en la dirección del eje del órgano [participio pasivo del verbo lat. *deprĭmo* = apretar hacia abajo, hundir, hacer bajar, deprimir, etc.; y éste, del verbo lat. *premo* = ejercer una presión sobre, oprimir, apretar // estrechar, comprimir, etc.]. Nada se dice en el protólogo de la *Centaurea depressa* M. Bieb. *(Compositae)* acerca del origen del restrictivo y no adivinamos con certeza el porqué, aunque podría aludir a que las flores periféricas del capítulo, mucho mayores que el resto, son casi patentes, lo cual hace que la inflorescencia, en vista cenital, esté como aplastada o con el disco central más deprimido.

diánius, -a, -um n. lat. *Diānĭus, -a, -um* = relativo a Diana [lat. *Dĭāna, -ae* f.], diosa romana de la caza, protectora de la naturaleza, hija de Júpiter y Latona // bot. dianense, de Denia (Alicante) [lat. *Dianĭum, -ĭi* n. = templo de Diana // Denia; lat. *Dianēnsis, -e* y *Dieniēnsis, -e* = dianense].

diffúsus, -a, -um lat. *diffūsus, -a, -um* = extenso, extendido, difuso // disperso, exparcido, desparramado [participio pasivo del verbo lat. *diffūndo* = extender vertiendo, derramar, esparcir // difundir, propapagar, extender, etc.; y éste, de lat. *dis- (di-,* ante algunas consonantes, o *dif-,* ante la 'f', por asimilación) = prefijo que indica por lo común división, separación, distinción, a veces es aumentativo, otras, negativo, etc.; y el verbo lat. *fundo* = verter, derramar, etc.]. En el protólogo de la *Centaurea diffusa* Lam. *(Compositae),* se dice: "caule ramosissimo paniculato diffuso".

dilútus, -a, -um lat. *dilūtus, -a, -um* = diluido, desleído, aguado // aplicado a los colores, pálido, claro, etc. [participio pasivo del verbo lat. *dilŭo* = separar lavando, disgregar, diluir, disolver, etc.; y éste, de lat. *dis- (di-,* ante algunas consonantes, o *dif-,* ante la 'f', por asimilación) = prefijo que indica por lo común división, separación, distinción, a veces es aumentativo, otras, negativo, etc.; y el verbo lat. *luo* = lavar, bañar]. En el protólogo de la *Centaurea diluta* Aiton *(Compositae)* se lee: "Pale-flower'd Centaury."

Dominguézius, -ii en la *Centaurea micrantha* subsp. *Dominguezii* (E. López, Devesa & Arnelas) E. López & Devesa *(C. Langei* subsp. *Dominguezii* E. López, Devesa & Arnelas, *Compositae),* homenaje a Eugenio Domínguez Vilches (n. 1946), botánico sevillano; Licenciado en Ciencias Biológicas por la universidad de su ciudad (1970) y doctor por la misma universidad (1973), con la tesis doctoral *Estudio biosistemático de las especies anuales de los géneros Srorpiurus L. e Hippocrepis L.;* tras ser profesor interino de Botánica en la Facultad de Ciencias de la Universidad de Sevilla (1970-1971), del Colegio Universitario de Córdoba (1972) y de la de Ciencias Biológicas de la Complutense madrileña (1976-1977), obtuvo por oposición la plaza de agregado de Botánica en la Facultad de Ciencias Biológicas de León (1977), Facultad de Ciencias de Córdoba (1977-1981) y de catedrático de Botánica y Biología Vegetal de esta misma facultad (1981); en lo académico ha sido además, entre otras cosas, rector de esa última universidad (1998-2006), fundador y coordinador, hasta 2004, de la Red Española de Aerobiología (REA), profesor de Historia de la Aviación del Título de Piloto de Aviación Comercial de la Universidad de Córdoba, etc.; en lo que respecta a sus publicaciones, son destacables las dedicadas a los géneros *Hippocrepis* L., *Scorpiurus* L. y a otras *Leguminosas,* al estudio florístico de Andalucía occidental y a los estudios palinológicos.

dracunculifólius, -a, -um lat. *dracuncŭlus, -i* m. = una serpiente pequeña [gr. *drákōn, -ontos* m.; lat. *draco, -onis* m. = dragón, serpiente –animales fabulosos–, etc.; y lat. lat. *-cŭlus, -cŭli* m. = sufijo diminutivo] // en Plinio, nombre de dos plantas: una, de "raíz" rojiza y enrollada como una serpiente (de ahí su nombre), que algunos autores piensan que podría ser la bistorta *–Polygonum Bistorta* L. *(Polygonaceae)–;* la otra, con manchas de varios colores, como las serpientes, y tallo de una pulgada de grosor y que, cuando las serpientes mudan la piel por vez primera, su tallo se eleva hasta 2 pies de altura y, después, de nuevo con ellas se esconden en tierra, que los autores suponen será el dracúnculo, dragoncillo, dragontea, serpentina o hierba de la culebra *–Dracunculus vulgaris* Schott *(Arum Dracunculus* L., *Araceae)–;* y lat. *folĭum, -ĭi* n. = hoja. En la *Centaurea dracunculifolia* Dufour *(Compositae),* porque sus hojas recuerdan las del estragón o dragoncillo, *Artemisia Dracunculus* L. *(Compositae),* llamada por C. Bauhin, Pinax: 194 (1623) *Dracunculus hortensis.*

dúbius, -a, -um lat. *dubĭus, -a, -um* = que va o fluctúa de una parte a otra // vacilante, indeciso, inseguro // dudoso, incierto, que hace dudar, etc.

Dufóurius, -ii m. Jean-Marie Dufour, llamado Léon Dufour (1780-1865), médico, botánico, entomólogo, aracnólogo, geólogo y meteorólogo natural de Saint-Sever-sur-Adour (Landes, Francia); entre 1799 y 1806 estudia Medicina en París, obteniendo el grado de doctor, interesándose, además, principalmente por la entomología y la botánica; médico militar en España durante la guerra napoleónica (1808-1814), estuvo acantonado en Madrid, Valencia, Cataluña, Aragón y Navarra, lo cual le posibilitó el acopio de importantes materiales botánicos y entomológicos, principalmente; en lo que respecta a la botánica hispana, son destacables las *Diagnoses et observations critiques sur quelques plantes d'Espagne mal connues ou nouvelles,* publicadas en el *Bulletin de la Société botanique de France,* vol. 7 (1860-1861, 6 part.).

Duriáeus, -áei m. latinización heterodoxa de Michel-Charles Durieu de Maisonneuve (1796-1878), militar y botánico francés que se ocupó, entre otras, de las floras ibérica y argelina; en lo que respecta a nuestro país, animado por J.-É. Gay, se interesó principalmente por la exploración florística del occidente de Asturias –había estado en España con los Cien Mil Hijos de San Luis (ejército enviado por Francia, en 1823, al mando del duque de Angulema, con la autorización de la Santa Alianza, para restablecer el absolutismo a requerimiento del rey español Fernando VII)–; y en lo referente a la flora argelina, formó parte de la comisión científica que estudió dicha flora entre 1840 y 1844, publicando, entre otras cosas, con J.-B.-G.-M. Bory de Saint-Vincent, la *Exploration scientifique de l'Algérie* [...] *Botanique* (París, 1846-1869, 2 vols. de texto y un "Atlas"); a su vuelta a Francia, dirigió el Jardín Botánico de Burdeos desde 1853 hasta su jubilación, en 1877.

ebúrneus, -a, -um lat. *eburnĕus, -a, -um* y *eburnus, -a, -um* = ebúrneo, marfileño, de marfil // blanco como el marfil [lat. *ebur, -ŏris* n.]. En el protólogo del *Silybum eburneum* Coss. & Durieu *(Compositae)* se dice: "Le *S. eburneum,* dont nous avons tiré l'épithète spécifique de la blancheur d'ivoire de la tige, des nervures des feuilles et des folioles de l'involucre..."

echinátus, -a, -um lat. *echinātus, -a, -um* = erizado, cubierto de espinas como el erizo // bot., además, cubierto de pelos tiesos y rígidos, casi punzantes [gr. *echînos(echínos), -ou* m.; lat. *echīnus, -i* m. = erizo, terrestre y marino // cúpula de las castañas, etc.; y lat. *-ātus, -āta, -ātum* = sufijo participial en derivado no verbal que indica posesión o parecido]. Aunque nada se diga en el protólogo del *Cirsium echinatum* (Desf.) DC. *(Carduus echinatus* Desf., *Compositae)* acerca del origen del restrictivo, no es dudoso que alude a la aspecto del capítulo, que recordaría un erizo marino.

émigrans, -ántis lat. *emĭgrans, -antis* = que sale de, que emigra [participio activo del verbo lat. *emĭgro* = salir de un lugar, irse, cambiar de residencia, salir del país, emigrar // hacer salir, echar, expulsar; y éste, del verbo lat. *mĭgro* = irse de un lugar, cambiar de residencia, salir, emigar // llevar lejos, transportar, trasladar]. Aunque nada se diga en el protólogo de la *Centaurea emigrantis* Bubani *(Compositae)* acerca del porqué del restrictivo; se nos ocurre que podría tratarse de un juego de palabras; ya que 'emigrantis' está en genitivo y da toda la impresión, leyendo en latín, que concuerda con 'Bubani', que tiene también aspecto de genitivo, con lo que la traducción del nombre de la especie sería algo así como la 'centaura del emigrante Bubani'.

emporitánus, -a, -um lat. *Emporitānus, -a, -um* = emporitano, amporitano, de Amnpurias (Gerona) [gr. *Empórion, -íou* n. y *Emporíai, -ōn* f. pl.; lat. *Emporĭae, -ārum* f. pl. y *Emporĭum, -ĭi* n. –de gr. *empórion, -íou* n. = enclave comercial, emporio, factoría, etc.; éste, de gr. *émporos, -órou* m./f. = pasajero que viaja en nave ajena, viajero en barco, mavegante // viajero a pie, caminante // mercader, comerciante, etc..; y éste, del gr. *póros, -ou* m. = travesía, viaje // vía de comunicación, camino, paso, etc.; relacionado con el verbo gr. *peírō* = atravesar de parte a parte, perforar // recorer de un extremo al otro, atravesar, etc.–; y lat. *-(t)ānus, -(t)āna, -(t)ānum* = sufijo que indica procedencia, pertenencia, conexión, etc.].

Endréssius, -ii m. Philipp Anton Christoph Endress (1806-1831), natural de Lustenau (Wurtemberg, Alemania), mancebo de botica en la de su tío, Emmanuel Friedrich Hartmann, en Krok, entre 1822 y 1824; ayudó, desde 1825 y durante dos años, a J. Gaudin a llevar adelante su *Flora helvetica* (1828-1833); herborizó en los Pirineos entre 1829 y 1831 para la *Esslinger Reiseverein (Unio itineraria);* en su viaje de regreso a su tierra natal, murió en Estrasburgo, a consecuencia del paludismo que debió de contraer mientras herborizaba en las landas de Gascuña.

nada se dice en el protólogo acerca del nombre, sin duda proviene del de gr. *epí* = adv. encima; prep. sobre, encima de, etc.; y gr. *trāchýs, -eîa, -ý* = rudo, áspero (al tacto), etc.; en alusión al haz de las hojas caulinares, espinosa –en el protólogo se lee: "Folia supernè scabra".

erióphorus, -a, -um lat. bot. *eriophŏrus, -a, -um* = lanífero, que tiene o produce lana [gr. *eriophóros, -on* = que produce lana o algodón; de gr. *érion, -íou* n. = lana, algodón, etc.; gr. *phorós, -ón* = que lleva en sí, que produce, etc.; éste, del verbo gr. *phérō* = llevar // producir, etc.]. En *Centaurea eriophora* L. *(Compositae)* y *Cirsium eriophorum* (L.) Scop. *(Carduus eriophorus* L., *Compositae)*, por el involucro del capítulo, lanífero.

erisíthales, -is n. gr. **erysithalés, -oûs* n.; lat. *erysithăles, (-is)* n. = en Plinio, nombre de dos plantas: una, de hojas siempre verdes, el *aizoum minus,* llamada también *erithales, erysithales* [posible variante de *c(h)rysothales*], etc., y en Italia *sedum,* que los autores suponen la siempreviva mayor *(Sempervivum tectorum* L., *Crassulaceae)* o la siempreviva menor –varias especies del género *Sedum* L. *(Crassulaceae);* se han propuesto *S. acre* L., *S. amplexicaule* DC., *S. ochroleucum* Chaix y *S. sediforme* (Jacq.) Pau *(S. altissimum* Poir.); en el Pseudo-Dioscórides, *erithalés* es otro nombre del *aeízōon méga* de Dioscórides, el *aizoum maius* de Plinio, el cual, según dicen, es el *Aeonium arboreum* (L.) Webb & Berthel. *(Sempervivum arboreum* L.), aunque es planta de Sicilia, Canarias y Marruecos, bien que introducida en otros territorios mediterráneos–; la otra, con hojas de acanto *(Acanthus mollis* L., *Acanthaceae)* y flores amarillas, que se ha pensado podría ser un cardo, el *Cirsium Erisithales* (Jacq.) Scop. ["Erisythales"] *(Carduus Erisithales* Jacq., *Compositae).* En todo caso, el vocablo que nos ocupa, *erysithăles,* estaría relacionado con gr. *erythrós, -á, -on* = rojo, etc.; y gr. *thállō* = florecer, reverdecer, etc.

exaltátus, -a, -um lat. *exaltātus, -a, -um* = levantado, elevado, exaltado // alabado, ensalzado, exaltado [participio pasivo del verbo lat. *exalto;* éste, de lat. *ex-* = prefijo intensivo, 'completamente', 'del todo', etc.; y el verbo lat. *alto* = levantar en alto, alzar, elevar; y éste, del verbo lat. *alo* = alimentar, sustentar, mantener, criar, etc.]. En el protólogo del *Rhaponticum exaltatum* (Cutanda ex Willk.) Greuter *(Leuzea exaltata* Cutanda ex Willk., *Compositae)* se lee: "species maxime memorabilis et pulcherrima".

exarátus, -a, -um lat. *exarātus, -a, -um* = sacado, arrancado o desenterrado arando // surcado profundamente, cavado profundamente, asurcado, etc. // bot. sulcado, asurcado, surcado, provisto de surcos, con frecuencia ± paralelos [participio pasivo del verbo lat. *exăro;* y éste, de lat. *ex-* = prefijo intensivo, 'completamente', 'del todo', etc.; y el verbo lat. *aro* = arar, labrar // cultivar, etc.]. En el protólogo de la *Centaurea exarata* Boiss. ex Coss. *(Compositae)* se dice: "Caulis [...] striato-angulatus".

exílis, -e lat. *exīlis, -e* = pequeño, reducido, ligero, delgado, fino, magro, enjuto, etc.

Fabregátius, -ii m. Carlos Fabregat Llueca (n. 1963), botánico valenciano; licenciado en la Facultad de Ciencias Biológicas de la universidad de Valencia (1986) y doctor por dicha universidad (1995), con la tesis "Estudio florístico y fitogeográfico de la comarca del Alto Maestrazgo (Castellón)"; profesor asociado del Departamento de Biología Vegetal (1996-1997) de la mencionada facultad; responsable del proyecto LIFE para la creación de la Red de Microrreservas de Flora en la provincia de Castellón, a cargo de la Conselleria de Medio Ambiente de la Generalitat Valenciana (1997-2001); desde 2002, consultor ambiental e investigador vinculado del Jardín Botánico de la universidad de Valencia; en lo científico, son destacables sus trabajos dedicados al estudio de la distribución y conservación de la flora, principalmente del Sistema Ibérico oriental, y a la cartografía de la vegetación del Levante peninsular.

férox, -ócis lat. *ferox, -ōcis* = feroz, de naturaleza salvaje o violenta, impetuoso, etc. // bot., por metáfora, se aplica de ordinario a plantas muy espinosas [de lat. *ferus, -a, -um* = salvaje, no cultivado, agreste, silvestre, no domesticado, etc.]. En el caso del restrictivo del *Cirsium ferox* (L.) DC. *(Cnicus ferox* L., *Compositae),* Linneo se inspiró en J. Bauhin & J.H. Cherler, cultivado, agreste, silvestre, no domesticado, etc.]. En el caso del restrictivo del *Cirsium ferox* (L.) DC. *(Cnicus ferox* L., *Compositae),* Linneo se inspiró en J. Bauhin & J.H. Cherler, Hist. Pl. 3: 58 (1651), quienes llamaron a la planta *Carduus lanceolatus ferocior,* ante todo por sus hojas, llamativamente espinosas.

filipéndulus, -a, -um lat. *filum, -i* n. = hilo; lat. *pendŭlus, -a, -um* = péndulo, que pende, colgante, pendiente, etc. [del verbo lat. *pendo* = estar suspendido // pesar // pender los platillos de una balanza, etc.]. Nada se dice en el protólogo del *Cirsium filipendulum* Lange *(Compositae)* acerca del origen del restrictivo; se nos ocurre que podría aludir a que los capítulos, solitarios, están en el extremo de un largo pedúnculo, desnudo, de aspecto filiforme y, de ordinario, de zona apical levemente arqueada antes de la antesis, con la inflorescencia algo nutante.

flavéscens, -éntis lat. *flavescens, -entis* = flavescente, que va volviéndose rubio, de un amarillo dorado [participio activo del verbo lat. *flavesco;* y éste, de lat. *flavĕo* = ser rubio, de un amarillo dorado, etc.; relacionado con lat. *flavus, -a, -um* = flavo, rubio, de un amarillo dorado, etc.]. Aunque nada se diga en el protólogo de la *Cynara Cardunculus* subsp. *flavescens* Wiklund *(Compositae),* acerca del origen del restrictivo, no es dudoso que alude al margen cartilaginoso, pardo-amarillento, de las brácteas involucrales externas y medias; en el de la *Klasea flavescens* (L.) Holub *(Carduus flavescens* L., *Compositae)* se lee: "Corolla albo-flavescens."

Fontquérus, -i m. Pío [José Mariano] Font [i] Quer (1888-1964), químico, farmacéutico militar y destacado botánico leridano; profesor de Botánica en la Escuela Superior de Agricultura de Barcelona (1923-1939) y en la Facultad de Farmacia de la universidad de dicha ciudad (1917-1922, 1933-1939); fundador y director del Institut Botànic barcelonés y uno de los botánicos más importantes de la botánica hispana del siglo XX; autor de numerosas publicaciones, entre las que le hace sin duda especialmente benemérito de *Flora iberica* su *Diccionario de Botánica* (Barcelona, 1953).

fraylénsis, -e lat. bot. *fraylēnsis, -e* = del pico o cerro del Fraile (pr. Alceciras, Cádiz) –en el protólogo de la *Rhaponticoides fraylensis* (Sch. Bip. ex Nyman) M.V. Agab. & Greuter *(Centaurea fraylensis* Sch. Bip. ex Nyman., *Compositae)* se dice que la planta fue colectada "pr. Algeciras (F. [sic] del Frayle)." [esp. *fraile* m. = religioso de ciertas órdenes, ligado por votos solemnes –del provenzal *fraire* m. = hermano; y éste, de lat. *frater, -tris* m., de idéntico significado–; y lat. *-ēnsis, -ēnse* = sufijo que indica relación, pertenencia, etc.].

Fúnkius, -ii m. Michael Georg Funk (1819-1902), doctor en Medicina, médico en Bamberg (Alemania); quien viajó a España en 1848, animado por los relatos de Willkomm, y herborizó en Gibraltar y sus alrededores y los antiguos reinos de Granada, Murcia y Castilla la Nueva.

gaditánus, -a, -um lat. *Gaditānus, -a, -um* = gaditano, de Cádiz [gr. *Gádeira, -írōn* n. pl.; lat. *Gades, -ĭum* f. pl.; y lat. *-(t)ānus, -(t)āna, -(t)ānum* = sufijo que indica procedencia, pertenencia, conexión, etc.] y, por extensión, de la provincia.

gadorénsis, -e lat. bot. *gadorēnsis, -e* = gadorense, de la Sierra de Gádor (Almería).

galláecicus, -a, -um lat. bot. *gallaecĭcus, -a, -um* = gallego, galaico [lat. *Gallaecus(Ca-), -a, -um, Gallăĭcus(Ca-), -a, -um, Galliciēnsis, -e* y *Gallaeciānus, -a, -um*], de Galicia [gr. *Kal(l)aikía, -as* f.; lat. *Gallaecĭa(Ca-), -ae* f.; y lat. *-ĭcus, -ĭca, -ĭcum* = sufijo que indica relación, pertenencia, etc.], que en tiempos antiguos comprendía, además, parte del N de Portugal.

Genésius, -ii-Lopézius, -ii m. Ginés [Alejandro] López González (n. 1950), farmacéutico y destacado botánico, natural de Huércal-Overa (Almería), investigador en el Real Jardín Botánico madrileño [lat. *Genesĭus, -ĭi* m. = Ginés, nombre de varón].

gereséngsis, -e lat. bot. *geresēnsis, -e* = de la Serra do Gerês (en portugés), Serra do Xurés (en gallego) y Sierra de Jurés (en castellano), fronteriza entre el N de Portugal (Trás-os-Montes) y el S de Galicia (Orense) [de lat. medieval *alpes Ugeres, mons Ugeredi, mons Ugeres, mons A(u)geres, Ogeres,* etc.; según parece, de lat. tardío **Ugerensis, *Ogerensis;* éstos, de lat. tardío *Aquis Ocerensis,* mansión termal situda en Baños de Riocaldo (Lovios, Orense), al pie de la sierra en cuestión; y este topónimo, relacionado probablemente con el teónimo lat. *Ocaera(*Ocera, *Ogera), -ae* f., nombre de una diosa inscrito en un altar votivo encontrado en la iglesia de San João do Campo (Campo do Gerês, Terras de Bouro, Braga, Portugal); y lat. *-ēnsis, -ēnse* = sufijo que indica relación, pertenencia, etc.].

Giraudiásius, -ii m. Paul-Alexandre-Ludovic [Louis] Giraudias (1848-1922), músico y botánico natural de Saintes (Charente-Maritime, Francia); "receveur des domaines" en Saint-Philibert-de-Grand-Lieu (Loire-Atlantique), "receveur de l'enregistrement", al menos en Limogne-en-Quercy (Lot), Palluau (Vendée), Asprières (Aveyron), Foix (Ariège), Poitiers (Vienne), Quimper (Finistère) y Orleans (Loiret); fundador presidente de la Association Pyrénéenne pour l'échange des plantes y director del *Bulletin* de la misma, años 1890-1891 a 1912-1913 (1891-1913).

gláber, -bra, -brum lat. *glăber, -bra, -brum* = sin pelo, calvo, pelado, lampiño, glabro. En el protólogo de *Cirsium glabrum* DC. *(Compositae)* se dice, al respecto de la planta: "elle est glabre sur toute sa superficie, et n'a pas la côte moyenne des feuilles ni la tige hérissée de poils lâches et mous".

graminifólius, -a, -um lat. bot. *graminifolĭus, -a, -um* = de hojas semejantes a las de las Gramíneas [lat. *gramen, -ĭnis* n. = pasto, hierba de los prados // césped, pradera // una planta o una hierba cualquiera; lat. *folĭum, -ĭi* n. = hoja].

granaténsis, -e lat. medieval *Granatēnsis, -e* = granadino, de Granada [lat. medieval *Granāta, -ae* f.; y lat. *-ēnsis, -eēnse* = sufijo que indica relación, pertenencia, etc.] y, por extensión, de la provincia y del antiguo reino de Granada [posiblemente, de lat. *malum granātum* n. y *granāta, -ae* f. = la granada (además, *granātum, -i* n.) y el granado *(Punica Granatum* L., *Punicaceae)* [de lat. *granātus, -a, -um* = que abunda en granos (lat. *granum, -i* n.), etc.].

grandiflórus, -a, -um lat. bot. *grandiflōrus, -a, -um* = de flores grandes [lat. *grandis, -e* = grande, de grandes proporciones; y lat. *flōs, -ōris* m. = flor].

gregárius, -a, -um lat. *gregarĭus, -a, -um* = perteneciente o relativo al rebaño o manada // del tipo común, del montón, vulgar // bot. plantas que viven acumuladas, próximas unas a otras [de lat. *grex, gregis* m. = rebaño, manada, grey // banda, bandada, enjambre, etc.].

gúmmifer(-íferus), -ífera, -íferum gr. *kómmi* n., indeclinable, o *kómmi, kómmeōs* n.; lat. *gummi* o *cummi* n., indeclinable, *cummis(co-, gu-), -is* f., *gummus, -i* m., *gumma(cu-), -ae* f., etc. = goma, sustancia viscosa que fluye de diversas plantas [del egipcio *kmjt,* de significado semejante]; y lat. *-fĕr(-fĕrus), -fĕra, -fĕrum* (de *fĕro* = llevar // producir, etc.) = que lleva, que tiene, que produce, que cría, etc.

Haensélerus, -i m. Félix Haenseler [Hänseler, Henseler] Jeger (1780-1841), natural de Durrach (Baviera); militar inicialmente –soldado en el regimiento de suizos a las órdenes de Teodoro [Theodor von] Reding, debió de llegar a Málaga hacia 1803–, más tarde farmacéutico en Málaga, Estepona y Carratraca; naturalista, colector activo de plantas y corresponsal, entre otros botánicos, de P.-E. Boissier, a quien acompañó en alguna de sus excursiones por la provincia; publicó un *Ensayo para una analisis de las aguas de Carratraca* (Málaga, 1817).

Hánrius, -ii m. en la *Centaurea Hanrii* Jord. ["Hanrii"] *(Compositae),* homenaje a Hippolyte [Ippolito] Hanry (1807-1893), natural de Casale de Monferrato (Piamonte, Italia), de padre oriundo de Fox-Amphoux (Var, Francia); desde 1831 en Le Luc (Var), como "juge de paix", donde se dedica a la botánica y herboriza, ante todo por la región; son destacables el capítulo dedicado a la botánica del *Prodrome d'histoire naturelle du département du Var. Première partie,* p. 135-397 (Draguignan, 1853) y el *Catalogue des mousses et hépatiques de Provence* (Aix, 1867), publicado también como *Cryptogamie de Provence. Mousses et hépatiques* in Congr. Sci. France 33(1.1): 421-440 (1867).

Heracántha, -ae f. lat. bot. *Heracantha, -ae* f., término creado por Tabernaemontanus, *Eicones plantarum...,* p. 697 (1590) y *Neuw Kreuterbuch...,* 2: 372 (1591), probablemente para la *Carlina vulgaris* L. *(Compositae),* que en *Flora iberica* se acepta como *Carlina* sect. *Heracantha* DC., Prodr. 6: 545-546 (1838). En Tabernaemontanus (1591) se viene a decir sin más: "El *Dreuwdistel* también se llama *Schönhärlein,* en latín *Heracantha, Scolymus sylvestris"* –alemán *Dreidistel* f. = la *C. vulgaris* L. [de alemán *drei* = tres; y alemán *Distel* f. = cardo, en el más amplio sentido: incluye plantas espinosas de unos cuantos géneros de las *Compositae, Dipsacaceae, Umbelliferae,* etc.]; alemán *Schönhärlein* n. = igualmente, la *C. vulgaris* L. [de alemán *schön* = bello, hermoso, etc.; y alemán *Härlein* n. = pelito, diminutivo de pelo (alemán *Haar* n.)]; según G. Ambrosini, *Phytologiae...,* p. 83 (1666), "Se llama *Heracantha,* esto es, espina de Juno; en efecto, en griego *Hḗra* es el nombre de Juno y *ákantha* es espina" –de gr. *Hḗra, -as* f. = Hera (Juno), reina de los dioses, hija de Cronos y Rea, esposa de su hermano, Zeus (Júpiter); y gr. *ákantha, -ánthēs* f. = espina, pincho, etc.

heterophýllus, -a, -um lat. bot. *heterophyllus, -a, -um* = heterofilo, con polimorfismo foliar [gr. *héteros, -a(-ē), -on* = otro, el otro, otro semejante, diferente, diverso, etc.; y gr. *phýllon, -ou* n. = hoja, pétalo, etc. // bot. solamente hoja].

hinojénsis, -e lat. bot. *hinojēnsis, -e* = hinojero, de Hinojos (Huelva).

hispánicus, -a, -um lat. *Hispanĭcus, -a, -um* = hispánico, hispano, de Hispania, que para los romanos comprendía toda la Península Ibérica [lat. *Hispanĭa, -ae* f.; y lat. *-ĭcus, -ĭca, -ĭcum* = sufijo que indica relación, pertenencia, etc.].

Homalolepidóti nominativo pl. m. de lat. bot. *homalolepidōtus, -a, -um,* en el caso de *Carduus* sect. *Homalolepidoti* W.D.J. Koch, Syn. Fl. Germ. Helv. 2: 401-404 (1837) ["Homalotepidoti"] *(Compositae),* y aunque no se da explicación alguna, aludiría a las brácteas del involucro de la inflorescencia, "adpressa vel recurva, sed non refracta" –en contraposición a la otra sección del género en la misma obra, *Clastolepidoti,* de brácteas "supra basin ovatam subconstricta et cum plica transversa refracta" [gr. *homalós, -ḗ, -on* = igual, liso, pulido, llano, etc. // uniforme, constante, etc. –de gr. *homós, -ḗ, -ón* = semejante, parecido, común, etc.–; gr. *klastós, -ḗ, -on* = roto, destrozado // curvado, etc. –del verbo gr. *kláō* = romper, hacer pedazos // curvar, torcer, etc.–; y gr. *lepidōtós, -ḗ, -ón* = escamoso, cubierto de escamas –del verbo gr. *lepidóō* = cubrir de escamas, etc.; éste, de gr. *lepís, -ídos* f.; lat. *lĕpis, -ĭdis* f. = cáscara, cascarón, escama, etc.; y éste, del verbo gr. *lépō* = pelar, descortezar, descascarillar, etc.].

húmilis, -e lat. *humĭlis, -e* = humilde, bajo, etc.

hyalólepis, -épidis f. gr. *hýalos, -álou* f.(m.) = piedra transparente, como el alabastro, vidrio, cristal, etc.; y gr. *lepís, -ídos* f.; lat. *lĕpis, -ĭdis* f. = cáscara, cascarón, escama, etc. –del verbo gr. *lépō* = pelar, descortezar, descascarillar, etc.–. Aunque nada se dice en el protólogo de la *Centaurea hyalolepis* Boiss. *(Compositae)* acerca del origen del restrictivo, sin duda alude a las brácteas del involucro de la inflorescencia, de margen escarioso, hialino.

Hymenocéntron, -i n. lat. bot. *Hymenocentron, -i* n., género de las *Compositae* establecido por A.H.G. de Cassini in F. Cuvier, Dict. Sci. Nat. ed. 2, 44: 35, 37 (1826), que en *Flora iberica* se acepta como *Centaurea* sect. *Hymenocentron* (Cass.) DC., Prodr. 6: 591 (1838). Aunque nada se diga en el protólogo acerca del nombre, sin duda alguna proviene del gr. *hymḗn, -énos* m. = membrana, etc.; y gr. *kéntron, -ou* n. = todo lo que sirve para picar, aguijón, púa, punta de lanza, espolón del gallo, etc. // punto central de una circunferencia, centro, etc. –lat. *centrum, -i* n. = centro o punto medio de alguna cosa–. En una publicación posterior de Cassini se dice: "Le nom d'*Hymenocentron* exprime que cet appendice [des squames intermédiaires du péricline] est une membrane terminée par un aiguillon" –cf. F. Cuvier, Dict. Sci. Nat. ed. 2, 55: 351 (1828).

hyssopifólius, -a, -um gr. *hýssōpos, -ṓpou* f., *hýssōpon, -ṓpou* n.; lat. *hys(s)ōpum, -i* n., *hys(s)ōpus, -i* f./m. = nombre de diversas plantas aromáticas de las Labiadas –que los botánicos actuales hacen habitualmente masculino–; para Grecia y el Oriente, se ha pensado en el *Origanum vulgare* subsp. *hirtum* (Link) Ietswaart y la *Micromeria graeca* (L.) Benth ex Rchb. *(Satureja graeca* L.); para Italia y los países occidentales, de modo principal en el hisopo *(Hyssopus officinalis* L.) –sin duda préstamo semítico; acadio *zūpu,* sirio *zufā,* hebreo *'ēzōb* (en la Biblia, según parece, el *O. syriacum* L.; también se ha pensado en el *O. Maru* L.), árabe *zūfaā–;* y lat. *folĭum, -ĭi* n. = hoja. Es restrictivo que, de ordinario, alude a las hojas del hisopo.

ibicénsis, -e lat. bot. *ibicēnsis, -e* = ibicenco [lat. *Ebusitānus, -a, -um*], de Ibiza, en las Baleares [gr. *Ébys(s)os, -ýs(s)ou* f., *Ébousos, -úsou* f., etc.; lat. *Ebŭsus(-os), -i* f.; y lat. *-ēnsis, -ēnse* = sufijo que indica relación, pertenencia, etc.].

illýricus, -a, -um gr. *Illyrikós, -ḗ, -ón;* lat. *Illyrĭcus, -a, -um* = ilírico, ilirio, de Iliria [gr. *Illyría, -as* f.; lat. *Illyrĭa, -ae* f.; y lat. *-ĭcus, -ĭca, -ĭcum* = sufijo que indica relación, pertenencia, etc.], en la costa E del Adriático.

inapértus, -a, -um lat. *inapertus, -a, -um* = que no está abierto [de lat. *in-* = prefijo negativo; y lat. *apertus, -a, -um* = abierto, descubierto // abierto, no cerrado, libre, etc.; éste, participio pasivo del verbo lat. *aperĭo* = abrir, descubrir, etc.]. En el *Xeranthemum inapertum* (L.) Mill. *(X. annuum* var. *inapertum* L., *Compositae),* Linneo toma el restrictivo varietal de A. von Haller, Enum. Meth. Stirp. Helv. 2: 709, tab. XIII (1742), quien llamó a la planta *Xeranthemum capitulis inapertis.*

integrifólius, -a, -um lat. bot. *integrifolĭus, -a, -um* = de hojas enteras [lat. *intĕger, -ĕgra, -ĕgrum* = no tocado, intacto, íntegro, entero, etc. // bot. cualquier órgano laminar (hojas, estípulas, brácteas, sépalos, pétalos, etc.) cuyo margen carece de dientes, muescas, etc. –éste., de lat. *in-* = prefijo negativo; y relacionado con el verbo lat. *tango* = tocar, palpar, etc.–; y lat. *folĭum, -ĭi* n. = hoja].

intercédens, -éntis lat. *intercēdens, -ēntis* = que va entre, que viene entre // que está situado entre, que está situado en medio, etc. [participio activo del verbo lat. *intercēdo* = ir o venir entre, interponerse, etc. // estar entre, estar en medio, existir entre, etc.; y éste, de lat. *inter* = entre, en medio de, en // durante, en el transcurso de, mientras, etc.; y el verbo lat. *cēdo* = ir, marchar, avanzar // irse, retirarse, etc. // ceder, conceder, dar, etc.]. En el protólogo del *Carduncellus hispanicus* subsp. *intercedens* (Degen & Hervier) G. López *(C. araneosus* f. *intercedens* Degen & Hervier, *Compositae)* se dice: "La plante [...] est une forme intermédiaire entre le *C. araneosus* Boiss. Reut [sic] et le *C. hispanicus* Boiss. [...] Nous proposons donc cette forme sous le nom de *intercedens,* Deg. Herv. la considérant comme intermédiaire entre le type et l'*hispanicus."*

intybáceus, -a, -um lat. *intŭbum(intĭbum), -i* n., *intŭbus(intĭbus, intȳbus), -i* m. y f., etc. [el gr. *éntybion, -bíou* n., *éntybon, -ýbou* n. e *íntybos, -ýbou* m., son préstamos del latín] = principalmente la achicoria silvestre *(Cichorium Intybus* L., *Compositae)* y la endivia *(C. Endivia* L.); y lat. *-ācĕus, -ācĕa, -ācĕum* = sufijo que indica parecido, etc. En el protólogo del *Cheirolophus intybaceus* (Lam.) Dostál *(Centaurea intybacea* Lam., *Compositae)* se dice que el nombre francés de la planta es "Centaurée à feuilles d'Endive".

involucrátus, -a, -um lat. bot. *involucrātus, -a, -um* = involucrado, que tiene involucro [lat. *involūcrum, -i* n. = envoltura, funda, cubierta, etc. // bot. involucro, en general y en las fanerófitas, todo conjunto de brácteas que, próximas a las flores, las rodean, envuelven, etc. –éste,

Aunque nada se indique en el protólogo de la *Centaurea involucrata* Desf. *(Compositae)* acerca del retrictivo, parece claro que éste se refiere a que las hojas superiores –muy próximas al capítulo floral y al que a menudo sobrepasan–, se disponen formando un involucro.

Jácea, -ae f. lat. medieval *iacea(jacea, yacea, iacia), -ae* f. = nombre de varias plantas; según un glosario latino-francés del siglo XIV, "Jacea, dicitur Gallice Menthe" –se trata probablemente de una menta *(Mentha* sp. pl., *Labiatae)–;* en el *Alphita,* glosario médico-botánico del siglo XII, "IACEA dúplex est alba et nigra, herba est que dicitur gallice matefelon" –en Dodonaeus, Strips. Hist. Pempt.: 124-125 (1583), "Matrefillon", o "Materfilon", en otras obras del mismo autor, es otro nombre de su *Iacea nigra,* probablemente la *Centaurea Jacea* L. *(Compositae)* o la *C. nigra* L.–; en glosarios latino-germánicos medievales aparecen la *jacea nigra* relacionada con "swartwort" –en G. Pritzel & C. Jessen, *Die deutschen Volksnamen der Pflanzen,* p. 87 (1882), *Swartho* y *Swartwort* es nombre vulgar medieval de la mencionada *Centaurea Jacea* L.–, la "iacia alba" realcionada con "ocimastrum" y "ocimoides" –en P. Pena & M. de l'Obel, Strip. Advers. Nov.: 143 (1571), se habla de una "Ocimoides sive Ocimastrum. Jacea alba Monspel.", la cual es una *Caryophyllaceae,* de cáliz ventricoso y pétalos blancos, quizá la jabonera blanca [*Silene dioica* (L.) Clairv. *(Lychnis dioica* L.)]; cf. M. de Lobel, Pl. Stirp. Hist.: 184 (1576), J. Bauhin & J.H. Cherler, Hist. Pl. 3: 342-343 (1651), sub *Ocimoides album multis,* Linneo, Hort. Cliff.: 170 (1738), sub *Cucubalus floribus hermaphroditis pentagynis, capsulis unilocularibus, calycibus angularis,* etc.–, la "iacea" realcionada con "herba clauelata", y la "yacea", con "freyschem crut" y "freysem kruit" –sin duda, una trinitaria o pensamiento *(Viola tricolor* L., *Violaceae);* en alemán, "Freisamkraüt" e italiano "Iacea", cf. J. Bauhin & J.H. Cherler, Hist. Pl. 3: 546-547 (1651), sub *Iacea tricorlor sive Trinitatis flos;* "freisam kraut, in latin Jacea, oder herba Clauellata...", cf. la *Apodixis Germanica...* de H. Boch in O. Brunfels, *Novi herbarii tomus II...* p. 188 (1532)–; etc.; además, en H. Brunschwig, *Liber der arte distulandi simplicia et composita...,* fol. XXXVIIv. (1509), se habla de una "jacea nigra oder morsus diaboli" –con toda probablidad la escabiosa mordida o mordida del diablo [*Succisa pratensis* Moench *(Scabiosa Succisa* L., *Dipsacaceae)*]–. El origen del término que nos ocupa, *Jacea,* se tiene actualmente por desconocido; aunque tradicionalmente se le atribuían dos posibles relaciones: "On dit que le mot de *Jacea* vient de *jacere, être couché par terre;* & l'on a donné le nom de *Jacea* à ces sortes d'Herbes, à cause que plusieurs de leurs especes font couchées par terre" –Tournefort, Élém. Bot. 1: 353 (1694) [lat. *iăcĕo* = estar echado, acostado, tendido, etc.]–; o de gr. *íon,* 'violeta', y el sufijo lat. *-āceus* –H. Genaust, *Etymologisches Wörterbuch der botaischen Pflanzennamen* ed. 3, p. 312 (2005) [gr. *íon, -ou* n. = nombre de varias plantas de flor normalmente olorosa, como la violeta *(Viola* sp. pl., *Violaceae),* principalmente la violeta de olor *(V. odorata* L.); y lat. *-ācĕa, -ācĕae* f. = sufijo que indica parecido, etc.]–; este autor alemán añade una tercera, y viene a decir: "tal vez proviene del gr. *iakchaîos* 'dionisíaco, de Dioniso' (de gr. *Íakchos,* lat. *Iaccus,* hijo de Deméter y dios de los misterios eleusinos; compárese con *stéphanos iakchaîos,* 'una corona de flores que se utilizaba con fines de culto en Sición')" [gr. *Íakchos, -ou* m. = nombre místico de Dioniso o Baco; y gr. *stéphanos, -ánou* m. = todo lo que rodea // círculo, recinto, etc. // corona de flores, de ramas, de metal, etc.; y éste, del verbo gr. *stéphō* = rodear, circundar // coronar, etc.]. En el caso de la *Centaurea Jacea* L. *(Compositae),* Linneo supuso que la planta era la *Iacea nigra* de los antiguos. El género *Jacea* Mill., que en *Flora iberica* se acepta como *Centaurea* sect. *Jacea* (Mill.) Pers. ex Dumort., Fl. Belg.: 73 (1827), fue establecido por Tournefort (1694: 352-353; 1700) y validado en Ph. Miller, Gard. Dict. Abr. ed. 4 (1754), y se llamó así porque integra la susodicha *Iacea nigra.*

jaënnénsis, -e lat. bot. *jaënnēnsis, -e* = giennense o jiennense [lat. medieval *Giennensis(Jienn-), -e*], de Jaén [lat. medieval *Gienn(i)um, -(i)i* n. y *Gienna, -ae* f. –éstos, del árabe *Jayyān–;* y lat. *-ēnsis, -ēnse* = sufijo que indica relación, pertenencia, etc.] y, por extensión, de la provincia.

Janérus, -i m. Félix [Fèlix] Janer y [i] Bertrán [Bertran] (1771-1865), médico y filósofo natural de Villafranca del Penedés (Barcelona); tras cursar dos años de Retórica y Poética en el

Seminario Tridentino barcelonés, tres de Filosofía en la Universidad de Cervera, uno de Física experimental, otro de Botánica y de Química y dos de Anatomía práctica en Barcelona, terminó sus estudios doctorándose en Medicina por la universidad cerverina (1805); fue ayudante de Medicina (1806) y catedrático de Materia médica, Terapéutica e Higiene en dicha universidad (1807-1821), catedrático en el Real Estudio Clínico de Barcelona (1826-1827), de Clínica interna en el Real Colegio de Medicina y Cirugía de esa ciudad (1827-1843) –del que llegó a ser director (1843)– y de Clínica y Moral médicas, primero en la recién creada Facultad de Ciencias Médicas barcelonesa (1843-1847) –de la que también fue decano (1844)– y por último en la de Medicina de Madrid (desde 1847); desempeñó otros cargos relevantes, como los de médico-cirujano honorario de la Real Cámara, diputado a Cortes por Cataluña (1820-1821) y por Barcelona (1840), Consejero Real de Instrucción Pública (desde 1848), etc.; además, fue profesor, cuñado y compañero en el ejercicio médico de Mariano de la Paz Graells y de la Agüera (1809-1898), autor de la *Centaurea Janeri* Graells ["Janerii"] *(Compositae).*

Kentrophýllum, -i n. lat. bot. *Kentrophyllum, -i* n., género de las *Compositae* creado por N.M.J. de Necker, Elem. Bot. 1: 86 (1790), que el ICN hace inválido –cf. App. VI, *Opera utrique opressa–,* y que en *Flora iberica* se acepta como *Carthamus* sect. *Kentrophyllum* (Neck. ex DC.) Baill., Hist. Pl. Monogr. Composées: 86 (1882) [*Kentrophyllum* Neck. ex DC. in Ann. Mus. Natl. Hist. Nat. 16: 158 (1810)]. Nada se dice en la publicación de Necker, ni en las subsiguientes, acerca del nombre genérico; se nos ocurre que podría derivar de gr. *kéntron, -ou* n. = todo lo que sirve para picar, aguijón, púa, punta de lanza, espolón del gallo, etc. // punto central de una circunferencia, centro, etc. –lat. *centrum, -i* n. = centro o punto medio de alguna cosa–; y gr. *phýllon, -ou* n. = hoja, pétalo, etc. // bot. solamente hoja; y que el nombre aludiría a lo de "squamis apice aculeato-foliaceis" –evidentemente, refiriéndose a las brácteas del involucro de la inflorescencia; cf. Necker, loc. cit.

Khéilius, -ii m. Napoleon Manuel Kheil (1849-1923), zoólogo, entomólogo e hispanista checo; profesor y director de la Escuela de Comercio de Praga, fue gran aficionado a la entomología, principalmente a la lepidopterología; fruto de sus colectas en su tierra natal, el S. de Francia, la Península Ibérica y Argelia, principalmente, formó una gran colección entomológica de más de 27.000 muestras, las que hoy se conservan en el Museo Nacional de Praga. Conocedor del español –tradujo al checo *La vida es sueño,* de Calderón de la Barca–, viajó repetidamente a España (1886, 1888, 1897, 1902, 1904, 1906-1908 y 1909); visitando principalmente Sierra Nevada, los Pirineos, la Sierra de Gredos, la dehesa de la Albufera valenciana y la Sierra de Espuña; de su viaje en 1897 nos cuenta C. Pau: "Nuestro estimado consocio D. Napoleón M. Kheil ha recorrido en los meses de Junio y Julio la Sierra de Gata (Cáceres), Sierra María, Ciudad-Rodrigo y la Albufera de Valencia, comunicándome los vegetales en ellas colectados..." –cf. Actas Soc. Esp. Hist. Nat. 1897(8): 199 (1897).

Kunkélius, -ii m. Günther Willi Hermann Kunkel (1928-2007), naturalista y botánico alemán, afincado en 1964 en Gran Canaria y, desde 1977, en el SE de la Península Ibérica; funcionario del cuerpo de aduanas de su país, sus inquietudes naturalísticas le llevaron a viajar por Sudamérica, el Oriente Próximo y África, principalmente, hasta su establecimiento en 1964 en Gran Canaria (primero en Tafira Alta y luego en Santa Lucía de Tirajana); desde esta fecha se dedicó intensamente al estudio, conservación, divulgación, etc., de la flora canaria, hasta que las secuelas de su oposición al proyecto de urbanización del Pinar de Tamadaba (Gran Canaria) forzaron su marcha del archipiélago en 1977; residió después en Coín (Málaga), Pechina y Viator (Almería), en las cercanías de Murcia y, finalmente, desde 1992, en Vélez-Rubio (Almería), fijando su atención en la flora del SE árido peninsular, entre otras cosas. Sus publicaciones son numerosísimas; son destacables los *Cuadernos de botánica canaria* (1967-1977), primera revista específicamente botánica canaria, y, por afinidad con el tema que nos ocupa, su *Diccionario botánico canario...* (Las Palmas de Gran Canaria, 1986; ed. 2, 1991).

tema que nos ocupa, su *Diccionario botánico canario...* (Las Palmas de Gran Canaria, 1986; ed. 2, 1991).

Lagascánae nominativo pl. f. de lat. bot. *Lagascanus, -a, -um;* véase esta voz. En *Centaurea* subsect. *Lagascanae* Fern. Casas & Susanna in Treb. Inst. Bot. Barcelona 10: 93 (1986) *(Compositae),* porque la especie tipo es la *C. Lagascana* Graells.

Lagascánus, -a, -um Mariano de Lagasca [La Gasca] y Segura (1776-1839), botánico natural de Encinacorva (Zaragoza), ayudante en el Real Jardín Botánico madrileño desde 1801, profesor desde 1807, y finalmente director, en 1814-1823 y 1834-1839.

Laínzius, -ii m. Manuel Laínz Gallo, S.J. (n. 1923), jesuita y botánico santanderino, estudioso, ante todo, de la flora del N de la Península Ibérica, colaborador asiduo del Real Jardín Botánico madrileño y revulsivo de la botánica hispana.

lanátus, -a, -um lat. *lanātus, -a, -um* = lanado, lanudo, lanuginoso, que tiene o está cubierto de lana [lat. *lana, -ae* f.; y lat. *-ātus, -āta, -ātum* = sufijo participial en derivado no verbal que indica posesión o parecido].

Láppa, -ae f. lat. *lappa, -ae* f. = nombre de varias plantas cuyas cabezuelas, frutos, hojas, etc., se enganchan a la ropa, etc.; sobre todo, del lampazo, lapa o bardana *(Arctium Lappa* L. y *A. minus* Bernh., *Compositae),* pero también de la bardana menor o lampazo menor *(Xanthium strumarium* L., *Compositae),* del amor de hortelano *(Galium Aparine* L., *Rubiaceae),* y de la rubia *(Rubia tinctorum* L., *R. peregrina* L., *Rubiaceae),* etc.

legionénsis, -e lat. *Legionēnsis, -e* = legionense, leonés, de León [lat. *Lĕgĭo, -ōnis* f. = León –véase *Legionis-Septimae*–; y lat. *-ēnsis, -ēnse* = sufijo que indica relación, pertenencia, etc.] y, por extensión, de la provincia o del reino de León.

Legiónis-Séptimae f. genitivo singular de lat. *Lĕgĭo-Sĕptĭma,* 'Legión Séptima', en al protólogo de la *Centaurea Legionis-Septimae* Fern. Casas & Susanna *(Compositae)* se dice: "Nomen ei a nobis impositum provinciam legionensem, ut patet, commemorat: civitas León originem et nomen trahit a Legione Septima Gemina". La ciudad de León, lat. *Lĕgĭo, -ōnis* f., se fundó hacia el año 29 a. C. como campamento de la *Lĕgĭo VI Victrix;* el año 74 el campamento fue ocupado por la *Legio VII Gemina,* y ahí permanecerá esta legión hasta principios del siglo V [lat. *lĕgĭo, -ōnis* f. = legión –del verbo lat. *lĕgo* = coger, recoger, reunir, amontonar // elegir, escoger, reclutar, etc.–; y lat. *sĕptĭmus, -a, -um* = séptimo; y éste, de lat. *sĕptem* = siete].

Lepteránthus, -i m., en botánica lat. bot. *Lepteranthus, -i* m., género de las *Compositae* creado por N.M.J. de Necker, Elem. Bot. 1: 73-74 (1790), que el ICN hace inválido –cf. App. VI, *Opera utrique opressa*–, y que en *Flora iberica* se acepta como *Centaurea* sect. *Lepteranthus* (Neck. ex DC.) Dumort., Fl. Belg.: 73 (1827) [*Cyanus* sect. *Lepteranthus* Neck. ex DC. in Ann. Mus. Natl. Hist. Nat. 16: 158 (1810)]. Nada se dice en la publicación de Necker, ni en las subsiguientes, acerca del nombre genérico; se nos ocurre que a él podría aludir lo de "Squamae perigynandae, recurvatae, utrinque plumosae" [gr. *lepís, -ídos* f.; lat. *lĕpis, -ĭdis* f. = cáscara, cascarón, escama, etc. –del verbo gr. *lépō* = pelar, descortezar, descascarillar, etc.–; gr. *pterón, -oû* n. = pluma // ala, etc.; y gr. *ánthos, -ous(-eos)* n. = flor, etc.]. Según el ICN, art. 62.2.(c), el género gramatical de *Lepteranthus* ha de ser el masculino, por tradición botánica.

leucánthus(-os), -a, -um(-on) gr. *leukós, -ḗ, -ón* = brillante, resplandeciente, etc. // de un blanco luminoso, blanco, etc.; gr. *ánthos, -ous(-eos)* n. = flor, etc. [gr. *leukanthḗs, -és* = de flor blanca].

leucógraphus, -a, -um gr. *leukogrăphís, -ídos* f. = en Dioscórides, un tipo de piedra arcillosa blanca, originaria de Egipto, que usaban los tejedores para blanquear sus lienzos [gr. *leukós,*

-ḗ, -ón = brillante, resplandeciente, etc. // de un blanco luminoso, blanco, etc.; y gr. *grăphḗ, -ês* f. = pintura // acción de escribir, escritura // lo que está escrito // texto escrito, etc. –del verbo gr. *grăphō* = arañar, rasguñar // dibujar, pintar // trazar un signo sobre el cuerpo, marcar // grabar, escribir, etc.]; aunque lat. *leucogrăphis, (-ĭdis)* f. = en Plinio, por error, una planta con propiedades medicinales semejantes a la greda de Dioscórides, que algunos autores, sin más, pensaron podría tratarse del espino blanco –*Tyrimnus leucographus* (L.) Cass. *(Carduus leucographus* L. *(Compositae)*–. Dodonaeus, Stirp. Hist. Pempt.: 709 (1583), viene decir acerca de su *Carduus Leucographus,* en este caso el cardo de María o cardo mariano –*Silybum marianum* (L.) Gaertn. *(Carduus marianus* L.)–: *"Leucographus* puede llamarse no impropiamente por unas manchas y líneas blancas de las hojas. Plinio menciona (lib. XXVII, cap. xi) la planta *Leucographis,* pero no aclara cuál es; sería difícil por ello relacionar ésta con el *Carduus Leucographus* sin más". En el caso de la especie linneana, el botánico sueco tomó el restrictivo del *Carduus Leucographis s. marie hirsutus, capitulo minore* de R. Morison, *Hortus Regius Blesensis auctus...,* p. 244-245 (1669).

leucopháeus, -a, -um gr. *leukóphaios, -on;* lat. *leucophaeus, -a, -um* = de un gris ceniciento o blanquecino [gr. *leukós, -ḗ, -ón* = brillante, resplandeciente, etc. // de un blanco luminoso, blanco, etc.; y gr. *phaiós, -á, -ón* = cualquier color obtenido por la mezcla de blanco y de negro // gris, gris obscuro, etc.]. Nada se dice en la publicación original de la *Centaurea paniculata* subsp. *leucophaea* (Jord.) Arcang. *(C. leucophaea* Jord., *Compositae)* acerca del restrictivo; se nos ocurre que a él podría aludir lo de "Feuilles d'un vert cendré, ou blanchâtres-cotonneuses, rarement glabrescentes".

limbátus, -a, -um lat. *limbātus, -a, -um* = orlado, provisto de franja, orla, ribete, etc. [lat. *limbus, -i* m. = borde, franja, orla, ribete de una tela, vestido, etc.; y lat. *-aātus, -āta, -ātum* = sufijo participial en derivado no verbal que indica posesión o parecido]. Aunque nada se dice en el protólogo de la *Centaurea limbata* Hoffmanns. & Link *(Compositae)* acerca del restrictivo, por el nombre francés que ahí se da, "Centaurée bordée", se nos ocurre que podría aludir al apéndice, fimbriado, de las brácteas del involucro de la inflorescencia.

linifólius, -a, -um gr. *línon, -ou* n.; lat. *linum, -i* n. = entre otras cosas, principalmente el lino *(Linum usitatissimum* L. y *L. bienne* Mill., *Linaceae);* y lat. *folĭum, -ĭi* n. = hoja.

longifólius, -a, -um lat. bot. *longifolĭus, -a, -um* = de hojas largas [lat. *longi- (longus, -a, -um)* = luengo, largo, de gran longitud // extenso, grande, etc.; y lat. *folĭum, -ĭi* n. = hoja].

Lopholomoídes, -is f. lat. bot. *Lopholomoīdes, -is* f., nombre infragenérico de rango indeterminado del género *Centaurea* L. *(Compositae)* creado por A.-P. de Candolle, Prodr. 6: 587 (1838), que en *Flora iberica* se acepta como *C.* subsect. *Lopholomoides* (DC.) Boiss. & Reut., Diagn. Pl. Nov. Hisp.: 18 (1842) [de lat. bot. *Lopholōma, -ae* f., género de las *Compositae* establecido por A.H.G. de Cassini in F. Cuvier, Dict. Sci. Nat. ed. 2, 44: 35, 37 (1826) –de gr. *lóphos, -ou* m. = cresta o penacho del casco // cresta, penacho de plumas de los pájaros, etc.; y gr. *lôma, -atos* n. = orla, franja–; nada se dice en el protólogo acerca del nombre genérico; se nos ocurre que a él podría aludir lo de "l'appendice des squames intermédiaires est marginiforme, c'est-à-dire très décurrent, scarieux, opaque, divisé profondément sur les deux côtés en lanières distantes, longues, subulées, roides, ciliées ou barbellulées"–; y gr. *-eidḗs, -eidoûs (eîdos)* f.; lat. *-īdēs, -īdis* f. = parecida a, con aspecto de (sufijo adjetival sustantivado)]. Según el ICN, art. 62.4, el género gramatical de *Lopholomoides* ha de ser el femenino.

lusitánicus, -a, -um lat. bot. *lusitanĭcus, -a, -um* = lusitánico, lusitano [lat. *Lusitānus, -a, -um*], de Lusitania [lat. *Lusitanĭa, -ae* f.; y lat. *-ĭcus, -ĭca, -ĭcum* = sufijo que indica relación, pertenencia, etc.], portugués.

lusitánus, -a, -um lat. *Lusitānus, -a, -um* = lusitano, de Lusitania [lat. *Lusitanĭa, -ae* f.], portugués.

macracánthus, -a, -um gr. *makr- (makrós, -á, -ón)* = grande, largo, etc.; y gr. *ákantha, -ánthēs* f. = espina, pincho, etc. En el caso del *Onopordum macracanthum* Schousb. ["macrocanthum"] *(Compositae),* en el protólogo se dice que el nombre danés de la planta es *Langtornet AEselsfoder,* 'Onopordon de largas espinas'; pero el restrictivo esta equivocado –el correcto debería ser "macracanthum" o, acaso, "macroacanthum"–; en consecuencia, se trata de un error ortográfico que debe ser corregido –cf. ICN art. 60.1 y 60.3.

Macrocéphali nominativo pl. m. de lat. bot. *macrocephălus, -a, -um* = de cabeza grande, en sentido figurado, dícese, en general, de las compuestas, u otras plantas, de capítulos u otro tipo de inflorescencias ± globosas (cabezas o cabezuelas) grandes [de gr. *makroképhălos, -on* = de larga cabeza; y éste, de gr. *makro- (makrós, -á, -ón)* = grande, largo, etc.; y gr. *kephălḗ, -ês* f. = cabeza, etc.].

májor, -us lat. *māĭor(mājor), -us* (genitivo, *-ōris)* = mayor, más grande, etc. [adjetivo comparativo de lat. *magnus, -a, -um* = grande, de grandes dimensiones, magno, vasto, amplio, etc.].

malacitánus, -a, -um lat. *Malacitānus, -a, -um* = malacitano, malagueño, de Málaga [gr. *Málaka, -ákēs* f. y *Malákē, -ēs* f.; lat. *Malăca, -ae* f.; y lat. *-(t)ānus, -(t)āna, -(t)ānum* = sufijo que indica procedencia, pertenencia, conexión, etc.] y, por extensión, de la provincia.

Mariánus, -a, -um lat. *Mariānus, -a, -um* = en este caso, mariano, perteneciente o relativo a la Virgen María, madre de Jesús [lat. *Marīa, -ae* f. = María, nombre propio de mujer –éste, del hebreo *Miriam* f.–; y lat. *-(t)ānus, -(t)āna, -(t)ānum* = sufijo que indica procedencia, pertenencia, conexión, etc.]. En el *Silybum Marianum* (L.) Gaertn. ["marianum"] *(Carduus Marianus* L. ["marianus"], *Compositae),* Linneo toma el restictivo del *Carduus Marianus sive lacteis maculis notatus* de J. Bauhin & J.H. Cherler, Hist. Pl. 3: 52-53 (1651); en esta obra se viene a decir: "Algunos lo llaman *Carduus lacteus, Lactarius, D. Mariae, Marianus* [...]; los alemanes *Mariendistel* ['cardo de María'] y *frawendistel* [*Frauendistel,* 'cardo de la Señora']; los franceses, *Chardon de notre dame* ['cardo de Nuestra Señora']; los italianos, *Cardo Mariano, Cardo maculato, Scardacio bianco;* [...] los ingleses, *ladythistel* [*ladythistle,* 'cardo de la Señora']..."; todos, sin duda, de origen medieval común. La causa de tales nombres es, en todo caso, confusa; según Ambrosini, *Phytologiae...,* p. 134 (1666), "Se llana *Carduus Mariae & marianus* porque, tomándolo como alimento, las mujeres producen abundante leche"; en A.-É.-G. de Théis, Gloss. Bot: 89 (1810) se dice: "De Marie, la mère de Jesus-Christ. On a dit qu'une goutte de son lait, tombée sur cette plante, y fit les marques blanches que l'on voit sur ses feuilles"; ambas son, indudablemente, "etimologías populares". El término que nos ocupa podía derivar o ser una mala lectura de una voz semejante, como del "Kárdous ouariánous" [*cardus varianus*], que aparece en el Pseudo-Dioscórides (3.8), acompañando a "spínea kárdous" [*spinea cardus*] y "láktea kárdous" [*lactea cardus*], como nombre entre los romanos del *chamailéōn leukós* de Dioscórides –véase en este vol. el género *Chamaeleon* Cass. *(Compositae)–;* en el Pseuo-Apuleyo (cap. 110, *Herba Cardus silvaticus* [...] *Alii cameleon dicunt), cardus varianos –cardus varius,* en otros mss.–, *spinea cardus –irnia cardus,* en otros mss.– y *lactea cardus* están en un fragmento interpolado, y se trata de una traducción latina del Dioscórides; en este sentido, no es de extrañar que V. Cordus, en sus anotaciones al Dioscórides, en el capítulo dedicado al *Chamaeleon albus,* hable del *Marianum carduum* –cf. *Pedanii Dioscoridis Anazarbei, De medicinali materia libri sex, Ioanne Rvelio Svessionensi interprete...,* p. 485 (1549).

mariánus, -a, -um lat. bot. *mariānus, -a, -um,* en la *Centaurea mariana* Nyman *(C. Funkii* Boiss. & Reut., nom. illeg, nom. subst.) *(Compositae),* de la sierra de María, en la provincia de Almería –véase *Marianus.*

marioléнsis, -e lat. bot. *mariolēnsis, -e* = de la Sierra de Mariola, en la provincia de Alicante.

maroccánus, -a, -um lat. medieval *Maroc(c)ānus, -a, -um* = de la ciudad de Marrakech, marroquí, de Marruecos [lat. medieval *Maroc(c)ānum regnum;* de lat. medieval *Marochĭum, -ĭi*

n. y *Maroc(c)um, -i* n. = Marrakech, capital del imperio almorávide marroquí –llamada, en castellano antiguo, Marruecos– y, por extensión, Marruecos, el territorio magrebí cuya metrópoli era; del árabe *Marrākus#* = Marrakech; y lat. *-(t)ānus, -(t)āna, -(t)ānum* = sufijo que indica procedencia, pertenencia, conexión, etc.].

médius, -a, -um lat. *medĭus, -a, -um* = medio, intermedio, central, que está en medio, en el centro, entre dos cosas, entre dos extremos, etc. // bot. intermedio entre una especie mayor y otra menor, etc.

Melanolóma, -atis n. lat. bot. *Melanolōma, -ătis* n., género de las *Compositae* creado por A.H.G. de Cassini in F. Cuvier, Dict. Sci. Nat. ed. 2, 29: 472-474 (1823), que en *Flora iberica* se acepta como *Centaurea* sect. *Melanoloma* (Cass.) DC., Prodr. 6: 577-578 (1838); en el protólogo se dice: "Le nom de *Melanoloma,* composé de deux mots grecs qui signifient *bordure noire,* fait allusion à la bordure remarquable des squames du péricline" [gr. *mélas, mélaina, mélan* (genitivo, *mélanos, melaínēs, mélanos)* = negro, de color negro, de color obscuro // obscuro, sombrío, etc.; y gr. *lôma, -ătos* n. = orla, franja, flecos, etc. de un vestido].

meliténsis, -e lat. *Melitēnsis, -e* = maltés, de la isla de Malta [gr. *Melítē, -ēs* f.; lat. *Melĭta, -ae* f. y *Melĭte, -es* f.; y lat. *-ēnsis, -ēnse* = sufijo que indica relación, pertenencia, etc.].

meonánthus, -a, -um gr. *meíōn, -on* (genitivo, *-onos)* = menor, más pequeño, etc. [comparativo de gr. *mikrós, -á, -ón* = pequeño, bajo, etc.]; y gr. *ánthos, -ous(-eos)* n. = flor, etc.

meridionális, -e lat. *meridionālis, -e* = meridional, perteneciente o relativo al Sur o Mediodía [de lat. *meridĭēs, -ēi* m. = el mediodía // el Sur –éste, de lat. *medĭus, -a, -um* = medio, intermedio, central, que está en medio, en el centro, entre dos cosas, entre dos extremos, etc.; y lat. *dĭēs, -ēi* m./f. = el día–; y lat. *-ālis, -āle* = sufijo que indica relación en sentido amplio].

Mesocéntron, -i n. lat. bot. *Mesocentron, -i* n., género de las *Compositae* establecido por A.H.G. de Cassini in F. Cuvier, Dict. Sci. Nat. ed. 2, 44: 35, 38 (1826), que en *Flora iberica* se acepta como *Centaurea* sect. *Mesocentron* (Cass.) DC., Prodr. 6: 592-596 (1838). Aunque nada se indique en el protólogo acerca del origen de tal nombre, en una descripción posterior –op. cit. 55: 350 (1828)– se dice: "Les épines latérales [de las brácteas intermedias del involucro de la inflorescencia] occupent donc une partie moyenne entre la base et le sommet, ce que nous avons voulu exprimer par le nom de *Mesocentron,* qui signifie *milieu piquant"* [gr. *mésos, -ē, -on* = situado en medio, en el centro, central, etc.; y gr. *kéntron, -ou* n. = todo lo que sirve para picar, aguijón, púa, punta de lanza, espolón del gallo, etc. // punto central de una circunferencia, centro, etc. –lat. *centrum, -i* n. = centro o punto medio de alguna cosa].

micránthus, -a, -um lat. bot. *micranthus, -a, -um* = de flores pequeñas [gr. *mikrós, -á, -ón* = pequeño, bajo, etc.; y gr. *ánthos, -ous(-eos)* n. = flor, etc.].

mínor, -us lat. *minor, -us* = menor, más pequeño, etc. [adjetivo comparativo de lat. *parvus, -a, -um* = parvo, pequeño, etc.].

mitíssimus, -a, -um lat. *mitissĭmus, -a, -um* = dulcísimo, tiernísimo, suavísimo, blandísimo, mansísimo, etc. [superlativo de lat. *mitis, -e* = dulce, maduro, en sazón // dulce, suave, blando, tierno, etc.]. En el *Carduncellus mitissimus* (L.) DC. *(Carthamus mitissimus* L., *Compositae),* sin suda, por las hojas, inermes o casi –el *nomen specificum legitimum* linneano es *Carthamus foliis inermibus: radicalibus dentatis, caulinis pinnatis.*

Moleswórthia, -ae f. Betty Eleanor Gusset Molesworth [de soltera, Allen] (1913-2002), naturalista, botánica y exploradora neozelandesa afincada en Los Barrios (Cádiz) desde 1963; empleada a tiempo parcial en el Auckland War Memorial Museum, L.M. Cranwell Smith, jefa del departamento de Botánica y responsable del herbario, le acrecentó su afición por la botánica y fue su primera guía en el aprendizaje de esta ciencia; más tarde, estudió Botánica en la universidad de Dunedin (Nueva Zelanda), bajo la tutoría del profesor y reverendo J.E.

Holloway, quien le inculcó su interés por los pteridófitos y, en especial, por los *Psilotum;* al final de la Segunda Guerra Mundial –fue voluntaria en la Women's Auxiliary Air Force–, volvió como botánica al museo de Auckland y sucedió en la jefatura del departamento (1944-1947) a Cranwell Smith; en 1947 consiguió una beca de dos años en la universidad de Basilea para para estudiar la flora de las islas del Pacífico; pero, antes de comenzar, viajó a Malasia para hacer un curso intensivo de vegetación tropical y, allí, conoció a su futuro esposo, F.G. Allen, comerciante, piloto, fotógrafo de la naturaleza y aficionado a la ornitología –se casaron en 1948–; abandonando sus planes de estudio en Basilea, se embarcaron en una serie de expediciones, en las que colectó, principalmente pteridófitos, por la Península Malaya, Borneo y Tailandia; en 1963, preocupados por la situación política del Sudeste Asiático, fijaron su residencia en Los Barrios (Cádiz), lugar idóneo para los estudios ornitológicos de su marido, y cuya singular flora y vegetación pronto la cautivaron, interesándose por el estudio y protección de la flora y vegetación de la comarca, principalmente de la pteridofítica –es muy destacable el asombroso hallazgo, en 1965, del *Psilotum nudum* (L.) P. Beauv. en la Montera del Torero (Sierra del Niño, Cádiz).

Monárdius, -ii m. en *Klasea integrifolia* subsp. *Monardii* (Dufour) Cantó *(Serratula Monardii* Dufour ["Monardi"], *Compositae),* tal y como se dice el el protólogo, es homenaje a los hermanos gemelos Charles Monard (1795-1854) y Pascal Monard (1795-1874), médicos militares franceses, aficionados a las ciencias naturales; ambos comenzaron su carrera militar en la "Grande Armée" napoleónica (1813), ambos formaron parte de los Cien Mil Hijos de San Luis que, al mando del duque de Angulema, invadieron España en 1823 para restablecer el absolutismo, ambos participaron en el sitio de Argel (1830), ambos continuaron en Argelia, en distintos destinos, hasta que en 1844 solicitaron su retiro y ambos volvieron a su ciudad natal; Charles fue administrador de los hospitales civiles; y Pascal se dedicó, en lo fundamental, a la botánica y a la Société d'Histoire Naturelle de la Moselle, de la que fue secretario y presidente (1866-1874). Los hermanos Monard legaron su fortuna, casa, herbario y biblioteca a dicha sociedad, donde hoy se conservan estos últimos –de hecho, la maison Monard es su sede.

monspelliénsium genitivo pl. m. de lat. medieval *Monspel(l)iēnsis, -e* = monspeliense, de Montpellier, en Francia: 'de los monspelienses' [lat. medieval *Mons pessulānus, Monspel(l)īum,* etc.; y lat. *-ēnsis, -ēnse* = sufijo que indica relación, pertenencia, etc. –según parece, las formas más antiguas atestiguadas son: "Monte pestel(l)ārio" (año 985), "Monte pestillārio" (principios del s. XI), "Montepistellārio" (mediados del s. XI), "Monte pessulāno" (1090), etc.]. En todo caso, el origen del nombre es controvertido; la primera parte sin duda deriva de lat. *mons, montis* m. = monte, montaña, etc.; la segunda podría estar relacionada con lat. *pastellus, -i* m., *pastellum, -i* n. [lat. medieval *pestellum,* etc.] = el añil, glasto o hierba pastel *(Isatis tinctoria* L., *Cruciferae)* –lat. medieval *pestelerĭus,* etc. = relativo al añil–, con lat. *pistillum, -i* n. o *pistillus, -i* m. = mano de mortero o almirez, o acaso con lat. *pessŭlum, -i* n. o *pessŭlus, -i* m. = cerrojo, pestillo, etc.

monspessulánus, -a, -um lat. medieval *Monspessulānus, -a, -um* = monspeliense, de Montpellier, en Francia –véase *Monspel(l)iensium–;* y lat. *-(t)ānus, -(t)āna, -(t)ānum* = sufijo que indica procedencia, pertenencia, conexión, etc.

montánus, -a, -um lat. *montānus, -a, -um* = montano, de los montes, montañoso, montañés, etc. // bot., además, del piso montano, el cual se halla entre los pisos colino y subalpino [lat. *mons, montis* m. = monte, montaña, etc.; y lat. *-(t)ānus, -(t)āna, -(t)ānum* = sufijo que indica procedencia, pertenencia, conexión, etc.].

montícola, -ae lat. *monticŏla, -ae* = habitante de las montañas o de las regiones montañosas, montañés [lat. *mons, montis* m. = monte, montaña, etc.; y lat. *-cŏla, -ae* m./f. = el o la que habita –del verbo lat. *cŏlo* = cultivar, labrar, cuidar // habitar, residir, etc.].

mucronátus, -a, -um lat. *mucronātus, -a, -um* = terminado en punta, puntiagudo, mucronado, mucronato // bot. que remata de forma abrupta en una punta corta [lat. *mucro, -ōnis* m. = extremidad aguda, punta, etc. // bot. mucrón, punta corta, ± aguda y aislada; y lat. *-ātus, -āta, -ātum* = sufijo participial en derivado no verbal que indica posesión o parecido]. En el protólogo de la *Klasea flavescens* subsp. *mucronata* (Desf.) Cantó & Rivas Mart. *(Serratula mucronata* Desf., *Compositae)* se lee, refiriéndose a las brácteas del involucro de la inflorescencia: "squamis lanceolatis, apice mucronatis".

multiflórus, -a, -um lat. *multiflōrus, -a, -um* = multifloro, que tiene muchas flores [lat. *multi- (multus, -a, -um)* = mucho, numeroso, en gran número; lat. *flōs, -ōris* m. = flor].

muricátus, -a, -um lat. *muricātus, -a, -um* = muricado, erizado de puntas o de espinas, como la concha del múrice [lat. *murex, -ĭcis* m. = múrice, molusco de la familia *Muricidae* del que los antiguos extraían la púrpura, etc.; y lat. *-ātus, -āta, -ātum* = sufijo participial en derivado no verbal que indica posesión o parecido]. En la *Volutaria muricata* (L.) Maire *(Centaurea muricata* L., *Compositae),* evidentemente, por el aspecto muricado de la inflorescencia –el *nomen specificum legitimum* linneano es *Centaurea calycibus simplicissime spinosis...,* y entre los sinónimos figura la *Jacea Cyanoides echinato capite* de C. Bauhin, Pinax: 272 (1623) [véase *echinatus*].

myriacánthus, -a, -um gr. *myria- (myriás, -ádos* f.) = en número de 10.000 mil // miríada, en número infinito –éste, de gr. *myríos, -a, -on* = muy numeroso, inmenso, innumerable–; y gr. *ákantha, -ánthēs* f. = espina, pincho, etc.

negléctus, -a, -um lat. *neglectus, -a, -um* = descuidado, pasado por alto, ignorado, despreciado, etc. [participio pasivo del verbo lat. *neglĕgo(neclĕgo, neglĭgo)* = descuidar, desatender, no ocuparse de // no hacer caso de, mirar con indiferencia, con poco cuidado y atención, despreciar, etc.; y este verbo, del adverbio lat. *nec* = no; y el verbo lat. *lĕgo* = coger, recoger, reunir, amontonar // elegir, escoger, reclutar, etc.].

nervósus, -a, -um lat. *nervōsus, -a, -um* = nervudo, musculoso, vigoroso // fibroso, con muchas fibras, etc. // bot. nervoso, nervudo, de nervios muy aparentes [lat. *nervus, -i* m. = tendón, ligamento nervio, músculo // bot. cada uno de los hacecillos fibrovasculares que se hallan en la lámina de las hojas y otros órganos de naturaleza foliar]. En el protólogo del *Onopordum nervosum* Boiss. *(Compositae)* se lee: "foliis parcè arachnoideis decurrentibus sinuato-lobatis dentato-spinosis facie inferiori valdè insculptis nervosis nervis albis".

nevadénsis, -e lat. bot. *nevadēnsis, -e* = nevadense, de Sierra Nevada (España, provincias de Almería y Granada; Estados Unidos de Norteamérica, estados de California y Nevada; Venezuela, estados de Mérida y Barinas; etc.) [esp. *nevado, -a* = cubierto de nieve // blanco como la nieve, etc.; y lat. *-ēnsis, -ēnse* = sufijo que indica relación, pertenencia, etc.; de lat. *nivātus, -a, -um* = refrescado con nieve // lat. tardío, nevado –en el último caso, participio pasivo del verbo lat. tardío *nivĕo* = estar blanco como la nieve // nevar; y este verbo, de lat. *nĭx, nĭvis* f. = nieve, etc.]. En los nombres de plantas ibéricas, de la Sierra Nevada española.

níger, -gra, -grum lat. *niger, -gra, -grum* = negro, de color negro, de color obscuro // obscuro, sombrío, etc. En el caso de la *Centaurea nigra* L. *(Compositae),* Linneo toma el restrictivo de la *Jacea nigra laciniata* de C. Bauhin, Pinax: 271 (1623) y, en esta obra, se citan como sinónimos la "Jacea nigra, Dod. ut: Lugdunens. vulgaris, Ad. Lob."; es decir, la *Iacea nigra* de Dodonaeus –cf., por ejemplo, Stirp. Hist. Pempt.: 124-125 (1583)– y la *Iacea nigra vulgaris* de Lobelius, Pl. Stirp. Hist: 192-193 (1576) –véase en este vol. *Jacea.*

nigréscens, -éntis lat. *nigrescens, -entis* = que ennegrece, que se vuelve negro [participio activo del verbo lat. *nigresco;* y éste, de lat. *niger, -gra, -grum* = negro, de color negro, de color obscuro // obscuro, sombrío, etc.]. Nada se dice en el protólogo del *Carduus nigrescens* Vill. *(Compositae)* acerca del restrictivo; se nos ocurre que a él podría aludir lo de "foliis decurrentibus, spinosis, crispis, atro-purpureis".

nudicáulis, -e lat. bot. *nudicaulis, -e* = de tallo sin hojas [lat. *nudus, -a, -um* = desnudo, etc.; y gr. *kaulós, -oû* m.; lat. *caulis, -is* m. = tallo, etc.].

nútans, -ántis lat. *nutāns, -āntis* = que hace señas bajando la cabeza, que se bambolea, etc. // bot. péndulo, colgante, nutante [participio activo del verbo lat. *nuto* = hacer señas con la cabeza // balancearse, oscilar, vacilar, etc.; y éste, del verbo lat. **nuo* = hacer señas con la cabeza]. En el *Carduus nutans* L. *(Compositae)*, el restrictivo está tomado del *Caruus nutans* de J. Bauhin & J.H. Cherler, Hist. Pl.: 3: 56-57 (1651), y ahí se dice, por ejemplo: "Carduus capite nutante..."

occásus, -us m. lat. *occāsŭs, -ūs* m. = caída, ocaso, puesta de los astros // poniente, occidente, oeste, etc. [del verbo lat. *occĭdo* = caer a tierra, caer al suelo // caer, sucumbir, morir, desvanecerse // ponerse los astros, etc.; y éste, del verbo lat. *cado* = caer, caer sobre algo, caer de lo alto // caerse, derrumbarse // separarse de algo //sucumbir, etc.]. En el protólogo de la *Centaurea Occasus* Fern. Casas *(Compositae)* se dice: "Tomamos su nombre de Algarve [al-Gharb], traducido al latín en *occasus.* Algarve es el nombre de la región del mediodía portugués en que se cría; corresponde al antiguo reino árabe homónimo, cuyo nombre significa poniente, occidente, esto es, donde muere el sol: el ocaso" –véase en este vol. *algarbiensis.*

Odontólepis, -épidis f. gr. *odoús, odóntos* m. (gr. jónico *odṓn)* = diente, etc.; y gr. *lepís, -ídos* f.; lat. *lĕpis, -ĭdis* f. = cáscara, cascarón, escama, etc. –del verbo gr. *lépō* = pelar, descortezar, descascarillar, etc.–. Aunque nada se dice en el protólogo del *Cirsium Odontolepis* Boiss. ex DC. ["Odontolepis"] *(Compositae)* acerca del restrictivo, se nos ocurre que podría aludir a las brácteas del involucro de la inflorescencia, pinchudas, como dientes afilados –sobre todo las externas, lanceoladas y terminadas en una espina larga–; o, como señala P. Fournier, Quate Fl. France: 1009 (1939-1940), dentadas –las medias lanceoladas, con un ensanchamiento espatuliforme subapical, de margen escarioso y generalmente dentado o fimbriado.

oleráceus, -a, -um lat. *(h)olerācĕus, -a, -um* = que se parece a una hortaliza, etc. // bot. que se cultiva como hortaliza, etc. [de lat. *(h)olus, -ĕris* n. = verdura, hortaliza, legumbre // la col o berza *(Brassica oleracea* L., *Cruciferae)*; etc.].

ornátus, -a, -um lat. *ornātus, -a, -um* = equipado, pertrechado, provisto de // adornado, embellecido, engalanado, etc. [participio pasivo del verbo lat. *orno* = equipar, pertrechar, proveer de, dotar de // preparar, aprestar, armar // embellecer, adornar, realzar, etc.]. Aunque nada se dice el protólogo de la *Centaurea ornata* Willd. *(Compositae)* acerca del restrictivo, se nos ocurre que podría aludir a la inflorescencia, bien provista de espinas.

oscénsis, -e lat. *Oscēnsis, -e* = oscense, de Huesca [gr. *Óska, -ēs* f.; lat. *Osca, -ae* f.; y lat. *-ēnsis, -ēnse* = sufijo que indica relación, pertenencia, etc.] y, por extensión, de la provincia.

palúster(palústris), -tris, -tre lat. *palustĕr(-tris), -tris, -tre* = palustre, pantanoso, cenagoso // que se produce o vive en esos lugares [lat. *palūs, -ūdis* f. = pantano, marisma, laguna, estanque, aguazal, etc.].

paniculátus, -a, -um lat. bot. *paniculātus, -a, -um* = paniculado, dispuesto en panícula [lat. *panicŭla(panu-, panŭcla), -ae* f. = la inflorescencia del mijo *(Panicum miliaceum* L., *Gramineae)*, del panizo –*Setaria italica* (L.) P. Beauv. *(Panicum italicum* L.)–, etc. // bot. panícula, inflorescencia compuesta de tipo racemoso y porte piramidal –diminutivo de lat. *panus, -i* m. = hilo para tejer // la inflorescencia del mijo, panizo, etc.; y éste, del gr. dórico **pânos* (ático, *pênos), -ou* m. = hilo enrollado en el huso, etc.–; y lat. *-ātus, -āta, -ātum* = sufijo participial en derivado no verbal que indica posesión o parecido].

pannónicus, -a, -um gr. *Pannonikós, -ḗ, -ón;* lat. *Pannonĭcus, -a, -um* = panonio, natural de la Panonia, hoy Hungría y partes de Austria y Serbia, Croacia y Bosnia, cercanas al Danubio [gr. *Pannonía, -as* f.; lat. *Pannonĭa, -ae* f.; y lat. *-ĭcus, -ĭca, -ĭcum* = sufijo que indica relación, pertenencia, etc.].

Páuus, -i m. Carlos Pau y Español (1857-1937), farmacéutico y botánico segorbino, estudioso de la flora peninsular y marroquí, vivificador de la botánica hispana pese a no haber trabajado en establecimiento oficial ninguno.

pectinátus, -a, -um lat. *pectinātus, -a, -um* = pectinado, dispuesto en forma de peine // bot. hojas, pétalos, etc. que están hendidos como un peine; o dispuestos en filas ± horizontales y paralelas, como las púas de un peine [participio pasivo del verbo lat. *pectĭno* = peinar, etc. –éste, del lat. *pecten, -ĭnis* n. = peine, etc.; y éste, del verbo lat. *pecto* = peinar, etc.]. Aunque nada se dice en el protólogo de la *Centaurea pectinata* L. *(Compositae)* acerca del restrictivo, sin duda se le impuso por las brácteas del involucro de la inflorescencia, la mayoría de ellas de apéndices linear-subulados, pectinado-fimbriados –uno de los sinónimos que Linneo cita en el protólogo es *Iacea cum squamis pennatis sive capite villoso elatior & humilior* de J. Bauhin & J.H. Cherler, Hist. Pl. 3: 29 (1651) [lat. *pennātus, -a, -um* = provisto de alas, alado // que tiene plumas, o barbas, como una espiga, etc. // bot., además, pennado, pinnado, que tiene los folíolos, nervios, etc., dispuestos como las barbas de una pluma con respecto al raquis de ésta –de lat. *penna, -ae* f. = ala // pluma, etc.; y lat. *-ātus, -āta, -ātum* = sufijo participial en derivado no verbal que indica posesión o parecido].

Phalólepis, -épidis f. lat. bot. *Phalolĕpis, -ĭdis* f., género de las *Compositae* creado por A.H.G. de Cassini in F. Cuvier, Dict. Sci. Nat. ed. 2, 50: 247, 248-249 (1827), que en *Flora iberica* se acepta como *Centaurea* sect. *Phalolepis* (Cass.) DC., Prodr. 6: 568-570 (1838); en el protólogo se dice: "Notre genre *Phalolepis,* ainsi nommé à cause des *écailles luisantes* de son péricline..." [gr. *phalós, -ḗ, -ón* = blanco; y gr. *lepís, -ídos* f.; lat. *lĕpis, -ĭdis* f. = cáscara, cascarón, escama, etc. –del verbo gr. *lépō* = pelar, descortezar, descascarillar, etc.].

Pína, -ae f. en la *Centaurea boissieri* subsp. *Pinae* (Pau) Dostál *(C. Pinae* Pau, *(Compositae),* lat. bot. *Pina, -ae* f. = Pina: 'de la sierra de Pina o de Espina', en Pina de Montalgrao (Castellón).

pinnatífidus, -a, -um lat. bot. *pinnatifĭdus, -a, -um* = pinnatífido, que tiene el margen hendido pero de tal manera que las divisiones llegan a lo sumo hasta la mitad de la distancia que hay del margen hasta el eje o nervio medio –véase en este vol. *pinnatus;* y lat. *-fĭdus, -fĭda, -fĭdum* (de *fĭndo* = hender, abrir, partir, dividir, separar, etc.) = hendido, dividido, etc.–; de ordinario, se refiere a las hojas.

pinnátus, -a, -um lat. *pinnātus, -a, -um* = alado, que tiene alas // emplumado, que tiene plumas, empenachado, etc. // bot. pinnado, que tiene los folíolos, nervios, etc., dispuestos como las barbas de una pluma con respecto al raquis de ésta [lat. *pinna, -ae* f. = pluma // ala, etc.; y lat. *-ātus, -āta, -ātum* = sufijo participial en derivado no verbal que indica posesión o parecido]; de ordinario, se refiere a las hojas.

plátypus, -um (genitivo, **platýpodos)** gr. *platýpous, -oun* (genitivo, *patýpodos);* lat. bot. *platȳpus, -um* (genitivo, *-ȳpŏdos)* = de pie plano [gr. *platȳ- (platýs, plateîa, platý)* = ancho, plano, llano, extendido, etc.; y gr. *poús, podós* m. = pie, pata, etc.]. Aunque nada se dice en el protólogo del *Carduus platypus* Lange *(Compositae)* acerca del restrictivo; se nos ocurre que a él podría aludir lo de "calathio erecto, subgloboso, basi applanato..."

podospermifólius, -a, -um lat. bot. *Podospermum, -i* n., género de las *Compositae* creado por A.-P. de Candolle in Lam. & DC., Fl. Franç. ed. 3, 4(1): 61-62 (1805) –Nada se dice en el protólogo acerca del nombre; se nos ocurre que a él podría aludir lo de "la graine est cylindrique, portée sur un pedicelle creux et épais..." [gr. *poús, podós* m. = pie, pata, etc.; y gr. *spérma, -atos* n.; lat. *sperma, -ătis* n. = semilla, simiente, etc. –este sustantivo, del verbo gr. *speírō* = sembrar // engendrar, etc.]–; y lat. *folĭum, -ĭi* n. = hoja. En el caso de la *Centaurea podospermifolia* Loscos & J. Pardo *(Compositae),* aunque nada se dice en el protólogo acerca del restrictivo, está claro que se refiere al *P. laciniatum* (L.) DC. *(Scorzonera laciniata* L.).

polyacánthus(-os), -a, -um(-on) gr. *polý- (polýs, pollḗ, polý)* = mucho, numeroso, etc.; y gr. *ákantha, -ántheēs* f. = espina, pincho, etc. Aunque no hay que olvidar que, en Teofrasto, gr. *polyákanthos, -ánthou* f., y en Plinio, lat. *polyacanthus, -i* f.?, es planta de hojas espinosas, parecida a los cardos –en el autor griego, *ákanos;* en el latino, *carduus*–, que algunos autores, sin más, han supuesto sería la *Notobasis syriaca* (L.) Cass. *(Carduus syriacus* L.), el *Carduus acanthoides* L., el *Cirsium spinosissimum* (L.) Scop. *(Cnicus spinosissimus* L.), etc., todos de las *Compositae.*

Prolóngous, -oi m. Pablo Prolongo y García (1806-1885), boticario y botánico malagueño, estudioso de la flora y activo colector de plantas en su tierra; ingresó con 17 años como mancebo en la botica malagueña de Félix Haenseler; en 1825 marchó a Madrid para cursar los estudios de Farmacia –fue alumno de Mariano Lagasca y de José Demetrio Rodríguez–, obteniendo la licenciatura en 1830; dos años más tarde intentó obtener por oposición una plaza de profesor de Botánica en el Museo de Ciencias Naturales madrileño y, al no conseguirla, ejerció su profesión regentando, el resto de su vida, una oficina de farmacia en su ciudad natal; en 1837 acompañó al botánico ginebrino P.-E. Boissier en sus excursiones por aquellas tierras; también acompañó a otros naturalistas, como a H.M. Willkomm, en su estancia malagueña de 1844-1845, quien, además, estudió su herbario; en lo botánico, únicamente publicó las "Plantas de Málaga y su término", en V. Martínez y Montes, *Topografía médica de la ciudad de Málaga...,* p. 73-127 (Málaga, 1852).

prostrátus, -a, -um lat. *prostrātus, -a, -um* = postrado, prostrado, echado por tierra, etc. [participio pasivo del verbo lat. *prosterno* = tender por delante, echar por tierra, echar abajo, derribar, abatir, etc.; y éste, de lat. *pro- (pro)* = prefijo que da las ideas de anteposición, dirección hacia, inclinación hacia, anterioridad, defensa, sustitución, etc.; y el verbo lat. *sterno* = tender, extender en el suelo, esparcir, etc.].

pullátus, -a, -um lat. *pullātus, -a, -um* = vestido de negro, de luto // vestido con toga obscura // de clase humilde [lat. *pullus, -a, -um* = obscuro, negro // de color pardo o negruzco // obscuro, pobre, vulgar, etc.; y lat. *-ātus, -āta, -ātum* = sufijo participial en derivado no verbal que indica posesión o parecido]. Aunque nada se dice en el protólogo de la *Centaurea pullata* L. *(Compositae)* acerca del restrictivo; se nos ocurre que a él podría aludir lo de "Calyx foliis cingitur sessilibus, intra haec folia Squamae calycinae lineari-lanceolatae margine atro, apice setis pallidis ciliatae..." evidentemente, refiriéndose al borde papiráceo, por lo general negro, de las brácteas del involucro de la inflorescencia; lat. *ater, atra, atrum* = negro, obscuro, ennegrecido, etc.

pulvinátus, -a, -um lat. *pulvinātus, -a, -um* = pulviniforme, de forma de almohada // relleno como una almohada, inflado, redondeado, abombado, etc. [lat. *pulvīnus, -i* m. = almohada, cojín, almohadón, etc.; y lat. *-ātus, -āta, -ātum* = sufijo participial en derivado no verbal que indica posesión o parecido]. En botánica, de ordinario, se refiere al hábito de la planta, pulviniforme.

pycnocéphalus, -a, -um gr. *pyknós, -ḗ, -ón* = apretado, compacto, sólido, etc.; y gr. *kephălḗ, -ês* f. = cabeza, etc. En el *Carduus pycnocephalus* L. *(Compositae)* Linneo toma el restrictivo del *Carduus picnopolycephalus sylvestris* de G.B. Trionfetti, *Observationes de hortu ac vegetatione plantarum...,* p. 100-102, [lám. 16] (1685) –en el protólogo linneano se lee "Carduus pycnocephalus sylvestris"–; evidentemente, el botánico italiano llamó así a la planta por las numerosas y apretadas cabezuelas –gr. *polý- (polýs, pollḗ, polý)* = mucho, numeroso, etc.

pyrenáicus, -a, -um lat. *Pyrēnāĭcus, -a, -um* = pirenaico, de los Pirineos [gr. *Pyrēnâia órē, Pyrēnâia, -ōn* n. pl. y *Pyrḗnē, -ēs* f.; lat. *Pyrēnaei montes, Pyrēnaei mons, Pyrēnaei saltus, Pyrēnaeus, -i* m., *Pyrēne, -ēs* f., etc.; y lat. *-ĭcus, -ĭca, -ĭcum* = sufijo que indica relación, pertenencia, etc.].

racemósus, -a, -um lat. *racemōsus, -a, -um* = racemoso, arracimado, que se parece a un racimo, que tiene abundantes racimos // bot. racemoso, de forma de inflorescencia racemosa [lat.

verbo lat. *repo* = reptar, arrastrarse, etc.]. En el caso del *Rhaponticum repens* (L.) Hidalgo *(Centaurea repens* L., *Compositae),* la planta es de rizomas ± horizontales, muy ramificados y hasta de varios metros de longitud, y tallos aéreos erectos.

resupinátus, -a, -um lat. *resupinātus, -a, -um* = caído de espaldas, puesto boca arriba, echado hacia atrás, etc. // bot. resupinado, órgano –o parte de cualquier órgano– invertido respecto a la posición que se considera normal [participio pasivo del verbo lat. *resupīno* = poner de espaldas, poner boca arriba, etc.; y este verbo, de lat. *re-* = prefijo que, en este caso, indica intensidad; y lat. *supīnus, -a, -um* = vuelto hacia lo alto, hacia arriba, hacia el cielo // vuelto hacia atrás // supino, tendido sobre el dorso, vuelto o echado hacia arriba, etc.]. En el protólogo de la *Centaurea resupinata* Coss. *(Compositae)* se lee: "Caules plures [...] decumbentes in parte florigera resupinati..."

Richteriánus, -a, -um en el *Cirsium Richterianum* Gillot *(Compositae),* en reconocimiento a Jules-Adolphe Richter (1821-1910), funcionario de aduanas francés, botánico aficionado y activo colector de plantas, natural de Les Étangs (Moselle, Francia); según parece, hacia 1843, en Nantua (Ain), por influjo de Ausgustin Bernard, asimismo funcionario de aduanas, se aficionó a la Botánica; más tarde, vivió y herborizó sucesivamente en: Espelette (Pyrénées-Atlantiques; en 1845), Gex (Ain; en 1849), Bourg-en-Bresse (Ain; en 1855), Sète y Montpellier (Hérault; en 1861-1869), Burdeos (Gironde; en 1874) y Saint-Jean-Pied-de-Port (Pyrénées-Atlantiques; en 1870-1874 y 1876-1910), donde se retiró, como "receveur principal des Douanes", y murió en 1910; publicó, entre otras cosas, una *Liste des plantes recueillies de 1870 à 1874 et de 1876 à 1880, dans un rayon de 10 kilomètres, autour de Saint-Jean-Pied-de-Port* in Bull. Soc. Bot. France 27(Sess. Extr.): LXI-LXXI (1881).

Rítro n. gr. *rhytros, -eos(-ous)* n. [transcrito como *rhutrum* en las primeras traducciones al latín, como la de Th. Gaza, *Teophrasti De historia plantarum lib. IX...,* fol. 90v (1505)] = en Teofrasto, planta de hojas espinosas, parecida a los cardos (en este caso, gr. *ákanos, -ánou* m.), con un solo tallo, ramificado en la parte superior, que algunos autores, sin más, han supuesto sería un cardo yesquero [*Echinops* sp. pl. *(Compositae);* se ha propuesto el *E. spinosissimus* Turra *(E. spinosus* L., nom. illeg; *E. viscosus* DC., nom. illeg.)]. En el caso del *Echinops Ritro* L., Linneo toma el restrictivo del *Ritro floribus caeruleis* de M. de L'Obel, Icon. Stirp. 2: 8 (1591) –idéntica representación de la planta había sido publicada en P. Pena & M. de L'Obel, Stirp. Advers. Nov.: 368-369 (1571), en el ítem "Ritro, seu Rvtro Teophrast."

Rivasgodayánus, -a, -um Salvador Rivas Goday (1905-1981), farmacéutico, botánico y fitogeógrafo madrileño; entre otras cosas, fue catedrático de Botánica en las facultades de Farmacia de Granada (1942-1943) y Madrid (1843-1975); y, en lo que respecta al Consejo Superior de Investigaciones Científicas, jefe de la Sección de Botánica del Instituto "José Celestino Mutis" de Farmacognosia (1943-1946), secretario del Instituto Botánico A.J. Cavanilles (1948-1950) y director seguidamente (1950-1975) –recordemos que dicho Instituto Botánico reunía el Instituto Mutis y el Jardín Botánico madrileño–; sus publicaciones son muy numerosas, y deben destacarse las dedicadas a la Fitosociología.

rivuláris, -e lat. bot. *rivulāris, -e* = perteneciente o propio de los arroyuelos o riachuelos [lat. *rivŭlus, -i* m. = arroyuelo, riachuelo –diminutivo de lat. *rivus, -i* m. = arroyo, curso de agua pequeño, etc.–; y lat. *-āris, -āre* = sufijo que indica relación, posesión, etc.].

rosulátus, -a, -um lat. bot. *rosulātus, -a, -um* = rosulado, arrosetado, provisto de rosetas, dispuesto a manera de roseta [lat. *rosŭla, -ae* f. = rosita, rosa pequeña // bot. roseta, hojas que, a causa de la brevedad de los entrenudos, se disponen muy juntas y recuerdan una rosa –diminutivo de lat. *rosa, -ae* f. = sobre todo, la rosa, la flor del rosal *(Rosa* sp. pl., *Rosaceae)* y secundariamente, por extensión, el rosal–; y lat. *-ātus, -āta, -ātum* = sufijo participial en derivado no verbal que indica posesión o parecido].

Rothmaleriánus, -a, -um Werner [Walter Hugo Paul] Rothmaler (1908-1962), botánico alecundariamente, por extensión, el rosal–; y lat. *-ātus, -āta, -ātum* = sufijo participial en derivado no verbal que indica posesión o parecido].

Rothmaleriánus, -a, -um Werner [Walter Hugo Paul] Rothmaler (1908-1962), botánico alemán; en lo que respecta a la Península Ibérica, en 1933 se instaló en Ponferrada (León), enviado por L. Diels, director del Botanischen Museum und Botanischen Garten de Berlín-Dahlem, para colectar plantas para el herbario y con la idea de preparar su tesis doctoral sobre el NW peninsular; al poco tiempo, dejó de recibir la remuneración que le enviaban de Berlín y tuvo que vivir de la venta de exsiccatos; hasta que, por recomendación de P. Font Quer, la Universidad Autónoma de Barcelona le nombró Recolector de Plantas de la Facultad de Farmacia –en 1935 pasó a trabajar para el Instituto Botánico de esta ciudad–; durante estos años su colaboración con el botánico catalán fue intensa; todo se quebró en 1936, al ser enviado a Portugal para colectar plantas, en donde le pilló el golpe de estado que desencadenó la guerra civil española de 1936-1939, motivo por el que apenas si pudo hacer, en 1939, una corta visita a Barcelona; en Portugal, donde participó activamente en el nacimiento de la Estação Agronómica Nacional, permaneció hasta 1940, cuando fue repatriado a la fuerza; tras una corta estancia en un campo de prisioneros y en el ejército, trabajó en varias instituciones alemanas; en 1943 se graduó en la Friedrich-Wilhelms-Universität de Berlín, con el trabajo "Promontorium Sacrum. Vegetationsstudien im südwestlichen Portugal", publicado en Repert. Spec. Nov. Regni Veg. Beih. 128 (1943); y en 1947 obtiene el doctorado por la Martin-Luther-Universität Halle-Wittenberg, con una tesis sobre el género *Lachemilla* Rydb. *(Rosaceae);* desde 1953 fue profesor en la Emst-Moritz-Amdt-Universität y director del Instituts für Agrobiologie de Greifswald; sus publicaciones son muy numerosas y es asimismo destacable su activa participación en el nacimiento de la *Flora europaea,* proyecto que comenzó a debatirse en el octavo Congreso Internacional de Botánica, celebrado en París en 1954, y que culminó con la publicación de sus cinco volúmenes (Cambridge, 1964-1980).

Roúyus, -i m. Georges [C. Chr.] Rouy (1851-1924), botánico y periodista parisino, autor de una conocida *Flore de France...* (Asnières, etc., 1893-1913, 14 vols.) y estudioso, entre otras cosas, de la flora hispana, donde colectó repetidamente entre 1877 y 1883; reunió un importante herbario que se conserva en el Museo de Historia Natural de París (criptógamas vasculares) y en el herbario de la universidad de Lyón (el resto; unos 500.000 pliegos).

ruféscens, -éntis lat. *rufescens, -entis* = que enrojece o se pone rojo [participio activo del verbo lat. *rufesco* = enrojecer; y éste, del verbo lat. *rufo* = poner o volver rojo, enrojecer; éste, de lat. *rufus, -a, -um* = rojo, rojizo // rubio, pelirrojo, rufo; y éste, relacionado con lat. *ruber, -bra, -brum* = rojo, rubio, etc.]. En el protólogo del *Cirsium carniolicum* subsp. *rufescens* (Ramond ex DC.) P. Fourn. *(Cirsium rufescens* Ramond ex DC., *Compositae)* se lee: "Cette espèce se distingue, dès le premier coup-d'oeil, aux poils courts, mols, nombreux et roussâtres qui naissent sur le haut de sa tige, sur ses feuilles supérieures et sur les pédicelles de ses fleurs..."

Sagrédous, -i m. Rufino Sagredo Arnáiz (1899-1991), hermano del Instituto de los Hermanos de las Escuelas Cristianas, o Hermanos de La Salle, naturalista y botánico nacido en Villalmóndar (Burgos); tras ingresar en la congregación (1911), licenciarse en Humanidades (1933) y enseñar Ciencias Naturales en numerosos colegios lasallistas de gran parte de España: Valladolid, Madrid, Melilla, Córdoba, Canarias, etc., fue destinado, en 1956, al de Almería, donde encuentra el herbario que habían formado sus antecesores, los hermanos Jerónimo y Mauricio, bajo la tutela del Hermano Sennen; pronto lo incrementó con sus numerosas colectas por toda la región –en la actualidad reúne unos 18.000 pliegos que se conservan en el Museo de Ciencias Naturales del colegio "La Salle-Virgen del Mar" de Almería–; entre sus publicaciones, cabe destacar la *Flora de Almería...* (Almería, 1987).

salmánticus, -a, -um de lat. medieval *Salmantĭcus, -a, -um* = salmantino [lat. *Salmanticēnsis, -e;* lat. medieval *Salmantīnus, -a, -um*], de Salamanca [gr. *Salmántika, -íkēs* f., etc.; lat. *Salmantĭca, -ae* f., etc.] y, por extensión, de la provincia.

Santacréuus, -i José Devesa Santacreu (1921-1999), nacido en Argel de padres alicantinos; volvió la familia a España poco antes de 1936; tras una breve estancia en Madrid, se asentaron en Beniardá (Alicante), donde el padre, Lino, será secretario del ayuntamiento, hasta su alistamiento en el ejército republicano durante la Guerra Civil de 1936-1939; concluida la contienda con el triunfo franquista, padre e hijo serán represaliados, encerrados en un campo de concentración y recluidos en la cárcel; libertados y desterrados de Alicante, en 1942 la familia fija su residencia en Córdoba, pero el hijo, José, pronto es llamado a prestar el servicio militar, el cual concluirá en 1945. Autodidacta, jugador profesional de fútbol entre 1945 y 1950 (en el Lucena, Córdoba y Electromecánicas; antes había jugado en el Alcoyano y el Pollensa) y, más tarde, contable, fue siempre un apasionado de la naturaleza y de los animales, en particular. Dedicó gran parte de su tiempo a la canaricultura y al estudio del canto del canario roller (Harz); actividad por la que mereció, desde 1971, la dignidad de juez nacional de la FOCDE (Federación Ornitófila Cultural Deportiva Española) y, desde 1975, la de juez internacional de la COM (Confederación Ornitológica Mundial). Padre y siempre estímulo del botánico Juan Antonio Devesa Alcaraz (n. 1955).

saxícola, -ae lat. bot. *saxicŏla, -ae* = saxícola, que se cría en las rocas [lat. *saxum, -i* n. = piedra, roca, peña, peñasco, etc.; y lat. *-cŏla, -ae* m./f. = el o la que habita –del verbo lat. *cŏlo* = cultivar, labrar, cuidar // habitar, residir, etc.].

saxífragus, -a, -um lat. *saxifrăgus, -a, -um* = que tritura o rompe las piedras [lat. *saxum, -i* n. = piedra, roca, peña, peñasco, etc.; y lat. *-frăgus, -frăga, -frăgum* (de *frango* = fragmentar, hacer pedazos, romper, quebrar, desmenuzar, quebrantar, etc.) = que rompe, que quiebra].

scáber, -bra, -brum lat. *scaber, -bra, -brum* = áspero al tacto, lleno de asperezas, rugoso, escabroso, etc. [del verbo lat. *scăbo* = rascar, raspar, raer]. En el protólogo del *Cirsium scabrum* (Poir.) Bonnet & Barratte *(Carduus scaber* Poir., *Compositae)* se lee: "Foliis amplexicaulibus lanceolatis dentato-spinosis supra scabris & viridibus..."

Schousbóeus, -i m. Peder [Peter] Kofod Anker [Ancher] Schousboe (1766-1832), naturalista, botánico, algólogo y diplomático danés; tras completar sus primeros estudios universitarios (1785), estudiar en el jardín botánico de Copenhague, bajo Ch.F. Rottbøll y M. Vahl, y graduarse en 1787, fue comisionado por J. Bülow til Sanderumgård, político danés de los reinados de Cristián VII y Federico VI, para realizar un viaje por la España peninsular y Marruecos entre 1791-1793, con el fin, entre otros, de colectar materiales para dicha institución danesa –parece que hizo un segundo viaje por la Península Ibérica entre 1797-1798–; fue nombrado primero cónsul de Dinamarca en Tánger (1796/1800/1801-1821) y, más tarde, cónsul general en Marruecos (1821-1832); murió en Tánger (1832). Fruto de su primer viaje por Marruecos, principalmente por los alrededores de Mogador (hoy, Esauira) y de Tánger, fue la incompleta *Iagttagelser over Vextriget i Marokko...* (Copenhague, 1800) –traducida al alemán, *Beobachtungen über das Gewachsreich in Marokko...* (Leipzig, 1801); y al francés, *Observations sur le règne végétal au Maroc...* (París, 1874); en lo que respecta a sus estudios y colecciones algológicas, fueron publicadas por J.-B. Bornet, *Les algues de P.-K.-A. Schousboe, récoltées au Maroc & dans la Méditerranée de 1815 a 1829...* (París, 1874).

scorpiurifólius, -a, -um lat. bot. *Scorpiŭrus, -i* m., género de las *Leguminosae* establecido por Linneo sobre el *Scorpioides* de los prelinneanos –gr. *skorpíos, -ou* m. = escorpión; gr. *-oúros, -oúrou* m. *(ourá, -âs* f.) = cola, rabo; por el aspecto de la legumbre–; y lat. *folĭum, -ĭi* n. = hoja. En el protólogo de la *Centaurea aspera* subsp. *scorpiurifolia* (Dufour) Nyman *(C. scorpiurifolia* Dufour, *Compositae)* se lee: "Feuilles très-simples [...] les plus inférieures, comme celles des *Scorpiurus..."*

semidecúrrens, -éntis lat. *semi-* = medio, mitad; y lat. *decurrens, -entis* = que desciende, que corre hacia abajo, que baja corriendo, etc. // bot. dícese de los limbos foliares, estípulas, etc., que se prolongan por debajo del punto de inserción y de prolongaciones concrescentes con el tallo o la rama en que se insieren [participio activo del verbo lat. *decurro* = descender, bajar corriendo, etc.; y éste, del verbo lat. *curro* = correr]. En el protólogo de la *Centaurea Triumfettii* subsp. *semidecurrens* (Jord.) Dostál *(C. semidecurrens* Jord., *Compositae)* se dice: "Feuilles dressées-étalées [...] les caulinaires oblongues ou linéaires-lancéolées [...] la plupart rétrécies et sémi-décurrentes à la base..."

sempérvirens, -éntis lat. bot. *sempervīrēns, -ēntis* = sempervirente, siempre verde, que está verde todo el año [lat. *semper* = siempre, en todo momento, constantemente, etc.; y lat. *vĭrēns, -ēntis* = que está verde, verdeante, etc. –participio activo del verbo lat. *vĭrĕo* = ser verde, estar verde, tener color verde // verdear, verdeguear, etc.].

Serídia, -ae f. lat. bot. *Seridĭa, -ae* f., género de las *Compositae* creado por A.-L. de Jussieu, Gen. Pl.: 173 (1789), que en *Flora iberica* se acepta como *Centaurea* sect. *Seridia* (Juss.) DC., Prodr. 6: 598-600 (1838); aunque nada se dice en el protólogo acerca del nombre, sin duda está tomado del restrictivo de la *C. Seridis* L. ["seridis"], que es su tipo nomenclatural –véase en este vol. *Seridis.*

Séridis genitivo singular de lat. *serĭs, -ĭdis* f.: 'de endivia' o 'de achicoria' –ésta, de gr. *sérĭs, -ĭdos* f.; lat. *seris, -ĭdis* f. = nombre de varias especies del género *Cichorium* L. *(Compositae),* silvestres o cultivadas, como la achicoria *(C. Intybus* L.) o la endivia *(C. Endivia* L.)–. En el caso de la *Centaurea Seridis* L. ["seridis"] *(Compositae),* Linneo toma el restrictivo de la *Jacea foliis Seridis candicantibus, purpurea* de G. Bauhin, Pinax: 272 (1623); éste, a su vez, se inspira en la descrición que hace Clusius, Rar. Pl. Hist.: viii (1601), de su "Iacea purp. Valentina muricato cap.", donde se lee: "foliis Seridis candicantibus..." –por el dibujo de la "non multum absimilis" *Iacea, sive Carduus muricatus luteus,* se refiere a las hojas de la achicoria.

sículus, -a, -um gr. *Sikelós, -ḗ, -on;* lat. *Sicŭlus, -a, -um* = sículo, siciliano, de Sicilia [gr. *Sikelía, -as* f.; lat. *Sicilĭa, -ae* f.].

solstitiális, -e lat. *soltitiālis, -e* = del solsticio de verano // estival, del verano, etc. [lat. *solstitĭum, -ĭi* n. = solsticio, especialmente el solsticio de verano, etc. –éste, de lat. *sol, solis* m. = el sol, etc.; y lat. *stātus, -a, -um* = que se mantiene derecho, erguido, inmóvil, quieto, etc. (participio pasivo del verbo lat. *sto* = estar de pie, estar erguido // estar inmóvil, quieto // mantenerse, estar, etc.)–; y lat. *-ālis, -āle* = sufijo que indica relación en sentido amplio]. Evidentemente, porque las plantas en cuestión florecen en verano.

sphaerocéphalus(-os), -a, -um(-on) lat. bot. *sphaerocephălus(-os), -a, -um(-on)* = usualmente, de inflorescencia globosa o esférica [gr. *sphaîra, -as* f.; lat. *sphaera, -ae* f. = esfera, bola, pelota, globo, etc.; y gr. *kephălḗ, -ês* f. = cabeza, etc.].

spinósus, -a, -um lat. *spinōsus, -a, -um* = espinoso, lleno de espinas, cubierto de espinas, etc. [lat. *spīna, -ae* f. = espina, púa, etc.; y lat. *-ōsus, -ōsa, -ōsum* = sufijo que indica abundancia, desarrollo completo o marcado, etc.]. En el protólogo de la *Carlina vulgaris* subsp. *spinosa* (Velen.) Vandas *(C. longifolia* [b] *spinosa* Velen., *Compositae)* se dice que tanto las hojas como las brácteas del involucro de la inflorescencia son espinosas.

spinulósus, -a, -um lat. bot. *spinulōsus, -a, -um* = espinuloso, que presenta pequeñas espinas o espínulas [lat. *spinula, -ae* f., diminutivo de lat. *spīna, -ae* f. = espina, púa, etc.; y lat. *-ōsus, -ōsa, -ōsum* = sufijo que indica abundancia, desarrollo completo o marcado, etc.]. En el protólogo de la *Mantisalca spinulosa* (Rouy) E. Ruiz & Devesa *(Microlonchus spinulosus* Rouy, *Compositae)* se lee: "Feuilles radicales et basilaires pétiolées [...] toutes à lobes ou dents terminés par une spinule ou un acumen très fin et relativement long..."

stenophýllus(-os), -a, -um(-on) gr. *stenóphyllos, -on* = de hojas estrechas [gr. *stenós, -ḗ, -ón* = estrecho, angosto, etc.; y gr. *phýllon, -ou* n. = hoja, pétalo, etc. // bot. solamente hoja].

strigósus, -a, -um lat. bot. *strigōsus, -a, -um* = estrigoso, cubierto de pelos rígidos, o de apreciable aspereza [lat. bot. *striga, -ae* f. = tricoma rígido y agudo; y lat. *-ōsus, -ōsa, -ōsum* = sufijo que indica abundancia, desarrollo completo o marcado, etc.] –lat. *strigōsus, -a, -um* = flaco, seco, macilento (del verbo lat. *stringo* = apretar, comprimir, estrechar fuertemente, etc.); éste, lat. *striga, -ae* f. = hilera (de gavillas) // fila de cosas colocadas o dispuetas por orden // línea trazada en la tierra, surco // arruga, etc.–. En el caso del *Echinops strigosus* L. *(Compositae)* el *nomen specificum legitimum* linneano es *Echinops calycibus fasciculatis unifloris: lateralibus sterilibus, foliis pinnatifidis supra strigosis.*

Stuéssyus, -i m. en la *Centaurea Stuessyi* Arnelas, Devesa & E. López *(Compositae),* homenaje a Tod Falor Stuessy (n. 1943), botánico estadounidense; graduado en 1965 por la universidad de DePauw (Greencastle, Indiana) y doctorado en 1968 por la de Texas en Austin, con la tesis *A systematic study of the genus Melampodium (Compositae-Heliantheae)* (Austin, 1968); tras estudios posdoctorales en la de Harvard (Cambridge, Massachusetts), fue durante 27 años profesor de Botánica en la estatal de Ohio, en Columbus, antes de trasladarse a la de Viena (Austria), donde fue profesor y jefe del Department für Botanische Systematik und Evolutionsforschung hasta 2013; actualmente es profesor emérito de la universidad estatal de Ohio; de entre sus muy numerosas publicaciones, son destacables las dedicadas a las Compuestas, a la biogeografía, especialmente de Sudamérica y México, a la especiación y evolución de las plantas en las islas, a los conceptos y métodos de la clasificación biológica –v.gr. *Plant taxonomy. The systematic evaluation of comparative data,* ed. 2 (Nueva York, etc., 2009)–, etc.

sulphúreus, -a, -um lat. *sulpurĕus(sulphurĕus, sulfurĕus), -a, -um* = sulfúreo, lo que es de azufre o tiene su naturaleza, color u olor // que contiene azufre [lat. *sulpŭr(sulphŭr, sulfŭr), -ŭris* n. = azufre; y lat. *-ĕus, -ĕa, -ĕum* = sufijo que indica material, color, semejanza, etc.]. En botánica, habitualmente se refiere al color, amarillo azufre, de las flores.

Susánna, -ae m. Alfonso Susanna de la Serna (n. 1955), botánico madrileño; licenciado en Biología por la Universidad Autónoma de Madrid (1979) y doctor por dicha universidad (1982), con la tesis *Estudio monográfico de la sección Chamaecyanus Willkomm del género Colymbada Hill;* tras sendas becas posdoctorales en el Servicio Geológico de Bolivia y el Museo de Historia Natural de La Paz (1982-1984) y en su universidad (1984-1987), obtiene en 1987, por oposición, una plaza de investigador del CSIC, con destino en el Institut Botànic de Barcelona, del que fue su director entre 2005 y 2013; sus numerosas publicaciones están dedicadas, en lo fundamental, al estudio de las Compuestas.

syríacus, -a, -um gr. *Sýrios, -a, -on, Syrikós, -ḗ, -ón* y *Syriakós, -ḗ, -ón;* lat. *Syrĭăcus, -a, -um, Syrĭus, -a, -um,* etc. = siríaco, sirio, de Siria [gr. *Syría, -as* f.; lat. *Syrĭa, -ae* f.].

Talavéra, -ae m. Salvador Talavera Lozano (n. 1945), botánico hinojero, actualmente catedrático en la Facultad de Biología de la Universidad de Sevilla; impulsor de los trabajos ibéricos de biología floral y activo colaborador de *Flora iberica* desde los comienzos, entre otras cosas.

tartes(s)iánus, -a, -um lat. *Tartessiānus, -a, -um* = tartesio, tartésico, de Tartesos –nombre asociado a un río (seguramente del SW ibérico: según unos, el actual Guadalquivir y, según otros, el Tinto, el Guadiana e incluso el Tajo), a una ciudad, próxima a su desembocadura, y a un "reino" [gr. *Tartḗs(s)ios, -a, -on;* lat. *Tartēs(s)ĭăcus, Tartes(s)iānus, Tartēs(s)ĭus, -a, -um* = tartesio, tartésico; gr. *Tartēs(s)ós, -oû* f.(m.) y *Tártēs(s)os, -ou* m.(f.); lat. *Tartēs(s)us (-os), -i* f. = Tartesos; y lat. *-(t)ānus, -(t)āna, -(t)ānum* = sufijo que indica procedencia, pertenencia, conexión, etc.].

tentudáicus, -a, -um lat. bot. *tentudaĭcus, -a, -um* = de la Sierra de Tudía o Tentudía (Calera de León, Badajóz) –dicen que, a principios del siglo XIII, en el reinado Fernando III, el maestre de la Orden de Santiago, Pelay Pérez Correa, batallando por dicha sierra contra los musulmanes y viendo que caía la noche y no obtenía la ansiada victoria, imploró a la Virgen:

¡Santa María, detén tu día! Cuentan que el sol se detuvo para favorecer la victoria de los cristianos. En agradecimiento, el maestre mandó construir una ermita bajo la advocación de Santa María de Tentudía (o Tudía) en el cima de la Sierra.

tenuiflórus, -a, -um lat. *tenŭis, -e* = tenue, sutil, delgado, delicado, fino, etc.; y lat. *flōs, -ōris* m. = flor.

Thamnacánthi nominativo pl. m. de lat. bot. *Thamnacanthus, -a, -um,* 'arbustos espinosos' [gr. *thámnos, -ou* m.(f.) = arbusto, arbolito // matorral, monte bajo // tronco de un árbol, etc.; y gr. *ákantha, -ánthēs* f. = espina, pincho, etc.]. En el protólogo de *Carduncellus* sect. *Thamnacanthi* (DC.) G. López in Acta Bot. Malac. 37: 83 (2012) ["Thamnacanthus"] *(Kentrophyllum* sect. *Thamnacantha* DC., Prodr. 6: 611 (1838) ["Thamnacantha"], *Compositae)* se lee: "Species fruticosae" –lat. *fruticōsus, -a, -um* = lleno de brotes, tallos o renuevos // lleno de arbustos o de matorral // bot. fruticoso, de consistencia ± leñosa como la de un arbusto, propio del arbusto o parecido a él [lat. *frutex, -ĭcis* m. = arbusto, frútice // renuevo, retoño, tallo // ramaje, etc.; y lat. *-ōsus, -ōsa, -ōsum* = sufijo que indica abundancia, desarrollo completo o marcado, etc.].

tinctórius, -a, -um lat. *tinctorĭus, -a, -um* = tintóreo, que sirve para teñir [del verbo lat. *tingo (tingŭo)* = mojar, bañar, empapar // impregnar // teñir, etc.].

toletánus, -a, -um lat. *Toletānus, -a, -um* = toledano, de Toledo [gr. *Tṓlēton, -lḗtou* n.; lat. *Tolētum, -i* n.; y lat. *-(t)ānus, -(t)āna, -(t)ānum* = sufijo que indica procedencia, pertenencia, conexión, etc.] y, por extensión, de la provincia.

Tomentósi nominativo pl. m. de lat. bot. *tomentōsus, -a, -um;* véase este vocablo. En el protólogo de *Carduus* sect. *Tomentosi* Devesa & Talavera in Lagascalia 10(1): 60-61 (1981) *(Compositae)* se dice: "Indumento principaliter unicelulare, albo-aracnoideo."

tomentósus, -a, -um lat. bot. *tomentōsus, -a, -um* = tomentoso, cubierto de pelos en general ramificados, cortos y dispuestos muy densamente [lat. *tomentum, -i* n. = todo lo que sirve para rellenar un cojín, una almohada, etc., como borra, lana, pelo, paja, plumas, tomento, etc. // bot. tomento, conjunto de pelos simples o ramificados, generalmente entrelazados o ensortijados, y muy juntos, a modo de borra; y lat. *-ōsus, -ōsa, -ōsum* = sufijo que indica abundancia, desarrollo completo o marcado, etc.]. En la descripción del *Galactites tomentosus* Moench ["tomentosa"] *(Centaurea galactites* L., *Compositae)* se dice que tanto el tallo como el envés de las hojas son tomentosos.

Tournefórtius, -ii m. Joseph Pitton de Tournefort (1656-1708), médico y botánico provenzal, profesor del Jardín Botánico de París desde 1683, activo herborizador en Francia, España, Portugal y Oriente, creador de un sistema de clasificación vegetal que gozó de gran predicamento en la primera mitad del siglo XVIII.

Triumféttus, -i m. Giovanni Battista Trionfetti [latinizado, Ioannnes (Joannes) Baptista Triumfetti] (1656-1708), médico, naturalista y botánico boloñés; doctor en Filosofía y Medicina por la universidad de Bolonia (Italia); con su hermano Lelio (1647-1722), profesor de Filosofía en esta universidad, se aficionó a las Ciencias Naturales, en especial a la Botánica; en 1678 fue nombrado director del Orto botanico della Sapienza, en Roma, y cuatro años después, profesor de Botánica de la institución; son destacables sus *Observationes de ortu, ac vegetatione plantarum cum novarum stirpium historia iconibus illustrata. Auctore Io: Baptista Tiumfetti Bononiensi...* (Roma, 1685), entre otras publicaciones. Evidentemente, en aplicación del ICN, Recommendation 60C.2 y 60C.3, el restrictivo debe de ser "triumfeti", no "triumfetii", al tener el nombre una forma latinizada bien establecida –en todas las publicaciones consultadas su apellido, latinizado, es "Triumfetti"–; además, en el caso de la *Centaurea Triumfetti* All. *Compositae),* en el protólogo se lee "triumfetti".

tuberósus, -a, -um lat. *tuberōsus, -a, -um* = lleno de bultos, hinchazones, tumores, etc. // bot. tuberoso, que tiene tuberosidades o tubérculos [lat. *tūber, -ĕris* n. = protuberancia, tumor, hinchamiento, bulto, etc. // tuberosidad de algunos árboles, tubérculo, trufa, etc. –éste, relacionado con el verbo lat. *tumĕo* = estar hinchado // hincharse, inflarse, etc.–; y lat. *-ōsus, -ōsa, -ōsum* = sufijo que indica abundancia, desarrollo completo o marcado, etc.]. En el *Cirsium tuberosum* (L.) All. *(Carduus tuberosus* L., *Compositae),* evidentemente por las raíces tuberosas, fusiformes –según Linneo, es el *Carduus pratensis Asphodeli radice latifolius* de G. Bauhin, Pinax: 377 (1623), y la *Iacea aculeata, seu tuberosa* de Tabernaemontanus, *Eicones plantarum...,* p. 154 (1590).

tubuliflórus, -a, -um lat. *tubŭlus, -i* m. = tubito, tubo, caño, conducto, etc., pequeños [diminutivo de lat. *tubus, -i* m. = tubo, caño, conducto, etc. –éste, relacionado con lat. *tuba, -ae* f. = trompeta–; y lat. *-ŭlus, -ŭla, -ŭlum* = sufijo diminutivo]; y lat. *flōs, -ōris* m. = flor.

uliginósus, -a, -um lat. *uliginōsus, -a, -um* = húmedo, uliginoso, pantanoso // bot. que se cría en lugares húmedos [lat. *ulīgo, -ĭnis* f. = humedad natural de la tierra, etc.; y lat. *-ōsus, -ōsa, -ōsum* = sufijo que indica abundancia, desarrollo completo o marcado, etc].

Ultréia lat. medieval *ultrēĭa(ultrēya)* = saludo, para darse ánimos, entre los peregrinos del Camino de Santiago, que viene a significar '¡vamos, más allá!', '¡vamos, adelante!', '¡adelante!, '¡sigue adelante!' [lat. *ultra* = del otro lado, del lado de allá // más lejos, más allá, etc. –éste, de lat. *uls* = más allá de, del lado de allá de–; y lat. *ēĭa* = interjección usada generalmente para animar, estimular, consolar, etc., ¡ea!, ¡vamos!, ¡valor!, etc.]. En la *Centaurea Ultreia* Silva Pando ["ultreiae"] *(Compositae),* el restrictivo es una interjección y, en consecuencia, indeclinable, que el autor trató como si fuera un substantivo –cf. ICN, Recommendation 60C.1, para las terminaciones latinas de los nombres de personas; en el protólogo se dice: "«Ultreia», voz utilizada por los peregrinos al vislumbrar las torres compostelanas desde Labacolla."

valdespinulósus, -a, -um lat. *valde* = fuertemente, en gran manera, mucho, muy, etc. [síncopa de lat. *valĭde* = con fuerza, mucho, muy, etc. –este adverbio, de lat. *valĭdus, -a, -um* = que tiene buena salud, sano, robusto, fuerte, vigoroso, etc.; y éste, del verbo lat. *vălĕo* = ser fuerte, vigoroso // ser bueno, eficaz // tener algún precio, valer // tener salud, etc.]; y lat. bot. *spinulōsus, -a, -um* = espinuloso, que presenta pequeñas espinas o espínulas [lat. *spinŭla, -ae* f., diminutivo de lat. *spīna, -ae* f. = espina, púa, etc.; y lat. *-ōsus, -ōsa, -ōsum* = sufijo que indica abundancia, desarrollo completo o marcado, etc.]. En el protólogo del *Cirsium valdespinulosum* (Sennen) Sennen *(C. monspessulanum* var. *valdespinulosum* Sennen, *Compositae)* se lee: "bracteés nombreusses et très spinuleuses, ainsi que les feuilles."

valentínus, -a, -um lat. *Valentīnus, -a, -um* = valenciano, valentino, perteneciente o relativo a Valencia [lat. *Valentĭa, -ae* f. = nombre de varias ciudades, entre ellas la Valencia española *(Valentĭa Edetanōrum)* y la Valence francesa]. En los nombres de plantas ibéricas, del antiguo Reino de Valencia o de la provincia.

Vinyálsius, -ii m. Francisco [Francesc] Vinyals y [i] Aguilera (1881-?) farmacéutico y químico natural de Tarrasa (Barcelona); licenciado en Farmacia por la universidad de Barcelona (1927), doctor por la Central madrileña (1901), profesor de Química en la Escuela Superior de Industrias de Tarrasa y miembro de la Junta Directiva del Instituto Médico-Farmacéutico de Barcelona (al menos, hasta 1941); además, botanófilo, colectó plantas y acompañó al Hermano Sennen en sus herborizaciones por las comarcas de los alrededores de Barcelona.

vivariénsis, -e lat. tardío *Vivariēnsis, -e* = de Viviers (Ardèche, Francia) [lat. tardío *Vivarĭum, -ii* n.; y lat. *-ēnsis, -ēnse* = sufijo que indica relación, pertenencia, etc.] y, por extensión, del Vivarais // del monasterio de Vivarium (Squillace, Catanzaro, Italia), fundado por Flavio Magno Aurelio Cassiodoro hacia el año 550 [de lat. *vivarĭum, -ĭi* n. = vivero, lugar donde se crían o conservan los peces, moluscos, etc., vivos; éste, del verbo lat. *vivo* = vivir, tener vida, estar vivo, etc.]. En el caso del *Carduus vivariensis* Jord. *(Compositae),* del Vivarais.

forma muy activa; fue discípulo de N. Host, director del jardín botánico de Belvedere (Viena), conoció y acompaño a C.A. Agardh (en su paso por Viena en 1827), quien le aficionó a las algas, y a A.-P. de Candolle (en 1828), que tuvo gran influencia científica y con el que mantuvo un amistad duradera; subsidiado por el Württembergischer botanische Reiseverein (Unio itineraria) en 1839, para colectar plantas en Azores, Canarias y Cabo Verde, por causas varias no pudo embarcar y, de acuerdo con dicha asociación, permaneció en Portugal; ahí estuvo hasta 1853 ejerciendo distintos cargos botánicos –como el de conservador del Museu e Jardim Botânico da Ajuda (Lisboa), entre 1840 e 1844–, y herborizando, siempre, de forma diligente; en 1853, pasó a Angola, enviado por el gobierno portugués, para colectar plantas y animales, entre otras cosas; por allí anduvo hasta diciembre de 1860; colectó materiales, además, en Santo Tomé y Príncipe, Cabo Verde, Sierra Leona y Madeira; en 1861 arribó de nuevo a Lisboa, donde permaneció hasta 1863 estudiando sus recolecciones; en 1863 marchó a Londres con idéntico fin, al principio subsidiado por el gobierno portugués, donde murió. Sus colecciones, botánicas y zoológicas, fueron legadas, en testamento, principalmente al British Museum (a la sazón, en Bloomsbury); sin embargo, el gobierno portugués exigió su devolución; tras duro pleito, en 1875 se llegó al acuerdo de restituir la serie principal (serie de estudio), más las notas y descripciones originales, a Lisboa (actualmente, en LISU, Jardim Botânico da Universidade de Lisboa), de dejar en Londres la segunda mejor serie y una copia de los manuscritos (actualmente en BM, Natural History Museum) y de repartir el resto entre otras instituciones científicas. Según parece, colectó en su expedición angoleña más de 10.000 ejemplares, incluidas las criptógamas (c. 9.400 en LISU), de unas 5.000 especies distintas, de las que unas 1.000 son especies nuevas –además, hay en LISU c. de 3.000 especímenes portugueses.

Willkómmius, -ii m. Heinrich Moritz Willkomm (1821-1895), botánico sajón que se ocupó muy a fondo, particularmente, de las floras ibérica y baleárica; es coautor del básico *Prodromus florae Hispanicae...* (Stuttgart, 1861-1880).

xeranthemoídes, -es véase en este vol. el género *Xeranthemum* L. *(Compositae);* gr. *-eidḗs, -eidés (eîdos);* lat. *-īdēs, -īdĕs* = parecido a, con aspecto de. En el protólogo de la *Centaurea bombycina* subsp. *xeranthemoides* (Lange ex Willk.) Blanca, Cueto & Quesada *(C. Funkii* var. *xeranthemoides* Lange ex Willk., *Compositae)* se lee: "Habitus Xeranthemi."

APÉNDICE V

RELACIÓN DE NOVEDADES TAXONÓMICAS O NOMENCLATURALES

Carduus carlinifolius var. **petrophilus** (Timb.-Lagr.) Devesa in Castrov. & al. (eds.), Fl. Iber. 16(1): 205 (2014), comb. nov.

Carduus platypus var. **lusitanicus** (Rouy) Devesa in Castrov. & al. (eds.), Fl. Iber. 16(1): 190 (2014), comb. nov.

Carduus santacreui (Devesa & Talavera) Devesa in Castrov. & al. (eds.), Fl. Iber. 16(1): 194 (2014), comb. nov.

Centaurea debeauxii subsp. **grandiflora** (Gaudin ex Schübl. & G. Martens) Devesa & Arnelas in Castrov. & al. (eds.), Fl. Iber. 16(1): 460 (2014), comb. nov.

Centaurea sect. **Benedicta** (Bernh.) Devesa in Castrov. & al. (eds.), Fl. Iber. 16(1). 521 (2014), comb. nov.

ÍNDICES

ÍNDICE DE LÁMINAS

Arctium
- lappa, lám. 16 o, pág. 99
- minus, lám. 16 a-n, pág. 99

Atractylis
- cancellata, lám. 6 x, pág. 48
- humilis, lám. 6 a-w, pág. 48

Carduncellus
- balearicus, lám. 70, pág. 321
- cuatrecasasii, lám. 71, pág. 325
- dianius, lám. 73, pág. 341
- hispanicus subsp. intercedens, lám. 72, pág. 335

Carduus
- acicularis, lám. 48, pág. 220
- asturicus, lám. 45 a-m, pág. 213
- bourgeanus, lám. 50 l-o, pág. 227
- broteri, lám. 38, pág. 193
- carlinoides subsp. hispanicus, lám. 46, pág. 216
- crispus subsp. multiflorus, lám. 49, pág. 223
- defloratus subsp. medius, lám. 44, pág. 208
- ibicensis, lám. 50 a-k, pág. 227
- meonanthus subsp. meonanthus, lám. 51 l, pág. 231
- meonanthus subsp. valentinus, lám. 51 a-k, pág. 231
- nigrescens subsp. hispanicus, lám. 41 k, l, pág. 200
- nigrescens subsp. nigrescens, lám. 41 a-j, pág. 200
- nutans, lám. 35, pág. 186
- paui, lám. 43, pág. 206
- platypus subsp. granatensis, lám. 36 a-l, pág. 189
- platypus subsp. platypus, lám. 36 m, n, pág. 189
- platypus subsp. platypus, lám. 37, pág. 191
- pycnocephalus, lám. 47 a-l, pág. 218
- rivasgodayanus, lám. 40, pág. 197
- santacreui, lám. 39, pág. 195
- tenuiflorus, lám. 47 m-q, pág. 218
- vivariensis, lám. 42, pág. 202

Carlina
- acanthifolia subsp. cynara, lám. 3, pág. 37
- acaulis subsp. caulescens, lám. 4, pág. 40
- corymbosa subsp. corymbosa, lám. 2 u, pág. 35
- corymbosa subsp. hispanica, lám. 2 a-s, pág. 35
- corymbosa subsp. major lám. 2 t, pág. 35
- gummifera, lám. 5, pág. 43
- vulgaris subsp. spinosa, lám. 1, pág. 28

Carthamus
- creticus, lám. 69 a-r, pág. 312
- lanatus, lám. 69 s, pág. 312

Centaurea
- antennata subsp. antennata, lám. 115, pág. 481
- argecillensis, lám. 139, pág. 569
- aristata, lám. 81, pág. 379
- aspera subsp. aspera, lám. 121, pág. 505
- aspera subsp. scorpiurifolia, lám. 123, pág. 508
- aspera subsp. stenophylla, lám. 122, pág. 506
- avilae, lám. 97, pág. 419
- barrasii, lám. 120, pág. 501
- beltrani, lám. 99, pág. 425
- benedicta, lám. 127, pág. 523
- beturica, lám. 83 n, pág. 387
- boissieri subsp. boissieri, lám. 86, pág. 396
- boissieri subsp. integrifolia, lám. 91, pág. 404
- boissieri subsp. mariolensis, lám. 89, pág. 401
- boissieri subsp. pinae, lám. 90, pág. 403
- boissieri subsp. prostrata, lám. 88, pág. 400
- boissieri subsp. willkommii, lám. 87, pág. 398
- bombycina subsp. bombycina, lám. 95 a-l, pág. 413
- bombycina subsp. xeranthemoides, lám. 95 m, pág. 413

calcitrapa, lám. 125, pág. 517
carratracensis, lám. 98, pág. 421
castellanoides subsp. castellanoides, lám. 82 a-m, pág. 384
castellanoides subsp. talaverae, lám. 82 n, o, pág. 384
cephalariifolia, lám. 138, pág. 565
citricolor, lám. 101, pág. 430
clementei, lám. 137, pág. 563
collina, lám. 132, pág. 541
corcubionensis, lám. 112, pág. 472
cordubensis, lám. 83 a-m, pág. 387
costae, lám. 104, pág. 443
crocata, lám. 135, pág. 554
debauxii subsp. grandiflora, lám. 109, pág. 461
depressa, lám. 145, pág. 591
difusa, lám. 85, pág. 392
diluta, lám. 131, pág. 538
dracunculifolia, lám. 105, pág. 450
emigrantis, lám. 114, pág. 478
eriophora, lám. 130, pág. 534
exarata, lám. 111, pág. 467
gadorensis, lám. 103, pág. 437
genesii-lopezii, lám. 142, pág. 578
granatensis, lám. 136, pág. 559
haenseleri, lám. 140, pág. 573
hanrii, lám. 75, pág. 364
hyalolepis, lám. 126, pág. 520
hyssopifolia, lám. 117, pág. 487
jaennensis, lám. 94, pág. 410
janeri subsp. babiana, lám. 113, pág. 475
lagascana, lám. 144, pág. 585
langei subsp. coutinhoi, lám. 78, pág. 374
langei subsp. exilis, lám. 77, pág. 373
langei subsp. geresensis, lám. 79, pág. 376
langei subsp. kheilii, lám. 80, pág. 377
langei subsp. langei, lám. 76, pág. 371
legionis-septimae, lám. 134, pág. 550
linifolia, lám. 116, pág. 483
lusitanica, lám. 119, pág. 495
nevadensis, lám. 110, pág. 463
nigra subsp. carpetana, lám. 108, pág. 458
nigra subsp. endressii, lám. 106, pág. 454
nigra subsp. rivularis, lám. 107, pág. 456
paniculata subsp. paniculata, lám. 74, pág. 361
pinnata, lám. 100, pág. 428
pullata subsp. baetica, lám. 124 a-m, pág. 513
pullata subsp. pullata, lám. 124 n, pág. 513
resupinata subsp. dufourii, lám. 93, pág. 409
resupinata subsp. resupinata, lám. 92, pág. 407
rouyi, lám. 96, pág. 415
sagredoi, lám. 102, pág. 434
saxicola, lám. 133, pág. 546
saxifraga, lám. 141, pág. 576
schousboei, lám. 84, pág. 390
solstitialis subsp. solstitialis, lám. 128, pág. 527
sphaerocephala, lám. 118, pág. 492
sulphurea, lám. 129, pág. 531
triumfetti subsp. semidecurrens, lám. 146, pág. 596
ultreia, lám. 143, pág. 583
Cheirolophus
sempervirens, lám. 68 n, o, pág. 303
uliginosus, lám. 68 a-m, pág. 303
Cirsium
echinatum, fig. 2 h, pág. 168
eriophorum, fig. 2 g, pág. 168
ferox, fig. 2 b, pág. 168
filipendulum, lám. 25, pág. 141
gaditanum, lám. 32, pág. 163
monspessulanum, lám. 30 159
odontolepis, fig. 2 f, pág. 168
oleraceum, lám. 28, pág. 152
richterianum subsp. costae, fig. 2 d, pág. 168
richterianum subsp. costae, lám. 33, pág. 171
richterianum subsp. giraudiasii, fig. 2 e, pág. 168
richterianum subsp. richterianum, fig. 2 c, pág. 168
rosulatum, lám. 27, pág. 147
scabrum, fig. 2 i, pág. 168
tuberosum, lám. 26, pág. 143
valdespinulosum, lám. 31, pág. 161
valentinum, lám. 29, pág. 155
vulgare, fig. 2 a, pág. 168
Crupina
crupinastrum, lám. 52 a-q, pág. 237
vulgaris, lám. 52 r-w, pág. 237
Cynara
algarbiensis, lám. 19, pág. 116
baetica subsp. baetica, lám. 20, pág. 118
tournefortii, lám. 18, pág. 113
Echinops
ritro subsp. ritro lám. 7 p, q, pág. 55
sphaerocephalus subsp. sphaerocephalus, lám. 7 a-o, pág. 55
strigosus, lám. 7 r-t, pág. 55
Galactites

duriaei, lám. 17 a-r, pág. 105
tomentosus, lám. 17 s, pág. 105
Jurinea
fontqueri, lám. 14, pág. 90
humilis, lám. 15 r, s, pág. 93
pinnata, lám. 15 a-q, pág. 93
Klasea
boetica subsp. lusitanica, fig. 3 b, pág. 248
boetica subsp. lusitanica, lám. 55, pág. 253
flavescens subsp. flavescens, fig. 3 c, pág. 248
flavescens subsp. flavescens, lám. 58, pág. 261
integrifolia subsp. integrifolia, fig. 3 e, pág. 248
integrifolia subsp. integrifolia, lám. 56, pág. 255
integrifolia subsp. monardii, fig. 3 d, pág. 248
integrifolia subsp. monardii, lám. 57, pág. 257
legionensis, fig. 3 a, pág. 248
legionensis, lám. 54, pág. 247
Mantisalca
duriaei, lám. 67, pág. 297
salmantica, lám. 66, pág. 292
Notobasis
syriaca, lám. 23, pág. 129
Onopordum
acaulon, fig. 1 a, pág. 70
acaulon, lám. 12, pág. 82
acanthium subsp. acanthium, fig. 1 b, pág. 70
corymbosum subsp. corymbosum, fig. 1 d, pág. 70
corymbosum subsp. corymbosum, lám. 10, pág. 74
hinojense, fig. 1 h, pág. 70
illyricum subsp. illyricum, fig. 1 g, pág. 70
macracanthum, fig. 1 e, f, pág. 70
nervosum, fig. 1 c, pág. 70
nervosum, lám. 11, pág. 79
Picnomon
acarna, lám. 22, pág. 126
Ptilostemon
hispanicus, lám. 21, pág. 122
Rhaponticoides
africana, lám. 60, pág. 269
alpina, lám. 61, pág. 271
fraylensis, lám. 59, pág. 266
Rhaponticum
centauroides, lám. 65, pág. 287
exaltatum, lám. 63, pág. 283
longifolium, lám. 64, pág. 285
Saussurea
alpina, lám. 13, pág. 87
Serratula
tinctoria, lám. 53, pág. 241
Silybum
eburneum, lám. 24 a-l, pág. 134
marianum, lám. 24 m, pág. 134
Staehelina
baetica, lám. 9 a-p, pág. 65
dubia, lám. 9 q, pág. 65
Tyrimnus
leucographus, lám. 34, pág. 179
Volutaria
muricata, lám. 62 a-p, pág. 276
tubuliflora, lám. 62 q-z, pág. 276
Xeranthemum
annuum, lám. 8 n, o, pág. 60
cylindraceum, lám. 8 a-m, pág. 60
inapertum, lám. 8 p-u, pág. 60

ÍNDICE DE NOMBRES VERNÁCULOS

abadejo, 57
abraülls (cat.), 516
abremanos, 528, 529
abreojos, 381, 516, 536, 547
abrepuño, 133, 528
abrepuño blanco, 393
abrepuño difuso, 393
abrepuños, 381, 504, 516, 529, 536, 544, 547
abriojos, 516
abriülls (cat.), 516
abrojo, 536
abrojos, 516, 528
açaflor (port.), 307
açafraô (port.), 307
açafrão-bastardo (port.), 307
açafroa (port.), 307
açafrol (port.), 307
acántio-vulgar (port.), 71
acanto bastardo, 71
acanto-bastardo (port.), 71
acanto silvestre espinoso, 71
achicoria falsa, 302
aciago negro, 452
acial (gall.), 590
aciano, 590
aciano de montaña, 594
aciano mayor, 599
aciano menor, 590
acianos (gall.), 590
adornos de monte, 282
agarzolla lila, 566
agarzoya, 544
aguipegotes, 98
ajonjera, 41, 44
ajonjera, 224
ajonjera botonera, 293
ajonjera común, 44
alas-flor (cat.), 307
alazor, 307
alcabota, 293
alcachofa, 112, 133, 524
alcachofa (Aragón), 41
alcachofa borriquera, 71
alcachofa bravía, 119
alcachofa de campo, 112
alcachofa salvaje, 71
alcachofas de Andalucía, 112
alcachofas silvestres, 73, 77, 112
alcachofera, 112, 114
alcachofera silvestre, 109
alcachofilla, 112, 282
alcachofra (port.), 110
alcachofra-brava (port.), 112
alcachofra-de-comer (port.), 110
alcachofra-do-Algarve (port.), 117
alcachofra-do-São-João (port.), 112
alcachofra-francesa (port.), 110
alcachofra-genovesa (port.), 110
alcachofra-roxa (port.), 110
alcachofra-verde (port.), 110
alcachofreira (port.), 114
alcachofreiro (port.), 114
alcancilillo, 282
alcaucil, 109, 112, 119
alcaucil silvestre, 109
alcauciles, 133
aldiza, 590
algaravía, 293
aljolla, 542
aljonje, 44
aljonjera, 44
amanua (eusk.), 98
amarga, 504
amargo, 504
amargos, 293, 382
amargosa, 381, 504
amargosilla, 381
amarguilla, 504
amarguillo, 381
ambarina silvestre, 277
ambreta (port.), 516, 590
ambreta-cianea (port.), 590
amor de hortelano, 98
amor-de-hortelão (port.), 133

amores, 98
amores (gall.), 98
amores (port.), 98
amores ruines, 98
anacarnina, 71
anapeas, 293
anapera, 566
anasarina, 71
angeleta (cat.) (Valencia), 590
angelets (cat.), 516, 590, 599
angelicos, 590
angelina (cat.) (Valencia), 590
anipeta (Aragón), 566
apegotillos, 98
arbassera fina (Valencia), 509
arbrassera (Valencia), 480
ardolla, 516
aresol-da-praia (port.), 490
argazolla amarilla, 528
argolla, 544
arjunça (port.), 44
armika (eusk.), 518
arnaza, 566
árnica, 560
árnica de María, 580
árnica del Jabalcón, 577
arrafiz (gall.), 110
arrancamoños, 98
arreapedos, 566
arrecate, 73, 77
arrencapets (cat.), 566
arsola (gall.), 518
arsolla, 360, 381
arzalla, 542
arzola (gall.), 98, 133, 518
arzola (port.), 516
arzolla, 133, 328, 331, 360, 381, 490, 516, 528, 529, 542, 586
arzolla de roca, 92
arzolla granadina, 530
arzolla marina, 490
arzoya, 544
ascardot (cat.), 447
asnaza, 566
assotacrist (cat.), 127, 310, 536, 544
assotacristos (cat.), 310
asta-azaparana (eusk.), 307
asta-kardua (eusk.), 174
astalarra (eusk.), 41, 71
asta-likardoa (eusk.), 57
astalikardua (eusk.), 133
asta-zafraya (eusk.), 307
asto kardua (eusk.), 174
asto karduba (eusk.), 169
astuzkerra (eusk.), 566
atoba, 71, 77
aubriülls (cat.), 516
aunge, 44
aurayoles (cat.), 528
auriola (cat.), 528
auriüll (cat.), 516
auriülls (cat.), 516
azafrán azul, 338
azafrán bastardo, 307
azafrán de moriscos, 307
azafránromí, 307
azafranillo, 307
azafranillo de México, 307
azolla, 544
azotacristo, 547
azotacristos, 127, 310, 313, 516, 536
azotalenguas, 504
aztuzkerra (eusk.), 566
azulejo, 566, 590, 592, 597
azulejos, 599
azuleño, 590
azuletes, 590
azulina, 590
azulines, 590
azulón, 590
azulones, 590
baleas, 293
baleja (cat.), 293
baleo, 293
baleo, 381
baleo basto, 381
baleo fino, 293
baleo gordo, 381
baleo macho, 293
baratz gardua (eusk.), 110
barbassa (cat.), 470
bardana, 98
bardana (cat.), 98, 100
bardana (gall.), 98
bardana (port.), 98
bardana menor, 98
bardana-maior (port.), 98
bardana-ordinária (port.), 98
bardanera (cat.), 100, 98
barómetro, 41
barredera, 293
basa-azaparana (eusk.), 307
basa-kardabera (eusk.), 41, 44
basa-zafraya (eusk.), 307
bedegar, 133
beija-mão (port.), 529

belaun-belarra (eusk.), 98
bigoti (cat.), 110
blanquiella (cat.), 516, 528
blanquielles (cat.), 516
blanquilla (Aragón), 528
blanquina (Aragón), 528
blauet (cat.), 516
blaus (cat.), 516, 590
blavet (cat.), 590
blavet (cat.) (Valencia), 592, 597
blavets (cat.) (Valencia), 599
bolica, 293
bombilla, 109
bonaga (cat.), 504
borlitas de seda montés, 66
botja (cat.), 566
botones, 293
botons de frare (cat.), 566
botons de gavatx (cat.), 542, 566
bovenaga, 504
bovenaga (cat.), 504
bracera, 395, 416, 424, 427
bracera (cat.), 547
bracera (Valencia), 480, 484
bracera de marjal (Valencia), 451
bracera de Penya (Valencia), 416
bracera dels Ports (cat.), 587
bracera fina (Valencia), 509
bracer marina, 490
bracera negra (cat.) (Valencia), 512
bracera roja, 427
brasera, 504
brasera de Málaga, 500
brasera del cabo, 503
brassadera (cat.), 504
brassera (cat.), 504
brazera, 504
brozeras, 504
bufassa (cat.), 71, 77
bufassa arabiga (cat.), 80
bufassa corimbosa (cat.), 75
bufassa il· lírica (cat.), 73
burnisquea chillarra (eusk.), 293
burruiska (eusk.), 293
buruiska (eusk.), 293
cabeçuda (cat.), 293
cabeza de arrendajo, 56
cabeza de cardo, 83
cabeza de erizo, 57
cabeza de espinas, 544
cabeza de gurrión (Aragón), 566
cabeza de pollo, 36, 123, 127, 512
cabeza de turco, 73
cabeza de viejo, 57
cabezuela, 236, 277, 293, 566
cabezuela cana, 236
cabezuela coronada, 293
cabezuela de Salamanca, 293
cabezuela menuda, 293
cabezuelas, 516
cabrarao, 504
cachurrera, 98
cachurros, 98
cagatrepa (cat.), 516
cagatripa, 516
cagatripa (cat.), 516
calcatripa (gall.), 518
calcatripa (port.), 516
calcida (cat.), 104, 154, 156, 166
calcida (Valencia) (cat.), 106
calcida acaule (cat.), 156
calcida blanca (cat.), 104
calcides (cat.), 166
calcitrapa, 440
calcitrapa (port.), 516
calcitrapa lanosilla, 524
cálices, 293
callaleite (gall.), 110
calsatripa (port.), 516
calsiga (cat.), 166
camaleão-branco (port.), 44
camaleón, 41, 224
camaleón blanco, 44
camarroja, 293
camferrada (cat.), 566
cana, 236
cancelillos, 47
candell (cat.), 516
candells (cat.), 516
canduncho, 41
cantarera, 293
cañaladrera, 504
cañamones, 452
capblau (cat.) (Valencia), 599
cap ferrat (cat.), 162
capblau (cat.) (Valencia), 590, 592, 597
cap-blau (cat.), 516
capça de san Joan (cat.), 282
capceta (cat.) (Valencia), 282
capçuda (cat.), 566
capellans (cat.), 307
capferrada (cat.), 542, 566
capferrada groga (cat.) (Valencia), 542
capferrada purpúria (cat.), 566
cap-grosblau (cat.) (Valencia), 566
capota, 109

capotica, 293
capsblancs (cat.), 174
capsblaus (cat.), 447, 590
caps d'ase (cat.), 174
caps de burro (cat.), 452, 470, 504, 542, 566
caps de mussol (cat.), 56
caps de nina (cat.), 470
carabino, 516
carasol, 41, 224
carchofera (cat.) (Valencia), 112
card (cat.), 172, 187, 199, 203, 204, 209, 215, 219, 222, 228, 320
card beneit (cat.), 524
card blanc (cat.), 104, 133
card blanc (cat.) (Mallorca), 104
card bord (cat.) (Valencia), 504
card burral (cat.), 133
card calapater (cat.), 133
card calapater (cat.) (Mallorca), 104
card calapatós (cat.), 133
card calapoter (cat.), 181
card calapoter (cat.) (Mallorca), 104
card cardener (cat.), 41
card clapat (cat.), 133
card coler (cat.) (Mallorca y Valencia), 110
card comú (cat.), 110
card d'ase (cat.), 73, 77, 219, 224
card daurat (cat.), 282
card de cabeceta (cat.), 32
card de camí (cat.) (Valencia), 187
card de gallineta (cat.) (Valencia), 282
card de Maria (cat.), 133
card de mont (cat.) (Valencia), 199
card de sang (cat.), 32
card de sang (cat.) (Menorca), 310
card de sèquia (cat.), 162
card de xeremia (cat.) (Mallorca), 104
card del dimoni (cat.), 73, 77
card d'eriço (cat.), 56
card d'esteca (cat.), 57
card d'herba (cat.) (Mallorca), 112
card estrellat (cat.), 516, 528
card formatger (cat.), 110
card formatjer (cat.) (Mallorca), 112
card fuell (cat.) (Menorca), 310
card gallofer (cat.), 133, 219
card groc (cat.), 544
card lleter (cat.), 133
card marià (cat.), 133
card morat (cat.), 154
card negre (cat.), 34
card negre (cat.) (Menorca), 310
card penjant (cat.) (Valencia), 187
card prim (cat.), 154
card prim (cat.) (Valencia), 207
card sant (cat.), 310, 524
card soliquat (cat.) (Mallorca), 169
card somerer (cat.), 169
card strellat (cat.), 516
card tromper (cat.) (Mallorca), 104
card trompeter (cat.) (Mallorca), 104
card ver (cat.) (Valencia), 199
card vermell (cat.), 516
cardabela, 41
cardafuso (gall.), 590
cardalloba (cat.), 71
cardamella, 39
cardanxa deboles (cat.) (Valencia), 57
cardasol, 542
cardassa (cat.), 133
cardassablanca (cat.), 83
cardazol, 542
cardazol (port.), 544
cardazola, 542
cardazola (port.), 544
cardelejas (port.), 544
cardencha, 169
cardenzol (port.), 544
cardet (cat.), 166
cardet bord (cat.), 104
cardets d'aigua (cat.), 133
cardicuca, 56
cardiga (cat.), 71, 77
cardigassa, 174
cardigassa (cat.), 41, 165, 174
cardigassa blanca (cat.), 153
cardigassa palustre (cat.), 165
cardigaza (Aragón), 41, 133
cardigazo (Aragón), 528
cardigot (cat.), 110
cardiguera (cat.), 41
cardillo, 166, 169
cardillo enano lanudo, 32
cardillos, 73
cardillos monteses, 98
cardina, 41, 224
cardinches, 98
cardineta, 41
cardinho (port.), 166
cardinho-das-almorranas (port.), 166
cardinho-das-almorreimas (port.), 512
cardio bravo (gall.), 165, 174
cardito, 41
cardito digitado, 504
cardo, 31, 32, 47, 49, 53, 66, 71, 73, 77, 104, 127, 133, 142, 144, 145, 146, 148, 149,

150, 151, 153, 154, 156, 158, 160, 162, 164, 165, 166, 169, 170, 172, 173, 174, 175, 176, 187, 188, 192, 196, 198, 199, 203, 204, 207, 209, 211, 214, 215, 217, 219, 221, 222, 224, 226, 230, 232, 504, 512, 516, 524, 586
cardo (port.), 104, 130, 146, 194, 222
cardó (cat.), 175
cardo abadejo, 57
cardo abejero, 31
cardo abrepuños, 381, 544
cardo abriojo, 516
cardo aceitero (Aragón), 307
cardo ajonjero, 41, 44, 127
cardo ajonjero blanco, 41
cardo ajonjero de Salamanca, 127
cardo ajónjico, 224
cardo alazorado, 528
cardo alcachofero, 109, 133
cardo amarillo de calvero, 544
cardo andaluz, 112
cardo anzol, 542
cardo arrecife, 110
cardo arzolla, 328, 331, 542
cardo arzolla azul, 338
cardo asnil, 31
cardo azotacristo, 516
cardo azul, 57, 328, 338
cardo bendito, 524
cardo blanco, 77, 83, 127, 133, 166, 170, 524
cardo blanco portugués, 80
cardo blanco sentado, 83
cardo borde (Aragón), 133
cardo borriqueiro (gall.), 158
cardo borriqueño, 158, 169
cardo borriquero, 71, 73, 75, 77, 80, 104, 112, 127, 133, 158, 166, 169, 174, 219, 222, 226, 230
cardo borroqueiro (gall.), 133
cardo breiro (gall.), 310
cardo burreño, 169
cardo burrero, 166, 169, 544
cardo burreru, 169
cardo burriquero, 169, 174
cardo cabeza de pollo, 127
cardo cabeza de turco, 73
cardo cabezudo, 544
cardo cabrero, 310, 320
cardo capotero, 133
cardo chico, 310
cardo colorado, 110
cardo común, 169, 222
cardo crespo, 226
cardo cuajaleches, 104
cardo cuco, 31, 32, 36, 127, 320
cardo cundidor, 166
cardo de abalorio, 169
cardo de alcachofa, 77
cardo de argolla, 133, 544
cardo de arrecife, 175
cardo de arzolla, 282, 544, 586
cardo de barbecho, 166
cardo de bolas, 293
cardo de borreguil, 157
cardo de broxasaragón, 41
cardo de bruxa (cat.) (Valencia), 41
cardo de burro, 104, 174, 224
cardo de Cristo, 310
cardo de jilgueros, 130
cardo de la alegría, 222
cardo de la arzolla, 381
cardo de las pelotas, 166
cardo de liga, 44
cardo de liria, 44
cardo de marinero, 516
cardo de nevero, 215
cardo de Nossa Señora (gall.), 133
cardo de puerto (Aragón), 41
cardo de san Pelegrín, 41
cardo de santa María, 133
cardo de Siria, 130
cardo de uvas, 31
cardo del cuajo, 112
cardo del demonio, 73
cardo del diablo (Aragón), 528
cardo del sol, 282
cardo do Maria (gall.), 133
cardo dorado, 41, 224
cardo enmarañado, 535
cardo enrejado, 47
cardo erizo, 56
cardo escarolado, 529
cardo estrelado (gall.), 518
cardo estrellado, 440, 516
cardo estrellado español, 542
cardo garbancero, 516
cardo garbanzuelo, 516
cardo garrapata, 566
cardo gigante, 80
cardo gochero, 169
cardo hemorroidal, 166
cardo heredero, 49, 166
cardo hormiguero, 169
cardo hueso, 310
cardo huso, 49
cardo huso real, 49

cardo labrado, 224
cardo lanudo, 174, 535
cardo lechar, 169
cardo lechero, 36, 133, 320
cardo leiteiro (gall.), 133
cardo manchado, 133
cardo mariano, 133
cardo mariano (port.), 133
cardo montés de Jaén, 123
cardo muelle de arroyo, 149
cardo muelle enano, 32
cardo negral, 166
cardo negro, 98, 157, 219, 226
cardo oloroso, 166
cardo palustre, 165
cardo pegote, 98
cardo pelotero, 133
cardo peludillo, 32
cardo perruno, 123
cardo pinchoso, 516
cardo pinto, 133
cardo pirenaico, 215
cardo platero, 133
cardo presoeiro (gall.), 110
cardo prieto, 123
cardo retalludo, 516
cardo rizado, 41
cardo ruso, 71
cardo sanjuanero, 123
cardo sant (cat.), 524
cardo sant (gall.), 524
cardo santo, 127, 133, 282, 320, 524
cardosanto (gall.), 524
cardo santo azul, 338
cardo silvestre, 112, 169, 181
cardo tendido, 112
cardo timonero, 71, 112
cardo triguero, 166
cardo uvero, 544
cardo yesco, 119
cardo yesquero, 53, 56, 57
cardo yesquero espinoso, 53
cardo zapero, 133, 135
cardo-amarelo (port.), 36
cardo-amarelo-anual (port.), 31
cardo-anil (port.), 222
cardo-arzolla, 530
cardo-asneiro (port.), 57
cardo-asnil (port.), 31, 219
cardo-azul (port.), 222, 338
cardo-bento (port.), 524
cardo-branco (port.), 133
cardo-branco-dos-montes (port.), 53
cardo-bravo (port.), 112, 169
cardo-coalhador (port.), 110
cardo-coroado (port.), 47
cardo-da-isca (port.), 174
cardo-de-comer (port.), 110
cardo-de-Cristo (gall.), 518
cardo-de-Cristo (port.), 516
cardo-de-isca (port.), 53
cardo-de-Nossa-Senhora (port.), 133
cardo-de-Santa-Maria (port.), 133
cardo-do-coalho (gall.), 110
cardo-do-coalho (port.), 110
cardo-do-visco (port.), 44
cardo-do-visgo (port.), 44
cardo-esporado (port.), 516
cardo-estrelado (port.), 516
cardo-estrellado (port.), 133
cardo-hemorroidal (port.), 166
cardohuso, 310
cardo-huso áspero, 524
cardo-isqueiro (port.), 174
cardo-italiano (port.), 219
cardol (port.), 36
cardo-leiteiro (port.), 133
cardolera (cat.), 110
cardo-matacão (port.), 44
cardón, 130
cardoncha, 77, 133, 320
cardoncillo, 320
cardonerita, 41
cardones, 310
cardo-pinto-branco (port.), 44
cardo-pinto-gommoso (port.), 44
cardos toberos, 73
cardo-sanguinho (port.), 310
cardo-santo (port.), 524
cardo santo azul, 338
cardo-sol, 250
cardot (cat.), 29, 110, 133, 219, 222
cardot (cat.) (Valencia), 187, 226
cardot corimbós (cat.), 75
cardot gros (cat.), 71
cardot il· líric (cat.), 73
cardot macracant (cat.), 77
cardot nervós (cat.), 80
cardot sant (cat.), 524
cardota, 104
cardota (gall.), 104
cardo-toba, 71
cardo-toro, 75
cardu (Asturias), 41
cardu (gall.), 29
cardu borriqueru, 169

cardullo, 41
carlina, 29, 41
carlina (port.), 31
carlina angélica, 41
carlina cinara (cat.), 39
carlina de monte, 29
carlina enrejada, 47
carlina española, 31
carlina petita (cat.), 29
carlina silvestre, 29
carlina-bastarda (port.), 44
carlina-gomosa (port.), 44
carnera borda, 71
carnera borda (cat.), 71, 73
carnina, 71
carnunquera, 41
carpazo, 29
carrapicho (gall.), 110
carrapito (gall.), 110
carrapizo (gall.), 110
carrapizos (gall.), 98
carrinclera (cat.), 41
carroncha, 169
carsos (cat.), 166
cársus (cat.), 166
cart (cat.), 169
cart blanc (cat.) (Mallorca), 516
cart estrellat (cat.) (Mallorca), 516
cart sant (cat.) (Mallorca), 524
cart sant (gall.), 524
càrtam (cat.), 307
cártamo, 307, 320
cártamo azul silvestre, 338
cártamo cultivado, 307
cártamo mariano, 133
cártamo salvaje, 310
cártamo silvestre, 310, 447
cartcoler (cat.) (Mallorca y Valencia), 112
carunquera (cat.), 41
carxofa borda (cat.), 282
carxofa borda (cat.) (Valencia), 504
carxofa de burro (cat.), 133
carxofa punxosa (cat.), 110
carxofera (cat.), 282
carxofera borda (cat.), 110
carxofera d'espina (cat.) (Valencia), 110
carxofes (cat.) (Valencia), 282
carxofeta de muntanya (cat.), 282
carxofetes d'almorranes (cat.) (Valencia), 282
cascariya, 504
catxurros (cat.), 98
cenizo, 302
centaura, 566
centaura de las montañas, 594
centaura de montaña, 594
centaura mayor, 566
centaura mayor de cornuto, 288
centaurea, 512
centaurea bastarda, 301
centaurea bendita, 524
centàurea cruenta (cat.), 490
centaurea de Cavanilles, 568
centaurea de Gádor, 438
centaurea estrellada, 440, 516
centaurea lechosa, 104
centaurea mayor, 268, 293
centaurea portuguesa, 268
centaurea sudorífica, 524
centaurea vellosa, 524
centáurea-maior (port.), 268, 512
centaurea-menor (port.), 529
cepilla, 334, 338
cerdones, 98
chãmeleo-branco-bastardo (port.), 44
chaparrillo, 112
chupaderos, 166
ciano-menor (port.), 590
cigala, 282
cigarras (port.), 544
clavelitos, 293
clavell de sant Isidre (cat.), 590
clavell de sant Jaume (cat.), 590
clavell del blat (cat.), 590
clavellets (cat.) (Valencia), 504
coalhaleite (gall.), 110
coalha-leite (port.), 110
coalho (port.), 110
cola de puercoespín, 542
colera (cat.), 110
coroa de frade (gall.), 174
corona de fraile, 174, 175
corona de frare (cat.), 175
corones de rei (cat.), 41
coscorrones, 293
cospinera, 98
cospíns (Aragón), 98
crespo, 71
cristas-do-gato (port.), 544
crupina-comum (port.), 236
cuchara de pastor, 282
cuchareta (Aragón), 282
cucharita de la Virgen, 282
cuco, 320
cullera de pastor (cat.), 282
cullereta (cat.), 282
cuspiner (cat.) (Mallorca), 98

cuspinera (cat.), 100
cyano-mayor (port.), 599
drama, 293
eguzki-lore-laburra (eusk.), 39
eguz-lore-luzea (eusk.), 41
enamoradores, 98
encarnada, 516
encojaperros, 516, 544
enganxacabells (cat.), 98, 100
enganxadones (cat.), 98, 100
enganxavelles (cat.), 100
enganyaladre (cat.) (Valencia), 504
enreixada (cat.), 47
eriophoro-bastarda (port.), 174
erluzea (eusk.), 57
erva-dos-namorados (port.), 98
erva-dos-pegamaços (port.), 98
erva-dos-tinhosos (port.), 98
erva-escobinha (port.), 590
erva-escovinha (port.), 516
erva-yesqueira (port.), 57
esbarcera, 504
esbarcera (cat.), 504
escabaiosa borda (cat.), 504
escalabriosa (port.), 370
escanyaboc (cat.), 328
escanyabocs (cat.), 328
escanyabous groc (cat.), 544
escardancha, 133
escardassa (cat.), 156
escardasses (cat.), 110
escardot de Nostra Senyora (cat.), 133
escardot gros (cat.), 133
escarxofa de perdiu (cat.), 282
escarxofa de san Joan (cat.), 282
escoba, 293
escoba amarga, 382, 386
escobaamargosa, 386
escoba amarilla, 530
escoba blanca, 447
escoba botonera, 293
escoba de cabezuela, 293
escoba de charcos, 304
escoba de macuca, 293
escoba de palillos, 293
escoba de pedriza, 302
escoba de pinchillo, 388
escoba negra, 447
escoba verde, 301
escoba yesquera, 447
escobajo castellano, 92
escobajo portugués, 92
escobas, 236, 238, 293, 382
escobas amargas, 504
escobas amargosas, 504
escobas de amargos, 382
escobas de amarguilla, 504
escobas de cabezuela, 293
escobas de gamosilla, 360
escobas de palotes, 293
escobera, 293, 447
escobeta, 293
escobeta fina, 293
escobijo, 293
escobilla, 94, 451, 590
escobilla baja, 92
escobilla blanca, 395, 408, 412
escobilla de Ávila, 418
escobilla de Carratraca, 422
escobilla de Cazorla, 411
escobilla de cojín, 436
escobilla de Despeñaperros, 431
escobilla de Gádor, 438
escobilla de monte, 433
escobilla de Sagredo, 435
escobilla fina, 381
escobilla lanuda, 408
escobilla rastrera, 395
escobillas, 293, 360
escobón, 293, 302, 408
escobonera, 293, 512
escobones, 293
escombra (cat.), 293, 590
escombrera, 293
escombrera (cat.), 293
escorçonera (cat.), 338
escurçonera blava (cat.), 338
espina blanca, 71
espina blanca portuguesa, 80
espina de Cristo, 310
espinacs (cat.), 104
espinas de calvero, 544
espinas de Cristo, 310
espingarda (Aragón), 133
espino, 310
espino blanco, 181
espino de cazar pájaros, 127
espino de Cristo, 310
espino marroquí, 533
espinot (cat.), 32, 133
espitllera (cat.), 174, 516
esteba, 277
estebe de Salamanca, 293
estel (cat.), 590
farolitos, 47
farolitos de cardo, 47

farolitos de la Virgen, 590
farolitos de los campos, 590
fidalguinha (port.), 370
fidalguinha-de-Bragança (port.), 370
fidalguinhos (port.), 590
fidalguinhos-de-Bragança (port.), 370
fidalguinhos-dos-jardins (port.), 590
flor blava (cat.) (Valencia), 599
flor celeste, 590
flor celeste andaluza, 590
flor celeste de sembrados, 590
flor de árnica, 560
flor de blat (cat.), 516, 590
flor de cielo barbada, 590
flor de cielo castellana, 590
flor de cielo española, 590
flor de cielo montañesa, 590
flor de rama, 293
flor del sucre (cat.), 504
flor do trigo (gall.), 590
flor inmortal, 61, 62, 63
flor seca española, 61
floravia (cat.), 516, 528
florivia (cat.), 516
foravia (cat.), 516
formatger (cat.) (Valencia), 110
frasera, 504
frasnialadro, 504
gafarot (cat.), 100
gafarró (cat.), 98
gafarronera (cat.), 98
gaferot (cat.), 98
gafets (cat.), 98, 100
gafets vermells (cat.), 98, 100
gallufa (cat.) (Mallorca), 110
gamosilla, 360
garabanzos (Asturias), 452
garampayu (Asturias), 452
garbancitos del cura, 516
garbanzo (Asturias), 459
garbanzones (Asturias), 459
garbanzos, 516
garbanzos del cura, 440, 516
garbanzu (Asturias), 459
garbanzuelo, 516
garbazón (Asturias), 452
gardua (eusk.), 174, 187
gardulata-horia (eusk.), 544
gardulatza (eusk.), 566
gargamella, 39
garlanda (cat.), 590
garrancha, 158
garroncha, 158
garrotes (gall.), 98
garruchera, 98
garzoya, 544
garzoya amarilla, 544
gatosa (cat.) (Menorca), 323
ginetes, 166
gossos (cat.), 98, 100
gracera (cat.), 504
granallons (cat.), 293
graneia (cat.) (Valencia), 592
granera, 590
granera (cat.), 293
granera (cat.) (Valencia), 590, 597, 599
graneres (cat.), 590
grassera (cat.), 504
gratabous (cat.), 566
groga (cat.) (Valencia), 547
guitarra, 282
guitarreta (cat.), 282
harzoa (gall.), 518
herba bracera (cat.) (Valencia), 504
herba colera (cat.) (Valencia), 112
herba d'almorranes (cat.) (Valencia), 282
herba deformatjar (cat.), 110
herba de la diabetes (cat.), 504
herba de la febre (cat.), 516
herba de la ronya (cat.) (Mallorca), 282
herba de l'àcid úric (cat.), 470
herba de tall (cat.) (Valencia), 282
herba del gaferrot (cat.), 504
herba del garrafot (cat.), 504
herba del sucre (cat.), 470, 504
herba del Terrig (cat.), 504
herba dels fics (cat.), 282
herba dels tinyosos (cat.) (Valencia), 98
herba do costado (gall.), 98
herba do hortelán (gall.), 98
herba dos amores (gall.), 98
herba dos chapizos (gall.), 98
herba dos namorados (gall.), 98
herba escombrera (cat.), 293
herba espitllera (cat.), 516
herba granera (cat.), 293
herba queixalera (cat.), 282
herba rapinyada (cat.), 470
herba rasera (Aragón), 504
herba travalera (cat.), 470, 504
herba tronquera (cat.), 470
herba vaquera (Valencia), 509
herba vaquera (cat.), 504
herva-da-isca (port.), 57
hierba decuajo, 110
hierba de la mota, 452

hierba de las escobas, 293
hierba de los amores, 98
hierba de los burros, 447
hierba de los pegotes, 98
hierba de los pujos, 282
hierba de los tiñosos, 98
hierba escobajera, 293
hierba inmortal, 61
hierba pedorrera, 566
hierba pincel, 66
hierba vaquera, 504
hierba yesquera, 53
hierba cuajo, 112
hoja de burro, 98
hoja de lobo, 98
hojera, 590
igurrki (eusk.), 293
illargi-lora (eusk.), 41
inmortal, 61
inmortal menor, 62, 63
iraxkorra (eusk.), 98
isquias (port.), 57
jaca (port.), 447
jácea de los prados, 447
jamargos, 382
jarrón, 246
jopillos de seda monteses, 66
jurinea de Mágina, 91
kardabera (eusk.), 110
karda-lora (eusk.), 41
karduba (eusk.), 166
kardulatza (eusk.), 166
karloa (eusk.), 110
karlotxa (eusk.), 110
kartamoa (eusk.), 307
kazkarroa (eusk.), 110
kharlotxa (eusk.), 98
labaça (port.), 98
lamparaza, 98
lampazo, 98
lampazo (gall.), 98
lampazo dos pegadizos (gall.), 98
lampazo menor, 98
lapa, 98
lapa (eusk.), 98
lapa (port.), 98
lapa de bueyes, 98
lapa de san Bernardo, 98
lapa belarra (eusk.), 98
lapa-belarra (eusk.), 98
lapa garratza (eusk.), 98
lapão (port.), 98
laparata (Aragón), 98
lapatinlapaza (eusk.), 98
lapatxea (eusk.), 98
lapatxikia (eusk.), 98
lapatza (eusk.), 98
lastarroa (eusk.), 71
lavapé (port.), 301, 490, 544
lazoya, 544
lechero, 320
liebrecilla, 447, 590
liebrecilla grande, 599
liga, 44
linditas, 590
linditas (gall.), 590
liria, 44
llapa (cat.), 98
llapadena (cat.), 566
llaparassa (cat.), 100
llapasa (cat.), 98
llapassa (cat.), 100
llebreta (cat.) (Valencia), 590
lleparassa (cat.) (Valencia), 98
lleperada (cat.), 100
lletuga de sèquia (cat.), 162
lletugueta de riu (cat.), 162
lletugueta de séquia (cat.) (Valencia), 166
lloba (cat.), 169
lloba (cat.), 174
lloba-carda (cat.), 169
llums (cat.), 516, 590
lóios (port.), 590
lóios-ásperos (port.), 504
lóios-de-jardim (port.), 590
loios-dos-jardins (port.), 516, 590
loucos-dos-jardins (port.), 590
lubeazuna (eusk.), 529, 566
mancaperro, 516
mancaperros, 157
manda belarra (eusk.), 447
mandi-belarra (eusk.), 307
mano de viejo, 250
mantisalca, 293
manto de Judas, 71
manuaga (cat.), 504
manzanilla yesquera, 66
manzorru (Asturias), 452
margenera (Valencia), 395, 416, 424, 427
margenera (cat.) (Valencia), 504, 587
margenera groga (cat.) (Valencia), 587
marginera, 293
margosilla, 381
mariana, 133
Maria'ren kardua (eusk.), 524
mariaren khardia (eusk.), 133

marxinera (cat.) (Valencia), 293
mata de escobas, 293
mata pincel, 66
matagallegos, 360, 381
matagallos, 381
mazgenera vera (Valencia), 509
mestranzo (Asturias), 459
mestranzu (Asturias), 459
molinillo, 133
morillera, 112
mormaga, 504
morra, 112, 114
morras, 110
morrillera, 110
nabar-lorea (eusk.), 452, 590
napeta (Aragón), 566
narriola (cat.), 518, 528
narrioles (cat.), 528
negrillo, 166
negro de borrico, 71
nòmal (port.), 544
obreulls, 516
obreulls (cat.), 544
obreülls (cat.), 518
obril'lull (cat.) (Valencia), 518
obriull (cat.), 544
obriülls (cat.), 518
obriülls (cat.) (Valencia), 536
obriulls dels camins (cat.) (Valencia), 518
obriülls groc (cat.) (Valencia), 547
ohoina (eusk.), 98
ojeras, 590
olorica quecha, 599
onopordo-dos-árabes (port.), 80
orelha-de-gigante (port.), 98
orella de somé (Aragón), 566
oriola (cat.), 528, 529
orkatxa (eusk.), 98
orkatz-belarra (eusk.), 98
orkhatz-ostoa (eusk.), 98
otarraska (eusk.), 41
padre-nosso (port.), 512
padresehijos, 293
palillos, 293
palmerillas, 293
palotes, 293
pan de pastor, 293
panialadro, 504
paniarado, 504
panical (cat.), 56, 57
panical blau (cat.), 56, 57
panicardo, 524
panieladro (cat.) (Valencia), 504
papos, 516
pedo de burro, 566
pegadillo, 98
pegajosos, 98
pegamaço-menor (port.), 98
pegamasso (gall.), 98
pegotes, 98
pegotes (gall.), 98
peine, 41, 224
pelotica, 293
penca, 133
pencas (port.), 110
penquera, 110
peñaladro, 504
peñalao, 504
peñarao, 504
peollos (gall.), 98
peranzules, 590
perdiueta (cat.), 282
pet d'ase (cat.), 71
peu de colom (cat.), 590
picias, 282
pinchillo, 360, 388
pincho, 516
pincho barrillero, 77
pincho burrero, 77, 133
pincho cambrón, 310
pinillo, 282
pinochas, 282
pinocheta (Aragón), 282
pinochetas, 328
pinya de sant Joan (cat.), 282
pinyera (cat.) (Valencia), 282
pinyetes (cat.), 282
pinzell (cat.), 66
piña, 282
piña de san Juan, 282
piñicas de monte, 282
pioyu (Asturias), 98
pirinola, 399
piropo, 381
planta de la campanita, 282
planta de la cucharita, 282
polles (cat.), 282
polles roses (cat.) (Valencia), 282
presó (cat.), 110
presonera (cat.), 110
presor (cat.), 133
pumarón (Asturias), 459
punticas de escobarrama, 293
punxa de Crist (cat.), 544
punxera (cat.) (Valencia), 518
punxoses (cat.) (Valencia), 518

puzkerra (eusk.), 566
quebrantarao, 504
quebrarao, 504
quiebra araos, 504
quiebra arreos, 504
quiebra camas, 504, 516
quiebra-escamas, 512
quiebralao, 504
quiebraraos, 382, 504
raíz de arzoya, 544
raíz de la arzolla, 381
raíz de lozoya, 544
ramaza, 98
ramón pajarero, 528
ramón sutil, 516
ramoncillo negro, 166
ramoncillo oloroso, 166
ramosa fuerte, 490
rapôntico (port.), 267
rapôntico-bastardo (port.), 268
rapôntico-bastardo-do-reino (port.), 268
rapôntico-da-terra (port.), 268, 512
raspall (cat.) (Valencia), 293
raspallera (cat.), 293, 440
ratabous (cat.), 566
remolins (cat.), 100
renigrola (cat.), 528
reniquiola (cat.), 528
reniquoles (cat.), 528
repalaca (cat.), 100
repalassa (cat.), 98, 100
repalona, 98
reparada (cat.), 100
repelada (cat.), 98
respegones, 98
retamilla amarga, 388
rialles (cat.), 529
riola (cat.), 518
rodetas (Aragón), 528
romerillo azul, 408
rompearao, 504
rompepiedras, 509
rotabou (cat.), 542
saflor (port.), 307
safràbord (cat.), 307
safràromí (cat.), 307
safranó (cat.), 307
saladilla, 293
salmerón, 293
sanalotodo, 98
sangre de Cristo, 310
santaula (Valencia), 509
santaula (cat.) (Valencia), 504
sarpa de llop (cat.), 512
sarriasses (cat.), 98
saudades (port.), 516, 590
semente-de-papagaios (port.), 307
serradella, 242
serradela (gall.), 242
serradella blanquecina, 260
serradilla blanda, 92
serratela, 242
serrátula, 242, 250
serrátula de los tintoreros, 242
serratula-dos-tintureiros (port.), 242
serrilla, 166, 250
serrinha (port.), 293
siemprenueva, 440
simiente de papagayo, 307
socarrell bord (cat.) (Menorca), 323
sol, 224
soldina (gall.), 518
sopa de vino, 516
sorgin-kontra (eusk.), 41
tallos de burro, 98
tamaladro, 504
tangarnina, 524
tetilla, 334, 338
tetillas, 530
timonero, 71
tiravaques (cat.), 504
toba, 71, 73, 77, 80
toba gigante, 80
toba sentada, 83
tobes (cat.), 71
tomillo, 66
tomillo borriquero, 66
tomillo de brocha, 66
trabalera, 504
tramaladros, 504
trapacaballos, 440
travalada (cat.), 470
trencamans (cat.), 544
trencamans (cat.) (Valencia), 547
trepacaballos, 516
trepacaballos encarnado, 516
trevalera (cat.) (Mallorca), 504
triaga (eusk.), 133
tronquera (cat.), 470
txanpar-lorea (eusk.), 524
txillar (eusk.), 293
txoribedarra (eusk.), 524
txori-belarra (eusk.), 524
txori-gardua (eusk.), 524
txori kardua (eusk.), 524
udazkenekomanda belarra (eusk.), 447

umancelorria (eusk.), 293
umanzelorri (eusk.), 293
urrhe-burusia (eusk.), 98
verdelobo, 98
verruguicas, 293
viomal (port.), 301
voravia (cat.), 518
xerampions (cat.), 590
xorivies (cat.), 518
yerba amarilla, 242
yerba de almorranas, 282
yerba de broxas (Aragón), 39
yerba de escobas, 293
yerba del estornudo, 61
yerba ojera, 447
yerba ojera (Aragón), 566
yerba rosa, 447
yesca, 66
yesquero, 53, 71
zarcillón, 293
zialora (eusk.), 71
zolla, 544
zorna-belara (eusk.), 39
zorrina, 524

ÍNDICE DE NOMBRES CIENTÍFICOS

Integran este índice los nombres correctos de los táxones admitidos, más los considerados meramente sinónimos, imprimiéndose los primeros en letra negra y los últimos en redonda. Cuando un sinónimo figura en el texto, aquí se indica únicamente la página, como en el caso de los nombres en letra negra; pero si no figura, sigue a la página, entre paréntesis, el número cuando menos que lleva el taxon a que lo referimos y, por ulterior añadidura ocasional –cuando en la misma página ese número corresponde a más de una especie, de más de un género–, le precede separado de un punto, dentro del paréntesis, el número del género; en tanto que la coma se reserva para separar aquí referencias a más de una especie.

Acanos Adans.
spina Scop., nom. illeg., 69 (1a)
Acarna Boehm.
cancellata (L.) All., 46
gummifera (L.) Willd., 42 (7)
Acosta Adans.
aristata (Hoffmanns. & Link) Holub, 378 (5)
avilae (Pau) Fern. Casas & Susanna, 417 (16)
balearica (J.J. Rodr.) Holub, 320 (2)
beltrani (Pau) Fern. Casas & Susanna, 423 (19)
boissieri (DC.) Holub, 393 (11)
subsp. funkii (Sch. Bip. ex Willk.) Fern. Casas & Susanna, 397 (11b)
subsp. mariolensis (Rouy) Fern. Casas & Susanna, 399 (11e)
subsp. prostrata (Coss.) Fern. Casas & Susanna, 399 (11d)
subsp. willkommii (Sch. Bip. ex Willk.) Fern. Casas & Susanna, 397 (11c)
bombycina (Boiss. ex DC.) Holub, 411 (14)
carratracensis (Lange) Holub, 420 (17)
castellana (Boiss. & Reut.) Holub, 378 (5)
citricolor (Font Quer) Fern. Casas & Susanna, 429 (22)
coerulescens (Willd.) Holub, 542 (67)
diffusa (Lam.) Soják, 391 (10)
exarata (Boiss. ex Coss.) Holub, 465 (35)
hanrii (Jord.) Holub, 363 (2)
hoffmannseggii (Hayek) Holub, nom. illeg., 370 (4a)
isernii (Willk.) Holub, 363 (2)
jaennensis (Degen & Debeaux) Fern. Casas & Susanna, 408 (13)
lagascae (Nyman) Holub, 406 (12a)
leucophaea (Jord.) Holub, 362 (1b)
monticola (Boiss. ex DC.) Holub, 431 (23)
paniculata (L.) Holub, 359 (1)
paui (Loscos ex Willk.) Fern. Casas & Susanna, 422 (18)
pinae (Pau) Fern. Casas & Susanna, 402 (11f)
pinnata (Pau ex Vicioso) Fern. Casas & Susanna, 427 (21)
resupinata (Coss.) Fern. Casas & Susanna, 405 (12)
subsp. lagascae (Nyman) Fern. Casas & Susanna, 406 (12a)
rouyi (Coincy) Fern. Casas & Susanna, 414 (15)
sagredoi (Blanca) Fern. Casas & Susanna, 433 (24)
schousboei (Lange) Holub, 389 (9)
spachii (Willk.) Holub, 406 (12a)
Acrocentron Cass., 345, 539
boissieri (DC.) Webb, 393 (11)
collinum (L.) Cass., 540 (66)
granatense (DC.) Webb, 558 (75)
ornatum (Willd.) Webb, 542 (67)
Acrolophus Cass., 358
diffusus (Lam.) Á. Löve & D. Löve, 391 (10)
paniculatus (L.) Cass., 359 (1)
ragusinus (L.) Webb, 539
Acroptilon Cass.
angustifolium Cass., 288 (5)
obtusifolium Cass., 288 (5)
picris (Pall. ex Willd.) C.A. Mey., 288
var. acutifolium Jaub. & Spach, nom. illeg., 288 (5)
var. angustifolium (Cass.) DC., 288 (5)
var. obtusiflorum (Cass.) DC., 288 (5)

var. oxylepis DC., 288 (5)
var. serratum (Cass.) DC., 288 (5)
var. subdentatum (Cass.) DC., 288 (5)
repens (L.) DC., 288
serratum Cass., 288 (5)
subdentatum Cass., 288 (5)
Afrocarduus Kazmi, 182
Alophium Cass.
tenuifolium Cass., 507
Amberboa Vaill., 273
atlantica Pit., 274 (1)
crupinoides (Desf.) DC., 277 (3)
var. libyca (Viv.) Pamp., 277 (3)
libyca (Viv.) Alavi, 277
lippii (L.) DC.
subsp. tubuliflora (Murb.) Murb., 274 (1)
var. subdiscolor Lojac., 274 (1)
maroccana Barratte & Murb., 273
micractis Boiss. & Reut., 275 (2)
muricata (L.) DC., 275
ramosissima Pit., 274 (1)
subdiscolor (Lojac.) Pamp., 274 (1)
tubuliflora Murb., 274
Arctium L., **95**
chabertii Briq. & Cavill., 96 (1)
subsp. balearicum Arènes, 96, 98
chaverti Briq. & Cavill., 96 (1)
degeni Hervier ex H. Lindb., 96 (1)
var. tibidatensis Sennen, in sched., 96 (1)
× delphinense Arènes, 101
intermedium Lange, 96
lappa auct., non L., 96 (1)
lappa L., 96, **98**, 100
subsp. majus (Gaertn. ex Fiori) Arènes, nom. illeg., 98 (2)
var. majus Gaertn. ex Fiori, nom. illeg., 98 (2)
var. minus (Hill) Fiori, comb. superfl., 96 (1)
var. minus (Hill) Pers., 96 (1)
lappa × A. minus, 100
majus Bernh., nom. illeg., 98
minus (Hill) Bernh., **96**, 100
subsp. eu-minus (Hill) Syme, nom. inval., 96 (1)
subsp. mediterraneum Arènes, 96
subsp. pubens (Bab.) Arènes, 96
subsp. tibidatensis (Sennen) Sennen, 96 (1)
var. eu-mediterraneum Arènes, nom. inval., 96 (1)
f. polycephala Sennen, in sched., nom. nud., 96 (1)
nemorosum auct., non Lej., 96 (1)
nemorosum Lej., 96
var. pubens (Bab.) Nyman, 96 (1)
× nothum (Ruhmer) J. Weiss, 101
pubens Bab., 96
× subracemosum Nyman, 100
tomentosum Mill., 96
subsp. pubens (Bab.) Nyman, 96 (1)
var. balearicum (Arènes) Bonafè, comb. inval., 96, 98
vulgare (Hill) Druce, 98 (2)
Arcyna Wiklund
tournefortii (Boiss. & Reut.) Wiklund, 112 (3)
ASTERINAE Cass., 5
ASTEROIDEAE (Cass.) Lindl., 5
Atractylis L., 24, 26, **44**
caespitosa auct. hisp., non Desf., 47 (2)
cancellata L., 24, **46**
subsp. gaditana Franco, 46
subsp. glomerata Caball., 46 (1)
var. canescens Rouy, 46 (1)
var. typica Maire, nom. inval., 46 (1)
gedeonii Sennen, pro hybrid., 47
glomerata (Caball.) Arènes, 46 (1)
glomerata Caball., pro syn., nom. inval., 46 (1)
gummifera L., 42, 45
humilis L., 24, **47**
lanata (L.) Scop., 308 (2)
macrocephala Desf., 42 (7)
pilosa Moench, nom. illeg., 308 (2)
rigida Poir., 318 (1)
tutinii Franco, 47
Bardana Hill
lappa (L.) Hill, 98 (2)
minor (Hill) Hill, 96 (1)
BARNADESIOIDEAE K. Bremer & R.K. Jansen, 4
Benedicta Bernh., 521
officinalis Bernh., 522 (58)
Bennettia Gray
alpina (L.) Gray, 86 (1)
Bourgaea Coss.
humilis (L.) Coss., 111
var. cyanea Coss., 111 (2)
var. leucantha Coss., 111, 112
macrocephala Pau, 112 (3)
tournefortii (Boiss. & Reut.) Willk., 112 (3)
Breea Less.
arvensis (L.) Less., 165 (19)
Calcitrapa Vaill., 515
altissima Lam., nom. illeg., 291 (1)
aspera (L.) Cass., 503 (52)
brevispina Moench, nom. illeg., 291 (1)
cichoracea Lam., nom. illeg., 488 (45)
diluta (Aiton) Holub, 537 (65)
elongata Moench, nom. illeg., 275 (2)
eriophora (L.) Moench, 533 (63)
galactites (L.) Lam., 102 (1)
hyalolepis (Boiss.) Holub, 519 (57)
lanceolata Lam., nom. illeg., 518 (56)
lanuginosa Lam., nom. illeg., 522 (58)
longifolia Lam. ex Willk., pro syn., nom. inval., 488 (45)
maroccana (Ball) Holub, 532 (62)

melitensis (L.) Soják, 528 (60)
napifolia (L.) Moench, 346
nicaeensis (All.) Holub, 535 (64)
parviflora Lam., nom. illeg., 503 (52)
sessiliflora Lam., nom. illeg., 528 (60)
sicula (L.) Soják, 535 (64)
solstitialis (L.) Lam., 526 (59a)
sonchifolia (L.) Lam., 488 (45)
stellaris Hill, 515 (55)
sulphurea (Willd.) Soják, 529 (61)
Calcitrapoides Vaill.
aspera (L.) Holub, 503 (52)
heterophylla Holub, nom. illeg., 507 (52a)
lusitanica (Boiss. & Reut.) Holub, 493 (47)
malacitana (Boiss.) Holub, 499 (50)
napifolia (L.) Holub, 346
polyacantha (Willd.) Holub, 496 (48)
seridis (L.) Holub, 488 (45)
sonchifolia (L.) Holub, 488 (45)
sphaerocephala (L.) Holub, 490 (46)
CALYCERACEAE R. Br. ex Rich., 4
Carbenia Adans., nom. rejic., 521
benedicta (L.) Adans., 522 (58)
benedicta (L.) Arcang., 522 (58)
CARDUEAE Cass., 22
CARDUINAE Dumort., 24, 182
Carduncellus Adans., **314**, 315
sect. **Carduncellus**, 316, **323**
sect. **Thamnacanthi** (DC.) G. López, **318**
gr. **Carduncellus**, **323**
gr. **Lamottea**, **336**
acaulis C. Presl, 342
araneosus Boiss. & Reut., 336
subsp. macrocephalus (Cuatrec.) Rivas Goday & Rivas Mart., 323 (3)
subsp. pseudomitissimus Rivas Goday & Rivas Mart., 329
var. macrocephalus Cuatrec., 323
var. nanus Debeaux ex Hervier, nom. inval., 329
var. pumilus É. Rev. ex Hervier, nom. inval., 329
f. intercedens Degen & Hervier, 334
arborescens (L.) Sweet, 315, **318**
balearicus (J.J. Rodr.) G. López, **320**
caeruleus auct., non (L.) C. Presl, 329
caeruleus (L.) C. Presl, 315, **336**
subsp. hispanicus (Boiss. ex DC.) Nyman, 331 (6)
subsp. hispanicus (Boiss. ex DC.) Rivas Goday & Rivas Mart., comb. superfl., 331 (6)
subsp. tingitanus (L.) Rivas Goday & Rivas Mart., 338
var. caeruleus, 338
var. dentatus DC., 336
var. glabrescens Coss., 334 (6a)
var. glabrescens Coss., in sched., 334 (6a)
var. incisus DC., 338
var. launaeifolia Mart. Parras & Esteve, nom. inval., 334 (6b)
var. launaeifolia Rivas Goday & Esteve, nom. inval., 334 (6b)
celtibericus Pau, in sched., nom. nud., 329
cuatrecasasii G. López, 316, **323**, 329, 331
dianius Webb, **339**
hispanicus Boiss. ex DC., **331**
subsp. araneosus (Boiss. & Reut.) G. López, 336
subsp. **hispanicus**, **334**
subsp. intercedens (Degen & Hervier) G. López, 334
subsp. macrocephalus (Cuatrec.) Rivas Mart., A. Asensi, Molero Mesa & F. Valle, 323 (3)
subsp. pseudomitissimus (Rivas Goday & Rivas Mart.) Rivas Mart., A. Asensi, Molero Mesa & F. Valle, 329
var. araneosus (Boiss. & Reut.) Pau, 336 (6c)
lanatus (L.) Moris, 308 (2)
matritensis Pau, 329, 342
mitissimus (L.) DC., 316, 326, **329**
subsp. pseudomitissimus (Rivas Goday & Rivas Mart.) Rivas Mart., 329
var. caulescens Rouy, nom. inval., 329 (5)
var. subacaulis Rouy, 329 (5)
monspelliensium All., 316, **326**, 331
subsp. araneosus (Boiss. & Reut.) O. Bolòs & Vigo, 336
var. almeriensis G. López, 329
var. caulescens auct., non Willk. in Willk. & Lange, 323 (3), 334 (6b)
var. megacephalus Cuatrec., 329
var. monspelliensium, 329
var. subacaulis Willk. ex Amo, 329
var. valentinus G. López, 329
[?] caulescens Willk. in Willk. & Lange, p.p., 329
[?] subacaulis Willk., 329
multifidus (Desf.) Coss., 316
pinnatus auct., non (Desf.) DC., 323 (3), 329
pinnatus (Desf.) DC., 342
subsp. eupinnatus Maire, nom. inval., 342
subsp. matritensis auct., non (Pau) Rivas Goday & Rivas Mart., 336 (6c)
subsp. matritensis (Pau) Rivas Goday & Rivas Mart., 329
var. acaulis (C. Presl) DC., 342
var. acaulis sensu Cutanda, non (C. Presl) DC., 329
var. caulescens Batt., nom. superfl., 342
tingitanus (L.) C. Presl, 338
var. corymbosus Guss., p.p., 338
vulgaris DC. ex Loudon, 326 (4)

CARDUOIDEAE Cass. ex Sweet, 5, **22**
Carduus L., 108, 121, 131, 178, **181**
sect. **Carduus**, **184**
sect. **Homalotepidoti** W.D.J. Koch, **217**
sect. **Macrocephali** (Willk.) Huter, 201, **203**
sect. **Tomentosi** Devesa & Talavera, **210**
sect. Tyrimnus (Cass.) Dumort.
[**] Macrocephali Willk. in Willk. & Lange, 203
[*] Microcephali Willk. in Willk. & Lange, p.p., 210, 217
acanthoides L.
subsp. multiflorus (Gaudin) Nyman, 222 (17a)
acarna L., 125
acaulos L., 154
var. caulescens (Pers. ex Steud.) Gaudin, 156 (13a)
acicularis Bertol., **219**
ammophilus Hoffmanns. & Link, 229
f. bourgeanus (Boiss. & Reut.) Font Quer, in sched., 224 (18)
antarcticus Vill., 146 (6)
aragonensis Devesa & Talavera, pro hybrid., 205 (9)
arctioides auct., non Willd., 209
argemone Pourr. ex Lam., 209
argentatus L.
var. acicularis (Bertol.) Meikle, 219 (15)
argyroa sensu Kunze, non Biv., 221 (16)
arundanus Willk., in sched., nom. nud., 196 (5)
× arvaticus Font Quer & Rothm., 210, 233
assoi (Willk.) Devesa & Talavera, comb. superfl., 199 (6a)
assoi (Willk.) Pau, 199, 201
subsp. hispanicus (Franco) Devesa & Talavera, 201
assoi (Willk.) Willk., comb. superfl., 199 (6a)
asturicus Franco, **212**
australis Jord., nom. illeg., non L. fil., 199
baeticus Boiss. & Reut., 229
balansae Boiss. & Reut., 230
benedictus (L.) Thell., 522 (58)
× bergadensis Sennen, 205, 232
bicolor Vis., 219 (15)
bourgeanus Boiss. & Reut., **224**
subsp. ibicensis Devesa & Talavera, 226
subsp. valentinus (Boiss. & Reut.) Franco, 230 (20b)
var. devesae O. Bolòs & Vigo, 226
broteri (Welw. ex Mariz) Cout., **192**
bulbosus Lam., 142
cadevalli Sennen, pro hybrid., 205
× camplonensis Devesa & Talavera, 211, 232
× cantabricus Devesa & Talavera, 211, 232
capitellus Pau, in sched., nom. nud., 226 (19)
carlinifolius Lam., 187, **203**, 210, 224
subsp. paui (Devesa & Talavera) Mateo, 205 (9)
var. carlinifolius, 204
var. petrophilus (Timb.-Lagr.) Devesa, comb. nov., 205
f. petrophilus (Timb.-Lagr.) Rouy, 205
carlinifolius × **C. crispus** subsp. **multiflorus**, **232**
carlinifolius × **C. defloratus**, **232**
carlinifolius × **C. nutans**, **232**
carlinoides Gouan, **214**
subsp. **carlinoides**, 211, **214**
subsp. **hispanicus** (Kazmi) Franco, **214**
var. nevadensis Pau, 214 (13b)
carlinoides × **C. carpetanus**, **232**
carpetanus Boiss. & Reut., **210**, 211
subsp. braun-blanquetii (P. Monts.) Rivas Mart., 212
subsp. **carpetanus**, **211**
carpetanus × **C. defloratus**, **232**
carpetanus × **C. platypus** subsp. **platypus**, **232**
carthaginensis Pau, in sched., nom. nud., 224 (18)
casabonae L., 123
castellanus Pau, in sched., nom. nud., 190 (2b)
caulescens Pers. ex Steud., 156 (13a)
cebennensis Rouy, 201 (7)
celtibericus (Pau) Pau, in sched., 199 (6a)
ceretanicus Sennen, in sched., nom. nud., 205
ceretanus Sennen, 205
ceretanus sensu Sennen, in sched., non Sennen, 201 (7)
cerinthefolius Vill., nom. illeg., 245 (1)
cerinthoides Willd., nom. illeg., 245 (1)
chrysacanthus Ten.
subsp. hispanicus Franco, 201
var. leucanthus Willk., 185
ciliatus Pourr. ex Willk., nom. inval., 211 (11a)
confertus Bourg. ex Boiss. & Reut., nom. inval., 229 (20a)
var. purpureus DC., 212
corymbosus sensu Willk., non Ten., 224
crispus L., **222**
subsp. crispus, 224
subsp. **multiflorus** (Gaudin) Franco, 205, 222
subsp. occidentalis Chass. & Arènes, 222
var. araneosus Sennen, 224
var. multiflorus (Gaudin) DC., 222 (17a)
var. polycephalus Rouy, 222 (17a)
var. valentinus (Boiss. & Reut.) Arènes, 230 (20b)
subvar. euvalentinus (Boiss. & Reut.) Arènes, nom. inval., 230 (20b)
defloratus sensu Willk., non L., 209
subsp. argemone (Pourr. ex Lam.) Ces., 209

& Vigo, comb. superfl., 209
subsp. carlinifolius (Lam.) Arènes, in sched., comb. superfl., 203 (8)
subsp. carlinifolius (Lam.) Ces., 203
subsp. medioformis Braun-Blanq., 209
subsp. **medius** (Gouan) Bonnier, **207**
subsp. paui (Devesa & Talavera) O. Bolòs & Vigo, 205
var. argemone (Pourr. ex Lam.) Rchb., 209, 210, 211
var. carlinifolius (Lam.) Fiori, 203 (8)
var. ceretanus (Sennen) Arènes, 205
var. medius (Gouan) Fiori, 209
proles medioformis Rouy, nom. inval., 209
defloratus L., **187**, 201, 205
subsp. argemone (Pourr. ex Lam.) Ces., 209
subsp. argemone (Pourr. ex Lam.) O. Bolòs & Vigo, comb. superfl., 209
subsp. carlinifolius (Lam.) Arènes, in sched., comb. superfl., 203 (8)
subsp. carlinifolius (Lam.) Ces., 203
subsp. medioformis Braun-Blanq., 209
subsp. **medius** (Gouan) Bonnier, **207**
subsp. paui (Devesa & Talavera) O. Bolòs & Vigo, 205
var. argemone (Pourr. ex Lam.) Rchb., 209, 210, 211
var. carlinifolius (Lam.) Fiori, 203 (8)
var. ceretanus (Sennen) Arènes, 205
var. medius (Gouan) Fiori, 209
proles medioformis Rouy, nom. inval., 209
defloratus × **C. nutans**, **233**
dianius Pau, in sched., nom. nud., 201 (6b)
durieuanus Font Quer & Rothm., pro hybrid., 209
echinatus Desf., 174
eriophorus L., 174
erisithales Jacq., 149
erisithales sensu Vill., non Jacq., 148 (7)
ferox (L.) Vill., 169 (21)
flavescens L., 259
gayanus Durieu ex Willk., nom. illeg., 211
var. braun-blanquetii P. Monts., 212
var. capelli Cámara, 211 (11a)
f. albiflora C. Vicioso, in sched., nom. nud., 211 (11a)
f. leucantha Pau, in sched., nom. nud., 211 (11a)
f. microcephalus Pau, in sched., nom. nud., 224 (18)
gayanus sensu Devesa & Talavera, non Durieu ex Willk. in Willk. & Lange, 212
giganteus Desf., nom. illeg., 175 (26)
glaucus Cav., 245 (1)
granatensis Willk., 190
var. celtibericus (Pau) Pau, in sched., 199 (6a)
var. gracilis Rouy ex Willk., 201 (6b)
guadarramicus Sennen, 211 (11a)
hamulosus Ehrh.
subsp. spiniger (Jord.) Nyman, 199 (6a)
var. spiniger (Jord.) Nyman, 199 (6a)
helenifolius Salisb., 146 (6)
× helenioides L., pro sp., 148
helenioides auct., non L., 146 (6)
heterophyllus L., 146, 148
hispanicus Lam., 121
ibañezi Pau, 230 (20b)
ibicensis (Devesa & Talavera) Rosselló & N. Torres, **226**
innocuus Caball., in sched., nom. nud., 221 (16)
f. interrupta Caball., in sched., nom. nud., 221 (16)
laenneci Sennen & Elías, in sched., 199 (6a)
lanatus (L.) Brot., 308 (2)
lanceolatus L., 167
leptocanthus Pau, nom. illeg., 190 (2b)
leptocladus Durieu, 228
× leridanus Devesa & Talavera, 205, 232
leucanthus Cav., 262
leucographus L., 180
lomaxi Pau, pro hybrid., 211 (11a)
× loretii Rouy, 210, 233
lusitanicus Rouy, 190
subsp. broteri (Welw. ex Mariz) Devesa & Talavera, 192 (3)
subsp. santacreui Devesa & Talavera, 194
malacitanus Boiss. & Reut., 221
marianus L., 132
medius auct. lusit., non Gouan, 190
medius Gouan, 207
subsp. argemone (Pourr. ex Lam.) P. Fourn., 209
subsp. carlinifolius (Lam.) Kazmi, 203 (8)
var. broteri Welw. ex Mariz, 192
var. ramosus Rouy, 209
medius sensu Devesa & Talavera, non Gouan, 210
medius sensu Steud., non Gouan, 142 (2)
meonanthus Hoffmanns. & Link, **228**
subsp. **meonanthus**, **229**
subsp. **valentinus** (Boiss. & Reut.) Devesa & Talavera, **230**
var. ammophilus (Hoffmanns. & Link) Cout., 229
var. valentinus (Boiss. & Reut.) Pau, 230 (20b)
microlepis Pau, 190 (2b)
micropterus (Borbás) Teyber
subsp. broteri (Welw. ex Mariz) Kazmi, nom. inval., 192 (3)
minimiflorus Pau, in sched., nom. nud., 221

(16)
monspessulanus L., 160
multiflorus Gaudin, 222
munuerae Pau, 224 (18)
myriacanthus Salzm. ex DC., **230**
var. valentinus (Boiss. & Reut.) Pau, 230 (20b)
neglectus Ten., nom. illeg., non Steud., 219 (15)
nigrescens Vill., **198**, 199
subsp. assoi Willk., 199
subsp. australis (Jord. ex Nyman) Greuter, 199
subsp. **hispanicus** (Franco) O. Bolòs & Vigo, **201**
subsp. **nigrescens**, **199**
subsp. recurvatus (Jord., 199 (6a)
subsp. spiniger (Jord.) P. Fourn., 199 (6a)
subsp. vivariensis (Jord.) Bonnier & Layens, 201
subsp. vivariensis (Jord.) Rouy, comb. superfl., 201 (7)
var. assoi (Willk.) O. Bolòs & Vigo, 199 (6a)
var. australis Arènes, 199 (6a)
var. cebennensis (Rouy) Arènes, 201 (7)
var. euvivariensis (Jord.) Arènes, nom. inval., 201 (7)
var. montserratinus Pau, in sched., nom. nud., 199 (6a)
var. spiniger (Jord.) Cariot & St.-Lag., 199 (6a)
var. spinulosus Willk., 190
nigrescens sensu Boiss., non Vill., 190 (2b)
× nuriae Sennen & Pau, 205, 224, 232
nutans L., **185**, 205, 210
subsp. granatensis (Willk.) O. Bolòs & Vigo, 190
subsp. platypus (Lange) Greuter, 187
var. camerosianum Pau, 185 (1)
var. granatensis (Willk.) Cuatrec., 190 (2b)
var. nigrescens (Vill.) Fiori, 198 (6)
var. platypus (Lange) Cuatrec., 187 (2)
f. leucanthus (Willk.) Arènes, 185 (1)
nutans sensu Boiss., non L., 190 (2b)
nutans sensu Brot., nom. illeg., non L., 192 (3)
× nutanti-medius Loret, 210, 233
oleraceus (L.) Vill., 151 (10)
onopordifolium Pau, in sched., nom. nud., 199 (6a)
opistobolus Pau, 203 (8)
palustris L., 164
paniculatus Vahl, 160 (16)
pannonicus L. fil., 144
paui Devesa & Talavera, **205**
petrophilus Timb.-Lagr., 205
phyllolepis Willk., 185
pinnatifidus Cav., 249
platypus Lange, **187**
subsp. celtibericus Pau, 199 (6a)
subsp. **granatensis** (Willk.) Nyman, **190**, 201
subsp. **platypus**, **188**, 192, 211
var. granatensis (Willk.) Cout., 190 (2b)
var. intermedius Pau, in sched., nom. nud., 190 (2b)
var. lusitanicus (Rouy) Devesa, comb. nov., 190
var. platypus, 188
var. toletanus Pau, in sched., nom. nud., 190 (2b)
f. major Pau, 190 (2b)
polyacanthus Lam., nom. illeg., non Schreb., 123 (2)
pseudomontanus Pers., 142 (2)
× pumilus Vill., 144, 176
pycnocephalus L., **217**
subsp. tenuiflorus (Curtis) Batt., 221 (16)
var. acicularis (Bertol.) Weiss, 219 (15)
var. tenuiflorus (Curtis) Ball, 221 (16)
pyrenaicus Jacq., 157, 158
subsp. hispanicus Kazmi, 215
pyrenaicus (L.) Kazmi, nom. illeg., non Jacq., 214 (13a)
recurvatus Jord., 199 (6a)
recurvatus sensu Willk., non Jord. in Verl., 190 (2b)
reuterianus Boiss., nom. illeg., 224
var. pycnocephaloides Lange, 224 (18)
var. subacanthoides Lange, 224 (18)
f. albiflora Sennen, in sched., nom. nud., 224 (18)
f. baeticus (Boiss. & Reut.) Pau, 229 (20a)
f. leucanthus C. Vicioso, in sched., nom. nud., 224 (18)
rivasgodayanus Devesa & Talavera, **196**
rivularis Jacq., 148
rosenii Vill., 156 (13a)
rugulosus Guss., 219 (15)
sanctae-balmae Loisel.
var. hispanicus Vayr., nom. nud., 222 (17a)
sandwithii sensu Franco, non Kazmi, 190
sandwithii Kazmi, 190
santacreui (Devesa & Talavera) Devesa, comb. nov., **194**
scaber Poir., 175
septentrionalis sensu Devesa & Talavera, non Gouan, 142 (2)
× septentrionalis Devesa & Talavera, 210, 211, 232
spiniger Jord., 199 (6a)
f. australis Rouy, 199 (6a)

f. australis Rouy, 199 (6a)
stellatus L., 121
strigosus Hoffmanns. & Link, nom. illeg., non M. Bieb., 167 (20)
subcarlinoides Sennen & Pau, 199 (6a)
subsp. gracilis (Rouy ex Willk.) Fern. Casas, 201 (6b)
subgen. Chamaepeuce Baill., nom. illeg.
subgen. Tyrimnus Cass., 178
syriacus L., 128
tenuiflorus Curtis, **221**
var. albiflorus Sennen & Pau, in sched., nom. nud., 221 (16)
var. pycnocephalus (L.) DC., 217 (14)
var. stenolepis Willk., 221 (16)
tinctorius (L.) Scop., 240 (1)
tricephalodes Lam., 148 (7)
tuberosus L., 142
valdespinosus Sennen, in sched., nom. nud., 201 (7)
valentinus Boiss. & Reut., 230
var. castrilensis Degen & Hervier, 224 (18)
var. leptocephalus Pau, 224 (18)
[beta] albiflorus Willk., 224 (18)
vivariensis Jord., **201**
subsp. assoi (Willk.) Kazmi, 199 (6a)
subsp. australis Jord. ex Nyman, 199
vulgaris Savi, 167
zapateri E. Rev. & Debeaux, 211 (11a)
zetterdstedtianus Rouy, 204
Carlina L., 24, **25**, 26, 45
sect. **Carlina**, **27**
sect. **Heracantha** DC., **36**
acanthifolia All., **36**
subsp. baetica Fern. Casas & J. Leal, 36, 39
subsp. **cynara** (Pourr. ex DC.) Arcang., **36**
var. aurea Cariot & St.-Lag., 36 (5a)
var. cynara Pourr. ex DC., 36
acanthifolia subsp. **cynara** × **C. acaulis** subsp. **caulescens**, **44**
acanthophylla Hausskn., 27 (1a)
acarna (L.) M. Bieb., 125 (1)
acaulis L., **39**
subsp. acaulis, 41
subsp. aggregata (Waldst. & Kit. ex Willd.) Hegi, 39 (6a)
subsp. **caulescens** (Lam.) Schübl. & G. Martens, **39**, 41
subsp. simplex (Waldst. & Kit.) Nyman, 39
var. alpina Jacq., 39 (6a)
var. caulescens (Lam.) Steud., 39 (6a)
f. simplex (Waldst. & Kit.) Meusel & Werner, 39 (6a)
aggregata Waldst. & Kit. ex Willd., 39 (6a)
baetica (Fern. Casas & J. Leal) Fern. Casas, 36
balearica Sennen, nom. inval., 34 (4a)
brachylepis (Batt.) Meusel & Kästner
var. lanigera (Faure & Maire) Petit, 31 (3)
caulescens Lam., 39
chamaeleon Vill., nom. illeg., 39 (6a)
× clemenceaui Sennen, 39, 44
corymbosa auct. hisp., non L., 34
corymbosa L., **32**
subsp. **corymbosa**, **34**
subsp. corymbosa, 34 (4a)
subsp. **hispanica** (Lam.) O. Bolòs & Vigo, **34**
subsp. **major** (Lange) J. López & Devesa, **36**
var. corymbosa, 34
var. eu-corymbosa Rchb. fil., nom. inval., 32 (4)
var. graeciformis Meusel & Kästner, 34
var. lobeliana (Tausch) Meusel & Kästner, 34
var. major Lange, 36
var. microcephala Merino, 34 (4b)
corynephorus Cadevall, nom. illeg., 39 (6a)
cynara (Pourr. ex DC.) Duby, 36 (5a)
fontanesii DC., nom. illeg., 42 (7)
gummifera (L.) Less., 24, **42**
hispanica Lam., 34
subsp. major (Lange) Meusel & Kästner, 36
involucrata auct., non Poir., 34
involucrata Poir.
var. lanigera Faure & Maire, 31 (3)
involucrata sensu Petit, non Poir., 34 (4b)
lanata L., **31**
var. monocephala DC., 31 (3)
lanata sensu Willk., non L., 30
lobeliana Tausch, 34
longifolia Viv.
[b] spinosa Velen., 27
macrocephala (Desf.) Less., nom. illeg., non Moris, 42 (7)
malinvaudii Sennen, in sched., nom. nud., 27 (1a)
pyrenaica L., 214 (13a)
racemosa L., **30**
reboudiana Pomel, 30 (2)
rhopalachyron Cadevall & Sallent, nom. nud., 39 (6a)
rigida Formánek, 27 (1a)
simplex Waldst. & Kit., 39
subacaulis DC., nom. illeg.
var. aggregata (Waldst. & Kit. ex Willd.) DC., 39 (6a)
var. caulescens (Lam.) DC., 39 (6a)
var. simplex (Waldst. & Kit.) DC., 39 (6a)
subgen. **Carlina** L., **27**
subgen. **Chamaeleon** (Cass.) Less., **41**
sulphurea Desf., 30 (2)
× vayredae Gaut., 39, 44
vulgaris L., **27**

subsp. malinvaudii (Sennen) Sennen, 27 (1a)
subsp. **spinosa** (Velen.) Vandas, **27**, 29
subsp. vulgaris, 29
var. longifolia Costa, 27 (1a)
var. orophila Sennen, 27 (1a)
var. rigida (Formánek) Vandas, 27 (1a)
var. spinossisima Willk., 27 (1a)
raza malinvaudii Sennen, nom. inval., 27 (1a)
vulgaris auct. hisp., non L., 27 (1a)
CARLININAE Cass. ex Dumort., 23, **24**, 58, 64
CARTHAMINAE DC., 233
Carthamodes Kuntze
araneosus (Boiss. & Reut.) Kuntze, 336 (6c)
caerulea (L.) Kuntze, 336 (7)
carduncellus (L.) Kuntze, 326 (4)
hispanicum (Boiss. ex DC.) Kuntze, 331 (6)
mitissimum (L.) Kuntze, 329 (5)
pinnatum (Desf.) Kuntze, 342
Carthamus L., **304**, 315
sect. Carduncellus (Adans.) Sch. Bip., 323
sect. **Carthamus**, **306**
sect. **Kentrophyllum** (Neck. ex DC.) Baill., 305, **308**
acaulis (C. Presl) C. Presl ex Steud., 342
araneosus (Boiss. & Reut.) Sch. Bip., 336 (6c)
arborescens L., 318
baeticus (Boiss. & Reut.) Pérez Lara, 310 (3)
balearicus (J.J. Rodr.) Greuter, 320
caeruleus L., 336
subsp. tingitanus (L.) Giardina, Raimondo & Spadaro, nom. inval., 338
var. dentatus (DC.) Rouy, 336 (7)
var. hispanicus (Boiss. ex DC.) Batt., 331 (6)
var. incisus (DC.) Sch. Bip., 338
var. tingitanus (L.) Ball, 338
cancellatus (L.) Lam., 46
canescens Lam., 125 (1)
carduncellus L., 326
creticus L., **310**
dentatus (Forssk.) Vahl, 310
dianius (Webb) Coincy, comb. superfl., 339 (8)
dianius (Webb) Sch. Bip., 339
divaricatus Bég. & Vacc., 310 (3)
elatus (Gasp.) Nyman, 308 (2)
exsuccus Chaix, 308 (2)
gummiferus (L.) Lam., 42 (7)
hircinus Lag., 318 (1)
hispanicus (Boiss. ex DC.) Sch. Bip., 331
subsp. araneosus (Boiss. & Reut.) Greuter, 336
subsp. macrocephalus (Cuatrec.) Greuter, 323
subsp. pseudomitissimus (Rivas Goday & Rivas Mart.) Greuter, 329
humilis Lam., 329 (5)
lanatus auct., non L., 310 (3)
lanatus L., **308**, 313
subsp. baeticus (Boiss. & Reut.) Nyman, 310, 313
subsp. baeticus sensu Talavera, non (Boiss. & Reut.) Nyman, 308
subsp. creticus (L.) Holmb., 310 (3)
var. baeticus (Boiss. & Reut.) Cout., 310
var. creticus (L.) Halácsy, 310 (3)
leucocaulos Sm., 313
maculatus Lam., 132 (1)
matritensis (Pau) Greuter, 329
mitissimus L., 329
multifidus Desf., 316
pinnatus Desf., 342
rigidus Willd., nom. illeg., non Burm. fil., 318 (1)
tinctorius L., **306**
tingitanus L., 338
tingitanus sensu Cav., non L., 329
turbinatus (Guss.) Nyman, 308 (2)
Centaurea L., 264, 300, 315, **342**, 344, 345, 522
sect. **Acrocentron** (Cass.) DC., **539**
sect. **Benedicta** (Bernh.) Devesa, comb. nov., **521**
sect. **Calcitrapa** (Vaill.) DC. ex Duby, **515**
sect. **Centaurea**, 264, **358**
sect. **Cyanus** (Mill.) Dumort., **588**
sect. **Hymenocentron** (Cass.) DC., **536**
sect. **Jacea** (Mill.) Pers. ex Dumort., **445**
sect. **Lepteranthus** (Neck. ex DC.) Dumort., **469**
sect. **Melanoloma** (Cass.) DC., **509**
sect. **Mesocentron** (Cass.) DC., **525**
sect. **Phalolepis** (Cass.) DC., **438**
sect. **Seridia** (Juss.) DC., 346, **488**
sect. Asperae Rouy, 488
sect. Borcea Fern. Casas & Susanna, 539
sect. Borjae Valdés Berm. & Rivas Goday, 567
sect. Calcitrapa (Vaill.) DC., nom. prov.
sect. Chamaecentron Fern. Casas & Susanna, 539
sect. Chamaecyanus Willk., 567
sect. Chamaewillkommia Fern. Casas & Susanna, 539
sect. Cheirolophus (Cass.) DC.
sect. Cyanus (Mill.) DC., nom. prov.
sect. Lophocyanus Fern. Casas & Susanna, 539
sect. Microlonchus (Cass.) Fiori
sect. Valdesi-bermejoi Fern. Casas & Susanna, 539
sect. Willkommia Blanca, 358
subsect. **Lagascanae** Fern. Casas & Susanna, **567**
subsect. **Lopholomoides** (DC.) Boiss. & Reut., **540**
subsect. Acrocentroides DC., 358

López & Devesa, 567
subsect. Linifoliae Hayek, 469
subsect. Nigrae Hayek, 445
subsect. Paniculatae Hayek, 358
subsect. Pectinatae Hayek, 469
subsect. Pterolophoides DC., 358
[*] Lopholomoides DC., 540
acaulis L., 346
var. haenseleri Boiss., 572
acuta Lam., nom. illeg., 235
acutifolia Jord., 471
adscendens (Bartl.) Prodan, 597
adulterina DC., 515 (55)
nothosubsp. numantina (A. Segura) Mateo & M.B. Crespo, 601
× aemiliae Font Quer, 490, 600
africana Lam., 267
var. tagana (Brot.) Maire, 267 (2)
aguilellae Mateo & M.B. Crespo, 423, 426
agustinii Sennen, pro hybrid., 360 (1a)
alba L., 378, 381, **439**
subsp. **alba**, **441**
subsp. **aristifera** (Pau ex Vicioso) E. López & Devesa, **441**, 442
subsp. ciliata (Font Quer ex O. Bolòs & Vigo) Greuter, 445
subsp. costae (Willk.) Dostál, 442
subsp. latronum (Pau) Dostál, 441
subsp. macrocephala (Pau) Talavera, 441
subsp. maluqueri (Font Quer) Molero & Vigo, 445
subsp. montsicciana (Pau & Font Quer) Romo, 445
subsp. strepens (Hoffmanns. & Link) Rocha Afonso, 441
subsp. **tartesiana** Talavera, **442**
var. alba, 441
var. ciliata Font Quer ex O. Bolòs & Vigo, 445
var. cinerascens (Bubani) J.M. Monts., 445
var. concolor DC., 441
var. costae (Willk.) O. Bolòs & Vigo, 442 (28)
var. latronum (Pau) E. López & Devesa, 441
var. macrocephala Pau, 441
var. maluqueri (Font Quer) O. Bolòs & Vigo, 445
var. montsicciana (Pau & Font Quer) O. Bolòs & Vigo, 445
var. pseudodeusta C. Vicioso, in sched., nom. nud., 441
alba subsp. **alba** × **C. aristata**, **600**
alba subsp. **alba** × **C. avilae**, **600**
alba subsp. **alba** × **C. calcitrapa**, **600**
alba subsp. **alba** × **C. kheilii**, **600**
alba subsp. **aristifera** × **C. pinnata**, **600**
× albarracinensis Rouy, 507, 601
× albuferae M.J. Costa, 490, 600
algeriensis Coss. & Durieu, 537 (65)
alophium DC., 507
alpina L., 270
amara L., 448
subsp. gaudinii (Boiss. & Reut.) Arcang., 448 (29b)
subsp. timbalii (Martrin-Donos) Braun-Blanq., 448 (29b)
var. angustifolia DC., 448
var. assoi Pau, 448 (29b)
var. dracunculifolia (Dufour) DC., 449 (30)
var. lanuginosa Pau, 448 (29b)
var. paularensis Pau, 455 (31d)
var. pumila Rivas Goday & Borja, in sched., nom. nud., 448 (29b)
var. virens Pau, 448 (29b)
f. approximata Rouy, 448
f. nullis Pau, in sched., nom. nud., 448 (29b)
amblensis Graells, **571**
subsp. **amblensis**, **572**
subsp. **tentudaica** (Rivas Goday) Rivas Mart., **572**
var. tentudaica (Rivas Goday) Fern. Casas & Susanna, 572 (81b)
f. luisieri (Samp.) Laínz, 572 (81a)
amoi Amo, 414
anatolica Griseb., 590 (91)
× andresiana Fern. Casas & Susanna, 571, 600
× andresii López Pach., pro sp., 602
angustifolia Mill., 592 (92)
antennata Dufour, **479**
subsp. **antennata**, **482**
subsp. caballeroi (Font Quer & Pau) M.B. Crespo, López Alvarado, L. Sáez & Mateo, 482 (41a)
subsp. **meridionalis** (O. Bolòs & Vigo) Serra & M.B. Crespo, **482**
var. meridionalis (O. Bolòs & Vigo) M.A. Navarro & M.B. Crespo, 482 (41b)
appendiculata Lag. ex Colmeiro, nom. nud., 441
apula Lam., 528 (60)
aragonensis Bubani, 445
argecillensis Gredilla, 567, **568**, 571
argecillensis × **C. cephalariifolia**, **600**
aristata Hoffmanns. & Link, 370, **378**, 381, 441
subsp. exilis (Arènes) Dostál, 372
subsp. geresensis (Arènes) Dostál, 375
subsp. langeana (Arènes) Dostál, nom. inval., 368
aristata × **C. ornata**, **600**
aristifera Pau ex Vicioso, pro hybrid., 441

aspera L., 490, 493, **503**, 511, 518
subsp. **aspera**, 504, **507**
subsp. euaspera Gugler, nom. inval., 507 (52a)
subsp. marotii Sennen, 504
subsp. **scorpiurifolia** (Dufour) Nyman, **509**
subsp. **stenophylla** (Dufour) Nyman, **507**
var. auricularia DC., 507 (52a)
var. canescens Sennen, in sched., nom. nud., 507 (52a)
var. fragiliformis Font Quer, in sched., nom. nud., 507 (52a)
var. genuina Willk., nom. inval., 507 (52a)
var. heterophylla Willd. ex Rouy, nom. inval., 507 (52a)
var. lanata Font Quer, in sched., nom. nud., 507 (52b)
var. microcephala Font Quer, 507 (52a)
var. scorpiurifolia (Dufour) Willk., 509 (52c)
var. stenophylla (Dufour) Willk., 507 (52b)
var. subinermis DC., 504
subvar. subinermis (DC.) Rouy, 504
f. albiflora Pau, in sched., nom. nud., 507 (52a)
f. macrocephala Pau, in sched., nom. nud., 504
f. macrocephala Sennen, in sched., nom. nud., 507 (52a)
f. michaelis Sennen, in sched., nom. nud., 507 (52a)
f. parcespinulosa Sennen, 507 (52a)
f. praetermissa (Martrin-Donos) C. Arnaud, 504
f. stenocephala Font Quer, in sched., nom. nud., 507 (52b)
nothovar. conica Palau, 601
aspera subsp. **aspera** × **C. beltrani, 601**
aspera subsp. **aspera** × **C. calcitrapa, 601**
aspera subsp. **stenophylla** × **C. resupinata** subsp. **dufourii, 601**
aspera × **C. calcitrapa, 601**
aspera × **C. pullata, 600**
aspera × **C. seridis, 600**
aspera × **C. sphaerocephala, 601**
× aspero-calcitrapa Godr. & Gren., nom. inval., 601
× auricularis Pau, 600
aurigerana Sennen, 453 (31b)
avilae Pau, **417**
axillaris Willd., nom. illeg., 597 (94)
var. occitanica (Rouy ex M.B. Martin) Rouy, 597
var. semidecurrens (Jord.) Nyman, 594 (93a)
f. occitanica Rouy ex M.B. Martin, 597
aznatinensis Cuatrec., 397 (11c)
balaschii Sennen & Gonzalo, in sched., 448 (29a)
baldensis Pers., nom. inval., pro. syn., 270 (3)
balearica J.J. Rodr., 320
barcinonensis Sennen, pro hybrid., 363 (2)
f. latisecta Sennen, in sched., 363 (2)
barrasii Pau, **500**
barrelieri Dufour, 249
× basilei Sennen, 542, 602
bellesguarti Sennen, in sched., nom. nud., 540 (66)
beltrani (Pau) Blanca, pro hybrid., **423**
beltrani × **C. paui, 601**
benedicta (L.) L., **522**
bergadensis Sennen, pro hybrid., 540 (66)
beturica E. López & Devesa, 381, **386**
biformis Timb.-Lagr.
var. oscilans Pau & Font Quer, in sched., nom. nud., 445
× bigerrensis Pau, 378, 600
× bilbilitana Pau, 442, 600
boetica (Willk.) Pau, 579 (85)
bofilliana Sennen ex Devesa & E. López, **518**
bofilliana Sennen, in sched., pro hybrid., nom. inval., 518 (56)
boissieri DC., **393**, 399, 579
subsp. amoi (Amo) Nyman, 414 (14a)
subsp. beltrani (Pau) O. Bolòs & Vigo, 423
subsp. **boissieri, 395**
subsp. dufourii Dostál, 408
subsp. **funkii** (Sch. Bip. ex Willk.) Blanca, **397**
subsp. **integrifolia** (Willk.) Blanca & Suár.-Sant., **402**
subsp. jaennensis (Degen & Debeaux) Dostál, 408
subsp. lagascae (Nyman) O. Bolòs & Vigo, 406
subsp. **mariolensis** (Rouy) Dostál, **399**
subsp. paui (Loscos ex Willk.) Dostál, 422
subsp. **pinae** (Pau) Dostál, **402**
subsp. **prostrata** (Coss.) Dostál, **399**
subsp. resupinata (Coss.) Dostál, 405
subsp. rouyi (Coincy) O. Bolòs & Vigo, 414
subsp. spachii (Willk.) Dostál, 406
subsp. **willkommii** (Sch. Bip. ex Willk.) Dostál, **397**
var. beltrani (Pau) O. Bolòs & Vigo, 423 (19)
var. dufourii (Dostál) O. Bolòs & Vigo, 408 (12b)
var. funkii (Sch. Bip. ex Willk.) Nyman, 397 (11b)
var. humilis (Pau) O. Bolòs & Vigo, 408 (12b)
var. macracantha Font Quer, 435 (25)
var. macrocephala (Blanca) O. Bolòs &

Vigo, 417
var. mariolensis (Rouy) O. Bolòs & Vigo, 399 (11e)
var. nevadensis Boiss. & Reut., 397 (11b)
var. pinae (Pau) O. Bolòs & Vigo, 402 (11f)
var. rouyi (Coincy) O. Bolòs & Vigo, 414 (15)
var. saguntina (Mateo & M.B. Crespo) O. Bolòs & Vigo, 423 (19)
var. segariensis (Figuerola, Peris & Stübing) O. Bolòs & Vigo, 417
var. straminea Degen & Hervier, 395 (11a)
var. suffrutescens (Blanca) O. Bolòs & Vigo, 417
var. tomentella Degen & Hervier, 395 (11a)
subvar. integrifolia (Willk.) O. Bolòs & Vigo, 402 (11g)
subvar. pinae (Pau) O. Bolòs & Vigo, 402 (11f)
f. tenuiloba Freyn, in sched., nom. nud., 417
boissieri subsp. **pinae** × **C. paui, 601**
bolivaris Sennen, in sched., nom. nud., 441
bombycina Boiss. ex DC., **411**
subsp. **bombycina, 414**
subsp. funkii (Sch. Bip. ex Willk.) Dostál, 397
subsp. **xeranthemoides** (Lange ex Willk.) Blanca, Cueto & Quesada, **414**
borjae Valdés Berm. & Rivas Goday, **580**
× broteroana Font Quer, 601
bubanii Timb.-Lagr., 363 (2)
burgalensis Font Quer, in sched., nom. nud., 370 (4a)
burgalensis Pau, in sched., nom. nud., 477
buxea Pau, 399 (11e)
caballeroi Font Quer & Pau, 482
cadevallii Pau, 363, 365
calcitrapa L., 345, 370, 441, 447, 507, 511, **515**, 518, 567
var. gracilis Merino, 515 (55)
calcitrapa × **C. cephalariifolia, 601**
calcitrapa × **C. costae, 601**
calcitrapa × **C. emporitana, 601**
calcitrapa × **C. jacea** subsp. **angustifolia, 601**
calcitrapa × **C. langei** subsp. **langei, 601**
calcitrapa × **C. paniculata** subsp. **paniculata, 601**
calcitrapa × **C. pullata, 601**
× calcitrapo-aspera Godr. & Gren., nom. inval., 507, 601
calcitrapoides L., 515
calcitrapoides sensu Willk., non L., 518
camusii Sennen, in sched., 564 (78)
cancellifolia Pau, in sched., nom. nud., 402 (11f)
capillaris Cav., in sched., nom. nud., 507 (52b)
capillata L., p.p., 486 (44)
cardanica Rouy, pro hybrid., 362 (1b)
carolipauana Fern. Casas & Susanna, 552
carpetana Boiss. & Reut., 455
var. brachyphylla Pau, in sched., nom. nud., 455 (31d)
var. calcicola Pau, 455 (31d)
var. maiorifolia Pau, 455 (31d)
carratracensis Lange, **420**
carrissoi Rothm., 265, 267
castellana Boiss. & Reut., 378
subsp. micrantha (Hoffmanns. & Link) Nyman, 370 (4a)
var. asperrima Sennen, 378 (5)
var. baetica (Pau) Cuatrec., nom. inval., 383 (6a)
× castellano-manchensis Mateo & M.B. Crespo, 385, 529, 601
castellanoides Talavera, **381**
subsp. **arundana** E. López & Devesa, **383**
subsp. **castellanoides, 383**
subsp. **talaverae** E. López & Devesa, 381, **383**, 385, 529
castellanoides subsp. **talaverae** × **C. melitensis, 601**
× caulescens Pau, 602
cavanillesiana Graells, 567
cazulensis Ladero & Rivas Goday, in sched., pro hybrid., nom. nud., 558 (75)
× ceballosii Fern. Casas, 568, 602
centaurium L., 264, 344
centauroides sensu Gouan, non L., 540 (66)
cephalariifolia Willk., 542, 544, 551, **564**, 566, 567, 568, 571, 586, 587
cephalariifolia × **C. collina, 602**
cephalariifolia × **C. lagascana, 602**
cephalariifolia × **C. legionis-septimae, 602**
cephalariifolia × **C. ornata, 602**
cephalariifolia × **C. podospermifolia, 602**
cephalariifolia × **C. toletana, 602**
× cephalariseptimae Fern. Casas & Susanna, 551, 567, 602
cervantesi Sennen, 545 (68)
× chaixiana Rouy, 601
cicutifolia Hornem., 540 (66)
cineraria L., 564
cineraria × **C. clementei, 602**
cinerascens Bubani, 445
citricolor Font Quer, **429**
claudei Sennen, in sched., nom. nud., 540 (66)
clementei Boiss. ex DC., **561**
coerulescens auct., non Willd., 363
coerulescens Willd., 542 (67)
subsp. hanrii (Jord.) Bonnier, 363 (2)
var. aristata (Hoffmanns. & Link) Pau ex Merino, 378 (5)
var. contracta Cadevall, 363 (2)
var. hanrii (Jord.) Nyman, 363 (2)

Centaurea

var. hanrii (Jord.) Nyman, 363 (2)
var. kheilii Pau, 375
var. latisecta Sennen, in sched., nom. nud., 363 (2)
var. pycnocephala Sennen, in sched., nom. nud., 363 (2)
var. tenuiloba (Sennen) Sennen, 363 (2)
var. tenuisecta Sennen, in sched., nom. nud., 363 (2)
var. tomentosa Merino, in sched., nom. nud., 367 (3a)
f. latiloba Sennen, in sched., 363 (2)
collina L., **540**, 542, 567
nothosubsp. serratulifolia Hayek, in sched., pro subsp., 542, 602
collina sensu Cout., non L., 555
collina × **C. hanrii**, **602**
× confusa Coste & Sennen, 518, 601
conifera L., 280
consimilis Boreau, 453 (31a)
corcubionensis M. Laínz, **471**
cordubensis Font Quer, **385**
coronata Lamy, 453
corymbosa Pourr., 345
costae Willk., **442**
var. costae, 445
var. maluqueri Font Quer, 445
var. montsicciana Pau & Font Quer, 445
f. robusta Font Quer, in sched., nom. nud., 445
coutinhoi Franco, 372
crassifolia Bertol., 299
cretica (L.) Spreng., 310 (3)
crocata Franco, **552**
crocea Welw., in sched., nom. nud., 552 (72)
crupina L., 235
var. maculata Juss. ex Pers., 236 (2)
crupinastrum Moris, 236
crupinoides Desf., 277
cuspidata Clemente, in sched., nom. nud., 504
cyanocephala Velen., 588 (90)
cyanus L., 345, **588**
subsp. coa Rchb. fil., 588 (90)
var. denudata Suksd., 588 (90)
debeauxii Godr. & Gren., 447, **457**
subsp. **debeauxii**, 447, **459**
subsp. endressii (Hochst. & Steud.) Dostál, 455
subsp. **grandiflora** (Gaudin ex Schübl. & G. Martens) Devesa & Arnelas in Castrov. & al. (eds.), comb. nov., **460**
subsp. nevadensis (Boiss. & Reut.) Dostál, 462
subsp. pratensis (Thuill. ex DC.) Smythies, 460
subsp. thuillieri Dostál, nom. illeg., 460
debeauxii subsp. **grandiflora** × **C. nigra** subsp. **rivularis**, **602**
× decipiens Thuill., pro sp., 447, 602
depressa M. Bieb., **590**
dertosensis Costa, 586 (89)
deusta sensu Willk., non Ten., 441
var. heterochlamyda Sennen, in sched., nom. nud., 441
deusta Ten.
var. heterochlamyda Sennen, in sched., nom. nud., 441
diffusa Lam., 345, 346, **391**
diluta Aiton, 346, 536, **537**
diluta × **C. pullata**, **602**
dimorpha Viv., 493
divergens Lange, nom. illeg., non Vis., 368
diversifolia Lag. ex Boiss., pro syn., nom. inval., 507 (52a)
dornacina Amo, 245 (1)
dracunculifolia Dufour, **449**
var. linearifolia Sennen, in sched., 449 (30)
× dufourei Sennen, in sched., nom. nud., 601
dufourii (Dostál) Blanca, nom. illeg., non Sennen, 408 (12b)
subsp. lagascae (Nyman) Blanca, 406 (12a)
subsp. resupinata (Coss.) Blanca, nom. illeg., 405 (12)
var. humilis (Pau) Blanca, nom. illeg., 408 (12b)
× eclipsilunae Mateo & M.B. Crespo, 601
× edetana Pau, in sched., nom. nud., 600
elata Poir., 267 (2)
elegans All., nom. rejic., 104
× eliasii Sennen & Pau, 441, 600
elongata Schousb., 537 (65)
emigrantis Bubani, **477**
f. auriculata Font Quer, in sched., nom. nud., 477 (40)
f. denticulata Font Quer, in sched., nom. nud., 477 (40)
f. pinnatifida Font Quer, in sched., nom. nud., 477 (40)
emporitana (Vayr. ex Sennen & Pau) Sennen in Hayek, in sched., **464**, 518
endressii Hochst. & Steud. in Steud., 453
endressii sensu Merino, non Hochst. & Steud. ex Timb.-Lagr., 455 (31c)
eriophora L., **533**
escobilla Coss., pro syn., nom. nud., 383 (6a)
escobilla Coss. ex Nyman, pro syn., nom. inval., 383 (6a)
× esguevana Fern. Alonso & Fern. Casas, 370, 603
exarata Boiss. ex Coss., **465**
fabregatii Mateo & M.B. Crespo, **426**
ferox Desf., 493
fontanesii Spach ex Durieu, 490 (46)

fraylensis Sch. Bip. ex Nyman, 265
fulva A. Huet, 453
funkii Boiss. & Reut., nom. illeg., non Sch. Bip. ex Willk., 579
funkii Sch. Bip. ex Willk., 397
var. melanolepis Willk., in sched., nom. nud., 422 (18)
var. xeranthemoides Lange ex Willk., 414
funkii Pau, nom. illeg., non Sch. Bip. ex Willk., 422 (18)
fuscata Jord., nom. illeg., non Desf., 471
gabrielis-blancae Fern. Casas, 544, 560
gadorensis Blanca, **436**
galactites L., 102
galianoi Fern. Casas & Susanna, 544
gallaecica (M. Laínz) Arnelas & Devesa, **468**
gallica Gugler, 360 (1a)
subsp. eugallica Gugler, nom. inval., 360 (1a)
var. micrantha (Hoffmanns. & Link) Gugler, 370 (4a)
f. hanrii (Jord.) Gugler, 363 (2)
f. herminii (Rouy) Gugler, 378 (4g)
gaudinii Boiss. & Reut., 448
genesii-lopezii Fern. Casas & Susanna, pro hybrid., **577**
gienensis Degen & Debeaux, nom. illeg., 408 (13)
gr. **C. collina**, **540**
gr. **C. scabiosa**, **564**
gracillima Pau, in sched., nom. nud., 383 (6c)
graellsi Nyman, 584 (88)
var. podospermifolia (Loscos & J. Pardo) Pau, 586 (89)
graminifolia (Lam.) Muñoz Rodr. & Devesa, **597**
graminifolia Pourr. ex Willk., pro syn., nom. inval., 597 (94)
granatensis DC., **558**, 560, 580
subsp. boetica (Willk.) Font Quer, 579 (85)
var. acaulis Cuatrec., 558 (75)
granatensis × **C. mariana**, **602**
granatensis × **C. ornata**, **602**
gredensis Rivas Mart., pro syn., nom. inval., 417 (16)
grosii Font Quer, in sched., nom. nud., 385 (7)
gueryi Maire, 462 (33)
var. bekritensis Jahand. & Maire, 462 (33)
var. genuina Maire, nom. inval., 462 (33)
guilleniana Pau, 406 (12a)
haenseleri (Boiss.) Boiss. & Reut., **572**, 579
subsp. epapposa G. López, 577 (84)
hanrii Jord., **363**
subsp. isernii (Willk.) Smythies, 363
subsp. spinabadia (Bubani ex Timb.-Lagr.) Smythies, 363
var. catalaunica Sennen, nom. nud., 360 (1a)
var. latiloba Sennen, in sched., nom. nud., 363 (2)
var. melanolepis Pau, 363 (2)
var. tenuifolia Pau & H.J. Coste, in sched., nom. nud., 363 (2)
var. tenuiloba (Sennen) Sennen, in sched., 363 (2)
var. venusta Merino, in sched., nom. nud., 370 (4a)
f. ambigens Merino, in sched., nom. nud., 367 (3a)
hayekii Sennen, in sched., pro hybrid., nom. nud., 507 (52a)
× heribaudii Elías & Sennen, in sched., nom. nud., 544, 567, 602
herminii Rouy, 378
subsp. caramulensis Franco, in sched., nom. nud., 367 (3b)
subsp. lusitana (Arènes) Franco, 367
× hervieri Degen, 507, 600
heterophylla Willd., nom. illeg., 507
heterophylla Moench, nom. illeg., non Willd., 507 (52a)
hifacensis Pau, in sched., nom. nud., 417
× hifacensis Font Quer, in sched., nom. nud., 600
hoffmannseggiana Lázaro Ibiza, nom. illeg., 370 (4a)
hoffmannseggii Hayek, nom. illeg., 370 (4a)
homoeoscevos Pau, 488
hortorum Pau, 588
× hurtadoi Blanca, 600
hyalolepis Boiss., **519**
× hybrida Chaix, nom. illeg., non All., 601
hyssopifolia Vahl, **486**
incana Lag., nom. illeg., non Burm. fil., 406
subsp. ornata (Willd.) Maire, 542 (67)
var. virens Pau, 408 (12b)
incana sensu Amo, non Burm. fil., 431 (23)
insularis Pau, in sched., nom. nud., 367
intermedia Cariot, nom. illeg., non Mutel, 597
intermedia Mutel, 234
interrupta Hoffmanns. & Link, 542
intybacea Lam., 301
var. capillifolia Sandwith ex Lacaita, 301 (2)
var. genuina Rouy, nom. inval., 301 (2)
var. glabrescens Porta, 301 (2)
var. grandifolia Font Quer, 301, 302
var. longiciliata Pau, in sched., nom. nud., 302
var. macrocephala Rouy, 301 (2)
var. scabrescens Porta, 301 (2)
inuloides Willk., 462
involucrata Desf., **512**
iserniana Graells ex Willk. & Lange, pro syn., nom. inval., 473 (39)

var. latiloba Sennen, 363 (2)
var. tenuiloba Sennen, 363 (2)
f. runcinata Vayr., in sched., nom. nud., 363 (2)
isnardii L., 507 (52a)
jacea auct. hisp., non L., 448 (29a, 29b)
jacea L., 345, **446**, 447, 457, 522
subsp. amara (L.) Bonnier & Layens, 448
subsp. amara (L.) Rouy, nom. illeg., non (L.) Bonnier & Layens, 448 (29b)
subsp. **angustifolia** (DC.) Gremli, 370, 447, **448**
subsp. debeauxii (Godr. & Gren.) R.C.V. Douin, 457 (32)
subsp. dracunculifolia (Dufour) A. Bolòs, 449
subsp. gaudinii (Boiss. & Reut.) Gremli, 448 (29b)
subsp. grandiflora Gaudin ex Schübl. & G. Martens, 460
subsp. lusitanica Hayek, 448 (29b)
subsp. nigra (L.) Bonnier & Layens, 451 (31)
subsp. pratensis (Thuill. ex DC.) Čelak., 460 (32b)
subsp. timbalii (Martrin-Donos) Braun-Blanq., 448
subsp. **vinyalsii** (Sennen) O. Bolòs, Nuet & Panareda, 447, **448**
var. amara (L.) Vis., 448 (29b)
var. cadevalli Font Quer ex O. Bolòs & Vigo, 464 (34)
var. dertosensis O. Bolòs & L. Torres, 448
var. diploidea Guin., 449 (30)
var. genuina Wimm. & Grab., nom. inval., 446 (29)
var. godeti Rouy, 448 (29a)
var. grandiflora Gaudin, 460 (32b)
var. nigra (L.) Coss. & Germ., 451 (31)
var. pratensis Thuill. ex DC. in Lam. & DC., 460
var. vinyalsii (Sennen) O. Bolòs & Vigo, 448 (29a)
f. dracunculifolia (Dufour) Rouy, 449 (30)
nothosubsp. decipiens (Thuill.) Nyman, 603
nothosubsp. ruscinonensis (Boiss.) P. Fourn., 603
nothovar. ruscinonensis (Boiss.) O. Bolòs & Vigo, 600
nothof. dumeticola Sennen, in sched., pro f., 603
nothof. ruscinonensis (Boiss.) Rouy, pro "forme", 603
jacea sensu Rigual, non L., 288, 289
jacea subsp. **angustifolia** × **C. langei** subsp. **langei, 603**
jacea subsp. **angustifolia** × **C. nevadensis, 603**
jacea subsp. **angustifolia** × **C. nigra** subsp. **carpetana, 603**
jacea subsp. **vinyalsii** × **C. nigra** subsp. **nigra, 603**
jacea × **C. nigra, 602**
jacobi Dufour, 488
var. crenatifolia Pau, in sched., nom. nud., 488 (45)
f. sublanuginosa Pau, in sched., nom. nud., 488 (45)
jaennensis Degen & Debeaux, 397, 399, **408**
janeri Graells, **473**
subsp. **babiana** M. Laínz, **476**
subsp. gallaecica M. Laínz, 468
subsp. **janeri, 476**
jordaniana sensu Willk., non Godr. & Gren. in Gren. & Godr., 477
× joviniana Sennen & Pau, 544, 567, 602
kheilii (Pau) Pau, 375 (4f)
f. angustisecta Pau, in sched., nom. nud., 375 (4f)
f. latisecta Pau, in sched., nom. nud., 375 (4f)
kunkelii N. Garcia, **547**
lacaitae Pau, in sched., pro hybrid., nom. nud., 507 (52a)
lagascae Nyman, 406
lagascana Graells, 544, 567, **584**, 586
subsp. podospermifolia (Loscos & J. Pardo) Dostál, 586
f. livida Fern. Casas & Susanna, 584 (88)
lagascana × **C. ornata, 603**
lainzii Fern. Casas, **560**
lanata (L.) Lam. & DC., nom. illeg., non Roxb., 308 (2)
lanata Roxb., nom. illeg., non Roxb., 588 (90)
langeana Willk., nom. illeg., 368
var. semilunaris Merino, in sched., nom. nud., 370 (4a)
langei Nyman, **368**, 370, 375
subsp. **coutinhoi** (Franco) E. López, Devesa & Arnelas, **372**
subsp. **dominguezii** E. López , Devesa & Arnelas, 370, **372**
subsp. **exilis** (Arènes) E. López, Devesa & Arnelas, **372**
subsp. **geresensis** (Arènes) E. López, Devesa & Arnelas, **375**
subsp. **kheilii** (Pau) E. López, Devesa & Arnelas, **375**, 378, 441
subsp. **langei, 370**
subsp. **rothmaleriana** (Arènes) E. López, Devesa & Arnelas, **378**
lanuginea Pau, in sched., nom. nud., 417
latronum Pau, 441
var. pseudodeusta C. Vicioso, in sched.,

nom. nud., 441
f. virens Pau, 441
legionis-septimae Fern. Casas & Susanna, **548**, 551, 567
leucantha Pourr., 301 (2)
leucophaea Jord., 362
subsp. ochrolopha (Costa) Dostál, 362
var. catalaunica Sennen, in sched., 363 (2)
var. ochrolopha (Costa) Nyman, 362 (1b)
var. oscilans (Pau & Font Quer) Romo, 445
× levantina Font Quer, 507, 601
limbata Hoffmanns. & Link, **365**, 370
subsp. geresensis (Arènes) Franco, 375
subsp. hanrii (Jord.) Nyman, 363 (2)
subsp. **limbata**, **367**
subsp. **lusitana** (Arènes) E. López & Devesa, **367**
var. candidans Merino, 370 (4a)
var. insularis Pau, 367
var. latifolia Merino, in sched., nom. nud., 367
var. limbata, 367
var. melanosticta Lange, 370
var. microblepharis Merino, 370 (4a)
var. stenocephala Merino, 370 (4a)
var. tenuisecta Merino, in sched., nom. nud., 370 (4a)
subvar. aggregata Merino, 370 (4a)
subvar. intermedia Merino, 367 (3a)
f. asperifoliata Merino, 367
f. elata Pau, 375 (4f)
f. exigua Merino, 367 (3a)
f. flavescens Merino, in sched., nom. nud., 367 (3a)
f. mixta Merino, 367
f. multisecta Merino, in sched., nom. nud., 367 (3a)
f. propinqua Merino, 367 (3a)
"raza" hanrii (Jord.) Merino, 363 (2)
"raza" venusta Merino, nom. inval., 370 (4a)
linaresii Lázaro Ibiza, 270
linarifolia Lam., 482 (42)
lingulata Lag., 598
var. linearifolia Sennen & Pau, in sched., nom. nud., 597 (94)
linifolia L., **482**
subsp. caballeroi (Font Quer & Pau) O. Bolòs & Vigo, 482
var. aragonensis Willk., 484 (43)
var. caballeroi (Font Quer & Pau) O. Bolòs & Vigo, 482 (41a)
var. linearifolia Sennen, in sched., nom. nud., 482 (42)
var. meridionalis O. Bolòs & Vigo, 482
var. submollis Rouy, 482 (41b)
f. elongata Sennen, in sched., nom. nud., 482 (42)
f. sphaerocephala Font Quer, in sched., nom. nud., 482 (42)
lobifolia Pau, in sched., nom. nud., 448 (29b)
longifolia (Hoffmanns. & Link) Cout., 284
longispina Font Quer, in sched., nom. nud., 408 (12b)
× losana Pau, 586, 602
× loscosii Willk., pro sp., 587, 602
lugdunensis Jord., 597
luisieri Samp., 572
lusitanica Boiss. & Reut., **493**
var. crassifolia P. Silva, 496
var. lusitanica, 494
macrolopha Sennen, in sched., 564 (78)
macrorrhiza Willk., nom. illeg., non Willk., 579
var. boetica Willk., 579 (85)
[?] toletana (Boiss. & Reut.) Willk., 567 (79)
maculosa sensu Merino, non Lam., 368
malacitana Boiss., **499**
mariana Nyman, 560, **579**, 580
mariolensis Rouy, 399
maritima Dufour, 488
var. virescens Pau, 488 (45)
maroccana Ball, 345, 346, **532**
marotii Sennen, in sched., nom. nud., 504
× matritensis Pau, 381, 441, 600
melanosticta (Lange) Franco, 370
melitensis L., 345, 346, 385, **528**
f. apula (Lam.) Cout., 528 (60)
f. macrocephala Pau, in sched., nom. nud., 528 (60)
melitensis × C. ornata, **603**
micracantha Dufour, 537
micrantha S.G. Gmel., 370
subsp. herminii (Rouy) Dostál, 378
subsp. melanosticta (Lange) Dostál, 370
var. arguta Merino, in sched., nom. nud., 370 (4a)
var. baetica Pau, pro syn., nom. inval., 383 (6a)
var. catalaunica Pau ex Cadevall, 363, 365
var. fastigiata Merino, 370 (4a)
var. herminii (Rouy) Merino, 378 (4g)
var. laxa Merino, 370 (4a)
var. microcephala Merino, in sched., nom. nud., 370 (4a)
var. squamomutica Pau, 370 (4a)
var. tomentosa Merino, in sched., nom. nud., 370 (4a)
f. angustifolia Merino, in sched., nom. nud., 370 (4a)
f. arguta Merino, 370 (4a)
f. latifolia Merino, in sched., nom. nud., 370 (4a)
micrantha Hoffmanns. & Link, nom. illeg., non S.G. Gmel., 370
microptilon (Godr.) Godr. & Gren., 346

subsp. emporitana (Vayr. ex Sennen & Pau) Dostál, 464
var. castellana Sennen, in sched., nom. nud., 460 (32b)
var. emporitana (Vayr. ex Sennen & Pau) C. Blanché, Molero & Rovira, comb. superfl., 464 (34)
var. emporitana Vayr., nom. nud., 464 (34)
var. emporitana Vayr. ex Sennen & Pau, 464
minniae Rothm., in sched., nom. nud., 378 (4g)
× mirabilis Rouy, 601
moleswortiae E. López, Devesa & García Rojas, **556**
× moncktonii Britton, 603
mongoi Pau, nom. nud., 417
montana L., 346, 588, **592**, 594, 597
subsp. angustifolia (Mill.) P. Fourn., 592 (92)
subsp. axillaris Willd. ex Čelak., 597 (94)
subsp. eumontana Gugler, nom. inval., 592 (92)
subsp. lingulata (Lag.) O. Bolòs & Vigo, comb. superfl., 597 (94)
subsp. lugdunensis (Jord.) Gugler, 597
subsp. semidecurrens (Jord.) O. Bolòs & Vigo, 594
subsp. variegata Lam. ex Rouy, nom. illeg., 598
var. adscendens Bartl., 597
var. axillarioides Loret, 597
var. catalaunica Pau ex Cadevall, 597
var. genuina Godr., nom. inval., 592 (92)
var. intermedia Rouy ex M.B. Martin, 597
var. lingulata (Lag.) Boiss., 597 (94)
var. pradensis O. Bolòs & Vigo, 597 (94)
var. pyrenaica Godr., 592 (92)
var. semidecurrens (Jord.) Briq., 594 (93a)
var. typica Rouy, nom. inval., 592 (92)
f. semidecurrens (Jord.) López Fern., 594 (93a)
monticola Boiss. ex DC., 399, **431**
subsp. citricolor (Font Quer) Rivas Mart., A. Asensi, Molero Mesa & F. Valle, 429 (22)
var. funkii Schultz Sch. ex Cuatrec., 431 (23)
muricata L., 275
napifolia L., 346
nemoralis auct. hisp., non Jord., 453
nemoralis Jord.
subsp. obscura (Jord.) Berher, 453 (31a)
nemoralis sensu Merino, non Jord., 453 (31a)
nevadensis Boiss. & Reut., 447, **462**
var. celtiberica Pau, in sched., nom. nud., 462 (33)
var. intermedia Pau, nom. nud., 462 (33)
nicaeensis All., 535
nigra L., 345, 447, **451**, 457
subsp. **carpetana** (Boiss. & Reut.) Nyman, 447, **455**
subsp. debeauxii (Godr. & Gren.) Gugler, 457 (32)
subsp. **endressii** (Hochst. & Steud.) Arnelas & Devesa, **453**
subsp. gueryi (Maire) Maire, 462 (33)
subsp. nemoralis auct., non (Jord.) Gremli, 453 (31a)
subsp. nevadensis (Boiss. & Reut.) Malag., 462 (33)
subsp. **nigra**, 447, **453**
subsp. pratensis (Thuill. ex DC.) H.P. Fuchs, 460 (32b)
subsp. **rivularis** (Brot.) Cout., **455**, 460
var. endressii (Hochst. & Steud.) Merino, 453 (31b)
var. nemoraliformis Sennen ex Pau, in sched., nom. nud., 460 (32b)
var. pallida Lange, 455 (31c)
var. radiata DC. in Lam. & DC., 453
var. santanderina Pau, in sched., nom. nud., 459 (32a)
f. radiata (DC.) F. Seym., 453 (31b)
nothosubsp. decipiens (Thuill.) H.P. Fuchs, 603
["raça"] rivularis (Brot.) Samp., nom. inval., 455 (31c)
nigrescens Willd., 346
nothosubsp. serotina (Dubois) Nyman, 603
nigricolor Pau, 370 (4a)
× noguerensis Mateo, 567, 601
nudicaulis L., 245
× numantina A. Segura, 370, 601
obscura Jord., 453 (31a)
occasus Fern. Casas, **555**
ochrolopha Costa, 362
var. catalaunica Sennen, in sched., nom. nud., 363 (2)
var. macrocephala Sennen & Pau, in sched., nom. nud., 360 (1a)
var. melanolepis (Pau) Sennen, in sched., 363 (2)
var. virescens Sennen & Pau, in sched., nom. nud., 360 (1a)
var. viridis Sennen & Pau, 360 (1a)
f. microcephala Sennen, in sched., nom. nud., 363 (2)
× olweri Font Quer, 602
omphalotricha (Batt.) Willk., 346
orensensis Gand., 370 (4a)
ornata Willd., 381, 529, **542**, 544, 547, 560, 567, 568, 586
subsp. interrupta (Hoffmanns. & Link)

Franco, 542
subsp. saxicola (Lag.) Dostál, 545
var. agustisquama Pau, 542 (67)
var. galianoi (Fern. Casas & Susanna) Fern. Casas, 544
var. interrupta (Hoffmanns. & Link) Cout., 542 (67)
var. macrocephala Willk., 542 (67)
var. microcephala Willk., 544
var. purpureiflora Pau, in sched., nom. nud., 542 (67)
var. saxicola (Lag.) Pau, 545 (68)
var. tenuispina Pau, 544
f. crocea Cuatrec., nom. nud., 542 (67)
f. tenuisecta Cuatrec., nom. nud., 542 (67)
f. tenuisecta Sennen, in sched., nom. nud., 542 (67)
ornata × **C. toletana, 603**
oscensis (Pau ex E. López & Devesa) Raab-Straube & Greuter, 362
oscensis Pau, in sched., nom. nud., 362 (1c)
pallescens Delile
subsp. hyalolepis (Boiss.) Holmboe, 519 (57)
var. hyalolepis (Boiss.) Boiss., 519 (57)
f. hyalolepis (Boiss.) Gugler, 519 (57)
pallidula Rouy, 360 (1a)
paniculata L., 345, **359**
subsp. aristata (Hoffmanns. & Link) Cout., 378
subsp. castellana (Boiss. & Reut.) Dostál, 378
subsp. cossoniana (Arènes) Dostál, 383
subsp. exilis Arènes, 372
subsp. gerceensis Arènes, 375
subsp. hanrii (Jord.) Rouy, 363
subsp. hoffmannseggii (Hayek) Arènes, nom. illeg., 370 (4a)
subsp. langeana Arènes, 370 (4a)
subsp. **leucophaea** (Jord.) Arcang., **362**, 365
subsp. limbata (Hoffmanns. & Link) Cout., 365
subsp. micrantha (Hoffmanns. & Link) Cout., 370
subsp. ochrolopha (Costa) Rouy, 362 (1b)
subsp. **oscensis** Pau ex E. López & Devesa, **362**
subsp. pallidula Rouy, 360 (1a)
subsp. **paniculata**, **360**, 365
subsp. rothmaleriana Arènes, 378
subsp. schousboei (Lange) Arènes, 389
subsp. urgelensis Arènes, 362 (1b)
var. baetica Pau, pro syn., nom. inval., 383 (6a)
var. castellana (Boiss. & Reut.) Cout., nom. illeg., 378 (5)
var. castellana (Boiss. & Reut.) Gugler, 378 (5)
var. congesta sensu Merino, non Cariot, 370 (4a)
var. cossoniana Arènes, 383
var. eupaniculata Briq., nom. inval., 359 (1)
var. flexicaulis Merino, 370 (4a)
var. gallica (Gugler) Fiori, 360 (1a)
var. hanrii (Jord.) Briq., 363 (2)
var. herminii (Rouy) Cout., 378 (4g)
var. hoffmansegiana (Lázaro Ibiza) Samp., nom. illeg., 370 (4a)
var. isernii (Willk.) Arènes, 363 (2)
var. laxa Merino, in sched., nom. nud., 370 (4a)
var. leucophaea (Jord.) Cariot & St.-Lag., 362 (1b)
var. lusitana Arènes, 367
var. marianica Pau, 385 (7)
var. melanosticta (Lange) Arènes, nom. illeg., 370 (4a)
var. melanosticta (Lange) Cout., 370
var. planifolia Merino, 370 (4a)
var. schousboei Lange) Cout., 389 (9)
subvar. catalaunica Sennen ex Arènes, 360 (1a)
subvar. escobilla Coss. ex Arènes, 383 (6a)
subvar. eucastellana Arènes, nom. inval., 378 (5)
subvar. occidentalis Arènes, 378 (4g)
f. atra Merino, 370 (4a)
f. straminea Arènes, 375 (4e)
"raza" leucophaea (Jord.) Bonnier, 362 (1b)
"raza" leucophaea (Jord.) Merino, 362 (1b)
"raza" melanosticta (Lange) Merino, nom. inval., 370 (4a)
nothovar. septentrionalis Arènes, pro var., 600
× paredensis (G. López) Mateo & Arán, 600
paui Loscos ex Willk., **422**
var. murcica Sennen, in sched., nom. nud., 395 (11a)
pauneroi Talavera & Muñoz Álv., 397
pectinata L., **469**, 471
subsp. acutifolia (Jord.) Dostál, 471
subsp. supina (Jord.) Dostál, 471
var. acutifolia (Jord.) Briq., 471
var. atrofusca Rouy, 471
var. fuscata Gaut., 471
var. genuina Rouy, nom. inval., 469 (37)
var. linearifolia Sennen, in sched., nom. nud., 482 (42)
var. pectinata, 471
var. provincialis Rouy, 471
var. supina (Jord.) Loret & Barrandon, 471
var. supiniformis Rouy, 471
pectinata sensu Merino, non L., 471
× petri-montserrati A. Segura, 600

Centaurea

phrygia L., 346
picris Pall. ex Willd., 288
× piifontiana Fern. Casas & Susanna, 560, 580, 602
pinae Pau, 402
var. aragonensis (Bubani) J.M. Monts., 445
var. integrifolia (Willk.) Blanca, 402 (11g)
pinillosii Mateo & M.B. Crespo, por hybrid., 486 (44)
pinnata Pau ex Vicioso, **427**, 442
pitycephala Brot., 280
podospermifolia Loscos & J. Pardo, 567, 570, **586**, 587
nothof. caulescens Loscos & J. Pardo, 602
polyacantha Willd., 345, 493, **496**
var. adpressa Maire, 496 (48)
var. genuina Maire, nom. inval., 496 (48)
var. nutans A. Bolòs, in sched., nom. nud., 496 (48)
f. abdiphylla Pau, in sched., nom. nud., 496 (48)
f. colorata Maire, 496 (48)
f. pallida Maire, 496 (48)
polycephala sensu Willk., non Jord., 363
× polymorpha Lag., pro sp., 544, 567, 602
polytricha Sennen, in sched., 564 (78)
pomeliana sensu Willk., non Batt., 417
× pouzinii DC., 507, 518, 601
praetermissa Martrin-Donos, 504
pratensis Lam. ex Salisb., nom. illeg., 446
subsp. debeauxii (Godr. & Gren.) Sudre, 457 (32)
var. cadevalli Font Quer, in sched., nom. nud., 464 (34)
var. microcephala Rouy, 453 (31a)
f. debeauxii (Godr. & Gren.) Rouy, 457 (32)
pratensis Thuill., nom. illeg., non Lam. ex Salisb., 460
prolongoi auct., non Boiss. ex DC., 555 (73)
prolongoi Boiss. ex DC., **551**
subsp. macrocephala (Pau & Font Quer) Fern. Casas, 552
var. granatensis (DC.) Pau, 558 (75)
var. macrocephala Pau & Font Quer, in sched., 552
prolongoi sensu Cout., non Boiss. ex DC., 552
prostrata Coss., 399
var. decumbens Rouy, 417
var. straminea (Degen & Hervier) Pau, 395 (11a)
f. tenuisecta Pau, 399 (11e)
prostrata Cav., in sched., nom. nud., 408 (12b)
prostrata Clemente, in sched., nom. nud., 395 (11a)
pseudocrupina Mutel, 236 (2)
pseudosolstitialis Debeaux, 526 (59a)
pterodonta Pomel, 535 (64)
pubescens Willd., 346
subsp. omphalotricha Batt., 346
pubigera Pers., 275 (2)
pulchra DC., 588 (90)
pullata L., 507, **510**
subsp. baetica Talavera, 512
subsp. involucrata (Desf.) Talavera, 512 (54)
subsp. pullata, 511
pulvinata (Blanca) Blanca, **435**
punctata sensu Dufour, non Vis., 486 (44)
pygmaea Hoffm., nom. nud., 590 (91)
ragusina L., 346, 539
ragusina sensu Clemente ex Boiss., non L., 561 (77)
raphanifolia Salzm. ex DC., pro syn., nom. inval., 537 (65)
repens L., 288
resupinata Coss., **405**
subsp. **dufourii** (Dostál) Greuter, 402, **408**, 417, 426
subsp. lagascae (Nyman) Fern. Casas & Susanna, 406
subsp. prostrata (Coss.) Greuter, 399
subsp. **resupinata**, **406**
subsp. saguntina (Mateo & M.B. Crespo) Greuter, 423
subsp. spachii (Willk.) Breitw. & Podlech, nom. illeg., 406 (12a)
subsp. spachii (Willk.) Fern. Casas & Susanna, 406 (12a)
var. finitiva Merino, 367 (3a)
var. prostrata (Coss.) Amo, 399 (11d)
var. virens (Pau) P.P. Ferrer, R. Roselló, A. Navarro, Peris, Gómez Nav., A. Guillén & E. Laguna, 448 (29b)
f. nana Merino, 367 (3a)
reverchoni Debeaux, 567 (79)
× reyesii Sennen & Elías, pro sp., 603
rhaponticoides (Graells) Benth. & Hook. fil., 282 (2)
rhaponticoides (Graells) Cout., comb. superfl., 282 (2)
rigens Lag., 540 (66)
rivasmateoi Ladero, 590
rivularis Brot., 455
rothmaleriana (Arènes) Dostál, 378
rouyi Coincy, **414**
subsp. suffrutescens (Blanca) Mateo & M.B. Crespo, 417
var. macrocephala Blanca, 417
var. rouyi, 417
var. segariensis (Figuerola, Peris & Stübing) Rivas Mart. & M.J. Costa, 417
var. suffrutescens Blanca, 417
rufescens Jord., 471

rupestris L., 346
× ruscinonensis Boiss., pro sp., 603
sagarrae Pau & Font Quer, pro hybrid., 445
sagredoi Blanca, **433**, 436
subsp. pulvinata Blanca, 435
subsp. tenuiloba (Boiss.) Blanca, 436 (26)
saguntina Mateo & M.B. Crespo, 423
sallentii Sennen, pro hybrid., 540 (66)
salmantica L., 291
var. clusii (Spach) Fiori, 291 (1)
var. genuina Rouy, nom. inval., 291 (1)
× sanctae-barbarae Mateo & M.B. Crespo, 601
× santamariae Font Quer ex N. Garcia & Susanna, 564, 602
saxatilis (K. Koch) B.D. Jacks.
subsp. gaudinii (Boiss. & Reut.) Lovrić, 448 (29b)
saxicola Lag., **545**, 547
subsp. jimenezii Molero, 545
var. cervantesi Sennen, pro syn., nom. inval., 545 (68)
var. haenseleri (Boiss.) Pau, 572 (82)
var. herculea Pau, in sched., nom. nud., 545 (68)
var. littorale Esteve, 545 (68)
var. minorispina Sennen, in sched., nom. nud., 545 (68)
saxifraga Coincy, **575**
scabiosa auct. hisp., non L., 564 (78)
scabiosa L., 345, 566, 567
subsp. cephalariifolia (Willk.) Greuter, 564
subsp. champagnati Sennen, in sched., nom. nud., 564 (78)
subsp. latifolia Sennen, in sched., nom. nud., 564 (78)
var. cephalariifolia (Willk.) O. Bolòs & Vigo, 564 (78)
var. estivalis Sennen, 564 (78)
var. liviae Sennen, in sched., 564 (78)
schousboei Lange, **389**
nothosubsp. septentrionalis (Arènes) Dostál, pro subsp., 600
scorpiurifolia Dufour, 509
segariensis Figuerola, Peris & Stübing, 417
segetalis Salisb., nom. illeg., 588 (90)
× segimonensis Pajarón & Fern. Casas, 560, 602
× segobricensis Pau, 490, 600
segoviensis Rouy, 441
× semidecurrens Pau, nom. nud., 490, 600
semidecurrens Jord., 594, 597
semilunaris Merino, 370 (4a)
sempervirens L., 300
f. albiflora P. Silva & R. Lopes, 300 (1)
× sennenii Pau ex Sennen, 518, 601
seridis L., **488**, 493, 507
subsp. cruenta auct. hisp., non (Willd.) Dostál, 489
subsp. maritima auct. hisp., non (Dufour) Dostál, 490
subsp. maritima (Dufour) Dostál, 488
subsp. sonchifolia (L.) Greuter, 488
var. cruenta sensu O. Bolòs & Vigo, non (Willd.) Rouy, 488 (45)
var. epapposa Caball., 488 (45)
var. euseridis Briq., nom. inval., 488 (45)
var. maritima (Dufour) Lange, 488 (45)
var. sonchifolia (L.) Briq., 488 (45)
seridis × **C. sphaerocephala**, **603**
× serotina (Dubois) Boreau, 603
× serratulifolia (Hayek) Sennen, pro sp., 602
setabensis Coincy, 408 (12b)
setosa sensu Pau, non Cav., 274 (1)
seusana Chaix, 598
var. lingulata (Lag.) Willk., 597 (94)
sicula L., **535**
sicula Lam. ex Willk., pro syn., nom. inval., 535 (64)
simplex Cav., 267
solstitialis L., 345, **526**
subsp. solstitialis, 526
sonchifolia L., 488
subsp. malacitana (Boiss.) Nyman, 499 (50)
subsp. maritima (Dufour) Nyman, 488 (45)
var. oligocentra Maire, 490 (46)
var. oscilans Pau, 488 (45)
var. seridiformis Pau, in sched., nom. nud., 488 (45)
sordida Salisb., nom. illeg., 300 (1)
× soriana A. Segura ex Mateo & M.B. Crespo, 600
spachii Willk., 406
subsp. lagascae (Nyman) Figuerola, Peris & Stübing, 406 (12a)
subsp. prostrata (Coss.) Figuerola, Peris & Stübing, 399 (11d)
subsp. resupinata (Coss.) Figuerola, Peris & Stübing, 405 (12)
var. humilis Pau, 408 (12b)
spachii sensu Willk., non Willk. in Willk. & Lange, 408
sphaerocephala L., **490**
nothovar. elongata Pau, in sched., pro var., nom. nud., 600
subsp. lusitanica (Boiss. & Reut.) Nyman, 493
subsp. malacitana (Boiss.) Dostál, 499
subsp. polyacantha (Willd.) Dostál, 496
var. microcephala Welw. ex Mariz, 494
var. oligocentra (Maire) Maire, 490 (46)
var. polyacantha (Willd.) Rivas Mart., 496 (48)
sphaerocephala sensu Talavera, non L., 496
spinabadia Bubani ex Timb.-Lagr., 363

subsp. hanrii (Jord.) Dostál, nom. inval., 363 (2)
subsp. isernii (Willk.) Dostál, nom. inval., 363 (2)
spinosa sensu J.J. Rodr., non L., 320 (2)
stenophylla Dufour, 507
strepens Hoffmanns. & Link, 441
stuessyi Arnelas, Devesa & E. López, **484**
× subdecurrens Pau, 600
subgen. Cheirolophus (Cass.) Hayek
subgen. Crupina Pers.
subgen. Phrygia Pers., p.p.
× sudrei Sennen & Elías, 447, 601
sulphurea Willd., 345, **529**
supina Jord., 471
susannae Invernón & Devesa, **497**
var. paivae Invernón & Devesa, 499
var. susannae, 499
sylvatica Pourr.
nothovar. catalaunica Sennen, in sched., nom. nud., 602
nothovar. inermis Sennen, in sched., 602
nothovar. valdespina Sennen, 602
nothof. microcephala Sennen, in sched., 602
tagana Brot., 267, 270
var. elata (Poir.) DC., 267 (2)
var. legitima (Brot.) DC., nom. inval., 267 (2)
tarraconensis Sennen, in sched., pro hybrid., nom. nud., 507 (52a)
tartesiana (Talavera) Rivas Mart., A. Asensi, Molero Mesa & F. Valle, 442 (27c)
× tatayana Fern. Casas & Susanna, 544, 568, 603
tentudaica (Rivas Goday) Rivas Goday & Rivas Mart., 572 (81b)
tenuifolia Salisb., nom. illeg., 235 (1)
subsp. beltrani Pau, 423
subsp. boissieri (DC.) Emb. & Maire, 393 (11)
subsp. mariolensis (Rouy) O. Bolòs & Vigo, 399 (11e)
subsp. pinae (Pau) Vigo, 402 (11f)
subsp. spachii (Willk.) Emb. & Maire, 406 (12a)
var. integrifolia Willk., 402
var. tenuiloba Boiss., 436
var. willkommii (Sch. Bip. ex Willk.) Gugler, 397 (11c)
f. pinae (Pau) Gugler, 402 (11f)
tenuifolia Dufour, nom. illeg., non Salisb., 408
× ternilli Mateo & M.B. Crespo, 601
thuillieri J. Duvign. & Lambinon, 460
timbalii Martrin-Donos, 448
tinctoria (L.) Clairv., 240 (1)
toletana Boiss. & Reut., 345, 544, **567**, 568, 570
subsp. argecillensis (Gredilla) A. Segura, Mateo & J.L. Benito, 568 (80)
subsp. haenseleri (Boiss.) Rivas Goday, nom. inval., 572 (82)
subsp. tentudaica Rivas Goday, 572
var. argecillensis (Gredilla) Fern. Casas & Susanna, 568 (80)
var. cavanillesiana (Graells) Amo, 567 (79)
tripontina López Alvarado, L. Sáez, Filigh., Guardiola & Susanna, 471
triumfetti All., 588, **594**, 597
subsp. adscendens (Bartl.) Dostál, 597
subsp. aligera Dostál, nom. illeg., 597 (94)
subsp. axillaris (Willd. ex Čelak.) Stef. & T. Georgiev, 597 (94)
subsp. lingulata (Lag.) Dostál, comb. superfl., 597 (94)
subsp. lingulata (Lag.) Vicioso, in sched., 598
subsp. lugdunensis (Jord.) Dostál, 597
subsp. **semidecurrens** (Jord.) Dostál, **594**, 597
subsp. variegata Lam. ex Dostál, nom. illeg., 597 (94)
var. adscendens (Bartl.) Hayek, 597
var. semidecurrens (Jord.) Muñoz Rodr. & Devesa, 597
var. seusana (Chaix) Gugler, 597 (94)
var. tejedensis C. Vicioso, in sched., nom. nud., 597 (94)
triumfetti sensu Dostál, non All., 598
uliginosa Brot., 302
ultreia Silva Pando, **582**
var. bazarensis Blanco-Dios, 584
umbrosa A. Huet ex Reut., 588 (90)
× unamunoi Sennen, in sched., nom. nud., 381, 600
uniflora Turra
subsp. emigrantis (Bubani) Pau & Font Quer, 477
urgellensis sensu Dostál, non Sennen, 362
× valentina Rouy, 490, 600
variegata Lam., nom. illeg., 597
× vernui Sennen & Pau, 601
vicentina Welw. ex Mariz, 265, 267
viciosoi Pau ex Vicioso, 427 (21)
var. castaneicolor Pau ex Vicioso, 427 (21)
victorii Sennen, pro hybrid., 540 (66)
× victoris Sennen, 602
× villaris Sennen, 600
vinyalsii Sennen, in sched., 448
subsp. approximata (Rouy) Dostál, 448
virgata Cav., nom. illeg., non Lam., 301
vulgaris Pers., nom. illeg.
var. jacea (L.) Godr., 446 (29)
var. microptilon Godr., 346
var. nigra (L.) Godr., 451 (31)

var. microptilon Godr., 346
var. nigra (L.) Godr., 451 (31)
willkommii Sch. Bip. ex Willk., 397
xerolepida Pau, 370
yserniana (J. Gay & Webb ex Graells) Pau, 296 (4)
var. alboi Caball., in sched., nom. nud., 296 (4)
var. genuina Pau, nom. inval., 296 (4)
var. spinulosa (Rouy) Pau, 294 (3)
f. longispinosa Pau, 291 (1)
× zubiae Pau, 544, 586, 603
CENTAUREINAE Dumort., 24, **233**
Cephalanoplos Neck., nom. inval., 165
Chamaecyanus (Willk.) Dostál
macrorrhizus Dostál, 579 (85)
Chamaeleon Cass., 26, 41
gummifer (L.) Cass., 42
macrocephalus (Desf.) Cass., 42 (7)
Chamaepeuce DC., nom. illeg.
casabonae (L.) DC., 123
hispanica (Lam.) DC., 121
horrida (Lag.) DC., 117 (5a)
macrostachya Trautv., 123 (2)
polyacantha (Lam.) St.-Lag., nom. illeg., 123 (2)
stellata (L.) DC., 121
Chardinia Desf.
cylindracea (Sm.) Desv., 62 (3)
Cheirolophus Cass., 264, **298**
crassifolius (Bertol.) Susanna, 299
grandifolius (Font Quer) Stübing, Peris, Olivares & J. Martín, 301, 302
intybaceus (Lam.) Dostál, **301**
var. capillifolius (Sandwith ex Lacaita) Nebot, De la Torre, Mateo & Alcaraz, 301 (2)
lagunae Olivares, Peris, Stübing & J. Martín, 301, 302
lanceolatus Cass., nom. illeg., 300 (1)
mansanetianus Stübing, Peris, Olivares & J. Martín, 301, 302
pinnatifidus Cass., nom. illeg., 301 (2)
sempervirens (L.) Pomel, **300**
uliginosus (Brot.) Dostál, 299, **302**
Chromatolepis Dulac
lanata (L.) Dulac, 31 (3)
Cichoriaceae Juss., nom. cons., 5
CICHORIOIDEAE (Juss.) Chevall., 5
Cirsellium Gaertn.
cancellatum (L.) Gaertn., 46
gummiferum (L.) Brot., 42 (7)
humile (L.) Gaertn., 47 (2)
Cirsium Mill., 108, 121, 131, 148, **136**, 158, 162, 178, 182
sect. **Cephalanoplos** Neck. ex DC., 137, **165**, 169
sect. **Cirsium**, 137, **140**, 169
sect. **Epitrachys** DC. ex Duby, 137, **167**
sect. Chamaepeuce Fiori, nom. illeg.
sect. Lamyropsis Kharadze, 108, 121, 182
acarna (L.) Moench, 125
acaulon (L.) Scop., **154**, 169
subsp. **acaulon**, 144, 148, 149, 150, **156**, 160, 162
subsp. **gregarium** (Boiss. ex DC.) Talavera, 156, **157**, 158
subsp. gregarium (Boiss. ex DC.) Werner, nom. illeg., 157
var. angustifolium Pau, 157 (13b)
var. gregarium Boiss. ex DC., 157
var. microcephalum Willk., 156 (13a)
var. orbiculatum (Loscos) Pau, 84
var. rosenii (Vill.) Rouy, 156 (13a)
acaulon subsp. **acaulon** × **C. erisithales**, **177**
acaulon subsp. **acaulon** × **C. heterophyllum**, **177**
acaulon subsp. **acaulon** × **C. monspessulanum**, **176**
acaulon subsp. **acaulon** × **C. palustre**, **177**
acaulon subsp. **acaulon** × **C. rivulare**, **177**
acaulon subsp. **acaulon** × **C. tuberosum**, **176**
acaulon subsp. **acaulon** × **C. valdespinulosum**, **176**
acaulon subsp. **gregarium** × **C. pyrenaicum**, **176**
aggregatum sensu Merino, non Ledeb., 140 (1)
albicans Willk., 166
× alpestre Nägeli, 148, 177
alpinum (L.) All., 86 (1)
alsophilum (Pollini) Soldano, 158
× ambiguum All., 148, 177
ambiguum Loisel., 146 (6)
anglicum (Lam.) DC.
var. longicaule Willk., 142 (2)
anglicum sensu Willk., non (Lam.) DC. in Lam. & DC., 142, 165
aragonense Sennen, pro hybrid., 173 (23)
× arisitense Coste & Soulié, 144, 176
arvense (L.) Scop., 137, **165**, 166, 169, 172
baeticum Spreng., 117
balearicum Porta ex Willk., 167 (20)
× bigerriense Rouy, 149, 176
× borderi Rouy, 160, 176
× bourgaeanum Willk., 165, 176
bracteatum Link, 128 (1)
bulbosum (Lam.) DC., 142
bulbosum sensu Planellas, non (Lam.) DC. in Lam. & DC., 140 (1)
× burgalense Elías & Pau, in sched., 144, 177
× candolleanum Nägeli, 150, 177
canum (L.) All.
subsp. pannonicum (L. fil.) Stoj. & Stef., 144 (3)

subsp. **rufescens** (Ramond ex DC.) P. Fourn., **150**, 151
carniolicum subsp. **rufescens** × **C. palustre**, **177**
casabonae (L.) DC., 123 (2)
subsp. trispinosum (Moench) Maire, nom. illeg., 123 (2)
castellanum Willk., 158
centauroides Welw., in sched., nom. nud., 145 (4)
chailletii sensu Gaudin, non W.D.J. Koch, 164 (18)
× colmeiroi Sennen & Pau ex Sennen, 144, 176
corbariense Sennen, 172
f. eriophorum Sennen, nom. illeg., 172 (22b)
f. glabratum Sennen, nom. illeg., 172 (22b)
corbariense sensu Sennen, non Sennen, 172 (22b)
costae (Sennen & Pau) Petr., 172
crinitum Boiss. ex DC., 167
var. catalaunicum Willk. & Costa, 167 (20)
var. microcephalum Willk., 167 (20)
var. tenuibracteatum Sennen, in sched., 167 (20)
echinatum (Desf.) DC., 169, **174**
var. willkommianum (Porta ex Willk.) O. Bolòs & Vigo, 174 (25)
eliasii Sennen & Pau ex Sennen, 166
emporitanum Sennen, in sched., pro hybrid., 172
eriophorum (L.) Scop., 169, **174**
subsp. odontolepis (Boiss. ex DC.) Rouy, 173
subsp. richterianum (Gillot) Nyman, 170
subsp. vulgare Petr., 174 (24)
var. corbariense (Sennen) Rouy, 172 (22a)
var. costae (Sennen & Pau) O. Bolòs & Vigo, 172 (22b)
var. ferox (L.) Fiori & Paol., 169 (21)
var. megacephalum Rouy, nom. illeg., 173 (23)
var. richterianum (Gillot) Rouy, 170 (22)
erisithales (Jacq.) Scop., **149**, 150, 153, 156, 165
erisithales × **C. oleraceum**, **177**
erisithales × **C. palustre**, **177**
× erucagineum DC., 153, 177
exiguum Bubani, 156 (13a)
× fani Sennen, in sched., 160, 176
ferox (L.) DC., **169**
var. costae Sennen & Pau, 172
var. giraudiasii Sennen & Pau, 172
ferox sensu Willk., non (L.) DC. in Lam. & DC., 172 (22b)
filipendulum Lange, **140**, 165
subsp. grumosum (Hoffmanns. & Link) Franco, 140
var. ramosum Merino, 140 (1)
filipendulum × **C. palustre**, **176**
flavispina Boiss. ex DC., 158
subsp. valentinum (Porta & Rigo) Rivas Goday & Borja, nom. illeg., 154 (12)
var. castellanum (Willk.) Lange, 158
var. longespinosum Kunze, 158
var. paniculatum (Vahl) Sennen & Pau, 160 (16)
× fontqueri Romo, 156, 176
gaditanum Talavera & Valdés, **162**
× gayi Rouy, 153, 176
giganteum Spreng., nom. illeg., 175
gigas Ucria, 175 (26)
giraudiasii (Sennen & Pau) Sennen & Pau, 173
glabrum DC., **153**, 160
glabrum × **C. monspessulanum**, **176**
glutinosum Lam., 149 (8)
gonzaloi Sennen, 142 (2)
gregarium (Boiss. ex DC.) Willk., 157
grumosum (Hoffmanns. & Link) Nyman, nom. illeg., non Fisch. & C.A. Mey., 140 (1)
× haussmanni Rouy, 150, 177
× heerianum Nägeli, 149, 177
× helenioides (L.) Hill, 148, 177
heterophyllum (L.) Hill, **146**, 148, 156
nothovar. indivisum DC., 177
var. incisum DC., nom. inval., 148
heterophyllum × **C. rivulare**, **177**
hispanicum (Lam.) Pau, 121
horridum Lag., 117 (5a)
× hybridum Koch ex DC., 153, 177
ibericum Sennen & Pau, pro hybrid., 172 (22c)
italicum DC., 169
× jaubertianum Sennen, in sched., 156, 176
jonasii Sennen, pro hybrid., 172
× kirschlegeri Sch. Bip., 156, 177
× kochianum M. Loehr, 144, 177
lanceolatum (L.) Scop., nom. illeg., non Hill, 167, 172
subsp. crinitum (Boiss. ex DC.) Rouy, 167 (20)
var. latilobum Sennen, in sched., 167 (20)
var. longespinosum Sennen, 167 (20)
legrandii Sennen, pro hybrid., 172 (22a)
linkii Nyman, 167
macrostachyum (Trautv.) Boiss., 123 (2)
maculatum Moench, nom. illeg., 128 (1)
maculatum Lam., nom. illeg., 180 (1)
matritense Lag. ex Cutanda, 158
× medium All., 176
× michaleti Rouy, 150, 177
microcephalum Lange, nom. illeg., non Moris, 167
mixtum Sennen, in sched., pro hybrid., 172 (22c)

monspessulanum (L.) Hill, 144, 149, 153, 156, 158, **160**, 162, 165
subsp. ferox (Coss.) Talavera, 160
var. discolor Rouy, 158
var. ferox Coss., 160
var. hispanica Willk., 160 (16)
var. intermedium Willk., 160 (16)
var. valdespinulosum Sennen, in sched., 160
monspessulanum sensu Pérez Lara, non (L.) Hill, 162 (17)
monspessulanum × C. palustre, 176
monspessulanum × C. rivulare, 176
monspessulanum × C. tuberosum, 176
montanum (Waldst. & Kit. ex Willd.) Spreng., nom. illeg., non Hill, 149, 158
× nevadense Willk., pro sp., 156, 157, 176
× neyrae E.G. Camus, 160, 176
× ochroleucum All., 150, 177
ochroleucum sensu DC., p.p., non All., 149 (8)
odontolepis Boiss. ex DC., **173**
var. melanolepis Pau, in sched., 174 (24)
oleraceum (L.) Scop., 150, **151**, 153, 165, 169
oleraceum × C. palustre, 177
oleraceum × C. rivulare, 177
orbiculatum Loscos, 84
× palatinum Schultz Sch. ex Döll, 144, 177
palustre (L.) Scop., 144, 149, 150, 151, 153, 156, 160, **164**, 165
subsp. transmontanum Cout., nom. inval., 164 (18)
var. spinosissimum Willk., 165
palustre × C. rivulare, 176
palustre × C. tuberosum, 176
paniculatum Lam., nom. illeg., 214 (13a)
paniculatum Porta, nom. illeg., non Lam., 160
paniculatum Spreng., nom. illeg., non Lam., 160 (16)
pannonicum (L. fil.) Link, **144**, 145, 158
var. legionense Cámara, 144, 145
pannonicum × C. pyrenaicum, 177
pinnatifidus (Cav.) Spreng., 249 (3)
pisidium Wettst., 125 (1)
pyrenaicum (Jacq.) All., 144, 145, 156, **157**, 158, 160, 162
subsp. gaditanum (Talavera & Valdés) Talavera & Valdés, 162 (17)
var. longespinosum (Kunze) Talavera & Valdés, 158
var. micranthum Talavera & Valdés, 158
var. paniculatum (Vahl) Talavera & Valdés, 160 (16)
var. pyrenaicum, 158
pyrenaicum × C. tuberosum, 177
richterianum Gillot, **170**
subsp. **costae** (Sennen & Pau) Talavera & Valdés, **172**
subsp. **giraudiasii** (Sennen & Pau) Talavera & Valdés, **172**
subsp. **richterianum, 172**
rivulare (Jacq.) All., **148**, 149, 153, 156, 160, 165
var. submonocephalum Rouy, 148 (7)
rosulatum Talavera & Valdés, **146**
rufescens Ramond ex DC., 150
× salvadori Sennen & Pau ex Sennen, 144, 176
scabrum (Poir.) Bonnet & Barratte, **175**
× semidecurrens Richt. ex Klett & Richt., 144, 176
siculum Spreng., 102 (1)
× soubiellei Sennen & Septimin, in sched., 149, 177
strigosum (Hoffmanns. & Link) Cout., 167
× subalpinum Gaudin, 149, 176
subgen. Lamyra Cass.
subgen. Notobasis Cass., nom. alt.
subgen. Picnomon Adans.
syriacum (L.) Gaertn., 128
var. bracteatum (Link) Rouy, 128 (1)
var. latifolium (DC.) Cout., 128 (1)
× tiroliense Treuinf., 150, 177
tricephalodes (Lam.) DC., 148 (7)
trispinosum Moench, nom. illeg., 123 (2)
tuberosum (L.) All., **142**, 144, 160, 165
subsp. bulbosum (Lam.) Sudre, 142 (2)
subsp. filipendulum (Lange) Braun-Blanq., 140 (1)
valdespinulosum (Sennen) Sennen, 156, 158, **160**
valentinum Porta & Rigo, 144, **154**
viciosoi Sennen, 167 (20)
× vivantii Villar, Segarra, J. López, Pérez-Coll. & Catalán, 151, 177
vulgare (Savi) Ten., 137, **167**, 169, 172
subsp. crinitum (Boiss. ex DC.) Arènes, 167
welwitschii auct. hisp., non Coss., 146 (5)
welwitschii Coss., **145**
willkommianum Porta ex Willk., 174 (25)
willkommianum Sennen, nom. illeg., non Porta ex Willk., 167 (20)
× wirtgenii M. Loehr, 149, 176
zugazae Losa & P. Monts., 144, 145
Cnicus L., nom. cons., 344, 521, 522
acarna (L.) L., 125 (1)
alsophilus Pollini, 158
argemone (Pourr. ex Lam.) Lapeyr., 209
arvensis (L.) G. Gaertn., B. Mey. & Scherb., 165 (19)
benedictus L., 522
var. kostchyi Boiss., 525
var. microcephalus Boiss., 525
casabonae (L.) Roth, 123 (2)
centauroides L., 286
dentatus Forssk., 310
dubius Willd., 156 (13a)
echinatus (Desf.) Willd., 174 (25)
eriophorus (L.) Roth, 174 (24)

echinatus (Desf.) Willd., 174 (25)
eriophorus (L.) Roth, 174 (24)
erisithales (Jacq.) L., 149 (8)
ferox L., 169
flavescens (L.) Willd., 258 (7)
flavispina (Boiss. ex DC.) Ball, 158
galactites (L.) Loisel., 102 (1)
giganteus Willd., nom. illeg., 175 (26)
grumosus Hoffmanns. & Link, 140 (1)
heterophyllus (L.) Retz., 146 (6)
hispanicus (Lam.) Ball, 121 (1)
leucographus (L.) Roth, 180 (1)
longifolius Lam., nom. illeg., 326 (4)
monspessulanus (L.) Willd., 160 (15)
montanus Waldst. & Kit. ex Willd., 149, 158
obvallatus Salzm. ex DC., nom. inval., pro. syn., 128 (1)
oleraceus L., 151
palustris (L.) Willd., 164 (18)
pannonicus (L. fil.) Vest, 144 (3)
pinnatifidus (Cav.) Willd., 249 (3)
rivularis (Jacq.) Willd., 148 (7)
spinosissimus sensu Lapeyr., p.p., non L., 153 (11)
syriacus (L.) Roth, 128 (1)
tuberosus (L.) Roth, 142 (2)
Colycea Fern. Casas & Susanna, pro hybrid.
valdesii-bermejoi (Fern. Casas & Susanna) Fern. Casas & Susanna, pro hybrid., 580 (86)
Colymbacosta Rauschert, pro hybrid.
genesii-lopezii (Fern. Casas & Susanna) Fern. Casas & Susanna, 577 (84)
Colymbada Hill
amblensis (Graells) Fern. Casas & Susanna, 571 (81)
var. tentudaica (Rivas Goday) Fern. Casas & Susanna, 572 (81b)
× andresiana (Fern. Casas & Susanna) Fern. Casas & Susanna, 600
borjae (Valdés Berm. & Rivas Goday) Fern. Casas & Susanna, 580 (86)
carolipauana (Fern. Casas & Susanna) Fern. Casas & Susanna, 552
× ceballosii (Fern. Casas) Fern. Casas & Susanna, 602
cephalariifolia (Willk.) Holub, 564 (78)
clementei (Boiss. ex DC.) Holub, 561 (77)
collina (L.) Holub, 540 (66)
granatensis (DC.) Holub, 558 (75)
haenseleri (Boiss.) Holub, 572 (82)
lagascana (Graells) Fern. Casas & Susanna, 584 (88)
lainzii (Fern. Casas) Fern. Casas & Susanna, 560 (76)
× losana (Pau) Fern. Casas & Susanna, 602
× loscosii (Willk.) Holub, 602
macrorrhiza (Dostál) Holub, 579 (85)
mariana (Nyman) Fern. Casas & Susanna, 579 (85)
ornata (Willd.) Holub, 542 (67)
podospermifolia (Loscos & J. Pardo) Holub, 586 (89)
× polymorpha (Lag.) Holub, pro sp., 602
prolongoi (Boiss. ex DC.) Holub, 551 (71)
var. genuina Maire, nom. inval., 551 (71)
ragusina (L.) Holub, 539
saxicola (Lag.) Holub, 545 (68)
× tatayana (Fern. Casas & Susanna) Fern. Casas & Susanna, 603
toletana (Boiss. & Reut.) Holub, 567 (79)
var. argecillensis (Gredilla) Fern. Casas & Susanna, 568 (80)
valdesii-bermejoi Fern. Casas & Susanna, pro hybrid., 580 (86)
× zubiae (Pau) Fern. Casas & Susanna, 603
COMPOSITAE Giseke, nom. cons., 3, 4
Crocodilina Bubani
cancellata (L.) Bubani, 46 (1)
humilis (L.) Bubani, 47 (2)
Crupina (Pers.) DC., 24, **233**, 264
acuta (Lam.) Fritsch ex Janch., nom. illeg., 235
alpestris Arv.-Touv., 235 (1)
brachypappa Jord. & Fourr., 235
crupinastrum (Moris) Vis., **236**
var. matae (P. Palau) Font Quer ex O. Bolòs & Vigo, 236 (2)
[forma] visianii Rouy, nom. inval., 236 (2)
intermedia (Mutel) Walp., 234
maculata (Juss. ex Pers.) Grande, 236 (2)
matae P. Palau, 236 (2)
morisii Boreau, nom. illeg., 236 (2)
pauciflora Hoffmanns. & Link, nom. illeg., 235 (1)
pseudocrupina (Mutel) Walp., 236 (2)
vulgaris Pers. ex Cass., **235**
subsp. brachypappa (Jord. & Fourr.) Beauverd, 235 (1)
subsp. crupinastrum (Moris) Arcang., 236 (2)
subsp. crupinastrum (Moris) Batt., comb. superfl., 236 (2)
subsp. morisii (Rouy) P. Fourn., nom. illeg., 236 (2)
var. alpestris (Arv.-Touv.) Beauverd, 235 (1)
var. alpestris (Arv.-Touv.) Douin, comb. superfl., 235 (1)
var. brachypappa (Jord. & Fourr.) Beauverd, 235, 236
var. brachypappa (Jord. & Fourr.) Douin, comb. superfl., 235 (1)
var. microcephala Ledeb., 236 (2)
var. typica Beauverd, nom. inval., 235 (1)
var. vallesiaca Beauverd, 235 (1)

[forma] brachypappa (Jord. & Fourr.) Rouy, 235 (1)
[forma] morisii Rouy, nom. illeg., 236 (2)
Cyananthus Raf., nom. illeg., 588
Cyanopsis Cass.
muricata (L.) Dostál, 275
radiatissima Cass., 275 (2)
Cyanus Mill., 588
sect. Lepteranthus Neck. ex DC., 469
adscendens (Bartl.) Soják, 597
angustifolius (Mill.) Soják, 592 (92)
arvensis Moench, nom. illeg., 588 (90)
axillaris J. Presl & C. Presl, nom. illeg., 597 (94)
cyanus (L.) Hill, nom. inval., 588 (90)
depressus (M. Bieb.) Soják, 590
eriophorus (L.) Gaertn., 533 (63)
hastatus Moench, nom. illeg., 300 (1)
jacea (L.) G. Gaertn., B. Mey. & Scherb., 446 (29)
lanceolatus Moench, nom. illeg., 235 (1)
lingulatus (Lag.) Holub, 598
lugdunensis (Jord.) Fourr., 597
melitensis (L.) Gaertn., 528 (60)
montanus (L.) Hill, 592
niger (L.) Gaertn., 451 (31)
pullatus (L.) Gaertn., 510 (53)
segetum Hill, 588
semidecurrens (Jord.) Holub, 594
solstitialis (L.) J. Presl & C. Presl, 526 (59a)
triumfetti (All.) Á. Löve & D. Löve, 594 (93)
subsp. axillaris (Willd. ex Čelak.) Stef., 597 (94)
subsp. lingulatus (Lag.) Á. Löve & Kjellq., 597 (94)
vulgaris Delarbre, nom. illeg., 588 (90)
Cynara L., **107**, 108, 121, 182
alba Boiss. ex DC., 117
algarbiensis Coss. ex Mariz, 112, **115**
f. albiflora Paiva, 115 (4)
algarbiensis Coss. ex Nyman, nom. nud., 115 (4)
algarbiensis × C. humilis, 120
baetica (Spreng.) Pau, **117**
subsp. **baetica, 117**
subsp. maroccana Wiklund, 120
cardunculus L., **108**
subsp. **cardunculus, 110**
subsp. **flavescens** Wiklund, **110**
subsp. scolymus (L.) Hegi, 110
var. eucardunculus Hayek, nom. inval., 110 (1a)
var. hortensis Brot., 110
var. sylvestris Brot., 110 (1a)
var. typica Fiori, nom. inval., 110 (1a)
corsica Viv., 110 (1a)
horrida Aiton, 110 (1a)
humilis L., **111**, 115, 117
var. lacinulata Brot., 111 (2)
var. leucantha (Coss.) Cout., comb. superfl., 111 (2)
var. leucantha (Coss.) Pérez Lara, 111, 112
var. reflexa Batt. ex Jahand. & Maire, 111 (2)
var. sinuata Brot., 115
var. typica Maire, nom. inval., 111 (2)
humilis × C. tournefortii, 120
integrifolia Vahl, 254
lamyroides Webb, pro syn., nom. inval., 117 (5a)
minima Pourr., in sched., 112 (3)
× pacensis F.M. Vázquez, 115, 120
pygmaea Willd., 329
scolymus L., 110
var. major Brot., 110
var. minor Brot., 110
f. major (Brot.) Mariz, 110
f. minor (Brot.) Mariz, 110
sylvestris Lam., 110 (1a)
var. spinosa Lam., 110 (1a)
tournefortii Boiss. & Reut., **112**
CYNARINAE Raf., 24, **57**, 58, 64
CYNAROCEPHALAE Lam. & DC., 22, **23**, 24
Durandoa Pomel
arborescens (L.) Pomel, 318 (1)
clausonis Pomel, 318 (1)
Echinops L., 24, **50**
fontqueri Pau, in sched., 51
multiflorus Lam., nom. illeg., 53
pauciflorus Lam., nom. illeg., 56
ritro L., **56**
subsp. **ritro, 56**
var. vulgaris DC., 56 (3a)
sphaerocephalus L., **53**
subsp. **sphaerocephalus, 53**
spinosissimus Turra
subsp. fontqueri (Pau) Greuter, 51
spinosus L., nom. illeg.
subsp. fontqueri (Pau) Valdés, 51
strigosus L., **52**
ECHINOPSINAE Cass. ex Dumort., 24, **50**
Echinopus Mill.
sphaerocephalus (L.) Scop., 53 (2)
Eriolepis Cass.
eriophorus (L.) Cass., 174 (24)
ferox (L.) Cass., 169 (21)
odontolepis (Boiss. ex DC.) Gand., 173 (23)
Eriopha Hill, 525
eriopha Hill, nom. inval., 533 (63)
Femeniasia Susanna, 315
balearica (J.J. Rodr.) Susanna, 320
Galactites Moench, **101**, 108, 121, 182
duriaei Spach ex Durieu, 102, **104**
duriaei × G. tomentosus, 106

duriaei Spach ex Durieu, 102, **104**
duriaei × G. tomentosus, **106**
elegans (All.) Nyman ex Soldano, nom. rejic., 104
lomaxi Pau, 102 (1)
mutabilis Spach ex Durieu, 102
pumilus Porta, 102
× rigualii Figuerola, Stübing & Peris, 106
souliei Sennen & Pau, pro hybrid., 102 (1)
tomentosus Moench, nom. cons., **102**
var. decurrens Sennen & Pau, in sched., nom. nud., 102 (1)
var. elegans (All.) DC., 102 (1)
var. integrifolius Boiss., 104
var. microcephalus Borja, in sched., nom. nud., 102 (1)
var. praecox É. Rev., in sched., nom. nud., 102 (1)
var. robustus Cout., nom. nud., 102 (1)
var. typica Maire, nom. inval., 102 (1)
f. albiflorus Sennen, in sched., nom. nud., 102 (1)
Heteracantha Link ex Steud.
cretica (L.) Hoffmanns. & Link, 310 (3)
lanata (L.) Hoffmanns. & Link, 308 (2)
Heterotrichum M. Bieb.
alpinum (L.) Link, 86 (1)
Hierapicra Kuntze, 521
benedicta (L.) Kuntze, 522 (58)
Hippophaestum Gray, 515
Hohenwartha Vest
gymnogyna Vest, 308 (2)
Hymenocentron Cass., 536
Jacea Mill., 445
acutifolia (Jord.) Holub, 471
alata Lam., nom. illeg., 592 (92)
amara (L.) Á. Löve & D. Löve, 448 (29b)
antennata (Dufour) Holub, 479 (41)
carpetana (Boiss. & Reut.) Holub, 455 (31d)
corcubionensis (M. Laínz) M. Laínz, 471 (38)
debeauxii (Godr. & Gren.) Holub, 457 (32)
× decipiens (Thuill.) Holub, 603
dracunculifolia (Dufour) Holub, 449 (30)
emporitana (Vayr. ex Sennen & Pau) Holub, 464 (34)
gaudinii (Boiss. & Reut.) Holub, 448 (29b)
graminifolia Lam., 597
hyssopifolia (Vahl) Holub, 486 (44)
involucrata Lam., nom. illeg., 510 (53)
janeri (Graells) M. Laínz, 473 (39)
subsp. babiana (M. Laínz) M. Laínz, 476
subsp. gallaecica (M. Laínz) M. Laínz, 468 (36)
linifolia (L.) Holub, 482 (42)
nevadensis (Boiss. & Reut.) Holub, 462 (33)
nigra (L.) Hill, 451 (31)
paniculata (L.) Lam., 359 (1)
pratensis Lam., 446
rivularis (Brot.) Soják, 455 (31c)
segetum (Hill) Lam., nom. illeg., 588
supina Lam., nom. illeg., 448 (29b)
Jurinea Cass., **88**
bocconi (Guss.) Guss., 91, 92
fontqueri Cuatrec., **89**
gouani Rouy, 91, 92
humilis (Desf.) DC., **91**
subsp. bocconi (Guss.) Malag., comb. inval., 91 (2)
subsp. gouani (Rouy) P. Fourn., 91 (2)
subsp. pyrenaica (Godr. & Gren.) Malag., comb. inval., 91 (2)
subsp. pyrenaica (Godr. & Gren.) Nyman, 91 (2)
var. bocconi (Guss.) DC., 91 (2)
var. scaposa Levier ex Willk., 91
monardii (Dufour) DC., 256 (5b)
pinnata (Lag. ex Pers.) DC., **94**
pyrenaica Godr. & Gren., 91, 92
Kentrophyllum Neck. ex DC., 308
sect. Thamnacantha DC., 318
album Cass., 310 (3)
arborescens (L.) Hook., 318
baeticum auct., non Boiss. & Reut., 308 (2)
baeticum Boiss. & Reut., 310
caeruleum (L.) Gren. & Godr., 336 (7)
creticum (L.) Tausch, 310 (3)
elatum Gasp., 308 (2)
lanatum auct., non (L.) DC. ex Duby, 310 (3)
lanatum (L.) DC. ex Duby, 308
var. baeticum (Boiss. & Reut.) Amo, 310 (3)
var. baeticum (Boiss. & Reut.) Batt., comb. superfl., 310 (3)
var. gracillimum Cadevall, 308
lanatum (L.) Rchb., comb. superfl., 308 (2)
luteum Cass., 308 (2)
monspelliensium (All.) Ces., Pass. & Gibelli, nom. illeg., 326 (4)
pinnatum (Desf.) Ces., Pass. & Gibelli, 342
tingitanum (L.) Ces., Pass. & Gibelli, 338
turbinatum Guss., 308 (2)
Klasea Cass., 239, **243**, 280
sect. **Demetria** (Boriss.) L. Martins, **246**
sect. **Klasea**, **245**
abulensis (Pau) Holub, 254
alcalae (Coss.) Holub, 251
algarbiensis (Cantó) Cantó, **258**
boetica (Boiss. ex DC.) Holub, **250**
subsp. **alcalae** (Coss.) Cantó & Rivas Mart., **251**
subsp. aristata (Franco) Cantó, 252
subsp. **boetica**, **251**
subsp. **lusitanica** (Cantó) Cantó & Rivas Mart., **252**
var. lusitanica (Cantó) Cantó, 252
var. sampaiana (Cantó) Cantó, 252
flavescens (L.) Holub, **258**

subsp. **flavescens**, **260**
subsp. **leucantha** (Cav.) Cantó & Rivas Mart., **262**
subsp. **mucronata** (Desf.) Cantó & Rivas Mart., **260**
subsp. **neglecta** (Iljin) Greuter & Wagenitz, **262**
var. neglecta (Iljin) Cantó & Rivas Mart., 262 (7d)
integrifolia (Vahl) Greuter, **254**
subsp. algarbiensis (Cantó) Greuter, 258
subsp. **integrifolia**, **256**
subsp. **monardii** (Dufour) Cantó, **256**
legionensis (Lacaita) Holub, **246**
leucantha (Cav.) Holub, 262 (7c)
lusitanica (Cantó) Holub, 252 (4c)
monardii (Dufour) Holub, 256
subsp. algarbiensis (Cantó) Greuter & Wagenitz, 258 (6)
mucronata (Desf.) Holub, 260 (7b)
nudicaulis (L.) Fourr., **245**
paueana (Iljin) Holub, 254 (5)
pinnatifida (Cav.) Cass. ex Talavera, **249**
Lacellia Viv.
libyca Viv., 277
Lamottea Pomel, 315, 336
araneosa (Boiss. & Reut.) Pomel, 336 (6c)
caerulea (L.) Pomel, 336 (7)
diania (Webb) G. López, 339 (8)
hispanica (Boiss. ex DC.) Pomel, 331 (6)
multifida (Desf.) Pomel, 316
Lamyra (Cass.) Cass.
casabonae (L.) Soják, 123 (2)
hispanica (Lam.) Webb, 121 (1)
pinnatifida Cass., nom. illeg., 117 (5a)
triacantha Cass., nom. illeg., 123 (2)
undulata Cass., nom. illeg., 121 (1)
Lamyropsis (Kharadze) Dittrich, 108, 121, 182
Lappa Tourn. ex Scop.
bardana Moench, nom. illeg., 98 (2)
var. major Gaertn. ex Čelak., 98 (2)
communis auct., non Bonnier & Layens, 96 (1)
communis Bonnier & Layens
var. major Gaertn. ex Coss., 98 (2)
degeni Hervier ex H. Lindb., nom. inval., pro syn., 96 (1)
glabra Lam., 98
intermedia (Lange) Rchb. fil., 96
major Gaertn., nom. illeg., 98
minor Hill, 96
× mixta E.G. Camus, nom. illeg., non Simonk., 101
× notha Ruhmer, 100
officinalis All., nom. illeg., 98
pubens (Bab.) Boreau, 96 (1)
tomentosa (Mill.) Lam., 96
vulgaris Hill, 98 (2)
var. major Gaertn. ex Neilr., 98 (2)
Launaea Cass.
cervicornis (Boiss.) Font Quer & Rothm., 323
Lepteranthus Neck., nom. inval., 469
linifolius (L.) Webb, 482 (42)
Leucacantha Nieuwl. & Lunell
cyanus (L.) Nieuwl. & Lunell, 588 (90)
Leucantha Gray
Leuzea DC. In Lam. & DC.
subgen. Stemmacantha (Cass.) Holub
centauroides (L.) Holub, 286
conifera (L.) DC., 281
var. indivisa Pérez Lara, 280 (1)
exaltata Cutanda ex Willk., 282
longifolia Hoffmanns. & Link, 284
rhaponticoides Graells, 282
Lopholoma Cass., 540
Lupsia Neck. ex Kuntze, nom. illeg.
galactites (L.) Kuntze, 102 (1)
var. elegans (All.) Fiori, 102 (1)
Mantisalca Cass., 273, **290**
amberboides (Caball.) Maire, 296
cabezudoi E. Ruiz & Devesa, **293**
× castroviejoi E. Ruiz & Devesa, 295, 298
delestrei (Spach) Briq. & Cavill., 295
duriaei (Spach) Briq. & Cavill., 295, **296**
var. typica Maire, nom. inval., 296 (4)
var. yserniana (J. Gay & Webb ex Graells) O. Bolòs & Vigo, 296 (4)
duriaei × **M. spinulosa**, **298**
elegans Cass., nom. illeg., 291 (1)
salmantica (L.) Briq. & Cavill., 290, **291**
var. yserniana (J. Gay & Webb ex Graells) Ladero, F. Navarro & C.J. Valle, 296 (4)
spinulosa (Rouy) E. Ruiz & Devesa, **294**, 295, 296
yserniana (J. Gay & Webb ex Graells) M. Laínz, 296
var. spinulosa (Rouy) M. Laínz, 294 (3)
Mariacantha Bubani
maculosa Bubani, 132 (1)
Mariana Hill
eburnea (Coss. & Durieu) Pau, 133 (2)
lactea Hill, 132 (1)
mariana Hill, nom. illeg., 132 (1)
f. hispanica (Loscos & J. Pardo) Pau, 133 (2)
Mastrucium Cass., 239
Melanoloma Cass., 509
excelsior Cass., 511 (53a)
fontanesii Cass., nom. illeg., 512 (54)
humilis Cass., nom. illeg., 510 (53)
pullata (L.) Cass., 510 (53)
var. leucoloma Willk., 511 (53a)
Menomphalus Pomel, 540
Mesocentron Cass., 525
Microlonchus Cass., nom. inval.
amberboides Caball., 296

delestrei Spach, 295
delileanus Spach, 291 (1)
duriaei Spach, 296
var. tenella (Spach) Bonnet & Barratte, 296 (4)
elatus Spach, 291 (1)
gracilis Pomel, 291 (1)
isernianus J. Gay & Webb ex Graells, orth. var., 296
latifolius Pau, in sched., nom. nud.
f. integrifolium Pau, in sched., nom. nud., 296 (4)
leptolonchus Spach, 291 (1)
papposus Spach, 291 (1)
reboudii Pomel, 296 (4)
salmanticus (L.) DC., 291 (1)
var. biennis Maire, 291 (1)
var. leptocephala Pau, 291 (1)
var. leptolonchus Ball, 291 (1)
spinulosus Rouy, 294
strictus Pomel, 296 (4)
tenellus Spach, 296 (4)
valdemorensis Cutanda, 296
valdemorensis sensu Willk., non Cutanda, 294
ysernianus J. Gay & Webb ex Graells, 296
Mitina Adans.
corymbosa (L.) Cass., 32 (4)
lanata (L.) Cass., 31 (3)
sulphurea (Desf.) Cass., 30 (2)
Notobasis Cass., nom. alt., 108, 121, 125, **127**, 182
syriaca (L.) Cass., **128**
var. latifolia DC., 128 (1)
Onobroma DC., nom. illeg., non Gaertn.
araneosum (Boiss. & Reut.) Pomel, 336 (6c)
arborescens (L.) Spreng., 318 (1)
caerulea (L.) Gaertn., 336 (7)
var. pinnatifida Hoffmanns. & Link, 338
carduncellus (L.) Steud., 326 (4)
hispanicum (Boiss. ex DC.) Pomel, 331 (6)
lanatum (L.) Bluff & Fingerh., 308 (2)
mitissima (L.) Spreng., 329 (5)
monspelliense (All.) Spreng., nom. illeg., 326 (4)
pinnatum (Desf.) Spreng., 342
tingitana (L.) Sweet, 338
Onopordum L., **67**
abbreviatum (DC.) Pau, pro hybrid., 77
f. macrocephalum Pau, in sched., nom. nud., 76 (4)
acanthium L., 68, **69**
subsp. **acanthium**, **69**, 73, 76
subsp. ceretanum (Sennen) Arènes, 69 (1a)
subsp. eriocephalum (Rouy) P. Fourn., 69
subsp. gautieri (Rouy) Franco, 69
subsp. gypsicola Gonz. Sierra, Pérez Morales, Penas & Rivas Mart., 69
subsp. illyricum (L.) Bonnier & Layens, 72 (2)
var. acanthium, 71
var. polycephalum Willk., 69 (1a)
var. schultesii (Britting. ex W.D.J. Koch) Rouy, 71
var. subintegrifolium Lázaro Ibiza, 69 (1a)
f. floribus-albis Vicioso, in sched., nom. inval., 69 (1a)
f. glabrescente Cuatrec., nom. inval., 69 (1a)
f. nana Vicioso, in sched., nom. nud., 71
acanthium × O. corymbosum, 84
acanthium × O. illyricum, 84
acaulon L., **81**
subsp. uniflorum (Cav.) Franco, 84
var. acaulon, 83
var. altivallum Pau, in sched., 84
var. genuinum Rouy, nom. inval., 84
var. polycephala auct., in sched., nom. nud., 84
var. pyrenaicum (DC.) Rouy, 84
var. uniflorum (Cav.) Arènes, comb. superfl., 84
var. uniflorum (Cav.) Pau, 84
f. monocephala Willk., 84
f. uniflorum (Cav.) Rouy, 84
arabicum L., p.p., 72, 77
var. glabrescens Borja, in sched., nom. nud., 77 (5)
var. villoso-arachnoideo Borja, in sched., nom. nud., 77 (5)
assoanum Vicioso, in sched., nom. nud., pro hybrid., 73 (3a)
× bilbilitanum Vicioso & C. Vicioso, 84
nothovar. viride Vicioso & C. Vicioso, 84
nothof. canescens Vicioso & C. Vicioso, in sched., nom. nud., pro f., 84
× bolivari Pau & Vicioso, pro sp., 84
brevicaule Gonz. Sierra, Pérez Morales, Penas & Rivas Mart., pro hybrid., 71
carthaginense Villar ex Pau, in sched., 76 (4)
ceretanum Sennen, in sched., 69 (1a)
var. lanatum Sennen, in sched., nom. nud., 71
var. microcephalum Sennen, in sched., nom. nud., 71
corymbosum Willk., **73**
nothovar. humile (Loscos) Willk., pro var., 84
subsp. corymbosum, 73
var. perespinosa Vicioso, in sched., nom. nud., 73 (3a)
var. perespinosum Vicioso, in sched., nom. nud., 73 (3a)
corymbosum × O. nervosum, 84
delortii Timb.-Lagr., 72 (2a)
dissectum sensu Talavera, non Murb., 80

elongatum Lam., nom. illeg., 72 (2a)
var. abbreviatum DC., 77
× erectum Gonz. Sierra, Pérez Morales, Penas & Rivas Mart., 84
eriocephalum Rouy, 69
gautieri Rouy, 69
glomeratum Costa, 80
glomeratum sensu Sennen, in sched., non Costa, 69 (1a)
guinemeri Sennen, 84
hinojense Talavera, Balao, Casim.-Sor., M. Talavera, Terrab & M.Á. Ortiz, **80**
hinojense × O. nervosum, 84
× humile Loscos, pro sp., 84
illyricum L., **72**, 77
subsp. carduncculus (Boiss.) Arènes, 72 (2a)
subsp. eu-illyricum (L.) Arènes, nom. inval., 72 (2a)
subsp. gautieri (Rouy) P. Fourn., 69 (1a)
subsp. horridum auct. hisp., non (Viv.) Franco, 72 (2a)
subsp. **illyricum, 72**
var. cardunculus Boiss., 72 (2a)
var. delortii (Timb.-Lagr.) Gaut., 72 (2a)
var. giganteum Mutel, 72 (2a)
var. macracanthum (Schousb.) Boiss., 76
f. cardunculus (Boiss.) Rouy, 72 (2a)
f. delortii (Timb.-Lagr.) Rouy, 72 (2a)
illyricum sensu Brot., non L., 76 (4)
illyricum × O. nervosum, 84
lagascanum C. Vicioso, in sched., pro hybrid., nom. nud., 80
longissimum Pau, 76
macracanthum Schousb., **76**
subsp. broteroanum Rouy, 76 (4)
subsp. eu-macracanthum Arènes, nom. inval., 76 (4)
subsp. micropterum (Pau) Mateo & M.B. Crespo, 76 (4)
var. minor Boiss., 76, 77
var. tomentosum Rouy, 76 (4)
macracanthum sensu Schult., non Schousb., 69 (1a)
macracanthum × O. nervosum, 84
× macronervosum Gonz. Sierra, Pérez Morales, Penas & Rivas Mart., 84
micropterum Pau, 76, 77
var. barcinonense Sennen, in sched., 69 (1a)
murcicum Sennen, 76 (4)
nervosiforme Sennen, in sched., nom. nud., 77 (5)
nervosum Boiss., 68, 73, **77**, 81
subsp. castellanum Gonz. Sierra, Pérez Morales, Penas & Rivas Mart., 78
var. glomeratum (Costa) Costa, 80
var. lanatum Lázaro Ibiza, 77 (5)
var. nervosum, 80
var. virescens Caball., in sched., nom. nud., 77 (5)
f. arachnoideum Sennen, in sched., nom. nud., 77 (5)
f. virescens Sennen, in sched., nom. nud., 77 (5)
nervosum sensu Gaut. ex Rouy, non Boiss., 69 (1a)
× onubense Gonz. Sierra, Pérez Morales, Penas & Rivas Mart., 84
orientale Mill., 72 (2a)
paui Vicioso & C. Vicioso, pro hybrid., 77 (5)
pyrenaicum DC., 83
ramosum Dulac, nom. illeg., 69 (1a)
schultesii Britting. ex W.D.J. Koch, 71
× senneni Vicioso, in sched., nom. nud., 84
spectabile Rouy, 76 (4)
× spinosissimum Gonz. Sierra, Pérez Morales, Penas & Rivas Mart., 84
tauricum auct., non Willd., 73
tauricum Willd.
subsp. corymbosum (Willk.) Nyman, 73
var. angustifolium Pau, 73 (3a)
var. longispinosum Pau, 76
nothosubsp. humile (Loscos) Rouy, pro subsp., 84
nothovar. canescens Pau, pro var., 84
nothovar. simplex Rouy, pro var., 84
tomentosum Moench, 72 (2a)
tomentosum Salisb., nom. illeg., non Moench, 69 (1a)
× turolense Sennen, 84
uniflorum Cav., 84
viride Desf., 69 (1a)
vulneratissimum C. Vicioso, in sched., nom. nud., pro hybrid., 72 (2a)
Onopyxus Bubani
carlinifolius (Lam.) Bubani, 203 (8)
medius (Gouan) Bubani, 207 (10a)
nutans (L.) Bubani, 185 (1)
pycnocephalus (L.) Bubani, 217 (14)
pyrenaeus Bubani, nom. illeg., 214 (13)
Palaeocyanus Dostál
crassifolia (Bertol.) Dostál, 299
Pectinastrum Cass.
napifolium (L.) Cass., 346
Phalolepis Cass., 438
alba (L.) Cass., 439 (27)
Phonus Hill, 315
arborescens (L.) G. López, 318
lanatus (L.) Hill, 308 (2)
Picnomon Adans., 108, 121, **124**, 128, 182
acarna (L.) Cass., **125**
Platylophus Cass., 445
Psectra (Endl.) Tomšovic
strigosa (L.) Tomšovic, 52 (1)

Psectra (Endl.) Tomšovic
strigosa (L.) Tomšovic, 52 (1)
Pterolophus Cass., 445
Ptilostemon Cass., 108, **120**, 182
casabonae (L.) Greuter, **123**
hispanicus (Lam.) Greuter, **121**
stellatus (L.) Greuter, 121
subgen. Lamyra (Cass.) Greuter
Ptosimopappus Boiss.
intybaceus (Lam.) Boiss., 301
sempervirens (L.) Boiss., 300
uliginosus (Brot.) Boiss., 302 (3)
Pycnocomon Hoffmanns. & Link
canescens (Lam.) Cariot & St.-Lag., 125 (1)
Rhacoma Adans.
longifolium (Hoffmanns. & Link) Kuntze, 284 (3)
rhaponticoides (Graells) Kuntze, 282 (2)
Rhapontica Hill
longifolia (Hoffmanns. & Link) Soják, 284 (3)
rhaponticoides (Graells) Soják, 282 (2)
Rhaponticoides Vaill., nom. cons. prop., **263**, 344
africana (Lam.) M.V. Agab. & Greuter, **267**
alpina (L.) M.V. Agab. & Greuter, **270**
carrissoi (Rothm.) M.V. Agab. & Greuter, 265
centaurium (L.) M.V. Agab. & Greuter, 264, 344
fraylensis (Sch. Bip. ex Nyman) M.V. Agab. & Greuter, **265**
linaresii (Lázaro Ibiza) M.V. Agab. & Greuter, 270
Rhaponticum Vaill., nom. cons. prop., 240, **279**
calcitrapa (L.) Scop., 515 (55)
centauroides (L.) O. Bolòs, **286**
chinense (S. Moore) L. Martins & Hidalgo, 240
ciliatum Lam., 453 (31a)
coniferum (L.) Greuter, **280**
cynaroides (DC.) Less., nom. illeg., 286 (4)
exaltatum (Cutanda ex Willk.) Greuter, **282**
jacea (L.) Scop., 446 (29)
longifolium (Hoffmanns. & Link) Dittrich, **284**
longifolium (Hoffmanns. & Link) Soskov, nom. inval., 284 (3)
repens (L.) Hidalgo, **288**
rhaponticoides (Graells) Dittrich, comb. superfl., 282 (2)
rhaponticoides (Graells) Soskov, 282 (2)
× serotinum Dubois, pro sp., 603
subgen. Leuzea (DC.) Less.
subgen. Mastrucium (Cass.) Less., 239
Saussurea DC., nom. cons., **85**
alpina (L.) DC., **86**
subsp. eu-alpina Briq. & Cavill., nom. inval., 86 (1)
subsp. macrophylla (Saut.) Nyman, 86 (1)
var. pumila (Pau) Cadevall, 86 (1)
var. vulgaris Ledeb., 86 (1)
f. pumila Pau, 86 (1)
macrophylla Saut., 86 (1)
pohlei Gand., 86 (1)
pujolica Costa, 86 (1)
Seridia Juss., 488
aspera (L.) Sweet, 503 (52)
longifolia Lam. ex Willk., pro syn., nom. inval., 488 (45)
megacephala Cass., nom. illeg., 488 (45)
melitensis (L.) Sweet, 528 (60)
microcephala Cass., nom. illeg., 503 (52)
polyacantha (Willd.) Sweet, 496 (48)
pullata (L.) Sweet, 510 (53)
solstitialis (L.) Sweet, 526 (59a)
sonchifolia (L.) Cass., 488 (45)
sphaerocephala (L.) Webb, 490 (46)
sulphurea (Willd.) Sweet, 529 (61)
Serratula L., 238, 239, 240
sect. Demetria Boriss., 246
sect. Klasea (Cass.) DC., 245
sect. Mastrucium (Cass.) DC., 239
sect. Sarreta DC., 240
sect. **Serratula**, 239, **240**
abulensis Pau, 254
var. oretana Rivas Goday, in sched, nom. nud., 254 (5)
acanthocoma Franco, 252
albarracinensis Pau, 245
alcalae Coss., 251
subsp. aristata Franco, 252
alpina L., 86
arvensis L., 165, 166
barrelieri (Dufour) Dufour, 249
bocconi Guss., 91
boetica Boiss. ex DC., 250
subsp. alcalae (Coss.) Rouy, 251 (4b)
subsp. legionensis (Lacaita) M. Laínz, 246 (2)
subsp. lusitanica Cantó, 252
var. alcalae (Coss.) Cout., 251 (4b)
var. alcalae (Coss.) Malag., comb. superfl., 251 (4b)
var. pinnatifolia Willk., 251 (4b)
var. sampaiana (Cantó) Cantó, 252
f. sampaiana Cantó, 252
centauroides (L.) P. Fourn., 286 (4)
chinensis S. Moore, 240
cichoracea (L.) DC.
subsp. mucronata (Desf.) Lacaita, 260
var. mucronata (Desf.) Fiori, 260 (7b)
cirsioides Ten., 245 (1)
conica Lam., 64 (1)

crupina (L.) Vill., 235 (1)
cynarifolia Poir., nom. illeg., 286 (4)
cynaroides DC., nom. illeg., 286 (4)
decurrens Pau, nom. nud., 262 (7c)
dubia (L.) Brot., 64 (1)
eliasii Sennen, 245 (1)
estremadurensis Franco, 252
flavescens (L.) Poir., 259
subsp. leucantha (Cav.) Cantó & M.J. Costa, 262
subsp. mucronata (Desf.) Cantó, 260 (7b)
subsp. neglecta (Iljin) Malag., 262 (7d)
var. carthaginensis Pau, 260 (7b)
var. leucantha (Cav.) Cantó, comb. superfl., 262
var. leucantha (Cav.) Willk., 262
var. matritensis Font Quer, nom. illeg., 258 (7)
var. mucronata (Desf.) Pau & Font Quer, 260 (7b)
var. neglecta (Iljin) Cantó, comb. superfl., 262 (7d)
var. neglecta (Iljin) Font Quer, 262
subvar. leucantha (Cav.) Rouy, 262 (7c)
forrestii Iljin, 240
humilis Desf., 91
ibrahimii Iljin, 245 (1)
legionensis Lacaita, 246
leucantha (Cav.) DC., 262
var. mucronata (Desf.) Pau, 260 (7b)
macrocephala Bertol., 242
mairei Iljin, 249 (3)
matthioli Clus. ex Willk., nom. inval., pro syn., 240 (1)
monardii Dufour, 256
var. abulensis (Pau) Cantó, 254 (5)
var. alcalae (Coss.) Pau, 251 (4b)
var. algarbiensis Cantó, 258
f. abulensis (Pau) Cantó, 254 (5)
monticola Boreau, 242
mucronata Desf., 260
neglecta Iljin, 262
nudicaulis (L.) DC., 245
subsp. albarracinensis (Pau) Malag., comb. inval., 245 (1)
subsp. demissa Iljin, 245 (1)
subsp. subinermis (Coss. ex Willk.) Malag., comb. inval., 245 (1)
var. glauca (Cav.) Pau, 245 (1)
var. subinermis Coss. ex Willk., 245 (1)
oleracea (L.) Poir., 151 (10)
paueana Iljin, 254
picris (Pall. ex Willd.) M. Bieb., 288 (5)
pinnatifida (Cav.) Poir., 249
subsp. abulensis (Pau) M. Laínz, 254 (5)
subsp. legionensis (Lacaita) Malag., 246 (2)
var. barrelieri (Dufour) Font Quer, comb. superfl., 249 (3)
var. barrelieri (Dufour) Nyman, comb. superfl., 249 (3)
var. glabrata Pérez Lara, 256 (5b)
var. integerrima Cámara, 249 (3)
pinnatifidus (Cav.) Poir., nom. illeg., non Desf., 249 (3)
seoanei Willk., 243
subdecurrens Pau, in sched., nom. nud., 262 (7c)
tinctoria L., 239, **240**
subsp. macrocephala (Bertol.) Wilczek & Schinz, 242
subsp. monticola (Boreau) Berher, 242
subsp. seoanei (Willk.) M. Laínz, 243
subsp. vulpii (Fisch.-Oost.) Kerguélen, 242
var. alpina Godr., 242
var. monticola (Boreau) Rouy, 242
var. seoanei (Willk.) Samp., 243
var. tinctoria, 242, 243
var. vulgaris Godr., 240 (1)
var. vulpii (Fisch.-Oost.) Fiori, 242
f. seoanei (Willk.) Pau, 243
vulpii Fisch.-Oost., 242
SERRATULINAE Lindl., 233
Setachna Dulac, 445
amara (L.) Dulac, 118 (29b)
cyanus (L.) Dulac, 588 (90)
montana (L.) Dulac, 592 (92)
nigra (L.) Dulac, 451 (31)
solstitialis (L.) Dulac, 526 (59a)
Silybum Adans. [nom. cons.], 108, 121, **131**, 178, 182
eburneum Coss. & Durieu, **133**, 135
var. hispanicum Loscos & J. Pardo ex Willk., 133, 135
eburneum × S. marianum, 136
× gonzaloi Cantó, Sánchez Mata & Rivas Mart., 136, 136
leucanthum Jord. & Fourr., 132 (1)
marianum (L.) Gaertn., **132**
maryae Gray, 132 (1)
pygmaeum Cass., 132 (1)
Solstitiaria Hill, 525
melitensis (L.) Hill, 528 (60)
solstitialis (L.) Hill, 526 (59a)
Sphaerocephalus Kuntze, nom. illeg., non Lag. ex DC.
multiflorus (Lam.) Kuntze, 53 (2a)
ritro (L.) Kuntze, 56 (3)
strigosus (L.) Kuntze, 52 (1)
Staebe Hill
Staehelina L., **63**
alpina (L.) Schrank, 86 (1)
baetica DC., **66**

dubia L., **64**
var. dubia, 66
var. macrocephala Faure & Maire, 66
pinnata Lag. ex Pers., 94
rosmarinifolia Cass., 64 (1)
subgen. Chamaepeuce Raf., nom. illeg.
Stemmacantha Cass.
centauroides (L.) Dittrich, 286 (4)
cynaroides (DC.) Cass., nom. illeg., 286 (4)
exaltata (Cutanda ex Willk.) Dittrich, 282
longifolia (Hoffmanns. & Link) Dittrich, 284 (3)
Stenolophus Cass., 469
Triplocentron Cass., 525
melitensis (L.) Cass., 528 (60)
solstitialis (L.) Fourr., 526 (59a)
sulphureum (Willd.) Webb, 529 (61)
Tugarinovia Iljin, 24
Tyrimnus (Cass.) Bosc, 108, 121, 131, **178**, 182
leucographus (L.) Cass., **180**
Volutarella Cass., nom. illeg.
bicolor Cass., nom. illeg., 277 (3)
muricata (L.) Ball, nom. illeg., non (L.) Benth. & Hook. fil., 275 (2)
muricata (L.) Benth. & Hook. Fil., 275 (2)
Volutaria Cass., **272**
crupinoides (Desf.) Maire, **277**
lippii auct. iber., non (L.) Cass., 274
lippii (L.) Cass.
subsp. tubuliflora (Murb.) Maire, 274 (1)
var. atlantica (Pit.) Maire, 274 (1)
var. eutubuliflora (Murb.) Maire, nom. inval., 274 (1)
var. ramosissima (Pit.) Maire, 274 (1)
maroccana (Barratte & Murb.) Maire, 273
muricata (L.) Maire, **275**
var. eumuricata Maire, nom. inval., 275 (2)
tubuliflora (Murb.) Sennen, **274**
Xeranthemum L., **58**
annuum L., 58, **59**
subsp. inapertum (L.) Bonnier & Layens, 61 (2)
var. inapertum L., 61
australe Pomel, 61 (2)
cylindraceum Sm., **62**
erectum C. Presl, 61 (2)
var. australe (Pomel) Batt., 61 (2)
var. meyeri DC., 61 (2)
var. typicum Rouy, nom. inval., 61 (2)
foetidum Moench, nom. illeg., 61 (2)
inapertum (L.) Mill., **61**
incomptum Cass., nom. illeg., 61 (2)
inodorum Moench, nom. illeg., 59 (1)
modestum Ball, 61 (2)
ornatum Cass., nom. illeg., 59 (1)
radiatum Lam., p.p., nom. illeg., 59 (1), 61 (2)
var. pictum Boiss., 59 (1)
sesamoides J. Gay ex Willk., pro syn., nom. inval., 62 (3)
Xeroloma Cass.
cylindraceum (Sm.) Chrtek & Chrtková, comb. superfl., 62 (3)
cylindraceum (Sm.) Holub, 62 (3)
fetidum Cass., nom. illeg., 62 (3)
inapertum (L.) Fourr., 61 (2)
oleifolium Cav., nom. illeg., 59 (1)

CONTENIDO DE LOS VOLÚMENES DE *FLORA IBERICA* (LOS YA PUBLICADOS, EN NEGRITA)

VOLUMEN 1

Lycopodiaceae
Selaginellaceae
Isoetaceae
Equisetaceae
Psilotaceae
Botrychiaceae
Ophioglossaceae
Osmundaceae
Polypodiaceae
Sinopteridaceae
Cryptogrammaceae
Pteridaceae
Adiantaceae
Hemionitidaceae
Marsileaceae
Hymenophyllaceae
Culcitaceae
Hypolepidaceae
Thelypteridaceae
Aspleniaceae
Woodsiaceae
Athyriaceae
Aspidiaceae
Davalliaceae
Blechnaceae
Azollaceae
Salviniaceae
Pinaceae
Cupressaceae
Taxaceae
Ephedraceae
Lauraceae
Aristolochiaceae
Ceratophyllaceae
Nymphaeaceae
Ranunculaceae
Berberidaceae
Papaveraceae

VOLUMEN 2

Platanaceae
Myricaceae
Fagaceae
Betulaceae
Casuarinaceae
Phytolaccaceae
Nyctaginaceae
Cactaceae
Aizoaceae
Molluginaceae
Caryophyllaceae
Portulacaceae
Basellaceae
Chenopodiaceae
Amaranthaceae
Polygonaceae
Plumbaginaceae (partim)

VOLUMEN 3

Plumbaginaceae (partim)
Paeoniaceae
Elatinaceae
Guttiferae
Tiliaceae
Malvaceae
Ulmaceae
Moraceae
Cannabaceae
Urticaceae
Violaceae
Cistaceae
Tamaricaceae
Frankeniaceae
Cucurbitaceae
Salicaceae
Capparaceae

VOLUMEN 4

Cruciferae
Resedaceae
Ericaceae
Empetraceae
Pyrolaceae
Monotropaceae

VOLUMEN 5

Ebenaceae
Sapotaceae
Primulaceae
Pittosporaceae
Droseraceae
Hydrangeaceae
Grossulariaceae
Crassulaceae
Saxifragaceae

VOLUMEN 6

Rosaceae

VOLUMEN 7 (1 y 2)

Leguminosae

VOLUMEN 8

Haloragaceae
Hippuridaceae
Theligonaceae
Lythraceae
Thymelaeaceae
Trapaceae
Myrtaceae
Punicaceae
Onagraceae
Cornaceae
Elaeagnaceae
Proteaceae
Santalaceae
Viscaceae
Cynomoriaceae
Rafflesiaceae
Celastraceae
Aquifoliaceae
Buxaceae
Euphorbiaceae

VOLUMEN 9

Rhamnaceae
Vitaceae
Sapindaceae
Hippocastanaceae
Aceraceae
Anacardiaceae
Simaroubaceae
Cneoraceae
Coriariaceae
Rutaceae
Meliaceae
Zygophyllaceae
Juglandaceae
Linaceae
Geraniaceae
Oxalidaceae
Tropaeolaceae
Balsaminaceae
Polygalaceae

VOLUMEN 10

Araliaceae
Umbelliferae

VOLUMEN 11

Gentianaceae
Apocynaceae
Asclepiadaceae
Oleaceae
Solanaceae
Convolvulaceae
Menyanthaceae
Hydrophyllaceae
Boraginaceae

VOLUMEN 12

Verbenaceae
Labiatae
Callitrichaceae

VOLUMEN 13

Plantaginaceae
Buddlejaceae
Scrophulariaceae

VOLUMEN 14

Myoporaceae
Globulariaceae
Martyniaceae
Gesneriaceae
Orobanchaceae
Bignoniaceae
Acanthaceae
Lentibulariaceae
Campanulaceae

VOLUMEN 15

Rubiaceae
Caprifoliaceae
Adoxaceae
Valerianaceae
Dipsacaceae

VOLUMEN 16 (1, 2 y 3)

Compositae

VOLUMEN 17

Butomaceae
Alismataceae
Hydrocharitaceae
Juncaginaceae
Lilaeaceae
Najadaceae
Potamogetonaceae
Ruppiaceae
Zannichelliaceae
Zosteraceae
Posidoniaceae
Commelinaceae
Juncaceae

VOLUMEN 18

Cyperaceae
Sparganiaceae
Typhaceae
Musaceae
Palmae
Araceae
Cannaceae
Lemnaceae
Pontederiaceae

VOLUMEN 19

Gramineae

VOLUMEN 20

Liliaceae
Amaryllidaceae
Iridaceae
Agavaceae

VOLUMEN 21

Smilacaceae
Dioscoreaceae
Orchidaceae